ÁLGEBRA LINEAR

E SUAS APLICAÇÕES

Grupo
Editorial
Nacional

O GEN | Grupo Editorial Nacional – maior plataforma editorial brasileira no segmento científico, técnico e profissional – publica conteúdos nas áreas de ciências exatas, humanas, jurídicas, da saúde e sociais aplicadas, além de prover serviços direcionados à educação continuada e à preparação para concursos.

As editoras que integram o GEN, das mais respeitadas no mercado editorial, construíram catálogos inigualáveis, com obras decisivas para a formação acadêmica e o aperfeiçoamento de várias gerações de profissionais e estudantes, tendo se tornado sinônimo de qualidade e seriedade.

A missão do GEN e dos núcleos de conteúdo que o compõem é prover a melhor informação científica e distribuí-la de maneira flexível e conveniente, a preços justos, gerando benefícios e servindo a autores, docentes, livreiros, funcionários, colaboradores e acionistas.

Nosso comportamento ético incondicional e nossa responsabilidade social e ambiental são reforçados pela natureza educacional de nossa atividade e dão sustentabilidade ao crescimento contínuo e à rentabilidade do grupo.

ÁLGEBRA LINEAR
E SUAS APLICAÇÕES

6ª EDIÇÃO

David C. Lay
University of Maryland – College Park

Steven R. Lay
Lee University

Judi J. McDonald
Washington State University

Tradução e Revisão Técnica
Valéria de Magalhães Iorio
*Ph.D. em Matemática pela Universidade da Califórnia, em Berkeley
Professora Aposentada do Departamento de Matemática da
Pontifícia Universidade Católica do Rio de Janeiro (PUC-Rio),
da Escola Superior de Desenho Industrial da Universidade do
Estado do Rio de Janeiro (UERJ) e do Centro Universitário
Serra dos Órgãos (Unifeso)*

- **Atendimento ao cliente: (11) 5080-0751 | faleconosco@grupogen.com.br**

- Adaptação de Capa: Rejane Megale

- Imagem da capa: © Boryan (iStock)

- Editoração eletrônica: Arte & Ideia

- Ficha catalográfica

CIP-BRASIL. CATALOGAÇÃO NA PUBLICAÇÃO
SINDICATO NACIONAL DOS EDITORES DE LIVROS, RJ

L455a
6. ed.

    Lay, David C.
       Álgebra linear e suas aplicações / David C. Lay, Steven R. Lay, Judi J.McDonald;
tradução e revisão técnica Valéria de Magalhães Iorio. - 6. ed. - Rio de Janeiro : LTC, 2024.

       Tradução de: Linear algebra and its applications
       Apêndice
       Inclui índice
       ISBN 978-85-216-3879-7

       1. Álgebra linear. I. Lay, Steven R. II. McDonald, Judy J. III. Iorio,
Valéria de Magalhães. IV. Título.

24-88546	CDD: 512.5	
	CDU: 512.64	

Meri Gleice Rodrigues de Souza - Bibliotecária - CRB-7/6439

À minha esposa, Lillian, e
às nossas filhas, Christina, Deborah e Melissa,
cujo apoio, estímulo e orações fervorosas
tornaram este livro possível.

David C. Lay

Sobre os Autores

David C. Lay

Como membro fundador do Grupo de Estudos Curriculares de Álgebra Linear (LACSG, do inglês *Linear Algebra Curriculum Study Group*), patrocinado pela NSF (*National Science Foundation*, ou Fundação Nacional de Ciências norte-americana), David Lay foi um líder no movimento para modernizar o currículo de Álgebra Linear e compartilhou suas ideias com estudantes e professores ao escrever as quatro primeiras edições deste livro. Ele recebeu o bacharelado da Aurora University (em Illinois), concluiu mestrado e doutorado na University of California, em Los Angeles, ambas nos Estados Unidos. Lay foi professor e pesquisador em matemática por mais de 40 anos, tendo atuado principalmente na University of Maryland, em College Park. Foi professor visitante na University of Amsterdam, na Free University em Amsterdã, na Holanda, e na University of Kaiserslautern, na Alemanha. Publicou mais de 30 artigos de pesquisa referentes à análise funcional e à álgebra linear. Foi coautor de diversos textos relacionados à matemática, incluindo *Introduction to Functional Analysis*, com Angus E. Taylor; *Calculus and Its Applications*, com L. J. Goldstein e D. I. Schneider; e *Linear Algebra Gems – Assets for Undergraduate Mathematics*, com D. Carlson, C. R. Johnson e A. D. Porter.

Lay recebeu quatro prêmios universitários pela excelência no ensino, inclusive o título de Distinguished Scholar-Teacher da University of Maryland, em 1996. Recebeu um dos prêmios da Mathematical Association of America pelo ensino de matemática em faculdades e universidades em 1994. Foi eleito por graduandos membros de duas associações – a Alpha Lambda Delta National Scholastic Honor Society e a Golden Key National Honor Society. Foi agraciado com o título de Outstanding Alumnus pela Aurora University em 1989. Foi membro da American Mathematical Society, da Canadian Mathematical Society, da International Linear Algebra Society, da Mathematical Association of America, da Sigma Xi e da Society for Industrial and Applied Mathematics. Durante vários mandatos, participou do conselho nacional da Association of Christians in the Mathematical Sciences.

David Lay faleceu em outubro de 2018, mas seu legado continua a beneficiar os estudantes de álgebra linear com este aclamado texto.

Steven R. Lay

Steven R. Lay começou a lecionar na Aurora University (Illinois) em 1971, após obter os títulos de mestre e doutor (Ph.D.) em matemática pela University of California, em Los Angeles. Interrompeu essa carreira por oito anos, para atuar como missionário no Japão. Em 1998, retornou aos Estados Unidos para se juntar ao corpo docente de matemática da Lee University (Tennessee), instituição onde permanece até hoje. Desde então, vem ajudando seu irmão, David, a refinar e expandir o escopo deste texto popular sobre álgebra linear, escrevendo, inclusive, a maior parte dos Capítulos 8 e 9. Steven também é autor de três livros de matemática para graduação: *Convex Sets and Their Applications*, *Analysis with an Introduction to Proof* e *Principles of Algebra*.

Em 1985, Steven recebeu o Excellence in Teaching Award (Prêmio de Excelência em Ensino) da Aurora University. Ele, David e o pai deles, Dr. L. Clark Lay, são matemáticos importantes e, em 1989, receberam em conjunto o prêmio Outstanding Alumnus (Aluno Excepcional) da Aurora University, instituição em que se graduaram. Em 2006, Steven teve a honra de receber o Excellence in Scholarship Award (Prêmio de Excelência em Conhecimento) da Lee University. É membro da American Mathematical Society, da Mathematics Association of America e da Association of Christians in the Mathematical Sciences.

Judi J. McDonald

Judi J. McDonald tornou-se coautora da obra na quinta edição, tendo trabalhado com David na quarta edição. Concluiu o bacharelado em matemática na University of Alberta; obteve os títulos de mestre e doutora (Ph.D.) em matemática na University of Wisconsin. Como professora de matemática, ela tem mais de 40 publicações em revistas de pesquisa em álgebra linear, e mais de 20 estudantes concluíram a pós-graduação em álgebra linear sob sua supervisão. É reitora associada da Escola de Pós-Graduação (Graduate School) da Washington State University e foi membro do colegiado representando o corpo docente (Faculty Senate) nesta instituição. Trabalhou no projeto de extensão em matemática intitulado Math Central (http://mathcentral.uregina.ca/) e é membro do segundo Grupo de Estudos Curriculares de Álgebra Linear (LACSG 2.0).

Judi recebeu três prêmios de ensino: dois Inspiring Teaching (Ensino Inspirador) da University of Regina e o Thomas Lutz College of Arts and Sciences Teaching Award (Prêmio de Ensino em Arte e Ciência da Faculdade Thomas Lutz) na Washington State University. Ela também recebeu o prêmio College of Arts and Sciences Institutional Service Award da Washington State University. Tem sido membro ativo da International Linear Algebra Society e da Association for Women in Mathematics ao longo da carreira, sendo também membro da Canadian Mathematical Society, da American Mathematical Society, da Mathematics Association of America e da Society for Industrial and Applied Mathematics.

Sumário

Capítulo 7   Matrizes Simétricas e Formas Quadráticas   341

Capítulo 8   Geometria dos Espaços Vetoriais   375

Capítulo 9   Otimização*   425

Capítulo 10   Cadeias de Markov de Estados Finitos*   427

---

*Este capítulo encontra-se disponível no Ambiente de aprendizagem do GEN.

Apêndices

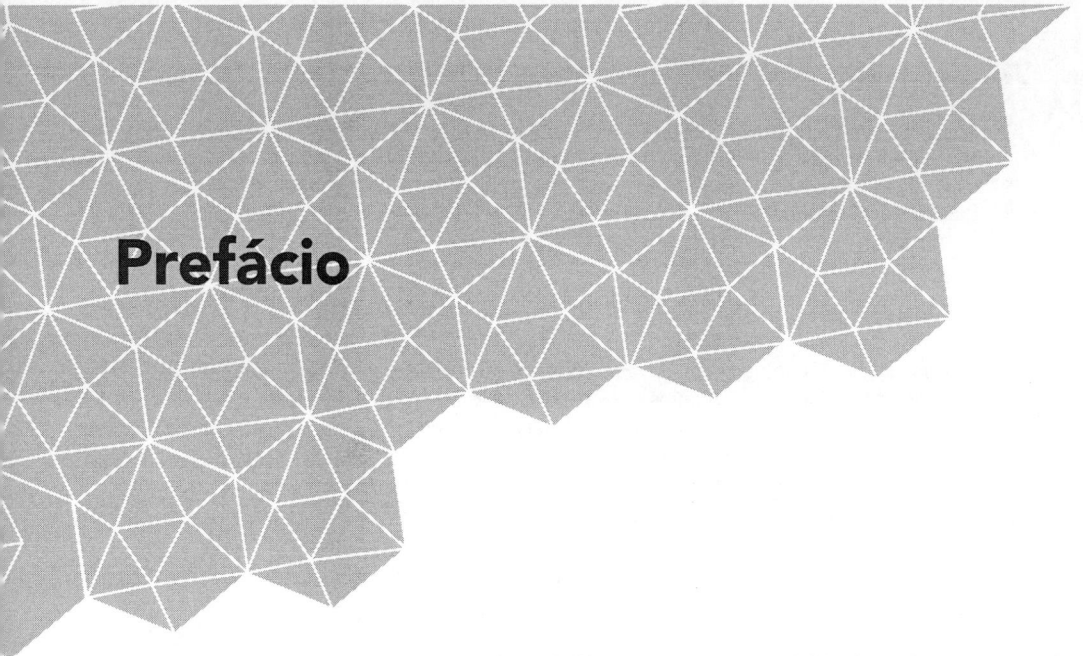

Prefácio

Estamos muito satisfeitos com a resposta obtida de professores e estudantes às cinco primeiras edições de *Álgebra Linear e Suas Aplicações*. Esta *sexta edição* fornece bastante apoio tanto para o ensino quanto para a utilização de tecnologia em álgebra linear. Como anteriormente, o texto oferece uma introdução elementar e moderna à álgebra linear e uma ampla seleção de aplicações interessantes. O conteúdo deste livro é indicado para estudantes de graduação que tenham concluído dois semestres de matemática, nos quais estejam incluídas disciplinas de cálculo em geral.

O objetivo principal do texto é ajudar os estudantes a dominarem os conceitos e habilidades básicos que serão usados mais tarde profissionalmente. Os tópicos escolhidos seguem a recomendação do *Linear Algebra Curriculum Study Group* (LACSG; em português, Grupo de Estudos Curriculares de Álgebra Linear) original que, por sua vez, baseia-se em uma pesquisa detalhada sobre as reais necessidades dos estudantes e em um consenso entre os profissionais dos muitos campos que usam a álgebra linear. Também foram incluídas ideias discutidas no segundo *Linear Algebra Curriculum Study Group* (LACSG 2.0). Esperamos que esse curso seja uma das disciplinas de matemática mais úteis e interessantes durante a graduação.

O QUE HÁ DE NOVO NESTA EDIÇÃO

A *sexta edição* apresenta novos conteúdos e exemplos interessantes. Depois de conversar com pesquisadores em indústrias de alta tecnologia e colegas em áreas afins, adicionamos tópicos inéditos, vinhetas e aplicações com a intenção de destacar, para estudantes e professores de álgebra linear, o conteúdo fundamental sobre aprendizagem de máquinas, inteligência artificial, ciência de dados e processamento de sinais digitais.

Mudanças no Conteúdo

- Como multiplicação matricial é uma habilidade muito útil, adicionamos novos exemplos ao Capítulo 2 para mostrar como usar multiplicação matricial a fim de identificar padrões e limpar dados. Foram criados exercícios correspondentes para permitir que os estudantes explorem multiplicação matricial de diversas maneiras.
- Ao conversar com engenheiros elétricos e colegas na indústria, ouvimos repetidamente como é importante a compreensão de espaços vetoriais abstratos em seu trabalho. Depois de ler os comentários dos revisores sobre o Capítulo 4, reorganizamos o capítulo condensando parte do material nos espaços coluna, linha e nulo; movendo cadeias de Markov para o fim do Capítulo 5; e criando uma seção nova sobre processamento de sinais. Consideramos sinais um espaço vetorial de dimensão infinita e ilustramos a utilidade de transformações lineares para filtrar "vetores" (ou seja, ruídos) indesejáveis, analisar dados e melhorar sinais.
- Ao mover as cadeias de Markov para o fim do Capítulo 5, podemos considerar o vetor estado estacionário um autovetor. Reorganizamos, também, o resumo sobre determinantes e mudança de base para especificar melhor como eles são usados neste capítulo.
- No Capítulo 6, apresentamos o reconhecimento de padrões como uma aplicação de ortogonalidade e a seção sobre modelos lineares ilustra, agora, a relação entre aprendizagem de máquinas e ajustamento de curvas.

- Depois de uma seção inicial sobre encontrar estratégias ótimas para jogos de soma zero com duas pessoas, o Capítulo 9 (disponível no Ambiente de Aprendizagem do GEN e na versão digital da obra) apresenta uma introdução à programação linear – de problemas bidimensionais que podem ser resolvidos geometricamente a problemas em dimensões mais altas que são resolvidos usando o Método Simplex.

Outras Mudanças

- Em indústrias de alta tecnologia, em que a maior parte dos cálculos é feita por computadores, julgar a validade da informação e dos cálculos é um passo importante na preparação e na análise de dados. Nesta edição, os estudantes são encorajados a aprender a analisar seus cálculos para ver se são consistentes com os dados em mão e as questões propostas. Por isso, adicionamos "Respostas Razoáveis", com conselhos e exercícios para orientar os estudantes.
- Adicionamos uma lista de projetos ao fim de cada capítulo (conteúdo em inglês, disponível *online* em bit.ly/30IM8gT). Os temas variam amplamente, desde usar transformações lineares para criar arte até explorar ideias adicionais em matemática. Eles podem ser usados para trabalhos em grupo ou para potencializar a aprendizagem individualmente.

CARACTERÍSTICAS RELEVANTES

Introdução Precoce de Conceitos-Chave

Muitas ideias fundamentais de álgebra linear são apresentadas nas sete primeiras aulas, no contexto concreto de $\mathbb{R}^n$, e examinadas em seguida, gradualmente, de pontos de vista diferentes. Generalizações desses conceitos mais tarde aparecem como extensões naturais de ideias familiares, vistas por meio da intuição geométrica desenvolvida no Capítulo 1. Uma das maiores vantagens deste texto é que o nível de dificuldade é razoavelmente constante ao longo do curso.

Visão Moderna sobre Multiplicação Matricial

Uma boa notação é crucial, e o texto reflete a maneira com que cientistas e engenheiros utilizam a álgebra linear na prática. As definições e demonstrações são feitas com as colunas de uma matriz, em vez dos elementos. Um tema central é olhar o produto de uma matriz por um vetor, $A\mathbf{x}$, como uma combinação linear das colunas de A. Essa abordagem moderna simplifica muitos argumentos e une as ideias de espaços vetoriais com o estudo de sistemas lineares.

Transformações Lineares

As transformações lineares formam um "fio" que é tecido à medida que o texto avança. Sua utilização aumenta a trama geométrica do texto. No Capítulo 1, por exemplo, as transformações lineares fornecem uma visão dinâmica e gráfica da multiplicação de matrizes por vetores.

Autovalores e Sistemas Dinâmicos

Autovalores aparecem razoavelmente cedo no texto, nos Capítulos 5 e 7. Como esse assunto é trabalhado durante diversas semanas, os estudantes têm mais tempo do que de hábito para absorver e rever esses conceitos fundamentais. A discussão sobre autovalores é motivada e aplicada a sistemas dinâmicos discretos e contínuos, que aparecem nas Seções 1.10, 4.8, 5.9 e em cinco seções do Capítulo 5. Alguns cursos chegam ao Capítulo 5 em cerca de cinco semanas, cobrindo as Seções 2.8 e 2.9 em vez do Capítulo 4. Essas duas seções opcionais apresentam todos os conceitos de espaço vetorial do Capítulo 4 que são necessários para o Capítulo 5.

Ortogonalidade e Problemas de Mínimos Quadráticos

Esses tópicos recebem um tratamento mais completo do que o que é encontrado, em geral, em textos para iniciantes. O *Linear Algebra Curriculum Study Group* (Grupo de Estudos Curriculares de Álgebra Linear) original enfatizou a necessidade de uma unidade substancial abordando ortogonalidade e problemas de mínimos quadráticos, porque a ortogonalidade tem papel fundamental em cálculos computacionais e álgebra linear numérica e, também, porque sistemas lineares incompatíveis aparecem com muita frequência na prática cotidiana.

RECURSOS PEDAGÓGICOS

Aplicações

Uma ampla gama de aplicações ilustra o poder da álgebra linear para explicar princípios fundamentais e simplificar os cálculos em engenharia, ciência da computação, matemática, física, biologia, economia e estatística. Algumas aplicações aparecem em seções separadas; outras são tratadas em exemplos e exercícios. Além disso, cada capítulo começa com um exemplo introdutório que prepara o cenário para alguma aplicação de álgebra linear e fornece motivação para desenvolver o tópico do capítulo.

Forte Ênfase Geométrica

É dada uma interpretação geométrica a todos os conceitos mais importantes no curso, pois muitos estudantes aprendem melhor quando podem visualizar uma ideia. O livro contém muito mais figuras do que é usual e algumas delas são inéditas em um texto de álgebra linear.

Exemplos

Os exemplos neste livro formam uma proporção muito maior de seu material expositivo do que na maioria dos textos de álgebra linear. O livro contém muito mais exemplos do que seria, normalmente, exposto em sala de aula. Mas, como os exemplos são escritos cuidadosamente, com muitos detalhes, os estudantes podem lê-los por conta própria.

Teoremas e Demonstrações

Resultados importantes são enunciados como teoremas. Outros fatos úteis são apresentados em boxes sombreados para facilitar. Os teoremas, em sua maioria, são demonstrados visando o estudante iniciante. Em alguns casos, os cálculos essenciais de uma demonstração são dados em um exemplo escolhido cuidadosamente. Algumas verificações rotineiras são deixadas como exercício, caso possam beneficiar os estudantes.

Problemas Práticos

Alguns Problemas Práticos selecionados cuidadosamente aparecem antes de cada conjunto de exercícios. As soluções completas são fornecidas após esses exercícios. Tais problemas estão relacionados a pontos que podem ser problemáticos no conjunto de exercícios ou funcionam como "aquecimento" para os exercícios que os seguem. Suas soluções contêm, muitas vezes, sugestões importantes para os exercícios ou avisos sobre algum ponto sutil.

Exercícios

A grande quantidade de exercícios varia de cálculos rotineiros a questões conceituais que necessitam de mais reflexão. Um número significativo de perguntas inovadoras focaliza dificuldades conceituais que encontramos em trabalhos de estudantes há muitos anos. Cada conjunto de exercícios é ordenado com cuidado, na mesma ordem geral que o texto; conjuntos de problemas para casa ficam facilmente disponíveis ao se discutir apenas uma parte da seção. Uma característica notável dos exercícios é sua simplicidade numérica. Os problemas podem ser resolvidos rapidamente, sem que o estudante gaste muito tempo em cálculos numéricos. Os exercícios procuram aprofundar a compreensão, em vez de cálculos mecânicos. Os exercícios nesta *sexta edição* mantêm a integridade dos exercícios das edições anteriores, ao mesmo tempo em que trazem problemas novos para estudantes e professores.

Os exercícios marcados com o símbolo **M** devem ser trabalhados com a ajuda de um "programa matricial" (um programa de computador como MATLAB, Maple, Mathematica, MathCad ou Derive, ou uma calculadora programável com capacidades matriciais, como as produzidas pela Texas Instruments).

Questões do Tipo Verdadeiro/Falso

Para encorajar os estudantes a ler o texto inteiro e pensar criticamente, desenvolvemos mais de 300 questões do tipo verdadeiro/falso que aparecem ao longo do texto, logo depois dos problemas computacionais. Elas podem ser respondidas diretamente a partir do texto e preparam os estudantes para os problemas conceituais subsequentes. Os estudantes passam a gostar dessas questões após se acostumarem com a importância de ler o texto cuidadosamente. Com base em experiências de sala de aula e em conversas com estudantes, decidimos não colocar as respostas no texto. Um teste adicional com 150 questões do tipo verdadeiro/falso (a maioria no fim de cada capítulo) verifica se o conteúdo foi compreendido. O texto fornece as respostas para a maioria dos exercícios suplementares, V/F, mas não as justifica (o que, em geral, requer algum raciocínio).

Exercícios Discursivos

A habilidade de escrever afirmações matemáticas coerentes na língua materna é essencial a todos os estudantes de álgebra linear, não apenas àqueles que pretendem fazer uma pós-graduação em matemática. O texto inclui muitos exercícios para os quais uma justificativa escrita é parte da resposta. Exercícios conceituais que necessitam de uma demonstração curta contêm, em geral, sugestões que ajudam o estudante a começar. Para exercícios selecionados deste tipo, o livro contém a resposta no fim ou uma sugestão, pelo menos.

Projetos

É fornecida uma lista de projetos (conteúdo em inglês, disponível em bit.ly/30IM8gT) ao fim de cada capítulo. Estes projetos podem ser usados individualmente ou em grupos e fornecem a oportunidade para os estudantes explorarem conceitos fundamentais e aplicações em mais detalhes. Inclusive, dois desses projetos encorajam os estudantes a usarem sua criatividade e transformações lineares para criarem trabalhos artísticos.

Respostas Razoáveis

Muitos de nossos estudantes entrarão em um mercado de trabalho em que decisões importantes serão feitas com base em respostas fornecidas por computadores e outras máquinas. Os boxes e os exercícios na seção Respostas Razoáveis ajudam os estudantes a perceberem a necessidade de analisar suas respostas em relação à correção e à precisão.

Tópicos Computacionais

O texto enfatiza o impacto do computador, tanto no desenvolvimento quanto na prática da álgebra linear em ciência e engenharia. Comentários Numéricos frequentes chamam a atenção para tópicos computacionais e distinguem entre conceitos teóricos, como a inversão de matrizes, e implementações computacionais, como fatoração LU.

AGRADECIMENTOS

David Lay era grato a diversos grupos de pessoas que o ajudaram, por todos esses anos, em vários aspectos deste livro. Ele era particularmente agradecido a Israel Gohberg e a Robert Ellis, por mais de 15 anos de colaboração em pesquisas, que muito influenciaram sua visão da álgebra linear. Teve o privilégio de trabalhar com David Carlson, Charles Johnson e Duane Porter no *Linear Algebra Curriculum Study Group*. Suas ideias criativas sobre o ensino de álgebra linear influenciaram este texto de várias maneiras importantes. Muitas vezes, ele falou com carinho de três bons amigos que o orientaram no desenvolvimento deste livro praticamente desde o início, oferecendo boas sugestões e encorajamento: Greg Tobin, editor; Laurie Rosatone, editora aposentada; e William Hoffman, editor aposentado.

Judi e Steven tiveram o privilégio de trabalhar com o Professor David Lay em edições recentes de seu livro de álgebra linear. Ao fazer esta revisão, tentamos manter a abordagem básica e a clareza de estilo que tornaram as edições anteriores populares entre estudantes e professores. Agradecemos a Eric Schulz por compartilhar sua experiência considerável, tecnológica e pedagógica, na criação do livro eletrônico original. Sua ajuda e encorajamento foram essenciais para dar vida às figuras e aos exemplos na versão Wolfram Cloud deste livro-texto.

Mathew Hudelson foi um colega valioso na preparação da *sexta edição*; estava sempre disposto a falar sobre conceitos ou ideias e testar uma nova versão do texto e dos exercícios. Ele deu a ideia para a vinheta nova no Capítulo 3 e o projeto associado. Ajudou com exercícios novos ao longo do texto. Harley Weston proporcionou a Judi muitos anos de conversas boas sobre como, por quê e a quem apelar para apresentar material matemático de maneiras diferentes. O lado artístico de Katerina Tsatsomeros foi definitivamente um trunfo quando precisávamos de arte para transformar (o peixe e a ovelha), melhorar o texto nas vinhetas introdutórias novas ou obter informações sobre as perspectivas de estudantes em idade universitária.

Apreciamos o incentivo e a experiência compartilhada de Nella Ludlow, Thomas Fischer, Amy Johnston, Cassandra Seubert e Mike Manzano. Eles forneceram informações importantes sobre aplicações de álgebra linear e ideias para exemplos e exercícios novos. Em especial, as novas vinhetas e o material nos Capítulos 4 e 6 foram inspirados por conversas com estes indivíduos.

Fomos energizados por Sepideh Stewart e outros membros novos do segundo *Linear Algebra Curriculum Study Group* (LACSG 2.0): Sheldon Axler, Rob Beezer, Eugene Boman, Minerva Catral, Guershon Harel, David Strong e Megan Wawro. Encontros iniciais deste grupo forneceram orientação valiosa na revisão da *sexta edição*.

Agradecemos, sinceramente, aos revisores a seguir por suas análises cuidadosas e sugestões construtivas:

Maila C. Brucal-Hallare, *Norfolk State University*
Steven Burrow, *Central Texas College*
Kristen Campbell, *Elgin Community College*
J. S. Chahal, *Brigham Young University*
Charles Conrad, *Volunteer State Community College*
Kevin Farrell, *Lyndon State College*
R. Darrell Finney, *Wilkes Community College*
Chris Fuller, *Cumberland University*
Xiaofeng Gu, *University of West Georgia*
Jeffrey Jauregui, *Union College*
Jeong Mi-Yoon, *University of Houston–Downtown*
Christopher Murphy, *Guilford Tech. C.C.*
Michael T. Muzheve, *Texas A&M U. em Kingsville*
Charles I. Odion, *Houston Community College*
Iason Rusodimos, *Perimeter C. em Georgia State U.*
Desmond Stephens, *Florida Ag. e Mech. U.*
Rebecca Swanson, *Colorado School of Mines*
Jiyuan Tao, *Loyola University em Maryland*
Casey Wynn, *Kenyon College*
Amy Yielding, *Eastern Oregon University*
Taoye Zhang, *Penn State U. em Worthington Scranton*
Houlong Zhuang, *Arizona State University*

Agradecemos a revisão e as sugestões dadas por John Samons e Jennifer Blue. Seus olhares cuidadosos ajudaram a minimizar os erros desta edição.

Agradecemos a Kristina Evans, a Phil Oslin e a Jean Choe pelo trabalho na montagem e manutenção das tarefas de casa *online* para acompanhamento do texto no MyLab Math da obra original, e por continuar a trabalhar conosco para melhorá-las. Foram muito apreciadas as revisões das tarefas de casa *online* feitas por Joan Saniuk, Robert Pierce, Doron Lubinsky e Adriana Corinaldesi. Agradecemos também ao corpo docente da University of California em Santa Bárbara, da University of Alberta, da Washington State University e do Georgia Institute of Technology pelos seus comentários sobre o curso MyLab Math. Joe Vetere forneceu ajuda técnica muito apreciada com o *Guia de Estudos e o Manual de Soluções para o Instrutor* do original em inglês.

Agradecemos a Jeff Weidenaar, nosso gerente de conteúdo, pelo seus conselhos continuados, cuidadosos e bem pensados. O gerente de projeto Ron Hampton foi uma ajuda tremenda ao nos guiar ao longo do processo de produção. Somos gratos também a Stacey Sveum e Rosemary Morton, nossas profissionais de marketing, e a Jon Krebs, nosso associado editorial, que também contribuiu para o sucesso desta edição.

Steven R. Lay e Judi J. McDonald

Material Suplementar

Este livro conta com os seguintes materiais suplementares:

- Capítulo 9: Otimização

- Capítulo 10: Cadeias de Markov de Estados Finitos.

O acesso ao material suplementar é gratuito. Basta que o leitor se cadastre, faça seu *login* em nosso *site* (www.grupogen.com.br) e, após, clique em Ambiente de aprendizagem. Em seguida, insira no canto superior esquerdo o código PIN de acesso localizado na primeira orelha deste livro.

O acesso ao material suplementar online fica disponível até seis meses após a edição do livro ser retirada do mercado.

Caso haja alguma mudança no sistema ou dificuldade de acesso, entre em contato conosco (gendigital@grupogen.com.br).

Nota aos Estudantes

Este curso é, potencialmente, o mais interessante e a disciplina de matemática mais útil que você cursará durante sua graduação. De fato, alguns estudantes me escreveram ou me disseram, depois de formados, que às vezes ainda usam este texto como referência em seus empregos em corporações importantes e na pós-graduação de engenharia. A seguir, fornecemos alguns conselhos e informações para ajudá-lo a dominar o conteúdo e aproveitar o curso.

Em álgebra linear, os *conceitos* são tão importantes quanto os *cálculos*. Os exercícios numéricos simples no início de cada conjunto de exercícios estão ali apenas para ajudá-lo a verificar sua compreensão dos procedimentos básicos. Mais tarde, quando ingressar no mercado profissional, os computadores farão os cálculos para você, mas você terá de escolher esses cálculos, saber como interpretar os resultados, analisar se eles são razoáveis e, em seguida, explicá-los para outras pessoas. Por essa razão, muitos exercícios no texto pedem para você explicar ou justificar seus cálculos. Frequentemente, um texto discursivo faz parte da resposta. Para exercícios selecionados, você encontrará uma boa sugestão por meio das respostas no fim do livro. Você deve evitar a tentação de olhar as respostas antes de ter tentado redigir a solução por conta própria. Caso contrário, é possível que você pense que entendeu o assunto quando, de fato, não o fez.

Para dominar os conceitos de álgebra linear, você precisará ler e reler o texto cuidadosamente. Termos novos aparecem em negrito, algumas vezes dentro de um boxe de definição. Um glossário está incluído no fim do livro. Fatos importantes são enunciados como teoremas ou estão em boxes de fundo sombreado, para facilitar. Gostaríamos de encorajá-lo a ler o Prefácio para saber mais sobre a estrutura da obra. Isso vai lhe dar uma ideia melhor de como o curso pode prosseguir.

A álgebra linear é, em sentido prático, uma linguagem. Você precisa aprender essa linguagem da mesma maneira que aprenderia uma língua estrangeira – com trabalho diário. O conteúdo apresentado em uma seção não pode ser compreendido com facilidade, a menos que você tenha estudado cuidadosamente e resolvido os exercícios das seções precedentes. Ficar em dia com a matéria vai evitar muita perda de tempo e aborrecimentos!

Comentários Numéricos

Esperamos que você leia os Comentários Numéricos ao longo do livro, mesmo que não esteja usando um computador ou uma calculadora gráfica junto com o texto. A maior parte das aplicações de álgebra linear na vida real envolve cálculos sujeitos a erros numéricos, mesmo que estes sejam muito pequenos. Os Comentários Numéricos alertam sobre possíveis dificuldades ao usar a álgebra linear profissionalmente, e se você estudar os comentários agora, as chances de se lembrar deles mais tarde são maiores.

Se gostar dos Comentários Numéricos, você pode querer cursar uma disciplina de álgebra linear numérica em outra oportunidade. Devido à grande demanda de aumento de poder computacional, cientistas de computação e matemáticos trabalham em álgebra linear numérica para desenvolver algoritmos mais rápidos e mais confiáveis para cálculos, da mesma maneira que os engenheiros elétricos projetam computadores mais rápidos e menores para rodar esses algoritmos. Esse é um campo excitante e seu primeiro curso de álgebra linear vai ajudar a prepará-lo para isso.

1 Equações Lineares na Álgebra Linear

Modelos Lineares em Economia e Engenharia

Era o fim do verão de 1949. Wassily Leontief, professor de Harvard, estava cuidadosamente inserindo o último cartão perfurado no computador Mark II da universidade. Os cartões continham informações sobre a economia norte-americana e representavam um resumo de mais de 250.000 itens produzidos pelo Departamento de Estatística do Trabalho dos EUA após dois anos de trabalho intenso. Leontief dividiu a economia norte-americana em 500 "setores", como indústria de carvão, indústria automobilística, comunicações e assim por diante. Para cada setor, ele escreveu uma equação linear que descrevia como o setor distribuía sua produção com respeito aos outros setores da economia. Uma vez que o Mark II, um dos maiores computadores de sua época, não podia lidar com o sistema resultante de 500 equações e 500 incógnitas, Leontief precisou resumir o problema em um sistema de 42 equações e 42 incógnitas.

A programação do computador Mark II para resolver as 42 equações de Leontief levou vários meses de trabalho, e ele estava ansioso para ver quanto tempo o computador demoraria para resolver o problema. Mark II roncou e piscou durante 56 horas até que finalmente produziu uma solução. Vamos discutir a natureza dessa solução nas Seções 1.6 e 2.6.

Leontief, que ganhou o Prêmio Nobel de Economia de 1973, abriu a porta para uma nova era da modelagem matemática na economia. Seus esforços de 1949 em Harvard marcaram uma das primeiras aplicações significativas do computador na análise do que era então um modelo matemático de grande escala. Desde aquela época, pesquisadores de muitas outras áreas têm usado computadores para analisar modelos matemáticos. Por causa da enorme quantidade de dados envolvidos, os modelos são geralmente *lineares*; ou seja, são descritos por *sistemas de equações lineares*.

A importância da álgebra linear nas aplicações tem crescido de modo diretamente proporcional ao aumento do poder computacional, em que cada nova geração de *hardware* e *software* dispara uma demanda para capacidades ainda maiores. Assim, a ciência da computação está muito ligada à álgebra linear por meio do crescimento explosivo de processamento paralelo e de computação em grande escala.

Na atualidade, cientistas e engenheiros trabalham em problemas muito mais complexos do que se sonhava ser possível há algumas décadas. Hoje, a álgebra linear tem mais valor em potencial para os estudantes, em muitas áreas científicas e de negócios, que qualquer outro assunto em matemática no âmbito graduação. O material deste texto fornece a base para o trabalho subsequente em muitas áreas interessantes. Aqui estão algumas possibilidades; outras serão descritas mais adiante.

- *Exploração de petróleo*. Quando um navio sai em busca de depósitos de petróleo submarinos, seus computadores resolvem milhares de sistemas de equações lineares *todos os dias*. Os dados sísmicos para as equações são obtidos a partir de ondas de choques submarinas geradas por explosões. As ondas são refletidas por rochas submarinas e medidas por geofones presos em longos cabos arrastados pelo navio.
- *Programação linear*. Hoje, muitas decisões gerenciais importantes são tomadas com base em modelos de programação linear que utilizam centenas de variáveis. As companhias aéreas, por exemplo, usam programas lineares para escalar o pessoal de bordo, monitorar as localizações das aeronaves ou planejar as diversas escalas dos serviços de apoio, como as operações de manutenção e de terminal.
- *Circuitos elétricos*. Os engenheiros usam programas de simulação para projetar circuitos elétricos e circuitos integrados envolvendo milhões de transistores. Os programas dependem de técnicas de álgebra linear e de sistemas de equações lineares.
- *Inteligência artificial*. A álgebra linear tem um papel fundamental em tudo, de depuração de dados a reconhecimento facial.
- *Sinais e processamento de sinais*. De uma fotografia digital ao preço diário de uma ação, a informação importante é gravada como um sinal e processada por meio de transformações lineares.
- *Aprendizado de máquinas*. Máquinas (especificamente computadores) usam álgebra linear para aprender sobre qualquer coisa, desde preferências para compras pela internet até reconhecimento de fala.

Os sistemas de equações lineares estão no âmago da álgebra linear e são usados, neste capítulo, para introduzir alguns dos conceitos centrais da álgebra linear em um contexto simples e concreto. As Seções 1.1 e 1.2 apresentam um método sistemático para resolver sistemas de equações lineares. Esse algoritmo será usado para cálculos ao longo de todo o texto. As Seções 1.3 e 1.4 mostram como um sistema linear é equivalente a uma *equação vetorial* e a uma *equação matricial*. Essa equivalência reduzirá problemas envolvendo combinações lineares de vetores a questões sobre sistemas de equações lineares. Os conceitos fundamentais de subespaços gerados, independência linear e transformações lineares, estudados na segunda metade do capítulo, vão desempenhar papel essencial ao longo do texto, à medida que explorarmos a beleza e a força da álgebra linear.

1.1 SISTEMAS DE EQUAÇÕES LINEARES

Uma **equação linear** nas variáveis $x_1, \ldots x_n$ é uma equação que pode ser escrita na forma

$$a_1x_1 + a_2x_2 + \cdots + a_nx_n = b \tag{1}$$

em que b e os **coeficientes** $a_1, \ldots, a_n$ são números reais ou complexos, em geral já conhecidos. O índice n pode ser qualquer inteiro positivo. Nos exemplos e exercícios de livros, n está normalmente entre 2 e 5. Em problemas reais, n pode ser 50 ou 5.000, ou até mesmo maior.

As equações

$$4x_1 - 5x_2 + 2 = x_1 \quad \text{e} \quad x_2 = 2\left(\sqrt{6} - x_1\right) + x_3$$

são ambas lineares, porque podem ser reescritas na forma da equação (1):

$$3x_1 - 5x_2 = -2 \quad \text{e} \quad 2x_1 + x_2 - x_3 = 2\sqrt{6}$$

As equações

$$4x_1 - 5x_2 = x_1x_2 \quad \text{e} \quad x_2 = 2\sqrt{x_1} - 6$$

não são lineares por causa da presença de x_1x_2 na primeira equação e $\sqrt{x_1}$ na segunda.

Um **sistema de equações lineares** (ou um **sistema linear**) é uma coleção de uma ou mais equações lineares envolvendo as mesmas variáveis, digamos $x_1, \ldots, x_n$. Um exemplo é

$$\begin{aligned} 2x_1 - x_2 + 1{,}5x_3 &= 8 \\ x_1 - 4x_3 &= -7 \end{aligned} \tag{2}$$

Uma **solução** do sistema é uma lista $(s_1, s_2, \ldots, s_n)$ de números que torna cada equação uma afirmação verdadeira quando os valores $s_1, \ldots, s_n$ são substituídos por $x_1, \ldots, x_n$, respectivamente. Por exemplo, $(5; 6,5; 3)$ é uma solução para o sistema (2) porque, quando esses valores são substituídos em (2), no lugar de x_1, x_2, x_3, respectivamente, as equações são simplificadas para $8 = 8$ e $-7 = -7$.

O conjunto de todas as soluções possíveis é conhecido como **conjunto solução** do sistema linear. Dois sistemas lineares são chamados **equivalentes** se tiveram o mesmo conjunto solução, ou seja, cada solução do primeiro sistema é uma solução do segundo sistema, e cada solução do segundo sistema é uma solução do primeiro.

É fácil determinar o conjunto solução de um sistema linear de duas equações, porque isso é equivalente a determinar a interseção de duas retas. Um problema típico é

$$\begin{aligned} x_1 - 2x_2 &= -1 \\ -x_1 + 3x_2 &= 3 \end{aligned}$$

Os gráficos dessas equações são retas, que denotamos por ℓ_1 e ℓ_2. Um par de números (x_1, x_2) satisfaz *ambas* as equações do sistema se e somente se o ponto (x_1, x_2) pertencer a ambas as retas ℓ_1 e ℓ_2. No sistema já mencionado, a solução é o único ponto $(3, 2)$, como se pode de forma fácil verificar. Veja a Figura 1.

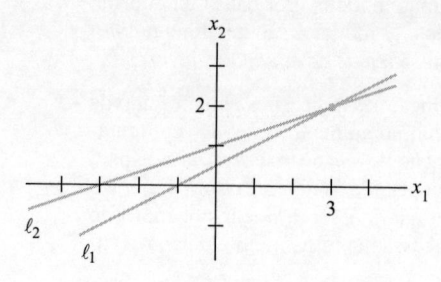

FIGURA 1 Exatamente uma solução.

É claro que duas retas não precisam se intersectar em um único ponto — podem ser paralelas, ou podem coincidir e, portanto, se "intersectar" em todos os pontos. A Figura 2 mostra os gráficos que correspondem aos seguintes sistemas:

(a) $x_1 - 2x_2 = -1$
     $-x_1 + 2x_2 = 3$

(b) $x_1 - 2x_2 = -1$
     $-x_1 + 2x_2 = 1$

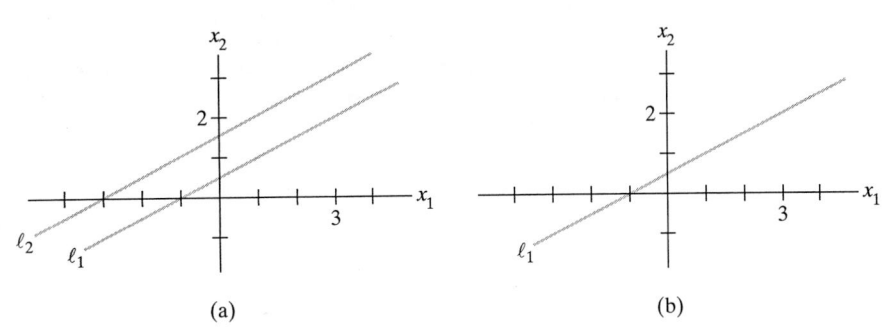

(a)   (b)

FIGURA 2 (a) Sem solução. (b) Uma infinidade de soluções.

As Figuras 1 e 2 ilustram o seguinte fato geral sobre sistemas lineares, que será verificado na Seção 1.2.

Um sistema de equações lineares tem:

1. nenhuma solução, ou
2. exatamente uma solução, ou
3. infinitas soluções.

Dizemos que um sistema linear é **consistente** se tiver uma solução ou infinitas soluções; um sistema é **inconsistente** ou **impossível** se não tiver nenhuma solução.

Notação Matricial

A informação essencial de um sistema linear pode ser representada de forma compacta por meio de um arranjo retangular chamado **matriz**. Dado o sistema

$$x_1 - 2x_2 + x_3 = 0$$
$$2x_2 - 8x_3 = 8 \qquad (3)$$
$$5x_1 - 5x_3 = 10$$

podemos formar uma matriz com os coeficientes de cada variável alinhados em colunas

$$\begin{bmatrix} 1 & -2 & 1 \\ 0 & 2 & -8 \\ 5 & 0 & -5 \end{bmatrix}$$

Essa matriz é chamada **matriz dos coeficientes** (ou **matriz associada**) do sistema (3) e a matriz

$$\begin{bmatrix} 1 & -2 & 1 & 0 \\ 0 & 2 & -8 & 8 \\ 5 & 0 & -5 & 10 \end{bmatrix} \qquad (4)$$

é conhecida como **matriz aumentada** do sistema. (A segunda linha contém um zero porque a segunda equação poderia ter sido escrita como $0 \cdot x_1 + 2x_2 - 8x_3 = 8$.) Uma matriz aumentada de um sistema consiste na matriz dos coeficientes, com uma coluna adicional que contém as constantes à direita do sinal de igualdade nas respectivas equações.

O **tamanho** de uma matriz informa quantas linhas e colunas a matriz tem. A matriz aumentada (4) anterior tem 3 linhas e 4 colunas e é chamada uma matriz 3×4 (leia "três por quatro"). Se m e n forem inteiros positivos, uma **matriz** $m \times n$ será um arranjo retangular de números com m linhas e n colunas. (O número de linhas sempre vem primeiro.) A notação matricial irá simplificar os cálculos nos exemplos que se seguem.

Resolvendo um Sistema Linear

Esta seção e a próxima descrevem um algoritmo, ou seja, um procedimento sistemático, para resolver sistemas lineares. A estratégia básica é *substituir um sistema por um sistema equivalente (isto é, um com o mesmo conjunto solução) que seja mais fácil de resolver*.

Basicamente, usamos o termo em x_1 da primeira equação do sistema para eliminar os termos em x_1 das outras equações. Depois, usamos o termo em x_2 da segunda equação para eliminar os termos em x_2 das outras equações, e assim por diante, até por fim obtermos um sistema equivalente bem simples.

Três operações básicas são usadas para simplificar um sistema linear: substituir uma equação por sua própria soma com um múltiplo de outra equação, trocar entre si duas equações e multiplicar todos os termos de uma equação por uma constante não nula. Após o primeiro exemplo, veremos por que essas três operações não alteram o conjunto solução do sistema.

EXEMPLO 1 Resolva o sistema (3).

SOLUÇÃO Vamos realizar o procedimento de eliminação com e sem a notação matricial e colocar os resultados lado a lado para compararmos:

$$
\begin{aligned}
x_1 - 2x_2 + \ x_3 &= 0 \\
2x_2 - 8x_3 &= 8 \\
5x_1 \qquad\ - 5x_3 &= 10
\end{aligned}
\qquad
\begin{bmatrix}
1 & -2 & 1 & 0 \\
0 & 2 & -8 & 8 \\
5 & 0 & -5 & 10
\end{bmatrix}
$$

Queremos manter x_1 na primeira equação e eliminá-lo das outras. Para isso, somamos –5 vezes a primeira equação à terceira. Depois de alguma prática, o cálculo seguinte costuma ser feito mentalmente:

$$
\begin{array}{ll}
-5 \cdot [\text{equação 1}] & -5x_1 + 10x_2 - \ 5x_3 = \ 0 \\
+ \ [\text{equação 3}] & \ 5x_1 \qquad\ - \ 5x_3 = 10 \\
\hline
[\text{nova equação 3}] & \qquad\ 10x_2 - 10x_3 = 10
\end{array}
$$

O resultado desse cálculo é colocado no lugar da terceira equação original:

$$
\begin{aligned}
x_1 - \ 2x_2 + \ \ x_3 &= 0 \\
2x_2 - \ 8x_3 &= 8 \\
10x_2 - 10x_3 &= 10
\end{aligned}
\qquad
\begin{bmatrix}
1 & -2 & 1 & 0 \\
0 & 2 & -8 & 8 \\
0 & 10 & -10 & 10
\end{bmatrix}
$$

A seguir, multiplicamos a segunda equação por 1/2 para obter o coeficiente de x_2 igual a 1. (Esse cálculo irá simplificar a aritmética do próximo passo.)

$$
\begin{aligned}
x_1 - \ 2x_2 + \ \ x_3 &= 0 \\
x_2 - \ 4x_3 &= 4 \\
10x_2 - 10x_3 &= 10
\end{aligned}
\qquad
\begin{bmatrix}
1 & -2 & 1 & 0 \\
0 & 1 & -4 & 4 \\
0 & 10 & -10 & 10
\end{bmatrix}
$$

Usamos o x_2 na segunda equação para eliminar o $10x_2$ na terceira equação. O cálculo "mental" é

$$
\begin{array}{ll}
-10 \cdot [\text{equação 2}] & -10x_2 + 40x_3 = -40 \\
+ \ [\text{equação 3}] & \ 10x_2 - 10x_3 = \ 10 \\
\hline
[\text{nova equação 3}] & \qquad\quad 30x_3 = -30
\end{array}
$$

O resultado desses cálculos é escrito no lugar da terceira equação (linha) anterior:

$$
\begin{aligned}
x_1 - 2x_2 + \ \ x_3 &= \ \ 0 \\
x_2 - \ 4x_3 &= \ \ 4 \\
30x_3 &= -30
\end{aligned}
\qquad
\begin{bmatrix}
1 & -2 & 1 & 0 \\
0 & 1 & -4 & 4 \\
0 & 0 & 30 & -30
\end{bmatrix}
$$

Agora, multiplique a equação 3 por $\dfrac{1}{30}$ para obter 1 como coeficiente de x_3. (Este cálculo irá simplificar a aritmética no próximo passo.)

$$
\begin{aligned}
x_1 - 2x_2 + \ x_3 &= \ \ 0 \\
x_2 - 4x_3 &= \ \ 4 \\
x_3 &= -1
\end{aligned}
\qquad
\begin{bmatrix}
1 & -2 & 1 & 0 \\
0 & 1 & -4 & 4 \\
0 & 0 & 1 & -1
\end{bmatrix}
$$

O novo sistema tem uma forma *triangular* (o termo intuitivo *triangular* será substituído por um termo preciso na próxima seção):

$$
\begin{aligned}
x_1 - 2x_2 + \ x_3 &= \ \ 0 \\
x_2 - 4x_3 &= \ \ 4 \\
x_3 &= -1
\end{aligned}
\qquad
\begin{bmatrix}
1 & -2 & 1 & 0 \\
0 & 1 & -4 & 4 \\
0 & 0 & 1 & -1
\end{bmatrix}
$$

Em algum momento, vamos querer eliminar o termo $-2x_2$ da primeira equação, mas é mais eficiente usar, primeiro, o x_3 na terceira equação para eliminar os termos $-4x_3$ e $+x_3$ na segunda e na primeira equações. Os dois cálculos "mentais" são

$$
\begin{array}{ll}
4 \cdot \text{[equação 3]} & 4x_3 = -4 \\
+ \text{[equação 2]} & x_2 - 4x_3 = 4 \\
\hline
\text{[nova equação 2]} & x_2 = 0
\end{array}
\qquad
\begin{array}{ll}
-1 \cdot \text{[equação 3]} & -x_3 = 1 \\
+ \text{[equação 1]} & x_1 - 2x_2 + x_3 = 0 \\
\hline
\text{[nova equação 1]} & x_1 - 2x_2 = 1
\end{array}
$$

Combinando os resultados dessas duas operações, obtemos

$$
\begin{array}{rcl}
x_1 - 2x_2 & = & 1 \\
x_2 & = & 0 \\
x_3 & = & -1
\end{array}
\qquad
\begin{bmatrix}
1 & -2 & 0 & 1 \\
0 & 1 & 0 & 0 \\
0 & 0 & 1 & -1
\end{bmatrix}
$$

Assim, tendo eliminado a coluna acima do x_3 na terceira equação, retornamos ao x_2 na segunda equação para eliminar o $-2x_2$ acima dele. Por causa do trabalho anterior com o x_3, agora não temos nenhuma conta envolvendo os termos em x_3. Somando duas vezes a segunda equação à primeira, obtemos o sistema:

$$
\begin{array}{rcl}
x_1 & = & 1 \\
x_2 & = & 0 \\
x_3 & = & -1
\end{array}
\qquad
\begin{bmatrix}
1 & 0 & 0 & 1 \\
0 & 1 & 0 & 0 \\
0 & 0 & 1 & -1
\end{bmatrix}
$$

O trabalho está praticamente terminado, e indica que a única solução do sistema original é $(1, 0, -1)$. No entanto, já que fizemos tantos cálculos, seria uma boa ideia verificar nosso resultado. Para verificar que $(1, 0, -1)$ *é*, de fato, uma solução, substituímos esses valores nas expressões à esquerda dos sinais de igualdade no sistema original e calculamos:

$$
\begin{array}{rcl}
1(1) - 2(0) + 1(-1) = 1 - 0 - 1 = & 0 \\
2(0) - 8(-1) = \quad 0 + 8 = & 8 \\
5(1) \quad - 5(-1) = 5 \quad + 5 = & 10
\end{array}
$$

Os resultados conferem com os números à direita dos sinais de igualdade no sistema original, de modo que $(1, 0, -1)$ é uma solução do sistema. ∎

O Exemplo 1 ilustra como as operações nas equações de um sistema linear correspondem a operações nas linhas apropriadas da matriz aumentada. As três operações básicas descritas anteriormente correspondem às seguintes operações na matriz aumentada.

OPERAÇÕES ELEMENTARES NAS LINHAS

1. (Substituição) Substituir uma linha por sua própria soma com um múltiplo de outra.[1]
2. (Troca) Trocar duas linhas entre si.
3. (Mudança de escala) Multiplicar todos os elementos de uma linha por uma constante não nula.

As operações elementares podem ser aplicadas a qualquer matriz, não só àquelas que surgem como matriz aumentada de um sistema linear. Diremos que duas matrizes são **equivalentes por linhas** se existir uma sequência de operações elementares de linhas que transforme uma matriz na outra.

É importante observar que as operações elementares são *reversíveis*. Se duas linhas forem trocadas, poderão retornar às suas posições originais por meio de outra troca. Se uma linha for escalonada por uma constante não nula c, então multiplicando a nova linha por $1/c$ obteremos a linha original. Finalmente, considere uma operação de substituição envolvendo duas linhas, digamos, a primeira e a segunda, e suponha que c vezes a primeira linha é somada à segunda de modo a obter uma nova segunda linha. Para "reverter" essa operação, some $-c$ vezes a primeira linha à (nova) segunda linha para obter a segunda linha original. Veja os Exercícios 39 a 42 no fim desta seção.

No momento, estamos interessados em operações elementares na matriz aumentada associada a um sistema linear de equações. Suponha que um sistema seja transformado em um novo por operações elementares. Considerando cada tipo de operação elementar, é fácil ver que qualquer solução do sistema original continua sendo uma solução do novo sistema. Reciprocamente, como o sistema original pode ser obtido do novo sistema por meio de operações elementares, cada solução do novo sistema também é uma solução do sistema original. Essa discussão justifica a afirmação a seguir.

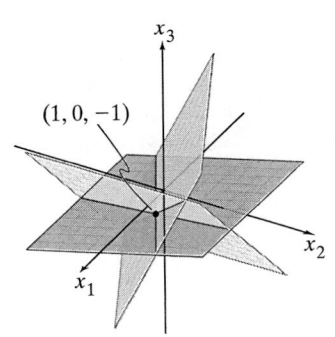

Cada uma das equações originais determina um plano no espaço tridimensional. O ponto $(1, 0, -1)$ pertence aos três planos.

---

[1] Um modo frequente de parafrasear a substituição de linhas é: "Somar a uma linha um múltiplo de outra linha".

> Se as matrizes aumentadas de dois sistemas lineares forem equivalentes por linha, então os dois sistemas terão o mesmo conjunto solução.

Apesar de o Exemplo 1 ser longo, você descobrirá, depois de um pouco de prática, que os cálculos são feitos com rapidez. Em geral, as operações elementares dos exercícios do texto serão muito mais fáceis de realizar, permitindo que você se mantenha focado nos conceitos subjacentes. Mesmo assim, é preciso aprender a realizar operações elementares corretamente, porque serão utilizadas ao longo de todo o texto.

O restante desta seção mostra como usar operações elementares para determinar o tamanho de um conjunto solução, sem resolver o sistema linear completamente.

Problema de Existência e Unicidade

Na Seção 1.2, veremos por que um conjunto solução de um sistema linear pode não conter solução, conter uma solução ou uma infinidade de soluções. Respostas às duas perguntas a seguir determinarão a natureza do conjunto solução de um sistema linear.

A fim de determinar qual possibilidade é verdadeira para um sistema em particular, faremos duas perguntas.

DUAS PERGUNTAS FUNDAMENTAIS SOBRE UM SISTEMA LINEAR

1. O sistema é consistente, ou seja, *existe* pelo menos uma solução?

2. Se existe solução, *só* existe uma, ou seja, a solução é *única*?

Essas duas perguntas aparecem ao longo de todo o texto de muitas formas diferentes. Nesta e na próxima seção, mostraremos como responder a essas perguntas usando operações elementares na matriz aumentada.

EXEMPLO 2 Determine se o sistema a seguir é consistente:

$$\begin{aligned} x_1 - 2x_2 + \ x_3 &= 0 \\ 2x_2 - 8x_3 &= 8 \\ 5x_1 \qquad\quad - 5x_3 &= 10 \end{aligned}$$

SOLUÇÃO Esse é o sistema do Exemplo 1. Suponha que tenhamos realizado as operações elementares necessárias para obter a forma triangular

$$\begin{aligned} x_1 - 2x_2 + \ x_3 &= \ \ 0 \\ x_2 - 4x_3 &= \ \ 4 \\ x_3 &= -1 \end{aligned} \qquad \begin{bmatrix} 1 & -2 & 1 & 0 \\ 0 & 1 & -4 & 4 \\ 0 & 0 & 1 & -1 \end{bmatrix}$$

Aqui já conhecemos x_3. Se substituíssemos o valor de x_3 na segunda equação, determinaríamos x_2 e, depois, poderíamos determinar x_1 usando a primeira equação. Portanto, existe solução; o sistema é consistente. (De fato, x_2 é determinado unicamente pela segunda equação, já que x_3 só tem um valor possível, e x_1, logo, fica determinado apenas pela primeira equação. Então a solução é única.) ∎

EXEMPLO 3 Determine se o sistema a seguir é consistente:

$$\begin{aligned} x_2 - \ \ 4x_3 &= 8 \\ 2x_1 - 3x_2 + \ \ 2x_3 &= 1 \\ 4x_1 - 8x_2 + 12x_3 &= 1 \end{aligned} \tag{5}$$

SOLUÇÃO A matriz aumentada é

$$\begin{bmatrix} 0 & 1 & -4 & 8 \\ 2 & -3 & 2 & 1 \\ 4 & -8 & 12 & 1 \end{bmatrix}$$

Para obter um x_1 na primeira equação, trocamos a primeira linha com a segunda:

$$\begin{bmatrix} 2 & -3 & 2 & 1 \\ 0 & 1 & -4 & 8 \\ 4 & -8 & 12 & 1 \end{bmatrix}$$

Para eliminar o termo $4x_1$ na terceira equação, somamos -2 vezes a primeira linha à terceira:

$$\begin{bmatrix} 2 & -3 & 2 & 1 \\ 0 & 1 & -4 & 8 \\ 0 & -2 & 8 & -1 \end{bmatrix} \qquad (6)$$

Em seguida, usamos o termo x_2 na segunda equação para eliminar o termo $-2x_2$ da terceira equação. Some a terceira linha à segunda linha multiplicada por 2:

$$\begin{bmatrix} 2 & -3 & 2 & 1 \\ 0 & 1 & -4 & 8 \\ 0 & 0 & 0 & 15 \end{bmatrix} \qquad (7)$$

Agora, a matriz aumentada está na forma triangular. Para interpretá-la de maneira correta, vamos voltar para a notação de equações:

$$\begin{aligned} 2x_1 - 3x_2 + 2x_3 &= 1 \\ x_2 - 4x_3 &= 8 \\ 0 &= 15 \end{aligned} \qquad (8)$$

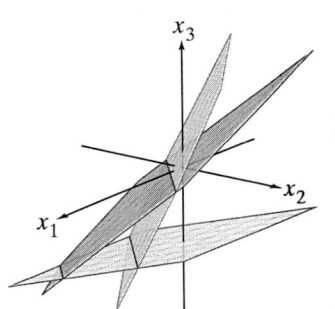

Este sistema é inconsistente porque não existe ponto pertencente aos três planos.

A equação $0 = 15$ é uma forma resumida de $0x_1 + 0x_2 + 0x_3 = 15$. Esse sistema em forma triangular obviamente tem uma contradição. Não existem valores de x_1, x_2, x_3 que satisfaçam (8), já que a equação $0 = 15$ nunca é verdadeira. Como (8) e (5) têm o mesmo conjunto solução, o sistema original é inconsistente (não tem solução). ∎

Preste atenção na matriz aumentada em (7). Sua última linha é típica de um sistema inconsistente em forma triangular.

Respostas Razoáveis

Uma vez encontrada uma ou mais soluções de um sistema de equações, lembre-se de verificar sua resposta substituindo a solução encontrada na equação original. Por exemplo, se você encontrou que $(2, 1, -1)$ é uma solução para o sistema de equações

$$\begin{aligned} x_1 - 2x_2 + x_3 &= 2 \\ x_1 - 2x_3 &= -2 \\ x_2 + x_3 &= 3 \end{aligned}$$

você poderia substituir sua solução nas equações originais para obter

$$\begin{aligned} 2 - 2(1) + (-1) &= -1 \neq 2 \\ 2 - 2(-1) &= 4 \neq -2 \\ 1 + (-1) &= 0 \neq 3 \end{aligned}$$

Então ficou claro que tem um erro nos seus cálculos originais. Se, ao verificar sua aritmética, você encontrou a resposta $(2, 1, 2)$, pode ver que

$$\begin{aligned} 2 - 2(1) + (2) &= 2 = 2 \\ 2 - 2(2) &= -2 = -2 \\ 1 + 2 &= 3 = 3 \end{aligned}$$

de modo que agora você pode ter a certeza de que encontrou a solução correta para o sistema de equações dado.

Comentários Numéricos

Em problemas reais, os sistemas de equações lineares são resolvidos por um computador. Para uma matriz de coeficientes quadrada, os programas de computador quase sempre usam o algoritmo de eliminação, dado aqui na Seção 1.2, com uma ligeira modificação a fim de melhorar a precisão.

A imensa maioria dos problemas de álgebra linear no mundo dos negócios e na indústria é resolvida com programas que usam *aritmética de ponto flutuante*. Os números são representados como decimais da forma $\pm 0,d_1 \ldots d_p \times 10^r$, em que r é um inteiro e o número p de algarismos à direita da vírgula decimal fica em geral entre 8 e 16. A aritmética desses números é tipicamente inexata, porque o resultado precisa ser arredondado (ou truncado) de acordo com o número de algarismos armazenados. "Erros de arredondamento" também são introduzidos quando um número como 1/3 é colocado no computador, já que sua representação decimal precisa ser aproximada por um número finito de algarismos. Por sorte, as imprecisões da aritmética de ponto flutuante raramente causam algum problema. Os comentários numéricos neste livro irão, às vezes, advertir a respeito de questões que você talvez precise considerar mais tarde em sua carreira.

Problemas Práticos

Ao longo de todo o livro, os problemas práticos devem ser trabalhados antes dos exercícios. Suas soluções são dadas ao fim de cada conjunto de exercícios.

1. Enuncie, em palavras, a próxima operação elementar que deve ser realizada no sistema de modo a resolvê-lo. [É possível mais de uma resposta em (a).]

a.
$$\begin{aligned} x_1 + 4x_2 - 2x_3 + 8x_4 &= 12 \\ x_2 - 7x_3 + 2x_4 &= -4 \\ 5x_3 - x_4 &= 7 \\ x_3 + 3x_4 &= -5 \end{aligned}$$

b.
$$\begin{aligned} x_1 - 3x_2 + 5x_3 - 2x_4 &= 0 \\ x_2 + 8x_3 &= -4 \\ 2x_3 &= 3 \\ x_4 &= 1 \end{aligned}$$

2. A matriz aumentada associada a um sistema linear foi transformada por operações elementares para a forma a seguir. Determine se o sistema é consistente.

$$\begin{bmatrix} 1 & 5 & 2 & -6 \\ 0 & 4 & -7 & 2 \\ 0 & 0 & 5 & 0 \end{bmatrix}$$

3. Será que $(3, 4, -2)$ é uma solução do sistema a seguir?

$$\begin{aligned} 5x_1 - x_2 + 2x_3 &= 7 \\ -2x_1 + 6x_2 + 9x_3 &= 0 \\ -7x_1 + 5x_2 - 3x_3 &= -7 \end{aligned}$$

4. Para que valores de h e k o sistema a seguir é consistente?

$$\begin{aligned} 2x_1 - x_2 &= h \\ -6x_1 + 3x_2 &= k \end{aligned}$$

1.1 EXERCÍCIOS

Resolva cada sistema, nos Exercícios 1 a 4, usando operações elementares nas equações ou na matriz aumentada. Siga o procedimento sistemático de eliminação descrito nesta seção.

1.
$$\begin{aligned} x_1 + 5x_2 &= 7 \\ -2x_1 - 7x_2 &= -5 \end{aligned}$$

2.
$$\begin{aligned} 2x_1 + 4x_2 &= -4 \\ 5x_1 + 7x_2 &= 11 \end{aligned}$$

3. Encontre o ponto (x_1, x_2) que pertence às retas $x_1 + 5x_2 = 7$ e $x_1 - 2x_2 = -2$. Veja a figura.

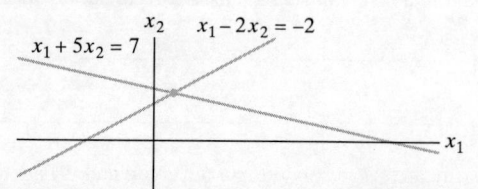

4. Determine o ponto de interseção das retas $x_1 - 5x_2 = 1$ e $3x_1 - 7x_2 = 5$.

Considere cada matriz nos Exercícios 5 e 6 como a matriz aumentada de um sistema linear. Enuncie, em palavras, as duas próximas operações elementares que devem ser efetuadas nas linhas das matrizes, no processo de resolução dos sistemas.

5.
$$\begin{bmatrix} 1 & -4 & 5 & 0 & 7 \\ 0 & 1 & -3 & 0 & 6 \\ 0 & 0 & 1 & 0 & 2 \\ 0 & 0 & 0 & 1 & -5 \end{bmatrix}$$

6.
$$\begin{bmatrix} 1 & -6 & 4 & 0 & -1 \\ 0 & 2 & -7 & 0 & 4 \\ 0 & 0 & 1 & 2 & -3 \\ 0 & 0 & 3 & 1 & 6 \end{bmatrix}$$

Nos Exercícios 7 a 10, a matriz aumentada de um sistema linear foi reduzida por operações elementares à forma dada. Em cada caso, prossiga com as operações elementares apropriadas e descreva o conjunto solução do sistema original.

7.
$$\begin{bmatrix} 1 & 7 & 3 & -4 \\ 0 & 1 & -1 & 3 \\ 0 & 0 & 0 & 1 \\ 0 & 0 & 1 & -2 \end{bmatrix}$$

8.
$$\begin{bmatrix} 1 & 1 & 2 & 0 \\ 0 & 1 & 7 & 0 \\ 0 & 0 & 2 & -2 \end{bmatrix}$$

9.
$$\begin{bmatrix} 1 & -1 & 0 & 0 & -4 \\ 0 & 1 & -3 & 0 & -7 \\ 0 & 0 & 1 & -3 & -1 \\ 0 & 0 & 0 & 0 & 4 \end{bmatrix}$$

10.
$$\begin{bmatrix} 1 & -2 & 0 & 3 & 0 \\ 0 & 1 & 0 & -4 & 0 \\ 0 & 0 & 1 & 0 & 0 \\ 0 & 0 & 0 & 1 & 0 \end{bmatrix}$$

Resolva os sistemas nos Exercícios 11 a 14.

11.
$$\begin{aligned} x_2 + 4x_3 &= -4 \\ x_1 + 3x_2 + 3x_3 &= -2 \\ 3x_1 + 7x_2 + 5x_3 &= 6 \end{aligned}$$

12.
$$\begin{aligned} x_1 - 3x_2 + 4x_3 &= -4 \\ 3x_1 - 7x_2 + 7x_3 &= -8 \\ -4x_1 + 6x_2 + 2x_3 &= 4 \end{aligned}$$

13.
$$\begin{aligned} x_1 - 3x_3 &= 8 \\ 2x_1 + 2x_2 + 9x_3 &= 7 \\ x_2 + 5x_3 &= -2 \end{aligned}$$

14.
$$\begin{aligned} x_1 - 3x_2 &= 5 \\ -x_1 + x_2 + 5x_3 &= 2 \\ x_2 + x_3 &= 0 \end{aligned}$$

15. Verifique que a solução que você encontrou no Exercício 11 está correta substituindo os valores obtidos na equação original.

16. Verifique que a solução que você encontrou no Exercício 12 está correta substituindo os valores obtidos na equação original.

17. Verifique que a solução que você encontrou no Exercício 13 está correta substituindo os valores obtidos na equação original.

18. Verifique que a solução que você encontrou no Exercício 14 está correta substituindo os valores obtidos na equação original.

Determine se os sistemas nos Exercícios 19 e 20 são consistentes. Não resolva os sistemas completamente.

19.
$$\begin{aligned}
x_1 \quad + 3x_3 \quad &= 2 \\
x_2 \quad - 3x_4 &= 3 \\
-2x_2 + 3x_3 + 2x_4 &= 1 \\
3x_1 \quad + 7x_4 &= -5
\end{aligned}$$

20.
$$\begin{aligned}
x_1 \quad - 2x_4 &= -3 \\
2x_2 + 2x_3 \quad &= 0 \\
x_3 + 3x_4 &= 1 \\
-2x_1 + 3x_2 + 2x_3 + x_4 &= 5
\end{aligned}$$

21. As três retas $x_1 - 4x_2 = 1$, $2x_1 - x_2 = -3$ e $-x_1 - 3x_2 = 4$ têm algum ponto em comum? Explique.

22. Os três planos $x_1 + 2x_2 + x_3 = 4$, $x_2 - x_3 = 1$ e $x_1 + 3x_2 = 0$ têm pelo menos um ponto em comum? Explique.

Nos Exercícios 23 a 26, determine o(s) valor(es) de h tais que a matriz seja a matriz aumentada associada a um sistema linear consistente.

23. $\begin{bmatrix} 1 & h & 4 \\ 3 & 6 & 8 \end{bmatrix}$ **24.** $\begin{bmatrix} 1 & h & -3 \\ -2 & 4 & 6 \end{bmatrix}$

25. $\begin{bmatrix} 1 & 3 & -2 \\ -4 & h & 8 \end{bmatrix}$ **26.** $\begin{bmatrix} 2 & -3 & h \\ -6 & 9 & 5 \end{bmatrix}$

Nos Exercícios 27 a 34, afirmações importantes feitas nesta seção são citadas diretamente, um pouco alteradas (mas ainda verdadeiras) ou alteradas de forma a torná-las falsas. Marque cada afirmação como Verdadeira ou Falsa e *justifique* sua resposta. (Se verdadeira, indique o local aproximado em que uma afirmação semelhante foi feita, ou dê uma referência de uma definição ou teorema. Se falsa, indique onde pode ser encontrada uma afirmação que foi citada ou usada incorretamente, ou dê um exemplo que mostre que a afirmação não pode ser verdadeira em todos os casos.) Questões semelhantes, do tipo Verdadeiro/Falso, aparecerão em muitas seções neste texto e estarão indicadas com **(V/F)** no início da questão.

27. **(V/F)** Toda operação elementar é reversível.

28. **(V/F)** Operações elementares efetuadas nas linhas da matriz aumentada de um sistema linear nunca mudam o conjunto solução.

29. **(V/F)** Uma matriz 5×6 tem seis linhas.

30. **(V/F)** Duas matrizes são equivalentes por linhas se tiverem o mesmo número de linhas.

31. **(V/F)** O conjunto solução de um sistema linear envolvendo as variáveis $x_1, \ldots, x_n$ é uma lista de números $(s_1, \ldots, s_n)$ que torna cada equação do sistema verdadeira quando as variáveis $x_1, \ldots, x_n$ assumem os valores $s_1, \ldots, s_n$, respectivamente.

32. **(V/F)** Um sistema inconsistente tem mais de uma solução.

33. **(V/F)** Duas perguntas fundamentais sobre um sistema linear envolvem existência e unicidade.

34. **(V/F)** Dois sistemas lineares serão equivalentes se tiverem o mesmo conjunto solução.

35. Encontre uma equação envolvendo g, h e k que faça com que a matriz aumentada a seguir corresponda a um sistema consistente:
$$\begin{bmatrix} 1 & -4 & 7 & g \\ 0 & 3 & -5 & h \\ -2 & 5 & -9 & k \end{bmatrix}$$

36. Construa três matrizes aumentadas diferentes para sistemas lineares cujo conjunto solução consiste em $x_1 = -2$, $x_2 = 1$, $x_3 = 0$.

37. Suponha que o sistema a seguir seja consistente para todos os valores de f e g. O que você pode dizer sobre os coeficientes c e d? Justifique sua resposta.
$$\begin{aligned}
x_1 + 3x_2 &= f \\
cx_1 + dx_2 &= g
\end{aligned}$$

38. Suponha que a, b, c e d sejam constantes, a seja diferente de zero e o sistema a seguir seja consistente para todos os valores possíveis de f e de g. O que você pode dizer sobre os números a, b, c e d? Justifique sua resposta.
$$\begin{aligned}
ax_1 + bx_2 &= f \\
cx_1 + dx_2 &= g
\end{aligned}$$

Nos Exercícios 39 a 42, determine a operação elementar que transforma a primeira matriz na segunda e, depois, determine a operação elementar inversa que transforma a segunda matriz na primeira.

39. $\begin{bmatrix} 0 & -2 & 5 \\ 1 & 4 & -7 \\ 3 & -1 & 6 \end{bmatrix}$, $\begin{bmatrix} 1 & 4 & -7 \\ 0 & -2 & 5 \\ 3 & -1 & 6 \end{bmatrix}$

40. $\begin{bmatrix} 1 & 3 & -4 \\ 0 & -2 & 6 \\ 0 & -5 & 9 \end{bmatrix}$, $\begin{bmatrix} 1 & 3 & -4 \\ 0 & 1 & -3 \\ 0 & -5 & 9 \end{bmatrix}$

41. $\begin{bmatrix} 1 & -2 & 1 & 0 \\ 0 & 5 & -2 & 8 \\ 4 & -1 & 3 & -6 \end{bmatrix}$, $\begin{bmatrix} 1 & -2 & 1 & 0 \\ 0 & 5 & -2 & 8 \\ 0 & 7 & -1 & -6 \end{bmatrix}$

42. $\begin{bmatrix} 1 & 2 & -5 & 0 \\ 0 & 1 & -3 & -2 \\ 0 & -3 & 9 & 5 \end{bmatrix}$, $\begin{bmatrix} 1 & 2 & -5 & 0 \\ 0 & 1 & -3 & -2 \\ 0 & 0 & 0 & -1 \end{bmatrix}$

Uma consideração importante no estudo da transferência de calor é determinar a distribuição de temperatura do estado estacionário de uma placa fina quando a temperatura em seu bordo é conhecida. Suponha que a placa, na figura a seguir, represente uma seção transversal de uma barra de metal, com fluxo de calor desprezível na direção perpendicular à placa. Sejam $T_1, \ldots, T_4$ as temperaturas nos quatro nós interiores do reticulado na figura. A temperatura em um nó é igual, aproximadamente, à média dos quatro nós vizinhos — à esquerda, acima, à direita e abaixo.[2] Por exemplo,

$$T_1 = (10 + 20 + T_2 + T_4)/4 \quad \text{ou} \quad 4T_1 - T_2 - T_4 = 30$$

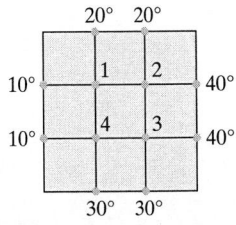

43. Escreva um sistema com quatro equações cuja solução fornece estimativas para as temperaturas $T_1, \ldots, T_4$.

44. Resolva o sistema de equações do Exercício 43. [*Sugestão:* Para acelerar os cálculos, troque a primeira com a quarta linha antes de começar as operações de "substituição".]

---

[2] Veja Frank M. White, *Heat and Mass Transfer* (Reading, MA: Addison-Wesley Publishing, 1991), p. 145-149.

Soluções dos Problemas Práticos

1. a. Para o "cálculo braçal", a melhor escolha é trocar a terceira com a quarta equação. Outra possibilidade é multiplicar a terceira equação por 1/5. Ou substituir a quarta equação por sua soma com a terceira multiplicada por −1/5. (Em qualquer caso, não use o x_2 na segunda equação para eliminar o $4x_2$ na primeira. Espere até obter uma forma triangular e eliminar os termos em x_3 e x_4 nas duas primeiras equações.)

   b. O sistema está em forma triangular. Uma simplificação adicional começa com o termo x_4 na quarta equação. Use esse x_4 para eliminar todos os x_4 acima. O passo apropriado, agora, é somar 2 vezes a quarta equação à primeira. (Depois, multiplique a terceira equação por 1/2 e use-a para eliminar os termos em x_3 acima.)

2. O sistema associado à matriz aumentada é

$$x_1 + 5x_2 + 2x_3 = -6$$
$$4x_2 - 7x_3 = 2$$
$$5x_3 = 0$$

A terceira equação torna $x_3 = 0$, o que certamente é um valor permitido para x_3. Após a eliminação dos termos em x_3 nas duas primeiras equações, poderíamos prosseguir com a resolução para determinar valores únicos de x_2 e x_1. Portanto, a solução existe e é única. Observe a diferença entre esta situação e a do Exemplo 3.

3. É fácil verificar se uma lista específica de números é uma solução ou não. Substituindo $x_1 = 3$, $x_2 = 4$ e $x_3 = -2$, obtemos

$$5(3) - (4) + 2(-2) = 15 - 4 - 4 = 7$$
$$-2(3) + 6(4) + 9(-2) = -6 + 24 - 18 = 0$$
$$-7(3) + 5(4) - 3(-2) = -21 + 20 + 6 = 5$$

Apesar de as duas primeiras equações serem satisfeitas, a terceira não é, de modo que $(3, 4, -2)$ não é uma solução do sistema. Observe o uso dos parênteses quando fazemos as substituições. Eles são fortemente recomendados como precaução contra erros de aritmética.

4. Quando somamos à segunda equação três vezes a primeira, o sistema obtido é

$$2x_1 - x_2 = h$$
$$0 = k + 3h$$

Se $k + 3h$ não for zero, o sistema não terá solução. O sistema é consistente para quaisquer valores de h e k que tornem $k + 3h = 0$.

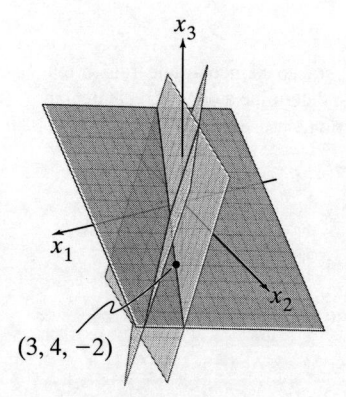

Como o ponto $(3, 4, -2)$ satisfaz as duas primeiras equações, ele pertence à reta de interseção dos dois primeiros planos. Como $(3, 4, -2)$ não satisfaz todas as três equações, ele não pertence a todos os três planos.

1.2 REDUÇÃO POR LINHAS E FORMAS ESCALONADAS

Nesta seção, vamos refinar o método da Seção 1.1 transformando-o em um algoritmo de redução por linhas, que nos possibilitará analisar qualquer sistema linear de equações.[1] Usando apenas a primeira parte do algoritmo, seremos capazes de responder às perguntas fundamentais sobre existência e unicidade feitas na Seção 1.1.

O algoritmo se aplica a qualquer matriz, seja uma matriz aumentada de um sistema linear ou não. Assim, a primeira parte desta seção se aplica a qualquer matriz retangular e começa introduzindo duas classes importantes de matrizes que incluem as matrizes "triangulares" da Seção 1.1. Nas definições que se seguem, uma linha ou uma coluna *não nula* em uma matriz significa uma linha ou uma coluna que contém pelo menos um elemento não nulo; algumas vezes, nos referiremos ao primeiro elemento não nulo de uma linha, considerado da esquerda para a direita (em uma linha não nula), como um **elemento líder**.

---

[1] Esse algoritmo é uma variação do algoritmo conhecido como *método de Gauss*. Um método semelhante para sistemas lineares foi usado por matemáticos chineses em torno de 250 a.C. O processo era desconhecido na cultura ocidental até o século XIX, quando foi descoberto pelo matemático alemão famoso, Carl Friedrich Gauss. O engenheiro alemão Wilhelm Jordan popularizou o algoritmo em 1888 em um texto sobre geodésicas.

DEFINIÇÃO

Uma matriz retangular está em **forma escalonada** (ou em **forma escalonada por linhas**) se satisfizer as três seguintes propriedades:

1. Todas as linhas não nulas estão acima de qualquer linha que só contenha zeros.
2. O elemento líder de cada linha não nula está em uma coluna à direita do elemento líder da linha acima.
3. Todos os elementos na coluna de um elemento líder que estão abaixo dele são iguais a zero.

Se uma matriz em forma escalonada satisfizer as condições adicionais a seguir, então estará na **forma escalonada reduzida** (ou em **forma escalonada reduzida por linhas**):

4. O elemento líder de cada linha não nula é igual a 1.
5. Cada elemento líder igual a 1 é o único elemento não nulo em sua coluna.

Uma **matriz escalonada** (**matriz escalonada reduzida**, respectivamente) é uma matriz em forma escalonada (forma escalonada reduzida, respectivamente). A propriedade 2 diz que os elementos líderes formam um padrão *escalonado* ("de escada") que desce para a direita pela matriz. A propriedade 3 é uma simples consequência da propriedade 2, mas está incluída para enfatizar.

As matrizes "triangulares" da Seção 1.1, como

$$\begin{bmatrix} 2 & -3 & 2 & 1 \\ 0 & 1 & -4 & 8 \\ 0 & 0 & 0 & 5/2 \end{bmatrix} \quad e \quad \begin{bmatrix} 1 & 0 & 0 & 29 \\ 0 & 1 & 0 & 16 \\ 0 & 0 & 1 & 3 \end{bmatrix}$$

estão em forma escalonada. De fato, a segunda matriz está em forma escalonada reduzida. Vejamos agora exemplos adicionais.

EXEMPLO 1   As matrizes a seguir estão em forma escalonada. Os elementos líderes (■) podem assumir qualquer valor não nulo; os elementos com asterisco (*) podem assumir qualquer valor (incluindo zero).

$$\begin{bmatrix} ■ & * & * & * \\ 0 & ■ & * & * \\ 0 & 0 & 0 & 0 \\ 0 & 0 & 0 & 0 \end{bmatrix}, \quad \begin{bmatrix} 0 & ■ & * & * & * & * & * & * & * & * \\ 0 & 0 & 0 & ■ & * & * & * & * & * & * \\ 0 & 0 & 0 & 0 & ■ & * & * & * & * & * \\ 0 & 0 & 0 & 0 & 0 & ■ & * & * & * & * \\ 0 & 0 & 0 & 0 & 0 & 0 & 0 & 0 & ■ & * \end{bmatrix}$$

As matrizes a seguir estão na forma escalonada reduzida, porque os elementos líderes são todos iguais a 1 e só tem elementos iguais a 0 abaixo *e acima* de cada líder.

$$\begin{bmatrix} 1 & 0 & * & * \\ 0 & 1 & * & * \\ 0 & 0 & 0 & 0 \\ 0 & 0 & 0 & 0 \end{bmatrix}, \quad \begin{bmatrix} 0 & 1 & * & 0 & 0 & 0 & * & * & 0 & * \\ 0 & 0 & 0 & 1 & 0 & 0 & * & * & 0 & * \\ 0 & 0 & 0 & 0 & 1 & 0 & * & * & 0 & * \\ 0 & 0 & 0 & 0 & 0 & 1 & * & * & 0 & * \\ 0 & 0 & 0 & 0 & 0 & 0 & 0 & 0 & 1 & * \end{bmatrix} \quad ■$$

Qualquer matriz não nula pode ser **escalonada** (ou seja, transformada por operações elementares) em mais de uma matriz em forma escalonada, usando sequências diferentes de operações elementares. No entanto, a forma escalonada reduzida obtida de uma matriz é única. O próximo teorema está demonstrado no Apêndice A, no fim do livro.

TEOREMA 1

Unicidade da Forma Escalonada Reduzida

Cada matriz é equivalente por linhas a uma e somente uma matriz escalonada reduzida.

Se uma matriz A for equivalente por linhas a uma matriz escalonada U, dizemos que U é **uma forma escalonada** (ou forma escalonada por linhas) de A; se U estiver em forma escalonada reduzida, dizemos que U é **a forma escalonada reduzida de** A. [A maioria dos programas matriciais e das calculadoras com capacidade para manipular matrizes usa a abreviação RREF para a forma escalonada reduzida (por linhas); alguns usam REF para a forma escalonada (por linhas).]

Posição de Pivôs

Quando as operações elementares geram uma forma escalonada de uma matriz, as operações adicionais para se obter a forma escalonada reduzida não mudam as posições dos elementos líderes. Como a forma escalonada reduzida é única, *os elementos líderes estão sempre nas mesmas posições em qualquer forma escalonada de dada matriz.* Esses elementos líderes correspondem aos elementos líderes iguais a 1 na forma escalonada reduzida.

DEFINIÇÃO

> Em uma matriz A, uma **posição de pivô** é um local em A que corresponde a um elemento líder em uma forma escalonada de A. Uma **coluna pivô** é uma coluna de A que contém uma posição de pivô.

No Exemplo 1, os quadrados (■) identificam as posições de pivôs. Muitos conceitos fundamentais nos quatro primeiros capítulos estarão relacionados, de uma forma ou de outra, às posições de pivôs de uma matriz.

EXEMPLO 2 Faça o escalonamento da matriz A a seguir e localize as colunas pivôs de A.

$$A = \begin{bmatrix} 0 & -3 & -6 & 4 & 9 \\ -1 & -2 & -1 & 3 & 1 \\ -2 & -3 & 0 & 3 & -1 \\ 1 & 4 & 5 & -9 & -7 \end{bmatrix}$$

SOLUÇÃO Use a mesma estratégia básica da Seção 1.1. O primeiro elemento (ao alto) da primeira coluna não nula (da esquerda para a direita) é a primeira posição de pivô. Um valor não nulo, chamado *pivô*, deve ser colocado nessa posição. Uma boa escolha é trocar a primeira com a quarta linha (porque, assim, os cálculos mentais do próximo passo não envolverão frações).

$$\begin{bmatrix} 1 & 4 & 5 & -9 & -7 \\ -1 & -2 & -1 & 3 & 1 \\ -2 & -3 & 0 & 3 & -1 \\ 0 & -3 & -6 & 4 & 9 \end{bmatrix}$$

Pivô ⌐ (primeira coluna), Coluna pivô

Crie zeros abaixo do pivô, 1, somando múltiplos da primeira linha às linhas de baixo e obtenha a matriz (1) abaixo. A próxima posição de pivô, na segunda linha, deve estar o mais possível à esquerda, a saber, na segunda coluna. Escolheremos o 2 nessa posição como o próximo pivô.

$$\begin{bmatrix} 1 & 4 & 5 & -9 & -7 \\ 0 & 2 & 4 & -6 & -6 \\ 0 & 5 & 10 & -15 & -15 \\ 0 & -3 & -6 & 4 & 9 \end{bmatrix} \qquad (1)$$

Pivô — Próxima coluna pivô

Some a segunda linha multiplicada por $-5/2$ à terceira e some a segunda linha multiplicada por $3/2$ à quarta.

$$\begin{bmatrix} 1 & 4 & 5 & -9 & -7 \\ 0 & 2 & 4 & -6 & -6 \\ 0 & 0 & 0 & 0 & 0 \\ 0 & 0 & 0 & -5 & 0 \end{bmatrix} \qquad (2)$$

A matriz em (2) é diferente das matrizes obtidas na Seção 1.1. Não há como criar um elemento líder na terceira coluna. (Não podemos usar as duas primeiras linhas, senão destruiríamos a formação escalonada dos elementos líderes obtida até agora.) No entanto, se trocarmos a terceira com a quarta linha, poderemos criar um elemento líder na quarta coluna.

$$\begin{bmatrix} 1 & 4 & 5 & -9 & -7 \\ 0 & 2 & 4 & -6 & -6 \\ 0 & 0 & 0 & -5 & 0 \\ 0 & 0 & 0 & 0 & 0 \end{bmatrix} \qquad \text{Forma geral:} \qquad \begin{bmatrix} ■ & * & * & * & * \\ 0 & ■ & * & * & * \\ 0 & 0 & 0 & ■ & * \\ 0 & 0 & 0 & 0 & 0 \end{bmatrix}$$

Pivô — Colunas pivôs

A matriz está em forma escalonada, revelando que a primeira, a segunda e a quarta são as colunas pivôs.

$$A = \begin{bmatrix} \boxed{0} & -3 & -6 & 4 & 9 \\ -1 & \boxed{-2} & -1 & 3 & 1 \\ -2 & -3 & 0 & \boxed{3} & -1 \\ 1 & 4 & 5 & -9 & -7 \end{bmatrix} \qquad (3)$$

Posições de pivôs

Colunas pivôs

Um **pivô**, como ilustrado no Exemplo 2, é um número não nulo em uma posição de pivô que é usado para criar zeros por meio de operações elementares. Os pivôs no Exemplo 2 são 1, 2 e −5. Observe que esses números não são iguais aos elementos de A que estão indicados nas posições de pivôs em (3).

Com o Exemplo 2 como guia, estamos prontos para descrever um procedimento eficiente que transforme uma matriz em uma matriz escalonada ou escalonada reduzida. Um estudo cuidadoso e o domínio do procedimento agora irão pagar ótimos dividendos mais tarde.

Algoritmo de Escalonamento ou de Redução por Linhas

O algoritmo que se segue consiste em quatro passos e produz uma matriz em forma escalonada. Um quinto passo produz uma matriz em forma escalonada reduzida. Vamos ilustrar o algoritmo fazendo uso de um exemplo.

EXEMPLO 3 Aplique as operações elementares para transformar a matriz a seguir em primeiro lugar para uma forma escalonada e, depois, para a forma escalonada reduzida.

$$\begin{bmatrix} 0 & 3 & -6 & 6 & 4 & -5 \\ 3 & -7 & 8 & -5 & 8 & 9 \\ 3 & -9 & 12 & -9 & 6 & 15 \end{bmatrix}$$

SOLUÇÃO

PASSO 1

Inicie com a primeira coluna não nula, da esquerda para a direita. Esta é uma coluna pivô. A posição de pivô é a primeira de cima.

$$\begin{bmatrix} 0 & 3 & -6 & 6 & 4 & -5 \\ 3 & -7 & 8 & -5 & 8 & 9 \\ 3 & -9 & 12 & -9 & 6 & 15 \end{bmatrix}$$

Coluna pivô

PASSO 2

Escolha um elemento não nulo na coluna pivô para servir de pivô. Se necessário, troque linhas de modo a deslocar esse elemento para a posição de pivô.

Troque a primeira linha com a terceira. (Poderíamos também ter trocado a primeira linha com a segunda.)

Pivô
$$\begin{bmatrix} 3 & -9 & 12 & -9 & 6 & 15 \\ 3 & -7 & 8 & -5 & 8 & 9 \\ 0 & 3 & -6 & 6 & 4 & -5 \end{bmatrix}$$

PASSO 3

Use as operações de substituição de linha para criar zeros em todas as posições abaixo do pivô.

Como um passo preliminar, poderíamos dividir a primeira linha pelo valor do pivô, 3. Mas com dois elementos iguais a 3 na primeira coluna, fica bem fácil somar a primeira linha multiplicada por −1 à segunda.

Pivô
$$\begin{bmatrix} 3 & -9 & 12 & -9 & 6 & 15 \\ 0 & 2 & -4 & 4 & 2 & -6 \\ 0 & 3 & -6 & 6 & 4 & -5 \end{bmatrix}$$

PASSO 4

Cubra (ou ignore) a linha contendo a posição de pivô e cubra todas as linhas acima dela, se houver. Aplique os passos de 1 a 3 no restante da matriz. Repita o processo até que não existam mais linhas não nulas a serem modificadas.

Com a primeira linha coberta, o passo 1 mostra que a coluna 2 é a próxima coluna pivô; para o passo 2, vamos escolher como pivô o elemento "de cima" nesta coluna.

$$
\begin{array}{c}
\quad\quad\quad\quad\quad \overset{\text{Pivô}}{\downarrow} \\
\begin{bmatrix}
3 & -9 & 12 & -9 & 6 & 15 \\
0 & 2 & -4 & 4 & 2 & -6 \\
0 & 3 & -6 & 6 & 4 & -5
\end{bmatrix} \\
\quad\quad\quad \underset{\text{Nova coluna pivô}}{\uparrow}
\end{array}
$$

Para o passo 3, poderíamos realizar um passo adicional que consiste em dividir a linha "de cima" da matriz restante pelo pivô, 2. Em vez disso, vamos somar a linha "de cima" multiplicada por $-3/2$ à linha abaixo. Isso nos dá

$$
\begin{bmatrix}
3 & -9 & 12 & -9 & 6 & 15 \\
0 & 2 & -4 & 4 & 2 & -6 \\
0 & 0 & 0 & 0 & 1 & 4
\end{bmatrix}
$$

Quando cobrimos a linha contendo a segunda posição de pivô para o passo 4, resta-nos uma nova matriz que tem somente uma linha:

$$
\begin{bmatrix}
3 & -9 & 12 & -9 & 6 & 15 \\
0 & 2 & -4 & 4 & 2 & -6 \\
0 & 0 & 0 & 0 & 1 & 4
\end{bmatrix}
$$
$$\underset{\text{Pivô}}{\nwarrow}$$

Os passos de 1 a 3 não exigem nenhum trabalho para essa matriz e, assim, atingimos uma forma escalonada da matriz original. Se quisermos uma matriz na forma escalonada reduzida, então realizaremos mais um passo.

PASSO 5

Iniciando com o pivô mais à direita e prosseguindo para cima e à esquerda, crie zeros acima de cada pivô. Se um pivô não for igual a 1, faça-o assumir o valor 1 por meio de uma operação de escalonamento.

O pivô mais à direita está na coluna 3. Crie zeros acima deste pivô, somando múltiplos convenientes da terceira linha à primeira e à segunda linhas.

$$
\begin{bmatrix}
3 & -9 & 12 & -9 & 0 & -9 \\
0 & 2 & -4 & 4 & 0 & -14 \\
0 & 0 & 0 & 0 & 1 & 4
\end{bmatrix}
\begin{array}{l}
\leftarrow \text{Linha } 1 + (-6) \cdot \text{linha } 3 \\
\leftarrow \text{Linha } 2 + (-2) \cdot \text{linha } 3
\end{array}
$$

O próximo pivô está na linha 2. Vamos mudar a escala nessa linha dividindo pelo pivô.

$$
\begin{bmatrix}
3 & -9 & 12 & -9 & 0 & -9 \\
0 & 1 & -2 & 2 & 0 & -7 \\
0 & 0 & 0 & 0 & 1 & 4
\end{bmatrix}
\quad \leftarrow \text{Linha multiplicada por } \tfrac{1}{2}
$$

Crie um zero na coluna 2 somando a segunda linha multiplicada por 9 à primeira.

$$
\begin{bmatrix}
3 & 0 & -6 & 9 & 0 & -72 \\
0 & 1 & -2 & 2 & 0 & -7 \\
0 & 0 & 0 & 0 & 1 & 4
\end{bmatrix}
\quad \leftarrow \text{Linha } 1 + (9) \cdot \text{linha } 2
$$

Finalmente, vamos mudar a escala na primeira linha dividindo pelo pivô, 3.

$$
\begin{bmatrix}
1 & 0 & -2 & 3 & 0 & -24 \\
0 & 1 & -2 & 2 & 0 & -7 \\
0 & 0 & 0 & 0 & 1 & 4
\end{bmatrix}
\quad \leftarrow \text{Linha multiplicada por } \tfrac{1}{3}
$$

Essa é a forma escalonada reduzida da matriz original. ∎

A combinação dos passos de 1 a 4 é chamada **fase progressiva** do algoritmo de escalonamento. O passo 5, que gera a forma escalonada reduzida única, é conhecido como **fase regressiva**.

Comentário Numérico

No passo 2 já mencionado, um programa de computador vai normalmente escolher, como pivô, o elemento de uma coluna que tenha o maior valor em módulo. Essa estratégia, chamada **pivô parcial**, é usada para reduzir os erros de arredondamento nos cálculos.

Soluções de Sistemas Lineares

Quando aplicado à matriz aumentada de um sistema linear, o algoritmo de escalonamento leva diretamente a uma descrição explícita do conjunto solução para o sistema.

Suponha, por exemplo, que a matriz aumentada de um sistema linear tenha sido transformada na forma escalonada *reduzida* equivalente.

$$\begin{bmatrix} 1 & 0 & -5 & 1 \\ 0 & 1 & 1 & 4 \\ 0 & 0 & 0 & 0 \end{bmatrix}$$

Existem três variáveis, porque a matriz aumentada tem quatro colunas. O sistema de equações associado é

$$\begin{aligned} x_1 \quad - 5x_3 &= 1 \\ x_2 + x_3 &= 4 \\ 0 &= 0 \end{aligned} \tag{4}$$

As variáveis x_1 e x_2, correspondentes às colunas pivôs da matriz, são chamadas **variáveis dependentes** ou **básicas**.[2] A outra variável, x_3, é denominada **variável livre**.

Sempre que um sistema for consistente, como em (4), o conjunto solução pode ser descrito de forma explícita resolvendo-se o sistema de equações *reduzido* para as variáveis básicas em função das variáveis livres. Essa operação se torna possível porque a forma escalonada reduzida posiciona cada variável dependente em exatamente uma equação. Em (4), podemos resolver a primeira equação para obter x_1, e a segunda equação para obter x_2. (Ignoramos a terceira equação, que não oferece nenhuma restrição para as variáveis.)

$$\begin{cases} x_1 = 1 + 5x_3 \\ x_2 = 4 - x_3 \\ x_3 \text{ é livre} \end{cases} \tag{5}$$

A afirmação "x_3 é livre" significa que estamos livres para escolher qualquer valor para x_3. Uma vez feito isso, as fórmulas em (5) determinam os valores de x_1 e x_2. Por exemplo, quando $x_3 = 0$, a solução é $(1, 4, 0)$; quando $x_3 = 1$, a solução é $(6, 3, 1)$. *Cada escolha de x_3 determina uma solução (diferente) do sistema, e toda solução do sistema é determinada por uma escolha de x_3.*

EXEMPLO 4 Determine a solução geral do sistema linear cuja matriz aumentada foi reduzida para

$$\begin{bmatrix} 1 & 6 & 2 & -5 & -2 & -4 \\ 0 & 0 & 2 & -8 & -1 & 3 \\ 0 & 0 & 0 & 0 & 1 & 7 \end{bmatrix}$$

SOLUÇÃO A matriz está em forma escalonada, mas queremos obter a forma escalonada reduzida antes de resolver para as variáveis básicas. A seguir, completamos a redução por linhas. O símbolo ~ antes de uma matriz indica que a matriz é equivalente por linhas à matriz anterior.

$$\begin{bmatrix} 1 & 6 & 2 & -5 & -2 & -4 \\ 0 & 0 & 2 & -8 & -1 & 3 \\ 0 & 0 & 0 & 0 & 1 & 7 \end{bmatrix} \sim \begin{bmatrix} 1 & 6 & 2 & -5 & 0 & 10 \\ 0 & 0 & 2 & -8 & 0 & 10 \\ 0 & 0 & 0 & 0 & 1 & 7 \end{bmatrix}$$

$$\sim \begin{bmatrix} 1 & 6 & 2 & -5 & 0 & 10 \\ 0 & 0 & 1 & -4 & 0 & 5 \\ 0 & 0 & 0 & 0 & 1 & 7 \end{bmatrix} \sim \begin{bmatrix} 1 & 6 & 0 & 3 & 0 & 0 \\ 0 & 0 & 1 & -4 & 0 & 5 \\ 0 & 0 & 0 & 0 & 1 & 7 \end{bmatrix}$$

---

[2]Alguns textos usam o termo *variáveis líderes*, já que correspondem às colunas contendo elementos líderes.

Existem cinco variáveis, já que a matriz aumentada tem seis colunas. O sistema associado agora é

$$\begin{aligned} x_1 + 6x_2 \quad + 3x_4 \quad &= 0 \\ x_3 - 4x_4 \quad &= 5 \\ x_5 &= 7 \end{aligned} \qquad (6)$$

As colunas pivôs da matriz são 1, 3 e 5, de modo que as variáveis dependentes são x_1, x_3 e x_5. As variáveis restantes, x_2 e x_4, são necessariamente livres. Resolvendo para as variáveis dependentes, obtemos a solução geral:

$$\begin{cases} x_1 = -6x_2 - 3x_4 \\ x_2 \text{ é livre} \\ x_3 = 5 + 4x_4 \\ x_4 \text{ é livre} \\ x_5 = 7 \end{cases} \qquad (7)$$

Observe que o valor de x_5 já foi fixado pela terceira equação do sistema (6). ∎

Descrições Paramétricas do Conjunto Solução

As descrições em (5) e (7) são *descrições paramétricas* de conjuntos solução nos quais as variáveis livres atuam como parâmetros. *Resolver um sistema* significa determinar uma descrição paramétrica do conjunto solução ou concluir que o conjunto solução é vazio.

Sempre que um sistema for consistente e tiver variáveis livres, o conjunto solução terá muitas descrições paramétricas. Por exemplo, no sistema (4), podemos somar a segunda equação multiplicada por 5 à primeira equação e obter o sistema equivalente

$$\begin{aligned} x_1 + 5x_2 \quad &= 21 \\ x_2 + x_3 &= 4 \end{aligned}$$

Poderíamos considerar x_2 como um parâmetro e resolver para x_1 e x_3 em função de x_2 e, assim, teríamos uma descrição precisa do conjunto solução. No entanto, para sermos coerentes, seguiremos a convenção (arbitrária) de usar sempre as variáveis livres como parâmetros para descrever um conjunto solução. (A seção de respostas, ao fim do livro, também reflete essa convenção.)

Sempre que um sistema for inconsistente, o conjunto solução será vazio, mesmo se o sistema tiver variáveis livres. Nesse caso, o conjunto solução *não* tem representação paramétrica.

Substituição de Trás para a Frente

Considere o seguinte sistema cuja matriz aumentada está em forma escalonada, mas *não* está na forma escalonada reduzida.

$$\begin{aligned} x_1 - 7x_2 + 2x_3 - 5x_4 + 8x_5 &= 10 \\ x_2 - 3x_3 + 3x_4 + x_5 &= -5 \\ x_4 - x_5 &= 4 \end{aligned}$$

Um programa de computador resolveria esse sistema por substituição de trás para a frente, em vez de calcular a forma escalonada reduzida. Ou seja, o programa resolveria a equação 3 para x_4 em função de x_5 e substituiria a expressão para x_4 na equação 2; resolveria a equação 2 para x_2; e, então, substituiria as expressões para x_2 e x_4 na equação 1 e resolveria para x_1.

Nosso processo para a fase regressiva do escalonamento, que gera a forma escalonada reduzida, tem o mesmo número de operações aritméticas que a substituição de trás para a frente. Mas o formato matricial reduz substancialmente a tendência de se cometerem erros durante os cálculos. A melhor estratégia é usar somente a forma escalonada *reduzida* para resolver um sistema.

Comentário Numérico

Em geral, a fase progressiva do escalonamento leva muito mais tempo do que a fase regressiva. Um algoritmo que resolve um sistema costuma ser medido em *flops* (do inglês *floating point operations* ou operações de ponto flutuante). Um **flop** é uma operação aritmética (+, −, *, /) de dois números reais em ponto flutuante.[3] Para uma matriz $n \times (n + 1)$, o processo até uma forma escalonada pode consumir $2n^3/3 + n^2/2 - 7n/6$ *flops* (o que dá próximo a $2n^3/3$ *flops* quando n for moderadamente grande, digamos, $n \geq 30$). Por outro lado, a continuação do processo até a forma escalonada reduzida consome no máximo n^2 *flops*.

Sobre a Existência e a Unicidade

Apesar de a forma escalonada não reduzida ser uma ferramenta fraca para resolver um sistema, é exatamente o que é preciso para responder às duas perguntas fundamentais feitas na Seção 1.1.

EXEMPLO 5 Determine a existência e a unicidade de soluções do sistema

$$
\begin{aligned}
3x_2 - 6x_3 + 6x_4 + 4x_5 &= -5 \\
3x_1 - 7x_2 + 8x_3 - 5x_4 + 8x_5 &= 9 \\
3x_1 - 9x_2 + 12x_3 - 9x_4 + 6x_5 &= 15
\end{aligned}
$$

SOLUÇÃO A matriz aumentada desse sistema foi escalonada no Exemplo 3:

$$
\begin{bmatrix}
3 & -9 & 12 & -9 & 6 & 15 \\
0 & 2 & -4 & 4 & 2 & -6 \\
0 & 0 & 0 & 0 & 1 & 4
\end{bmatrix}
\tag{8}
$$

As variáveis dependentes são x_1, x_2 e x_5; as variáveis livres são x_3 e x_4. Não existe nenhuma equação da forma $0 = 1$ que indicaria um sistema inconsistente, de modo que podemos aplicar a substituição de trás para a frente para determinar uma solução. Mas a *existência* de uma solução já está clara em (8). Além disso, a solução *não é única* porque existem variáveis livres. Cada escolha de x_3 e x_4 determina uma solução diferente. Portanto, o sistema admite infinitas soluções. ∎

Quando um sistema está na forma escalonada e não há nenhuma equação da forma $0 = b$, com b diferente de zero, toda equação não nula contém uma variável dependente com um coeficiente não nulo. Ou as variáveis dependentes ficam completamente determinadas (sem nenhuma variável livre), ou pelo menos uma das variáveis dependentes pode ser escrita em função de uma ou mais variáveis livres. No primeiro caso, a solução é única; no segundo caso, existem infinitas soluções (uma para cada escolha de valores das variáveis livres).

Essas observações justificam o teorema a seguir.

TEOREMA 2

Teorema de Existência e Unicidade

Um sistema linear é consistente se e somente se a última coluna (à direita) da matriz aumentada *não* for uma coluna pivô, ou seja, se e somente se uma forma escalonada da matriz aumentada *não* tiver nenhuma linha da forma

$$[0 \quad \dots \quad 0 \quad b] \quad \text{com } b \text{ diferente de zero}$$

Se um sistema linear for consistente, então o conjunto solução conterá (i) uma única solução, no caso em que não haja variáveis livres, ou (ii) infinitas soluções, no caso em que exista pelo menos uma variável livre.

O procedimento a seguir descreve como se determinam todas as soluções de um sistema linear.

---

[3]Tradicionalmente, um *flop* consistia apenas em multiplicação ou divisão, já que a soma e a subtração levavam muito menos tempo e poderiam ser ignoradas. A definição de *flop* dada aqui é a preferida agora por causa dos avanços na arquitetura de computadores. Veja Golub e Van Loan, *Matrix Computations*, 2ª ed. (Baltimore: The Johns Hopkins Press, 1989), p. 19-20.

USO DE ESCALONAMENTO PARA RESOLVER UM SISTEMA LINEAR

1. Escreva a matriz aumentada do sistema.
2. Use o algoritmo de escalonamento para obter uma matriz aumentada equivalente em forma escalonada. Decida se o sistema é consistente. Se não existir solução, pare; caso contrário, vá para o próximo passo.
3. Continue a redução por linhas até obter a forma escalonada reduzida.
4. Escreva o sistema de equações correspondente à matriz obtida no passo 3.
5. Reescreva cada equação não nula do passo 4 de modo que sua única variável dependente fique expressa em função das variáveis livres que aparecem na equação.

Respostas Razoáveis

Lembre-se de que cada matriz aumentada corresponde a um sistema de equações. Se você reduzir por linhas a matriz aumentada $\begin{bmatrix} 1 & -2 & 1 & 2 \\ 1 & -1 & 2 & 5 \\ 0 & 1 & 1 & 3 \end{bmatrix}$ para obter $\begin{bmatrix} 1 & 0 & 3 & 8 \\ 0 & 1 & 1 & 3 \\ 0 & 0 & 0 & 0 \end{bmatrix}$,

o conjunto solução é

$$\begin{cases} x_1 = 8 - 3x_3 \\ x_2 = 3 - x_3 \\ x_3 \text{ é livre} \end{cases}$$

O sistema de equações correspondente à matriz aumentada original é

$$\begin{aligned}
x_1 - 2x_2 + x_3 &= 2 \\
x_1 - x_2 + 2x_3 &= 5 \\
x_2 + x_3 &= 3
\end{aligned}$$

Você pode verificar se sua solução está correta substituindo-a nas equações originais. Observe que você pode manter as variáveis livres na solução.

$$\begin{aligned}
(8 - 3x_3) - 2(3 - x_3) + (x_3) &= 8 - 3x_3 - 6 + 2x_3 + x_3 = 2 \\
(8 - 3x_3) - (3 - x_3) + 2(x_3) &= 8 - 3x_3 - 3 + x_3 + 2x_3 = 5 \\
(3 - x_3) + (x_3) &= 3 - x_3 + x_3 = 3
\end{aligned}$$

Agora você pode ter certeza de que tem uma solução correta para o sistema de equações representado pela matriz aumentada.

Problemas Práticos

1. Determine a solução geral do sistema linear cuja matriz aumentada é

$$\begin{bmatrix} 1 & -3 & -5 & 0 \\ 0 & 1 & -1 & -1 \end{bmatrix}$$

2. Determine a solução geral do sistema

$$\begin{aligned}
x_1 - 2x_2 - x_3 + 3x_4 &= 0 \\
-2x_1 + 4x_2 + 5x_3 - 5x_4 &= 3 \\
3x_1 - 6x_2 - 6x_3 + 8x_4 &= 2
\end{aligned}$$

3. Suponha que a matriz 4×7 de coeficientes de um sistema linear de equações tem 4 pivôs. O sistema é consistente? Se o sistema for consistente, quantas soluções terá?

1.2 EXERCÍCIOS

Nos Exercícios 1 e 2, determine quais matrizes estão na forma escalonada reduzida e quais estão apenas em forma escalonada.

1. a. $\begin{bmatrix} 1 & 0 & 0 & 0 \\ 0 & 1 & 0 & 0 \\ 0 & 0 & 1 & 1 \end{bmatrix}$ **b.** $\begin{bmatrix} 1 & 0 & 1 & 0 \\ 0 & 0 & 1 & 0 \\ 0 & 0 & 0 & 1 \end{bmatrix}$

c. $\begin{bmatrix} 1 & 0 & 0 & 0 \\ 0 & 1 & 1 & 0 \\ 0 & 0 & 0 & 0 \\ 0 & 0 & 0 & 0 \end{bmatrix}$ **d.** $\begin{bmatrix} 1 & 1 & 0 & 1 & 1 \\ 0 & 2 & 0 & 2 & 2 \\ 0 & 0 & 0 & 3 & 3 \\ 0 & 0 & 0 & 0 & 4 \end{bmatrix}$

2. a. $\begin{bmatrix} 1 & 1 & 0 & 1 \\ 0 & 0 & 1 & 1 \\ 0 & 0 & 0 & 0 \end{bmatrix}$ **b.** $\begin{bmatrix} 1 & 0 & 0 & 0 \\ 0 & 1 & 0 & 0 \\ 0 & 0 & 1 & 1 \end{bmatrix}$

c. $\begin{bmatrix} 1 & 0 & 0 & 0 \\ 1 & 0 & 0 & 0 \\ 0 & 1 & 0 & 0 \\ 0 & 0 & 1 & 1 \end{bmatrix}$ **d.** $\begin{bmatrix} 0 & 1 & 1 & 1 & 1 \\ 0 & 0 & 2 & 2 & 2 \\ 0 & 0 & 0 & 0 & 3 \\ 0 & 0 & 0 & 0 & 0 \end{bmatrix}$

Faça o escalonamento das matrizes nos Exercícios 3 e 4 para obter a forma escalonada reduzida. Circule as posições de pivôs na matriz final e na matriz original, e liste as colunas pivôs.

3. $\begin{bmatrix} 1 & 2 & 3 & 4 \\ 4 & 5 & 6 & 7 \\ 6 & 7 & 8 & 9 \end{bmatrix}$ **4.** $\begin{bmatrix} 1 & 3 & 5 & 7 \\ 3 & 5 & 7 & 9 \\ 5 & 7 & 9 & 1 \end{bmatrix}$

5. Descreva todas as formas escalonadas possíveis de uma matriz não nula 2×2. Use os símbolos ■, * e 0 como na primeira parte do Exemplo 1.

6. Repita o Exercício 5 para uma matriz não nula 3×2.

Determine a solução geral dos sistemas cujas matrizes aumentadas são dadas nos Exercícios 7 a 14.

7. $\begin{bmatrix} 1 & 3 & 4 & 7 \\ 3 & 9 & 7 & 6 \end{bmatrix}$ **8.** $\begin{bmatrix} 1 & 4 & 0 & 7 \\ 2 & 7 & 0 & 11 \end{bmatrix}$

9. $\begin{bmatrix} 0 & 1 & -6 & 5 \\ 1 & -2 & 7 & -4 \end{bmatrix}$ **10.** $\begin{bmatrix} 1 & -2 & -1 & 3 \\ 3 & -6 & -2 & 2 \end{bmatrix}$

11. $\begin{bmatrix} 3 & -4 & 2 & 0 \\ -9 & 12 & -6 & 0 \\ -6 & 8 & -4 & 0 \end{bmatrix}$ **12.** $\begin{bmatrix} 1 & -7 & 0 & 6 & 5 \\ 0 & 0 & 1 & -2 & -3 \\ -1 & 7 & -4 & 2 & 7 \end{bmatrix}$

13. $\begin{bmatrix} 1 & -3 & 0 & -1 & 0 & -2 \\ 0 & 1 & 0 & 0 & -4 & 1 \\ 0 & 0 & 0 & 1 & 9 & -4 \\ 0 & 0 & 0 & 0 & 0 & 0 \end{bmatrix}$

14. $\begin{bmatrix} 1 & 2 & -5 & -4 & 0 & -5 \\ 0 & 1 & -6 & -4 & 0 & 2 \\ 0 & 0 & 0 & 0 & 1 & 0 \\ 0 & 0 & 0 & 0 & 0 & 0 \end{bmatrix}$

Rever a informação no quadro Respostas Razoáveis desta seção antes de fazer os Exercícios 15 a 18 pode ajudar.

15. Escreva as equações correspondentes à matriz aumentada no Exercício 9 e verifique se a resposta encontrada no Exercício 9 está correta substituindo as soluções obtidas nas equações originais.

16. Escreva as equações correspondentes à matriz aumentada no Exercício 10 e verifique se a resposta encontrada no Exercício 10 está correta substituindo as soluções obtidas nas equações originais.

17. Escreva as equações correspondentes à matriz aumentada no Exercício 11 e verifique se a resposta encontrada no Exercício 11 está correta substituindo as soluções obtidas nas equações originais.

18. Escreva as equações correspondentes à matriz aumentada no Exercício 12 e verifique se a resposta encontrada no Exercício 12 está correta substituindo as soluções obtidas nas equações originais.

Nos Exercícios 19 e 20, use a notação do Exemplo 1 para matrizes em forma escalonada. Suponha que cada matriz represente a matriz aumentada de um sistema de equações lineares. Em cada caso, determine se o sistema é consistente. Se o sistema for consistente, determine se a solução é única.

19. a. $\begin{bmatrix} ■ & * & * & * \\ 0 & ■ & * & * \\ 0 & 0 & ■ & 0 \end{bmatrix}$

b. $\begin{bmatrix} 0 & ■ & * & * & * \\ 0 & 0 & ■ & * & * \\ 0 & 0 & 0 & 0 & ■ \end{bmatrix}$

20. a. $\begin{bmatrix} ■ & * & * \\ 0 & ■ & * \\ 0 & 0 & 0 \end{bmatrix}$

b. $\begin{bmatrix} ■ & * & * & * & * \\ 0 & 0 & ■ & * & * \\ 0 & 0 & 0 & ■ & * \end{bmatrix}$

Nos Exercícios 21 e 22, determine o(s) valor(es) de h para que a matriz seja a matriz aumentada de um sistema linear consistente.

21. $\begin{bmatrix} 2 & 3 & h \\ 4 & 6 & 7 \end{bmatrix}$ **22.** $\begin{bmatrix} 1 & -3 & -2 \\ 5 & h & -7 \end{bmatrix}$

Nos Exercícios 23 e 24, escolha h e k para que o sistema tenha: (a) nenhuma solução, (b) uma única solução e (c) muitas soluções. Dê respostas separadas para cada item.

23. $\begin{aligned} x_1 + hx_2 &= 2 \\ 4x_1 + 8x_2 &= k \end{aligned}$ **24.** $\begin{aligned} x_1 + 3x_2 &= 2 \\ 3x_1 + hx_2 &= k \end{aligned}$

Nos Exercícios 25 a 34, marque cada afirmação como Verdadeira ou Falsa (V/F). Justifique cada resposta.[4]

25. (V/F) Em alguns casos, uma matriz pode ser equivalente por linhas a mais de uma matriz em forma escalonada reduzida usando sequências diferentes de operações elementares.

26. (V/F) A forma escalonada de uma matriz é única.

27. (V/F) O algoritmo de escalonamento só se aplica a matrizes aumentadas de um sistema linear.

28. (V/F) As posições de pivôs em uma matriz dependem se foi usada a troca de linhas no processo de escalonamento da matriz.

29. (V/F) Uma variável dependente em um sistema linear é uma variável que corresponde a uma coluna pivô na matriz dos coeficientes.

30. (V/F) A redução de uma matriz à sua forma escalonada é chamada *fase progressiva* do processo de escalonamento.

31. (V/F) Determinar uma descrição paramétrica do conjunto solução de um sistema linear é o mesmo que *resolver* o sistema.

32. (V/F) Sempre que um sistema tiver variáveis livres, o conjunto solução conterá uma única solução.

33. (V/F) Se uma linha de uma forma escalonada de uma matriz aumentada for [0 0 0 0 5], então o sistema linear associado será inconsistente.

---

[4]Questões do tipo Verdadeiro/Falso como essas aparecerão em muitas seções. Foram descritos métodos para justificar suas respostas antes dos Exercícios de Verdadeiro ou Falso na Seção 1.1.

34. (V/F) Uma solução geral de um sistema é uma descrição explícita de todas as soluções do sistema.

35. Suponha que a matriz de *coeficientes* 3×5 de um sistema linear tenha três colunas pivôs. O sistema é consistente? Por quê?

36. Suponha que um sistema de equações lineares tenha uma matriz *aumentada* 3×5 cuja quinta coluna é uma coluna pivô. O sistema é consistente? Por quê?

37. Suponha que a matriz de coeficientes de um sistema de equações lineares tem uma posição de pivô em todas as linhas. Explique por que o sistema é consistente.

38. Suponha que a matriz de coeficientes de um sistema linear com três equações e três incógnitas tenha um pivô em cada coluna. Explique por que o sistema tem uma única solução.

39. Reescreva a última frase do Teorema 2 usando o conceito de colunas pivôs: "Se um sistema linear for consistente, sua solução será única se e somente se _____".

40. O que seria preciso saber sobre as colunas pivôs de uma matriz aumentada para ter certeza de que o sistema linear é consistente e tem uma única solução?

41. Um sistema de equações lineares com menos equações do que incógnitas é, às vezes, denominado *sistema subdeterminado*. Suponha que um tal sistema é consistente. Explique por que esse sistema tem uma infinidade de soluções.

42. Dê um exemplo de um sistema subdeterminado e inconsistente com duas equações e três incógnitas.

43. Um sistema de equações lineares com mais equações do que incógnitas é, às vezes, denominado *sistema superdeterminado*. Um sistema como esse pode ser consistente? Ilustre sua resposta com um exemplo particular de um sistema de três equações e duas incógnitas.

44. Suponha que uma matriz $n \times (n + 1)$ seja colocada em sua forma escalonada reduzida. Qual é a fração aproximada do número total de operações (*flops*) envolvidas na fase regressiva do escalonamento quando $n = 30$? E quando $n = 300$?

Suponha que um conjunto de dados experimentais seja representado por um conjunto de pontos do plano. Um **polinômio interpolador** para esse conjunto de dados é um polinômio cujo gráfico contém cada ponto. Em trabalhos científicos, esse polinômio pode ser usado, por exemplo, para obter estimativas de valores entre os pontos conhecidos. Outra aplicação é a criação de curvas para imagens gráficas na tela de um computador. Um método para determinar um polinômio interpolador é resolver um sistema de equações lineares.

45. Determine o polinômio interpolador $p(t) = a_0 + a_1 t + a_2 t^2$ para o conjunto de dados $(1, 12)$, $(2, 15)$, $(3, 16)$. Em outras palavras, determine a_0, a_1 e a_2 tais que

$$a_0 + a_1(1) + a_2(1)^2 = 12$$
$$a_0 + a_1(2) + a_2(2)^2 = 15$$
$$a_0 + a_1(3) + a_2(3)^2 = 16$$

Ⓜ **46.** Em uma experiência em um túnel de vento, a força sobre um projétil devido à resistência do ar foi medida para velocidades diferentes:

Velocidade (100 pés/s)	0	2	4	6	8	10
Força (100 lbs)	0	2,90	14,8	39,6	74,3	119

Determine um polinômio interpolador para esse conjunto de dados e obtenha uma estimativa para a força sobre o projétil quando ele estiver se deslocando a uma velocidade de 750 pés/s (1 pé $\approx$ 30,5 cm). Use $p(t) = a_0 + a_1 t + a_2 t^2 + a_3 t^3 + a_4 t^4 + a_5 t^5$. O que acontece se você tentar usar um polinômio de grau menor que 5? (Tente um polinômio cúbico, por exemplo.)[5]

---

[5]Os exercícios marcados com o símbolo Ⓜ devem ser resolvidos com a ajuda de um "programa **Matricial**" (um programa para computadores como MATLAB®, Maple™, Mathematica®, MathCad® GNU Octave ou Derive™, ou uma calculadora programável com capacidade para manipular matrizes, como as manufaturadas pela Texas Instruments ou Hewlett-Packard).

Soluções dos Problemas Práticos

1. A forma escalonada reduzida da matriz aumentada e o sistema correspondente são

$$\begin{bmatrix} 1 & 0 & -8 & -3 \\ 0 & 1 & -1 & -1 \end{bmatrix} \quad \text{e} \quad \begin{array}{r} x_1 \quad -8x_3 = -3 \\ x_2 - x_3 = -1 \end{array}$$

As variáveis dependentes são x_1 e x_2, e a solução geral é

$$\begin{cases} x_1 = -3 + 8x_3 \\ x_2 = -1 + x_3 \\ x_3 \text{ é livre} \end{cases}$$

Obs.: É essencial que a solução geral descreva cada variável, com os parâmetros claramente identificados. As expressões a seguir *não* descrevem a solução:

$$\begin{cases} x_1 = -3 + 8x_3 \\ x_2 = -1 + x_3 \\ x_3 = 1 + x_2 \quad \text{Solução incorreta} \end{cases}$$

Essa descrição implica as variáveis x_2 e x_3 serem *ambas* livres, o que com certeza não é o caso.

2. Coloque a matriz aumentada do sistema em forma escalonada:

$$\begin{bmatrix} 1 & -2 & -1 & 3 & 0 \\ -2 & 4 & 5 & -5 & 3 \\ 3 & -6 & -6 & 8 & 2 \end{bmatrix} \sim \begin{bmatrix} 1 & -2 & -1 & 3 & 0 \\ 0 & 0 & 3 & 1 & 3 \\ 0 & 0 & -3 & -1 & 2 \end{bmatrix}$$

$$\sim \begin{bmatrix} 1 & -2 & -1 & 3 & 0 \\ 0 & 0 & 3 & 1 & 3 \\ 0 & 0 & 0 & 0 & 5 \end{bmatrix}$$

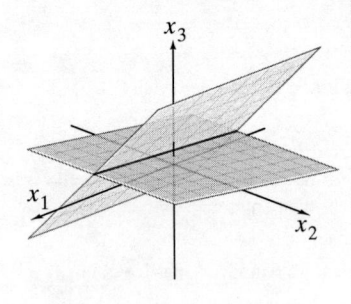

A solução geral do sistema de equações é a reta de interseção dos dois planos.

Essa matriz escalonada mostra que o sistema é *inconsistente*, porque sua última coluna (a mais à direita) é uma coluna pivô; a terceira linha corresponde à equação $0 = 5$. Não há necessidade de realizar mais nenhuma operação elementar. Observe que a presença de variáveis livres nesse problema é irrelevante, porque o sistema é inconsistente.

3. Como a matriz de coeficientes tem quatro pivôs, tem um pivô em cada linha. Isso significa que, quando for escalonada, *não* terá uma linha nula, logo a matriz aumentada correspondente escalonada não poderá ter uma linha de forma $[0 \ \ 0 \ \cdots \ 0 \ \ b]$, em que b é um número diferente de zero. Pelo Teorema 2, o sistema é consistente. Além disso, como a matriz de coeficientes tem sete colunas e apenas quatro são colunas pivôs, existirão três variáveis livres e, portanto, uma infinidade de soluções.

1.3 EQUAÇÕES VETORIAIS

Propriedades importantes de sistemas lineares podem ser descritas por meio do conceito e da notação de vetores. Esta seção faz a ligação entre equações que envolvem vetores e sistemas de equações. O termo *vetor* aparece em grande variedade de contextos matemáticos e físicos, que discutiremos no Capítulo 4, "Espaços Vetoriais". Até lá, usaremos o termo *vetor* para designar uma *lista ordenada de números*. Essa ideia simples nos possibilita obter aplicações interessantes e importantes da forma mais rápida possível.

Vetores em $\mathbb{R}^2$

Uma matriz com apenas uma coluna é chamada **vetor coluna** ou simplesmente **vetor**. Exemplos de vetores com duas componentes são

$$\mathbf{u} = \begin{bmatrix} 3 \\ -1 \end{bmatrix}, \qquad \mathbf{v} = \begin{bmatrix} 0,2 \\ 0,3 \end{bmatrix}, \qquad \mathbf{w} = \begin{bmatrix} w_1 \\ w_2 \end{bmatrix}$$

em que w_1 e w_2 são números reais arbitrários. O conjunto de todos os vetores com duas componentes é denotado por $\mathbb{R}^2$ (leia "erre dois"). O $\mathbb{R}$ representa os números reais que aparecem nas componentes dos vetores, e o expoente 2 indica que cada vetor contém duas componentes.[1]

Dois vetores em $\mathbb{R}^2$ são **iguais** se e somente se suas componentes correspondentes forem iguais. Assim, $\begin{bmatrix} 4 \\ 7 \end{bmatrix}$ e $\begin{bmatrix} 7 \\ 4 \end{bmatrix}$ *não* são iguais, já que os vetores em $\mathbb{R}^2$ são *pares ordenados* de números reais.

Dados dois vetores $\mathbf{u}$ e $\mathbf{v}$ em $\mathbb{R}^2$, sua **soma** é o vetor $\mathbf{u} + \mathbf{v}$ obtido somando-se as componentes correspondentes de $\mathbf{u}$ e $\mathbf{v}$. Por exemplo,

$$\begin{bmatrix} 1 \\ -2 \end{bmatrix} + \begin{bmatrix} 2 \\ 5 \end{bmatrix} = \begin{bmatrix} 1+2 \\ -2+5 \end{bmatrix} = \begin{bmatrix} 3 \\ 3 \end{bmatrix}$$

Dados um vetor $\mathbf{u}$ e um número real c, o **múltiplo escalar** de $\mathbf{u}$ por c é o vetor $c\mathbf{u}$ obtido multiplicando-se cada componente de $\mathbf{u}$ por c. Por exemplo,

$$\text{se} \quad \mathbf{u} = \begin{bmatrix} 3 \\ -1 \end{bmatrix} \quad \text{e} \quad c = 5, \quad \text{então} \quad c\mathbf{u} = 5\begin{bmatrix} 3 \\ -1 \end{bmatrix} = \begin{bmatrix} 15 \\ -5 \end{bmatrix}$$

O número c em $c\mathbf{u}$ é chamado **escalar**; sua escrita não está em negrito para distingui-lo do tipo em negrito do vetor $\mathbf{u}$.

As operações de multiplicação por escalar e soma de vetores podem ser combinadas, como no exemplo a seguir.

EXEMPLO 1 Dados $\mathbf{u} = \begin{bmatrix} 1 \\ -2 \end{bmatrix}$ e $\mathbf{v} = \begin{bmatrix} 2 \\ -5 \end{bmatrix}$, calcule $4\mathbf{u}$, $(-3)\mathbf{v}$ e $4\mathbf{u} + (-3)\mathbf{v}$.

SOLUÇÃO

$$4\mathbf{u} = \begin{bmatrix} 4 \\ -8 \end{bmatrix}, \qquad (-3)\mathbf{v} = \begin{bmatrix} -6 \\ 15 \end{bmatrix}$$

---

[1] A maioria dos vetores e matrizes neste livro tem componentes reais. No entanto, todas as definições e teoremas nos Capítulos de 1 a 5 e na maior parte do restante do texto permanecem válidas se as componentes forem complexas. Vetores e matrizes complexas aparecem naturalmente, por exemplo, em engenharia elétrica e em física.

e

$$4\mathbf{u} + (-3)\mathbf{v} = \begin{bmatrix} 4 \\ -8 \end{bmatrix} + \begin{bmatrix} -6 \\ 15 \end{bmatrix} = \begin{bmatrix} -2 \\ 7 \end{bmatrix}$$ ∎

Algumas vezes, por conveniência (e também para economizar espaço), escrevemos um vetor coluna como $\begin{bmatrix} 3 \\ -1 \end{bmatrix}$ na forma $(3, -1)$. Nesse caso, usamos parênteses e uma vírgula para distinguir o vetor $(3, -1)$ da matriz linha 1×2 $[3 \quad -1]$, escrita com colchetes e sem vírgula. Assim,

$$\begin{bmatrix} 3 \\ -1 \end{bmatrix} \neq \begin{bmatrix} 3 & -1 \end{bmatrix}$$

pois as matrizes são de tamanhos diferentes, apesar de terem os mesmos elementos.

Descrição Geométrica de $\mathbb{R}^2$

Considere um sistema de coordenadas cartesianas no plano. Como cada ponto do plano fica determinado por um par ordenado de números, *podemos identificar um ponto geométrico* (a, b) *com o vetor coluna* $\begin{bmatrix} a \\ b \end{bmatrix}$. Podemos considerar, então, $\mathbb{R}^2$ como o conjunto de todos os pontos do plano. Veja a Figura 1.

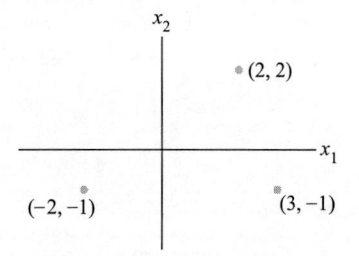

FIGURA 1 Vetores como pontos.

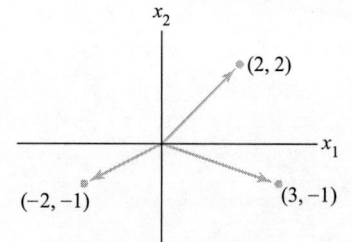

FIGURA 2 Vetores com setas.

A visualização geométrica de um vetor como $\begin{bmatrix} 3 \\ -1 \end{bmatrix}$ é auxiliada pela inclusão de uma seta (um segmento de reta orientado) da origem $(0, 0)$ até o ponto $(3, -1)$, como na Figura 2. Nesse caso, os pontos sobre a seta não têm nenhum significado especial.[2]

A soma de dois vetores tem uma interpretação geométrica muito útil. A regra que se segue pode ser verificada por geometria analítica.

Regra do Paralelogramo para a Soma

Se $\mathbf{u}$ e $\mathbf{v}$ em $\mathbb{R}^2$ forem representados como pontos no plano, então $\mathbf{u} + \mathbf{v}$ corresponderá ao quarto vértice do paralelogramo cujos outros vértices serão $\mathbf{u}$, $\mathbf{0}$ e $\mathbf{v}$. Veja a Figura 3.

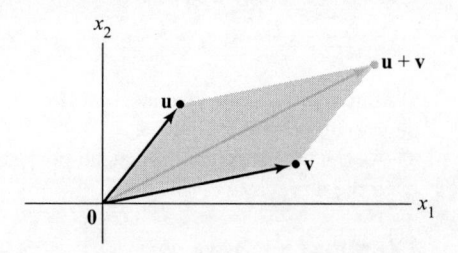

FIGURA 3 Regra do paralelogramo.

EXEMPLO 2 Os vetores $\mathbf{u} = \begin{bmatrix} 2 \\ 2 \end{bmatrix}$, $\mathbf{v} = \begin{bmatrix} -6 \\ 1 \end{bmatrix}$ e $\mathbf{u} + \mathbf{v} = \begin{bmatrix} -4 \\ 3 \end{bmatrix}$ estão representados graficamente na Figura 4. ∎

---

[2]Em física, setas podem representar forças e estão, em geral, livres para se mover no espaço. Essa interpretação de vetores será discutida na Seção 4.1.

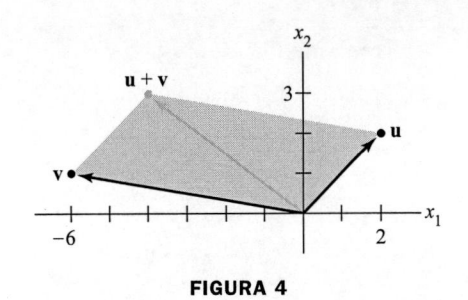

FIGURA 4

O próximo exemplo ilustra o fato de que o conjunto de todos os múltiplos escalares de um vetor fixo é uma reta contendo a origem $(0, 0)$.

EXEMPLO 3 Seja $\mathbf{u} = \begin{bmatrix} 3 \\ -1 \end{bmatrix}$. Represente graficamente os vetores $\mathbf{u}$, $2\mathbf{u}$ e $-\frac{2}{3}\mathbf{u}$.

SOLUÇÃO Veja a Figura 5 na qual $\mathbf{u}$, $2\mathbf{u} = \begin{bmatrix} 6 \\ -2 \end{bmatrix}$ e $-\frac{2}{3}\mathbf{u} \begin{bmatrix} -2 \\ 2/3 \end{bmatrix}$ estão representados graficamente.

A seta que representa $2\mathbf{u}$ tem o dobro do comprimento da seta que representa $\mathbf{u}$, e apontam na mesma direção. A seta que representa $-\frac{2}{3}\mathbf{u}$ é dois terços do comprimento da seta que representa $\mathbf{u}$, e apontam em direções opostas. Em geral, o comprimento da seta que representa $c\mathbf{u}$ é $|c|$ vezes o comprimento da seta que representa $\mathbf{u}$. [Lembre que o comprimento de um segmento de reta de $(0, 0)$ a (a, b) é $\sqrt{a^2 + b^2}$.]

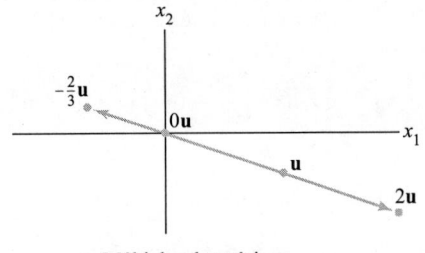

Múltiplos de $\mathbf{u}$ típicos.   Conjunto de todos os múltiplos de $\mathbf{u}$.

FIGURA 5

Vetores em $\mathbb{R}^3$

Vetores em $\mathbb{R}^3$ são matrizes colunas 3×1 com três componentes. São representados de forma geométrica por pontos em um espaço cartesiano tridimensional, com as setas que partem da origem incluídas, para que se possa ter uma visualização mais clara. Os vetores $\mathbf{a} = \begin{bmatrix} 2 \\ 3 \\ 4 \end{bmatrix}$ e $2\mathbf{a}$ estão representados graficamente na Figura 6.

Vetores em $\mathbb{R}^n$

Se n for um inteiro positivo, $\mathbb{R}^n$ (leia "erre n") denota a coleção de todas as listas (ou *n-uplas ordenadas*) de n números reais, geralmente escritas na forma de uma matriz coluna $n \times 1$, tal como

$$\mathbf{u} = \begin{bmatrix} u_1 \\ u_2 \\ \vdots \\ u_n \end{bmatrix}$$

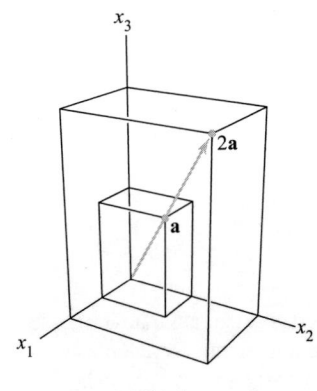

FIGURA 6 Múltiplos escalares.

O vetor cujas componentes são todas iguais a zero é chamado **vetor nulo** e é denotado por $\mathbf{0}$. (O contexto deixará claro o número de componentes de $\mathbf{0}$.)

A igualdade de vetores em $\mathbb{R}^n$ e as operações de multiplicação por escalar e soma de vetores são definidas componente a componente, como em $\mathbb{R}^2$. Essas operações sobre vetores têm as seguintes propriedades, que podem ser verificadas diretamente das propriedades correspondentes para os números reais. Veja o Problema Prático 1 e os Exercícios 41 e 42 ao fim desta seção.

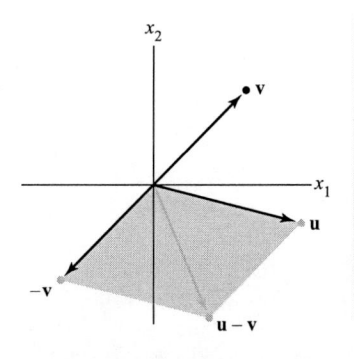

FIGURA 7 Subtração de vetores.

Propriedades Algébricas de $\mathbb{R}^n$

Quaisquer que sejam $\mathbf{u}$, $\mathbf{v}$, $\mathbf{w}$ em $\mathbb{R}^n$ e quaisquer que sejam os escalares c e d:

(i) $\mathbf{u} + \mathbf{v} = \mathbf{v} + \mathbf{u}$

(ii) $(\mathbf{u} + \mathbf{v}) + \mathbf{w} = \mathbf{u} + (\mathbf{v} + \mathbf{w})$

(iii) $\mathbf{u} + \mathbf{0} = \mathbf{0} + \mathbf{u} = \mathbf{u}$

(iv) $\mathbf{u} + (-\mathbf{u}) = -\mathbf{u} + \mathbf{u} = \mathbf{0}$,
em que $-\mathbf{u}$ denota $(-1)\mathbf{u}$

(v) $c(\mathbf{u} + \mathbf{v}) = c\mathbf{u} + c\mathbf{v}$

(vi) $(c + d)\mathbf{u} = c\mathbf{u} + d\mathbf{u}$

(vii) $c(d\mathbf{u}) = (cd)\mathbf{u}$

(viii) $1\mathbf{u} = \mathbf{u}$

Para simplificar a notação, um vetor da forma $\mathbf{u} + (-1)\,\mathbf{v}$ é denotado por $\mathbf{u} - \mathbf{v}$. A Figura 7 mostra $\mathbf{u} - \mathbf{v}$ visto como a soma de $\mathbf{u}$ e $-\mathbf{v}$.

Combinações Lineares

Dados os vetores $\mathbf{v}_1$, $\mathbf{v}_2$, ..., $\mathbf{v}_p$ em $\mathbb{R}^n$ e dados os escalares c_1, c_2, ..., c_p, o vetor $\mathbf{y}$ definido por

$$\mathbf{y} = c_1\mathbf{v}_1 + \cdots + c_p\mathbf{v}_p$$

é denotado uma **combinação linear** de $\mathbf{v}_1$, ..., $\mathbf{v}_p$ com **pesos** c_1, ..., c_p. A propriedade algébrica (ii) descrita nos permite omitir os parênteses sempre que formarmos uma combinação linear. Os pesos de uma combinação linear podem ser quaisquer números reais, incluindo o zero. Por exemplo, algumas combinações lineares dos vetores $\mathbf{v}_1$ e $\mathbf{v}_2$ são

$$\sqrt{3}\,\mathbf{v}_1 + \mathbf{v}_2, \quad \tfrac{1}{2}\mathbf{v}_1 \;(= \tfrac{1}{2}\mathbf{v}_1 + 0\mathbf{v}_2) \quad \text{e} \quad \mathbf{0}\;(= 0\mathbf{v}_1 + 0\mathbf{v}_2)$$

EXEMPLO 4 A Figura 8 identifica algumas combinações lineares de $\mathbf{v}_1 = \begin{bmatrix} -1 \\ 1 \end{bmatrix}$ e $\mathbf{v}_2 = \begin{bmatrix} 2 \\ 1 \end{bmatrix}$.

(Observe os conjuntos de retas paralelas do reticulado traçadas por múltiplos inteiros de $\mathbf{v}_1$ e $\mathbf{v}_2$.) Faça uma estimativa das combinações lineares de $\mathbf{v}_1$ e $\mathbf{v}_2$ que geram os vetores $\mathbf{u}$ e $\mathbf{w}$.

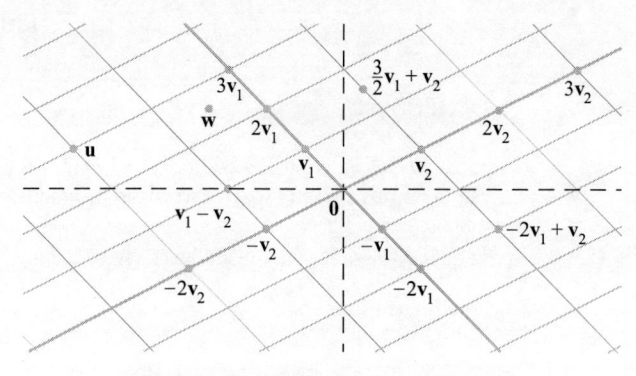

FIGURA 8 Combinações lineares de $\mathbf{v}_1$ e $\mathbf{v}_2$.

SOLUÇÃO A regra do paralelogramo mostra que $\mathbf{u}$ é a soma de $3\mathbf{v}_1$ e $-2\mathbf{v}_2$, ou seja,

$$\mathbf{u} = 3\mathbf{v}_1 - 2\mathbf{v}_2$$

Essa expressão para $\mathbf{u}$ pode ser interpretada como instruções para chegar da origem até $\mathbf{u}$ ao longo de dois caminhos retilíneos. Primeiro, percorra 3 unidades na direção e sentido de $\mathbf{v}_1$ até $3\mathbf{v}_1$, depois percorra duas unidades na direção e sentido oposto de $\mathbf{v}_2$ (a direção é paralela à reta que une $\mathbf{v}_2$ à origem). Apesar de $\mathbf{w}$ não pertencer a nenhuma das retas traçadas, $\mathbf{w}$ aparenta estar a meio caminho entre dois pares das retas do reticulado, no vértice de um paralelogramo determinado por $(5/2)\,\mathbf{v}_1$ e $(-1/2)\,\mathbf{v}_2$. (Veja a Figura 9.) Assim, uma estimativa razoável para $\mathbf{w}$ é

$$\mathbf{w} = \tfrac{5}{2}\mathbf{v}_1 - \tfrac{1}{2}\mathbf{v}_2 \qquad\blacksquare$$

O próximo exemplo faz a ligação entre um problema importante sobre combinações lineares e a questão fundamental de existência estudada nas Seções 1.1 e 1.2.

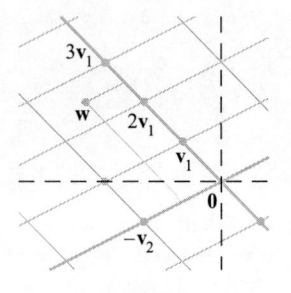

FIGURA 9

EXEMPLO 5 Sejam $\mathbf{a}_1 = \begin{bmatrix} 1 \\ -2 \\ -5 \end{bmatrix}$, $\mathbf{a}_2 = \begin{bmatrix} 2 \\ 5 \\ 6 \end{bmatrix}$ e $\mathbf{b} = \begin{bmatrix} 7 \\ 4 \\ -3 \end{bmatrix}$. Determine se $\mathbf{b}$ pode ser gerado (ou escrito) como uma combinação linear de $\mathbf{a}_1$ e $\mathbf{a}_2$. Em outras palavras, determine se existem pesos x_1 e x_2 tais que

$$x_1\mathbf{a}_1 + x_2\mathbf{a}_2 = \mathbf{b} \tag{1}$$

Se a equação vetorial (1) tiver solução, encontre-a.

SOLUÇÃO Use as definições de multiplicação por escalar e de soma de vetores para reescrever a equação vetorial

$$x_1\begin{bmatrix} 1 \\ -2 \\ -5 \end{bmatrix} + x_2\begin{bmatrix} 2 \\ 5 \\ 6 \end{bmatrix} = \begin{bmatrix} 7 \\ 4 \\ -3 \end{bmatrix}$$

$$\underset{\mathbf{a}_1}{\uparrow} \qquad \underset{\mathbf{a}_2}{\uparrow} \qquad \underset{\mathbf{b}}{\uparrow}$$

o que é o mesmo que

$$\begin{bmatrix} x_1 \\ -2x_1 \\ -5x_1 \end{bmatrix} + \begin{bmatrix} 2x_2 \\ 5x_2 \\ 6x_2 \end{bmatrix} = \begin{bmatrix} 7 \\ 4 \\ -3 \end{bmatrix}$$

e

$$\begin{bmatrix} x_1 + 2x_2 \\ -2x_1 + 5x_2 \\ -5x_1 + 6x_2 \end{bmatrix} = \begin{bmatrix} 7 \\ 4 \\ -3 \end{bmatrix} \tag{2}$$

Os vetores à esquerda e à direita do sinal de igualdade em (2) são iguais se e somente se suas componentes correspondentes forem iguais. Ou seja, x_1 e x_2 tornam a equação vetorial (1) verdadeira se e somente se x_1 e x_2 satisfizerem o sistema

$$\begin{aligned} x_1 + 2x_2 &= 7 \\ -2x_1 + 5x_2 &= 4 \\ -5x_1 + 6x_2 &= -3 \end{aligned} \tag{3}$$

Resolvemos esse sistema escalonando a matriz aumentada do sistema, como se segue:[3]

$$\begin{bmatrix} 1 & 2 & 7 \\ -2 & 5 & 4 \\ -5 & 6 & -3 \end{bmatrix} \sim \begin{bmatrix} 1 & 2 & 7 \\ 0 & 9 & 18 \\ 0 & 16 & 32 \end{bmatrix} \sim \begin{bmatrix} 1 & 2 & 7 \\ 0 & 1 & 2 \\ 0 & 16 & 32 \end{bmatrix} \sim \begin{bmatrix} 1 & 0 & 3 \\ 0 & 1 & 2 \\ 0 & 0 & 0 \end{bmatrix}$$

A solução de (3) é $x_1 = 3$ e $x_2 = 2$. Portanto, $\mathbf{b}$ é uma combinação linear de $\mathbf{a}_1$ e $\mathbf{a}_2$, com pesos $x_1 = 3$ e $x_2 = 2$. Ou seja,

$$3\begin{bmatrix} 1 \\ -2 \\ -5 \end{bmatrix} + 2\begin{bmatrix} 2 \\ 5 \\ 6 \end{bmatrix} = \begin{bmatrix} 7 \\ 4 \\ -3 \end{bmatrix} \qquad \blacksquare$$

Note que os vetores originais $\mathbf{a}_1$, $\mathbf{a}_2$ e $\mathbf{b}$, no Exemplo 5, formam as colunas da matriz aumentada que foi escalonada:

$$\begin{bmatrix} 1 & 2 & 7 \\ -2 & 5 & 4 \\ -5 & 6 & -3 \end{bmatrix}$$

$$\underset{\mathbf{a}_1}{\uparrow} \quad \underset{\mathbf{a}_2}{\uparrow} \quad \underset{\mathbf{b}}{\uparrow}$$

Vamos escrever essa matriz de forma a ressaltar suas colunas, digamos

$$[\mathbf{a}_1 \quad \mathbf{a}_2 \quad \mathbf{b}] \tag{4}$$

Está claro como se escreve a matriz aumentada imediatamente a partir da equação vetorial (1), sem ter de passar pelos passos intermediários do Exemplo 5. Basta colocar os vetores na ordem em que aparecem em (1) como colunas de uma matriz, como em (4).

A discussão anterior pode ser modificada, com facilidade, de modo a estabelecer o seguinte fato fundamental.

---

[3] O símbolo ~ entre matrizes denota equivalência por linhas (Seção 1.2).

Uma equação vetorial

$$x_1\mathbf{a}_1 + x_2\mathbf{a}_2 + \cdots + x_n\mathbf{a}_n = \mathbf{b}$$

tem o mesmo conjunto solução que o sistema linear cuja matriz aumentada é

$$\begin{bmatrix} \mathbf{a}_1 & \mathbf{a}_2 & \cdots & \mathbf{a}_n & \mathbf{b} \end{bmatrix} \qquad (5)$$

Em particular, **b** pode ser gerado por uma combinação linear de $\mathbf{a}_1, \ldots, \mathbf{a}_n$ se e somente se existir solução para o sistema linear correspondente à matriz (5).

Uma das ideias-chave na álgebra linear é o estudo do conjunto de todos os vetores que podem ser gerados ou escritos como combinação linear de um conjunto fixo de vetores $\{\mathbf{v}_1, \ldots, \mathbf{v}_p\}$.

DEFINIÇÃO

Dados $\mathbf{v}_1, \ldots, \mathbf{v}_p$ em $\mathbb{R}^n$, o conjunto de todas as combinações lineares de $\mathbf{v}_1, \ldots, \mathbf{v}_p$ é denotado por $\mathscr{L}\{\mathbf{v}_1, \ldots, \mathbf{v}_p\}$ e é chamado **subconjunto de $\mathbb{R}^n$ gerado por** $\mathbf{v}_1, \ldots, \mathbf{v}_p$. Ou seja, $\mathscr{L}\{\mathbf{v}_1, \ldots, \mathbf{v}_p\}$ é a coleção de todos os vetores que podem ser escritos na forma

$$c_1\mathbf{v}_1 + c_2\mathbf{v}_2 + \cdots + c_p\mathbf{v}_p$$

com $c_1, \ldots, c_p$ escalares.

Perguntar se um vetor **b** está em $\mathscr{L}\{\mathbf{v}_1, \ldots, \mathbf{v}_p\}$ significa perguntar se a equação vetorial

$$x_1\mathbf{v}_1 + x_2\mathbf{v}_2 + \cdots + x_p\mathbf{v}_p = \mathbf{b}$$

tem solução ou, de forma equivalente, perguntar se o sistema linear cuja matriz aumentada é $[\mathbf{v}_1 \ldots \mathbf{v}_p\ \mathbf{b}]$ tem solução.

Observe que $\mathscr{L}\{\mathbf{v}_1, \ldots, \mathbf{v}_p\}$ contém todo múltiplo escalar de $\mathbf{v}_1$ (por exemplo), já que $c\mathbf{v}_1 = c\mathbf{v}_1 + 0\mathbf{v}_2 + \ldots + 0\mathbf{v}_p$. Em particular, o vetor nulo pertence a $\mathscr{L}\{\mathbf{v}_1, \ldots, \mathbf{v}_p\}$.

Descrição Geométrica de $\mathscr{L}\{\mathbf{v}\}$ e $\mathscr{L}\{\mathbf{u}, \mathbf{v}\}$

Seja **v** um vetor não nulo do $\mathbb{R}^3$. Então $\mathscr{L}\{\mathbf{v}\}$ é o conjunto de todos os múltiplos escalares de **v** e pode ser visualizado como o conjunto dos pontos na reta em $\mathbb{R}^3$ contendo **v** e **0**. Veja a Figura 10.

Se **u** e **v** forem vetores não nulos em $\mathbb{R}^3$ e se **v** não for um múltiplo de **u**, então $\mathscr{L}\{\mathbf{u}, \mathbf{v}\}$ será o plano em $\mathbb{R}^3$ que contém os pontos **u**, **v** e **0**. Em particular, $\mathscr{L}\{\mathbf{u}, \mathbf{v}\}$ contém a reta em $\mathbb{R}^3$ contendo **u** e **0** e a reta contendo **v** e **0**. Veja a Figura 11.

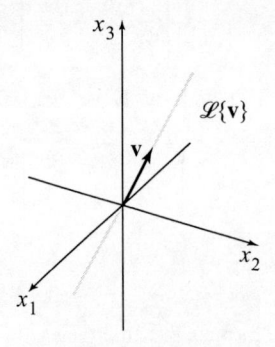

FIGURA 10 $\mathscr{L}\{\mathbf{v}\}$ é uma reta contendo a origem.

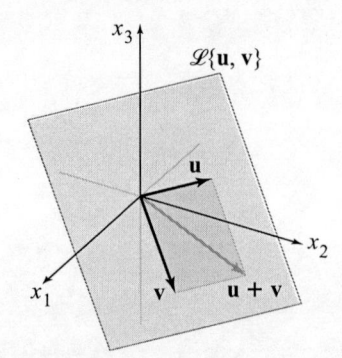

FIGURA 11 $\mathscr{L}\{\mathbf{u}, \mathbf{v}\}$ é um plano contendo a origem.

EXEMPLO 6 Sejam $\mathbf{a}_1 = \begin{bmatrix} 1 \\ -2 \\ 3 \end{bmatrix}$, $\mathbf{a}_2 = \begin{bmatrix} 5 \\ -13 \\ -3 \end{bmatrix}$ e $\mathbf{b} = \begin{bmatrix} -3 \\ 8 \\ 1 \end{bmatrix}$. Então $\mathscr{L}\{\mathbf{a}_1, \mathbf{a}_2\}$ é um

plano em $\mathbb{R}^3$ contendo a origem. O vetor **b** pertence a esse plano?

SOLUÇÃO   A equação $x_1\mathbf{a}_1 + x_2\mathbf{a}_2 = \mathbf{b}$ tem solução? Para responder, escalonamos a matriz aumentada $[\mathbf{a}_1\ \mathbf{a}_2\ \mathbf{b}]$:

$$\begin{bmatrix} 1 & 5 & -3 \\ -2 & -13 & 8 \\ 3 & -3 & 1 \end{bmatrix} \sim \begin{bmatrix} 1 & 5 & -3 \\ 0 & -3 & 2 \\ 0 & -18 & 10 \end{bmatrix} \sim \begin{bmatrix} 1 & 5 & -3 \\ 0 & -3 & 2 \\ 0 & 0 & -2 \end{bmatrix}$$

A terceira equação é $0 = -2$, o que mostra que o sistema não tem solução. A equação vetorial $x_1\mathbf{a}_1 + x_2\mathbf{a}_2 = \mathbf{b}$ não tem solução e, portanto, $\mathbf{b}$ *não* pertence a $\mathscr{L}\{\mathbf{a}_1, \mathbf{a}_2\}$.   ∎

Combinações Lineares em Aplicações

O último exemplo vai mostrar como múltiplos escalares e equações lineares podem surgir quando uma grandeza como o "custo" é quebrada em diversas categorias. O princípio básico para o exemplo diz respeito ao custo de produzir diversas unidades de um artigo quando é conhecido o custo por unidade:

$$\begin{Bmatrix} \text{número} \\ \text{de unidades} \end{Bmatrix} \cdot \begin{Bmatrix} \text{custo por} \\ \text{unidade} \end{Bmatrix} = \begin{Bmatrix} \text{custo} \\ \text{total} \end{Bmatrix}$$

EXEMPLO 7   Uma empresa produz dois artigos. Para cada real faturado com o produto B, a empresa gasta R\$ 0,45 com matéria-prima, R\$ 0,25 com mão de obra e R\$ 0,15 com as demais despesas. Para cada real do produto C, a empresa gasta R\$ 0,40 com matéria-prima, R\$ 0,30 com mão de obra e R\$ 0,15 com as demais despesas. Sejam

$$\mathbf{b} = \begin{bmatrix} 0,45 \\ 0,25 \\ 0,15 \end{bmatrix} \quad \text{e} \quad \mathbf{c} = \begin{bmatrix} 0,40 \\ 0,30 \\ 0,15 \end{bmatrix}$$

Então $\mathbf{b}$ e $\mathbf{c}$ representam o "custo por real de faturamento" para os dois produtos.
a.   Qual é a interpretação econômica que pode ser dada ao vetor $100\mathbf{b}$?
b.   Suponha que a empresa queira produzir x_1 reais do produto B e x_2 reais do produto C. Encontre um vetor que descreva os diferentes custos da empresa (para matéria-prima, mão de obra e demais custos).

SOLUÇÃO

a.   Temos

$$100\mathbf{b} = 100 \begin{bmatrix} 0,45 \\ 0,25 \\ 0,15 \end{bmatrix} = \begin{bmatrix} 45 \\ 25 \\ 15 \end{bmatrix}$$

O vetor $100\mathbf{b}$ fornece os diferentes custos para produzir R\$ 100,00 do produto B, a saber, R\$ 45,00 com matéria-prima, R\$ 25,00 com mão de obra e R\$ 15,00 com os demais custos.
b.   O custo para produzir x_1 reais de B é dado pelo vetor $x_1\mathbf{b}$, e o custo para produzir x_2 reais de C é dado pelo vetor $x_2\mathbf{c}$. Portanto, o custo total de produção de ambos os produtos é dado pelo vetor $x_1\mathbf{b} + x_2\mathbf{c}$.   ∎

Problemas Práticos

1. Prove que $\mathbf{u} + \mathbf{v} = \mathbf{v} + \mathbf{u}$ para todos os vetores $\mathbf{u}$ e $\mathbf{v}$ em $\mathbb{R}^n$.

2. Para que valores de h o vetor $\mathbf{y}$ irá pertencer a $\mathscr{L}\{\mathbf{v}_1, \mathbf{v}_2, \mathbf{v}_3\}$ se

$$\mathbf{v}_1 = \begin{bmatrix} 1 \\ -1 \\ -2 \end{bmatrix}, \quad \mathbf{v}_2 = \begin{bmatrix} 5 \\ -4 \\ -7 \end{bmatrix}, \quad \mathbf{v}_3 = \begin{bmatrix} -3 \\ 1 \\ 0 \end{bmatrix} \quad \text{e} \quad \mathbf{y} = \begin{bmatrix} -4 \\ 3 \\ h \end{bmatrix} ?$$

3. Sejam $\mathbf{w}_1, \mathbf{w}_2, \mathbf{w}_3, \mathbf{u}$ e $\mathbf{v}$ vetores em $\mathbb{R}^n$. Suponha que os vetores $\mathbf{u}$ e $\mathbf{v}$ estão em $\mathscr{L}\{\mathbf{w}_1, \mathbf{w}_2, \mathbf{w}_3\}$. Mostre que $\mathbf{u} + \mathbf{v}$ também pertence a $\mathscr{L}\{\mathbf{w}_1, \mathbf{w}_2, \mathbf{w}_3\}$. [*Sugestão*: É necessário usar a definição do espaço gerado por um conjunto de vetores para a solução deste problema. É melhor ver esta definição antes de começar o exercício.]

1.3 EXERCÍCIOS

Nos Exercícios 1 e 2, calcule $\mathbf{u} + \mathbf{v}$ e $\mathbf{u} - 2\mathbf{v}$.

1. $\mathbf{u} = \begin{bmatrix} -1 \\ 2 \end{bmatrix}, \mathbf{v} = \begin{bmatrix} -3 \\ 3 \end{bmatrix}$

2. $\mathbf{u} = \begin{bmatrix} 3 \\ 2 \end{bmatrix}, \mathbf{v} = \begin{bmatrix} 2 \\ 3 \end{bmatrix}$

Nos Exercícios 3 e 4, represente graficamente os seguintes vetores no plano xy: $\mathbf{u}, \mathbf{v}, -\mathbf{v}, -2\mathbf{v}, \mathbf{u} + \mathbf{v}, \mathbf{u} - \mathbf{v}$ e $\mathbf{u} - 2\mathbf{v}$. Note que $\mathbf{u} - \mathbf{v}$ é o vértice de um paralelogramo cujos outros vértices são $\mathbf{u}$, $\mathbf{0}$ e $-\mathbf{v}$.

3. $\mathbf{u}$ e $\mathbf{v}$ como no Exercício 1.

4. $\mathbf{u}$ e $\mathbf{v}$ como no Exercício 2.

Nos Exercícios 5 e 6, obtenha um sistema de equações que seja equivalente à equação vetorial dada.

5. $x_1 \begin{bmatrix} 6 \\ -1 \\ 5 \end{bmatrix} + x_2 \begin{bmatrix} -3 \\ 4 \\ 0 \end{bmatrix} = \begin{bmatrix} 1 \\ -7 \\ -5 \end{bmatrix}$

6. $x_1 \begin{bmatrix} -2 \\ 3 \end{bmatrix} + x_2 \begin{bmatrix} 8 \\ 5 \end{bmatrix} + x_3 \begin{bmatrix} 1 \\ -6 \end{bmatrix} = \begin{bmatrix} 0 \\ 0 \end{bmatrix}$

Use a figura a seguir para escrever cada vetor listado nos Exercícios 7 e 8 como combinação linear de $\mathbf{u}$ e $\mathbf{v}$. Todo vetor em $\mathbb{R}^2$ é combinação linear de $\mathbf{u}$ e $\mathbf{v}$?

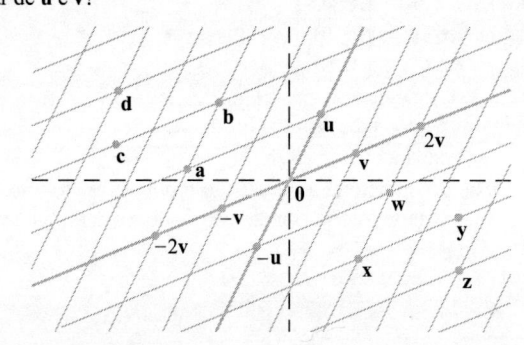

7. Os vetores $\mathbf{a}, \mathbf{b}, \mathbf{c}$ e $\mathbf{d}$.

8. Os vetores $\mathbf{w}, \mathbf{x}, \mathbf{y}$ e $\mathbf{z}$.

Nos Exercícios 9 e 10, escreva uma equação vetorial que seja equivalente ao sistema de equações dado.

9.
$$\begin{aligned} x_2 + 5x_3 &= 0 \\ 4x_1 + 6x_2 - x_3 &= 0 \\ -x_1 + 3x_2 - 8x_3 &= 0 \end{aligned}$$

10.
$$\begin{aligned} 4x_1 + x_2 + 3x_3 &= 9 \\ x_1 - 7x_2 - 2x_3 &= 2 \\ 8x_1 + 6x_2 - 5x_3 &= 15 \end{aligned}$$

Nos Exercícios 11 e 12, determine se $\mathbf{b}$ é combinação linear de $\mathbf{a}_1, \mathbf{a}_2$ e $\mathbf{a}_3$.

11. $\mathbf{a}_1 = \begin{bmatrix} 1 \\ -2 \\ 0 \end{bmatrix}, \mathbf{a}_2 = \begin{bmatrix} 0 \\ 1 \\ 2 \end{bmatrix}, \mathbf{a}_3 = \begin{bmatrix} 5 \\ -6 \\ 8 \end{bmatrix}, \mathbf{b} = \begin{bmatrix} 2 \\ -1 \\ 6 \end{bmatrix}$

12. $\mathbf{a}_1 = \begin{bmatrix} 1 \\ -2 \\ 2 \end{bmatrix}, \mathbf{a}_2 = \begin{bmatrix} 0 \\ 5 \\ 5 \end{bmatrix}, \mathbf{a}_3 = \begin{bmatrix} 2 \\ 0 \\ 8 \end{bmatrix}, \mathbf{b} = \begin{bmatrix} -5 \\ 11 \\ -7 \end{bmatrix}$

Nos Exercícios 13 e 14, determine se $\mathbf{b}$ é combinação linear dos vetores formados pelas colunas da matriz A.

13. $A = \begin{bmatrix} 1 & -4 & 2 \\ 0 & 3 & 5 \\ -2 & 8 & -4 \end{bmatrix}, \mathbf{b} = \begin{bmatrix} 3 \\ -7 \\ -3 \end{bmatrix}$

14. $A = \begin{bmatrix} 1 & -2 & -6 \\ 0 & 3 & 7 \\ 1 & -2 & 5 \end{bmatrix}, \mathbf{b} = \begin{bmatrix} 11 \\ -5 \\ 9 \end{bmatrix}$

Nos Exercícios 15 e 16, liste cinco vetores pertencentes a $\mathscr{L}\{\mathbf{v}_1, \mathbf{v}_2\}$. Para cada vetor, mostre os pesos usados em $\mathbf{v}_1$ e $\mathbf{v}_2$ para gerá-lo e dê suas três componentes. Não é preciso fazer sua representação geométrica.

15. $\mathbf{v}_1 = \begin{bmatrix} 7 \\ 1 \\ -6 \end{bmatrix}, \mathbf{v}_2 = \begin{bmatrix} -5 \\ 3 \\ 0 \end{bmatrix}$

16. $\mathbf{v}_1 = \begin{bmatrix} 3 \\ 0 \\ 2 \end{bmatrix}, \mathbf{v}_2 = \begin{bmatrix} -2 \\ 0 \\ 3 \end{bmatrix}$

17. Sejam $\mathbf{a}_1 = \begin{bmatrix} 1 \\ 4 \\ -2 \end{bmatrix}, \mathbf{a}_2 = \begin{bmatrix} -2 \\ -3 \\ 7 \end{bmatrix}$ e $\mathbf{b} = \begin{bmatrix} 4 \\ 1 \\ h \end{bmatrix}$. Para que valor (ou valores) de h o vetor $\mathbf{b}$ pertence ao plano gerado por $\mathbf{a}_1$ e $\mathbf{a}_2$?

18. Sejam $\mathbf{v}_1 = \begin{bmatrix} 1 \\ 0 \\ -2 \end{bmatrix}, \mathbf{v}_2 = \begin{bmatrix} -3 \\ 1 \\ 8 \end{bmatrix}$ e $\mathbf{y} = \begin{bmatrix} h \\ -5 \\ -3 \end{bmatrix}$. Para que valor (ou valores) de h o vetor $\mathbf{y}$ pertence ao plano gerado por $\mathbf{v}_1$ e $\mathbf{v}_2$?

19. Descreva geometricamente $\mathscr{L}\{\mathbf{v}_1, \mathbf{v}_2\}$ para os vetores $\mathbf{v}_1 = \begin{bmatrix} 8 \\ 2 \\ -6 \end{bmatrix}$ e $\mathbf{v}_2 = \begin{bmatrix} 12 \\ 3 \\ -9 \end{bmatrix}$.

20. Descreva geometricamente $\mathscr{L}\{\mathbf{v}_1, \mathbf{v}_2\}$ para os vetores do Exercício 16.

21. Sejam $\mathbf{u} = \begin{bmatrix} 2 \\ -1 \end{bmatrix}$ e $\mathbf{v} = \begin{bmatrix} 2 \\ 1 \end{bmatrix}$. Mostre que $\begin{bmatrix} h \\ k \end{bmatrix}$ pertence a $\mathscr{L}\{\mathbf{u}, \mathbf{v}\}$ quaisquer que sejam h e k.

22. Construa uma matriz A 3×3 com elementos diferentes de zero e um vetor $\mathbf{b}$ em $\mathbb{R}^3$ tal que $\mathbf{b}$ *não* pertença ao espaço gerado pelas colunas de A.

Nos Exercícios 23 a 32, marque cada afirmação como Verdadeira ou Falsa (V/F). Justifique sua resposta.

23. (V/F) Outra notação para o vetor $\begin{bmatrix} -4 \\ 3 \end{bmatrix}$ é $\begin{bmatrix} -4 & 3 \end{bmatrix}$.

24. (V/F) Qualquer lista de cinco números reais é um vetor em $\mathbb{R}^5$.

25. (V/F) Os pontos no plano correspondentes a $\begin{bmatrix} -2 \\ 5 \end{bmatrix}$ e a $\begin{bmatrix} -5 \\ 2 \end{bmatrix}$ estão em uma mesma reta contendo a origem.

26. (V/F) O vetor $\mathbf{u}$ resulta quando um vetor $\mathbf{u} - \mathbf{v}$ é somado ao vetor $\mathbf{v}$.

27. (V/F) Um exemplo de uma combinação linear dos vetores $\mathbf{v}_1$ e $\mathbf{v}_2$ é $\frac{1}{2}\mathbf{v}_1$.

28. (V/F) Os pesos $c_1, \ldots, c_p$ em uma combinação linear $c_1\mathbf{v}_1 + \ldots + c_p\mathbf{v}_p$ não podem ser todos nulos.

29. (V/F) O conjunto solução de um sistema linear cuja matriz aumentada é $[\mathbf{a}_1\ \mathbf{a}_2\ \mathbf{a}_3\ \mathbf{b}]$ é idêntico ao conjunto solução da equação $x_1\mathbf{a}_1 + x_2\mathbf{a}_2 + x_3\mathbf{a}_3 = \mathbf{b}$.

30. (V/F) Quando $\mathbf{u}$ e $\mathbf{v}$ são vetores não nulos, $\mathscr{L}\{\mathbf{u}, \mathbf{v}\}$ contém a reta determinada por $\mathbf{u}$ e a origem.

31. (V/F) O conjunto $\mathscr{L}\{\mathbf{u}, \mathbf{v}\}$ é sempre visualizado como um plano contendo a origem.

32. (V/F) Perguntar se um sistema linear cuja matriz aumentada é $[\mathbf{a}_1\ \mathbf{a}_2\ \mathbf{a}_3\ \mathbf{b}]$ tem uma solução e é o mesmo que perguntar se $\mathbf{b}$ pertence a $\mathscr{L}\{\mathbf{a}_1, \mathbf{a}_2, \mathbf{a}_3\}$.

33. Sejam $A = \begin{bmatrix} 1 & 0 & -4 \\ 0 & 3 & -2 \\ -2 & 6 & 3 \end{bmatrix}$ e $b = \begin{bmatrix} 4 \\ 1 \\ -4 \end{bmatrix}$. Denote as colunas

de A por a_1, a_2, a_3 e seja $W = \mathscr{L}\{a_1, a_2, a_3\}$.

   a. O vetor b pertence a $\{a_1, a_2, a_3\}$? Quantos vetores pertencem a $\{a_1, a_2, a_3\}$?

   b. O vetor b pertence a W? Quantos vetores pertencem a W?

   c. Mostre que a_1 pertence a W. [*Sugestão:* Operações nas linhas são desnecessárias.]

34. Sejam $A = \begin{bmatrix} 2 & 0 & 6 \\ -1 & 8 & 5 \\ 1 & -2 & 1 \end{bmatrix}$ e $b = \begin{bmatrix} 10 \\ 3 \\ 3 \end{bmatrix}$. Seja W o conjunto de

todas as combinações lineares das colunas de A.

   a. O vetor b pertence a W?

   b. Mostre que a terceira coluna de A pertence a W.

35. Uma empresa de mineração tem duas minas. Um dia de funcionamento da mina 1 produz uma quantidade de minério que contém 20 toneladas de cobre e 550 quilos de prata, ao passo que um dia de funcionamento da mina 2 produz uma quantidade de minério que contém 30 toneladas de cobre e 500 quilos de prata. Sejam

$v_1 = \begin{bmatrix} 20 \\ 550 \end{bmatrix}$ e $v_2 = \begin{bmatrix} 30 \\ 500 \end{bmatrix}$. Então v_1 e v_2 representam a "produ-

ção diária" das minas 1 e 2, respectivamente.

   a. Que interpretação física pode ser dada ao vetor $5v_1$?

   b. Suponha que a empresa opere a mina 1 durante x_1 dias, e a mina 2 durante x_2 dias. Obtenha uma equação vetorial cujas soluções forneçam o número de dias que cada mina deve funcionar de modo a produzir 150 toneladas de cobre e 2.825 quilos de prata. Não resolva a equação.

   Ⓜ c. Resolva a equação obtida em (b).

36. Uma usina de calor queima dois tipos de carvão: antracito (A) e betuminoso (B). Para cada tonelada queimada de A, a usina produz 27,6 milhões de BTU de calor, 3.100 gramas (g) de dióxido de enxofre e 250 g de resíduos sólidos (poluentes em forma de partículas). Para cada tonelada queimada de B, a usina produz 30,2 milhões de BTU, 6.400 g de dióxido de enxofre e 360 g de resíduos sólidos.

   a. Qual é a quantidade de calor que a usina produz quando queima x_1 toneladas de A e x_2 toneladas de B?

   b. Suponha que a produção total da usina seja descrita por um vetor que lista as quantidades de calor, de dióxido de enxofre e de resíduos sólidos. Expresse essa produção total como uma combinação linear de dois vetores, supondo que a usina queime x_1 toneladas de A e x_2 toneladas de B.

   Ⓜ c. Suponha que, ao longo de certo período, a usina produziu 162 milhões de BTU de calor, 23.610 g de dióxido de enxofre e 1.623 g de resíduos sólidos. Determine quantas toneladas de cada tipo de carvão a usina precisou queimar. Inclua uma equação vetorial como parte de sua solução.

37. Sejam $v_1, \ldots, v_k$ pontos em $\mathbb{R}^3$ e suponha que, para $j = 1, \ldots, k$, um objeto de massa m_j esteja localizado no ponto v_j. Os físicos chamam a esses objetos *massas pontuais*. A massa total do sistema de massas pontuais é

$$m = m_1 + \cdots + m_k$$

O *centro de massa* (ou *centro de gravidade*) do sistema é

$$\bar{v} = \frac{1}{m}[m_1 v_1 + \cdots + m_k v_k]$$

Calcule o centro de gravidade do sistema que consiste nas seguintes massas pontuais (veja a figura):

Ponto	Massa
$v_1 = (5, -4, 3)$	2 g
$v_2 = (4, 3, -2)$	5 g
$v_3 = (-4, -3, -1)$	2 g
$v_4 = (-9, 8, 6)$	1 g

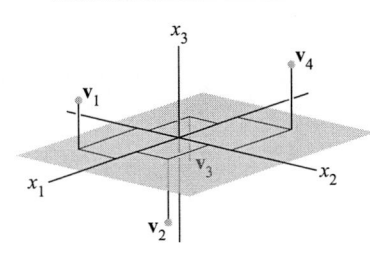

38. Seja v o centro de massa de um sistema de massas pontuais localizadas em $v_1, \ldots, v_k$ como no Exercício 37. O vetor v pertence a $\mathscr{L}\{v_1, \ldots, v_k\}$? Explique.

39. Uma placa triangular fina de densidade e espessura uniformes tem vértices em $v_1 = (0, 1)$, $v_2 = (8, 1)$ e $v_3 = (2, 4)$, como na figura a seguir, e a massa da placa é 3 g.

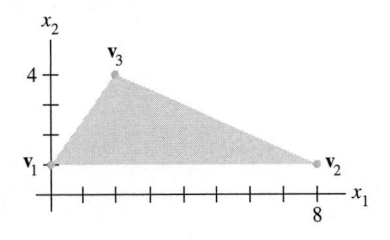

   a. Encontre as coordenadas (x, y) do centro de massa da placa. Esse "ponto de equilíbrio" da placa coincide com o centro de massa de três massas pontuais de 1 grama localizadas nos vértices da placa.

   b. Determine como distribuir uma massa adicional de 6 g em todos os três vértices da placa para mover o ponto de equilíbrio da placa para o ponto $(2, 2)$. [*Sugestão:* Denote por w_1, w_2 e w_3 as massas adicionais em cada vértice, de modo que $w_1 + w_2 + w_3 = 6$.]

40. Considere os vetores v_1, v_2, v_3 e b em $\mathbb{R}^2$ ilustrados na figura. A equação $x_1 v_1 + x_2 v_2 + x_3 v_3 = b$ tem solução? Essa solução é única? Use a figura para explicar suas respostas.

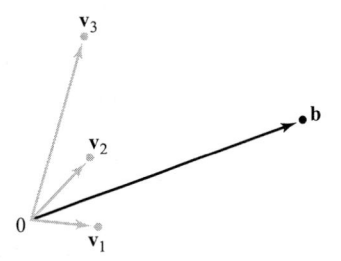

41. Use os vetores $u = (u_1, \ldots, u_n)$, $v = (v_1, \ldots, v_n)$ e $w = (w_1, \ldots, w_n)$ para verificar as seguintes propriedades algébricas de $\mathbb{R}^n$.

   a. $(u + v) + w = u + (v + w)$

   b. $c(u + v) = cu + cv$ para cada escalar c

42. Use o vetor $u = (u_1, \ldots, u_n)$ para verificar as seguintes propriedades algébricas de $\mathbb{R}^n$.

   a. $u + (-u) = (-u) + u = 0$

   b. $c(du) = (cd)u$ para todos os escalares c e d

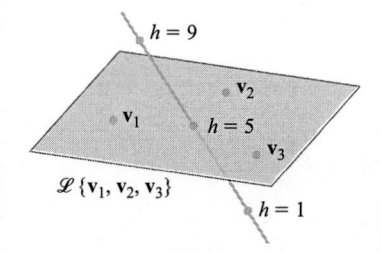

Os pontos $\begin{bmatrix} -4 \\ 3 \\ h \end{bmatrix}$ pertencem a uma reta que intersecta o plano quando $h = 5$.

Soluções dos Problemas Práticos

1. Tome vetores arbitrários $\mathbf{u} = (u_1, \ldots, u_n)$ e $\mathbf{v} = (v_1, \ldots, v_n)$ em $\mathbb{R}^n$ e calcule

$$
\begin{aligned}
\mathbf{u} + \mathbf{v} &= (u_1 + v_1, \ldots, u_n + v_n) && \text{Definição da soma de vetores} \\
&= (v_1 + u_1, \ldots, v_n + u_n) && \text{Comutatividade da soma em } \mathbb{R} \\
&= \mathbf{v} + \mathbf{u} && \text{Definição da soma de vetores}
\end{aligned}
$$

2. O vetor $\mathbf{y}$ pertence a $\mathscr{L}\{\mathbf{v}_1, \mathbf{v}_2, \mathbf{v}_3\}$ se e somente se existirem escalares x_1, x_2, x_3 tais que

$$
x_1 \begin{bmatrix} 1 \\ -1 \\ -2 \end{bmatrix} + x_2 \begin{bmatrix} 5 \\ -4 \\ -7 \end{bmatrix} + x_3 \begin{bmatrix} -3 \\ 1 \\ 0 \end{bmatrix} = \begin{bmatrix} -4 \\ 3 \\ h \end{bmatrix}
$$

Essa equação vetorial é equivalente a um sistema linear de três equações e três incógnitas. Escalonando a matriz aumentada para esse sistema, encontramos

$$
\begin{bmatrix} 1 & 5 & -3 & -4 \\ -1 & -4 & 1 & 3 \\ -2 & -7 & 0 & h \end{bmatrix} \sim \begin{bmatrix} 1 & 5 & -3 & -4 \\ 0 & 1 & -2 & -1 \\ 0 & 3 & -6 & h-8 \end{bmatrix} \sim \begin{bmatrix} 1 & 5 & -3 & -4 \\ 0 & 1 & -2 & -1 \\ 0 & 0 & 0 & h-5 \end{bmatrix}
$$

Esse sistema é consistente se e somente se não existir pivô na quarta coluna. Ou seja, $h - 5$ precisa ser igual a 0. Portanto, $\mathbf{y}$ pertence a $\mathscr{L}\{\mathbf{v}_1, \mathbf{v}_2, \mathbf{v}_3\}$ se e somente se $h = 5$.

Lembre-se: A presença de uma variável livre em um sistema não garante que o sistema seja consistente.

3. Como os vetores $\mathbf{u}$ e $\mathbf{v}$ pertencem a $\mathscr{L}\{\mathbf{w}_1, \mathbf{w}_2, \mathbf{w}_3\}$, existem escalares c_1, c_2, c_3 e d_1, d_2, d_3 tais que

$$
\mathbf{u} = c_1 \mathbf{w}_1 + c_2 \mathbf{w}_2 + c_3 \mathbf{w}_3 \quad \text{e} \quad \mathbf{v} = d_1 \mathbf{w}_1 + d_2 \mathbf{w}_2 + d_3 \mathbf{w}_3.
$$

Note que

$$
\begin{aligned}
\mathbf{u} + \mathbf{v} &= c_1\mathbf{w}_1 + c_2\mathbf{w}_2 + c_3\mathbf{w}_3 + d_1\mathbf{w}_1 + d_2\mathbf{w}_2 + d_3\mathbf{w}_3 \\
&= (c_1 + d_1)\mathbf{w}_1 + (c_2 + d_2)\mathbf{w}_2 + (c_3 + d_3)\mathbf{w}_3
\end{aligned}
$$

Como $c_1 + d_1, c_2 + d_2$ e $c_3 + d_3$ também são escalares, o vetor $\mathbf{u} + \mathbf{v}$ pertence a $\mathscr{L}\{\mathbf{w}_1, \mathbf{w}_2, \mathbf{w}_3\}$.

1.4 EQUAÇÃO MATRICIAL $A\mathbf{x} = \mathbf{b}$

Uma ideia fundamental em álgebra linear é ver uma combinação linear de vetores como um produto de uma matriz com um vetor. A definição a seguir nos permitirá reescrever alguns dos conceitos da Seção 1.3 de novas formas.

DEFINIÇÃO

Se A for uma matriz $m \times n$ com colunas $\mathbf{a}_1, \ldots, \mathbf{a}_n$ e se $\mathbf{x}$ pertencer a $\mathbb{R}^n$, então o **produto de A e $\mathbf{x}$**, denotado por $A\mathbf{x}$, **será a combinação linear das colunas de A usando as componentes correspondentes de $\mathbf{x}$ como pesos**, ou seja,

$$
A\mathbf{x} = \begin{bmatrix} \mathbf{a}_1 & \mathbf{a}_2 & \cdots & \mathbf{a}_n \end{bmatrix} \begin{bmatrix} x_1 \\ \vdots \\ x_n \end{bmatrix} = x_1\mathbf{a}_1 + x_2\mathbf{a}_2 + \cdots + x_n\mathbf{a}_n
$$

Note que $A\mathbf{x}$ só é definido se o número de colunas de A for igual ao número de componentes de $\mathbf{x}$.

EXEMPLO 1

a. $\begin{bmatrix} 1 & 2 & -1 \\ 0 & -5 & 3 \end{bmatrix} \begin{bmatrix} 4 \\ 3 \\ 7 \end{bmatrix} = 4\begin{bmatrix} 1 \\ 0 \end{bmatrix} + 3\begin{bmatrix} 2 \\ -5 \end{bmatrix} + 7\begin{bmatrix} -1 \\ 3 \end{bmatrix} = \begin{bmatrix} 4 \\ 0 \end{bmatrix} + \begin{bmatrix} 6 \\ -15 \end{bmatrix} + \begin{bmatrix} -7 \\ 21 \end{bmatrix} = \begin{bmatrix} 3 \\ 6 \end{bmatrix}$

b. $\begin{bmatrix} 2 & -3 \\ 8 & 0 \\ -5 & 2 \end{bmatrix} \begin{bmatrix} 4 \\ 7 \end{bmatrix} = 4\begin{bmatrix} 2 \\ 8 \\ -5 \end{bmatrix} + 7\begin{bmatrix} -3 \\ 0 \\ 2 \end{bmatrix} = \begin{bmatrix} 8 \\ 32 \\ -20 \end{bmatrix} + \begin{bmatrix} -21 \\ 0 \\ 14 \end{bmatrix} = \begin{bmatrix} -13 \\ 32 \\ -6 \end{bmatrix}$ ∎

EXEMPLO 2   Para $\mathbf{v}_1, \mathbf{v}_2, \mathbf{v}_3$ em $\mathbb{R}^m$, escreva a combinação linear $3\mathbf{v}_1 - 5\mathbf{v}_2 + 7\mathbf{v}_3$ como o produto de uma matriz por um vetor.

SOLUÇÃO   Coloque $\mathbf{v}_1, \mathbf{v}_2, \mathbf{v}_3$ nas colunas de uma matriz A e coloque os pesos 3, -5 e 7 em um vetor $\mathbf{x}$:

$$3\mathbf{v}_1 - 5\mathbf{v}_2 + 7\mathbf{v}_3 = \begin{bmatrix} \mathbf{v}_1 & \mathbf{v}_2 & \mathbf{v}_3 \end{bmatrix} \begin{bmatrix} 3 \\ -5 \\ 7 \end{bmatrix} = A\mathbf{x}$$ ∎

Na Seção 1.3, aprendemos a escrever um sistema de equações lineares como uma equação vetorial envolvendo uma combinação linear de vetores. Por exemplo, sabemos que o sistema

$$\begin{aligned} x_1 + 2x_2 - x_3 &= 4 \\ -5x_2 + 3x_3 &= 1 \end{aligned}$$ (1)

é equivalente a

$$x_1 \begin{bmatrix} 1 \\ 0 \end{bmatrix} + x_2 \begin{bmatrix} 2 \\ -5 \end{bmatrix} + x_3 \begin{bmatrix} -1 \\ 3 \end{bmatrix} = \begin{bmatrix} 4 \\ 1 \end{bmatrix}$$ (2)

Como no Exemplo 2, podemos escrever a combinação linear à esquerda do sinal de igualdade como o produto de uma matriz por um vetor, de modo que (2) se torna

$$\begin{bmatrix} 1 & 2 & -1 \\ 0 & -5 & 3 \end{bmatrix} \begin{bmatrix} x_1 \\ x_2 \\ x_3 \end{bmatrix} = \begin{bmatrix} 4 \\ 1 \end{bmatrix}$$ (3)

A equação (3) tem a forma $A\mathbf{x} = \mathbf{b}$. Tal equação é denominada uma **equação matricial**, para distingui-la de uma equação vetorial como a que é dada em (2).

Observe como a matriz em (3) é simplesmente a matriz de coeficientes do sistema (1). Cálculos análogos mostram que qualquer sistema de equações lineares, ou qualquer equação vetorial como em (2), pode ser escrito como uma equação matricial equivalente da forma $A\mathbf{x} = \mathbf{b}$. Essa observação simples será usada várias vezes ao longo do livro.

Eis aqui o resultado formal.

TEOREMA 3

> Se A for uma matriz $m \times n$ com colunas $\mathbf{a}_1, \ldots, \mathbf{a}_n$ e se $\mathbf{b}$ pertencer a $\mathbb{R}^m$, a equação matricial
>
> $$A\mathbf{x} = \mathbf{b} \tag{4}$$
>
> terá o mesmo conjunto solução que a equação vetorial
>
> $$x_1\mathbf{a}_1 + x_2\mathbf{a}_2 + \ldots + x_n\mathbf{a}_n = \mathbf{b} \tag{5}$$
>
> que, por sua vez, terá o mesmo conjunto solução que o sistema de equações lineares cuja matriz aumentada será
>
> $$\begin{bmatrix} \mathbf{a}_1 & \mathbf{a}_2 & \ldots & \mathbf{a}_n & \mathbf{b} \end{bmatrix} \tag{6}$$

O Teorema 3 fornece uma ferramenta poderosa para se desenvolver a intuição a respeito de problemas em álgebra linear, porque, agora, podemos ver um sistema de equações lineares de formas diferentes, porém equivalentes: como uma equação matricial, como uma equação vetorial ou como um sistema de equações lineares. Quando montamos um modelo matemático para um problema real, estamos livres para escolher o ponto de vista mais natural. E, depois, podemos mudar de uma formulação do problema para outra, sempre que for conveniente. Em qualquer caso, a equação matricial (4), a equação vetorial (5) e o sistema de equações são todos resolvidos da mesma forma — escalonando a matriz aumentada (6). Outros métodos de resolução serão discutidos posteriormente.

Existência de Soluções

A definição de $A\mathbf{x}$ leva direto ao seguinte fato útil.

> A equação $A\mathbf{x} = \mathbf{b}$ tem solução se e somente se $\mathbf{b}$ for uma combinação linear das colunas de A.

Na Seção 1.3, consideramos o seguinte problema de existência: "$\mathbf{b}$ pertence a $\mathscr{L}\{\mathbf{a}_1, \ldots, \mathbf{a}_n\}$?" De modo equivalente: "$A\mathbf{x} = \mathbf{b}$ é consistente?" Um problema de existência mais difícil é determinar se a equação $A\mathbf{x} = \mathbf{b}$ é possível *para todas* as escolhas possíveis de $\mathbf{b}$.

EXEMPLO 3 Sejam $A = \begin{bmatrix} 1 & 3 & 4 \\ -4 & 2 & -6 \\ -3 & -2 & -7 \end{bmatrix}$ e $\mathbf{b} = \begin{bmatrix} b_1 \\ b_2 \\ b_3 \end{bmatrix}$. A equação $A\mathbf{x} = \mathbf{b}$ é consistente para todas as escolhas de b_1, b_2, b_3?

SOLUÇÃO Escalone a matriz aumentada de $A\mathbf{x} = \mathbf{b}$:

$$\begin{bmatrix} 1 & 3 & 4 & b_1 \\ -4 & 2 & -6 & b_2 \\ -3 & -2 & -7 & b_3 \end{bmatrix} \sim \begin{bmatrix} 1 & 3 & 4 & b_1 \\ 0 & 14 & 10 & b_2 + 4b_1 \\ 0 & 7 & 5 & b_3 + 3b_1 \end{bmatrix}$$

$$\sim \begin{bmatrix} 1 & 3 & 4 & b_1 \\ 0 & 14 & 10 & b_2 + 4b_1 \\ 0 & 0 & 0 & b_3 + 3b_1 - \frac{1}{2}(b_2 + 4b_1) \end{bmatrix}$$

O terceiro elemento da quarta coluna é $b_1 - \frac{1}{2}b_2 + b_3$. A equação $A\mathbf{x} = \mathbf{b}$ *não* é possível para todo $\mathbf{b}$, porque algumas escolhas de $\mathbf{b}$ tornam $b_1 - \frac{1}{2}b_2 + b_3$ não nulo. ∎

A matriz escalonada no Exemplo 3 fornece uma descrição de todos os $\mathbf{b}$ para os quais a equação $A\mathbf{x} = \mathbf{b}$ *é* consistente: as componentes de $\mathbf{b}$ devem satisfazer

$$b_1 - \tfrac{1}{2}b_2 + b_3 = 0$$

Essa é a equação de um plano em $\mathbb{R}^3$ contendo a origem. O plano é o conjunto de todas as combinações lineares das três colunas de A. Veja a Figura 1.

A equação $A\mathbf{x} = \mathbf{b}$ no Exemplo 3 não é possível para todo $\mathbf{b}$, porque a forma escalonada de A tem uma linha só de zeros. Se A tivesse um pivô em todas as três linhas, não teríamos de nos preocupar com os cálculos da última coluna da matriz aumentada, porque, nesse caso, qualquer forma escalonada da matriz aumentada não poderia ter uma linha do tipo [0 0 0 1].

No próximo teorema, quando dizemos que "as colunas de A geram o $\mathbb{R}^m$", significa que *todo* $\mathbf{b}$ em $\mathbb{R}^m$ é uma combinação linear das colunas de A. Em geral, um conjunto de vetores $\{\mathbf{v}_1, \ldots, \mathbf{v}_p\}$ em $\mathbb{R}^m$ **gera** $\mathbb{R}^m$ se todo vetor em $\mathbb{R}^m$ for uma combinação linear de $\mathbf{v}_1, \ldots, \mathbf{v}_p$, ou seja, se $\mathscr{L}\{\mathbf{v}_1, \ldots, \mathbf{v}_p\} = \mathbb{R}^m$.

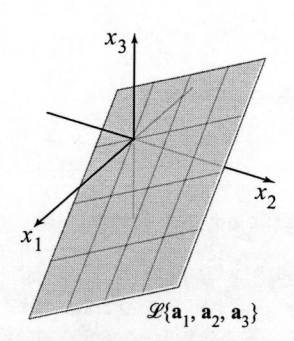

FIGURA 1 As colunas de $A = [\mathbf{a}_1 \ \mathbf{a}_2 \ \mathbf{a}_3]$ geram um plano contendo a origem.

TEOREMA 4

Seja A uma matriz $m \times n$. Então as seguintes afirmações são logicamente equivalentes. Em outras palavras, para uma matriz qualquer A, todas as afirmações são verdadeiras ou todas são falsas.

a. Para cada $\mathbf{b}$ em $\mathbb{R}^m$, a equação $A\mathbf{x} = \mathbf{b}$ tem solução.
b. Cada $\mathbf{b}$ em $\mathbb{R}^m$ é uma combinação linear das colunas de A.
c. As colunas de A geram $\mathbb{R}^m$.
d. Cada linha de A tem uma posição de pivô.

O Teorema 4 é um dos mais úteis deste capítulo. As afirmações (a), (b) e (c) são equivalentes por causa da definição de $A\mathbf{x}$ e do significado de um conjunto de vetores gerar $\mathbb{R}^m$. A discussão após o Exemplo 3 sugere por que (a) e (d) são equivalentes; uma demonstração é dada ao fim desta seção. Os exercícios fornecerão exemplos de como o Teorema 4 é utilizado.

Cuidado: O Teorema 4 diz respeito a uma *matriz de coeficientes*, e não a uma matriz aumentada. Se uma matriz aumentada $[A \ \mathbf{b}]$ tiver posição de pivô em cada linha, então a equação $A\mathbf{x} = \mathbf{b}$ poderá ou não ser consistente.

Cálculo de $A\mathbf{x}$

Os cálculos no Exemplo 1 foram baseados na definição do produto de uma matriz A com um vetor $\mathbf{x}$. O exemplo simples que se segue levará a um método mais eficiente para o cálculo das componentes de $A\mathbf{x}$ quando for preciso desenvolver um problema de forma manual.

EXEMPLO 4 Calcule $A\mathbf{x}$, em que $A = \begin{bmatrix} 2 & 3 & 4 \\ -1 & 5 & -3 \\ 6 & -2 & 8 \end{bmatrix}$ e $\mathbf{x} = \begin{bmatrix} x_1 \\ x_2 \\ x_3 \end{bmatrix}$.

SOLUÇÃO Da definição,

$$\begin{bmatrix} 2 & 3 & 4 \\ -1 & 5 & -3 \\ 6 & -2 & 8 \end{bmatrix}\begin{bmatrix} x_1 \\ x_2 \\ x_3 \end{bmatrix} = x_1\begin{bmatrix} 2 \\ -1 \\ 6 \end{bmatrix} + x_2\begin{bmatrix} 3 \\ 5 \\ -2 \end{bmatrix} + x_3\begin{bmatrix} 4 \\ -3 \\ 8 \end{bmatrix}$$

$$= \begin{bmatrix} 2x_1 \\ -x_1 \\ 6x_1 \end{bmatrix} + \begin{bmatrix} 3x_2 \\ 5x_2 \\ -2x_2 \end{bmatrix} + \begin{bmatrix} 4x_3 \\ -3x_3 \\ 8x_3 \end{bmatrix} \qquad (7)$$

$$= \begin{bmatrix} 2x_1 + 3x_2 + 4x_3 \\ -x_1 + 5x_2 - 3x_3 \\ 6x_1 - 2x_2 + 8x_3 \end{bmatrix}$$

A primeira componente do produto $A\mathbf{x}$ é uma soma de produtos (às vezes chamada *produto escalar*) da primeira linha de A com as componentes de $\mathbf{x}$:

$$\begin{bmatrix} 2 & 3 & 4 \end{bmatrix}\begin{bmatrix} x_1 \\ x_2 \\ x_3 \end{bmatrix} = \begin{bmatrix} 2x_1 + 3x_2 + 4x_3 \end{bmatrix}$$

Essa matriz mostra como calcular a primeira componente de $A\mathbf{x}$ direto, sem ter de escrever todos os cálculos mostrados em (7). Analogamente, a segunda componente de $A\mathbf{x}$ pode ser calculada de imediato multiplicando-se os elementos da segunda linha de A pelas componentes correspondentes de $\mathbf{x}$ e, depois, somando-se esses produtos:

$$\begin{bmatrix} -1 & 5 & -3 \end{bmatrix}\begin{bmatrix} x_1 \\ x_2 \\ x_3 \end{bmatrix} = \begin{bmatrix} -x_1 + 5x_2 - 3x_3 \end{bmatrix}$$

Da mesma maneira, a terceira componente de $A\mathbf{x}$ pode ser calculada a partir da terceira coluna de A e das componentes de $\mathbf{x}$. ∎

Regra para Calcular Ax

Se o produto $A\mathbf{x}$ estiver definido, então a i-ésima componente de $A\mathbf{x}$ será a soma dos produtos dos elementos da linha i de A com as componentes correspondentes do vetor $\mathbf{x}$.

EXEMPLO 5

a. $\begin{bmatrix} 1 & 2 & -1 \\ 0 & -5 & 3 \end{bmatrix}\begin{bmatrix} 4 \\ 3 \\ 7 \end{bmatrix} = \begin{bmatrix} 1 \cdot 4 + 2 \cdot 3 + (-1) \cdot 7 \\ 0 \cdot 4 + (-5) \cdot 3 + 3 \cdot 7 \end{bmatrix} = \begin{bmatrix} 3 \\ 6 \end{bmatrix}$

b. $\begin{bmatrix} 2 & -3 \\ 8 & 0 \\ -5 & 2 \end{bmatrix}\begin{bmatrix} 4 \\ 7 \end{bmatrix} = \begin{bmatrix} 2 \cdot 4 + (-3) \cdot 7 \\ 8 \cdot 4 + 0 \cdot 7 \\ (-5) \cdot 4 + 2 \cdot 7 \end{bmatrix} = \begin{bmatrix} -13 \\ 32 \\ -6 \end{bmatrix}$

c. $\begin{bmatrix} 1 & 0 & 0 \\ 0 & 1 & 0 \\ 0 & 0 & 1 \end{bmatrix}\begin{bmatrix} r \\ s \\ t \end{bmatrix} = \begin{bmatrix} 1 \cdot r + 0 \cdot s + 0 \cdot t \\ 0 \cdot r + 1 \cdot s + 0 \cdot t \\ 0 \cdot r + 0 \cdot s + 1 \cdot t \end{bmatrix} = \begin{bmatrix} r \\ s \\ t \end{bmatrix}$ ∎

Por definição, a matriz no Exemplo 5(c), com todos os elementos na diagonal iguais a 1 e todos os outros elementos iguais a 0, é chamada **matriz identidade** e denotada por I. O cálculo no item (c) mostra que $I\mathbf{x} = \mathbf{x}$ para todo $\mathbf{x}$ em $\mathbb{R}^3$. Existe uma matriz $n \times n$ análoga, escrita algumas vezes como I_n. Como no item (c), $I_n\mathbf{x} = \mathbf{x}$ para todo $\mathbf{x}$ em $\mathbb{R}^n$.

Propriedades do Produto $A\mathbf{x}$ de Matriz com Vetor

Os fatos do próximo teorema são importantes e serão usados no decorrer do livro. A demonstração está baseada na definição de $A\mathbf{x}$ e nas propriedades algébricas de $\mathbb{R}^n$.

TEOREMA 5

Se A for uma matriz $m \times n$, $\mathbf{u}$ e $\mathbf{v}$ forem vetores em $\mathbb{R}^n$ e c for um escalar, então:

a. $A(\mathbf{u} + \mathbf{v}) = A\mathbf{u} + A\mathbf{v}$;

b. $A(c\mathbf{u}) = c(A\mathbf{u})$.

DEMONSTRAÇÃO Para simplificar, vamos considerar $n = 3$, $A = [\mathbf{a}_1 \quad \mathbf{a}_2 \quad \mathbf{a}_3]$ e $\mathbf{u}$, $\mathbf{v}$ em $\mathbb{R}^3$. (A demonstração no caso geral é análoga.) Para $i = 1, 2, 3$, sejam u_i e v_i as i-ésimas componentes de $\mathbf{u}$ e $\mathbf{v}$, respectivamente. Para provar a afirmação (a), calculamos $A(\mathbf{u} + \mathbf{v})$ como uma combinação linear das colunas de A, usando como pesos as componentes de $\mathbf{u} + \mathbf{v}$.

$$A(\mathbf{u} + \mathbf{v}) = [\mathbf{a}_1 \quad \mathbf{a}_2 \quad \mathbf{a}_3] \begin{bmatrix} u_1 + v_1 \\ u_2 + v_2 \\ u_3 + v_3 \end{bmatrix}$$

Componentes de $\mathbf{u} + \mathbf{v}$

$$= (u_1 + v_1)\mathbf{a}_1 + (u_2 + v_2)\mathbf{a}_2 + (u_3 + v_3)\mathbf{a}_3$$

Colunas de A

$$= (u_1\mathbf{a}_1 + u_2\mathbf{a}_2 + u_3\mathbf{a}_3) + (v_1\mathbf{a}_1 + v_2\mathbf{a}_2 + v_3\mathbf{a}_3)$$

$$= A\mathbf{u} + A\mathbf{v}$$

Para provar a afirmação (b), calculamos $A(c\mathbf{u})$ como uma combinação linear das colunas de A, usando as componentes de $c\mathbf{u}$ como pesos.

$$A(c\mathbf{u}) = [\mathbf{a}_1 \quad \mathbf{a}_2 \quad \mathbf{a}_3] \begin{bmatrix} cu_1 \\ cu_2 \\ cu_3 \end{bmatrix} = (cu_1)\mathbf{a}_1 + (cu_2)\mathbf{a}_2 + (cu_3)\mathbf{a}_3$$

$$= c(u_1\mathbf{a}_1) + c(u_2\mathbf{a}_2) + c(u_3\mathbf{a}_3)$$

$$= c(u_1\mathbf{a}_1 + u_2\mathbf{a}_2 + u_3\mathbf{a}_3)$$

$$= c(A\mathbf{u})$$

∎

Comentário Numérico

Para otimizar um algoritmo computacional que calcule $A\mathbf{x}$, a sequência de cálculos deve envolver dados armazenados em locais de memória contíguos. Os algoritmos profissionais mais usados para cálculos com matrizes estão escritos em Fortran, linguagem que armazena uma matriz como um conjunto de colunas. Esses algoritmos calculam $A\mathbf{x}$ como uma combinação linear das colunas de A. Ao contrário, se um programa estiver escrito na linguagem popular C, que armazena matrizes por linhas, $A\mathbf{x}$ deverá ser calculado pela regra alternativa que utiliza as linhas de A.

DEMONSTRAÇÃO DO TEOREMA 4 Como foi observado depois do enunciado do Teorema 4, as afirmações (a), (b) e (c) são logicamente equivalentes. Para completar a demonstração, basta mostrar (para uma matriz arbitrária A) que (a) e (d) são ambas verdadeiras ou ambas falsas. Isto mostrará a equivalência das quatro afirmações.

Seja U uma forma escalonada de A. Dado $\mathbf{b}$ em $\mathbb{R}^m$, podemos escalonar a matriz aumentada $[A \; \mathbf{b}]$ até a matriz aumentada $[U \; \mathbf{d}]$ para algum $\mathbf{d}$ em $\mathbb{R}^m$:

$$[A \quad \mathbf{b}] \sim \cdots \sim [U \quad \mathbf{d}]$$

Se a afirmação (d) for verdadeira, então cada linha de U conterá uma posição de pivô, e não poderá haver pivô na última coluna da matriz aumentada. Assim, $A\mathbf{x} = \mathbf{b}$ tem solução para qualquer $\mathbf{b}$ e (a) é verdadeira. Se (d) for falsa, a última linha de U só terá elementos iguais a zero. Seja $\mathbf{d}$ qualquer vetor que tenha um elemento igual a 1 na sua última componente. Então $[U \; \mathbf{d}]$ representa um sistema *inconsistente*. Como as operações elementares são reversíveis, $[U \; \mathbf{d}]$ pode ser transformada em $[A \; \mathbf{b}]$. O novo sistema $A\mathbf{x} = \mathbf{b}$ também é impossível e (a) é falsa. ∎

Problemas Práticos

1. Sejam $A = \begin{bmatrix} 1 & 5 & -2 & 0 \\ -3 & 1 & 9 & -5 \\ 4 & -8 & -1 & 7 \end{bmatrix}$, $\mathbf{p} = \begin{bmatrix} 3 \\ -2 \\ 0 \\ -4 \end{bmatrix}$ e $\mathbf{b} = \begin{bmatrix} -7 \\ 9 \\ 0 \end{bmatrix}$. Pode-se mostrar que $\mathbf{p}$ é uma solução de $A\mathbf{x} = \mathbf{b}$. Use esse fato para exibir $\mathbf{b}$ como uma combinação linear das colunas de A.

2. Sejam $A = \begin{bmatrix} 2 & 5 \\ 3 & 1 \end{bmatrix}$, $\mathbf{u} = \begin{bmatrix} 4 \\ -1 \end{bmatrix}$ e $\mathbf{v} = \begin{bmatrix} -3 \\ 5 \end{bmatrix}$. Verifique o Teorema 5(a) nesse caso calculando $A(\mathbf{u} + \mathbf{v})$ e $A\mathbf{u} + A\mathbf{v}$.

3. Construa uma matriz A 3×3 e vetores $\mathbf{b}$ e $\mathbf{c}$ em $\mathbb{R}^3$ tal que $A\mathbf{x} = \mathbf{b}$ tem solução, mas $A\mathbf{x} = \mathbf{c}$ não tem.

1.4 EXERCÍCIOS

Calcule os produtos nos Exercícios 1 a 4 usando: (a) a definição, como no Exemplo 1, e (b) a regra para o cálculo de $A\mathbf{x}$. Se um produto não estiver definido, explique por quê.

1. $\begin{bmatrix} -4 & 2 \\ 1 & 6 \\ 0 & 1 \end{bmatrix} \begin{bmatrix} 3 \\ 1 \\ 7 \end{bmatrix}$
  2. $\begin{bmatrix} 2 \\ 6 \\ -1 \end{bmatrix} \begin{bmatrix} 1 \\ -1 \end{bmatrix}$

3. $\begin{bmatrix} 6 & 5 \\ -4 & -3 \\ 7 & 6 \end{bmatrix} \begin{bmatrix} 1 \\ -3 \end{bmatrix}$
  4. $\begin{bmatrix} 8 & 3 & 1 \\ 5 & 1 & 2 \end{bmatrix} \begin{bmatrix} 1 \\ 1 \\ 1 \end{bmatrix}$

Nos Exercícios 5 a 8, use a definição de $A\mathbf{x}$ para escrever a equação matricial como uma equação vetorial ou vice-versa.

5. $\begin{bmatrix} 5 & 1 & -8 & 4 \\ -2 & -7 & 3 & -5 \end{bmatrix} \begin{bmatrix} 5 \\ -1 \\ 3 \\ -2 \end{bmatrix} = \begin{bmatrix} -8 \\ 16 \end{bmatrix}$

6. $\begin{bmatrix} 7 & -3 \\ 2 & 1 \\ 9 & -6 \\ -3 & 2 \end{bmatrix} \begin{bmatrix} -2 \\ -5 \end{bmatrix} = \begin{bmatrix} 1 \\ -9 \\ 12 \\ -4 \end{bmatrix}$

7. $x_1 \begin{bmatrix} 4 \\ -1 \\ 7 \\ -4 \end{bmatrix} + x_2 \begin{bmatrix} -5 \\ 3 \\ -5 \\ 1 \end{bmatrix} + x_3 \begin{bmatrix} 7 \\ -8 \\ 0 \\ 2 \end{bmatrix} = \begin{bmatrix} 6 \\ -8 \\ 0 \\ -7 \end{bmatrix}$

8. $z_1 \begin{bmatrix} 4 \\ -2 \end{bmatrix} + z_2 \begin{bmatrix} -4 \\ 5 \end{bmatrix} + z_3 \begin{bmatrix} -5 \\ 4 \end{bmatrix} + z_4 \begin{bmatrix} 3 \\ 0 \end{bmatrix} = \begin{bmatrix} 4 \\ 13 \end{bmatrix}$

Nos Exercícios 9 e 10, escreva o sistema primeiro como uma equação vetorial e depois como uma equação matricial.

9. $\begin{aligned} 3x_1 + x_2 - 5x_3 &= 9 \\ x_2 + 4x_3 &= 0 \end{aligned}$
  10. $\begin{aligned} 8x_1 - x_2 &= 4 \\ 5x_1 + 4x_2 &= 1 \\ x_1 - 3x_2 &= 2 \end{aligned}$

Dados A e $\mathbf{b}$ nos Exercícios 11 e 12, escreva a matriz aumentada do sistema que corresponde à equação matricial $A\mathbf{x} = \mathbf{b}$. Depois, resolva o sistema e escreva a solução como um vetor.

11. $A = \begin{bmatrix} 1 & 2 & 4 \\ 0 & 1 & 5 \\ -2 & -4 & -3 \end{bmatrix}, \mathbf{b} = \begin{bmatrix} -2 \\ 2 \\ 9 \end{bmatrix}$

12. $A = \begin{bmatrix} 1 & 2 & 1 \\ -3 & -1 & 2 \\ 0 & 5 & 3 \end{bmatrix}, \mathbf{b} = \begin{bmatrix} 0 \\ 1 \\ -1 \end{bmatrix}$

13. Sejam $\mathbf{u} = \begin{bmatrix} 0 \\ 4 \\ 4 \end{bmatrix}$ e $A = \begin{bmatrix} 3 & -5 \\ -2 & 6 \\ 1 & 1 \end{bmatrix}$. O vetor $\mathbf{u}$ pertence ao plano em $\mathbb{R}^3$ gerado pelas colunas de A? (Veja a figura.) Por quê?

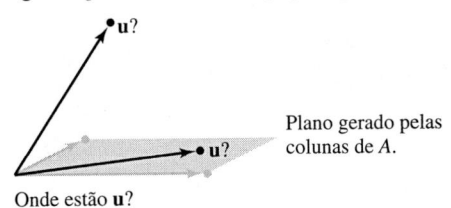

Plano gerado pelas colunas de A.

Onde estão **u**?

14. Sejam $\mathbf{u} = \begin{bmatrix} 2 \\ -3 \\ 2 \end{bmatrix}$ e $A = \begin{bmatrix} 5 & 8 & 7 \\ 0 & 1 & -1 \\ 1 & 3 & 0 \end{bmatrix}$. O vetor $\mathbf{u}$ pertence ao subconjunto de $\mathbb{R}^3$ gerado pelas colunas de A? Por quê?

15. Sejam $A = \begin{bmatrix} 2 & -1 \\ -6 & 3 \end{bmatrix}$ e $\mathbf{b} = \begin{bmatrix} b_1 \\ b_2 \end{bmatrix}$. Mostre que a equação $A\mathbf{x} = \mathbf{b}$ não tem solução para todo os $\mathbf{b}$ possíveis e descreva o conjunto de todos os $\mathbf{b}$ para os quais $A\mathbf{x} = \mathbf{b}$ *tem* solução.

16. Repita o Exercício 15:
$$A = \begin{bmatrix} 1 & -3 & -4 \\ -3 & 2 & 6 \\ 5 & -1 & -8 \end{bmatrix}, \mathbf{b} = \begin{bmatrix} b_1 \\ b_2 \\ b_3 \end{bmatrix}.$$

Os Exercícios 17 a 20 referem-se às matrizes A e B a seguir. Faça cálculos apropriados para justificar suas respostas e mencione um teorema adequado.

$$A = \begin{bmatrix} 1 & 3 & 0 & 3 \\ -1 & -1 & -1 & 1 \\ 0 & -4 & 2 & -8 \\ 2 & 0 & 3 & -1 \end{bmatrix} \qquad B = \begin{bmatrix} 1 & 3 & -2 & 2 \\ 0 & 1 & 1 & -5 \\ 1 & 2 & -3 & 7 \\ -2 & -8 & 2 & -1 \end{bmatrix}$$

17. Quantas linhas de A contêm uma posição de pivô? A equação $A\mathbf{x} = \mathbf{b}$ tem solução para todo $\mathbf{b}$ em $\mathbb{R}^4$?

18. As colunas da matriz B geram $\mathbb{R}^4$? A equação $B\mathbf{x} = \mathbf{y}$ tem solução para todo $\mathbf{y}$ em $\mathbb{R}^4$?

19. Todo vetor em $\mathbb{R}^4$ pode ser escrito como uma combinação linear das colunas da matriz A? As colunas da matriz A geram $\mathbb{R}^4$?

20. Todo vetor em $\mathbb{R}^4$ pode ser escrito como uma combinação linear das colunas da matriz B? As colunas da matriz B geram $\mathbb{R}^3$?

21. Sejam $\mathbf{v}_1 = \begin{bmatrix} 1 \\ 0 \\ -1 \\ 0 \end{bmatrix}$, $\mathbf{v}_2 = \begin{bmatrix} 0 \\ -1 \\ 0 \\ 1 \end{bmatrix}$, $\mathbf{v}_3 = \begin{bmatrix} 1 \\ 0 \\ 0 \\ -1 \end{bmatrix}$. $\{\mathbf{v}_1, \mathbf{v}_2, \mathbf{v}_3\}$ geram $\mathbb{R}^4$? Por quê?

22. Sejam $\mathbf{v}_1 = \begin{bmatrix} 0 \\ 0 \\ -2 \end{bmatrix}$, $\mathbf{v}_2 = \begin{bmatrix} 0 \\ -3 \\ 8 \end{bmatrix}$, $\mathbf{v}_3 = \begin{bmatrix} 4 \\ -1 \\ -5 \end{bmatrix}$. $\{\mathbf{v}_1, \mathbf{v}_2, \mathbf{v}_3\}$ geram $\mathbb{R}^3$? Por quê?

Nos Exercícios 23 a 34, classifique cada afirmação como Verdadeira ou Falsa (**V/F**). Justifique cada resposta.

23. (**V/F**) A equação $A\mathbf{x} = \mathbf{b}$ é conhecida como uma *equação vetorial*.

24. (**V/F**) Toda equação matricial $A\mathbf{x} = \mathbf{b}$ corresponde a uma equação vetorial que tem o mesmo conjunto solução.

25. (**V/F**) Se a equação $A\mathbf{x} = \mathbf{b}$ for inconsistente, então $\mathbf{b}$ não estará no conjunto gerado pelas colunas de A.

26. **V/F**) Um vetor $\mathbf{b}$ é uma combinação linear das colunas de uma matriz A se e somente se a equação $A\mathbf{x} = \mathbf{b}$ tiver pelo menos uma solução.

27. (**V/F**) A equação $A\mathbf{x} = \mathbf{b}$ é consistente se a matriz aumentada $[A\ \mathbf{b}]$ tiver uma posição de pivô em cada linha.

28. (**V/F**) Se A for uma matriz $m \times n$ cujas colunas não geram $\mathbb{R}^m$, então a equação $A\mathbf{x} = \mathbf{b}$ será inconsistente para algum $\mathbf{b}$ em $\mathbb{R}^m$.

29. (**V/F**) A primeira componente do produto $A\mathbf{x}$ é uma soma de produtos.

30. (**V/F**) Toda combinação linear de vetores sempre pode ser escrita na forma $A\mathbf{x}$ para alguma matriz A e algum vetor $\mathbf{x}$.

31. (**V/F**) Se as colunas de uma matriz A $m \times n$ gerarem o $\mathbb{R}^m$, então a equação $A\mathbf{x} = \mathbf{b}$ será consistente para todo $\mathbf{b}$ em $\mathbb{R}^m$.

32. (**V/F**) O conjunto solução de um sistema linear cuja matriz aumentada é $[\mathbf{a}_1\ \mathbf{a}_2\ \mathbf{a}_3\ \mathbf{b}]$ é igual ao conjunto solução de $A\mathbf{x} = \mathbf{b}$, se $A = [\mathbf{a}_1\ \mathbf{a}_2\ \mathbf{a}_3]$.

33. (**V/F**) Se A for uma matriz $m \times n$ e se a equação $A\mathbf{x} = \mathbf{b}$ for inconsistente para algum $\mathbf{b}$ em $\mathbb{R}^m$, então A não poderá ter uma posição de pivô em cada linha.

34. (**V/F**) Se a matriz aumentada $[A\ \ \mathbf{b}]$ tiver uma posição de pivô em cada linha, então a equação $A\mathbf{x} = \mathbf{b}$ será inconsistente.

35. Note que $\begin{bmatrix} 4 & -3 & 1 \\ 5 & -2 & 5 \\ -6 & 2 & -3 \end{bmatrix} \begin{bmatrix} -3 \\ -1 \\ 2 \end{bmatrix} = \begin{bmatrix} -7 \\ -3 \\ 10 \end{bmatrix}$. Use esse fato (sem operação por linhas) para encontrar escalares c_1, c_2, c_3 tais que

$$\begin{bmatrix} -7 \\ -3 \\ 10 \end{bmatrix} = c_1 \begin{bmatrix} 4 \\ 5 \\ -6 \end{bmatrix} + c_2 \begin{bmatrix} -3 \\ -2 \\ 2 \end{bmatrix} + c_3 \begin{bmatrix} 1 \\ 5 \\ -3 \end{bmatrix}.$$

36. Sejam $\mathbf{u} = \begin{bmatrix} 7 \\ 2 \\ 5 \end{bmatrix}$, $\mathbf{v} = \begin{bmatrix} 3 \\ 1 \\ 3 \end{bmatrix}$ e $\mathbf{w} = \begin{bmatrix} 6 \\ 1 \\ 0 \end{bmatrix}$. Pode-se mostrar que $3\mathbf{u} - 5\mathbf{v} - \mathbf{w} = \mathbf{0}$. Use esse fato (sem operações por linhas) para encontrar x_1 e x_2 que satisfazem a equação $\begin{bmatrix} 7 & 3 \\ 2 & 1 \\ 5 & 3 \end{bmatrix} \begin{bmatrix} x_1 \\ x_2 \end{bmatrix} = \begin{bmatrix} 6 \\ 1 \\ 0 \end{bmatrix}$.

37. Suponha que $\mathbf{q}_1, \mathbf{q}_2, \mathbf{q}_3$ e $\mathbf{v}$ representem vetores em $\mathbb{R}^5$ e x_1, x_2, x_3 denotem escalares. Escreva a equação vetorial a seguir como uma equação matricial. Identifique os símbolos usados.

$$x_1\mathbf{q}_1 + x_2\mathbf{q}_2 + x_3\mathbf{q}_3 = \mathbf{v}$$

38. Reescreva a equação matricial (numérica) a seguir de forma simbólica como uma equação vetorial usando os símbolos $\mathbf{v}_1, \mathbf{v}_2, \ldots$ para os vetores e $c_1, c_2, \ldots$ para os escalares. Defina o que cada símbolo representa usando os dados da equação matricial.

$$\begin{bmatrix} -3 & 5 & -4 & 9 & 7 \\ 5 & 8 & 1 & -2 & -4 \end{bmatrix} \begin{bmatrix} -3 \\ 2 \\ 4 \\ -1 \\ 2 \end{bmatrix} = \begin{bmatrix} 8 \\ -1 \end{bmatrix}$$

39. Construa uma matriz 3×3, que não esteja em forma escalonada, cujas colunas geram $\mathbb{R}^3$. Mostre que a matriz que você construiu tem a propriedade desejada.

40. Construa uma matriz 3×3, que não esteja em forma escalonada, cujas colunas *não* geram $\mathbb{R}^3$. Mostre que a matriz que você construiu tem a propriedade desejada.

41. Seja A uma matriz 3×2. Explique por que a equação $A\mathbf{x} = \mathbf{b}$ não pode ser consistente para todo $\mathbf{b}$ em $\mathbb{R}^3$. Generalize seu argumento para o caso de uma matriz A arbitrária com mais linhas do que colunas.

42. Um conjunto de três vetores em $\mathbb{R}^4$ pode gerar todo o $\mathbb{R}^4$? Explique. E um conjunto de n vetores em $\mathbb{R}^m$ quando n é menor do que m?

43. Suponha que A seja uma matriz 4×3 e $\mathbf{b}$ seja um vetor em $\mathbb{R}^4$ com a propriedade de que $A\mathbf{x} = \mathbf{b}$ tenha uma única solução. O que você pode dizer sobre a forma escalonada reduzida de A? Justifique sua resposta.

44. Suponha que A é uma matriz 3×3 e que $\mathbf{b}$ é um vetor em $\mathbb{R}^3$ com a propriedade de que $A\mathbf{x} = \mathbf{b}$ tem uma única solução. Explique por que as colunas de A têm de gerar $\mathbb{R}^3$.

45. Seja A uma matriz 3×4, sejam $\mathbf{y}_1$ e $\mathbf{y}_2$ vetores em $\mathbb{R}^3$ e $\mathbf{w} = \mathbf{y}_1 + \mathbf{y}_2$. Suponha que existam vetores $\mathbf{x}_1$ e $\mathbf{x}_2$ em $\mathbb{R}^4$ tais que $\mathbf{y}_1 = A\mathbf{x}_1$ e $\mathbf{y}_2 = A\mathbf{x}_2$. Que fato permite concluir que o sistema $A\mathbf{x} = \mathbf{w}$ é consistente? (*Obs.:* $\mathbf{x}_1$ e $\mathbf{x}_2$ denotam vetores, não componentes escalares de vetores.)

46. Seja A uma matriz 5×3, seja $\mathbf{y}$ um vetor em $\mathbb{R}^3$ e $\mathbf{z}$ um vetor em $\mathbb{R}^5$. Suponha que $A\mathbf{y} = \mathbf{z}$. Que fato permite concluir que o sistema $A\mathbf{x} = 4\mathbf{z}$ é consistente?

Ⓜ Nos Exercícios 47 a 50, determine se as colunas da matriz geram $\mathbb{R}^4$.

47. $\begin{bmatrix} 7 & 2 & -5 & 8 \\ -5 & -3 & 4 & -9 \\ 6 & 10 & -2 & 7 \\ -7 & 9 & 2 & 15 \end{bmatrix}$ **48.** $\begin{bmatrix} 5 & -7 & -4 & 9 \\ 6 & -8 & -7 & 5 \\ 4 & -4 & -9 & -9 \\ -9 & 11 & 16 & 7 \end{bmatrix}$

49. $\begin{bmatrix} 12 & -7 & 11 & -9 & 5 \\ -9 & 4 & -8 & 7 & -3 \\ -6 & 11 & -7 & 3 & -9 \\ 4 & -6 & 10 & -5 & 12 \end{bmatrix}$

50. $\begin{bmatrix} 8 & 11 & -6 & -7 & 13 \\ -7 & -8 & 5 & 6 & -9 \\ 11 & 7 & -7 & -9 & -6 \\ -3 & 4 & 1 & 8 & 7 \end{bmatrix}$

Ⓜ **51.** Encontre uma coluna da matriz no Exercício 49 que possa ser omitida e, mesmo assim, as colunas restantes da matriz ainda gerem $\mathbb{R}^4$.

Ⓜ **52.** Encontre uma coluna da matriz no Exercício 50 que possa ser omitida e, mesmo assim, as colunas restantes da matriz ainda gerem $\mathbb{R}^4$. É possível omitir mais de uma coluna?

Soluções dos Problemas Práticos

1. A equação matricial

$$\begin{bmatrix} 1 & 5 & -2 & 0 \\ -3 & 1 & 9 & -5 \\ 4 & -8 & -1 & 7 \end{bmatrix} \begin{bmatrix} 3 \\ -2 \\ 0 \\ -4 \end{bmatrix} = \begin{bmatrix} -7 \\ 9 \\ 0 \end{bmatrix}$$

é equivalente à equação vetorial

$$3\begin{bmatrix} 1 \\ -3 \\ 4 \end{bmatrix} - 2\begin{bmatrix} 5 \\ 1 \\ -8 \end{bmatrix} + 0\begin{bmatrix} -2 \\ 9 \\ -1 \end{bmatrix} - 4\begin{bmatrix} 0 \\ -5 \\ 7 \end{bmatrix} = \begin{bmatrix} -7 \\ 9 \\ 0 \end{bmatrix},$$

que expressa $\mathbf{b}$ como uma combinação linear das colunas de A.

2. $\mathbf{u} + \mathbf{v} = \begin{bmatrix} 4 \\ -1 \end{bmatrix} + \begin{bmatrix} -3 \\ 5 \end{bmatrix} = \begin{bmatrix} 1 \\ 4 \end{bmatrix}$

$A(\mathbf{u} + \mathbf{v}) = \begin{bmatrix} 2 & 5 \\ 3 & 1 \end{bmatrix} \begin{bmatrix} 1 \\ 4 \end{bmatrix} = \begin{bmatrix} 2 + 20 \\ 3 + 4 \end{bmatrix} = \begin{bmatrix} 22 \\ 7 \end{bmatrix}$

$A\mathbf{u} + A\mathbf{v} = \begin{bmatrix} 2 & 5 \\ 3 & 1 \end{bmatrix} \begin{bmatrix} 4 \\ -1 \end{bmatrix} + \begin{bmatrix} 2 & 5 \\ 3 & 1 \end{bmatrix} \begin{bmatrix} -3 \\ 5 \end{bmatrix}$

$= \begin{bmatrix} 3 \\ 11 \end{bmatrix} + \begin{bmatrix} 19 \\ -4 \end{bmatrix} = \begin{bmatrix} 22 \\ 7 \end{bmatrix}$

Observação: Existem, de fato, uma infinidade de soluções corretas para o Problema Prático 3. Ao criar matrizes que satisfazem critérios específicos, muitas vezes é melhor criar matrizes simples, como as que já estão em forma escalonada reduzida. Eis, a seguir, uma solução possível:

3. Sejam

$$A = \begin{bmatrix} 1 & 0 & 1 \\ 0 & 1 & 1 \\ 0 & 0 & 0 \end{bmatrix}, \mathbf{b} = \begin{bmatrix} 3 \\ 2 \\ 0 \end{bmatrix} \quad \text{e} \quad \mathbf{c} = \begin{bmatrix} 3 \\ 2 \\ 1 \end{bmatrix}.$$

Note que a forma escalonada reduzida da matriz aumentada correspondente a $A\mathbf{x} = \mathbf{b}$ é

$$\begin{bmatrix} 1 & 0 & 1 & 3 \\ 0 & 1 & 1 & 2 \\ 0 & 0 & 0 & 0 \end{bmatrix},$$

que corresponde a um sistema consistente, logo $A\mathbf{x} = \mathbf{b}$ tem soluções. A forma escalonada reduzida da matriz aumentada correspondente a $A\mathbf{x} = \mathbf{c}$ é

$$\begin{bmatrix} 1 & 0 & 1 & 3 \\ 0 & 1 & 1 & 2 \\ 0 & 0 & 0 & 1 \end{bmatrix},$$

que corresponde a um sistema inconsistente, logo $A\mathbf{x} = \mathbf{c}$ não tem solução.

1.5 CONJUNTOS SOLUÇÃO DE SISTEMAS LINEARES

Os conjuntos solução de sistemas lineares são objetos de estudo importantes na álgebra linear. Esses conjuntos aparecerão mais tarde em diversos contextos. Esta seção usa a notação vetorial para dar uma descrição explícita e geométrica desses conjuntos solução.

Sistemas Lineares Homogêneos

Um sistema linear é **homogêneo** se puder ser escrito na forma $A\mathbf{x} = \mathbf{0}$, em que A é uma matriz $m \times n$ e $\mathbf{0}$ é o vetor nulo em $\mathbb{R}^m$. Um sistema do tipo $A\mathbf{x} = \mathbf{0}$ *sempre* tem pelo menos uma solução, a saber, $\mathbf{x} = \mathbf{0}$ (o vetor nulo em $\mathbb{R}^n$). Essa solução nula costuma ser chamada **solução trivial**. Para uma equação do tipo $A\mathbf{x} = \mathbf{0}$, a pergunta importante é se existe uma **solução não trivial**, ou seja, um vetor não nulo $\mathbf{x}$ que satisfaça $A\mathbf{x} = \mathbf{0}$. O Teorema de Existência e Unicidade na Seção 1.2 (Teorema 2) implica imediatamente o seguinte fato.

> A equação homogênea $A\mathbf{x} = \mathbf{0}$ tem solução não trivial se e somente se a equação tiver pelo menos uma variável livre.

EXEMPLO 1 Determine se o sistema linear homogêneo a seguir admite solução não trivial. Depois, descreva o conjunto solução.

$$\begin{aligned} 3x_1 + 5x_2 - 4x_3 &= 0 \\ -3x_1 - 2x_2 + 4x_3 &= 0 \\ 6x_1 + x_2 - 8x_3 &= 0 \end{aligned}$$

SOLUÇÃO Seja A a matriz de coeficientes do sistema e escalone a matriz aumentada $[A\ \mathbf{0}]$:

$$\begin{bmatrix} 3 & 5 & -4 & 0 \\ -3 & -2 & 4 & 0 \\ 6 & 1 & -8 & 0 \end{bmatrix} \sim \begin{bmatrix} 3 & 5 & -4 & 0 \\ 0 & 3 & 0 & 0 \\ 0 & -9 & 0 & 0 \end{bmatrix} \sim \begin{bmatrix} 3 & 5 & -4 & 0 \\ 0 & 3 & 0 & 0 \\ 0 & 0 & 0 & 0 \end{bmatrix}$$

Como x_3 é uma variável livre, $A\mathbf{x} = \mathbf{0}$ admite soluções não triviais (uma para cada escolha não nula de x_3). Para descrever o conjunto solução, prossiga no escalonamento de $[A\ \mathbf{0}]$ até obter a forma escalonada *reduzida*:

$$\begin{bmatrix} 1 & 0 & -\frac{4}{3} & 0 \\ 0 & 1 & 0 & 0 \\ 0 & 0 & 0 & 0 \end{bmatrix} \qquad \begin{aligned} x_1 \quad - \tfrac{4}{3}x_3 &= 0 \\ x_2 \qquad\quad &= 0 \\ 0 &= 0 \end{aligned}$$

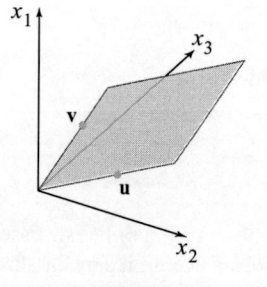

FIGURA 1

Resolva para as variáveis dependentes x_1 e x_2 e obtenha $x_1 = \frac{4}{3} x_3$, $x_2 = 0$, com x_3 livre. Como vetor, a solução geral de $A\mathbf{x} = \mathbf{0}$ assume a forma

$$\mathbf{x} = \begin{bmatrix} x_1 \\ x_2 \\ x_3 \end{bmatrix} = \begin{bmatrix} \frac{4}{3}x_3 \\ 0 \\ x_3 \end{bmatrix} = x_3 \begin{bmatrix} \frac{4}{3} \\ 0 \\ 1 \end{bmatrix} = x_3\mathbf{v}, \quad \text{em que} \quad \mathbf{v} = \begin{bmatrix} \frac{4}{3} \\ 0 \\ 1 \end{bmatrix}$$

Aqui, o x_3 foi colocado em evidência na expressão do vetor solução geral. Isso mostra que, nesse caso, toda solução de $A\mathbf{x} = \mathbf{0}$ é um múltiplo escalar de $\mathbf{v}$. A solução trivial é obtida escolhendo-se $x_3 = 0$. Geometricamente, o conjunto solução é uma reta contendo $\mathbf{0}$ em $\mathbb{R}^3$. Veja a Figura 1. ∎

Observe que uma solução não trivial $\mathbf{x}$ pode ter algumas componentes iguais a zero, mas não todas.

EXEMPLO 2 Uma única equação linear pode ser tratada como um sistema muito simples de equações. Descreva todas as soluções do "sistema" homogêneo

$$10x_1 - 3x_2 - 2x_3 = 0 \tag{1}$$

SOLUÇÃO Não há necessidade da notação matricial. Resolva para a variável dependente x_1 em função das variáveis livres. A solução geral é $x_1 = 0{,}3x_2 + 0{,}2x_3$, com x_2 e x_3 livres. Em notação vetorial, a solução geral é

$$\mathbf{x} = \begin{bmatrix} x_1 \\ x_2 \\ x_3 \end{bmatrix} = \begin{bmatrix} 0{,}3x_2 + 0{,}2x_3 \\ x_2 \\ x_3 \end{bmatrix} = \begin{bmatrix} 0{,}3x_2 \\ x_2 \\ 0 \end{bmatrix} + \begin{bmatrix} 0{,}2x_3 \\ 0 \\ x_3 \end{bmatrix}$$

$$= x_2 \begin{bmatrix} 0{,}3 \\ 1 \\ 0 \end{bmatrix} + x_3 \begin{bmatrix} 0{,}2 \\ 0 \\ 1 \end{bmatrix} \quad \text{(com } x_2, x_3 \text{ livres)} \tag{2}$$

$$\qquad\qquad \underset{\mathbf{u}}{\uparrow} \qquad\qquad \underset{\mathbf{v}}{\uparrow}$$

FIGURA 2

Esse cálculo mostra que toda solução de (1) é uma combinação linear dos vetores $\mathbf{u}$ e $\mathbf{v}$, indicados em (2). Assim, o conjunto solução é $\mathscr{L}\{\mathbf{u}, \mathbf{v}\}$. Como nem $\mathbf{u}$ nem $\mathbf{v}$ é um múltiplo escalar do outro, o conjunto solução é um plano contendo a origem. Veja a Figura 2. ∎

Os Exemplos 1 e 2, junto com os exercícios, ilustram o fato de que o conjunto solução de uma equação homogênea $A\mathbf{x} = \mathbf{0}$ sempre pode ser escrito explicitamente como $\mathscr{L}\{\mathbf{v}_1, \ldots, \mathbf{v}_p\}$ para vetores apropriados $\mathbf{v}_1, \ldots, \mathbf{v}_p$. Se a única solução for o vetor nulo, então o conjunto solução será $\mathscr{L}\{\mathbf{0}\}$. Se a equação $A\mathbf{x} = \mathbf{0}$ tiver apenas uma variável livre, o conjunto solução será uma reta contendo origem, como na Figura 1. Um plano contendo a origem, como na Figura 2, fornece uma boa imagem mental para o conjunto solução de $A\mathbf{x} = \mathbf{0}$ quando há duas ou mais variáveis livres. Observe, no entanto, que uma figura semelhante também pode ser usada para visualizar $\mathscr{L}\{\mathbf{u}, \mathbf{v}\}$ mesmo quando $\mathbf{u}$ e $\mathbf{v}$ não surgem como soluções de $A\mathbf{x} = \mathbf{0}$. Veja a Figura 11 na Seção 1.3.

Forma Vetorial Paramétrica

A equação original (1) para o plano no Exemplo 2 é uma descrição *implícita* do plano. Resolvendo essa equação, obtemos uma descrição *explícita* do plano como o conjunto gerado por $\mathbf{u}$ e $\mathbf{v}$. A equação (2) é chamada uma **equação vetorial paramétrica** do plano. Algumas vezes, essa equação é escrita como

$$\mathbf{x} = s\mathbf{u} + t\mathbf{v} \quad (s, t \text{ em } \mathbb{R})$$

para enfatizar o fato de que os parâmetros variam sobre todos os números reais. No Exemplo 1, a equação $\mathbf{x} = x_3\mathbf{v}$ (com x_3 livre), ou $\mathbf{x} = t\mathbf{v}$ (com t em $\mathbb{R}$), é uma equação vetorial paramétrica de uma reta. Seja qual for o conjunto solução descrito explicitamente com vetores, como nos Exemplos 1 e 2, dizemos que a solução está na **forma vetorial paramétrica**.

Soluções de Sistemas Não Homogêneos

Quando um sistema linear não homogêneo tem muitas soluções, a solução geral pode ser escrita na forma vetorial paramétrica como um vetor mais uma combinação linear arbitrária de vetores que satisfazem o sistema homogêneo correspondente.

EXEMPLO 3   Descreva todas as soluções de $A\mathbf{x} = \mathbf{b}$, em que

$$A = \begin{bmatrix} 3 & 5 & -4 \\ -3 & -2 & 4 \\ 6 & 1 & -8 \end{bmatrix} \quad \text{e} \quad \mathbf{b} = \begin{bmatrix} 7 \\ -1 \\ -4 \end{bmatrix}$$

SOLUÇÃO   Aqui, A é a matriz de coeficientes do Exemplo 1. As operações elementares em $[A \ \mathbf{b}]$ produzem

$$\begin{bmatrix} 3 & 5 & -4 & 7 \\ -3 & -2 & 4 & -1 \\ 6 & 1 & -8 & -4 \end{bmatrix} \sim \begin{bmatrix} 1 & 0 & -\frac{4}{3} & -1 \\ 0 & 1 & 0 & 2 \\ 0 & 0 & 0 & 0 \end{bmatrix}, \quad \begin{array}{rcl} x_1 \quad -\frac{4}{3}x_3 &=& -1 \\ x_2 \quad &=& 2 \\ 0 &=& 0 \end{array}$$

Assim, $x_1 = -1 + \frac{4}{3}x_3$, $x_2 = 2$ e x_3 é livre. Como vetor, a solução geral de $A\mathbf{x} = \mathbf{b}$ assume a forma

$$\mathbf{x} = \begin{bmatrix} x_1 \\ x_2 \\ x_3 \end{bmatrix} = \begin{bmatrix} -1 + \frac{4}{3}x_3 \\ 2 \\ x_3 \end{bmatrix} = \begin{bmatrix} -1 \\ 2 \\ 0 \end{bmatrix} + \begin{bmatrix} \frac{4}{3}x_3 \\ 0 \\ x_3 \end{bmatrix} = \underset{\underset{\mathbf{p}}{\uparrow}}{\begin{bmatrix} -1 \\ 2 \\ 0 \end{bmatrix}} + x_3 \underset{\underset{\mathbf{v}}{\uparrow}}{\begin{bmatrix} \frac{4}{3} \\ 0 \\ 1 \end{bmatrix}}$$

A equação $\mathbf{x} = \mathbf{p} + x_3\mathbf{v}$, ou, escrevendo t como um parâmetro geral,

$$\mathbf{x} = \mathbf{p} + t\mathbf{v} \quad (t \text{ em } \mathbb{R}) \tag{3}$$

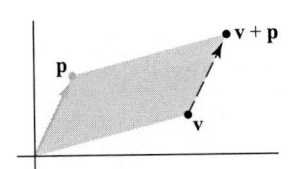

FIGURA 3 Somar $\mathbf{p}$ a $\mathbf{v}$ translada $\mathbf{v}$ para $\mathbf{v} + \mathbf{p}$.

descreve o conjunto solução de $A\mathbf{x} = \mathbf{b}$ na forma vetorial paramétrica. Lembre-se do Exemplo 1 em que o conjunto solução $A\mathbf{x} = \mathbf{0}$ tem a equação vetorial paramétrica

$$\mathbf{x} = t\mathbf{v} \quad (t \text{ em } \mathbb{R}) \tag{4}$$

[com o mesmo $\mathbf{v}$ que aparece em (3)]. Assim, as soluções de $A\mathbf{x} = \mathbf{b}$ são obtidas somando o vetor $\mathbf{p}$ às soluções de $A\mathbf{x} = \mathbf{0}$. O vetor $\mathbf{p}$ é apenas uma solução particular de $A\mathbf{x} = \mathbf{b}$ [correspondente a $t = 0$ em (3)]. ∎

Para descrever geometricamente o conjunto solução de $A\mathbf{x} = \mathbf{b}$, podemos pensar na soma de vetores como uma *translação*. Dados $\mathbf{v}$ e $\mathbf{p}$ em $\mathbb{R}^2$ ou $\mathbb{R}^3$, o efeito de somar $\mathbf{p}$ a $\mathbf{v}$ é o de *deslocar* $\mathbf{v}$ em uma direção paralela à reta determinada por $\mathbf{p}$ e $\mathbf{0}$. Dizemos que $\mathbf{v}$ foi **transladado por $\mathbf{p}$** para $\mathbf{v} + \mathbf{p}$. Veja a Figura 3. Se cada ponto pertencente a uma reta L, em $\mathbb{R}^2$ ou $\mathbb{R}^3$, for transladado por um vetor $\mathbf{p}$, o resultado é uma reta paralela a L. Veja a Figura 4.

Suponha que L seja a reta determinada por $\mathbf{0}$ e $\mathbf{v}$, descrita pela equação (4). Somar $\mathbf{p}$ a cada ponto de L produz a reta transladada descrita pela equação (3). Observe que $\mathbf{p}$ pertence à reta (3). Dizemos que (3) é **a equação da reta paralela a $\mathbf{v}$ contendo $\mathbf{p}$**. Assim, *o conjunto solução de $A\mathbf{x} = \mathbf{b}$ é a reta paralela ao conjunto solução de $A\mathbf{x} = \mathbf{0}$ contendo $\mathbf{p}$*. A Figura 5 ilustra esse caso.

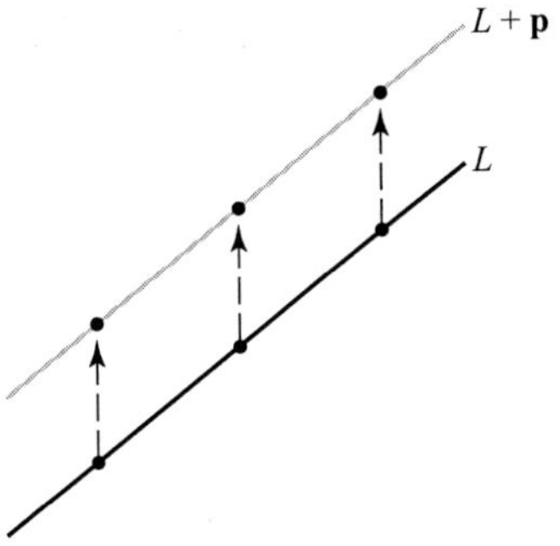

FIGURA 4 Reta transladada.

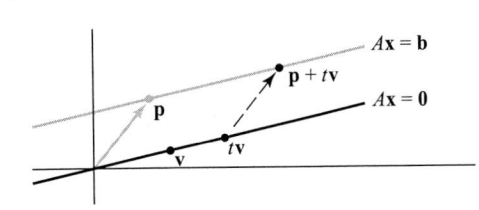

FIGURA 5 Conjuntos solução paralelos de $A\mathbf{x} = \mathbf{b}$ e $A\mathbf{x} = \mathbf{0}$.

A relação entre os conjuntos solução de $A\mathbf{x} = \mathbf{b}$ e $A\mathbf{x} = \mathbf{0}$, mostrada na Figura 5, pode ser generalizada para qualquer equação *consistente* $A\mathbf{x} = \mathbf{b}$, apesar de o conjunto solução ser maior do que uma reta quando existem várias variáveis livres. O próximo teorema traz o enunciado preciso. Veja o Exercício 37 no fim desta seção para uma demonstração.

TEOREMA 6

Suponha que a equação $A\mathbf{x} = \mathbf{b}$ seja consistente para algum $\mathbf{b}$, e que $\mathbf{p}$ seja uma solução. Então o conjunto solução de $A\mathbf{x} = \mathbf{b}$ será o conjunto de todos os vetores da forma $\mathbf{w} = \mathbf{p} + \mathbf{v}_h$, em que $\mathbf{v}_h$ é qualquer solução da equação homogênea $A\mathbf{x} = \mathbf{0}$.

O Teorema 6 diz que, se $A\mathbf{x} = \mathbf{b}$ tiver solução, então o conjunto solução será obtido pela translação do conjunto solução de $A\mathbf{x} = \mathbf{0}$, usando para a translação qualquer solução particular $\mathbf{p}$ de $A\mathbf{x} = \mathbf{b}$. A Figura 6 ilustra o caso quando existem duas variáveis livres. Mesmo quando $n > 3$, a nossa imagem mental do conjunto solução de um sistema consistente $A\mathbf{x} = \mathbf{b}$ (com $\mathbf{b} \neq \mathbf{0}$) é um único ponto não nulo ou uma reta ou um plano não contendo a origem.

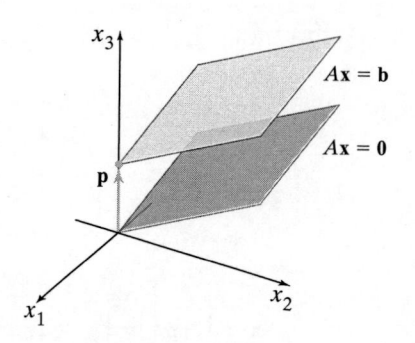

FIGURA 6 Conjuntos paralelos de soluções de $A\mathbf{x} = \mathbf{b}$ e $A\mathbf{x} = \mathbf{0}$.

Cuidado: O Teorema 6 e a Figura 6 se aplicam apenas a uma equação $A\mathbf{x} = \mathbf{b}$ que tenha pelo menos uma solução não nula $\mathbf{p}$. Quando $A\mathbf{x} = \mathbf{b}$ não tem solução, o conjunto solução é vazio.

O algoritmo a seguir descreve os cálculos mostrados nos Exemplos 1, 2 e 3.

COMO OBTER O CONJUNTO SOLUÇÃO (DE UM SISTEMA CONSISTENTE) NA FORMA VETORIAL PARAMÉTRICA

1. Escalone a matriz aumentada até obter a forma escalonada reduzida.
2. Expresse cada variável dependente em função das variáveis livres em cada equação.
3. Escreva uma solução típica $\mathbf{x}$ como um vetor cujas componentes dependem das variáveis livres, caso exista alguma.
4. Decomponha $\mathbf{x}$ em uma combinação linear de vetores (com componentes numéricas) usando as variáveis livres como parâmetros.

Respostas Razoáveis

Para ver que as soluções encontradas são, de fato, soluções da equação homogênea $A\mathbf{x} = \mathbf{0}$, basta multiplicar a matriz por cada vetor na sua solução e verificar que o resultado é o vetor nulo. Por exemplo, se $A = \begin{bmatrix} 1 & -2 & 1 & 2 \\ 1 & -1 & 2 & 5 \\ 0 & 1 & 1 & 3 \end{bmatrix}$ e você encontrar as soluções do sistema homogêneo $x_3 \begin{bmatrix} -3 \\ -1 \\ 1 \\ 0 \end{bmatrix} + x_4 \begin{bmatrix} -8 \\ -3 \\ 0 \\ 1 \end{bmatrix}$, verifique que $\begin{bmatrix} 1 & -2 & 1 & 2 \\ 1 & -1 & 2 & 5 \\ 0 & 1 & 1 & 3 \end{bmatrix} \begin{bmatrix} -3 \\ -1 \\ 1 \\ 0 \end{bmatrix} = \begin{bmatrix} 0 \\ 0 \\ 0 \end{bmatrix}$ e

$\begin{bmatrix} 1 & -2 & 1 & 2 \\ 1 & -1 & 2 & 5 \\ 0 & 1 & 1 & 3 \end{bmatrix} \begin{bmatrix} -8 \\ -3 \\ 0 \\ 1 \end{bmatrix} = \begin{bmatrix} 0 \\ 0 \\ 0 \end{bmatrix}$. Então $A \left(x_3 \begin{bmatrix} -3 \\ -1 \\ 1 \\ 0 \end{bmatrix} + x_4 \begin{bmatrix} -8 \\ -3 \\ 0 \\ 1 \end{bmatrix} \right)$

$= x_3 A \begin{bmatrix} -3 \\ -1 \\ 1 \\ 0 \end{bmatrix} + x_4 A \begin{bmatrix} -8 \\ -3 \\ 0 \\ 1 \end{bmatrix}$, que é igual a $x_3 \begin{bmatrix} 0 \\ 0 \\ 0 \end{bmatrix} + x_4 \begin{bmatrix} 0 \\ 0 \\ 0 \end{bmatrix} = \begin{bmatrix} 0 \\ 0 \\ 0 \end{bmatrix}$, como desejado.

Se estiver resolvendo $A\mathbf{x} = \mathbf{b}$, então você pode verificar novamente que tem a solução correta multiplicando a matriz por cada vetor em suas soluções. O produto de A pelo primeiro vetor (o que *não* é parte da solução da equação homogênea) deve ser $\mathbf{b}$. É claro que o produto de A com os outros vetores (os que são parte da solução da equação homogênea) deve ser $\mathbf{0}$.

Por exemplo, para ver que $\begin{bmatrix} 2 \\ 1 \\ 1 \\ 2 \end{bmatrix} + x_3 \begin{bmatrix} -3 \\ -1 \\ 1 \\ 0 \end{bmatrix} + x_4 \begin{bmatrix} -8 \\ -3 \\ 0 \\ 1 \end{bmatrix}$ são soluções de $A\mathbf{x} = \begin{bmatrix} 5 \\ 13 \\ 8 \end{bmatrix}$,

verifique que $\begin{bmatrix} 1 & -2 & 1 & 2 \\ 1 & -1 & 2 & 5 \\ 0 & 1 & 1 & 3 \end{bmatrix} \begin{bmatrix} 2 \\ 1 \\ 1 \\ 2 \end{bmatrix} = \begin{bmatrix} 5 \\ 13 \\ 8 \end{bmatrix}$ e use os cálculos anteriores. Note que

$A \left(\begin{bmatrix} 2 \\ 1 \\ 1 \\ 2 \end{bmatrix} + x_3 \begin{bmatrix} -3 \\ -1 \\ 1 \\ 0 \end{bmatrix} + x_4 \begin{bmatrix} -8 \\ -3 \\ 0 \\ 1 \end{bmatrix} \right) = A \begin{bmatrix} 2 \\ 1 \\ 1 \\ 2 \end{bmatrix} + x_3 A \begin{bmatrix} -3 \\ -1 \\ 1 \\ 0 \end{bmatrix} + x_4 A \begin{bmatrix} -8 \\ -3 \\ 0 \\ 1 \end{bmatrix}$, que é igual a

$\begin{bmatrix} 5 \\ 13 \\ 8 \end{bmatrix} + x_3 \begin{bmatrix} 0 \\ 0 \\ 0 \end{bmatrix} + x_4 \begin{bmatrix} 0 \\ 0 \\ 0 \end{bmatrix} = \begin{bmatrix} 5 \\ 13 \\ 8 \end{bmatrix}$, como desejado.

Problemas Práticos

1. Cada uma das equações a seguir determina um plano em $\mathbb{R}^3$. Os dois planos se interceptam? Se for o caso, descreva a interseção.

$$x_1 + 4x_2 - 5x_3 = 0$$
$$2x_1 - x_2 + 8x_3 = 9$$

2. Descreva a solução geral de $10x_1 - 3x_2 - 2x_3 = 7$ na forma vetorial paramétrica e relacione o conjunto solução com o obtido no Exemplo 2.

3. Demonstre a primeira parte do Teorema 6: Suponha que $\mathbf{p}$ é uma solução de $A\mathbf{x} = \mathbf{b}$, de modo que $A\mathbf{p} = \mathbf{b}$. Seja $\mathbf{v}_h$ uma solução arbitrária da equação homogênea $A\mathbf{x} = \mathbf{0}$ e seja $\mathbf{w} = \mathbf{p} + \mathbf{v}_h$. Mostre que $\mathbf{w}$ é solução de $A\mathbf{x} = \mathbf{b}$.

1.5 EXERCÍCIOS

Nos Exercícios 1 a 4, determine se o sistema tem solução não trivial. Tente usar a menor quantidade possível de operações elementares.

1.
$$2x_1 - 5x_2 + 8x_3 = 0$$
$$-2x_1 - 7x_2 + x_3 = 0$$
$$4x_1 + 2x_2 + 7x_3 = 0$$

2.
$$x_1 - 3x_2 + 7x_3 = 0$$
$$-2x_1 + x_2 - 4x_3 = 0$$
$$x_1 + 2x_2 + 9x_3 = 0$$

3.
$$-3x_1 + 5x_2 - 7x_3 = 0$$
$$-6x_1 + 7x_2 + x_3 = 0$$

4.
$$-5x_1 + 7x_2 + 9x_3 = 0$$
$$x_1 - 2x_2 + 6x_3 = 0$$

Nos Exercícios 5 e 6, siga o método dos Exemplos 1 e 2 para escrever o conjunto solução do sistema homogêneo dado na forma vetorial paramétrica.

5.
$$x_1 + 3x_2 + x_3 = 0$$
$$-4x_1 - 9x_2 + 2x_3 = 0$$
$$- 3x_2 - 6x_3 = 0$$

6.
$$x_1 + 3x_2 - 5x_3 = 0$$
$$x_1 + 4x_2 - 8x_3 = 0$$
$$-3x_1 - 7x_2 + 9x_3 = 0$$

Nos Exercícios 7 a 12, descreva todas as soluções de $A\mathbf{x} = \mathbf{0}$ na forma vetorial paramétrica, na qual A é equivalente por linhas à matriz dada.

7. $\begin{bmatrix} 1 & 3 & -3 & 7 \\ 0 & 1 & -4 & 5 \end{bmatrix}$

8. $\begin{bmatrix} 1 & -2 & -9 & 5 \\ 0 & 1 & 2 & -6 \end{bmatrix}$

9. $\begin{bmatrix} 3 & -9 & 6 \\ -1 & 3 & -2 \end{bmatrix}$

10. $\begin{bmatrix} 1 & 3 & 0 & -4 \\ 2 & 6 & 0 & -8 \end{bmatrix}$

11. $\begin{bmatrix} 1 & -4 & -2 & 0 & 3 & -5 \\ 0 & 0 & 1 & 0 & 0 & -1 \\ 0 & 0 & 0 & 0 & 1 & -4 \\ 0 & 0 & 0 & 0 & 0 & 0 \end{bmatrix}$

12. $\begin{bmatrix} 1 & 5 & 2 & -6 & 9 & 0 \\ 0 & 0 & 1 & -7 & 4 & -8 \\ 0 & 0 & 0 & 0 & 0 & 1 \\ 0 & 0 & 0 & 0 & 0 & 0 \end{bmatrix}$

Rever a informação no quadro Respostas Razoáveis desta seção antes de fazer os Exercícios 13 a 16 pode ajudar.

13. Verifique que as soluções encontradas no Exercício 9 são, de fato, soluções do problema homogêneo.

14. Verifique que as soluções encontradas no Exercício 10 são, de fato, soluções do problema homogêneo.

15. Verifique que as soluções encontradas no Exercício 11 são, de fato, soluções do problema homogêneo.

16. Verifique que as soluções encontradas no Exercício 12 são, de fato, soluções do problema homogêneo.

17. Suponha que o conjunto solução de certo sistema de equações possa ser descrito como $x_1 = 5 + 4x_3$, $x_2 = -2 - 7x_3$, com x_3 livre. Use vetores para descrever este conjunto como uma reta em $\mathbb{R}^3$.

18. Suponha que o conjunto solução de certo sistema de equações possa ser descrito como $x_1 = 3x_4$, $x_2 = 8 + x_4$, $x_3 = 2 - 5x_4$, com x_4 livre. Use vetores para descrever este conjunto como uma reta em $\mathbb{R}^4$.

19. Siga o método do Exemplo 3 para descrever as soluções do sistema a seguir em forma vetorial paramétrica. Faça também uma descrição geométrica do conjunto solução e compare-o com o do Exercício 5.

$$x_1 + 3x_2 + x_3 = 1$$
$$-4x_1 - 9x_2 + 2x_3 = -1$$
$$-3x_2 - 6x_3 = -3$$

20. Como no Exercício 19, descreva as soluções do sistema a seguir em forma vetorial paramétrica e faça uma comparação geométrica com o conjunto solução do Exercício 6.

$$x_1 + 3x_2 - 5x_3 = 4$$
$$x_1 + 4x_2 - 8x_3 = 7$$
$$-3x_1 - 7x_2 + 9x_3 = -6$$

21. Descreva e compare os conjuntos solução de $x_1 + 9x_2 - 4x_3 = 0$ e $x_1 + 9x_2 - 4x_3 = -2$.

22. Descreva e compare os conjuntos solução de $x_1 - 3x_2 + 5x_3 = 0$ e $x_1 - 3x_2 + 5x_3 = 4$.

Nos Exercícios 23 e 24, determine a equação paramétrica da reta contendo **a** e paralela a **b**.

23. $\mathbf{a} = \begin{bmatrix} -2 \\ 0 \end{bmatrix}$, $\mathbf{b} = \begin{bmatrix} -5 \\ 3 \end{bmatrix}$ **24.** $\mathbf{a} = \begin{bmatrix} 3 \\ -4 \end{bmatrix}$, $\mathbf{b} = \begin{bmatrix} -7 \\ 8 \end{bmatrix}$

Nos Exercícios 25 e 26, encontre uma equação paramétrica para a reta M contendo **p** e **q**. [*Sugestão: M* é paralela ao vetor **q** – **p**. Veja a figura a seguir.]

25. $\mathbf{p} = \begin{bmatrix} 2 \\ -5 \end{bmatrix}$, $\mathbf{q} = \begin{bmatrix} -3 \\ 1 \end{bmatrix}$ **26.** $\mathbf{p} = \begin{bmatrix} -6 \\ 3 \end{bmatrix}$, $\mathbf{q} = \begin{bmatrix} 0 \\ -4 \end{bmatrix}$

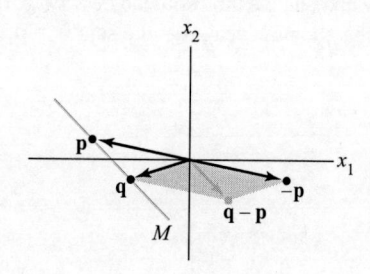

Reta contendo **p** e **q**.

Nos Exercícios 27 a 36, marque cada afirmação como Verdadeira ou Falsa (**V/F**). Justifique cada resposta.

27. (**V/F**) Uma equação homogênea é sempre consistente.

28. (**V/F**) Se **x** for uma solução não trivial de $A\mathbf{x} = \mathbf{0}$, então toda componente de **x** será não nula.

29. (**V/F**) A equação $A\mathbf{x} = \mathbf{0}$ fornece uma descrição explícita de seu conjunto solução.

30. (**V/F**) A equação $\mathbf{x} = x_2\mathbf{u} + x_3\mathbf{v}$, com x_2 e x_3 livres (e **u** e **v** não sendo múltiplos um do outro), descreve um plano contendo a origem.

31. (**V/F**) A equação homogênea $A\mathbf{x} = \mathbf{0}$ tem a solução trivial se e somente se a equação tem pelo menos uma variável livre.

32. (**V/F**) A equação $A\mathbf{x} = \mathbf{b}$ é homogênea se o vetor nulo for uma solução.

33. (**V/F**) A equação $\mathbf{x} = \mathbf{p} + t\mathbf{v}$ descreve a reta contendo **v** paralela a **p**.

34. (**V/F**) O efeito de somar **p** a um vetor é o de deslocar o vetor em uma direção paralela a **p**.

35. (**V/F**) O conjunto solução de $A\mathbf{x} = \mathbf{b}$ é o conjunto de todos os vetores da forma $\mathbf{w} = \mathbf{p} + \mathbf{v}_h$, em que $\mathbf{v}_h$ é qualquer solução da equação $A\mathbf{x} = \mathbf{0}$.

36. (**V/F**) O conjunto solução de $A\mathbf{x} = \mathbf{b}$ é obtido transladando-se o conjunto solução de $A\mathbf{x} = \mathbf{0}$.

37. Prove a segunda parte do Teorema 6: Seja **w** qualquer solução de $A\mathbf{x} = \mathbf{b}$ e defina $\mathbf{v}_h = \mathbf{w} - \mathbf{p}$. Mostre que $\mathbf{v}_h$ é uma solução de $A\mathbf{x} = \mathbf{0}$. Isso mostra que toda solução de $A\mathbf{x} = \mathbf{b}$ tem a forma $\mathbf{w} = \mathbf{p} + \mathbf{v}_h$, com **p** uma solução particular de $A\mathbf{x} = \mathbf{b}$ e $\mathbf{v}_h$ uma solução de $A\mathbf{x} = \mathbf{0}$.

38. Suponha que $A\mathbf{x} = \mathbf{b}$ tenha solução. Explique por que a solução é única exatamente quando $A\mathbf{x} = \mathbf{0}$ só tem a solução trivial.

39. Suponha que A seja a matriz *nula* (todos os elementos iguais a zero) 3×3. Descreva o conjunto solução da equação $A\mathbf{x} = \mathbf{0}$.

40. Se $\mathbf{b} \neq \mathbf{0}$, o conjunto solução de $A\mathbf{x} = \mathbf{b}$ pode ser um plano contendo a origem? Explique.

Nos Exercícios 41 a 44: (a) A equação $A\mathbf{x} = \mathbf{0}$ tem uma solução não trivial? (b) A equação $A\mathbf{x} = \mathbf{b}$ tem pelo menos uma solução para todos os **b** possíveis?

41. A é uma matriz 3×3 com três posições de pivôs.

42. A é uma matriz 3×3 com duas posições de pivôs.

43. A é uma matriz 3×2 com duas posições de pivôs.

44. A é uma matriz 2×4 com duas posições de pivôs.

45. Dada $A = \begin{bmatrix} -2 & -6 \\ 7 & 21 \\ -3 & -9 \end{bmatrix}$, encontre uma solução não trivial de $A\mathbf{x} = \mathbf{0}$ por simples inspeção. [*Sugestão:* Pense na equação $A\mathbf{x} = \mathbf{0}$ como uma equação vetorial.]

46. Dada $A = \begin{bmatrix} 4 & -6 \\ -8 & 12 \\ 6 & -9 \end{bmatrix}$, encontre uma solução não trivial de $A\mathbf{x} = \mathbf{0}$ por simples inspeção.

47. Construa uma matriz A não nula 3×3 tal que o vetor $\begin{bmatrix} 1 \\ 1 \\ 1 \end{bmatrix}$ é solução de $A\mathbf{x} = \mathbf{0}$.

48. Construa uma matriz A não nula 3×3 tal que o vetor $\begin{bmatrix} 1 \\ -2 \\ 1 \end{bmatrix}$ é solução de $A\mathbf{x} = \mathbf{0}$.

49. Construa uma matriz A 2×2 tal que o conjunto solução da equação $A\mathbf{x} = \mathbf{0}$ é a reta em $\mathbb{R}^2$ contendo $(4, 1)$ e a origem. Depois, encontre um vetor **b** em $\mathbb{R}^2$ tal que o conjunto solução de $A\mathbf{x} = \mathbf{b}$ *não* é uma reta em $\mathbb{R}^2$ paralela ao conjunto solução de $A\mathbf{x} = \mathbf{0}$. Por que isto *não* contradiz o Teorema 6?

50. Seja A uma matriz 3×3 e **y** seja um vetor em $\mathbb{R}^3$ tal que a equação $A\mathbf{x} = \mathbf{y}$ *não* tem solução. Existe algum vetor **z** em $\mathbb{R}^3$ tal que a equação $A\mathbf{x} = \mathbf{z}$ tem uma única solução? Discuta.

51. Seja A uma matriz $m \times n$ e seja **u** um vetor em $\mathbb{R}^n$ que satisfaz a equação $A\mathbf{x} = \mathbf{0}$. Mostre que, qualquer que seja o escalar c, o vetor $c\mathbf{u}$ também satisfaz $A\mathbf{x} = \mathbf{0}$. [Ou seja, mostre que $A(c\mathbf{u}) = \mathbf{0}$.]

52. Seja A uma matriz $m \times n$ e sejam **u** e **v** vetores em $\mathbb{R}^n$ tais que $A\mathbf{u} = \mathbf{0}$ e $A\mathbf{v} = \mathbf{0}$. Explique por que $A(\mathbf{u} + \mathbf{v})$ tem de ser o vetor nulo. Depois explique por que $A(c\mathbf{u} + d\mathbf{v}) = \mathbf{0}$ para todos os pares de escalares c e d.

Soluções dos Problemas Práticos

1. Escalone a matriz aumentada:

$$\begin{bmatrix} 1 & 4 & -5 & 0 \\ 2 & -1 & 8 & 9 \end{bmatrix} \sim \begin{bmatrix} 1 & 4 & -5 & 0 \\ 0 & -9 & 18 & 9 \end{bmatrix} \sim \begin{bmatrix} 1 & 0 & 3 & 4 \\ 0 & 1 & -2 & -1 \end{bmatrix}$$

$$x_1 \quad + 3x_3 = 4$$
$$x_2 - 2x_3 = -1$$

Logo $x_1 = 4 - 3x_3$, $x_2 = -1 + 2x_3$, com x_3 livre. A solução geral em forma vetorial paramétrica é

$$\begin{bmatrix} x_1 \\ x_2 \\ x_3 \end{bmatrix} = \begin{bmatrix} 4 - 3x_3 \\ -1 + 2x_3 \\ x_3 \end{bmatrix} = \underbrace{\begin{bmatrix} 4 \\ -1 \\ 0 \end{bmatrix}}_{\mathbf{p}} + x_3 \underbrace{\begin{bmatrix} -3 \\ 2 \\ 1 \end{bmatrix}}_{\mathbf{v}}$$

A interseção dos dois planos é a reta paralela a $\mathbf{v}$ contendo $\mathbf{p}$.

2. A matriz aumentada $[10 \ -3 \ -2 \ 7]$ é equivalente por linhas a $[1 \ -0,3 \ -0,2 \ 0,7]$ e a solução geral é $x_1 = 0,7 + 0,3x_2 + 0,2x_3$ com x_2 e x_3 livres, ou seja,

$$\mathbf{x} = \begin{bmatrix} x_1 \\ x_2 \\ x_3 \end{bmatrix} = \begin{bmatrix} 0,7 + 0,3x_2 + 0,2x_3 \\ x_2 \\ x_3 \end{bmatrix} = \underbrace{\begin{bmatrix} 0,7 \\ 0 \\ 0 \end{bmatrix}}_{\mathbf{p}} + x_2 \underbrace{\begin{bmatrix} 0,3 \\ 1 \\ 0 \end{bmatrix}}_{\mathbf{u}} + x_3 \underbrace{\begin{bmatrix} 0,2 \\ 0 \\ 1 \end{bmatrix}}_{\mathbf{v}}$$

O conjunto solução da equação não homogênea $A\mathbf{x} = \mathbf{b}$ é o plano transladado $\mathbf{p} + \mathscr{L}\{\mathbf{u}, \mathbf{v}\}$, que contém $\mathbf{p}$ e é paralelo ao conjunto solução da equação homogênea no Exemplo 2.

3. Usando o Teorema 5 da Seção 1.4, note que

$$A(\mathbf{p} + \mathbf{v}_h) = A\mathbf{p} + A\mathbf{v}_h = \mathbf{b} + \mathbf{0} = \mathbf{b},$$

logo $\mathbf{p} + \mathbf{v}_h$ é uma solução de $A\mathbf{x} = \mathbf{b}$.

1.6 APLICAÇÕES DE SISTEMAS LINEARES

Você poderia esperar que um problema na vida real envolvendo álgebra linear tivesse uma única solução ou talvez não tivesse solução. O objetivo desta seção é mostrar como sistemas lineares com muitas soluções podem aparecer naturalmente. As aplicações aqui vêm da economia, da química e do fluxo em redes.

Sistema Homogêneo em Economia

O sistema com 500 equações e 500 variáveis, mencionado na introdução deste capítulo, é conhecido como modelo de "entrada e saída" (ou "de produção") de Leontief.[1] A Seção 2.6 irá examinar esse modelo com mais detalhes, quando tivermos disponíveis mais teoria e uma notação melhor. Por enquanto, vamos considerar o "modelo de troca" simplificado, também devido a Leontief.

Suponha que a economia de uma nação esteja dividida em muitos setores, como manufaturados diversos, comunicação, entretenimento e serviços. Suponha que, para cada setor, sabemos sua produção total em um ano e sabemos exatamente como é a divisão ou "troca" dessa produção entre os outros setores da economia. O **preço** de uma produção é o valor total, em dólar,[2] da produção de um setor. Leontief provou o seguinte resultado.

> Existem *preços de equilíbrio* que podem ser atribuídos às produções totais dos diversos setores, de modo que a receita de cada setor equilibre exatamente as suas despesas.

O próximo exemplo mostra como se determinam os preços de equilíbrio.

---

[1] Veja Wassily W. Leontief, "Input-Output Economics", *Scientific American*, Outubro de 1951, p. 15-21.
[2] N.T.: Deveria ser na moeda do país, mas usaremos o dólar, que é moeda de troca internacional, para este país fictício.

EXEMPLO 1 Suponha que uma economia consista nos setores de Carvão, Energia Elétrica e Aço, e a produção de cada setor esteja distribuída entre os vários setores de acordo com a Tabela 1, em que os elementos de cada coluna representam as partes fracionárias da produção total de determinado setor.

A segunda coluna da Tabela 1, por exemplo, mostra que a produção total de Energia Elétrica é dividida da seguinte forma: 40% para Carvão, 50% para Aço e os restantes 10% para Energia Elétrica. (A Energia Elétrica considera esses 10% parte dos custos necessários para manter seu negócio.) Como toda a produção precisa ser contabilizada, os valores de cada coluna precisam ter soma igual a um.

Denote os preços (valores em dólares) das produções anuais totais dos setores de Carvão, Energia Elétrica e Aço por p_C, p_E e p_A, respectivamente. Se possível, determine os preços de equilíbrio que tornam a receita de cada setor igual à sua despesa.

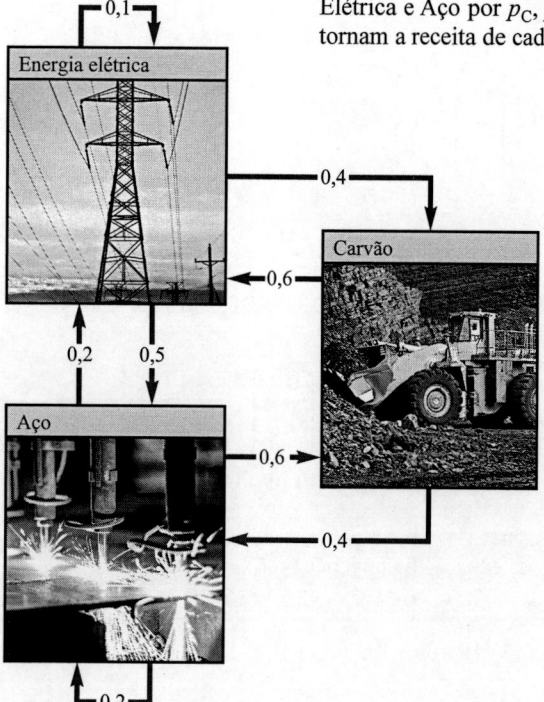

TABELA 1 Economia Simples

Distribuição da Produção de			
Carvão	Energia Elétrica	Aço	Comprado por
0,0	0,4	0,6	Carvão
0,6	0,1	0,2	Energia elétrica
0,4	0,5	0,2	Aço

SOLUÇÃO Cada setor examina uma coluna para ver para onde vai a sua produção e examina uma linha para ver sua necessidade de insumos. Por exemplo, a primeira linha da Tabela 1 mostra que Carvão recebe (e paga por isso) 40% da produção de Energia Elétrica e 60% da produção de Aço. Como os respectivos valores das produções totais são p_E e p_A, Carvão deverá gastar $0{,}4p_E$ dólares por sua cota da produção de Energia Elétrica e $0{,}6p_A$ por sua cota da produção de Aço. Assim, as despesas totais do Carvão são $0{,}4p_E + 0{,}6p_A$. Para tornar a receita do Carvão, p_C, igual à sua despesa, queremos que

$$p_C = 0{,}4p_E + 0{,}6p_A \tag{1}$$

A segunda coluna da tabela de trocas mostra que o setor de Energia Elétrica gasta $0{,}6p_C$ com Carvão, $0{,}1p_E$ com Energia Elétrica e $0{,}2p_A$ com Aço. Assim, as necessidades de receita/despesa para a Energia Elétrica são

$$p_E = 0{,}6p_C + 0{,}1p_E + 0{,}2p_A \tag{2}$$

Finalmente, a terceira coluna da tabela de trocas leva à exigência final:

$$p_A = 0{,}4p_C + 0{,}5p_E + 0{,}2p_A \tag{3}$$

Para resolver o sistema de equações (1), (2) e (3), passe todas as incógnitas para a esquerda do sinal de igualdade em cada equação e junte os termos correspondentes. [Por exemplo, à esquerda do sinal de igualdade em (2), troque $p_E - 0{,}1p_E$ por $0{,}9p_E$.]

$$p_C - 0{,}4p_E - 0{,}6p_A = 0$$
$$-0{,}6p_C + 0{,}9p_E - 0{,}2p_A = 0$$
$$-0{,}4p_C - 0{,}5p_E + 0{,}8p_A = 0$$

Em seguida, vem o escalonamento. Para simplificar, os números serão arredondados para duas casas decimais.

$$
\begin{bmatrix} 1 & -0{,}4 & -0{,}6 & 0 \\ -0{,}6 & 0{,}9 & -0{,}2 & 0 \\ -0{,}4 & -0{,}5 & 0{,}8 & 0 \end{bmatrix} \sim \begin{bmatrix} 1 & -0{,}4 & -0{,}6 & 0 \\ 0 & 0{,}66 & -0{,}56 & 0 \\ 0 & -0{,}66 & 0{,}56 & 0 \end{bmatrix} \sim \begin{bmatrix} 1 & -0{,}4 & -0{,}6 & 0 \\ 0 & 0{,}66 & -0{,}56 & 0 \\ 0 & 0 & 0 & 0 \end{bmatrix}
$$

$$
\sim \begin{bmatrix} 1 & -0{,}4 & -0{,}6 & 0 \\ 0 & 1 & -0{,}85 & 0 \\ 0 & 0 & 0 & 0 \end{bmatrix} \sim \begin{bmatrix} 1 & 0 & -0{,}94 & 0 \\ 0 & 1 & -0{,}85 & 0 \\ 0 & 0 & 0 & 0 \end{bmatrix}
$$

A solução geral é $p_C = 0{,}94p_A$, $p_E = 0{,}85p_A$ e p_A é livre. O vetor para o preço de equilíbrio da economia tem a seguinte forma

$$
\mathbf{p} = \begin{bmatrix} p_C \\ p_E \\ p_A \end{bmatrix} = \begin{bmatrix} 0{,}94p_A \\ 0{,}85p_A \\ p_A \end{bmatrix} = p_A \begin{bmatrix} 0{,}94 \\ 0{,}85 \\ 1 \end{bmatrix}
$$

Qualquer escolha (não negativa) de p_A resulta em uma escolha de preços de equilíbrio. Por exemplo, se tomarmos p_A igual a 100 (ou \$ 100 milhões), então $p_C = 94$ e $p_E = 85$. As receitas e despesas de cada setor serão iguais se a produção de Carvão tiver o valor de \$ 94 milhões, a produção de Energia Elétrica o valor de \$ 85 milhões, e a produção de Aço o valor de \$ 100 milhões. ∎

Equilíbrio de Equações Químicas

Equações químicas descrevem a quantidade de substâncias consumidas e produzidas por reações químicas. Por exemplo, quando o gás propano queima, o propano (C_3H_8) se combina com o oxigênio (O_2) para formar dióxido de carbono (CO_2) e água (H_2O), de acordo com uma equação da forma

$$
(x_1)C_3H_8 + (x_2)O_2 \rightarrow (x_3)CO_2 + (x_4)H_2O \tag{4}
$$

Para "equilibrar" essa equação, um químico precisa encontrar números inteiros $x_1, \ldots, x_4$ tais que o número total de átomos de carbono (C), de hidrogênio (H) e de oxigênio (O) à esquerda da seta sejam iguais aos números de átomos correspondentes à direita da seta (já que átomos não são destruídos nem criados na reação).

Um método sistemático para equilibrar equações químicas é escrever uma equação vetorial que descreva o número de átomos de cada tipo presente na reação. Como a equação (4) envolve três tipos de átomos (carbono, hidrogênio e oxigênio), construa um vetor em $\mathbb{R}^3$ para cada reagente e produto em (4) que liste o número de "átomos por molécula", da seguinte maneira:

$$
C_3H_8: \begin{bmatrix} 3 \\ 8 \\ 0 \end{bmatrix}, \quad O_2: \begin{bmatrix} 0 \\ 0 \\ 2 \end{bmatrix}, \quad CO_2: \begin{bmatrix} 1 \\ 0 \\ 2 \end{bmatrix}, \quad H_2O: \begin{bmatrix} 0 \\ 2 \\ 1 \end{bmatrix} \begin{matrix} \leftarrow \text{Carbono} \\ \leftarrow \text{Hidrogênio} \\ \leftarrow \text{Oxigênio} \end{matrix}
$$

Para equilibrar a equação (4), os coeficientes $x_1, \ldots, x_4$ têm de satisfazer

$$
x_1 \begin{bmatrix} 3 \\ 8 \\ 0 \end{bmatrix} + x_2 \begin{bmatrix} 0 \\ 0 \\ 2 \end{bmatrix} = x_3 \begin{bmatrix} 1 \\ 0 \\ 2 \end{bmatrix} + x_4 \begin{bmatrix} 0 \\ 2 \\ 1 \end{bmatrix}
$$

Para resolver, mude todos os termos para a esquerda do sinal de igualdade (mudando o sinal do terceiro e do quarto vetores):

$$
x_1 \begin{bmatrix} 3 \\ 8 \\ 0 \end{bmatrix} + x_2 \begin{bmatrix} 0 \\ 0 \\ 2 \end{bmatrix} + x_3 \begin{bmatrix} -1 \\ 0 \\ -2 \end{bmatrix} + x_4 \begin{bmatrix} 0 \\ -2 \\ -1 \end{bmatrix} = \begin{bmatrix} 0 \\ 0 \\ 0 \end{bmatrix}
$$

Escalonando a matriz aumentada para essa equação, chegamos à solução geral

$$
x_1 = \tfrac{1}{4}x_4, \quad x_2 = \tfrac{5}{4}x_4, \quad x_3 = \tfrac{3}{4}x_4, \quad \text{com } x_4 \text{ livre}
$$

Como os coeficientes em uma reação química têm de ser inteiros, escolha $x_4 = 4$, de modo que $x_1 = 1$, $x_2 = 5$ e $x_3 = 3$. A equação equilibrada é

$$
C_3H_8 + 5O_2 \rightarrow 3CO_2 + 4H_2O
$$

A equação também estaria equilibrada se, por exemplo, cada coeficiente fosse dobrado. Na maioria das vezes, no entanto, os químicos preferem usar uma equação equilibrada cujos coeficientes são os menores inteiros possíveis.

Fluxo em Redes

Sistemas de equações lineares aparecem naturalmente quando cientistas, engenheiros ou economistas estudam o fluxo de alguma quantidade por meio de uma rede ou reticulado. Por exemplo, planejadores urbanos e engenheiros de tráfego monitoram o padrão do fluxo de tráfego em um reticulado de ruas da cidade. Engenheiros elétricos calculam o fluxo de corrente em circuitos elétricos. Economistas analisam a distribuição de produtos dos produtores aos consumidores por intermédio de uma rede de vendas no atacado e no varejo. Para muitas redes, os sistemas de equações envolvem centenas ou até milhares de variáveis e equações.

Uma *rede* consiste em um conjunto de pontos chamados *junções* ou *nós*, com linhas ou arcos denominados *ramos* ou *arestas* ligando alguns ou todos os nós. O sentido do fluxo em cada ramo é indicado, e a quantidade de fluxo (ou taxa) é mostrada ou denotada por uma variável.

A premissa básica do fluxo em uma rede é que o fluxo total que entra na rede é igual ao fluxo total que sai da rede, e o fluxo total que entra em cada nó é igual ao fluxo total que sai daquele nó. Por exemplo, a Figura 1 mostra 30 unidades entrando em uma junção através de um ramo, com x_1 e x_2 denotando os fluxos que estão saindo da junção por meio de dois outros ramos. Como o fluxo é "conservado" em cada junção, temos de ter $x_1 + x_2 = 30$. De maneira análoga, o fluxo em cada junção é descrito por uma equação linear. O problema da análise de redes é determinar o fluxo em cada ramo quando é conhecida uma informação parcial (como o fluxo de entrada e de saída na rede).

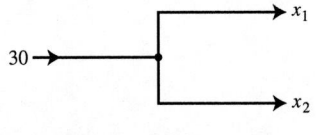

FIGURA 1 Junção ou nó.

EXEMPLO 2 A rede na Figura 2 mostra o fluxo de tráfego (em veículos por hora) em diversas ruas de mão única no centro da cidade de Baltimore durante uma tarde típica. Determine o padrão geral do fluxo nessa rede.

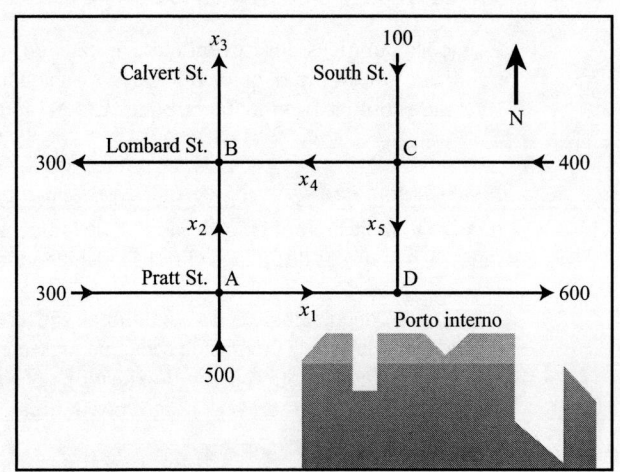

FIGURA 2 Ruas de Baltimore.

SOLUÇÃO Escreva equações que descrevam o fluxo e, depois, encontre a solução geral do sistema. Marque as interseções das ruas (as junções) e os fluxos desconhecidos nos ramos, como ilustrado na Figura 2. Em cada interseção, iguale o fluxo de entrada com o de saída.

Interseção	Fluxo de entrada		Fluxo de saída
A	$300 + 500$	$=$	$x_1 + x_2$
B	$x_2 + x_4$	$=$	$300 + x_3$
C	$100 + 400$	$=$	$x_4 + x_5$
D	$x_1 + x_5$	$=$	600

Além disso, o fluxo total que entra na rede $(500 + 300 + 100 + 400)$ é igual ao fluxo total que sai $(300 + x_3 + 600)$, o que fornece $x_3 = 400$. Combine essa equação com as quatro primeiras equações rearrumadas para obter o seguinte sistema de equações:

$$
\begin{aligned}
x_1 + x_2 \qquad\qquad\quad &= 800 \\
x_2 - x_3 + x_4 \qquad &= 300 \\
x_4 + x_5 &= 500 \\
x_1 \qquad\qquad\quad + x_5 &= 600 \\
x_3 \qquad\qquad\quad &= 400
\end{aligned}
$$

Escalonando a matriz aumentada associada, obtemos

$$
\begin{aligned}
x_1 \qquad\qquad + x_5 &= 600 \\
x_2 \qquad\quad - x_5 &= 200 \\
x_3 \qquad\qquad &= 400 \\
x_4 + x_5 &= 500
\end{aligned}
$$

O padrão de fluxo geral para a rede é descrito por

$$
\begin{cases}
x_1 = 600 - x_5 \\
x_2 = 200 + x_5 \\
x_3 = 400 \\
x_4 = 500 - x_5 \\
x_5 \text{ é livre}
\end{cases}
$$

Um fluxo negativo em um ramo da rede corresponde a um fluxo no sentido oposto do ilustrado no modelo. Como as ruas nesse problema são de mão única, nenhuma das variáveis pode ser negativa. Esse fato leva a certas limitações nos valores possíveis das variáveis. Por exemplo, $x_5 \leq 500$, já que x_4 não pode ser negativa. Outras limitações nas variáveis são consideradas no Problema Prático 2. ■

Problemas Práticos

1. Suponha que uma economia tenha três setores: Agricultura, Mineração e Indústria. A Agricultura vende 5% de sua produção para a Mineração, 30% para a Indústria e retém o restante. A Mineração vende 20% de sua produção para a Agricultura, 70% para a Indústria e retém o restante. A Indústria vende 20% de sua produção para a Agricultura, 30% para a Mineração e retém o restante. Determine a tabela de trocas para essa economia, com as colunas descrevendo como a produção de cada setor é distribuída entre os três setores.

2. Considere o fluxo de rede estudado no Exemplo 2. Determine o intervalo de valores possíveis para as variáveis x_1 e x_2. [*Sugestão:* O exemplo mostrou que $x_5 \leq 500$. O que isto significa para x_1 e x_2? Use também o fato de que $x_5 \geq 0$.]

1.6 EXERCÍCIOS

1. Suponha que uma economia tenha apenas dois setores, Bens e Serviços. A cada ano, o setor de Bens vende 80% de sua produção para Serviços e guarda o restante, enquanto o setor de Serviços vende 70% de sua produção para Bens e mantém o restante. Encontre preços de equilíbrio para a produção anual dos setores de Bens e Serviços que façam com que a receita de cada setor seja igual às suas despesas.

2. Determine outro conjunto de preços de equilíbrio para a economia no Exemplo 1. Suponha que a mesma economia use o iene japonês em vez do dólar para medir os valores da produção dos diversos setores. Isso mudaria o problema de alguma forma? Discuta.

3. Considere uma economia com três setores, Química e Metalurgia, Combustíveis e Energia e Maquinário. Química vende 30% de sua produção para Combustíveis, 50% para Maquinário e retém o restante. Combustíveis vende 80% de sua produção para Química, 10% para Maquinário e retém o restante. Maquinário vende 40% de sua produção para Química, 40% para Combustíveis e retém o restante.

 a. Construa a tabela de trocas para esta economia.

 b. Desenvolva um sistema de equações que leve a preços segundo os quais a renda de cada setor seja igual às suas despesas. Depois escreva a matriz aumentada que pode ser escalonada para encontrar esses preços.

 M c. Encontre um conjunto de preços de equilíbrio quando o preço da produção para o Maquinário for de 100 unidades.

4. Considere que uma economia tenha quatro setores: Agricultura (A), Energia (E), Indústria (I) e Transportes (T). O setor A vende 10% de sua produção para E e 25% para I, e retém o restante. O setor E vende 30% de sua produção para A, 35% para I e 25% para T, e retém o restante. O setor I vende 30% de sua produção para A, 15% para E e 40% para T, e retém o restante. O setor T vende 20% de sua produção para A, 10% para E e 30% para I e retém o restante.

 a. Construa a tabela de trocas para essa economia.

 M b. Encontre um conjunto de preços de equilíbrio para a economia.

Nos Exercícios 5 a 10, equilibre as equações químicas usando a abordagem de equações vetoriais discutida nesta seção.

5. O sulfeto de boro reage violentamente com a água para formar ácido bórico e gás sulfídrico (que tem cheiro de ovo podre). A equação não equilibrada é

$$
B_2S_3 + H_2O \rightarrow H_3BO_3 + H_2S
$$

[Para cada composto, construa um vetor que liste os números de átomos de boro, enxofre, hidrogênio e oxigênio.]

6. Quando são misturadas soluções de fosfato de sódio e nitrato de bário, o resultado é fostato de bário (como um precipitado) e nitrato de sódio. A equação não equilibrada é

$$Na_3PO_4 + Ba(NO_3)_2 \rightarrow Ba_3(PO_4)_2 + NaNO_3$$

[Para cada composto, construa um vetor que liste os números de átomos de sódio (Na), fósforo, oxigênio, bário e nitrogênio. Por exemplo, o nitrato de bário corresponde a (0, 0, 6, 1, 2).]

7. Alka-Seltzer contém bicarbonato de sódio ($NaHCO_3$) e ácido cítrico ($H_3C_6H_5O_7$). Quando um comprimido efervescente é diluído em água, a reação produz citrato de sódio, água e dióxido de carbono (gás):

$$NaHCO_3 + H_3C_6H_5O_7 \rightarrow Na_3C_6H_5O_7 + H_2O + CO_2$$

8. A reação a seguir entre permanganato de potássio ($KMnO_4$) e sulfato de manganês em água produz dióxido de manganês, sulfato de potássio e ácido sulfúrico:

$$KMnO_4 + MnSO_4 + H_2O \rightarrow MnO_2 + K_2SO_4 + H_2SO_4$$

[Para cada composto, construa um vetor que liste os números de átomos de potássio (K), manganês, oxigênio, enxofre e hidrogênio.]

M 9. Se possível, use aritmética exata ou um formato racional nos cálculos para equilibrar a reação química a seguir:

$$PbN_6 + CrMn_2O_8 \rightarrow Pb_3O_4 + Cr_2O_3 + MnO_2 + NO$$

M 10. A reação química a seguir pode ser usada em alguns processos industriais, como na produção de arsênico (AsH_3). Use aritmética exata ou um formato racional nos cálculos para equilibrar essa equação.

$$MnS + As_2Cr_{10}O_{35} + H_2SO_4$$
$$\rightarrow HMnO_4 + AsH_3 + CrS_3O_{12} + H_2O$$

11. Encontre o padrão de fluxo geral na rede ilustrada na figura a seguir. Supondo que todos os fluxos são não negativos, qual é o maior valor possível para x_3?

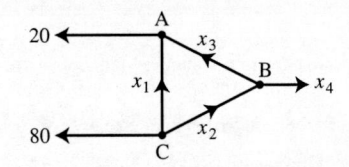

12. a. Encontre o padrão de tráfego geral na rede de estradas ilustrada na figura a seguir. (As taxas de fluxo estão medidas em carros/minuto.)

   b. Encontre o padrão de tráfego geral quando a estrada cujo fluxo está denotado por x_4 se encontra fechada.

   c. Quando $x_4 = 0$, qual é o valor mínimo possível de x_1?

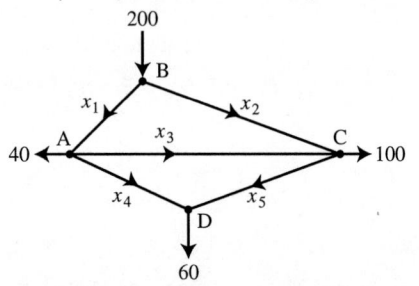

13. a. Encontre o padrão de fluxo geral na rede ilustrada na figura.

   b. Supondo que os fluxos tenham de seguir nos sentidos indicados, encontre os fluxos mínimos nos ramos denotados por x_2, x_3, x_4 e x_5.

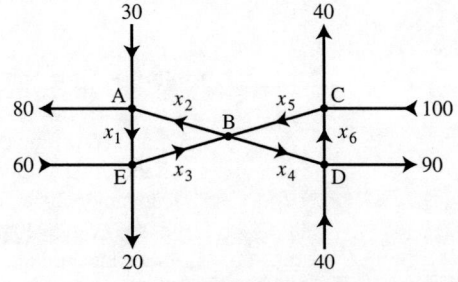

14. As interseções na Inglaterra são construídas, muitas vezes, como "rotatórias" de mão única, como a ilustrada na figura a seguir. Suponha que o tráfego tenha de fluir no sentido indicado. Encontre a solução geral do fluxo na rede. Encontre o menor valor possível para x_6.

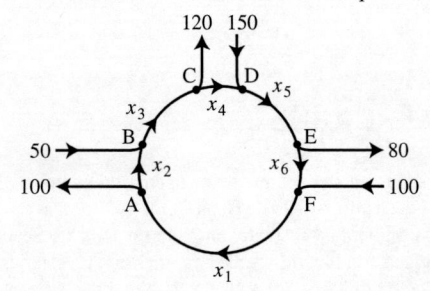

Soluções dos Problemas Práticos

1. Escreva os percentuais em forma decimal. Como todas as produções devem ser consideradas, os valores em cada coluna têm de somar 1. Esse fato ajuda a preencher todos os campos vazios.

2. Como $x_5 \leq 500$, as equações correspondentes às interseções D e A para x_1 e x_2 implicam $x_1 \geq 100$ e $x_2 \leq 700$. O fato de que $x_5 \geq 0$ implica que $x_1 \leq 600$ e $x_2 \geq 200$. Portanto, $100 \leq x_1 \leq 600$ e $200 \leq x_2 \leq 700$.

1.7 INDEPENDÊNCIA LINEAR

As equações homogêneas na Seção 1.5 podem ser estudadas de um ponto de vista diferente, reescrevendo-as como equações vetoriais. Dessa forma, o foco muda das soluções desconhecidas de $A\mathbf{x} = \mathbf{0}$ para os vetores que aparecem nas equações vetoriais.

Por exemplo, considere a equação

$$x_1 \begin{bmatrix} 1 \\ 2 \\ 3 \end{bmatrix} + x_2 \begin{bmatrix} 4 \\ 5 \\ 6 \end{bmatrix} + x_3 \begin{bmatrix} 2 \\ 1 \\ 0 \end{bmatrix} = \begin{bmatrix} 0 \\ 0 \\ 0 \end{bmatrix} \tag{1}$$

Essa equação, é claro, tem a solução trivial, com $x_1 = x_2 = x_3 = 0$. Como na Seção 1.5, o assunto principal é saber se a solução trivial é a *única*.

DEFINIÇÃO

> Um conjunto indexado de vetores $\{\mathbf{v}_1, \ldots, \mathbf{v}_p\}$ em $\mathbb{R}^n$ é dito **linearmente independente** se a equação vetorial
>
> $$x_1 \mathbf{v}_1 + x_2 \mathbf{v}_2 + \cdots + x_p \mathbf{v}_p = \mathbf{0}$$
>
> tiver apenas a solução trivial. O conjunto $\{\mathbf{v}_1, \ldots, \mathbf{v}_p\}$ é dito **linearmente dependente** se existirem constantes $c_1, \ldots, c_p$, nem todas nulas, tais que
>
> $$c_1 \mathbf{v}_1 + c_2 \mathbf{v}_2 + \cdots + c_p \mathbf{v}_p = \mathbf{0} \tag{2}$$

A Equação (2) é chamada uma **relação de dependência linear** entre $\mathbf{v}_1, \ldots, \mathbf{v}_p$ quando as constantes não são todas iguais a zero. Um conjunto indexado é linearmente dependente se e somente se não for linearmente independente. Por comodidade, podemos dizer que $\mathbf{v}_1, \ldots, \mathbf{v}_p$ são linearmente dependentes quando, na verdade, o que queremos dizer é que $\{\mathbf{v}_1, \ldots, \mathbf{v}_p\}$ é um conjunto linearmente dependente. Usaremos uma terminologia análoga para os conjuntos linearmente independentes.

EXEMPLO 1 Sejam $\mathbf{v}_1 = \begin{bmatrix} 1 \\ 2 \\ 3 \end{bmatrix}$, $\mathbf{v}_2 = \begin{bmatrix} 4 \\ 5 \\ 6 \end{bmatrix}$ e $\mathbf{v}_3 = \begin{bmatrix} 2 \\ 1 \\ 0 \end{bmatrix}$.

a. Determine se o conjunto $\{\mathbf{v}_1, \mathbf{v}_2, \mathbf{v}_3\}$ é linearmente independente.
b. Se possível, encontre uma relação de dependência linear entre $\mathbf{v}_1, \mathbf{v}_2$ e $\mathbf{v}_3$.

SOLUÇÃO

a. É preciso determinar se existe uma solução não trivial da equação (1) anterior. As operações elementares na matriz aumentada associada mostram que

$$\begin{bmatrix} 1 & 4 & 2 & 0 \\ 2 & 5 & 1 & 0 \\ 3 & 6 & 0 & 0 \end{bmatrix} \sim \begin{bmatrix} 1 & 4 & 2 & 0 \\ 0 & -3 & -3 & 0 \\ 0 & 0 & 0 & 0 \end{bmatrix}$$

É claro que x_1 e x_2 são variáveis dependentes e x_3 é livre. Cada valor não nulo de x_3 determina uma solução não trivial de (1). Portanto, $\mathbf{v}_1, \mathbf{v}_2$ e $\mathbf{v}_3$ são linearmente dependentes (e não linearmente independentes).

b. Para determinar uma relação de dependência linear para $\mathbf{v}_1, \mathbf{v}_2$ e $\mathbf{v}_3$, complete o escalonamento da matriz aumentada e reescreva o novo sistema:

$$\begin{bmatrix} 1 & 0 & -2 & 0 \\ 0 & 1 & 1 & 0 \\ 0 & 0 & 0 & 0 \end{bmatrix} \qquad \begin{aligned} x_1 \quad\; - 2x_3 &= 0 \\ x_2 + \; x_3 &= 0 \\ 0 &= 0 \end{aligned}$$

Assim, $x_1 = 2x_3$, $x_2 = -x_3$ e x_3 é livre. Escolha um valor não nulo para x_3, digamos, $x_3 = 5$. Então, $x_1 = 10$ e $x_2 = -5$. Substitua esses valores em (1) e obtenha

$$10\mathbf{v}_1 - 5\mathbf{v}_2 + 5\mathbf{v}_3 = \mathbf{0}$$

Essa é uma dentre uma infinidade de relações de dependência linear possíveis para $\mathbf{v}_1, \mathbf{v}_2$ e $\mathbf{v}_3$. ∎

Independência Linear das Colunas de uma Matriz

Vamos considerar uma matriz $A = [\mathbf{a}_1 \ldots \mathbf{a}_n]$, em vez de um conjunto de vetores. A equação matricial $A\mathbf{x} = \mathbf{0}$ pode ser escrita como

$$x_1\mathbf{a}_1 + x_2\mathbf{a}_2 + \cdots + x_n\mathbf{a}_n = \mathbf{0}$$

Cada relação de dependência linear entre as colunas de A corresponde a uma solução não trivial de $A\mathbf{x} = \mathbf{0}$. Assim, temos o seguinte fato importante.

> As colunas de uma matriz A são linearmente independentes se e somente se a equação $A\mathbf{x} = \mathbf{0}$ tiver *somente* a solução trivial. (3)

EXEMPLO 2 Determine se as colunas da matriz $A = \begin{bmatrix} 0 & 1 & 4 \\ 1 & 2 & -1 \\ 5 & 8 & 0 \end{bmatrix}$ são linearmente independentes.

SOLUÇÃO Para estudar $A\mathbf{x} = \mathbf{0}$, escalone a matriz aumentada:

$$\begin{bmatrix} 0 & 1 & 4 & 0 \\ 1 & 2 & -1 & 0 \\ 5 & 8 & 0 & 0 \end{bmatrix} \sim \begin{bmatrix} 1 & 2 & -1 & 0 \\ 0 & 1 & 4 & 0 \\ 0 & -2 & 5 & 0 \end{bmatrix} \sim \begin{bmatrix} 1 & 2 & -1 & 0 \\ 0 & 1 & 4 & 0 \\ 0 & 0 & 13 & 0 \end{bmatrix}$$

Agora, está claro que existem três variáveis dependentes e nenhuma variável livre. Portanto, a equação $A\mathbf{x} = \mathbf{0}$ tem somente a solução trivial, e as colunas de A são linearmente independentes. ∎

Conjuntos com Um ou Dois Vetores

Um conjunto com apenas um vetor — digamos, $\mathbf{v}$ — é linearmente independente se e somente se $\mathbf{v}$ não for o vetor nulo. Isso ocorre porque a equação vetorial $x_1\mathbf{v} = \mathbf{0}$ tem apenas a solução trivial quando $\mathbf{v} \neq \mathbf{0}$. O vetor nulo é linearmente dependente porque $x_1\mathbf{0} = \mathbf{0}$ tem muitas soluções não triviais.

O próximo exemplo vai explicar a natureza de um conjunto linearmente dependente de dois vetores.

EXEMPLO 3 Determine se os seguintes conjuntos de vetores são linearmente independentes.

a. $\mathbf{v}_1 = \begin{bmatrix} 3 \\ 1 \end{bmatrix}, \mathbf{v}_2 = \begin{bmatrix} 6 \\ 2 \end{bmatrix}$ b. $\mathbf{v}_1 = \begin{bmatrix} 3 \\ 2 \end{bmatrix}, \mathbf{v}_2 = \begin{bmatrix} 6 \\ 2 \end{bmatrix}$

SOLUÇÃO

a. Observe que $\mathbf{v}_2$ é um múltiplo de $\mathbf{v}_1$, a saber, $\mathbf{v}_2 = 2\mathbf{v}_1$. Portanto, $-2\mathbf{v}_1 + \mathbf{v}_2 = \mathbf{0}$, o que mostra que $\{\mathbf{v}_1, \mathbf{v}_2\}$ é linearmente dependente.

b. Com certeza, $\mathbf{v}_1$ e $\mathbf{v}_2$ *não* são múltiplos um do outro. Ambos podem ser linearmente dependentes? Suponha que c e d satisfaçam

$$c\mathbf{v}_1 + d\mathbf{v}_2 = \mathbf{0}$$

Se $c \neq 0$, então podemos resolver para $\mathbf{v}_1$ em função de $\mathbf{v}_2$, a saber, $\mathbf{v}_1 = (-d/c)\,\mathbf{v}_2$. Esse resultado é impossível porque $\mathbf{v}_1$ *não* é múltiplo de $\mathbf{v}_2$. Portanto, c tem de ser igual a zero. De modo análogo, d também é zero. Assim, $\{\mathbf{v}_1, \mathbf{v}_2\}$ é um conjunto linearmente independente. ∎

A argumentação no Exemplo 3 mostra que sempre podemos decidir *por simples inspeção* se um conjunto de dois vetores for linearmente dependente. As operações elementares são desnecessárias. Basta verificar se um vetor é um múltiplo escalar do outro. (O teste se aplica apenas a conjuntos de *dois* vetores.)

> Um conjunto de dois vetores $\{\mathbf{v}_1, \mathbf{v}_2\}$ é linearmente dependente se e somente se um dos vetores for múltiplo do outro. O conjunto é linearmente independente se e somente se nenhum dos vetores for múltiplo do outro.

Em termos geométricos, dois vetores são linearmente dependentes se e somente se pertencerem à mesma reta contendo a origem. A Figura 1 mostra os vetores do Exemplo 3.

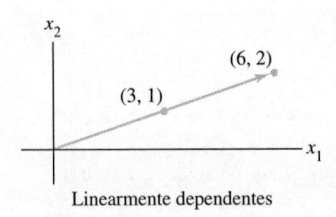

Linearmente dependentes

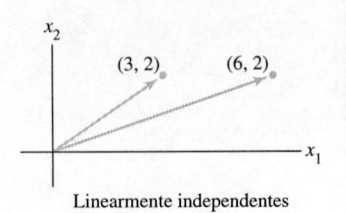

Linearmente independentes

FIGURA 1

Conjuntos de Dois ou Mais Vetores

A demonstração do próximo teorema é semelhante à solução do Exemplo 3. Os detalhes são dados no fim desta seção.

TEOREMA 7

> ### Caracterização de Conjuntos Linearmente Dependentes
>
> Um conjunto indexado $S = \{\mathbf{v}_1, \ldots, \mathbf{v}_p\}$ de dois ou mais vetores é linearmente dependente se e somente se pelo menos um dos vetores de S for uma combinação linear dos demais. De fato, se S for linearmente dependente e $\mathbf{v}_1 \neq \mathbf{0}$, então algum $\mathbf{v}_j$ (com $j > 1$) será uma combinação linear dos vetores anteriores, $\mathbf{v}_1, \ldots, \mathbf{v}_{j-1}$.

Cuidado: O Teorema 7 *não* diz que *todo* vetor de um conjunto linearmente dependente é uma combinação linear dos vetores anteriores. Um vetor em um conjunto linearmente dependente pode não ser uma combinação linear dos outros vetores. Veja o Problema Prático 1(c).

EXEMPLO 4 Sejam $\mathbf{u} = \begin{bmatrix} 3 \\ 1 \\ 0 \end{bmatrix}$ e $\mathbf{v} = \begin{bmatrix} 1 \\ 6 \\ 0 \end{bmatrix}$. Descreva o conjunto gerado por $\mathbf{u}$ e $\mathbf{v}$ e explique por que um vetor $\mathbf{w}$ pertence a $\mathscr{L}\{\mathbf{u}, \mathbf{v}\}$ se e somente se $\{\mathbf{u}, \mathbf{v}, \mathbf{w}\}$ for linearmente dependente.

SOLUÇÃO Os vetores $\mathbf{u}$ e $\mathbf{v}$ são linearmente independentes porque nenhum dos dois é múltiplo do outro e, portanto, geram um plano em $\mathbb{R}^3$. (Veja a Seção 1.3.) Na verdade, $\mathscr{L}\{\mathbf{u}, \mathbf{v}\}$ é o plano x_1x_2 (com $x_3 = 0$). Se $\mathbf{w}$ for uma combinação linear de $\mathbf{u}$ e $\mathbf{v}$, então $\{\mathbf{u}, \mathbf{v}, \mathbf{w}\}$ será linearmente dependente, pelo Teorema 7. De forma recíproca, suponha que $\{\mathbf{u}, \mathbf{v}, \mathbf{w}\}$ seja linearmente dependente. Pelo Teorema 7, algum vetor em $\{\mathbf{u}, \mathbf{v}, \mathbf{w}\}$ é uma combinação linear dos vetores precedentes (já que $\mathbf{u} \neq \mathbf{0}$). Esse vetor tem de ser $\mathbf{w}$, já que $\mathbf{v}$ não é múltiplo de $\mathbf{u}$. Portanto, $\mathbf{w}$ pertence a $\mathscr{L}\{\mathbf{u}, \mathbf{v}\}$. Veja a Figura 2. ■

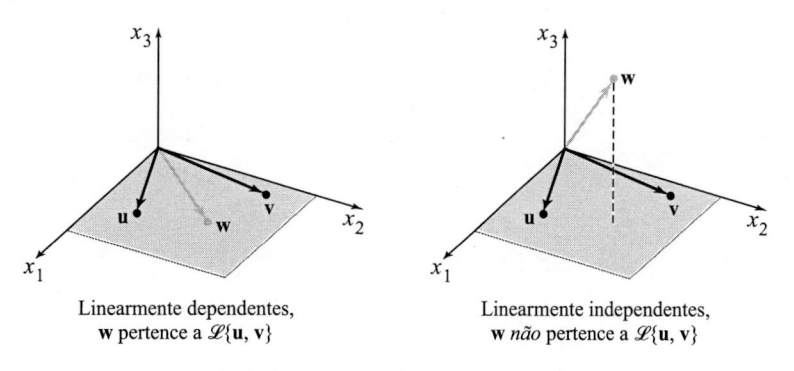

Linearmente dependentes, $\mathbf{w}$ pertence a $\mathscr{L}\{\mathbf{u}, \mathbf{v}\}$

Linearmente independentes, $\mathbf{w}$ *não* pertence a $\mathscr{L}\{\mathbf{u}, \mathbf{v}\}$

FIGURA 2 Dependência linear em $\mathbb{R}^3$.

O Exemplo 4 pode ser generalizado para qualquer conjunto $\{\mathbf{u}, \mathbf{v}, \mathbf{w}\}$ em $\mathbb{R}^3$ com $\mathbf{u}$ e $\mathbf{v}$ linearmente independentes. O conjunto $\{\mathbf{u}, \mathbf{v}, \mathbf{w}\}$ será linearmente dependente se e somente se $\mathbf{w}$ estiver no plano gerado por $\mathbf{u}$ e $\mathbf{v}$.

Os dois próximos teoremas descrevem casos especiais em que a dependência linear é automática. Além disso, o Teorema 8 terá importância fundamental nos capítulos posteriores.

TEOREMA 8

> Se um conjunto contiver mais vetores do que o número de componentes de cada vetor, então o conjunto será linearmente dependente. Em outras palavras, todo conjunto $\{\mathbf{v}_1, \ldots, \mathbf{v}_p\}$ em $\mathbb{R}^n$ é linearmente dependente se $p > n$.

$n \begin{bmatrix} * & * & * & * & * \\ * & * & * & * & * \\ * & * & * & * & * \end{bmatrix}$ $\overset{p}{}$

FIGURA 3 Se $p > n$, as colunas serão linearmente dependentes.

DEMONSTRAÇÃO Seja $A = [\mathbf{v}_1 \ldots \mathbf{v}_p]$. Então A é uma matriz $n \times p$, e a equação $A\mathbf{x} = \mathbf{0}$ corresponde a um sistema de n equações e p incógnitas. Se $p > n$, então existirão mais variáveis que equações e, portanto, existirá alguma variável livre. Assim, $A\mathbf{x} = \mathbf{0}$ tem solução não trivial, e as colunas de A são linearmente dependentes. Veja a Figura 3 para uma versão matricial deste teorema. ■

Cuidado: O Teorema 8 não diz nada sobre o caso em que o número de vetores do conjunto *não* ultrapassa o número de componentes de cada vetor.

EXEMPLO 5 Os vetores $\begin{bmatrix} 2 \\ 1 \end{bmatrix}$, $\begin{bmatrix} 4 \\ -1 \end{bmatrix}$, $\begin{bmatrix} -2 \\ 2 \end{bmatrix}$ são linearmente dependentes pelo Teorema 8, já que existem três vetores no conjunto e apenas duas componentes em cada vetor. Observe, no entanto, que nenhum dos vetores é múltiplo de um dos outros. Veja a Figura 4. ∎

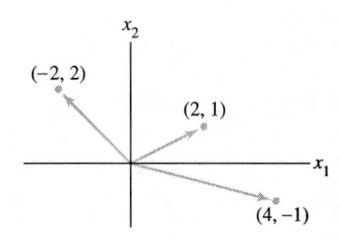

FIGURA 4 Um conjunto linearmente dependente em $\mathbb{R}^2$.

TEOREMA 9

> Se um conjunto $S = \{\mathbf{v}_1, \ldots, \mathbf{v}_p\}$ em $\mathbb{R}^n$ contiver o vetor nulo, então o conjunto será linearmente dependente.

DEMONSTRAÇÃO Reordenando os vetores, podemos supor que $\mathbf{v}_1 = \mathbf{0}$. Então a equação $1\mathbf{v}_1 + 0\mathbf{v}_2 + \ldots + 0\mathbf{v}_p = \mathbf{0}$ mostra que S é linearmente dependente. ∎

EXEMPLO 6 Determine, por simples inspeção, se o conjunto dado é linearmente dependente.

a. $\begin{bmatrix} 1 \\ 7 \\ 6 \end{bmatrix}$, $\begin{bmatrix} 2 \\ 0 \\ 9 \end{bmatrix}$, $\begin{bmatrix} 3 \\ 1 \\ 5 \end{bmatrix}$, $\begin{bmatrix} 4 \\ 1 \\ 8 \end{bmatrix}$ b. $\begin{bmatrix} 2 \\ 3 \\ 5 \end{bmatrix}$, $\begin{bmatrix} 0 \\ 0 \\ 0 \end{bmatrix}$, $\begin{bmatrix} 1 \\ 1 \\ 8 \end{bmatrix}$ c. $\begin{bmatrix} -2 \\ 4 \\ 6 \\ 10 \end{bmatrix}$, $\begin{bmatrix} 3 \\ -6 \\ -9 \\ 15 \end{bmatrix}$

SOLUÇÃO

a. O conjunto contém quatro vetores, cada um dos quais com apenas três componentes. Portanto, pelo Teorema 8, o conjunto é linearmente dependente.

b. O Teorema 8 não se aplica aqui porque o número de vetores não excede o número de componentes de cada vetor. Como o vetor nulo pertence ao conjunto, o conjunto é linearmente dependente pelo Teorema 9.

c. Ao compararmos as componentes correspondentes dos dois vetores, parece que o segundo vetor é $-3/2$ vezes o primeiro vetor. Essa relação vale para as primeiras três componentes, mas falha para a quarta. Assim, nenhum dos vetores é múltiplo do outro, e, portanto, são linearmente independentes. ∎

De modo geral, você deve ler cada seção cuidadosamente *diversas* vezes para absorver um conceito importante como a independência linear. Por exemplo, a demonstração a seguir deve ser lida com cuidado porque ilustra como a definição de independência linear pode ser *usada*.

DEMONSTRAÇÃO DO TEOREMA 7 (Caracterização de Conjuntos Linearmente Dependentes)
Se algum $\mathbf{v}_j$ em S for uma combinação linear dos outros vetores, então $\mathbf{v}_j$ poderá ser subtraído dos dois lados da equação, produzindo uma relação de dependência linear com uma constante não nula (-1) para $\mathbf{v}_j$. [Por exemplo, se $\mathbf{v}_1 = c_2\mathbf{v}_2 + c_3\mathbf{v}_3$, então $\mathbf{0} = (-1)\,\mathbf{v}_1 + c_2\mathbf{v}_2 + c_3\mathbf{v}_3 + 0\mathbf{v}_4 + \ldots + 0\mathbf{v}_p.$] Logo, S é linearmente dependente.

De forma recíproca, suponha que S seja linearmente dependente. Se $\mathbf{v}_1$ for o vetor nulo, então será combinação linear (a trivial) dos outros vetores de S. Caso contrário, $\mathbf{v}_1 \neq \mathbf{0}$ e existem constantes $c_1, \ldots, c_p$, nem todas nulas, tais que

$$c_1\mathbf{v}_1 + c_2\mathbf{v}_2 + \cdots + c_p\mathbf{v}_p = \mathbf{0}$$

Seja j o maior índice para o qual $c_j \neq 0$. Se $j = 1$, então $c_1\mathbf{v}_1 = \mathbf{0}$, o que é impossível porque $\mathbf{v}_1 \neq \mathbf{0}$. Portanto, $j > 1$ e

$$c_1\mathbf{v}_1 + \cdots + c_j\mathbf{v}_j + 0\mathbf{v}_{j+1} + \cdots + 0\mathbf{v}_p = \mathbf{0}$$

$$c_j\mathbf{v}_j = -c_1\mathbf{v}_1 - \cdots - c_{j-1}\mathbf{v}_{j-1}$$

$$\mathbf{v}_j = \left(-\frac{c_1}{c_j}\right)\mathbf{v}_1 + \cdots + \left(-\frac{c_{j-1}}{c_j}\right)\mathbf{v}_{j-1}$$ ∎

Problemas Práticos

1. Sejam $\mathbf{u} = \begin{bmatrix} 3 \\ 2 \\ -4 \end{bmatrix}$, $\mathbf{v} = \begin{bmatrix} -6 \\ 1 \\ 7 \end{bmatrix}$, $\mathbf{w} = \begin{bmatrix} 0 \\ -5 \\ 2 \end{bmatrix}$ e $\mathbf{z} = \begin{bmatrix} 3 \\ 7 \\ -5 \end{bmatrix}$.

   a. Os conjuntos $\{\mathbf{u}, \mathbf{v}\}$, $\{\mathbf{u}, \mathbf{w}\}$, $\{\mathbf{u}, \mathbf{z}\}$, $\{\mathbf{v}, \mathbf{w}\}$, $\{\mathbf{v}, \mathbf{z}\}$ e $\{\mathbf{w}, \mathbf{z}\}$ são, cada um deles, linearmente independentes? Por quê?

   b. A resposta do item (a) implica $\{\mathbf{u}, \mathbf{v}, \mathbf{w}, \mathbf{z}\}$ ser linearmente independente?

   c. Para determinar se $\{\mathbf{u}, \mathbf{v}, \mathbf{w}, \mathbf{z}\}$ é linearmente dependente, seria interessante verificar se, digamos, $\mathbf{w}$ é combinação linear de $\mathbf{u}$, $\mathbf{v}$ e $\mathbf{z}$?

   d. O conjunto $\{\mathbf{u}, \mathbf{v}, \mathbf{w}, \mathbf{z}\}$ é linearmente dependente?

2. Suponha que $\{\mathbf{v}_1, \mathbf{v}_2, \mathbf{v}_3\}$ é um conjunto linearmente dependente de vetores em $\mathbb{R}^n$ e que $\mathbf{v}_4$ é um vetor em $\mathbb{R}^n$. Mostre que $\{\mathbf{v}_1, \mathbf{v}_2, \mathbf{v}_3, \mathbf{v}_4\}$ também é um conjunto linearmente dependente.

1.7 EXERCÍCIOS

Nos Exercícios 1 a 4, determine se os vetores são linearmente independentes. Justifique cada resposta.

1. $\begin{bmatrix} 5 \\ 1 \\ 0 \end{bmatrix}$, $\begin{bmatrix} 7 \\ 2 \\ -6 \end{bmatrix}$, $\begin{bmatrix} -2 \\ -1 \\ 6 \end{bmatrix}$
2. $\begin{bmatrix} 0 \\ 0 \\ 2 \end{bmatrix}$, $\begin{bmatrix} 0 \\ 5 \\ -8 \end{bmatrix}$, $\begin{bmatrix} -3 \\ 4 \\ 1 \end{bmatrix}$

3. $\begin{bmatrix} 1 \\ -3 \end{bmatrix}$, $\begin{bmatrix} -3 \\ 6 \end{bmatrix}$
4. $\begin{bmatrix} -1 \\ 4 \end{bmatrix}$, $\begin{bmatrix} -2 \\ 8 \end{bmatrix}$

Nos Exercícios 5 a 8, determine se as colunas da matriz dada formam um conjunto linearmente independente. Justifique cada resposta.

5. $\begin{bmatrix} 0 & -8 & 5 \\ 3 & -7 & 4 \\ -1 & 5 & -4 \\ 1 & -3 & 2 \end{bmatrix}$
6. $\begin{bmatrix} -4 & -3 & 0 \\ 0 & -1 & 4 \\ 1 & 0 & 3 \\ 5 & 4 & 6 \end{bmatrix}$

7. $\begin{bmatrix} 1 & 4 & -3 & 0 \\ -2 & -7 & 5 & 1 \\ -4 & -5 & 7 & 5 \end{bmatrix}$
8. $\begin{bmatrix} 1 & -3 & 3 & -2 \\ -3 & 7 & -1 & 2 \\ 0 & 1 & -4 & 3 \end{bmatrix}$

Nos Exercícios 9 e 10: (a) Para que valores de h o vetor $\mathbf{v}_3$ pertence a $\mathscr{L}\{\mathbf{v}_1, \mathbf{v}_2\}$? (b) Para que valores de h o conjunto $\{\mathbf{v}_1, \mathbf{v}_2, \mathbf{v}_3\}$ é linearmente *dependente*? Justifique cada resposta.

9. $\mathbf{v}_1 = \begin{bmatrix} 1 \\ -3 \\ 2 \end{bmatrix}$, $\mathbf{v}_2 = \begin{bmatrix} -3 \\ 10 \\ -6 \end{bmatrix}$, $\mathbf{v}_3 = \begin{bmatrix} 2 \\ -7 \\ h \end{bmatrix}$

10. $\mathbf{v}_1 = \begin{bmatrix} 1 \\ -5 \\ -3 \end{bmatrix}$, $\mathbf{v}_2 = \begin{bmatrix} -2 \\ 10 \\ 6 \end{bmatrix}$, $\mathbf{v}_3 = \begin{bmatrix} 2 \\ -10 \\ h \end{bmatrix}$

Nos Exercícios 11 a 14, determine o(s) valor(es) de h que torna(m) os vetores linearmente *dependentes*. Justifique cada resposta.

11. $\begin{bmatrix} 1 \\ -1 \\ 4 \end{bmatrix}$, $\begin{bmatrix} 3 \\ -5 \\ 7 \end{bmatrix}$, $\begin{bmatrix} -1 \\ 5 \\ h \end{bmatrix}$
12. $\begin{bmatrix} 2 \\ -4 \\ 1 \end{bmatrix}$, $\begin{bmatrix} -6 \\ 7 \\ -3 \end{bmatrix}$, $\begin{bmatrix} 8 \\ h \\ 4 \end{bmatrix}$

13. $\begin{bmatrix} 1 \\ 5 \\ -3 \end{bmatrix}$, $\begin{bmatrix} -2 \\ -9 \\ 6 \end{bmatrix}$, $\begin{bmatrix} 3 \\ h \\ -9 \end{bmatrix}$
14. $\begin{bmatrix} 1 \\ -1 \\ 3 \end{bmatrix}$, $\begin{bmatrix} -5 \\ 7 \\ 8 \end{bmatrix}$, $\begin{bmatrix} 1 \\ 1 \\ h \end{bmatrix}$

Determine, por simples inspeção, se os vetores dos Exercícios 15 a 20 são linearmente *independentes*. Justifique cada resposta.

15. $\begin{bmatrix} 5 \\ 1 \end{bmatrix}$, $\begin{bmatrix} 2 \\ 8 \end{bmatrix}$, $\begin{bmatrix} 1 \\ 3 \end{bmatrix}$, $\begin{bmatrix} -1 \\ 7 \end{bmatrix}$
16. $\begin{bmatrix} 4 \\ -2 \\ 6 \end{bmatrix}$, $\begin{bmatrix} 6 \\ -3 \\ 9 \end{bmatrix}$

17. $\begin{bmatrix} 3 \\ 5 \\ -1 \end{bmatrix}$, $\begin{bmatrix} 0 \\ 0 \\ 0 \end{bmatrix}$, $\begin{bmatrix} -6 \\ 5 \\ 4 \end{bmatrix}$
18. $\begin{bmatrix} 4 \\ 4 \end{bmatrix}$, $\begin{bmatrix} -1 \\ 3 \end{bmatrix}$, $\begin{bmatrix} 2 \\ 5 \end{bmatrix}$, $\begin{bmatrix} 8 \\ 1 \end{bmatrix}$

19. $\begin{bmatrix} -8 \\ 12 \\ -4 \end{bmatrix}$, $\begin{bmatrix} 2 \\ -3 \\ -1 \end{bmatrix}$
20. $\begin{bmatrix} 1 \\ 4 \\ -7 \end{bmatrix}$, $\begin{bmatrix} -2 \\ 5 \\ 3 \end{bmatrix}$, $\begin{bmatrix} 0 \\ 0 \\ 0 \end{bmatrix}$

Nos Exercícios 21 a 28, marque cada afirmação como Verdadeira ou Falsa **(V/F)**. Justifique cada resposta com base em uma leitura cuidadosa do texto.

21. **(V/F)** As colunas de uma matriz A são linearmente independentes se a equação $A\mathbf{x} = \mathbf{0}$ tiver a solução trivial.

22. **(V/F)** Dois vetores serão livremente dependentes se e somente se estiverem contidos em uma mesma reta contendo a origem.

23. **(V/F)** Se S for um conjunto linearmente dependente, então cada vetor será uma combinação linear dos outros vetores em S.

24. **(V/F)** Se um conjunto contiver menos vetores do que o número de componentes de cada vetor, então o conjunto será linearmente independente.

25. **(V/F)** As colunas de qualquer matriz 4×5 são linearmente dependentes.

26. **(V/F)** Se $\mathbf{x}$ e $\mathbf{y}$ forem linearmente independentes e $\mathbf{z}$ pertencer a $\mathscr{L}\{\mathbf{x}, \mathbf{y}\}$, então $\{\mathbf{x}, \mathbf{y}, \mathbf{z}\}$ será linearmente dependente.

27. **(V/F)** Se $\mathbf{x}$ e $\mathbf{y}$ forem linearmente independentes e se $\{\mathbf{x}, \mathbf{y}, \mathbf{z}\}$ for linearmente dependente, então $\mathbf{z}$ pertencerá a $\mathscr{L}\{\mathbf{x}, \mathbf{y}\}$.

28. **(V/F)** Se um conjunto em $\mathbb{R}^n$ for linearmente dependente, então o conjunto conterá mais vetores do que o número de componentes de cada vetor.

Nos Exercícios 29 a 32, descreva as formas escalonadas possíveis da matriz. Use a notação do Exemplo 1 na Seção 1.2.

29. A é uma matriz 3×3 com colunas linearmente independentes.

30. A é uma matriz 2×2 com colunas linearmente dependentes.

31. A é uma matriz 4×2, $A = [\mathbf{a}_1 \ \mathbf{a}_2]$ e $\mathbf{a}_2$ não é múltiplo de $\mathbf{a}_1$.

32. A é uma matriz 4×3, $A = [\mathbf{a}_1 \ \mathbf{a}_2 \ \mathbf{a}_3]$ tal que $\{\mathbf{a}_1, \mathbf{a}_2\}$ é linearmente independente e $\mathbf{a}_3$ não pertence a $\mathscr{L}\{\mathbf{a}_1, \mathbf{a}_2\}$.

33. Quantas colunas pivôs uma matriz 7×5 tem de ter se suas colunas forem linearmente independentes? Por quê?

34. Quantas colunas pivôs uma matriz 5×7 tem de ter se suas colunas gerarem $\mathbb{R}^5$? Por quê?

35. Construa matrizes A e B, 3×2, tais que $A\mathbf{x} = \mathbf{0}$ só tem a solução trivial, mas $B\mathbf{x} = \mathbf{0}$ tem uma solução não trivial.

36. a. Preencha o espaço vazio (sublinhado) na seguinte afirmação: "Se A for uma matriz $m \times n$, então as colunas de A serão linearmente independentes se e somente se A tiver _____ colunas pivôs".

   b. Explique por que a afirmação em (a) é verdadeira.

Os Exercícios 37 e 38 devem ser resolvidos *sem realizar qualquer operação elementar*. [*Sugestão:* Escreva $A\mathbf{x} = \mathbf{0}$ como uma equação vetorial.]

37. Dada a matriz $A = \begin{bmatrix} 2 & 3 & 5 \\ -5 & 1 & -4 \\ -3 & -1 & -4 \\ 1 & 0 & 1 \end{bmatrix}$, note que a terceira coluna é a soma das duas primeiras. Determine uma solução não trivial de $A\mathbf{x} = \mathbf{0}$.

38. Dada a matriz $A = \begin{bmatrix} 4 & 1 & 6 \\ -7 & 5 & 3 \\ 9 & -3 & 3 \end{bmatrix}$, observe que a primeira coluna mais duas vezes a segunda é igual à terceira. Determine uma solução não trivial de $A\mathbf{x} = \mathbf{0}$.

Cada afirmação nos Exercícios 39 a 44 é verdadeira (em todos os casos) ou falsa (para pelo menos um exemplo). Se for falsa, construa um exemplo particular mostrando que a afirmação nem sempre é verdadeira. Tal exemplo é chamado *contraexemplo* para a afirmação. Se for verdadeira, justifique. (Um caso particular não justifica a validade de uma afirmação verdadeira. Vai ser preciso trabalhar mais aqui que nos Exercícios 21 a 28.)

39. (V/F-C) Se $\mathbf{v}_1, \ldots, \mathbf{v}_4$ estiverem em $\mathbb{R}^4$ e $\mathbf{v}_3 = 2\mathbf{v}_1 + \mathbf{v}_2$, então $\{\mathbf{v}_1, \mathbf{v}_2, \mathbf{v}_3, \mathbf{v}_4\}$ será linearmente dependente.

40. (V/F-C) Se $\mathbf{v}_1, \ldots, \mathbf{v}_4$ estiverem em $\mathbb{R}^4$ e $\mathbf{v}_3 = \mathbf{0}$, então $\{\mathbf{v}_1, \mathbf{v}_2, \mathbf{v}_3, \mathbf{v}_4\}$ será linearmente dependente.

41. (V/F-C) Se $\mathbf{v}_1$ e $\mathbf{v}_2$ estiverem em $\mathbb{R}^4$ e $\mathbf{v}_2$ não for múltiplo escalar de $\mathbf{v}_1$, então $\{\mathbf{v}_1, \mathbf{v}_2\}$ será linearmente independente.

42. (V/F-C) Se $\mathbf{v}_1, \ldots, \mathbf{v}_4$ estiverem em $\mathbb{R}^4$ e $\mathbf{v}_3$ *não* for uma combinação linear de $\mathbf{v}_1, \mathbf{v}_2, \mathbf{v}_4$, então $\{\mathbf{v}_1, \mathbf{v}_2, \mathbf{v}_3, \mathbf{v}_4\}$ será linearmente independente.

43. (V/F-C) Se $\mathbf{v}_1, \ldots, \mathbf{v}_4$ estiverem em $\mathbb{R}^4$ e $\{\mathbf{v}_1, \mathbf{v}_2, \mathbf{v}_3\}$ for linearmente dependente, então $\{\mathbf{v}_1, \mathbf{v}_2, \mathbf{v}_3, \mathbf{v}_4\}$ também será linearmente dependente.

44. (V/F-C) Se $\mathbf{v}_1, \ldots, \mathbf{v}_4$ forem vetores linearmente independentes em $\mathbb{R}^4$, então $\{\mathbf{v}_1, \mathbf{v}_2, \mathbf{v}_3\}$ também será linearmente independente. [*Sugestão:* Considere $x_1\mathbf{v}_1 + x_2\mathbf{v}_2 + x_3\mathbf{v}_3 + 0 \cdot \mathbf{v}_4 = \mathbf{0}$.]

45. Suponha que A seja uma matriz $m \times n$ com a propriedade que, para todo $\mathbf{b}$ em $\mathbb{R}^m$, a equação $A\mathbf{x} = \mathbf{b}$ tenha no máximo uma solução. Use a definição de independência linear para explicar por que as colunas de A têm de ser linearmente independentes.

46. Suponha que uma matriz A $m \times n$ tenha n colunas pivôs. Explique por que, para cada $\mathbf{b}$ em $\mathbb{R}^m$, a equação $A\mathbf{x} = \mathbf{b}$ tem no máximo uma solução. [*Sugestão:* Explique por que $A\mathbf{x} = \mathbf{b}$ não pode ter uma infinidade de soluções.]

[M] Nos Exercícios 47 e 48, use tantas colunas de A quantas forem possíveis para montar uma matriz B com a propriedade de que a equação $B\mathbf{x} = \mathbf{0}$ só tenha a solução trivial. Faça a verificação resolvendo a equação $B\mathbf{x} = \mathbf{0}$.

47. $A = \begin{bmatrix} 8 & -3 & 0 & -7 & 2 \\ -9 & 4 & 5 & 11 & -7 \\ 6 & -2 & 2 & -4 & 4 \\ 5 & -1 & 7 & 0 & 10 \end{bmatrix}$

48. $A = \begin{bmatrix} 12 & 10 & -6 & -3 & 7 & 10 \\ -7 & -6 & 4 & 7 & -9 & 5 \\ 9 & 9 & -9 & -5 & 5 & -1 \\ -4 & -3 & 1 & 6 & -8 & 9 \\ 8 & 7 & -5 & -9 & 11 & -8 \end{bmatrix}$

[M] **49.** Com A e B como no Exercício 47, escolha uma coluna $\mathbf{v}$ de A que não tenha sido usada na construção de B e determine se $\mathbf{v}$ pertence ao conjunto gerado pelas colunas de B. (Descreva seus cálculos.)

[M] **50.** Repita o Exercício 49 com as matrizes A e B do Exercício 48. Depois, justifique o que você encontrou, supondo que B foi obtida como especificado.

Soluções dos Problemas Práticos

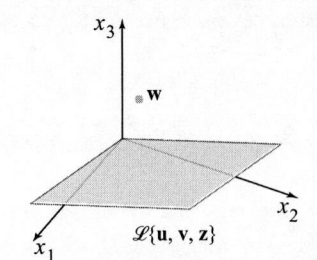

1. a. Sim. Em cada caso, nenhum dos vetores é múltiplo do outro. Assim, cada conjunto é linearmente independente.

   b. Não. A observação no item (a), por si só, não diz nada sobre a independência linear de $\{\mathbf{u}, \mathbf{v}, \mathbf{w}, \mathbf{z}\}$.

   c. Não. Ao testar a independência linear, não é uma boa ideia, em geral, verificar se um dos vetores é uma combinação linear dos demais. Pode acontecer de o vetor escolhido não ser combinação linear dos demais e, mesmo assim, todo o conjunto ser linearmente dependente. Nesse problema, $\mathbf{w}$ não é combinação linear de $\mathbf{u}, \mathbf{v}$ e $\mathbf{z}$.

   d. Sim, pelo Teorema 8. Existem mais vetores (quatro) que componentes (três) em cada um.

2. A aplicação da definição de dependência linear a $\{\mathbf{v}_1, \mathbf{v}_2, \mathbf{v}_3\}$ implica a existência de escalares c_1, c_2, c_3, nem todos nulos, tais que

$$c_1\mathbf{v}_1 + c_2\mathbf{v}_2 + c_3\mathbf{v}_3 = \mathbf{0}.$$

Somando $0\,\mathbf{v}_4 = \mathbf{0}$ aos dois lados desta equação resulta em

$$c_1\mathbf{v}_1 + c_2\mathbf{v}_2 + c_3\mathbf{v}_3 + 0\,\mathbf{v}_4 = \mathbf{0}.$$

Como c_1, c_2, c_3 e 0 não são *todos* iguais a zero, o conjunto $\{\mathbf{v}_1, \mathbf{v}_2, \mathbf{v}_3, \mathbf{v}_4\}$ satisfaz à definição de um conjunto linearmente dependente.

1.8 INTRODUÇÃO ÀS TRANSFORMAÇÕES LINEARES

A diferença entre uma equação matricial $A\mathbf{x} = \mathbf{b}$ e a equação vetorial associada $x_1\mathbf{a}_1 + \ldots + x_n\mathbf{a}_n = \mathbf{b}$ é uma mera questão de notação. No entanto, uma equação matricial $A\mathbf{x} = \mathbf{b}$ pode surgir na álgebra linear (e em aplicações como computação gráfica e processamento de sinais) de maneira a não estar diretamente ligada a combinações lineares de vetores. Isso acontece quando pensamos na matriz A como um objeto que "age" sobre um vetor $\mathbf{x}$, por multiplicação, produzindo um novo vetor chamado $A\mathbf{x}$.

Por exemplo, as equações

$$\begin{bmatrix} 4 & -3 & 1 & 3 \\ 2 & 0 & 5 & 1 \end{bmatrix} \begin{bmatrix} 1 \\ 1 \\ 1 \\ 1 \end{bmatrix} = \begin{bmatrix} 5 \\ 8 \end{bmatrix} \quad \text{e} \quad \begin{bmatrix} 4 & -3 & 1 & 3 \\ 2 & 0 & 5 & 1 \end{bmatrix} \begin{bmatrix} 1 \\ 4 \\ -1 \\ 3 \end{bmatrix} = \begin{bmatrix} 0 \\ 0 \end{bmatrix}$$

$$\overset{\uparrow}{A} \quad \overset{\uparrow}{\mathbf{x}} \quad \overset{\uparrow}{\mathbf{b}} \qquad \overset{\uparrow}{A} \quad \overset{\uparrow}{\mathbf{u}} \quad \overset{\uparrow}{\mathbf{0}}$$

dizem que a multiplicação por A transforma $\mathbf{x}$ em $\mathbf{b}$ e transforma $\mathbf{u}$ no vetor nulo. Veja a Figura 1.

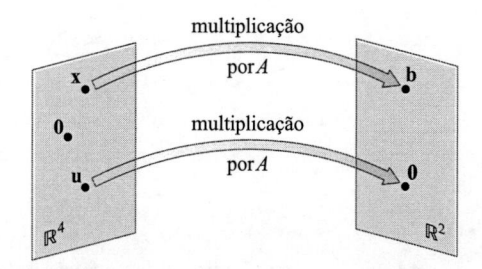

FIGURA 1 Transformando vetores por meio da multiplicação por matrizes.

Sob esse novo ponto de vista, resolver a equação $A\mathbf{x} = \mathbf{b}$ significa determinar todos os vetores $\mathbf{x}$ em $\mathbb{R}^4$ que são transformados no vetor $\mathbf{b}$ em $\mathbb{R}^2$ sob a "ação" da multiplicação por A.

A correspondência de $\mathbf{x}$ para $A\mathbf{x}$ é uma *função* de um conjunto de vetores em outro. Esse conceito generaliza a noção usual de função, que é uma regra que transforma um número real em outro.

Uma **transformação** (ou **função**, ou **aplicação**) T de $\mathbb{R}^n$ em $\mathbb{R}^m$ é uma regra que associa a cada vetor $\mathbf{x}$ em $\mathbb{R}^n$ um vetor $T(\mathbf{x})$ em $\mathbb{R}^m$. O conjunto $\mathbb{R}^n$ é o **domínio** de T e $\mathbb{R}^m$ é o **contradomínio** de T. A notação $T : \mathbb{R}^n \to \mathbb{R}^m$ indica que o domínio de T é $\mathbb{R}^n$ e o contradomínio é $\mathbb{R}^m$. Para $\mathbf{x}$ em $\mathbb{R}^n$, o vetor $T(\mathbf{x})$ em $\mathbb{R}^m$ é chamado **imagem** de $\mathbf{x}$ (sob a ação de T). O conjunto de todas as imagens $T(\mathbf{x})$ é denominado **imagem** de T. Veja a Figura 2.

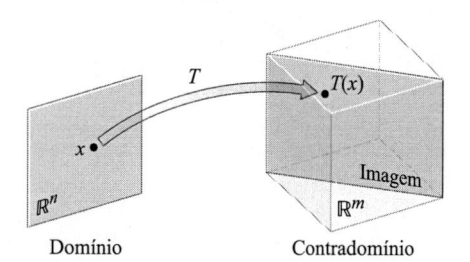

FIGURA 2 Domínio, contradomínio e imagem de $T : \mathbb{R}^n \to \mathbb{R}^m$.

A nova terminologia nesta seção é importante porque uma visão dinâmica da multiplicação de matriz por vetor é a chave para a compreensão de diversos conceitos de álgebra linear e a construção de modelos matemáticos de sistemas físicos que evoluem com o tempo. Esses *sistemas dinâmicos* serão discutidos nas Seções 1.10, 4.8 e ao longo do Capítulo 5.

Transformações Matriciais

O restante desta seção trata de aplicações associadas à multiplicação de matrizes. Para cada $\mathbf{x}$ em $\mathbb{R}^n$, $T(\mathbf{x})$ é dado por $A\mathbf{x}$, em que A é uma matriz $m \times n$. Para simplificar, muitas vezes denotamos essa *transformação matricial* por $\mathbf{x} \mapsto A\mathbf{x}$. Observe que o domínio de T é $\mathbb{R}^n$ quando A tem n colunas, e o contradomínio de T é $\mathbb{R}^m$ quando cada coluna de A tem m elementos. A imagem de T é o conjunto de todas as combinações lineares das colunas de A, já que cada imagem $T(\mathbf{x})$ é da forma $A\mathbf{x}$.

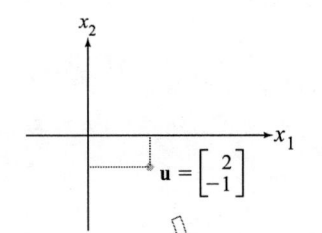

EXEMPLO 1   Sejam $A = \begin{bmatrix} 1 & -3 \\ 3 & 5 \\ -1 & 7 \end{bmatrix}$, $\mathbf{u} = \begin{bmatrix} 2 \\ -1 \end{bmatrix}$, $\mathbf{b} = \begin{bmatrix} 3 \\ 2 \\ -5 \end{bmatrix}$, $\mathbf{c} = \begin{bmatrix} 3 \\ 2 \\ 5 \end{bmatrix}$ e defina a transfor-

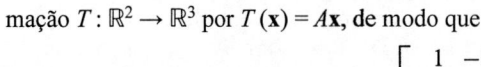

mação $T : \mathbb{R}^2 \to \mathbb{R}^3$ por $T(\mathbf{x}) = A\mathbf{x}$, de modo que

$$T(\mathbf{x}) = A\mathbf{x} = \begin{bmatrix} 1 & -3 \\ 3 & 5 \\ -1 & 7 \end{bmatrix} \begin{bmatrix} x_1 \\ x_2 \end{bmatrix} = \begin{bmatrix} x_1 - 3x_2 \\ 3x_1 + 5x_2 \\ -x_1 + 7x_2 \end{bmatrix}$$

a. Calcule $T(\mathbf{u})$, a imagem de $\mathbf{u}$ pela transformação T.
b. Encontre um vetor $\mathbf{x}$ em $\mathbb{R}^2$ cuja imagem por T é $\mathbf{b}$.
c. Existe mais de um $\mathbf{x}$ cuja imagem por T é $\mathbf{b}$?
d. Determine se $\mathbf{c}$ pertence à imagem da transformação T.

SOLUÇÃO

a. Calcule

$$T(\mathbf{u}) = A\mathbf{u} = \begin{bmatrix} 1 & -3 \\ 3 & 5 \\ -1 & 7 \end{bmatrix} \begin{bmatrix} 2 \\ -1 \end{bmatrix} = \begin{bmatrix} 5 \\ 1 \\ -9 \end{bmatrix}$$

b. Resolva $T(\mathbf{x}) = \mathbf{b}$ para $\mathbf{x}$. Ou seja, resolva $A\mathbf{x} = \mathbf{b}$, ou

$$\begin{bmatrix} 1 & -3 \\ 3 & 5 \\ -1 & 7 \end{bmatrix} \begin{bmatrix} x_1 \\ x_2 \end{bmatrix} = \begin{bmatrix} 3 \\ 2 \\ -5 \end{bmatrix} \tag{1}$$

Usando o método discutido na Seção 1.4, escalone a matriz aumentada:

$$\begin{bmatrix} 1 & -3 & 3 \\ 3 & 5 & 2 \\ -1 & 7 & -5 \end{bmatrix} \sim \begin{bmatrix} 1 & -3 & 3 \\ 0 & 14 & -7 \\ 0 & 4 & -2 \end{bmatrix} \sim \begin{bmatrix} 1 & -3 & 3 \\ 0 & 1 & -0{,}5 \\ 0 & 0 & 0 \end{bmatrix} \sim \begin{bmatrix} 1 & 0 & 1{,}5 \\ 0 & 1 & -0{,}5 \\ 0 & 0 & 0 \end{bmatrix} \tag{2}$$

Portanto, $x_1 = 1{,}5$, $x_2 = -0{,}5$ e $\mathbf{x} = \begin{bmatrix} 1{,}5 \\ -0{,}5 \end{bmatrix}$. A imagem de $\mathbf{x}$ por T é o vetor dado $\mathbf{b}$.

c. Todo $\mathbf{x}$ cuja imagem por T é $\mathbf{b}$ tem de satisfazer (1). De (2), é claro que a equação (1) tem uma única solução. Portanto, existe exatamente um $\mathbf{x}$ cuja imagem é $\mathbf{b}$.
d. O vetor $\mathbf{c}$ está na imagem de T se $\mathbf{c}$ for a imagem de algum $\mathbf{x}$ em $\mathbb{R}^2$, ou seja, se $\mathbf{c} = T(\mathbf{x})$ para algum $\mathbf{x}$. Essa é outra maneira de perguntar se o sistema $A\mathbf{x} = \mathbf{c}$ é consistente. Para determinar a resposta, escalone a matriz aumentada:

$$\begin{bmatrix} 1 & -3 & 3 \\ 3 & 5 & 2 \\ -1 & 7 & 5 \end{bmatrix} \sim \begin{bmatrix} 1 & -3 & 3 \\ 0 & 14 & -7 \\ 0 & 4 & 8 \end{bmatrix} \sim \begin{bmatrix} 1 & -3 & 3 \\ 0 & 1 & 2 \\ 0 & 14 & -7 \end{bmatrix} \sim \begin{bmatrix} 1 & -3 & 3 \\ 0 & 1 & 2 \\ 0 & 0 & -35 \end{bmatrix}$$

A terceira equação, $0 = -35$, mostra que o sistema é impossível. Portanto, $\mathbf{c}$ *não* está na imagem de T. ∎

A pergunta no Exemplo 1(c) é um problema de *unicidade* para um sistema de equações lineares, traduzido, agora, para a linguagem de transformação matricial: $\mathbf{b}$ é a imagem de um *único* $\mathbf{x}$ em $\mathbb{R}^n$? Analogamente, o Exemplo 1(d) é um problema de *existência*: *existe* um $\mathbf{x}$ cuja imagem é $\mathbf{c}$?

As duas próximas transformações matriciais podem ser visualizadas de forma geométrica. Reforçam a abordagem dinâmica de uma matriz como um objeto que transforma vetores em outros vetores. A Seção 2.7 contém outros exemplos interessantes ligados à computação gráfica.

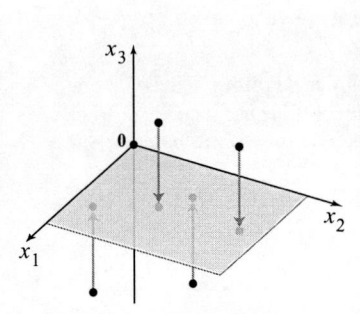

EXEMPLO 2   Se $A = \begin{bmatrix} 1 & 0 & 0 \\ 0 & 1 & 0 \\ 0 & 0 & 0 \end{bmatrix}$, então a transformação $\mathbf{x} \mapsto A\mathbf{x}$ *projeta* os pontos em $\mathbb{R}^3$ no

plano x_1x_2, pois

$$\begin{bmatrix} x_1 \\ x_2 \\ x_3 \end{bmatrix} \mapsto \begin{bmatrix} 1 & 0 & 0 \\ 0 & 1 & 0 \\ 0 & 0 & 0 \end{bmatrix} \begin{bmatrix} x_1 \\ x_2 \\ x_3 \end{bmatrix} = \begin{bmatrix} x_1 \\ x_2 \\ 0 \end{bmatrix}$$

FIGURA 3 Uma transformação de projeção.

Veja a Figura 3. ∎

carneiro

carneiro depois do cisalhamento

EXEMPLO 3 Seja $A = \begin{bmatrix} 1 & 2 \\ 0 & 1 \end{bmatrix}$. A transformada $T: \mathbb{R}^2 \to \mathbb{R}^2$ definida por $T(\mathbf{x}) = A\mathbf{x}$ é chamada

transformação de cisalhamento. Pode-se mostrar que, se T for aplicado em cada ponto do quadrado 2×2 ilustrado na Figura 4, então o conjunto das imagens formará o paralelogramo de cisalhamento. A ideia-chave é mostrar que T transforma segmentos de reta em segmentos de reta (como é mostrado no Exercício 35) e depois verificar que os vértices do quadrado são transformados nos vértices do

paralelogramo. Por exemplo, a imagem do ponto $\mathbf{u} = \begin{bmatrix} 0 \\ 2 \end{bmatrix}$ é $T(\mathbf{u}) = \begin{bmatrix} 1 & 2 \\ 0 & 1 \end{bmatrix}\begin{bmatrix} 0 \\ 2 \end{bmatrix} = \begin{bmatrix} 4 \\ 2 \end{bmatrix}$, e a

imagem de $\begin{bmatrix} 2 \\ 2 \end{bmatrix}$ é $\begin{bmatrix} 1 & 2 \\ 0 & 1 \end{bmatrix}\begin{bmatrix} 2 \\ 2 \end{bmatrix} = \begin{bmatrix} 6 \\ 2 \end{bmatrix}$. T deforma o quadrado transladando a aresta superior para a direita e mantendo a inferior fixa. Transformações de cisalhamento aparecem na física, geologia e cristalografia. ∎

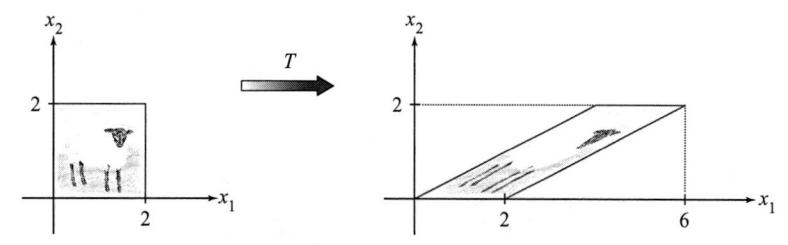

FIGURA 4 Transformação de cisalhamento.

Transformações Lineares

O Teorema 5 na Seção 1.4 mostra que, se A for $m \times n$, então a transformação $\mathbf{x} \mapsto A\mathbf{x}$ terá as propriedades

$$A(\mathbf{u} + \mathbf{v}) = A\mathbf{u} + A\mathbf{v} \qquad \text{e} \qquad A(c\mathbf{u}) = cA\mathbf{u}$$

para todos os vetores $\mathbf{u}$, $\mathbf{v}$ em $\mathbb{R}^n$ e todos os escalares c. Essas propriedades, reescritas em notação funcional, identificam a classe mais importante de transformações em álgebra linear.

DEFINIÇÃO

Uma transformação (ou aplicação) T é **linear** se

(i) $T(\mathbf{u} + \mathbf{v}) = T(\mathbf{u}) + T(\mathbf{v})$ para todos os vetores $\mathbf{u}$, $\mathbf{v}$ no domínio de T;

(ii) $T(c\mathbf{u}) = cT(\mathbf{u})$ todos os escalares c e para todo $\mathbf{u}$ no domínio de T.

Toda transformação matricial é uma transformação linear. Exemplos importantes de transformações lineares que não são transformações matriciais serão discutidos nos Capítulos 4 e 5.

As transformações lineares *preservam as operações de soma de vetores e multiplicação por escalar*. A propriedade (i) diz que o resultado de $T(\mathbf{u} + \mathbf{v})$, que primeiro soma $\mathbf{u}$ e $\mathbf{v}$ em $\mathbb{R}^n$ e, depois, aplica T, é o mesmo que aplicar T primeiro a $\mathbf{u}$ e a $\mathbf{v}$ e, depois, somar $T(\mathbf{u})$ e $T(\mathbf{v})$ em $\mathbb{R}^m$. Essas duas propriedades levam facilmente aos seguintes fatos úteis.

Se T for uma transformação linear, então

$$T(\mathbf{0}) = \mathbf{0} \tag{3}$$

e

$$T(c\mathbf{u} + d\mathbf{v}) = cT(\mathbf{u}) + dT(\mathbf{v}) \tag{4}$$

para todos os vetores $\mathbf{u}$, $\mathbf{v}$ no domínio de T e todos os escalares c, d.

A propriedade (3) segue da condição (ii) na definição, pois $T(\mathbf{0}) = T(0\mathbf{u}) = 0T(\mathbf{u}) = \mathbf{0}$. A propriedade (4) requer tanto (i) quanto (ii):

$$T(c\mathbf{u} + d\mathbf{v}) = T(c\mathbf{u}) + T(d\mathbf{v}) = cT(\mathbf{u}) + dT(\mathbf{v})$$

Observe que, *se uma transformação satisfizer* (4) *para todo* $\mathbf{u}$, $\mathbf{v}$ *e* c, d, *então terá de ser linear*. (Escolha $c = d = 1$ para mostrar que a soma é preservada e escolha $d = 0$ para mostrar que a multiplicação por escalar é preservada.) Aplicações seguidas de (4) produzem a seguinte generalização, que é útil:

$$T(c_1\mathbf{v}_1 + \cdots + c_p\mathbf{v}_p) = c_1T(\mathbf{v}_1) + \cdots + c_pT(\mathbf{v}_p) \tag{5}$$

Na engenharia e na física, a equação (5) é conhecida como *princípio da superposição*. Pense em $\mathbf{v}_1, \ldots, \mathbf{v}_p$ como sinais que chegam a um sistema e em $T(\mathbf{v}_1), \ldots, T(\mathbf{v}_p)$ como as respostas do sistema aos sinais. O sistema satisfaz o princípio da superposição quando: sempre que a entrada for representada como uma combinação linear desses sinais, a resposta do sistema é representada pela *mesma* combinação linear das respostas dos sinais individuais. Voltaremos a essa ideia no Capítulo 4.

EXEMPLO 4 Dado um escalar r, defina $T: \mathbb{R}^2 \to \mathbb{R}^2$ por $T(\mathbf{x}) = r\mathbf{x}$. T é chamada **contração** quando $0 \leq r \leq 1$ e **dilatação** quando $r > 1$. Seja $r = 3$ e mostre que T é uma transformação linear.

SOLUÇÃO Sejam $\mathbf{u}, \mathbf{v}$ vetores em $\mathbb{R}^2$ e c, d escalares. Então

$$
\begin{aligned}
T(c\mathbf{u} + d\mathbf{v}) &= 3(c\mathbf{u} + d\mathbf{v}) &&\text{Definição de } T\\
&= 3c\mathbf{u} + 3d\mathbf{v} &&\left.\vphantom{\begin{aligned}1\\1\end{aligned}}\right\}\text{ Aritmética vetorial}\\
&= c(3\mathbf{u}) + d(3\mathbf{v}) &&\\
&= cT(\mathbf{u}) + dT(\mathbf{v}) &&
\end{aligned}
$$

Portanto, T é uma transformação linear porque satisfaz (4). Veja a Figura 5. ∎

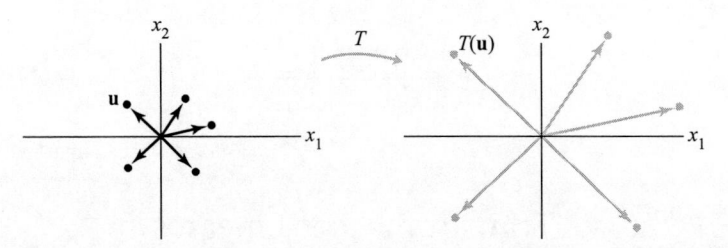

FIGURA 5 Transformação de dilatação.

EXEMPLO 5 Defina uma transformação linear $T: \mathbb{R}^2 \to \mathbb{R}^2$ por

$$
T(\mathbf{x}) = \begin{bmatrix} 0 & -1 \\ 1 & 0 \end{bmatrix}\begin{bmatrix} x_1 \\ x_2 \end{bmatrix} = \begin{bmatrix} -x_2 \\ x_1 \end{bmatrix}
$$

Encontre as imagens por T de $\mathbf{u} = \begin{bmatrix} 4 \\ 1 \end{bmatrix}$, $\mathbf{v} = \begin{bmatrix} 2 \\ 3 \end{bmatrix}$ e $\mathbf{u} + \mathbf{v} = \begin{bmatrix} 6 \\ 4 \end{bmatrix}$.

SOLUÇÃO

$$
T(\mathbf{u}) = \begin{bmatrix} 0 & -1 \\ 1 & 0 \end{bmatrix}\begin{bmatrix} 4 \\ 1 \end{bmatrix} = \begin{bmatrix} -1 \\ 4 \end{bmatrix}, \qquad T(\mathbf{v}) = \begin{bmatrix} 0 & -1 \\ 1 & 0 \end{bmatrix}\begin{bmatrix} 2 \\ 3 \end{bmatrix} = \begin{bmatrix} -3 \\ 2 \end{bmatrix},
$$

$$
T(\mathbf{u} + \mathbf{v}) = \begin{bmatrix} 0 & -1 \\ 1 & 0 \end{bmatrix}\begin{bmatrix} 6 \\ 4 \end{bmatrix} = \begin{bmatrix} -4 \\ 6 \end{bmatrix}
$$

Note que $T(\mathbf{u} + \mathbf{v})$ é obviamente igual a $T(\mathbf{u}) + T(\mathbf{v})$. Fica aparente, na Figura 6, que T gira $\mathbf{u}$, $\mathbf{v}$ e $\mathbf{u} + \mathbf{v}$ no sentido trigonométrico (anti-horário) de 90°. Na verdade, T transforma todo o paralelogramo determinado por $\mathbf{u}$ e $\mathbf{v}$ no paralelogramo determinado por $T(\mathbf{u})$ e $T(\mathbf{v})$. (Veja o Exercício 36.) ∎

O último exemplo não é geométrico; ao contrário, mostra como uma aplicação linear pode transformar um tipo de dados em outro.

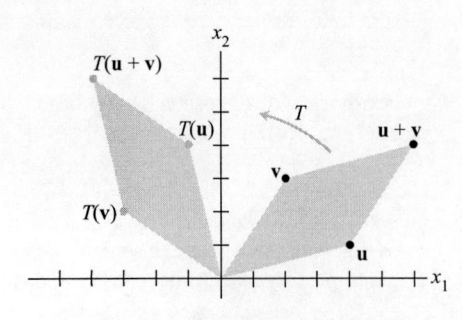

FIGURA 6 Transformação de rotação.

EXEMPLO 6 Uma empresa fabrica dois produtos, B e C. Usando os dados do Exemplo 7 na Seção 1.3, construímos uma matriz de "custo unitário", $U = [\mathbf{b}\ \mathbf{c}]$, cujas colunas descrevem o "custo por real de produção" para os produtos:

$$
\begin{array}{cc}
 & \text{Produto} \\
 & \begin{array}{cc} \text{B} & \text{C} \end{array}
\end{array}
$$

$$
U = \begin{bmatrix} 0{,}45 & 0{,}40 \\ 0{,}25 & 0{,}30 \\ 0{,}15 & 0{,}15 \end{bmatrix}
\begin{array}{l} \text{Materiais} \\ \text{Mão de obra} \\ \text{Outros} \end{array}
$$

Seja $\mathbf{x} = (x_1, x_2)$ um vetor de "produção", correspondendo a x_1 reais do produto B e x_2 reais do produto C, e defina $T : \mathbb{R}^2 \to \mathbb{R}^3$ por

$$
T(\mathbf{x}) = U\mathbf{x} = x_1 \begin{bmatrix} 0{,}45 \\ 0{,}25 \\ 0{,}15 \end{bmatrix} + x_2 \begin{bmatrix} 0{,}40 \\ 0{,}30 \\ 0{,}15 \end{bmatrix} = \begin{bmatrix} \text{Custo total de materiais} \\ \text{Custo total de mão de obra} \\ \text{Outros custos} \end{bmatrix}
$$

A aplicação T transforma a lista de quantidades produzidas (medidas em reais) em uma lista de custo total. A linearidade dessa aplicação é refletida de duas formas:

1. Se a produção for aumentada de um fator, digamos, 4, de $\mathbf{x}$ para $4\mathbf{x}$, então os custos aumentarão pelo mesmo fator, de $T(\mathbf{x})$ para $4T(\mathbf{x})$.
2. Se $\mathbf{x}$ e $\mathbf{y}$ forem vetores de produção, então o vetor de custo total associado à produção $\mathbf{x} + \mathbf{y}$ será precisamente a soma dos vetores de custo $T(\mathbf{x})$ e $T(\mathbf{y})$. ■

Problemas Práticos

1. Seja $T : \mathbb{R}^5 \to \mathbb{R}^2$ tal que $T(\mathbf{x}) = A\mathbf{x}$ para alguma matriz A e cada $\mathbf{x}$ em $\mathbb{R}^5$. Quantas linhas e quantas colunas a matriz A tem?

2. Seja $A = \begin{bmatrix} 1 & 0 \\ 0 & -1 \end{bmatrix}$. Dê uma descrição geométrica da transformação $\mathbf{x} \mapsto A\mathbf{x}$.

3. O segmento de reta de $\mathbf{0}$ ao vetor $\mathbf{u}$ é o conjunto dos pontos da forma $t\mathbf{u}$, em que $0 \le t \le 1$. Mostre que uma transformação linear T leva esse segmento de reta no segmento de $\mathbf{0}$ a $T(\mathbf{u})$.

1.8 EXERCÍCIOS

1. Seja $A = \begin{bmatrix} 2 & 0 \\ 0 & 2 \end{bmatrix}$, e defina $T : \mathbb{R}^2 \to \mathbb{R}^2$ por $T(\mathbf{x}) = A\mathbf{x}$. Calcule as imagens por T de $\mathbf{u} = \begin{bmatrix} 1 \\ -3 \end{bmatrix}$ e $\mathbf{v} = \begin{bmatrix} a \\ b \end{bmatrix}$.

2. Sejam $A = \begin{bmatrix} 0{,}5 & 0 & 0 \\ 0 & 0{,}5 & 0 \\ 0 & 0 & 0{,}5 \end{bmatrix}$, $\mathbf{u} = \begin{bmatrix} 1 \\ 0 \\ -4 \end{bmatrix}$ e $\mathbf{v} = \begin{bmatrix} a \\ b \\ c \end{bmatrix}$.

   Defina $T : \mathbb{R}^3 \to \mathbb{R}^3$ por $T(\mathbf{x}) = A\mathbf{x}$. Calcule $T(\mathbf{u})$ e $T(\mathbf{v})$.

Nos Exercícios 3 a 6, encontre um vetor $\mathbf{x}$ cuja imagem por T é $\mathbf{b}$, em que T é dada por $T(\mathbf{x}) = A\mathbf{x}$, e determine se este $\mathbf{x}$ é único.

3. $A = \begin{bmatrix} 1 & 0 & -2 \\ -2 & 1 & 6 \\ 3 & -2 & -5 \end{bmatrix}$, $\mathbf{b} = \begin{bmatrix} -1 \\ 7 \\ -3 \end{bmatrix}$

4. $A = \begin{bmatrix} 1 & -3 & 2 \\ 0 & 1 & -4 \\ 3 & -5 & -9 \end{bmatrix}$, $\mathbf{b} = \begin{bmatrix} 6 \\ -7 \\ -9 \end{bmatrix}$

5. $A = \begin{bmatrix} 1 & -5 & -7 \\ -3 & 7 & 5 \end{bmatrix}$, $\mathbf{b} = \begin{bmatrix} -2 \\ -2 \end{bmatrix}$

6. $A = \begin{bmatrix} 1 & -2 & 1 \\ 3 & -4 & 5 \\ 0 & 1 & 1 \\ -3 & 5 & -4 \end{bmatrix}$, $\mathbf{b} = \begin{bmatrix} 1 \\ 9 \\ 3 \\ -6 \end{bmatrix}$

7. Seja A uma matriz 6×5. Quais os valores de a e b que fazem com que $T : \mathbb{R}^a \to \mathbb{R}^b$ possa ser definida por $T(\mathbf{x}) = A\mathbf{x}$?

8. Quantas linhas e colunas é preciso que a matriz A tenha para que se possa definir uma aplicação de $\mathbb{R}^4$ em $\mathbb{R}^5$ pela regra $T(\mathbf{x}) = A\mathbf{x}$?

Nos Exercícios 9 e 10, encontre todos os vetores $\mathbf{x}$ em $\mathbb{R}^4$ que são transformados no vetor nulo pela aplicação $\mathbf{x} \mapsto A\mathbf{x}$.

9. $A = \begin{bmatrix} 1 & -4 & 7 & -5 \\ 0 & 1 & -4 & 3 \\ 2 & -6 & 6 & -4 \end{bmatrix}$

10. $A = \begin{bmatrix} 1 & 3 & 9 & 2 \\ 1 & 0 & 3 & -4 \\ 0 & 1 & 2 & 3 \\ -2 & 3 & 0 & 5 \end{bmatrix}$

11. Sejam $\mathbf{b} = \begin{bmatrix} -1 \\ 1 \\ 0 \end{bmatrix}$ e A a matriz no Exercício 9. O vetor $\mathbf{b}$ está na imagem da transformação linear $\mathbf{x} \mapsto A\mathbf{x}$? Por quê?

12. Sejam $\mathbf{b} = \begin{bmatrix} -1 \\ 3 \\ -1 \\ 4 \end{bmatrix}$ e A a matriz no Exercício 10. O vetor $\mathbf{b}$ está na imagem da transformação linear $\mathbf{x} \mapsto A\mathbf{x}$? Por quê?

Nos Exercícios 13 a 16, use um sistema de coordenadas retangulares para desenhar os vetores $\mathbf{u} = \begin{bmatrix} 5 \\ 2 \end{bmatrix}$, $\mathbf{v} = \begin{bmatrix} -2 \\ 4 \end{bmatrix}$ e suas imagens sob a transformação T. (Faça desenhos separados e razoavelmente grandes para cada exercício.) Descreva geometricamente o efeito da aplicação T em cada vetor $\mathbf{x}$ em $\mathbb{R}^2$.

13. $T(\mathbf{x}) = \begin{bmatrix} -1 & 0 \\ 0 & -1 \end{bmatrix} \begin{bmatrix} x_1 \\ x_2 \end{bmatrix}$

14. $T(\mathbf{x}) = \begin{bmatrix} 0,5 & 0 \\ 0 & 0,5 \end{bmatrix} \begin{bmatrix} x_1 \\ x_2 \end{bmatrix}$

15. $T(\mathbf{x}) = \begin{bmatrix} 0 & 0 \\ 0 & 1 \end{bmatrix} \begin{bmatrix} x_1 \\ x_2 \end{bmatrix}$

16. $T(\mathbf{x}) = \begin{bmatrix} 0 & 1 \\ 1 & 0 \end{bmatrix} \begin{bmatrix} x_1 \\ x_2 \end{bmatrix}$

17. Seja $T: \mathbb{R}^2 \to \mathbb{R}^2$ a transformação linear que leva $\mathbf{u} = \begin{bmatrix} 5 \\ 2 \end{bmatrix}$ em $\begin{bmatrix} 2 \\ 1 \end{bmatrix}$ e $\mathbf{v} = \begin{bmatrix} 1 \\ 3 \end{bmatrix}$ em $\begin{bmatrix} -1 \\ 3 \end{bmatrix}$. Use o fato de que T é linear para encontrar as imagens pela transformação T de $3\mathbf{u}$, $2\mathbf{v}$ e $3\mathbf{u} + 2\mathbf{v}$.

18. A figura a seguir mostra os vetores $\mathbf{u}$, $\mathbf{v}$ e $\mathbf{w}$ junto com as imagens $T(\mathbf{u})$ e $T(\mathbf{v})$ pela transformação linear $T: \mathbb{R}^2 \to \mathbb{R}^2$. Copie essa figura com cuidado e desenhe a imagem $T(\mathbf{w})$ da maneira mais precisa possível. [*Sugestão:* Escreva, primeiro, $\mathbf{w}$ como combinação linear de $\mathbf{u}$ e $\mathbf{v}$.]

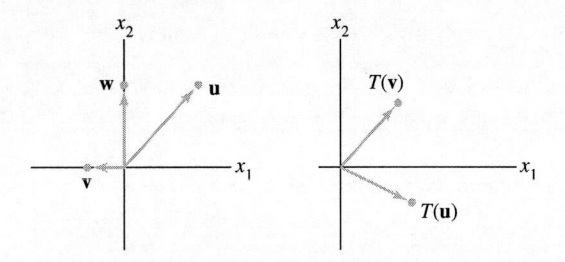

19. Sejam $\mathbf{e}_1 = \begin{bmatrix} 1 \\ 0 \end{bmatrix}$, $\mathbf{e}_2 = \begin{bmatrix} 0 \\ 1 \end{bmatrix}$, $\mathbf{y}_1 = \begin{bmatrix} 2 \\ 5 \end{bmatrix}$ e $\mathbf{y}_2 = \begin{bmatrix} -1 \\ 6 \end{bmatrix}$, e $T: \mathbb{R}^2 \to \mathbb{R}^2$ a transformação linear que leva $\mathbf{e}_1$ em $\mathbf{y}_1$ e $\mathbf{e}_2$ em $\mathbf{y}_2$. Encontre as imagens de $\begin{bmatrix} 5 \\ -3 \end{bmatrix}$ e $\begin{bmatrix} x_1 \\ x_2 \end{bmatrix}$.

20. Sejam $\mathbf{x} = \begin{bmatrix} x_1 \\ x_2 \end{bmatrix}$, $\mathbf{v}_1 = \begin{bmatrix} -2 \\ 5 \end{bmatrix}$ e $\mathbf{v}_2 = \begin{bmatrix} 7 \\ -3 \end{bmatrix}$ e $T: \mathbb{R}^2 \to \mathbb{R}^2$ a transformação linear que leva $\mathbf{x}$ em $x_1\mathbf{v}_1 + x_2\mathbf{v}_2$. Encontre uma matriz A tal que $T(\mathbf{x}) = A\mathbf{x}$ para todo $\mathbf{x}$ em $\mathbb{R}^2$.

Nos Exercícios 21 a 30, marque cada afirmação como Verdadeira ou Falsa (**V/F**). Justifique cada resposta.

21. (**V/F**) Uma transformação linear é um tipo especial de função.

22. (**V/F**) Toda transformação matricial é uma transformação linear.

23. (**V/F**) Se A for uma matriz 3×5 e T for a transformação definida por $T(\mathbf{x}) = A\mathbf{x}$, então o domínio de T será $\mathbb{R}^3$.

24. (**V/F**) O contradomínio da transformação $\mathbf{x} \mapsto A\mathbf{x}$ é o conjunto de todas as combinações lineares das colunas de A.

25. (**V/F**) Se A for uma matriz $m \times n$, então a imagem da transformação $\mathbf{x} \mapsto A\mathbf{x}$ será $\mathbb{R}^m$.

26. (**V/F**) Se $T: \mathbb{R}^n \to \mathbb{R}^m$ for uma transformação linear e $\mathbf{c}$ estiver em $\mathbb{R}^m$, então uma pergunta sobre unicidade: "Será que $\mathbf{c}$ está na imagem de T?"

27. (**V/F**) Toda transformação linear é uma transformação matricial.

28. (**V/F**) Uma transformação linear preserva as operações de soma de vetores e multiplicação por escalar.

29. (**V/F**) Uma transformação T é linear se e somente se $T(c_1\mathbf{v}_1 + c_2\mathbf{v}_2) = c_1T(\mathbf{v}_1) + c_2T(\mathbf{v}_2)$ para todo $\mathbf{v}_1$, $\mathbf{v}_2$ no domínio de T e para todos os escalares c_1 e c_2.

30. (**V/F**) O princípio de superposição é uma descrição física de uma transformação linear.

31. Seja $T: \mathbb{R}^2 \to \mathbb{R}^2$ a transformação linear que reflete cada ponto em relação ao eixo dos x_1. (Veja o Problema Prático 2.) Faça dois desenhos semelhantes ao da Figura 6 que ilustrem as propriedades (i) e (ii) de uma transformação linear.

32. Suponha que os vetores $\mathbf{v}_1, \ldots, \mathbf{v}_p$ gerem $\mathbb{R}^n$ e seja $T: \mathbb{R}^n \to \mathbb{R}^n$ uma transformação linear. Suponha que $T(\mathbf{v}_i) = \mathbf{0}$ para $i = 1, \ldots, p$. Mostre que T é a transformação nula, ou seja, mostre que $T(\mathbf{x}) = \mathbf{0}$ para todo $\mathbf{x}$ em $\mathbb{R}^n$.

33. Dados $\mathbf{v} \neq \mathbf{0}$ e $\mathbf{p}$ em $\mathbb{R}^n$, a reta contendo $\mathbf{p}$ na direção de $\mathbf{v}$ tem como equação paramétrica $\mathbf{x} = \mathbf{p} + t\mathbf{v}$. Mostre que uma transformação linear $T: \mathbb{R}^n \to \mathbb{R}^n$ transforma essa reta em outra reta ou em um ponto (uma *reta degenerada*).

34. Sejam $\mathbf{u}$ e $\mathbf{v}$ vetores linearmente independentes em $\mathbb{R}^3$ e seja P o plano contendo $\mathbf{u}$, $\mathbf{v}$ e $\mathbf{0}$. A equação paramétrica de P é $\mathbf{x} = s\mathbf{u} + t\mathbf{v}$ (com s, t em $\mathbb{R}$). Mostre que uma transformação linear $T: \mathbb{R}^3 \to \mathbb{R}^3$ transforma P em um plano contendo $\mathbf{0}$, ou em uma reta contendo $\mathbf{0}$ ou apenas na origem em $\mathbb{R}^3$. O que precisa acontecer com $T(\mathbf{u})$ e $T(\mathbf{v})$ para que a imagem do plano P seja um plano?

35. a. Mostre que a reta contendo os pontos $\mathbf{p}$ e $\mathbf{q}$ em $\mathbb{R}^n$ pode ser escrita na forma paramétrica como $\mathbf{x} = (1 - t)\mathbf{p} + t\mathbf{q}$. (Refira-se à figura correspondente aos Exercícios 25 e 26 na Seção 1.5.)

    b. O segmento de reta de $\mathbf{p}$ a $\mathbf{q}$ é o conjunto de pontos da forma $(1 - t)\mathbf{p} + t\mathbf{q}$ para $0 \leq t \leq 1$ (como mostra a figura a seguir). Mostre que uma transformação linear T leva esse segmento de reta em um segmento de reta ou em um único ponto.

$$(t = 1)\, \mathbf{q} \quad\quad (1 - t)\mathbf{p} + t\mathbf{q}$$
$$\mathbf{x}$$
$$(t = 0)\, \mathbf{p}$$

36. Sejam $\mathbf{u}$ e $\mathbf{v}$ vetores em $\mathbb{R}^n$. Podemos mostrar que o conjunto P de todos os pontos limitados pelo paralelogramo determinado por $\mathbf{u}$ e $\mathbf{v}$ é da forma $a\mathbf{u} + b\mathbf{v}$, com $0 \leq a \leq 1$ e $0 \leq b \leq 1$. Seja $T: \mathbb{R}^n \to \mathbb{R}^m$ uma transformação linear. Explique por que a imagem por T de um ponto de P pertence à região limitada pelo paralelogramo determinado por $T(\mathbf{u})$ e $T(\mathbf{v})$.

37. Defina $f: \mathbb{R} \to \mathbb{R}$ por $f(x) = mx + b$.

    a. Mostre que f é uma transformação linear quando $b = 0$.

    b. Encontre uma propriedade de transformações lineares que não é válida se $b \neq 0$.

    c. Por que em alguns livros f é chamada uma função linear?

38. Uma *transformação afim* $T: \mathbb{R}^n \to \mathbb{R}^m$ tem a forma $T(x) = A\mathbf{x} + \mathbf{b}$, em que A é uma matriz $m \times n$ e $\mathbf{b}$ é um vetor em $\mathbb{R}^m$. Mostre que T *não* é uma transformação linear se $\mathbf{b} \neq \mathbf{0}$. (Transformações afins são importantes em computação gráfica.)

39. Seja $T: \mathbb{R}^n \to \mathbb{R}^m$ uma transformação linear e seja $\{\mathbf{v}_1, \mathbf{v}_2, \mathbf{v}_3\}$ um conjunto linearmente dependente em $\mathbb{R}^n$. Explique por que o conjunto $\{T(\mathbf{v}_1), T(\mathbf{v}_2), T(\mathbf{v}_3)\}$ é linearmente dependente.

Nos Exercícios 40 a 44, os vetores colunas estão escritos como linhas, como $\mathbf{x} = (x_1, x_2)$, e $T(\mathbf{x})$ está escrito como $T(x_1, x_2)$.

40. Mostre que a transformação T definida por $T(x_1, x_2) = (4x_1 - 2x_2, 3|x_2|)$ não é linear.

41. Mostre que a transformação T definida por $T(x_1, x_2) = (2x_1 - 3x_2, x_1 + 4, 5x_2)$ não é linear.

42. Seja $T: \mathbb{R}^n \to \mathbb{R}^m$ uma transformação linear. Mostre que, se T levar dois vetores linearmente independentes sobre um conjunto linearmente dependente, então a equação $T(\mathbf{x}) = \mathbf{0}$ tem uma solução não trivial. [*Sugestão:* Suponha que $\mathbf{u}$ e $\mathbf{v}$ em $\mathbb{R}^n$ são linearmente independentes e ainda assim $T(\mathbf{u})$ e $T(\mathbf{v})$ sejam linearmente dependentes. Então $c_1T(\mathbf{u}) + c_2T(\mathbf{v}) = \mathbf{0}$ para pesos c_1 e c_2, pelo menos um deles diferente de zero. Use esta equação.]

43. Seja $T : \mathbb{R}^3 \to \mathbb{R}^3$ a transformação que reflete cada vetor $\mathbf{x} = (x_1, x_2, x_3)$ em relação ao plano $x_3 = 0$, levando-o ao vetor $T(\mathbf{x}) = (x_1, x_2, -x_3)$. Mostre que T é uma **transformação linear**. [Veja o Exemplo 4 para ideias.]

44. Seja $T : \mathbb{R}^3 \to \mathbb{R}^3$ a transformação que projeta cada vetor $\mathbf{x} = (x_1, x_2, x_3)$ sobre o plano $x_2 = 0$, **de** modo que $T(\mathbf{x}) = (x_1, 0, x_3)$. Mostre que T é uma **transformação linear**.

Ⓜ Em cada um dos Exercícios 45 e 46, a matriz dada determina uma transformação linear T. Encontre **todos** os $\mathbf{x}$ tais que $T(\mathbf{x}) = \mathbf{0}$.

45. $\begin{bmatrix} 4 & -2 & 5 & -5 \\ -9 & 7 & -8 & 0 \\ -6 & 4 & 5 & 3 \\ 5 & -3 & 8 & -4 \end{bmatrix}$
46. $\begin{bmatrix} -9 & -4 & -9 & 4 \\ 5 & -8 & -7 & 6 \\ 7 & 11 & 16 & -9 \\ 9 & -7 & -4 & 5 \end{bmatrix}$

Ⓜ **47.** Seja $\mathbf{b} = \begin{bmatrix} 7 \\ 5 \\ 9 \\ 7 \end{bmatrix}$ e seja A a matriz do Exercício 45. O vetor $\mathbf{b}$ pertence à imagem da transformação $\mathbf{x} \mapsto A\mathbf{x}$? Se for o caso, determine um vetor $\mathbf{x}$ cuja imagem pela transformação seja $\mathbf{b}$.

Ⓜ **48.** Seja $\mathbf{b} = \begin{bmatrix} -7 \\ -7 \\ 13 \\ -5 \end{bmatrix}$ e seja A a matriz do Exercício 46. O vetor $\mathbf{b}$ está na imagem da transformação $\mathbf{x} \mapsto A\mathbf{x}$? Se for o caso, determine um vetor $\mathbf{x}$ cuja imagem pela transformação seja $\mathbf{b}$.

Soluções dos Problemas Práticos

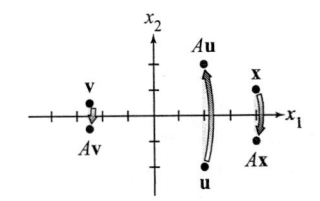

Transformação $\mathbf{x} \mapsto A\mathbf{x}$.

1. A matriz A tem de ter cinco colunas para que $A\mathbf{x}$ esteja definida e tem de ter duas linhas para que o contradomínio de T seja $\mathbb{R}^2$.

2. Coloque alguns pontos aleatórios (vetores) em um papel milimetrado para ver o que acontece. Um ponto como $(4, 1)$ é transformado em $(4, -1)$. A transformada $\mathbf{x} \mapsto A\mathbf{x}$ reflete pontos em relação ao eixo dos x (ou eixo x_1).

3. Seja $\mathbf{x} = t\mathbf{u}$ para algum t tal que $0 \le t \le 1$. Como T é linear, $T(t\mathbf{u}) = t\, T(\mathbf{u})$, que é um ponto no segmento de reta que une $\mathbf{0}$ a $T(\mathbf{u})$.

1.9 MATRIZ DE UMA TRANSFORMAÇÃO LINEAR

Sempre que uma transformação linear T aparece geometricamente ou é descrita em palavras, em geral queremos uma "fórmula" para $T(\mathbf{x})$. A discussão a seguir mostra que toda transformação linear de $\mathbb{R}^n$ em $\mathbb{R}^m$ é, de fato, uma transformação matricial $\mathbf{x} \mapsto A\mathbf{x}$ e propriedades importantes da transformação T estão intimamente relacionadas a propriedades conhecidas de A. A chave para se determinar A é notar que T fica por completo determinada pela sua ação nas colunas da matriz identidade $n \times n$, I_n.

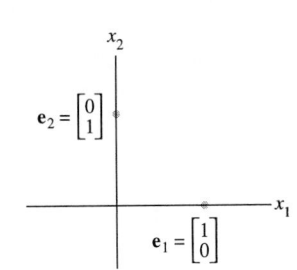

EXEMPLO 1 As colunas de $I_2 = \begin{bmatrix} 1 & 0 \\ 0 & 1 \end{bmatrix}$ são $\mathbf{e}_1 = \begin{bmatrix} 1 \\ 0 \end{bmatrix}$ e $\mathbf{e}_2 = \begin{bmatrix} 0 \\ 1 \end{bmatrix}$. Suponha que T seja uma transformação linear de $\mathbb{R}^2$ em $\mathbb{R}^3$ tal que

$$T(\mathbf{e}_1) = \begin{bmatrix} 5 \\ -7 \\ 2 \end{bmatrix} \quad e \quad T(\mathbf{e}_2) = \begin{bmatrix} -3 \\ 8 \\ 0 \end{bmatrix}$$

Sem nenhuma informação adicional, determine uma fórmula para a imagem de um $\mathbf{x}$ arbitrário em $\mathbb{R}^2$.

SOLUÇÃO Escreva

$$\mathbf{x} = \begin{bmatrix} x_1 \\ x_2 \end{bmatrix} = x_1 \begin{bmatrix} 1 \\ 0 \end{bmatrix} + x_2 \begin{bmatrix} 0 \\ 1 \end{bmatrix} = x_1 \mathbf{e}_1 + x_2 \mathbf{e}_2 \tag{1}$$

Como T é uma transformação *linear*,

$$T(x) = x_1 T(\mathbf{e}_1) + x_2 T(\mathbf{e}_2) \tag{2}$$

$$= x_1 \begin{bmatrix} 5 \\ -7 \\ 2 \end{bmatrix} + x_2 \begin{bmatrix} -3 \\ 8 \\ 0 \end{bmatrix} = \begin{bmatrix} 5x_1 - 3x_2 \\ -7x_1 + 8x_2 \\ 2x_1 + 0 \end{bmatrix}$$ ∎

O passo da equação (1) para a equação (2) explica por que o conhecimento de $T(\mathbf{e}_1)$ e $T(\mathbf{e}_2)$ é suficiente para determinar $T(\mathbf{x})$ para todo $\mathbf{x}$. Mais ainda, já que (2) expressa $T(\mathbf{x})$ como uma combinação linear de vetores, podemos colocar esses vetores nas colunas de uma matriz A e escrever (2) como

$$T(\mathbf{x}) = \begin{bmatrix} T(\mathbf{e}_1) & T(\mathbf{e}_2) \end{bmatrix} \begin{bmatrix} x_1 \\ x_2 \end{bmatrix} = A\mathbf{x}$$

TEOREMA 10

> Seja $T : \mathbb{R}^n \to \mathbb{R}^m$ uma transformação linear. Então existe uma única matriz A tal que
>
> $$T(\mathbf{x}) = A\mathbf{x} \quad \text{para todo } \mathbf{x} \text{ em } \mathbb{R}^n$$
>
> De fato, A é a matriz $m \times n$ cuja j-ésima coluna é o vetor $T(\mathbf{e}_j)$, em que $\mathbf{e}_j$ é a j-ésima coluna da matriz identidade em $\mathbb{R}^n$:
>
> $$A = \begin{bmatrix} T(\mathbf{e}_1) & \cdots & T(\mathbf{e}_n) \end{bmatrix} \tag{3}$$

DEMONSTRAÇÃO Escreva $\mathbf{x} = I_n\mathbf{x} = [\mathbf{e}_1 \ldots \mathbf{e}_n]\, \mathbf{x} = x_1\mathbf{e}_1 + \ldots + x_n\mathbf{e}_n$ e use a linearidade de T para calcular

$$T(\mathbf{x}) = T(x_1\mathbf{e}_1 + \cdots + x_n\mathbf{e}_n) = x_1 T(\mathbf{e}_1) + \cdots + x_n T(\mathbf{e}_n)$$

$$= \begin{bmatrix} T(\mathbf{e}_1) & \cdots & T(\mathbf{e}_n) \end{bmatrix} \begin{bmatrix} x_1 \\ \vdots \\ x_n \end{bmatrix} = A\mathbf{x}$$

A unicidade de A será feita no Exercício 41. ■

A matriz A em (3) é chamada **matriz canônica da transformação linear** T.

Agora sabemos que toda transformação linear de $\mathbb{R}^n$ em $\mathbb{R}^m$ pode ser considerada uma transformação matricial e vice-versa. O termo *transformação linear* focaliza uma propriedade de uma aplicação, enquanto *transformação matricial* descreve como tal aplicação é implementada, como ilustram os Exemplos 2 e 3.

EXEMPLO 2 Encontre a matriz canônica A da dilatação $T(\mathbf{x}) = 3\mathbf{x}$, $\mathbf{x}$ em $\mathbb{R}^2$.

SOLUÇÃO Escreva

$$T(\mathbf{e}_1) = 3\mathbf{e}_1 = \begin{bmatrix} 3 \\ 0 \end{bmatrix} \quad \text{e} \quad T(\mathbf{e}_2) = 3\mathbf{e}_2 = \begin{bmatrix} 0 \\ 3 \end{bmatrix}$$

$$A = \begin{bmatrix} 3 & 0 \\ 0 & 3 \end{bmatrix}$$
■

EXEMPLO 3 Seja $T : \mathbb{R}^2 \to \mathbb{R}^2$ a transformação que aplica uma rotação de um ângulo φ em torno da origem em cada ponto em $\mathbb{R}^2$; ângulos positivos representam rotações no sentido trigonométrico. Poderíamos mostrar, geometricamente, que essa transformação é linear. (Veja a Figura 6 da Seção 1.8.) Encontre a matriz canônica A dessa transformação.

SOLUÇÃO O vetor $\begin{bmatrix} 1 \\ 0 \end{bmatrix}$ é girado até $\begin{bmatrix} \cos\varphi \\ \operatorname{sen}\varphi \end{bmatrix}$ e $\begin{bmatrix} 0 \\ 1 \end{bmatrix}$ é girado até $\begin{bmatrix} -\operatorname{sen}\varphi \\ \cos\varphi \end{bmatrix}$. Veja a Figura 1. Pelo Teorema 10,

$$A = \begin{bmatrix} \cos\varphi & -\operatorname{sen}\varphi \\ \operatorname{sen}\varphi & \cos\varphi \end{bmatrix}$$

O Exemplo 5 na Seção 1.8 é um caso especial dessa transformação com $\varphi = \pi/2$. ■

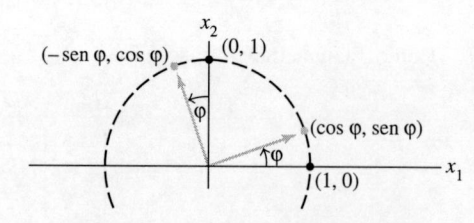

FIGURA 1 Transformação de rotação.

Transformações Lineares Geométricas em $\mathbb{R}^2$

Os Exemplos 2 e 3 ilustram transformações lineares descritas de forma geométrica. As Tabelas 1 a 4 ilustram outras transformações lineares geométricas do plano. Como as transformações são lineares, ficam

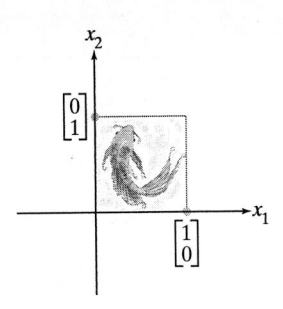

FIGURA 2 Quadrado unitário.

completamente determinadas pelo que fazem nas colunas de I_2. Em vez de mostrar apenas as imagens de e_1 e e_2, as tabelas mostram a ação da transformada sobre o quadrado unitário (Figura 2).

Outras transformações podem ser construídas a partir daquelas apresentadas nas Tabelas 1 a 4 aplicando-se uma transformação após outra. Por exemplo, um cisalhamento horizontal poderia ser seguido por uma reflexão em relação ao eixo dos x_2. A Seção 2.1 vai mostrar que tal *composição* de transformações lineares é linear. (Veja também o Exercício 44.)

Problemas de Existência e Unicidade

O conceito de transformação linear fornece uma nova forma de compreender as questões de existência e unicidade apresentadas anteriormente. As próximas duas definições apresentam a terminologia apropriada para transformações.

TABELA 1 Reflexões

Transformações	Imagem do Quadrado Unitário	Matriz Canônica
Reflexão em relação ao eixo dos x_1		$\begin{bmatrix} 1 & 0 \\ 0 & -1 \end{bmatrix}$
Reflexão em relação ao eixo dos x_2		$\begin{bmatrix} -1 & 0 \\ 0 & 1 \end{bmatrix}$
Reflexão em relação à reta $x_2 = x_1$		$\begin{bmatrix} 0 & 1 \\ 1 & 0 \end{bmatrix}$
Reflexão em relação à reta $x_2 = -x_1$		$\begin{bmatrix} 0 & -1 \\ -1 & 0 \end{bmatrix}$
Reflexão em relação à origem		$\begin{bmatrix} -1 & 0 \\ 0 & -1 \end{bmatrix}$

TABELA 2 Contrações e Expansões

Transformações	Imagem do Quadrado Unitário		Matriz Canônica
Contração e expansão horizontais	$0 < k < 1$	$k > 1$	$\begin{bmatrix} k & 0 \\ 0 & 1 \end{bmatrix}$
Contração e expansão verticais	$0 < k < 1$	$k > 1$	$\begin{bmatrix} 1 & 0 \\ 0 & k \end{bmatrix}$

TABELA 3 Cisalhamentos

Transformações	Imagem do Quadrado Unitário		Matriz Canônica
Cisalhamento horizontal	$k < 0$	$k > 0$	$\begin{bmatrix} 1 & k \\ 0 & 1 \end{bmatrix}$
Cisalhamento vertical	$k < 0$	$k > 0$	$\begin{bmatrix} 1 & 0 \\ k & 1 \end{bmatrix}$

TABELA 4 Projeções

Transformações	Imagem do Quadrado Unitário	Matriz Canônica
Projeção sobre o eixo dos x_1		$\begin{bmatrix} 1 & 0 \\ 0 & 0 \end{bmatrix}$
Projeção sobre o eixo dos x_2		$\begin{bmatrix} 0 & 0 \\ 0 & 1 \end{bmatrix}$

DEFINIÇÃO

> Uma aplicação $T : \mathbb{R}^n \to \mathbb{R}^m$ é chamada **sobrejetora** se todo **b** em $\mathbb{R}^m$ for a imagem de *pelo menos um* **x** em $\mathbb{R}^n$.

De forma equivalente, T é sobrejetora quando a imagem de T é igual a seu contradomínio. Em outras palavras, T de $\mathbb{R}^n$ em $\mathbb{R}^m$ é sobrejetora se, para cada **b** em $\mathbb{R}^m$, existir pelo menos uma solução de $T(\mathbf{x}) = \mathbf{b}$. A pergunta "$T$ de $\mathbb{R}^n$ em $\mathbb{R}^m$ é sobrejetora?" é um problema de existência. A aplicação T *não* é sobrejetora quando existe algum **b** em $\mathbb{R}^m$ tal que a equação $T(\mathbf{x}) = \mathbf{b}$ não tem solução. Veja a Figura 3.

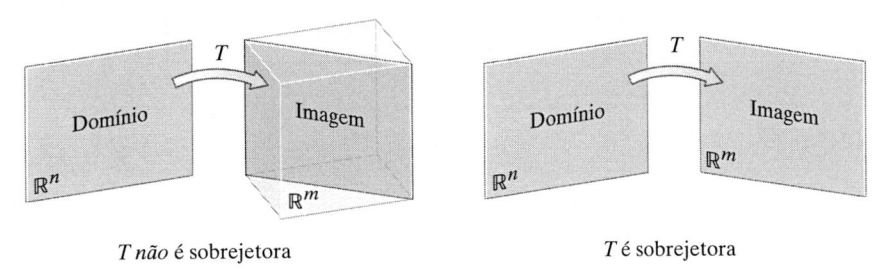

T *não* é sobrejetora T é sobrejetora

FIGURA 3 A imagem de T é todo o $\mathbb{R}^m$?

DEFINIÇÃO

> Uma aplicação $T : \mathbb{R}^n \to \mathbb{R}^m$ é chamada **injetora** (ou **um para um**) se cada **b** em $\mathbb{R}^m$ for a imagem de *no máximo um* **x** em $\mathbb{R}^n$.

De modo equivalente, T é injetora se, para cada **b** em $\mathbb{R}^m$, a equação $T(\mathbf{x}) = \mathbf{b}$ tiver uma única solução ou nenhuma solução. A pergunta "T é injetora?" é um problema de unicidade. A aplicação T *não* é injetora quando algum **b** em $\mathbb{R}^m$ é a imagem de mais de um vetor em $\mathbb{R}^n$. Se não existir um **b** nessas condições, então T será injetora. Veja a Figura 4.

As projeções na Tabela 4 *não* são aplicações injetoras *nem* sobrejetoras de $\mathbb{R}^2 \to \mathbb{R}^2$. As transformações de $\mathbb{R}^2 \to \mathbb{R}^2$ nas Tabelas 1, 2 e 3 são injetoras *e* sobrejetoras. Os dois próximos exemplos mostram outras possibilidades.

O Exemplo 4 e os teoremas seguintes mostram como a propriedade de uma função injetora ou sobrejetora está relacionada aos conceitos desenvolvidos anteriormente neste capítulo.

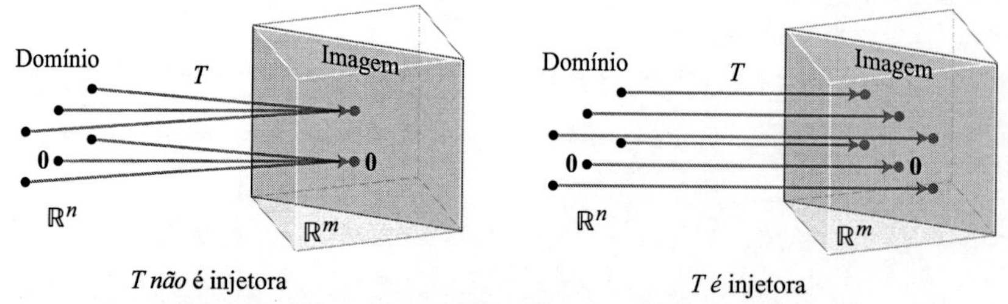

FIGURA 4 Todo vetor **b** é imagem de no máximo um vetor?

EXEMPLO 4 Seja T uma transformação linear cuja matriz canônica é

$$A = \begin{bmatrix} 1 & -4 & 8 & 1 \\ 0 & 2 & -1 & 3 \\ 0 & 0 & 0 & 5 \end{bmatrix}$$

T é sobrejetora de $\mathbb{R}^4$ em $\mathbb{R}^3$? T é injetora?

SOLUÇÃO Como A está em forma escalonada, podemos ver de imediato que A tem uma posição de pivô em cada linha. Pelo Teorema 4 na Seção 1.4, para cada **b** em $\mathbb{R}^3$ a equação $A\mathbf{x} = \mathbf{b}$ é consistente. Em outras palavras, a transformação linear T de $\mathbb{R}^4$ (seu domínio) em $\mathbb{R}^3$ é sobrejetora. No entanto, como a equação $A\mathbf{x} = \mathbf{b}$ tem uma variável livre (porque existem quatro variáveis e apenas três variáveis dependentes), cada **b** é imagem de mais de um **x**. Ou seja, T *não* é injetora. ∎

TEOREMA 11 Seja $T: \mathbb{R}^n \to \mathbb{R}^m$ uma transformação linear. Então T é injetora se e somente se a equação $T(\mathbf{x}) = \mathbf{0}$ tiver apenas a solução trivial.

Observação: Para provar um teorema que diz "a afirmação P é verdadeira se e somente se a afirmação Q é verdadeira", é preciso demonstrar duas coisas: (1) Se P for verdadeira, então Q será verdadeira e (2) se Q for verdadeira, então P será verdadeira. A segunda condição também pode ser estabelecida demonstrando-se (2a): se P for falsa, então Q será falsa. (Esta sentença é chamada de contrapositiva.) A demonstração a seguir usa (1) e (2a) para mostrar que P e Q são ambas falsas ou ambas verdadeiras.

DEMONSTRAÇÃO Como T é linear, $T(\mathbf{0}) = \mathbf{0}$. Se T for injetora, então a equação $T(\mathbf{x}) = \mathbf{0}$ terá, no máximo, uma solução e, portanto, apenas a solução trivial. Se T não for injetora, então existirá um **b** que é imagem de pelo menos dois vetores distintos em $\mathbb{R}^n$ — digamos, **u** e **v**. Ou seja, $T(\mathbf{u}) = \mathbf{b}$ e $T(\mathbf{v}) = \mathbf{b}$. Mas, como T é linear, então

$$T(\mathbf{u} - \mathbf{v}) = T(\mathbf{u}) - T(\mathbf{v}) = \mathbf{b} - \mathbf{b} = \mathbf{0}$$

O vetor $\mathbf{u} - \mathbf{v}$ não é nulo, já que $\mathbf{u} \neq \mathbf{v}$. Portanto, a equação $T(\mathbf{x}) = \mathbf{0}$ tem mais de uma solução. Assim, ou as duas condições do teorema são ambas verdadeiras ou são ambas falsas. ∎

TEOREMA 12 Seja $T: \mathbb{R}^n \to \mathbb{R}^m$ uma transformação linear e seja A a matriz canônica de T. Então:
a. T é sobrejetora se e somente se as colunas de A gerarem $\mathbb{R}^m$.
b. T é injetora se e somente se as colunas de A forem linearmente independentes.

Observação: Afirmações do tipo "se e somente se" são transitivas. Por exemplo, se é conhecido que "P se e somente Q" e que "Q se e somente R", pode-se concluir que "P se e somente R". Esta estratégia é usada repetidamente na demonstração a seguir.

DEMONSTRAÇÃO

a. Pelo Teorema 4 na Seção 1.4, as colunas de A geram $\mathbb{R}^m$ se e somente se, para cada **b** em $\mathbb{R}^m$, a equação $A\mathbf{x} = \mathbf{b}$ for consistente – em outras palavras, se e somente se, para todo **b**, a equação $T(\mathbf{x}) = \mathbf{b}$ tiver pelo menos uma solução. Isso é verdade se e somente se T for sobrejetora.

b. As equações $T(\mathbf{x}) = \mathbf{0}$ e $A\mathbf{x} = \mathbf{0}$ são iguais, com exceção da notação. Então, pelo Teorema 11, T é injetora se e somente se $A\mathbf{x} = \mathbf{0}$ tiver apenas a solução trivial. Isso ocorre se e somente se as colunas de A forem linearmente independentes, como já foi observado na afirmação (3) na Seção 1.7. ∎

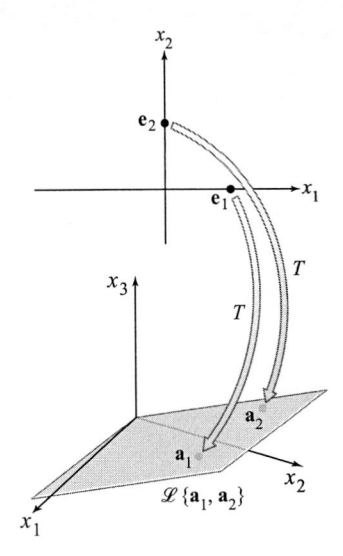

A transformação T não é sobrejetora.

A afirmação (a) no Teorema 12 é equivalente a "T é sobrejetora se e somente se todo vetor em $\mathbb{R}^m$ for combinação linear das colunas de A". Veja o Teorema 4 na Seção 1.4.

No próximo exemplo e nos exercícios vamos escrever os vetores coluna na forma de linhas, como $\mathbf{x} = (x_1, x_2)$, e escreveremos $T(\mathbf{x})$ na forma $T(x_1, x_2)$, em vez da notação mais formal $T((x_1, x_2))$.

EXEMPLO 5 Seja $T(x_1, x_2) = (3x_1 + x_2, 5x_1 + 7x_2, x_1 + 3x_2)$. Mostre que T é uma transformação linear injetora. T é sobrejetora?

SOLUÇÃO Quando escrevemos $\mathbf{x}$ e $T(\mathbf{x})$ como vetores coluna, é possível determinar a matriz canônica de T por simples inspeção, visualizando os cálculos de linha por vetor para cada elemento em $A\mathbf{x}$.

$$T(\mathbf{x}) = \begin{bmatrix} 3x_1 + x_2 \\ 5x_1 + 7x_2 \\ x_1 + 3x_2 \end{bmatrix} = \begin{bmatrix} ? & ? \\ ? & ? \\ ? & ? \end{bmatrix} \begin{bmatrix} x_1 \\ x_2 \end{bmatrix} = \begin{bmatrix} 3 & 1 \\ 5 & 7 \\ 1 & 3 \end{bmatrix} \begin{bmatrix} x_1 \\ x_2 \end{bmatrix} \tag{4}$$

Então T é, de fato, uma transformação linear com a matriz canônica A em (4). As colunas de A são linearmente independentes porque uma não é múltiplo da outra. Pelo Teorema 12(b), T é injetora. Para decidir se T é sobrejetora, examinamos o espaço gerado pelas colunas de A. Como A é 3×2, as colunas de A geram $\mathbb{R}^3$ se e somente se A tiver 3 posições de pivôs, pelo Teorema 4. Isso é impossível, já que A tem apenas 2 colunas. Portanto, as colunas de A não geram $\mathbb{R}^3$ e a transformação linear associada não é sobrejetora. ∎

Problemas Práticos

1. Seja $T : \mathbb{R}^2 \to \mathbb{R}^2$ a transformação que primeiro realiza um cisalhamento horizontal, que leva $\mathbf{e}_2$ em $\mathbf{e}_2 - 0,5\mathbf{e}_1$ (mas mantém $\mathbf{e}_1$ fixo) e, depois, reflete o resultado no eixo dos x_2. Supondo T linear, encontre sua matriz canônica. [*Sugestão:* Determine a posição final das imagens de $\mathbf{e}_1$ e $\mathbf{e}_2$.]

2. Suponha que A é uma matriz 7×5 com 5 pivôs. Seja $T(\mathbf{x}) = A\mathbf{x}$ uma transformação linear de $\mathbb{R}^5$ em $\mathbb{R}^7$. T é injetora? T é sobrejetora?

1.9 EXERCÍCIOS

Nos Exercícios 1 a 10, suponha que T seja uma transformação linear. Encontre a matriz canônica de T.

1. $T : \mathbb{R}^2 \to \mathbb{R}^4$, $T(\mathbf{e}_1) = (2, 1, 2, 1)$ e $T(\mathbf{e}_2) = (-5, 2, 0, 0)$, em que $\mathbf{e}_1 = (1, 0)$ e $\mathbf{e}_2 = (0, 1)$.

2. $T : \mathbb{R}^3 \to \mathbb{R}^2$, $T(\mathbf{e}_1) = (1, 3)$, $T(\mathbf{e}_2) = (4, 2)$ e $T(\mathbf{e}_3) = (-5, 4)$, em que $\mathbf{e}_1$, $\mathbf{e}_2$ e $\mathbf{e}_3$ são as colunas da matriz identidade 3×3.

3. $T : \mathbb{R}^2 \to \mathbb{R}^2$ é uma rotação (em torno da origem) de $3\pi/2$ radianos (no sentido trigonométrico).

4. $T : \mathbb{R}^2 \to \mathbb{R}^2$ é uma rotação em torno da origem de $-\pi/4$ radianos (como o número é negativo, a rotação é no sentido horário). [*Sugestão:* $T(\mathbf{e}_1) = (1/\sqrt{2}, -1/\sqrt{2})$.]

5. $T : \mathbb{R}^2 \to \mathbb{R}^2$ é um cisalhamento vertical que leva $\mathbf{e}_1$ em $\mathbf{e}_1 - 2\mathbf{e}_2$, mas deixa $\mathbf{e}_2$ fixo.

6. $T : \mathbb{R}^2 \to \mathbb{R}^2$ é um cisalhamento horizontal que deixa $\mathbf{e}_1$ fixo e leva $\mathbf{e}_2$ em $\mathbf{e}_2 + 3\mathbf{e}_1$.

7. $T : \mathbb{R}^2 \to \mathbb{R}^2$ primeiro faz uma rotação de $-3\pi/4$ radianos (como o número é negativo, a rotação é no sentido horário) e, depois, reflete os pontos em relação ao eixo horizontal dos x_1. [*Sugestão:* $T(\mathbf{e}_1) = (-1/\sqrt{2}, 1/\sqrt{2})$.]

8. $T : \mathbb{R}^2 \to \mathbb{R}^2$ primeiro faz uma reflexão em relação ao eixo horizontal (eixo dos x_1) e, depois, faz uma reflexão em relação à reta $x_2 = x_1$.

9. $T : \mathbb{R}^2 \to \mathbb{R}^2$ primeiro faz um cisalhamento horizontal que leva $\mathbf{e}_2$ em $\mathbf{e}_2 - 3\mathbf{e}_1$ (deixando $\mathbf{e}_1$ fixo) e, depois, reflete em relação à reta $x_2 = -x_1$.

10. $T : \mathbb{R}^2 \to \mathbb{R}^2$ primeiro faz uma reflexão em relação ao eixo vertical (eixo dos x_2) e, depois, faz uma rotação de $3\pi/2$ radianos.

11. Uma transformação linear $T : \mathbb{R}^2 \to \mathbb{R}^2$ primeiro faz uma reflexão em torno do eixo dos x_1 e, depois, faz uma reflexão em torno do eixo x_2. Mostre que T também pode ser descrita como uma rotação em torno da origem. Qual é o ângulo de rotação?

12. Mostre que a transformação no Exercício 8 é uma rotação em torno da origem. Qual é o ângulo de rotação?

13. Seja $T : \mathbb{R}^2 \to \mathbb{R}^2$ a transformação linear tal que $T(\mathbf{e}_1)$ e $T(\mathbf{e}_2)$ são os vetores ilustrados na figura. Usando a figura, desenhe o vetor $T(2, 1)$.

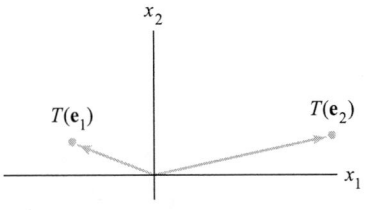

14. Seja $T : \mathbb{R}^2 \to \mathbb{R}^2$ uma transformação linear com matriz canônica $A = [\mathbf{a}_1\ \mathbf{a}_2]$, na qual $\mathbf{a}_1$ e $\mathbf{a}_2$ estão ilustrados na figura. Usando a figura, desenhe a imagem de $\begin{bmatrix} -1 \\ 3 \end{bmatrix}$ por T.

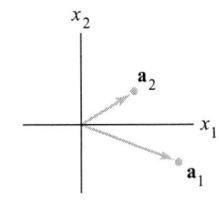

Nos Exercícios 15 e 16, preencha os elementos incompletos da matriz, supondo que a equação é válida para todos os valores das variáveis.

15. $\begin{bmatrix} ? & ? & ? \\ ? & ? & ? \\ ? & ? & ? \end{bmatrix} \begin{bmatrix} x_1 \\ x_2 \\ x_3 \end{bmatrix} = \begin{bmatrix} 2x_1 - 3x_3 \\ 4x_1 \\ x_1 - x_2 + x_3 \end{bmatrix}$

16. $\begin{bmatrix} ? & ? \\ ? & ? \\ ? & ? \end{bmatrix} \begin{bmatrix} x_1 \\ x_2 \end{bmatrix} = \begin{bmatrix} x_1 - 3x_2 \\ -2x_1 + x_2 \\ x_1 \end{bmatrix}$

Nos Exercícios 17 a 20, mostre que T é uma transformação linear determinando a matriz que implementa a aplicação. Observe que $x_1, x_2, \ldots$ não são vetores, mas componentes de vetores.

17. $T(x_1, x_2, x_3, x_4) = (0, x_1 + x_2, x_2 + x_3, x_3 + x_4)$

18. $T(x_1, x_2) = (2x_2 - 3x_1, x_1 - 4x_2, 0, x_2)$

19. $T(x_1, x_2, x_3) = (x_1 - 5x_2 + 4x_3, x_2 - 6x_3)$

20. $T(x_1, x_2, x_3, x_4) = 2x_1 + 3x_3 - 4x_4$ $(T: \mathbb{R}^4 \to \mathbb{R})$

21. Seja $T: \mathbb{R}^2 \to \mathbb{R}^2$ uma transformação linear tal que $T(x_1, x_2) = (x_1 + x_2, 4x_1 + 5x_2)$. Encontre $\mathbf{x}$ tal que $T(\mathbf{x}) = (3, 8)$.

22. Seja $T: \mathbb{R}^2 \to \mathbb{R}^3$ uma transformação linear tal que $T(x_1, x_2) = (x_1 - 2x_2, -x_1 + 3x_2, 3x_1 - 2x_2)$. Encontre $\mathbf{x}$ tal que $T(\mathbf{x}) = (-1, 4, 9)$.

Nos Exercícios 23 a 32, marque as afirmações como Verdadeiras ou Falsas **(V/F)**. Justifique cada resposta.

23. (V/F) Uma transformação linear $T: \mathbb{R}^n \to \mathbb{R}^m$ fica completamente determinada por sua ação nas colunas da matriz identidade $n \times n$.

24. (V/F) Uma aplicação $T: \mathbb{R}^n \to \mathbb{R}^m$ é injetora se cada vetor em $\mathbb{R}^n$ for transformado em um único vetor em $\mathbb{R}^m$.

25. (V/F) Se $T: \mathbb{R}^2 \to \mathbb{R}^2$ é uma rotação em torno da origem por um ângulo ϕ, então T é uma transformação linear.

26. (V/F) As colunas da matriz canônica de uma transformação linear T de $\mathbb{R}^n$ em $\mathbb{R}^m$ são as imagens das colunas da matriz identidade $n \times n$ por T.

27. (V/F) Quando duas transformações lineares são aplicadas uma depois da outra, o efeito combinado nem sempre é uma transformação linear.

28. (V/F) Nem toda transformação linear de $\mathbb{R}^n$ em $\mathbb{R}^m$ é uma transformação matricial.

29. (V/F) Uma aplicação $T: \mathbb{R}^n \to \mathbb{R}^m$ é sobrejetora se todo vetor $\mathbf{x}$ em $\mathbb{R}^n$ for transformado em algum vetor em $\mathbb{R}^m$.

30. (V/F) A matriz canônica de uma transformação linear de $\mathbb{R}^2$ em $\mathbb{R}^2$ que reflete pontos em relação ao eixo horizontal, ao eixo vertical ou à origem tem a forma $\begin{bmatrix} a & 0 \\ 0 & d \end{bmatrix}$, em que a e d são ± 1.

31. (V/F) Se A for uma matriz 3×2, então a transformação $\mathbf{x} \mapsto A\mathbf{x}$ não poderá ser injetora.

32. (V/F) Se A for uma matriz 3×2, então a transformação $\mathbf{x} \mapsto A\mathbf{x}$ de $\mathbb{R}^2$ em $\mathbb{R}^3$ não poderá ser sobrejetora.

Nos Exercícios 33 a 36, determine se a transformação linear especificada é (a) injetora e (b) sobrejetora. Justifique cada resposta.

33. A transformação linear no Exercício 17.

34. A transformação linear no Exercício 2.

35. A transformação linear no Exercício 19.

36. A transformação linear no Exercício 14.

Nos Exercícios 37 e 38, descreva as formas escalonadas possíveis para a matriz canônica da transformação linear T. Use a notação do Exemplo 1 na Seção 1.2.

37. $T: \mathbb{R}^3 \to \mathbb{R}^4$ é injetora.

38. $T: \mathbb{R}^4 \to \mathbb{R}^3$ é sobrejetora.

39. Seja $T: \mathbb{R}^n \to \mathbb{R}^m$ uma transformação linear com matriz canônica A. Complete a seguinte afirmação de modo a torná-la verdadeira: "T é injetora se e somente se A tiver _____ colunas pivôs". Explique por que a afirmação é verdadeira. [*Sugestão:* Veja os Exercícios da Seção 1.7.]

40. Seja $T: \mathbb{R}^n \to \mathbb{R}^m$ uma transformação linear com matriz canônica A. Complete a seguinte afirmação de modo a torná-la verdadeira: "T é sobrejetora se e somente se A tiver _____ colunas pivôs". Encontre alguns teoremas que justifiquem a veracidade da afirmação.

41. Verifique a unicidade de A no Teorema 10. Seja $T: \mathbb{R}^n \to \mathbb{R}^m$ uma transformação linear tal que $T(\mathbf{x}) = B\mathbf{x}$ para alguma matriz B $m \times n$. Mostre que se A for a matriz canônica de T, então $A = B$. [*Sugestão:* Mostre que A e B têm colunas iguais.]

42. Por que a pergunta "A transformação linear T é sobrejetora?" é um problema de existência?

43. Se uma transformação linear $T: \mathbb{R}^n \to \mathbb{R}^m$ for *sobrejetora*, é possível estabelecer uma relação entre m e n? Se T for injetora, o que é possível dizer sobre m e n?

44. Sejam $S: \mathbb{R}^p \to \mathbb{R}^n$ e $T: \mathbb{R}^n \to \mathbb{R}^m$ transformações lineares. Mostre que a aplicação $\mathbf{x} \mapsto T(S(\mathbf{x}))$ é uma transformação linear (de $\mathbb{R}^p$ em $\mathbb{R}^m$). [*Sugestão:* Calcule $T(S(c\mathbf{u} + d\mathbf{v}))$ para $\mathbf{u}$ e $\mathbf{v}$ em $\mathbb{R}^p$, c e d escalares. Justifique cada passo do cálculo e explique por que esse cálculo fornece a conclusão desejada.]

M Nos Exercícios 45 a 48, seja T a transformação linear cuja matriz canônica é dada. Nos Exercícios 45 e 46, determine se T é injetora. Nos Exercícios 47 e 48, determine se T é sobrejetora. Justifique suas respostas.

45. $\begin{bmatrix} -5 & 10 & -5 & 4 \\ 8 & 3 & -4 & 7 \\ 4 & -9 & 5 & -3 \\ -3 & -2 & 5 & 4 \end{bmatrix}$

46. $\begin{bmatrix} 7 & 5 & 4 & -9 \\ 10 & 6 & 16 & -4 \\ 12 & 8 & 12 & 7 \\ -8 & -6 & -2 & 5 \end{bmatrix}$

47. $\begin{bmatrix} 4 & -7 & 3 & 7 & 5 \\ 6 & -8 & 5 & 12 & -8 \\ -7 & 10 & -8 & -9 & 14 \\ 3 & -5 & 4 & 2 & -6 \\ -5 & 6 & -6 & -7 & 3 \end{bmatrix}$

48. $\begin{bmatrix} 9 & 13 & 5 & 6 & -1 \\ 14 & 15 & -7 & -6 & 4 \\ -8 & -9 & 12 & -5 & -9 \\ -5 & -6 & -8 & 9 & 8 \\ 13 & 14 & 15 & 2 & 11 \end{bmatrix}$

Soluções dos Problemas Práticos

1. Siga o que acontece com $\mathbf{e}_1$ e $\mathbf{e}_2$. Veja a Figura 5. Em primeiro lugar, $\mathbf{e}_1$ permanece inalterado pelo cisalhamento e, depois, é refletido para $-\mathbf{e}_1$. Assim, $T(\mathbf{e}_1) = -\mathbf{e}_1$. Em segundo lugar, $\mathbf{e}_2$ é levado para $\mathbf{e}_2 - 0{,}5\mathbf{e}_1$ pelo cisalhamento. Como a reflexão em torno do eixo x_2 transforma $\mathbf{e}_1$ em $-\mathbf{e}_1$ e deixa $\mathbf{e}_2$ inalterado, o vetor $\mathbf{e}_2 - 0{,}5\mathbf{e}_1$ é refletido para $\mathbf{e}_2 + 0{,}5\mathbf{e}_1$. Assim, $T(\mathbf{e}_2) = \mathbf{e}_2 + 0{,}5\mathbf{e}_1$. Portanto, a matriz canônica de T é

$$\begin{bmatrix} T(\mathbf{e}_1) & T(\mathbf{e}_2) \end{bmatrix} = \begin{bmatrix} -\mathbf{e}_1 & \mathbf{e}_2 + 0{,}5\mathbf{e}_1 \end{bmatrix} = \begin{bmatrix} -1 & 0{,}5 \\ 0 & 1 \end{bmatrix}$$

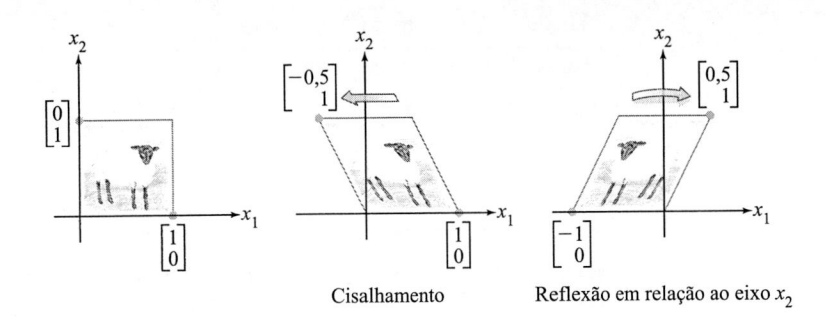

Cisalhamento   Reflexão em relação ao eixo x_2

FIGURA 5 Composição de duas transformações.

2. A matriz canônica associada a T é a matriz A. Como A tem 5 colunas e 5 pivôs, existe um pivô em cada coluna, logo as colunas são linearmente independentes. Pelo Teorema 12, T é injetora. Como A tem 7 linhas e 5 pivôs, não há um pivô em todas as linhas, logo as colunas de A não geram $\mathbb{R}^7$. Pelo Teorema 12, T não é sobrejetora.

1.10 MODELOS LINEARES EM ADMINISTRAÇÃO, CIÊNCIA E ENGENHARIA

Os modelos matemáticos nesta seção são todos *lineares*, ou seja, cada um deles descreve um problema por meio de uma equação linear, geralmente na forma vetorial ou matricial. O primeiro modelo é sobre nutrição, mas, na verdade, representa uma técnica geral para problemas de programação linear. O segundo modelo vem da engenharia elétrica. O terceiro modelo introduz o conceito de *equação de diferença linear*, uma poderosa ferramenta matemática para se estudar processos dinâmicos em muitas áreas diferentes, como engenharia, ecologia, economia, telecomunicações e administração. Modelos lineares são importantes porque fenômenos naturais são, com frequência, lineares ou quase lineares quando as variáveis envolvidas são mantidas dentro de limites razoáveis. Além disso, modelos lineares são adaptados mais facilmente para cálculos computacionais que os modelos não lineares complexos.

Quando ler sobre cada modelo, preste atenção em como sua linearidade reflete algumas propriedades do sistema sendo modelado.

Como Montar uma Dieta Equilibrada para a Perda de Peso

A fórmula para a Dieta de Cambridge, uma dieta popular na década de 1980, foi baseada em anos de pesquisa. Uma equipe de cientistas, chefiada pelo Dr. Alan H. Howard, desenvolveu essa dieta na Universidade de Cambridge depois de mais de oito anos de trabalho clínico com pacientes com obesidade.[1] A fórmula dessa dieta de baixíssimas calorias, pulverizada, é uma combinação precisa e equilibrada de carboidratos, proteínas de alta qualidade e gordura, junto com vitaminas, minerais, elementos traços e eletrólitos. Milhões de pessoas já usaram essa dieta, nos últimos anos, para obter uma perda de peso substancial e rápida.

Para atingir as quantidades e as proporções desejadas de cada nutriente, o Dr. Howard precisou incorporar à dieta grande variedade de tipos alimentares. Cada tipo alimentar fornecia vários ingredientes necessários, mas não nas proporções corretas. Por exemplo, o leite desnatado era uma grande fonte de proteínas, mas continha muito cálcio. Então, a farinha de soja foi usada para se obter parte das proteínas porque contém pouco cálcio. No entanto, a farinha de soja contém, proporcionalmente, gordura demais, portanto, foi acrescentado soro de leite talhado, já que esse leite tem menos gordura em proporção ao cálcio. Apesar disso, o soro de leite contém carboidratos em excesso.

O próximo exemplo ilustra o problema em pequena escala. Na Tabela 1, estão três dos ingredientes da dieta, junto com as quantidades de determinados nutrientes obtidos a partir de 100 gramas de cada ingrediente.[2]

EXEMPLO 1   Se possível, encontre uma combinação de leite desnatado, farinha de soja e soro de leite de modo a obter as quantidades diárias exatas de proteínas, carboidratos e gordura para a dieta em um dia (Tabela 1).

---

[1]O primeiro anúncio desse regime de perda de peso rápida foi feito no *International Journal of Obesity* (1978)**2**, p. 321-332.
[2]Ingredientes como na dieta de 1984; os dados de nutrientes para os ingredientes foram adaptados dos Agricultural Handbooks nº 8-1 e 8-6, 1976, do Departamento de Agricultura dos EUA.

TABELA 1 Dieta de Cambridge

Quantidade (g) para cada 100 g de Ingrediente				Quantidades (g) da Dieta de Cambridge em Um Dia
Nutriente	Leite desnatado	Farinha de soja	Soro de leite	
Proteína	36	51	13	33
Carboidrato	52	34	74	45
Gordura	0	7	1,1	3

SOLUÇÃO Sejam x_1, x_2 e x_3, respectivamente, os números de unidades (100 gramas) desses tipos alimentares. Uma abordagem para o problema é obter equações para cada nutriente de forma separada. Por exemplo, o produto

$$\begin{Bmatrix} x_1 \text{ unidades de} \\ \text{leite desnatado} \end{Bmatrix} \cdot \begin{Bmatrix} \text{proteínas por unidade} \\ \text{de leite desnatado} \end{Bmatrix}$$

dá a quantidade de proteína fornecida por x_1 unidades de leite desnatado. A essa quantidade acrescentaríamos produtos substitutos da farinha de soja e do soro de leite, e igualaríamos a soma à quantidade total de proteínas que fosse necessária. Seria preciso fazer cálculos análogos para cada nutriente.

Um método mais eficiente, e conceitualmente mais simples, é considerar um "vetor de nutrientes" para cada tipo alimentar e montar apenas uma equação vetorial. A quantidade de nutrientes fornecidos por x_1 unidades de leite desnatado é um múltiplo escalar

$$\underset{\text{Escalar}}{\begin{Bmatrix} x_1 \text{ unidades de} \\ \text{leite desnatado} \end{Bmatrix}} \cdot \underset{\text{Vetor}}{\begin{Bmatrix} \text{nutrientes por unidade} \\ \text{de leite desnatado} \end{Bmatrix}} = x_1 \mathbf{a}_1 \tag{1}$$

em que $\mathbf{a}_1$ é a primeira coluna da Tabela 1. Sejam $\mathbf{a}_2$ e $\mathbf{a}_3$ os vetores correspondentes para a farinha de soja e para o soro de leite, respectivamente, e seja $\mathbf{b}$ o vetor que fornece o total de nutrientes necessários (a última coluna da tabela). Então $x_2\mathbf{a}_2$ e $x_3\mathbf{a}_3$ são as quantidades de nutrientes fornecidas por x_2 unidades de farinha de soja e x_3 unidades de soro de leite, respectivamente. Assim, a equação que desejamos é

$$x_1\mathbf{a}_1 + x_2\mathbf{a}_2 + x_3\mathbf{a}_3 = \mathbf{b} \tag{2}$$

O escalonamento da matriz aumentada para o sistema de equações correspondente mostra que

$$\begin{bmatrix} 36 & 51 & 13 & 33 \\ 52 & 34 & 74 & 45 \\ 0 & 7 & 1,1 & 3 \end{bmatrix} \sim \cdots \sim \begin{bmatrix} 1 & 0 & 0 & 0,277 \\ 0 & 1 & 0 & 0,392 \\ 0 & 0 & 1 & 0,233 \end{bmatrix}$$

Com precisão de três casas decimais, a dieta requer 0,277 unidade de leite desnatado, 0,392 unidade de farinha de soja e 0,233 unidade de soro de leite de modo a obter as quantidades desejadas de proteínas, carboidratos e gordura. ∎

É importante que os valores de x_1, x_2 e x_3 mencionados sejam não negativos. Isso é necessário para que a solução seja fisicamente viável. (Como se poderia usar $-0,233$ unidade de soro de leite, por exemplo?) Com um número grande de nutrientes necessários, talvez seja preciso usar uma quantidade maior de tipos alimentares para que se possa produzir um sistema de equações com solução "não negativa". Portanto, pode ser preciso examinar uma quantidade muito grande de tipos alimentares para encontrar um sistema de equações com tal solução. Na verdade, o fabricante da Dieta de Cambridge conseguiu fornecer 31 nutrientes, em quantidades precisas, usando apenas 33 ingredientes.

O problema da montagem da dieta conduz à equação *linear* (2), porque as quantidades de nutrientes fornecidas por cada tipo alimentar podem ser escritas como um múltiplo escalar de um vetor, como em (1). Ou seja, os nutrientes fornecidos por um tipo alimentar são *proporcionais* à quantidade do tipo alimentar acrescentado à dieta. Além disso, a quantidade de cada nutriente na mistura é a *soma* das respectivas quantidades dos vários tipos alimentares.

Problemas de formulação de dietas específicas para humanos e animais ocorrem com frequência. Geralmente são tratados com técnicas de programação linear. Nossa técnica de montar equações vetoriais muitas vezes simplifica o trabalho de formulação desses problemas.

Equações Lineares e Circuitos Elétricos

O fluxo de corrente em um circuito elétrico simples pode ser descrito por um sistema de equações lineares. Um gerador de voltagem, como uma bateria, faz com que uma corrente de elétrons percorra o circuito. Quando a corrente passa por uma resistência (como uma lâmpada ou um motor), parte da voltagem é "consumida"; pela lei de Ohm, essa "queda de voltagem" ao atravessar um resistor é dada por

$$V = R\,I$$

em que a voltagem V é medida em *volts*, a resistência R em *ohms* (notação: Ω) e o fluxo de corrente I em *ampères* (abreviado por *amps*).

O circuito na Figura 1 contém três ciclos fechados. As correntes dos ciclos 1, 2 e 3 são denotadas por I_1, I_2 e I_3, respectivamente. Os sentidos de fluxo atribuídos a cada uma dessas *correntes* são arbitrários. Se uma corrente aparecer com valor negativo, então seu sentido real será o inverso do estipulado na figura. Se a direção indicada da corrente for do lado positivo da bateria (⊣⊢)(segmento maior) para o lado negativo (segmento menor), então a voltagem será positiva; caso contrário, a voltagem será negativa.

O fluxo de corrente em um ciclo é governado pela seguinte regra.

LEI DE KIRCHHOFF PARA A VOLTAGEM

A soma algébrica das quedas de voltagem, RI, em torno de um ciclo é igual à soma algébrica das fontes de voltagem no mesmo sentido nesse ciclo.

EXEMPLO 2 Determine a corrente nos ciclos do circuito na Figura 1.

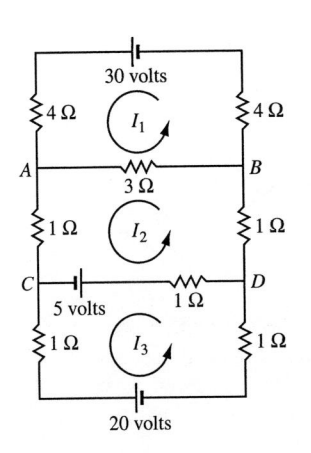

FIGURA 1

SOLUÇÃO Para o ciclo 1, a corrente I_1 atravessa três resistores, e a soma das quedas de voltagem, RI, é

$$4I_1 + 4I_1 + 3I_1 = (4 + 4 + 3)I_1 = 11I_1$$

A corrente do ciclo 2 também atravessa parte do ciclo 1 pelo *ramo* entre A e B. A queda RI correspondente é de $3I_2$ volts. Entretanto, o sentido da corrente para o ramo AB, no ciclo 1, é oposto à direção escolhida para a corrente no ciclo 2, de modo que a soma algébrica de todas as quedas RI para o ciclo 1 é $11I_1 - 3I_2$. Como a voltagem do ciclo 1 é de +30 volts, a lei de Kirchhoff para a voltagem implica que

$$11I_1 - 3I_2 = 30$$

A equação para o ciclo 2 é

$$-3I_1 + 6I_2 - I_3 = 5$$

O termo $-3I_1$ aparece devido à corrente do ciclo 1 pelo ramo AB (com a queda de voltagem negativa porque o fluxo da corrente é oposto ao fluxo do ciclo 2). O termo $6I_2$ é a soma de todas as resistências do ciclo 2, multiplicado pela corrente do ciclo. O termo $-I_3 = -1 \cdot I_3$ aparece devido à corrente do ciclo 3 atravessando o resistor de 1 ohm no ramo CD, no sentido oposto ao da corrente do ciclo 2. A equação do ciclo 3 é

$$-I_2 + 3I_3 = -25$$

Note que a bateria de 5 volts no ramo CD é contada como parte do ciclo 2 e do ciclo 3, mas é −5 volts para o ciclo 3 por causa do sentido escolhido para a corrente nesse ciclo. A bateria de 20 volts também é negativa pelo mesmo motivo.

As correntes dos ciclos são determinadas resolvendo-se o sistema

$$\begin{aligned} 11I_1 - 3I_2 \qquad\quad &= 30 \\ -3I_1 + 6I_2 - I_3 &= 5 \\ -I_2 + 3I_3 &= -25 \end{aligned} \qquad (3)$$

As operações elementares na matriz aumentada levam à solução: $I_1 = 3$ amps, $I_2 = 1$ amp e $I_3 = -8$ amps. O valor negativo de I_3 mostra que o sentido real da corrente, no ciclo 3, é oposto ao indicado na Figura 1. ∎

É instrutivo ver o sistema (3) como uma equação vetorial:

$$I_1 \begin{bmatrix} 11 \\ -3 \\ 0 \end{bmatrix} + I_2 \begin{bmatrix} -3 \\ 6 \\ -1 \end{bmatrix} + I_3 \begin{bmatrix} 0 \\ -1 \\ 3 \end{bmatrix} = \begin{bmatrix} 30 \\ 5 \\ -25 \end{bmatrix} \qquad (4)$$

$$\quad\;\; \mathbf{r}_1 \qquad\qquad \mathbf{r}_2 \qquad\qquad \mathbf{r}_3 \qquad\qquad \mathbf{v}$$

A primeira componente de cada vetor diz respeito ao primeiro ciclo e analogamente para a segunda e terceira componentes. O primeiro vetor de resistência $\mathbf{r}_1$ dá a resistência dos diversos ciclos atravessados pela corrente I_1. A resistência tem valor negativo sempre que I_1 atravessa no sentido oposto ao da corrente daquele ciclo. Examine a Figura 1 para ver como obter as componentes de $\mathbf{r}_1$; depois, faça o mesmo para $\mathbf{r}_2$ e $\mathbf{r}_3$. A forma matricial de (4),

$$R\mathbf{i} = \mathbf{v}, \quad \text{em que } R = [\,\mathbf{r}_1 \;\; \mathbf{r}_2 \;\; \mathbf{r}_3\,] \;\text{ e } \mathbf{i} = \begin{bmatrix} I_1 \\ I_2 \\ I_3 \end{bmatrix}$$

fornece uma versão matricial da lei de Ohm. Se todas as correntes forem escolhidas com o mesmo sentido (digamos, o anti-horário), então todos os elementos da diagonal principal de R serão negativos.

A equação matricial $R\mathbf{i} = \mathbf{v}$ torna a linearidade desse modelo fácil de ser identificada. Por exemplo, se o vetor de voltagens for duplicado, então o vetor de correntes também terá de ser duplicado. Além disso, o *princípio da superposição* é válido. Ou seja, a solução da equação (4) é igual à soma das soluções das equações

$$R\mathbf{i} = \begin{bmatrix} 30 \\ 0 \\ 0 \end{bmatrix}, \qquad R\mathbf{i} = \begin{bmatrix} 0 \\ 5 \\ 0 \end{bmatrix} \quad \text{e} \quad R\mathbf{i} = \begin{bmatrix} 0 \\ 0 \\ -25 \end{bmatrix}$$

Aqui, cada equação corresponde ao circuito com apenas uma fonte de voltagem (as outras foram substituídas por fios que fecham cada ciclo). O modelo para o fluxo de correntes é *linear* precisamente porque as leis de Ohm e Kirchhoff são lineares: a queda de voltagem em um resistor é *proporcional* à corrente que o atravessa (Ohm), e a *soma* das quedas de voltagem em um ciclo é igual à soma das fontes de voltagem desse ciclo (Kirchhoff).

As correntes nos ciclos de um circuito podem ser usadas para determinar a corrente em qualquer ramo do ciclo. Se apenas uma corrente de ciclo atravessar um ramo, como no caso de B para D na Figura 1, então a corrente no ramo será igual à corrente no ciclo. Se mais de uma corrente de ciclo atravessar o ramo, como no caso de A para B, a corrente no ramo será igual à soma algébrica das correntes de ciclo que atravessam esse ramo (*Lei de Kirchhoff para correntes*). Por exemplo, a corrente no ramo AB é $I_1 - I_2 = 3 - 1 = 2$ amps no sentido de I_1. A corrente no ramo CD é $I_2 - I_3 = 9$ amps.

Equações de Diferenças

Em muitas áreas, como a ecologia, a economia e a engenharia, surge a necessidade de se modelar matematicamente um sistema dinâmico que evolui com o tempo. Diversas características do sistema são medidas em intervalos de tempo discretos, produzindo uma sequência de vetores $\mathbf{x}_0, \mathbf{x}_1, \mathbf{x}_2, \dots$. As componentes de $\mathbf{x}_k$ fornecem informação sobre o *estado* do sistema no instante da k-ésima medida.

No caso em que existir uma matriz A tal que $\mathbf{x}_1 = A\mathbf{x}_0$, $\mathbf{x}_2 = A\mathbf{x}_1$ e, em geral,

$$\mathbf{x}_{k+1} = A\mathbf{x}_k \quad \text{para } k = 0, 1, 2, \dots \tag{5}$$

então (5) será chamada **equação de diferenças** (ou **relação de recorrência**) **linear**. Dada tal equação, podemos calcular $\mathbf{x}_1$, $\mathbf{x}_2$ e assim por diante, desde que $\mathbf{x}_0$ seja conhecido. A Seção 4.8 e diversas Seções do Capítulo 5 irão desenvolver fórmulas para $\mathbf{x}_k$ e descrever o que pode acontecer com $\mathbf{x}_k$ quando k cresce indefinidamente. A discussão a seguir ilustra como uma equação de diferenças pode surgir.

Um objeto de interesse para os demógrafos é o movimento de populações ou grupos de pessoas de uma região para outra. O modelo simples que discutiremos aqui considera a variação da população de uma cidade e dos subúrbios vizinhos ao longo de certo período de anos.

Vamos fixar um ano inicial — digamos, 2020 — e denotar a população da cidade e dos subúrbios nesse ano por r_0 e s_0, respectivamente. Seja $\mathbf{x}_0$ o vetor de população

$$x_0 = \begin{bmatrix} r_0 \\ s_0 \end{bmatrix} \quad \begin{array}{l} \text{População da cidade, 2020} \\ \text{População dos subúrbios, 2020} \end{array}$$

Para 2021 e anos subsequentes, denotamos a população da cidade e dos subúrbios pelos vetores

$$\mathbf{x}_1 = \begin{bmatrix} r_1 \\ s_1 \end{bmatrix}, \qquad \mathbf{x}_2 = \begin{bmatrix} r_2 \\ s_2 \end{bmatrix}, \qquad \mathbf{x}_3 = \begin{bmatrix} r_3 \\ s_3 \end{bmatrix}, \dots$$

Nosso objetivo é descrever matematicamente como esses vetores podem estar relacionados.

Suponha que estudos demográficos mostrem que, a cada ano, cerca de 5% da população da cidade se mudam para os subúrbios (e 95% permanecem na cidade), enquanto 3% da população dos subúrbios se mudam para a cidade (e 97% permanecem nos subúrbios). Veja a Figura 2.

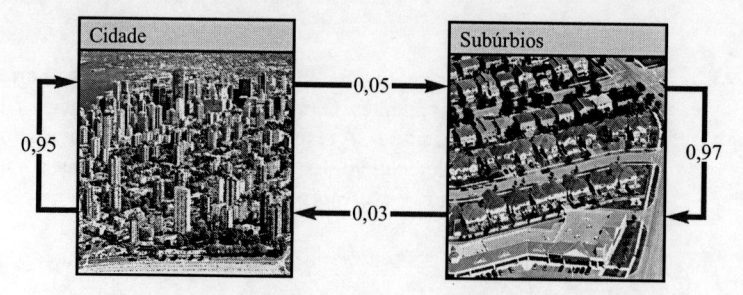

FIGURA 2 Percentual anual de migração entre a cidade e seus subúrbios.

Após um ano, a população original r_0 da cidade está agora distribuída entre cidade e subúrbio na forma

$$\begin{bmatrix} 0,95r_0 \\ 0,05r_0 \end{bmatrix} = r_0 \begin{bmatrix} 0,95 \\ 0,05 \end{bmatrix} \quad \begin{array}{l} \text{Permanecem na cidade} \\ \text{Mudam para os subúrbios} \end{array} \tag{6}$$

A população s_0 dos subúrbios em 2020, um ano depois, está distribuída como

$$s_0 \begin{bmatrix} 0,03 \\ 0,97 \end{bmatrix} \quad \begin{array}{l} \text{Mudam para a cidade} \\ \text{Permanecem nos subúrbios} \end{array} \tag{7}$$

Os vetores em (6) e (7) dão conta de toda a população em 2021.[3] Assim,

$$\begin{bmatrix} r_1 \\ s_1 \end{bmatrix} = r_0 \begin{bmatrix} 0,95 \\ 0,05 \end{bmatrix} + s_0 \begin{bmatrix} 0,03 \\ 0,97 \end{bmatrix} = \begin{bmatrix} 0,95 & 0,03 \\ 0,05 & 0,97 \end{bmatrix} \begin{bmatrix} r_0 \\ s_0 \end{bmatrix}$$

Ou seja,

$$\mathbf{x}_1 = M\,\mathbf{x}_0 \tag{8}$$

em que M é a **matriz de migração** determinada pela seguinte tabela:

De:

Cidade	Subúrbios	Para:

$$\begin{bmatrix} 0,95 & 0,03 \\ 0,05 & 0,97 \end{bmatrix} \quad \begin{array}{l} \text{Cidade} \\ \text{Subúrbios} \end{array}$$

A Equação (8) descreve como a população varia de 2020 a 2021. Se os percentuais de migração permanecerem constantes, então a variação de 2021 a 2022 será dada por

$$\mathbf{x}_2 = M\mathbf{x}_1$$

e, analogamente, de 2022 a 2023 e nos anos subsequentes. Em geral,

$$\mathbf{x}_{k+1} = M\mathbf{x}_k \quad \text{para} \quad k = 0, 1, 2, \ldots \tag{9}$$

A sequência de vetores $\{\mathbf{x}_0, \mathbf{x}_1, \mathbf{x}_2, \ldots\}$ descreve a população da região contendo a cidade e seus subúrbios ao longo de um período de anos.

EXEMPLO 3 Calcule a população da região descrita anteriormente para os anos 2021 a 2022, dado que a população em 2020 era de 600.000 na cidade e 400.000 nos subúrbios.

SOLUÇÃO A população inicial, no ano 2020, era $\mathbf{x}_0 = \begin{bmatrix} 600.000 \\ 400.000 \end{bmatrix}$. Em 2021, temos

$$\mathbf{x}_1 = \begin{bmatrix} 0,95 & 0,03 \\ 0,05 & 0,97 \end{bmatrix} \begin{bmatrix} 600.000 \\ 400.000 \end{bmatrix} = \begin{bmatrix} 582.000 \\ 418.000 \end{bmatrix}$$

Para 2022,

$$\mathbf{x}_2 = M\mathbf{x}_1 = \begin{bmatrix} 0,95 & 0,03 \\ 0,05 & 0,97 \end{bmatrix} \begin{bmatrix} 582.000 \\ 418.000 \end{bmatrix} = \begin{bmatrix} 565.440 \\ 434.560 \end{bmatrix} \quad \blacksquare$$

O modelo para a movimentação da população em (9) é *linear* porque a correspondência $\mathbf{x}_k \mapsto \mathbf{x}_{k+1}$ é uma transformação linear. A linearidade depende de dois fatos: o número de pessoas que escolheram se mudar de uma área para outra é *proporcional* ao número de pessoas naquela área, como mostram (6) e (7), e o efeito cumulativo dessas escolhas é determinado *somando-se* o movimento de pessoas das diferentes áreas.

Problema Prático

Determine uma matriz A e vetores $\mathbf{x}$ e $\mathbf{b}$ tais que o problema no Exemplo 1 se resuma a resolver a equação $A\mathbf{x} = \mathbf{b}$.

---

[3]Para simplificar, estamos ignorando outras influências sobre a população, como nascimentos, mortes, além de migração e imigração de outras regiões.

1.10 EXERCÍCIOS

1. A caixa de um cereal para o café da manhã geralmente apresenta o número de calorias e as quantidades de proteínas, carboidratos e gordura contidos em uma porção do cereal. As quantidades para dois cereais conhecidos são dadas a seguir. Suponha que queiramos preparar uma mistura desses dois cereais que contenha exatamente 295 calorias, 9 g de proteínas, 48 g de carboidratos e 8 g de gordura.

   a. Monte uma equação vetorial para este problema. Inclua uma frase que descreva o que as suas variáveis representam.

   b. Obtenha uma equação matricial correspondente e, depois, determine se a mistura desejada dos dois cereais pode ser preparada.

Informação Nutricional por Porção

Nutriente	Cheerios® da General Mills	Cereal 100% Natural da Quaker®
Calorias	110	130
Proteínas (g)	4	3
Carboidratos (g)	20	18
Gordura (g)	2	5

2. Uma porção de Post Shredded Wheat® fornece 160 calorias, 5 g de proteínas, 6 g de fibra e 1 g de gordura. Uma porção de Crispix® fornece 110 calorias, 2 g de proteínas, 0,1 g de fibra e 0,4 g de gordura.

   a. Obtenha uma matriz B e um vetor $\mathbf{u}$ tais que $B\mathbf{u}$ forneça as quantidades de calorias, proteínas, fibras e gordura contidas em uma mistura de três porções de Shredded Wheat e duas porções de Crispix.

   Ⓜ b. Suponha que você queira um cereal com mais fibra que o Crispix, mas menos gordura que o Shredded Wheat. É possível que uma mistura dos dois cereais forneça 130 calorias, 3,20 g de proteínas, 2,46 g de fibras e 0,64 g de gordura? Se for o caso, qual é a mistura?

3. Depois de uma aula de nutrição, uma fã de Annie's® Mac and Cheese (um tipo de macarrão com queijo cheddar) decidiu melhorar os níveis de proteína e fibra em seu almoço favorito adicionando brócolis e frango. A tabela contém as informações nutricionais para as comidas citadas.

Informação Nutricional por Porção

Nutriente	Mac and Cheese	Brócolis	Frango	Conchas
Calorias	270	51	70	260
Proteínas (g)	10	5,4	15	9
Fibras (g)	2	5,2	0	5

   Ⓜ a. Se ela quer limitar seu almoço a 400 calorias, mas quer 30 g de proteínas e 10 g de fibras, quantas porções de Mac and Cheese, brócolis e frango ela deve usar?

   Ⓜ b. Ela descobriu que tinha brócolis demais no item (a) e decidiu mudar do Mac and Cheese tradicional para Annie's® Whole Wheat Shells and White Cheddar (massa integral com queijo cheddar branco, denotado na tabela por Conchas). Quais as proporções que ela deveria usar agora para atingir os mesmos objetivos do item (a)?

4. A Dieta de Cambridge fornece 0,8 g de cálcio por dia, além dos nutrientes listados na Tabela 1 para o Exemplo 1. As quantidades de cálcio fornecidas por uma unidade (100 g) dos três ingredientes na Dieta de Cambridge são: 1,26 g do leite desnatado, 0,19 g da farinha de soja e 0,8 g do soro de leite. Outro ingrediente na dieta é a proteína isolada de soja, que fornece os seguintes nutrientes por unidade: 80 g de proteínas, 0 g de carboidratos, 3,4 g de gordura e 0,18 g de cálcio.

   a. Obtenha uma equação matricial cuja solução determine as quantidades de leite desnatado, farinha de soja, soro de leite e proteína isolada de soja necessárias para fornecer as quantidades precisas de proteínas, carboidratos, gordura e cálcio da Dieta de Cambridge. Diga o que as variáveis da equação representam.

   Ⓜ b. Resolva a equação em (a) e discuta a sua resposta.

Ⓜ Nos Exercícios 5 a 8, obtenha a equação matricial que determina as correntes nos ciclos. Se o MATLAB ou outro programa estiver disponível, resolva o sistema para as correntes nos ciclos.

5. 6.

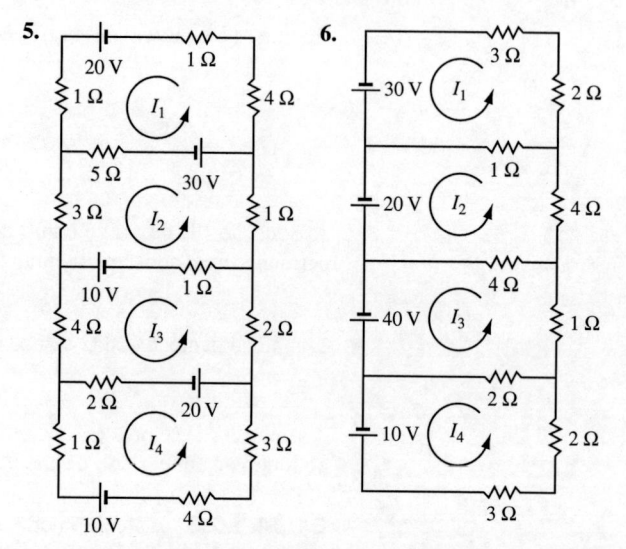

7.

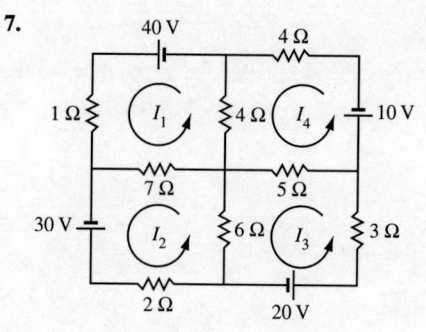

8.

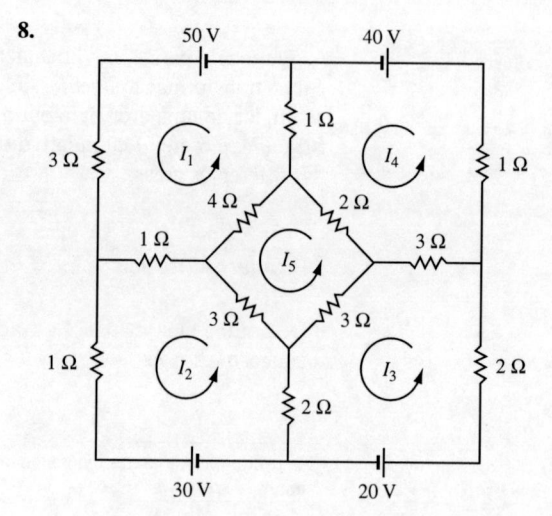

9. Em determinada região, cerca de 7% da população urbana se mudam para os subúrbios vizinhos a cada ano e cerca de 5% da população suburbana se mudam para a cidade. Em 2020, existiam 800.000 residentes na cidade e 500.000 nos subúrbios. Monte uma equação de diferenças que descreva essa situação, na qual x_0 é a população inicial em 2020. Depois, obtenha uma estimativa da população na cidade e nos subúrbios dois anos mais tarde, em 2022. (Ignore outros fatores que possam influenciar os tamanhos das populações.)

10. Em determinada região, cerca de 6% da população urbana se mudam para os subúrbios vizinhos a cada ano e cerca de 4% da população suburbana se mudam para a cidade. Em 2020, existiam 10.000.000 residentes na cidade e 800.000 nos subúrbios. Monte uma equação de diferenças que descreva essa situação, na qual x_0 é a população inicial em 2020. Depois, obtenha uma estimativa da população na cidade e nos subúrbios dois anos mais tarde, em 2022.

M 11. A empresa College Moving Truck Rental, que aluga caminhões para mudança entre três campi universitários, tem uma frota com 20, 100 e 200 caminhões em Pullman, Spokane e Seattle, respectivamente. Um caminhão alugado em um local pode ser devolvido em qualquer um dos três locais. A tabela a seguir mostra a quantidade de caminhões devolvidos em cada local a cada mês. Qual será a distribuição aproximada dos caminhões depois de três meses?

Caminhões Alugados de:

Pullman	Spokane	Seattle	Devolvidos em:
0,30	0,15	0,05	Aeroporto
0,30	0,70	0,05	Leste
0,40	0,15	0,90	Oeste

M 12. A empresa de aluguel de carros Budget® Rent A Car em Wichita, no estado de Kansas, tem uma frota de cerca de 500 carros em três locais. Um carro alugado em um dos locais pode ser devolvido em qualquer um dos três. As várias frações de carros devolvidos, em cada local, são dadas na tabela que se segue. Suponha que, em uma segunda-feira, haja 295 carros no aeroporto (ou que tenham sido alugados lá), 55 carros na filial da zona leste e 150 carros na filial da zona oeste. Qual será a distribuição de carros aproximada na quarta-feira?

Carros Alugados em:

Aeroporto	Leste	Oeste	Entregues em:
0,97	0,05	0,10	Aeroporto
0,00	0,90	0,05	Leste
0,03	0,05	0,85	Oeste

M 13. Seja M e x_0 como no Exemplo 3.

a. Calcule os vetores de população x_k para $k = 1, \ldots, 20$. Discuta o seu resultado.

b. Repita (a) com população inicial de 350.000 na cidade e 650.000 nos subúrbios. O que é que você encontra?

M 14. Estude como a variação de temperatura na borda de uma placa de aço afeta as temperaturas nos pontos interiores da placa.

a. Comece estimando as temperaturas T_1, T_2, T_3, T_4 em cada conjunto de quatro pontos ilustrados na figura. Em cada caso, o valor de T_k pode ser aproximado pela média das temperaturas nos quatro pontos mais próximos. Veja os Exercícios 43 e 44 na Seção 1.1, em que os valores (em graus) são (20; 27,5; 30; 22,5). Como essa lista de valores está relacionada com seus resultados para os pontos no conjunto (a) e no conjunto (b)?

b. Sem fazer nenhum cálculo, tente adivinhar as temperaturas no interior de (a) quando as temperaturas na borda são todas multiplicadas por 3. Verifique sua conjectura.

c. Finalmente, faça uma conjectura geral sobre a correspondência entre a lista de oito temperaturas na borda e a lista das quatro temperaturas interiores.

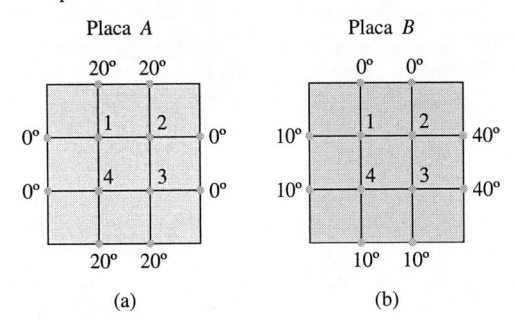

Placa A Placa B

(a)   (b)

Solução do Problema Prático

$$A = \begin{bmatrix} 36 & 51 & 13 \\ 52 & 34 & 74 \\ 0 & 7 & 1,1 \end{bmatrix}, \quad x = \begin{bmatrix} x_1 \\ x_2 \\ x_3 \end{bmatrix}, \quad b = \begin{bmatrix} 33 \\ 45 \\ 3 \end{bmatrix}$$

CAPÍTULO 1 PROJETOS

Os projetos do Capítulo 1 estão disponíveis *online* em bit.ly/3OIM8gT (em inglês).

A. *Polinômios Interpoladores*: Esse projeto mostra como usar um sistema de equações lineares para encontrar um polinômio cujo gráfico contém um conjunto de pontos dados.

B. *Splines*: Esse projeto também mostra como encontrar uma curva polinomial por partes contendo um conjunto de pontos dados.

C. *Fluxo em Redes*: O propósito desse projeto é mostrar como um sistema de equações lineares pode ser usado para modelar o fluxo através de uma rede.

D. *Arte das Trasnformações Lineares*: Esse projeto ilustra como fazer o gráfico de um polígono e depois usar transformações lineares para mudar sua forma e criar desenhos ou padrões.

E. *Laços em Correntes*: O propósito desse projeto é fornecer mais exemplos de laços em correntes.

F. *Dietas*: O objetivo desse projeto é fornecer exemplos de equações vetoriais obtidas do balanceamento de nutrientes em uma dieta.

CAPÍTULO 1 EXERCÍCIOS SUPLEMENTARES

Marque cada afirmação como Verdadeira ou Falsa (**V/F**). Justifique cada resposta. (Se verdadeira, cite fatos apropriados ou teoremas. Se falsa, explique por que ou dê um contraexemplo que mostre por que a afirmação nem sempre é verdadeira.)

1. (**V/F**) Toda matriz é equivalente por linhas a uma única matriz em forma escalonada.

2. (**V/F**) Qualquer sistema de n equações lineares em n variáveis tem no máximo n soluções.

3. **(V/F)** Se um sistema de equações lineares tiver duas soluções distintas, então esse sistema terá de ter uma infinidade de soluções.

4. **(V/F)** Se um sistema de equações lineares não tiver nenhuma variável livre, então terá uma única solução.

5. **(V/F)** Se uma matriz aumentada $[A\ \mathbf{b}]$ for transformada em $[C\ \mathbf{d}]$ por operações elementares, então as equações $A\mathbf{x} = \mathbf{b}$ e $C\mathbf{x} = \mathbf{d}$ terão exatamente o mesmo conjunto solução.

6. **(V/F)** Se um sistema $A\mathbf{x} = \mathbf{b}$ tiver mais de uma solução, então o mesmo valerá para o sistema $A\mathbf{x} = \mathbf{0}$.

7. **(V/F)** Se A for uma matriz $m \times n$ e a equação $A\mathbf{x} = \mathbf{b}$ for consistente para algum $\mathbf{b}$, então as colunas de A gerarão $\mathbb{R}^m$.

8. **(V/F)** Se uma matriz aumentada $[A\ \mathbf{b}]$ puder ser transformada, por operações elementares, em uma forma escalonada reduzida, então a equação $A\mathbf{x} = \mathbf{b}$ será consistente.

9. **(V/F)** Se as matrizes A e B forem equivalentes por linha, então terão a mesma forma escalonada reduzida.

10. **(V/F)** A equação $A\mathbf{x} = \mathbf{0}$ tem a solução trivial se e somente se não existirem variáveis livres.

11. **(V/F)** Se A for uma matriz $m \times n$ e a equação $A\mathbf{x} = \mathbf{b}$ for consistente para todo $\mathbf{b}$ em $\mathbb{R}^m$, então A terá m colunas pivôs.

12. **(V/F)** Se uma matriz A, $m \times n$, tiver uma posição de pivô em cada linha, então a equação $A\mathbf{x} = \mathbf{b}$ terá uma única solução para cada $\mathbf{b}$ em $\mathbb{R}^m$.

13. **(V/F)** Se uma matriz A, $m \times n$, tiver n posições de pivôs, então a forma escalonada reduzida de A será a matriz identidade $n \times n$.

14. **(V/F)** Se duas matrizes 3×3 A e B tiverem três posições de pivôs cada uma, então A poderá ser transformada em B por operações elementares.

15. **(V/F)** Se A for uma matriz $m \times n$, se a equação $A\mathbf{x} = \mathbf{b}$ tiver pelo menos duas soluções diferentes e se a equação $A\mathbf{x} = \mathbf{c}$ for consistente, então a equação $A\mathbf{x} = \mathbf{c}$ terá muitas soluções.

16. **(V/F)** Se A e B forem duas matrizes $m \times n$ equivalentes por linhas e se as colunas de A gerarem $\mathbb{R}^m$, então as colunas de B também gerarão $\mathbb{R}^m$.

17. **(V/F)** Se nenhum dos vetores no conjunto $S = \{\mathbf{v}_1, \mathbf{v}_2, \mathbf{v}_3\}$ em $\mathbb{R}^3$ for múltiplo escalar de um dos outros vetores, então S será linearmente independente.

18. **(V/F)** Se $\{\mathbf{u}, \mathbf{v}, \mathbf{w}\}$ for um conjunto linearmente independente, então $\mathbf{u}, \mathbf{v}$ e $\mathbf{w}$ não pertencerão a $\mathbb{R}^2$.

19. **(V/F)** Em alguns casos, é possível que quatro vetores gerem $\mathbb{R}^5$.

20. **(V/F)** Se $\mathbf{u}$ e $\mathbf{v}$ pertencerem a $\mathbb{R}^m$, então $-\mathbf{u}$ pertencerá a $\mathscr{L}\{\mathbf{u}, \mathbf{v}\}$.

21. **(V/F)** Se $\mathbf{u}, \mathbf{v}$ e $\mathbf{w}$ forem vetores não nulos em $\mathbb{R}^2$, então $\mathbf{w}$ será uma combinação linear de $\mathbf{u}$ e $\mathbf{v}$.

22. **(V/F)** Se $\mathbf{w}$ for uma combinação linear de $\mathbf{u}$ e $\mathbf{v}$ em $\mathbb{R}^n$, então $\mathbf{u}$ será uma combinação linear de $\mathbf{v}$ e $\mathbf{w}$.

23. **(V/F)** Suponha que $\mathbf{v}_1, \mathbf{v}_2$ e $\mathbf{v}_3$ pertençam a $\mathbb{R}^5$, que $\mathbf{v}_2$ não seja múltiplo de $\mathbf{v}_1$ e $\mathbf{v}_3$ não seja uma combinação linear de $\mathbf{v}_1$ e $\mathbf{v}_2$. Então $\{\mathbf{v}_1, \mathbf{v}_2, \mathbf{v}_3\}$ será linearmente independente.

24. **(V/F)** Uma transformação linear é uma função.

25. **(V/F)** Se A for uma matriz 6×5, a transformação linear $\mathbf{x} \mapsto A\mathbf{x}$ não poderá ser sobrejetora de $\mathbb{R}^5$ em $\mathbb{R}^6$.

26. **(V/F)** Sejam a e b números reais. Descreva os conjuntos solução possíveis para a equação (linear) $ax = b$. [*Sugestão:* O número de soluções depende de a e de b.]

27. **(V/F)** As soluções (x, y, z) de uma única equação linear $ax + by + cz = d$ formam um plano em $\mathbb{R}^3$ quando nem todas as constantes a, b e c são nulas. Construa conjuntos de três equações lineares cujos gráficos (a) se intersectam em uma única reta, (b) se intersectam em um único ponto e (c) não têm pontos em comum. A figura a seguir ilustra gráficos típicos.

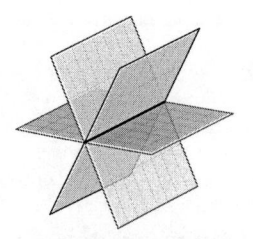
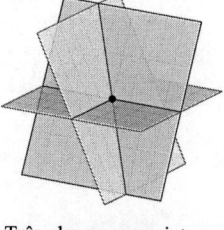

Três planos que se intersectam em uma reta
(a)

Três planos que se intersectam em um ponto
(b)

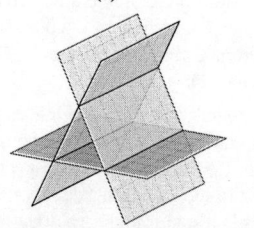
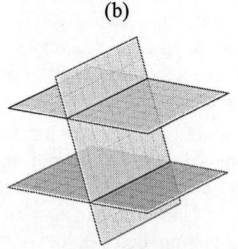

Três planos que não se intersectam
(c)

Três planos que não se intersectam
(c')

28. Suponha que a matriz de coeficientes de um sistema linear de três equações e três incógnitas tenha uma posição de pivô em cada coluna. Explique por que o sistema tem uma única solução.

29. Determine h e k de modo que o conjunto solução do sistema (i) seja vazio, (ii) contenha uma única solução e (iii) contenha uma infinidade de soluções.

a. $\begin{aligned} x_1 + 3x_2 &= k \\ 4x_1 + hx_2 &= 8 \end{aligned}$

b. $\begin{aligned} -2x_1 + hx_2 &= 1 \\ 6x_1 + kx_2 &= -2 \end{aligned}$

30. Considere o problema de determinar se o seguinte sistema de equações é consistente:

$$\begin{aligned} 4x_1 - 2x_2 + 7x_3 &= -5 \\ 8x_1 - 3x_2 + 10x_3 &= -3 \end{aligned}$$

a. Defina vetores apropriados e reescreva o problema em termos de combinações lineares. Depois, resolva o problema.

b. Defina uma matriz apropriada e reescreva o problema usando a frase "colunas de A".

c. Defina uma transformação linear apropriada T usando a matriz do item (b) e reescreva o problema em termos de T.

31. Considere o problema de determinar se o seguinte sistema de equações é consistente quaisquer que sejam b_1, b_2, b_3:

$$\begin{aligned} 2x_1 - 4x_2 - 2x_3 &= b_1 \\ -5x_1 + x_2 + x_3 &= b_2 \\ 7x_1 - 5x_2 - 3x_3 &= b_3 \end{aligned}$$

a. Defina vetores apropriados e reescreva o problema em termos de $\mathscr{L}\{\mathbf{v}_1, \mathbf{v}_2, \mathbf{v}_3\}$. Depois, resolva o problema.

b. Defina uma matriz apropriada e reescreva o problema usando a frase "colunas de A".

c. Defina uma transformação linear apropriada T usando a matriz do item (b) e reescreva o problema em termos de T.

32. Descreva todas as formas escalonadas possíveis da matriz A. Use a notação do Exemplo 1 na Seção 1.2.

a. A é uma matriz 2×3 cujas colunas geram $\mathbb{R}^2$.

b. A é uma matriz 3×3 cujas colunas geram $\mathbb{R}^3$.

33. Escreva o vetor $\begin{bmatrix} 5 \\ 6 \end{bmatrix}$ como soma de dois vetores, um pertencente à reta $\{(x, y) : y = 2x\}$ e o outro pertencente à reta $\{(x, y) : y = x/2\}$.

34. Sejam $\mathbf{a}_1$, $\mathbf{a}_2$ e $\mathbf{b}$ os vetores ilustrados na figura a seguir e seja $A = [\mathbf{a}_1\ \mathbf{a}_2]$. A equação $A\mathbf{x} = \mathbf{b}$ tem solução? Em caso afirmativo, essa equação é única? Explique.

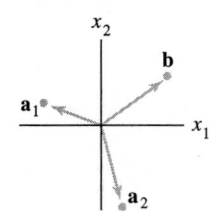

35. Construa uma matriz A 2×3, que não esteja em forma escalonada, tal que a solução de $A\mathbf{x} = \mathbf{0}$ é uma reta em $\mathbb{R}^3$.

36. Construa uma matriz A 2×3, que não esteja em forma escalonada, tal que a solução de $A\mathbf{x} = \mathbf{0}$ é um plano em $\mathbb{R}^3$.

37. Escreva a forma escalonada *reduzida* de uma matriz A 3×3 tal que as duas primeiras colunas de A são colunas pivôs e $A\begin{bmatrix} 3 \\ -2 \\ 1 \end{bmatrix} = \begin{bmatrix} 0 \\ 0 \\ 0 \end{bmatrix}$.

38. Determine o valor (ou valores) de a tal que o conjunto $\left\{ \begin{bmatrix} 1 \\ a \end{bmatrix}, \begin{bmatrix} a \\ a+2 \end{bmatrix} \right\}$ é linearmente independente.

39. Nos itens (a) e (b), suponha que os vetores sejam linearmente independentes. O que você pode dizer sobre os números a, ..., f? Justifique suas respostas. [*Sugestão:* Use um teorema para (b).]

a. $\begin{bmatrix} a \\ 0 \\ 0 \end{bmatrix}, \begin{bmatrix} b \\ c \\ 0 \end{bmatrix}, \begin{bmatrix} d \\ e \\ f \end{bmatrix}$ b. $\begin{bmatrix} a \\ 1 \\ 0 \\ 0 \end{bmatrix}, \begin{bmatrix} b \\ c \\ 1 \\ 0 \end{bmatrix}, \begin{bmatrix} d \\ e \\ f \\ 1 \end{bmatrix}$

40. Use o Teorema 7 na Seção 1.7 para explicar por que as colunas da matriz A são linearmente independentes.

$$A = \begin{bmatrix} 1 & 0 & 0 & 0 \\ 2 & 5 & 0 & 0 \\ 3 & 6 & 8 & 0 \\ 4 & 7 & 9 & 10 \end{bmatrix}$$

41. Explique por que um conjunto $\{\mathbf{v}_1, \mathbf{v}_2, \mathbf{v}_3, \mathbf{v}_4\}$ em $\mathbb{R}^5$ tem de ser linearmente independente quando $\{\mathbf{v}_1, \mathbf{v}_2, \mathbf{v}_3\}$ é linearmente independente e $\mathbf{v}_4$ *não* pertence a $\mathcal{L}\{\mathbf{v}_1, \mathbf{v}_2, \mathbf{v}_3\}$.

42. Suponha que $\{\mathbf{v}_1, \mathbf{v}_2\}$ seja um conjunto linearmente independente em $\mathbb{R}^n$. Mostre que $\{\mathbf{v}_1, \mathbf{v}_1 + \mathbf{v}_2\}$ também é linearmente independente.

43. Suponha que $\mathbf{v}_1$, $\mathbf{v}_2$, $\mathbf{v}_3$ sejam três pontos distintos pertencentes a uma reta em $\mathbb{R}^3$. A reta não precisa conter a origem. Mostre que $\{\mathbf{v}_1, \mathbf{v}_2, \mathbf{v}_3\}$ é linearmente dependente.

44. Seja $T: \mathbb{R}^n \to \mathbb{R}^m$ uma transformação linear tal que $T(\mathbf{u}) = \mathbf{v}$. Mostre que $T(-\mathbf{u}) = -\mathbf{v}$.

45. Seja $T: \mathbb{R}^3 \to \mathbb{R}^3$ a transformação linear que reflete cada vetor em relação ao plano $x_2 = 0$. Ou seja, $T(x_1, x_2, x_3) = (x_1, -x_2, x_3)$. Encontre a matriz A canônica de T.

46. Seja A uma matriz 3×3 com a propriedade de que a transformação linear $\mathbf{x} \mapsto A\mathbf{x}$ de $\mathbb{R}^3$ em $\mathbb{R}^3$ é sobrejetora. Explique por que a transformação tem de ser injetora.

47. Uma *rotação de Givens* é uma transformação linear de $\mathbb{R}^n$ em $\mathbb{R}^n$ usada em programas de computador para criar uma componente nula em um vetor (geralmente, uma coluna de uma matriz). A matriz canônica de uma rotação de Givens em $\mathbb{R}^2$ tem a forma

$$\begin{bmatrix} a & -b \\ b & a \end{bmatrix}, \qquad a^2 + b^2 = 1$$

Encontre a e b de modo que $\begin{bmatrix} 4 \\ 3 \end{bmatrix}$ seja transformado em $\begin{bmatrix} 5 \\ 0 \end{bmatrix}$.

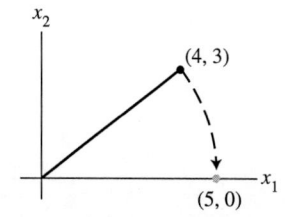

Rotação de Givens em $\mathbb{R}^2$.

48. A equação a seguir descreve uma rotação de Givens em $\mathbb{R}^3$. Determine a e b.

$$\begin{bmatrix} a & 0 & -b \\ 0 & 1 & 0 \\ b & 0 & a \end{bmatrix} \begin{bmatrix} 2 \\ 3 \\ 4 \end{bmatrix} = \begin{bmatrix} 2\sqrt{5} \\ 3 \\ 0 \end{bmatrix}, \qquad a^2 + b^2 = 1$$

49. Um grande edifício de apartamentos deverá ser construído usando técnicas modulares de construção. A distribuição de apartamentos em cada andar deve ser escolhida entre três plantas básicas para os andares. A Planta A tem 18 apartamentos no andar, dos quais 3 são de três quartos, 7 de dois quartos e 8 de um quarto. A Planta B tem 4 apartamentos de três quartos, 4 de dois quartos e 8 de um quarto. A planta C tem 5 apartamentos de três quartos, 3 de dois quartos e 9 de um quarto. Suponha que o edifício tenha um total de x_1 andares construídos de acordo com a Planta A, x_2 andares de acordo com a Planta B e x_3 andares de acordo com a Planta C.

a. Que interpretação pode ser dada ao vetor $x_1 \begin{bmatrix} 3 \\ 7 \\ 8 \end{bmatrix}$?

b. Escreva uma combinação linear de vetores que descreva o número total de apartamentos com três quartos, com dois quartos e com um quarto no edifício.

M c. É possível planejar um edifício com exatamente 66 unidades de três quartos, 74 unidades de dois quartos e 136 unidades de um quarto? Se for possível, existe mais de uma forma de fazer isso? Justifique sua resposta.

2 Álgebra Matricial

EXEMPLO INTRODUTÓRIO

Modelos Computacionais em Projetos de Aviões

Para projetar a geração seguinte de aviões comerciais e militares, os engenheiros, na Boeing's Phantom Works, usam modelagem 3D e dinâmica dos fluidos computacional (CFD, do inglês *Computational Fluid Dynamics*). Eles estudam o fluxo de ar em torno de um avião virtual para responder perguntas importantes de projeto antes da criação de modelos físicos. Isso tem reduzido drasticamente o tempo e o custo dos ciclos do projeto — e a álgebra linear ocupa um papel crucial no processo.

O avião virtual começa como um modelo matemático "de arame" que existe apenas na memória do computador e nos terminais gráficos. (A figura mostra um Boeing 747.) Esse modelo matemático organiza e influencia cada passo do projeto e manufatura do avião — tanto externo quanto interno. A análise CFD trata da superfície exterior.

Embora a superfície externa de um avião possa parecer suave, sua geometria é complicada. Além das asas e da fuselagem, um avião tem nacela, estabilizadores, ripas, abas e elerões.* O modo segundo o qual o ar flui em torno dessas estruturas determina como o avião se move no ar. As equações que descrevem o fluxo de ar são complicadas e devem levar em consideração a entrada do motor, o mecanismo de exaustão do motor e a esteira deixada pelas asas do avião. Para estudar o fluxo de ar, os engenheiros precisam de uma descrição muito refinada da superfície do avião.

Um computador gera um modelo da superfície superpondo, primeiro, um reticulado tridimensional de "caixas" no modelo de arame original. As caixas neste reticulado ficam por completo fora do avião, inteiramente dentro ou intersectam a superfície. O computador seleciona as que intersectam a superfície e as divide, ficando apenas com as caixas menores que ainda intersectam a superfície. Esse processo de subdivisão é repetido até o reticulado se tornar muitíssimo fino. Um reticulado típico pode incluir mais de 400 mil caixas.

O processo para encontrar o fluxo de ar em volta do avião envolve a solução, repetida várias vezes, de um sistema de equações lineares $A\mathbf{x} = \mathbf{b}$, que pode abranger até 2 milhões de equações e de variáveis. O vetor $\mathbf{b}$ varia com o tempo, dependendo dos dados do reticulado e das soluções das equações anteriores. Usando os computadores mais rápidos disponíveis comercialmente, uma equipe da Phantom Works pode levar de algumas horas até alguns dias para resolver um único problema de fluxo de ar. Depois de a equipe analisar a solução, eles conseguem fazer pequenas mudanças na superfície do avião e recomeçar todo o processo de novo. Podem ser necessárias milhares de análises CFD.

Este capítulo apresenta dois conceitos importantes que ajudam na solução de sistema de equações enormes:

- *Matrizes particionadas:* um sistema de equações CFD típico tem uma matriz de coeficientes "esparsa", ou seja, com a maior parte dos elementos nulos. O agrupamento correto de variáveis leva a uma matriz particionada com muitos blocos nulos. A Seção 2.4 introduz essas matrizes e descreve algumas de suas aplicações.
- *Fatoração de matrizes:* mesmo quando escrito com matrizes particionadas, o sistema de equações é complicado. Para simplificar ainda mais os cálculos, o programa CFD usado em Boeing utiliza a chamada fatoração LU da matriz de coeficientes. A Seção 2.5 discute LU e outras fatorações

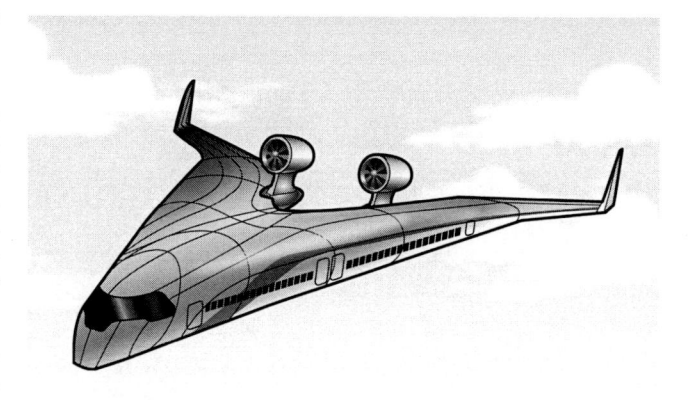

TU-Delft e Air France-KLM estão pesquisando um projeto de aeronave em V em razão de seu potencial para melhorar significativamente a economia de combustível.

---

*N. R.: o mesmo que *ailerons* (do francês).

úteis de matrizes. Mais detalhes sobre fatoração aparecem em diversos lugares, mais adiante, neste livro.

Para analisar uma solução de um sistema de fluxo de ar, os engenheiros querem visualizar o fluxo de ar sobre a superfície do avião. Eles usam computação gráfica e álgebra linear no programa para gerar os gráficos. O modelo de arame da superfície do avião é armazenado como dados em diversas matrizes. Quando a imagem aparece na tela de um computador, os engenheiros podem mudar a escala, aproximar-se ou afastar-se (*zoom in* ou *zoom out*) de regiões pequenas e rodar a imagem para ver partes antes escondidas. Cada uma dessas operações é obtida por meio de uma multiplicação apropriada de matrizes. A Seção 2.7 explica as ideias básicas.

Nossa habilidade de analisar e resolver equações ficará muito ampliada quando soubermos realizar operações algébricas com as matrizes. Mais ainda, as definições e teoremas neste capítulo fornecem algumas ferramentas básicas para que se possa lidar com as diversas aplicações da álgebra linear que envolvem duas ou mais matrizes. Para matrizes $n \times n$, o Teorema da Matriz Invertível, na Seção 2.3, faz a ligação entre a maioria dos conceitos vistos anteriormente no livro. As Seções 2.4 e 2.5 examinam as matrizes particionadas e fatoração de matrizes, que aparecem na maioria das aplicações modernas da álgebra linear. As Seções 2.6 e 2.7 descrevem duas aplicações interessantes da álgebra matricial: em economia e computação gráfica. As Seções 2.8 e 2.9 fornecem informação suficiente aos leitores, permitindo ir diretamente aos Capítulos 5, 6 e 7, sem passar pelo Capítulo 4. Você pode pular essas duas seções se estiver planejando estudar o Capítulo 4 antes do Capítulo 5.

2.1 OPERAÇÕES COM MATRIZES

Se A for uma matriz $m \times n$ — ou seja, uma matriz com m linhas e n colunas —, então o elemento na i-ésima linha e j-ésima coluna de A será denotado por a_{ij} e chamado elemento (i, j) de A. Veja a Figura 1. Por exemplo, o elemento $(3, 2)$ é o número a_{32} situado na terceira linha, segunda coluna. Cada coluna de A é uma lista de m números, que pode ser identificada com um vetor em $\mathbb{R}^m$. Muitas vezes essas colunas serão denotadas por $\mathbf{a}_1, \dots, \mathbf{a}_n$ e a matriz A será escrita na forma

$$A = \begin{bmatrix} \mathbf{a}_1 & \mathbf{a}_2 & \cdots & \mathbf{a}_n \end{bmatrix}$$

Note que o número a_{ij} é o i-ésimo elemento (de cima para baixo) no vetor $\mathbf{a}_j$, a j-ésima coluna.

Os **elementos diagonais** em uma matriz $m \times n$ $A = [a_{ij}]$ são $a_{11}, a_{22}, a_{33}, \dots$, e formam a **diagonal principal** de A. Uma **matriz diagonal** é uma matriz quadrada cujos elementos fora da diagonal principal são todos nulos. Um exemplo é a matriz identidade $n \times n$, I_n. Uma matriz $m \times n$ com todos os elementos nulos é uma **matriz nula** e será denotada por 0. O tamanho de uma matriz nula costuma ficar claro a partir do contexto.

$$
\begin{array}{c}
\text{Coluna} \\
j
\end{array}
$$

$$
\text{Linha } i \quad
\begin{bmatrix}
a_{11} & \cdots & a_{1j} & \cdots & a_{1n} \\
\vdots & & \vdots & & \vdots \\
a_{i1} & \cdots & a_{ij} & \cdots & a_{in} \\
\vdots & & \vdots & & \vdots \\
a_{m1} & \cdots & a_{mj} & \cdots & a_{mn}
\end{bmatrix} = A
$$

$$
\begin{array}{ccc}
\uparrow & \uparrow & \uparrow \\
\mathbf{a}_1 & \mathbf{a}_j & \mathbf{a}_n
\end{array}
$$

FIGURA 1 Notação de matriz.

Somas e Multiplicação por Escalar

A aritmética de vetores, descrita anteriormente, tem uma extensão natural para matrizes. Dizemos que duas matrizes são **iguais** se forem do mesmo tamanho (ou seja, tenham o mesmo número de linhas e o mesmo número de colunas) e se suas colunas correspondentes forem iguais, o que significa que seus elementos correspondentes sejam iguais. Se A e B forem matrizes $m \times n$, então a **soma** $A + B$ será a matriz $m \times n$ cujas colunas serão as somas das colunas correspondentes de A e B. Como a soma de vetores de colunas é feita componente a componente, cada elemento de $A + B$ é a soma dos elementos correspondentes de A e B. A soma $A + B$ está definida apenas quando A e B são do mesmo tamanho.

EXEMPLO 1 Sejam

$$A = \begin{bmatrix} 4 & 0 & 5 \\ -1 & 3 & 2 \end{bmatrix}, \qquad B = \begin{bmatrix} 1 & 1 & 1 \\ 3 & 5 & 7 \end{bmatrix}, \qquad C = \begin{bmatrix} 2 & -3 \\ 0 & 1 \end{bmatrix}$$

Então

$$A + B = \begin{bmatrix} 5 & 1 & 6 \\ 2 & 8 & 9 \end{bmatrix}$$

mas $A + C$ não está definida porque A e C são de tamanhos diferentes. ∎

Se r for um escalar e A for uma matriz, então o **múltiplo escalar** rA será a matriz cujas colunas serão r vezes as colunas correspondentes de A. Assim como com os vetores, $-A$ denota $(-1)\,A$ e $A - B$ é o mesmo que $A + (-1)\,B$.

EXEMPLO 2 Se A e B forem as matrizes no Exemplo 1, então

$$2B = 2\begin{bmatrix} 1 & 1 & 1 \\ 3 & 5 & 7 \end{bmatrix} = \begin{bmatrix} 2 & 2 & 2 \\ 6 & 10 & 14 \end{bmatrix}$$

$$A - 2B = \begin{bmatrix} 4 & 0 & 5 \\ -1 & 3 & 2 \end{bmatrix} - \begin{bmatrix} 2 & 2 & 2 \\ 6 & 10 & 14 \end{bmatrix} = \begin{bmatrix} 2 & -2 & 3 \\ -7 & -7 & -12 \end{bmatrix}$$

∎

No Exemplo 2, foi desnecessário calcular $A - 2B$ como $A + (-1)2B$, já que as regras normais da álgebra se aplicam à soma de matrizes e à multiplicação de matriz por escalar, como mostra o próximo teorema.

TEOREMA 1

Sejam A, B e C matrizes do mesmo tamanho e sejam r e s escalares.

a. $A + B = B + A$
b. $(A + B) + C = A + (B + C)$
c. $A + 0 = A$
d. $r(A + B) = rA + rB$
e. $(r + s)A = rA + sA$
f. $r(sA) = (rs)A$

Cada igualdade no Teorema 1 é verificada mostrando que a matriz da esquerda é do mesmo tamanho que a da direita e as colunas correspondentes são iguais. O tamanho não é problema, pois A, B e C são do mesmo tamanho. A igualdade das colunas segue de imediato a das propriedades análogas para vetores. Por exemplo, se as j-ésimas colunas de A, B e C forem $\mathbf{a}_j$, $\mathbf{b}_j$ e $\mathbf{c}_j$, respectivamente, então as j-ésimas colunas de $(A + B) + C$ e $A + (B + C)$ serão

$$(\mathbf{a}_j + \mathbf{b}_j) + \mathbf{c}_j \qquad \text{e} \qquad \mathbf{a}_j + (\mathbf{b}_j + \mathbf{c}_j)$$

respectivamente. Como essas duas somas de vetores são iguais para cada j, fica demonstrada a propriedade (b).

Por causa da associatividade da soma, podemos representar a soma de forma simples como $A + B + C$, que pode ser calculada tanto como $(A + B) + C$ quanto como $A + (B + C)$. O mesmo se aplica para a soma de quatro ou mais matrizes.

Multiplicação de Matrizes

Quando uma matriz B é multiplicada por um vetor $\mathbf{x}$, transforma $\mathbf{x}$ no vetor $B\mathbf{x}$. Se esse vetor, por sua vez, for multiplicado por uma matriz A, o vetor resultante será $A(B\mathbf{x})$. Veja a Figura 2.

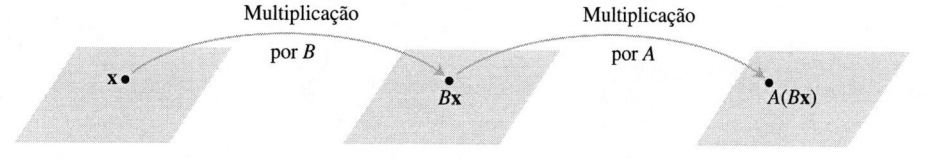

FIGURA 2 Multiplicação por B e depois por A.

Assim, $A(B\mathbf{x})$ é obtido a partir de $\mathbf{x}$ por uma *composição* de aplicações, as transformações lineares estudadas na Seção 1.8. Nosso objetivo é representar essa aplicação composta como uma multiplicação por uma única matriz, denotada por AB, de modo que

$$A(B\mathbf{x}) = (AB)\mathbf{x} \tag{1}$$

Veja a Figura 3.

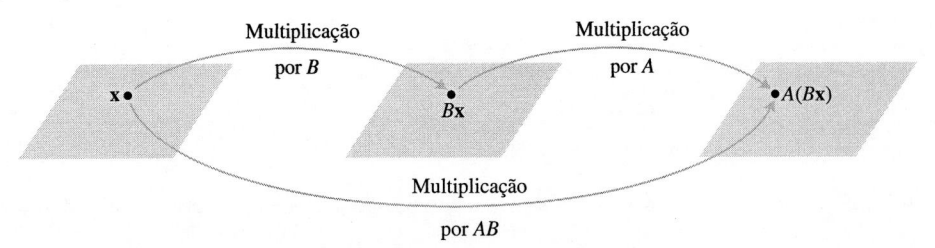

FIGURA 3 Multiplicação por AB.

Se A for $m \times n$, B for $n \times p$ e $\mathbf{x}$ pertencer a $\mathbb{R}^p$, denotaremos as colunas de B por $\mathbf{b}_1, \ldots, \mathbf{b}_p$ e as componentes de $\mathbf{x}$ por $x_1, \ldots, x_p$. Então

$$B\mathbf{x} = x_1\mathbf{b}_1 + \cdots + x_p\mathbf{b}_p$$

Pela linearidade da multiplicação por A,

$$A(B\mathbf{x}) = A(x_1\mathbf{b}_1) + \cdots + A(x_p\mathbf{b}_p)$$
$$= x_1 A\mathbf{b}_1 + \cdots + x_p A\mathbf{b}_p$$

O vetor $A(B\mathbf{x})$ é uma combinação linear dos vetores $A\mathbf{b}_1, \ldots, A\mathbf{b}_p$, em que as componentes de $\mathbf{x}$ são os pesos. Em notação matricial, essa combinação pode ser escrita como

$$A(B\mathbf{x}) = [\, A\mathbf{b}_1 \quad A\mathbf{b}_2 \quad \cdots \quad A\mathbf{b}_p \,]\mathbf{x}$$

Assim, a multiplicação por $[A\mathbf{b}_1\, A\mathbf{b}_2\, \ldots\, A\mathbf{b}_p]$ transforma $\mathbf{x}$ em $A(B\mathbf{x})$. Encontramos a matriz que procurávamos!

DEFINIÇÃO

> Se A for uma matriz $m \times n$ e B for uma matriz $n \times p$ com colunas $\mathbf{b}_1, \ldots, \mathbf{b}_p$, então o produto AB será a matriz $m \times p$ cujas colunas serão $A\mathbf{b}_1, \ldots, A\mathbf{b}_p$. Ou seja,
>
> $$AB = A[\, \mathbf{b}_1 \quad \mathbf{b}_2 \quad \cdots \quad \mathbf{b}_p \,] = [\, A\mathbf{b}_1 \quad A\mathbf{b}_2 \quad \cdots \quad A\mathbf{b}_p \,]$$

Essa definição torna (1) verdadeira para todo $\mathbf{x}$ em $\mathbb{R}^p$. A equação (1) mostra que a aplicação composta na Figura 3 é uma transformação linear e sua matriz canônica é AB. *A multiplicação de matrizes corresponde à composição de transformações lineares.*

EXEMPLO 3 Calcule AB, em que $A = \begin{bmatrix} 2 & 3 \\ 1 & -5 \end{bmatrix}$ e $B = \begin{bmatrix} 4 & 3 & 6 \\ 1 & -2 & 3 \end{bmatrix}$.

SOLUÇÃO Escreva $B = [\mathbf{b}_1 \ \mathbf{b}_2 \ \mathbf{b}_3]$ e calcule:

$$A\mathbf{b}_1 = \begin{bmatrix} 2 & 3 \\ 1 & -5 \end{bmatrix}\begin{bmatrix} 4 \\ 1 \end{bmatrix}, \quad A\mathbf{b}_2 = \begin{bmatrix} 2 & 3 \\ 1 & -5 \end{bmatrix}\begin{bmatrix} 3 \\ -2 \end{bmatrix}, \quad A\mathbf{b}_3 = \begin{bmatrix} 2 & 3 \\ 1 & -5 \end{bmatrix}\begin{bmatrix} 6 \\ 3 \end{bmatrix}$$

$$= \begin{bmatrix} 11 \\ -1 \end{bmatrix} \qquad\qquad = \begin{bmatrix} 0 \\ 13 \end{bmatrix} \qquad\qquad = \begin{bmatrix} 21 \\ -9 \end{bmatrix}$$

Então

$$AB = A[\, \mathbf{b}_1 \quad \mathbf{b}_2 \quad \mathbf{b}_3 \,] = \begin{bmatrix} 11 & 0 & 21 \\ -1 & 13 & -9 \end{bmatrix}$$

$$\phantom{AB = A[\,\mathbf{b}_1\,\mathbf{b}_2\,]} A\mathbf{b}_1 \quad A\mathbf{b}_2 \quad A\mathbf{b}_3$$

Note que, como a primeira coluna de AB é $A\mathbf{b}_1$, esta coluna é uma combinação linear das colunas de A usando as componentes de $\mathbf{b}_1$ como pesos. Uma afirmação semelhante é verdadeira para cada coluna de AB.

> Cada coluna de AB é uma combinação linear das colunas de A usando como pesos as componentes da coluna correspondente de B.

É claro que o número de colunas de A deve ser igual ao número de linhas de B para que uma combinação linear como $A\mathbf{b}_1$ esteja definida. Mais ainda, a definição de AB mostra que AB *tem o mesmo número de linhas que A e o mesmo número de colunas que B.*

EXEMPLO 4   Se A for uma matriz 3×5 e B for uma matriz 5×2, quais serão os tamanhos de AB e BA, caso estejam definidas?

SOLUÇÃO   Como A tem 5 colunas e B tem 5 linhas, o produto AB está definido e é uma matriz 3×2:

$$
\underset{3 \times 5}{\begin{bmatrix} * & * & * & * & * \\ * & * & * & * & * \\ * & * & * & * & * \end{bmatrix}}
\underset{5 \times 2}{\begin{bmatrix} * & * \\ * & * \\ * & * \\ * & * \\ * & * \end{bmatrix}}
=
\underset{3 \times 2}{\begin{bmatrix} * & * \\ * & * \\ * & * \end{bmatrix}}
$$

São iguais

Tamanho de AB

O produto BA *não* está definido porque as 2 colunas de B não combinam com as 3 linhas de A. ∎

A definição de AB é importante para desenvolvimento teórico e de aplicações, mas a regra que se segue fornece um método mais eficiente para o cálculo dos elementos individuais de AB sempre que for necessário resolver um pequeno problema manualmente.

REGRA DA LINHA-POR-COLUNA PARA CALCULAR AB

Se o produto AB estiver definido, então o elemento da i-ésima linha e j-ésima coluna de AB será a soma dos produtos dos elementos correspondentes da i-ésima linha de A com a j-ésima coluna de B. Se $(AB)_{ij}$ denotar o elemento (i, j) de AB, e se A for uma matriz $m \times n$, então

$$(AB)_{ij} = a_{i1}b_{1j} + a_{i2}b_{2j} + \cdots + a_{in}b_{nj}$$

Para verificar essa regra, seja $B = [\mathbf{b}_1 \ \ldots \ \mathbf{b}_p]$. A j-ésima coluna de AB é $A\mathbf{b}_j$ e podemos calculá-la pela regra para calcular $A\mathbf{x}$ na Seção 1.4. A i-ésima componente de $A\mathbf{b}_j$ é a soma dos produtos dos elementos da linha i de A pelas respectivas componentes do vetor $\mathbf{b}_j$, que é exatamente o cálculo descrito pela regra para se calcular o elemento (i, j) de AB.

EXEMPLO 5   Use a regra da linha-por-coluna para calcular dois elementos de AB para as matrizes no Exemplo 3. Uma inspeção dos números envolvidos deixará claro como os dois métodos de cálculo de AB produzem a mesma matriz.

SOLUÇÃO   Para determinar o elemento da linha 1 e da coluna 3 de AB, considere a linha 1 de A e a coluna 3 de B. Multiplique os elementos correspondentes e some os resultados, como é mostrado a seguir:

$$
AB = \begin{bmatrix} 2 & 3 \\ 1 & -5 \end{bmatrix} \begin{bmatrix} 4 & 3 & 6 \\ 1 & -2 & 3 \end{bmatrix} = \begin{bmatrix} \square & \square & 2(6) + 3(3) \\ \square & \square & \square \end{bmatrix} = \begin{bmatrix} \square & \square & 21 \\ \square & \square & \square \end{bmatrix}
$$

Para o elemento da linha 2 e da coluna 2 de AB, use a linha 2 de A e a coluna 2 de B:

$$
\begin{bmatrix} 2 & 3 \\ 1 & -5 \end{bmatrix} \begin{bmatrix} 4 & 3 & 6 \\ 1 & -2 & 3 \end{bmatrix} = \begin{bmatrix} \square & \square & 21 \\ \square & 1(3) + -5(-2) & \square \end{bmatrix} = \begin{bmatrix} \square & \square & 21 \\ \square & 13 & \square \end{bmatrix}
$$
∎

EXEMPLO 6   Determine os elementos da segunda linha de AB, em que

$$
A = \begin{bmatrix} 2 & -5 & 0 \\ -1 & 3 & -4 \\ 6 & -8 & -7 \\ -3 & 0 & 9 \end{bmatrix}, \qquad B = \begin{bmatrix} 4 & -6 \\ 7 & 1 \\ 3 & 2 \end{bmatrix}
$$

SOLUÇÃO Pela regra da linha-por-coluna, os elementos da segunda linha de AB vêm da linha 2 de A (e das colunas de B):

$$\rightarrow \begin{bmatrix} 2 & -5 & 0 \\ -1 & 3 & -4 \\ 6 & -8 & -7 \\ -3 & 0 & 9 \end{bmatrix} \begin{bmatrix} 4 & -6 \\ 7 & 1 \\ 3 & 2 \end{bmatrix}$$

$$= \begin{bmatrix} \square & \square \\ -4+21-12 & 6+3-8 \\ \square & \square \\ \square & \square \end{bmatrix} = \begin{bmatrix} \square & \square \\ 5 & 1 \\ \square & \square \\ \square & \square \end{bmatrix} \quad \blacksquare$$

Como o Exemplo 6 pediu apenas a segunda linha de AB, poderíamos ter escrito apenas a segunda linha de A à esquerda de B e ter calculado

$$\begin{bmatrix} -1 & 3 & -4 \end{bmatrix} \begin{bmatrix} 4 & -6 \\ 7 & 1 \\ 3 & 2 \end{bmatrix} = \begin{bmatrix} 5 & 1 \end{bmatrix}$$

Essa observação sobre as linhas de AB é verdadeira em geral e surge da regra linha-por-coluna. Vamos denotar a i-ésima linha de uma matriz A por $\text{linha}_i(A)$. Então

$$\text{linha}_i(AB) = \text{linha}_i(A) \cdot B \tag{2}$$

Propriedades da Multiplicação de Matrizes

O próximo teorema lista as propriedades básicas da multiplicação de matrizes. Lembre-se de que I_m representa a matriz identidade $m \times m$ e que $I_m\mathbf{x} = \mathbf{x}$ para todo $\mathbf{x}$ em $\mathbb{R}^m$.

TEOREMA 2

Seja A uma matriz $m \times n$ e sejam B e C matrizes com os tamanhos corretos, de modo que as somas e os produtos indicados estejam definidos.

a. $A(BC) = (AB)C$ (associatividade da multiplicação)

b. $A(B + C) = AB + AC$ (distributividade à esquerda)

c. $(B + C)A = BA + CA$ (distributividade à direita)

d. $r(AB) = (rA)B = A(rB)$
para qualquer escalar r

e. $I_m A = A = A I_n$ (identidade para a multiplicação de matrizes)

DEMONSTRAÇÃO As propriedades de (b) a (e) estão consideradas nos exercícios. A propriedade (a) segue do fato de que a multiplicação de matrizes corresponde à composição de transformações lineares (que são funções) e é sabido (ou fácil de verificar) que a composição de funções é associativa. A seguir, temos outra demonstração de (a) que se baseia na "definição por colunas" do produto de duas matrizes. Seja

$$C = \begin{bmatrix} \mathbf{c}_1 & \cdots & \mathbf{c}_p \end{bmatrix}$$

Pela definição da multiplicação de matrizes,

$$BC = \begin{bmatrix} B\mathbf{c}_1 & \cdots & B\mathbf{c}_p \end{bmatrix}$$

$$A(BC) = \begin{bmatrix} A(B\mathbf{c}_1) & \cdots & A(B\mathbf{c}_p) \end{bmatrix}$$

Lembre da equação (1) que a definição de AB torna $A(B\mathbf{x}) = (AB)\mathbf{x}$ para todo $\mathbf{x}$, de modo que

$$A(BC) = \begin{bmatrix} (AB)\mathbf{c}_1 & \cdots & (AB)\mathbf{c}_p \end{bmatrix} = (AB)C \quad \blacksquare$$

A associatividade e a distributividade nos Teoremas 1 e 2 dizem essencialmente que os pares de parênteses nas expressões com matrizes podem ser inseridos ou omitidos da mesma forma que na álgebra dos números reais. Em particular, podemos escrever ABC para o produto, que pode ser calculado tanto como $A(BC)$ quanto como $(AB)C$.[1] De forma análoga, um produto $ABCD$ de quatro matrizes pode ser calculado como $A(BCD)$ ou $(ABC)D$ ou $A(BC)D$, e assim por diante. Não importa como agrupamos as matrizes quando calculamos o produto, contanto que a ordem das matrizes, da esquerda para a direita, seja preservada.

---

[1]Quando a matriz B for quadrada e o número de colunas de C for menor que o número de linhas de A, será mais eficiente calcular $A(BC)$ que $(AB)C$.

A ordem do produto, da esquerda para a direita, é crítica porque, em geral, AB e BA não são iguais. Isso não é de surpreender, pois as colunas de AB são combinações lineares das colunas de A, enquanto as colunas de BA são obtidas a partir das colunas de B. A posição dos fatores no produto AB é enfatizada quando dizemos que A é *multiplicada à direita* por B ou que B é *multiplicada à esquerda* por A. Se $AB = BA$, diremos que A e B **comutam**.

EXEMPLO 7 Sejam $A = \begin{bmatrix} 5 & 1 \\ 3 & -2 \end{bmatrix}$ e $B = \begin{bmatrix} 2 & 0 \\ 4 & 3 \end{bmatrix}$. Mostre que essas matrizes não comutam, ou seja, mostre que $AB \neq BA$.

SOLUÇÃO

$$AB = \begin{bmatrix} 5 & 1 \\ 3 & -2 \end{bmatrix}\begin{bmatrix} 2 & 0 \\ 4 & 3 \end{bmatrix} = \begin{bmatrix} 14 & 3 \\ -2 & -6 \end{bmatrix}$$

$$BA = \begin{bmatrix} 2 & 0 \\ 4 & 3 \end{bmatrix}\begin{bmatrix} 5 & 1 \\ 3 & -2 \end{bmatrix} = \begin{bmatrix} 10 & 2 \\ 29 & -2 \end{bmatrix}$$ ∎

O Exemplo 7 ilustra a primeira da seguinte lista de diferenças importantes entre a álgebra matricial e a álgebra usual dos números reais. Veja os Exercícios 9 a 12 para exemplos dessas situações.

> **ATENÇÃO:**
>
> 1. Em geral, $AB \neq BA$.
> 2. As leis de cancelamento *não* valem para a multiplicação de matrizes. Ou seja, se $AB = AC$, então *não* será verdade, em geral, que $B = C$. (Veja o Exercício 10.)
> 3. Se o produto AB for a matriz nula, *não* se poderá concluir, em geral, que $A = 0$ ou $B = 0$. (Veja o Exercício 12.)

Potências de uma Matriz

Se A for uma matriz $n \times n$ e se k for um inteiro positivo, então A^k denotará o produto de k cópias de A:

$$A^k = \underbrace{A \cdots A}_{k}$$

Se A for diferente de zero e se $\mathbf{x}$ pertencer a $\mathbb{R}^n$, então $A^k\mathbf{x}$ será o resultado da multiplicação de $\mathbf{x}$ à esquerda por A repetidamente k vezes. Se $k = 0$, então $A^0\mathbf{x}$ deveria ser igual a $\mathbf{x}$. Assim, interpretamos A^0 como a matriz identidade. Potências de matrizes são úteis tanto para a teoria como em aplicações (veja as Seções 2.6, 5.9 e, posteriormente, neste texto).

Transposta de uma Matriz

Dada uma matriz A $m \times n$, a **transposta** de A é a matriz $n \times m$, denotada por A^T, cujas colunas são formadas com as linhas correspondentes de A.

EXEMPLO 8 Sejam

$$A = \begin{bmatrix} a & b \\ c & d \end{bmatrix}, \quad B = \begin{bmatrix} -5 & 2 \\ 1 & -3 \\ 0 & 4 \end{bmatrix}, \quad C = \begin{bmatrix} 1 & 1 & 1 & 1 \\ -3 & 5 & -2 & 7 \end{bmatrix}$$

Então

$$A^T = \begin{bmatrix} a & c \\ b & d \end{bmatrix}, \quad B^T = \begin{bmatrix} -5 & 1 & 0 \\ 2 & -3 & 4 \end{bmatrix}, \quad C^T = \begin{bmatrix} 1 & -3 \\ 1 & 5 \\ 1 & -2 \\ 1 & 7 \end{bmatrix}$$ ∎

TEOREMA 3

> Sejam A e B matrizes cujos tamanhos são apropriados para as seguintes somas e produtos.
> a. $(A^T)^T = A$
> b. $(A + B)^T = A^T + B^T$
> c. Para qualquer escalar r, $(rA)^T = rA^T$
> d. $(AB)^T = B^T A^T$

As demonstrações de (a) até (c) são simples e serão omitidas. Para (d), veja o Exercício 41. Em geral, $(AB)^T$ não é igual a $A^T B^T$, mesmo quando os tamanhos de A e B são tais que $A^T B^T$ está definida.

A generalização do Teorema 3(d) para produtos com mais de dois fatores pode ser enunciada em palavras como se segue:

A transposta de um produto de matrizes é igual ao produto de suas transpostas na ordem *inversa*.

Os exercícios contêm exemplos numéricos que ilustram as propriedades das transpostas. A Inteligência Artificial (IA) envolve o aprendizado de um computador para reconhecer informações importantes sobre qualquer coisa que possa ser apresentada de forma digitalizada. Uma área importante da IA é identificar se um objeto em uma imagem corresponde a outro objeto escolhido, como um número, uma impressão digital ou um rosto.

O próximo exemplo usa transposição e multiplicação de matrizes para verificar se um bloco 2×2 de quadrados branco e cinza corresponde ao padrão xadrez na Figura 4.

EXEMPLO 9 Para colocar um bloco 2×2 de quadrados branco e cinza em um computador, é preciso, primeiro, associar 1 a cada quadrado cinza e 0 a cada quadrado branco. Depois o computador transforma os blocos de números em um vetor 4×1 colocando os números em cada coluna abaixo dos números na coluna à sua esquerda.

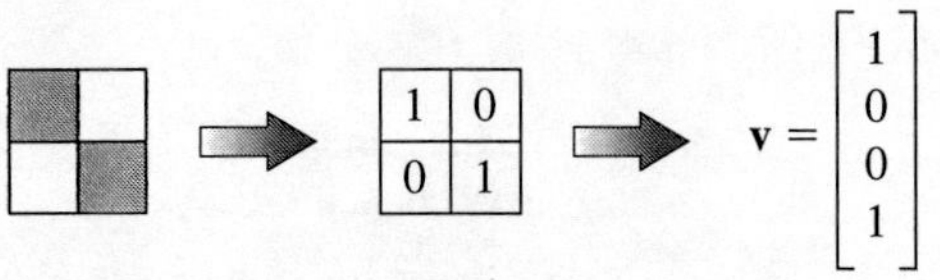

FIGURA 4

Seja $M = \begin{bmatrix} 1 & 0 & 0 & -1 \\ 0 & 1 & 0 & 0 \\ 0 & 0 & 1 & 0 \\ -1 & 0 & 0 & 1 \end{bmatrix}$.

Note que $\mathbf{v}^T M \mathbf{v} = \begin{bmatrix} 1 & 0 & 0 & 1 \end{bmatrix} \begin{bmatrix} 1 & 0 & 0 & -1 \\ 0 & 1 & 0 & 0 \\ 0 & 0 & 1 & 0 \\ -1 & 0 & 0 & 1 \end{bmatrix} \begin{bmatrix} 1 \\ 0 \\ 0 \\ 1 \end{bmatrix} = 0$,

e $\mathbf{w}^T M \mathbf{w} = \begin{bmatrix} 0 & 0 & 0 & 0 \end{bmatrix} \begin{bmatrix} 1 & 0 & 0 & -1 \\ 0 & 1 & 0 & 0 \\ 0 & 0 & 1 & 0 \\ -1 & 0 & 0 & 1 \end{bmatrix} \begin{bmatrix} 0 \\ 0 \\ 0 \\ 0 \end{bmatrix} = 0$, em que $\mathbf{w}$ é o vetor gerado pelo

bloco 2×2 com todos os quadrados brancos. Pode ser verificado que, qualquer que seja o vetor $\mathbf{x}$ gerado por um bloco 2×2 de quadrados brancos e cinzas, se $\mathbf{x}$ for diferente de $\mathbf{v}$ e de $\mathbf{w}$, então o produto $\mathbf{x}^T M \mathbf{x}$ é diferente de zero. Assim, se o computador verifica que o valor de $\mathbf{x}^T M \mathbf{x}$ é diferente de zero, ele sabe que o padrão correspondente a $\mathbf{x}$ não é o xadrez com um quadrado cinza na quina à esquerda no topo.

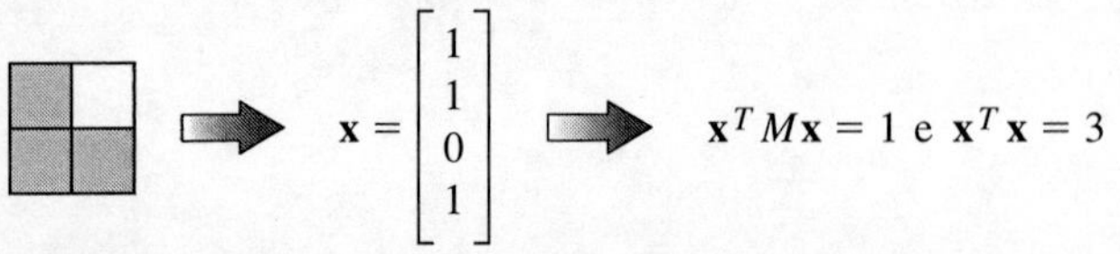

$\mathbf{x} = \begin{bmatrix} 1 \\ 1 \\ 0 \\ 1 \end{bmatrix}$ $\mathbf{x}^T M \mathbf{x} = 1$ e $\mathbf{x}^T \mathbf{x} = 3$

Esse padrão não é o xadrez, já que $\mathbf{x}^T M \mathbf{x} \neq 0$.

$\mathbf{x} = \begin{bmatrix} 1 \\ 0 \\ 0 \\ 1 \end{bmatrix}$ $\mathbf{x}^T M \mathbf{x} = 0$ e $\mathbf{x}^T \mathbf{x} = 2$

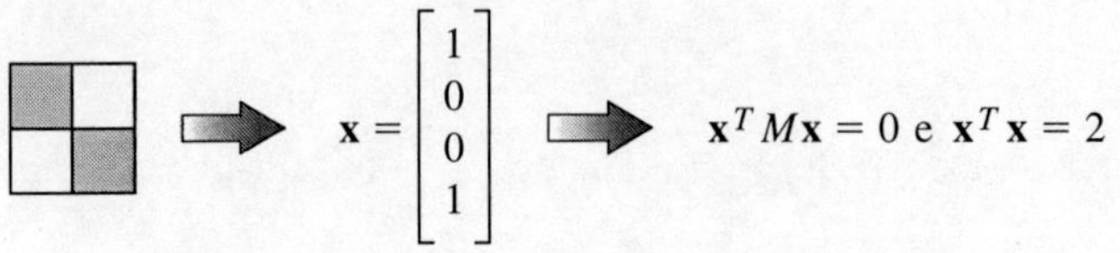

Esse padrão é o xadrez, já que $\mathbf{x}^T M \mathbf{x} = 0$, mas $\mathbf{x}^T \mathbf{x} \neq 0$.

FIGURA 5

No entanto, se o computador encontra $\mathbf{x}^T M\mathbf{x} = 0$, $\mathbf{x}$ pode se igual a $\mathbf{v}$ ou a $\mathbf{w}$. Para distinguir entre os dois, o computador tem de calcular $\mathbf{x}^T \mathbf{x}$, já que $\mathbf{x}^T \mathbf{x} = 0$ se e somente se $\mathbf{x} = \mathbf{w}$.[2] Assim, para concluir que $\mathbf{x}$ é igual a $\mathbf{v}$, o computador tem de encontrar $\mathbf{x}^T M\mathbf{x} = 0$ e $\mathbf{x}^T \mathbf{x} \neq 0$. ∎

O Exemplo 5 da Seção 6.3 ilustra um modo de escolher uma matriz M de maneira que a multiplicação e a transposição matriciais possam ser usadas para identificar um padrão particular de quadrados branco e cinza.

Outro aspecto importante de IA começa até antes dos dados serem introduzidos na máquina. Foi ilustrado, na Seção 1.9, como a multiplicação matricial pode ser usada para mover vetores no espaço. No próximo exemplo, a multiplicação matricial é usada para efetuar o *saneamento* dos dados, preparando-os para processamento.

EXEMPLO 10   As datas dos acidentes das equipes de terra durante os meses de janeiro e fevereiro de 2020 estão listadas nas colunas da matriz T para o Aeroporto Pearson, em Toronto, e da matriz C para o Aeroporto O'Hare, em Chicago:

$$\text{Toronto: } T = \begin{bmatrix} 1 & 12 & 14 & 15 & 21 & 22 & 23 & 1 & 2 & 3 & 12 & 15 & 17 & 19 & 26 \\ 1 & 1 & 1 & 1 & 1 & 1 & 1 & 2 & 2 & 2 & 2 & 2 & 2 & 2 & 2 \end{bmatrix}$$

$$\text{Chicago: } C = \begin{bmatrix} 1 & 1 & 1 & 1 & 1 & 2 & 2 & 2 & 2 & 2 \\ 1 & 11 & 22 & 23 & 24 & 1 & 2 & 5 & 20 & 21 \end{bmatrix}$$

É claro que os dados estão listados de maneira diferente nas duas matrizes. O Canadá e os Estados Unidos têm tradições diferentes sobre o que vem primeiro ao escrever uma data, se é o mês ou o dia. Para a matriz T, o dia está listado na primeira linha e o mês, na segunda. Para a matriz C, o mês está listado na primeira linha e o dia, na segunda. Para usar esses dados, as duas primeiras linhas precisam ser trocadas em uma das matrizes. Revendo os efeitos da multiplicação matricial na Tabela 1 da Seção 1.9, note que a matriz $A = \begin{bmatrix} 0 & 1 \\ 1 & 0 \end{bmatrix}$ troca as coordenadas x_1 e x_2 de qualquer vetor $x = \begin{bmatrix} x_1 \\ x_2 \end{bmatrix}$ em que é aplicada. De fato,

$$AT = \begin{bmatrix} 1 & 1 & 1 & 1 & 1 & 1 & 1 & 2 & 2 & 2 & 2 & 2 & 2 & 2 & 2 \\ 1 & 12 & 14 & 15 & 21 & 22 & 23 & 1 & 2 & 3 & 12 & 15 & 17 & 19 & 26 \end{bmatrix}$$

tem os dados listados na mesma ordem que a matriz C. Agora as matrizes AT e C podem ser colocadas na mesma máquina. ∎

Nos Exercícios 51 e 52, será pedido que você efetue o *saneamento* de dados adicionais para este projeto.[3]

Comentários Numéricos

1. A forma mais rápida de se obter AB em um computador depende da maneira como o computador armazena as matrizes na memória. Os algoritmos-padrão de alto desempenho, como o LAPACK, calculam AB por colunas, como na nossa definição do produto. (Uma versão do LAPACK, codificado em C++, calcula AB por linhas.)

2. A definição de AB se presta bem ao processamento paralelo em computadores. As colunas de B são direcionadas individualmente, ou em grupos, para diferentes processadores, que, de forma independente e, portanto, simultânea, calculam as colunas correspondentes de AB.

Problemas Práticos

1. Como os vetores em $\mathbb{R}^n$ podem ser considerados matrizes $n \times 1$, as propriedades das transpostas no Teorema 3 também se aplicam aos vetores. Sejam

$$A = \begin{bmatrix} 1 & -3 \\ -2 & 4 \end{bmatrix} \quad \text{e} \quad \mathbf{x} = \begin{bmatrix} 5 \\ 3 \end{bmatrix}$$

Calcule $(A\mathbf{x})^T$, $\mathbf{x}^T A^T$, $\mathbf{x}\mathbf{x}^T$ e $\mathbf{x}^T\mathbf{x}$. Será que $A^T\mathbf{x}^T$ está definido?

---

[2]Para ver por que $\mathbf{x}^T \mathbf{x}$ será zero se e somente se $\mathbf{x}$ for $\mathbf{w}$, seja $\mathbf{x}^T = [x_1\, x_2\, x_3\, x_4]$. Então $\mathbf{x}^T \mathbf{x} = x_1^2 + x_2^2 + x_3^2 + x_4^2$ e esta soma será nula se e somente se todas as coordenadas de $\mathbf{x}$ forem iguais a zero. Ou seja, se e somente se $\mathbf{x} = \mathbf{w}$.

[3]Embora os dados neste exemplo e nos exercícios correspondentes sejam fictícios, os estudantes de Análise de Dados na Universidade do Estado de Washington viram que efetuar o saneamento dos dados que receberam é, de fato, um primeiro passo importante na análise dos acidentes da equipe de terra nos três maiores aeroportos dos Estados Unidos.

2. Seja A uma matriz 4×4 e seja $\mathbf{x}$ um vetor em $\mathbb{R}^4$. Qual é a forma mais rápida de se calcular $A^2\mathbf{x}$? Conte as multiplicações.

3. Suponha que A é uma matriz $m \times n$ com todas as linhas idênticas. Suponha que B é uma matriz $n \times p$ com todas as colunas idênticas. O que você pode dizer sobre os elementos de AB?

2.1 EXERCÍCIOS

Nos Exercícios 1 e 2, calcule cada soma ou produto, quando existir. Se não estiver definida, explique por quê. Sejam

$$A = \begin{bmatrix} 2 & 0 & -1 \\ 4 & -3 & 2 \end{bmatrix}, \quad B = \begin{bmatrix} 7 & -5 & 1 \\ 1 & -4 & -3 \end{bmatrix},$$

$$C = \begin{bmatrix} 1 & 2 \\ -2 & 1 \end{bmatrix}, \quad D = \begin{bmatrix} 3 & 5 \\ -1 & 4 \end{bmatrix}, \quad E = \begin{bmatrix} -5 \\ 3 \end{bmatrix}$$

1. $-2A, \quad B - 2A, \quad AC, \quad CD$

2. $A + 2B, \quad 3C - E, \quad CB, \quad EB$

No restante deste conjunto de exercícios e nos que seguem, suponha que cada expressão matricial esteja definida, ou seja, os tamanhos das matrizes e dos vetores envolvidos "combinam" apropriadamente.

3. Seja $A = \begin{bmatrix} 4 & -1 \\ 5 & -2 \end{bmatrix}$. Calcule $3I_2 - A$ e $(3I_2)A$.

4. Calcule $A - 5I_3$ e $(5I_3)A$, em que

$$A = \begin{bmatrix} 9 & -1 & 3 \\ -8 & 7 & -3 \\ -4 & 1 & 8 \end{bmatrix}.$$

Nos Exercícios 5 e 6, calcule o produto AB de duas maneiras: (a) pela definição, com $A\mathbf{b}_1$ e $A\mathbf{b}_2$ calculados separadamente e (b) pela regra da linha-por-coluna para o cálculo do produto AB.

5. $A = \begin{bmatrix} -1 & 2 \\ 5 & 4 \\ 2 & -3 \end{bmatrix}, \quad B = \begin{bmatrix} 3 & -4 \\ -2 & 1 \end{bmatrix}$

6. $A = \begin{bmatrix} 4 & -2 \\ -3 & 0 \\ 3 & 5 \end{bmatrix}, \quad B = \begin{bmatrix} 1 & 3 \\ 4 & -1 \end{bmatrix}$

7. Se uma matriz A for 5×3 e o produto AB for 5×7, qual será o tamanho de B?

8. Quantas linhas B precisa ter para que BC seja uma matriz 3×4?

9. Sejam $A = \begin{bmatrix} 2 & 5 \\ -3 & 1 \end{bmatrix}$ e $B = \begin{bmatrix} 4 & -5 \\ 3 & k \end{bmatrix}$. Quais os valores de k, se existir algum, que fazem com que $AB = BA$?

10. Sejam $A = \begin{bmatrix} 2 & -3 \\ -4 & 6 \end{bmatrix}, B = \begin{bmatrix} 8 & 4 \\ 5 & 5 \end{bmatrix}$ e $C = \begin{bmatrix} 5 & -2 \\ 3 & 1 \end{bmatrix}$. Verifique que $AB = AC$, embora $B \neq C$.

11. Sejam $A = \begin{bmatrix} 1 & 1 & 1 \\ 1 & 2 & 3 \\ 1 & 4 & 5 \end{bmatrix}$ e $D = \begin{bmatrix} 2 & 0 & 0 \\ 0 & 3 & 0 \\ 0 & 0 & 5 \end{bmatrix}$. Calcule AD e DA. Explique como as colunas ou linhas de A mudam quando A é multiplicada por D à direita ou à esquerda. Encontre uma matriz B 3×3, diferente da matriz identidade e da matriz nula, tal que $AB = BA$.

12. Seja $A = \begin{bmatrix} 3 & -6 \\ -1 & 2 \end{bmatrix}$. Construa uma matriz B 2×2 tal que $AB = 0$. Use duas colunas não nulas e distintas para B.

13. Sejam $\mathbf{r}_1, \ldots, \mathbf{r}_p$ vetores em $\mathbb{R}^n$ e Q uma matriz $m \times n$. Escreva a matriz $[Q\mathbf{r}_1 \ldots Q\mathbf{r}_p]$ como um *produto* de duas matrizes (nenhuma é igual à matriz identidade).

14. Seja U a matriz custo 3×2 descrita no Exemplo 6 da Seção 1.8. A primeira coluna de U lista o custo por real de produção para o produto B, e a segunda o custo por real de produção para o produto C. (Os custos estão divididos em categorias como materiais, mão de obra e demais despesas.) Seja $\mathbf{q}_1$ um vetor em $\mathbb{R}^2$ que lista a produção (medida em reais) dos produtos B e C manufaturados durante o primeiro trimestre do ano, e sejam $\mathbf{q}_2, \mathbf{q}_3$ e $\mathbf{q}_4$ os vetores análogos que listam a produção de B e C durante o segundo, terceiro e quarto trimestres, respectivamente. Interprete do ponto de vista econômico os dados na matriz UQ, em que $Q = [\mathbf{q}_1 \; \mathbf{q}_2 \; \mathbf{q}_3 \; \mathbf{q}_4]$.

Os Exercícios 15 a 24 dizem respeito a matrizes arbitrárias A, B e C para as quais as somas e os produtos indicados estejam definidos. Marque cada afirmação como Verdadeira ou Falsa (**V/F**). Justifique cada resposta.

15. (**V/F**) Se A e B forem matrizes 2×2 com colunas $\mathbf{a}_1, \mathbf{a}_2$ e $\mathbf{b}_1, \mathbf{b}_2$, respectivamente, então $AB = [\mathbf{a}_1\mathbf{b}_1 \quad \mathbf{a}_2\mathbf{b}_2]$.

16. (**V/F**) Se A e B forem matrizes 3×3 e $B = [\mathbf{b}_1 \; \mathbf{b}_2 \; \mathbf{b}_3]$, então $AB = [A\mathbf{b}_1 + A\mathbf{b}_2 + A\mathbf{b}_3]$.

17. (**V/F**) Cada coluna de AB é uma combinação linear das colunas de B usando como pesos os elementos da coluna correspondente de A.

18. (**V/F**) A segunda linha de AB é a segunda linha de A multiplicada à direita por B.

19. (**V/F**) $AB + AC = A(B + C)$

20. (**V/F**) $A^T + B^T = (A + B)^T$

21. (**V/F**) $(AB)C = (AC)B$

22. (**V/F**) $(AB)^T = A^TB^T$

23. (**V/F**) A transposta de um produto de matrizes é igual ao produto das suas transpostas na mesma ordem.

24. (**V/F**) A transposta de uma soma de matrizes é igual à soma de suas transpostas.

25. Se $A = \begin{bmatrix} 1 & -2 \\ -2 & 5 \end{bmatrix}$ e $AB = \begin{bmatrix} -1 & 2 & -1 \\ 6 & -9 & 3 \end{bmatrix}$, determine a primeira e a segunda colunas de B.

26. Suponha que as duas primeiras colunas de B, $\mathbf{b}_1$ e $\mathbf{b}_2$, sejam iguais. O que se pode dizer sobre as colunas de AB (se AB estiver definida)? Por quê?

27. Suponha que a terceira coluna de B seja a soma das duas primeiras colunas. O que se pode dizer sobre a terceira coluna de AB? Por quê?

28. Suponha que a segunda coluna de B só tenha zeros. O que se pode dizer sobre a segunda coluna de AB?

29. Suponha que a última coluna de AB só tenha zeros, mas que B não tenha nenhuma coluna de zeros. O que se pode dizer sobre as colunas de A?

30. Mostre que, se as colunas de B forem linearmente dependentes, então as colunas de AB também o serão.

31. Suponha que $CA = I_n$ (a matriz identidade $n \times n$). Mostre que a equação $A\mathbf{x} = \mathbf{0}$ só tem a solução trivial. Explique por que A não pode ter mais colunas que linhas.

32. Suponha que $AD = I_m$ (a matriz identidade $m \times m$). Mostre que, para qualquer $\mathbf{b}$ em $\mathbb{R}^m$, a equação $A\mathbf{x} = \mathbf{b}$ tem solução. [*Sugestão:* Pense sobre a equação $AD\mathbf{b} = \mathbf{b}$.] Explique por que A não pode ter mais linhas que colunas.

33. Suponha que A seja uma matriz $m \times n$ e que existam matrizes $n \times m$ C e D tais que $CA = I_n$ e $AD = I_m$. Prove que $m = n$ e $C = D$. [*Sugestão:* Pense sobre o produto CAD.]

34. Suponha que A seja uma matriz $3 \times n$ cujas colunas geram $\mathbb{R}^3$. Explique como construir uma matriz D $n \times 3$ tal que $AD = I_3$.

Nos Exercícios 35 e 36, considere os vetores em $\mathbb{R}^n$ matrizes $n \times 1$. Para **u** e **v** em $\mathbb{R}^n$, o produto de matrizes $\mathbf{u}^T\mathbf{v}$ é uma matriz 1×1, chamada **produto escalar** ou **produto interno** de **u** e **v**. Esse produto costuma ser escrito apenas por um número, sem colchetes. O produto de matrizes $\mathbf{u}\mathbf{v}^T$ é uma matriz $n \times n$, chamada **produto externo*** de **u** e **v**. Os produtos $\mathbf{u}^T\mathbf{v}$ e $\mathbf{u}\mathbf{v}^T$ aparecerão mais tarde neste livro.

35. Sejam $\mathbf{u} = \begin{bmatrix} -2 \\ 3 \\ -4 \end{bmatrix}$ e $\mathbf{v} = \begin{bmatrix} a \\ b \\ c \end{bmatrix}$. Calcule $\mathbf{u}^T\mathbf{v}$, $\mathbf{v}^T\mathbf{u}$, $\mathbf{u}\mathbf{v}^T$ e $\mathbf{v}\mathbf{u}^T$.

36. Se **u** e **v** estiverem em $\mathbb{R}^n$, qual será a relação entre $\mathbf{u}^T\mathbf{v}$ e $\mathbf{v}^T\mathbf{u}$? E entre $\mathbf{u}\mathbf{v}^T$ e $\mathbf{v}\mathbf{u}^T$?

37. Prove o Teorema 2(b) e 2(c). Use a regra da linha-por-coluna. O elemento (i, j) de $A(B + C)$ pode ser escrito como

$$a_{i1}(b_{1j} + c_{1j}) + \cdots + a_{in}(b_{nj} + c_{nj})$$

$$\text{ou} \sum_{k=1}^{n} a_{ik}(b_{kj} + c_{kj})$$

38. Prove o Teorema 2(d). [*Sugestão:* O elemento (i, j) de $(rA)B$ é $(ra_{i1})b_{1j} + \ldots + (ra_{in})b_{nj}$.]

39. Mostre que $I_m A = A$ quando A é uma matriz $m \times n$. Você pode supor que $I_m\mathbf{x} = \mathbf{x}$ para todo **x** em $\mathbb{R}^m$.

40. Mostre que $AI_n = A$ quando A é uma matriz $m \times n$. [*Sugestão:* Use a definição (por colunas) de AI_n.]

41. Prove o Teorema 3(d). [*Sugestão:* Considere a j-ésima linha de $(AB)^T$.]

42. Obtenha uma fórmula para $(AB\mathbf{x})^T$, em que **x** é um vetor e A e B são matrizes de tamanhos apropriados.

M 43. Utilize um mecanismo de pesquisa na *web*, como o Google, para encontrar a documentação do seu programa para matrizes e escreva os comandos que irão produzir as seguintes matrizes (sem que seja preciso teclar cada elemento da matriz).

    a. Uma matriz 5×6 com todos os elementos nulos.

    b. Uma matriz 3×5 com todos os elementos iguais a um.

    c. A matriz identidade 6×6.

    d. Uma matriz diagonal 5×5 cujos elementos diagonais são 3, 5, 7, 2, 4.

Uma boa maneira de testar novas ideias em álgebra matricial, ou de fazer conjecturas, é fazer cálculos com matrizes escolhidas aleatoriamente. Verificar a propriedade para algumas matrizes não prova a propriedade em geral, mas torna a propriedade mais aceitável. Além disso, se a propriedade for falsa, você poderá descobrir isso quando fizer alguns cálculos.

M 44. Escreva o(s) comando(s) que cria(m) uma matriz 6×4 com elementos escolhidos aleatoriamente. Em que intervalo de números estão esses elementos? Diga como se cria uma matriz aleatória 3×3 cujos elementos são números inteiros entre -9 e 9. [*Sugestão:* Se x for um número aleatório tal que $0 < x < 1$, então $-9,5 < 19(x - 0,5) < 9,5$.]

M 45. Construa uma matriz aleatória A 4×4 e teste se $(A + I)(A - I) = A^2 - I$. A melhor maneira de se fazer isso é calcular $(A + I)(A - I) - (A^2 - I)$ e verificar se essa diferença é a matriz nula. Faça isso para três matrizes aleatórias. Depois, teste se $(A + B)(A - B) = A^2 - B^2$ da mesma forma, com três pares de matrizes aleatórias 4×4. Registre suas conclusões.

M 46. Use pelo menos três pares de matrizes aleatórias 4×4 A e B para testar as igualdades $(A + B)^T = A^T + B^T$ e $(AB)^T = A^TB^T$. (Veja o Exercício 45.) Registre suas conclusões. [*Observação:* A maior parte dos programas para matrizes usa A' para denotar A^T.]

M 47. Seja

$$S = \begin{bmatrix} 0 & 1 & 0 & 0 & 0 \\ 0 & 0 & 1 & 0 & 0 \\ 0 & 0 & 0 & 1 & 0 \\ 0 & 0 & 0 & 0 & 1 \\ 0 & 0 & 0 & 0 & 0 \end{bmatrix}$$

Calcule S^k para $k = 2, \ldots, 6$.

M 48. Descreva, em palavras, o que acontece quando se calcula A^5, A^{10}, A^{20} e A^{30} para

$$A = \begin{bmatrix} 1/6 & 1/2 & 1/3 \\ 1/2 & 1/4 & 1/4 \\ 1/3 & 1/4 & 5/12 \end{bmatrix}$$

M 49. A matriz M pode detectar um padrão branco e cinza específico 2×2 como no Exemplo 9. Crie um vetor **x** não nulo 4×1 escolhendo cada elemento como sendo zero ou um. Teste para ver se **x** corresponde ao padrão correto calculando $\mathbf{x}^T M\mathbf{x}$. Se $\mathbf{x}^T M\mathbf{x} = 0$, então **x** é o padrão identificado por M. Se $\mathbf{x}^T M\mathbf{x} \neq 0$, tente um vetor não nulo diferente contendo zeros e uns. Você pode querer ser sistemático na escolha de cada **x** para evitar testar o mesmo vetor duas vezes. Você está usando a técnica "conjecture e verifique" para determinar que padrões de quadrados branco e cinza em um bloco 2×2 a matriz M detecta.

$$M = \begin{bmatrix} 1 & 0 & -1 & 0 \\ 0 & 1 & 0 & 0 \\ -1 & 0 & 1 & 0 \\ 0 & 0 & 0 & 1 \end{bmatrix}$$

M 50. Repita o Exercício 49 com a matriz

$$M = \begin{bmatrix} 1 & 0 & 0 & -1 \\ 0 & 1 & 0 & -1 \\ 0 & 0 & 1 & 0 \\ -1 & -1 & 0 & 2 \end{bmatrix}$$

M 51. Use a matriz $A = \begin{bmatrix} 0 & 1 \\ 1 & 0 \end{bmatrix}$ para trocar as duas primeiras linhas da matriz M contendo datas dos acidentes no Aeroporto Trudeau, em Montreal.

Montreal:

$$M = \begin{bmatrix} 2 & 3 & 16 & 24 & 25 & 26 & 6 & 7 & 19 & 26 \\ 1 & 1 & 1 & 1 & 1 & 1 & 2 & 2 & 2 & 2 \end{bmatrix}$$

O saneamento dos dados na matriz M gerou a matriz AM, e agora os dados podem ser colocados na mesma máquina que os outros dados do Exemplo 10.

M 52. Use a matriz $B = \begin{bmatrix} 1 & 0 & 0 \\ 0 & 1 & 0 \end{bmatrix}$ para remover a última linha na matriz N contendo as datas de acidentes no Aeroporto JFK em Nova York.

Nova York:

$$N = \begin{bmatrix} 1 & 1 & 1 & 1 & 2 & 2 & 2 \\ 1 & 12 & 21 & 22 & 3 & 20 & 21 \\ 2020 & 2020 & 2020 & 2020 & 2020 & 2020 & 2020 \end{bmatrix}$$

O saneamento dos dados na matriz N gerou a matriz BN, e agora os dados podem ser colocados na mesma máquina que os dados do Exemplo 10.

---

*N. T.: não confunda com o produto vetorial em $\mathbb{R}^3$, que alguns autores em Portugal chamam produto externo.

Soluções dos Problemas Práticos

1. $A\mathbf{x} = \begin{bmatrix} 1 & -3 \\ -2 & 4 \end{bmatrix} \begin{bmatrix} 5 \\ 3 \end{bmatrix} = \begin{bmatrix} -4 \\ 2 \end{bmatrix}$. Assim, $(A\mathbf{x})^T = \begin{bmatrix} -4 & 2 \end{bmatrix}$. Além disso,

$$\mathbf{x}^T A^T = \begin{bmatrix} 5 & 3 \end{bmatrix} \begin{bmatrix} 1 & -2 \\ -3 & 4 \end{bmatrix} = \begin{bmatrix} -4 & 2 \end{bmatrix}.$$

As grandezas $(A\mathbf{x})^T$ e $\mathbf{x}^T A^T$ são iguais, como é esperado pelo Teorema 3(d). Depois,

$$\mathbf{x}\mathbf{x}^T = \begin{bmatrix} 5 \\ 3 \end{bmatrix} \begin{bmatrix} 5 & 3 \end{bmatrix} = \begin{bmatrix} 25 & 15 \\ 15 & 9 \end{bmatrix}$$

$$\mathbf{x}^T \mathbf{x} = \begin{bmatrix} 5 & 3 \end{bmatrix} \begin{bmatrix} 5 \\ 3 \end{bmatrix} = \begin{bmatrix} 25 + 9 \end{bmatrix} = 34$$

Uma matriz 1×1, como $\mathbf{x}^T\mathbf{x}$, costuma ser escrita sem colchetes. Finalmente, $A^T\mathbf{x}^T$ não está definida, pois $\mathbf{x}^T$ não tem duas linhas para combinar com as duas colunas de A^T.

2. A forma mais rápida de se calcular $A^2\mathbf{x}$ é calculando $A(A\mathbf{x})$. O produto $A\mathbf{x}$ requer 16 multiplicações, 4 para cada elemento, e $A(A\mathbf{x})$ requer outras 16. Por outro lado, A^2 requer 64 multiplicações, 4 para cada um dos 16 elementos de A^2. Depois disso, $A^2\mathbf{x}$ necessita de outras 16 multiplicações, totalizando 80.

3. Note primeiro que, pela definição da multiplicação de matrizes,

$$AB = \begin{bmatrix} A\mathbf{b}_1 & A\mathbf{b}_2 & \cdots & A\mathbf{b}_n \end{bmatrix} = \begin{bmatrix} A\mathbf{b}_1 & A\mathbf{b}_1 & \cdots & A\mathbf{b}_1 \end{bmatrix},$$

de modo que as colunas de AB são idênticas. Agora lembre que $\text{linha}_i(AB) = \text{linha}_i(A) \cdot (B)$. Como todas as linhas de A são idênticas, todas as linhas de AB são idênticas. Juntando as informações sobre as linhas e as colunas, segue que todos os elementos de AB são iguais.

2.2 INVERSA DE UMA MATRIZ

A álgebra matricial fornece ferramentas para manipular equações matriciais e criar fórmulas úteis de maneira semelhante à álgebra usual com números reais. Esta seção investiga o análogo matricial do elemento recíproco, ou inverso multiplicativo, de um número real não nulo.

Lembre-se de que o inverso multiplicativo de um número como 5 é 1/5 ou 5^{-1}. Esse inverso satisfaz a equação

$$5^{-1}(5) = 1 \quad \text{e} \quad 5(5^{-1}) = 1$$

A generalização matricial requer *ambas* as equações e evita a notação com uma barra (para a divisão) porque a multiplicação matricial não é comutativa. Além disso, uma generalização completa só é possível quando as matrizes são quadradas.[1]

Uma matriz A $n \times n$ é dita **invertível** se existir uma matriz C $n \times n$ tal que

$$CA = I \quad \text{e} \quad AC = I$$

em que $I = I_n$ é a matriz identidade $n \times n$. Nesse caso, dizemos que C é uma **inversa** de A. De fato, C está determinada de maneira única por A, pois, se B fosse outra inversa de A, teríamos $B = BI = B(AC) = (BA)C = IC = C$. Essa inversa única é denotada por A^{-1}, de modo que

$$A^{-1}A = I \quad \text{e} \quad AA^{-1} = I$$

Uma matriz que *não* é invertível é, às vezes, chamada **matriz singular,** e uma matriz invertível é chamada **matriz não singular**.

---

[1] Poderíamos dizer que uma matriz A $m \times n$ é invertível se existirem matrizes $n \times m$ C e D tais que $CA = I_n$ e $AD = I_m$. No entanto, essas equações implicam que A é quadrada e $C = D$. Portanto, A é invertível no sentido definido anteriormente. Veja os Exercícios 31 a 33 na Seção 2.1.

EXEMPLO 1

Se $A = \begin{bmatrix} 2 & 5 \\ -3 & -7 \end{bmatrix}$ e $C = \begin{bmatrix} -7 & -5 \\ 3 & 2 \end{bmatrix}$, então

$$AC = \begin{bmatrix} 2 & 5 \\ -3 & -7 \end{bmatrix}\begin{bmatrix} -7 & -5 \\ 3 & 2 \end{bmatrix} = \begin{bmatrix} 1 & 0 \\ 0 & 1 \end{bmatrix} \text{ e}$$

$$CA = \begin{bmatrix} -7 & -5 \\ 3 & 2 \end{bmatrix}\begin{bmatrix} 2 & 5 \\ -3 & -7 \end{bmatrix} = \begin{bmatrix} 1 & 0 \\ 0 & 1 \end{bmatrix}$$

Portanto, $C = A^{-1}$. ■

Aqui está uma fórmula simples para calcular a inversa de uma matriz 2×2, junto com um teste para verificar se a inversa existe.

TEOREMA 4

Seja $A = \begin{bmatrix} a & b \\ c & d \end{bmatrix}$. Se $ad - bc \neq 0$, então A será invertível e

$$A^{-1} = \frac{1}{ad - bc}\begin{bmatrix} d & -b \\ -c & a \end{bmatrix}$$

Se $ad - bc = 0$, então A não será invertível.

A demonstração simples do Teorema 4 está delineada nos Exercícios 35 e 36. A grandeza $ad - bc$ é chamada **determinante** de A e escrevemos

$$\det A = ad - bc$$

O Teorema 4 diz que uma matriz A 2×2 é invertível se e somente se $\det A \neq 0$.

EXEMPLO 2 Determine a inversa de $A = \begin{bmatrix} 3 & 4 \\ 5 & 6 \end{bmatrix}$.

SOLUÇÃO Como $\det A = 3(6) - 4(5) = -2 \neq 0$, A é invertível e

$$A^{-1} = \frac{1}{-2}\begin{bmatrix} 6 & -4 \\ -5 & 3 \end{bmatrix} = \begin{bmatrix} 6/(-2) & -4/(-2) \\ -5/(-2) & 3/(-2) \end{bmatrix} = \begin{bmatrix} -3 & 2 \\ 5/2 & -3/2 \end{bmatrix}$$ ■

As matrizes invertíveis são indispensáveis em álgebra linear — principalmente para cálculos algébricos e dedução de fórmulas, como no próximo teorema. Também há ocasiões em que a matriz inversa proporciona uma compreensão melhor para os modelos matemáticos de aplicações concretas, como no Exemplo 3.

TEOREMA 5

Se A for uma matriz invertível $n \times n$, então, para cada $\mathbf{b}$ em $\mathbb{R}^n$, a equação $A\mathbf{x} = \mathbf{b}$ terá uma única solução, a saber, $\mathbf{x} = A^{-1}\mathbf{b}$.

DEMONSTRAÇÃO Considere um $\mathbf{b}$ arbitrário em $\mathbb{R}^n$. A solução existe porque quando $\mathbf{x}$ é substituído por $A^{-1}\mathbf{b}$, temos $A\mathbf{x} = A(A^{-1}\mathbf{b}) = (AA^{-1})\mathbf{b} = I\mathbf{b} = \mathbf{b}$. Portanto, $A^{-1}\mathbf{b}$ é uma solução. Para provar que a solução é única, vamos mostrar que, se $\mathbf{u}$ for qualquer solução, então $\mathbf{u}$ terá de ser igual a $A^{-1}\mathbf{b}$. De fato, se $A\mathbf{u} = \mathbf{b}$, podemos multiplicar os dois lados por A^{-1} e obter

$$A^{-1}A\mathbf{u} = A^{-1}\mathbf{b}, \quad I\mathbf{u} = A^{-1}\mathbf{b} \quad \text{e} \quad \mathbf{u} = A^{-1}\mathbf{b}$$ ■

EXEMPLO 3 Uma barra elástica horizontal é sustentada em cada uma de suas extremidades e sofre a ação de forças nos pontos 1, 2, 3, como na Figura 1. Seja $\mathbf{f}$ em $\mathbb{R}^3$ o vetor de forças nesses pontos e seja $\mathbf{y}$ em $\mathbb{R}^3$ o vetor das deflexões (ou seja, do movimento) da barra nos três pontos. Usando a lei de Hooke da física, pode-se mostrar que

$$\mathbf{y} = D\mathbf{f}$$

em que D é uma *matriz de flexibilidade*. Sua inversa é chamada *matriz de rigidez*. Descreva o significado físico das colunas de D e de D^{-1}.

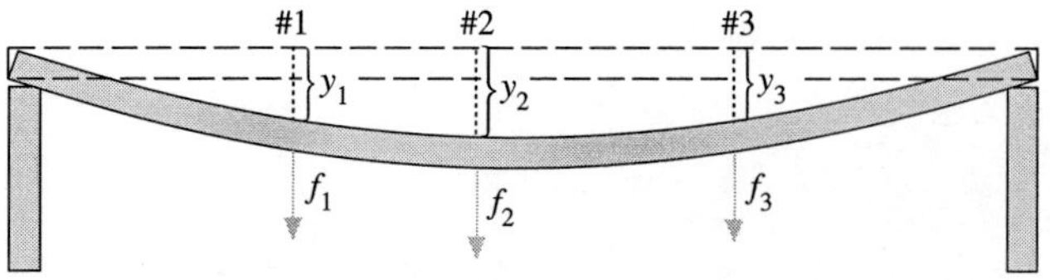

FIGURA 1 Deflexão de uma barra elástica.

SOLUÇÃO Escreva $I_3 = [\mathbf{e}_1 \ \mathbf{e}_2 \ \mathbf{e}_3]$ e note que

$$D = DI_3 = [\, D\mathbf{e}_1 \quad D\mathbf{e}_2 \quad D\mathbf{e}_3\,]$$

Interprete o vetor $\mathbf{e}_1 = (1, 0, 0)$ como uma força de uma unidade aplicada para baixo no ponto 1 da barra (com força nula nos outros dois pontos). Então $D\mathbf{e}_1$, a primeira coluna de D, representa as deflexões devido a uma força unitária no ponto 1. Valem interpretações análogas para a segunda e a terceira colunas de D.

Para estudar a matriz de rigidez D^{-1}, note que a equação $\mathbf{f} = D^{-1}\mathbf{y}$ calcula o vetor de força $\mathbf{f}$ quando é dado um vetor de deflexão $\mathbf{y}$. Escrevemos

$$D^{-1} = D^{-1}I_3 = [\, D^{-1}\mathbf{e}_1 \quad D^{-1}\mathbf{e}_2 \quad D^{-1}\mathbf{e}_3\,]$$

Agora, interprete $\mathbf{e}_1$ como um vetor de deflexão. Então $D^{-1}\mathbf{e}_1$ lista as forças que criaram a deflexão. Ou seja, a primeira coluna de D^{-1} lista as forças que devem ser aplicadas nos três pontos de modo a produzir uma deflexão de uma unidade no ponto 1 e deflexão zero nos outros pontos. De forma análoga, as colunas 2 e 3 de D^{-1} fornecem as forças necessárias para produzir deflexões unitárias nos pontos 2 e 3, respectivamente. Em cada coluna, uma ou duas das forças precisam ser negativas (apontar para cima) para produzir uma deflexão unitária no ponto desejado e deflexão zero nos outros dois pontos. Se a flexibilidade for medida, por exemplo, em centímetros de deflexão por quilo de carga, então os elementos da matriz de rigidez serão dados em quilo de carga por centímetro de deflexão. ∎

A fórmula no Teorema 5 raramente é usada para resolver a equação $A\mathbf{x} = \mathbf{b}$ de maneira numérica, porque o escalonamento de $[A \ \mathbf{b}]$ é quase sempre mais rápido. (O escalonamento, em geral, também é mais preciso quando é necessário fazer arredondamentos.) Uma possível exceção é o caso 2×2. Nesse caso, cálculos mentais para resolver $A\mathbf{x} - \mathbf{b}$ são, às vezes, mais fáccis usando a fórmula para A^{-1}, como no próximo exemplo.

EXEMPLO 4 Use a inversa da matriz A no Exemplo 2 para resolver o sistema

$$3x_1 + 4x_2 = 3$$
$$5x_1 + 6x_2 = 7$$

SOLUÇÃO Esse sistema é equivalente a $A\mathbf{x} = \mathbf{b}$, de modo que

$$\mathbf{x} = A^{-1}\mathbf{b} = \begin{bmatrix} -3 & 2 \\ 5/2 & -3/2 \end{bmatrix} \begin{bmatrix} 3 \\ 7 \end{bmatrix} = \begin{bmatrix} 5 \\ -3 \end{bmatrix}$$ ∎

O próximo teorema fornece três fatos úteis a respeito de matrizes invertíveis.

TEOREMA 6

a. Se A for uma matriz invertível, então A^{-1} será invertível e

$$(A^{-1})^{-1} = A$$

b. Se A e B forem matrizes invertíveis $n \times n$, então AB também será invertível e sua inversa será o produto das inversas de A e B em ordem inversa. Ou seja,

$$(AB)^{-1} = B^{-1}A^{-1}$$

c. Se A for uma matriz invertível, então A^T também será invertível e sua inversa será a transposta de A^{-1}. Ou seja,

$$(A^T)^{-1} = (A^{-1})^T$$

DEMONSTRAÇÃO Para verificar (a), devemos encontrar uma matriz C tal que

$$A^{-1}C = I \quad \text{e} \quad CA^{-1} = I$$

De fato, essas equações já são satisfeitas com A no lugar de C. Assim, A^{-1} é invertível e A é a sua inversa. Em seguida, para provar (b), calculamos:

$$(AB)(B^{-1}A^{-1}) = A(BB^{-1})A^{-1} = AIA^{-1} = AA^{-1} = I$$

Um cálculo semelhante mostra que $(B^{-1}A^{-1})(AB) = I$. Para o item (c), use o Teorema 3(d), lido da direita para a esquerda: $(A^{-1})^T A^T = (AA^{-1})^T = I^T = I$. Analogamente, $A^T(A^{-1})^T = I^T = I$. Portanto, A^T é invertível, e sua inversa é $(A^{-1})^T$. ∎

Observação: O item (b) ilustra o importante papel que as definições desempenham nas demonstrações. O teorema afirma que $B^{-1}A^{-1}$ é a inversa de AB. A demonstração estabelece isso mostrando que $B^{-1}A^{-1}$ satisfaz à definição do que significa ser a inversa de AB. Por outro lado, a inversa de AB é uma matriz que, quando multiplicada à esquerda (ou à direita) por AB, fornece como resultado a matriz de identidade I. Assim, a demonstração consiste em mostrar que $B^{-1}A^{-1}$ possui essa propriedade.

A seguinte generalização do Teorema 6(b) será necessária mais adiante.

> O produto de matrizes invertíveis $n \times n$ é invertível, e a inversa é o produto de suas inversas na ordem invertida.

Existe uma ligação importante entre matrizes invertíveis e operações elementares que leva a um método para o cálculo das inversas. Como veremos, uma matriz invertível A é equivalente por linhas a uma matriz identidade, e podemos calcular A^{-1} *observando o escalonamento de A para I*.

Matrizes Elementares

Uma **matriz elementar** é uma matriz obtida da matriz identidade por meio de uma única operação elementar em suas linhas. O próximo exemplo ilustra os três tipos diferentes de matrizes elementares.

EXEMPLO 5   Sejam

$$E_1 = \begin{bmatrix} 1 & 0 & 0 \\ 0 & 1 & 0 \\ -4 & 0 & 1 \end{bmatrix}, \quad E_2 = \begin{bmatrix} 0 & 1 & 0 \\ 1 & 0 & 0 \\ 0 & 0 & 1 \end{bmatrix}, \quad E_3 = \begin{bmatrix} 1 & 0 & 0 \\ 0 & 1 & 0 \\ 0 & 0 & 5 \end{bmatrix},$$

$$A = \begin{bmatrix} a & b & c \\ d & e & f \\ g & h & i \end{bmatrix}$$

Calcule $E_1 A$, $E_2 A$, $E_3 A$ e descreva como esses produtos podem ser obtidos por meio de operações elementares nas linhas de A.

SOLUÇÃO   Verifique que

$$E_1 A = \begin{bmatrix} a & b & c \\ d & e & f \\ g - 4a & h - 4b & i - 4c \end{bmatrix}, \quad E_2 A = \begin{bmatrix} d & e & f \\ a & b & c \\ g & h & i \end{bmatrix},$$

$$E_3 A = \begin{bmatrix} a & b & c \\ d & e & f \\ 5g & 5h & 5i \end{bmatrix}.$$

A soma de -4 vezes a linha 1 de A à linha 3 produz $E_1 A$. (Essa é uma operação de substituição de linha.) Trocando entre si as linhas 1 e 2 de A, obtemos $E_2 A$, e a multiplicação da linha 3 de A por 5 produz $E_3 A$. ∎

A multiplicação à esquerda (isto é, a multiplicação do lado esquerdo) por E_1 no Exemplo 5 tem o mesmo efeito em qualquer matriz $3 \times n$, somando -4 vezes a linha 1 à linha 3. Em particular, como $E_1 \cdot I = E_1$, vemos que a *própria* E_1 é gerada por essa mesma operação elementar na matriz identidade. Assim, o Exemplo 5 ilustra o seguinte fato geral sobre matrizes elementares. Veja os Exercícios 37 e 38.

> Se uma operação elementar for realizada em uma matriz A $m \times n$, a matriz resultante pode ser escrita com EA, em que E é a matriz $m \times m$ obtida realizando-se a mesma operação elementar em I_m.

Uma vez que as operações elementares são reversíveis, como foi demonstrado na Seção 1.1, as matrizes elementares são invertíveis, pois, se E for obtida por meio de uma operação elementar em I, então existirá outra operação elementar do mesmo tipo que transforma E de volta para I. Portanto, existe uma matriz elementar F tal que $FE = I$. Como E e F correspondem a operações reversas, também temos $EF = I$.

Toda matriz elementar E é invertível. A inversa de E é a matriz elementar do mesmo tipo que transforma E de volta para I.

EXEMPLO 6   Determine a inversa de $E_1 = \begin{bmatrix} 1 & 0 & 0 \\ 0 & 1 & 0 \\ -4 & 0 & 1 \end{bmatrix}$.

SOLUÇÃO   Para transformar E_1 em I, some $+4$ vezes a linha 1 à linha 3. A matriz elementar que faz isso é

$$E_1^{-1} = \begin{bmatrix} 1 & 0 & 0 \\ 0 & 1 & 0 \\ +4 & 0 & 1 \end{bmatrix}$$
■

O próximo teorema fornece a melhor forma de "visualizar" uma matriz invertível, e o teorema leva imediatamente a um método para que seja determinada a inversa de uma matriz.

TEOREMA 7   Uma matriz A $n \times n$ é invertível se e somente se A for equivalente por linhas a I_n, e, nesse caso, toda sequência de operações elementares que transforma A em I_n também transforma I_n em A^{-1}.

Observação: O comentário na demonstração do Teorema 11, no Capítulo 1, dizia que "P se e somente se Q" é equivalente a duas afirmações: (1) "Se P, então Q" e (2) "Se Q, então P". A segunda afirmação é chamada *recíproca* da primeira, que explica o uso da palavra *reciprocamente* no segundo parágrafo da demonstração.

DEMONSTRAÇÃO   Suponha que A seja invertível. Então, como a equação $A\mathbf{x} = \mathbf{b}$ tem solução para todo $\mathbf{b}$ (Teorema 5), A terá uma posição de pivô em cada linha (Teorema 4 na Seção 1.4). Como A é quadrada, as n posições de pivô precisam estar na diagonal, o que implica a forma escalonada reduzida de A ser I_n. Ou seja, $A \sim I_n$.

Reciprocamente, suponha que $A \sim I_n$. Então, como cada passo do escalonamento de A corresponde à multiplicação por uma matriz elementar à esquerda, existirão matrizes elementares $E_1, \ldots, E_p$ tais que

$$A \sim E_1 A \sim E_2(E_1 A) \sim \cdots \sim E_p(E_{p-1} \cdots E_1 A) = I_n$$

Ou seja,

$$E_p \cdots E_1 A = I_n \tag{1}$$

Como o produto $E_p \ldots E_1$ de matrizes invertíveis é invertível, a equação (1) leva a

$$(E_p \cdots E_1)^{-1}(E_p \cdots E_1)A = (E_p \cdots E_1)^{-1} I_n$$
$$A = (E_p \cdots E_1)^{-1}$$

Logo A é invertível, já que é a inversa de uma matriz invertível (Teorema 6). Além disso,

$$A^{-1} = \left[(E_p \cdots E_1)^{-1} \right]^{-1} = E_p \cdots E_1$$

Então $A^{-1} = E_p \ldots E_1 I_n$, o que nos diz que A^{-1} resulta da multiplicação sucessiva de $E_1, \ldots, E_p$ por I_n. Essa é a mesma sequência em (1) que reduziu A a I_n. ■

Algoritmo para Determinar A^{-1}

Se posicionarmos as matrizes A e I lado a lado, de modo a formar uma matriz aumentada $[A \ I]$, então as operações elementares nessa matriz produzirão operações idênticas em A e em I. Pelo Teorema 7, ou existem operações elementares que transformam A em I_n e I_n em A^{-1} ou, então, A não é invertível.

ALGORITMO PARA DETERMINAR A^{-1}

Escalone a matriz aumentada $[A \ I]$. Se A for equivalente por linhas a I, então $[A \ I]$ será equivalente por linhas a $[I \ A^{-1}]$. Caso contrário, A não tem inversa.

EXEMPLO 7   Determine a inversa da matriz $A = \begin{bmatrix} 0 & 1 & 2 \\ 1 & 0 & 3 \\ 4 & -3 & 8 \end{bmatrix}$, caso exista.

SOLUÇÃO

$$[A \quad I] = \begin{bmatrix} 0 & 1 & 2 & 1 & 0 & 0 \\ 1 & 0 & 3 & 0 & 1 & 0 \\ 4 & -3 & 8 & 0 & 0 & 1 \end{bmatrix} \sim \begin{bmatrix} 1 & 0 & 3 & 0 & 1 & 0 \\ 0 & 1 & 2 & 1 & 0 & 0 \\ 4 & -3 & 8 & 0 & 0 & 1 \end{bmatrix}$$

$$\sim \begin{bmatrix} 1 & 0 & 3 & 0 & 1 & 0 \\ 0 & 1 & 2 & 1 & 0 & 0 \\ 0 & -3 & -4 & 0 & -4 & 1 \end{bmatrix} \sim \begin{bmatrix} 1 & 0 & 3 & 0 & 1 & 0 \\ 0 & 1 & 2 & 1 & 0 & 0 \\ 0 & 0 & 2 & 3 & -4 & 1 \end{bmatrix}$$

$$\sim \begin{bmatrix} 1 & 0 & 3 & 0 & 1 & 0 \\ 0 & 1 & 2 & 1 & 0 & 0 \\ 0 & 0 & 1 & 3/2 & -2 & 1/2 \end{bmatrix}$$

$$\sim \begin{bmatrix} 1 & 0 & 0 & -9/2 & 7 & -3/2 \\ 0 & 1 & 0 & -2 & 4 & -1 \\ 0 & 0 & 1 & 3/2 & -2 & 1/2 \end{bmatrix}$$

Como $A \sim I$, o Teorema 7 mostra que A é invertível e

$$A^{-1} = \begin{bmatrix} -9/2 & 7 & -3/2 \\ -2 & 4 & -1 \\ 3/2 & -2 & 1/2 \end{bmatrix}$$ ∎

Respostas Razoáveis

Uma vez encontrado um candidato razoável para a inversa de uma matriz, você pode verificar se sua resposta está correta encontrando o produto de A com A^{-1}. Para a inversa da matriz A encontrada no Exemplo 7, note que

$$AA^{-1} = \begin{bmatrix} 0 & 1 & 2 \\ 1 & 0 & 3 \\ 4 & -3 & 8 \end{bmatrix} \begin{bmatrix} -9/2 & 7 & -3/2 \\ -2 & 4 & -1 \\ 3/2 & -2 & 1/2 \end{bmatrix} = \begin{bmatrix} 1 & 0 & 0 \\ 0 & 1 & 0 \\ 0 & 0 & 1 \end{bmatrix}$$

confirmando que a resposta está correta. Não é necessário verificar que $A^{-1}A = I$, já que A é invertível.

Outra Abordagem da Inversão de Matrizes

Denote as colunas de I_n por $\mathbf{e}_1, \ldots, \mathbf{e}_n$. Então o escalonamento de $[A \quad I]$ para $[I \quad A^{-1}]$ pode ser visto como a solução simultânea dos n sistemas

$$A\mathbf{x} = \mathbf{e}_1, \quad A\mathbf{x} = \mathbf{e}_2, \quad \ldots, \quad A\mathbf{x} = \mathbf{e}_n \tag{2}$$

em que as "colunas aumentadas" desses sistemas foram todas colocadas lado a lado para formar a matriz $[A \ \mathbf{e}_1 \ \mathbf{e}_2 \ \ldots \ \mathbf{e}_n] = [A \quad I]$. A equação $AA^{-1} = I$ e a definição de multiplicação matricial mostram que as colunas de A^{-1} são exatamente as soluções dos sistemas em (2). Essa observação se torna útil porque, em algumas aplicações, pode ser necessário determinar apenas uma ou duas das colunas A^{-1}. Nesse caso, apenas os sistemas correspondentes em (2) precisam ser resolvidos.

Comentário Numérico

Na prática, A^{-1} raramente é calculada, a não ser que os elementos de A^{-1} sejam necessários. Calcular tanto A^{-1} quanto $A^{-1}\mathbf{b}$ consome cerca de três vezes mais operações aritméticas do que resolver a equação $A\mathbf{x} = \mathbf{b}$ por escalonamento, e o escalonamento ainda pode ser mais preciso.

Problemas Práticos

1. Use determinantes para indicar quais das seguintes matrizes são invertíveis.

a. $\begin{bmatrix} 3 & -9 \\ 2 & 6 \end{bmatrix}$ b. $\begin{bmatrix} 4 & -9 \\ 0 & 5 \end{bmatrix}$ c. $\begin{bmatrix} 6 & -9 \\ -4 & 6 \end{bmatrix}$

2. Determine a inversa da matriz $A = \begin{bmatrix} 1 & -2 & -1 \\ -1 & 5 & 6 \\ 5 & -4 & 5 \end{bmatrix}$, caso exista.

3. Se A for uma matriz invertível, prove que $5A$ também será invertível.

2.2 EXERCÍCIOS

Determine as inversas das matrizes nos Exercícios 1 a 4.

1. $\begin{bmatrix} 8 & 3 \\ 5 & 2 \end{bmatrix}$ 2. $\begin{bmatrix} 3 & 1 \\ 7 & 2 \end{bmatrix}$

3. $\begin{bmatrix} 8 & 3 \\ -7 & -3 \end{bmatrix}$ 4. $\begin{bmatrix} 3 & -2 \\ 7 & -4 \end{bmatrix}$

5. Verifique que a inversa que você encontrou no Exercício 1 está correta.

6. Verifique que a inversa que você encontrou no Exercício 2 está correta.

7. Use a inversa encontrada no Exercício 1 para resolver o sistema
$$8x_1 + 3x_2 = 2$$
$$5x_1 + 2x_2 = -1$$

8. Use a inversa encontrada no Exercício 2 para resolver o sistema
$$3x_1 + x_2 = -2$$
$$7x_1 + 2x_2 = 3$$

9. Sejam $A = \begin{bmatrix} 1 & 2 \\ 5 & 12 \end{bmatrix}$, $\mathbf{b}_1 = \begin{bmatrix} -1 \\ 3 \end{bmatrix}$, $\mathbf{b}_2 = \begin{bmatrix} 1 \\ -5 \end{bmatrix}$, $\mathbf{b}_3 = \begin{bmatrix} 2 \\ 6 \end{bmatrix}$ e $\mathbf{b}_4 = \begin{bmatrix} 3 \\ 5 \end{bmatrix}$.

    a. Determine A^{-1} e use-a para resolver as quatro equações
$$A\mathbf{x} = \mathbf{b}_1, \quad A\mathbf{x} = \mathbf{b}_2, \quad A\mathbf{x} = \mathbf{b}_3, \quad A\mathbf{x} = \mathbf{b}_4$$

    b. As quatro equações no item (a) podem ser resolvidas pelo mesmo conjunto de operações elementares, já que a matriz dos coeficientes é a mesma em cada caso. Resolva as quatro equações do item (a) escalonando a matriz aumentada $[A \ \mathbf{b}_1 \ \mathbf{b}_2 \ \mathbf{b}_3 \ \mathbf{b}_4]$.

10. Use a álgebra de matrizes para mostrar que, se A for invertível e D satisfizer $AD = I$, então $D = A^{-1}$.

Nos Exercícios 11 a 20, marque cada afirmação como Verdadeira ou Falsa (V/F). Justifique cada resposta.

11. (V/F) Para que uma matriz B seja a inversa de A, as equações $AB = I$ e $BA = I$ precisam ser ambas verdadeiras.

12. (V/F) Um produto de matrizes invertíveis $n \times n$ é invertível, e a inversa do produto é o produto de suas inversas na mesma ordem.

13. (V/F) Se A e B forem matrizes $n \times n$ invertíveis, então $A^{-1}B^{-1}$ será a inversa de AB.

14. (V/F) Se A for invertível, então a inversa de A^{-1} será a própria A.

15. (V/F) Se $A = \begin{bmatrix} a & b \\ c & d \end{bmatrix}$ e $ab - cd \neq 0$, então A será invertível.

16. (V/F) Se $A = \begin{bmatrix} a & b \\ c & d \end{bmatrix}$ e $ad = bc$, então A não será invertível.

17. (V/F) Se A for uma matriz invertível $n \times n$, então a equação $A\mathbf{x} = \mathbf{b}$ será consistente para *cada* $\mathbf{b}$ em $\mathbb{R}^n$.

18. (V/F) Se A puder ser escalonada até se transformar na matriz identidade, então A terá de ser invertível.

19. (V/F) Toda matriz elementar é invertível.

20. (V/F) Se A for invertível, então as operações elementares que transformam A na identidade I_n também transformarão A^{-1} em I_n.

21. Seja A uma matriz invertível $n \times n$ e seja B uma matriz $n \times p$. Mostre que a equação $AX = B$ tem uma única solução $A^{-1}B$.

22. Seja A uma matriz invertível $n \times n$ e seja B uma matriz $n \times p$. Explique por que $A^{-1}B$ pode ser calculada por escalonamento:
$$\text{Se } [A \quad B] \sim \cdots \sim [I \quad X], \text{ então } X = A^{-1}B.$$

Se A for maior que 2×2, então o escalonamento de $[A\,B]$ será muito mais rápido que o cálculo de A^{-1} e $A^{-1}B$.

23. Suponha que $AB = AC$, em que B e C sejam matrizes $n \times p$ e A seja invertível. Mostre que $B = C$. Isso é verdadeiro, em geral, se A não for invertível?

24. Suponha que $(B - C)D = 0$, em que B e C sejam matrizes $m \times n$ e D seja invertível. Mostre que $B = C$.

25. Suponha que A, B e C sejam matrizes invertíveis $n \times n$. Mostre que ABC também é invertível encontrando uma matriz D tal que $(ABC)D = I$ e $D(ABC) = I$.

26. Suponha que A e B sejam matrizes $n \times n$ tais que B e AB sejam invertíveis. Mostre que A é invertível. [*Sugestão:* Seja $C = AB$ e resolva esta equação para A.]

27. Resolva a equação $AB = BC$ para A, supondo que A, B e C sejam matrizes quadradas e B seja invertível.

28. Suponha que P é invertível e $A = PBP^{-1}$. Resolva para B em termos de A.

29. Se A, B e C forem matrizes $n \times n$ invertíveis, a equação $C^{-1}(A + X)B^{-1} = I_n$ terá solução X? Em caso afirmativo, encontre-a.

30. Suponha que A, B e X sejam matrizes $n \times n$ invertíveis com A, X e $A - AX$ invertíveis e suponha que
$$(A - AX)^{-1} = X^{-1}B \tag{3}$$

    a. Explique por que B é invertível.

    b. Resolva a equação (3) para X. Se for necessário encontrar a inversa de uma matriz, explique por que é invertível.

31. Explique por que as colunas de uma matriz A $n \times n$ são linearmente independentes quando A é invertível.

32. Explique por que as colunas de uma matriz A $n \times n$ geram $\mathbb{R}^n$ quando A é invertível. [*Sugestão:* Reveja o Teorema 4 na Seção 1.4.]

33. Suponha que A seja uma matriz $n \times n$ e a equação $A\mathbf{x} = \mathbf{0}$ tenha apenas a solução trivial. Explique por que A tem n colunas pivôs e é equivalente por linhas a I_n. Pelo Teorema 7, isso mostra que A tem de ser invertível. (Este exercício e o Exercício 34 serão citados na Seção 2.3.)

34. Suponha que A seja uma matriz $n \times n$ e a equação $A\mathbf{x} = \mathbf{b}$ tenha solução para cada $\mathbf{b}$ em $\mathbb{R}^n$. Explique por que A tem de ser invertível. [*Sugestão:* A é equivalente por linhas a I_n?]

Os Exercícios 35 e 36 provam o Teorema 4 para $A = \begin{bmatrix} a & b \\ c & d \end{bmatrix}$.

35. Mostre que, se $ad - bc = 0$, então a equação $A\mathbf{x} = \mathbf{0}$ terá mais de uma solução. Por que isso implica A não ser invertível? [*Sugestão:* Considere primeiro o caso em que $a = b = 0$. Depois, se a e b não forem ambos nulos, considere o vetor $\mathbf{x} = \begin{bmatrix} -b \\ a \end{bmatrix}$.]

36. Mostre que, se $ad - bc \neq 0$, a fórmula para A^{-1} funcionará.

Os Exercícios 37 e 38 mostram casos particulares dos fatos sobre matrizes elementares enunciados logo após o Exemplo 5. Aqui, A é uma matriz 3×3 e $I = I_3$. (Uma demonstração geral precisaria de um pouco mais de notação.)

37. a. Use a equação (1) da Seção 2.1 para mostrar que $\text{linha}_i(A) = \text{linha}_i(I) \cdot A$ para $i = 1, 2, 3$.

    b. Mostre que, se as linhas 1 e 2 da matriz A forem permutadas, então o resultado poderá ser escrito na forma EA, em que E é a matriz elementar formada pela permuta das linhas 1 e 2 de I.

    c. Mostre que, se a linha 3 de A for multiplicada por 5, então o resultado poderá ser escrito na forma EA, em que E é formada multiplicando-se a linha 3 de I por 5.

38. Suponha que a linha 3 de A seja substituída por $\text{linha}_3(A) - 4\text{linha}_1(A)$. Mostre que o resultado pode ser escrito na forma EA, em que E é formada substituindo-se a linha_3 de I por $\text{linha}_3(I) - 4\text{linha}_1(I)$.

Encontre as inversas das matrizes nos Exercícios 39 a 42, caso existam. Use o algoritmo introduzido nesta seção.

39. $\begin{bmatrix} 1 & 2 \\ 4 & 7 \end{bmatrix}$

40. $\begin{bmatrix} 5 & 10 \\ 4 & 7 \end{bmatrix}$

41. $\begin{bmatrix} 1 & 0 & -2 \\ -3 & 1 & 4 \\ 2 & -3 & 4 \end{bmatrix}$

42. $\begin{bmatrix} 1 & -2 & 1 \\ 4 & -7 & 3 \\ -2 & 6 & -4 \end{bmatrix}$

43. Use o algoritmo desta seção para encontrar as inversas de

$$\begin{bmatrix} 1 & 0 & 0 \\ 1 & 1 & 0 \\ 1 & 1 & 1 \end{bmatrix} \quad e \quad \begin{bmatrix} 1 & 0 & 0 & 0 \\ 1 & 1 & 0 & 0 \\ 1 & 1 & 1 & 0 \\ 1 & 1 & 1 & 1 \end{bmatrix}.$$

Generalizando, considere a matriz correspondente A $n \times n$ e seja B sua inversa. Conjecture qual deve ser a forma de B e depois mostre que $AB = I$ e $BA = I$.

44. Repita a estratégia do Exercício 43 para conjecturar a forma da inversa de

$$A = \begin{bmatrix} 1 & 0 & 0 & \cdots & 0 \\ 1 & 2 & 0 & & 0 \\ 1 & 2 & 3 & & 0 \\ \vdots & & & \ddots & \vdots \\ 1 & 2 & 3 & \cdots & n \end{bmatrix}.$$

Mostre que sua conjectura está correta.

45. Seja $A = \begin{bmatrix} -2 & -7 & -9 \\ 2 & 5 & 6 \\ 1 & 3 & 4 \end{bmatrix}$. Calcule a terceira coluna de A^{-1} sem calcular as outras colunas.

M 46. Seja $A = \begin{bmatrix} -25 & -9 & -27 \\ 546 & 180 & 537 \\ 154 & 50 & 149 \end{bmatrix}$. Calcule a segunda e a terceira colunas de A^{-1} sem calcular a primeira.

47. Seja $A = \begin{bmatrix} 1 & 2 \\ 1 & 3 \\ 1 & 5 \end{bmatrix}$. Construa uma matriz C 2×3 (por tentativa

e erro) usando como elementos apenas 1, –1 e 0, tal que $CA = I_2$. Calcule AC e note que $AC \neq I_3$.

48. Seja $A = \begin{bmatrix} 1 & 1 & 1 & 0 \\ 0 & 1 & 1 & 1 \end{bmatrix}$. Construa uma matriz D 4×2 usando como elementos apenas 1 e 0, tal que $AD = I_2$. É possível encontrar uma matriz C 4×2 tal que $CA = I_4$? Por quê?

49. Seja $D = \begin{bmatrix} 0,005 & 0,002 & 0,001 \\ 0,002 & 0,004 & 0,002 \\ 0,001 & 0,002 & 0,005 \end{bmatrix}$ uma matriz de flexibilidade, com a flexibilidade medida em polegadas por libra. Suponha que sejam aplicadas forças de 30, 50 e 20 libras nos pontos 1, 2 e 3, respectivamente, na Figura 1 do Exemplo 3. Determine as deflexões correspondentes.

M 50. Calcule a matriz de rigidez D^{-1} para a matriz D no Exercício 49. Liste as forças necessárias para produzir uma deflexão de 0,04 polegada no ponto 3 com deflexão zero nos outros pontos.

M 51. Seja $D = \begin{bmatrix} 0,0040 & 0,0030 & 0,0010 & 0,0005 \\ 0,0030 & 0,0050 & 0,0030 & 0,0010 \\ 0,0010 & 0,0030 & 0,0050 & 0,0030 \\ 0,0005 & 0,0010 & 0,0030 & 0,0040 \end{bmatrix}$ uma matriz de flexibilidade para uma barra elástica com quatro pontos, onde são aplicadas forças. As unidades são centímetros por newton de força. As medidas nos quatro pontos mostram deflexões de 0,08, 0,12, 0,16 e 0,12 cm. Determine as forças nos quatro pontos.

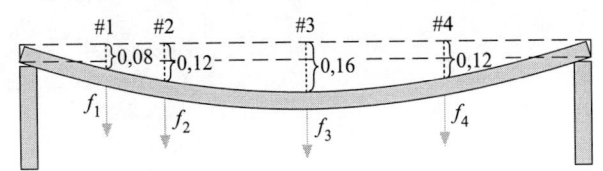

Deflexão da barra elástica nos Exercícios 51 e 52.

M 52. Com D como no Exercício 51, determine as forças que produzem uma deflexão de 0,24 cm no segundo ponto da barra e deflexão zero nos outros três pontos. Qual é a relação entre a resposta do problema e os elementos de D^{-1}? [*Sugestão:* Considere, primeiro, o caso em que a deflexão é de 1 cm no segundo ponto.]

Soluções dos Problemas Práticos

1. a. $\det \begin{bmatrix} 3 & -9 \\ 2 & 6 \end{bmatrix} = 3 \cdot 6 - (-9) \cdot 2 = 18 + 18 = 36$. O determinante é diferente de zero, de modo que a matriz é invertível.

b. $\det \begin{bmatrix} 4 & -9 \\ 0 & 5 \end{bmatrix} = 4 \cdot 5 - (-9) \cdot 0 = 20 \neq 0$. A matriz é invertível.

c. $\det \begin{bmatrix} 6 & -9 \\ -4 & 6 \end{bmatrix} = 6 \cdot 6 - (-9)(-4) = 36 - 36 = 0$. A matriz não é invertível.

2. $[A \quad I] \sim \begin{bmatrix} 1 & -2 & -1 & 1 & 0 & 0 \\ -1 & 5 & 6 & 0 & 1 & 0 \\ 5 & -4 & 5 & 0 & 0 & 1 \end{bmatrix}$

$\sim \begin{bmatrix} 1 & -2 & -1 & 1 & 0 & 0 \\ 0 & 3 & 5 & 1 & 1 & 0 \\ 0 & 6 & 10 & -5 & 0 & 1 \end{bmatrix}$

$\sim \begin{bmatrix} 1 & -2 & -1 & 1 & 0 & 0 \\ 0 & 3 & 5 & 1 & 1 & 0 \\ 0 & 0 & 0 & -7 & -2 & 1 \end{bmatrix}$

Então [*A I*] é equivalente por linhas a uma matriz da forma [*B D*], em que *B* é quadrada e tem uma linha de zeros. Operações elementares adicionais não irão transformar *B* em *I*, de modo que podemos parar. *A* não tem inversa.

3. Como *A* é uma matriz invertível, existe uma matriz *C* tal que *AC* = *I* = *CA*. O objetivo é encontrar uma matriz *D* tal que (5*A*)*D* = *I* = *D*(5*A*). Escolha *D* = 1/5 *C*. A aplicação do Teorema 2 da Seção 2.1 estabelece que (5*A*)(1/5 *C*) = (5)(1/5)(*AC*) = 1 *I* = *I* e (1/5 *C*)(5*A*) = (1/5)(5)(*CA*) = 1 *I* = *I*. Logo 1/5 *C* é, de fato, a inversa de 5*A*, o que prova que 5*A* é invertível.

2.3 CARACTERIZAÇÕES DE MATRIZES INVERTÍVEIS

Esta seção fornece uma revisão da maior parte dos conceitos introduzidos no Capítulo 1 relacionados a sistemas lineares de *n* equações e *n* incógnitas e a matrizes *quadradas*. O resultado principal é o Teorema 8.

TEOREMA 8

Teorema da Matriz Invertível

Seja *A* uma matriz quadrada *n* × *n*. Então as afirmações a seguir são equivalentes. Ou seja, para uma dada matriz *A*, as afirmações são todas verdadeiras ou todas falsas.

a. *A* é uma matriz invertível.
b. *A* é equivalente por linhas à matriz identidade *n* × *n*.
c. *A* tem *n* posições de pivô.
d. A equação *A***x** = **0** admite apenas a solução trivial.
e. As colunas de *A* formam um conjunto linearmente independente.
f. A transformação linear **x** ↦ *A***x** é injetora.
g. A equação *A***x** = **b** tem pelo menos uma solução para cada **b** em ℝ^n.
h. As colunas de *A* geram ℝ^n.
i. A transformação linear **x** ↦ *A***x** é sobrejetora.
j. Existe uma matriz *C* *n* × *n* tal que *CA* = *I*.
k. Existe uma matriz *D* *n* × *n* tal que *AD* = *I*.
l. *A^T* é uma matriz invertível.

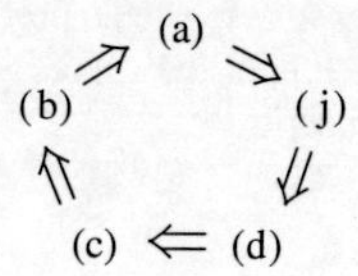

Primeiramente, precisamos de mais notação. Se a afirmação (j) for verdadeira sempre que a afirmação (a) for verdadeira, diremos que (a) *implica* (j) e escreveremos (a) ⇒ (j). Iremos estabelecer o "círculo" de implicações mostrado na Figura 1. Se qualquer uma dessas cinco afirmações for verdadeira, então as outras também serão. Depois, iremos ligar as demais afirmações do teorema às afirmações desse círculo.

FIGURA 1

DEMONSTRAÇÃO Se (a) for verdade, então poderemos escolher *C* em (j) como *A*⁻¹, logo (a) ⇒ (j). Temos que (j) ⇒ (d) pelo Exercício 31 na Seção 2.1. (Volte e leia o exercício.) Além disso, (d) ⇒ (c) pelo Exercício 33 na Seção 2.2. Se *A* for quadrada e tiver *n* posições de pivô, então os pivôs terão de estar na diagonal principal e, neste caso, a forma escalonada reduzida de *A* é *I$_n$*. Portanto, (c) ⇒ (b). Pelo Teorema 7 na Seção 2.2, (b) ⇒ (a). Isso completa o círculo na Figura 1.

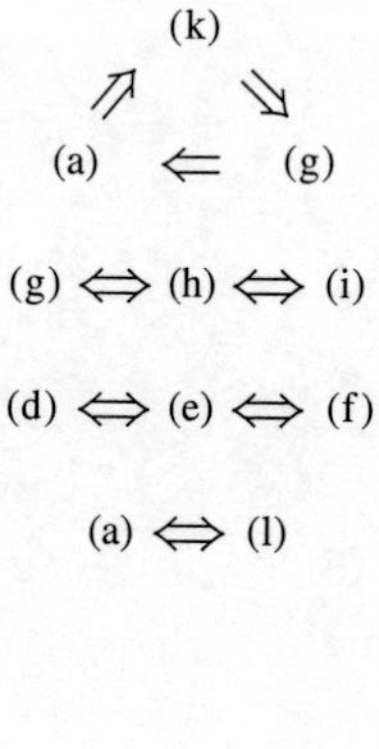

Prosseguindo, (a) ⇒(k) porque podemos escolher *D* como *A*⁻¹. Temos que (k) ⇒ (g) pelo Exercício 32 na Seção 2.1 e (g) ⇒ (a) pelo Exercício 34 na Seção 2.2. Assim, os itens (k) e (g) estão ligados ao círculo. Além disso, (g), (h) e (i) são equivalentes para toda matriz *A*, pelo Teorema 4 na Seção 1.4 e pelo Teorema 12(a) na Seção 1.9, de modo que (h) e (i) também estão ligados através de (g) ao círculo.

Como (d) pertence ao círculo, então (e) e (f) também estão ligados ao círculo, já que (d), (e) e (f) são equivalentes para *qualquer* matriz *A*. (Veja a Seção 1.7 e o Teorema 12(b) na Seção 1.9.) Finalmente, (a) ⇒ (l) pelo Teorema 6(c) na Seção 2.2 e (l) ⇒ (a) pelo mesmo teorema com *A* e *A^T* trocados. Isso completa a demonstração. ∎

Por causa do Teorema 5 na Seção 2.2, a afirmação (g) no Teorema 8 também poderia ser escrita como: "A equação *A***x** = **b** admite uma *única* solução para cada **b** em ℝ^n". Essa afirmação por certo implica (b) e, portanto, implica *A* ser invertível.

O próximo fato segue do Teorema 8 do Exercício 10 da Seção 2.2.

Sejam *A* e *B* matrizes quadradas. Se *AB* = *I*, então *A* e *B* serão invertíveis, com *B* = *A*⁻¹ e *A* = *B*⁻¹.

O Teorema da Matriz Invertível divide o conjunto de todas as matrizes $n \times n$ em duas classes disjuntas: (I) as matrizes invertíveis (não singulares) e (II) as matrizes singulares (não invertíveis). Cada afirmação no teorema descreve uma propriedade comum a todas as matrizes invertíveis $n \times n$. A *negação* de uma afirmação do teorema descreve uma propriedade comum a todas as matrizes singulares $n \times n$. Por exemplo, uma matriz singular $n \times n$ *não* é equivalente por linhas a I_n, *não* tem n posições de pivô e tem colunas linearmente *dependentes*. As negações das outras afirmações serão consideradas nos exercícios.

EXEMPLO 1 Use o Teorema da Matriz Invertível para decidir se A é invertível:

$$A = \begin{bmatrix} 1 & 0 & -2 \\ 3 & 1 & -2 \\ -5 & -1 & 9 \end{bmatrix}$$

SOLUÇÃO

$$A \sim \begin{bmatrix} 1 & 0 & -2 \\ 0 & 1 & 4 \\ 0 & -1 & -1 \end{bmatrix} \sim \begin{bmatrix} 1 & 0 & -2 \\ 0 & 1 & 4 \\ 0 & 0 & 3 \end{bmatrix}$$

Então A tem três posições de pivô e, portanto, é invertível pelo Teorema da Matriz Invertível (afirmação c). ∎

O poder do Teorema da Matriz Invertível está na ligação entre tantos conceitos importantes, como a independência linear das colunas de uma matriz e a existência de soluções para equações da forma $A\mathbf{x} = \mathbf{b}$. No entanto, é preciso enfatizar que o Teorema da Matriz Invertível se *aplica apenas às matrizes quadradas*. Por exemplo, se as colunas de uma matriz 4×3 forem linearmente independentes, não poderemos usar o Teorema da Matriz Invertível para concluir nada a respeito da existência ou não de soluções de equações da forma $A\mathbf{x} = \mathbf{b}$.

Transformações Lineares Invertíveis

Lembre da Seção 2.1 em que a multiplicação de matrizes corresponde à composição de transformações lineares. Quando uma matriz A é invertível, a equação $A^{-1}A\mathbf{x} = \mathbf{x}$ pode ser interpretada como uma afirmação sobre transformações lineares. Veja a Figura 2.

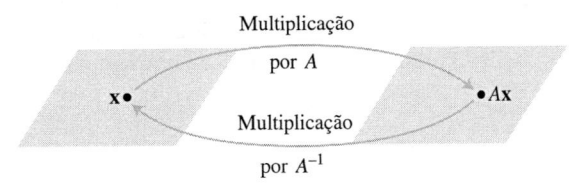

Multiplicação
por A

$\mathbf{x} \bullet$

$\bullet A\mathbf{x}$

Multiplicação
por A^{-1}

FIGURA 2 A^{-1} leva $A\mathbf{x}$ de volta para $\mathbf{x}$.

Uma transformação linear $T : \mathbb{R}^n \rightarrow \mathbb{R}^n$ é **invertível** se existir uma função $S : \mathbb{R}^n \rightarrow \mathbb{R}^n$ tal que

$$S(T(\mathbf{x})) = \mathbf{x} \quad \text{para todo } \mathbf{x} \text{ em } \mathbb{R}^n \tag{1}$$

$$T(S(\mathbf{x})) = \mathbf{x} \quad \text{para todo } \mathbf{x} \text{ em } \mathbb{R}^n \tag{2}$$

O próximo teorema mostra que, se existir tal S, essa função será única e terá de ser uma transformação linear. Chamamos S de **inversa** da transformação T e a denotamos por T^{-1}.

TEOREMA 9 Seja $T : \mathbb{R}^n \rightarrow \mathbb{R}^n$ uma transformação linear e seja A a matriz canônica de T. Então T será invertível se e somente se A for uma matriz invertível. Neste caso, a transformação linear S definida por $S(\mathbf{x}) = A^{-1}\mathbf{x}$ é a única função que satisfaz as equações (1) e (2).

Observação: Veja o comentário na demonstração do Teorema 7.

DEMONSTRAÇÃO Suponha T invertível. Então (2) mostra que T é sobrejetora, pois se **b** pertencer a $\mathbb{R}^n$ e $\mathbf{x} = S(\mathbf{b})$, então $T(\mathbf{x}) = T(S(\mathbf{b})) = \mathbf{b}$, de modo que todo **b** pertencerá à imagem de T. Assim, pela afirmação (i) do Teorema da Matriz Invertível, A é invertível.

Reciprocamente, suponha A invertível e seja $S(\mathbf{x}) = A^{-1}\mathbf{x}$. Então, S é uma transformação linear e é claro que satisfaz (1) e (2). Por exemplo,

$$S(T(\mathbf{x})) = S(A\mathbf{x}) = A^{-1}(A\mathbf{x}) = \mathbf{x}$$

Portanto, T é invertível. A demonstração de que S é única está delineada no Exercício 47. ∎

EXEMPLO 2 O que se pode dizer sobre uma transformação linear T injetora de $\mathbb{R}^n$ em $\mathbb{R}^n$?

SOLUÇÃO As colunas de A, matriz canônica de T, são linearmente independentes (pelo Teorema 12 na Seção 1.9). Portanto, pelo Teorema da Matriz Invertível, A é invertível e T é *sobrejetora*. Além disso, pelo Teorema 9, T é invertível. ∎

Comentários Numéricos

Na prática, pode-se encontrar, de forma ocasional, uma matriz "quase singular" ou **mal condicionada** — uma matriz invertível que pode se tornar singular se algum elemento for alterado ligeiramente. Nesse caso, o escalonamento pode gerar menos que n posições de pivô devido aos erros de arredondamento. E também, às vezes, os erros de arredondamento podem fazer com que uma matriz singular pareça ser invertível.

Alguns programas para matrizes calculam um **número de singularidade** para uma matriz quadrada. Quanto maior for o número de singularidade, mais próxima estará a matriz de ser singular. O número de singularidade da matriz identidade é 1. Uma matriz singular tem número de singularidade infinito. Em casos extremos, um programa para matrizes pode não ser capaz de distinguir entre uma matriz singular e uma matriz mal condicionada.

Os Exercícios 49 a 53 mostram que os cálculos com matrizes podem produzir erros substanciais quando o número de singularidade for muito grande.

Problemas Práticos

1. Determine se $A = \begin{bmatrix} 2 & 3 & 4 \\ 2 & 3 & 4 \\ 2 & 3 & 4 \end{bmatrix}$ é invertível.

2. Suponha que, para certa matriz A $n \times n$, a afirmação (g) do Teorema da Matriz Invertível *não* seja válida. O que se pode dizer sobre as equações da forma $A\mathbf{x} = \mathbf{b}$?

3. Suponha que A e B sejam matrizes $n \times n$ e a equação $AB\mathbf{x} = \mathbf{0}$ tenha solução não trivial. O que se pode dizer sobre a matriz AB?

2.3 EXERCÍCIOS

A não ser que seja dito o contrário, iremos supor que todas as matrizes nos exercícios a seguir sejam $n \times n$. Nos Exercícios 1 a 10, determine quais as matrizes invertíveis. Use a menor quantidade possível de cálculos. Justifique suas respostas.

1. $\begin{bmatrix} 5 & 7 \\ -3 & -6 \end{bmatrix}$

2. $\begin{bmatrix} -4 & 6 \\ 6 & -9 \end{bmatrix}$

3. $\begin{bmatrix} 5 & 0 & 0 \\ -3 & -7 & 0 \\ 8 & 5 & -1 \end{bmatrix}$

4. $\begin{bmatrix} -7 & 0 & 4 \\ 3 & 0 & -1 \\ 2 & 0 & 9 \end{bmatrix}$

5. $\begin{bmatrix} 0 & 3 & -5 \\ 1 & 0 & 2 \\ -4 & -9 & 7 \end{bmatrix}$

6. $\begin{bmatrix} 1 & -5 & -4 \\ 0 & 3 & 4 \\ -3 & 6 & 0 \end{bmatrix}$

7. $\begin{bmatrix} -1 & -3 & 0 & 1 \\ 3 & 5 & 8 & -3 \\ -2 & -6 & 3 & 2 \\ 0 & -1 & 2 & 1 \end{bmatrix}$

8. $\begin{bmatrix} 1 & 3 & 7 & 4 \\ 0 & 5 & 9 & 6 \\ 0 & 0 & 2 & 8 \\ 0 & 0 & 0 & 10 \end{bmatrix}$

M 9. $\begin{bmatrix} 4 & 0 & -7 & -7 \\ -6 & 1 & 11 & 9 \\ 7 & -5 & 10 & 19 \\ -1 & 2 & 3 & -1 \end{bmatrix}$

M 10. $\begin{bmatrix} 5 & 3 & 1 & 7 & 9 \\ 6 & 4 & 2 & 8 & -8 \\ 7 & 5 & 3 & 10 & 9 \\ 9 & 6 & 4 & -9 & -5 \\ 8 & 5 & 2 & 11 & 4 \end{bmatrix}$

Nos Exercícios 11 a 20, todas as matrizes são $n \times n$. Cada parte dos exercícios é uma *implicação* da forma "Se <afirmação 1>, então <afirmação 2>". Marque uma implicação como Verdadeira somente se a veracidade da <afirmação 2> *sempre* seguir da veracidade da <afirmação 1>. Uma implicação será Falsa se existir um exemplo em que a "afirmação 2" seja falsa, mas a "afirmação 1" seja verdadeira. Justifique cada resposta.

11. **(V/F)** Se a equação $A\mathbf{x} = \mathbf{0}$ admitir apenas a solução trivial, então A será equivalente por linhas à matriz identidade $n \times n$.

12. **(V/F)** Se existir uma matriz D $n \times n$ tal que $AD = I$, então existirá uma matriz C $n \times n$ tal que $CA = I$.

13. **(V/F)** Se as colunas de A gerarem $\mathbb{R}^n$, então as colunas serão linearmente independentes.

14. **(V/F)** Se as colunas de A forem linearmente independentes, então as colunas de A gerarão $\mathbb{R}^n$.

15. **(V/F)** Se A for uma matriz $n \times n$, então a equação $A\mathbf{x} = \mathbf{b}$ admitirá pelo menos uma solução para cada $\mathbf{b}$ em $\mathbb{R}^n$.

16. **(V/F)** Se a equação $A\mathbf{x} = \mathbf{b}$ tiver pelo menos uma solução para cada $\mathbf{b}$ em $\mathbb{R}^n$, então a solução será única para cada $\mathbf{b}$.

17. **(V/F)** Se a equação $A\mathbf{x} = \mathbf{0}$ admitir solução não trivial, então A terá menos de n posições de pivô.

18. **(V/F)** Se a transformação linear $\mathbf{x} \mapsto A\mathbf{x}$ for uma aplicação de $\mathbb{R}^n$ em $\mathbb{R}^n$, então A terá n posições de pivô.

19. **(V/F)** Se A^T não for invertível, então A não será invertível.

20. **(V/F)** Se existir um $\mathbf{b}$ em $\mathbb{R}^n$ tal que a equação $A\mathbf{x} = \mathbf{b}$ seja consistente, então a transformação $\mathbf{x} \mapsto A\mathbf{x}$ não será injetora.

21. Uma **matriz triangular superior** $m \times n$ é uma matriz cujos elementos *abaixo* da diagonal principal são todos iguais a zero (como no Exercício 8). Quando uma matriz triangular superior quadrada é invertível? Justifique sua resposta.

22. Uma **matriz triangular inferior** $m \times n$ é uma matriz cujos elementos *acima* da diagonal principal são todos iguais a zero (como no Exercício 3). Quando uma matriz triangular inferior quadrada é invertível? Justifique sua resposta.

23. Uma matriz quadrada com duas colunas idênticas pode ser invertível? Por quê?

24. É possível que uma matriz 5×5 cujas colunas não geram $\mathbb{R}^5$ seja invertível? Por quê?

25. Se uma matriz A for invertível, então as colunas de A^{-1} serão linearmente independentes. Explique por quê.

26. Se C for 6×6 e se a equação $C\mathbf{x} = \mathbf{v}$ for consistente para todo $\mathbf{v}$ em $\mathbb{R}^6$, é possível que, para algum $\mathbf{v}$, a equação $C\mathbf{x} = \mathbf{v}$ tenha mais de uma solução? Por quê?

27. Se as colunas de uma matriz D 7×7 forem linearmente independentes, o que se poderá dizer sobre as soluções de $D\mathbf{x} = \mathbf{b}$? Por quê?

28. Se as matrizes E e F $n \times n$ forem tais que $EF = I$, então E e F comutarão. Explique por quê.

29. Se a equação $G\mathbf{x} = \mathbf{y}$ tiver mais de uma solução para algum $\mathbf{y}$ em $\mathbb{R}^n$, as colunas da matriz G poderão gerar $\mathbb{R}^n$? Por quê?

30. Se a equação $H\mathbf{x} = \mathbf{c}$ for inconsistente para algum $\mathbf{c}$ em $\mathbb{R}^n$, o que você poderá dizer sobre a equação $H\mathbf{x} = \mathbf{0}$? Por quê?

31. Se uma matriz K $n \times n$ não puder ser escalonada a I_n, o que você poderá dizer sobre as colunas de K? Por quê?

32. Se L for $n \times n$ e a equação $L\mathbf{x} = \mathbf{0}$ tiver a solução trivial, as colunas de L gerarão $\mathbb{R}^n$? Por quê?

33. Verifique a afirmação que precede o Exemplo 1.

34. Explique por que as colunas de A^2 geram $\mathbb{R}^n$ sempre que as colunas da matriz A forem linearmente independentes.

35. Mostre que, se AB for invertível, então A também será. Você não pode usar o Teorema 6(b) porque não pode *supor* que A e B sejam invertíveis. [*Sugestão:* Existe uma matriz W tal que $ABW = I$. Por quê?]

36. Mostre que se AB for invertível, então B também será.

37. Se A for uma matriz $n \times n$ e a equação $A\mathbf{x} = \mathbf{b}$ tiver mais de uma solução para algum $\mathbf{b}$, então a transformação $\mathbf{x} \mapsto A\mathbf{x}$ não será injetora. O que mais você pode dizer sobre essa transformação? Justifique sua resposta.

38. Se A for uma matriz $n \times n$ e a transformação $\mathbf{x} \mapsto A\mathbf{x}$ for injetora, o que mais você poderá dizer sobre essa transformação? Justifique sua resposta.

39. Suponha que A seja uma matriz $n \times n$ tal que a equação $A\mathbf{x} = \mathbf{b}$ tenha pelo menos uma solução para cada $\mathbf{b}$ em $\mathbb{R}^n$. Sem usar os Teoremas 8

ou 5, explique por que cada equação $A\mathbf{x} = \mathbf{b}$ tem, na verdade, exatamente uma solução.

40. Suponha que A seja uma matriz $n \times n$ tal que a equação $A\mathbf{x} = \mathbf{0}$ tenha apenas a solução trivial. Sem usar o Teorema da Matriz Invertível, explique, de forma direta, por que a equação $A\mathbf{x} = \mathbf{b}$ tem de ter uma solução para cada $\mathbf{b}$ em $\mathbb{R}^n$.

Nos Exercícios 41 e 42, T é uma transformação linear de $\mathbb{R}^2$ em $\mathbb{R}^2$. Mostre que T é invertível e encontre uma fórmula para T^{-1}.

41. $T(x_1, x_2) = (-5x_1 + 9x_2, 4x_1 - 7x_2)$

42. $T(x_1, x_2) = (6x_1 - 8x_2, -5x_1 + 7x_2)$

43. Seja $T : \mathbb{R}^n \to \mathbb{R}^n$ uma transformação linear invertível. Explique por que T é injetora e sobrejetora. Use as equações (1) e (2). Depois, dê uma segunda explicação usando um ou mais teoremas.

44. Seja T uma transformação linear sobrejetora de $\mathbb{R}^n$ em $\mathbb{R}^n$. Mostre que T^{-1} existe e é sobrejetora. T^{-1} também é injetora?

45. Suponha que T e U sejam transformações lineares de $\mathbb{R}^n$ em $\mathbb{R}^n$ tais que $T(U\mathbf{x}) = \mathbf{x}$ para todo $\mathbf{x}$ em $\mathbb{R}^n$. É verdade que $U(T\mathbf{x}) = \mathbf{x}$ para todo $\mathbf{x}$ em $\mathbb{R}^n$? Por quê?

46. Suponha que uma transformação linear $T : \mathbb{R}^n \to \mathbb{R}^n$ tenha a propriedade que $T(\mathbf{u}) = T(\mathbf{v})$ para algum par de vetores distintos $\mathbf{u}$ e $\mathbf{v}$. T pode ser sobrejetora? Por quê?

47. Seja $T : \mathbb{R}^n \to \mathbb{R}^n$ uma transformação linear invertível e sejam S e U funções de $\mathbb{R}^n$ em $\mathbb{R}^n$ tais que $S(T(\mathbf{x})) = \mathbf{x}$ e $U(T(\mathbf{x})) = \mathbf{x}$ para todo $\mathbf{x}$ em $\mathbb{R}^n$. Mostre que $U(\mathbf{v}) = S(\mathbf{v})$ para todo $\mathbf{v}$ em $\mathbb{R}^n$. Isso irá determinar que a inversa de T é única, como foi afirmado no Teorema 9. [*Sugestão:* Dado qualquer $\mathbf{v}$ em $\mathbb{R}^n$, podemos escrever $\mathbf{v} = T(\mathbf{x})$ para algum $\mathbf{x}$. Por quê? Calcule $S(\mathbf{v})$ e $U(\mathbf{v})$.]

48. Suponha que T e S satisfazem às equações (1) e (2), em que T é uma transformação linear. Mostre diretamente que S é uma transformação linear. [*Sugestão:* Dados $\mathbf{u}$ e $\mathbf{v}$ em $\mathbb{R}^n$, sejam $\mathbf{x} = S(\mathbf{u})$ e $\mathbf{y} = S(\mathbf{v})$. Então $T(\mathbf{x}) = \mathbf{u}$ e $T(\mathbf{y}) = \mathbf{v}$. Por quê? Aplique S aos dois lados da equação $T(\mathbf{x}) + T(\mathbf{y}) = T(\mathbf{x} + \mathbf{y})$. Considere, também, $T(c\mathbf{x}) = cT(\mathbf{x})$.]

M 49. Suponha que uma experiência conduza ao seguinte sistema de equações:

$$4{,}5x_1 + 3{,}1x_2 = 19{,}249 \qquad (3)$$
$$1{,}6x_1 + 1{,}1x_2 = 6{,}843$$

a. Resolva o sistema (3) e, depois, o sistema (4) a seguir, nos quais os dados à direita do sinal de igualdade foram arredondados para duas casas decimais. Em cada caso, determine a solução *exata*.

$$4{,}5x_1 + 3{,}1x_2 = 19{,}25 \qquad (4)$$
$$1{,}6x_1 + 1{,}1x_2 = 6{,}84$$

b. Os dados no sistema (4) diferem daqueles em (3) em menos de 0,05%. Encontre o erro percentual ao usar a solução de (4) como uma aproximação para a solução de (3).

c. Use um programa matricial para obter o número de singularidade da matriz dos coeficientes em (3).

Os Exercícios 50 a 52 mostram como usar o número de singularidade de uma matriz A para obter uma estimativa da precisão do cálculo de uma solução de $A\mathbf{x} = \mathbf{b}$. Se os elementos de A e $\mathbf{b}$ tiverem precisão de cerca de r dígitos significativos e se o número de singularidade de A for aproximadamente 10^k (com k um inteiro positivo), então a solução calculada de $A\mathbf{x} = \mathbf{b}$ deverá, normalmente, ter uma precisão de pelo menos $r - k$ dígitos significativos.

M 50. Encontre o número de singularidade da matriz A no Exercício 9. Construa um vetor aleatório $\mathbf{x}$ em $\mathbb{R}^4$ e calcule $\mathbf{b} = A\mathbf{x}$. Depois, use seu programa matricial para calcular a solução $\mathbf{x}_1$ de $A\mathbf{x} = \mathbf{b}$. Os vetores $\mathbf{x}$ e $\mathbf{x}_1$ têm quantos dígitos iguais? Descubra o número de dígitos que seu programa de matrizes armazena de modo correto e registre quantos dígitos de precisão são perdidos quando $\mathbf{x}_1$ é usado no lugar da solução exata $\mathbf{x}$.

M 51. Repita o Exercício 50 para a matriz no Exercício 10.

M 52. Resolva a equação $A\mathbf{x} = \mathbf{b}$ para um $\mathbf{b}$ conveniente de modo a determinar a última coluna da inversa da *matriz de Hilbert de quinta ordem*

$$A = \begin{bmatrix} 1 & 1/2 & 1/3 & 1/4 & 1/5 \\ 1/2 & 1/3 & 1/4 & 1/5 & 1/6 \\ 1/3 & 1/4 & 1/5 & 1/6 & 1/7 \\ 1/4 & 1/5 & 1/6 & 1/7 & 1/8 \\ 1/5 & 1/6 & 1/7 & 1/8 & 1/9 \end{bmatrix}$$

Quantos dígitos de cada elemento de $\mathbf{x}$ você espera que estejam corretos? Explique. [*Observação:* A solução exata é (630, –12.600, 56.700, –88.200, 44.100).]

M 53. Alguns programas de matrizes, como o MATLAB, possuem um comando para criar matrizes de Hilbert de diversos tamanhos. Se possível, use um comando de matriz inversa para calcular a inversa de uma matriz de Hilbert A de ordem 12 ou maior. Calcule AA^{-1}. Relate o que encontrou.

Soluções dos Problemas Práticos

1. As colunas de A são linearmente dependentes porque as colunas 2 e 3 são múltiplos da coluna 1. Portanto, A não pode ser invertível (pelo Teorema da Matriz Invertível).

2. Se (g) *não* for verdade, então a equação $A\mathbf{x} = \mathbf{b}$ será inconsistente para pelo menos um $\mathbf{b}$ em $\mathbb{R}^n$.

3. Aplique o Teorema da Matriz Invertível à matriz AB no lugar de A. A afirmação (d) se torna: $AB\mathbf{x} = \mathbf{0}$ admite apenas a solução trivial. Isso não é verdade. Portanto, AB não é invertível.

2.4 MATRIZES EM BLOCOS

Um ingrediente fundamental do nosso trabalho com matrizes tem sido a possibilidade de considerar uma matriz A uma coleção de vetores colunas, em vez de apenas um reticulado retangular de números. Esse ponto de vista tem sido tão útil que queremos levar em conta outras **partições** de A, indicadas por linhas divisórias horizontais e verticais, como no Exemplo 1 a seguir. Matrizes particionadas aparecem com frequência em aplicações modernas da álgebra linear porque a notação evidencia as estruturas essenciais da análise matricial, como no exemplo introdutório neste capítulo sobre o projeto de aviões. Esta seção fornece uma oportunidade para rever a álgebra de matrizes e usar o Teorema da Matriz Invertível.

EXEMPLO 1   A matriz

$$A = \left[\begin{array}{ccc|cc|c} 3 & 0 & -1 & 5 & 9 & -2 \\ -5 & 2 & 4 & 0 & -3 & 1 \\ \hline -8 & -6 & 3 & 1 & 7 & -4 \end{array}\right]$$

também pode ser escrita como a **matriz em blocos** (ou **particionada**) 2×3

$$A = \begin{bmatrix} A_{11} & A_{12} & A_{13} \\ A_{21} & A_{22} & A_{23} \end{bmatrix}$$

cujos elementos são os *blocos* (ou *submatrizes*)

$$A_{11} = \begin{bmatrix} 3 & 0 & -1 \\ -5 & 2 & 4 \end{bmatrix}, \quad A_{12} = \begin{bmatrix} 5 & 9 \\ 0 & -3 \end{bmatrix}, \quad A_{13} = \begin{bmatrix} -2 \\ 1 \end{bmatrix}$$

$$A_{21} = \begin{bmatrix} -8 & -6 & 3 \end{bmatrix}, \quad A_{22} = \begin{bmatrix} 1 & 7 \end{bmatrix}, \quad A_{23} = \begin{bmatrix} -4 \end{bmatrix}$$ ■

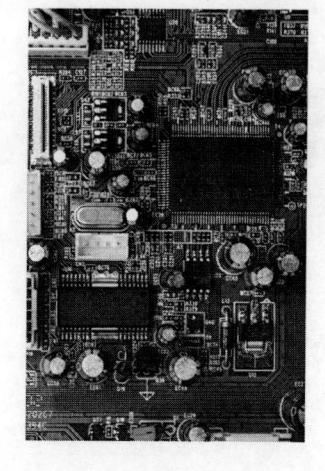

EXEMPLO 2   Quando uma matriz A aparece em um modelo matemático de um sistema físico, como um circuito elétrico, um sistema de transportes ou uma grande corporação, pode ser natural considerar A uma matriz em blocos. Por exemplo, se uma placa de um microcomputador consistir basicamente em três circuitos VLSI (do inglês *very large-scale integrated*, ou seja, integrados em escala muito grande), então a matriz para a placa poderá ter a forma geral

$$A = \left[\begin{array}{c|c|c} A_{11} & A_{12} & A_{13} \\ \hline A_{21} & A_{22} & A_{23} \\ \hline A_{31} & A_{32} & A_{33} \end{array}\right]$$

Os blocos na "diagonal" de A — a saber A_{11}, A_{22} e A_{33} — estão associados aos três circuitos VLSI, enquanto os outros blocos dependem das interconexões entre esses circuitos. ■

Soma e Multiplicação por Escalar

Se as matrizes A e B forem do mesmo tamanho e estiverem divididas em blocos exatamente da mesma forma, então será natural fazer a mesma partição na matriz soma $A + B$. Neste caso, cada bloco de $A + B$ é a soma (matricial) dos blocos correspondentes de A e B. A multiplicação por escalar de uma matriz particionada também é calculada bloco a bloco.

Multiplicação de Matrizes em Blocos

As matrizes em blocos também podem ser multiplicadas pela regra usual da linha-por-coluna, como se os blocos fossem elementos numéricos, desde que, para um produto AB, a partição das colunas de A combine com a partição das linhas de B.

EXEMPLO 3   Sejam

$$A = \begin{bmatrix} 2 & -3 & 1 & 0 & -4 \\ 1 & 5 & -2 & 3 & -1 \\ 0 & -4 & -2 & 7 & -1 \end{bmatrix} = \begin{bmatrix} A_{11} & A_{12} \\ A_{21} & A_{22} \end{bmatrix}, \quad B = \begin{bmatrix} 6 & 4 \\ -2 & 1 \\ -3 & 7 \\ -1 & 3 \\ 5 & 2 \end{bmatrix} = \begin{bmatrix} B_1 \\ B_2 \end{bmatrix}$$

As cinco colunas de A estão particionadas em dois conjuntos, um de 3 colunas e outro de 2 colunas. As cinco linhas de B estão particionadas da mesma forma — em dois conjuntos, um de 3 linhas e outro de 2 linhas. Dizemos que as partições de A e B estão **preparadas** para a **multiplicação em blocos**. É possível mostrar que o produto usual AB pode ser escrito como

$$AB = \begin{bmatrix} A_{11} & A_{12} \\ A_{21} & A_{22} \end{bmatrix} \begin{bmatrix} B_1 \\ B_2 \end{bmatrix} = \begin{bmatrix} A_{11}B_1 + A_{12}B_2 \\ A_{21}B_1 + A_{22}B_2 \end{bmatrix} = \begin{bmatrix} -5 & 4 \\ -6 & 2 \\ \hline 2 & 1 \end{bmatrix}$$

É importante notar que cada produto na expressão para AB é escrito com um bloco de A à esquerda, já que a multiplicação de matrizes não é comutativa. Por exemplo,

$$A_{11}B_1 = \begin{bmatrix} 2 & -3 & 1 \\ 1 & 5 & -2 \end{bmatrix} \begin{bmatrix} 6 & 4 \\ -2 & 1 \\ -3 & 7 \end{bmatrix} = \begin{bmatrix} 15 & 12 \\ 2 & -5 \end{bmatrix}$$

$$A_{12}B_2 = \begin{bmatrix} 0 & -4 \\ 3 & -1 \end{bmatrix} \begin{bmatrix} -1 & 3 \\ 5 & 2 \end{bmatrix} = \begin{bmatrix} -20 & -8 \\ -8 & 7 \end{bmatrix}$$

Portanto, o bloco superior de AB é

$$A_{11}B_1 + A_{12}B_2 = \begin{bmatrix} 15 & 12 \\ 2 & -5 \end{bmatrix} + \begin{bmatrix} -20 & -8 \\ -8 & 7 \end{bmatrix} = \begin{bmatrix} -5 & 4 \\ -6 & 2 \end{bmatrix} \qquad \blacksquare$$

A regra da linha-por-coluna para a multiplicação de matrizes em bloco fornece a forma mais geral de se considerar o produto de duas matrizes. Cada uma das seguintes formas de se considerar o produto já foi descrita usando partições simples de matrizes: (1) a definição de $A\mathbf{x}$ usando as colunas de A; (2) a definição por colunas de AB; (3) a regra da linha-por-coluna para calcular AB; e (4) as linhas de AB como produtos das linhas de A pela matriz B. Uma quinta forma de se considerar AB, novamente usando partições, segue do Teorema 10.

Os cálculos no próximo exemplo preparam o caminho para o Teorema 10. Aqui, $\text{col}_k(A)$ denota a k-ésima coluna de A e a $\text{linha}_k(B)$ denota a k-ésima linha de B.

EXEMPLO 4   Sejam $A = \begin{bmatrix} -3 & 1 & 2 \\ 1 & -4 & 5 \end{bmatrix}$ e $B = \begin{bmatrix} a & b \\ c & d \\ e & f \end{bmatrix}$. Verifique que

$$AB = \text{col}_1(A)\ \text{linha}_1(B) + \text{col}_2(A)\ \text{linha}_2(B) + \text{col}_3(A)\ \text{linha}_3(B)$$

SOLUÇÃO   Cada termo na equação anterior é um *produto externo*. (Veja os Exercícios 35 e 36 da Seção 2.1.) Pela regra da linha-por-coluna para o cálculo de um produto de matrizes,

$$\text{col}_1(A)\ \text{linha}_1(B) = \begin{bmatrix} -3 \\ 1 \end{bmatrix} \begin{bmatrix} a & b \end{bmatrix} = \begin{bmatrix} -3a & -3b \\ a & b \end{bmatrix}$$

$$\text{col}_2(A) \, \text{linha}_2(B) = \begin{bmatrix} 1 \\ -4 \end{bmatrix} \begin{bmatrix} c & d \end{bmatrix} = \begin{bmatrix} c & d \\ -4c & -4d \end{bmatrix}$$

$$\text{col}_3(A) \, \text{linha}_3(B) = \begin{bmatrix} 2 \\ 5 \end{bmatrix} \begin{bmatrix} e & f \end{bmatrix} = \begin{bmatrix} 2e & 2f \\ 5e & 5f \end{bmatrix}$$

Assim,

$$\sum_{k=1}^{3} \text{col}_k(A) \, \text{linha}_k(B) = \begin{bmatrix} -3a + c + 2e & -3b + d + 2f \\ a - 4c + 5e & b - 4d + 5f \end{bmatrix}$$

Essa matriz é obviamente AB. Observe que o elemento $(1, 1)$ de AB é a soma dos elementos $(1, 1)$ nos três produtos externos, o elemento $(1, 2)$ de AB é a soma dos elementos $(1, 2)$ nos três produtos externos, e assim por diante. ∎

TEOREMA 10

> **Expansão Coluna-por-Linha de AB**
>
> Se A for uma matriz $m \times n$ e B for $n \times p$, então
>
> $$AB = \begin{bmatrix} \text{col}_1(A) & \text{col}_2(A) & \cdots & \text{col}_n(A) \end{bmatrix} \begin{bmatrix} \text{linha}_1(B) \\ \text{linha}_2(B) \\ \vdots \\ \text{linha}_n(B) \end{bmatrix} \qquad (1)$$
>
> $$= \text{col}_1(A) \, \text{linha}_1(B) + \cdots + \text{col}_n(A) \, \text{linha}_n(B)$$

DEMONSTRAÇÃO Para cada índice de linha i e índice de coluna j, o elemento (i, j) em $\text{col}_k(A) \, \text{linha}_k(B)$ é o produto de a_{ik} de $\text{col}_k(A)$ por b_{kj} de $\text{linha}_k(B)$. Assim, o elemento (i, j) na soma mostrada na equação (1) é

$$\underset{(k=1)}{a_{i1}b_{1j}} \quad + \quad \underset{(k=2)}{a_{i2}b_{2j}} \quad + \quad \cdots \quad + \quad \underset{(k=n)}{a_{in}b_{nj}}$$

Essa soma também é o elemento (i, j) de AB pela regra da linha-por-coluna. ∎

Inversas de Matrizes em Bloco

O próximo exemplo ilustra os cálculos envolvendo inversas e matrizes em bloco.

EXEMPLO 5 Uma matriz da forma

$$A = \begin{bmatrix} A_{11} & A_{12} \\ 0 & A_{22} \end{bmatrix}$$

é chamada *bloco triangular superior*. Suponha que A_{11} seja $p \times p$, que A_{22} seja $q \times q$ e A seja invertível. Encontre uma fórmula para A^{-1}.

SOLUÇÃO Denote A^{-1} por B e divida B em blocos de modo que

$$\begin{bmatrix} A_{11} & A_{12} \\ 0 & A_{22} \end{bmatrix} \begin{bmatrix} B_{11} & B_{12} \\ B_{21} & B_{22} \end{bmatrix} = \begin{bmatrix} I_p & 0 \\ 0 & I_q \end{bmatrix} \qquad (2)$$

Essa equação matricial fornece quatro equações que conduzem aos blocos desconhecidos $B_{11}, \ldots, B_{22}$. Calcule o produto à esquerda do sinal de igualdade em (2) e iguale cada bloco com o bloco correspondente na matriz identidade à direita, obtendo

$$A_{11}B_{11} + A_{12}B_{21} = I_p \qquad (3)$$
$$A_{11}B_{12} + A_{12}B_{22} = 0 \qquad (4)$$
$$A_{22}B_{21} = 0 \qquad (5)$$
$$A_{22}B_{22} = I_q \qquad (6)$$

Sozinha, (6) não garante que A_{22} seja invertível. No entanto, como A_{22} é quadrada, o Teorema da Matriz Invertível junto com (6) mostra que A_{22} é invertível e $B_{22} = A_{22}^{-1}$. Agora, multiplicando (5) à esquerda por A_{22}^{-1}, obtemos

$$B_{21} = A_{22}^{-1}0 = 0$$

de modo que (3) simplifica para

$$A_{11}B_{11} + 0 = I_p$$

Como A_{11} é quadrada, isso mostra que A_{11} é invertível e $B_{11} = A_{11}^{-1}$. Finalmente, usando esses resultados com (4), vemos que

$$A_{11}B_{12} = -A_{12}B_{22} = -A_{12}A_{22}^{-1} \quad \text{e} \quad B_{12} = -A_{11}^{-1}A_{12}A_{22}^{-1}$$

Assim,

$$A^{-1} = \begin{bmatrix} A_{11} & A_{12} \\ 0 & A_{22} \end{bmatrix}^{-1} = \begin{bmatrix} A_{11}^{-1} & -A_{11}^{-1}A_{12}A_{22}^{-1} \\ 0 & A_{22}^{-1} \end{bmatrix} \qquad \blacksquare$$

Uma **matriz diagonal em blocos** é uma matriz particionada com blocos nulos fora da diagonal principal (de blocos). Tal matriz é invertível se e somente se cada bloco da diagonal for invertível. Veja os Exercícios 15 e 16.

Comentários Numéricos

1. Quando as matrizes são grandes demais para caber na memória de um computador de alta velocidade, a partição permite que o computador trabalhe com apenas dois ou três blocos de cada vez. Por exemplo, em um trabalho recente de programação linear, um grupo de pesquisa simplificou um problema dividindo uma matriz em 837 linhas e 51 blocos-coluna. A solução do problema foi obtida em aproximadamente 4 minutos em um supercomputador Cray.[1]
2. Alguns computadores de alta velocidade, em particular aqueles com arquitetura de *pipeline* vetorial, realizam cálculos matriciais de forma mais eficiente quando os algoritmos trabalham com matrizes em blocos.[2]
3. Programas profissionais para álgebra linear numérica de alto desempenho, como LAPACK, usam com intensidade cálculos com matrizes em blocos.

Os exercícios a seguir auxiliam na prática com matrizes algébricas e representam cálculos comuns encontrados nas aplicações.

Problemas Práticos

1. Mostre que $\begin{bmatrix} I & 0 \\ A & I \end{bmatrix}$ é invertível e determine sua inversa.

2. Calcule $X^T X$, quando X estiver dividida em blocos como $[X_1 \quad X_2]$.

2.4 EXERCÍCIOS

Nos Exercícios 1 a 9, suponha que as matrizes estejam preparadas para as multiplicações indicadas. Calcule os produtos nos Exercícios 1 a 4.

1. $\begin{bmatrix} I & 0 \\ E & I \end{bmatrix}\begin{bmatrix} A & B \\ C & D \end{bmatrix}$

2. $\begin{bmatrix} E & 0 \\ 0 & F \end{bmatrix}\begin{bmatrix} A & B \\ C & D \end{bmatrix}$

3. $\begin{bmatrix} 0 & I \\ I & 0 \end{bmatrix}\begin{bmatrix} W & X \\ Y & Z \end{bmatrix}$

4. $\begin{bmatrix} I & 0 \\ -X & I \end{bmatrix}\begin{bmatrix} A & B \\ C & D \end{bmatrix}$

Nos Exercícios 5 a 8, encontre fórmulas para X, Y e Z em termos de A, B e C, justificando seus cálculos. Em alguns casos, você pode precisar fazer hipóteses sobre o tamanho da matriz para chegar a uma fórmula. [*Sugestão:* Calcule o produto à esquerda do sinal de igualdade e iguale-o à matriz à direita.]

5. $\begin{bmatrix} A & B \\ C & 0 \end{bmatrix}\begin{bmatrix} I & 0 \\ X & Y \end{bmatrix} = \begin{bmatrix} 0 & I \\ Z & 0 \end{bmatrix}$

6. $\begin{bmatrix} X & 0 \\ Y & Z \end{bmatrix}\begin{bmatrix} A & 0 \\ B & C \end{bmatrix} = \begin{bmatrix} I & 0 \\ 0 & I \end{bmatrix}$

---

[1] O tempo de solução não impressiona até você saber que cada um dos 51 blocos-coluna continha cerca de 250.000 colunas individuais. O problema original tinha 837 equações e mais de 12.750.000 variáveis! Quase 100 milhões dos mais de 10 bilhões de elementos na matriz eram não nulos. Veja Robert E. Bixby et al., "Very Large-Scale Linear Programming: A Case Study in Combining Interior Point and Simplex Methods", *Operations Research*, 40, nº 5 (1992): 885-897.

[2] A importância dos algoritmos para matrizes em blocos nos cálculos computacionais é descrita no livro de Gene H. Golub e Charles F. van Loan, *Matrix Computations*, 3.ed. (Baltimore: Johns Hopkins University Press, 1996).

7. $\begin{bmatrix} X & 0 & 0 \\ Y & 0 & I \end{bmatrix} \begin{bmatrix} A & Z \\ 0 & 0 \\ B & I \end{bmatrix} = \begin{bmatrix} I & 0 \\ 0 & I \end{bmatrix}$

8. $\begin{bmatrix} A & B \\ 0 & I \end{bmatrix} \begin{bmatrix} X & Y & Z \\ 0 & 0 & I \end{bmatrix} = \begin{bmatrix} I & 0 & 0 \\ 0 & 0 & I \end{bmatrix}$

9. Suponha que A_{11} seja uma matriz invertível. Encontre matrizes X e Y tais que o produto a seguir tenha a forma indicada. Calcule também B_{22}. [*Sugestão:* Calcule o produto à esquerda do sinal de igualdade e iguale-o à matriz à direita.]

$$\begin{bmatrix} I & 0 & 0 \\ X & I & 0 \\ Y & 0 & I \end{bmatrix} \begin{bmatrix} A_{11} & A_{12} \\ A_{21} & A_{22} \\ A_{31} & A_{32} \end{bmatrix} = \begin{bmatrix} B_{11} & B_{12} \\ 0 & B_{22} \\ 0 & B_{32} \end{bmatrix}$$

10. A inversa de

$$\begin{bmatrix} I & 0 & 0 \\ C & I & 0 \\ A & B & I \end{bmatrix} \text{ é } \begin{bmatrix} I & 0 & 0 \\ Z & I & 0 \\ X & Y & I \end{bmatrix}.$$

Encontre X, Y e Z.

Nos Exercícios 11 a 14, marque cada afirmação como Verdadeira ou Falsa (**V/F**). Justifique cada resposta.

11. (**V/F**) Se $A = [A_1 \ A_2]$ e $B = [B_1 \ B_2]$, com A_1 e A_2 do mesmo tamanho que B_1 e B_2, respectivamente, então $A + B = [A_1 + B_1 \quad A_2 + B_2]$.

12. (**V/F**) A definição do produto de matriz por vetor, $A\mathbf{x}$, é um caso particular de multiplicação em bloco.

13. (**V/F**) Se $A = \begin{bmatrix} A_{11} & A_{12} \\ A_{21} & A_{22} \end{bmatrix}$ e $B = \begin{bmatrix} B_1 \\ B_2 \end{bmatrix}$, então A e B estarão preparadas para a multiplicação em blocos.

14. (**V/F**) Se A_1, A_2, B_1 e B_2 forem matrizes $n \times n$, $A = \begin{bmatrix} A_1 \\ A_2 \end{bmatrix}$, e $B = [B_1 \ B_2]$, então o produto BA estará definido, mas AB não estará.

15. Seja $A = \begin{bmatrix} B & 0 \\ 0 & C \end{bmatrix}$, em que B e C são matrizes quadradas. Mostre que A é invertível se e somente se B e C forem ambas invertíveis.

16. Mostre que a matriz triangular superior A no Exemplo 5 é invertível se e somente se ambas A_{11} e A_{22} forem invertíveis. [*Sugestão:* Se A_{11} e A_{22} forem invertíveis, a fórmula para A^{-1} dada no Exemplo 5 funcionará, de fato, como inversa de A.] Esse fato sobre A é uma parte importante de diversos algoritmos computacionais que geram estimativas para os autovalores de matrizes. Os autovalores serão discutidos no Capítulo 5.

17. Suponha que A_{11} seja invertível. Encontre X e Y tais que

$$\begin{bmatrix} A_{11} & A_{12} \\ A_{21} & A_{22} \end{bmatrix} = \begin{bmatrix} I & 0 \\ X & I \end{bmatrix} \begin{bmatrix} A_{11} & 0 \\ 0 & S \end{bmatrix} \begin{bmatrix} I & Y \\ 0 & I \end{bmatrix} \quad (7)$$

em que $S = A_{22} - A_{21}A_{11}^{-1}A_{12}$. A matriz S será chamada **complemento de Schur** de A_{11}. De maneira semelhante, se A_{22} for invertível, a matriz $A_{11} - A_{12}A_{22}^{-1}A_{21}$ é chamada complemento de Schur de A_{22}. Tais expressões ocorrem frequentemente na teoria de sistemas de engenharia e em outras áreas.

18. Suponha que a matriz em bloco A, à esquerda do sinal de igualdade em (7), e A_{11} sejam invertíveis. Mostre que o complemento de Schur de A_{11} é invertível. [*Sugestão:* O primeiro e o terceiro fatores no produto à direita do sinal de igualdade em (7) são sempre invertíveis. Verifique isso.] Quando A e A_{11} são invertíveis, (7) leva a uma fórmula para A^{-1} usando S^{-1}, A_{11}^{-1} e outros elementos de A.

19. Quando uma sonda é lançada no espaço, podem ser necessárias correções para colocá-la em uma trajetória calculada precisamente. A radiotelemetria fornece uma cadeia de vetores $\mathbf{x}_1, \dots, \mathbf{x}_k$ que dão informações em instantes diferentes, comparando a posição da sonda com sua trajetória planejada. Seja X_k a matriz $[\mathbf{x}_1 \ \dots \ \mathbf{x}_k]$. A matriz

$G_k = X_k X_k^T$ é calculada à medida que os dados do radar são analisados. Com a chegada dos dados em $\mathbf{x}_{k+1}$, uma nova matriz G_{k+1} tem de ser calculada. Como os vetores com os dados chegam em alta velocidade, a carga computacional pode ser muito grande. Mas a multiplicação de matrizes em blocos ajuda muito. Calcule as expansões linha-por-coluna de G_k e de G_{k+1} e descreva o que precisa ser calculado para *atualizar* G_k a fim de formar G_{k+1}.

A sonda Galileu foi lançada em 18 de outubro de 1989 e chegou a Júpiter no início de dezembro de 1995.

20. Seja X uma matriz de dados $m \times n$ tal que X^TX é invertível e seja $M = I_m - X(X^TX)^{-1}X^T$. Acrescente uma coluna $\mathbf{x}_0$ aos dados e forme

$$W = \begin{bmatrix} X & \mathbf{x}_0 \end{bmatrix}$$

Calcule W^TW. O elemento $(1, 1)$ é X^TX. Mostre que o complemento de Schur (Exercício 17) de X^TX pode ser escrito na forma $\mathbf{x}_0^T M \mathbf{x}_0$. Pode-se mostrar que $(\mathbf{x}_0^T M \mathbf{x}_0)^{-1}$ é o elemento $(2, 2)$ de $(W^TW)^{-1}$. Sob hipóteses apropriadas, esse elemento tem uma interpretação estatística interessante.

No estudo da engenharia de controle de sistemas físicos, um conjunto padrão de equações diferenciais é transformado, por meio de transformadas de Laplace, no seguinte sistema de equações lineares:

$$\begin{bmatrix} A - sI_n & B \\ C & I_m \end{bmatrix} \begin{bmatrix} \mathbf{x} \\ \mathbf{u} \end{bmatrix} = \begin{bmatrix} \mathbf{0} \\ \mathbf{y} \end{bmatrix} \quad (8)$$

em que A é $n \times n$, B é $n \times m$, C é $m \times n$ e s é uma variável. O vetor $\mathbf{u}$ em $\mathbb{R}^m$ é a "entrada" do sistema, $\mathbf{y}$ em $\mathbb{R}^m$ é a "saída" e $\mathbf{x}$ em $\mathbb{R}^n$ é o vetor de "estado". (Na verdade, os vetores $\mathbf{x}$, $\mathbf{u}$ e $\mathbf{y}$ são funções de s, mas suprimimos este fato porque isso não altera os cálculos algébricos nos Exercícios 21 e 22.)

21. Suponha que $A - sI_n$ seja invertível e considere (8) como um sistema de duas equações matriciais. Resolva a equação de cima para $\mathbf{x}$ e substitua a solução na equação de baixo. O resultado é uma equação da forma $W(s)\mathbf{u} = \mathbf{y}$, na qual $W(s)$ é uma matriz que depende de s. $W(s)$ é chamada *função de transferência* do sistema porque transforma a entrada $\mathbf{u}$ na saída $\mathbf{y}$. Encontre $W(s)$ e descreva como essa função está relacionada à *matriz do sistema* em blocos à esquerda do sinal de igualdade em (8). Veja o Exercício 17.

22. Suponha que a função de transferência $W(s)$ no Exercício 21 seja invertível para algum s. Pode-se mostrar que a inversa da função de transferência $W(s)^{-1}$, que transforma saídas em entradas, é o complemento de Schur de $A - BC - sI_n$ para a matriz a seguir. Encontre esse complemento de Schur. Veja o Exercício 17.

$$\begin{bmatrix} A - BC - sI_n & B \\ -C & I_m \end{bmatrix}$$

23. a. Verifique que $A^2 = I$ quando $A = \begin{bmatrix} 1 & 0 \\ 3 & -1 \end{bmatrix}$.

b. Use matrizes em blocos para mostrar que $M^2 = I$ quando

$$M = \begin{bmatrix} 1 & 0 & 0 & 0 \\ 3 & -1 & 0 & 0 \\ 1 & 0 & -1 & 0 \\ 0 & 1 & -3 & 1 \end{bmatrix}$$

24. Generalize a ideia do Exercício 23(a) [não 23(b)] construindo uma matriz $M = \begin{bmatrix} A & 0 \\ C & D \end{bmatrix}$ 5×5, tal que $M^2 = I$. Escolha C uma matriz não nula 2×3. Mostre que sua construção funciona.

25. Use matrizes em blocos para provar, por indução, que o produto de duas matrizes triangulares inferiores é outra matriz triangular inferior. [*Sugestão:* Uma matriz triangular inferior A_1 de tamanho $(k + 1) \times (k + 1)$ pode ser escrita na forma a seguir, em que a é um escalar, $\mathbf{v}$ pertence a $\mathbb{R}^k$ e A é uma matriz triangular inferior $k \times k$.]

$$A_1 = \begin{bmatrix} a & \mathbf{0}^T \\ \mathbf{v} & A \end{bmatrix}$$

26. Use matrizes em blocos para provar, por indução, que, para $n = 2, 3, \ldots$, a matriz A $n \times n$ a seguir é invertível e B é sua inversa.

$$A = \begin{bmatrix} 1 & 0 & 0 & \cdots & 0 \\ 1 & 1 & 0 & & 0 \\ 1 & 1 & 1 & & 0 \\ \vdots & & & \ddots & \\ 1 & 1 & 1 & \cdots & 1 \end{bmatrix},$$

$$B = \begin{bmatrix} 1 & 0 & 0 & \cdots & 0 \\ -1 & 1 & 0 & & 0 \\ 0 & -1 & 1 & & 0 \\ \vdots & & \ddots & \ddots & \\ 0 & & \cdots & -1 & 1 \end{bmatrix}$$

Para o passo de indução, suponha que A e B sejam matrizes $(k + 1) \times (k + 1)$ e divida A e B em blocos da maneira análoga à ilustrada no Exercício 25.

27. Sem escalonar, encontre a inversa de

$$A = \begin{bmatrix} 1 & 2 & 0 & 0 & 0 \\ 3 & 5 & 0 & 0 & 0 \\ 0 & 0 & 2 & 0 & 0 \\ 0 & 0 & 0 & 7 & 8 \\ 0 & 0 & 0 & 5 & 6 \end{bmatrix}$$

Ⓜ 28. Para as operações em blocos, pode ser necessário acessar ou alimentar o programa com blocos de matrizes grandes. Descreva os comandos ou funções do seu programa para matrizes que realizam as tarefas a seguir. Suponha que A seja uma matriz 20×30.

a. Exibir o bloco de A correspondente às linhas de 15 a 20 e às colunas de 5 a 10.

b. Inserir uma matriz B 5×10 em A a partir da linha 10 e da coluna 20.

c. Criar uma matriz 50×50 da forma $B = \begin{bmatrix} A & 0 \\ 0 & A^T \end{bmatrix}$. [*Observação:* Pode não ser necessário especificar os blocos nulos de B.]

Ⓜ 29. Suponha que seu programa para matrizes não possa armazenar matrizes com mais de 32 linhas e 32 colunas, devido às restrições de memória ou tamanho, e que determinado projeto envolva matrizes A e B de tamanho 50×50. Descreva os comandos ou operações do seu programa para matrizes que realizam as tarefas a seguir.

a. Calcular $A + B$.

b. Calcular AB.

c. Resolver $A\mathbf{x} = \mathbf{b}$ para algum vetor $\mathbf{b}$ em $\mathbb{R}^{50}$, supondo que A possa ser escrita como uma matriz $[A_{ij}]$ em blocos 2×2, tais que A_{11} seja uma matriz invertível 20×20, A_{22} seja uma matriz invertível 30×30 e A_{12} seja uma matriz nula. [*Sugestão:* Descreva sistemas apropriados menores que possam ser resolvidos sem usar nenhuma matriz inversa.]

Soluções dos Problemas Práticos

1. Se $\begin{bmatrix} I & 0 \\ A & I \end{bmatrix}$ for invertível, sua inversa será da forma $\begin{bmatrix} W & X \\ Y & Z \end{bmatrix}$. Verifique que

$$\begin{bmatrix} I & 0 \\ A & I \end{bmatrix} \begin{bmatrix} W & X \\ Y & Z \end{bmatrix} = \begin{bmatrix} W & X \\ AW + Y & AX + Z \end{bmatrix}$$

Assim, W, X, Y e Z satisfazem $W = I$, $X = 0$, $AW + Y = 0$ e $AX + Z = I$. Segue que $Y = -A$ e $Z = I$. Portanto,

$$\begin{bmatrix} I & 0 \\ A & I \end{bmatrix} \begin{bmatrix} I & 0 \\ -A & I \end{bmatrix} = \begin{bmatrix} I & 0 \\ 0 & I \end{bmatrix}$$

O produto na ordem inversa também é igual à identidade, de modo que a matriz em blocos é invertível e sua inversa é $\begin{bmatrix} I & 0 \\ -A & I \end{bmatrix}$. (Poderíamos também recorrer ao Teorema da Matriz Invertível.)

2. $X^T X = \begin{bmatrix} X_1^T \\ X_2^T \end{bmatrix} \begin{bmatrix} X_1 & X_2 \end{bmatrix} = \begin{bmatrix} X_1^T X_1 & X_1^T X_2 \\ X_2^T X_1 & X_2^T X_2 \end{bmatrix}$. As matrizes X^T e X estão automaticamente preparadas para a multiplicação porque as colunas de X^T são as linhas de X. Essa partição de $X^T X$ é usada em muitos algoritmos de cálculo matricial.

2.5 FATORAÇÕES DE MATRIZES

A *fatoração* de uma matriz A é uma equação que expressa A como o produto de duas ou mais matrizes. Enquanto a multiplicação de matrizes trata de uma *síntese* de dados (combinando o efeito de duas ou mais transformações lineares em uma única matriz), a fatoração de matriz é uma *análise* de dados.

Na linguagem da ciência da computação, a expressão que representa A como um produto significa um *pré-processamento* dos dados de A, organizando esses dados em duas ou mais partes cujas estruturas são mais úteis de alguma forma, talvez mais fáceis de lidar computacionalmente.

As fatorações de matriz e, mais tarde, as fatorações de transformações lineares irão aparecer em muitos pontos chaves ao longo do livro. Esta seção trata de uma fatoração que está no âmago de muitos programas computacionais utilizados em aplicações, como o problema do fluxo de ar na introdução do capítulo. Outras fatorações, a serem estudadas posteriormente, são introduzidas nos exercícios.

Fatoração LU

A fatoração LU, descrita a seguir, é motivada pelo problema, comum na indústria e na administração, de resolver uma sequência de equações, todas com a mesma matriz de coeficientes:

$$Ax = b_1, \quad Ax = b_2, \quad \dots, \quad Ax = b_p \tag{1}$$

Veja o Exercício 32, por exemplo. Veja também a Seção 5.8, em que o método da potência inversa é usado para estimar os autovalores de uma matriz resolvendo equações como em (1), uma de cada vez.

Quando A é invertível, pode-se calcular A^{-1} e, depois, calcular $A^{-1}b_1$, $A^{-1}b_2$ e assim por diante. No entanto, é mais eficiente resolver a primeira equação de (1) por escalonamento e obter, ao mesmo tempo, uma fatoração LU de A. Em seguida, as equações restantes de (1) são resolvidas com a fatoração LU.

Suponha, inicialmente, que A seja uma matriz $m \times n$ que pode ser escalonada até a forma escalonada reduzida *sem troca de linhas*. (Trataremos o caso geral depois.) Então A poderá ser escrita na forma $A = LU$, na qual L é uma matriz triangular inferior $m \times m$ com a diagonal principal tendo todos seus elementos iguais a 1, e U é uma matriz $m \times n$ que é uma forma escalonada reduzida de A. Veja a Figura 1, por exemplo. Tal fatoração é chamada **fatoração LU** de A. A matriz L é invertível e é conhecida como uma matriz *unidade* triangular inferior.

$$A = \begin{bmatrix} 1 & 0 & 0 & 0 \\ * & 1 & 0 & 0 \\ * & * & 1 & 0 \\ * & * & * & 1 \end{bmatrix} \begin{bmatrix} \blacksquare & * & * & * & * \\ 0 & \blacksquare & * & * & * \\ 0 & 0 & 0 & \blacksquare & * \\ 0 & 0 & 0 & 0 & 0 \end{bmatrix}$$

$$\qquad\qquad L \qquad\qquad\qquad\qquad U$$

FIGURA 1   Fatoração LU.

Antes de estudarmos como obter L e U, devemos ver por que ambas são tão úteis. Quando $A = LU$, a equação $Ax = b$ pode ser escrita como $L(Ux) = b$. Denotando Ux por y, podemos determinar x resolvendo o *par* de equações

$$\boxed{\begin{aligned} Ly &= b \\ Ux &= y \end{aligned}} \tag{2}$$

Primeiro, resolva $Ly = b$ para y e, depois, resolva $Ux = y$ para x. Veja a Figura 2. Cada equação é fácil de resolver porque L e U são triangulares.

Multiplicação
por A

x•   •b

Multiplicação   Multiplicação
por U •y   por L

FIGURA 2 Fatoração da aplicação $x \mapsto Ax$.

EXEMPLO 1   Pode-se verificar que

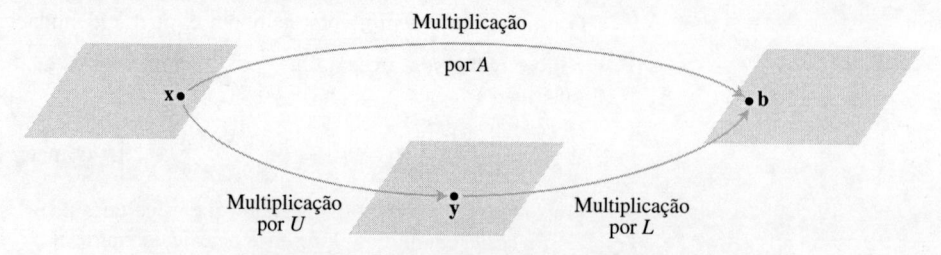

$$A = \begin{bmatrix} 3 & -7 & -2 & 2 \\ -3 & 5 & 1 & 0 \\ 6 & -4 & 0 & -5 \\ -9 & 5 & -5 & 12 \end{bmatrix} = \begin{bmatrix} 1 & 0 & 0 & 0 \\ -1 & 1 & 0 & 0 \\ 2 & -5 & 1 & 0 \\ -3 & 8 & 3 & 1 \end{bmatrix} \begin{bmatrix} 3 & -7 & -2 & 2 \\ 0 & -2 & -1 & 2 \\ 0 & 0 & -1 & 1 \\ 0 & 0 & 0 & -1 \end{bmatrix} = LU$$

Use esta fatoração LU de A para resolver $A\mathbf{x} = \mathbf{b}$, com $\mathbf{b} = \begin{bmatrix} -9 \\ 5 \\ 7 \\ 11 \end{bmatrix}$.

SOLUÇÃO A solução de $L\mathbf{y} = \mathbf{b}$ necessita apenas de 6 multiplicações e 6 somas, já que a aritmética acontece apenas na coluna 5. (Os zeros abaixo de cada posição de pivô, em L, são criados automaticamente pela nossa escolha de operações elementares.)

$$\begin{bmatrix} L & \mathbf{b} \end{bmatrix} = \begin{bmatrix} 1 & 0 & 0 & 0 & -9 \\ -1 & 1 & 0 & 0 & 5 \\ 2 & -5 & 1 & 0 & 7 \\ -3 & 8 & 3 & 1 & 11 \end{bmatrix} \sim \begin{bmatrix} 1 & 0 & 0 & 0 & -9 \\ 0 & 1 & 0 & 0 & -4 \\ 0 & 0 & 1 & 0 & 5 \\ 0 & 0 & 0 & 1 & 1 \end{bmatrix} = \begin{bmatrix} I & \mathbf{y} \end{bmatrix}$$

Assim, para $U\mathbf{x} = \mathbf{y}$, a fase "de trás para a frente" do escalonamento requer 4 divisões, 6 multiplicações e 6 somas. (Por exemplo, a criação dos zeros na coluna 4 de $[U\,\mathbf{y}]$ requer 1 divisão na linha 4 e 3 pares de multiplicação e soma para que se possam somar múltiplos da linha 4 às linhas acima.)

$$\begin{bmatrix} U & \mathbf{y} \end{bmatrix} = \begin{bmatrix} 3 & -7 & -2 & 2 & -9 \\ 0 & -2 & -1 & 2 & -4 \\ 0 & 0 & -1 & 1 & 5 \\ 0 & 0 & 0 & -1 & 1 \end{bmatrix} \sim \begin{bmatrix} 1 & 0 & 0 & 0 & 3 \\ 0 & 1 & 0 & 0 & 4 \\ 0 & 0 & 1 & 0 & -6 \\ 0 & 0 & 0 & 1 & -1 \end{bmatrix}, \quad \mathbf{x} = \begin{bmatrix} 3 \\ 4 \\ -6 \\ -1 \end{bmatrix}$$

Para se determinar $\mathbf{x}$ é preciso 28 operações aritméticas, ou "flops" (*floating point operations* — operações com ponto flutuante), excluído o custo de se determinar L e U. Em comparação, o escalonamento de $[A\,\mathbf{b}]$ até chegar a $[I\,\mathbf{x}]$ requer 62 operações. ∎

A eficiência computacional da fatoração LU depende do conhecimento de L e U. O próximo algoritmo mostra que o escalonamento de A até chegar a uma forma escalonada reduzida U é equivalente a uma fatoração LU, pois produz L praticamente sem trabalho adicional. Depois do primeiro escalonamento, L e U estão disponíveis para a resolução de equações adicionais cuja matriz de coeficientes seja A.

Algoritmo de Fatoração LU

Suponha que A possa ser escalonada até U usando apenas substituições de linhas que adicionam um múltiplo de uma linha a outra linha *abaixo* dela. Nesse caso, existem matrizes elementares unidades triangulares inferiores $E_1, \ldots, E_p$ tais que

$$E_p \cdots E_1 A = U \tag{3}$$

Assim,

$$A = (E_p \cdots E_1)^{-1} U = LU$$

em que

$$L = (E_p \cdots E_1)^{-1} \tag{4}$$

Pode-se mostrar que produtos e inversas de matrizes unidades triangulares inferiores também são matrizes unidades triangulares inferiores. (Por exemplo, veja o Exercício 19.) Logo, L é uma matriz unidade triangular inferior.

Note que as operações elementares na equação (3), que transformam A em U, também transformam L em I na equação (4), pois $E_p \ldots E_1 L = (E_p \ldots E_1)(E_p \ldots E_1)^{-1} = I$. Essa observação é a chave para a *construção* de L.

ALGORITMO PARA UMA FATORAÇÃO LU

1. Escalone A até U por meio de uma sequência de operações elementares do tipo substituição de linhas, se possível.
2. Obtenha os elementos de L de modo que a *mesma sequência de operações elementares* transforme L em I.

O passo 1 nem sempre é possível, mas, quando o for, o argumento anterior mostra que existe uma fatoração LU. O Exemplo 2 irá mostrar como implementar o passo 2. Pela construção, L satisfaz

$$(E_p \cdots E_1)L = I$$

usando as mesmas $E_1, \ldots, E_p$ que em (3). Assim, L será invertível pelo Teorema da Matriz Invertível, com $(E_p \ldots E_1) = L^{-1}$. De (3), $L^{-1}A = U$ e $A = LU$. Assim, o passo 2 irá produzir uma L aceitável.

EXEMPLO 2 Determine uma fatoração LU de

$$A = \begin{bmatrix} 2 & 4 & -1 & 5 & -2 \\ -4 & -5 & 3 & -8 & 1 \\ 2 & -5 & -4 & 1 & 8 \\ -6 & 0 & 7 & -3 & 1 \end{bmatrix}$$

SOLUÇÃO Como A tem quatro linhas, L tem de ser 4×4. A primeira coluna de L é igual à primeira coluna de A dividida pelo pivô na primeira linha e primeira coluna:

$$L = \begin{bmatrix} 1 & 0 & 0 & 0 \\ -2 & 1 & 0 & 0 \\ 1 & & 1 & 0 \\ -3 & & & 1 \end{bmatrix}$$

Compare as primeiras colunas de A e L. *As operações elementares que geram os zeros na primeira coluna de A também irão gerar zeros na primeira coluna de L.* Para que essa mesma correspondência de operações elementares valha para o resto de L, observe um escalonamento de A até U. Em outras palavras, *marque os elementos* usados em cada matriz de modo a determinar a sequência de operações elementares que transformam A em U. [Veja os elementos marcados na equação (5).]

$$A = \begin{bmatrix} 2 & 4 & -1 & 5 & -2 \\ -4 & -5 & 3 & -8 & 1 \\ 2 & -5 & -4 & 1 & 8 \\ -6 & 0 & 7 & -3 & 1 \end{bmatrix} \sim \begin{bmatrix} 2 & 4 & -1 & 5 & -2 \\ 0 & 3 & 1 & 2 & -3 \\ 0 & -9 & -3 & -4 & 10 \\ 0 & 12 & 4 & 12 & -5 \end{bmatrix} = A_1 \tag{5}$$

$$\sim A_2 = \begin{bmatrix} 2 & 4 & -1 & 5 & -2 \\ 0 & 3 & 1 & 2 & -3 \\ 0 & 0 & 0 & 2 & 1 \\ 0 & 0 & 0 & 4 & 7 \end{bmatrix} \sim \begin{bmatrix} 2 & 4 & -1 & 5 & -2 \\ 0 & 3 & 1 & 2 & -3 \\ 0 & 0 & 0 & 2 & 1 \\ 0 & 0 & 0 & 0 & 5 \end{bmatrix} = U$$

Os elementos anteriores em destaque determinam o escalonamento de A até U. Em cada coluna pivô, divida os elementos em destaque pelo pivô e coloque o resultado em L:

$$\begin{bmatrix} 2 \\ -4 \\ 2 \\ -6 \end{bmatrix} \begin{bmatrix} 3 \\ -9 \\ 12 \end{bmatrix} \begin{bmatrix} 2 \\ 4 \end{bmatrix} \begin{bmatrix} 5 \end{bmatrix}$$

$$\begin{matrix} \div 2 & \div 3 & \div 2 & \div 5 \\ \downarrow & \downarrow & \downarrow & \downarrow \end{matrix}$$

$$\begin{bmatrix} 1 \\ -2 & 1 \\ 1 & -3 & 1 \\ -3 & 4 & 2 & 1 \end{bmatrix} \quad \text{e} \quad L = \begin{bmatrix} 1 & 0 & 0 & 0 \\ -2 & 1 & 0 & 0 \\ 1 & -3 & 1 & 0 \\ -3 & 4 & 2 & 1 \end{bmatrix}$$

Um cálculo fácil mostra que este L e este U satisfazem $LU = A$. ∎

Na prática, trocas de linhas são quase sempre necessárias, pois a escolha do pivô é usada para se obter alta precisão. (Lembre-se de que esse procedimento seleciona, entre as possíveis escolhas para um pivô, um elemento na coluna que tenha o valor absoluto maior.) Para lidar com trocas de linhas, a fatoração LU mencionada pode ser facilmente modificada de modo a produzir uma L do tipo *triangular inferior permutada*, no sentido de que um rearranjo (chamado permutação) das linhas de L pode transformar L em uma matriz (unidade) triangular inferior. A *fatoração LU permutada* resultante fornece a solução de $A\mathbf{x} = \mathbf{b}$ da mesma forma que antes, exceto que o escalonamento de $[L\ \mathbf{b}]$ até $[I\ \mathbf{y}]$ segue a ordem dos pivôs em L da esquerda para a direita, começando com o pivô na primeira coluna. Em geral, o termo "fatoração LU" inclui a possibilidade de L ser triangular inferior permutada.

Comentários Numéricos

A contagem das operações a seguir aplica-se a uma matriz A $n \times n$ densa (com a maioria dos elementos diferentes de zero) para n moderadamente grande, digamos, $n \geq 30$.[1]

1. Para calcular uma fatoração LU de A são necessários cerca de $2n^3/3$ flops (mais ou menos o mesmo que o escalonamento de $[A \ \mathbf{b}]$), enquanto o cálculo de A^{-1} requer cerca de $2n^3$ flops.

2. A resolução de $L\mathbf{y} = \mathbf{b}$ e $U\mathbf{x} = \mathbf{y}$ requer cerca de $2n^2$ flops, pois todo sistema triangular $n \times n$ pode ser resolvido com cerca de n^2 flops.

3. A multiplicação de $\mathbf{b}$ por A^{-1} também requer cerca de $2n^2$ flops, mas o resultado pode não ser tão preciso como o obtido de L e U (por causa dos erros de aproximação gerados nos cálculos de A^{-1} e $A^{-1}\mathbf{b}$).

4. Se A for uma matriz esparsa (com a maioria dos elementos nulos), então L e U também poderão ser esparsas, enquanto A^{-1} será, provavelmente, densa. Nesse caso, a solução de $A\mathbf{x} = \mathbf{b}$ usando uma fatoração LU é *muito* mais rápida que usando A^{-1}. Veja o Exercício 31.

Fatoração Matricial em Engenharia Elétrica

A fatoração de matrizes está intimamente relacionada ao problema de se construir um circuito elétrico com determinadas propriedades. A discussão a seguir fornece apenas uma pequena amostra da ligação entre fatoração e o projeto de circuitos.

Suponha que a caixa na Figura 3 represente um tipo de circuito elétrico, com entrada e saída. Denote a voltagem e a corrente de entrada por $\begin{bmatrix} v_1 \\ i_1 \end{bmatrix}$ (com a voltagem v em volts e a corrente i em amps) e

denote a voltagem e a corrente de saída por $\begin{bmatrix} v_2 \\ i_2 \end{bmatrix}$. Muitas vezes, a transformação $\begin{bmatrix} v_1 \\ i_1 \end{bmatrix} \mapsto \begin{bmatrix} v_2 \\ i_2 \end{bmatrix}$ é linear.

Ou seja, existe uma matriz A, chamada *matriz de transferência*, tal que

$$\begin{bmatrix} v_2 \\ i_2 \end{bmatrix} = A \begin{bmatrix} v_1 \\ i_1 \end{bmatrix}$$

FIGURA 3 Circuito com terminais de entrada e saída.

A Figura 4 mostra um *circuito em escada*, em que dois circuitos (poderia haver mais) são ligados em série, de modo que a saída de um circuito é a entrada do próximo. O circuito da esquerda na Figura 4 é denominado *circuito em série*, com resistência R_1 (em ohms).

FIGURA 4 Circuito em escada.

O circuito da direita é um *circuito derivado*, com resistência R_2. Usando as leis de Ohm e de Kirchhoff, pode-se mostrar que as matrizes de transferências dos circuitos em série e derivados são, respectivamente,

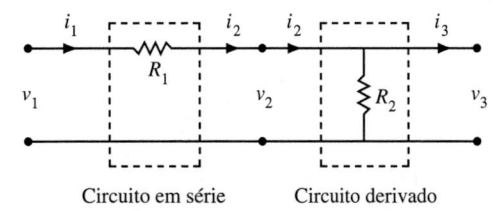

$$\begin{bmatrix} 1 & -R_1 \\ 0 & 1 \end{bmatrix} \qquad e \qquad \begin{bmatrix} 1 & 0 \\ -1/R_2 & 1 \end{bmatrix}$$

Matriz de transferência do circuito em série   Matriz de transferência do circuito derivado

---

[1] Veja a Seção 3.8 do livro *Applied Linear Algebra*, 3ª ed., de Ben Noble e James W. Daniel (Englewood Cliffs, NJ: Prentice-Hall, 1988). Lembre-se de que, para nossos propósitos, um *flop* é uma operação de $+$, $-$, $\times$ ou $\div$.

EXEMPLO 3

a. Calcule a matriz de transferência do circuito em escada na Figura 4.

b. Obtenha um circuito em escada cuja matriz de transferência é $\begin{bmatrix} 1 & -8 \\ -0,5 & 5 \end{bmatrix}$.

SOLUÇÃO

a. Sejam A_1 e A_2 as matrizes de transferência dos circuitos em série e derivados, respectivamente. Então um vetor de entrada $\mathbf{x}$ é transformado, primeiro, em $A_1\mathbf{x}$ e, depois, em $A_2(A_1\mathbf{x})$. A ligação em série dos circuitos corresponde à composição de transformações lineares, e a matriz de transferência do circuito em escada é (observe a ordem)

$$A_2 A_1 = \begin{bmatrix} 1 & 0 \\ -1/R_2 & 1 \end{bmatrix} \begin{bmatrix} 1 & -R_1 \\ 0 & 1 \end{bmatrix} = \begin{bmatrix} 1 & -R_1 \\ -1/R_2 & 1 + R_1/R_2 \end{bmatrix} \tag{6}$$

b. Para fatorar a matriz $\begin{bmatrix} 1 & -8 \\ -0,5 & 5 \end{bmatrix}$ em um produto de matrizes de transferência, como em (6), procuramos R_1 e R_2 na Figura 4 que satisfaçam

$$\begin{bmatrix} 1 & -R_1 \\ -1/R_2 & 1 + R_1/R_2 \end{bmatrix} = \begin{bmatrix} 1 & -8 \\ -0,5 & 5 \end{bmatrix}$$

Do elemento $(1, 2)$ obtemos $R_1 = 8$ ohms e, do elemento $(2, 1)$, $1/R_2 = 0,5$ ohm e $R_2 = 1/0,5 = 2$ ohms. Com esses valores, o circuito na Figura 4 tem a matriz de transferência desejada. ∎

A matriz de transferência de um circuito resume o comportamento de entrada e saída (as "especificações de arquitetura") do circuito sem fazer referência aos circuitos internos. Para construir fisicamente o circuito com as propriedades desejadas, o engenheiro determina, em primeiro lugar, se o circuito pode ser construído (ou *realizado*). Depois, ele tenta fatorar a matriz de transferência em matrizes que correspondam a circuitos menores, possivelmente que já sejam fabricados e estejam prontos para a montagem. No caso comum de corrente alternada, os elementos da matriz de transferência são, em geral, funções racionais complexas. (Veja os Exercícios 21 e 22 na Seção 2.4.) Um problema padrão é o de determinar uma *realização mínima* que use o menor número de componentes elétricas.

> **Problema Prático**
>
> Determine uma fatoração LU de $A = \begin{bmatrix} 2 & -4 & -2 & 3 \\ 6 & -9 & -5 & 8 \\ 2 & -7 & -3 & 9 \\ 4 & -2 & -2 & -1 \\ -6 & 3 & 3 & 4 \end{bmatrix}$. *[Observação:* Acontece que A só tem três colunas pivôs, de modo que o método do Exemplo 2 irá produzir apenas as três primeiras colunas de L. As outras duas colunas de L virão de I_5.]

2.5 EXERCÍCIOS

Nos Exercícios 1 a 6, resolva a equação $A\mathbf{x} = \mathbf{b}$ usando a fatoração LU dada para a matriz A. Nos Exercícios 1 e 2, resolva também $A\mathbf{x} = \mathbf{b}$ por escalonamento.

1. $A = \begin{bmatrix} 3 & -7 & -2 \\ -3 & 5 & 1 \\ 6 & -4 & 0 \end{bmatrix}$, $\mathbf{b} = \begin{bmatrix} -7 \\ 5 \\ 2 \end{bmatrix}$

$A = \begin{bmatrix} 1 & 0 & 0 \\ -1 & 1 & 0 \\ 2 & -5 & 1 \end{bmatrix} \begin{bmatrix} 3 & -7 & -2 \\ 0 & -2 & -1 \\ 0 & 0 & -1 \end{bmatrix}$

2. $A = \begin{bmatrix} 4 & 3 & -5 \\ -4 & -5 & 7 \\ 8 & 6 & -8 \end{bmatrix}$, $\mathbf{b} = \begin{bmatrix} 2 \\ -4 \\ 6 \end{bmatrix}$

$A = \begin{bmatrix} 1 & 0 & 0 \\ -1 & 1 & 0 \\ 2 & 0 & 1 \end{bmatrix} \begin{bmatrix} 4 & 3 & -5 \\ 0 & -2 & 2 \\ 0 & 0 & 2 \end{bmatrix}$

3. $A = \begin{bmatrix} 2 & -1 & 2 \\ -6 & 0 & -2 \\ 8 & -1 & 5 \end{bmatrix}$, $\mathbf{b} = \begin{bmatrix} 1 \\ 0 \\ 4 \end{bmatrix}$

$A = \begin{bmatrix} 1 & 0 & 0 \\ -3 & 1 & 0 \\ 4 & -1 & 1 \end{bmatrix} \begin{bmatrix} 2 & -1 & 2 \\ 0 & -3 & 4 \\ 0 & 0 & 1 \end{bmatrix}$

4. $A = \begin{bmatrix} 2 & -2 & 4 \\ 1 & -3 & 1 \\ 3 & 7 & 5 \end{bmatrix}$, $\mathbf{b} = \begin{bmatrix} 0 \\ -5 \\ 7 \end{bmatrix}$

$A = \begin{bmatrix} 1 & 0 & 0 \\ 1/2 & 1 & 0 \\ 3/2 & -5 & 1 \end{bmatrix} \begin{bmatrix} 2 & -2 & 4 \\ 0 & -2 & -1 \\ 0 & 0 & -6 \end{bmatrix}$

5. $A = \begin{bmatrix} 1 & -2 & -4 & -3 \\ 2 & -7 & -7 & -6 \\ -1 & 2 & 6 & 4 \\ -4 & -1 & 9 & 8 \end{bmatrix}, \mathbf{b} = \begin{bmatrix} 1 \\ 7 \\ 0 \\ 3 \end{bmatrix}$

$A = \begin{bmatrix} 1 & 0 & 0 & 0 \\ 2 & 1 & 0 & 0 \\ -1 & 0 & 1 & 0 \\ -4 & 3 & -5 & 1 \end{bmatrix} \begin{bmatrix} 1 & -2 & -4 & -3 \\ 0 & -3 & 1 & 0 \\ 0 & 0 & 2 & 1 \\ 0 & 0 & 0 & 1 \end{bmatrix}$

6. $A = \begin{bmatrix} 1 & 3 & 4 & 0 \\ -3 & -6 & -7 & 2 \\ 3 & 3 & 0 & -4 \\ -5 & -3 & 2 & 9 \end{bmatrix}, \mathbf{b} = \begin{bmatrix} 1 \\ -2 \\ -1 \\ 2 \end{bmatrix}$

$A = \begin{bmatrix} 1 & 0 & 0 & 0 \\ -3 & 1 & 0 & 0 \\ 3 & -2 & 1 & 0 \\ -5 & 4 & -1 & 1 \end{bmatrix} \begin{bmatrix} 1 & 3 & 4 & 0 \\ 0 & 3 & 5 & 2 \\ 0 & 0 & -2 & 0 \\ 0 & 0 & 0 & 1 \end{bmatrix}$

Encontre uma fatoração LU para as matrizes nos Exercícios 7 a 16 (com L matriz unidade triangular inferior). Observe que o MATLAB, em geral, produzirá uma fatoração LU permutada porque usa troca de pivôs para obter precisão numérica.

7. $\begin{bmatrix} 2 & 5 \\ -3 & -4 \end{bmatrix}$ **8.** $\begin{bmatrix} 6 & 9 \\ 4 & 5 \end{bmatrix}$

9. $\begin{bmatrix} 3 & -1 & 2 \\ -3 & -2 & 10 \\ 9 & -5 & 6 \end{bmatrix}$ **10.** $\begin{bmatrix} -5 & 3 & 4 \\ 10 & -8 & -9 \\ 15 & 1 & 2 \end{bmatrix}$

11. $\begin{bmatrix} 3 & -6 & 3 \\ 6 & -7 & 2 \\ -1 & 7 & 0 \end{bmatrix}$ **12.** $\begin{bmatrix} 2 & -4 & 2 \\ 1 & 5 & -4 \\ -6 & -2 & 4 \end{bmatrix}$

13. $\begin{bmatrix} 1 & 3 & -5 & -3 \\ -1 & -5 & 8 & 4 \\ 4 & 2 & -5 & -7 \\ -2 & -4 & 7 & 5 \end{bmatrix}$ **14.** $\begin{bmatrix} 1 & 4 & -1 & 5 \\ 3 & 7 & -2 & 9 \\ -2 & -3 & 1 & -4 \\ -1 & 6 & -1 & 7 \end{bmatrix}$

15. $\begin{bmatrix} 2 & -4 & 4 & -2 \\ 6 & -9 & 7 & -3 \\ -1 & -4 & 8 & 0 \end{bmatrix}$ **16.** $\begin{bmatrix} 2 & -6 & 6 \\ -4 & 5 & -7 \\ 3 & 5 & -1 \\ -6 & 4 & -8 \\ 8 & -3 & 9 \end{bmatrix}$

17. Quando A é invertível, o MATLAB determina A^{-1} pela fatoração $A = LU$ (em que L pode ser uma matriz triangular inferior permutada), invertendo L e U e calculando $U^{-1}L^{-1}$ depois. Use esse método para calcular a inversa de A no Exercício 2. (Aplique o algoritmo na Seção 2.2 para L e U.)

18. Encontre A^{-1} como no Exercício 17 usando A do Exercício 3.

19. Seja A uma matriz triangular inferior $n \times n$ com elementos não nulos na diagonal principal. Mostre que A é invertível e A^{-1} é triangular inferior. [*Sugestão:* Explique por que A pode ser transformada em I usando apenas substituição de linhas e multiplicação por escalar. (Onde estão os pivôs?) Explique também por que as operações elementares que transformam A em I transformam I em uma matriz triangular inferior.]

20. Seja $A = LU$ uma fatoração LU. Explique por que A pode ser transformada em U usando apenas substituição de linhas. (Esse fato é a recíproca do que foi provado no texto.)

21. Suponha que $A = BC$, em que B é invertível. Mostre que qualquer sequência de operações elementares que transforme B em I também transforma A em C. A recíproca não é verdadeira, já que a matriz nula pode ser fatorada como $0 = B(0)$.

Os Exercícios 22 a 26 fornecem uma pequena amostra de fatorações de matrizes muito usadas, algumas das quais serão discutidas mais adiante.

22. (*Fatoração LU Reduzida*) Considerando a matriz A do Problema Prático, encontre uma matriz B 5×3 e uma matriz C 3×4 tais que $A = BC$. Generalize essa ideia para o caso em que A é $m \times n$, $A = LU$ e U tem apenas 3 linhas não nulas.

23. (*Fatoração de Posto*) Suponha que uma matriz A $m \times n$ admita uma fatoração $A = CD$, em que C é $m \times 4$ e D é $4 \times n$.
   a. Mostre que A é a soma de quatro produtos externos. (Veja a Seção 2.4.)
   b. Sejam $m = 400$ e $n = 100$. Explique por que um programador de computador pode preferir armazenar os dados de A como duas matrizes C e D.

24. (*Fatoração QR*) Suponha que $A = QR$, em que Q e R são matrizes $n \times n$, R é invertível e triangular superior e Q satisfaz $Q^T Q = I$. Mostre que, para cada $\mathbf{b}$ em $\mathbb{R}^n$, a equação $A\mathbf{x} = \mathbf{b}$ tem uma única solução. Quais os cálculos a serem feitos com Q e R que produzem a solução?

25. (*Decomposição do Valor Singular*) Suponha que $A = UDV^T$, em que U e V são matrizes $n \times n$ com a propriedade de que $U^T U = I$ e $V^T V = I$ e D é uma matriz diagonal com os números positivos $\sigma_1, \ldots, \sigma_n$ na diagonal principal. Mostre que A é invertível e encontre uma fórmula para A^{-1}.

26. (*Fatoração Espectral*) Suponha que uma matriz A 3×3 admita uma fatoração $A = PDP^{-1}$, em que P é uma matriz 3×3 invertível e D é a matriz diagonal

$$D = \begin{bmatrix} 1 & 0 & 0 \\ 0 & 1/2 & 0 \\ 0 & 0 & 1/3 \end{bmatrix}$$

Mostre que essa fatoração é útil para o cálculo de potências altas de A. Encontre fórmulas razoavelmente simples para A^2, A^3 e A^k (k um inteiro positivo) usando P e os elementos de D.

27. Obtenha dois circuitos em escada diferentes, em que cada um determina uma saída de 9 volts e 4 amps quando a entrada é de 12 volts e 6 amps.

28. Mostre que se três circuitos derivados (com resistências R_1, R_2 e R_3) forem ligados em série, o circuito resultante terá a mesma matriz de transferência que um único circuito derivado. Encontre uma fórmula para a resistência desse circuito.

29. a. Calcule a matriz de transferência do circuito na figura a seguir.

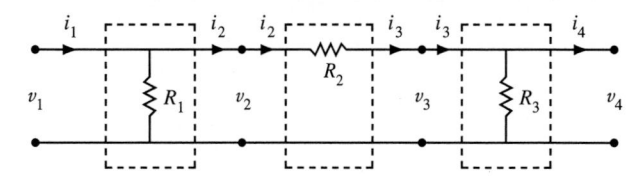

   b. Seja $A = \begin{bmatrix} 4/3 & -12 \\ -1/4 & 3 \end{bmatrix}$. Encontre uma fatoração apropriada para A para obter um circuito em escada cuja matriz de transferência é A.

30. Encontre uma fatoração diferente para a matriz de transferência A no Exercício 29, obtendo assim um circuito em escada diferente cuja matriz de transferência é A.

Ⓜ **31.** A solução do problema do fluxo de calor estado estacionário para essa placa é aproximada pela solução da equação $A\mathbf{x} = \mathbf{b}$, em que $\mathbf{b} = (5, 15, 0, 10, 0, 10, 20, 30)$ e

$$A = \begin{bmatrix} 4 & -1 & -1 \\ -1 & 4 & 0 & -1 \\ -1 & 0 & 4 & -1 & -1 \\ & -1 & -1 & 4 & 0 & -1 \\ & & -1 & 0 & 4 & -1 & -1 \\ & & & -1 & -1 & 4 & 0 & -1 \\ & & & & -1 & 0 & 4 & -1 \\ & & & & & -1 & -1 & 4 \end{bmatrix}$$

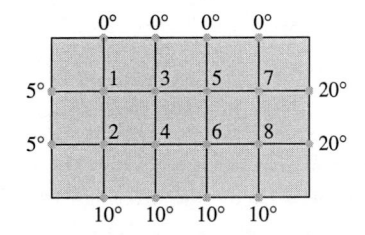

(Veja o Exercício 43 na Seção 1.1.) Os elementos de A que faltam são todos iguais a zero. Os elementos não nulos de A estão em uma faixa em torno da diagonal principal. Tais *matrizes em banda* ocorrem em diversas aplicações e, com frequência, são muitíssimo grandes (com milhares de linhas e colunas, mas com faixas relativamente estreitas).

a. Use o método descrito no Exemplo 2 para construir uma fatoração LU de A e observe que ambos os fatores são matrizes em banda (com duas diagonais não nulas acima ou abaixo da diagonal principal). Calcule $LU - A$ para verificar sua resposta.

b. Use a fatoração LU para resolver a equação $A\mathbf{x} = \mathbf{b}$.

c. Obtenha A^{-1} e note que A^{-1} é uma matriz densa sem estrutura em banda. Quando A é grande, L e U podem ser armazenadas em muito menos espaço que A^{-1}. Esse fato é outro motivo para preferir a fatoração LU de A à inversa A^{-1}.

M **32.** A matriz em banda A dada a seguir pode ser usada para estimar a condução de calor não estacionária em uma barra quando as temperaturas nos pontos $p_1, \ldots, p_5$ da barra variam com o tempo.[2]

A constante C na matriz depende da natureza física da barra, da distância Δx entre os pontos da barra e do intervalo de tempo Δt entre medidas sucessivas de temperatura. Suponha que, para $k = 0, 1, 2, \ldots$, um vetor $\mathbf{t}_k$ em $\mathbb{R}^5$ liste as temperaturas no instante $k\Delta t$. Se as duas extremidades da barra forem mantidas a $0°$, então os vetores de temperatura satisfarão à equação $A\mathbf{t}_{k+1} = \mathbf{t}_k$ ($k = 0, 1, \ldots$), em que

$$A = \begin{bmatrix} (1+2C) & -C & & & \\ -C & (1+2C) & -C & & \\ & -C & (1+2C) & -C & \\ & & -C & (1+2C) & -C \\ & & & -C & (1+2C) \end{bmatrix}$$

a. Encontre a fatoração LU de A quando $C = 1$. Uma matriz como A com três diagonais não nulas é chamada *matriz tridiagonal*. Os fatores L e U são *matrizes bidiagonais*.

b. Suponha que $C = 1$ e $\mathbf{t}_0 = (10, 12, 12, 12, 10)$. Use a fatoração LU de A para encontrar as distribuições de temperatura $\mathbf{t}_1, \mathbf{t}_2, \mathbf{t}_3$ e $\mathbf{t}_4$.

[2]Veja Biswa N. Datta, *Numerical Linear Algebra and Applications* (Pacific Grove, CA: Brooks/Cole, 1994), p. 200-201.

Solução do Problema Prático

$$A = \begin{bmatrix} 2 & -4 & -2 & 3 \\ 6 & -9 & -5 & 8 \\ 2 & -7 & -3 & 9 \\ 4 & -2 & -2 & -1 \\ -6 & 3 & 3 & 4 \end{bmatrix} \sim \begin{bmatrix} 2 & -4 & -2 & 3 \\ 0 & 3 & 1 & -1 \\ 0 & -3 & -1 & 6 \\ 0 & 6 & 2 & -7 \\ 0 & -9 & -3 & 13 \end{bmatrix}$$

$$\sim \begin{bmatrix} 2 & -4 & -2 & 3 \\ 0 & 3 & 1 & -1 \\ 0 & 0 & 0 & 5 \\ 0 & 0 & 0 & -5 \\ 0 & 0 & 0 & 10 \end{bmatrix} \sim \begin{bmatrix} 2 & -4 & -2 & 3 \\ 0 & 3 & 1 & -1 \\ 0 & 0 & 0 & 5 \\ 0 & 0 & 0 & 0 \\ 0 & 0 & 0 & 0 \end{bmatrix} = U$$

Divida os elementos em cada coluna em destaque pelo pivô que está no topo. As colunas resultantes formam as três primeiras colunas da parte inferior de L. Isso é o suficiente para fazer com que o escalonamento de L para I corresponda ao escalonamento de A para U. Use as duas últimas colunas de I_5 para transformar L em uma matriz unidade triangular inferior.

$$\begin{bmatrix} 2 \\ 6 \\ 2 \\ 4 \\ -6 \end{bmatrix} \begin{bmatrix} 3 \\ -3 \\ 6 \\ -9 \end{bmatrix} \begin{bmatrix} 5 \\ -5 \\ 10 \end{bmatrix}$$
$$\div 2 \qquad \div 3 \qquad \div 5$$
$$\downarrow \qquad \downarrow \qquad \downarrow$$

$$\begin{bmatrix} 1 & & \\ 3 & 1 & \\ 1 & -1 & 1 \\ 2 & 2 & -1 \\ -3 & -3 & 2 \end{bmatrix} \cdots, \quad L = \begin{bmatrix} 1 & 0 & 0 & 0 & 0 \\ 3 & 1 & 0 & 0 & 0 \\ 1 & -1 & 1 & 0 & 0 \\ 2 & 2 & -1 & 1 & 0 \\ -3 & -3 & 2 & 0 & 1 \end{bmatrix}$$

2.6 MODELO DE ENTRADA/SAÍDA DE LEONTIEF

A álgebra linear desempenhou papel importante no trabalho vencedor do prêmio Nobel de Wassily Leontief, como foi mencionado no início do Capítulo 1. O modelo econômico descrito nesta seção é a base de modelos mais elaborados usados em muitas partes do mundo.

Suponha que a economia de um país esteja dividida em n setores que produzem bens ou serviços, e seja **x** um **vetor de produção** em $\mathbb{R}^n$ que lista a produção de cada setor em um ano. Suponha também que outra parte da economia (chamada *setor aberto*) não produza bens nem serviços, mas apenas consuma, e seja **d** um **vetor demanda final** que lista o valor dos bens e serviços demandados dos vários setores pela parte não produtiva da economia. O vetor **d** pode representar a demanda do consumidor, o consumo do governo, o excesso de produção, as exportações ou outras demandas externas.

À medida que os diversos setores produzem bens de modo a satisfazer a demanda do consumidor, os próprios produtores criam uma **demanda intermediária** adicional para os bens de que eles necessitam como insumos de sua própria produção. As inter-relações entre os setores são muito complexas, e a ligação entre a demanda final e a produção não é clara. Leontief perguntou se existe um nível de produção **x** tal que as quantidades produzidas (ou "fornecidas") irão balancear exatamente a demanda total por essa produção, de modo que

$$\left\{ \begin{array}{c} \text{quantidade} \\ \text{produzida} \\ \mathbf{x} \end{array} \right\} = \left\{ \begin{array}{c} \text{demanda} \\ \text{intermediária} \end{array} \right\} + \left\{ \begin{array}{c} \text{demanda} \\ \text{final} \\ \mathbf{d} \end{array} \right\} \tag{1}$$

A suposição básica do modelo de entrada/saída de Leontief é a de que, para cada setor, exista um **vetor unitário de consumo** em $\mathbb{R}^n$ que lista os insumos necessários *por unidade de produção* daquele setor. Todas as unidades de entrada (insumos) e saída (produção) são medidas em milhões de dólares, em vez de quantidades como toneladas ou barris. (Os preços de bens e serviços são mantidos constantes.)

Como exemplo simples, suponha que a economia consiste em três setores — indústria, agricultura e serviços — com vetores unitários de consumo $\mathbf{c}_1$, $\mathbf{c}_2$, $\mathbf{c}_3$, dados na tabela seguinte:

	Insumos Necessários por Unidade de Produção		
Comprado de	**Indústria**	**Agricultura**	**Serviços**
Indústria	0,50	0,40	0,20
Agricultura	0,20	0,30	0,10
Serviços	0,10	0,10	0,30
	$\uparrow$	$\uparrow$	$\uparrow$
	$\mathbf{c}_1$	$\mathbf{c}_2$	$\mathbf{c}_3$

EXEMPLO 1 Quais as quantidades que serão consumidas pelo setor de indústria se esse setor decidir produzir 100 unidades?

SOLUÇÃO Calcule

$$100\mathbf{c}_1 = 100 \begin{bmatrix} 0,50 \\ 0,20 \\ 0,10 \end{bmatrix} = \begin{bmatrix} 50 \\ 20 \\ 10 \end{bmatrix}$$

Para produzir 100 unidades, a indústria irá requisitar (isto é, "demandar") e consumir 50 unidades de outras partes do setor de indústria, 20 unidades da agricultura e 10 unidades de serviços. ∎

Se a indústria decidir produzir x_1 unidades, então $x_1\mathbf{c}_1$ representará as *demandas intermediárias*, pois as quantidades em $x_1\mathbf{c}_1$ serão consumidas no processo de gerar x_1 unidades de produção. Analogamente, se x_2 e x_3 denotarem a produção planejada dos setores de serviço e agricultura, $x_2\mathbf{c}_2$ e $x_3\mathbf{c}_3$ listarão suas demandas intermediárias correspondentes. A demanda intermediária total desses três setores é dada por

$$\{\text{demanda intermediária}\} = x_1\mathbf{c}_1 + x_2\mathbf{c}_2 + x_3\mathbf{c}_3$$
$$= C\mathbf{x} \tag{2}$$

em que C é a **matriz de consumo** $[\mathbf{c}_1 \ \mathbf{c}_2 \ \mathbf{c}_3]$, a saber,

$$C = \begin{bmatrix} 0,50 & 0,40 & 0,20 \\ 0,20 & 0,30 & 0,10 \\ 0,10 & 0,10 & 0,30 \end{bmatrix} \tag{3}$$

As equações (1) e (2) compõem o modelo de Leontief.

MODELO DE ENTRADA/SAÍDA DE LEONTIEF OU EQUAÇÃO DE PRODUÇÃO

$$\underset{\substack{\text{Quantidade}\\\text{produzida}}}{\mathbf{x}} = \underset{\substack{\text{Demanda}\\\text{intermediária}}}{C\mathbf{x}} + \underset{\substack{\text{Demanda}\\\text{final}}}{\mathbf{d}} \qquad (4)$$

A equação (4) também pode ser escrita como $I\mathbf{x} - C\mathbf{x} = \mathbf{d}$, ou:

$$(I - C)\mathbf{x} = \mathbf{d} \qquad (5)$$

EXEMPLO 2 Considere uma economia cuja matriz de consumo é dada por (3). Suponha que a demanda final seja de 50 unidades para a indústria, 30 unidades para a agricultura e 20 unidades para serviços. Determine o nível de produção $\mathbf{x}$ que irá satisfazer essa demanda.

SOLUÇÃO A matriz dos coeficientes em (5) é

$$I - C = \begin{bmatrix} 1 & 0 & 0 \\ 0 & 1 & 0 \\ 0 & 0 & 1 \end{bmatrix} - \begin{bmatrix} 0,5 & 0,4 & 0,2 \\ 0,2 & 0,3 & 0,1 \\ 0,1 & 0,1 & 0,3 \end{bmatrix} = \begin{bmatrix} 0,5 & -0,4 & -0,2 \\ -0,2 & 0,7 & -0,1 \\ -0,1 & -0,1 & 0,7 \end{bmatrix}$$

Para resolver (5), escalone a matriz aumentada

$$\begin{bmatrix} 0,5 & -0,4 & -0,2 & 50 \\ -0,2 & 0,7 & -0,1 & 30 \\ -0,1 & -0,1 & 0,7 & 20 \end{bmatrix} \sim \begin{bmatrix} 5 & -4 & -2 & 500 \\ -2 & 7 & -1 & 300 \\ -1 & -1 & 7 & 200 \end{bmatrix} \sim \cdots \sim \begin{bmatrix} 1 & 0 & 0 & 226 \\ 0 & 1 & 0 & 119 \\ 0 & 0 & 1 & 78 \end{bmatrix}$$

A última coluna foi arredondada para o inteiro mais próximo. A indústria precisa produzir aproximadamente 226 unidades, a agricultura 119 unidades e os serviços, apenas 78 unidades. ∎

Se a matriz $I - C$ for invertível, então poderemos aplicar o Teorema 5 na Seção 2.2, com A substituído por $(I - C)$, e da equação $(I - C)\mathbf{x} = \mathbf{d}$ obter $\mathbf{x} = (I - C)^{-1}\mathbf{d}$. O teorema a seguir mostra que, na maioria dos casos, $I - C$ é invertível e o vetor de produção $\mathbf{x}$ é economicamente viável, no sentido de que as componentes de $\mathbf{x}$ são não negativas.

No teorema, o termo **soma da coluna** denota a soma dos elementos em uma coluna da matriz. Sob circunstâncias comuns, as somas das colunas de uma matriz de consumo são menores que 1 porque o setor deve requisitar menos de uma unidade em valor de insumos para produzir uma unidade de produção.

TEOREMA 11

Seja C a matriz de consumo para uma economia e seja $\mathbf{d}$ a demanda final. Se os elementos de C e $\mathbf{d}$ forem não negativos e se a soma de cada coluna for menor que 1, então $(I - C)^{-1}$ existirá, o vetor de produção

$$\mathbf{x} = (I - C)^{-1}\mathbf{d}$$

terá componentes não negativas e será a única solução de

$$\mathbf{x} = C\mathbf{x} + \mathbf{d}$$

A discussão seguinte sugere por que o teorema é verdadeiro e conduzirá a uma nova forma de calcular $(I - C)^{-1}$.

Fórmula para $(I - C)^{-1}$

Imagine que a demanda representada por $\mathbf{d}$ é apresentada às diversas indústrias no início do ano, e as indústrias respondem fixando seus níveis de produção em $\mathbf{x} = \mathbf{d}$, o que irá atender exatamente à demanda final. Quando as indústrias se preparam para produzir $\mathbf{d}$, enviam as encomendas das matérias-primas e outros insumos. Isso cria uma demanda intermediária $C\mathbf{d}$ para os insumos.

Para atender à demanda adicional $C\mathbf{d}$, as indústrias vão precisar de insumos adicionais nas quantidades $C(C\mathbf{d}) = C^2\mathbf{d}$. É claro que isso gera uma segunda rodada de demanda intermediária, e quando as indústrias decidem produzir mais ainda para atender a essa nova demanda, geram uma terceira rodada de demanda, a saber, $C(C^2\mathbf{d}) = C^3\mathbf{d}$ e assim por diante.

Teoricamente, podemos imaginar esse processo continuando de forma indefinida, apesar de que, na realidade, isso não aconteceria em uma sequência tão rígida de eventos. O diagrama a seguir ilustra essa situação hipotética:

	Demanda a Ser Atendida	Insumos Necessários para Atender à Demanda
Demanda final	$\mathbf{d}$	$C\mathbf{d}$
Demanda intermediária		
1ª rodada	$C\mathbf{d}$	$C(C\mathbf{d}) = C^2\mathbf{d}$
2ª rodada	$C^2\mathbf{d}$	$C(C^2\mathbf{d}) = C^3\mathbf{d}$
3ª rodada	$C^3\mathbf{d}$	$C(C^3\mathbf{d}) = C^4\mathbf{d}$
$\vdots$		$\vdots$

O nível de produção $\mathbf{x}$ que irá atender a toda essa demanda é

$$\mathbf{x} = \mathbf{d} + C\mathbf{d} + C^2\mathbf{d} + C^3\mathbf{d} + \cdots$$
$$= (I + C + C^2 + C^3 + \cdots)\mathbf{d} \tag{6}$$

Para tornar (6) compreensível, considere a seguinte identidade algébrica:

$$(I - C)(I + C + C^2 + \cdots + C^m) = I - C^{m+1} \tag{7}$$

Pode-se mostrar que, se as somas das colunas em C forem estritamente menores que 1, então $I - C$ será invertível, C^m se aproximará da matriz nula quando m se tornar arbitrariamente grande e $I - C^{m+1} \to I$. (Esse fato é análogo ao de que, se t for um número positivo menor que 1, então $t^m \to 0$ quando m cresce.) Usando (7), escrevemos

$$(I - C)^{-1} \approx I + C + C^2 + C^3 + \cdots + C^m \tag{8}$$

quando a soma de cada coluna de C é menor do que 1.

A aproximação em (8) significa que a expressão à direita pode ficar tão próxima quanto se queira de $(I - C)^{-1}$ escolhendo-se m suficientemente grande.

Em modelos reais de entrada/saída, as potências da matriz de consumo se aproximam rapidamente da matriz nula. Portanto, (8) realmente fornece uma maneira prática de calcular $(I - C)^{-1}$. De modo análogo, para qualquer $\mathbf{d}$, os vetores $C^m\mathbf{d}$ se aproximam do vetor nulo com rapidez e (6) é uma forma prática de resolver $(I - C)\mathbf{x} = \mathbf{d}$. Se os elementos em C e $\mathbf{d}$ forem não negativos, então (6) mostra que as componentes de $\mathbf{x}$ também serão não negativas.

Importância Econômica dos Elementos em $(I - C)^{-1}$

Os elementos em $(I - C)^{-1}$ são significativos porque podem ser usados para prever como a produção $\mathbf{x}$ terá de variar quando a demanda final $\mathbf{d}$ varia. De fato, os elementos da coluna j de $(I - C)^{-1}$ são as quantidades *acrescidas* que os diversos setores terão de produzir de modo a satisfazer *um aumento de 1 unidade* na demanda final da produção do setor j. Veja o Exercício 8.

Comentário Numérico

Em qualquer problema aplicado (não apenas em economia), uma equação $A\mathbf{x} = \mathbf{b}$ sempre pode ser escrita como $(I - C)\mathbf{x} = \mathbf{b}$, com $C = I - A$. Se o sistema for grande e *esparso* (com a maior parte dos elementos iguais a zero), pode acontecer que as somas de colunas dos módulos dos elementos de C sejam menores que 1. Nesse caso, $C^m \to 0$. Se C^m se aproximar de zero suficientemente rápido, (6) e (8) irão fornecer fórmulas práticas para resolver $A\mathbf{x} = \mathbf{b}$ e determinar A^{-1}.

> **Problema Prático**
>
> Suponha que uma economia tenha dois setores: bens e serviços. Uma unidade de produção de bens requer insumos de 0,2 unidade de bens e 0,5 unidade de serviços. Uma unidade de produção de serviços requer insumos de 0,4 unidade de bens e 0,3 unidade de serviços. Existe uma demanda final de 20 unidades de bens e 30 unidades de serviços. Obtenha o modelo de entrada/saída de Leontief para essa situação.

2.6 EXERCÍCIOS

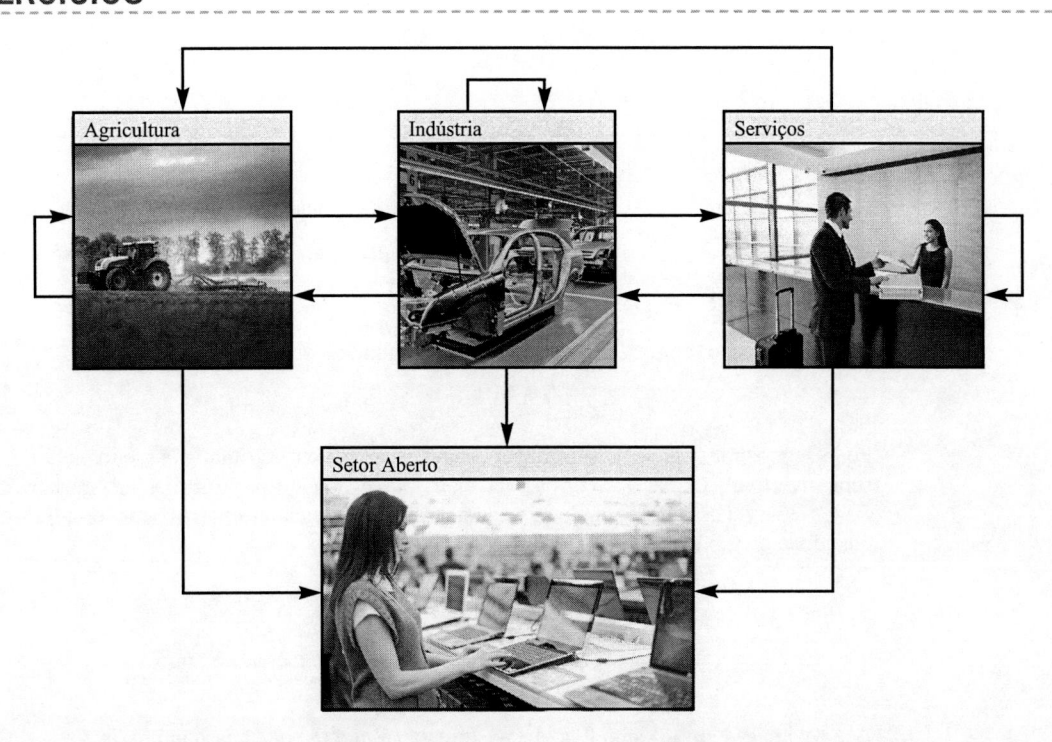

Os Exercícios 1 a 4 se referem a uma economia que está dividida em três setores — indústria, agricultura e serviços. Para cada unidade de produção, a indústria requer 0,10 unidade de outras empresas do setor, 0,30 unidade da agricultura e 0,30 unidade de serviços. Para cada unidade de produção, a agricultura utiliza 0,20 unidade de sua própria produção, 0,60 unidade da indústria e 0,10 unidade de serviços. Para cada unidade de produção, o setor de serviços consome 0,10 unidade de serviços, 0,60 unidade da indústria, mas nenhum produto da agricultura.

1. Obtenha a matriz de consumo para essa economia e determine qual a demanda intermediária que é gerada se a agricultura planejar produzir 100 unidades.

2. Determine os níveis de produção necessários para satisfazer uma demanda final de 18 unidades da agricultura, sem demanda final para os outros setores. (Não calcule uma matriz inversa.)

3. Determine os níveis de produção necessários para satisfazer uma demanda final de 18 unidades da indústria, sem demanda final para os outros setores. (Não calcule uma matriz inversa.)

4. Determine os níveis de produção necessários para satisfazer uma demanda final de 18 unidades da indústria, 18 unidades da agricultura e 0 unidade de serviços.

5. Considere o modelo de produção $\mathbf{x} = C\mathbf{x} + \mathbf{d}$ para uma economia com dois setores, em que

$$C = \begin{bmatrix} 0,0 & 0,5 \\ 0,6 & 0,2 \end{bmatrix}, \qquad \mathbf{d} = \begin{bmatrix} 50 \\ 30 \end{bmatrix}$$

Use uma matriz inversa para determinar o nível de produção necessário para satisfazer à demanda final.

6. Repita o Exercício 5 com $C = \begin{bmatrix} 0,1 & 0,6 \\ 0,5 & 0,2 \end{bmatrix}$ e $\mathbf{d} = \begin{bmatrix} 18 \\ 11 \end{bmatrix}$.

7. Sejam C e $\mathbf{d}$ como no Exercício 5.

   a. Determine o nível de produção necessário para satisfazer uma demanda final de 1 unidade de produção do setor 1.

   b. Use uma matriz inversa para determinar o nível de produção necessário para satisfazer uma demanda final de $\begin{bmatrix} 51 \\ 30 \end{bmatrix}$.

   c. Use o fato de que $\begin{bmatrix} 51 \\ 30 \end{bmatrix} = \begin{bmatrix} 50 \\ 30 \end{bmatrix} + \begin{bmatrix} 1 \\ 0 \end{bmatrix}$ para explicar como e por que as respostas dos itens (a) e (b) e do Exercício 5 estão relacionadas.

8. Seja C uma matriz de consumo $n \times n$ cujas somas de colunas são menores que 1. Seja $\mathbf{x}$ o vetor de produção que atende à demanda final $\mathbf{d}$ e seja $\Delta\mathbf{x}$ um vetor de produção que satisfaz outro vetor de demanda $\Delta\mathbf{d}$.

   a. Mostre que se a demanda final variar de $\mathbf{d}$ para $\mathbf{d} + \Delta\mathbf{d}$, então o novo nível de produção terá de ser $\mathbf{x} + \Delta\mathbf{x}$. Assim, $\Delta\mathbf{x}$ fornece *variação* necessária da produção para acomodar a *variação* $\Delta\mathbf{d}$ na demanda.

   b. Seja $\Delta\mathbf{d}$ o vetor em $\mathbb{R}^n$ com 1 na primeira componente e 0 nas demais. Explique por que a produção correspondente $\Delta\mathbf{x}$ é a primeira coluna de $(I - C)^{-1}$. Isso mostra que a primeira coluna de $(I - C)^{-1}$ fornece as quantidades que os diversos setores precisam produzir de modo a satisfazer um aumento de 1 unidade na demanda final para a produção do setor 1.

9. Resolva a equação de produção de Leontief para uma economia com três setores, dada por

$$C = \begin{bmatrix} 0,2 & 0,2 & 0,0 \\ 0,3 & 0,1 & 0,3 \\ 0,1 & 0,0 & 0,2 \end{bmatrix} \quad \text{e} \quad \mathbf{d} = \begin{bmatrix} 40 \\ 60 \\ 80 \end{bmatrix}$$

10. A matriz de consumo C para a economia dos EUA em 1972 tem a propriedade de que *todo elemento* na matriz $(I - C)^{-1}$ é não nulo (e positivo).[1] O que isso diz sobre o efeito de se elevar a demanda da produção de apenas um setor da economia?

11. A equação de produção de Leontief, $\mathbf{x} = C\mathbf{x} + \mathbf{d}$, geralmente é acompanhada por uma **equação de preço** dual,

$$\mathbf{p} = C^T \mathbf{p} + \mathbf{v}$$

na qual $\mathbf{p}$ é um **vetor de preços** cujas componentes listam o preço por unidade para a produção de cada setor, e $\mathbf{v}$ é um **vetor de valor agregado** cujas componentes listam os valores acrescidos por unidade de produção. (Os valores agregados incluem salários, lucros, depreciação etc.) Um fato importante em economia é que o produto interno bruto (PIB) pode ser escrito de duas formas:

{produto interno bruto} $= \mathbf{p}^T\mathbf{d} = \mathbf{v}^T\mathbf{x}$

Verifique a segunda igualdade. [*Sugestão:* Calcule $\mathbf{p}^T\mathbf{x}$ de duas formas.]

12. Seja C uma matriz de consumo tal que $C^m \to 0$ quando $m \to \infty$ e, para $m = 1, 2, \ldots$, seja $D_m = I + C + \ldots + C^m$. Determine uma equação de diferenças que relacione D_m com D_{m+1} e, assim, obtenha um procedimento iterativo para calcular a fórmula (8) para $(I - C)^{-1}$.

13. A matriz de consumo C a seguir baseia-se nos dados de entrada/saída para a economia dos EUA em 1958, com dados para 81 setores agrupados em 7 setores maiores: (1) produtos não metálicos domésticos e pessoais, (2) produtos metálicos finais (como motores de veículos), (3) produtos de metal básicos e mineração, (4) produtos não metálicos básicos e agricultura, (5) energia, (6) serviços e (7) lazer e produtos diversos.[2] Determine os níveis de produção necessários para atender à demanda final $\mathbf{d}$. (As unidades são milhões de dólares.)

$$\begin{bmatrix} 0,1588 & 0,0064 & 0,0025 & 0,0304 & 0,0014 & 0,0083 & 0,1594 \\ 0,0057 & 0,2645 & 0,0436 & 0,0099 & 0,0083 & 0,0201 & 0,3413 \\ 0,0264 & 0,1506 & 0,3557 & 0,0139 & 0,0142 & 0,0070 & 0,0236 \\ 0,3299 & 0,0565 & 0,0495 & 0,3636 & 0,0204 & 0,0483 & 0,0649 \\ 0,0089 & 0,0081 & 0,0333 & 0,0295 & 0,3412 & 0,0237 & 0,0020 \\ 0,1190 & 0,0901 & 0,0996 & 0,1260 & 0,1722 & 0,2368 & 0,3369 \\ 0,0063 & 0,0126 & 0,0196 & 0,0098 & 0,0064 & 0,0132 & 0,0012 \end{bmatrix},$$

$$\mathbf{d} = \begin{bmatrix} 74.000 \\ 56.000 \\ 10.500 \\ 25.000 \\ 17.500 \\ 196.000 \\ 5.000 \end{bmatrix}$$

14. O vetor de demanda no Exercício 13 foi razoável para os dados de 1958, mas a discussão de Leontief sobre economia, na referência citada lá, usou um vetor de demanda mais próximo dos dados de 1964:

$$\mathbf{d} = (99640, 75548, 14444, 33501, 23527, 263985, 6526)$$

Determine os níveis de produção necessários para satisfazer essa demanda.

15. Use a equação (6) para resolver o problema no Exercício 13. Faça $\mathbf{x}^{(0)} = \mathbf{d}$ e, para $k = 1, 2, \ldots$, calcule $\mathbf{x}^{(k)} = \mathbf{d} + C\mathbf{x}^{(k-1)}$. Quantos passos são necessários para obter a resposta no Exercício 13 com precisão de quatro algarismos significativos?

---

[1]Wassily W. Leontief, "The World Economy of the Year 2000", *Scientific American*, setembro de 1980, p. 206-231.

[2]Wassily W. Leontief, "The Structure of the U.S. Economy", *Scientific American*, abril de 1965, p. 30-32.

Solução do Problema Prático

Temos os seguintes dados:

Comprado de	Insumos Necessários por Unidade de Produção		Demanda Externa
	Bens	**Serviços**	
Bens	0,2	0,4	20
Serviços	0,5	0,3	30

O modelo de entrada/saída de Leontief é $\mathbf{x} = C\mathbf{x} + \mathbf{d}$, em que

$$C = \begin{bmatrix} 0,2 & 0,4 \\ 0,5 & 0,3 \end{bmatrix}, \quad \mathbf{d} = \begin{bmatrix} 20 \\ 30 \end{bmatrix}$$

2.7 APLICAÇÕES À COMPUTAÇÃO GRÁFICA

Computação gráfica é a área que trata de imagens apresentadas ou animadas em uma tela de computador. As aplicações da computação gráfica são as mais variadas e continuam crescendo rapidamente. Por exemplo, projetos assistidos por computador (CAD – do inglês *Computer-Aided Design*) são uma parte fundamental de muitos processos em engenharia, como o projeto de aviões descrito na introdução do capítulo. A indústria de entretenimento tem feito as aplicações mais espetaculares de computação gráfica — desde os efeitos especiais de *O Homem Aranha 2* até PlayStation 4 e a Xbox One.

A maioria dos programas interativos para o mundo dos negócios e para a indústria usa computação gráfica nas telas e em outras funções, como na apresentação gráfica de dados, editoração eletrônica e produção de dispositivos (*slides*) para apresentações comerciais e didáticas. Em consequência, qualquer um que estude uma linguagem computacional invariavelmente gasta algum tempo aprendendo a usar recursos gráficos em pelo menos duas dimensões (2D).

Esta seção examina um pouco da matemática básica usada para manipular e apresentar imagens gráficas, como um modelo em arame de um avião. Tal imagem (ou figura) consiste em uma quantidade de pontos ligando retas e curvas e em informação sobre como preencher essas regiões limitadas por retas e curvas. Com frequência, as curvas são aproximadas por pequenos segmentos de reta, e uma figura fica definida matematicamente por uma lista de pontos.

Entre os símbolos gráficos mais simples em 2D estão as letras usadas para indexação na tela. Algumas letras são armazenadas como objetos na forma de modelo de arame; outras, que têm partes curvas, são armazenadas como fórmulas matemáticas adicionais para descrever as curvas.

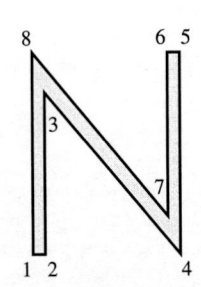

FIGURA 1 N regular.

EXEMPLO 1 A letra maiúscula N na Figura 1 fica determinada por oito pontos, ou *vértices*. As coordenadas dos pontos podem ser armazenadas em uma matriz de dados D.

$$\begin{array}{c} \text{Vértice:} \\ \text{Coordenada } x \\ \text{Coordenada } y \end{array} \begin{array}{cccccccc} 1 & 2 & 3 & 4 & 5 & 6 & 7 & 8 \end{array}$$

$$\begin{array}{cc} \text{Coordenada } x \\ \text{Coordenada } y \end{array} \begin{bmatrix} 0 & 0{,}5 & 0{,}5 & 6 & 6 & 5{,}5 & 5{,}5 & 0 \\ 0 & 0 & 6{,}42 & 0 & 8 & 8 & 1{,}58 & 8 \end{bmatrix} = D$$

Além de D, é necessário especificar quais vértices estão ligados por segmentos de reta, mas vamos omitir esse detalhe. ∎

A razão principal para descrever objetos por coleções de segmentos de reta é que as imagens de segmentos de reta sob as transformações usuais da computação gráfica são segmentos de reta. (Por exemplo, veja o Exercício 35 na Seção 1.8.) Uma vez que os vértices que descrevem o objeto tenham sido transformados, suas imagens podem ser ligadas pelos segmentos apropriados de modo a produzir a imagem completa do objeto original.

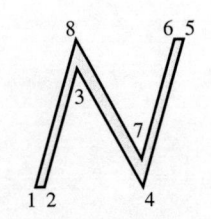

FIGURA 2 N inclinado.

EXEMPLO 2 Dada $A = \begin{bmatrix} 1 & 0{,}25 \\ 0 & 1 \end{bmatrix}$, descreva o efeito da transformação de cisalhamento $\mathbf{x} \mapsto A\mathbf{x}$ sobre a letra N no Exemplo 1.

SOLUÇÃO Pela definição de multiplicação de matrizes, as colunas do produto AD contêm as imagens dos vértices da letra N.

$$AD = \begin{bmatrix} 1 & 2 & 3 & 4 & 5 & 6 & 7 & 8 \\ 0 & 0{,}5 & 2{,}105 & 6 & 8 & 7{,}5 & 5{,}895 & 2 \\ 0 & 0 & 6{,}420 & 0 & 8 & 8 & 1{,}580 & 8 \end{bmatrix}$$

Os vértices transformados estão na Figura 2, junto com os segmentos de reta que correspondem aos da figura original. ∎

O N em itálico na Figura 2 parece um pouco largo demais. Para compensar, podemos encolher a largura por meio de uma mudança de escala nas coordenadas x dos pontos.

FIGURA 3 Transformação composta de N.

EXEMPLO 3 Obtenha a matriz da transformação de cisalhamento, como no Exemplo 2, seguida de uma contração na coordenada x com fator 0,75.

SOLUÇÃO A matriz que multiplica a coordenada x por um fator 0,75 é

$$S = \begin{bmatrix} 0{,}75 & 0 \\ 0 & 1 \end{bmatrix}$$

Assim, a matriz da transformação composta é

$$SA = \begin{bmatrix} 0{,}75 & 0 \\ 0 & 1 \end{bmatrix} \begin{bmatrix} 1 & 0{,}25 \\ 0 & 1 \end{bmatrix}$$

$$= \begin{bmatrix} 0{,}75 & 0{,}1875 \\ 0 & 1 \end{bmatrix}$$

O resultado dessa composição está ilustrado na Figura 3. ∎

A matemática da computação gráfica está intimamente relacionada à multiplicação de matrizes. Todavia, arrastar um objeto em uma tela não corresponde de forma direta à multiplicação de matriz, já que uma translação não é uma transformação linear. A forma-padrão de se evitar essa dificuldade é introduzir o que é conhecido por *coordenadas homogêneas*.

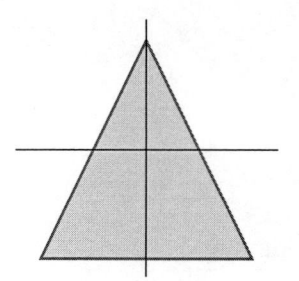

Translação de $\begin{bmatrix} 4 \\ 3 \end{bmatrix}$.

Coordenadas Homogêneas

Cada ponto (x, y) em $\mathbb{R}^2$ pode ser identificado com o ponto $(x, y, 1)$ no plano em $\mathbb{R}^3$ que está uma unidade acima do plano xy. Dizemos que (x, y) tem *coordenadas homogêneas* $(x, y, 1)$. Por exemplo, o ponto $(0, 0)$ tem coordenadas homogêneas $(0, 0, 1)$. As coordenadas homogêneas de pontos não podem ser somadas ou multiplicadas por escalares, mas podem ser transformadas por meio da multiplicação por matrizes 3×3.

EXEMPLO 4 Uma translação da forma $(x, y) \mapsto (x + h, y + k)$ é escrita em coordenadas homogêneas como $(x, y, 1) \mapsto (x + h, y + k, 1)$. Essa transformação pode ser calculada por multiplicação de matrizes:

$$\begin{bmatrix} 1 & 0 & h \\ 0 & 1 & k \\ 0 & 0 & 1 \end{bmatrix} \begin{bmatrix} x \\ y \\ 1 \end{bmatrix} = \begin{bmatrix} x + h \\ y + k \\ 1 \end{bmatrix}$$ ■

EXEMPLO 5 Qualquer transformação linear em $\mathbb{R}^2$ pode ser representada, em relação a coordenadas homogêneas, por uma matriz em blocos da forma $\begin{bmatrix} A & 0 \\ 0 & 1 \end{bmatrix}$, em que A é uma matriz 2×2. Alguns exemplos típicos são:

$$\begin{bmatrix} \cos\varphi & -\text{sen}\,\varphi & 0 \\ \text{sen}\,\varphi & \cos\varphi & 0 \\ 0 & 0 & 1 \end{bmatrix}, \quad \begin{bmatrix} 0 & 1 & 0 \\ 1 & 0 & 0 \\ 0 & 0 & 1 \end{bmatrix}, \quad \begin{bmatrix} s & 0 & 0 \\ 0 & t & 0 \\ 0 & 0 & 1 \end{bmatrix}$$

Rotação em torno da origem,
no sentido trigonométrico,
de um ângulo φ

Reflexão em relação
à reta $y = x$

Mudança de escala
em x por s
e em y por t ■

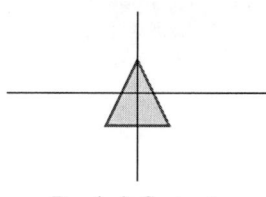

Figura Original

Transformações Compostas

O movimento de uma figura na tela de um computador requer, muitas vezes, duas ou mais transformações básicas. A composição dessas transformações corresponde à multiplicação de matrizes quando são usadas coordenadas homogêneas.

EXEMPLO 6 Encontre uma matriz 3×3 que corresponda à transformação composta de uma contração de fator 0,3, seguida de uma rotação de 90° em torno da origem e, finalmente, de uma translação que some $(-0,5, 2)$ a cada ponto na figura.

Depois da Contração

SOLUÇÃO Se $\varphi = \pi/2$, então $\text{sen}\,\varphi = 1$ e $\cos\varphi = 0$. Dos Exemplos 4 e 5, temos

$$\begin{bmatrix} x \\ y \\ 1 \end{bmatrix} \xrightarrow{\text{Contração}} \begin{bmatrix} 0,3 & 0 & 0 \\ 0 & 0,3 & 0 \\ 0 & 0 & 1 \end{bmatrix} \begin{bmatrix} x \\ y \\ 1 \end{bmatrix}$$

Depois da Rotação

$$\xrightarrow{\text{Rotação}} \begin{bmatrix} 0 & -1 & 0 \\ 1 & 0 & 0 \\ 0 & 0 & 1 \end{bmatrix} \begin{bmatrix} 0,3 & 0 & 0 \\ 0 & 0,3 & 0 \\ 0 & 0 & 1 \end{bmatrix} \begin{bmatrix} x \\ y \\ 1 \end{bmatrix}$$

$$\xrightarrow{\text{Translação}} \begin{bmatrix} 1 & 0 & -0,5 \\ 0 & 1 & 2 \\ 0 & 0 & 1 \end{bmatrix} \begin{bmatrix} 0 & -1 & 0 \\ 1 & 0 & 0 \\ 0 & 0 & 1 \end{bmatrix} \begin{bmatrix} 0,3 & 0 & 0 \\ 0 & 0,3 & 0 \\ 0 & 0 & 1 \end{bmatrix} \begin{bmatrix} x \\ y \\ 1 \end{bmatrix}$$

Depois da Translação

A matriz para a transformação composta é

$$\begin{bmatrix} 1 & 0 & -0{,}5 \\ 0 & 1 & 2 \\ 0 & 0 & 1 \end{bmatrix} \begin{bmatrix} 0 & -1 & 0 \\ 1 & 0 & 0 \\ 0 & 0 & 1 \end{bmatrix} \begin{bmatrix} 0{,}3 & 0 & 0 \\ 0 & 0{,}3 & 0 \\ 0 & 0 & 1 \end{bmatrix}$$

$$= \begin{bmatrix} 0 & -1 & -0{,}5 \\ 1 & 0 & 2 \\ 0 & 0 & 1 \end{bmatrix} \begin{bmatrix} 0{,}3 & 0 & 0 \\ 0 & 0{,}3 & 0 \\ 0 & 0 & 1 \end{bmatrix} = \begin{bmatrix} 0 & -0{,}3 & -0{,}5 \\ 0{,}3 & 0 & 2 \\ 0 & 0 & 1 \end{bmatrix} \quad ■$$

Computação Gráfica 3D

Alguns dos trabalhos mais modernos e excitantes em computação gráfica estão ligados à modelagem molecular. Com a computação gráfica 3D (tridimensional), um biólogo pode examinar uma molécula de proteína simulada e procurar locais ativos que possam aceitar uma molécula de um medicamento. O biólogo pode girar e transladar um medicamento experimental e tentar acoplá-lo à proteína. Essa habilidade de *visualizar* reações químicas em potencial é vital para a pesquisa de novos medicamentos e de câncer. De fato, os avanços na elaboração de novos medicamentos dependem, até certo ponto, da habilidade da computação gráfica em gerar simulações realistas de moléculas e de suas interações.[1]

A pesquisa atual em modelagem molecular está centrada na *realidade virtual*, um ambiente no qual o pesquisador pode ver e *sentir* o encaixe de uma molécula de um medicamento em uma proteína. Na Figura 4, vemos uma experiência tátil por meio de um manipulador remoto que mostra a força.

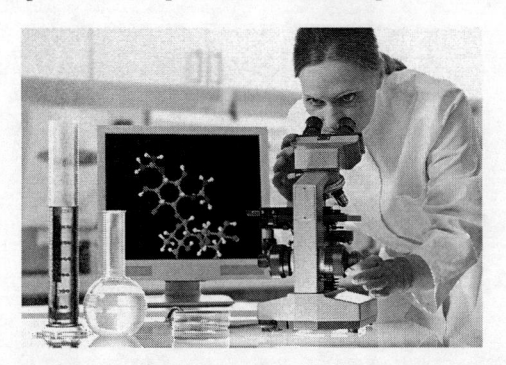

FIGURA 4 Modelagem molecular em realidade virtual.

Outro mecanismo de realidade virtual envolve um capacete e uma luva que detectam os movimentos de cabeça, mãos e dedos. O capacete contém duas telas minúsculas de computador, uma para cada olho. Tornar esse ambiente virtual mais realista é um desafio para engenheiros, cientistas e matemáticos. A matemática que vamos examinar aqui mal abre a porta para esse campo de pesquisa interessante.

Coordenadas Homogêneas 3D

De modo análogo ao caso 2D, dizemos que $(x, y, z, 1)$ são as coordenadas homogêneas do ponto (x, y, z) em $\mathbb{R}^3$. Em geral, (X, Y, Z, H) são **coordenadas homogêneas** para (x, y, z) se $H \neq 0$ e

$$x = \frac{X}{H}, \qquad y = \frac{Y}{H} \quad \text{e} \quad z = \frac{Z}{H} \tag{1}$$

Cada múltiplo escalar não nulo de $(x, y, z, 1)$ fornece um conjunto de coordenadas homogêneas para (x, y, z). Por exemplo, tanto $(10, -6, 14, 2)$ quanto $(-15, 9, -21, -3)$ são coordenadas homogêneas para $(5, -3, 7)$.

O próximo exemplo ilustra as transformações usadas em modelagem molecular para encaixar uma molécula de um medicamento em uma molécula de proteína.

EXEMPLO 7 Obtenha matrizes 4×4 para as seguintes transformações:

a. Rotação de $30°$ em torno do eixo y. (Por convenção, ângulos positivos são medidos no sentido trigonométrico, ou anti-horário, quando observamos a origem a partir do semieixo positivo de rotação — nesse caso, o eixo dos y.)

b. Translação pelo vetor $\mathbf{p} = (-6, 4, 5)$.

---

[1]Robert Pool, "Computing in Science", *Science* **256**, 3 de abril de 1992, p. 45.

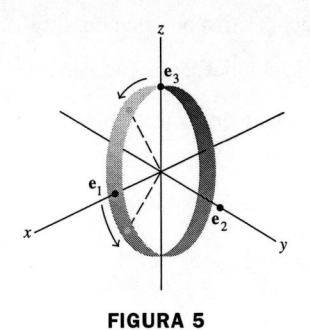

FIGURA 5

SOLUÇÃO

a. Primeiro, obtenha uma matriz 3×3 para a rotação. O vetor $\mathbf{e}_1$ gira na direção do semieixo negativo dos z, parando em $(\cos 30°, 0, -\sin 30°) = (\sqrt{3}/2 ; 0; -0{,}5)$. O vetor $\mathbf{e}_2$ no eixo dos y não se move, mas $\mathbf{e}_3$ no eixo dos z gira na direção do semieixo positivo dos x, parando em $(\sin 30°, 0, \cos 30°) = (0{,}5; 0; \sqrt{3}/2)$. Veja a Figura 5. Da Seção 1.9, a matriz canônica para essa rotação é

$$\begin{bmatrix} \sqrt{3}/2 & 0 & 0{,}5 \\ 0 & 1 & 0 \\ -0{,}5 & 0 & \sqrt{3}/2 \end{bmatrix}$$

Assim, a matriz de rotação para as coordenadas homogêneas é

$$A = \begin{bmatrix} \sqrt{3}/2 & 0 & 0{,}5 & 0 \\ 0 & 1 & 0 & 0 \\ -0{,}5 & 0 & \sqrt{3}/2 & 0 \\ 0 & 0 & 0 & 1 \end{bmatrix}$$

b. Queremos que $(x, y, z, 1)$ seja transformado em $(x-6, y+4, z+5, 1)$. A matriz que implementa isso é

$$\begin{bmatrix} 1 & 0 & 0 & -6 \\ 0 & 1 & 0 & 4 \\ 0 & 0 & 1 & 5 \\ 0 & 0 & 0 & 1 \end{bmatrix}$$ ∎

Projeções em Perspectiva

Um objeto tridimensional é representado em uma tela de computador bidimensional projetando o objeto em um *plano visualizador*. (Ignoramos outros pontos importantes, como a escolha da parte do plano visualizador a ser representado na tela.) Para simplificar, vamos supor que o plano xy represente a tela do computador e o olho do observador esteja no eixo positivo dos z, em um ponto $(0, 0, d)$. Uma *projeção em perspectiva* transforma cada ponto (x, y, z) em um ponto imagem $(x^*, y^*, 0)$, de modo que os dois pontos e a posição do olho, chamada *centro de projeção*, sejam colineares. Veja a Figura 6(a).

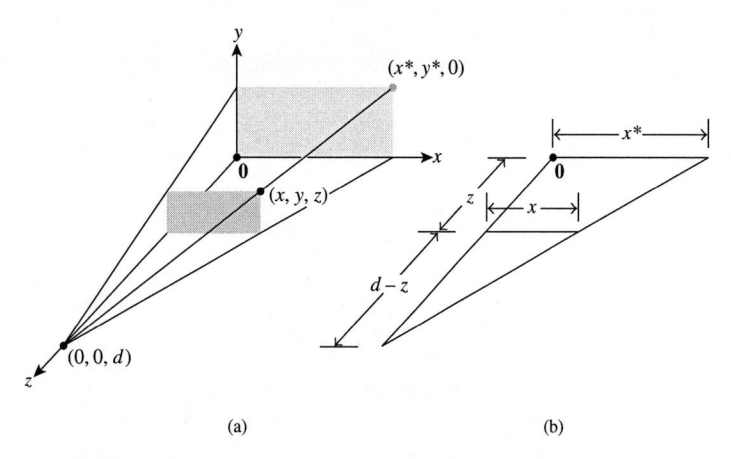

(a)   (b)

FIGURA 6 Projeção em perspectiva de (x, y, z) em $(x^*, y^*, 0)$.

O triângulo no plano xz na Figura 6(a) foi refeito em (b) mostrando os comprimentos dos segmentos de reta. Por semelhança de triângulos, temos

$$\frac{x^*}{d} = \frac{x}{d-z} \quad \text{e} \quad x^* = \frac{dx}{d-z} = \frac{x}{1 - z/d}$$

Analogamente,

$$y^* = \frac{y}{1 - z/d}$$

Usando coordenadas homogêneas, podemos representar a projeção em perspectiva por uma matriz P. Queremos que $(x, y, z, 1)$ seja transformado em $\left(\dfrac{x}{1 - z/d}, \dfrac{y}{1 - z/d}, 0, 1 \right)$. Multiplicando as coordenadas por $1 - z/d$, também podemos usar $(x, y, 0, 1 - z/d)$ como coordenadas homogêneas para a imagem. Agora fica fácil exibir P. De fato,

$$P \begin{bmatrix} x \\ y \\ z \\ 1 \end{bmatrix} = \begin{bmatrix} 1 & 0 & 0 & 0 \\ 0 & 1 & 0 & 0 \\ 0 & 0 & 0 & 0 \\ 0 & 0 & -1/d & 1 \end{bmatrix} \begin{bmatrix} x \\ y \\ z \\ 1 \end{bmatrix} = \begin{bmatrix} x \\ y \\ 0 \\ 1 - z/d \end{bmatrix}$$

EXEMPLO 8 Seja S a caixa com vértices em $(3, 1, 5)$, $(5, 1, 5)$, $(5, 0, 5)$, $(3, 0, 5)$, $(3, 1, 4)$, $(5, 1, 4)$, $(5, 0, 4)$ e $(3, 0, 4)$. Encontre a imagem de S pela projeção em perspectiva com centro de projeção em $(0, 0, 10)$.

SOLUÇÃO Sejam P a matriz de projeção e D a matriz de dados para S em coordenadas homogêneas. A matriz de dados para a imagem de S é

Vértice:

$$PD = \begin{bmatrix} 1 & 0 & 0 & 0 \\ 0 & 1 & 0 & 0 \\ 0 & 0 & 0 & 0 \\ 0 & 0 & -1/10 & 1 \end{bmatrix} \begin{bmatrix} 3 & 5 & 5 & 3 & 3 & 5 & 5 & 3 \\ 1 & 1 & 0 & 0 & 1 & 1 & 0 & 0 \\ 5 & 5 & 5 & 5 & 4 & 4 & 4 & 4 \\ 1 & 1 & 1 & 1 & 1 & 1 & 1 & 1 \end{bmatrix}$$

$$= \begin{bmatrix} 3 & 5 & 5 & 3 & 3 & 5 & 5 & 3 \\ 1 & 1 & 0 & 0 & 1 & 1 & 0 & 0 \\ 0 & 0 & 0 & 0 & 0 & 0 & 0 & 0 \\ 0{,}5 & 0{,}5 & 0{,}5 & 0{,}5 & 0{,}6 & 0{,}6 & 0{,}6 & 0{,}6 \end{bmatrix}$$

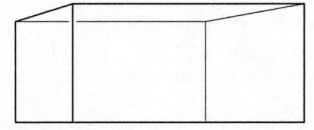

S sob a projeção
em perspectiva.

Para obter as coordenadas em $\mathbb{R}^3$, use a equação (1) antes do Exemplo 7 e divida os três primeiros elementos de cada coluna pelo elemento correspondente na quarta linha:

Vértice:

$$\begin{bmatrix} 6 & 10 & 10 & 6 & 5 & 8{,}3 & 8{,}3 & 5 \\ 2 & 2 & 0 & 0 & 1{,}7 & 1{,}7 & 0 & 0 \\ 0 & 0 & 0 & 0 & 0 & 0 & 0 & 0 \end{bmatrix}$$

∎

O *site* deste livro (conteúdo em inglês)* tem aplicações interessantes de computação gráfica, inclusive uma discussão mais profunda de projeções em perspectiva. Um dos projetos do capítulo envolve uma animação simples.

Comentário Numérico

O movimento contínuo de objetos gráficos em 3D exige cálculos pesados com matrizes 4×4, especialmente quando as superfícies são *geradas* de modo a aparentar realidade, com textura e luminosidade apropriadas. As *placas gráficas de alta resolução* possuem operações com matrizes 4×4 e algoritmos gráficos já embutidos nas placas de circuito impresso. Essas placas gráficas podem efetuar as bilhões de multiplicações por segundo necessárias para as animações coloridas realísticas em jogos 3D.[2]

Leitura Adicional

James D. Foley, Andries van Dam, Steven K. Feiner e John F. Hughes, *Computer Graphics: Principles and Practice*, 3ª ed. (Boston, MA: Addison-Wesley, 2002), Capítulos 5 e 6.

---

*N. E.: Veja a Seção Projetos, no fim do capítulo.
[2]Veja Jan Ozer, "High-Performance Graphic Boards", *PC Magazine* **19**, 1 de setembro de 2000, p. 187-200. Veja também "The Ultimate Upgrade Guide: Moving On Up", *PC Magazine* **21**, 29 de janeiro de 2002, p. 82-91.

Problema Prático

A rotação de uma figura em torno de um ponto **p** em $\mathbb{R}^2$ é realizada transladando a figura de $-$**p**, girando-a em torno da origem e, depois, transladando-a de volta para **p**. Veja a Figura 7. Obtenha uma matriz 3×3 que realiza uma rotação de $-30°$ em torno do ponto $(-2, 6)$ usando coordenadas homogêneas.

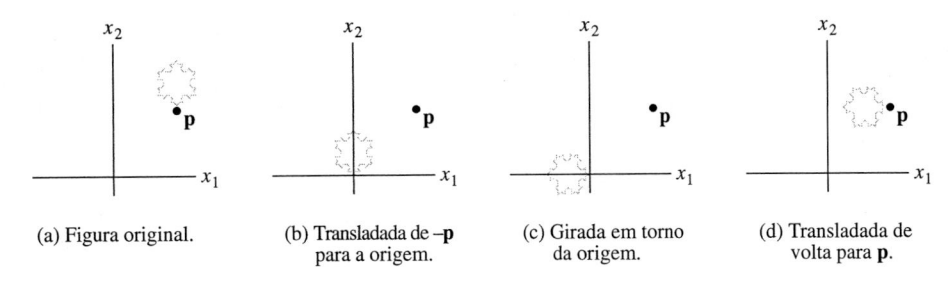

(a) Figura original.

(b) Transladada de $-$**p** para a origem.

(c) Girada em torno da origem.

(d) Transladada de volta para **p**.

FIGURA 7 Rotação de uma figura em torno do ponto **p**.

2.7 EXERCÍCIOS

1. Qual é a matriz 3×3 que tem o mesmo efeito sobre as coordenadas homogêneas para $\mathbb{R}^2$ que a matriz de cisalhamento A no Exemplo 2?

2. Use multiplicação de matrizes para encontrar a imagem do triângulo, com matriz de dados $D = \begin{bmatrix} 5 & 2 & 4 \\ 0 & 2 & 3 \end{bmatrix}$, sob a transformação que reflete pontos em relação ao eixo dos y. Faça um esboço tanto do triângulo original quanto de sua imagem.

Nos Exercícios 3 a 8, encontre as matrizes 3×3 que produzem as transformações compostas 2D descritas usando coordenadas homogêneas.

3. Translação de $(3, 1)$ seguida de rotação de $45°$ em torno da origem.

4. Translação de $(-2, 3)$ seguida de uma contração no eixo dos x de fator $0,8$ e uma expansão no eixo dos y de fator $1,2$.

5. Reflexão em relação ao eixo dos x seguida de rotação de $30°$ em torno da origem.

6. Rotação de $30°$ em torno da origem seguida de reflexão em relação ao eixo dos x.

7. Rotação de $60°$ em torno do ponto $(6, 8)$.

8. Rotação de $45°$ em torno do ponto $(3, 7)$.

9. Uma matriz de dados D 2×200 contém as coordenadas de 200 pontos. Calcule o número de multiplicações necessárias para transformar esses pontos usando duas matrizes arbitrárias A e B 2×2. Considere as duas possibilidades, $A(BD)$ e $(AB)D$. Discuta as implicações dos seus resultados para cálculos em computação gráfica.

10. Considere as seguintes transformações geométricas 2D: D é uma expansão (com o mesmo fator para as coordenadas x e y), R é uma rotação e T é uma translação. D *comuta* com R? Isto é, $D\,(R(\mathbf{x})) = R\,(D(\mathbf{x}))$ para todo $\mathbf{x}$ em $\mathbb{R}^2$? D comuta com T? R comuta com T?

11. Uma rotação na tela de um computador é implementada, às vezes, como o produto de duas transformações do tipo cisalhamento-contração/dilatação, que pode acelerar os cálculos que determinam como uma imagem gráfica aparece, de fato, em função dos pixels da tela. (A tela consiste em linhas e colunas formadas por pequenos pontos, chamados *pixels*.) A primeira transformação A_1 faz um cisalhamento vertical e, depois, comprime cada coluna de pixels; a segunda, A_2, faz um cisalhamento horizontal e, depois, estica cada linha de pixels. Sejam

$$A_1 = \begin{bmatrix} 1 & 0 & 0 \\ \text{sen}\,\varphi & \cos\varphi & 0 \\ 0 & 0 & 1 \end{bmatrix},$$

$$A_2 = \begin{bmatrix} \sec\varphi & -\tan\varphi & 0 \\ 0 & 1 & 0 \\ 0 & 0 & 1 \end{bmatrix},$$

mostre que a composição dessas duas transformações é uma rotação em $\mathbb{R}^2$.

12. Uma rotação em $\mathbb{R}^2$ requer geralmente quatro multiplicações. Calcule o produto a seguir e mostre que a matriz para a rotação pode ser fatorada em três transformações de cisalhamento (cada uma das quais realizando apenas uma multiplicação).

$$\begin{bmatrix} 1 & -\tan\varphi/2 & 0 \\ 0 & 1 & 0 \\ 0 & 0 & 1 \end{bmatrix} \begin{bmatrix} 1 & 0 & 0 \\ \text{sen}\,\varphi & 1 & 0 \\ 0 & 0 & 1 \end{bmatrix}$$
$$\begin{bmatrix} 1 & -\tan\varphi/2 & 0 \\ 0 & 1 & 0 \\ 0 & 0 & 1 \end{bmatrix}$$

13. As transformações usuais em coordenadas homogêneas para a computação gráfica 2D envolvem matrizes 3×3 da forma $\begin{bmatrix} A & \mathbf{p} \\ \mathbf{0}^T & 1 \end{bmatrix}$ em que A é uma matriz 2×2 e $\mathbf{p}$ está em $\mathbb{R}^2$. Mostre que essa transformação equivale a uma transformação linear em $\mathbb{R}^2$ seguida de uma translação. [*Sugestão:* Obtenha uma fatoração matricial apropriada envolvendo matrizes em blocos.]

14. Mostre que a transformação no Exercício 7 é equivalente a uma rotação em torno da origem seguida de uma translação por **p**. Determine **p**.

15. Qual o vetor em $\mathbb{R}^3$ que tem coordenadas homogêneas $\left(\frac{1}{2}, -\frac{1}{4}, \frac{1}{8}, \frac{1}{24}\right)$?

16. As coordenadas homogêneas $(1, -2, 3, 4)$ e $(10, -20, 30, 40)$ representam o mesmo ponto em $\mathbb{R}^3$? Por quê?

17. Obtenha a matriz 4×4 que representa a rotação em $\mathbb{R}^3$ de $60°$ em torno do eixo dos x. (Veja a figura.)

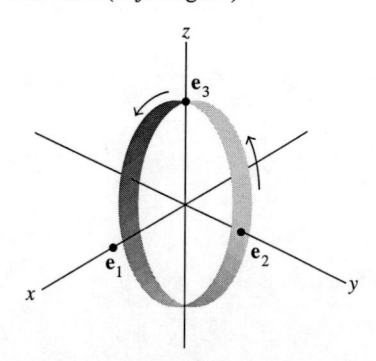

18. Obtenha a matriz 4×4 que representa a rotação em $\mathbb{R}^3$ de $-30°$ em torno do eixo z seguida de uma translação de $\mathbf{p} = (5, -2, 1)$.

19. Seja S o triângulo com vértices em $(4,2; 1,2; 4)$, $(6, 4, 2)$ e $(2, 2, 6)$. Determine a imagem de S pela projeção em perspectiva com centro de projeção em $(0, 0, 10)$.

20. Seja S o triângulo com vértices em $(9, 3, -5)$, $(12, 8, 2)$ e $(1,8; 2,7; 1)$. Determine a imagem de S pela projeção em perspectiva com centro de projeção em $(0, 0, 10)$.

Os Exercícios 21 e 22 tratam da forma como as cores são especificadas para a apresentação em computação gráfica. A cor em uma tela de computador é codificada por três números (R, G, B) que listam a quantidade de energia que um canhão de elétrons precisa transmitir para os pontos fosforosos vermelho, verde e azul da tela. (Um quarto número especifica a luminosidade ou intensidade da cor.)

M 21. A cor que um observador vê, de fato, em uma tela é influenciada pelo tipo específico e pela quantidade de fósforo na tela. Assim, cada fabricante de monitor de vídeo precisa fazer a conversão entre os dados (R, G, B) e um padrão internacional para cor, CIE, que utiliza três cores básicas, chamadas X, Y e Z. Uma conversão típica para fósforo pouco persistente é

$$\begin{bmatrix} 0{,}61 & 0{,}29 & 0{,}150 \\ 0{,}35 & 0{,}59 & 0{,}063 \\ 0{,}04 & 0{,}12 & 0{,}787 \end{bmatrix} \begin{bmatrix} R \\ G \\ B \end{bmatrix} = \begin{bmatrix} X \\ Y \\ Z \end{bmatrix}$$

Um programa de computador vai enviar uma cadeia de informação sobre cor para a tela usando os dados CIE padronizados (X, Y, Z). Determine a equação que faz a conversão desses dados para os dados (R, G, B), necessários para o canhão de elétrons da tela.

M 22. O sinal de transmissão de um canal de televisão comercial descreve cada cor por meio de um vetor (Y, I, Q). Se a tela for preta e branca, apenas a coordenada Y será usada. (Isso proporciona uma figura monocromática melhor que o uso dos dados CIE.) A correspondência entre YIQ e o RGB "padrão" é dada por

$$\begin{bmatrix} Y \\ I \\ Q \end{bmatrix} = \begin{bmatrix} 0{,}299 & 0{,}587 & 0{,}114 \\ 0{,}596 & -0{,}275 & -0{,}321 \\ 0{,}212 & -0{,}528 & 0{,}311 \end{bmatrix} \begin{bmatrix} R \\ G \\ B \end{bmatrix}$$

(Um fabricante de monitores de vídeo teria de adaptar os valores dos elementos da matriz para seus monitores RGB.) Determine a equação que converte os dados YIQ, transmitidos pela estação de televisão, para os dados RGB necessários para a tela da televisão.

Solução do Problema Prático

Monte as matrizes da direita para a esquerda para efetuar as três operações. Usando $\mathbf{p} = (-2, 6)$, $\cos(-30°) = \sqrt{3}/2$ e $\operatorname{sen}(-30°) = -0{,}5$, temos:

$$\underset{\substack{\text{Translação de} \\ \text{volta para } p}}{\begin{bmatrix} 1 & 0 & -2 \\ 0 & 1 & 6 \\ 0 & 0 & 1 \end{bmatrix}} \underset{\substack{\text{Rotação em torno} \\ \text{da origem}}}{\begin{bmatrix} \sqrt{3}/2 & 1/2 & 0 \\ -1/2 & \sqrt{3}/2 & 0 \\ 0 & 0 & 1 \end{bmatrix}} \underset{\substack{\text{Translação} \\ \text{de } -p}}{\begin{bmatrix} 1 & 0 & 2 \\ 0 & 1 & -6 \\ 0 & 0 & 1 \end{bmatrix}}$$

$$= \begin{bmatrix} \sqrt{3}/2 & 1/2 & \sqrt{3} - 5 \\ -1/2 & \sqrt{3}/2 & -3\sqrt{3} + 5 \\ 0 & 0 & 1 \end{bmatrix}$$

2.8 · SUBESPAÇOS DE $\mathbb{R}^n$

Esta seção trata de um tipo importante de conjuntos de vetores em $\mathbb{R}^n$ chamados *subespaços*. Os subespaços aparecem, muitas vezes, ligados a uma matriz A e fornecem informação importante sobre a equação $A\mathbf{x} = \mathbf{b}$. Os conceitos e terminologia desta seção serão usados repetidas vezes neste livro.[1]

DEFINIÇÃO

Um **subespaço** do $\mathbb{R}^n$ é qualquer subconjunto H de $\mathbb{R}^n$ que satisfaz as três propriedades a seguir:

a. O vetor nulo está em H.
b. Para todo $\mathbf{u}$ e $\mathbf{v}$ em H, a soma $\mathbf{u} + \mathbf{v}$ está em H.
c. Para cada $\mathbf{u}$ em H e para cada escalar c, o vetor $c\mathbf{u}$ está em H.

---

[1] As Seções 2.8 e 2.9 estão incluídas aqui para permitir ao leitor adiar o estudo dos dois próximos capítulos e ir direto para o Capítulo 5, caso queira. *Pule* essas duas seções se você planeja estudar o Capítulo 4 antes do Capítulo 5.

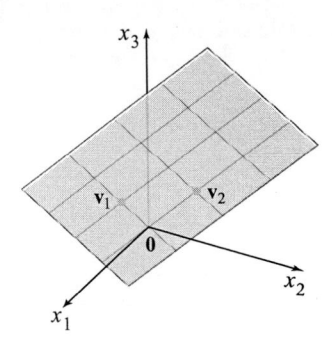

FIGURA 1
$\mathcal{L}\{\mathbf{v}_1, \mathbf{v}_2\}$ é um plano contendo a origem.

Em outras palavras, um subespaço é *fechado* sob a soma e a multiplicação por escalar. Como você verá nos próximos exemplos, a maioria dos conjuntos de vetores discutidos no Capítulo 1 é de subespaços. Por exemplo, um plano contendo a origem é a maneira-padrão de visualizar o subespaço no Exemplo 1. Veja a Figura 1.

EXEMPLO 1   Se $\mathbf{v}_1$ e $\mathbf{v}_2$ estiverem em $\mathbb{R}^n$ e $H = \mathcal{L}\{\mathbf{v}_1, \mathbf{v}_2\}$, então H será um subespaço de $\mathbb{R}^n$. Para verificar essa afirmação, observe que o vetor nulo está em H (pois $0\mathbf{v}_1 + 0\mathbf{v}_2$ é uma combinação linear de $\mathbf{v}_1$ e $\mathbf{v}_2$). Agora, tome dois vetores arbitrários em H, digamos,

$$\mathbf{u} = s_1\mathbf{v}_1 + s_2\mathbf{v}_2 \quad e \quad \mathbf{v} = t_1\mathbf{v}_1 + t_2\mathbf{v}_2$$

Então,

$$\mathbf{u} + \mathbf{v} = (s_1 + t_1)\mathbf{v}_1 + (s_2 + t_2)\mathbf{v}_2$$

o que mostra que $\mathbf{u} + \mathbf{v}$ é uma combinação linear de $\mathbf{v}_1$ e $\mathbf{v}_2$ e, portanto, está em H. E também, para todo escalar c, o vetor $c\mathbf{u}$ está em H, pois $c\mathbf{u} = c\,(s_1\mathbf{v}_1 + s_2\mathbf{v}_2) = (cs_1)\mathbf{v}_1 + (cs_2)\mathbf{v}_2$. ∎

Se $\mathbf{v}_1$ não for o vetor nulo e se $\mathbf{v}_2$ for um múltiplo escalar de $\mathbf{v}_1$, então $\mathbf{v}_1$ e $\mathbf{v}_2$ gerarão uma *reta* contendo a origem. Assim, uma reta contendo a origem é outro exemplo de subespaço.

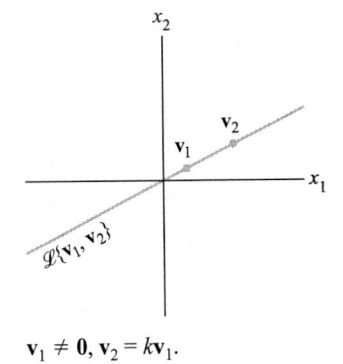

$\mathbf{v}_1 \neq \mathbf{0}, \mathbf{v}_2 = k\mathbf{v}_1.$

EXEMPLO 2   Uma reta L que *não* contém pela origem *não* é um subespaço, porque não contém a origem, como é necessário. Além disso, a Figura 2 mostra que L não é fechada sob a soma e a multiplicação por escalar. ∎

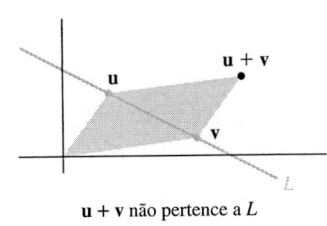

u + v não pertence a L

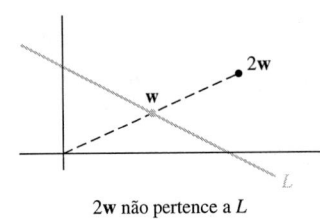

2w não pertence a L

FIGURA 2

EXEMPLO 3   Para $\mathbf{v}_1, \ldots, \mathbf{v}_p$ em $\mathbb{R}^n$, o conjunto de todas as combinações lineares de $\mathbf{v}_1, \ldots, \mathbf{v}_p$ é um subespaço de $\mathbb{R}^n$. A verificação dessa afirmação é semelhante ao argumento dado no Exemplo 1. Vamos nos referir a $\mathcal{L}\{\mathbf{v}_1, \ldots, \mathbf{v}_p\}$ como o **subespaço gerado** por $\mathbf{v}_1, \ldots, \mathbf{v}_p$. ∎

Note que o próprio $\mathbb{R}^n$ é um subespaço, já que satisfaz as três propriedades de subespaço. Outro subespaço especial é o conjunto que consiste apenas no vetor nulo em $\mathbb{R}^n$. Esse conjunto, chamado **subespaço trivial** ou **subespaço nulo**, também satisfaz as condições de subespaço.

Espaço Coluna e Espaço Nulo de uma Matriz

Os subespaços de $\mathbb{R}^n$ costumam aparecer em aplicações e teoria de duas formas. Em ambos os casos, o subespaço pode estar relacionado a uma matriz.

DEFINIÇÃO

> O **espaço coluna** de uma matriz A é o conjunto Col A de todas as combinações lineares das colunas de A.

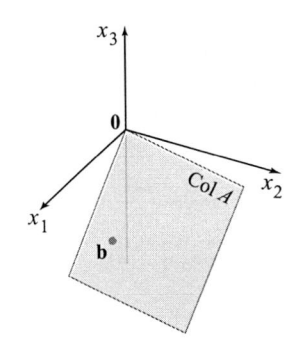

Se $A = [\mathbf{a}_1 \ldots \mathbf{a}_n]$, com as colunas em $\mathbb{R}^m$, então Col A será o mesmo que $\mathcal{L}\{\mathbf{a}_1, \ldots, \mathbf{a}_n\}$. O Exemplo 4 mostra que o **espaço coluna de uma matriz** $m \times n$ **é um subespaço de** $\mathbb{R}^m$. Note que Col A só é igual a $\mathbb{R}^m$ quando as colunas de A geram $\mathbb{R}^m$. Caso contrário, Col A é um subespaço próprio de $\mathbb{R}^m$.

EXEMPLO 4   Sejam $A = \begin{bmatrix} 1 & -3 & -4 \\ -4 & 6 & -2 \\ -3 & 7 & 6 \end{bmatrix}$ e $\mathbf{b} = \begin{bmatrix} 3 \\ 3 \\ -4 \end{bmatrix}$. Determine se $\mathbf{b}$ pertence ao espaço coluna de A.

SOLUÇÃO O vetor **b** é uma combinação linear das colunas de A se e somente se **b** puder ser escrito como $A\mathbf{x}$ para algum **x**, ou seja, se e somente se a equação $A\mathbf{x} = \mathbf{b}$ tiver solução. Escalonando a matriz aumentada $[A \quad \mathbf{b}]$,

$$\begin{bmatrix} 1 & -3 & -4 & 3 \\ -4 & 6 & -2 & 3 \\ -3 & 7 & 6 & -4 \end{bmatrix} \sim \begin{bmatrix} 1 & -3 & -4 & 3 \\ 0 & -6 & -18 & 15 \\ 0 & -2 & -6 & 5 \end{bmatrix} \sim \begin{bmatrix} 1 & -3 & -4 & 3 \\ 0 & -6 & -18 & 15 \\ 0 & 0 & 0 & 0 \end{bmatrix}$$

concluímos que $A\mathbf{x} = \mathbf{b}$ é consistente e **b** pertence a Col A. ∎

A solução do Exemplo 4 mostra que, quando um sistema de equações lineares é escrito na forma $A\mathbf{x} = \mathbf{b}$, o espaço coluna de A é o conjunto de todos os **b** para os quais o sistema tem solução.

DEFINIÇÃO

> O **espaço nulo** (ou **núcleo**) de uma matriz A é o conjunto Nul A de todas as soluções da equação homogênea $A\mathbf{x} = \mathbf{0}$.

Quando A tem n colunas, as soluções de $A\mathbf{x} = \mathbf{0}$ pertencem a $\mathbb{R}^n$ e o espaço nulo de A é um subconjunto de $\mathbb{R}^n$. De fato, Nul A é um *subespaço* de $\mathbb{R}^n$.

TEOREMA 12

> O espaço nulo de uma matriz A $m \times n$ é um subespaço de $\mathbb{R}^n$. De modo equivalente, o conjunto de todas as soluções do sistema $A\mathbf{x} = \mathbf{0}$ de m equações lineares homogêneas e n incógnitas é um subespaço de $\mathbb{R}^n$.

DEMONSTRAÇÃO O vetor nulo está em Nul A (pois $A\mathbf{0} = \mathbf{0}$). Para mostrar que Nul A satisfaz às outras duas propriedades de subespaço, sejam **u** e **v** em Nul A. Ou seja, suponha que $A\mathbf{u} = \mathbf{0}$ e $A\mathbf{v} = \mathbf{0}$. Então, por uma propriedade de multiplicação de matrizes,

$$A(\mathbf{u} + \mathbf{v}) = A\mathbf{u} + A\mathbf{v} = \mathbf{0} + \mathbf{0} = \mathbf{0}$$

Assim, $\mathbf{u} + \mathbf{v}$ satisfaz $A\mathbf{x} = \mathbf{0}$ e, portanto, $\mathbf{u} + \mathbf{v}$ pertence a Nul A. Além disso, para qualquer escalar c, $A(c\mathbf{u}) = c\,(A\mathbf{u}) = c\,(\mathbf{0}) = \mathbf{0}$, o que mostra que $c\mathbf{u}$ está em Nul A. ∎

Para verificar se um dado vetor **v** está em Nul A, basta calcular $A\mathbf{v}$ e ver se $A\mathbf{v}$ é o vetor nulo. Como Nul A é descrito por uma condição que precisa ser verificada para cada vetor, dizemos que o espaço nulo é definido *implicitamente*. Em oposição, o espaço coluna é definido *explicitamente*, porque os vetores de Col A podem ser construídos (por combinação linear) pelas colunas de A. Para obter uma descrição explícita de Nul A, resolva a equação $A\mathbf{x} = \mathbf{0}$ e escreva a solução em forma vetorial paramétrica. (Veja o Exemplo 6.)[2]

Base para um Subespaço

Como um subespaço em geral contém uma infinidade de vetores, alguns dos problemas envolvendo subespaços podem ser tratados com mais facilidade por meio de um pequeno conjunto finito de vetores que geram o subespaço. Quanto menor for o conjunto, melhor. Pode-se mostrar que o menor conjunto gerador tem de ser linearmente independente.

DEFINIÇÃO

> Uma **base** para um subespaço H de $\mathbb{R}^n$ é um subconjunto linearmente independente de H que gera H.

EXEMPLO 5 As colunas de uma matriz invertível $n \times n$ formam uma base para $\mathbb{R}^n$, já que são linearmente independentes e geram $\mathbb{R}^n$ pelo Teorema da Matriz Invertível. Uma dessas matrizes é a matriz identidade $n \times n$. Suas colunas são denotadas por $\mathbf{e}_1, \ldots, \mathbf{e}_n$:

$$\mathbf{e}_1 = \begin{bmatrix} 1 \\ 0 \\ \vdots \\ 0 \end{bmatrix}, \quad \mathbf{e}_2 = \begin{bmatrix} 0 \\ 1 \\ \vdots \\ 0 \end{bmatrix}, \quad \ldots, \quad \mathbf{e}_n = \begin{bmatrix} 0 \\ \vdots \\ 0 \\ 1 \end{bmatrix}$$

O conjunto $\{\mathbf{e}_1, \ldots, \mathbf{e}_n\}$ é chamado **base canônica** para $\mathbb{R}^n$. Veja a Figura 3. ∎

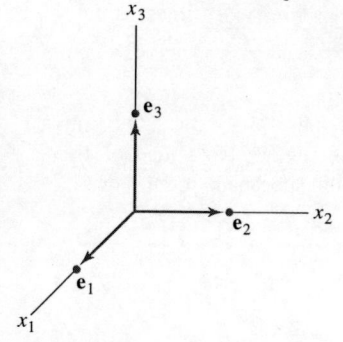

FIGURA 3
Base canônica para $\mathbb{R}^3$.

---

[2]O contraste entre Nul A e Col A será mais discutido na Seção 4.2.

O próximo exemplo mostra que o procedimento padrão para se obter o conjunto solução de $A\mathbf{x} = \mathbf{0}$, na forma vetorial paramétrica, acaba por identificar uma base para Nul A. Esse fato será usado no decorrer do Capítulo 5.

EXEMPLO 6 Encontre uma base para o espaço nulo da matriz

$$A = \begin{bmatrix} -3 & 6 & -1 & 1 & -7 \\ 1 & -2 & 2 & 3 & -1 \\ 2 & -4 & 5 & 8 & -4 \end{bmatrix}$$

SOLUÇÃO Em primeiro lugar, obtenha a solução de $A\mathbf{x} = \mathbf{0}$ na forma vetorial paramétrica:

$$\begin{bmatrix} A & \mathbf{0} \end{bmatrix} \sim \begin{bmatrix} 1 & -2 & 0 & -1 & 3 & 0 \\ 0 & 0 & 1 & 2 & -2 & 0 \\ 0 & 0 & 0 & 0 & 0 & 0 \end{bmatrix}, \quad \begin{aligned} x_1 - 2x_2 \quad - x_4 + 3x_5 &= 0 \\ x_3 + 2x_4 - 2x_5 &= 0 \\ 0 &= 0 \end{aligned}$$

A solução geral é $x_1 = 2x_2 + x_4 - 3x_5$, $x_3 = -2x_4 + 2x_5$, com x_2, x_4 e x_5 variáveis livres.

$$\begin{bmatrix} x_1 \\ x_2 \\ x_3 \\ x_4 \\ x_5 \end{bmatrix} = \begin{bmatrix} 2x_2 + x_4 - 3x_5 \\ x_2 \\ -2x_4 + 2x_5 \\ x_4 \\ x_5 \end{bmatrix} = x_2 \underset{\mathbf{u}}{\begin{bmatrix} 2 \\ 1 \\ 0 \\ 0 \\ 0 \end{bmatrix}} + x_4 \underset{\mathbf{v}}{\begin{bmatrix} 1 \\ 0 \\ -2 \\ 1 \\ 0 \end{bmatrix}} + x_5 \underset{\mathbf{w}}{\begin{bmatrix} -3 \\ 0 \\ 2 \\ 0 \\ 1 \end{bmatrix}}$$

$$= x_2\mathbf{u} + x_4\mathbf{v} + x_5\mathbf{w} \tag{1}$$

A equação (1) mostra que Nul A coincide com o conjunto de todas as combinações lineares de $\mathbf{u}$, $\mathbf{v}$ e $\mathbf{w}$. Ou seja, $\{\mathbf{u}, \mathbf{v}, \mathbf{w}\}$ gera Nul A. De fato, essa construção de $\mathbf{u}$, $\mathbf{v}$ e $\mathbf{w}$ automaticamente os faz linearmente independentes, pois (1) mostra que $\mathbf{0} = x_2\mathbf{u} + x_4\mathbf{v} + x_5\mathbf{w}$ se e somente se os pesos x_2, x_4 e x_5 forem todos iguais a zero. (Examine as componentes 2, 4 e 5 do vetor $x_2\mathbf{u} + x_4\mathbf{v} + x_5\mathbf{w}$.) Assim, $\{\mathbf{u}, \mathbf{v}, \mathbf{w}\}$ é uma *base* para Nul A. ∎

Encontrar uma base para o espaço coluna de uma matriz, na verdade, dá menos trabalho que determinar uma base para o espaço nulo. No entanto, o método requer uma explanação. Vamos começar com um caso simples.

EXEMPLO 7 Determine uma base para o espaço coluna da matriz

$$B = \begin{bmatrix} 1 & 0 & -3 & 5 & 0 \\ 0 & 1 & 2 & -1 & 0 \\ 0 & 0 & 0 & 0 & 1 \\ 0 & 0 & 0 & 0 & 0 \end{bmatrix}$$

SOLUÇÃO Denote as colunas de B por $\mathbf{b}_1, \ldots, \mathbf{b}_5$ e observe que $\mathbf{b}_3 = -3\mathbf{b}_1 + 2\mathbf{b}_2$ e $\mathbf{b}_4 = 5\mathbf{b}_1 - \mathbf{b}_2$. O fato de que $\mathbf{b}_3$ e $\mathbf{b}_4$ são combinações das colunas pivôs significa que qualquer combinação de $\mathbf{b}_1, \ldots, \mathbf{b}_5$ é apenas uma combinação de $\mathbf{b}_1$, $\mathbf{b}_2$ e $\mathbf{b}_5$. De fato, se $\mathbf{v}$ é qualquer vetor em Col B, digamos,

$$\mathbf{v} = c_1\mathbf{b}_1 + c_2\mathbf{b}_2 + c_3\mathbf{b}_3 + c_4\mathbf{b}_4 + c_5\mathbf{b}_5$$

então, substituindo $\mathbf{b}_3$ e $\mathbf{b}_4$, obtemos $\mathbf{v}$ na forma

$$\mathbf{v} = c_1\mathbf{b}_1 + c_2\mathbf{b}_2 + c_3(-3\mathbf{b}_1 + 2\mathbf{b}_2) + c_4(5\mathbf{b}_1 - \mathbf{b}_2) + c_5\mathbf{b}_5$$

que é uma combinação linear de $\mathbf{b}_1$, $\mathbf{b}_2$ e $\mathbf{b}_5$. Assim, $\{\mathbf{b}_1, \mathbf{b}_2, \mathbf{b}_5\}$ gera Col B. Além disso, $\mathbf{b}_1$, $\mathbf{b}_2$ e $\mathbf{b}_5$ são linearmente independentes, pois são colunas de uma matriz identidade. Logo, as colunas pivôs de B formam uma base para Col B. ∎

A matriz B no Exemplo 7 foi dada na forma escalonada reduzida. Para tratar o caso de uma matriz qualquer A, lembre que as relações de dependência linear para as colunas de A podem ser expressas na forma $A\mathbf{x} = \mathbf{0}$ para algum $\mathbf{x}$. (Se alguma coluna de A não estiver envolvida em determinada relação de dependência, então a componente de $\mathbf{x}$ correspondente será zero.) Quando A é transformada para sua forma escalonada reduzida B, as colunas mudam de maneira drástica, mas as equações $A\mathbf{x} = \mathbf{0}$ e $B\mathbf{x} = \mathbf{0}$ têm o mesmo conjunto de soluções. Ou seja, as colunas de A têm *exatamente as mesmas relações de dependência linear* que as colunas de B.

EXEMPLO 8 Pode-se verificar que a matriz

$$A = [\mathbf{a}_1 \quad \mathbf{a}_2 \quad \cdots \quad \mathbf{a}_5] = \begin{bmatrix} 1 & 3 & 3 & 2 & -9 \\ -2 & -2 & 2 & -8 & 2 \\ 2 & 3 & 0 & 7 & 1 \\ 3 & 4 & -1 & 11 & -8 \end{bmatrix}$$

é equivalente por linhas à matriz B no Exemplo 7. Encontre uma base para Col A.

SOLUÇÃO Do Exemplo 7, as colunas pivôs de A são as colunas 1, 2 e 5. Além disso, $\mathbf{b}_3 = -3\mathbf{b}_1 + 2\mathbf{b}_2$ e $\mathbf{b}_4 = 5\mathbf{b}_1 - \mathbf{b}_2$. Como as operações elementares não alteram as relações de dependência linear entre as colunas da matriz, devemos ter

$$\mathbf{a}_3 = -3\mathbf{a}_1 + 2\mathbf{a}_2 \quad \text{e} \quad \mathbf{a}_4 = 5\mathbf{a}_1 - \mathbf{a}_2$$

Verifique que isso é verdade. Pela argumentação no Exemplo 7, as colunas $\mathbf{a}_3$ e $\mathbf{a}_4$ não são necessárias para gerar o espaço coluna de A. Além disso, $\{\mathbf{a}_1, \mathbf{a}_2, \mathbf{a}_5\}$ tem de ser linearmente independente, pois qualquer relação de dependência linear entre $\mathbf{a}_1$, $\mathbf{a}_2$ e $\mathbf{a}_5$ implicaria a mesma relação de dependência entre $\mathbf{b}_1$, $\mathbf{b}_2$ e $\mathbf{b}_5$. Como $\{\mathbf{b}_1, \mathbf{b}_2, \mathbf{b}_5\}$ é linearmente independente, $\{\mathbf{a}_1, \mathbf{a}_2, \mathbf{a}_5\}$ também é linearmente independente e, portanto, forma uma base para Col A. ∎

A argumentação no Exemplo 8 pode ser adaptada para provar o seguinte teorema.

TEOREMA 13 As colunas pivôs de uma matriz A formam uma base do espaço coluna de A.

Atenção: Tenha cuidado ao usar as *colunas pivôs da própria A* como base de Col A. As colunas de uma forma escalonada B muitas vezes não estão no espaço coluna de A. (Por exemplo, nos Exemplos 7 e 8, todas as colunas de B têm zero como último elemento e não podem gerar as colunas de A.)

Problemas Práticos

1. Sejam $A = \begin{bmatrix} 1 & -1 & 5 \\ 2 & 0 & 7 \\ -3 & -5 & -3 \end{bmatrix}$ e $\mathbf{u} = \begin{bmatrix} -7 \\ 3 \\ 2 \end{bmatrix}$. O vetor $\mathbf{u}$ pertence a Nul A? Pertence a Col A? Justifique cada resposta.

2. Dada $A = \begin{bmatrix} 0 & 1 & 0 \\ 0 & 0 & 1 \\ 0 & 0 & 0 \end{bmatrix}$, encontre um vetor em Nul A e um vetor em Col A.

3. Seja A uma matriz $n \times n$ invertível. O que você pode dizer sobre Col A? E sobre Nul A?

2.8 EXERCÍCIOS

Os Exercícios 1 a 4 apresentam conjuntos em $\mathbb{R}^2$. Suponha que os conjuntos contenham as fronteiras. Em cada caso, diga por que o conjunto *H não* é um subespaço de $\mathbb{R}^2$. (Por exemplo, encontre dois vetores de *H* cuja soma *não* está em *H*, ou encontre um vetor de *H* que tenha um múltiplo escalar que não está em *H*. Esboce uma figura.)

1.

2.

3.

4.

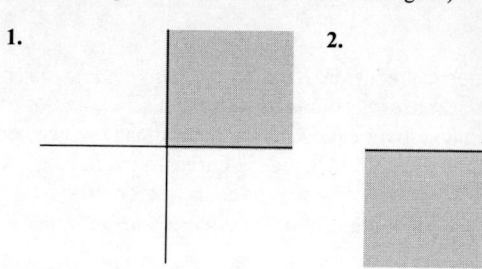
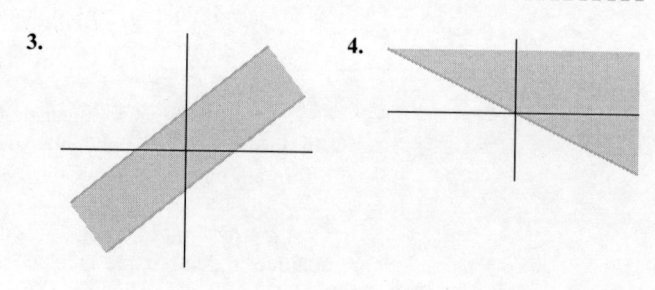

5. Sejam $\mathbf{v}_1 = \begin{bmatrix} 2 \\ 3 \\ -5 \end{bmatrix}$, $\mathbf{v}_2 = \begin{bmatrix} -4 \\ -5 \\ 8 \end{bmatrix}$ e $\mathbf{w} = \begin{bmatrix} 8 \\ 2 \\ -9 \end{bmatrix}$. Determine se $\mathbf{w}$ pertence ao subespaço de $\mathbb{R}^3$ gerado por $\mathbf{v}_1$ e $\mathbf{v}_2$.

6. Sejam $\mathbf{v}_1 = \begin{bmatrix} 1 \\ -2 \\ 4 \\ 3 \end{bmatrix}$, $\mathbf{v}_2 = \begin{bmatrix} 4 \\ -7 \\ 9 \\ 7 \end{bmatrix}$, $\mathbf{v}_3 = \begin{bmatrix} 5 \\ -8 \\ 6 \\ 5 \end{bmatrix}$ e $\mathbf{u} = \begin{bmatrix} -4 \\ 10 \\ -7 \\ -5 \end{bmatrix}$.

Determine se $\mathbf{u}$ pertence ao subespaço de $\mathbb{R}^4$ gerado por $\{\mathbf{v}_1, \mathbf{v}_2, \mathbf{v}_3\}$.

7. Sejam

$\mathbf{v}_1 = \begin{bmatrix} 2 \\ -8 \\ 6 \end{bmatrix}$, $\mathbf{v}_2 = \begin{bmatrix} -3 \\ 8 \\ -7 \end{bmatrix}$, $\mathbf{v}_3 = \begin{bmatrix} -4 \\ 6 \\ -7 \end{bmatrix}$,

$\mathbf{p} = \begin{bmatrix} 6 \\ -10 \\ 11 \end{bmatrix}$ e $A = [\mathbf{v}_1 \ \mathbf{v}_2 \ \mathbf{v}_3]$.

a. O conjunto $\{\mathbf{v}_1, \mathbf{v}_2, \mathbf{v}_3\}$ tem quantos vetores?

b. Col A tem quantos vetores?

c. O vetor $\mathbf{p}$ pertence a Col A? Por quê?

8. Sejam

$\mathbf{v}_1 = \begin{bmatrix} -3 \\ 0 \\ 6 \end{bmatrix}$, $\mathbf{v}_2 = \begin{bmatrix} -2 \\ 2 \\ 3 \end{bmatrix}$, $\mathbf{v}_3 = \begin{bmatrix} 0 \\ -6 \\ 3 \end{bmatrix}$

e $\mathbf{p} = \begin{bmatrix} 1 \\ 14 \\ -9 \end{bmatrix}$. Determine se $\mathbf{p}$ pertence a Col A, em que $A = [\mathbf{v}_1 \ \mathbf{v}_2 \ \mathbf{v}_3]$.

9. Com A e $\mathbf{p}$ como no Exercício 7, determine se $\mathbf{p}$ pertence a Nul A.

10. Com $\mathbf{u} = (-2, 3, 1)$ e A como no Exercício 8, determine se $\mathbf{u}$ pertence a Nul A.

Nos Exercícios 11 e 12, dê inteiros p e q tais que Nul A é um subespaço de $\mathbb{R}^p$ e Col A é um subespaço de $\mathbb{R}^q$.

11. $A = \begin{bmatrix} 3 & 2 & 1 & -5 \\ -9 & -4 & 1 & 7 \\ 9 & 2 & -5 & 1 \end{bmatrix}$

12. $A = \begin{bmatrix} 1 & 2 & 3 \\ 4 & 5 & 7 \\ -5 & -1 & 0 \\ 2 & 7 & 11 \end{bmatrix}$

13. Para A como no Exercício 11, encontre um vetor não nulo em Nul A e um vetor não nulo em Col A.

14. Para A como no Exercício 12, encontre um vetor não nulo em Nul A e um vetor não nulo em Col A.

Nos Exercícios 15 a 20, determine quais os conjuntos formam bases para $\mathbb{R}^2$ ou $\mathbb{R}^3$. Justifique cada resposta.

15. $\begin{bmatrix} 5 \\ -2 \end{bmatrix}$, $\begin{bmatrix} 10 \\ -3 \end{bmatrix}$ 16. $\begin{bmatrix} -4 \\ 6 \end{bmatrix}$, $\begin{bmatrix} 2 \\ -3 \end{bmatrix}$

17. $\begin{bmatrix} 0 \\ 1 \\ -2 \end{bmatrix}$, $\begin{bmatrix} 5 \\ -7 \\ 4 \end{bmatrix}$, $\begin{bmatrix} 6 \\ 3 \\ 5 \end{bmatrix}$ 18. $\begin{bmatrix} 1 \\ 1 \\ -2 \end{bmatrix}$, $\begin{bmatrix} -5 \\ -1 \\ 2 \end{bmatrix}$, $\begin{bmatrix} 7 \\ 0 \\ -5 \end{bmatrix}$

19. $\begin{bmatrix} 3 \\ -8 \\ 1 \end{bmatrix}$, $\begin{bmatrix} 6 \\ 2 \\ -5 \end{bmatrix}$

20. $\begin{bmatrix} 1 \\ -6 \\ -7 \end{bmatrix}$, $\begin{bmatrix} 3 \\ -4 \\ 7 \end{bmatrix}$, $\begin{bmatrix} -2 \\ 7 \\ 5 \end{bmatrix}$, $\begin{bmatrix} 0 \\ 8 \\ 9 \end{bmatrix}$

Nos Exercícios 21 a 30, marque cada afirmação como Verdadeira ou Falsa (**V/F**). Justifique cada resposta.

21. (**V/F**) Um subespaço de $\mathbb{R}^n$ é qualquer subconjunto H tal que (i) o vetor nulo pertence a H; (ii) $\mathbf{u}$, $\mathbf{v}$ e $\mathbf{u} + \mathbf{v}$ pertencem a H; (iii) c é um escalar e $c\mathbf{u}$ pertence a H.

22. (**V/F**) Um subconjunto H de $\mathbb{R}^n$ é um subespaço se o vetor nulo pertencer a H.

23. (**V/F**) Se $\mathbf{v}_1, ..., \mathbf{v}_p$ pertencem a $\mathbb{R}^n$, então $\mathcal{L}\{\mathbf{v}_1, ..., \mathbf{v}_p\}$ será igual ao espaço coluna da matriz $[\mathbf{v}_1 ..., \mathbf{v}_p]$.

24. (**V/F**) Dados vetores $\mathbf{v}_1, ..., \mathbf{v}_p$ em $\mathbb{R}^n$, o conjunto de todas as combinações lineares desses vetores é um subespaço de $\mathbb{R}^n$.

25. (**V/F**) O conjunto de todas as soluções de um sistema de m equações homogêneas com n incógnitas é um subespaço de $\mathbb{R}^m$.

26. (**V/F**) O espaço nulo de uma matriz $m \times n$ é um subespaço de $\mathbb{R}^n$.

27. (**V/F**) As colunas de uma matriz invertível $n \times n$ formam uma base para $\mathbb{R}^n$.

28. (**V/F**) O espaço coluna de uma matriz A é o conjunto de soluções de $A\mathbf{x} = \mathbf{b}$.

29. (**V/F**) Operações elementares não afetam as relações de dependência linear entre as colunas de uma matriz.

30. (**V/F**) Se B for uma forma escalonada de uma matriz A, então as colunas pivôs de B formarão uma base para Col A.

Os Exercícios 31 a 34 mostram uma matriz A e sua forma escalonada. Encontre bases para Col A e para Nul A.

31. $A = \begin{bmatrix} 4 & 5 & 9 & -2 \\ 6 & 5 & 1 & 12 \\ 3 & 4 & 8 & -3 \end{bmatrix} \sim \begin{bmatrix} 1 & 2 & 6 & -5 \\ 0 & 1 & 5 & -6 \\ 0 & 0 & 0 & 0 \end{bmatrix}$

32. $A = \begin{bmatrix} -3 & 9 & -2 & -7 \\ 2 & -6 & 4 & 8 \\ 3 & -9 & -2 & 2 \end{bmatrix} \sim \begin{bmatrix} 1 & -3 & 6 & 9 \\ 0 & 0 & 4 & 5 \\ 0 & 0 & 0 & 0 \end{bmatrix}$

33. $A = \begin{bmatrix} 1 & 4 & 8 & -3 & -7 \\ -1 & 2 & 7 & 3 & 4 \\ -2 & 2 & 9 & 5 & 5 \\ 3 & 6 & 9 & -5 & -2 \end{bmatrix}$

$\sim \begin{bmatrix} 1 & 4 & 8 & 0 & 5 \\ 0 & 2 & 5 & 0 & -1 \\ 0 & 0 & 0 & 1 & 4 \\ 0 & 0 & 0 & 0 & 0 \end{bmatrix}$

34. $A = \begin{bmatrix} 3 & -1 & 7 & 3 & 9 \\ -2 & 2 & -2 & 7 & 5 \\ -5 & 9 & 3 & 3 & 4 \\ -2 & 6 & 6 & 3 & 7 \end{bmatrix}$

$\sim \begin{bmatrix} 3 & -1 & 7 & 0 & 6 \\ 0 & 2 & 4 & 0 & 3 \\ 0 & 0 & 0 & 1 & 1 \\ 0 & 0 & 0 & 0 & 0 \end{bmatrix}$

35. Encontre uma matriz A 3×3 e um vetor não nulo $\mathbf{b}$ tais que $\mathbf{b}$ pertence a Col A, mas $\mathbf{b}$ não é igual a nenhuma das colunas de A.

36. Encontre uma matriz A 3×3 e um vetor não nulo $\mathbf{b}$ tais que $\mathbf{b}$ *não* pertence a Col A.

37. Encontre uma matriz não nula A 3×3 e um vetor não nulo $\mathbf{b}$ tais que $\mathbf{b}$ pertence a Nul A.

38. Suponha que as colunas da matriz $A = [\mathbf{a}_1 ... \mathbf{a}_p]$ sejam linearmente independentes. Explique por que $\{\mathbf{a}_1, ..., \mathbf{a}_p\}$ é uma base para Col A.

Nos Exercícios 39 a 44, responda da maneira mais completa possível e justifique sua resposta.

39. Suponha que F seja uma matriz 5×5 cujo espaço coluna não é igual a $\mathbb{R}^5$. O que você pode dizer sobre Nul F?

40. Se R for uma matriz 6×6 e Nul R *não* for o subespaço trivial, o que se pode dizer sobre Col R?

41. Se Q for uma matriz 4×4 e Col $Q = \mathbb{R}^4$, o que você pode dizer sobre as soluções da equação $Q\mathbf{x} = \mathbf{b}$ para $\mathbf{b}$ em $\mathbb{R}^4$?

42. Se P for uma matriz 5×5 e Nul P for o subespaço trivial, o que se pode dizer sobre as soluções da equação $P\mathbf{x} = \mathbf{b}$ para $\mathbf{b}$ em $\mathbb{R}^5$?

43. O que se pode dizer sobre Nul B quando B é uma matriz 5×4 cujas colunas são linearmente independentes?

44. O que se pode dizer sobre a forma de uma matriz A $m \times n$ quando as colunas de A formam uma base para $\mathbb{R}^m$?

Nos Exercícios 45 e 46, obtenha bases para o espaço coluna e o espaço nulo da matriz A dada. Justifique sua construção.

M 45. $A = \begin{bmatrix} 3 & -5 & 0 & -1 & 3 \\ -7 & 9 & -4 & 9 & -11 \\ -5 & 7 & -2 & 5 & -7 \\ 3 & -7 & -3 & 4 & 0 \end{bmatrix}$

M 46. $A = \begin{bmatrix} 5 & 2 & 0 & -8 & -8 \\ 4 & 1 & 2 & -8 & -9 \\ 5 & 1 & 3 & 5 & 19 \\ -8 & -5 & 6 & 8 & 5 \end{bmatrix}$

Soluções dos Problemas Práticos

1. Para determinar se $\mathbf{u}$ pertence a Nul A, basta calcular

$$A\mathbf{u} = \begin{bmatrix} 1 & -1 & 5 \\ 2 & 0 & 7 \\ -3 & -5 & -3 \end{bmatrix} \begin{bmatrix} -7 \\ 3 \\ 2 \end{bmatrix} = \begin{bmatrix} 0 \\ 0 \\ 0 \end{bmatrix}$$

O resultado mostra que $\mathbf{u}$ pertence a Nul A. Dá mais trabalho decidir se $\mathbf{u}$ pertence a Col A. Escalone a matriz aumentada $[A \quad \mathbf{u}]$ para determinar se a equação $A\mathbf{x} = \mathbf{u}$ é consistente:

$$\begin{bmatrix} 1 & -1 & 5 & -7 \\ 2 & 0 & 7 & 3 \\ -3 & -5 & -3 & 2 \end{bmatrix} \sim \begin{bmatrix} 1 & -1 & 5 & -7 \\ 0 & 2 & -3 & 17 \\ 0 & -8 & 12 & -19 \end{bmatrix} \sim \begin{bmatrix} 1 & -1 & 5 & -7 \\ 0 & 2 & -3 & 17 \\ 0 & 0 & 0 & 49 \end{bmatrix}$$

A equação $A\mathbf{x} = \mathbf{u}$ não tem solução, logo $\mathbf{u}$ não pertence a Col A.

2. Diferente do Problema Prático 1, encontrar um vetor em Nul A é mais trabalhoso que testar se um vetor dado pertence a Nul A. No entanto, como A já está em forma escalonada reduzida, a equação $A\mathbf{x} = \mathbf{0}$ mostra que, se $\mathbf{x} = (x_1, x_2, x_3)$, então $x_2 = 0$, $x_3 = 0$ e x_1 será uma variável livre. Logo, o vetor $\mathbf{v} = (1, 0, 0)$ forma uma base para Nul A. Encontrar um único vetor em Col A é trivial, já que cada coluna de A pertence a Col A. Neste caso particular, o mesmo vetor $\mathbf{v}$ pertence a ambos Nul A e Col A. Para a maioria das matrizes $n \times n$, no entanto, o vetor nulo em $\mathbb{R}^n$ é o único vetor que pertence a ambos Nul A e Col A.

3. Se A for invertível, então as colunas de A irão gerar $\mathbb{R}^n$ pelo Teorema da Matriz Invertível. Por definição, as colunas de qualquer matriz sempre geram o espaço coluna, de modo que, neste caso, Col A é todo $\mathbb{R}^n$. Em símbolos, Col $A = \mathbb{R}^n$. Além disso, como A é invertível, a equação $A\mathbf{x} = \mathbf{0}$ só tem a solução trivial. Isto significa que Nul A é o subespaço trivial. Em símbolos, Nul $A = \{\mathbf{0}\}$.

2.9 DIMENSÃO E POSTO

Esta seção continua a discussão de subespaços e bases para subespaços, começando com o conceito de sistema de coordenadas. A definição e o exemplo mais adiante devem tornar um novo termo bastante útil, *dimensão*, parecer bem natural, pelo menos para subespaços de $\mathbb{R}^3$.

Sistemas de Coordenadas

A razão principal de selecionar uma base para um subespaço H, em vez de apenas um conjunto gerador, é que cada vetor de H pode ser escrito de apenas uma forma como combinação linear dos vetores da base. Para ver a razão, suponha que $\mathcal{B} = \{\mathbf{b}_1, \ldots, \mathbf{b}_p\}$ seja uma base para H e suponha que um vetor $\mathbf{x}$ de H possa ser gerado de duas maneiras, digamos,

$$\mathbf{x} = c_1\mathbf{b}_1 + \cdots + c_p\mathbf{b}_p \quad \text{e} \quad \mathbf{x} = d_1\mathbf{b}_1 + \cdots + d_p\mathbf{b}_p \tag{1}$$

Então, subtraindo, obtemos

$$\mathbf{0} = \mathbf{x} - \mathbf{x} = (c_1 - d_1)\mathbf{b}_1 + \cdots + (c_p - d_p)\mathbf{b}_p \tag{2}$$

Como $\mathcal{B}$ é linearmente independente, as constantes em (2) têm de ser todas iguais a zero. Ou seja, $c_j = d_j$ para $1 \le j \le p$, o que mostra que as duas representações em (1) são, na verdade, iguais.

DEFINIÇÃO Suponha que $B = \{b_1, ..., b_p\}$ seja uma base para um subespaço H. Para cada x em H, as **coordenadas de x em relação à base** B são as constantes $c_1, ..., c_p$ tais que $x = c_1 b_1 + ... + c_p b_p$, e o vetor em $\mathbb{R}^p$ dado por

$$[x]_B = \begin{bmatrix} c_1 \\ \vdots \\ c_p \end{bmatrix}$$

é chamado **vetor de coordenadas de x em relação à base** B.[1]

EXEMPLO 1 Sejam $v_1 = \begin{bmatrix} 3 \\ 6 \\ 2 \end{bmatrix}$, $v_2 = \begin{bmatrix} -1 \\ 0 \\ 1 \end{bmatrix}$, $x = \begin{bmatrix} 3 \\ 12 \\ 7 \end{bmatrix}$ e $B = \{v_1, v_2\}$. Então B é uma base

para $H = \mathcal{L}\{v_1, v_2\}$, já que v_1 e v_2 são linearmente independentes. Determine se x pertence a H e, se pertencer, determine as coordenadas do vetor x em relação à base B.

SOLUÇÃO *Se* x pertencer a H, então a equação vetorial a seguir será consistente:

$$c_1 \begin{bmatrix} 3 \\ 6 \\ 2 \end{bmatrix} + c_2 \begin{bmatrix} -1 \\ 0 \\ 1 \end{bmatrix} = \begin{bmatrix} 3 \\ 12 \\ 7 \end{bmatrix}$$

Os escalares c_1, c_2, caso existam, são as coordenadas de x em relação a B. Usando operações elementares, obtemos

$$\begin{bmatrix} 3 & -1 & 3 \\ 6 & 0 & 12 \\ 2 & 1 & 7 \end{bmatrix} \sim \begin{bmatrix} 1 & 0 & 2 \\ 0 & 1 & 3 \\ 0 & 0 & 0 \end{bmatrix}$$

Assim, $c_1 = 2$, $c_2 = 3$ e $[x]_B = \begin{bmatrix} 2 \\ 3 \end{bmatrix}$. Essa base B determina um "sistema de coordenadas" em H, que pode ser visualizado pelo reticulado na Figura 1. ■

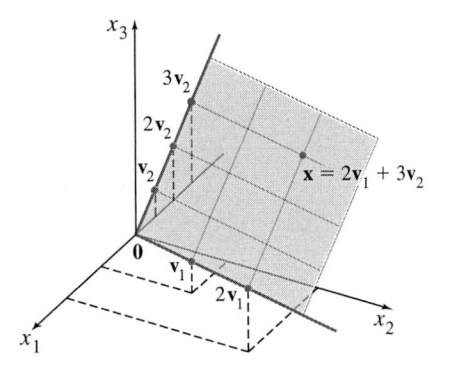

FIGURA 1 Sistema de coordenadas em um plano H contido em $\mathbb{R}^3$.

Note que, apesar de os pontos de H também pertencerem a $\mathbb{R}^3$, esses pontos ficam completamente determinados por seus vetores de coordenadas, que pertencem a $\mathbb{R}^2$. O reticulado no plano na Figura 1 faz com que H "se pareça" com $\mathbb{R}^2$. A correspondência $x \mapsto [x]_B$ é uma bijeção entre H e $\mathbb{R}^2$ que preserva combinações lineares. Chamamos tal correspondência um *isomorfismo* e dizemos que H é *isomorfo* a $\mathbb{R}^2$.

Em geral, se $B = \{b_1, ..., b_p\}$ for uma base para H, então a aplicação $x \mapsto [x]_B$ será uma bijeção que faz com que H se pareça e se comporte como $\mathbb{R}^p$ (mesmo que os vetores de H tenham mais de p componentes). (A Seção 4.4 traz mais detalhes.)

---

[1] É importante que os elementos de B estejam numerados, pois os elementos em $[x]_B$ dependem da ordem dos vetores em B.

Dimensão de um Subespaço

Pode-se mostrar que, se um subespaço H tiver uma base com p vetores, então toda base de H terá de ser composta de exatamente p vetores. (Veja os Exercícios 35 e 36.) Portanto, a próxima definição faz sentido.

DEFINIÇÃO

> A **dimensão** de um subespaço não trivial H, denotada por dim H, é o número de vetores em qualquer base para H. A dimensão do subespaço trivial $\{0\}$ é definida como igual a zero.[2]

O espaço $\mathbb{R}^n$ tem dimensão n. Toda base para $\mathbb{R}^n$ tem n vetores. Um plano contendo $\mathbf{0}$ em $\mathbb{R}^3$ é bidimensional e uma reta contendo $\mathbf{0}$ é unidimensional.

EXEMPLO 2 Lembre-se de que o espaço nulo da matriz A, no Exemplo 6, na Seção 2.8, tinha uma base com 3 vetores. Logo, a dimensão de Nul A neste caso é 3. Note como cada vetor da base corresponde a uma variável livre na equação $A\mathbf{x} = \mathbf{0}$. Nossa construção sempre produz uma base dessa forma. Assim, para determinar a dimensão de Nul A, basta identificar e contar o número de variáveis livres em $A\mathbf{x} = \mathbf{0}$. ∎

DEFINIÇÃO

> O **posto** de uma matriz A, denotado por posto A, é a dimensão do espaço coluna de A.

Como as colunas pivôs de A formam uma base para Col A, o posto de A é simplesmente o número de colunas pivôs de A.

EXEMPLO 3 Determine o posto da matriz

$$A = \begin{bmatrix} 2 & 5 & -3 & -4 & 8 \\ 4 & 7 & -4 & -3 & 9 \\ 6 & 9 & -5 & 2 & 4 \\ 0 & -9 & 6 & 5 & -6 \end{bmatrix}$$

SOLUÇÃO Obtenha uma forma escalonada para A:

$$A \sim \begin{bmatrix} 2 & 5 & -3 & -4 & 8 \\ 0 & -3 & 2 & 5 & -7 \\ 0 & -6 & 4 & 14 & -20 \\ 0 & -9 & 6 & 5 & -6 \end{bmatrix} \sim \cdots \sim \begin{bmatrix} 2 & 5 & -3 & -4 & 8 \\ 0 & -3 & 2 & 5 & -7 \\ 0 & 0 & 0 & 4 & -6 \\ 0 & 0 & 0 & 0 & 0 \end{bmatrix}$$

Colunas pivôs ↑ ↑ ↑

A matriz A tem 3 colunas pivôs, logo posto $A = 3$. ∎

O escalonamento no Exemplo 3 mostra que existem duas variáveis livres em $A\mathbf{x} = \mathbf{0}$, pois duas das cinco colunas de A *não* são colunas pivôs. (As colunas não pivôs correspondem às variáveis livres em $A\mathbf{x} = \mathbf{0}$.) Como o número de colunas pivôs somado ao número de colunas não pivôs é exatamente igual ao número de colunas, as dimensões de Col A e Nul A têm a seguinte ligação interessante. (Veja o Teorema do Posto na Seção 4.6 para mais detalhes.)

TEOREMA 14

> **Teorema do Posto**
>
> Se uma matriz A tiver n colunas, então posto A + dim Nul $A = n$.

O próximo teorema é importante para aplicações e será necessário nos Capítulos 5 e 6. O teorema (demonstrado na Seção 4.5) com certeza é plausível se você pensar em um subespaço de dimensão p como isomorfo a $\mathbb{R}^p$. O Teorema da Matriz Invertível mostra que p vetores em $\mathbb{R}^p$ são linearmente independentes se e somente se também gerarem $\mathbb{R}^p$.

---

[2] O subespaço trivial *não* tem base (pois o vetor nulo por si só forma um conjunto linearmente dependente).

TEOREMA 15

> **Teorema da Base**
>
> Seja H um subespaço de dimensão p de $\mathbb{R}^n$. Todo conjunto linearmente independente de H com exatamente p vetores é de maneira automática uma base para H. Além disso, todo conjunto de p elementos em H que gera H é de forma automática uma base para H.

Posto e Teorema da Matriz Invertível

Os vários conceitos de espaços vetoriais associados a matrizes fornecem muitas outras afirmações para o Teorema da Matriz Invertível que estão enunciadas adiante, de modo a seguir as afirmações no teorema original na Seção 2.3.

TEOREMA

> **Teorema da Matriz Invertível (continuação)**
>
> Seja A uma matriz $n \times n$. Então, cada uma das afirmações a seguir é equivalente à afirmação de que A é invertível.
>
> m. As colunas de A formam uma base para $\mathbb{R}^n$.
>
> n. $\operatorname{Col} A = \mathbb{R}^n$.
>
> o. posto $A = n$.
>
> p. $\dim \operatorname{Nul} A = 0$.
>
> q. $\operatorname{Nul} A = \{\mathbf{0}\}$.

DEMONSTRAÇÃO A afirmação (m) é com certeza equivalente a (e) e (h) no que se refere à independência linear e ao fato de que as colunas geram $\mathbb{R}^n$. As outras quatro afirmações estão relacionadas às anteriores pela cadeia a seguir de implicações quase triviais:

$$(\text{g}) \Rightarrow (\text{n}) \Rightarrow (\text{o}) \Rightarrow (\text{p}) \Rightarrow (\text{q}) \Rightarrow (\text{d})$$

A afirmação (g), que diz que a equação $A\mathbf{x} = \mathbf{b}$ tem pelo menos uma solução para cada $\mathbf{b}$ em $\mathbb{R}^n$, implica a afirmação (n), já que Col A é precisamente o conjunto de todos os $\mathbf{b}$ tais que a equação $A\mathbf{x} = \mathbf{b}$ é consistente. As implicações (n) $\Rightarrow$ (o) $\Rightarrow$ (p) seguem das definições de *dimensão* e *posto*. Se o posto de A for n, o número de colunas de A, então $\dim \operatorname{Nul} A = 0$, pelo Teorema do Posto, logo $\operatorname{Nul} A = \{\mathbf{0}\}$. Portanto, (p) $\Rightarrow$ (q). Além disso, a afirmação (q) implica a equação $A\mathbf{x} = \mathbf{0}$ só ter a solução trivial, que é a afirmação (d). Como já sabemos que (d) e (g) são equivalentes à afirmação de que A é invertível, a demonstração está completa. ∎

> **Comentários Numéricos**
>
> Muitos algoritmos discutidos no texto são úteis para a compreensão dos conceitos e para cálculo simples à mão. No entanto, muitos não são adequados para problemas em escala grande que aparecem na prática.
>
> A determinação do posto é um bom exemplo. Parece fácil escalonar a matriz e contar os pivôs. Mas, a menos que seja efetuada aritmética exata em uma matriz cujos elementos estão especificados com exatidão, as operações elementares podem mudar o posto aparente de uma matriz. Por exemplo, se o valor de x na matriz $\begin{bmatrix} 5 & 7 \\ 5 & x \end{bmatrix}$ não for armazenado exatamente como 7 em um computador, o posto poderá ser 1 ou 2, dependendo se o computador trata $x - 7$ como zero.
>
> Na prática, o posto efetivo de uma matriz A é determinado, muitas vezes, pela decomposição em valores singulares de A, que será discutida na Seção 7.4.

Problemas Práticos

1. Determine a dimensão do subespaço H de $\mathbb{R}^3$ gerado pelos vetores $\mathbf{v}_1, \mathbf{v}_2$ e $\mathbf{v}_3$. (Encontre, primeiro, uma base para H.)

$$\mathbf{v}_1 = \begin{bmatrix} 2 \\ -8 \\ 6 \end{bmatrix}, \quad \mathbf{v}_2 = \begin{bmatrix} 3 \\ -7 \\ -1 \end{bmatrix}, \quad \mathbf{v}_3 = \begin{bmatrix} -1 \\ 6 \\ -7 \end{bmatrix}$$

2. Considere a base

$$\mathcal{B} = \left\{ \begin{bmatrix} 1 \\ 0{,}2 \end{bmatrix}, \begin{bmatrix} 0{,}2 \\ 1 \end{bmatrix} \right\}$$

para $\mathbb{R}^2$. Se $[\,\mathbf{x}\,]_{\mathcal{B}} = \begin{bmatrix} 3 \\ 2 \end{bmatrix}$, determine $\mathbf{x}$.

3. O espaço $\mathbb{R}^3$ pode conter um subespaço de dimensão quatro? Explique.

2.9 EXERCÍCIOS

Nos Exercícios 1 e 2, encontre o vetor $\mathbf{x}$ determinado pelo vetor de coordenadas $[\mathbf{x}]_{\mathcal{B}}$ em relação à base $\mathcal{B}$ dada. Ilustre sua resposta com uma figura, como na solução do Problema Prático 2.

1. $\mathcal{B} = \left\{ \begin{bmatrix} 1 \\ 1 \end{bmatrix}, \begin{bmatrix} 2 \\ -1 \end{bmatrix} \right\}, [\mathbf{x}]_{\mathcal{B}} = \begin{bmatrix} 3 \\ 2 \end{bmatrix}$

2. $\mathcal{B} = \left\{ \begin{bmatrix} -2 \\ 1 \end{bmatrix}, \begin{bmatrix} 3 \\ 1 \end{bmatrix} \right\}, [\mathbf{x}]_{\mathcal{B}} = \begin{bmatrix} -1 \\ 3 \end{bmatrix}$

Nos Exercícios 3 a 6, o vetor $\mathbf{x}$ pertence a um subespaço H com base $\mathcal{B} = \{\mathbf{b}_1, \mathbf{b}_2\}$. Determine as coordenadas de $\mathbf{x}$ em relação a $\mathcal{B}$.

3. $\mathbf{b}_1 = \begin{bmatrix} 1 \\ -4 \end{bmatrix}, \mathbf{b}_2 = \begin{bmatrix} -2 \\ 7 \end{bmatrix}, \mathbf{x} = \begin{bmatrix} -3 \\ 7 \end{bmatrix}$

4. $\mathbf{b}_1 = \begin{bmatrix} 1 \\ -3 \end{bmatrix}, \mathbf{b}_2 = \begin{bmatrix} -3 \\ 5 \end{bmatrix}, \mathbf{x} = \begin{bmatrix} -7 \\ 5 \end{bmatrix}$

5. $\mathbf{b}_1 = \begin{bmatrix} 1 \\ 5 \\ -3 \end{bmatrix}, \mathbf{b}_2 = \begin{bmatrix} -3 \\ -7 \\ 5 \end{bmatrix}, \mathbf{x} = \begin{bmatrix} 4 \\ 10 \\ -7 \end{bmatrix}$

6. $\mathbf{b}_1 = \begin{bmatrix} -3 \\ 1 \\ -4 \end{bmatrix}, \mathbf{b}_2 = \begin{bmatrix} 7 \\ 5 \\ -6 \end{bmatrix}, \mathbf{x} = \begin{bmatrix} 11 \\ 0 \\ 7 \end{bmatrix}$

7. Sejam $\mathbf{b}_1 = \begin{bmatrix} 3 \\ 0 \end{bmatrix}, \mathbf{b}_2 = \begin{bmatrix} -1 \\ 2 \end{bmatrix}, \mathbf{w} = \begin{bmatrix} 7 \\ -2 \end{bmatrix}, \mathbf{x} = \begin{bmatrix} 4 \\ 1 \end{bmatrix}$ e

$\mathcal{B} = \{\mathbf{b}_1, \mathbf{b}_2\}$. Use a figura para estimar $[\mathbf{w}]_{\mathcal{B}}$ e $[\mathbf{x}]_{\mathcal{B}}$. Confirme sua estimativa para $[\mathbf{x}]_{\mathcal{B}}$ usando essas coordenadas e $\{\mathbf{b}_1, \mathbf{b}_2\}$ para calcular $\mathbf{x}$.

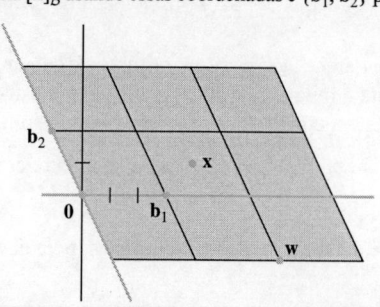

8. Sejam $\mathbf{b}_1 = \begin{bmatrix} 0 \\ 2 \end{bmatrix}, \mathbf{b}_2 = \begin{bmatrix} 2 \\ 1 \end{bmatrix}, \mathbf{x} = \begin{bmatrix} -2 \\ 3 \end{bmatrix}, \mathbf{y} = \begin{bmatrix} 2 \\ 4 \end{bmatrix},$

$\mathbf{z} = \begin{bmatrix} -1 \\ -2{,}5 \end{bmatrix}$ e $\mathcal{B} = \{\mathbf{b}_1, \mathbf{b}_2\}$. Use a figura para estimar $[\mathbf{x}]_{\mathcal{B}}$, $[\mathbf{y}]_{\mathcal{B}}$ e $[\mathbf{z}]_{\mathcal{B}}$. Confirme suas estimativas de $[\mathbf{y}]_{\mathcal{B}}$ e $[\mathbf{z}]_{\mathcal{B}}$ usando essas coordenadas e $\{\mathbf{b}_1, \mathbf{b}_2\}$ para calcular $\mathbf{y}$ e $\mathbf{z}$.

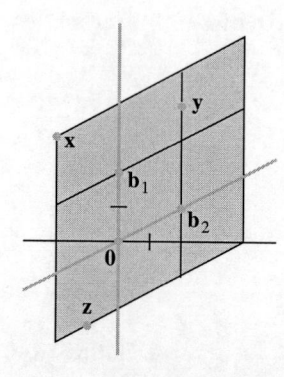

Os Exercícios 9 a 12 apresentam uma matriz A e sua forma escalonada. Encontre bases para Col A e Nul A e dê as dimensões desses subespaços.

9. $A = \begin{bmatrix} 1 & -3 & 2 & -4 \\ -3 & 9 & -1 & 5 \\ 2 & -6 & 4 & -3 \\ -4 & 12 & 2 & 7 \end{bmatrix} \sim \begin{bmatrix} 1 & -3 & 2 & -4 \\ 0 & 0 & 5 & -7 \\ 0 & 0 & 0 & 5 \\ 0 & 0 & 0 & 0 \end{bmatrix}$

10. $A = \begin{bmatrix} 1 & -2 & 9 & 5 & 4 \\ 1 & -1 & 6 & 5 & -3 \\ -2 & 0 & -6 & 1 & -2 \\ 4 & 1 & 9 & 1 & -9 \end{bmatrix}$

$\sim \begin{bmatrix} 1 & -2 & 9 & 5 & 4 \\ 0 & 1 & -3 & 0 & -7 \\ 0 & 0 & 0 & 1 & -2 \\ 0 & 0 & 0 & 0 & 0 \end{bmatrix}$

11. $A = \begin{bmatrix} 1 & 2 & -5 & 0 & -1 \\ 2 & 5 & -8 & 4 & 3 \\ -3 & -9 & 9 & -7 & -2 \\ 3 & 10 & -7 & 11 & 7 \end{bmatrix}$

$\sim \begin{bmatrix} 1 & 2 & -5 & 0 & -1 \\ 0 & 1 & 2 & 4 & 5 \\ 0 & 0 & 0 & 1 & 2 \\ 0 & 0 & 0 & 0 & 0 \end{bmatrix}$

12. $A = \begin{bmatrix} 1 & 2 & -4 & 3 & 3 \\ 5 & 10 & -9 & -7 & 8 \\ 4 & 8 & -9 & -2 & 7 \\ -2 & -4 & 5 & 0 & -6 \end{bmatrix}$

$\sim \begin{bmatrix} 1 & 2 & -4 & 3 & 3 \\ 0 & 0 & 1 & -2 & 0 \\ 0 & 0 & 0 & 0 & -5 \\ 0 & 0 & 0 & 0 & 0 \end{bmatrix}$

Nos Exercícios 13 e 14, encontre uma base para o subespaço gerado pelos vetores dados. Qual é a dimensão do subespaço?

13. $\begin{bmatrix} 1 \\ -3 \\ 2 \\ -4 \end{bmatrix}, \begin{bmatrix} -3 \\ 9 \\ -6 \\ 12 \end{bmatrix}, \begin{bmatrix} 2 \\ -1 \\ 4 \\ 2 \end{bmatrix}, \begin{bmatrix} -4 \\ 5 \\ -3 \\ 7 \end{bmatrix}$

14. $\begin{bmatrix} 1 \\ -1 \\ -2 \\ 5 \end{bmatrix}, \begin{bmatrix} 2 \\ -3 \\ -1 \\ 6 \end{bmatrix}, \begin{bmatrix} 0 \\ 2 \\ -6 \\ 8 \end{bmatrix}, \begin{bmatrix} -1 \\ 4 \\ -7 \\ 7 \end{bmatrix}, \begin{bmatrix} 3 \\ -8 \\ 9 \\ -5 \end{bmatrix}$

15. Suponha que uma matriz A 3×5 tenha três colunas pivôs. Col $A = \mathbb{R}^3$? Nul $A = \mathbb{R}^2$? Explique suas respostas.

16. Suponha que uma matriz A 4×7 tenha três colunas pivôs. Col $A = \mathbb{R}^3$? Qual é a dimensão de Nul A? Explique suas respostas.

Nos Exercícios 17 a 26, marque cada afirmação como Verdadeira ou Falsa (V/F). Justifique cada resposta. Suponha que A seja uma matriz $m \times n$.

17. (V/F) Se $\mathcal{B} = \{\mathbf{v}_1, \ldots, \mathbf{v}_p\}$ for uma base para um subespaço H e se $\mathbf{x} = c_1\mathbf{v}_1 + \ldots + c_p\mathbf{v}_p$, então $c_1, \ldots, c_p$ serão as coordenadas de $\mathbf{x}$ em relação à base $\mathcal{B}$.

18. (V/F) Se $\mathcal{B}$ for uma base para um subespaço H, então cada vetor em H poderá ser escrito de maneira única como uma combinação linear de vetores em $\mathcal{B}$.

19. (V/F) Cada reta em $\mathbb{R}^n$ é um subespaço unidimensional de $\mathbb{R}^n$.

20. (V/F) Se $\mathcal{B} = \{\mathbf{v}_1, \ldots, \mathbf{v}_p\}$ for uma base para um subespaço H de $\mathbb{R}^n$, então a correspondência $\mathbf{x} \mapsto [\mathbf{x}]_{\mathcal{B}}$ fará com que H pareça e aja da mesma forma que $\mathbb{R}^p$.

21. (V/F) A dimensão de Col A é o número de colunas pivôs de A.

22. (V/F) A dimensão de Nul A é o número de variáveis na equação $A\mathbf{x} = \mathbf{0}$.

23. (V/F) A soma das dimensões de Col A e de Nul A é igual ao número de colunas de A.

24. (V/F) A dimensão do espaço coluna de A é igual ao posto de A.

25. (V/F) Se um conjunto de p vetores gerar um subespaço H de $\mathbb{R}^n$ de dimensão p, então esses vetores formarão uma base para H.

26. (V/F) Se H for um subespaço de $\mathbb{R}^n$ de dimensão p, então um conjunto linearmente independente com p vetores em H será uma base para H.

Nos Exercícios 27 a 32, justifique cada resposta ou construção.

27. Se o subespaço de todas as soluções de $A\mathbf{x} = \mathbf{0}$ tiver uma base com três vetores e se A for uma matriz 5×7, qual será o posto de A?

28. Qual é o ponto de uma matriz 4×5 cujo espaço nulo é tridimensional?

29. Se o posto de uma matriz A 7×6 for 4, qual será a dimensão do espaço solução de $A\mathbf{x} = \mathbf{0}$?

30. Mostre que um conjunto $\{\mathbf{v}_1, \mathbf{v}_2, \ldots, \mathbf{v}_5\}$ em $\mathbb{R}^n$ é linearmente dependente se dim $\mathcal{L}\{\mathbf{v}_1, \mathbf{v}_2, \ldots, \mathbf{v}_5\} = 4$.

31. Se possível, obtenha uma matriz A 3×4 tal que dim Nul $A = 2$ e dim Col $A = 2$.

32. Obtenha uma matriz 4×3 de posto 1.

33. Seja A uma matriz $n \times p$ cujo espaço coluna tem dimensão p. Explique por que as colunas de A têm de ser linearmente independentes.

34. Suponha que as colunas 1, 3, 5 e 6 de uma matriz A sejam linearmente independentes (mas não sejam necessariamente colunas pivôs) e o posto de A seja 4. Explique por que as quatro colunas mencionadas têm de formar uma base para o espaço coluna de A.

35. Suponha que os vetores $\mathbf{b}_1, \ldots, \mathbf{b}_p$ gerem um subespaço W e seja $\{\mathbf{a}_1, \ldots, \mathbf{a}_q\}$ qualquer conjunto de W contendo mais de p vetores. Preencha os detalhes do argumento a seguir para mostrar que $\{\mathbf{a}_1, \ldots, \mathbf{a}_q\}$ precisa ser linearmente dependente. Primeiro, sejam $B = [\mathbf{b}_1 \ldots \mathbf{b}_p]$ e $A = [\mathbf{a}_1 \ldots \mathbf{a}_q]$.

   a. Explique por que, para cada vetor $\mathbf{a}_j$, existe um vetor $\mathbf{c}_j$ em $\mathbb{R}^p$ tal que $\mathbf{a}_j = B\mathbf{c}_j$.

   b. Seja $C = [\mathbf{c}_1 \ldots \mathbf{c}_q]$. Explique por que existe um vetor não nulo $\mathbf{u}$ tal que $C\mathbf{u} = \mathbf{0}$.

   c. Use B e C para mostrar que $A\mathbf{u} = \mathbf{0}$. Isso mostra que as colunas de A são linearmente dependentes.

36. Use o Exercício 35 para mostrar que, se $\mathcal{A}$ e $\mathcal{B}$ forem bases para um subespaço W de $\mathbb{R}^n$, então $\mathcal{A}$ não poderá conter mais vetores que $\mathcal{B}$ e, reciprocamente, $\mathcal{B}$ não poderá conter mais vetores que $\mathcal{A}$.

Ⓜ **37.** Seja $H = \mathcal{L}\{\mathbf{v}_1, \mathbf{v}_2\}$ e $\mathcal{B} = \{\mathbf{v}_1, \mathbf{v}_2\}$. Mostre que $\mathbf{x}$ pertence a H e encontre o vetor de coordenadas de $\mathbf{x}$ em relação a $\mathcal{B}$, em que

$$\mathbf{v}_1 = \begin{bmatrix} 11 \\ -5 \\ 10 \\ 7 \end{bmatrix}, \mathbf{v}_2 = \begin{bmatrix} 14 \\ -8 \\ 13 \\ 10 \end{bmatrix}, \mathbf{x} = \begin{bmatrix} 19 \\ -13 \\ 18 \\ 15 \end{bmatrix}$$

Ⓜ **38.** Seja $H = \mathcal{L}\{\mathbf{v}_1, \mathbf{v}_2, \mathbf{v}_3\}$ e $\mathcal{B} = \{\mathbf{v}_1, \mathbf{v}_2, \mathbf{v}_3\}$. Mostre que $\mathcal{B}$ é uma base para H, $\mathbf{x}$ pertence a H e encontre o vetor de coordenadas de $\mathbf{x}$ em relação a $\mathcal{B}$, em que

$$\mathbf{v}_1 = \begin{bmatrix} -6 \\ 4 \\ -9 \\ 4 \end{bmatrix}, \mathbf{v}_2 = \begin{bmatrix} 8 \\ -3 \\ 7 \\ -3 \end{bmatrix}, \mathbf{v}_3 = \begin{bmatrix} -9 \\ 5 \\ -8 \\ 3 \end{bmatrix}, \mathbf{x} = \begin{bmatrix} 4 \\ 7 \\ -8 \\ 3 \end{bmatrix}$$

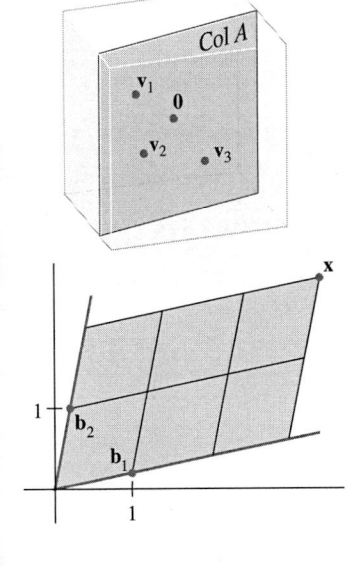

Soluções dos Problemas Práticos

1. Construa $A = [\mathbf{v}_1 \ \mathbf{v}_2 \ \mathbf{v}_3]$ de modo que o subespaço gerado por $\mathbf{v}_1$, $\mathbf{v}_2$ e $\mathbf{v}_3$ seja o espaço coluna de A. Uma base para esse subespaço é dada pelas colunas pivôs de A.

$$A = \begin{bmatrix} 2 & 3 & -1 \\ -8 & -7 & 6 \\ 6 & -1 & -7 \end{bmatrix} \sim \begin{bmatrix} 2 & 3 & -1 \\ 0 & 5 & 2 \\ 0 & -10 & -4 \end{bmatrix} \sim \begin{bmatrix} 2 & 3 & -1 \\ 0 & 5 & 2 \\ 0 & 0 & 0 \end{bmatrix}$$

As duas primeiras colunas de A são colunas pivôs e formam uma base para H. Logo, dim $H = 2$.

2. Se $[\mathbf{x}]_{\mathcal{B}} = \begin{bmatrix} 3 \\ 2 \end{bmatrix}$, então $\mathbf{x}$ será formado por uma combinação linear dos vetores da base usando as constantes 3 e 2:

$$\mathbf{x} = 3\mathbf{b}_1 + 2\mathbf{b}_2 = 3\begin{bmatrix} 1 \\ 0,2 \end{bmatrix} + 2\begin{bmatrix} 0,2 \\ 1 \end{bmatrix} = \begin{bmatrix} 3,4 \\ 2,6 \end{bmatrix}$$

A base $\{\mathbf{b}_1, \mathbf{b}_2\}$ determina um *sistema de coordenadas* para $\mathbb{R}^2$, ilustrado pelo reticulado na figura. Observe como $\mathbf{x}$ tem 3 unidades na direção de $\mathbf{b}_1$ e 2 unidades na direção de $\mathbf{b}_2$.

3. Um subespaço de dimensão quatro teria de conter uma base de quatro vetores linearmente independentes. Isso é impossível em $\mathbb{R}^3$. Como todo conjunto linearmente independente em $\mathbb{R}^3$ não pode ter mais que três vetores, todo subespaço de $\mathbb{R}^3$ tem dimensão menor ou igual a 3. O próprio espaço $\mathbb{R}^3$ é o único subespaço tridimensional de $\mathbb{R}^3$. Os outros subespaços de $\mathbb{R}^3$ têm dimensão 2, 1 ou 0.

CAPÍTULO 2 PROJETOS

Os projetos do Capítulo 2 estão disponíveis *online* em `bit.ly/30IM8gT` (em inglês).

A. *Outros Produtos Matriciais*: Esse projeto introduz e explora as propriedades de duas novas operações em matrizes quadradas, conhecidas como o produto de Jordan e o comutador.

B. *Matrizes de Adjacência*: O objetivo desse projeto é mostrar como as potências de uma matriz podem ser usadas para investigar grafos.

C. *Matrizes de Dominância*: O objetivo desse projeto é aplicar matrizes e suas potências a problemas relacionados a diversas formas de competição entre indivíduos e grupos.

D. *Números Condicionais*: O objetivo desse projeto é mostrar como o número condicional de uma matriz A pode ser definido e como seu valor afeta a precisão das soluções de sistemas de equações da forma $A\mathbf{x} = \mathbf{b}$.

E. *Distribuições de Temperaturas de Equilíbrio*: O objetivo desse projeto é discutir uma situação física em que é necessário resolver um sistema de equações lineares: determinar a temperatura de equilíbrio de uma placa fina.

F. *Fatorações LU e QR*: O objetivo desse projeto é explorar uma relação entre duas fatorações matriciais, a fatoração LU e a fatoração QR.

G. *Modelo de Entrada-Saída de Leontief*: O objetivo desse projeto é fornecer mais três exemplos do modelo de entrada-saída de Leontief em ação.

H. *Arte das Transformações Lineares*: Esse projeto ilustra como desenhar um polígono e depois usar transformações lineares para movê-lo em um plano.

CAPÍTULO 2 EXERCÍCIOS SUPLEMENTARES

Suponha que as matrizes mencionadas nos Exercícios 1 a 15 a seguir tenham os tamanhos apropriados. Marque cada afirmação como Verdadeira ou Falsa (**V/F**). Justifique cada resposta.

1. (**V/F**) Se A e B forem matrizes $m \times n$, então ambas AB^T e A^TB estarão definidas.

2. (**V/F**) Se $AB = C$ e C tiver 2 colunas, então A terá 2 colunas.

3. (**V/F**) Multiplicar uma matriz B à esquerda por uma matriz diagonal A com elementos não nulos na diagonal principal tem o efeito de multiplicar as linhas de B por constantes.

4. (**V/F**) Se $BC = BD$, então $C = D$.

5. (**V/F**) Se $AC = 0$, então $A = 0$ ou $C = 0$.

6. (**V/F**) Se A e B forem matrizes $n \times n$, então $(A + B)(A - B) = A^2 - B^2$.

7. (**V/F**) Uma matriz elementar $n \times n$ tem n ou $n + 1$ elementos não nulos.

8. (**V/F**) A transposta de uma matriz elementar é uma matriz elementar.

9. (**V/F**) Uma matriz elementar tem de ser quadrada.

10. (**V/F**) Toda matriz quadrada é um produto de matrizes elementares.

11. (**V/F**) Se A for uma matriz 3×3 com três posições de pivô, então existirão matrizes elementares $E_1, \ldots, E_p$ tais que $E_p \ldots E_1 A = I$.

12. (**V/F**) Se $AB = I$, então A será invertível.

13. (**V/F**) Se A e B forem matrizes quadradas invertíveis, então AB será invertível e $(AB)^{-1} = A^{-1}B^{-1}$.

14. (**V/F**) Se $AB = BA$ e se A for invertível, então $A^{-1}B = BA^{-1}$.

15. (**V/F**) Se A for invertível e $r \neq 0$, então $(rA)^{-1} = rA^{-1}$.

16. Encontre uma matriz C cuja inversa é $C^{-1} = \begin{bmatrix} 4 & 5 \\ 6 & 7 \end{bmatrix}$.

17. Seja $A = \begin{bmatrix} 0 & 0 & 0 \\ 1 & 0 & 0 \\ 0 & 1 & 0 \end{bmatrix}$. Mostre que $A^3 = 0$. Use a álgebra matricial para calcular o produto $(I - A)(I + A + A^2)$.

18. Suponha que $A^n = 0$ para algum $n > 1$. Encontre uma inversa para $I - A$.

19. Suponha que uma matriz A $n \times n$ satisfaça à equação $A^2 - 2A + I = 0$. Mostre que $A^3 = 3A - 2I$ e que $A^4 = 4A - 3I$.

20. Sejam $A = \begin{bmatrix} 1 & 0 \\ 0 & -1 \end{bmatrix}$, $B = \begin{bmatrix} 0 & 1 \\ 1 & 0 \end{bmatrix}$. Essas são as *matrizes de spin de Pauli* usadas no estudo do spin do elétron em mecânica quântica. Mostre que $A^2 = I$, $B^2 = I$ e $AB = -BA$. Matrizes que satisfazem $AB = -BA$ são chamadas *anticomutativas*.

21. Sejam $A = \begin{bmatrix} 1 & 3 & 8 \\ 2 & 4 & 11 \\ 1 & 2 & 5 \end{bmatrix}$ e $B = \begin{bmatrix} -3 & 5 \\ 1 & 5 \\ 3 & 4 \end{bmatrix}$. Calcule $A^{-1}B$ sem calcular A^{-1}. [*Sugestão:* $A^{-1}B$ é a solução da equação $AX = B$.]

22. Encontre uma matriz A tal que a transformação $\mathbf{x} \mapsto A\mathbf{x}$ leva os vetores $\begin{bmatrix} 1 \\ 3 \end{bmatrix}$ e $\begin{bmatrix} 2 \\ 7 \end{bmatrix}$ em, respectivamente, $\begin{bmatrix} 1 \\ 1 \end{bmatrix}$ e $\begin{bmatrix} 3 \\ 1 \end{bmatrix}$. [*Sugestão:* Escreva uma equação matricial envolvendo A e resolva para A.]

23. Suponha que $AB = \begin{bmatrix} 5 & 4 \\ -2 & 3 \end{bmatrix}$ e $B = \begin{bmatrix} 7 & 3 \\ 2 & 1 \end{bmatrix}$. Encontre A.

24. Suponha que A seja invertível. Explique por que A^TA também é invertível. Depois, mostre que $A^{-1} = (A^TA)^{-1} A^T$.

25. Sejam $x_1, \ldots, x_n$ números fixos. A matriz a seguir, chamada *matriz de Vandermonde*, aparece em aplicações como processamento de sinais, códigos corretores de erros e interpolação polinomial.

$$V = \begin{bmatrix} 1 & x_1 & x_1^2 & \cdots & x_1^{n-1} \\ 1 & x_2 & x_2^2 & \cdots & x_2^{n-1} \\ \vdots & \vdots & \vdots & & \vdots \\ 1 & x_n & x_n^2 & \cdots & x_n^{n-1} \end{bmatrix}$$

Dado $\mathbf{y} = (y_1, \ldots, y_n)$ em $\mathbb{R}^n$, suponha que $\mathbf{c} = (c_0, \ldots, c_{n-1})$ em $\mathbb{R}^n$ satisfaça $V\mathbf{c} = \mathbf{y}$ e defina o polinômio

$$p(t) = c_0 + c_1 t + c_2 t^2 + \cdots + c_{n-1} t^{n-1}.$$

a. Mostre que $p(x_1) = y_1, \ldots, p(x_n) = y_n$. Chamamos $p(t)$ um *polinômio interpolador para os pontos* $(x_1, y_1), \ldots, (x_n, y_n)$ porque o gráfico de $p(t)$ contém todos esses pontos.

b. Suponha que $x_1, \ldots, x_n$ sejam números distintos. Mostre que as colunas de V são linearmente independentes. [*Sugestão:* Quantas raízes pode ter um polinômio de grau $n - 1$?]

c. Prove: "Se $x_1, \ldots, x_n$ forem números distintos e $y_1, \ldots, y_n$ forem números arbitrários, então existirá um polinômio interpolador de grau $\leq n - 1$ para $(x_1, y_1), \ldots, (x_n, y_n)$."

26. Seja $A = LU$, em que L é uma matriz triangular inferior invertível e U é triangular superior. **Explique** por que a primeira coluna de A é um múltiplo escalar da primeira coluna de L. Como é que a segunda coluna de A está relacionada com as colunas de L?

27. Dado $\mathbf{u}$ em $\mathbb{R}^n$ com $\mathbf{u}^T\mathbf{u} = 1$, seja $P = \mathbf{u}\mathbf{u}^T$ (um produto externo) e $Q = I - 2P$. Justifique as afirmações (a), (b) e (c).

a. $P^2 = P$ b. $P^T = P$ c. $Q^2 = I$

A transformação $\mathbf{x} \mapsto P\mathbf{x}$ é chamada uma *projeção* e $\mathbf{x} \mapsto Q\mathbf{x}$ é denominada *reflexão de Householder*. Essas reflexões são usadas em programas de computador para criar zeros repetidos em um vetor (geralmente uma coluna de uma matriz).

28. Sejam $\mathbf{u} = \begin{bmatrix} 0 \\ 0 \\ 1 \end{bmatrix}$ e $\mathbf{x} = \begin{bmatrix} 1 \\ 5 \\ 3 \end{bmatrix}$. Determine P e Q como no Exercício 27 e calcule $P\mathbf{x}$ e $Q\mathbf{x}$. A figura a seguir mostra que $Q\mathbf{x}$ é a reflexão de $\mathbf{x}$ em relação ao plano x_1x_2.

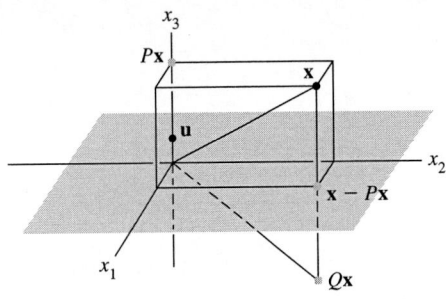

Reflexão de Householder em relação ao plano $x_3 = 0$.

29. Suponha que $C = E_3 E_2 E_1 B$, em que E_1, E_2 e E_3 sejam matrizes elementares. Explique por que C é equivalente por linhas a B.

30. Seja A uma matriz $n \times n$ singular. Descreva como obter uma matriz B $n \times n$ não nula tal que $AB = 0$.

31. Sejam A uma matriz 6×4 e B uma matriz 4×6. Mostre que a matriz AB 6×6 não pode ser invertível.

32. Suponha que A seja uma matriz 5×3 e exista uma matriz C 3×5 tal que $CA = I_3$. Suponha ainda que, para algum $\mathbf{b}$ dado em $\mathbb{R}^5$, a equação $A\mathbf{x} = \mathbf{b}$ tenha pelo menos uma solução. Mostre que essa solução é única.

M 33. Certos sistemas dinâmicos podem ser estudados examinando-se potências de uma matriz, como as que se seguem. Determine o que acontece com A^k e B^k quando k aumenta (por exemplo, tente $k = 2, \ldots, 16$). Tente descobrir o que é especial a respeito de A e B. Investigue potências altas de outras matrizes desse tipo e faça uma conjectura sobre tais matrizes.

$$A = \begin{bmatrix} 0,4 & 0,2 & 0,3 \\ 0,3 & 0,6 & 0,3 \\ 0,3 & 0,2 & 0,4 \end{bmatrix}, \quad B = \begin{bmatrix} 0 & 0,2 & 0,3 \\ 0,1 & 0,6 & 0,3 \\ 0,9 & 0,2 & 0,4 \end{bmatrix}$$

M 34. Seja A_n uma matriz $n \times n$ com todos os elementos na diagonal principal iguais a 0 e todos os outros elementos iguais a 1. Calcule A_n^{-1} para $n = 4, 5, 6$ e faça uma conjectura sobre a forma geral de A_n^{-1} para valores maiores de n.

3 Determinantes

Pesando Diamantes

Como é determinado o valor de um diamante? Joalheiros usam quatro palavras que começam com o som da letra k: corte, claridade, cor e quilates; um quilate é uma unidade de massa igual a 0,2 grama. Quando um joalheiro recebe um carregamento de diamantes, é essencial que eles sejam pesados precisamente para determinar seu valor. A diferença de meio quilate pode ter grande impacto no valor de um diamante.

Ao pesar pequenos objetos, como diamantes ou outras pedras preciosas, uma possibilidade é pesar os objetos individualmente, mas existem outras estratégias mais precisas que envolvem pesar os objetos em grupos e deduzir depois os pesos individuais a partir dos resultados.

Suponha que devem ser pesados n objetos pequenos rotulados por $s_1, s_2, \cdots, s_n$. Um método para determinar o peso de cada objeto é usar uma balança com dois pratos. Uma *pesagem* consiste em colocar alguns dos objetos pequenos no prato da esquerda e os restantes no prato da direita. A balança mostra a diferença entre os pesos nos dois pratos.

O joalheiro (ou outra pessoa pesando objetos pequenos e leves) planeja sua estratégia antes criando uma matriz de pesagem D com elementos determinados pelo esquema a seguir: se a pedra s_j for colocada no prato esquerdo durante a i-ésima pesagem, então $d_{ij} = -1$, e, se a pedra s_j for colocada no prato direito durante a i-ésima pesagem, então $d_{ij} = 1$. Cada linha da matriz D corresponde a uma pesagem. A j-ésima coluna de D diz onde colocar s_j em cada pesagem. Assim, D é uma matriz $m \times n$, em que m corresponde ao número de pesagens e n, ao número de objetos. Foi demonstrado que a precisão de uma estratégia de pesagem é a maior possível quando a matriz de pesagem maximiza o valor do *determinante* de $D^T D$.

Por exemplo, considere a matriz de pesagem

$$D = \begin{bmatrix} 1 & 1 & 1 & 1 \\ 1 & -1 & 1 & 1 \\ 1 & 1 & -1 & 1 \\ 1 & 1 & 1 & -1 \end{bmatrix}$$ para pesar as pedras s_1, s_2, s_3, s_4. Para

essa estratégia, a primeira pesagem coloca todas as quatro pedras no prato da direita (a primeira linha de D tem todos os elementos iguais a um). Para a segunda pesagem, a pedra s_2 é colocada no prato da esquerda e todas as outras pedras continuam no prato da direita (a segunda linha de D tem -1 na segunda coluna). Para a terceira pesagem, a pedra s_3 é colocada no prato da esquerda e todas as outras pedras ficam no prato da direita (a terceira linha de D tem -1 na terceira coluna). Na última pesagem, a pedra s_4 é colocada no prato da esquerda e todas as outras pedras ficam no prato da direita (a quarta linha de D tem -1 na quarta coluna). O determinante de $D^T D$ é 64.

No entanto, esta não é a melhor estratégia para determinar o peso de quatro objetos com quatro pesagens. Se

$$D = \begin{bmatrix} 1 & 1 & 1 & 1 \\ 1 & 1 & -1 & -1 \\ 1 & -1 & 1 & -1 \\ -1 & 1 & 1 & -1 \end{bmatrix}$$, então o determinante de $D^T D$

= 256, logo esta é uma estratégia melhor. Note que a primeira pesagem dessa estratégia é igual à anterior, mas cada uma das outras pesagens tem dois objetos em cada prato.

O cálculo de determinantes de matrizes e a compreensão de suas propriedades é o tema deste capítulo. À medida que você aprende mais sobre determinantes, você também pode desenvolver estratégias para escolhas boas e ruins de uma matriz de pesagem.

O determinante também pode ser usado para calcular a área de um paralelogramo ou o volume de um paralelepípedo. Vimos, na Seção 1.9, que a multiplicação matricial pode ser usada para modificar a forma de uma caixa ou de outro objeto. O determinante da matriz usada determina a variação da área ao ser multiplicada pela matriz, da mesma maneira que uma história sobre uma pescaria muda o tamanho do peixe que foi pescado cada vez que é contada.

De fato, os determinantes podem ser usados em tantas situações diferentes que Thomas Muir escreveu um tratado de quatro volumes contendo um resumo das aplicações conhecidas no início do século XX. Com as mudanças de ênfase e o tamanho muito maior das matrizes utilizadas em aplicações modernas, muitas aplicações importantes na época não são tão cruciais atualmente. Apesar disso, determinantes ainda têm muitos modelos importantes teóricos e práticos.

Além da introdução de determinantes na Seção 3.1, este capítulo apresenta duas ideias importantes. A Seção 3.2 deduz um critério para verificar se uma matriz quadrada é invertível ou não, o que será essencial para o Capítulo 5. A Seção 3.3 mostra como o determinante mede o quanto a área de uma figura é modificada por uma transformação linear. Quando aplicada localmente, a técnica responde à questão da taxa de expansão de um mapa próximo dos polos. Essa ideia tem um papel crucial na forma do jacobiano no cálculo de múltiplas variáveis.

3.1 INTRODUÇÃO AOS DETERMINANTES

Lembre-se da Seção 2.2, de que uma matriz 2×2 é invertível se e somente se seu determinante for diferente de zero. A fim de estender esse fato útil para as matrizes maiores, precisamos de uma definição para o determinante de matrizes $n \times n$. Podemos descobrir a definição para o caso 3×3 observando o que acontece quando uma matriz invertível A 3×3 é escalonada.

Considere $A = [a_{ij}]$ com $a_{11} \neq 0$. Se multiplicarmos a segunda e a terceira linhas de A por a_{11} e, depois, subtrairmos múltiplos apropriados da primeira linha das outras duas, obteremos que A é equivalente por linhas às duas matrizes seguintes:

$$\begin{bmatrix} a_{11} & a_{12} & a_{13} \\ a_{11}a_{21} & a_{11}a_{22} & a_{11}a_{23} \\ a_{11}a_{31} & a_{11}a_{32} & a_{11}a_{33} \end{bmatrix} \sim \begin{bmatrix} a_{11} & a_{12} & a_{13} \\ 0 & a_{11}a_{22} - a_{12}a_{21} & a_{11}a_{23} - a_{13}a_{21} \\ 0 & a_{11}a_{32} - a_{12}a_{31} & a_{11}a_{33} - a_{13}a_{31} \end{bmatrix} \quad (1)$$

Como A é invertível, um dos elementos, $(2, 2)$ ou $(3, 2)$ na matriz à direita em (1), é diferente de zero. Vamos supor que o elemento $(2, 2)$ seja não nulo. (Caso contrário, basta fazer uma troca de linhas antes de continuar.) Multiplique a linha 3 por $a_{11}a_{22} - a_{12}a_{21}$ e, depois, some a linha 2 multiplicada por $-(a_{11}a_{32} - a_{12}a_{31})$ à nova linha 3. Isso mostrará que

$$A \sim \begin{bmatrix} a_{11} & a_{12} & a_{13} \\ 0 & a_{11}a_{22} - a_{12}a_{21} & a_{11}a_{23} - a_{13}a_{21} \\ 0 & 0 & a_{11}\Delta \end{bmatrix}$$

em que

$$\Delta = a_{11}a_{22}a_{33} + a_{12}a_{23}a_{31} + a_{13}a_{21}a_{32} - a_{11}a_{23}a_{32} - a_{12}a_{21}a_{33} - a_{13}a_{22}a_{31} \quad (2)$$

Como A é invertível, Δ tem de ser diferente de zero. A recíproca também é verdadeira, como veremos na Seção 3.2. Chamamos Δ em (2) **determinante** da matriz A 3×3.

Lembre-se de que o determinante de uma matriz $A = [a_{ij}]$ 2×2 é o número

$$\det A = a_{11}a_{22} - a_{12}a_{21}$$

Para uma matriz 1×1 — digamos, $A = [a_{11}]$ — definimos $\det A = a_{11}$. A fim de generalizarmos a definição do determinante para matrizes maiores, usaremos determinantes 2×2 para reescrever o determinante Δ definido anteriormente para uma matriz 3×3. Como os termos de Δ podem ser agrupados como $(a_{11}a_{22}a_{33} - a_{11}a_{23}a_{32}) - (a_{12}a_{21}a_{33} - a_{12}a_{23}a_{31}) + (a_{13}a_{21}a_{32} - a_{13}a_{22}a_{31})$,

$$\Delta = a_{11} \det \begin{bmatrix} a_{22} & a_{23} \\ a_{32} & a_{33} \end{bmatrix} - a_{12} \det \begin{bmatrix} a_{21} & a_{23} \\ a_{31} & a_{33} \end{bmatrix} + a_{13} \det \begin{bmatrix} a_{21} & a_{22} \\ a_{31} & a_{32} \end{bmatrix}$$

De maneira resumida, escrevemos

$$\Delta = a_{11} \det A_{11} - a_{12} \det A_{12} + a_{13} \det A_{13} \quad (3)$$

em que A_{11}, A_{12} e A_{13} são obtidas de A eliminando-se a primeira linha e uma das três colunas. Para qualquer matriz quadrada A, seja A_{ij} a submatriz obtida eliminando-se a i-ésima linha e a j-ésima coluna de A. Por exemplo, se

$$A = \begin{bmatrix} 1 & -2 & 5 & 0 \\ 2 & 0 & 4 & -1 \\ 3 & 1 & 0 & 7 \\ 0 & 4 & -2 & 0 \end{bmatrix}$$

então A_{32} será obtida eliminando-se a linha 3 e a coluna 2,

$$\begin{bmatrix} 1 & -2 & 5 & 0 \\ 2 & 0 & 4 & -1 \\ 3 & 1 & 0 & 7 \\ 0 & 4 & -2 & 0 \end{bmatrix}$$

de modo que

$$A_{32} = \begin{bmatrix} 1 & 5 & 0 \\ 2 & 4 & -1 \\ 0 & -2 & 0 \end{bmatrix}$$

Podemos, agora, obter uma definição *recursiva* (ou *recorrente*) para o determinante. Quando $n = 3$, det A é definido usando os determinantes das submatrizes A_{1j} 2×2, como em (3) anterior. Quando $n = 4$, det A usa os determinantes das submatrizes A_{1j} 3×3. De modo geral, um determinante $n \times n$ é definido por meio de determinantes de submatrizes $(n-1) \times (n-1)$.

DEFINIÇÃO

Para $n \geq 2$, o **determinante** de uma matriz $n \times n$ $A = [a_{ij}]$ é a soma de n termos da forma $\pm a_{1j}$ det A_{1j}, com os sinais de mais e menos se alternando, em que os elementos $a_{11}, a_{12}, \ldots, a_{1n}$ estão na primeira linha de A. Em símbolos,

$$\det A = a_{11} \det A_{11} - a_{12} \det A_{12} + \cdots + (-1)^{1+n} a_{1n} \det A_{1n}$$
$$= \sum_{j=1}^{n} (-1)^{1+j} a_{1j} \det A_{1j}$$

EXEMPLO 1 Calcule o determinante de

$$A = \begin{bmatrix} 1 & 5 & 0 \\ 2 & 4 & -1 \\ 0 & -2 & 0 \end{bmatrix}$$

SOLUÇÃO Calcule det $A = a_{11} \det A_{11} - a_{12} \det A_{12} + a_{13} \det A_{13}$:

$$\det A = 1 \det \begin{bmatrix} 4 & -1 \\ -2 & 0 \end{bmatrix} - 5 \det \begin{bmatrix} 2 & -1 \\ 0 & 0 \end{bmatrix} + 0 \det \begin{bmatrix} 2 & 4 \\ 0 & -2 \end{bmatrix}$$
$$= 1(0 - 2) - 5(0 - 0) + 0(-4 - 0) = -2 \qquad \blacksquare$$

Outra notação comum para o determinante de uma matriz é a que utiliza um par de segmentos verticais no lugar dos colchetes. Assim, o cálculo no Exemplo 1 pode ser escrito na forma

$$\det A = 1 \begin{vmatrix} 4 & -1 \\ -2 & 0 \end{vmatrix} - 5 \begin{vmatrix} 2 & -1 \\ 0 & 0 \end{vmatrix} + 0 \begin{vmatrix} 2 & 4 \\ 0 & -2 \end{vmatrix} = \cdots = -2$$

Para enunciar o próximo teorema, seria conveniente escrever a definição de det A de uma forma ligeiramente diferente. Dada $A = [a_{ij}]$, o **cofator (i, j)** de A é o número C_{ij} dado por

$$C_{ij} = (-1)^{i+j} \det A_{ij} \qquad (4)$$

Então

$$\det A = a_{11} C_{11} + a_{12} C_{12} + \cdots + a_{1n} C_{1n}$$

Essa fórmula é chamada **expansão em cofatores em relação à primeira linha** de A. Omitiremos a demonstração do teorema fundamental seguinte para evitar uma longa digressão.

TEOREMA 1

O determinante de uma matriz A $n \times n$ pode ser calculado pela expansão em cofatores em relação a qualquer linha ou coluna. A expansão em relação à i-ésima linha usando os cofatores em (4) é dada por

$$\det A = a_{i1} C_{i1} + a_{i2} C_{i2} + \cdots + a_{in} C_{in}$$

A expansão em cofatores em relação à j-ésima coluna é dada por

$$\det A = a_{1j} C_{1j} + a_{2j} C_{2j} + \cdots + a_{nj} C_{nj}$$

O sinal de mais ou menos no cofator (i, j) depende da posição de a_{ij} na matriz, independentemente do sinal do número a_{ij}. O fator $(-1)^{i+j}$ determina o seguinte padrão de sinais, como em um tabuleiro de xadrez:

$$\begin{bmatrix} + & - & + & \cdots \\ - & + & - & \\ + & - & + & \\ \vdots & & & \ddots \end{bmatrix}$$

EXEMPLO 2 Use a expansão em cofatores em relação à terceira linha para calcular det A, em que

$$A = \begin{bmatrix} 1 & 5 & 0 \\ 2 & 4 & -1 \\ 0 & -2 & 0 \end{bmatrix}$$

SOLUÇÃO Calcule

$$\det A = a_{31}C_{31} + a_{32}C_{32} + a_{33}C_{33}$$

$$= (-1)^{3+1}a_{31} \det A_{31} + (-1)^{3+2}a_{32} \det A_{32} + (-1)^{3+3}a_{33} \det A_{33}$$

$$= 0 \begin{vmatrix} 5 & 0 \\ 4 & -1 \end{vmatrix} - (-2) \begin{vmatrix} 1 & 0 \\ 2 & -1 \end{vmatrix} + 0 \begin{vmatrix} 1 & 5 \\ 2 & 4 \end{vmatrix}$$

$$= 0 + 2(-1) + 0 = -2 \qquad \blacksquare$$

O Teorema 1 é útil para calcular o determinante de uma matriz que tenha muitos zeros. Por exemplo, se a maioria dos elementos em uma linha for igual a zero, então a expansão em cofatores em relação a essa linha terá muitos termos iguais a zero, e os cofatores desses termos não precisarão ser calculados. A mesma abordagem funciona para uma coluna que tenha muitos elementos iguais a zero.

EXEMPLO 3 Calcule det A, em que

$$A = \begin{bmatrix} 3 & -7 & 8 & 9 & -6 \\ 0 & 2 & -5 & 7 & 3 \\ 0 & 0 & 1 & 5 & 0 \\ 0 & 0 & 2 & 4 & -1 \\ 0 & 0 & 0 & -2 & 0 \end{bmatrix}$$

SOLUÇÃO A expansão em cofatores em relação à primeira coluna de A tem todos os termos iguais a zero, exceto o primeiro. Assim,

$$\det A = 3 \begin{vmatrix} 2 & -5 & 7 & 3 \\ 0 & 1 & 5 & 0 \\ 0 & 2 & 4 & -1 \\ 0 & 0 & -2 & 0 \end{vmatrix} + 0\,C_{21} + 0\,C_{31} + 0\,C_{41} + 0\,C_{51}$$

Daqui para a frente, omitiremos os termos nulos na expansão em cofatores. Em seguida, vamos expandir esse determinante 4×4 em relação à primeira coluna, de modo a aproveitar os elementos nulos contidos nessa coluna. Temos

$$\det A = 3(2) \begin{vmatrix} 1 & 5 & 0 \\ 2 & 4 & -1 \\ 0 & -2 & 0 \end{vmatrix}$$

Esse determinante 3×3 foi calculado no Exemplo 1 e o valor encontrado foi -2. Portanto, det $A = 3(2)(-2) = -12$. $\qquad \blacksquare$

A matriz do Exemplo 3 era quase triangular. O método usado nesse exemplo pode ser facilmente adaptado de modo a provar o teorema seguinte.

TEOREMA 2   Se A for uma matriz triangular, então det A será igual ao produto dos elementos da diagonal principal de A.

A estratégia no Exemplo 3 de procurar os elementos nulos funciona muito bem quando se tem toda uma linha ou coluna só de elementos nulos. Nesse caso, a expansão em cofatores em relação a tal linha ou coluna é uma soma de zeros! Portanto, o determinante é igual a zero. Infelizmente, a maioria das expansões em cofatores não é calculada assim tão rápido.

Respostas Razoáveis

Quão grande pode ser um determinante? Seja A uma matriz $n \times n$. Note que o determinante de A consiste em somar e subtrair termos com n produtos. Se p é o produto dos n maiores elementos em valor absoluto (o mesmo número pode ser repetido se aparecer mais de uma vez como elemento da matriz), então o valor do determinante tem de estar entre $-np$ e np. Por exemplo, sejam $A = \begin{bmatrix} 6 & 5 \\ -7 & 9 \end{bmatrix}$ e $B = \begin{bmatrix} 7 & 6 \\ 7 & -9 \end{bmatrix}$. O maior elemento, em valor absoluto, de cada matriz é 9 e o segundo maior é 7. Nesses dois casos, $p = 7(9) = 63$ e $np = 126$. O determinante de cada uma dessas matrizes deve ser um número entre -126 e 126. Note que det $A = 6(9) - 5(-7) = 54 + 35 = 89$ e det $B = 7(-9) - 6(7) = -63 - 42 = -105$, ilustrando que, como os produtos são somados e subtraídos, qualquer número entre -126 e 126 poderia ser o valor de um determinante.

Considere agora $C = \begin{bmatrix} 7 & 9 \\ 7 & 9 \end{bmatrix}$ e $D = \begin{bmatrix} -9 & 9 \\ 9 & 9 \end{bmatrix}$. Nas matrizes C e D, o número 9 aparece duas vezes, logo deve ser selecionado duas vezes. Nesse caso, $p = 9(9) = 81$ e $np = 162$, de modo que os valores dos determinantes de C e D devem estar entre -162 e 162. De fato, det $C = (7)(9) - (7)(9) = 0$ e det $D = (-9)(9) - (9)(9) = -162$. Note que é importante escolher 9 duas vezes como os dois maiores elementos da matriz D para obter os dois limites corretos para o determinante de D.

Comentários Numéricos

Pelos padrões atuais, uma matriz 25×25 é pequena. No entanto, seria impossível calcular um determinante 25×25 pela expansão em cofatores. Em geral, a expansão em cofatores requer $n!$ multiplicações e $25!$ é aproximadamente igual a $1,55 \times 10^{25}$.

Se um supercomputador pudesse realizar um trilhão de multiplicações por segundo, ele levaria quase 500.000 anos para calcular um determinante 25×25 por esse método. Por sorte, existem métodos mais rápidos, como descobriremos adiante.

Os Exercícios 19 a 38 exploram propriedades importantes dos determinantes, na maioria das vezes para o caso 2×2. Os resultados dos Exercícios 33 a 36 serão usados na próxima seção para deduzir propriedades análogas para as matrizes $n \times n$.

Problema Prático

Calcule $\begin{vmatrix} 5 & -7 & 2 & 2 \\ 0 & 3 & 0 & -4 \\ -5 & -8 & 0 & 3 \\ 0 & 5 & 0 & -6 \end{vmatrix}$.

3.1 EXERCÍCIOS

Calcule os determinantes nos Exercícios 1 a 8 usando uma expansão em cofatores em relação à primeira linha. Nos Exercícios 1 a 4, calcule o determinante também por uma expansão em cofatores em relação à segunda coluna.

1. $\begin{vmatrix} 3 & 0 & 4 \\ 2 & 3 & 2 \\ 0 & 5 & -1 \end{vmatrix}$

2. $\begin{vmatrix} 0 & 4 & 1 \\ 5 & -3 & 0 \\ 2 & 4 & 1 \end{vmatrix}$

3. $\begin{vmatrix} 2 & -2 & 3 \\ 3 & 1 & 2 \\ 1 & 3 & -1 \end{vmatrix}$

4. $\begin{vmatrix} 1 & 2 & 4 \\ 3 & 1 & 1 \\ 2 & 4 & 2 \end{vmatrix}$

5. $\begin{vmatrix} 2 & 3 & -3 \\ 4 & 0 & 3 \\ 6 & 1 & 5 \end{vmatrix}$

6. $\begin{vmatrix} 5 & -2 & 3 \\ 0 & 3 & -3 \\ 2 & -4 & 7 \end{vmatrix}$

7. $\begin{vmatrix} 4 & 3 & 0 \\ 6 & 5 & 2 \\ 9 & 7 & 3 \end{vmatrix}$

8. $\begin{vmatrix} 4 & 1 & 2 \\ 4 & 0 & 3 \\ 3 & -2 & 5 \end{vmatrix}$

Calcule os determinantes dos Exercícios 9 a 14 pela expansão em cofatores. Em cada passo, escolha uma linha ou coluna que envolva a menor quantidade de cálculos.

9. $\begin{vmatrix} 4 & 0 & 0 & 5 \\ 1 & 7 & 2 & -5 \\ 3 & 0 & 0 & 0 \\ 8 & 3 & 1 & 7 \end{vmatrix}$

10. $\begin{vmatrix} 1 & -2 & 4 & 2 \\ 0 & 0 & 3 & 0 \\ 2 & -4 & -3 & 5 \\ 2 & 0 & 3 & 5 \end{vmatrix}$

11. $\begin{vmatrix} 3 & 5 & -6 & 4 \\ 0 & -2 & 3 & -3 \\ 0 & 0 & 1 & 5 \\ 0 & 0 & 0 & 3 \end{vmatrix}$

12. $\begin{vmatrix} 3 & 0 & 0 & 0 \\ 7 & -2 & 0 & 0 \\ 2 & 6 & 3 & 0 \\ 3 & -8 & 4 & -3 \end{vmatrix}$

13.
$$\begin{vmatrix} 4 & 0 & -7 & 3 & -5 \\ 0 & 0 & 2 & 0 & 0 \\ 7 & 3 & -6 & 4 & -8 \\ 5 & 0 & 5 & 2 & -3 \\ 0 & 0 & 9 & -1 & 2 \end{vmatrix}$$

14.
$$\begin{vmatrix} 6 & 0 & 2 & 4 & 0 \\ 9 & 0 & -4 & 1 & 0 \\ 8 & -5 & 6 & 7 & 1 \\ 2 & 0 & 0 & 0 & 0 \\ 4 & 2 & 3 & 2 & 0 \end{vmatrix}$$

A expansão de um determinante 3×3 pode ser memorizada pelo seguinte esquema. Escreva uma segunda cópia das primeiras duas colunas à direita da matriz e calcule o determinante multiplicando os elementos das seis diagonais:

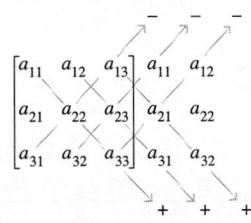

Some os produtos das diagonais que descem e subtraia os produtos das que sobem. Use esse método para calcular os determinantes dos Exercícios 15 a 18. *Cuidado: Esse esquema não se generaliza de nenhuma forma razoável para matrizes 4×4 ou maiores.*

15.
$$\begin{vmatrix} 1 & 0 & 4 \\ 2 & 3 & 2 \\ 0 & 5 & -2 \end{vmatrix}$$
16.
$$\begin{vmatrix} 0 & 3 & 1 \\ 4 & -5 & 0 \\ 3 & 4 & 1 \end{vmatrix}$$

17.
$$\begin{vmatrix} 2 & -3 & 3 \\ 3 & 2 & 2 \\ 1 & 3 & -1 \end{vmatrix}$$
18.
$$\begin{vmatrix} 1 & 3 & 4 \\ 2 & 3 & 2 \\ 3 & 3 & 2 \end{vmatrix}$$

Nos Exercícios 19 a 24, explore o efeito de uma operação elementar sobre o determinante de uma matriz. Em cada caso, enuncie a operação elementar e descreva seu efeito no determinante.

19. $\begin{bmatrix} a & b \\ c & d \end{bmatrix}, \begin{bmatrix} c & d \\ a & b \end{bmatrix}$

20. $\begin{bmatrix} a & b \\ c & d \end{bmatrix}, \begin{bmatrix} a & b \\ kc & kd \end{bmatrix}$

21. $\begin{bmatrix} 3 & 2 \\ 5 & 4 \end{bmatrix}, \begin{bmatrix} 3 & 2 \\ 5+3k & 4+2k \end{bmatrix}$

22. $\begin{bmatrix} a & b \\ c & d \end{bmatrix}, \begin{bmatrix} a+kc & b+kd \\ c & d \end{bmatrix}$

23. $\begin{bmatrix} a & b & c \\ 3 & 2 & 1 \\ 4 & 5 & 6 \end{bmatrix}, \begin{bmatrix} 3 & 2 & 1 \\ a & b & c \\ 4 & 5 & 6 \end{bmatrix}$

24. $\begin{bmatrix} 1 & 0 & 1 \\ -3 & 4 & -4 \\ 2 & -3 & 1 \end{bmatrix}, \begin{bmatrix} k & 0 & k \\ -3 & 4 & -4 \\ 2 & -3 & 1 \end{bmatrix}$

Calcule os determinantes das matrizes elementares dadas nos Exercícios 25 a 30. (Veja a Seção 2.2, Exemplos 5 e 6.)

25. $\begin{bmatrix} 1 & 0 & 0 \\ 0 & 1 & 0 \\ 0 & k & 1 \end{bmatrix}$
26. $\begin{bmatrix} 0 & 1 & 0 \\ 1 & 0 & 0 \\ 0 & 0 & 1 \end{bmatrix}$

27. $\begin{bmatrix} 1 & 0 & 0 \\ 0 & 1 & 0 \\ k & 0 & 1 \end{bmatrix}$
28. $\begin{bmatrix} 0 & 0 & 1 \\ 0 & 1 & 0 \\ 1 & 0 & 0 \end{bmatrix}$

29. $\begin{bmatrix} 1 & 0 & 0 \\ 0 & k & 0 \\ 0 & 0 & 1 \end{bmatrix}$
30. $\begin{bmatrix} k & 0 & 0 \\ 0 & 1 & 0 \\ 0 & 0 & 1 \end{bmatrix}$

Use os Exercícios 25 a 30 para responder às perguntas nos Exercícios 31 e 32. Justifique suas respostas.

31. Qual é o determinante de uma matriz elementar que realiza uma substituição de linha?

32. Qual é o determinante de uma matriz elementar que realiza uma mudança de escala com k na diagonal principal?

Nos Exercícios 33 a 36, verifique que $\det EA = (\det E)(\det A)$, em que E é a matriz elementar dada e $A = \begin{bmatrix} a & b \\ c & d \end{bmatrix}$.

33. $\begin{bmatrix} 1 & k \\ 0 & 1 \end{bmatrix}$
34. $\begin{bmatrix} 1 & 0 \\ k & 1 \end{bmatrix}$

35. $\begin{bmatrix} 0 & 1 \\ 1 & 0 \end{bmatrix}$
36. $\begin{bmatrix} 1 & 0 \\ 0 & k \end{bmatrix}$

37. Seja $A = \begin{bmatrix} 3 & 1 \\ 4 & 2 \end{bmatrix}$. Escreva $5A$. É verdade que $\det 5A = 5 \det A$?

38. Seja $A = \begin{bmatrix} a & b \\ c & d \end{bmatrix}$ e seja k um escalar. Determine uma fórmula que relacione $\det kA$ com k e $\det A$.

Nos Exercícios 39 até 42, A é uma matriz $n \times n$. Marque cada afirmação como Verdadeira ou Falsa **(V/F)**. Justifique cada resposta.

39. **(V/F)** Um determinante $n \times n$ é definido por determinantes de submatrizes $(n-1) \times (n-1)$.

40. **(V/F)** O cofator (i, j) de uma matriz A é a matriz A_{ij} obtida eliminando-se de A sua i-ésima linha e sua j-ésima coluna.

41. **(V/F)** A expansão do cofator de $\det A$ ao longo de uma coluna é igual à expansão do cofator ao longo de uma linha.

42. **(V/F)** O determinante de uma matriz triangular é igual à soma dos elementos da diagonal principal.

43. Sejam $\mathbf{u} = \begin{bmatrix} 3 \\ 0 \end{bmatrix}$ e $\mathbf{v} = \begin{bmatrix} 1 \\ 2 \end{bmatrix}$. Calcule a área do paralelogramo determinado por $\mathbf{u}, \mathbf{v}, \mathbf{u} + \mathbf{v}$ e $\mathbf{0}$ e calcule o determinante de $[\mathbf{u} \ \mathbf{v}]$. Qual é a relação entre esses valores? Substitua a primeira componente de $\mathbf{v}$ por um número arbitrário x e repita o exercício. Esboce uma figura e explique o que você descobriu.

44. Sejam $\mathbf{u} = \begin{bmatrix} a \\ b \end{bmatrix}$ e $\mathbf{v} = \begin{bmatrix} c \\ 0 \end{bmatrix}$, em que a, b, c são números positivos (para simplificar). Calcule a área do paralelogramo determinado por $\mathbf{u}, \mathbf{v}, \mathbf{u} + \mathbf{v}$ e $\mathbf{0}$ e calcule os determinantes das matrizes $[\mathbf{u} \ \mathbf{v}]$ e $[\mathbf{v} \ \mathbf{u}]$. Esboce uma figura e explique o que você descobriu.

45. Seja A uma matriz 2×2 cujos elementos são todos maiores ou iguais a -10 e menores ou iguais a 10. Decida se cada um dos valores a seguir é uma resposta razoável para $\det A$.
 a. 0
 b. 202
 c. -110
 d. 555

46. Seja A uma matriz 3×3 cujos elementos são todos maiores ou iguais a -5 e menores ou iguais a 5. Decida se cada um dos valores a seguir é uma resposta razoável para $\det A$.
 a. 300
 b. -220
 c. 1.000
 d. 10

M **47.** Construa uma matriz aleatória A 4×4 com elementos inteiros entre -9 e 9. Qual a relação entre $\det A^{-1}$ e $\det A$? Pesquise em matrizes inteiras aleatórias $n \times n$ para $n = 4, 5, 6$ e faça uma conjectura. *Observação:* No caso raro de encontrar uma matriz com determinante nulo, escalone-a e discuta o que encontrar.

M 48. É verdade que det AB = (det A) (det B)? Para descobrir, gere matrizes aleatórias 5×5 A e B, e calcule det AB − (det A det B). Repita seus cálculos para três outros pares de matrizes $n \times n$ para diversos valores de n. Relate seus resultados.

M 49. É verdade que det $(A + B)$ = det A + det B? Experimente com quatro pares de matrizes aleatórias, como no Exercício 48, e faça uma conjectura.

M 50. Obtenha uma matriz aleatória A 4×4 com elementos inteiros entre −9 e 9, e compare det A com det A^T, det $(−A)$, det $(2A)$ e det $(10A)$. Repita com outras duas matrizes inteiras aleatórias 4×4 e faça conjecturas sobre a relação entre esses determinantes. (Veja o Exercício 44 na Seção 2.1.) Depois, verifique suas conjecturas com diversas matrizes inteiras aleatórias 5×5 e 6×6. Modifique suas conjecturas, caso seja necessário, e relate seus resultados.

M 51. Da seção introdutória, lembre-se de que, quanto maior for o determinante de $D^T D$, em que D é a matriz de pesagem, maior será a precisão dos pesos calculados para objetos pequenos e leves. Quais das matrizes a seguir correspondem à melhor estratégia para quatro pesagens de quatro objetos? Descreva qual dos objetos, s_1, s_2, s_3 e s_4, você colocaria nos pratos esquerdo e direito para cada pesagem correspondente à melhor matriz de pesagem.

a. $D = \begin{bmatrix} 1 & 1 & 1 & 1 \\ 1 & -1 & 1 & 1 \\ -1 & -1 & 1 & -1 \\ 1 & 1 & 1 & -1 \end{bmatrix}$

b. $D = \begin{bmatrix} -1 & -1 & -1 & -1 \\ 1 & -1 & -1 & 1 \\ -1 & 1 & -1 & 1 \\ -1 & -1 & 1 & 1 \end{bmatrix}$

c. $D = \begin{bmatrix} 1 & 1 & -1 & -1 \\ 1 & -1 & -1 & 1 \\ -1 & 1 & 1 & -1 \\ 1 & -1 & 1 & -1 \end{bmatrix}$

M 52. Repita o Exercício 51 para o caso de cinco pesagens de quatro objetos e as matrizes de pesagem a seguir.

a. $D = \begin{bmatrix} 1 & 1 & 1 & 1 \\ 1 & -1 & 1 & 1 \\ -1 & -1 & 1 & -1 \\ 1 & 1 & 1 & -1 \\ -1 & -1 & -1 & 1 \end{bmatrix}$

b. $D = \begin{bmatrix} -1 & -1 & -1 & -1 \\ 1 & -1 & -1 & 1 \\ -1 & 1 & 1 & 1 \\ -1 & -1 & 1 & 1 \\ 1 & 1 & 1 & -1 \end{bmatrix}$

c. $D = \begin{bmatrix} 1 & 1 & -1 & -1 \\ 1 & -1 & -1 & 1 \\ -1 & 1 & 1 & -1 \\ 1 & -1 & 1 & -1 \\ -1 & -1 & -1 & -1 \end{bmatrix}$

Solução do Problema Prático

Tire vantagem dos zeros. Comece com uma expansão em cofatores em relação à terceira coluna para obter uma matriz 3×3, que pode ser calculada por meio de uma expansão em relação à primeira coluna.

$$\begin{vmatrix} 5 & -7 & 2 & 2 \\ 0 & 3 & 0 & -4 \\ -5 & -8 & 0 & 3 \\ 0 & 5 & 0 & -6 \end{vmatrix} = (-1)^{1+3}(2) \begin{vmatrix} 0 & 3 & -4 \\ -5 & -8 & 3 \\ 0 & 5 & -6 \end{vmatrix}$$

$$= 2(-1)^{2+1}(-5) \begin{vmatrix} 3 & -4 \\ 5 & -6 \end{vmatrix} = 20$$

O $(-1)^{2+1}$ no penúltimo cálculo veio da posição $(2, 1)$ do −5 no determinante 3×3.

3.2 PROPRIEDADES DOS DETERMINANTES

O segredo dos determinantes está na maneira como eles variam quando realizamos operações elementares. O próximo teorema generaliza os resultados dos Exercícios 19 a 24 na Seção 3.1. A demonstração está no fim desta seção.

TEOREMA 3

Operações Elementares

Seja A uma matriz quadrada.

a. Se um múltiplo de uma linha de A for somado à outra linha formando uma matriz B, então det B = det A.
b. Se duas linhas de A forem trocadas entre si formando B, então det B = − det A.
c. Se uma linha de A for multiplicada por k formando B, então det B = k det A.

Os próximos exemplos mostram como aplicar o Teorema 3 para calcular determinantes de maneira eficiente.

EXEMPLO 1   Calcule $\det A$, em que $A = \begin{bmatrix} 1 & -4 & 2 \\ -2 & 8 & -9 \\ -1 & 7 & 0 \end{bmatrix}$.

SOLUÇÃO   A estratégia é escalonar A e depois usar o fato de que o determinante de uma matriz triangular é igual ao produto dos elementos da diagonal principal. As primeiras duas substituições de linhas na coluna 1 não alteram o determinante:

$$\det A = \begin{vmatrix} 1 & -4 & 2 \\ -2 & 8 & -9 \\ -1 & 7 & 0 \end{vmatrix} = \begin{vmatrix} 1 & -4 & 2 \\ 0 & 0 & -5 \\ -1 & 7 & 0 \end{vmatrix} = \begin{vmatrix} 1 & -4 & 2 \\ 0 & 0 & -5 \\ 0 & 3 & 2 \end{vmatrix}$$

A troca das linhas 2 e 3 inverte o sinal do determinante, logo

$$\det A = -\begin{vmatrix} 1 & -4 & 2 \\ 0 & 3 & 2 \\ 0 & 0 & -5 \end{vmatrix} = -(1)(3)(-5) = 15 \qquad \blacksquare$$

Uma aplicação comum do Teorema 3(c) em cálculos à mão é *colocar em evidência um múltiplo comum de uma linha*. Por exemplo,

$$\begin{vmatrix} * & * & * \\ 5k & -2k & 3k \\ * & * & * \end{vmatrix} = k \begin{vmatrix} * & * & * \\ 5 & -2 & 3 \\ * & * & * \end{vmatrix}$$

em que os elementos em asterisco não foram alterados. Usamos esse procedimento no próximo exemplo.

EXEMPLO 2   Calcule $\det A$, na qual $A = \begin{bmatrix} 2 & -8 & 6 & 8 \\ 3 & -9 & 5 & 10 \\ -3 & 0 & 1 & -2 \\ 1 & -4 & 0 & 6 \end{bmatrix}$.

SOLUÇÃO   Para simplificar a aritmética, queremos um 1 na posição do elemento (1,1). Poderíamos trocar entre si as linhas 1 e 4. Em vez disso, vamos colocar em evidência 2 na primeira linha e, depois, prosseguir com substituição de linhas ao longo da primeira coluna:

$$\det A = 2\begin{vmatrix} 1 & -4 & 3 & 4 \\ 3 & -9 & 5 & 10 \\ -3 & 0 & 1 & -2 \\ 1 & -4 & 0 & 6 \end{vmatrix} = 2\begin{vmatrix} 1 & -4 & 3 & 4 \\ 0 & 3 & -4 & -2 \\ 0 & -12 & 10 & 10 \\ 0 & 0 & -3 & 2 \end{vmatrix}$$

Em seguida, podemos colocar em evidência 2 na linha 3, ou usar o 3 na segunda coluna como um pivô. Vamos escolher a segunda opção, somando a linha 2 multiplicada por 4 à linha 3:

$$\det A = 2\begin{vmatrix} 1 & -4 & 3 & 4 \\ 0 & 3 & -4 & -2 \\ 0 & 0 & -6 & 2 \\ 0 & 0 & -3 & 2 \end{vmatrix}$$

Finalmente, somando a linha 3 multiplicada por $-1/2$ à linha 4 e calculando o determinante "triangular", obtemos

$$\det A = 2\begin{vmatrix} 1 & -4 & 3 & 4 \\ 0 & 3 & -4 & -2 \\ 0 & 0 & -6 & 2 \\ 0 & 0 & 0 & 1 \end{vmatrix} = 2\,(1)(3)(-6)(1) = -36 \qquad \blacksquare$$

$$U = \begin{bmatrix} \blacksquare & * & * & * \\ 0 & \blacksquare & * & * \\ 0 & 0 & \blacksquare & * \\ 0 & 0 & 0 & \blacksquare \end{bmatrix}$$
$$\det U \neq 0$$

$$U = \begin{bmatrix} \blacksquare & * & * & * \\ 0 & \blacksquare & * & * \\ 0 & 0 & 0 & \blacksquare \\ 0 & 0 & 0 & 0 \end{bmatrix}$$
$$\det U = 0$$

FIGURA 1 Formas escalonadas típicas de matrizes quadradas.

Suponha que uma matriz quadrada A tenha sido transformada para uma forma escalonada U por meio de substituições e trocas de linhas. (Isso sempre é possível. Veja o algoritmo de escalonamento na Seção 1.2.) Se forem feitas r trocas de linha, então o Teorema 3 mostrará que

$$\det A = (-1)^r \det U$$

Como U está em forma escalonada, é triangular, logo $\det U$ é o produto dos elementos de U na diagonal principal, $u_{11}, \ldots, u_{nn}$. Se A for invertível, então os elementos u_{ii} serão todos pivôs (já que $A \sim I_n$ e os u_{ii} não foram igualados a 1). Caso contrário, pelo menos u_{nn} será igual a zero e o produto $u_{11} \ldots u_{nn}$ será zero. Veja a Figura 1. Assim, temos a seguinte fórmula:

$$\det A = \begin{cases} (-1)^r \begin{pmatrix} \text{produto dos} \\ \text{pivôs em } U \end{pmatrix} & \text{quando } A \text{ é invertível} \\ 0 & \text{quando } A \text{ não é invertível} \end{cases} \qquad (1)$$

É interessante observar que, apesar de a forma escalonada *U* descrita anteriormente não ser única (porque o processo de escalonamento não está completo) e os pivôs não serem únicos, o *produto* dos pivôs *é* único, exceto pela possibilidade de haver um sinal negativo.

A fórmula (1) não só fornece uma interpretação concreta de det *A*, mas também prova o teorema principal desta seção:

TEOREMA 4 — Uma matriz quadrada *A* é invertível se e somente se det $A \neq 0$.

O Teorema 4 acrescenta a afirmação "det $A \neq 0$" ao Teorema da Matriz Invertível. Um corolário útil é que det $A = 0$ quando as colunas de *A* forem linearmente dependentes. Além disso, det $A = 0$ quando as *linhas* forem linearmente dependentes. (As linhas de *A* são as colunas de A^T e colunas linearmente dependentes em A^T tornam A^T singular. Quando A^T é singular, *A* também o é, pelo Teorema da Matriz Invertível.) Na prática, a dependência linear é óbvia quando duas colunas ou duas linhas são iguais, ou quando uma coluna ou uma linha é toda nula.

EXEMPLO 3 Calcule det *A*, em que $A = \begin{bmatrix} 3 & -1 & 2 & -5 \\ 0 & 5 & -3 & -6 \\ -6 & 7 & -7 & 4 \\ -5 & -8 & 0 & 9 \end{bmatrix}$.

SOLUÇÃO Some a linha 1 multiplicada por 2 à linha 3 para obter

$$\det A = \det \begin{bmatrix} 3 & -1 & 2 & -5 \\ 0 & 5 & -3 & -6 \\ 0 & 5 & -3 & -6 \\ -5 & -8 & 0 & 9 \end{bmatrix} = 0$$

porque a segunda e a terceira linhas da segunda matriz são iguais. ∎

Comentários Numéricos

1. A maioria dos programas de computador que calculam det *A* para uma matriz genérica *A* usa o método da fórmula (1) anterior.

2. Pode-se mostrar que o cálculo de um determinante $n \times n$ usando operações elementares requer cerca de $2n^3/3$ operações aritméticas. Qualquer microcomputador moderno pode calcular um determinante 25×25 em uma fração de segundo, já que são necessárias apenas cerca de 10.000 operações.

Os computadores também podem lidar com matrizes "esparsas" grandes, com sub-rotinas especiais que tiram vantagem da presença de muitos zeros. É claro que elementos nulos também aceleram os cálculos manuais. Os cálculos no próximo exemplo combinam a potência das operações elementares com a estratégia da Seção 3.1 de usar elementos nulos na expansão em cofatores.

EXEMPLO 4 Calcule det *A*, em que $A = \begin{bmatrix} 0 & 1 & 2 & -1 \\ 2 & 5 & -7 & 3 \\ 0 & 3 & 6 & 2 \\ -2 & -5 & 4 & -2 \end{bmatrix}$.

SOLUÇÃO Uma boa forma de se começar é usar o 2 da coluna 1 como pivô, eliminando o -2 abaixo dele. Depois, use a expansão em cofatores para reduzir o tamanho do determinante, seguida de outra operação de troca de linhas. Assim,

$$\det A = \begin{vmatrix} 0 & 1 & 2 & -1 \\ 2 & 5 & -7 & 3 \\ 0 & 3 & 6 & 2 \\ 0 & 0 & -3 & 1 \end{vmatrix} = -2 \begin{vmatrix} 1 & 2 & -1 \\ 3 & 6 & 2 \\ 0 & -3 & 1 \end{vmatrix} = -2 \begin{vmatrix} 1 & 2 & -1 \\ 0 & 0 & 5 \\ 0 & -3 & 1 \end{vmatrix}$$

Poderíamos, agora, trocar as linhas 2 e 3 de modo a obter um "determinante triangular". Outra possibilidade é fazermos uma expansão em cofatores em relação à primeira coluna:

$$\det A = (-2)(1) \begin{vmatrix} 0 & 5 \\ -3 & 1 \end{vmatrix} = -2(15) = -30$$ ∎

Operações nas Colunas

Podemos realizar operações nas colunas de uma matriz de forma análoga às operações nas linhas que consideramos. O próximo teorema mostra que as operações nas colunas têm o mesmo efeito sobre os determinantes que as operações nas linhas.

Observação: O Princípio de Indução Matemática diz o seguinte: Seja $P(n)$ uma afirmação que pode ser verdadeira ou falsa para cada número natural n. Se $P(1)$ for verdade e se, para cada número natural k, $P(k + 1)$ for verdade sempre que $P(k)$ for verdade, então $P(n)$ será verdade para todo $n \geq 1$. O Princípio de Indução Matemática será usado para provar o próximo teorema.

TEOREMA 5   Se A for uma matriz $n \times n$, então $\det A^T = \det A$.

DEMONSTRAÇÃO   O teorema é óbvio para $n = 1$. Suponha que o teorema seja verdadeiro para determinantes $k \times k$ e seja $n = k + 1$. Então o cofator de a_{1j} em A é igual ao cofator de a_{j1} em A^T, porque os cofatores envolvem determinantes $k \times k$. Portanto, a expansão em cofatores de $\det A$ em relação à primeira *linha* é igual à expansão em cofatores de $\det A^T$ em relação à primeira *coluna*. Ou seja, A e A^T têm determinantes iguais. Assim, o teorema é verdadeiro para $n = 1$, e a validade do teorema para um valor de n implica a sua validade para o sucessor de n. Pelo princípio de Indução Matemática, o teorema é verdadeiro para todo $n \geq 1$.   ∎

Por causa do Teorema 5, cada afirmação do Teorema 3 é verdadeira quando a palavra *linha* é substituída por *coluna* toda vez que ela aparece. Para verificar essa propriedade, basta aplicar o Teorema 3 original a A^T. Uma operação nas linhas de A^T é o mesmo que uma operação nas colunas de A.

As operações nas colunas são úteis tanto para a teoria quanto para cálculos manuais. No entanto, para manter a simplicidade, vamos usar apenas as operações nas linhas nos cálculos numéricos.

Determinantes e Produtos de Matrizes

A demonstração do próximo teorema, que é útil, está no fim da seção. As aplicações estão nos exercícios.

TEOREMA 6   **Propriedade Multiplicativa**

Se A e B forem matrizes $n \times n$, então $\det AB = (\det A)(\det B)$.

EXEMPLO 5   Verifique o Teorema 6 para $A = \begin{bmatrix} 6 & 1 \\ 3 & 2 \end{bmatrix}$ e $B = \begin{bmatrix} 4 & 3 \\ 1 & 2 \end{bmatrix}$.

SOLUÇÃO

$$AB = \begin{bmatrix} 6 & 1 \\ 3 & 2 \end{bmatrix} \begin{bmatrix} 4 & 3 \\ 1 & 2 \end{bmatrix} = \begin{bmatrix} 25 & 20 \\ 14 & 13 \end{bmatrix}$$

e

$$\det AB = 25(13) - 20(14) = 325 - 280 = 45$$

Como $\det A = 9$ e $\det B = 5$,

$$(\det A)(\det B) = 9(5) = 45 = \det AB \qquad ∎$$

Cuidado: Um engano comum é pensar que há um teorema análogo ao Teorema 6 para a *soma* de matrizes. No entanto, em geral, $\det (A + B)$ *não* é igual a $\det A + \det B$.

Propriedade de Linearidade da Função Determinante

Para uma matriz A $n \times n$, podemos considerar $\det A$ como uma função dos n vetores colunas de A. Vamos mostrar que, se todas as colunas, menos uma, forem mantidas fixas, então $\det A$ será uma *função linear* dessa única variável (vetorial).

Suponha que a j-ésima coluna de A possa variar e escreva

$$A = \begin{bmatrix} \mathbf{a}_1 & \cdots & \mathbf{a}_{j-1} & \mathbf{x} & \mathbf{a}_{j+1} & \cdots & \mathbf{a}_n \end{bmatrix}$$

Defina uma transformação T de $\mathbb{R}^n$ em $\mathbb{R}$ por

$$T(\mathbf{x}) = \det \begin{bmatrix} \mathbf{a}_1 & \cdots & \mathbf{a}_{j-1} & \mathbf{x} & \mathbf{a}_{j+1} & \cdots & \mathbf{a}_n \end{bmatrix}$$

Então,

$$T(c\mathbf{x}) = cT(\mathbf{x}) \quad \text{para todos os escalares } c \text{ e todos os } \mathbf{x} \text{ em } \mathbb{R}^n \tag{2}$$

$$T(\mathbf{u} + \mathbf{v}) = T(\mathbf{u}) + T(\mathbf{v}) \quad \text{para todo } \mathbf{u}, \mathbf{v} \text{ em } \mathbb{R}^n \tag{3}$$

A propriedade (2) é o Teorema 3(c) aplicado às colunas de A. A demonstração de (3) segue da expansão em cofatores de $\det A$ em relação à j-ésima coluna. (Veja o Exercício 49.) Essa propriedade (multi) linear dos determinantes acaba tendo muitas consequências úteis que são estudadas em cursos mais avançados.

Demonstrações dos Teoremas 3 e 6

É conveniente provar o Teorema 3 quando enunciado em termos das matrizes elementares discutidas na Seção 2.2. Chamamos uma matriz elementar E uma *matriz de substituição* se E puder ser obtida da identidade I somando-se um múltiplo de uma linha a outra linha; E será uma *matriz de intercâmbio* se E for obtida pela troca entre si de duas linhas de I; e E será uma *matriz de mudança de escala por r* se E for obtida multiplicando uma linha de I por um escalar não nulo r. Com essa terminologia, o Teorema 3 pode ser reformulado da seguinte maneira:

Se A for uma matriz $n \times n$ e E for uma matriz elementar $n \times n$, então

$$\det EA = (\det E)(\det A)$$

em que

$$\det E = \begin{cases} 1 & \text{se } E \text{ é uma matriz de substituição} \\ -1 & \text{se } E \text{ é uma matriz de intercâmbio} \\ r & \text{se } E \text{ é uma matriz de mudança de escala por } r \end{cases}$$

DEMONSTRAÇÃO DO TEOREMA 3 A demonstração é por indução no tamanho da matriz A. O caso de uma matriz 2×2 foi verificado nos Exercícios 33 a 36 na Seção 3.1. Suponha que o teorema tenha sido verificado para determinantes de matrizes $k \times k$ com $k \geq 2$, seja $n = k + 1$ e seja A uma matriz $n \times n$. A ação de E em A envolve duas linhas ou apenas uma linha. Portanto, podemos expandir $\det EA$ em relação a uma linha que não sofreu variação com a ação de E, digamos, a linha i. Seja A_{ij} (respectivamente, B_{ij}) a matriz obtida eliminando de A (respectivamente, EA) a linha i e a coluna j. Então, as linhas de B_{ij} são obtidas das linhas de A_{ij} pelo mesmo tipo de operação elementar que E realiza em A. Como essas submatrizes são apenas $k \times k$, a hipótese de indução implica

$$\det B_{ij} = \alpha \det A_{ij}$$

em que $\alpha = 1, -1$ ou r, dependendo da natureza de E. A expansão em cofatores em relação à linha i é

$$\begin{aligned} \det EA &= a_{i1}(-1)^{i+1} \det B_{i1} + \cdots + a_{in}(-1)^{i+n} \det B_{in} \\ &= \alpha a_{i1}(-1)^{i+1} \det A_{i1} + \cdots + \alpha a_{in}(-1)^{i+n} \det A_{in} \\ &= \alpha \det A \end{aligned}$$

Em particular, escolhendo $A = I_n$, vemos que $\det E = 1, -1$ ou r, dependendo da natureza de E. Assim, o teorema é verdadeiro para $n = 2$, e a validade do teorema para um valor de n implica sua validade para o sucessor de n. Pelo princípio de indução, o teorema tem de ser verdadeiro para $n \geq 2$. O teorema é trivialmente verdadeiro para $n = 1$. ∎

DEMONSTRAÇÃO DO TEOREMA 6 Se A não for invertível, então AB também não será, pelo Exercício 35 na Seção 2.3. Nesse caso, $\det AB = (\det A)(\det B)$, porque as expressões à esquerda e à direita do sinal de igualdade são ambas iguais a zero, pelo Teorema 4. Se A for invertível, então, pelo Teorema da Matriz Invertível, A e a matriz identidade I_n serão equivalentes por linhas. Portanto, existem matrizes elementares $E_1, \ldots, E_p$ de forma que

$$A = E_p E_{p-1} \cdots E_1 I_n = E_p E_{p-1} \cdots E_1$$

Para simplificar, vamos denotar det A por $|A|$. Então, aplicações repetidas do Teorema 3 na forma enunciada anteriormente mostram que

$$|AB| = |E_p \cdots E_1 B| = |E_p||E_{p-1} \cdots E_1 B| = \cdots$$
$$= |E_p| \cdots |E_1||B| = \cdots = |E_p \cdots E_1||B|$$
$$= |A||B|$$

Problemas Práticos

1. Calcule $\begin{vmatrix} 1 & -3 & 1 & -2 \\ 2 & -5 & -1 & -2 \\ 0 & -4 & 5 & 1 \\ -3 & 10 & -6 & 8 \end{vmatrix}$ no menor número possível de passos.

2. Use determinantes para decidir se $\mathbf{v}_1$, $\mathbf{v}_2$ e $\mathbf{v}_3$ são linearmente independentes, em que

$$\mathbf{v}_1 = \begin{bmatrix} 5 \\ -7 \\ 9 \end{bmatrix}, \qquad \mathbf{v}_2 = \begin{bmatrix} -3 \\ 3 \\ -5 \end{bmatrix}, \qquad \mathbf{v}_3 = \begin{bmatrix} 2 \\ -7 \\ 5 \end{bmatrix}$$

3. Seja A uma matriz $n \times n$ tal que $A^2 = I$. Mostre que $A = \pm 1$.

3.2 EXERCÍCIOS

Cada equação nos Exercícios 1 a 4 ilustra uma propriedade dos determinantes. Enuncie essa propriedade.

1. $\begin{vmatrix} 0 & 5 & -2 \\ 1 & -3 & 6 \\ 4 & -1 & 8 \end{vmatrix} = - \begin{vmatrix} 1 & -3 & 6 \\ 0 & 5 & -2 \\ 4 & -1 & 8 \end{vmatrix}$

2. $\begin{vmatrix} 3 & -6 & 9 \\ 3 & 5 & -5 \\ 1 & 3 & 3 \end{vmatrix} = 3 \begin{vmatrix} 1 & -2 & 3 \\ 3 & 5 & -5 \\ 1 & 3 & 3 \end{vmatrix}$

3. $\begin{vmatrix} 1 & 2 & 2 \\ 0 & 3 & -4 \\ 2 & 7 & 4 \end{vmatrix} = \begin{vmatrix} 1 & 2 & 2 \\ 0 & 3 & -4 \\ 0 & 3 & 0 \end{vmatrix}$

4. $\begin{vmatrix} 1 & 3 & -4 \\ 2 & 0 & -3 \\ 3 & -5 & 2 \end{vmatrix} = \begin{vmatrix} 1 & 3 & -4 \\ 0 & -6 & 5 \\ 3 & -5 & 2 \end{vmatrix}$

Nos Exercícios 5 a 10, calcule os determinantes escalonando a matriz.

5. $\begin{vmatrix} 1 & 5 & -4 \\ -1 & -4 & 5 \\ -2 & -8 & 7 \end{vmatrix}$

6. $\begin{vmatrix} 2 & 2 & -2 \\ 3 & 4 & -4 \\ 2 & -3 & -5 \end{vmatrix}$

7. $\begin{vmatrix} 1 & 3 & 0 & 2 \\ -2 & -5 & 7 & 4 \\ 3 & 5 & 2 & 1 \\ 1 & -1 & 2 & -3 \end{vmatrix}$

8. $\begin{vmatrix} 1 & 3 & 2 & -4 \\ 0 & 1 & 2 & -5 \\ 2 & 7 & 6 & -3 \\ -3 & -10 & -7 & 2 \end{vmatrix}$

9. $\begin{vmatrix} 1 & -1 & -3 & 0 \\ 0 & 1 & 5 & 4 \\ -1 & 0 & 5 & 3 \\ 3 & -3 & -2 & 3 \end{vmatrix}$

10. $\begin{vmatrix} 1 & 3 & -1 & 0 & -2 \\ 0 & 1 & -2 & -1 & -3 \\ -2 & -6 & 2 & 3 & 10 \\ 1 & 5 & -6 & 2 & -3 \\ 0 & 2 & -4 & 5 & 9 \end{vmatrix}$

Faça uma combinação dos métodos de escalonamento e expansão em cofatores para calcular os determinantes nos Exercícios 11 a 14.

11. $\begin{vmatrix} 3 & 4 & -3 & -1 \\ 3 & 0 & 1 & -3 \\ -6 & 0 & -4 & 3 \\ 6 & 8 & -4 & -1 \end{vmatrix}$

12. $\begin{vmatrix} -1 & 2 & 3 & 0 \\ 3 & 4 & 3 & 0 \\ 11 & 4 & 6 & 6 \\ 4 & 2 & 4 & 3 \end{vmatrix}$

13. $\begin{vmatrix} 2 & 5 & 4 & 1 \\ 4 & 7 & 6 & 2 \\ 6 & -2 & -4 & 0 \\ -6 & 7 & 7 & 0 \end{vmatrix}$

14. $\begin{vmatrix} 1 & 5 & 4 & 1 \\ 0 & -3 & -6 & 0 \\ 3 & 5 & 4 & 1 \\ -6 & 5 & 5 & 0 \end{vmatrix}$

Calcule os determinantes nos Exercícios 15 a 20, dado que

$$\begin{vmatrix} a & b & c \\ d & e & f \\ g & h & i \end{vmatrix} = 7$$

15. $\begin{vmatrix} a & b & c \\ d & e & f \\ 3g & 3h & 3i \end{vmatrix}$

16. $\begin{vmatrix} a & b & c \\ d+3g & e+3h & f+3i \\ g & h & i \end{vmatrix}$

17. $\begin{vmatrix} a+d & b+e & c+f \\ d & e & f \\ g & h & i \end{vmatrix}$

18. $\begin{vmatrix} a & b & c \\ 5d & 5e & 5f \\ g & h & i \end{vmatrix}$

19. $\begin{vmatrix} a & b & c \\ 2d+a & 2e+b & 2f+c \\ g & h & i \end{vmatrix}$

20. $\begin{vmatrix} d & e & f \\ a & b & c \\ g & h & i \end{vmatrix}$

Nos Exercícios 21 a 23, use determinantes para descobrir se a matriz é invertível.

21. $\begin{bmatrix} 2 & 6 & 0 \\ 1 & 3 & 2 \\ 3 & 9 & 2 \end{bmatrix}$ **22.** $\begin{bmatrix} 5 & 1 & -1 \\ 1 & -3 & -2 \\ 0 & 5 & 3 \end{bmatrix}$

23. $\begin{bmatrix} 2 & 0 & 0 & 6 \\ 1 & -7 & -5 & 0 \\ 3 & 8 & 6 & 0 \\ 0 & 7 & 5 & 4 \end{bmatrix}$

Nos Exercícios 24 a 26, use determinantes para decidir se o conjunto de vetores é linearmente independente.

24. $\begin{bmatrix} 4 \\ 6 \\ 2 \end{bmatrix}, \begin{bmatrix} -6 \\ 0 \\ 6 \end{bmatrix}, \begin{bmatrix} -3 \\ -5 \\ -2 \end{bmatrix}$

25. $\begin{bmatrix} 7 \\ -4 \\ -6 \end{bmatrix}, \begin{bmatrix} -8 \\ 5 \\ 7 \end{bmatrix}, \begin{bmatrix} 7 \\ 0 \\ -5 \end{bmatrix}$

26. $\begin{bmatrix} 3 \\ 5 \\ -6 \\ 4 \end{bmatrix}, \begin{bmatrix} 2 \\ -6 \\ 0 \\ 7 \end{bmatrix}, \begin{bmatrix} -2 \\ -1 \\ 3 \\ 0 \end{bmatrix}, \begin{bmatrix} 0 \\ 0 \\ 0 \\ -2 \end{bmatrix}$

Nos Exercícios 27 a 34, A e B são matrizes $n \times n$. Marque cada afirmação como Verdadeira ou Falsa **(V/F)**. Justifique cada resposta.

27. **(V/F)** Uma operação de substituição de linha não altera o determinante de uma matriz.

28. **(V/F)** Se det A for igual a zero, então duas linhas ou duas colunas serão iguais, ou uma linha ou uma coluna só terá zeros.

29. **(V/F)** Se as colunas de A forem linearmente dependentes, então det $A = 0$.

30. **(V/F)** O determinante de A é igual ao produto dos elementos da diagonal de A.

31. **(V/F)** Se três intercâmbios de linhas forem feitos sucessivamente, então o novo determinante será igual ao antigo.

32. **(V/F)** O determinante de A é o produto dos pivôs em qualquer forma escalonada U de A, multiplicada por $(-1)^r$, na qual r é o número de intercâmbios de linhas realizadas durante o escalonamento de A para U.

33. **(V/F)** det $(A + B)$ = det A + det B.

34. **(V/F)** det $A^{-1} = (-1)$ det A.

35. Calcule det B^4, em que $B = \begin{bmatrix} 1 & 0 & 1 \\ 1 & 1 & 2 \\ 1 & 2 & 1 \end{bmatrix}$.

36. Use o Teorema 3 (mas não o Teorema 4) para mostrar que, se duas linhas de uma matriz quadrada A forem iguais, então det $A = 0$. O mesmo vale para colunas. Por quê?

Nos Exercícios 37 a 42, indique um teorema apropriado na sua explicação.

37. Mostre que se A for invertível, então det $A^{-1} = \dfrac{1}{\det A}$.

38. Suponha que A seja uma matriz quadrada tal que $A^3 = 0$. Explique por que A não pode ser invertível.

39. Sejam A e B matrizes quadradas. Mostre que, mesmo que AB e BA não sejam iguais, é sempre verdade que det AB = det BA.

40. Sejam A e P matrizes quadradas, com P invertível. Mostre que det(PAP^{-1}) = det A.

41. Seja U uma matriz quadrada tal que $U^T U = I$. Mostre que det $U = \pm 1$.

42. Determine uma fórmula para det(rA) quando A é uma matriz $n \times n$.

Verifique que det AB = (det A) (det B) para as matrizes nos Exercícios 43 e 44. (Não use o Teorema 6.)

43. $A = \begin{bmatrix} 3 & 0 \\ 6 & 1 \end{bmatrix}, B = \begin{bmatrix} 2 & 0 \\ 5 & 4 \end{bmatrix}$

44. $A = \begin{bmatrix} 3 & 6 \\ -1 & -2 \end{bmatrix}, B = \begin{bmatrix} 4 & 3 \\ -1 & -3 \end{bmatrix}$

45. Sejam A e B matrizes 3×3 com det $A = -2$ e det $B = 3$. Use as propriedades dos determinantes (no texto e nos exercícios anteriores) para calcular:

   a. det AB b. det $5A$ c. det B^T

   d. det A^{-1} e. det A^3

46. Sejam A e B matrizes 4×4 com det $A = 4$ e det $B = -3$. Calcule:

   a. det AB b. det B^5 c. det $2A$

   d. det $A^T BA$ e. det $B^{-1}AB$

47. Verifique que det A = det B + det C, em que

$$A = \begin{bmatrix} a+e & b+f \\ c & d \end{bmatrix}, B = \begin{bmatrix} a & b \\ c & d \end{bmatrix}, C = \begin{bmatrix} e & f \\ c & d \end{bmatrix}$$

48. Sejam $A = \begin{bmatrix} 1 & 0 \\ 0 & 1 \end{bmatrix}$ e $B = \begin{bmatrix} a & b \\ c & d \end{bmatrix}$. Mostre que det $(A + B)$ = det A + det B se e somente se $a + d = 0$.

49. Verifique que det A = det B + det C, em que

$$A = \begin{bmatrix} a_{11} & a_{12} & u_1 + v_1 \\ a_{21} & a_{22} & u_2 + v_2 \\ a_{31} & a_{32} & u_3 + v_3 \end{bmatrix},$$

$$B = \begin{bmatrix} a_{11} & a_{12} & u_1 \\ a_{21} & a_{22} & u_2 \\ a_{31} & a_{32} & u_3 \end{bmatrix}, C = \begin{bmatrix} a_{11} & a_{12} & v_1 \\ a_{21} & a_{22} & v_2 \\ a_{31} & a_{32} & v_3 \end{bmatrix}$$

Observe, no entanto, que A *não* é igual a $B + C$.

50. Multiplicação à direita por uma matriz elementar E altera as *colunas* de A da mesma forma que multiplicação à esquerda altera as *linhas*. Use os Teoremas 5 e 3, e o fato óbvio de que E^T é outra matriz elementar, para mostrar que

$$\det AE = (\det E)(\det A)$$

Não use o Teorema 6.

51. Suponha que A é uma matriz $n \times n$ e que um computador sugere que det $A = 5$ e det $(A^{-1}) = 1$. Você deve confiar nesses valores? Por quê?

52. Suponha que A e B são matrizes $n \times n$ e um computador sugere que det $A = 5$, det $B = 2$ e det $AB = 7$. Você deve confiar nesses valores? Por quê?

M 53. Calcule det $A^T A$ e det AA^T para diversas matrizes aleatórias 4×5 e diversas matrizes aleatórias 5×6. O que se pode dizer sobre $A^T A$ e AA^T quando A tem mais colunas que linhas?

M 54. Se det A for um número próximo de zero, será que a matriz A será quase singular? Pesquise com a matriz quase singular A 4×4

$$A = \begin{bmatrix} 4 & 0 & -7 & -7 \\ -6 & 1 & 11 & 9 \\ 7 & -5 & 10 & 19 \\ -1 & 2 & 3 & -1 \end{bmatrix}$$

Calcule os determinantes de A, $10A$ e $0{,}1A$. De outra maneira, calcule os números de singularidade dessas matrizes. Repita esses cálculos quando A é a matriz identidade 4×4. Discuta seus resultados.

Soluções dos Problemas Práticos

1. Use substituição de linhas para criar elementos nulos na primeira coluna e, depois, crie uma linha de elementos nulos.

$$
\begin{vmatrix} 1 & -3 & 1 & -2 \\ 2 & -5 & -1 & -2 \\ 0 & -4 & 5 & 1 \\ -3 & 10 & -6 & 8 \end{vmatrix} = \begin{vmatrix} 1 & -3 & 1 & -2 \\ 0 & 1 & -3 & 2 \\ 0 & -4 & 5 & 1 \\ 0 & 1 & -3 & 2 \end{vmatrix} = \begin{vmatrix} 1 & -3 & 1 & -2 \\ 0 & 1 & -3 & 2 \\ 0 & -4 & 5 & 1 \\ 0 & 0 & 0 & 0 \end{vmatrix} = 0
$$

2. $\det[\begin{matrix} \mathbf{v}_1 & \mathbf{v}_2 & \mathbf{v}_3 \end{matrix}] = \begin{vmatrix} 5 & -3 & 2 \\ -7 & 3 & -7 \\ 9 & -5 & 5 \end{vmatrix} = \begin{vmatrix} 5 & -3 & 2 \\ -2 & 0 & -5 \\ 9 & -5 & 5 \end{vmatrix}$ Some a linha 1 à linha 2

$$
= -(-3)\begin{vmatrix} -2 & -5 \\ 9 & 5 \end{vmatrix} - (-5)\begin{vmatrix} 5 & 2 \\ -2 & -5 \end{vmatrix} \quad \text{Cofatores em relação à coluna 2}
$$

$$
= 3\,(35) + 5\,(-21) = 0
$$

Pelo Teorema 4, a matriz $[\mathbf{v}_1\,\mathbf{v}_2\,\mathbf{v}_3]$ não é invertível. As colunas são linearmente dependentes, pelo Teorema da Matriz Invertível.

3. Lembre-se de que $\det I = 1$. Pelo Teorema 6, $\det(AA) = (\det A)(\det A)$. Juntando essas duas observações, obtemos

$$
1 = \det I = \det A^2 = \det(AA) = (\det A)(\det A) = (\det A)^2
$$

Aplicando a raiz quadrada, obtemos $\det A = \pm 1$.

3.3 REGRA DE CRAMER, VOLUME E TRANSFORMAÇÕES LINEARES

Esta seção aplica a teoria das seções anteriores para obter fórmulas teóricas importantes e uma interpretação geométrica do determinante.

Regra de Cramer

A regra de Cramer é necessária para uma série de cálculos teóricos. Por exemplo, ela pode ser usada para estudar como a solução de $A\mathbf{x} = \mathbf{b}$ se comporta quando as componentes de $\mathbf{b}$ variam. No entanto, a fórmula é ineficiente para cálculos manuais, com exceção do caso de matrizes 2×2 ou, talvez, 3×3.

Para qualquer matriz A $n \times n$ e qualquer $\mathbf{b}$ em $\mathbb{R}^n$, seja $A_i(\mathbf{b})$ a matriz obtida de A substituindo-se a coluna i pelo vetor $\mathbf{b}$.

$$
A_i(\mathbf{b}) = [\begin{matrix} \mathbf{a}_1 & \cdots & \mathbf{b} & \cdots & \mathbf{a}_n \end{matrix}]
$$
$$
\underset{\text{col } i}{\uparrow}
$$

TEOREMA 7

Regra de Cramer

Seja A uma matriz $n \times n$ invertível. Para qualquer $\mathbf{b}$ em $\mathbb{R}^n$, a solução única $\mathbf{x}$ de $A\mathbf{x} = \mathbf{b}$ tem componentes dados por

$$
x_i = \frac{\det A_i(\mathbf{b})}{\det A}, \qquad i = 1, 2, \ldots, n \tag{1}
$$

DEMONSTRAÇÃO   Denotamos as colunas de A por $\mathbf{a}_1, \ldots, \mathbf{a}_n$ e as colunas da matriz identidade I $n \times n$ por $\mathbf{e}_1, \ldots, \mathbf{e}_n$. Se $A\mathbf{x} = \mathbf{b}$, a definição de multiplicação de matrizes mostra que

$$
A(I_i(\mathbf{x})) = A[\begin{matrix} \mathbf{e}_1 & \cdots & \mathbf{x} & \cdots & \mathbf{e}_n \end{matrix}] = [\begin{matrix} A\mathbf{e}_1 & \cdots & A\mathbf{x} & \cdots & A\mathbf{e}_n \end{matrix}]
$$
$$
= [\begin{matrix} \mathbf{a}_1 & \cdots & \mathbf{b} & \cdots & \mathbf{a}_n \end{matrix}] = A_i(\mathbf{b})
$$

Pela propriedade multiplicativa dos determinantes,

$$
(\det A)(\det I_i(\mathbf{x})) = \det A_i(\mathbf{b})
$$

O segundo determinante à esquerda do sinal de igualdade é simplesmente x_i. (Faça uma expansão em cofatores em relação à i-ésima linha.) Portanto, $(\det A)\, x_i = \det A_i(\mathbf{b})$. Isso prova (1), já que A é invertível e $\det A \neq 0$. ∎

EXEMPLO 1   Use a regra de Cramer para resolver o sistema

$$3x_1 - 2x_2 = 6$$
$$-5x_1 + 4x_2 = 8$$

SOLUÇÃO   Considere o sistema $A\mathbf{x} = \mathbf{b}$. Usando a notação apresentada anteriormente,

$$A = \begin{bmatrix} 3 & -2 \\ -5 & 4 \end{bmatrix}, \qquad A_1(\mathbf{b}) = \begin{bmatrix} 6 & -2 \\ 8 & 4 \end{bmatrix}, \qquad A_2(\mathbf{b}) = \begin{bmatrix} 3 & 6 \\ -5 & 8 \end{bmatrix}$$

Como $\det A = 2$, o sistema tem uma única solução. Pela regra de Cramer,

$$x_1 = \frac{\det A_1(\mathbf{b})}{\det A} = \frac{24 + 16}{2} = 20$$

$$x_2 = \frac{\det A_2(\mathbf{b})}{\det A} = \frac{24 + 30}{2} = 27$$

∎

Aplicação à Engenharia

Um bom número de problemas importantes em engenharia, em particular, na engenharia elétrica e teoria do controle, pode ser analisado usando-se *transformadas de Laplace*. Essa abordagem transforma um sistema apropriado de equações diferenciais lineares em um sistema linear de equações algébricas cujos coeficientes envolvem um parâmetro. O próximo exemplo ilustra o tipo de sistema algébrico que pode surgir.

EXEMPLO 2   Considere o seguinte sistema no qual s é um parâmetro não especificado. Determine os valores de s para os quais o sistema tem uma única solução e use a regra de Cramer para descrever a solução.

$$3sx_1 - 2x_2 = 4$$
$$-6x_1 + sx_2 = 1$$

SOLUÇÃO   Coloque o sistema na forma $A\mathbf{x} = \mathbf{b}$. Então

$$A = \begin{bmatrix} 3s & -2 \\ -6 & s \end{bmatrix}, \quad A_1(\mathbf{b}) = \begin{bmatrix} 4 & -2 \\ 1 & s \end{bmatrix}, \quad A_2(\mathbf{b}) = \begin{bmatrix} 3s & 4 \\ -6 & 1 \end{bmatrix}$$

Como

$$\det A = 3s^2 - 12 = 3(s + 2)(s - 2)$$

o sistema admite uma única solução precisamente quando $s \neq \pm 2$. Para tal s, a solução é (x_1, x_2), em que

$$x_1 = \frac{\det A_1(\mathbf{b})}{\det A} = \frac{4s + 2}{3(s + 2)(s - 2)}$$

$$x_2 = \frac{\det A_2(\mathbf{b})}{\det A} = \frac{3s + 24}{3(s + 2)(s - 2)} = \frac{s + 8}{(s + 2)(s - 2)}$$

∎

Fórmula para A^{-1}

A regra de Cramer conduz com facilidade a uma fórmula geral para a inversa de uma matriz A $n \times n$. A j-ésima coluna de A^{-1} é um vetor $\mathbf{x}$ que satisfaz

$$A\mathbf{x} = \mathbf{e}_j$$

no qual $\mathbf{e}_j$ é a j-ésima coluna da matriz identidade e a i-ésima componente de $\mathbf{x}$ é o elemento (i, j) de A^{-1}. Pela regra de Cramer,

$$\left\{ \text{elemento } (i, j) \text{ de } A^{-1} \right\} = x_i = \frac{\det A_i(\mathbf{e}_j)}{\det A} \qquad (2)$$

Lembre-se de que A_{ji} denota a submatriz de A obtida eliminando-se a linha j e a coluna i. A expansão em cofatores em relação à coluna i de $A_i(\mathbf{e}_j)$ mostra que

$$\det A_i(\mathbf{e}_j) = (-1)^{i+j} \det A_{ji} = C_{ji} \qquad (3)$$

em que C_{ji} é um cofator de A. De (2), o elemento (i,j) de A^{-1} é o cofator C_{ji} dividido por det A. [Observe que os índices de C_{ji} estão na ordem inversa de (i,j).] Assim,

$$A^{-1} = \frac{1}{\det A} \begin{bmatrix} C_{11} & C_{21} & \cdots & C_{n1} \\ C_{12} & C_{22} & \cdots & C_{n2} \\ \vdots & \vdots & & \vdots \\ C_{1n} & C_{2n} & \cdots & C_{nn} \end{bmatrix} \tag{4}$$

A matriz de cofatores, à direita do sinal de igualdade em (4), é chamada matriz **adjunta** (ou **adjunta clássica**) de A e denotada por adj A. (O termo *adjunta* tem ainda outro significado em livros avançados sobre transformações lineares.) O próximo teorema simplesmente reescreve (4).

TEOREMA 8

Fórmula para a Inversa

Seja A uma matriz invertível $n \times n$. Então

$$A^{-1} = \frac{1}{\det A} \text{ adj } A$$

EXEMPLO 3 Encontre a inversa da matriz $A = \begin{bmatrix} 2 & 1 & 3 \\ 1 & -1 & 1 \\ 1 & 4 & -2 \end{bmatrix}$.

SOLUÇÃO Os nove cofatores são

$$C_{11} = + \begin{vmatrix} -1 & 1 \\ 4 & -2 \end{vmatrix} = -2, \quad C_{12} = - \begin{vmatrix} 1 & 1 \\ 1 & -2 \end{vmatrix} = 3, \quad C_{13} = + \begin{vmatrix} 1 & -1 \\ 1 & 4 \end{vmatrix} = 5$$

$$C_{21} = - \begin{vmatrix} 1 & 3 \\ 4 & -2 \end{vmatrix} = 14, \quad C_{22} = + \begin{vmatrix} 2 & 3 \\ 1 & -2 \end{vmatrix} = -7, \quad C_{23} = - \begin{vmatrix} 2 & 1 \\ 1 & 4 \end{vmatrix} = -7$$

$$C_{31} = + \begin{vmatrix} 1 & 3 \\ -1 & 1 \end{vmatrix} = 4, \quad C_{32} = - \begin{vmatrix} 2 & 3 \\ 1 & 1 \end{vmatrix} = 1, \quad C_{33} = + \begin{vmatrix} 2 & 1 \\ 1 & -1 \end{vmatrix} = -3$$

A matriz adjunta é a *transposta* da matriz dos cofatores. [Por exemplo, C_{12} entra na posição $(2, 1)$.] Assim,

$$\text{adj } A = \begin{bmatrix} -2 & 14 & 4 \\ 3 & -7 & 1 \\ 5 & -7 & -3 \end{bmatrix}$$

Poderíamos calcular det A de forma direta, mas o cálculo a seguir fornece uma verificação dos cálculos para adj A e gera det A:

$$(\text{adj } A)\,A = \begin{bmatrix} -2 & 14 & 4 \\ 3 & -7 & 1 \\ 5 & -7 & -3 \end{bmatrix} \begin{bmatrix} 2 & 1 & 3 \\ 1 & -1 & 1 \\ 1 & 4 & -2 \end{bmatrix} = \begin{bmatrix} 14 & 0 & 0 \\ 0 & 14 & 0 \\ 0 & 0 & 14 \end{bmatrix} = 14I$$

Como $(\text{adj } A)\,A = 14I$, o Teorema 8 mostra que det $A = 14$ e

$$A^{-1} = \frac{1}{14} \begin{bmatrix} -2 & 14 & 4 \\ 3 & -7 & 1 \\ 5 & -7 & -3 \end{bmatrix} = \begin{bmatrix} -1/7 & 1 & 2/7 \\ 3/14 & -1/2 & 1/14 \\ 5/14 & -1/2 & -3/14 \end{bmatrix} \qquad \blacksquare$$

Comentários Numéricos

O Teorema 8 tem utilidade principalmente para cálculos teóricos. A fórmula para A^{-1} permite que se deduzam propriedades da inversa sem ter de realmente calculá-la. Com exceção de casos especiais, o algoritmo na Seção 2.2 fornece um modo muito melhor de se calcular A^{-1}, caso a inversa seja mesmo necessária.

A regra de Cramer também é uma ferramenta teórica. Ela pode ser usada para estudar a sensibilidade da solução de $A\mathbf{x} = \mathbf{b}$ em relação a variações em $\mathbf{b}$ ou em A (que talvez ocorram devido a erros experimentais na obtenção de $\mathbf{b}$ ou de A). Quando A é uma matriz 3×3 com elementos *complexos*, a regra de Cramer é escolhida, às vezes, para cálculos manuais, pois o escalonamento de [A **b**] com a aritmética complexa pode se tornar confuso, e os determinantes são razoavelmente fáceis de calcular. Para uma matriz $n \times n$ maior (real ou complexa), a regra de Cramer é ineficiente. O cálculo de apenas *um* determinante dá quase tanto trabalho quanto resolver $A\mathbf{x} = \mathbf{b}$ por escalonamento.

Determinantes como Área ou Volume

Na próxima aplicação, obtemos a interpretação geométrica dos determinantes descrita na introdução do capítulo. Mesmo que uma discussão geral sobre comprimento e distância em $\mathbb{R}^n$ não seja feita até o Capítulo 6, vamos supor que os conceitos euclidianos usuais de comprimento, área e volume já sejam conhecidos em $\mathbb{R}^2$ e $\mathbb{R}^3$.

TEOREMA 9

Se A for uma matriz 2×2, a área do paralelogramo determinado pelas colunas de A será igual a $|\det A|$. Se A for uma matriz 3×3, o volume do paralelepípedo determinado pelas colunas de A será igual a $|\det A|$.

DEMONSTRAÇÃO   O teorema é obviamente verdadeiro para qualquer matriz diagonal 2×2:

$$\left| \det \begin{bmatrix} a & 0 \\ 0 & d \end{bmatrix} \right| = |ad| = \left\{ \begin{array}{l} \text{área do} \\ \text{retângulo} \end{array} \right\}$$

Veja a Figura 1. Basta mostrar que toda matriz $A = [\mathbf{a}_1 \; \mathbf{a}_2]$ 2×2 pode ser transformada em uma matriz diagonal sem alterar nem a área associada ao paralelogramo nem $|\det A|$. Da Seção 3.2, sabemos que o módulo do determinante não se altera quando duas colunas são trocadas entre si ou quando o múltiplo de uma coluna é somado à outra. E é fácil ver que essas operações bastam para transformar A em uma matriz diagonal. Trocas de linhas não alteram o paralelogramo. Assim, basta provar a seguinte observação geométrica simples que se aplica a vetores em $\mathbb{R}^2$ ou $\mathbb{R}^3$:

Sejam $\mathbf{a}_1$ e $\mathbf{a}_2$ vetores não nulos. Então, para todo escalar c, a área do paralelogramo determinado por $\mathbf{a}_1$ e $\mathbf{a}_2$ é igual à área do paralelogramo determinado por $\mathbf{a}_1$ e $\mathbf{a}_2 + c\mathbf{a}_1$.

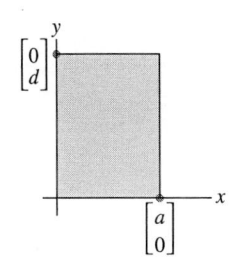

FIGURA 1 Área = $|ad|$.

Para provar essa afirmação, podemos supor que $\mathbf{a}_2$ não seja múltiplo de $\mathbf{a}_1$, pois, caso contrário, os dois paralelogramos seriam degenerados e teriam área zero. Se L for a reta contendo $\mathbf{0}$ e $\mathbf{a}_1$, então $\mathbf{a}_2 + L$ será a reta contendo $\mathbf{a}_2$ paralela a L e $\mathbf{a}_2 + c\mathbf{a}_1$ pertencerá a essa reta. Veja a Figura 2. Os pontos $\mathbf{a}_2$ e $\mathbf{a}_2 + c\mathbf{a}_1$ estão a uma mesma distância perpendicular de L. Portanto, os dois paralelogramos na Figura 2 têm áreas iguais, já que eles têm a mesma base de $\mathbf{0}$ a $\mathbf{a}_1$. Isso completa a demonstração em $\mathbb{R}^2$.

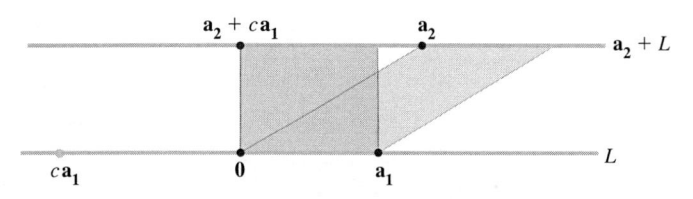

FIGURA 2 Dois paralelogramos com a mesma área.

A demonstração em $\mathbb{R}^3$ é análoga. O teorema é obviamente verdadeiro para uma matriz diagonal 3×3. Veja a Figura 3. E toda matriz A 3×3 pode ser transformada em uma matriz diagonal por meio de operações nas colunas que não alteram $|\det A|$. (Pense em operações nas linhas da matriz A^T.) Logo, basta mostrar que essas operações não alteram o volume do paralelepípedo determinado pelas colunas de A.

A Figura 4 mostra um paralelepípedo na forma de uma caixa sombreada com dois lados inclinados. Seu volume é igual à área da base, no plano $\mathscr{L}\{\mathbf{a}_1, \mathbf{a}_3\}$, vezes a altura de $\mathbf{a}_2$ em relação a $\mathscr{L}\{\mathbf{a}_1, \mathbf{a}_3\}$. Qualquer vetor $\mathbf{a}_2 + c\mathbf{a}_1$ tem a mesma altura, porque $\mathbf{a}_2 + c\mathbf{a}_1$ pertence ao plano $\mathbf{a}_2 + \mathscr{L}\{\mathbf{a}_1, \mathbf{a}_3\}$, que é paralelo a $\mathscr{L}\{\mathbf{a}_1, \mathbf{a}_3\}$. Logo, o volume do paralelepípedo não se altera quando $[\mathbf{a}_1 \; \mathbf{a}_2 \; \mathbf{a}_3]$ é transformado em $[\mathbf{a}_1 \; \mathbf{a}_2 + c\mathbf{a}_1 \; \mathbf{a}_3]$. Assim, a operação de substituição de coluna não altera o volume do paralelepípedo. Como o intercâmbio de colunas não causa efeito algum sobre o volume, a demonstração está completa. ∎

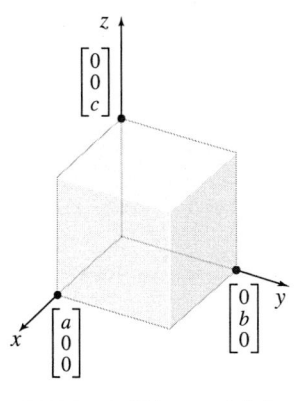

FIGURA 3 Volume = $|abc|$.

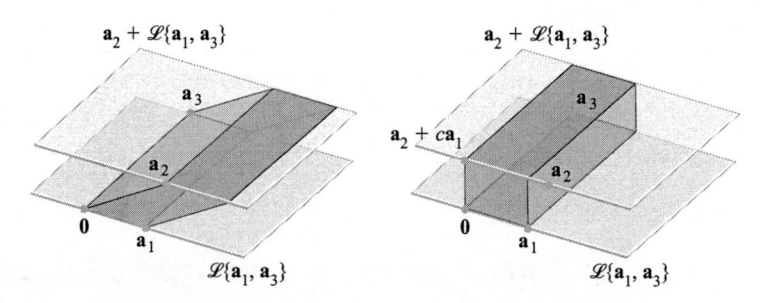

FIGURA 4 Dois paralelepípedos com mesmo volume.

EXEMPLO 4 Calcule a área do paralelogramo determinado pelos pontos $(-2, -2)$, $(0, 3)$, $(4, -1)$ e $(6, 4)$. Veja a Figura 5(a).

SOLUÇÃO Em primeiro lugar, translade o paralelogramo até coincidir com um que tenha a origem como um dos vértices. Por exemplo, subtraia o vértice $(-2, -2)$ de cada um dos quatro vértices. O novo paralelogramo tem a mesma área, e seus vértices são $(0, 0)$, $(2, 5)$, $(6, 1)$ e $(8, 6)$. Veja a Figura 5(b). Esse paralelogramo é determinado pelas colunas de

$$A = \begin{bmatrix} 2 & 6 \\ 5 & 1 \end{bmatrix}$$

Como $|\det A| = |-28|$, a área do paralelogramo é igual a 28. ∎

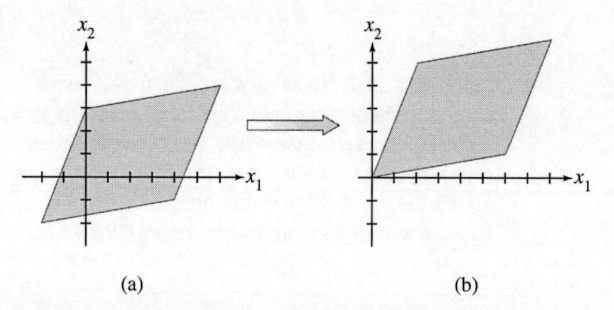

FIGURA 5 A translação de um paralelogramo não muda sua área.

Transformações Lineares

Os determinantes podem ser usados para descrever uma propriedade geométrica importante das transformações lineares no plano e em $\mathbb{R}^3$. Se T for uma transformação linear e S for um conjunto no domínio de T, denotaremos por $T(S)$ o conjunto das imagens dos pontos de S. Estamos interessados em como a área (ou o volume) de $T(S)$ se compara com a área (ou o volume) do conjunto original S. Por conveniência, sempre que S for uma região limitada por um paralelogramo, vamos nos referir a S como um paralelogramo.

TEOREMA 10

Seja $T : \mathbb{R}^2 \to \mathbb{R}^2$ a transformação linear determinada por uma matriz A 2×2. Se S for um paralelogramo em $\mathbb{R}^2$, então

$$\{\text{área de } T(S)\} = |\det A| \cdot \{\text{área de } S\} \tag{5}$$

Se T for determinada por uma matriz A 3×3 e S for um paralelepípedo em $\mathbb{R}^3$, então

$$\{\text{volume de } T(S)\} = |\det A| \cdot \{\text{volume de } S\} \tag{6}$$

DEMONSTRAÇÃO Considere o caso 2×2, com $A = [\mathbf{a}_1 \ \mathbf{a}_2]$. Um paralelogramo em $\mathbb{R}^2$ com um vértice na origem e determinado pelos vetores $\mathbf{b}_1$ e $\mathbf{b}_2$ tem a forma

$$S = \{s_1 \mathbf{b}_1 + s_2 \mathbf{b}_2 : 0 \leq s_1 \leq 1, \ 0 \leq s_2 \leq 1\}$$

A imagem de S por T consiste em pontos da forma

$$T(s_1 \mathbf{b}_1 + s_2 \mathbf{b}_2) = s_1 T(\mathbf{b}_1) + s_2 T(\mathbf{b}_2)$$
$$= s_1 A \mathbf{b}_1 + s_2 A \mathbf{b}_2$$

em que $0 \le s_1 \le 1$, $0 \le s_2 \le 1$. Segue que $T(S)$ é o paralelogramo determinado pelas colunas da matriz $[A\mathbf{b}_1 \ A\mathbf{b}_2]$. Essa matriz pode ser escrita como AB, com $B = [\mathbf{b}_1 \ \mathbf{b}_2]$. Pelo Teorema 9 e pela propriedade multiplicativa dos determinantes,

$$\{\text{área de } T(S)\} = |\det AB| = |\det A| \, |\det B|$$
$$= |\det A| \cdot \{\text{área de } S\} \tag{7}$$

Um paralelogramo arbitrário tem a forma $\mathbf{p} + S$, na qual $\mathbf{p}$ é um vetor e S é um paralelogramo com um vértice na origem, como no exemplo anterior. É fácil ver que T transforma $\mathbf{p} + S$ em $T(\mathbf{p}) + T(S)$. (Veja o Exercício 26.) Como uma translação não altera a área de um conjunto,

$$\{\text{área de } T(\mathbf{p} + S)\} = \{\text{área de } T(\mathbf{p}) + T(S)\}$$
$$= \{\text{área de } T(S)\} \qquad \text{Translação}$$
$$= |\det A| \cdot \{\text{área de } S\} \qquad \text{Pela equação (7)}$$
$$= |\det A| \cdot \{\text{área de } (\mathbf{p} + S)\} \qquad \text{Translação}$$

Isso mostra que (5) vale para todos os paralelogramos em $\mathbb{R}^2$. A demonstração de (6) para o caso 3×3 é análoga. ∎

Quando tentamos generalizar o Teorema 10 para uma região em $\mathbb{R}^2$ ou $\mathbb{R}^3$ que não é limitada por retas ou planos, temos de nos defrontar com o problema de como definir e calcular sua área ou volume. Esse é um problema estudado em cálculo, e vamos apenas esboçar a ideia básica em $\mathbb{R}^2$. Se R for uma região plana com área finita, então R poderá ser aproximada por um reticulado de quadrados pequenos contidos em R. Tornando os quadrados suficientemente pequenos, a área de R pode ser aproximada com a precisão desejada pela soma das áreas dos quadrados pequenos. Veja a Figura 6.

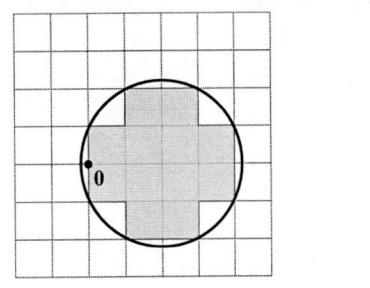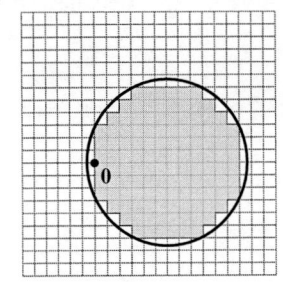

FIGURA 6 Aproximando uma região no plano por uma união de quadrados. A aproximação melhora quando o reticulado é refinado.

Se T for uma transformação linear associada a uma matriz A 2×2, então a imagem de R por T poderá ser aproximada pela união das imagens dos pequenos quadrados contidos em R. A demonstração do Teorema 10 mostra que cada uma dessas imagens é um paralelogramo cuja área é igual a $|\det A|$ vezes a área do quadrado. Se R' for a união de todos os quadrados contidos em R, então a área de $T(R')$ será igual a $|\det A|$ vezes a área de R'. Veja a Figura 7. Mais ainda, a área de $T(R')$ será aproximadamente igual à área de $T(R)$. Um argumento envolvendo limites pode ser dado para justificar a seguinte generalização do Teorema 10.

As conclusões do Teorema 10 valem sempre que S for uma região em $\mathbb{R}^2$ com área finita ou uma região em $\mathbb{R}^3$ com volume finito.

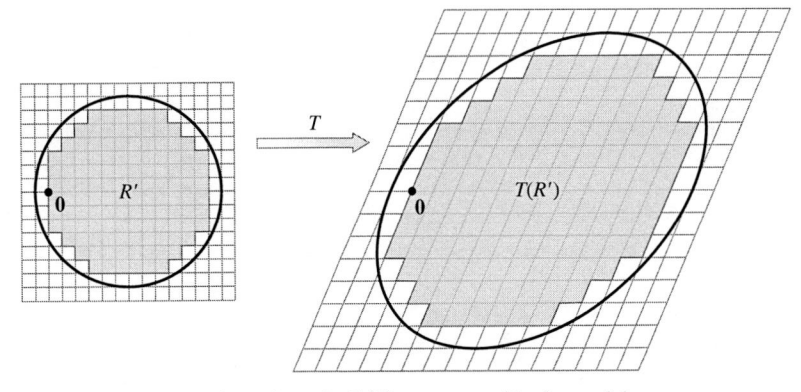

FIGURA 7 Aproximando $T(R)$ por uma união de paralelogramos.

EXEMPLO 5 Sejam a e b números positivos. Determine a área da região E limitada pela elipse cuja equação é

$$\frac{x_1^2}{a^2} + \frac{x_2^2}{b^2} = 1$$

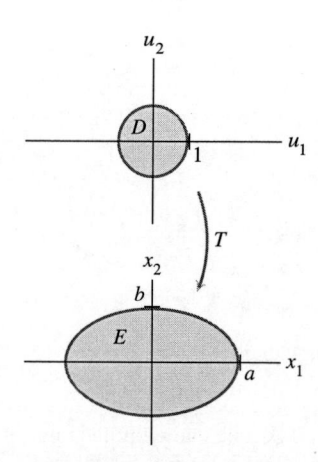

SOLUÇÃO Afirmamos que E é a imagem do disco unitário D pela transformação linear T determinada pela matriz $A = \begin{bmatrix} a & 0 \\ 0 & b \end{bmatrix}$, porque, se $\mathbf{u} = \begin{bmatrix} u_1 \\ u_2 \end{bmatrix}$, $\mathbf{x} = \begin{bmatrix} x_1 \\ x_2 \end{bmatrix}$ e $\mathbf{x} = A\mathbf{u}$, então

$$u_1 = \frac{x_1}{a} \quad \text{e} \quad u_2 = \frac{x_2}{b}$$

Segue que $\mathbf{u}$ pertence ao disco unitário, com $u_1^2 + u_2^2 \leq 1$, se e somente se $\mathbf{x}$ pertencer a E, com $(x_1/a)^2 + (x_2/b)^2 \leq 1$. Pela generalização do Teorema 10,

$$\{\text{área de elipse}\} = \{\text{área de } T(D)\}$$
$$= |\det A| \cdot \{\text{área de } D\}$$
$$= ab\pi(1)^2 = \pi ab \qquad \blacksquare$$

Problema Prático

Seja S o paralelogramo determinado pelos vetores $\mathbf{b}_1 = \begin{bmatrix} 1 \\ 3 \end{bmatrix}$ e $\mathbf{b}_2 = \begin{bmatrix} 5 \\ 1 \end{bmatrix}$, e seja $A = \begin{bmatrix} 1 & -0{,}1 \\ 0 & 2 \end{bmatrix}$. Calcule a área da imagem de S pela aplicação $\mathbf{x} \mapsto A\mathbf{x}$.

3.3 EXERCÍCIOS

Use a regra de Cramer para calcular as soluções dos sistemas nos Exercícios 1 a 6.

1. $5x_1 + 7x_2 = 3$
$\quad 2x_1 + 4x_2 = 1$

2. $4x_1 + x_2 = 6$
$\quad 3x_1 + 2x_2 = 5$

3. $3x_1 - 2x_2 = 3$
$\quad -4x_1 + 6x_2 = -5$

4. $-5x_1 + 2x_2 = 9$
$\quad 3x_1 - x_2 = -4$

5. $x_1 + x_2 = 3$
$\quad -3x_1 + 2x_3 = 0$
$\quad x_2 - 2x_3 = 2$

6. $x_1 + 3x_2 + x_3 = 8$
$\quad -x_1 + 2x_3 = 4$
$\quad 3x_1 + x_2 = 4$

Nos Exercícios 7 a 10, determine os valores do parâmetro s para os quais o sistema admite uma única solução e descreva a solução.

7. $6sx_1 + 4x_2 = 5$
$\quad 9x_1 + 2sx_2 = -2$

8. $3sx_1 + 5x_2 = 3$
$\quad 12x_1 + 5sx_2 = 2$

9. $sx_1 + 2sx_2 = -1$
$\quad 3x_1 + 6sx_2 = 4$

10. $sx_1 - 2x_2 = 1$
$\quad 4sx_1 + 4sx_2 = 2$

Nos Exercícios 11 a 16, calcule a adjunta da matriz dada e, depois, use o Teorema 8 para obter a inversa da matriz.

11. $\begin{bmatrix} 0 & -2 & -1 \\ 5 & 0 & 0 \\ -1 & 1 & 1 \end{bmatrix}$

12. $\begin{bmatrix} 1 & 1 & 3 \\ -2 & 2 & 1 \\ 0 & 1 & 1 \end{bmatrix}$

13. $\begin{bmatrix} 3 & 5 & 4 \\ 1 & 0 & 1 \\ 2 & 1 & 1 \end{bmatrix}$

14. $\begin{bmatrix} 1 & -1 & 2 \\ 0 & 2 & 1 \\ 3 & 0 & 6 \end{bmatrix}$

15. $\begin{bmatrix} 5 & 0 & 0 \\ -1 & 1 & 0 \\ -2 & 3 & -1 \end{bmatrix}$

16. $\begin{bmatrix} 1 & 2 & 4 \\ 0 & -3 & 1 \\ 0 & 0 & -2 \end{bmatrix}$

17. Mostre que, se A for 2×2, então o Teorema 8 fornecerá a mesma fórmula para A^{-1} que o Teorema 4 na Seção 2.2.

18. Suponha que todos os elementos de A sejam inteiros e $\det A = 1$. Explique por que todos os elementos de A^{-1} são inteiros.

Nos Exercícios 19 a 22, determine a área do paralelogramo cujos vértices são fornecidos.

19. $(0, 0), (5, 2), (6, 4), (11, 6)$

20. $(0, 0), (-2, 4), (6, -5), (4, -1)$

21. $(-2, 0), (0, 3), (1, 3), (-1, 0)$

22. $(0, -2), (5, -2), (-3, 1), (2, 1)$

23. Encontre o volume do paralelepípedo que tem um vértice na origem e os vértices adjacentes nos pontos $(1, 0, -3), (1, 2, 4)$ e $(5, 1, 0)$.

24. Encontre o volume do paralelepípedo que tem um vértice na origem e os vértices adjacentes nos pontos $(1, 3, 0), (-2, 0, 2)$ e $(-1, 3, -1)$.

25. Use o conceito de volume para explicar por que o determinante de uma matriz A 3×3 é zero se e somente se A não for invertível. Não recorra ao Teorema 4 na Seção 3.2. [*Sugestão:* Considere as colunas de A.]

26. Sejam $T : \mathbb{R}^m \to \mathbb{R}^n$ uma transformação linear, $\mathbf{p}$ um vetor e S um conjunto em $\mathbb{R}^m$. Mostre que a imagem de $\mathbf{p} + S$ por T é o conjunto transladado $T(\mathbf{p}) + T(S)$ em $\mathbb{R}^n$.

27. Seja S o paralelogramo determinado pelos vetores $\mathbf{b}_1 = \begin{bmatrix} -2 \\ 3 \end{bmatrix}$ e $\mathbf{b}_2 = \begin{bmatrix} -2 \\ 5 \end{bmatrix}$, seja $A = \begin{bmatrix} 6 & -3 \\ -3 & 2 \end{bmatrix}$. Calcule a área da imagem de S pela aplicação $\mathbf{x} \mapsto A\mathbf{x}$.

28. Repita o Exercício 27 com $\mathbf{b}_1 = \begin{bmatrix} 4 \\ -7 \end{bmatrix}$, $\mathbf{b}_2 = \begin{bmatrix} 0 \\ 1 \end{bmatrix}$ e $A = \begin{bmatrix} 5 & 2 \\ 1 & 1 \end{bmatrix}$.

29. Encontre uma fórmula para a área do triângulo cujos vértices estão em $\mathbf{0}, \mathbf{v}_1$ e $\mathbf{v}_2$ em $\mathbb{R}^2$.

30. Seja R o triângulo com vértices em (x_1, y_1), (x_2, y_2) e (x_3, y_3). Mostre que

$$\{\text{área do triângulo}\} = \frac{1}{2} \det \begin{bmatrix} x_1 & y_1 & 1 \\ x_2 & y_2 & 1 \\ x_3 & y_3 & 1 \end{bmatrix}$$

[*Sugestão:* Translade R para a origem subtraindo um de seus vértices e use o Exercício 29.]

31. Seja $T : \mathbb{R}^3 \to \mathbb{R}^3$ uma transformação linear determinada pela matriz

$$A = \begin{bmatrix} a & 0 & 0 \\ 0 & b & 0 \\ 0 & 0 & c \end{bmatrix}, \text{ em que } a, b, c \text{ são números positivos. Seja } S$$

a bola unitária, cuja fronteira é a superfície da equação $x_1^2 + x_2^2 + x_3^2 = 1$.

a. Mostre que $T(S)$ é limitada pelo elipsoide de equação

$$\frac{x_1^2}{a^2} + \frac{x_2^2}{b^2} + \frac{x_3^2}{c^2} = 1.$$

b. Use o fato de que o volume da bola unitária é $4\pi/3$ para determinar o volume da região limitada pelo elipsoide no item (a).

32. Sejam S o tetraedro em $\mathbb{R}^3$ com vértices em $\mathbf{0}$, $\mathbf{e}_1$, $\mathbf{e}_2$ e $\mathbf{e}_3$, e S' o tetraedro com vértices em $\mathbf{0}$, $\mathbf{v}_1$, $\mathbf{v}_2$ e $\mathbf{v}_3$. Veja a figura a seguir.

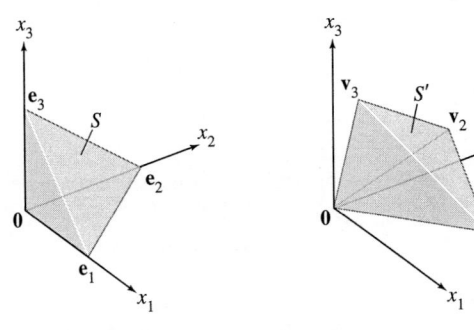

a. Descreva uma transformação linear tal que a imagem de S sob a transformação seja S'.

b. Determine uma fórmula para o volume do tetraedro S' usando o fato de que

$$\{\text{volume de } S\} = (1/3) \cdot \{\text{área da base}\} \cdot \{\text{altura}\}$$

33. Seja A uma matriz $n \times n$. Se $A^{-1} = \dfrac{1}{\det A} \text{ adj } A$ for calculada, qual deveria ser a matriz AA^{-1} para garantir que A^{-1} foi calculada corretamente?

34. Se um paralelogramo cabe dentro de um círculo de raio 1 e $\det A = 2$, em que A é a matriz cujas colunas correspondem aos lados do paralelogramo, parece que A e seu determinante foram calculados corretamente para corresponder à área desse paralelogramo? Explique sua resposta.

Nos Exercícios 35 a 38, marque cada afirmação como Verdadeira ou Falsa (V/F). Justifique cada resposta.

35. (V/F) Dois paralelogramos com a mesma base e a mesma altura têm a mesma área.

36. (V/F) Aplicar uma transformação linear a uma região não muda sua área.

37. (V/F) Se A for uma matriz invertível $n \times n$, então $A^{-1} = \text{adj } A$.

38. (V/F) A regra de Cramer só pode ser usada para matrizes invertíveis.

M 39. Teste a fórmula para a inversa do Teorema 8 em uma matriz aleatória A 4×4. Use seu programa para matrizes para calcular os cofatores das submatrizes 3×3, monte a adjunta e defina $B = (\text{adj } A)/(\det A)$. Depois, calcule $B - \text{inv}(A)$, em que inv (A) é a inversa de A calculada pelo programa para matrizes. Use aritmética de ponto flutuante com o maior número possível de casas decimais. Relate seus resultados.

M 40. Teste a regra de Cramer em uma matriz aleatória A 4×4 e em um vetor aleatório $\mathbf{b}$ 4×1. Calcule cada componente na solução de $A\mathbf{x} = \mathbf{b}$ e compare com as componentes de $A^{-1}\mathbf{b}$. Escreva os comandos (ou teclas) do seu programa para matrizes que utiliza a regra de Cramer para obter a segunda componente de $\mathbf{x}$.

M 41. Se sua versão do MATLAB tiver o comando `flops`, use-o para contar o número de operações com pontos flutuantes no cálculo de A^{-1} para uma matriz aleatória 30×30. Compare esse número com o número necessário de flops para obter $(\text{adj } A)/(\det A)$.

Solução do Problema Prático

A área de S é $\left| \det \begin{bmatrix} 1 & 5 \\ 3 & 1 \end{bmatrix} \right| = 14$ e $\det A = 2$. Pelo Teorema 10, a área da imagem de S pela aplicação $\mathbf{x} \mapsto A\mathbf{x}$ é

$$|\det A| \cdot \{\text{área de } S\} = 2 \cdot 14 = 28$$

CAPÍTULO 3 PROJETOS

Os projetos do Capítulo 3 estão disponíveis *online* em `bit.ly/30IM8gT` (em inglês).

A. *Estratégias de Pesagem*: Esse projeto desenvolve o conceito de estratégias de pesagem e suas matrizes correspondentes para pesar alguns objetos pequenos leves.

B. *Jacobianos*: Esse conjunto de exercícios estuda como um determinante específico, chamado de jacobiano, pode ser usado para permitir mudanças de variáveis em integrais duplas e triplas.

CAPÍTULO 3 EXERCÍCIOS SUPLEMENTARES

Nos Exercícios 1 a 15, marque cada afirmação como Verdadeira ou Falsa (V/F). Justifique cada resposta. Suponha que todas as matrizes aqui sejam quadradas.

1. (V/F) Se A for uma matriz 2×2 com determinante zero, então uma coluna de A será um múltiplo de outra.

2. (V/F) Se duas linhas de uma matriz A 3×3 forem iguais, então $\det A = 0$.

3. (V/F) Se A for uma matriz 3×3, então $\det 5A = 5 \det A$.

4. (V/F) Se A e B forem matrizes $n \times n$ com $\det A = 2$ e $\det B = 3$, então $\det (A + B) = 5$.

5. (V/F) Se A for uma matriz $n \times n$ e $\det A = 2$, então $\det A^3 = 6$.

6. **(V/F)** Se B for obtida pelo intercâmbio de duas linhas de A, então det B = det A.

7. **(V/F)** Se B for obtida multiplicando-se a linha 3 de A por 5, então det B = 5 det A.

8. **(V/F)** Se B for obtida somando-se a uma linha de A uma combinação linear das outras linhas, então det B = det A.

9. **(V/F)** det A^T = −det A.

10. **(V/F)** det $(-A)$ = −det A.

11. **(V/F)** det $A^TA \geq 0$.

12. **(V/F)** Todo sistema de n equações lineares e n incógnitas pode ser resolvido pela regra de Cramer.

13. **(V/F)** Se **u** e **v** pertencerem a $\mathbb{R}^2$ e det [**u** **v**] = 10, então a área do triângulo no plano com vértices em **0**, **u** e **v** será igual a 10.

14. **(V/F)** Se A^3 = 0, então det A = 0.

15. **(V/F)** Se A for invertível, então det A^{-1} = det A.

Use as operações elementares para mostrar que os determinantes dos Exercícios 16 a 18 são todos iguais a zero.

16. $\begin{vmatrix} 12 & 13 & 14 \\ 15 & 16 & 17 \\ 18 & 19 & 20 \end{vmatrix}$ 17. $\begin{vmatrix} 1 & a & b+c \\ 1 & b & a+c \\ 1 & c & a+b \end{vmatrix}$

18. $\begin{vmatrix} a & b & c \\ a+x & b+x & c+x \\ a+y & b+y & c+y \end{vmatrix}$

Calcule os determinantes nos Exercícios 19 e 20.

19. $\begin{vmatrix} 9 & 1 & 9 & 9 & 9 \\ 9 & 0 & 9 & 9 & 2 \\ 4 & 0 & 0 & 5 & 0 \\ 9 & 0 & 3 & 9 & 0 \\ 6 & 0 & 0 & 7 & 0 \end{vmatrix}$

20. $\begin{vmatrix} 4 & 8 & 8 & 8 & 5 \\ 0 & 1 & 0 & 0 & 0 \\ 6 & 8 & 8 & 8 & 7 \\ 0 & 8 & 8 & 3 & 0 \\ 0 & 8 & 2 & 0 & 0 \end{vmatrix}$

21. Mostre que a equação da reta em $\mathbb{R}^2$ contendo dois pontos distintos, (x_1, y_1) e (x_2, y_2), pode ser escrita como

$$\det \begin{bmatrix} 1 & x & y \\ 1 & x_1 & y_1 \\ 1 & x_2 & y_2 \end{bmatrix} = 0$$

22. Encontre uma equação envolvendo um determinante 3 × 3, análoga à do Exercício 21, que descreva a equação da reta contendo (x_1, y_1) com coeficiente angular igual a m.

Os Exercícios 23 e 24 tratam de determinantes das seguintes *matrizes de Vandermonde*.

$$T = \begin{bmatrix} 1 & a & a^2 \\ 1 & b & b^2 \\ 1 & c & c^2 \end{bmatrix}, \quad V(t) = \begin{bmatrix} 1 & t & t^2 & t^3 \\ 1 & x_1 & x_1^2 & x_1^3 \\ 1 & x_2 & x_2^2 & x_2^3 \\ 1 & x_3 & x_3^2 & x_3^3 \end{bmatrix}$$

23. Use operações elementares para mostrar que
det $T = (b-a)(c-a)(c-b)$

24. Seja $f(t)$ = det V, com x_1, x_2 e x_3 todos distintos. Explique por que $f(t)$ é um polinômio cúbico, mostre que o coeficiente de t^3 é não nulo e determine três pontos pertencentes ao gráfico da função f.

25. Calcule a área do paralelogramo determinado pelos pontos (1, 4), (−1, 5), (3, 9) e (5, 8). Como se pode saber se o quadrilátero determinado pelos pontos é realmente um paralelogramo?

26. Use o conceito de área de um paralelogramo para escrever uma afirmação sobre uma matriz A 2 × 2 que seja verdadeira se e somente se A for invertível.

27. Mostre que, se A for invertível, então adj A será invertível e

$$(\text{adj } A)^{-1} = \frac{1}{\det A} A$$

[*Sugestão:* Dadas as matrizes B e C, qual é o cálculo (ou cálculos) que mostra que C é a inversa de B?]

28. Sejam A, B, C, D e I matrizes $n \times n$. Use a definição ou as propriedades de determinantes para justificar as fórmulas a seguir. O item (c) é útil nas aplicações de autovalores (Capítulo 5).

   a. $\det \begin{bmatrix} A & 0 \\ 0 & I \end{bmatrix} = \det A$ b. $\det \begin{bmatrix} I & 0 \\ C & D \end{bmatrix} = \det D$

   c. $\det \begin{bmatrix} A & 0 \\ C & D \end{bmatrix} = (\det A)(\det D) = \det \begin{bmatrix} A & B \\ 0 & D \end{bmatrix}$

29. Sejam A, B, C e D matrizes $n \times n$ com A invertível.
   a. Encontre matrizes X e Y que produzam a fatoração LU em bloco

   $$\begin{bmatrix} A & B \\ C & D \end{bmatrix} = \begin{bmatrix} I & 0 \\ X & I \end{bmatrix} \begin{bmatrix} A & B \\ 0 & Y \end{bmatrix}$$

   e depois mostre que

   $$\det \begin{bmatrix} A & B \\ C & D \end{bmatrix} = (\det A) \cdot \det(D - CA^{-1}B)$$

   b. Mostre que, se $AC = CA$, então

   $$\det \begin{bmatrix} A & B \\ C & D \end{bmatrix} = \det(AD - CB)$$

30. Seja J a matriz $n \times n$ com todos os elementos iguais a 1 e seja $A = (a-b)I + bJ$, ou seja,

$$A = \begin{bmatrix} a & b & b & \cdots & b \\ b & a & b & \cdots & b \\ b & b & a & \cdots & b \\ \vdots & \vdots & \vdots & \ddots & \vdots \\ b & b & b & \cdots & a \end{bmatrix}$$

Confirme que det $A = (a-b)^{n-1}[a + (n-1)b]$ da seguinte maneira:

a. Subtraia a linha 2 da linha 1, a linha 3 da linha 2 e assim por diante. Explique por que essas operações não mudam o determinante da matriz.

b. Com a matriz resultante do item (a), some a coluna 1 à coluna 2, depois, some essa nova coluna 2 à coluna 3 e assim por diante. Explique por que essas operações não mudam o determinante da matriz.

c. Encontre o determinante da matriz resultante do item (b).

31. Seja A a matriz original dada no Exercício 30 e sejam

$$B = \begin{bmatrix} a-b & b & b & \cdots & b \\ 0 & a & b & \cdots & b \\ 0 & b & a & \cdots & b \\ \vdots & \vdots & \vdots & \ddots & \vdots \\ 0 & b & b & \cdots & a \end{bmatrix},$$

$$C = \begin{bmatrix} b & b & b & \cdots & b \\ b & a & b & \cdots & b \\ b & b & a & \cdots & b \\ \vdots & \vdots & \vdots & \ddots & \vdots \\ b & b & b & \cdots & a \end{bmatrix}$$

Note que A, B e C são quase iguais, exceto que a primeira coluna de A é igual à soma das primeiras colunas de B e C. Uma *propriedade de linearidade* da função determinante, discutida na Seção 3.2, diz que det A = det B + det C. Use esse fato para provar a fórmula no Exercício 30 por indução no tamanho da matriz A.

M **32.** Aplique o resultado do Exercício 30 para encontrar os determinantes das matrizes a seguir e confirme suas respostas usando um programa para matrizes.

$$\begin{bmatrix} 3 & 8 & 8 & 8 \\ 8 & 3 & 8 & 8 \\ 8 & 8 & 3 & 8 \\ 8 & 8 & 8 & 3 \end{bmatrix} \qquad \begin{bmatrix} 8 & 3 & 3 & 3 & 3 \\ 3 & 8 & 3 & 3 & 3 \\ 3 & 3 & 8 & 3 & 3 \\ 3 & 3 & 3 & 8 & 3 \\ 3 & 3 & 3 & 3 & 8 \end{bmatrix}$$

M **33.** Use um programa para matrizes para calcular os determinantes das matrizes a seguir.

$$\begin{bmatrix} 1 & 1 & 1 \\ 1 & 2 & 2 \\ 1 & 2 & 3 \end{bmatrix} \qquad \begin{bmatrix} 1 & 1 & 1 & 1 \\ 1 & 2 & 2 & 2 \\ 1 & 2 & 3 & 3 \\ 1 & 2 & 3 & 4 \end{bmatrix}$$

$$\begin{bmatrix} 1 & 1 & 1 & 1 & 1 \\ 1 & 2 & 2 & 2 & 2 \\ 1 & 2 & 3 & 3 & 3 \\ 1 & 2 & 3 & 4 & 4 \\ 1 & 2 & 3 & 4 & 5 \end{bmatrix}$$

Use os resultados para conjecturar o valor do determinante da matriz M e confirme sua conjectura escalonando a matriz para calcular o determinante.

$$M = \begin{bmatrix} 1 & 1 & 1 & \cdots & 1 \\ 1 & 2 & 2 & \cdots & 2 \\ 1 & 2 & 3 & \cdots & 3 \\ \vdots & \vdots & \vdots & \ddots & \vdots \\ 1 & 2 & 3 & \cdots & n \end{bmatrix}$$

M **34.** Use o método do Exercício 33 para conjecturar o valor do determinante

$$\begin{bmatrix} 1 & 1 & 1 & \cdots & 1 \\ 1 & 3 & 3 & \cdots & 3 \\ 1 & 3 & 6 & \cdots & 6 \\ \vdots & \vdots & \vdots & \ddots & \vdots \\ 1 & 3 & 6 & \cdots & 3(n-1) \end{bmatrix}$$

Justifique sua conjectura. [*Sugestão:* Use o Exercício 28(c) e o resultado do Exercício 33.]

4 Espaços Vetoriais

EXEMPLO INTRODUTÓRIO

Sinais em Tempo Discreto e Processamento de Sinais Digitais

O que é processamento de um sinal digital? Pergunte à Alexa, que usa processamento de sinais para registrar sua pergunta e entregar sua resposta. Em 2500 a.C., os egípcios criaram o primeiro registro de sinal em tempo discreto esculpindo informação sobre a enchente do rio Nilo em uma Pedra de Palermo. Apesar do início arcaico de sinais em tempo discreto, foi só na década de 1940 que Claude Shannon iniciou a revolução digital com as ideias apresentadas em seu artigo "*A Mathematical Theory of Communication*" ("Uma Teoria Matemática de Comunicação").

Quando uma pessoa fala em um processador digital como Alexa, os sons da voz são convertidos em um sinal em tempo discreto – basicamente, uma sequência de números $\{y_k\}$, em que k representa o instante em que o valor y_k foi registrado. Então, usando transformações lineares invariantes no tempo (LIT), o sinal é processado retirando-se ruídos indesejáveis, como o som de um ventilador ligado. Depois, o sinal processado é comparado aos sinais produzidos por registros de sons individuais que formam a linguagem da pessoa. A Figura 1 mostra um registro da palavra "*yes*" ("sim") e da palavra "*no*" ("não"), ilustrando que os sinais produzidos são bem diferentes. Uma vez identificados os sons falados na pergunta, o aprendizado de máquina é usado para a melhor conjectura do significado da pergunta para um processador digital como a Alexa. O processador digital, então, procura a resposta mais apropriada nos dados digitalizados. Por fim, o sinal é processado novamente para produzir os sons virtuais que replicam uma resposta falada.

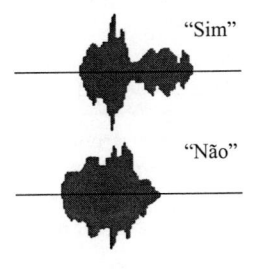

"Sim"

"Não"

FIGURA 1

Processamento de Sinais Digitais (PSD) é o ramo da Engenharia que, em apenas algumas décadas, revolucionou a comunicação interpessoal e a indústria do entretenimento. Retrabalhando os princípios da eletrônica, da telecomunicação e da ciência da computação em um paradigma unificador, PSD é o coração da revolução digital. Um celular que cabe na palma da sua mão substitui diversos outros dispositivos, como câmeras, gravadores de vídeo, reprodutores de CDs, agendas e calculadoras, retirando o componente fantástico da Biblioteca de Babel imaginada por Jorge Luis Borges.

A utilidade de sinais em tempo discreto e de PSD (Processamento de Sinais Digitais) vai bem além de sistemas em Engenharia. Análise técnica é empregada no setor de investimentos. Oportunidades de negociação (*trading*) são identificadas aplicando-se PSD aos sinais em tempo discreto criados quando o preço ou o volume de uma ação negociada é registrado ao longo do tempo. No Exemplo 11 da Seção 4.2, dados sobre o preço são suavizados usando uma transformação linear. Na indústria de entretenimento, áudios e vídeos são produzidos virtualmente e sintetizados usando PSD. No Exemplo 3 da Seção 4.7, vemos como o processamento de sinais pode ser usado para adicionar riqueza a sons virtuais.

Sinais em tempo discreto e PSD têm se transformado em ferramentas importantes em muitas indústrias e em áreas de pesquisa. Do ponto de vista matemático, sinais em tempo discreto podem ser considerados como vetores que são processados usando-se transformações lineares. As operações de soma, escala e aplicação de transformações lineares a sinais são completamente análogas às mesmas operações para vetores em $\mathbb{R}^n$. Por isso, o conjunto $\mathbb{S}$ de todos os sinais possíveis é tratado como um *espaço vetorial*. Nas Seções 4.7 e 4.8, estudaremos o espaço vetorial de todos os sinais em tempo discreto em mais detalhes.

O foco do Capítulo 4 é estender a teoria de vetores em $\mathbb{R}^n$ para incluir sinais e outras estruturas matemáticas que se comportam como os vetores com os quais você já está familiarizado. Mais tarde, você verá como outros espaços vetoriais e suas transformações lineares correspondentes aparecem em Engenharia, Física, Biologia e Estatística.

As sementes matemáticas plantadas nos Capítulos 1 e 2 germinam e começam a florescer neste capítulo. A beleza e a força da álgebra linear serão apreciadas de forma mais clara quando virmos $\mathbb{R}^n$ como apenas um dentre uma variedade de espaços vetoriais que surgem naturalmente em problemas aplicados.

Começando com as definições básicas na Seção 4.1, a estrutura geral de espaço vetorial é desenvolvida de forma gradual ao longo do capítulo. Um objetivo das Seções 4.5 e 4.6 é mostrar como outros espaços vetoriais se assemelham a $\mathbb{R}^n$. As Seções 4.7 e 4.8 aplicam a teoria deste capítulo a sinais em tempo discreto, PSD e equações de diferença – a matemática subjacente à revolução digital.

4.1 ESPAÇOS VETORIAIS E SUBESPAÇOS

Boa parte da teoria nos Capítulos 1 e 2 se baseia em certas propriedades simples e óbvias de $\mathbb{R}^n$, listadas na Seção 1.3. De fato, muitos outros sistemas matemáticos têm as mesmas propriedades. As propriedades específicas de interesse estão listadas na próxima definição.

DEFINIÇÃO

Um **espaço vetorial** é um conjunto não vazio V de objetos, chamados *vetores*, sobre os quais estão definidas duas operações, chamadas *soma* e *multiplicação por escalares* (números reais), sujeitas aos dez axiomas (ou regras) listados a seguir.[1] Os axiomas precisam valer para todos os vetores **u**, **v** e **w** em V e para todos os escalares c e d.

1. A soma de **u** e **v**, denotada por **u** + **v**, pertence a V.
2. **u** + **v** = **v** + **u**.
3. (**u** + **v**) + **w** = **u** + (**v** + **w**).
4. Existe um vetor **nulo 0** em V tal que **u** + **0** = **u**.
5. Para cada **u** em V, existe um vetor –**u** em V tal que **u** + (–**u**) = **0**.
6. O múltiplo escalar de **u** por c, denotado por c**u**, pertence a V.
7. $c(\mathbf{u} + \mathbf{v}) = c\mathbf{u} + c\mathbf{v}$.
8. $(c + d)\mathbf{u} = c\mathbf{u} + d\mathbf{u}$.
9. $c(d\mathbf{u}) = (cd)\mathbf{u}$.
10. $1\mathbf{u} = \mathbf{u}$.

Usando apenas esses axiomas, pode-se mostrar que o vetor nulo no Axioma 4 é único, e o vetor –**u**, chamado **negativo** de **u**, no Axioma 5, é único para todo **u** em V. Veja os Exercícios 33 e 34. As demonstrações dos seguintes fatos simples também estão delineadas nos exercícios:

Para cada **u** em V e cada escalar c,

$$0\mathbf{u} = \mathbf{0} \tag{1}$$
$$c\mathbf{0} = \mathbf{0} \tag{2}$$
$$-\mathbf{u} = (-1)\mathbf{u} \tag{3}$$

EXEMPLO 1 Os espaços $\mathbb{R}^n$, com $n \geq 1$, são os primeiros exemplos de espaços vetoriais. A intuição geométrica desenvolvida para $\mathbb{R}^3$ nos ajudará a compreender e visualizar muitos conceitos ao longo do capítulo. ∎

EXEMPLO 2 Seja V o conjunto das setas (segmentos de reta orientados) no espaço tridimensional, com duas setas iguais, se tiverem o mesmo comprimento, a mesma direção e o mesmo sentido. Defina a soma pela regra do paralelogramo (da Seção 1.3) e, para cada **v** em V, defina c**v** como a seta cujo comprimento é $|c|$ vezes o comprimento de **v**, tendo a mesma direção e sentido que **v** se $c \geq 0$ e, caso $c < 0$, com mesma direção e sentido oposto ao de **v**. (Veja a Figura 1.) Mostre que V é um espaço vetorial. Esse espaço é um modelo frequente para várias forças em problemas físicos.

SOLUÇÃO A definição de V é geométrica usando os conceitos de comprimento, direção e sentido. Não foi usado nenhum sistema de coordenadas xyz. Uma seta de comprimento zero é um único ponto e representa o vetor nulo. O negativo de **v** é (-1)**v**. Assim, os Axiomas 1, 4, 5, 6 e 10 se tornam evidentes. Os demais são verificados de forma geométrica. Por exemplo, veja as Figuras 2 e 3. ∎

v   **3v**   **–v**

FIGURA 1

---

[1]Tecnicamente, V é um *espaço vetorial real*. Toda a teoria desenvolvida neste capítulo é válida também para *espaços vetoriais complexos*, nos quais os escalares e elementos de matriz são números complexos. Falaremos rápido sobre isso no Capítulo 5. Até lá, todos os escalares e elementos de matriz serão números reais.

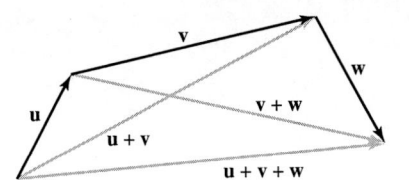

FIGURA 2 u + v = v + u.

FIGURA 3 (u + v) + w = u + (v + w).

EXEMPLO 3 Seja $\mathbb{S}$ o espaço de todas as sequências de números duplamente infinitas (escritas em geral na forma de uma linha em vez de uma coluna):

$$\{y_k\} = (\ldots, y_{-2}, y_{-1}, y_0, y_1; y_2, \ldots)$$

Se $\{z_k\}$ for outro elemento de $\mathbb{S}$, então a soma $\{y_k\} + \{z_k\}$ será a sequência $\{y_k + z_k\}$ formada pela soma dos termos correspondentes de $\{y_k\}$ e $\{z_k\}$. O múltiplo escalar $c\{y_k\}$ é a sequência $\{cy_k\}$. Os axiomas de espaço vetorial são verificados da mesma forma que para $\mathbb{R}^n$.

Os elementos de $\mathbb{S}$ surgem na Engenharia, por exemplo, sempre que um sinal for medido (ou obtido por amostragem) em tempos discretos. O sinal pode ser elétrico, mecânico, óptico biológico, áudio e assim por diante. Os processadores de sinais digitais mencionados na introdução do capítulo usam sinais discretos (ou digitais). Por conveniência, chamaremos $\mathbb{S}$ de espaço dos **sinais** (em tempo discreto). Um sinal pode ser visualizado por meio de um gráfico, como na Figura 4.

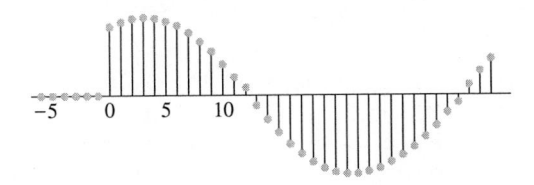

FIGURA 4 Sinal em tempo discreto.

EXEMPLO 4 Para $n \geq 0$, o conjunto $\mathbb{P}_n$ dos polinômios de grau menor ou igual a n consiste em todos os polinômios da forma

$$\mathbf{p}(t) = a_0 + a_1 t + a_2 t^2 + \cdots + a_n t^n \tag{4}$$

em que os coeficientes $a_0, \ldots, a_n$ e a variável t são números reais. O *grau* de $\mathbf{p}$ é a maior potência de t em (4), cujo coeficiente é diferente de zero. Se $\mathbf{p}(t) = a_0 \neq 0$, o grau de $\mathbf{p}$ é zero. Se todos os coeficientes forem iguais a zero, $\mathbf{p}$ é chamado *polinômio nulo*. O polinômio nulo pertence a $\mathbb{P}_n$ mesmo que seu grau, por motivos técnicos, não esteja definido.

Se $\mathbf{p}$ for dado por (4) e se $\mathbf{q}(t) = b_0 + b_1 t + \cdots + b_n t^n$, então a soma $\mathbf{p} + \mathbf{q}$ será definida por

$$(\mathbf{p} + \mathbf{q})(t) = \mathbf{p}(t) + \mathbf{q}(t)$$
$$= (a_0 + b_0) + (a_1 + b_1)t + \cdots + (a_n + b_n)t^n$$

O múltiplo escalar $c\mathbf{p}$ é o polinômio definido por

$$(c\mathbf{p})(t) = c\mathbf{p}(t) = ca_0 + (ca_1)t + \cdots + (ca_n)t^n$$

Essas definições satisfazem os Axiomas 1 e 6 porque $\mathbf{p} + \mathbf{q}$ e $c\mathbf{p}$ são polinômios de grau menor ou igual a n. Os Axiomas 2, 3 e de 7 a 10 seguem das propriedades dos números reais. É claro que o polinômio nulo atua como o vetor nulo no Axioma 4. Finalmente, $(-1)\mathbf{p}$ age como o negativo de $\mathbf{p}$, de modo que o Axioma 5 é satisfeito. Portanto, $\mathbb{P}_n$ é um espaço vetorial.

Os espaços vetoriais $\mathbb{P}_n$ para diversos valores de n são usados, por exemplo, em tendências estatísticas de análise de dados, discutidas na Seção 6.8.

EXEMPLO 5 Seja V o conjunto de todas as funções reais definidas em um conjunto $\mathbb{D}$. (De maneira típica, $\mathbb{D}$ é o conjunto dos números reais ou um intervalo na reta real.) As funções são somadas da forma usual: $\mathbf{f} + \mathbf{g}$ é a função cujo valor em t pertencente ao domínio $\mathbb{D}$ é $\mathbf{f}(t) + \mathbf{g}(t)$. De forma análoga, para um escalar c e uma $\mathbf{f}$ em V, o múltiplo escalar $c\mathbf{f}$ é a função cujo valor em t é $c\mathbf{f}(t)$. Por exemplo, se $\mathbb{D} = \mathbb{R}$, $\mathbf{f}(t) = 1 + \operatorname{sen} 2t$ e $\mathbf{g}(t) = 2 + 0{,}5t$, então

$$(\mathbf{f} + \mathbf{g})(t) = 3 + \operatorname{sen} 2t + 0{,}5t \quad \text{e} \quad (2\mathbf{g})(t) = 4 + t$$

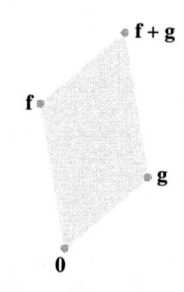

FIGURA 5 Soma de dois vetores (funções).

Duas funções em V são iguais se e somente se seus valores forem iguais para todo t em $\mathbb{D}$. Portanto, o vetor nulo em V é a função identicamente zero, $\mathbf{f}(t) = 0$ para todo t, e o negativo de $\mathbf{f}$ é $(-1)\mathbf{f}$. Os Axiomas 1 e 6 são de forma óbvia verdadeiros, e os demais axiomas seguem das propriedades dos números reais, de modo que V é um espaço vetorial. ∎

É importante considerar cada função do espaço vetorial V no Exemplo 5 como um objeto único, apenas um "ponto" ou vetor no espaço vetorial. A soma de dois vetores $\mathbf{f}$ e $\mathbf{g}$ (funções em V, ou elementos de *qualquer* espaço vetorial) pode ser visualizada como na Figura 5, pois isso pode ajudá-lo a transportar para o contexto de um espaço vetorial geral a intuição geométrica desenvolvida com o espaço vetorial $\mathbb{R}^n$.

Subespaços

Em muitos problemas, um espaço vetorial consiste em determinado subconjunto de vetores pertencentes a um espaço vetorial maior. Nesse caso, apenas três dos dez axiomas de espaço vetorial precisam ser verificados; os demais já são automaticamente satisfeitos.

DEFINIÇÃO

Um **subespaço** de um espaço vetorial V é um subconjunto H de V que satisfaz três propriedades:

a. O vetor nulo de V está em H.[2]

b. H é fechado em relação à soma de vetores. Ou seja, para cada $\mathbf{u}$ e $\mathbf{v}$ em H, a soma $\mathbf{u} + \mathbf{v}$ pertence a H.

c. H é fechado em relação à multiplicação por escalar. Ou seja, para cada $\mathbf{u}$ em H e cada escalar c, o vetor $c\mathbf{u}$ pertence a H.

As propriedades (a), (b) e (c) garantem que um subespaço H de V é em si próprio um *espaço vetorial* em relação às operações de espaço vetorial já definidas em V. Para verificar isso, observe que as propriedades (a), (b) e (c) são os Axiomas 1, 4 e 6. Os Axiomas 2, 3 e de 7 a 10 são automaticamente satisfeitos em H, já que se aplicam a todos os elementos de V, incluindo os que estão em H. O Axioma 5 também é satisfeito em H, porque, se $\mathbf{u}$ estiver em H, então $(-1)\mathbf{u}$ estará em H por (c), e sabemos, da equação (3) desta seção, que $(-1)\mathbf{u}$ é o vetor $-\mathbf{u}$ do Axioma 5.

Portanto, todo subespaço é um espaço vetorial. De forma recíproca, todo espaço vetorial é um subespaço (de si mesmo e, possivelmente, de outros subespaços maiores). O termo *subespaço* é usado quando pelo menos dois espaços vetoriais estão em consideração, um contido no outro, e a frase *subespaço de* V identifica V como o espaço maior. (Veja a Figura 6.)

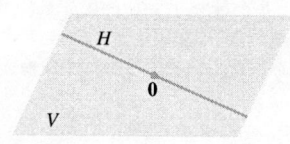

FIGURA 6
Subespaço de V.

EXEMPLO 6 O conjunto que consiste apenas no vetor nulo de um espaço vetorial V é um subespaço de V, chamado **subespaço trivial** (ou nulo) e denotado por $\{\mathbf{0}\}$. ∎

EXEMPLO 7 Seja $\mathbb{P}$ o conjunto de todos os polinômios com coeficientes reais, com as operações em $\mathbb{P}$ definidas como as das funções. Então, $\mathbb{P}$ é um subespaço do espaço de todas as funções reais de variável real. Além disso, para cada $n \geq 0$, $\mathbb{P}_n$ é um subespaço de $\mathbb{P}$, já que $\mathbb{P}_n$ é um subconjunto de $\mathbb{P}$ que contém o polinômio nulo, a soma de dois polinômios em $\mathbb{P}_n$ também pertence a $\mathbb{P}_n$ e um múltiplo escalar de um polinômio em $\mathbb{P}_n$ também está em $\mathbb{P}_n$. ∎

EXEMPLO 8 O conjunto de sinais com suporte finito $\mathbb{S}_f$ consiste nos sinais $\{y_k\}$, em que apenas números finitos de y_k são diferentes de zero. Como o sinal nulo $\mathbf{0} = (\ldots, 0, 0, 0, \ldots)$ não contém elementos não nulos, ele é claramente um elemento de $\mathbb{S}_f$. Quando dois sinais com um número finito de elementos não nulos são somados, o sinal resultante tem um número finito de elementos não nulos. De modo semelhante, quando um sinal com um número finito de elementos não nulos é multiplicado por um escalar, o resultado é um sinal com um número finito de elementos não nulos. Assim, $\mathbb{S}_f$ é um subespaço de $\mathbb{S}$, o espaço de sinais em tempo discreto. Veja a Figura 7.

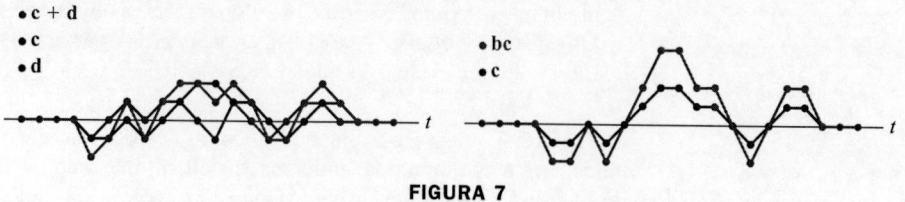

FIGURA 7 ∎

---

[2]Alguns livros substituem a propriedade (a) nessa definição pela hipótese de que H não é vazio. Então (a) poderia ser deduzida de (c) e do fato de que $0\mathbf{u} = \mathbf{0}$. Mas a melhor maneira de testar se o subconjunto é um subespaço é verificar primeiro se o vetor nulo pertence ao conjunto. Se $\mathbf{0}$ pertencer a H, então será preciso verificar as propriedades (b) e (c). Se $\mathbf{0}$ *não* pertencer a H, então H não poderá ser um subespaço e não haverá necessidade de verificar as outras propriedades.

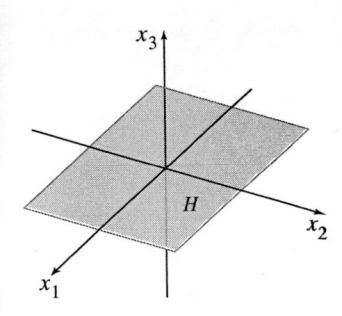

FIGURA 8 Plano x_1x_2 como um subespaço de $\mathbb{R}^3$.

EXEMPLO 9   O espaço vetorial $\mathbb{R}^2$ *não* é um subespaço de $\mathbb{R}^3$, porque $\mathbb{R}^2$ não é nem mesmo um subconjunto de $\mathbb{R}^3$. (Todos os vetores em $\mathbb{R}^3$ têm três componentes, enquanto os vetores em $\mathbb{R}^2$ têm apenas duas.) O conjunto

$$H = \left\{ \begin{bmatrix} s \\ t \\ 0 \end{bmatrix} : s \text{ e } t \text{ são reais} \right\}$$

é um subconjunto de $\mathbb{R}^3$ que se "parece" e "age" como $\mathbb{R}^2$, apesar de logicamente ser diferente de $\mathbb{R}^2$. Veja a Figura 8. Mostre que H é um subespaço de $\mathbb{R}^3$.

SOLUÇÃO   O vetor nulo está em H, e H é fechado em relação à soma de vetores e à multiplicação por escalar, pois essas operações em vetores de H sempre produzem vetores cujas terceiras componentes são iguais a zero (e, assim, pertencem a H). Portanto, H é um subespaço de $\mathbb{R}^3$.   ∎

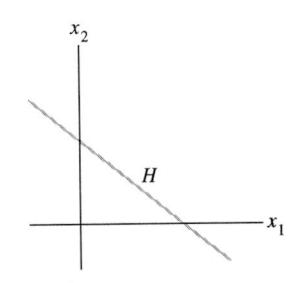

FIGURA 9 Reta que não é um subespaço.

EXEMPLO 10   Um plano em $\mathbb{R}^3$ que *não* contém a origem não é um subespaço de $\mathbb{R}^3$, já que o plano não contém o vetor nulo em $\mathbb{R}^3$. De modo análogo, uma reta em $\mathbb{R}^2$ que *não* contém a origem, como na Figura 9, *não* é um subespaço de $\mathbb{R}^2$.   ∎

Subespaço Gerado por um Conjunto

O próximo exemplo ilustra uma das formas mais comuns de descrever um subespaço. Como no Capítulo 1, o termo **combinação linear** se refere a qualquer soma de múltiplos escalares de vetores e $\mathscr{L}\{\mathbf{v}_1, \dots, \mathbf{v}_p\}$ denota o conjunto de todos os vetores que podem ser escritos como combinação linear de $\mathbf{v}_1, \dots, \mathbf{v}_p$.

EXEMPLO 11   Dados $\mathbf{v}_1$ e $\mathbf{v}_2$ em um espaço vetorial V, seja $H = \mathscr{L}\{\mathbf{v}_1, \mathbf{v}_2\}$. Mostre que H é um subespaço de V.

SOLUÇÃO   O vetor nulo está em H, já que $\mathbf{0} = 0\mathbf{v}_1 + 0\mathbf{v}_2$. Para mostrar que H é fechado em relação à soma de vetores, considere dois vetores arbitrários em H, digamos,

$$\mathbf{u} = s_1\mathbf{v}_1 + s_2\mathbf{v}_2 \quad \text{e} \quad \mathbf{w} = t_1\mathbf{v}_1 + t_2\mathbf{v}_2$$

Pelos Axiomas 2, 3 e 8 para o espaço vetorial V,

$$\mathbf{u} + \mathbf{w} = (s_1\mathbf{v}_1 + s_2\mathbf{v}_2) + (t_1\mathbf{v}_1 + t_2\mathbf{v}_2)$$
$$= (s_1 + t_1)\mathbf{v}_1 + (s_2 + t_2)\mathbf{v}_2$$

Logo, $\mathbf{u} + \mathbf{w}$ pertence a H. Mais ainda, se c for um escalar, então, pelos Axiomas 7 e 9,

$$c\mathbf{u} = c(s_1\mathbf{v}_1 + s_2\mathbf{v}_2) = (cs_1)\mathbf{v}_1 + (cs_2)\mathbf{v}_2$$

o que mostra que $c\mathbf{u}$ pertence a H e H é fechado em relação à multiplicação por escalar. Portanto, H é um subespaço de V.   ∎

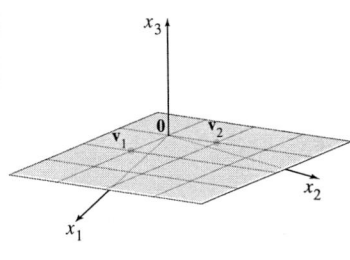

FIGURA 10 Exemplo de um subespaço.

Na Seção 4.5, vamos provar que todo subespaço não trivial de $\mathbb{R}^3$, diferente do próprio $\mathbb{R}^3$, é igual a $\mathscr{L}\{\mathbf{v}_1, \mathbf{v}_2\}$ para vetores linearmente independentes $\mathbf{v}_1$ e $\mathbf{v}_2$, ou é igual a $\mathscr{L}\{\mathbf{v}\}$ para algum $\mathbf{v} \neq \mathbf{0}$. No primeiro caso, o subespaço é um plano contendo a origem e, no segundo, uma reta contendo a origem. (Veja a Figura 10.) É útil manter essas figuras geométricas em mente, mesmo para um espaço vetorial abstrato.

Na argumento no Exemplo 11 pode ser generalizado com facilidade para provar o seguinte teorema.

TEOREMA 1   Se $\mathbf{v}_1, \dots, \mathbf{v}_p$ pertencerem a um espaço vetorial V, então $\mathscr{L}\{\mathbf{v}_1, \dots, \mathbf{v}_p\}$ será um subespaço de V.

Chamamos $\mathscr{L}\{\mathbf{v}_1, \dots, \mathbf{v}_p\}$ o **subespaço gerado** por $\{\mathbf{v}_1, \dots, \mathbf{v}_p\}$. Dado qualquer subespaço H de V, um **conjunto gerador** para H é um conjunto $\{\mathbf{v}_1, \dots, \mathbf{v}_p\}$ em H, tal que $H = \mathscr{L}\{\mathbf{v}_1, \dots, \mathbf{v}_p\}$.

O próximo exemplo mostra como se usa o Teorema 1.

EXEMPLO 12   Seja H o conjunto de todos os vetores da forma $(a - 3b, b - a, a, b)$, em que a e b são escalares arbitrários. Ou seja, $H = \{(a - 3b, b - a, a, b) : a \text{ e } b \text{ em } \mathbb{R}\}$. Mostre que H é um subespaço de $\mathbb{R}^4$.

SOLUÇÃO   Escreva os vetores de H como vetores colunas. Então, um vetor arbitrário em H tem a forma

$$\begin{bmatrix} a - 3b \\ b - a \\ a \\ b \end{bmatrix} = a \begin{bmatrix} 1 \\ -1 \\ 1 \\ 0 \end{bmatrix} + b \begin{bmatrix} -3 \\ 1 \\ 0 \\ 1 \end{bmatrix}$$

$$\underset{\mathbf{v}_1}{\uparrow} \qquad\qquad \underset{\mathbf{v}_2}{\uparrow}$$

Esse cálculo mostra que $H = \mathcal{L}\{\mathbf{v}_1, \mathbf{v}_2\}$, em que $\mathbf{v}_1$ e $\mathbf{v}_2$ são os vetores indicados anteriormente. Assim, pelo Teorema 1, H é um subespaço de $\mathbb{R}^4$.   ∎

O Exemplo 12 ilustra uma técnica útil para expressar um subespaço H como o conjunto de todas as combinações lineares de alguma pequena coleção de vetores. Se $H = \mathcal{L}\{\mathbf{v}_1, ..., \mathbf{v}_p\}$, podemos considerar os vetores $\mathbf{v}_1, ..., \mathbf{v}_p$ do conjunto gerador como "alças" que nos permitem segurar o subespaço H. Cálculos envolvendo toda a infinidade de vetores de H são, muitas vezes, reduzidos a operações com o número finito de vetores do conjunto gerador.

EXEMPLO 13   Para qual valor (ou quais valores) de h **y** pertence ao subespaço de $\mathbb{R}^3$ gerado por $\mathbf{v}_1, \mathbf{v}_2, \mathbf{v}_3$, no qual

$$\mathbf{v}_1 = \begin{bmatrix} 1 \\ -1 \\ -2 \end{bmatrix}, \qquad \mathbf{v}_2 = \begin{bmatrix} 5 \\ -4 \\ -7 \end{bmatrix}, \qquad \mathbf{v}_3 = \begin{bmatrix} -3 \\ 1 \\ 0 \end{bmatrix} \qquad e \qquad \mathbf{y} = \begin{bmatrix} -4 \\ 3 \\ h \end{bmatrix}$$

SOLUÇÃO   Essa pergunta é o Problema Prático 2 na Seção 1.3, reescrito aqui com o termo *subespaço* no lugar de $\mathcal{L}\{\mathbf{v}_1, \mathbf{v}_2, \mathbf{v}_3\}$. A solução mostra que **y** pertence a $\mathcal{L}\{\mathbf{v}_1, \mathbf{v}_2, \mathbf{v}_3\}$ se e somente se $h = 5$. Vale a pena rever essa solução agora, junto com os Exercícios 11 a 16 e 19 a 21 na Seção 1.3.   ∎

Apesar de muitos espaços vetoriais neste capítulo serem subespaços de $\mathbb{R}^n$, é importante ter em mente que a teoria abstrata também se aplica a outros espaços vetoriais. Os espaços vetoriais de funções surgem em muitas aplicações e receberão mais atenção adiante.

Problemas Práticos

1. Mostre que o conjunto H formado por todos os pontos em $\mathbb{R}^2$ da forma $(3s, 2 + 5s)$ não é um espaço vetorial, argumentando que esse espaço não é fechado em relação à multiplicação por escalar. (Encontre um certo vetor **u** em H e um escalar c tal que $c\mathbf{u}$ não está em H.)

2. Seja $W = \mathcal{L}\{\mathbf{v}_1, ..., \mathbf{v}_p\}$, em que $\mathbf{v}_1, ..., \mathbf{v}_p$ pertencem ao espaço vetorial V. Mostre que $\mathbf{v}_k$ pertence a W para $1 \le k \le p$. [*Sugestão:* Escreva, primeiro, uma equação que mostre que $\mathbf{v}_1$ pertence a W. Depois, ajuste sua notação para o caso geral.]

3. Uma matriz A $n \times n$ é dita simétrica se $A^T = A$. Seja S o conjunto de todas as matrizes simétricas 3×3. Mostre que S é um subespaço de $M_{3\times 3}$, o espaço vetorial de todas as matrizes 3×3.

4.1 EXERCÍCIOS

1. Seja V o primeiro quadrante do plano xy, ou seja,

$$V = \left\{ \begin{bmatrix} x \\ y \end{bmatrix} : x \ge 0, y \ge 0 \right\}$$

a. Se **u** e **v** estiverem em V, será que $\mathbf{u} + \mathbf{v}$ estará em V? Por quê?

b. Determine um vetor específico **u** em V e um escalar específico c tal que $c\mathbf{u}$ *não* pertence a V. (Isso é suficiente para mostrar que V *não* é um espaço vetorial.)

2. Seja W a união do primeiro e terceiro quadrantes no plano xy. Em símbolos, $W = \left\{ \begin{bmatrix} x \\ y \end{bmatrix} : xy \ge 0 \right\}$.

a. Se **u** pertencer a W e c for um escalar qualquer, $c\mathbf{u}$ pertencerá a W? Por quê?

b. Determine vetores **u** e **v** pertencentes a W tais que $\mathbf{u} + \mathbf{v}$ não pertence a W. (Isso é suficiente para mostrar que W *não* é um espaço vetorial.)

3. Seja H o conjunto dos pontos no interior e na fronteira do círculo unitário no plano xy. Em símbolos, $H = \left\{ \begin{bmatrix} x \\ y \end{bmatrix} : x^2 + y^2 \le 1 \right\}$.

Determine um exemplo específico — dois vetores ou um vetor e um escalar — para mostrar que H não é um subespaço de $\mathbb{R}^2$.

4. Construa uma figura geométrica que ilustre por que uma reta em $\mathbb{R}^2$ que *não* contém a origem não é fechada em relação à soma de vetores.

Nos Exercícios 5 a 8, determine se o conjunto dado é um subespaço de $\mathbb{P}_n$ para um valor apropriado de n. Justifique suas respostas.

5. Todos os polinômios da forma $\mathbf{p}(t) = at^2$, com a em $\mathbb{R}$.

6. Todos os polinômios da forma $\mathbf{p}(t) = a + t^2$, com a em $\mathbb{R}$.

7. Todos os polinômios de grau no máximo 3, com coeficientes inteiros.

8. Todos os polinômios em $\mathbb{P}_n$ com $\mathbf{p}(0) = 0$.

9. Seja H o conjunto de todos os vetores da forma $\begin{bmatrix} s \\ 3s \\ 2s \end{bmatrix}$. Determine um vetor $\mathbf{v}$ em $\mathbb{R}^3$ tal que $H = \mathscr{L}\{\mathbf{v}\}$. Por que isso mostra que H é um subespaço de $\mathbb{R}^3$?

10. Seja H o conjunto de todos os vetores da forma $\begin{bmatrix} 2t \\ 0 \\ -t \end{bmatrix}$. Mostre que H é um subespaço de $\mathbb{R}^3$. (Use o método do Exercício 9.)

11. Seja W o conjunto de todos os vetores da forma $\begin{bmatrix} 5b + 2c \\ b \\ c \end{bmatrix}$, em que b e c são arbitrários. Determine vetores $\mathbf{u}$ e $\mathbf{v}$ tais que $W = \mathscr{L}\{\mathbf{u}, \mathbf{v}\}$. Por que isso mostra que W é um subespaço de $\mathbb{R}^3$?

12. Seja W o conjunto de todos os vetores da forma $\begin{bmatrix} s + 3t \\ s - t \\ 2s - t \\ 4t \end{bmatrix}$. Mostre que W é um subespaço de $\mathbb{R}^4$. (Use o método do Exercício 11.)

13. Sejam $\mathbf{v}_1 = \begin{bmatrix} 1 \\ 0 \\ -1 \end{bmatrix}$, $\mathbf{v}_2 = \begin{bmatrix} 2 \\ 1 \\ 3 \end{bmatrix}$, $\mathbf{v}_3 = \begin{bmatrix} 4 \\ 2 \\ 6 \end{bmatrix}$ e $\mathbf{w} = \begin{bmatrix} 3 \\ 1 \\ 2 \end{bmatrix}$.

  a. O vetor $\mathbf{w}$ pertence a $\{\mathbf{v}_1, \mathbf{v}_2, \mathbf{v}_3\}$? Quantos vetores pertencem a $\{\mathbf{v}_1, \mathbf{v}_2, \mathbf{v}_3\}$?

  b. Quantos vetores pertencem a $\mathscr{L}\{\mathbf{v}_1, \mathbf{v}_2, \mathbf{v}_3\}$?

  c. O vetor $\mathbf{w}$ pertence ao subespaço gerado por $\{\mathbf{v}_1, \mathbf{v}_2, \mathbf{v}_3\}$? Por quê?

14. Sejam $\mathbf{v}_1, \mathbf{v}_2, \mathbf{v}_3$ como no Exercício 13 e seja $\mathbf{w} = \begin{bmatrix} 8 \\ 4 \\ 7 \end{bmatrix}$. O vetor $\mathbf{w}$ pertence ao subespaço gerado por $\{\mathbf{v}_1, \mathbf{v}_2, \mathbf{v}_3\}$? Por quê?

Nos Exercícios 15 a 18, seja W o conjunto de todos os vetores da forma apresentada, com a, b e c representando números reais arbitrários. Em cada caso, encontre um conjunto de vetores S que gerem W ou dê um exemplo mostrando que W *não* é um espaço vetorial.

15. $\begin{bmatrix} 3a + b \\ 4 \\ a - 5b \end{bmatrix}$

16. $\begin{bmatrix} -a + 1 \\ a - 6b \\ 2b + a \end{bmatrix}$

17. $\begin{bmatrix} a - b \\ b - c \\ c - a \\ b \end{bmatrix}$

18. $\begin{bmatrix} 4a + 3b \\ 0 \\ a + b + c \\ c - 2a \end{bmatrix}$

19. Se uma massa m for presa na extremidade de uma mola e se a mola for puxada para baixo e liberada, o sistema massa-mola começará a oscilar. O deslocamento y da massa em relação à sua posição de repouso é dado por uma função da forma

$$y(t) = c_1 \cos \omega t + c_2 \operatorname{sen} \omega t \tag{5}$$

na qual ω é uma constante que depende da mola e da massa. (Veja a figura a seguir.) Mostre que o conjunto de todas as funções descritas em (5) (com ω fixo e c_1, c_2 arbitrários) é um espaço vetorial.

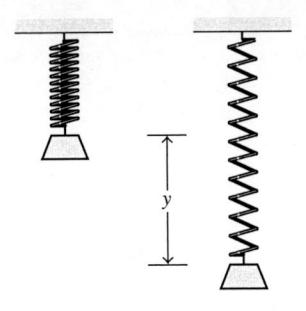

20. O conjunto de todas as funções reais contínuas definidas em um intervalo fechado $[a, b]$ em $\mathbb{R}$ é denotado por $C[a, b]$. Esse conjunto é um subespaço do espaço vetorial de todas as funções reais definidas em $[a, b]$.

  a. Quais os fatos sobre funções contínuas que devem ser provados de modo a demonstrar que $C[a, b]$ é de fato um subespaço como foi afirmado? (Esses fatos são geralmente discutidos em um curso de cálculo.)

  b. Mostre que $\{\mathbf{f} \text{ em } C[a, b] : \mathbf{f}(a) = \mathbf{f}(b)\}$ é um subespaço de $C[a, b]$.

Para inteiros m e n positivos e fixos, o conjunto $M_{m \times n}$ de todas as matrizes $m \times n$ é um espaço vetorial em relação às operações usuais de soma de matrizes e multiplicação por escalares reais.

21. Determine se o conjunto H de todas as matrizes da forma $\begin{bmatrix} a & b \\ 0 & d \end{bmatrix}$ é um subespaço de $M_{2 \times 2}$.

22. Seja F uma matriz 3×2 fixa e seja H o conjunto de todas as matrizes A em $M_{2 \times 4}$, com a propriedade de que $FA = 0$ (a matriz nula em $M_{3 \times 4}$). Determine se H é um subespaço de $M_{2 \times 4}$.

Nos Exercícios 23 a 32, marque cada afirmação como Verdadeira ou Falsa **(V/F)**. Justifique cada resposta.

23. **(V/F)** Se $\mathbf{f}$ for uma função no espaço vetorial V de todas as funções reais definidas em $\mathbb{R}$ e se $\mathbf{f}(t) = 0$ para algum t, então $\mathbf{f}$ será o vetor nulo de V.

24. **(V/F)** Um vetor é qualquer elemento de um espaço vetorial.

25. **(V/F)** Uma seta em um espaço tridimensional pode ser considerada um vetor.

26. **(V/F)** Se $\mathbf{u}$ for um vetor em um espaço vetorial V, então $(-1)\mathbf{u}$ será igual ao negativo de $\mathbf{u}$.

27. **(V/F)** Um subconjunto H de um espaço vetorial V é um subespaço de V se o vetor nulo pertencer a H.

28. **(V/F)** Um espaço vetorial também é um subespaço.

29. **(V/F)** Um subespaço também é um espaço vetorial.

30. **(V/F)** $\mathbb{R}^2$ é um subespaço de $\mathbb{R}^3$.

31. **(V/F)** Os polinômios de grau dois ou menos formam um subespaço do espaço de polinômios de grau três ou menos.

32. **(V/F)** Um subconjunto H de um espaço vetorial V é um subespaço de V se as seguintes condições forem satisfeitas: (i) o vetor nulo de V pertencer a H, (ii) $\mathbf{u}$, $\mathbf{v}$ e $\mathbf{u} + \mathbf{v}$ pertencerem a H e (iii) c for um escalar e $c\mathbf{u}$ pertencer a H.

Os Exercícios 33 a 36 mostram como os axiomas para um espaço vetorial V podem ser usados para provar as propriedades elementares descritas após a definição de espaço vetorial. Preencha os espaços em branco com os números dos axiomas apropriados. Você pode supor, dos Axiomas 2, 4 e 5, que $\mathbf{0} + \mathbf{u} = \mathbf{u}$ e $-\mathbf{u} + \mathbf{u} = \mathbf{0}$ para todo $\mathbf{u}$.

33. Complete a demonstração a seguir de que o vetor nulo é único. Suponha que $\mathbf{w}$ pertença a V e satisfaça a propriedade de que $\mathbf{u} + \mathbf{w} = \mathbf{w} + \mathbf{u} = \mathbf{u}$ para todo $\mathbf{u}$ em V. Em particular, $\mathbf{0} + \mathbf{w} = \mathbf{0}$. Mas $\mathbf{0} + \mathbf{w} = \mathbf{w}$, pelo Axioma _____. Portanto, $\mathbf{w} = \mathbf{0} + \mathbf{w} = \mathbf{0}$.

34. Complete a demonstração a seguir de que $-\mathbf{u}$ é o *único vetor* em V tal que $\mathbf{u} + (-\mathbf{u}) = \mathbf{0}$. Suponha que $\mathbf{w}$ satisfaça $\mathbf{u} + \mathbf{w} = \mathbf{0}$. Somando $-\mathbf{u}$ a ambos os lados, temos

$$(-\mathbf{u}) + [\mathbf{u} + \mathbf{w}] = (-\mathbf{u}) + \mathbf{0}$$

$$[(-\mathbf{u}) + \mathbf{u}] + \mathbf{w} = (-\mathbf{u}) + \mathbf{0} \qquad \text{pelo Axioma \_\_\_\_ (a)}$$

$$\mathbf{0} + \mathbf{w} = (-\mathbf{u}) + \mathbf{0} \qquad \text{pelo Axioma \_\_\_\_ (b)}$$

$$\mathbf{w} = -\mathbf{u} \qquad \text{pelo Axioma \_\_\_\_ (c)}$$

35. Preencha o número dos axiomas que estão faltando na demonstração a seguir de que $0\mathbf{u} = \mathbf{0}$ para todo $\mathbf{u}$ em V.

$$0\mathbf{u} = (0 + 0)\mathbf{u} = 0\mathbf{u} + 0\mathbf{u} \qquad \text{pelo Axioma \_\_\_\_ (a)}$$

Some o negativo de $0\mathbf{u}$ a ambos os lados:

$$0\mathbf{u} + (-0\mathbf{u}) = [0\mathbf{u} + 0\mathbf{u}] + (-0\mathbf{u})$$

$$0\mathbf{u} + (-0\mathbf{u}) = 0\mathbf{u} + [0\mathbf{u} + (-0\mathbf{u})] \qquad \text{pelo Axioma \_\_\_\_ (b)}$$

$$\mathbf{0} = 0\mathbf{u} + \mathbf{0} \qquad \text{pelo Axioma \_\_\_\_ (c)}$$

$$\mathbf{0} = 0\mathbf{u} \qquad \text{pelo Axioma \_\_\_\_ (d)}$$

36. Preencha o número dos axiomas que estão faltando na demonstração a seguir de que $c\mathbf{0} = \mathbf{0}$ para todo escalar c.

$$c\mathbf{0} = c(\mathbf{0} + \mathbf{0}) \qquad \text{pelo Axioma \_\_\_\_ (a)}$$

$$= c\mathbf{0} + c\mathbf{0} \qquad \text{pelo Axioma \_\_\_\_ (b)}$$

Some o negativo de $c\mathbf{0}$ a ambos os lados:

$$c\mathbf{0} + (-c\mathbf{0}) = [c\mathbf{0} + c\mathbf{0}] + (-c\mathbf{0})$$

$$c\mathbf{0} + (-c\mathbf{0}) = c\mathbf{0} + [c\mathbf{0} + (-c\mathbf{0})] \qquad \text{pelo Axioma \_\_\_\_ (c)}$$

$$\mathbf{0} = c\mathbf{0} + \mathbf{0} \qquad \text{pelo Axioma \_\_\_\_ (d)}$$

$$\mathbf{0} = c\mathbf{0} \qquad \text{pelo Axioma \_\_\_\_ (e)}$$

37. Prove que $(-1)\mathbf{u} = -\mathbf{u}$. [*Sugestão:* Mostre que $\mathbf{u} + (-1)\mathbf{u} = \mathbf{0}$. Use alguns axiomas e os resultados dos Exercícios 34 e 35.]

38. Suponha que $c\mathbf{u} = \mathbf{0}$ para algum escalar não nulo c. Mostre que $\mathbf{u} = \mathbf{0}$. Indique os axiomas e propriedades que você usar.

39. Sejam $\mathbf{u}$ e $\mathbf{v}$ vetores de um espaço vetorial V e seja H qualquer subespaço de V que contém $\mathbf{u}$ e $\mathbf{v}$. Explique por que H também contém $\mathscr{L}\{\mathbf{u}, \mathbf{v}\}$. Isso mostra que $\mathscr{L}\{\mathbf{u}, \mathbf{v}\}$ é o menor subespaço de V que contém tanto $\mathbf{u}$ quanto $\mathbf{v}$.

40. Sejam H e K subespaços de um espaço vetorial V. A **interseção** de H e K, denotada por $H \cap K$, é o conjunto dos $\mathbf{v}$ de V que pertencem tanto a H quanto a K. Mostre que $H \cap K$ é um subespaço de V. (Veja a figura.) Dê um exemplo em $\mathbb{R}^2$ para mostrar que a união de dois subespaços não é um subespaço, em geral.

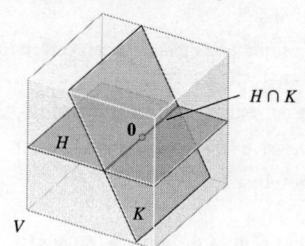

41. Dados subespaços H e K de um espaço vetorial V, a **soma** de H e K, denotada por $H + K$, é o conjunto de todos os vetores em V que podem ser escritos como a soma de dois vetores, um em H e outro em K, ou seja,

$$H + K = \{\mathbf{w}: \mathbf{w} = \mathbf{u} + \mathbf{v} \text{ para algum } \mathbf{u} \text{ em } H \text{ e algum } \mathbf{v} \text{ em } K\}.$$

a. Mostre que $H + K$ é um subespaço de V.

b. Mostre que H e K são subespaços de $H + K$.

42. Suponha que $\mathbf{u}_1, \ldots, \mathbf{u}_p$ e $\mathbf{v}_1, \ldots, \mathbf{v}_q$ são vetores em um espaço vetorial V e sejam

$$H = \mathscr{L}\{\mathbf{u}_1, \ldots, \mathbf{u}_p\} \text{ e } K = \mathscr{L}\{\mathbf{v}_1, \ldots, \mathbf{v}_q\}.$$

Mostre que $H + K = \mathscr{L}\{\mathbf{u}_1, \ldots, \mathbf{u}_p, \mathbf{v}_1, \ldots, \mathbf{v}_q\}$

[M] 43. Mostre que $\mathbf{w}$ está no subespaço de $\mathbb{R}^4$ gerado por $\mathbf{v}_1, \mathbf{v}_2, \mathbf{v}_3$, no qual

$$\mathbf{w} = \begin{bmatrix} 9 \\ -4 \\ -4 \\ 7 \end{bmatrix}, \mathbf{v}_1 = \begin{bmatrix} 8 \\ -4 \\ -3 \\ 9 \end{bmatrix}, \mathbf{v}_2 = \begin{bmatrix} -4 \\ 3 \\ -2 \\ -8 \end{bmatrix}, \mathbf{v}_3 = \begin{bmatrix} -7 \\ 6 \\ -5 \\ -18 \end{bmatrix}$$

[M] 44. Determine se $\mathbf{y}$ está no subespaço de $\mathbb{R}^4$ gerado pelas colunas de A, em que

$$\mathbf{y} = \begin{bmatrix} -4 \\ -8 \\ 6 \\ -5 \end{bmatrix}, \quad A = \begin{bmatrix} 3 & -5 & -9 \\ 8 & 7 & -6 \\ -5 & -8 & 3 \\ 2 & -2 & -9 \end{bmatrix}$$

[M] 45. O espaço vetorial $H = \mathscr{L}\{1, \cos^2 t, \cos^4 t, \cos^6 t\}$ contém pelo menos duas funções interessantes que serão usadas em um exercício posterior:

$$\mathbf{f}(t) = 1 - 8\cos^2 t + 8\cos^4 t$$

$$\mathbf{g}(t) = -1 + 18\cos^2 t - 48\cos^4 t + 32\cos^6 t$$

Estude o gráfico de $\mathbf{f}$ para $0 \leq t \leq 2\pi$ e descubra uma fórmula simples para $\mathbf{f}(t)$. Verifique sua conjectura esboçando o gráfico da diferença entre $1 + \mathbf{f}(t)$ e sua fórmula para $\mathbf{f}(t)$. (Espera-se que você obtenha a função constante 1.) Repita para $\mathbf{g}$.

[M] 46. Repita o Exercício 45 para as funções

$$\mathbf{f}(t) = 3\,\text{sen}\,t - 4\,\text{sen}^3 t$$

$$\mathbf{g}(t) = 1 - 8\,\text{sen}^2 t + 8\,\text{sen}^4 t$$

$$\mathbf{h}(t) = 5\,\text{sen}\,t - 20\,\text{sen}^3 t + 16\,\text{sen}^5 t$$

no espaço vetorial $\mathscr{L}\{1, \text{sen}\,t, \text{sen}^2 t, \ldots, \text{sen}^5 t\}$.

Soluções dos Problemas Práticos

1. Tome qualquer $\mathbf{u}$ em H — digamos, $\mathbf{u} = \begin{bmatrix} 3 \\ 7 \end{bmatrix}$ — e tome qualquer $c \neq 1$ — digamos $c = 2$. Então $c\mathbf{u} = \begin{bmatrix} 6 \\ 14 \end{bmatrix}$. Se esse vetor estivesse em H, existiria algum s tal que

$$\begin{bmatrix} 3s \\ 2 + 5s \end{bmatrix} = \begin{bmatrix} 6 \\ 14 \end{bmatrix}$$

Ou seja, $s = 2$ e $s = 12/5$, o que é impossível. De modo que $2\mathbf{u}$ não pertence a H e H não é um espaço vetorial.

2. $\mathbf{v}_1 = 1\mathbf{v}_1 + 0\mathbf{v}_2 + \ldots + 0\mathbf{v}_p$. Isso expressa $\mathbf{v}_1$ como uma combinação linear de $\mathbf{v}_1, \ldots, \mathbf{v}_p$, de modo que $\mathbf{v}_1$ pertence a W. Em geral, $\mathbf{v}_k$ pertence a W porque

$$\mathbf{v}_k = 0\mathbf{v}_1 + \cdots + 0\mathbf{v}_{k-1} + 1\mathbf{v}_k + 0\mathbf{v}_{k+1} + \cdots + 0\mathbf{v}_p$$

3. O subconjunto S é um subespaço de $M_{3\times 3}$, já que satisfaz às três propriedades listadas na definição de subespaço:

   a. O elemento $\mathbf{0}$ em $M_{3\times 3}$ é a matriz nula 3×3; como $\mathbf{0}^T = \mathbf{0}$, $\mathbf{0}$ é uma matriz simétrica e, portanto, pertence a S.

   b. Sejam A e B em S. Note que A e B são matrizes simétricas 3×3, de modo que $A^T = A$ e $B^T = B$. Pelas propriedades das transpostas de matrizes, $(A + B)^T = A^T + B^T = A + B$. Logo, $A + B$ é simétrica e, portanto, $A + B$ pertence a S.

   c. Sejam A em S e c um escalar. Como A é simétrica, pelas propriedades da transposta $(cA)^T = c(A^T) = cA$. Assim, cA também é uma matriz simétrica, logo cA pertence a S.

4.2 ESPAÇO NULO, ESPAÇO COLUNA, ESPAÇO DAS LINHAS E TRANSFORMAÇÕES LINEARES

Nas aplicações de álgebra linear, os subespaços de $\mathbb{R}^n$ costumam surgir de duas formas: (1) como o conjunto de todas as soluções de um sistema linear homogêneo de equações ou (2) como o conjunto de todas as combinações lineares de um dado conjunto de vetores. Nesta seção, vamos comparar essas duas descrições de subespaços, o que nos permitirá praticar o uso do conceito de subespaço. Na verdade, como você vai logo descobrir, já estamos trabalhando com subespaços desde a Seção 1.3. A maior novidade aqui é a terminologia. A seção conclui com uma discussão sobre o núcleo e a imagem de uma transformação linear.

Espaço Nulo de uma Matriz

Considere o seguinte sistema homogêneo de equações:

$$\begin{aligned} x_1 - 3x_2 - 2x_3 &= 0 \\ -5x_1 + 9x_2 + x_3 &= 0 \end{aligned} \tag{1}$$

Em forma matricial, esse sistema é escrito como $A\mathbf{x} = \mathbf{0}$, em que

$$A = \begin{bmatrix} 1 & -3 & -2 \\ -5 & 9 & 1 \end{bmatrix} \tag{2}$$

Lembre-se de que o conjunto de todos os $\mathbf{x}$ que satisfazem (1) é chamado **conjunto solução** do sistema (1). Muitas vezes, é conveniente relacionar esse conjunto diretamente com a matriz A e a equação $A\mathbf{x} = \mathbf{0}$. Chamamos o conjunto dos $\mathbf{x}$ que satisfazem $A\mathbf{x} = \mathbf{0}$ o **espaço nulo** da matriz A.

DEFINIÇÃO

> O **espaço nulo** (ou **núcleo**) de uma matriz A $m \times n$, denotado por Nul A, é o conjunto de todas as soluções da equação homogênea $A\mathbf{x} = \mathbf{0}$. Em notação de conjuntos,
>
> $$\text{Nul } A = \{\mathbf{x} : \mathbf{x} \text{ está em } \mathbb{R}^n \quad \text{e} \quad A\mathbf{x} = \mathbf{0}\}$$

Uma descrição mais dinâmica de Nul A é dada pelo conjunto de todos os $\mathbf{x}$ em $\mathbb{R}^n$ que são transformados no vetor nulo em $\mathbb{R}^m$ pela transformação linear $\mathbf{x} \mapsto A\mathbf{x}$. Veja a Figura 1.

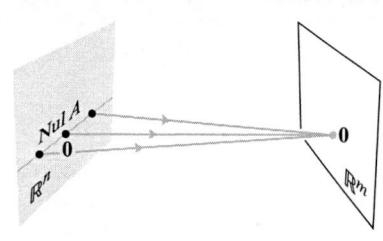

FIGURA 1

EXEMPLO 1   Seja A a matriz em (2) e seja $\mathbf{u} = \begin{bmatrix} 5 \\ 3 \\ -2 \end{bmatrix}$. Determine se $\mathbf{u}$ pertence ao espaço nulo de A.

SOLUÇÃO   Para verificar se $\mathbf{u}$ satisfaz $A\mathbf{u} = \mathbf{0}$, apenas calcule

$$A\mathbf{u} = \begin{bmatrix} 1 & -3 & -2 \\ -5 & 9 & 1 \end{bmatrix} \begin{bmatrix} 5 \\ 3 \\ -2 \end{bmatrix} = \begin{bmatrix} 5 - 9 + 4 \\ -25 + 27 - 2 \end{bmatrix} = \begin{bmatrix} 0 \\ 0 \end{bmatrix}$$

Assim, $\mathbf{u}$ pertence a Nul A.   ∎

O termo *espaço* em *espaço nulo* é apropriado porque o espaço nulo de uma matriz é um espaço vetorial, como veremos no próximo teorema.

TEOREMA 2

> O espaço nulo de uma matriz A $m \times n$ é um subespaço de $\mathbb{R}^n$. Equivalentemente, o conjunto de todas as soluções de um sistema homogêneo $A\mathbf{x} = \mathbf{0}$ formado por m equações lineares homogêneas e n incógnitas é um subespaço de $\mathbb{R}^n$.

DEMONSTRAÇÃO   Com certeza, Nul A é um subconjunto de $\mathbb{R}^n$, já que A tem n colunas. Precisamos mostrar que Nul A satisfaz às três condições de um subespaço. É claro que $\mathbf{0}$ pertence a Nul A. Em seguida, sejam $\mathbf{u}$ e $\mathbf{v}$ dois vetores em Nul A. Então

$$A\mathbf{u} = \mathbf{0} \quad \text{e} \quad A\mathbf{v} = \mathbf{0}$$

Para mostrar que $\mathbf{u} + \mathbf{v}$ pertence a Nul A, precisamos mostrar que $A(\mathbf{u} + \mathbf{v}) = \mathbf{0}$. Usando a propriedade de multiplicação de matrizes, obtemos

$$A(\mathbf{u} + \mathbf{v}) = A\mathbf{u} + A\mathbf{v} = \mathbf{0} + \mathbf{0} = \mathbf{0}$$

Assim, $\mathbf{u} + \mathbf{v}$ pertence a Nul A e Nul A é fechado em relação à soma de vetores. Finalmente, se c for um escalar, então

$$A(c\mathbf{u}) = c(A\mathbf{u}) = c(\mathbf{0}) = \mathbf{0}$$

o que mostra que $c\mathbf{u}$ pertence a Nul A. Logo, Nul A é um subespaço de $\mathbb{R}^n$.   ∎

EXEMPLO 2   Seja H o conjunto de todos os vetores em $\mathbb{R}^4$ cujas coordenadas a, b, c, d satisfazem às equações $a - 2b + 5c = d$ e $c - a = b$. Mostre que H é um subespaço de $\mathbb{R}^4$.

SOLUÇÃO   Reagrupando as equações que descrevem os elementos de H, vemos que H é o conjunto de todas as soluções do seguinte sistema linear homogêneo de equações:

$$\begin{aligned} a - 2b + 5c - d &= 0 \\ -a - b + c &= 0 \end{aligned}$$

Pelo Teorema 2, H é um subespaço de $\mathbb{R}^4$.   ∎

É importante que as equações lineares que definem o conjunto H sejam homogêneas. Caso contrário, o conjunto das soluções definitivamente *não* será um subespaço (porque o vetor nulo não é solução de um sistema não homogêneo). Além disso, em alguns casos, o conjunto das soluções poderia ser vazio.

Descrição Explícita de Nul A

Não existe nenhuma relação óbvia entre os vetores de Nul A e os elementos de A. Dizemos que Nul A está definido *implicitamente*, porque é definido por uma condição que precisa ser verificada. Não é dada nenhuma listagem ou descrição explícita dos elementos de Nul A. No entanto, quando *resolvemos* a equação $A\mathbf{x} = \mathbf{0}$, obtemos uma descrição *explícita* de Nul A. O próximo exemplo revê o procedimento dado na Seção 1.5.

EXEMPLO 3   Determine um conjunto gerador para o espaço nulo da matriz

$$A = \begin{bmatrix} -3 & 6 & -1 & 1 & -7 \\ 1 & -2 & 2 & 3 & -1 \\ 2 & -4 & 5 & 8 & -4 \end{bmatrix}$$

SOLUÇÃO O primeiro passo é determinar uma solução geral de $A\mathbf{x} = \mathbf{0}$ em função das variáveis livres. Escalonamos a matriz aumentada $[A\ \mathbf{0}]$ até a forma escalonada *reduzida* para escrever as variáveis dependentes em termos das variáveis livres:

$$\begin{bmatrix} 1 & -2 & 0 & -1 & 3 & 0 \\ 0 & 0 & 1 & 2 & -2 & 0 \\ 0 & 0 & 0 & 0 & 0 & 0 \end{bmatrix}, \qquad \begin{matrix} x_1 - 2x_2 \quad - x_4 + 3x_5 = 0 \\ x_3 + 2x_4 - 2x_5 = 0 \\ 0 = 0 \end{matrix}$$

A solução geral é $x_1 = 2x_2 + x_4 - 3x_5$, $x_3 = -2x_4 + 2x_5$, com x_2, x_4 e x_5 livres. Em seguida, decompomos o vetor que descreve a solução geral em uma combinação linear de vetores cujos *coeficientes são as variáveis livres*. Ou seja,

$$\begin{bmatrix} x_1 \\ x_2 \\ x_3 \\ x_4 \\ x_5 \end{bmatrix} = \begin{bmatrix} 2x_2 + x_4 - 3x_5 \\ x_2 \\ -2x_4 + 2x_5 \\ x_4 \\ x_5 \end{bmatrix} = x_2 \underset{\mathbf{u}}{\begin{bmatrix} 2 \\ 1 \\ 0 \\ 0 \\ 0 \end{bmatrix}} + x_4 \underset{\mathbf{v}}{\begin{bmatrix} 1 \\ 0 \\ -2 \\ 1 \\ 0 \end{bmatrix}} + x_5 \underset{\mathbf{w}}{\begin{bmatrix} -3 \\ 0 \\ 2 \\ 0 \\ 1 \end{bmatrix}}$$

$$= x_2 \mathbf{u} + x_4 \mathbf{v} + x_5 \mathbf{w} \tag{3}$$

Toda combinação linear de $\mathbf{u}$, $\mathbf{v}$ e $\mathbf{w}$ é um elemento de Nul A. Assim, $\{\mathbf{u}, \mathbf{v}, \mathbf{w}\}$ é um conjunto gerador para Nul A. ∎

Precisam ser feitas duas observações sobre a solução do Exemplo 3, que se aplicam a todos os problemas desse tipo, em que Nul A contém vetores não nulos. Usaremos esses fatos mais tarde.

1. O conjunto gerador obtido pelo método no Exemplo 3 é de forma automática linearmente independente, pois as variáveis livres são os coeficientes para os vetores geradores. Por exemplo, veja a 2^{a}, 4^{a} e 5ª componentes do vetor solução em (3) e note que $x_2 \mathbf{u} + x_4 \mathbf{v} + x_5 \mathbf{w}$ só pode ser igual a $\mathbf{0}$ se os coeficientes x_2, x_4 e x_5 forem todos iguais a zero.

2. Quando Nul A contém vetores não nulos, o número de vetores no conjunto gerador de Nul A é igual ao número de variáveis livres na equação $A\mathbf{x} = \mathbf{0}$.

Espaço Coluna de uma Matriz

Outro subespaço importante associado a uma matriz é seu espaço coluna. Diferentemente do espaço nulo, o espaço coluna é definido de modo explícito via combinações lineares.

DEFINIÇÃO

O **espaço coluna** de uma matriz A $m \times n$, denotado por Col A, é o conjunto de todas as combinações lineares das colunas de A. Se $A = [\mathbf{a}_1 \ \ldots \ \mathbf{a}_n]$, então

$$\text{Col } A = \mathscr{L}\{\mathbf{a}_1, \ldots, \mathbf{a}_n\}$$

Como $\mathscr{L}\{\mathbf{a}_1, \ldots, \mathbf{a}_n\}$ é um subespaço pelo Teorema 1, o próximo teorema segue da definição de Col A e do fato de que as colunas de A pertencem a $\mathbb{R}^m$.

TEOREMA 3

O espaço coluna de uma matriz A $m \times n$ é um subespaço de $\mathbb{R}^m$.

Observe que um vetor típico em Col A pode ser escrito na forma $A\mathbf{x}$ para algum $\mathbf{x}$ porque a notação $A\mathbf{x}$ representa uma combinação linear das colunas de A. Ou seja,

$$\boxed{\text{Col } A = \{\mathbf{b} : \mathbf{b} = A\mathbf{x} \text{ para algum } \mathbf{x} \text{ em } \mathbb{R}^n\}}$$

A notação $A\mathbf{x}$ para os vetores em Col A também mostra que Col A é a *imagem* da transformação linear $\mathbf{x} \mapsto A\mathbf{x}$. Retornaremos a esse ponto de vista no fim da seção.

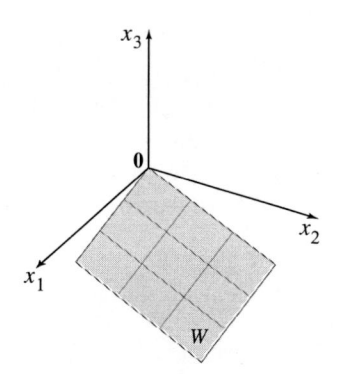

EXEMPLO 4 Encontre uma matriz A tal que $W = \text{Col } A$.

$$W = \left\{ \begin{bmatrix} 6a - b \\ a + b \\ -7a \end{bmatrix} : a, b \text{ em } \mathbb{R} \right\}$$

SOLUÇÃO Primeiro, escreva W como um conjunto de combinações lineares.

$$W = \left\{ a \begin{bmatrix} 6 \\ 1 \\ -7 \end{bmatrix} + b \begin{bmatrix} -1 \\ 1 \\ 0 \end{bmatrix} : a, b \text{ em } \mathbb{R} \right\} = \mathscr{L} \left\{ \begin{bmatrix} 6 \\ 1 \\ -7 \end{bmatrix}, \begin{bmatrix} -1 \\ 1 \\ 0 \end{bmatrix} \right\}$$

Depois, use os vetores no conjunto gerador como as colunas de A. Seja $A = \begin{bmatrix} 6 & -1 \\ 1 & 1 \\ -7 & 0 \end{bmatrix}$. Então $W = \text{Col } A$, como desejado. ∎

Lembre-se do Teorema 4, na Seção 1.4, em que as colunas de A geram $\mathbb{R}^m$ se e somente se a equação $A\mathbf{x} = \mathbf{b}$ tiver uma única solução para cada $\mathbf{b}$. Vamos enunciar esse fato da seguinte maneira:

> O espaço coluna de uma matriz A $m \times n$ é todo $\mathbb{R}^m$ se e somente se a equação $A\mathbf{x} = \mathbf{b}$ tem uma solução para cada $\mathbf{b}$ em $\mathbb{R}^m$.

Espaço Linha

Se A for uma matriz $m \times n$, então cada linha de A tem n elementos, logo pode ser identificada com um vetor em $\mathbb{R}^n$. O conjunto de todas as combinações lineares dos vetores formados pelas linhas de A é chamado **espaço linha** de A e denotado por Lin A. Como cada linha tem n elementos, Lin A é um subespaço de $\mathbb{R}^n$. Como as linhas de A correspondem às colunas de A^T, podemos também escrever Col A^T em vez de Lin A.

EXEMPLO 5 Sejam

$$A = \begin{bmatrix} -2 & -5 & 8 & 0 & -17 \\ 1 & 3 & -5 & 1 & 5 \\ 3 & 11 & -19 & 7 & 1 \\ 1 & 7 & -13 & 5 & -3 \end{bmatrix} \quad \text{e} \quad \begin{aligned} \mathbf{r}_1 &= (-2, -5, 8, 0, -17) \\ \mathbf{r}_2 &= (1, 3, -5, 1, 5) \\ \mathbf{r}_3 &= (3, 11, -19, 7, 1) \\ \mathbf{r}_4 &= (1, 7, -13, 5, -3) \end{aligned}$$

O espaço linha de A é o subespaço de $\mathbb{R}^5$ gerado por $\{\mathbf{r}_1, \mathbf{r}_2, \mathbf{r}_3, \mathbf{r}_4\}$. Ou seja, Lin $A = \mathscr{L}\{\mathbf{r}_1, \mathbf{r}_2, \mathbf{r}_3, \mathbf{r}_4\}$. É natural escrever os vetores linha horizontalmente; no entanto, eles também podem ser escritos como vetores coluna se for mais conveniente. ∎

Diferença entre Nul A e Col A

É natural se perguntar sobre a relação entre o espaço nulo e o espaço coluna de uma matriz. De fato, os dois espaços são bastante diferentes, como os Exemplos de 6 a 8 mostrarão. Entretanto, aparecerá uma surpreendente ligação entre o espaço nulo e o espaço coluna na Seção 4.5, depois de termos mais teoria disponível.

EXEMPLO 6 Seja

$$A = \begin{bmatrix} 2 & 4 & -2 & 1 \\ -2 & -5 & 7 & 3 \\ 3 & 7 & -8 & 6 \end{bmatrix}$$

a. Se o espaço coluna de A for um subespaço de $\mathbb{R}^k$, qual será o valor de k?
b. Se o espaço nulo de A for um subespaço de $\mathbb{R}^k$, qual será o valor de k?

SOLUÇÃO

a. As colunas de A têm três elementos, de modo que Col A é um subespaço de $\mathbb{R}^k$, com $k = 3$.
b. Um vetor $\mathbf{x}$ tal que $A\mathbf{x}$ esteja definido precisa ter quatro componentes, de modo que Nul A é um subespaço de $\mathbb{R}^k$, com $k = 4$. ∎

Quando uma matriz não for quadrada, como no Exemplo 6, os vetores em Nul A e em Col A vivem em "universos" completamente diferentes. Por exemplo, nenhuma combinação linear de vetores em $\mathbb{R}^3$ pode produzir um vetor em $\mathbb{R}^4$. Quando A é uma matriz quadrada, Nul A e Col A têm o vetor nulo em comum e, em casos especiais, podem existir alguns vetores não nulos pertencentes aos dois espaços.

EXEMPLO 7   Com A como no Exemplo 6, determine um vetor não nulo em Col A e um vetor não nulo em Nul A.

SOLUÇÃO   É fácil encontrar um vetor em Col A. Basta escolher qualquer coluna de A, digamos, $\begin{bmatrix} 2 \\ -2 \\ 3 \end{bmatrix}$.

Para encontrar um vetor não nulo em Nul A, vamos escalonar a matriz aumentada $[A \quad \mathbf{0}]$ para obter

$$[A \quad \mathbf{0}] \sim \begin{bmatrix} 1 & 0 & 9 & 0 & 0 \\ 0 & 1 & -5 & 0 & 0 \\ 0 & 0 & 0 & 1 & 0 \end{bmatrix}$$

Assim, se $\mathbf{x}$ satisfizer $A\mathbf{x} = \mathbf{0}$, então $x_1 = -9x_3$, $x_2 = 5x_3$, $x_4 = 0$ e x_3 será livre. Atribuindo um valor diferente de zero a x_3 — digamos, $x_3 = 1$ — obtemos um vetor em Nul A, a saber, $\mathbf{x} = (-9, 5, 1, 0)$. ∎

EXEMPLO 8   Com A como no Exemplo 6, sejam $\mathbf{u} = \begin{bmatrix} 3 \\ -2 \\ -1 \\ 0 \end{bmatrix}$ e $\mathbf{v} = \begin{bmatrix} 3 \\ -1 \\ 3 \end{bmatrix}$.

a.   Determine se $\mathbf{u}$ pertence a Nul A. Será que $\mathbf{u}$ poderia pertencer a Col A?
b.   Determine se $\mathbf{v}$ pertence a Col A. Será que $\mathbf{v}$ poderia pertencer a Nul A?

SOLUÇÃO

a.   Não precisamos aqui de uma descrição explícita de Nul A. Basta calcular o produto $A\mathbf{u}$.

$$A\mathbf{u} = \begin{bmatrix} 2 & 4 & -2 & 1 \\ -2 & -5 & 7 & 3 \\ 3 & 7 & -8 & 6 \end{bmatrix} \begin{bmatrix} 3 \\ -2 \\ -1 \\ 0 \end{bmatrix} = \begin{bmatrix} 0 \\ -3 \\ 3 \end{bmatrix} \neq \begin{bmatrix} 0 \\ 0 \\ 0 \end{bmatrix}$$

É óbvio que $\mathbf{u}$ *não* é uma solução de $A\mathbf{x} = \mathbf{0}$, portanto $\mathbf{u}$ não pertence a Nul A. Além disso, com quatro componentes, $\mathbf{u}$ não poderia pertencer a Col A, já que Col A é um subespaço de $\mathbb{R}^3$.

b.   Vamos escalonar a matriz $[A \quad \mathbf{v}]$.

$$[A \quad \mathbf{v}] = \begin{bmatrix} 2 & 4 & -2 & 1 & 3 \\ -2 & -5 & 7 & 3 & -1 \\ 3 & 7 & -8 & 6 & 3 \end{bmatrix} \sim \begin{bmatrix} 2 & 4 & -2 & 1 & 3 \\ 0 & 1 & -5 & -4 & -2 \\ 0 & 0 & 0 & 17 & 1 \end{bmatrix}$$

Agora, fica claro que a equação $A\mathbf{x} = \mathbf{v}$ é consistente, de modo que $\mathbf{v}$ pertence a Col A. Com apenas três componentes, $\mathbf{v}$ não poderia pertencer a Nul A, já que Nul A é um subespaço de $\mathbb{R}^4$. ∎

A tabela seguinte resume o que sabemos sobre Nul A e Col A. O item 8 é um enunciado novo para os Teoremas 11 e 12(a) na Seção 1.9.

Diferenças entre Nul A e Col A para uma Matriz A $m \times n$

Nul A	Col A
1. Nul A é um subespaço de $\mathbb{R}^n$.	**1.** Col A é um subespaço de $\mathbb{R}^m$.
2. Nul A é definido implicitamente; ou seja, os vetores de Nul A devem satisfazer a apenas uma condição dada ($A\mathbf{x} = \mathbf{0}$).	**2.** Col A é definido explicitamente; ou seja, é dito como obter vetores em Col A.
3. Dá trabalho determinar os vetores em Nul A. É preciso escalonar a matriz $[A \ \mathbf{0}]$.	**3.** É fácil determinar vetores em Col A. As colunas de A são fornecidas; outros vetores são formados a partir delas.
4. Não existe nenhuma relação óbvia entre Nul A e os elementos de A.	**4.** Existe uma relação óbvia entre Col A e os elementos de A, já que cada coluna de A pertence a Col A.
5. Um vetor típico $\mathbf{v}$ em Nul A satisfaz $A\mathbf{v} = \mathbf{0}$.	**5.** Um vetor típico $\mathbf{v}$ em Col A satisfaz a propriedade de que a equação $A\mathbf{x} = \mathbf{v}$ é consistente.
6. Dado um vetor particular $\mathbf{v}$, é fácil determinar se esse vetor pertence a Nul A. Basta calcular $A\mathbf{v}$.	**6.** Dado um vetor particular $\mathbf{v}$, é trabalhoso determinar se $\mathbf{v}$ pertence a Col A. É necessário escalonar a matriz $[A \ \mathbf{v}]$.
7. Nul $A = \{\mathbf{0}\}$ se e somente se a equação $A\mathbf{x} = \mathbf{0}$ admitir apenas a solução trivial.	**7.** Col $A = \mathbb{R}^m$ se e somente se a equação $A\mathbf{x} = \mathbf{b}$ tiver solução para todo $\mathbf{b}$ em $\mathbb{R}^m$.
8. Nul $A = \{\mathbf{0}\}$ se e somente se a transformação linear $\mathbf{x} \mapsto A\mathbf{x}$ for injetora.	**8.** Col $A = \mathbb{R}^m$ se e somente se a transformação linear $\mathbf{x} \mapsto A\mathbf{x}$ for sobrejetora.

Núcleo e Imagem de uma Transformação Linear

Muitos subespaços de espaços vetoriais diferentes de $\mathbb{R}^n$ são descritos em termos de uma transformação linear, em vez de uma matriz. Para tornar isso preciso, vamos generalizar a definição dada na Seção 1.8.

DEFINIÇÃO

> Uma **transformação linear** T de um espaço vetorial V em outro espaço vetorial W é uma regra que associa a cada vetor $\mathbf{x}$ em V um único vetor $T(\mathbf{x})$ em W, tal que
>
> (i) $T(\mathbf{u} + \mathbf{v}) = T(\mathbf{u}) + T(\mathbf{v})$ para todo $\mathbf{u}, \mathbf{v}$ em V e
> (ii) $T(c\mathbf{u}) = cT(\mathbf{u})$ para todo $\mathbf{u}$ em V e todo escalar c.

O **núcleo** (ou **espaço nulo**) de tal T é o conjunto de todos os $\mathbf{u}$ em V tais que $T(\mathbf{u}) = \mathbf{0}$ (o vetor nulo de W). A **imagem** de T é o conjunto de todos os vetores em W da forma $T(\mathbf{x})$ para algum $\mathbf{x}$ em V. Se T surgir de uma transformação **matricial** — ou seja, $T(\mathbf{x}) = A\mathbf{x}$ para alguma matriz A — então o núcleo e a imagem de T serão simplesmente o espaço nulo e o espaço coluna de A, como definido antes.

Não é difícil mostrar que o **núcleo** de T é um subespaço de V. A demonstração é essencialmente a mesma que a do Teorema 2. Além disso, a imagem de T é um subespaço de W. Veja a Figura 2 e o Exercício 42.

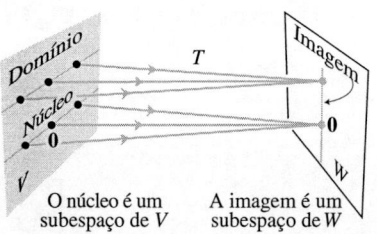

FIGURA 2 Subespaços associados a uma transformação linear.

Nas aplicações, um subespaço costuma aparecer como o núcleo ou a imagem de uma transformação linear apropriada. Por exemplo, o conjunto de todas as soluções de uma equação diferencial linear homogênea é o núcleo de uma transformação linear. Tipicamente, essa transformação linear é descrita em termos de uma ou mais derivadas de uma função. Explicar isso com algum detalhe nos afastaria do nosso objetivo. Assim, apresentaremos apenas dois exemplos. O primeiro explica por que a operação de derivação é uma transformação linear.

EXEMPLO 9 (São necessários conhecimentos de cálculo.) Seja V o espaço vetorial de todas as funções reais f definidas em um intervalo $[a, b]$, diferenciáveis e com derivadas contínuas em $[a, b]$. Seja W o espaço $C[a, b]$ de todas as funções contínuas em $[a, b]$ e seja $D : V \to W$ a transformação que leva cada f em V na sua derivada f'. Em cálculo, duas regras simples são

$$D(f + g) = D(f) + D(g) \quad \text{e} \quad D(cf) = cD(f)$$

Ou seja, D é uma transformação linear. Pode-se mostrar que o núcleo de D é o conjunto das funções constantes em $[a, b]$ e a imagem de D é o conjunto W de todas as funções contínuas em $[a, b]$. ∎

EXEMPLO 10 (São necessários conhecimentos de cálculo.) A equação diferencial

$$y'' + \omega^2 y = 0 \tag{4}$$

em que ω é uma constante, é usada para descrever uma variedade de sistemas físicos, como a vibração de uma mola com massa, o movimento de um pêndulo e a voltagem de um circuito elétrico com indutância e capacitância. O conjunto das soluções de (4) é exatamente o núcleo da transformação linear que leva uma função $y = f(t)$ na função $f''(t) + \omega^2 f(t)$. A determinação de uma descrição explícita para esse espaço vetorial é um problema de equações diferenciais. O conjunto solução é o espaço descrito no Exercício 19 na Seção 4.1. ∎

Uma técnica comum utilizada no mercado de ações é a análise técnica. São analisadas tendências estatísticas obtidas por meio de atividades na negociação de ações, como movimentações no preço e volume de transações. A análise técnica tem como foco padrões de movimentações nos preços de ações, sinais de negociações e diversas outras ferramentas analíticas para avaliar a força ou a fraqueza na segurança. Um indicador comumente usado em análise técnica é uma média móvel. Ela suaviza a variação de preço retirando os efeitos da flutuação aleatória de preços. No exemplo final desta seção, examinaremos a transformação linear que cria uma média móvel de dois dias usando um "sinal" de preços diários. Estudaremos transformações lineares que criam médias durante períodos mais longos de tempo na Seção 4.7.

EXEMPLO 11 Suponha que $\{p_k\}$ em $\mathbb{S}$ representa o preço de uma ação registrado diariamente durante um período de tempo extenso. Note que podemos supor que $p_k = 0$ para k fora do período de tempo estudado. Para criar uma média móvel de dois dias, a transformação $M_2 : \mathbb{S} \to \mathbb{S}$ definida por $M_2(\{p_k\}) = \left\{ \dfrac{p_k + p_{k-1}}{2} \right\}$ é aplicada aos dados. Mostre que M_2 é uma transformação linear e encontre seu núcleo.

SOLUÇÃO Para ver que M_2 é uma transformação linear, note que, quaisquer que sejam os sinais $\{p_k\}$ e $\{q_k\}$ em $\mathbb{S}$ e qualquer que seja o escalar c,

$$M_2(\{p_k\} + \{q_k\}) = M_2(\{p_k + q_k\}) = \left\{ \frac{p_k + q_k + p_{k-1} + q_{k-1}}{2} \right\}$$

$$= \left\{ \frac{p_k + p_{k-1}}{2} \right\} + \left\{ \frac{q_k + q_{k-1}}{2} \right\}$$

$$= M_2(\{p_k\}) + M_2(\{q_k\})$$

e

$$M_2(c\{p_k\}) = M_2(\{cp_k\}) = \left\{ \frac{cp_k + cp_{k-1}}{2} \right\} = c \left\{ \frac{p_k + p_{k-1}}{2} \right\} = cM_2(\{p_k\})$$ de modo que M_2 é uma transformação linear.

Para encontrar o núcleo de M_2, note que $\{p_k\}$ pertence ao núcleo se e somente se $\dfrac{p_k + p_{k-1}}{2} = 0$ para todo k e, portanto, $p_k = -p_{k-1}$. Como essa relação é verdadeira para todos os inteiros k, ela pode ser aplicada recursivamente, resultando em $p_k = -p_{k-1} = (-1)^2 p_{k-2} = (-1)^3 p_{k-3} \ldots$ Usando esses resultados com $k = 0$, obtemos $p_k = p_0(-1)^k$, um múltiplo do sinal alternado descrito por $\{(-1)^k\}$. Como o núcleo da função média móvel de dois dias consiste em todos os múltiplos da sequência alternada, ela suaviza as flutuações diárias sem nivelar as tendências gerais. (Veja a Figura 3.)

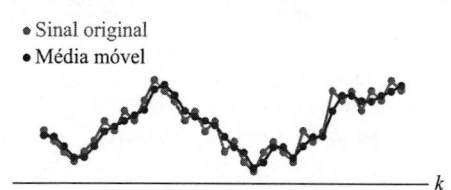

• Sinal original
• Média móvel

FIGURA 3 ■

Problemas Práticos

1. Seja $W = \left\{ \begin{bmatrix} a \\ b \\ c \end{bmatrix} : a - 3b - c = 0 \right\}$. Mostre de duas maneiras diferentes que W é um subespaço de $\mathbb{R}^3$. (Use dois teoremas.)

2. Sejam $A = \begin{bmatrix} 7 & -3 & 5 \\ -4 & 1 & -5 \\ -5 & 2 & -4 \end{bmatrix}$, $\mathbf{v} = \begin{bmatrix} 2 \\ 1 \\ -1 \end{bmatrix}$ e $\mathbf{w} = \begin{bmatrix} 7 \\ 6 \\ -3 \end{bmatrix}$. Suponha que você saiba que as equações $A\mathbf{x} = \mathbf{v}$ e $A\mathbf{x} = \mathbf{w}$ sejam ambas consistentes. O que se pode dizer sobre a equação $A\mathbf{x} = \mathbf{v} + \mathbf{w}$?

3. Seja A uma matriz $n \times n$. Se Col A = Nul A, mostre que Nul $A^2 = \mathbb{R}^n$.

4.2 EXERCÍCIOS

1. Determine se $\mathbf{w} = \begin{bmatrix} 1 \\ 3 \\ -4 \end{bmatrix}$ pertence a Nul A, em que

$$A = \begin{bmatrix} 3 & -5 & -3 \\ 6 & -2 & 0 \\ -8 & 4 & 1 \end{bmatrix}.$$

2. Determine se $\mathbf{w} = \begin{bmatrix} 5 \\ -3 \\ 2 \end{bmatrix}$ pertence a Nul A, em que

$$A = \begin{bmatrix} 5 & 21 & 19 \\ 13 & 23 & 2 \\ 8 & 14 & 1 \end{bmatrix}.$$

Nos Exercícios 3 a 6, obtenha uma descrição explícita de Nul A listando os vetores que geram o espaço nulo.

3. $A = \begin{bmatrix} 1 & 3 & 5 & 0 \\ 0 & 1 & 4 & -2 \end{bmatrix}$

4. $A = \begin{bmatrix} 1 & -6 & 4 & 0 \\ 0 & 0 & 2 & 0 \end{bmatrix}$

5. $A = \begin{bmatrix} 1 & -2 & 0 & 4 & 0 \\ 0 & 0 & 1 & -9 & 0 \\ 0 & 0 & 0 & 0 & 1 \end{bmatrix}$

6. $A = \begin{bmatrix} 1 & 5 & -4 & -3 & 1 \\ 0 & 1 & -2 & 1 & 0 \\ 0 & 0 & 0 & 0 & 0 \end{bmatrix}$

Nos Exercícios 7 a 14, use um teorema apropriado para mostrar que o conjunto W dado é um espaço vetorial, ou obtenha um exemplo que mostre o contrário.

7. $\left\{ \begin{bmatrix} a \\ b \\ c \end{bmatrix} : a + b + c = 2 \right\}$ **8.** $\left\{ \begin{bmatrix} r \\ s \\ t \end{bmatrix} : 5r - 1 = s + 2t \right\}$

9. $\left\{ \begin{bmatrix} a \\ b \\ c \\ d \end{bmatrix} : \begin{matrix} a - 2b = 4c \\ 2a = c + 3d \end{matrix} \right\}$ **10.** $\left\{ \begin{bmatrix} a \\ b \\ c \\ d \end{bmatrix} : \begin{matrix} a + 3b = c \\ b + c + a = d \end{matrix} \right\}$

11. $\left\{ \begin{bmatrix} b - 2d \\ 5 + d \\ b + 3d \\ d \end{bmatrix} : b, d \text{ reais} \right\}$ **12.** $\left\{ \begin{bmatrix} b - 5d \\ 2b \\ 2d + 1 \\ d \end{bmatrix} : b, d \text{ reais} \right\}$

13. $\left\{ \begin{bmatrix} c - 6d \\ d \\ c \end{bmatrix} : c, d \text{ reais} \right\}$ **14.** $\left\{ \begin{bmatrix} -a + 2b \\ a - 2b \\ 3a - 6b \end{bmatrix} : a, b \text{ reais} \right\}$

Nos Exercícios 15 e 16, determine A de modo que o conjunto dado seja Col A.

15. $\left\{ \begin{bmatrix} 2s + 3t \\ r + s - 2t \\ 4r + s \\ 3r - s - t \end{bmatrix} : r, s, t \text{ reais} \right\}$

16. $\left\{ \begin{bmatrix} b - c \\ 2b + c + d \\ 5c - 4d \\ d \end{bmatrix} : b, c, d \text{ reais} \right\}$

Para as matrizes nos Exercícios 17 a 20, (a) determine k de modo que Nul A seja um subespaço de $\mathbb{R}^k$ e (b) determine k de modo que Col A seja um subespaço de $\mathbb{R}^k$.

17. $A = \begin{bmatrix} 2 & -6 \\ -1 & 3 \\ -4 & 12 \\ 3 & -9 \end{bmatrix}$ **18.** $A = \begin{bmatrix} 7 & -2 & 0 \\ -2 & 0 & -5 \\ 0 & -5 & 7 \\ -5 & 7 & -2 \end{bmatrix}$

19. $A = \begin{bmatrix} 4 & 5 & -2 & 6 & 0 \\ 1 & 1 & 0 & 1 & 0 \end{bmatrix}$

20. $A = \begin{bmatrix} 1 & -3 & 9 & 0 & -5 \end{bmatrix}$

21. Com A como no Exercício 17, encontre um vetor não nulo em Nul A, um vetor não nulo em Col A e um vetor não nulo em Lin A.

22. Com A como no Exercício 3, encontre um vetor não nulo em Nul A, um vetor não nulo em Col A e um vetor não nulo em Lin A.

23. Sejam $A = \begin{bmatrix} -6 & 12 \\ -3 & 6 \end{bmatrix}$ e $\mathbf{w} = \begin{bmatrix} 2 \\ 1 \end{bmatrix}$. Determine se $\mathbf{w}$ pertence a Col A e, também, se $\mathbf{w}$ pertence a Nul A.

24. Sejam $A = \begin{bmatrix} -8 & -2 & -9 \\ 6 & 4 & 8 \\ 4 & 0 & 4 \end{bmatrix}$ e $\mathbf{w} = \begin{bmatrix} 2 \\ 1 \\ -2 \end{bmatrix}$. Determine se $\mathbf{w}$ pertence a Col A e, também, se $\mathbf{w}$ pertence a Nul A.

Nos Exercícios 25 a 38, A denota uma matriz $m \times n$. Marque cada afirmação como Verdadeira ou Falsa (**V/F**). Justifique cada resposta.

25. (**V/F**) O espaço nulo de A é o conjunto solução da equação $A\mathbf{x} = \mathbf{0}$.

26. (**V/F**) Um espaço nulo é um espaço vetorial.

27. (**V/F**) O espaço nulo de uma matriz $m \times n$ está contido em $\mathbb{R}^m$.

28. (**V/F**) O espaço coluna de uma matriz $m \times n$ está contido em $\mathbb{R}^m$.

29. (**V/F**) O espaço coluna de A é a imagem da aplicação $\mathbf{x} \mapsto A\mathbf{x}$.

30. (**V/F**) Col A é o conjunto de todas as soluções de $A\mathbf{x} = \mathbf{b}$.

31. (**V/F**) Se a equação $A\mathbf{x} = \mathbf{b}$ for consistente, então Col $A = \mathbb{R}^m$.

32. (**V/F**) Nul A é o núcleo da aplicação $\mathbf{x} \mapsto A\mathbf{x}$.

33. (**V/F**) O núcleo de uma transformação linear é um espaço vetorial.

34. (**V/F**) A imagem de uma transformação linear é um espaço vetorial.

35. (**V/F**) Col A é o conjunto de todos os vetores que podem ser escritos na forma $A\mathbf{x}$ para algum $\mathbf{x}$.

36. (**V/F**) O conjunto de todas as soluções de uma equação diferencial linear homogênea é o núcleo de uma transformação linear.

37. (**V/F**) O espaço linha de A é o mesmo que o espaço coluna de A^T.

38. (**V/F**) O espaço nulo de A é o mesmo que o espaço linha de A^T.

39. Pode-se mostrar que uma solução do sistema a seguir é $x_1 = 3$, $x_2 = 2$ e $x_3 = -1$. Use esse fato e a teoria desta seção para explicar por que $x_1 = 30$, $x_2 = 20$ e $x_3 = -10$ é outra solução. (Observe como as soluções estão relacionadas, mas não faça outros cálculos.)

$$x_1 - 3x_2 - 3x_3 = 0$$
$$-2x_1 + 4x_2 + 2x_3 = 0$$
$$-x_1 + 5x_2 + 7x_3 = 0$$

40. Considere os dois sistemas de equações a seguir:

$$\begin{matrix} 5x_1 + x_2 - 3x_3 = 0 \\ -9x_1 + 2x_2 + 5x_3 = 1 \\ 4x_1 + x_2 - 6x_3 = 9 \end{matrix} \qquad \begin{matrix} 5x_1 + x_2 - 3x_3 = 0 \\ -9x_1 + 2x_2 + 5x_3 = 5 \\ 4x_1 + x_2 - 6x_3 = 45 \end{matrix}$$

Pode-se mostrar que o primeiro sistema tem solução. Use esse fato e a teoria desta seção para explicar por que o segundo sistema também precisa ter solução. (Não use operações elementares.)

41. Prove o Teorema 3 da seguinte forma: Dada uma matriz A $m \times n$, um elemento de Col A é da forma $A\mathbf{x}$ para algum $\mathbf{x}$ em $\mathbb{R}^n$. Sejam $A\mathbf{x}$ e $A\mathbf{w}$ dois vetores quaisquer em Col A.

a. Explique por que o vetor nulo pertence a Col A.

b. Mostre que o vetor $A\mathbf{x} + A\mathbf{w}$ pertence a Col A.

c. Dado um escalar c, mostre que $c(A\mathbf{x})$ pertence a Col A.

42. Seja $T : V \to W$ uma transformação linear de um espaço vetorial V em um espaço vetorial W. Prove que a imagem de T é um subespaço de W. [*Sugestão:* Elementos típicos da imagem são da forma $T(\mathbf{x})$ e $T(\mathbf{w})$ para $\mathbf{x}$, $\mathbf{w}$ em V.]

43. Defina por $T : \mathbb{P}_2 \to \mathbb{R}^2$ por $T(\mathbf{p}) = \begin{bmatrix} \mathbf{p}(0) \\ \mathbf{p}(1) \end{bmatrix}$. Por exemplo, se $\mathbf{p}(t) = 3 + 5t + 7t^2$, então $T(\mathbf{p}) = \begin{bmatrix} 3 \\ 15 \end{bmatrix}$.

a. Mostre que T é uma transformação linear. [*Sugestão:* Para polinômios arbitrários $\mathbf{p}$, $\mathbf{q}$ em $\mathbb{P}_2$, calcule $T(\mathbf{p} + \mathbf{q})$ e $T(c\mathbf{p})$.]

b. Encontre um polinômio $\mathbf{p}$ em $\mathbb{P}_2$ que gere o núcleo de T e descreva a imagem de T.

44. Defina uma transformação linear $T : \mathbb{P}_2 \to \mathbb{R}^2$ por $T(\mathbf{p}) = \begin{bmatrix} \mathbf{p}(0) \\ \mathbf{p}(0) \end{bmatrix}$. Encontre polinômios $\mathbf{p}_1$ e $\mathbf{p}_2$ em $\mathbb{P}_2$ que geram o núcleo de T e descreva a imagem de T.

45. Seja $M_{2\times2}$ o espaço vetorial de todas as matrizes 2×2 e defina $T: M_{2\times2} \to M_{2\times2}$ por $T(A) = A + A^T$, em que $A = \begin{bmatrix} a & b \\ c & d \end{bmatrix}$.

a. Mostre que T é uma transformação linear.

b. Seja B qualquer elemento de $M_{2\times2}$ tal que $B^T = B$. Encontre A em $M_{2\times2}$ tal que $T(A) = B$.

c. Mostre que a imagem de T é o conjunto das matrizes B em $M_{2\times2}$ tais que $B^T = B$.

d. Descreva o núcleo de T.

46. (*São necessários conhecimentos de cálculo.*) Defina $T: C[0,1] \to C[0,1]$ como segue: para **f** em $C[0,1]$, seja $T(\mathbf{f})$ a primitiva **F** de **f** tal que $\mathbf{F}(0) = 0$. Mostre que T é uma transformação linear e descreva o núcleo de T. (Veja a notação no Exercício 20 da Seção 4.1.)

47. Sejam V e W espaços vetoriais e seja $T: V \to W$ uma transformação linear. Dado um subespaço U de V, seja $T(U)$ o conjunto de todas as imagens da forma $T(\mathbf{x})$ com **x** em U. Mostre que $T(U)$ é um subespaço de W.

48. Dado $T: V \to W$ como no Exercício 47 e dado um subespaço Z de W, seja U o conjunto de todos os **x** em V tais que $T(\mathbf{x})$ pertence a Z. Mostre que U é um subespaço de V.

M **49.** Determine se **w** pertence ao espaço coluna de A, ao espaço nulo de A ou a ambos, em que

$$\mathbf{w} = \begin{bmatrix} 1 \\ 1 \\ -1 \\ -3 \end{bmatrix}, \quad A = \begin{bmatrix} 7 & 6 & -4 & 1 \\ -5 & -1 & 0 & -2 \\ 9 & -11 & 7 & -3 \\ 19 & -9 & 7 & 1 \end{bmatrix}$$

M **50.** Determine se **w** pertence ao espaço coluna de A, ao espaço nulo de A ou a ambos, em que

$$\mathbf{w} = \begin{bmatrix} 1 \\ 2 \\ 1 \\ 0 \end{bmatrix}, \quad A = \begin{bmatrix} -8 & 5 & -2 & 0 \\ -5 & 2 & 1 & -2 \\ 10 & -8 & 6 & -3 \\ 3 & -2 & 1 & 0 \end{bmatrix}$$

M **51.** Denote por $\mathbf{a}_1, \ldots, \mathbf{a}_5$ as colunas da matriz A, em que

$$A = \begin{bmatrix} 5 & 1 & 2 & 2 & 0 \\ 3 & 3 & 2 & -1 & -12 \\ 8 & 4 & 4 & -5 & 12 \\ 2 & 1 & 1 & 0 & -2 \end{bmatrix}, \quad B = \begin{bmatrix} \mathbf{a}_1 & \mathbf{a}_2 & \mathbf{a}_4 \end{bmatrix}$$

a. Explique por que $\mathbf{a}_3$ e $\mathbf{a}_5$ pertencem ao espaço das colunas de B.

b. Encontre um conjunto de vetores que gera Nul A.

c. Defina $T: \mathbb{R}^5 \to \mathbb{R}^4$ por $T(\mathbf{x}) = A\mathbf{x}$. Explique por que T não é injetora nem sobrejetora.

M **52.** Sejam $H = \mathscr{L}\{\mathbf{v}_1, \mathbf{v}_2\}$ e $K = \mathscr{L}\{\mathbf{v}_3, \mathbf{v}_4\}$, em que

$$\mathbf{v}_1 = \begin{bmatrix} 5 \\ 3 \\ 8 \end{bmatrix}, \mathbf{v}_2 = \begin{bmatrix} 1 \\ 3 \\ 4 \end{bmatrix}, \mathbf{v}_3 = \begin{bmatrix} 2 \\ -1 \\ 5 \end{bmatrix}, \mathbf{v}_4 = \begin{bmatrix} 0 \\ -12 \\ -28 \end{bmatrix}.$$

Então H e K são subespaços de $\mathbb{R}^3$. De fato, H e K são planos em $\mathbb{R}^3$ contendo a origem e se intersectam em uma reta contendo **0**. Encontre um vetor não nulo **w** que gera essa reta. [*Sugestão:* **w** pode ser escrito como $c_1\mathbf{v}_1 + c_2\mathbf{v}_2$ e também como $c_3\mathbf{v}_3 + c_4\mathbf{v}_4$. Para obter **w**, resolva a equação $c_1\mathbf{v}_1 + c_2\mathbf{v}_2 = c_3\mathbf{v}_3 + c_4\mathbf{v}_4$ para as incógnitas c_j.]

Soluções dos Problemas Práticos

1. *Primeiro método:* W é um subespaço de $\mathbb{R}^3$ pelo Teorema 2, pois W é o conjunto de todas as soluções de um sistema linear homogêneo de equações (no qual o sistema tem apenas uma equação). De modo equivalente, W é o espaço nulo da matriz 1×3 $A = \begin{bmatrix} 1 & -3 & -1 \end{bmatrix}$.

Segundo método: Resolva a equação $a - 3b - c = 0$ para a primeira variável a em termos das variáveis livres b e c. Toda solução é da forma $\begin{bmatrix} 3b + c \\ b \\ c \end{bmatrix}$, em que b e c são arbitrários, e

$$\begin{bmatrix} 3b + c \\ b \\ c \end{bmatrix} = b \underset{\underset{\mathbf{v}_1}{\uparrow}}{\begin{bmatrix} 3 \\ 1 \\ 0 \end{bmatrix}} + c \underset{\underset{\mathbf{v}_2}{\uparrow}}{\begin{bmatrix} 1 \\ 0 \\ 1 \end{bmatrix}}$$

Esse cálculo mostra que $W = \mathscr{L}\{\mathbf{v}_1, \mathbf{v}_2\}$. Assim, pelo Teorema 1, W é um subespaço de $\mathbb{R}^3$. Também poderíamos ter resolvido a equação $a - 3b - c = 0$ para b ou c, obtendo descrições diferentes de W como um conjunto de combinações lineares de dois vetores.

2. Tanto **v** quanto **w** pertencem a Col A. Como Col A é um espaço vetorial, $\mathbf{v} + \mathbf{w}$ tem de pertencer a Col A. Em outras palavras, a equação $A\mathbf{x} = \mathbf{v} + \mathbf{w}$ é consistente.

3. Seja **x** um vetor em $\mathbb{R}^n$. Note que $A\mathbf{x}$ pertence a Col A, já que é uma combinação linear das colunas de A. Como Col A = Nul A, o vetor $A\mathbf{x}$ também pertence a Nul A. Logo $A^2\mathbf{x} = A(A\mathbf{x}) = \mathbf{0}$, o que mostra que todo vetor **x** em $\mathbb{R}^n$ está em Nul A^2.

4.3 CONJUNTOS LINEARMENTE INDEPENDENTES; BASES

Nesta seção, identificaremos e estudaremos subconjuntos que geram um espaço vetorial V ou um subespaço H da forma mais "eficiente" possível. A ideia central é a de independência linear, definida como em $\mathbb{R}^n$.

Um conjunto indexado de vetores $\{\mathbf{v}_1, \ldots, \mathbf{v}_p\}$ em V é dito **linearmente independente** se a equação vetorial

$$c_1\mathbf{v}_1 + c_2\mathbf{v}_2 + \cdots + c_p\mathbf{v}_p = \mathbf{0} \tag{1}$$

admitir *apenas* a solução trivial $c_1 = 0, \ldots, c_p = 0.$[1]

---

[1] É conveniente usar $c_1, \ldots, c_p$ para os escalares, em vez de $x_1, \ldots, x_p$, como fizemos anteriormente.

O conjunto $\{\mathbf{v}_1, \ldots, \mathbf{v}_p\}$ é dito **linearmente dependente** se (1) admitir alguma solução não trivial, ou seja, se existirem escalares $c_1, \ldots, c_p$, *nem todos nulos*, tais que a equação (1) será válida. Nesse caso, (1) define uma **relação de dependência linear** entre $\mathbf{v}_1, \ldots, \mathbf{v}_p$.

Da mesma forma que em $\mathbb{R}^n$, um conjunto contendo um único vetor $\mathbf{v}$ é linearmente independente se e somente se $\mathbf{v} \neq \mathbf{0}$. Além disso, um conjunto de dois vetores é linearmente dependente se e somente se um dos vetores for um múltiplo do outro. E todo conjunto contendo o vetor nulo é linearmente dependente. O teorema a seguir tem a mesma demonstração que o Teorema 7 na Seção 1.7.

TEOREMA 4

> Um conjunto indexado $\{\mathbf{v}_1, \ldots, \mathbf{v}_p\}$ de dois ou mais vetores, com $\mathbf{v}_1 \neq \mathbf{0}$, é linearmente dependente se e somente se algum $\mathbf{v}_j$ (com $j > 1$) for uma combinação linear dos vetores $\mathbf{v}_1, \ldots, \mathbf{v}_{j-1}$ que o precedem.

A diferença principal entre dependência linear em $\mathbb{R}^n$ e em um espaço vetorial geral é que, quando os vetores não são n-uplas, a equação homogênea (1) geralmente não pode ser vista como um sistema de n equações lineares. Ou seja, os vetores não podem ser considerados as colunas de uma matriz A para que possamos estudar a equação $A\mathbf{x} = \mathbf{0}$. Em vez disso, é preciso recorrer à definição de dependência linear e ao Teorema 4.

EXEMPLO 1 Sejam $\mathbf{p}_1(t) = 1$, $\mathbf{p}_2(t) = t$ e $\mathbf{p}_3(t) = 4 - t$. Então $\{\mathbf{p}_1, \mathbf{p}_2, \mathbf{p}_3\}$ é linearmente dependente em $\mathbb{P}$, já que $\mathbf{p}_3 = 4\mathbf{p}_1 - \mathbf{p}_2$. ■

EXEMPLO 2 O conjunto $\{\operatorname{sen} t, \cos t\}$ é linearmente independente em $C[0, 1]$, o espaço de todas as funções contínuas em $0 \leq t \leq 1$, pois $\operatorname{sen} t$ e $\cos t$ não são múltiplos um do outro *como vetores de* $C[0, 1]$. Ou seja, não existe escalar c tal que $\cos t = c \cdot \operatorname{sen} t$ para todo t em $[0, 1]$. (Veja os gráficos de $\operatorname{sen} t$ e $\cos t$.) No entanto, $\{\operatorname{sen} t \cos t, \operatorname{sen} 2t\}$ é linearmente dependente por causa da identidade $\operatorname{sen} 2t = 2 \operatorname{sen} t \cos t$, para todo t. ■

DEFINIÇÃO

> Seja H um subespaço de um espaço vetorial V. Um conjunto de vetores $\mathcal{B}$ em V é uma **base** para H se
>
> (i) $\mathcal{B}$ for um conjunto linearmente independente e
>
> (ii) o subespaço gerado por $\mathcal{B}$ coincidir com H; ou seja,
> $$H = \mathscr{L}\mathcal{B}$$

A definição de base se aplica ao caso em que $H = V$, porque todo espaço vetorial é subespaço de si mesmo. Assim, uma base para V é um conjunto linearmente independente que gera V. Observe que, quando $H \neq V$, a condição (ii) inclui a exigência de que cada um dos vetores $\mathbf{b}$ em $\mathcal{B}$ tem de pertencer a H, já que $\mathscr{L}(\mathcal{B})$ contém todos os elementos em $\mathcal{B}$, como vimos na Seção 4.1.

EXEMPLO 3 Seja A uma matriz invertível $n \times n$ — digamos, $A = [\mathbf{a}_1 \ldots \mathbf{a}_n]$. Então, as colunas de A formam uma base para $\mathbb{R}^n$ porque são linearmente independentes e geram $\mathbb{R}^n$ pelo Teorema da Matriz Invertível. ■

EXEMPLO 4 Sejam $\mathbf{e}_1, \ldots, \mathbf{e}_n$ as colunas matriz identidade $n \times n$, I_n. Ou seja,

$$\mathbf{e}_1 = \begin{bmatrix} 1 \\ 0 \\ \vdots \\ 0 \end{bmatrix}, \quad \mathbf{e}_2 = \begin{bmatrix} 0 \\ 1 \\ \vdots \\ 0 \end{bmatrix}, \quad \ldots, \quad \mathbf{e}_n = \begin{bmatrix} 0 \\ \vdots \\ 0 \\ 1 \end{bmatrix}$$

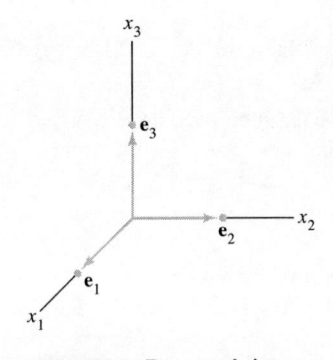

FIGURA 1 Base canônica para $\mathbb{R}^3$.

O conjunto $\{\mathbf{e}_1, \ldots, \mathbf{e}_n\}$ é chamado **base canônica** para $\mathbb{R}^n$ (Figura 1). ■

EXEMPLO 5 Sejam $\mathbf{v}_1 = \begin{bmatrix} 3 \\ 0 \\ -6 \end{bmatrix}$, $\mathbf{v}_2 = \begin{bmatrix} -4 \\ 1 \\ 7 \end{bmatrix}$ e $\mathbf{v}_3 = \begin{bmatrix} -2 \\ 1 \\ 5 \end{bmatrix}$. Determine se $\{\mathbf{v}_1, \mathbf{v}_2, \mathbf{v}_3\}$ é uma base para $\mathbb{R}^3$.

SOLUÇÃO Como o conjunto contém exatamente três vetores em $\mathbb{R}^3$, podemos usar qualquer um dos diversos métodos para determinar se a matriz $A = [\mathbf{v}_1 \ \mathbf{v}_2 \ \mathbf{v}_3]$ é invertível. Por exemplo, duas substituições de linhas mostram que A tem três posições de pivô, logo A é invertível. Como no Exemplo 3, as colunas de A formam uma base para $\mathbb{R}^3$. ■

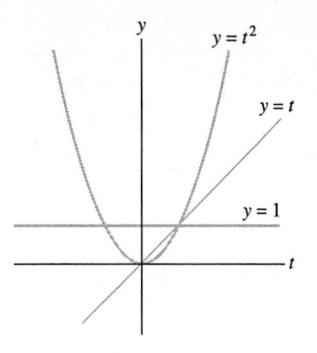

FIGURA 2 Base canônica para $\mathbb{P}_2$.

EXEMPLO 6 Seja $S = \{1, t, t^2, ..., t^n\}$. Verifique que S é uma base para $\mathbb{P}_n$. Essa base é chamada **base canônica** para $\mathbb{P}_n$.

SOLUÇÃO Com certeza, S gera $\mathbb{P}_n$. Para mostrar que S é linearmente independente, suponha que $c_0, ..., c_n$ satisfaçam à

$$c_0 1 + c_1 t + c_2 t^2 + \cdots + c_n t^n = \mathbf{0}(t) \tag{2}$$

Essa igualdade significa que o polinômio da esquerda tem os mesmos valores que o polinômio nulo da direita. Um teorema fundamental em álgebra diz que o único polinômio de $\mathbb{P}_n$ com mais de n zeros é o polinômio nulo. Ou seja, a equação (2) é válida para todo t se e somente se $c_0 = \cdots = c_n = 0$. Isso prova que S é linearmente independente e, portanto, forma uma base para $\mathbb{P}_n$. Veja a Figura 2. ∎

Problemas envolvendo independência linear e geração de subespaços em $\mathbb{P}_n$ são tratados de forma melhor com uma técnica que será discutida na Seção 4.4.

Teorema do Conjunto Gerador

Como veremos, uma base é um conjunto gerador "eficiente" que não contém vetores desnecessários. De fato, uma base pode ser obtida de um conjunto gerador descartando-se vetores desnecessários.

EXEMPLO 7 Sejam

$$\mathbf{v}_1 = \begin{bmatrix} 0 \\ 2 \\ -1 \end{bmatrix}, \quad \mathbf{v}_2 = \begin{bmatrix} 2 \\ 2 \\ 0 \end{bmatrix}, \quad \mathbf{v}_3 = \begin{bmatrix} 6 \\ 16 \\ -5 \end{bmatrix} \text{ e } H = \mathscr{L}\{\mathbf{v}_1, \mathbf{v}_2, \mathbf{v}_3\}.$$

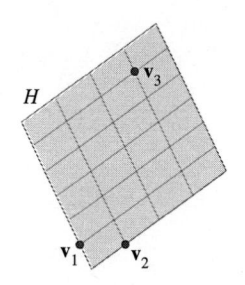

Note que $\mathbf{v}_3 = 5\mathbf{v}_1 + 3\mathbf{v}_2$ e mostre que $\mathscr{L}\{\mathbf{v}_1, \mathbf{v}_2, \mathbf{v}_3\} = \mathscr{L}\{\mathbf{v}_1, \mathbf{v}_2\}$. Depois, determine uma base para o subespaço H.

SOLUÇÃO Cada vetor em $\mathscr{L}\{\mathbf{v}_1, \mathbf{v}_2\}$ pertence a H, pois

$$c_1 \mathbf{v}_1 + c_2 \mathbf{v}_2 = c_1 \mathbf{v}_1 + c_2 \mathbf{v}_2 + 0\mathbf{v}_3$$

Agora, seja $\mathbf{x}$ qualquer vetor em H — digamos, $\mathbf{x} = c_1 \mathbf{v}_1 + c_2 \mathbf{v}_2 + c_3 \mathbf{v}_3$. Como $\mathbf{v}_3 = 5\mathbf{v}_1 + 3\mathbf{v}_2$, podemos fazer a substituição

$$\begin{aligned} \mathbf{x} &= c_1 \mathbf{v}_1 + c_2 \mathbf{v}_2 + c_3(5\mathbf{v}_1 + 3\mathbf{v}_2) \\ &= (c_1 + 5c_3)\mathbf{v}_1 + (c_2 + 3c_3)\mathbf{v}_2 \end{aligned}$$

Assim, $\mathbf{x}$ pertence a $\mathscr{L}\{\mathbf{v}_1, \mathbf{v}_2\}$, de modo que todo vetor de H já pertence a $\mathscr{L}\{\mathbf{v}_1, \mathbf{v}_2\}$. Concluímos que H e $\mathscr{L}\{\mathbf{v}_1, \mathbf{v}_2\}$ são, na verdade, o mesmo conjunto de vetores. Segue que $\{\mathbf{v}_1, \mathbf{v}_2\}$ é uma base de H, já que $\{\mathbf{v}_1, \mathbf{v}_2\}$ é linearmente independente. ∎

O próximo teorema generaliza o Exemplo 7.

TEOREMA 5

Teorema do Conjunto Gerador

Seja $S = \{\mathbf{v}_1, ..., \mathbf{v}_p\}$ um conjunto em um espaço vetorial V e seja $H = \mathscr{L}\{\mathbf{v}_1, ..., \mathbf{v}_p\}$.

a. Se um dos vetores de S — digamos, $\mathbf{v}_k$ — for uma combinação linear dos demais vetores de S, então o conjunto obtido de S removendo-se $\mathbf{v}_k$ ainda gerará H.

b. Se $H \neq \{\mathbf{0}\}$, então algum subconjunto de S é uma base para H.

DEMONSTRAÇÃO

a. Reordenando os vetores de S, se necessário, podemos supor que $\mathbf{v}_p$ seja uma combinação linear de $\mathbf{v}_1, ..., \mathbf{v}_{p-1}$ — digamos,

$$\mathbf{v}_p = a_1 \mathbf{v}_1 + \cdots + a_{p-1} \mathbf{v}_{p-1} \tag{3}$$

Dado qualquer $\mathbf{x}$ em H, podemos escrever

$$\mathbf{x} = c_1 \mathbf{v}_1 + \cdots + c_{p-1} \mathbf{v}_{p-1} + c_p \mathbf{v}_p \tag{4}$$

para escalares apropriados $c_1, ..., c_p$. Substituindo a expressão para $\mathbf{v}_p$ dada por (3) em (4), é fácil ver que $\mathbf{x}$ é uma combinação linear de $\mathbf{v}_1, ..., \mathbf{v}_{p-1}$. Assim, $\{\mathbf{v}_1, ..., \mathbf{v}_{p-1}\}$ gera H, pois $\mathbf{x}$ é um elemento arbitrário de H.

b. Se o conjunto gerador inicial S for linearmente independente, então ele já será uma base para H. Caso contrário, um dos vetores de S é dependente dos outros e pode ser omitido, pelo item (a). Contanto que haja dois ou mais vetores no conjunto gerador, podemos repetir esse processo até que o conjunto gerador seja linearmente independente e, assim, forme uma base para H. Se o conjunto gerador ficar reduzido a apenas um vetor, esse vetor será diferente do vetor nulo (e, portanto, linearmente independente), já que $H \neq \{\mathbf{0}\}$. ■

Bases para Nul A, Col A e Lin A

Já sabemos como encontrar vetores que geram o espaço nulo de uma matriz A. A discussão na Seção 4.2 mostrou que nosso método sempre produz um conjunto linearmente independente quando Nul A contém vetores não nulos. Logo, nesse caso, o método gera uma *base* para Nul A.

Os dois próximos exemplos descrevem um algoritmo simples para se obter uma base para o espaço coluna.

EXEMPLO 8   Obtenha uma base para Col B, na qual

$$B = \begin{bmatrix} \mathbf{b}_1 & \mathbf{b}_2 & \cdots & \mathbf{b}_5 \end{bmatrix} = \begin{bmatrix} 1 & 4 & 0 & 2 & 0 \\ 0 & 0 & 1 & -1 & 0 \\ 0 & 0 & 0 & 0 & 1 \\ 0 & 0 & 0 & 0 & 0 \end{bmatrix}$$

SOLUÇÃO   Cada coluna não pivô de B é uma combinação linear das colunas pivôs. De fato, $\mathbf{b}_2 = 4\mathbf{b}_1$ e $\mathbf{b}_4 = 2\mathbf{b}_1 - \mathbf{b}_3$. Pelo Teorema do Conjunto Gerador, podemos descartar $\mathbf{b}_2$ e $\mathbf{b}_4$, e $\{\mathbf{b}_1, \mathbf{b}_3, \mathbf{b}_5\}$ ainda vai gerar Col B. Seja

$$S = \{\mathbf{b}_1, \mathbf{b}_3, \mathbf{b}_5\} = \left\{ \begin{bmatrix} 1 \\ 0 \\ 0 \\ 0 \end{bmatrix}, \begin{bmatrix} 0 \\ 1 \\ 0 \\ 0 \end{bmatrix}, \begin{bmatrix} 0 \\ 0 \\ 1 \\ 0 \end{bmatrix} \right\}$$

Como $\mathbf{b}_1 \neq 0$ e nenhum vetor de S é combinação linear dos vetores que o precedem, S é linearmente independente (Teorema 4). Portanto, S é uma base para Col B. ■

E quanto a uma matriz A que *não* esteja na forma escalonada reduzida? Lembre-se de que toda relação de dependência linear entre as colunas de A pode ser expressa na forma $A\mathbf{x} = \mathbf{0}$, em que $\mathbf{x}$ é uma coluna de pesos (ou coeficientes). (Caso alguma coluna não esteja envolvida em determinada relação de dependência, então seu peso será zero.) Quando A for escalonada até uma matriz B, as colunas de B, com frequência, são completamente diferentes das colunas de A. Entretanto, as equações $A\mathbf{x} = \mathbf{0}$ e $B\mathbf{x} = \mathbf{0}$ têm exatamente o mesmo conjunto de soluções. Se $A = [\mathbf{a}_1 \ \dots \ \mathbf{a}_n]$ e $B = [\mathbf{b}_1 \ \dots \ \mathbf{b}_n]$, então as equações vetoriais

$$x_1\mathbf{a}_1 + \cdots + x_n\mathbf{a}_n = \mathbf{0} \quad \text{e} \quad x_1\mathbf{b}_1 + \cdots + x_n\mathbf{b}_n = \mathbf{0}$$

também terão o mesmo conjunto de soluções. Ou seja, as colunas de A têm *exatamente as mesmas relações de dependência linear* que as colunas de B.

EXEMPLO 9   Pode-se mostrar que a matriz

$$A = \begin{bmatrix} \mathbf{a}_1 & \mathbf{a}_2 & \cdots & \mathbf{a}_5 \end{bmatrix} = \begin{bmatrix} 1 & 4 & 0 & 2 & -1 \\ 3 & 12 & 1 & 5 & 5 \\ 2 & 8 & 1 & 3 & 2 \\ 5 & 20 & 2 & 8 & 8 \end{bmatrix}$$

é equivalente por linhas à matriz B no Exemplo 8. Determine uma base para Col A.

SOLUÇÃO   No Exemplo 8, vimos que

$$\mathbf{b}_2 = 4\mathbf{b}_1 \quad \text{e} \quad \mathbf{b}_4 = 2\mathbf{b}_1 - \mathbf{b}_3$$

de modo que podemos esperar que

$$\mathbf{a}_2 = 4\mathbf{a}_1 \quad \text{e} \quad \mathbf{a}_4 = 2\mathbf{a}_1 - \mathbf{a}_3$$

Verifique que isso realmente ocorre! Assim, podemos descartar $\mathbf{a}_2$ e $\mathbf{a}_4$ quando estivermos selecionando um conjunto gerador mínimo para Col A. De fato, $\{\mathbf{a}_1, \mathbf{a}_3, \mathbf{a}_5\}$ tem de ser linearmente independente, pois toda relação de dependência linear entre $\mathbf{a}_1, \mathbf{a}_3, \mathbf{a}_5$ implicaria uma relação de dependência linear entre b_1, b_3, b_5. Mas sabemos que $\{b_1, b_3, b_5\}$ é um conjunto linearmente independente. Portanto, $\{a_1, a_3, a_5\}$ é uma base para Col A. As colunas que usamos para essa base são as colunas pivôs de A. ■

Os Exemplos 8 e 9 ilustram o seguinte fato útil.

TEOREMA 6 As colunas pivôs de uma matriz A formam uma base para Col A.

DEMONSTRAÇÃO A demonstração geral utiliza os argumentos na discussão anterior. Seja B a forma escalonada reduzida obtida de A. O conjunto das colunas pivôs de B é linearmente independente, pois nenhum vetor do conjunto é uma combinação linear dos vetores que o precedem. Como A é equivalente por linhas a B, as colunas pivôs de A também são linearmente independentes, porque toda relação de dependência linear entre as colunas de A corresponde a uma relação de dependência linear entre as colunas de B. Por essa mesma razão, toda coluna não pivô de A é combinação linear das colunas pivôs de A. Assim, as colunas não pivôs de A podem ser descartadas do conjunto gerador de Col A, pelo Teorema do Conjunto Gerador. Isso deixa as colunas pivôs de A como uma base para Col A. ■

Cuidado: As colunas pivôs de uma matriz A são evidentes quando A está em forma *escalonada*. Mas tenha o cuidado de usar *as próprias colunas pivôs de A* como uma base para Col A. Operações elementares podem mudar o espaço coluna de uma matriz. Muitas vezes, as colunas da forma escalonada reduzida B não pertencem ao espaço coluna de A. Por exemplo, as colunas de B no Exemplo 8 têm, todas, zeros na sua última componente, de modo que não podem gerar o espaço coluna de A no Exemplo 9.

Por outro lado, o teorema a seguir mostra que redução por linhas não muda o espaço linha de uma matriz.

TEOREMA 7 Se duas matrizes A e B são equivalentes por linhas, então elas têm o mesmo espaço linha. Se B estiver em forma escalonada, as linhas não nulas de B formarão uma base para o espaço linha de A e de B.

DEMONSTRAÇÃO Se B for obtida de A por operações elementares, as linhas de B serão combinações lineares das linhas de A. Segue que qualquer combinação linear das linhas de B será, automaticamente, combinação linear das linhas de A. Assim, o espaço linha de B está contido no espaço linha de A. Como as operações elementares são reversíveis, o mesmo argumento mostra que o espaço linha de A é um subconjunto do espaço linha de B. Logo, os dois espaços linha são iguais. Se B estiver em forma escalonada, suas linhas não nulas serão linearmente independentes, já que nenhuma linha não nula pode ser combinação linear das linhas não nulas abaixo dela. (Aplique o Teorema 4 às linhas não nulas de B em ordem inversa, com a primeira linha sendo a última.) Assim, as linhas não nulas de B formam uma base para o espaço linha de B e de A (que são iguais). ■

EXEMPLO 10 Encontre uma base para o espaço linha da matriz A no Exemplo 9.

SOLUÇÃO Para encontrar uma base para o espaço linha, lembre-se de que a matriz A do Exemplo 9 é equivalente por linhas à matriz B do Exemplo 8:

$$A = \begin{bmatrix} 1 & 4 & 0 & 2 & -1 \\ 3 & 12 & 1 & 5 & 5 \\ 2 & 8 & 1 & 3 & 2 \\ 5 & 20 & 2 & 8 & 8 \end{bmatrix} \sim B = \begin{bmatrix} 1 & 4 & 0 & 2 & 0 \\ 0 & 0 & 1 & -1 & 0 \\ 0 & 0 & 0 & 0 & 1 \\ 0 & 0 & 0 & 0 & 0 \end{bmatrix}$$

Pelo Teorema 7, as três primeiras linhas de B formam uma base para o espaço linha de A (e também para o espaço linha de B). Assim,

Base para Lin A : $\{(1, 4, 0, 2, 0), (0, 0, 1, -1, 0), (0, 0, 0, 0, 1)\}$

Note que, ao contrário da base para Col A, as bases para Lin A e Nul A não têm uma conexão simples com os elementos de A.[2]

---

[2]É possível encontrar uma base para o espaço linha de A que usa as linhas de A. Forme, primeiro, A^T e depois reduza por linhas até encontrar as colunas pivôs de A^T. Essas colunas pivôs são linhas de A^T e formam uma base para o espaço linha de A.

Duas Formas de Ver uma Base

Quando usamos o Teorema do Conjunto Gerador, a retirada de vetores de um conjunto gerador tem de parar quando o conjunto se torna linearmente independente. Se retirarmos um vetor a mais, esse vetor não será combinação linear dos demais e, portanto, esse conjunto menor não irá mais gerar V. Assim, uma base é um conjunto gerador que é o menor possível.

Uma base também é um conjunto linearmente independente que é o maior possível. Se S for uma base para V e se S for acrescido de um vetor — digamos, $\mathbf{w}$ — de V, então o novo conjunto não poderá ser linearmente independente, porque S gera V, e $\mathbf{w}$, portanto, será uma combinação linear dos elementos de S.

EXEMPLO 11 Os três próximos conjuntos em $\mathbb{R}^3$ mostram como um conjunto linearmente independente pode ser aumentado até formar uma base e como um aumento adicional destrói a independência linear do conjunto. Além disso, um conjunto gerador pode ser diminuído até formar uma base, mas diminuí-lo ainda mais destrói a propriedade geradora.

$$\left\{ \begin{bmatrix} 1 \\ 0 \\ 0 \end{bmatrix}, \begin{bmatrix} 2 \\ 3 \\ 0 \end{bmatrix} \right\} \qquad \left\{ \begin{bmatrix} 1 \\ 0 \\ 0 \end{bmatrix}, \begin{bmatrix} 2 \\ 3 \\ 0 \end{bmatrix}, \begin{bmatrix} 4 \\ 5 \\ 6 \end{bmatrix} \right\} \qquad \left\{ \begin{bmatrix} 1 \\ 0 \\ 0 \end{bmatrix}, \begin{bmatrix} 2 \\ 3 \\ 0 \end{bmatrix}, \begin{bmatrix} 4 \\ 5 \\ 6 \end{bmatrix}, \begin{bmatrix} 7 \\ 8 \\ 9 \end{bmatrix} \right\}$$

Linearmente independente, mas não gera $\mathbb{R}^3$ · · · Uma boa base $\mathbb{R}^3$ · · · Gera $\mathbb{R}^3$, mas é linearmente dependente ∎

Problemas Práticos

1. Sejam $\mathbf{v}_1 = \begin{bmatrix} 1 \\ -2 \\ 3 \end{bmatrix}$ e $\mathbf{v}_2 = \begin{bmatrix} -2 \\ 7 \\ -9 \end{bmatrix}$. Determine se $\{\mathbf{v}_1, \mathbf{v}_2\}$ é uma base para $\mathbb{R}^3$. $\{\mathbf{v}_1, \mathbf{v}_2\}$ é uma base para $\mathbb{R}^2$?

2. Sejam $\mathbf{v}_1 = \begin{bmatrix} 1 \\ -3 \\ 4 \end{bmatrix}$, $\mathbf{v}_2 = \begin{bmatrix} 6 \\ 2 \\ -1 \end{bmatrix}$, $\mathbf{v}_3 = \begin{bmatrix} 2 \\ -2 \\ 3 \end{bmatrix}$ e $\mathbf{v}_4 = \begin{bmatrix} -4 \\ -8 \\ 9 \end{bmatrix}$. Encontre uma base para o subespaço W gerado por $\{\mathbf{v}_1, \mathbf{v}_2, \mathbf{v}_3, \mathbf{v}_4\}$.

3. Sejam $\mathbf{v}_1 = \begin{bmatrix} 1 \\ 0 \\ 0 \end{bmatrix}$, $\mathbf{v}_2 = \begin{bmatrix} 0 \\ 1 \\ 0 \end{bmatrix}$ e $H = \left\{ \begin{bmatrix} s \\ s \\ 0 \end{bmatrix} : s \text{ pertence a } \mathbb{R} \right\}$. Então todo vetor de H é uma combinação linear de $\mathbf{v}_1$ e $\mathbf{v}_2$, já que

$$\begin{bmatrix} s \\ s \\ 0 \end{bmatrix} = s \begin{bmatrix} 1 \\ 0 \\ 0 \end{bmatrix} + s \begin{bmatrix} 0 \\ 1 \\ 0 \end{bmatrix}$$

$\{\mathbf{v}_1, \mathbf{v}_2\}$ é uma base para H?

4. Sejam V e W espaços vetoriais, $T : V \to W$ e $U : V \to W$ transformações lineares, e $\{\mathbf{v}_1, \ldots, \mathbf{v}_p\}$ uma base para V. Se $T(\mathbf{v}_j) = U(\mathbf{v}_j)$ para todo valor de j entre 1 e p, mostre que $T(\mathbf{x}) = U(\mathbf{x})$ para todo vetor $\mathbf{x}$ em V.

4.3 EXERCÍCIOS

Determine quais dos conjuntos nos Exercícios 1 a 8 formam bases para $\mathbb{R}^3$. Dos conjuntos que *não* são bases, determine quais são linearmente independentes e quais geram $\mathbb{R}^3$. Justifique suas respostas.

1. $\begin{bmatrix} 1 \\ 0 \\ 0 \end{bmatrix}, \begin{bmatrix} 1 \\ 1 \\ 0 \end{bmatrix}, \begin{bmatrix} 1 \\ 1 \\ 1 \end{bmatrix}$ 2. $\begin{bmatrix} 1 \\ 0 \\ 1 \end{bmatrix}, \begin{bmatrix} 0 \\ 0 \\ 0 \end{bmatrix}, \begin{bmatrix} 0 \\ 1 \\ 0 \end{bmatrix}$ 5. $\begin{bmatrix} 1 \\ -3 \\ 0 \end{bmatrix}, \begin{bmatrix} -2 \\ 9 \\ 0 \end{bmatrix}, \begin{bmatrix} 0 \\ 0 \\ 0 \end{bmatrix}, \begin{bmatrix} 0 \\ -3 \\ 5 \end{bmatrix}$ 6. $\begin{bmatrix} 1 \\ 2 \\ -3 \end{bmatrix}, \begin{bmatrix} -4 \\ -5 \\ 6 \end{bmatrix}$

3. $\begin{bmatrix} 1 \\ 0 \\ -2 \end{bmatrix}, \begin{bmatrix} 3 \\ 2 \\ -4 \end{bmatrix}, \begin{bmatrix} -3 \\ -5 \\ 1 \end{bmatrix}$ 4. $\begin{bmatrix} 2 \\ -2 \\ 1 \end{bmatrix}, \begin{bmatrix} 1 \\ -3 \\ 2 \end{bmatrix}, \begin{bmatrix} -7 \\ 5 \\ 4 \end{bmatrix}$ 7. $\begin{bmatrix} -2 \\ 3 \\ 0 \end{bmatrix}, \begin{bmatrix} 6 \\ -1 \\ 5 \end{bmatrix}$ 8. $\begin{bmatrix} 1 \\ -4 \\ 3 \end{bmatrix}, \begin{bmatrix} 0 \\ 3 \\ -1 \end{bmatrix}, \begin{bmatrix} 3 \\ -5 \\ 4 \end{bmatrix}, \begin{bmatrix} 0 \\ 2 \\ -2 \end{bmatrix}$

Encontre bases para os espaços nulos das matrizes dadas nos Exercícios 9 e 10. Considere as observações feitas depois do Exemplo 3 na Seção 4.2.

9. $\begin{bmatrix} 1 & 0 & -3 & 2 \\ 0 & 1 & -5 & 4 \\ 3 & -2 & 1 & -2 \end{bmatrix}$ **10.** $\begin{bmatrix} 1 & 0 & -5 & 1 & 4 \\ -2 & 1 & 6 & -2 & -2 \\ 0 & 2 & -8 & 1 & 9 \end{bmatrix}$

11. Encontre uma base para o conjunto de vetores em $\mathbb{R}^3$ pertencentes ao plano $x + 2y + z = 0$. [*Sugestão:* Pense na equação como um "sistema" de equações homogêneas.]

12. Encontre uma base para o conjunto de vetores em $\mathbb{R}^2$ pertencentes à reta $y = 5x$.

Nos Exercícios 13 e 14, suponha que A seja equivalente por linhas a B. Encontre bases para Nul A, Col A e Lin A.

13. $A = \begin{bmatrix} -2 & 4 & -2 & -4 \\ 2 & -6 & -3 & 1 \\ -3 & 8 & 2 & -3 \end{bmatrix}$, $B = \begin{bmatrix} 1 & 0 & 6 & 5 \\ 0 & 2 & 5 & 3 \\ 0 & 0 & 0 & 0 \end{bmatrix}$

14. $A = \begin{bmatrix} 1 & 2 & -5 & 11 & -3 \\ 2 & 4 & -5 & 15 & 2 \\ 1 & 2 & 0 & 4 & 5 \\ 3 & 6 & -5 & 19 & -2 \end{bmatrix}$,

$B = \begin{bmatrix} 1 & 2 & 0 & 4 & 5 \\ 0 & 0 & 5 & -7 & 8 \\ 0 & 0 & 0 & 0 & -9 \\ 0 & 0 & 0 & 0 & 0 \end{bmatrix}$

Nos Exercícios 15 a 18, encontre uma base para o espaço gerado pelos vetores dados $\mathbf{v}_1, \ldots, \mathbf{v}_5$.

15. $\begin{bmatrix} 1 \\ 0 \\ -3 \\ 2 \end{bmatrix}, \begin{bmatrix} 0 \\ 1 \\ 2 \\ -3 \end{bmatrix}, \begin{bmatrix} -3 \\ -4 \\ 1 \\ 6 \end{bmatrix}, \begin{bmatrix} 1 \\ -3 \\ -8 \\ 7 \end{bmatrix}, \begin{bmatrix} 2 \\ 1 \\ -6 \\ 9 \end{bmatrix}$

16. $\begin{bmatrix} 1 \\ 0 \\ 0 \\ 1 \end{bmatrix}, \begin{bmatrix} -2 \\ 1 \\ -1 \\ 1 \end{bmatrix}, \begin{bmatrix} 6 \\ -1 \\ 2 \\ -1 \end{bmatrix}, \begin{bmatrix} 5 \\ -3 \\ 3 \\ -4 \end{bmatrix}, \begin{bmatrix} 0 \\ 3 \\ -1 \\ 1 \end{bmatrix}$

M 17. $\begin{bmatrix} 8 \\ 9 \\ -3 \\ -6 \\ 0 \end{bmatrix}, \begin{bmatrix} 4 \\ 5 \\ 1 \\ -4 \\ 4 \end{bmatrix}, \begin{bmatrix} -1 \\ -4 \\ -9 \\ 6 \\ -7 \end{bmatrix}, \begin{bmatrix} 6 \\ 8 \\ 4 \\ -7 \\ 10 \end{bmatrix}, \begin{bmatrix} -1 \\ 4 \\ 11 \\ -8 \\ -7 \end{bmatrix}$

M 18. $\begin{bmatrix} -8 \\ 7 \\ 6 \\ 5 \\ -7 \end{bmatrix}, \begin{bmatrix} 8 \\ -7 \\ -9 \\ -5 \\ 7 \end{bmatrix}, \begin{bmatrix} -8 \\ 7 \\ 4 \\ 5 \\ -7 \end{bmatrix}, \begin{bmatrix} 1 \\ 4 \\ 9 \\ 6 \\ -7 \end{bmatrix}, \begin{bmatrix} -9 \\ 3 \\ -4 \\ -1 \\ 0 \end{bmatrix}$

19. Sejam $\mathbf{v}_1 = \begin{bmatrix} 4 \\ -3 \\ 7 \end{bmatrix}$, $\mathbf{v}_2 = \begin{bmatrix} 1 \\ 9 \\ -2 \end{bmatrix}$, $\mathbf{v}_3 = \begin{bmatrix} 7 \\ 11 \\ 6 \end{bmatrix}$ e $H = \mathscr{L}\{\mathbf{v}_1, \mathbf{v}_2, \mathbf{v}_3\}$.

Pode-se verificar que $4\mathbf{v}_1 + 5\mathbf{v}_2 - 3\mathbf{v}_3 = \mathbf{0}$. Use essa informação para determinar uma base para H. Há mais de uma resposta.

20. Sejam $\mathbf{v}_1 = \begin{bmatrix} 7 \\ 4 \\ -9 \\ -5 \end{bmatrix}$, $\mathbf{v}_2 = \begin{bmatrix} 4 \\ -7 \\ 2 \\ 5 \end{bmatrix}$, $\mathbf{v}_3 = \begin{bmatrix} 1 \\ -5 \\ 3 \\ 4 \end{bmatrix}$. Pode-se verificar que $\mathbf{v}_1 - 3\mathbf{v}_2 + 5\mathbf{v}_3 = \mathbf{0}$. Use essa informação para determinar uma base para $H = \mathscr{L}\{\mathbf{v}_1, \mathbf{v}_2, \mathbf{v}_3\}$.

Nos Exercícios 21 a 32, marque cada afirmação como Verdadeira ou Falsa (**V/F**). Justifique cada resposta.

21. (**V/F**) Um único vetor é linearmente dependente.

22. (**V/F**) Um conjunto linearmente independente em um subespaço H é uma base para H.

23. (**V/F**) Se $H = \mathscr{L}\{\mathbf{b}_1, \ldots, \mathbf{b}_p\}$, então $\{\mathbf{b}_1, \ldots, \mathbf{b}_p\}$ será uma base para H.

24. (**V/F**) Se um conjunto finito S de vetores não nulos gerar um espaço vetorial V, então algum subconjunto de S formará uma base para V.

25. (**V/F**) As colunas de uma matriz invertível $n \times n$ formam uma base para $\mathbb{R}^n$.

26. (**V/F**) Uma base é um conjunto linearmente independente que é o maior possível.

27. (**V/F**) Uma base é um conjunto gerador que é o maior possível.

28. (**V/F**) O método-padrão para produzir um conjunto gerador para Nul A, descrito na Seção 4.2, às vezes falha na obtenção de uma base para Nul A.

29. (**V/F**) Em alguns casos, as relações de dependência linear entre as colunas de uma matriz podem ser alteradas por certas operações elementares na matriz.

30. (**V/F**) Se B for uma forma escalonada de uma matriz A, então as colunas pivôs de B formarão uma base para Col A.

31. (**V/F**) Operações elementares nas linhas preservam as relações de dependência linear entre as linhas de A.

32. (**V/F**) Se A e B são equivalentes por linhas, então seus espaços linha são iguais.

33. Suponha que $\mathbb{R}^4 = \mathscr{L}\{\mathbf{v}_1, \ldots, \mathbf{v}_4\}$. Explique por que $\{\mathbf{v}_1, \ldots, \mathbf{v}_4\}$ é uma base para $\mathbb{R}^4$.

34. Seja $\mathcal{B} = \{\mathbf{v}_1, \ldots, \mathbf{v}_n\}$ um conjunto linearmente independente em $\mathbb{R}^n$. Explique por que $\mathcal{B}$ tem de ser uma base para $\mathbb{R}^n$.

35. Sejam $\mathbf{v}_1 = \begin{bmatrix} 1 \\ 0 \\ 1 \end{bmatrix}$, $\mathbf{v}_2 = \begin{bmatrix} 0 \\ 1 \\ 1 \end{bmatrix}$, $\mathbf{v}_3 = \begin{bmatrix} 0 \\ 1 \\ 0 \end{bmatrix}$ e H o conjunto de vetores em $\mathbb{R}^3$ que têm a segunda e a terceira componentes iguais. Então todo vetor em H pode ser escrito de forma única como combinação linear de $\mathbf{v}_1, \mathbf{v}_2, \mathbf{v}_3$, pois $\begin{bmatrix} s \\ t \\ t \end{bmatrix} = s \begin{bmatrix} 1 \\ 0 \\ 1 \end{bmatrix} + (t - s) \begin{bmatrix} 0 \\ 1 \\ 1 \end{bmatrix} + s \begin{bmatrix} 0 \\ 1 \\ 0 \end{bmatrix}$ quaisquer que sejam s e t. $\{\mathbf{v}_1, \mathbf{v}_2, \mathbf{v}_3\}$ é uma base para H? Por quê?

36. No espaço vetorial de todas as funções reais, determine uma base para o subespaço gerado por $\{\text{sen } t, \text{sen } 2t, \text{sen } t \cos t\}$.

37. Seja V o espaço vetorial das funções que descrevem a vibração de um sistema massa-mola. (Veja o Exercício 19 na Seção 4.1.) Encontre uma base para V.

38. (*Circuito RLC*) O circuito na figura consiste em um resistor (R ohms), um indutor (L henrys), um capacitor (C farads) e uma fonte de voltagem inicial. Seja $b = R/(2L)$ e suponha que R, L e C tenham sido escolhidos de modo que b também seja igual a $1/\sqrt{LC}$. (Isso é feito, por exemplo, quando o circuito é usado em um voltímetro.) Seja $v(t)$ a voltagem (em volts) no instante t, medida por meio do capacitor. Pode-se mostrar que v pertence ao espaço nulo H da transformação linear que leva $v(t)$ a $Lv''(t) + Rv'(t) + (1/C)v(t)$ e que H consiste em todas as funções da forma $v(t) = e^{-bt}(c_1 + c_2 t)$. Encontre uma base para H.

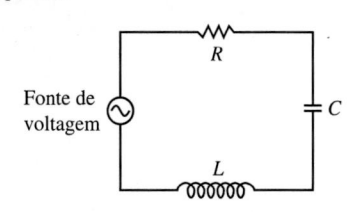

Os Exercícios 39 e 40 mostram que toda base para $\mathbb{R}^n$ tem de conter exatamente n vetores.

39. Seja $S = \{\mathbf{v}_1, \ldots, \mathbf{v}_k\}$ um conjunto de k vetores em $\mathbb{R}^n$, com $k < n$. Use um teorema da Seção 1.4 para explicar por que S não pode ser uma base para $\mathbb{R}^n$.

40. Seja $S = \{\mathbf{v}_1, \ldots, \mathbf{v}_k\}$ um conjunto de k vetores em $\mathbb{R}^n$, com $k > n$. Use um teorema do Capítulo 1 para explicar por que S não pode ser uma base para $\mathbb{R}^n$.

Os Exercícios 41 e 42 revelam uma ligação importante entre independência linear e transformações lineares, e treinam o uso da definição de dependência linear. Sejam V e W espaços vetoriais, $T : V \to W$ uma transformação linear e $\{\mathbf{v}_1, \ldots, \mathbf{v}_p\}$ um subconjunto de V.

41. Mostre que, se $\{\mathbf{v}_1, \ldots, \mathbf{v}_p\}$ for linearmente dependente em V, então o conjunto das imagens $\{T(\mathbf{v}_1), \ldots, T(\mathbf{v}_p)\}$ será linearmente dependente em W. Esse fato mostra que, se uma transformação linear levar um conjunto $\{\mathbf{v}_1, \ldots, \mathbf{v}_p\}$ em um conjunto linearmente *independente* $\{T(\mathbf{v}_1), \ldots, T(\mathbf{v}_p)\}$, então o conjunto original terá de ser linearmente independente também (porque não pode ser linearmente dependente).

42. Suponha que T seja uma transformação injetora, de modo que a equação $T(\mathbf{u}) = T(\mathbf{v})$ sempre implica $\mathbf{u} = \mathbf{v}$. Mostre que, se o conjunto das imagens $\{T(\mathbf{v}_1), \ldots, T(\mathbf{v}_p)\}$ for linearmente dependente, então $\{\mathbf{v}_1, \ldots, \mathbf{v}_p\}$ será linearmente dependente. Esse fato mostra que *uma transformação linear injetora leva um conjunto linearmente independente em um conjunto linearmente independente* (porque, nesse caso, o conjunto das imagens não pode ser linearmente dependente).

43. Considere os polinômios $\mathbf{p}_1(t) = 1 + t^2$ e $\mathbf{p}_2(t) = 1 - t^2$. $\{\mathbf{p}_1, \mathbf{p}_2\}$ é um conjunto linearmente independente em $\mathbb{P}_3$? Por quê?

44. Considere os polinômios $\mathbf{p}_1(t) = 1 + t$, $\mathbf{p}_2(t) = 1 - t$ e $\mathbf{p}_3(t) = 2$ (para todo t). Sem fazer conta, encontre uma relação de dependência linear entre $\mathbf{p}_1$, $\mathbf{p}_2$ e $\mathbf{p}_3$. Depois, encontre uma base para $\mathscr{L}\{\mathbf{p}_1, \mathbf{p}_2, \mathbf{p}_3\}$.

45. Seja V um espaço vetorial contendo um conjunto linearmente independente $\{\mathbf{u}_1, \mathbf{u}_2, \mathbf{u}_3, \mathbf{u}_4\}$. Descreva como construir um conjunto de vetores $\{\mathbf{v}_1, \mathbf{v}_2, \mathbf{v}_3, \mathbf{v}_4\}$ em V tal que $\{\mathbf{v}_1, \mathbf{v}_3\}$ é uma base para $\mathscr{L}\{\mathbf{v}_1, \mathbf{v}_2, \mathbf{v}_3, \mathbf{v}_4\}$.

M 46. Sejam $H = \mathscr{L}\{\mathbf{u}_1, \mathbf{u}_2, \mathbf{u}_3\}$ e $K = \mathscr{L}\{\mathbf{v}_1, \mathbf{v}_2, \mathbf{v}_3\}$, em que

$$\mathbf{u}_1 = \begin{bmatrix} 1 \\ 2 \\ 0 \\ -1 \end{bmatrix}, \quad \mathbf{u}_2 = \begin{bmatrix} 0 \\ 2 \\ -1 \\ 1 \end{bmatrix}, \quad \mathbf{u}_3 = \begin{bmatrix} 3 \\ 4 \\ 1 \\ -4 \end{bmatrix},$$

$$\mathbf{v}_1 = \begin{bmatrix} -2 \\ -2 \\ -1 \\ 3 \end{bmatrix}, \quad \mathbf{v}_2 = \begin{bmatrix} 2 \\ 3 \\ 2 \\ -6 \end{bmatrix}, \quad \mathbf{v}_3 = \begin{bmatrix} -1 \\ 4 \\ 6 \\ -2 \end{bmatrix}.$$

Encontre bases para H, K e $H + K$. (Veja os Exercícios 41 e 42 na Seção 4.1.)

M 47. Mostre que $\{t, \operatorname{sen} t, \cos 2t, \operatorname{sen} t \cos t\}$ é um conjunto linearmente independente de funções definidas em $\mathbb{R}$. Comece supondo que

$$c_1 t + c_2 \operatorname{sen} t + c_3 \cos 2t + c_4 \operatorname{sen} t \cos t = 0 \qquad (5)$$

A equação (5) tem de valer para todo t real, logo podemos escolher alguns valores específicos de t (digamos, $t = 0; 0,1; 0,2$) até obter um sistema com uma quantidade suficiente de equações que faça com que todos os c_j sejam iguais a zero.

M 48. Mostre que $\{1, \cos t, \cos^2 t, \ldots, \cos^6 t\}$ é um conjunto linearmente independente de funções definidas em $\mathbb{R}$. Use o método do Exercício 47. (Esse resultado será necessário para o Exercício 54 na Seção 4.5.)

Soluções dos Problemas Práticos

1. Seja $A = [\mathbf{v}_1 \ \ \mathbf{v}_2]$. As operações elementares mostram que

$$A = \begin{bmatrix} 1 & -2 \\ -2 & 7 \\ 3 & -9 \end{bmatrix} \sim \begin{bmatrix} 1 & -2 \\ 0 & 3 \\ 0 & 0 \end{bmatrix}$$

Nem toda linha de A possui uma posição de pivô. Assim, as colunas de A não geram $\mathbb{R}^3$, pelo Teorema 4 na Seção 1.4. Portanto, $\{\mathbf{v}_1, \mathbf{v}_2\}$ não é base para $\mathbb{R}^3$. Como $\mathbf{v}_1$ e $\mathbf{v}_2$ não pertencem a $\mathbb{R}^2$, é claro que não podem formar uma base para $\mathbb{R}^2$. Entretanto, como $\mathbf{v}_1$ e $\mathbf{v}_2$ são de maneira óbvia linearmente independentes, formam uma base para um subespaço de $\mathbb{R}^3$, a saber, $\mathscr{L}\{\mathbf{v}_1, \mathbf{v}_2\}$.

2. Monte uma matriz A cujo espaço coluna é o espaço gerado por $\{\mathbf{v}_1, \mathbf{v}_2, \mathbf{v}_3, \mathbf{v}_4\}$ e, depois, escalone A para determinar suas colunas pivôs.

$$A = \begin{bmatrix} 1 & 6 & 2 & -4 \\ -3 & 2 & -2 & -8 \\ 4 & -1 & 3 & 9 \end{bmatrix} \sim \begin{bmatrix} 1 & 6 & 2 & -4 \\ 0 & 20 & 4 & -20 \\ 0 & -25 & -5 & 25 \end{bmatrix} \sim \begin{bmatrix} 1 & 6 & 2 & -4 \\ 0 & 5 & 1 & -5 \\ 0 & 0 & 0 & 0 \end{bmatrix}$$

As duas primeiras colunas de A são colunas pivôs e, portanto, formam uma base para Col $A = W$. Logo, $\{\mathbf{v}_1, \mathbf{v}_2\}$ é uma base para W. Observe que a forma escalonada reduzida de A não é necessária para que as colunas pivôs sejam localizadas.

3. Nem $\mathbf{v}_1$ nem $\mathbf{v}_2$ pertencem a H, de modo que $\{\mathbf{v}_1, \mathbf{v}_2\}$ não pode ser uma base para H. De fato, $\{\mathbf{v}_1, \mathbf{v}_2\}$ é uma base para o *plano* formado por todos os vetores da forma $(c_1, c_2, 0)$, mas H é apenas uma *reta*.

4. Como $\{\mathbf{v}_1, \ldots, \mathbf{v}_p\}$ é uma base para V, qualquer que seja o vetor $\mathbf{x}$ em V, existem escalares $c_1, \ldots, c_p$ tais que $\mathbf{x} = c_1 \mathbf{v}_1 + \ldots + c_p \mathbf{v}_p$. Então, como T e U são transformações lineares,

$$\begin{aligned} T(\mathbf{x}) &= T(c_1 \mathbf{v}_1 + \cdots + c_p \mathbf{v}_p) = c_1 T(\mathbf{v}_1) + \cdots + c_p T(\mathbf{v}_p) \\ &= c_1 U(\mathbf{v}_1) + \cdots + c_p U(\mathbf{v}_p) = U(c_1 \mathbf{v}_1 + \cdots + c_p \mathbf{v}_p) \\ &= U(\mathbf{x}) \end{aligned}$$

4.4 | SISTEMAS DE COORDENADAS

Uma razão importante para se especificar uma base $\mathcal{B}$ para um espaço vetorial V é estabelecer um "sistema de coordenadas" em V. Nesta seção, vamos mostrar que, se $\mathcal{B}$ contiver n vetores, então o sistema de coordenadas fará V se parecer com $\mathbb{R}^n$. Se V já for o próprio $\mathbb{R}^n$, então $\mathcal{B}$ determinará um sistema de coordenadas que fornecerá uma "visão" nova de V.

A existência de sistemas de coordenadas se baseia no seguinte resultado fundamental.

TEOREMA 8

Teorema da Representação Única

Seja $\mathcal{B} = \{\mathbf{b}_1, ..., \mathbf{b}_n\}$ uma base para o espaço vetorial V. Então, para cada $\mathbf{x}$ de V, existe um único conjunto de escalares $c_1, ..., c_n$ tal que

$$\mathbf{x} = c_1\mathbf{b}_1 + \cdots + c_n\mathbf{b}_n \tag{1}$$

DEMONSTRAÇÃO Como $\mathcal{B}$ gera V, existem escalares tais que a equação (1) é válida. Suponha que $\mathbf{x}$ também tenha a representação

$$\mathbf{x} = d_1\mathbf{b}_1 + \cdots + d_n\mathbf{b}_n$$

para escalares $d_1, ..., d_n$. Então, subtraindo, obtemos

$$\mathbf{0} = \mathbf{x} - \mathbf{x} = (c_1 - d_1)\mathbf{b}_1 + \cdots + (c_n - d_n)\mathbf{b}_n \tag{2}$$

Como $\mathcal{B}$ é linearmente independente, os coeficientes em (2) têm de ser todos iguais a zero. Ou seja, $c_j = d_j$ para $1 \leq j \leq n$. ∎

DEFINIÇÃO

Suponha que $\mathcal{B} = \{\mathbf{b}_1, ..., \mathbf{b}_n\}$ seja uma base para o espaço vetorial V e $\mathbf{x}$ pertença a V. As **coordenadas de $\mathbf{x}$ em relação à base $\mathcal{B}$** (ou as **coordenadas $\mathcal{B}$ de $\mathbf{x}$**) são os escalares $c_1, ..., c_n$ tais que $\mathbf{x} = c_1\mathbf{b}_1 + ... + c_n\mathbf{b}_n$.

Se $c_1, ..., c_n$ forem as coordenadas de $\mathbf{x}$ em relação a $\mathcal{B}$, então o vetor

$$[\mathbf{x}]_{\mathcal{B}} = \begin{bmatrix} c_1 \\ \vdots \\ c_n \end{bmatrix}$$

em $\mathbb{R}^n$ é o **vetor de coordenadas de $\mathbf{x}$ (em relação a $\mathcal{B}$)**, ou o **vetor das coordenadas $\mathcal{B}$ de $\mathbf{x}$**. A aplicação $\mathbf{x} \mapsto [\mathbf{x}]_{\mathcal{B}}$ é a **transformação de coordenadas (determinada por $\mathcal{B}$)**.[1]

EXEMPLO 1 Considere a base $\mathcal{B} = \{\mathbf{b}_1, \mathbf{b}_2\}$ para $\mathbb{R}^2$, em que $\mathbf{b}_1 = \begin{bmatrix} 1 \\ 0 \end{bmatrix}$ e $\mathbf{b}_2 = \begin{bmatrix} 1 \\ 2 \end{bmatrix}$. Suponha que um $\mathbf{x}$ em $\mathbb{R}^2$ tenha vetor de coordenadas $[\mathbf{x}]_{\mathcal{B}} = \begin{bmatrix} -2 \\ 3 \end{bmatrix}$. Encontre $\mathbf{x}$.

SOLUÇÃO As coordenadas de $\mathbf{x}$ em relação a $\mathcal{B}$ nos dizem como obter $\mathbf{x}$ a partir dos vetores em $\mathcal{B}$. Ou seja,

$$\mathbf{x} = (-2)\mathbf{b}_1 + 3\mathbf{b}_2 = (-2)\begin{bmatrix} 1 \\ 0 \end{bmatrix} + 3\begin{bmatrix} 1 \\ 2 \end{bmatrix} = \begin{bmatrix} 1 \\ 6 \end{bmatrix} \qquad ■$$

EXEMPLO 2 As componentes do vetor $\mathbf{x} = \begin{bmatrix} 1 \\ 6 \end{bmatrix}$ são as coordenadas de $\mathbf{x}$ em relação à *base canônica* $\mathcal{E} = \{\mathbf{e}_1, \mathbf{e}_2\}$, já que

$$\begin{bmatrix} 1 \\ 6 \end{bmatrix} = 1\begin{bmatrix} 1 \\ 0 \end{bmatrix} + 6\begin{bmatrix} 0 \\ 1 \end{bmatrix} = 1\mathbf{e}_1 + 6\mathbf{e}_2$$

Se $\mathcal{E} = \{\mathbf{e}_1, \mathbf{e}_2\}$, então $[\mathbf{x}]_{\mathcal{E}} = \mathbf{x}$. ■

---

[1] O conceito de transformação das coordenadas supõe que a base $\mathcal{B}$ é um conjunto indexado cujos vetores estão listados em alguma ordem atribuída anteriormente e fixada. Essa propriedade retira a ambiguidade da definição de $[\mathbf{x}]_{\mathcal{B}}$.

Interpretação Gráfica das Coordenadas

Um sistema de coordenadas para um conjunto é uma aplicação injetora que leva os pontos no conjunto em $\mathbb{R}^n$. Por exemplo, uma folha comum de papel quadriculado fornece um sistema de coordenadas para o plano quando escolhemos eixos perpendiculares e uma unidade de medidas em cada eixo. A Figura 1 mostra a base canônica $\{\mathbf{e}_1, \mathbf{e}_2\}$, os vetores $\mathbf{b}_1(=\mathbf{e}_1)$ e $\mathbf{b}_2$ do Exemplo 1 e o vetor $\mathbf{x} = \begin{bmatrix} 1 \\ 6 \end{bmatrix}$. As coordenadas 1 e 6 fornecem a localização de $\mathbf{x}$ em relação à base canônica: 1 unidade na direção e sentido de $\mathbf{e}_1$ e 6 unidades na direção e sentido de $\mathbf{e}_2$.

A Figura 2 mostra os vetores $\mathbf{b}_1$, $\mathbf{b}_2$ e $\mathbf{x}$ da Figura 1. (Em termos geométricos, os três vetores pertencem a uma reta vertical nas duas figuras.) No entanto, o quadriculado das coordenadas canônicas foi apagado e substituído por um reticulado especialmente adaptado à base $\mathcal{B}$ no Exemplo 1. O vetor de coordenadas $[\mathbf{x}]_{\mathcal{B}} = \begin{bmatrix} -2 \\ 3 \end{bmatrix}$ fornece a localização de $\mathbf{x}$ nesse novo sistema de coordenadas: -2 unidades na direção e sentido de $\mathbf{b}_1$ e 3 unidades na direção e sentido de $\mathbf{b}_2$.

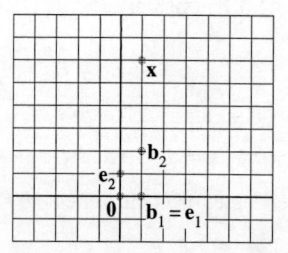

FIGURA 1 Papel quadriculado para a base canônica.

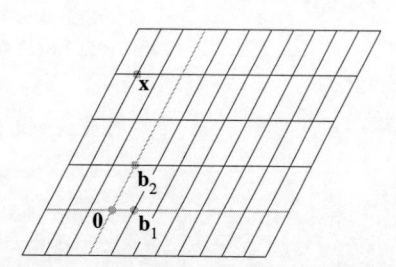

FIGURA 2 Papel quadriculado para a base $\mathcal{B}$.

EXEMPLO 3 Em cristalografia, a descrição de um reticulado cristalino é auxiliada pela escolha de uma base $\{\mathbf{u}, \mathbf{v}, \mathbf{w}\}$ para $\mathbb{R}^3$ que corresponda às três arestas adjacentes de uma "unidade celular" do cristal. Um reticulado inteiro é construído empilhando-se muitas cópias de uma célula. Existem 14 tipos de unidades celulares básicas; três delas estão ilustradas na Figura 3.[2]

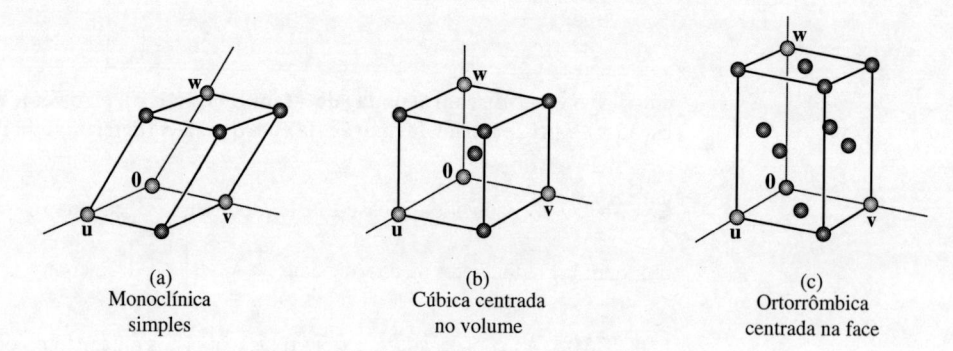

(a) Monoclínica simples	(b) Cúbica centrada no volume	(c) Ortorrômbica centrada na face

FIGURA 3 Exemplos de unidades celulares básicas.

As coordenadas dos átomos no interior do cristal são dadas em relação à base do reticulado. Por exemplo,

$$\begin{bmatrix} 1/2 \\ 1/2 \\ 1 \end{bmatrix}$$

identifica o átomo do centro da face superior na célula na Figura 3(c). ∎

[2]Adaptado de *The Science and Engineering of Materials*, 4ª ed., de Donald R. Askeland (Boston: Prindle, Weber & Schmidt, ©2002), p. 36.

Coordenadas em $\mathbb{R}^n$

Quando fixamos uma base $\mathcal{B}$ para $\mathbb{R}^n$, o vetor de coordenadas $\mathcal{B}$ de um $\mathbf{x}$ específico é facilmente obtido, como no próximo exemplo.

EXEMPLO 4 Sejam $\mathbf{b}_1 = \begin{bmatrix} 2 \\ 1 \end{bmatrix}$, $\mathbf{b}_2 = \begin{bmatrix} -1 \\ 1 \end{bmatrix}$, $\mathbf{x} = \begin{bmatrix} 4 \\ 5 \end{bmatrix}$ e $\mathcal{B} = \{\mathbf{b}_1, \mathbf{b}_2\}$. Determine o vetor de coordenadas $[\mathbf{x}]_\mathcal{B}$ de $\mathbf{x}$ em relação a $\mathcal{B}$.

SOLUÇÃO As coordenadas $\mathcal{B}$ c_1, c_2 de $\mathbf{x}$ satisfazem

$$c_1 \underbrace{\begin{bmatrix} 2 \\ 1 \end{bmatrix}}_{\mathbf{b}_1} + c_2 \underbrace{\begin{bmatrix} -1 \\ 1 \end{bmatrix}}_{\mathbf{b}_2} = \underbrace{\begin{bmatrix} 4 \\ 5 \end{bmatrix}}_{\mathbf{x}}$$

ou

$$\underbrace{\begin{bmatrix} 2 & -1 \\ 1 & 1 \end{bmatrix}}_{\mathbf{b}_1 \quad \mathbf{b}_2} \begin{bmatrix} c_1 \\ c_2 \end{bmatrix} = \underbrace{\begin{bmatrix} 4 \\ 5 \end{bmatrix}}_{\mathbf{x}} \tag{3}$$

Essa equação pode ser resolvida por meio de operações elementares na matriz aumentada ou multiplicando o vetor $\mathbf{x}$ pela inversa de uma matriz. Em qualquer caso, a solução é $c_1 = 3$, $c_2 = 2$. Assim, $\mathbf{x} = 3\mathbf{b}_1 + 2\mathbf{b}_2$ e

$$[\mathbf{x}]_\mathcal{B} = \begin{bmatrix} c_1 \\ c_2 \end{bmatrix} = \begin{bmatrix} 3 \\ 2 \end{bmatrix} \qquad \blacksquare$$

Veja a Figura 4.

FIGURA 4 O vetor de coordenadas de $\mathbf{x}$ em relação a $\mathcal{B}$ é $(3, 2)$.

A matriz em (3) transforma as coordenadas $\mathcal{B}$ de um vetor $\mathbf{x}$ nas coordenadas canônicas de $\mathbf{x}$. Podemos realizar uma mudança de coordenadas análogas em $\mathbb{R}^n$ para uma base $\mathcal{B} = \{\mathbf{b}_1, \ldots, \mathbf{b}_n\}$. Seja

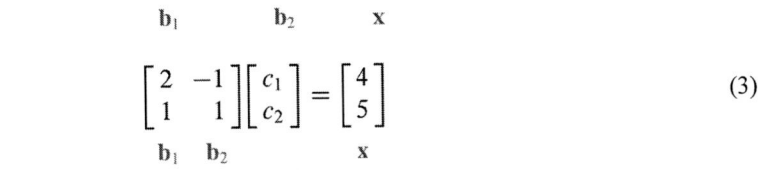

$$P_\mathcal{B} = [\, \mathbf{b}_1 \ \ \mathbf{b}_2 \ \cdots \ \mathbf{b}_n \,]$$

Então a equação vetorial

$$\mathbf{x} = c_1\mathbf{b}_1 + c_2\mathbf{b}_2 + \cdots + c_n\mathbf{b}_n$$

é equivalente a

$$\mathbf{x} = P_\mathcal{B}[\mathbf{x}]_\mathcal{B} \tag{4}$$

Chamamos $P_\mathcal{B}$ a **matriz de mudança de coordenadas** de $\mathcal{B}$ para a base canônica em $\mathbb{R}^n$. Multiplicação à esquerda por $P_\mathcal{B}$ transforma o vetor de coordenadas $[\mathbf{x}]_\mathcal{B}$ em $\mathbf{x}$. A equação de mudança de coordenadas (4) é importante e será necessária em diversos pontos dos Capítulos 5 e 7.

Como as colunas de $P_\mathcal{B}$ formam uma base para $\mathbb{R}^n$, $P_\mathcal{B}$ é invertível (pelo Teorema da Matriz Invertível). Multiplicação à esquerda por $P_\mathcal{B}^{-1}$ transforma $\mathbf{x}$ em seu vetor de coordenadas em relação a $\mathcal{B}$:

$$P_\mathcal{B}^{-1}\mathbf{x} = [\mathbf{x}]_\mathcal{B}$$

A correspondência $\mathbf{x} \mapsto [\mathbf{x}]_\mathcal{B}$ obtida de $P_\mathcal{B}^{-1}$ é a transformação de coordenadas mencionada anteriormente. Como $P_\mathcal{B}^{-1}$ é uma matriz invertível, a transformação de coordenadas é uma transformação linear bijetora de $\mathbb{R}^n$ em $\mathbb{R}^n$ pelo Teorema da Matriz Invertível. (Veja também o Teorema 12 na Seção 1.9.) Essa propriedade da transformação de coordenadas também é verdadeira em um espaço vetorial geral que tenha uma base, como veremos.

Transformação de Coordenadas

A escolha de uma base $\mathcal{B} = \{\mathbf{b}_1, \ldots, \mathbf{b}_n\}$ para o espaço vetorial V estabelece um sistema de coordenadas em V. A transformação de coordenadas $\mathbf{x} \mapsto [\mathbf{x}]_\mathcal{B}$ relaciona o espaço V, talvez desconhecido, com o espaço $\mathbb{R}^n$, bem conhecido. Veja a Figura 5. Os pontos de V podem agora ser identificados por seus novos "nomes".

TEOREMA 9 Seja $\mathcal{B} = \{\mathbf{b}_1, \ldots, \mathbf{b}_n\}$ uma base para o espaço vetorial V. Então a transformação de coordenadas $\mathbf{x} \mapsto [\mathbf{x}]_\mathcal{B}$ é uma transformação linear bijetora de V em $\mathbb{R}^n$.

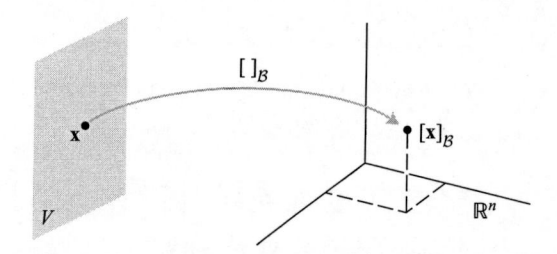

FIGURA 5 Transformação sobrejetora de coordenadas de V para $\mathbb{R}^n$.

DEMONSTRAÇÃO Considere dois vetores típicos de V, digamos,

$$\mathbf{u} = c_1\mathbf{b}_1 + \cdots + c_n\mathbf{b}_n$$
$$\mathbf{w} = d_1\mathbf{b}_1 + \cdots + d_n\mathbf{b}_n$$

Então, usando operações vetoriais,

$$\mathbf{u} + \mathbf{w} = (c_1 + d_1)\mathbf{b}_1 + \cdots + (c_n + d_n)\mathbf{b}_n$$

Segue que

$$[\mathbf{u} + \mathbf{w}]_{\mathcal{B}} = \begin{bmatrix} c_1 + d_1 \\ \vdots \\ c_n + d_n \end{bmatrix} = \begin{bmatrix} c_1 \\ \vdots \\ c_n \end{bmatrix} + \begin{bmatrix} d_1 \\ \vdots \\ d_n \end{bmatrix} = [\mathbf{u}]_{\mathcal{B}} + [\mathbf{w}]_{\mathcal{B}}$$

Assim, a transformação de coordenadas preserva a soma. Se r for um escalar, então

$$r\mathbf{u} = r(c_1\mathbf{b}_1 + \cdots + c_n\mathbf{b}_n) = (rc_1)\mathbf{b}_1 + \cdots + (rc_n)\mathbf{b}_n$$

Logo

$$[r\mathbf{u}]_{\mathcal{B}} = \begin{bmatrix} rc_1 \\ \vdots \\ rc_n \end{bmatrix} = r\begin{bmatrix} c_1 \\ \vdots \\ c_n \end{bmatrix} = r[\mathbf{u}]_{\mathcal{B}}$$

Portanto, a transformação de coordenadas também preserva a multiplicação por escalar e é, então, uma transformação linear. Veja os Exercícios 27 e 28 para verificar que a transformação de coordenadas é uma bijeção de V em $\mathbb{R}^n$. ∎

A linearidade da transformação de coordenadas se estende às combinações lineares, como na Seção 1.8. Se $\mathbf{u}_1, \ldots, \mathbf{u}_p$ pertencerem a V e $c_1, \ldots, c_p$ forem escalares, então

$$[c_1\mathbf{u}_1 + \cdots + c_p\mathbf{u}_p]_{\mathcal{B}} = c_1[\mathbf{u}_1]_{\mathcal{B}} + \cdots + c_p[\mathbf{u}_p]_{\mathcal{B}} \tag{5}$$

Em palavras, (5) nos diz que o vetor de coordenadas $\mathcal{B}$ de uma combinação linear de $\mathbf{u}_1, \ldots, \mathbf{u}_p$ é a *mesma* combinação linear que a de seus vetores de coordenadas.

A transformação de coordenadas no Teorema 9 é um exemplo importante de *isomorfismo* entre V e $\mathbb{R}^n$. Em geral, uma transformação linear bijetora de um espaço vetorial V em um espaço vetorial W é chamada **isomorfismo** de V em W (*iso*, do grego, significa "o mesmo"; *morfismo*, também do grego, significa "forma" ou "estrutura"). As notações e terminologias de V e W podem ser diferentes, mas os dois espaços são indistinguíveis como espaços vetoriais. *Todo cálculo de espaço vetorial em V é reproduzido precisamente em W e vice-versa.* Em particular, qualquer espaço vetorial com uma base contendo n vetores é indistinguível de $\mathbb{R}^n$. Veja os Exercícios 29 e 30.

EXEMPLO 5 Seja $\mathcal{B}$ a base canônica para o espaço $\mathbb{P}_3$ de polinômios; ou seja, $\mathcal{B} = \{1, t, t^2, t^3\}$. Um elemento $\mathbf{p}$ típico em $\mathbb{P}_3$ é da forma

$$\mathbf{p}(t) = a_0 + a_1t + a_2t^2 + a_3t^3$$

Como $\mathbf{p}$ já está apresentado como uma combinação linear dos vetores da base canônica, concluímos que

$$[\mathbf{p}]_{\mathcal{B}} = \begin{bmatrix} a_0 \\ a_1 \\ a_2 \\ a_3 \end{bmatrix}$$

Assim, a transformação de coordenadas $\mathbf{p} \mapsto [\mathbf{p}]_{\mathcal{B}}$ é um isomorfismo de $\mathbb{P}_3$ em $\mathbb{R}^4$. Todas as operações de espaço vetorial em $\mathbb{P}_3$ correspondem a operações em $\mathbb{R}^4$. ∎

Se imaginarmos $\mathbb{P}_3$ e $\mathbb{R}^4$ apresentados em duas telas de computadores conectados pela transformação de coordenadas, então toda operação de espaço vetorial em $\mathbb{P}_3$ aparecendo em uma das telas será duplicada por meio de uma operação vetorial correspondente em $\mathbb{R}^4$ na outra tela. Os vetores na tela de $\mathbb{P}_3$ parecem ser diferentes daqueles na tela de $\mathbb{R}^4$, mas "agem" como vetores exatamente da mesma forma. Veja a Figura 6.

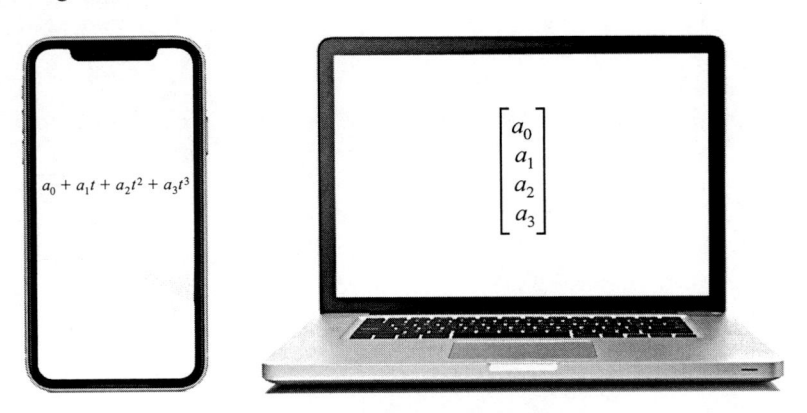

FIGURA 6 O espaço $\mathbb{P}_3$ é isomorfo a $\mathbb{R}^4$.

EXEMPLO 6 Use vetores de coordenadas para verificar que os polinômios $1 + 2t^2$, $4 + t + 5t^2$ e $3 + 2t$ são linearmente dependentes em $\mathbb{P}_2$.

SOLUÇÃO A transformação de coordenadas do Exemplo 5 produz os vetores de coordenadas $(1, 0, 2)$, $(4, 1, 5)$ e $(3, 2, 0)$, respectivamente. Escrevendo esses vetores como *colunas* de uma matriz A, podemos determinar sua independência escalonando a matriz aumentada de $A\mathbf{x} = \mathbf{0}$:

$$\begin{bmatrix} 1 & 4 & 3 & 0 \\ 0 & 1 & 2 & 0 \\ 2 & 5 & 0 & 0 \end{bmatrix} \sim \begin{bmatrix} 1 & 4 & 3 & 0 \\ 0 & 1 & 2 & 0 \\ 0 & 0 & 0 & 0 \end{bmatrix}$$

As colunas de A são linearmente dependentes, de modo que os polinômios correspondentes também são linearmente dependentes. De fato, é fácil verificar que a coluna 3 de A é igual a 2 vezes a coluna 2 menos 5 vezes a coluna 1. A relação correspondente para os polinômios é

$$3 + 2t = 2(4 + t + 5t^2) - 5(1 + 2t^2)$$ ∎

O último exemplo diz respeito a um plano em $\mathbb{R}^3$ que é isomorfo a $\mathbb{R}^2$.

EXEMPLO 7 Sejam

$$\mathbf{v}_1 = \begin{bmatrix} 3 \\ 6 \\ 2 \end{bmatrix}, \quad \mathbf{v}_2 = \begin{bmatrix} -1 \\ 0 \\ 1 \end{bmatrix}, \quad \mathbf{x} = \begin{bmatrix} 3 \\ 12 \\ 7 \end{bmatrix}$$

e $\mathcal{B} = \{\mathbf{v}_1, \mathbf{v}_2\}$. Então $\mathcal{B}$ é uma base para $H = \mathcal{L}\{\mathbf{v}_1, \mathbf{v}_2\}$. Determine se $\mathbf{x}$ pertence a H e, se for o caso, determine o vetor de coordenadas de $\mathbf{x}$ em relação a $\mathcal{B}$.

SOLUÇÃO Se $\mathbf{x}$ pertencer a H, então a seguinte equação vetorial será consistente:

$$c_1 \begin{bmatrix} 3 \\ 6 \\ 2 \end{bmatrix} + c_2 \begin{bmatrix} -1 \\ 0 \\ 1 \end{bmatrix} = \begin{bmatrix} 3 \\ 12 \\ 7 \end{bmatrix}$$

Os escalares c_1 e c_2, se existirem, são as coordenadas $\mathcal{B}$ de $\mathbf{x}$. Usando operações elementares, obtemos

$$\begin{bmatrix} 3 & -1 & 3 \\ 6 & 0 & 12 \\ 2 & 1 & 7 \end{bmatrix} \sim \begin{bmatrix} 1 & 0 & 2 \\ 0 & 1 & 3 \\ 0 & 0 & 0 \end{bmatrix}$$

Assim, $c_1 = 2$, $c_2 = 3$ e $[\mathbf{x}]_{\mathcal{B}} = \begin{bmatrix} 2 \\ 3 \end{bmatrix}$. O sistema de coordenadas em H determinado por $\mathcal{B}$ está ilustrado na Figura 7. ∎

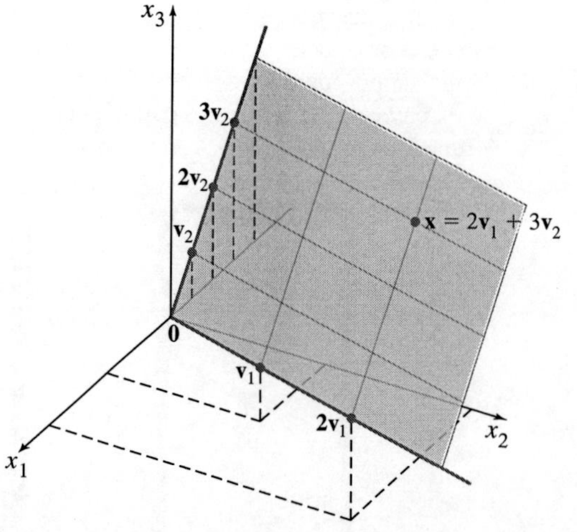

FIGURA 7 Sistema de coordenadas em um plano H em $\mathbb{R}^3$.

Se for escolhida uma base diferente para H, o sistema de coordenadas associado fará também com que H seja isomorfo a $\mathbb{R}^2$? É claro que isto tem de ser verdade. Provaremos isso na próxima seção.

Problemas Práticos

1. Sejam $\mathbf{b}_1 = \begin{bmatrix} 1 \\ 0 \\ 0 \end{bmatrix}$, $\mathbf{b}_2 = \begin{bmatrix} -3 \\ 4 \\ 0 \end{bmatrix}$, $\mathbf{b}_3 = \begin{bmatrix} 3 \\ -6 \\ 3 \end{bmatrix}$ e $\mathbf{x} = \begin{bmatrix} -8 \\ 2 \\ 3 \end{bmatrix}$.

    a. Mostre que o conjunto $\mathcal{B} = \{\mathbf{b}_1, \mathbf{b}_2, \mathbf{b}_3\}$ é uma base para $\mathbb{R}^3$.

    b. Determine a matriz de mudança de coordenadas de $\mathcal{B}$ para a base canônica.

    c. Escreva a equação que relaciona $\mathbf{x}$ em $\mathbb{R}^3$ a $[\mathbf{x}]_{\mathcal{B}}$.

    d. Determine $[\mathbf{x}]_{\mathcal{B}}$ para o $\mathbf{x}$ dado anteriormente.

2. O conjunto $\mathcal{B} = \{1 + t, 1 + t^2, t + t^2\}$ é uma base para $\mathbb{P}_2$. Determine o vetor de coordenadas de $\mathbf{p}(t) = 6 + 3t - t^2$ em relação a $\mathcal{B}$.

4.4 EXERCÍCIOS

Nos Exercícios 1 a 4, obtenha o vetor $\mathbf{x}$ determinado pelo vetor de coordenadas $[\mathbf{x}]_{\mathcal{B}}$ e pela base $\mathcal{B}$ dados.

1. $\mathcal{B} = \left\{ \begin{bmatrix} 3 \\ -5 \end{bmatrix}, \begin{bmatrix} -4 \\ 6 \end{bmatrix} \right\}, [\mathbf{x}]_{\mathcal{B}} = \begin{bmatrix} 5 \\ 3 \end{bmatrix}$

2. $\mathcal{B} = \left\{ \begin{bmatrix} 4 \\ 5 \end{bmatrix}, \begin{bmatrix} 6 \\ 7 \end{bmatrix} \right\}, [\mathbf{x}]_{\mathcal{B}} = \begin{bmatrix} 8 \\ -5 \end{bmatrix}$

3. $\mathcal{B} = \left\{ \begin{bmatrix} 1 \\ -4 \\ 3 \end{bmatrix}, \begin{bmatrix} 5 \\ 2 \\ -2 \end{bmatrix}, \begin{bmatrix} 4 \\ -7 \\ 0 \end{bmatrix} \right\}, [\mathbf{x}]_{\mathcal{B}} = \begin{bmatrix} 3 \\ 0 \\ -1 \end{bmatrix}$

4. $\mathcal{B} = \left\{ \begin{bmatrix} -1 \\ 2 \\ 0 \end{bmatrix}, \begin{bmatrix} 3 \\ -5 \\ 2 \end{bmatrix}, \begin{bmatrix} 4 \\ -7 \\ 3 \end{bmatrix} \right\}, [\mathbf{x}]_{\mathcal{B}} = \begin{bmatrix} -4 \\ 8 \\ -7 \end{bmatrix}$

Nos Exercícios 5 a 8, determine o vetor de coordenadas $[\mathbf{x}]_{\mathcal{B}}$ de $\mathbf{x}$ em relação à base $\mathcal{B} = \{\mathbf{b}_1, \ldots, \mathbf{b}_n\}$ dada.

5. $\mathbf{b}_1 = \begin{bmatrix} 1 \\ -3 \end{bmatrix}, \mathbf{b}_2 = \begin{bmatrix} 2 \\ -5 \end{bmatrix}, \mathbf{x} = \begin{bmatrix} -2 \\ 1 \end{bmatrix}$

6. $\mathbf{b}_1 = \begin{bmatrix} 1 \\ -2 \end{bmatrix}, \mathbf{b}_2 = \begin{bmatrix} 5 \\ -6 \end{bmatrix}, \mathbf{x} = \begin{bmatrix} 4 \\ 0 \end{bmatrix}$

7. $\mathbf{b}_1 = \begin{bmatrix} 1 \\ -1 \\ -3 \end{bmatrix}, \mathbf{b}_2 = \begin{bmatrix} -3 \\ 4 \\ 9 \end{bmatrix}, \mathbf{b}_3 = \begin{bmatrix} 2 \\ -2 \\ 4 \end{bmatrix}, \mathbf{x} = \begin{bmatrix} 8 \\ -9 \\ 6 \end{bmatrix}$

8. $\mathbf{b}_1 = \begin{bmatrix} 1 \\ 0 \\ 3 \end{bmatrix}, \mathbf{b}_2 = \begin{bmatrix} 2 \\ 1 \\ 8 \end{bmatrix}, \mathbf{b}_3 = \begin{bmatrix} 1 \\ -1 \\ 2 \end{bmatrix}, \mathbf{x} = \begin{bmatrix} 3 \\ -5 \\ 4 \end{bmatrix}$

Nos Exercícios 9 e 10, encontre a matriz de mudança de coordenadas de $\mathcal{B}$ para a base canônica em $\mathbb{R}^n$.

9. $\mathcal{B} = \left\{ \begin{bmatrix} 2 \\ -9 \end{bmatrix}, \begin{bmatrix} 1 \\ 8 \end{bmatrix} \right\}$

10. $\mathcal{B} = \left\{ \begin{bmatrix} 3 \\ -1 \\ 4 \end{bmatrix}, \begin{bmatrix} 2 \\ 0 \\ -5 \end{bmatrix}, \begin{bmatrix} 8 \\ -2 \\ 7 \end{bmatrix} \right\}$

Nos Exercícios 11 e 12, use uma matriz inversa para determinar $[\mathbf{x}]_{\mathcal{B}}$ para $\mathbf{x}$ e $\mathcal{B}$ dados.

11. $\mathcal{B} = \left\{ \begin{bmatrix} 3 \\ -5 \end{bmatrix}, \begin{bmatrix} -4 \\ 6 \end{bmatrix} \right\}, \mathbf{x} = \begin{bmatrix} 2 \\ -6 \end{bmatrix}$

12. $\mathcal{B} = \left\{ \begin{bmatrix} 4 \\ 5 \end{bmatrix}, \begin{bmatrix} 6 \\ 7 \end{bmatrix} \right\}, \mathbf{x} = \begin{bmatrix} 2 \\ 0 \end{bmatrix}$

13. O conjunto $\mathcal{B} = \{1 + t^2, t + t^2, 1 + 2t + t^2\}$ é uma base para $\mathbb{P}_2$. Determine o vetor de coordenadas $\mathcal{B}$ de $\mathbf{p}(t) = 1 + 4t + 7t^2$.

14. O conjunto $\mathcal{B} = \{1 - t^2, t - t^2, 2 - 2t + t^2\}$ é uma base para $\mathbb{P}_2$. Determine o vetor de coordenadas $\mathcal{B}$ de $\mathbf{p}(t) = 3 + t - 6t^2$.

Nos Exercícios 15 a 20, marque cada afirmação como Verdadeira ou Falsa (V/F). Justifique cada resposta. A não ser que se afirme o contrário, $\mathcal{B}$ é uma base para o espaço vetorial V.

15. (V/F) Se $\mathbf{x}$ pertencer a V e se $\mathcal{B}$ contiver n vetores, então o vetor de coordenadas de $\mathbf{x}$ em relação a $\mathcal{B}$ pertencerá a $\mathbb{R}^n$.

16. (V/F) Se $\mathcal{B}$ for a base canônica para $\mathbb{R}^n$, então o vetor de coordenadas de um $\mathbf{x}$ em $\mathbb{R}^n$ em relação a $\mathcal{B}$ será o próprio $\mathbf{x}$.

17. (V/F) Se $P_{\mathcal{B}}$ for a matriz de mudança de coordenadas, então $[\mathbf{x}]_{\mathcal{B}} = P_{\mathcal{B}}\,\mathbf{x}$ para $\mathbf{x}$ em V.

18. (V/F) A correspondência $[\mathbf{x}]_{\mathcal{B}} \mapsto \mathbf{x}$ é chamada transformação de coordenadas.

19. (V/F) Os espaços vetoriais $\mathbb{P}_3$ e $\mathbb{R}^3$ são isomorfos.

20. (V/F) Em alguns casos, um plano em $\mathbb{R}^3$ pode ser isomorfo a $\mathbb{R}^2$.

21. Os vetores $\mathbf{v}_1 = \begin{bmatrix} 1 \\ -3 \end{bmatrix}$, $\mathbf{v}_2 = \begin{bmatrix} 2 \\ -8 \end{bmatrix}$, $\mathbf{v}_3 = \begin{bmatrix} -3 \\ 7 \end{bmatrix}$ geram $\mathbb{R}^2$, mas não formam uma base. Encontre duas formas diferentes de expressar $\begin{bmatrix} 1 \\ 1 \end{bmatrix}$ como combinação linear de $\mathbf{v}_1, \mathbf{v}_2, \mathbf{v}_3$.

22. Seja $\mathcal{B} = \{\mathbf{b}_1, \ldots, \mathbf{b}_n\}$ uma base para o espaço vetorial V. Explique por que os vetores de coordenadas de $\mathbf{b}_1, \ldots, \mathbf{b}_n$ em relação a $\mathcal{B}$ são as colunas $\mathbf{e}_1, \ldots, \mathbf{e}_n$ da matriz identidade $n \times n$.

23. Seja S um conjunto finito em um espaço vetorial V com a propriedade de que todo $\mathbf{x}$ pertencente a V tem uma única representação como combinação linear dos elementos de S. Mostre que S é uma base para V.

24. Suponha que $\{\mathbf{v}_1, \ldots, \mathbf{v}_4\}$ seja um conjunto gerador linearmente dependente para um espaço vetorial V. Mostre que cada $\mathbf{w}$ em V pode ser representado por mais de uma forma como combinação linear de $\mathbf{v}_1, \ldots, \mathbf{v}_4$. [*Sugestão*: Seja $\mathbf{w} = k_1\mathbf{v}_1 + \ldots + k_4\mathbf{v}_4$ um vetor arbitrário em V. Use a dependência linear de $\{\mathbf{v}_1, \ldots, \mathbf{v}_4\}$ para obter outra representação de $\mathbf{w}$ como combinação linear de $\mathbf{v}_1, \ldots, \mathbf{v}_4$.]

25. Seja $\mathcal{B} = \left\{ \begin{bmatrix} 1 \\ -4 \end{bmatrix}, \begin{bmatrix} -2 \\ 9 \end{bmatrix} \right\}$. Como a transformação de coordenadas determinada por $\mathcal{B}$ é uma transformação linear de $\mathbb{R}^2$ em $\mathbb{R}^2$, essa transformação tem de ser representada por uma matriz A 2×2. Determine essa matriz. [*Sugestão*: A multiplicação por A deve transformar um vetor $\mathbf{x}$ em seu vetor de coordenadas $[\mathbf{x}]_{\mathcal{B}}$.]

26. Seja $\mathcal{B} = \{\mathbf{b}_1, \ldots, \mathbf{b}_n\}$ uma base para $\mathbb{R}^n$. Descreva uma matriz A $n \times n$ que representa a transformação de coordenadas $\mathbf{x} \mapsto [\mathbf{x}]_{\mathcal{B}}$. (Veja o Exercício 25.)

Os Exercícios 27 a 30 tratam de um espaço vetorial V, uma base $\mathcal{B} = \{\mathbf{b}_1, \ldots, \mathbf{b}_n\}$ e uma transformação de coordenadas $\mathbf{x} \mapsto [\mathbf{x}]_{\mathcal{B}}$.

27. Mostre que a transformação de coordenadas é injetora. [*Sugestão*: Suponha que $[\mathbf{u}]_{\mathcal{B}} = [\mathbf{w}]_{\mathcal{B}}$ para $\mathbf{u}$ e $\mathbf{w}$ em V e mostre que $\mathbf{u} = \mathbf{w}$.]

28. Mostre que a transformação de coordenadas é *sobrejetora* $\mathbb{R}^n$. Em outras palavras, dado qualquer $\mathbf{y}$ em $\mathbb{R}^n$ com componentes $y_1, \ldots, y_n$, obtenha $\mathbf{u}$ em V tal que $[\mathbf{u}]_{\mathcal{B}} = \mathbf{y}$.

29. Mostre que um subconjunto $\{\mathbf{u}_1, \ldots, \mathbf{u}_p\}$ de V é linearmente independente se e somente se o conjunto dos vetores de coordenadas $\{[\mathbf{u}_1]_{\mathcal{B}}, \ldots, [\mathbf{u}_p]_{\mathcal{B}}\}$ for linearmente independente em $\mathbb{R}^n$. [*Sugestão*: Como a transformação de coordenadas é injetora, as equações a seguir têm as mesmas soluções $c_1, \ldots, c_p$.]

$$c_1\mathbf{u}_1 + \cdots + c_p\mathbf{u}_p = \mathbf{0} \qquad \text{O vetor nulo em } V$$
$$[c_1\mathbf{u}_1 + \cdots + c_p\mathbf{u}_p]_{\mathcal{B}} = [\mathbf{0}]_{\mathcal{B}} \qquad \text{O vetor nulo em } \mathbb{R}^n$$

30. Dados os vetores $\mathbf{u}_1, \ldots, \mathbf{u}_p$ e $\mathbf{w}$ em V, mostre que $\mathbf{w}$ é uma combinação linear de $\mathbf{u}_1, \ldots, \mathbf{u}_p$ se e somente se $[\mathbf{w}]_{\mathcal{B}}$ for combinação linear dos vetores de coordenadas $[\mathbf{u}_1]_{\mathcal{B}}, \ldots, [\mathbf{u}_p]_{\mathcal{B}}$.

Nos Exercícios 31 a 34, use vetores de coordenadas para verificar a independência linear dos conjuntos de polinômios. Explique.

31. $\{1 + 2t^3,\ 2 + t - 3t^2,\ -t + 2t^2 - t^3\}$

32. $\{1 - 2t^2 - t^3,\ t + 2t^3,\ 1 + t - 2t^2\}$

33. $\{(1 - t)^2,\ t - 2t^2 + t^3,\ (1 - t)^3\}$

34. $\{(2 - t)^3,\ (3 - t)^2,\ 1 + 6t - 5t^2 + t^3\}$

35. Use vetores de coordenadas para testar se os conjuntos de polinômios a seguir geram $\mathbb{P}_2$. Justifique suas conclusões.

   a. $\{1 - 3t + 5t^2,\ -3 + 5t - 7t^2,\ -4 + 5t - 6t^2,\ 1 - t^2\}$

   b. $\{5t + t^2,\ 1 - 8t - 2t^2,\ -3 + 4t + 2t^2,\ 2 - 3t\}$

36. Sejam $\mathbf{p}_1(t) = 1 + t^2$, $\mathbf{p}_2(t) = t - 3t^2$, $\mathbf{p}_3(t) = 1 + t - 3t^2$.

   a. Use vetores de coordenadas para mostrar que esses polinômios formam uma base para $\mathbb{P}_2$.

   b. Considere a base $\mathcal{B} = \{\mathbf{p}_1, \mathbf{p}_2, \mathbf{p}_3\}$ para $\mathbb{P}_2$. Encontre $\mathbf{q}$ em $\mathbb{P}_2$ tal que $[\mathbf{q}]_{\mathcal{B}} = \begin{bmatrix} -1 \\ 1 \\ 2 \end{bmatrix}$.

Nos Exercícios 37 e 38, determine se os conjuntos dados de polinômios formam uma base para $\mathbb{P}_3$. Justifique suas conclusões.

M 37. $3 + 7t,\ 5 + t - 2t^3,\ t - 2t^2,\ 1 + 16t - 6t^2 + 2t^3$

M 38. $5 - 3t + 4t^2 + 2t^3,\ 9 + t + 8t^2 - 6t^3,\ 6 - 2t + 5t^2,\ t^3$

M 39. Sejam $H = \mathscr{L}\{\mathbf{v}_1, \mathbf{v}_2\}$ e $\mathcal{B} = \{\mathbf{v}_1, \mathbf{v}_2\}$. Mostre que $\mathbf{x}$ pertence a H e determine o vetor de coordenadas de $\mathbf{x}$ em relação a $\mathcal{B}$ para

$$\mathbf{v}_1 = \begin{bmatrix} 11 \\ -5 \\ 10 \\ 7 \end{bmatrix},\ \mathbf{v}_2 = \begin{bmatrix} 14 \\ -8 \\ 13 \\ 10 \end{bmatrix},\ \mathbf{x} = \begin{bmatrix} 19 \\ -13 \\ 18 \\ 15 \end{bmatrix}$$

M 40. Sejam $H = \mathscr{L}\{\mathbf{v}_1, \mathbf{v}_2, \mathbf{v}_3\}$ e $\mathcal{B} = \{\mathbf{v}_1, \mathbf{v}_2, \mathbf{v}_3\}$. Mostre que $\mathcal{B}$ é uma base para H, $\mathbf{x}$ pertence a H e determine o vetor de coordenadas de $\mathbf{x}$ em relação a $\mathcal{B}$ para

$$\mathbf{v}_1 = \begin{bmatrix} -6 \\ 4 \\ -9 \\ 4 \end{bmatrix},\ \mathbf{v}_2 = \begin{bmatrix} 8 \\ -3 \\ 7 \\ -3 \end{bmatrix},\ \mathbf{v}_3 = \begin{bmatrix} -9 \\ 5 \\ -8 \\ 3 \end{bmatrix},\ \mathbf{x} = \begin{bmatrix} 4 \\ 7 \\ -8 \\ 3 \end{bmatrix}$$

Os Exercícios 41 e 42 tratam do reticulado cristalino do titânio, que tem a estrutura hexagonal ilustrada à esquerda na figura. Os vetores $\begin{bmatrix} 2{,}6 \\ -1{,}5 \\ 0 \end{bmatrix}$, $\begin{bmatrix} 0 \\ 3 \\ 0 \end{bmatrix}$, $\begin{bmatrix} 0 \\ 0 \\ 4{,}8 \end{bmatrix}$ em $\mathbb{R}^3$ formam uma base para a unidade celular básica à direita. Os números representam unidades em Ångstrons ($1\ \text{Å} = 10^{-8}\ \text{cm}$). Em ligas de titânio, alguns átomos adicionais podem estar contidos na unidade celular básica em posições *octaédricas* ou *tetraédricas* (assim denominadas por causa das estruturas geométricas formadas pelos átomos nessas posições).

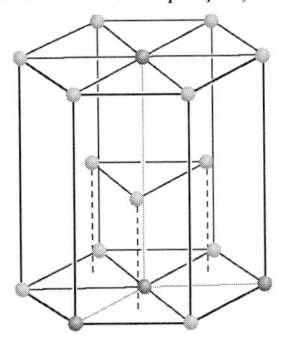
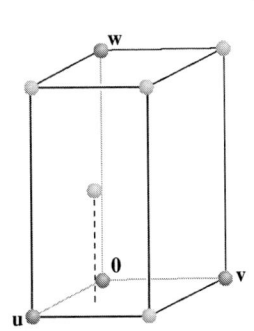

Um reticulado hexagonal e sua unidade celular básica.

41. Uma das posições octaédricas é $\begin{bmatrix} 1/2 \\ 1/4 \\ 1/6 \end{bmatrix}$, relativa à base do reticulado. Determine as coordenadas dessa posição relativas à base canônica para $\mathbb{R}^3$.

42. Uma das posições tetraédricas é $\begin{bmatrix} 1/2 \\ 1/2 \\ 1/3 \end{bmatrix}$. Determine as coordenadas dessa posição relativas à base canônica para $\mathbb{R}^3$.

Soluções dos Problemas Práticos

1. a. É evidente que a matriz $P_B = [\mathbf{b}_1 \ \ \mathbf{b}_2 \ \ \mathbf{b}_3]$ é equivalente por linhas à matriz identidade. Pelo Teorema da Matriz Invertível, P_B é invertível e suas colunas formam uma base para $\mathbb{R}^3$.

   b. Do item (a), a matriz de mudança de coordenadas é $P_B = \begin{bmatrix} 1 & -3 & 3 \\ 0 & 4 & -6 \\ 0 & 0 & 3 \end{bmatrix}$.

   c. $\mathbf{x} = P_B[\mathbf{x}]_B$.

   d. Para resolver a equação em (c), é mais fácil, provavelmente, escalonar a matriz aumentada em vez de calcular P_B^{-1} :

$$\begin{bmatrix} 1 & -3 & 3 & -8 \\ 0 & 4 & -6 & 2 \\ 0 & 0 & 3 & 3 \end{bmatrix} \sim \begin{bmatrix} 1 & 0 & 0 & -5 \\ 0 & 1 & 0 & 2 \\ 0 & 0 & 1 & 1 \end{bmatrix}$$

$$\underset{P_B}{} \quad \underset{\mathbf{x}}{} \qquad \underset{I}{} \quad \underset{[\mathbf{x}]_B}{}$$

   Portanto,

$$[\mathbf{x}_B] = \begin{bmatrix} -5 \\ 2 \\ 1 \end{bmatrix}$$

2. As coordenadas de $\mathbf{p}(t) = 6 + 3t - t^2$ em relação a B satisfazem

$$c_1(1 + t) + c_2(1 + t^2) + c_3(t + t^2) = 6 + 3t - t^2$$

   Igualando os coeficientes de potências iguais em t, temos

$$\begin{aligned} c_1 + c_2 \quad\ \ &= \ \ 6 \\ c_1 \quad\ + c_3 &= \ \ 3 \\ c_2 + c_3 &= -1 \end{aligned}$$

   Resolvendo, obtemos $c_1 = 5$, $c_2 = 1$, $c_3 = -2$ e $[\mathbf{p}]_B = \begin{bmatrix} 5 \\ 1 \\ -2 \end{bmatrix}$.

4.5 DIMENSÃO DE UM ESPAÇO VETORIAL

O Teorema 9 na Seção 4.4 implica um espaço vetorial V com uma base B contendo n vetores ser isomorfo a $\mathbb{R}^n$. Nesta seção, vamos mostrar que esse número n é uma propriedade intrínseca (chamada dimensão) do espaço V que não depende de uma escolha particular de base. A discussão sobre dimensão permitirá que compreendamos melhor as propriedades das bases.

O primeiro teorema generaliza um resultado bem conhecido sobre o espaço vetorial $\mathbb{R}^n$.

TEOREMA 10   Se um espaço vetorial V tiver uma base $B = \{\mathbf{b}_1, \ldots, \mathbf{b}_n\}$, então todo subconjunto de V contendo mais de n vetores será linearmente dependente.

DEMONSTRAÇÃO   Seja $\{\mathbf{u}_1, \ldots, \mathbf{u}_p\}$ um subconjunto de V com mais de n vetores. Os vetores de coordenadas $[\mathbf{u}_1]_B, \ldots, [\mathbf{u}_p]_B$ formam um conjunto linearmente dependente em $\mathbb{R}^n$, já que existem mais vetores (p) que componentes (n). Portanto, existem escalares $c_1, \ldots, c_p$, nem todos nulos, tais que

$$c_1[\mathbf{u}_1]_B + \cdots + c_p[\mathbf{u}_p]_B = \begin{bmatrix} 0 \\ \vdots \\ 0 \end{bmatrix} \qquad \text{O vetor nulo em } \mathbb{R}^n$$

Como a transformação de coordenadas é uma transformação linear,

$$\left[c_1\mathbf{u}_1 + \cdots + c_p\mathbf{u}_p \right]_B = \begin{bmatrix} 0 \\ \vdots \\ 0 \end{bmatrix}$$

O vetor nulo à direita contém os n escalares necessários para obter o vetor $c_1\mathbf{u}_1 + \cdots + c_p\mathbf{u}_p$ a partir dos vetores da base B. Ou seja, $c_1\mathbf{u}_1 + \ldots + c_p\mathbf{u}_p = 0\mathbf{b}_1 + \ldots + 0\mathbf{b}_n = \mathbf{0}$. Como os c_i não são todos nulos, $\{\mathbf{u}_1, \ldots, \mathbf{u}_p\}$ é linearmente dependente.[1] ∎

---

[1] O Teorema 10 também pode ser aplicado a conjuntos infinitos em V. Um conjunto infinito é dito linearmente dependente se contiver algum subconjunto finito linearmente dependente; caso contrário, o conjunto é linearmente independente. Se S for um subconjunto infinito de V, escolha qualquer subconjunto $\{\mathbf{u}_1, \ldots, \mathbf{u}_p\}$ de S com $p > n$. A demonstração anterior mostra que esse subconjunto é linearmente dependente, de modo que S também é dependente.

O Teorema 10 implica que, se um espaço vetorial V tiver uma base $\mathcal{B} = \{\mathbf{b}_1, \ldots, \mathbf{b}_n\}$, então cada subconjunto linearmente independente em V não poderá ter mais de n vetores.

TEOREMA 11

> Se um espaço vetorial V tiver uma base com n vetores, então toda base de V também terá exatamente n vetores.

DEMONSTRAÇÃO Seja $\mathcal{B}_1$ uma base com n vetores e seja $\mathcal{B}_2$ qualquer outra base (para V). Como $\mathcal{B}_1$ é uma base e $\mathcal{B}_2$ é linearmente independente, $\mathcal{B}_2$ não tem mais que n vetores pelo Teorema 10. Além disso, como $\mathcal{B}_2$ é base e $\mathcal{B}_1$ é linearmente independente, $\mathcal{B}_2$ tem pelo menos n vetores. Assim, $\mathcal{B}_2$ tem exatos n vetores. ∎

Se um espaço vetorial V não nulo for gerado por um conjunto finito S, então um subconjunto de S formará uma base para V pelo Teorema do Conjunto Gerador. Neste caso, o Teorema 11 garante que a próxima definição faz sentido.

DEFINIÇÃO

> Se o espaço vetorial V for gerado por um conjunto finito, então V será chamado **espaço de dimensão finita**, e a **dimensão** de V, denotada por dim V, será o número de vetores em qualquer base de V. A dimensão do espaço vetorial trivial $\{\mathbf{0}\}$ é definida como igual a zero. Se V não for gerado por um conjunto finito, então V será chamado **espaço de dimensão infinita**.

EXEMPLO 1 A base canônica para $\mathbb{R}^n$ contém n vetores, de modo que dim $\mathbb{R}^n = n$. A base canônica $\{1, t, t^2\}$ mostra que dim $\mathbb{P}_2 = 3$. De modo geral, dim $\mathbb{P}_n = n + 1$. O espaço $\mathbb{P}$ de todos os polinômios é de dimensão infinita. ∎

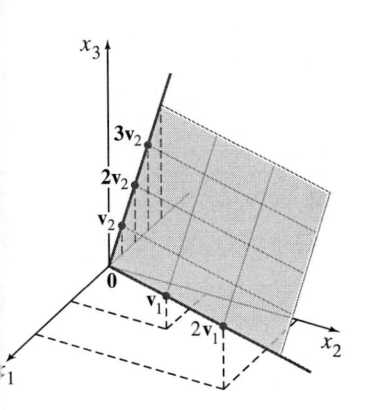

EXEMPLO 2 Seja $H = \mathscr{L}\{\mathbf{v}_1, \mathbf{v}_2\}$, em que $\mathbf{v}_1 = \begin{bmatrix} 3 \\ 6 \\ 2 \end{bmatrix}$ e $\mathbf{v}_2 = \begin{bmatrix} -1 \\ 0 \\ 1 \end{bmatrix}$. Então H é o plano estudado no Exemplo 7 na Seção 4.4. Uma base para H é $\{\mathbf{v}_1, \mathbf{v}_2\}$, já que $\mathbf{v}_1$ e $\mathbf{v}_2$ não são múltiplos escalares um do outro e são, portanto, linearmente independentes. Assim, dim $H = 2$. ∎

EXEMPLO 3 Determine a dimensão do subespaço

$$H = \left\{ \begin{bmatrix} a - 3b + 6c \\ 5a + 4d \\ b - 2c - d \\ 5d \end{bmatrix} : a, b, c, d \text{ em } \mathbb{R} \right\}$$

SOLUÇÃO É fácil ver que H é o conjunto de todas as combinações lineares dos vetores

$$\mathbf{v}_1 = \begin{bmatrix} 1 \\ 5 \\ 0 \\ 0 \end{bmatrix}, \quad \mathbf{v}_2 = \begin{bmatrix} -3 \\ 0 \\ 1 \\ 0 \end{bmatrix}, \quad \mathbf{v}_3 = \begin{bmatrix} 6 \\ 0 \\ -2 \\ 0 \end{bmatrix}, \quad \mathbf{v}_4 = \begin{bmatrix} 0 \\ 4 \\ -1 \\ 5 \end{bmatrix}$$

É claro que $\mathbf{v}_1 \neq \mathbf{0}$, $\mathbf{v}_2$ não é um múltiplo escalar de $\mathbf{v}_1$, mas $\mathbf{v}_3$ é múltiplo de $\mathbf{v}_2$. Pelo Teorema do Conjunto Gerador, podemos descartar $\mathbf{v}_3$ e ainda ficar com um conjunto que gera H. Finalmente, $\mathbf{v}_4$ não é combinação linear de $\mathbf{v}_1$ e $\mathbf{v}_2$. Assim, $\{\mathbf{v}_1, \mathbf{v}_2, \mathbf{v}_4\}$ é linearmente independente (pelo Teorema 4 na Seção 4.3) e, portanto, forma uma base para H. Logo, dim $H = 3$. ∎

EXEMPLO 4 Os subespaços de $\mathbb{R}^3$ podem ser classificados pela dimensão. Veja a Figura 1.

Subespaços zero-dimensionais. Apenas o subespaço trivial.

Subespaços unidimensionais. Todo subespaço gerado por um único vetor. Esses subespaços são retas contendo a origem.

Subespaços bidimensionais. Todo subespaço gerado por dois vetores linearmente independentes. Esses subespaços são planos contendo a origem.

Subespaços tridimensionais. Apenas o próprio $\mathbb{R}^3$. Quaisquer três vetores linearmente independentes em $\mathbb{R}^3$ geram todo $\mathbb{R}^3$ pelo Teorema da Matriz Invertível. ∎

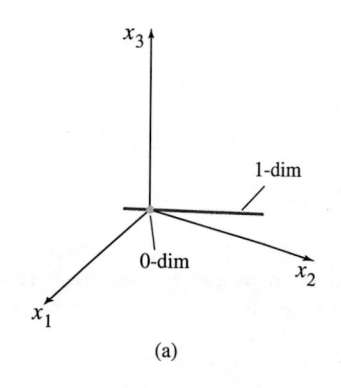 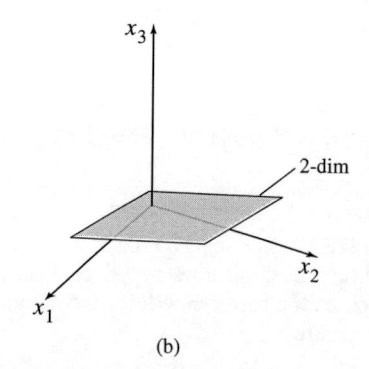 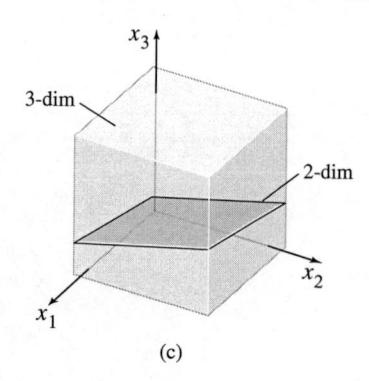

(a)   (b)   (c)

FIGURA 1 Amostras de subespaços de $\mathbb{R}^3$.

Subespaços de um Espaço de Dimensão Finita

O próximo teorema é um complemento natural do Teorema do Conjunto Gerador.

TEOREMA 12

> Seja H um subespaço de um espaço vetorial V de dimensão finita. Todo subconjunto de H linearmente independente pode ser expandido, se necessário, até formar uma base para H. Além disso, H é de dimensão finita e
>
> $$\dim H \le \dim V$$

DEMONSTRAÇÃO Se $H = \{\mathbf{0}\}$, então com certeza $\dim H = 0 \le \dim V$. Caso contrário, seja $S = \{\mathbf{u}_1, \ldots, \mathbf{u}_k\}$ qualquer subconjunto de H linearmente independente. Se S gerar H, então S será uma base para H. Caso contrário, existe algum $\mathbf{u}_{k+1}$ em H que não pertence ao conjunto gerado por S. Mas então $\{\mathbf{u}_1, \ldots, \mathbf{u}_k, \mathbf{u}_{k+1}\}$ é linearmente independente, pois nenhum vetor desse conjunto pode ser uma combinação linear dos vetores que o precedem (pelo Teorema 4).

Enquanto o novo conjunto não gerar H, podemos prosseguir com esse processo de expandir S, obtendo um conjunto maior que é linearmente independente e está contido em H. Mas o número de vetores de uma expansão linearmente independente de S nunca pode exceder a dimensão de V pelo Teorema 10. De modo que, finalmente, a expansão de S irá gerar H e, portanto, será uma base para H, com $\dim H \le \dim V$. ∎

Quando se conhece a dimensão de um espaço vetorial ou de um subespaço, a busca por uma base torna-se mais simples pelo próximo teorema. Esse teorema diz que se um conjunto tiver o número correto de vetores, então só será preciso mostrar que o conjunto é linearmente independente ou que gera o espaço. O teorema é fundamental para diversos problemas aplicados (envolvendo equações diferenciais ou equações de diferenças, por exemplo), nos quais é muito mais fácil verificar a independência linear que a propriedade de gerar o espaço.

TEOREMA 13

> **Teorema da Base**
>
> Seja V um espaço vetorial de dimensão $p \ge 1$. Todo subconjunto linearmente independente com exatos p elementos é automaticamente uma base para V. Todo subconjunto com exatos p elementos e que gera V é automaticamente uma base para V.

DEMONSTRAÇÃO Pelo Teorema 12, um conjunto S linearmente independente com p elementos pode ser expandido até formar uma base para V. Mas essa base tem de conter exatamente p elementos, já que $\dim V = p$. Então S já é uma base para V. Agora, suponha que S tenha p elementos e gere V. Como V é não trivial, o Teorema do Conjunto Gerador diz que um subconjunto S' de S é base para V. Como $\dim V = p$, S' precisa ter exatamente p vetores. Logo, $S = S'$. ∎

Dimensões de Nul A, Col A e Lin A

Como as dimensões do espaço nulo e do espaço coluna de uma matriz $m \times n$ aparecem com frequência, eles têm nomes específicos:

DEFINIÇÃO

O **posto** de uma matriz A $m \times n$ é a dimensão do espaço coluna e a **nulidade** de A é a dimensão do espaço nulo.

As colunas pivôs de uma matriz A formam uma base para Col A, de modo que o posto de A é, simplesmente, o número de colunas pivôs. Como uma base para Lin A pode ser obtida escolhendo-se as linhas pivôs da forma escalonada reduzida de A, a dimensão de Lin A é igual ao posto de A.

Pode parecer que a nulidade de A requer mais esforço, já que, em geral, leva mais tempo para se encontrar uma base para Nul A do que para encontrar uma base para Col A. Mas existe um atalho: seja A uma matriz $m \times n$ e suponha que a equação $A\mathbf{x} = \mathbf{0}$ tenha k variáveis livres. Da Seção 4.2, sabemos que o método usual para se determinar um conjunto gerador para Nul A produzirá exatos k vetores linearmente independentes — digamos, $\mathbf{u}_1, \ldots, \mathbf{u}_k$ — um para cada variável livre. Assim, $\mathbf{u}_1, \ldots, \mathbf{u}_k$ é uma base para Nul A, e o número de variáveis livres determina o tamanho da base.

Para resumir esses fatos para referência futura:

O posto de uma matriz A $m \times n$ é o número de colunas pivôs e a nulidade de A é o número de variáveis livres. Como a dimensão do espaço linha é o número de linhas pivôs, esta dimensão também é igual ao posto de A.

Juntando essas observações, obtemos o teorema do posto.

TEOREMA 14

Teorema do Posto

As dimensões do espaço coluna e do espaço nulo de uma matriz A $m \times n$ satisfazem a equação

$$\text{posto } A + \text{nulidade } A = \text{número de colunas em } A$$

DEMONSTRAÇÃO Pelo Teorema 6 na Seção 4.3, o posto de A é igual ao número de colunas pivôs de A. A nulidade de A é igual ao número de variáveis livres na equação $A\mathbf{x} = \mathbf{0}$. Dito de outra forma, a nulidade de A é igual ao número de colunas de A que *não* são colunas pivôs. (É o número dessas colunas, não as colunas propriamente ditas, que tem relação com Nul A.) Obviamente

$$\left\{ \begin{matrix} \text{número de} \\ \text{colunas pivôs} \end{matrix} \right\} + \left\{ \begin{matrix} \text{número de} \\ \text{colunas não pivôs} \end{matrix} \right\} = \left\{ \begin{matrix} \text{número de} \\ \text{colunas} \end{matrix} \right\}$$

Isso prova o teorema. ∎

EXEMPLO 5 Encontre a nulidade e o posto de

$$A = \begin{bmatrix} -3 & 6 & -1 & 1 & -7 \\ 1 & -2 & 2 & 3 & -1 \\ 2 & -4 & 5 & 8 & -4 \end{bmatrix}$$

SOLUÇÃO Escalonamos a matriz aumentada $[A \quad \mathbf{0}]$ até obter a forma escalonada:

$$B = \begin{bmatrix} 1 & -2 & 2 & 3 & -1 & 0 \\ 0 & 0 & 1 & 2 & -2 & 0 \\ 0 & 0 & 0 & 0 & 0 & 0 \end{bmatrix}$$

Existem três variáveis livres: x_2, x_4 e x_5. Portanto, a nulidade de A é igual a 3. Além disso, o posto de A é igual a 2 porque A tem duas colunas pivôs. ∎

As ideias por trás do Teorema 14 são visíveis nos cálculos no Exemplo 5. As duas posições pivôs em B, uma forma escalonada de A, determinam as variáveis dependentes e identificam os vetores da base para Col A e para Lin A.

EXEMPLO 6

a. Se A for uma matriz 7×9 com nulidade 2, qual será o posto de A?

b. Uma matriz 6×9 pode ter nulidade 2?

SOLUÇÃO

a. Como A tem 9 colunas, (posto A) $+ 2 = 9$, logo posto $A = 7$.
b. Não. Se uma matriz 6×9, vamos chamá-la B, tivesse espaço nulo bidimensional, teria de ter posto igual a 7, pelo Teorema do Posto. Mas as colunas de B são vetores em $\mathbb{R}^6$, portanto, a dimensão de Col B não pode ultrapassar 6; ou seja, o posto de B não pode ser maior que 6. ∎

O próximo exemplo fornece um modo elegante de visualizar os subespaços que temos estudado. No Capítulo 6, veremos que Lin A e Nul A têm apenas o vetor nulo em comum e são, na verdade, perpendiculares entre si. O mesmo fato se aplica a Lin A^T ($=$ Col A) e Nul A^T. Assim, a Figura 2 que acompanha o Exemplo 7 cria uma boa imagem mental para o caso geral.

EXEMPLO 7 Seja $A = \begin{bmatrix} 3 & 0 & -1 \\ 3 & 0 & -1 \\ 4 & 0 & 5 \end{bmatrix}$. Podemos verificar rapidamente que Nul A é o eixo dos x_2, Lin A é o plano x_1x_3, Col A é o plano cuja equação é $x_1 - x_2 = 0$ e Nul A^T é o conjunto de todos os múltiplos escalares de $(1, -1, 0)$. A Figura 2 mostra Nul A e Lin A no domínio da transformação linear $\mathbf{x} \mapsto A\mathbf{x}$; a imagem dessa aplicação, Col A, está ilustrada em uma cópia separada de $\mathbb{R}^3$, junto com Nul A^T. ∎

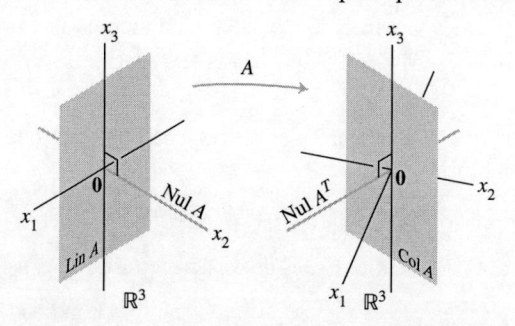

FIGURA 2 Subespaços determinados por uma matriz A.

Aplicações a Sistemas de Equações

O Teorema do Posto é uma ferramenta poderosa para processar informação sobre sistemas de equações lineares. O próximo exemplo simula como um problema real pode ser modelado usando equações lineares, sem mencionar explicitamente termos da álgebra linear como matriz, subespaço e dimensão.

EXEMPLO 8 Um cientista descobriu duas soluções para um sistema homogêneo de 40 equações e 42 variáveis. As duas soluções não são múltiplos escalares uma da outra, e todas as demais soluções podem ser obtidas somando-se múltiplos escalares dessas duas. O cientista pode ter a *certeza* de que um sistema não homogêneo associado (com os mesmos coeficientes) tem solução?

SOLUÇÃO Sim. Seja A a matriz de coeficientes do sistema, que é 40×42. A informação dada implica as duas soluções serem linearmente independentes e gerarem Nul A. Portanto, nulidade $A = 2$. Pelo Teorema do Posto, posto $A = 42 - 2 = 40$. Como $\mathbb{R}^{40}$ é o único subespaço de $\mathbb{R}^{40}$ cuja dimensão é 40, Col A tem de ser todo $\mathbb{R}^{40}$. Isto significa que toda equação não homogênea $A\mathbf{x} = \mathbf{b}$ tem solução. ∎

Posto e Teorema da Matriz Invertível

Os diversos conceitos de espaços vetoriais associados a uma matriz fornecem mais algumas afirmações para o Teorema da Matriz Invertível. Vamos listar apenas as novas afirmações, mas considere-as seguindo as afirmações da versão original do Teorema da Matriz Invertível na Seção 2.3 e outros teoremas no texto em que foram adicionadas afirmações a ele.

TEOREMA

Teorema da Matriz Invertível (continuação)

Seja A uma matriz $n \times n$. Então as seguintes afirmações são equivalentes à afirmação de que A é uma matriz invertível.

m. As colunas de A formam uma base para $\mathbb{R}^n$.
n. Col $A = \mathbb{R}^n$
o. posto $A = n$
p. nulidade $A = 0$
q. Nul $A = \{\mathbf{0}\}$

DEMONSTRAÇÃO A afirmação (m) é logicamente equivalente às afirmações (e) e (h) sobre independência linear e conjunto gerador. As outras cinco afirmações estão ligadas ao teorema pela seguinte sequência de implicações quase triviais:

$$(g) \Rightarrow (n) \Rightarrow (o) \Rightarrow (p) \Rightarrow (q) \Rightarrow (d)$$

A afirmação (g), que diz que a equação $A\mathbf{x} = \mathbf{b}$ tem pelo menos uma solução para cada $\mathbf{b}$ em $\mathbb{R}^n$, implica (n), pois Col A é precisamente o conjunto de todos os $\mathbf{b}$ para os quais a equação $A\mathbf{x} = \mathbf{b}$ é consistente. As implicações (n) $\Rightarrow$ (o) seguem das definições de dimensão e de posto. Se o posto de A for n, o número de colunas de A, então nulidade $A = 0$ pelo Teorema do Posto, de modo que Nul $A = \{\mathbf{0}\}$. Assim, (o) $\Rightarrow$ (p) $\Rightarrow$ (q). Além disso, (q) implica a equação $A\mathbf{x} = \mathbf{0}$ só ter a solução trivial, que é a afirmação (d). Como já sabemos que as afirmações (d) e (g) são equivalentes, a demonstração está completa. ∎

Evitamos acrescentar ao Teorema da Matriz Invertível afirmações óbvias sobre o espaço linha de A porque esse espaço é igual ao espaço coluna de A^T. Lembre-se, do item (l) do Teorema da Matriz Invertível, de que A é invertível se e somente se A^T for invertível. Portanto, toda afirmação do Teorema da Matriz Invertível também pode ser enunciada para A^T. Fazendo isso, dobraríamos o tamanho do teorema e produziríamos uma lista com mais de 30 afirmações.

Comentário Numérico

Muitos algoritmos discutidos neste livro são úteis para a compreensão dos conceitos e para efetuar cálculos simples manualmente. No entanto, com frequência, os algoritmos não são apropriados para resolver problemas reais de grande escala.

O cálculo do posto é um bom exemplo. Parece fácil reduzir uma matriz a uma forma escalonada e contar os pivôs. Mas, a não ser que se realize uma aritmética exata em uma matriz cujos elementos sejam especificados com exatidão, as operações elementares podem mudar o posto de uma matriz. Por exemplo, se o valor de x na matriz $\begin{bmatrix} 5 & 7 \\ 5 & x \end{bmatrix}$ não for armazenado exatamente como 7 em um computador, então o posto poderá ser 1 ou 2, dependendo de o computador tratar $x - 7$ como zero ou não.

Em aplicações práticas, o posto efetivo de uma matriz A é muitas vezes determinado a partir da decomposição em valores singulares de A, a ser discutida na Seção 7.4. Essa decomposição também é uma fonte confiável para se obter bases para Col A, Lin A, Nul A e Nul A^T.

Problemas Práticos

1. Determine se cada afirmação é Verdadeira ou Falsa e justifique sua resposta. Aqui, V é um espaço vetorial não trivial de dimensão finita.

   a. Se dim $V = p$ e se S for um subconjunto de V linearmente dependente, então S conterá mais de p vetores.

   b. Se S gerar V e se T for um subconjunto de V que contém mais vetores que S, então T será linearmente dependente.

2. Sejam H e K subespaços de um espaço vetorial V. Foi estabelecido, no Exercício 40 da Seção 4.1, que $H \cap K$ também é um subespaço de V. Prove que dim $(H \cap K) \leq$ dim H.

4.5 EXERCÍCIOS

Para cada subespaço, nos Exercícios 1 a 8, (a) encontre uma base e (b) calcule a dimensão.

1. $\left\{ \begin{bmatrix} s - 2t \\ s + t \\ 3t \end{bmatrix} : s, t \text{ em } \mathbb{R} \right\}$

2. $\left\{ \begin{bmatrix} 4s \\ -3s \\ -t \end{bmatrix} : s, t \text{ em } \mathbb{R} \right\}$

5. $\left\{ \begin{bmatrix} a - 4b - 2c \\ 2a + 5b - 4c \\ -a + 2c \\ -3a + 7b + 6c \end{bmatrix} : a, b, c \text{ em } \mathbb{R} \right\}$

3. $\left\{ \begin{bmatrix} 2c \\ a - b \\ b - 3c \\ a + 2b \end{bmatrix} : a, b, c \text{ em } \mathbb{R} \right\}$

4. $\left\{ \begin{bmatrix} a + b \\ 2a \\ 3a - b \\ -b \end{bmatrix} : a, b \text{ em } \mathbb{R} \right\}$

6. $\left\{ \begin{bmatrix} 3a + 6b - c \\ 6a - 2b - 2c \\ -9a + 5b + 3c \\ -3a + b + c \end{bmatrix} : a, b, c \text{ em } \mathbb{R} \right\}$

7. $\{(a,b,c) : a - 3b + c = 0, b - 2c = 0, 2b - c = 0\}$

8. $\{(a,b,c,d) : a - 3b + c = 0\}$

Nos Exercícios 9 e 10, determine a dimensão do subespaço gerado pelos vetores dados.

9. $\begin{bmatrix} 1 \\ 0 \\ 2 \end{bmatrix}, \begin{bmatrix} 3 \\ 1 \\ 1 \end{bmatrix}, \begin{bmatrix} 9 \\ 4 \\ -2 \end{bmatrix}, \begin{bmatrix} -7 \\ -3 \\ 1 \end{bmatrix}$

10. $\begin{bmatrix} 1 \\ -2 \\ 0 \end{bmatrix}, \begin{bmatrix} -3 \\ 4 \\ 1 \end{bmatrix}, \begin{bmatrix} -8 \\ 6 \\ 5 \end{bmatrix}, \begin{bmatrix} -3 \\ 0 \\ 7 \end{bmatrix}$

Determine as dimensões de Nul A, Col A e Lin A para as matrizes nos Exercícios 11 a 16.

11. $A = \begin{bmatrix} 1 & -6 & 9 & 0 & -2 \\ 0 & 1 & 2 & -4 & 5 \\ 0 & 0 & 0 & 5 & 1 \\ 0 & 0 & 0 & 0 & 0 \end{bmatrix}$

12. $A = \begin{bmatrix} 1 & 3 & -4 & 2 & -1 & 6 \\ 0 & 0 & 1 & -3 & 7 & 0 \\ 0 & 0 & 0 & 1 & 4 & -3 \\ 0 & 0 & 0 & 0 & 0 & 0 \end{bmatrix}$

13. $A = \begin{bmatrix} 1 & 0 & 9 & 5 \\ 0 & 0 & 1 & -4 \end{bmatrix}$

14. $A = \begin{bmatrix} 3 & 4 \\ -6 & 10 \end{bmatrix}$

15. $A = \begin{bmatrix} 1 & -1 & 0 \\ 0 & 4 & 7 \\ 0 & 0 & 5 \end{bmatrix}$ 16. $A = \begin{bmatrix} 1 & 4 & -1 \\ 0 & 7 & 0 \\ 0 & 0 & 0 \end{bmatrix}$

Nos Exercícios 17 a 26, V é um espaço vetorial e A é uma matriz $m \times n$. Marque cada afirmação como Verdadeira ou Falsa **(V/F)**. Justifique cada resposta.

17. **(V/F)** O número de colunas pivôs de uma matriz é igual à dimensão do seu espaço coluna.

18. **(V/F)** O número de variáveis na equação $A\mathbf{x} = \mathbf{0}$ é igual à nulidade A.

19. **(V/F)** Um plano em $\mathbb{R}^3$ é um subespaço bidimensional de $\mathbb{R}^3$.

20. **(V/F)** A dimensão do espaço vetorial $\mathbb{P}_4$ é 4.

21. **(V/F)** A dimensão do espaço vetorial de sinais, $\mathbb{S}$, é 10.

22. **(V/F)** As dimensões do espaço linha e do espaço coluna de A são iguais, mesmo se A não for uma matriz quadrada.

23. **(V/F)** Se B for qualquer forma escalonada de A, então as colunas pivôs de B formam uma base para o espaço coluna de A.

24. **(V/F)** A nulidade de A é o número de colunas de A que não são colunas pivôs.

25. **(V/F)** Se um conjunto $\{\mathbf{v}_1, \ldots, \mathbf{v}_p\}$ gerar um espaço vetorial V de dimensão finita e se T for um subconjunto de V com mais de p vetores, então T será linearmente dependente.

26. **(V/F)** Um espaço vetorial é de dimensão infinita se for gerado por um conjunto infinito.

27. Os quatro primeiros polinômios de Hermite são 1, $2t$, $-2 + 4t^2$ e $-12t + 8t^3$. Esses polinômios surgem naturalmente no estudo de certas equações diferenciais importantes em física e matemática.[2] Mostre que os quatro primeiros polinômios de Hermite formam uma base para $\mathbb{P}_3$.

28. Os quatro primeiros polinômios de Laguerre são 1, $1 - t$, $2 - 4t + t^2$ e $6 - 18t + 9t^2 - t^3$. Mostre que esses polinômios formam uma base para $\mathbb{P}_3$.

---

[2]Veja *Introduction to Functional Analysis*, 2ª ed., de A. E. Taylor e David C. Lay (Nova York: John Wiley & Sons, 1980), p. 92-93. Também estão discutidos ali outros conjuntos de polinômios.

29. Seja $\mathcal{B}$ a base de $\mathbb{P}_3$ formada pelos polinômios de Hermite dados no Exercício 27 e seja $\mathbf{p}(t) = 7 - 12t - 8t^2 + 12t^3$. Determine o vetor de coordenadas $\mathcal{B}$ de $\mathbf{p}$.

30. Seja $\mathcal{B}$ a base de $\mathbb{P}_2$ formada pelos três primeiros polinômios de Laguerre listados no Exercício 28 e seja $\mathbf{p}(t) = 7 - 8t + 3t^2$. Determine o vetor de coordenadas $\mathcal{B}$ de $\mathbf{p}$.

31. Seja S um subconjunto de um espaço vetorial V de dimensão n e suponha que S contenha menos de n vetores. Explique por que S não pode gerar V.

32. Seja H um subespaço de dimensão n de um espaço vetorial V também de dimensão n. Mostre que $H = V$.

33. Se uma matriz A 3×8 tiver posto 3, encontre nulidade A, posto A e posto de A^T.

34. Se uma matriz A 6×3 tiver posto 3, encontre nulidade A, posto A e posto de A^T.

35. Suponha que uma matriz A 4×7 tenha quatro colunas pivôs. É verdade que Col $A = \mathbb{R}^4$? Nul $A = \mathbb{R}^3$? Explique suas respostas.

36. Suponha que uma matriz A 5×6 tenha quatro colunas pivôs. Qual é o valor da nulidade A? Col $A = \mathbb{R}^4$? Por quê?

37. Se a nulidade de uma matriz A 5×6 for igual a 4, quais serão as dimensões do espaço coluna e linha de A?

38. Se a nulidade de uma matriz A 7×6 for igual a 5, quais serão as dimensões do espaço coluna e linha de A?

39. Se A é uma matriz 7×5, qual será o maior valor possível para o posto de A? Se A for uma matriz 5×7, qual será o maior valor possível para o posto de A? Explique suas respostas.

40. Se A for uma matriz 4×3, qual será o maior valor possível para a dimensão do espaço das linhas de A? Se A for uma matriz 3×4, qual será o maior valor possível para a dimensão do espaço linha de A? Explique.

41. Explique por que o espaço $\mathbb{P}$ formado por todos os polinômios é um espaço de dimensão infinita.

42. Mostre que o espaço $C(\mathbb{R})$ formado por todas as funções contínuas definidas na reta é um espaço de dimensão infinita.

Nos Exercícios 43 a 48, V é um espaço vetorial não trivial de dimensão finita, e os vetores listados pertencem a V. Marque cada afirmativa como Verdadeira ou Falsa **(V/F)**. Justifique cada resposta. (Esses exercícios são mais difíceis que os Exercícios 17 a 26.)

43. **(V/F)** Se existir um conjunto $\{\mathbf{v}_1, \ldots, \mathbf{v}_p\}$ que gere V, então dim $V \leq p$.

44. **(V/F)** Se existir um conjunto linearmente dependente $\{\mathbf{v}_1, \ldots, \mathbf{v}_p\}$ contido em V, então dim $V \leq p$.

45. **(V/F)** Se existir um conjunto linearmente independente $\{\mathbf{v}_1, \ldots, \mathbf{v}_p\}$ contido em V, então dim $V \geq p$.

46. **(V/F)** Se dim $V = p$, então existirá um conjunto gerador para V com $p + 1$ vetores.

47. **(V/F)** Se todo subconjunto de V com p elementos não gerar V, então dim $V > p$.

48. **(V/F)** Se $p \geq 2$ e dim $V = p$, então todo conjunto com $p - 1$ vetores não nulos é linearmente independente.

49. Justifique a seguinte igualdade: dim Lin A + nulidade $A = n$, o número de colunas de A.

50. Justifique a seguinte igualdade: dim Lin A + nulidade $A^T = m$, o número de linhas de A.

Os Exercícios 51 e 52 tratam de espaços vetoriais V e W de dimensão finita e de uma transformação linear $T : V \to W$.

51. Seja H um subespaço não trivial de V e seja $T(H)$ o conjunto das imagens dos vetores em H. Então $T(H)$ é um subespaço de W pelo Exercício 47 na Seção 4.2. Prove que dim $T(H) \leq$ dim H.

52. Seja H um subespaço não trivial de V e suponha que T seja uma transformação (linear) injetora de V em W. Prove que dim $T(H) =$ dim H. Se, além de injetora, T for *sobrejetora*, então dim $V =$ dim W. Espaços vetoriais isomorfos de dimensão finita têm a mesma dimensão.

M 53. De acordo com o Teorema 12, um conjunto linearmente indepen-dente $\{\mathbf{v}_1, ..., \mathbf{v}_k\}$ em $\mathbb{R}^n$ pode ser aumentado até formar uma base para $\mathbb{R}^n$. Uma forma de fazer isso é criar $A = [\mathbf{v}_1 \, ... \, \mathbf{v}_k \, \mathbf{e}_1 \, ... \, \mathbf{e}_n]$, em que $\mathbf{e}_1, ..., \mathbf{e}_n$ são as colunas da matriz identidade; as colunas pivôs de A formam uma base para $\mathbb{R}^n$.

a. Use o método descrito anteriormente para estender o seguinte conjunto de vetores até formar uma base para $\mathbb{R}^5$:

$$\mathbf{v}_1 = \begin{bmatrix} -9 \\ -7 \\ 8 \\ -5 \\ 7 \end{bmatrix}, \quad \mathbf{v}_2 = \begin{bmatrix} 9 \\ 4 \\ 1 \\ 6 \\ -7 \end{bmatrix}, \quad \mathbf{v}_3 = \begin{bmatrix} 6 \\ 7 \\ -8 \\ 5 \\ -7 \end{bmatrix}$$

b. Explique por que o método funciona em geral: Por que os ve-tores originais $\mathbf{v}_1, ..., \mathbf{v}_k$ pertencem à base encontrada para Col A? Por que Col $A = \mathbb{R}^n$?

M 54. Sejam $\mathcal{B} = \{1, \cos t, \cos^2 t, ..., \cos^6 t\}$ e $C = \{1, \cos t, \cos 2t, ..., \cos 6t\}$. Considere válidas as seguintes identidades trigonométricas (veja o Exercício 45 na Seção 4.1).

$\cos 2t = -1 + 2 \cos^2 t$

$\cos 3t = -3 \cos t + 4 \cos^3 t$

$\cos 4t = 1 - 8 \cos^2 t + 8 \cos^4 t$

$\cos 5t = 5 \cos t - 20 \cos^3 t + 16 \cos^5 t$

$\cos 6t = -1 + 18 \cos^2 t - 48 \cos^4 t + 32 \cos^6 t$

Seja H o subespaço das funções geradas pelas funções em $\mathcal{B}$. Então, pelo Exercício 48 na Seção 4.3, $\mathcal{B}$ é uma base para H.

a. Determine os vetores de coordenadas para os vetores em C e use-os para mostrar que C é um subconjunto de H linearmente independente.

b. Explique por que C forma uma base para H.

Soluções dos Problemas Práticos

1. a. Falso. Considere o conjunto $\{\mathbf{0}\}$.

    b. Verdadeiro. Pelo Teorema do Conjunto Gerador, S contém uma base para V; chame essa base de S'. Então T irá conter mais vetores que S'. Pelo Teorema 10, T é linearmente dependente.

2. Seja $\{\mathbf{v}_1, ..., \mathbf{v}_p\}$ uma base para $H \cap K$. Note que $\{\mathbf{v}_1, ..., \mathbf{v}_p\}$ é um subconjunto linearmente inde-pendente de H, logo, pelo Teorema 12, $\{\mathbf{v}_1, ..., \mathbf{v}_p\}$ pode ser expandido, se necessário, para uma base de H. Como a dimensão de um subespaço é, simplesmente, o número de vetores em uma base, segue que dim $(H \cap K) = p \leq$ dim H.

4.6 MUDANÇA DE BASE

Quando escolhemos uma base $\mathcal{B}$ para um espaço vetorial V de dimensão n, a transformação de coorde-nadas associada de V em $\mathbb{R}^n$ fornece um sistema de coordenadas para V. Cada $\mathbf{x}$ de V fica unicamente identificado pelo seu vetor de coordenadas $[\mathbf{x}]_{\mathcal{B}}$.[1]

Em algumas aplicações, um problema é descrito, a princípio, usando uma base $\mathcal{B}$, mas a solução do problema fica mais fácil ao se mudar da base $\mathcal{B}$ para uma nova base C. (Veremos exemplos nos Capítulos 5 e 7.) Associa-se a cada vetor um novo vetor de coordenadas em relação a C. Nesta seção, vamos estudar a relação entre $[\mathbf{x}]_C$ e $[\mathbf{x}]_{\mathcal{B}}$ para cada $\mathbf{x}$ em V.

Para visualizar o problema, considere os dois sistemas de coordenadas na Figura 1. Na Figura 1(a), $\mathbf{x} = 3\mathbf{b}_1 + \mathbf{b}_2$, enquanto, na Figura 1(b), o mesmo $\mathbf{x}$ aparece como $\mathbf{x} = 6\mathbf{c}_1 + 4\mathbf{c}_2$. Ou seja,

$$[\mathbf{x}]_{\mathcal{B}} = \begin{bmatrix} 3 \\ 1 \end{bmatrix} \quad \text{e} \quad [\mathbf{x}]_C = \begin{bmatrix} 6 \\ 4 \end{bmatrix}$$

Nosso problema é determinar a relação entre os dois vetores de coordenadas. O Exemplo 1 mostra como se faz isso, desde que se saiba como $\mathbf{b}_1$ e $\mathbf{b}_2$ são formados a partir de $\mathbf{c}_1$ e $\mathbf{c}_2$.

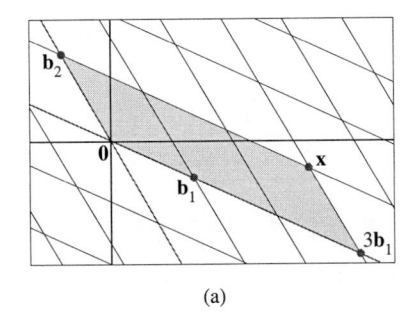

(a)

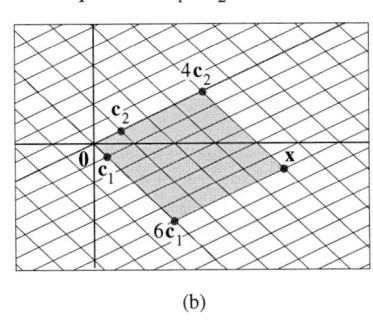

(b)

FIGURA 1 Dois sistemas de coordenadas para o mesmo espaço vetorial.

---

[1] Pense em $[\mathbf{x}]_{\mathcal{B}}$ como um nome para $\mathbf{x}$ que lista os coeficientes usados para escrever $\mathbf{x}$ como combinação linear dos veto-res na base $\mathcal{B}$.

EXEMPLO 1   Considere duas bases $\mathcal{B} = \{\mathbf{b}_1, \mathbf{b}_2\}$ e $C = \{\mathbf{c}_1, \mathbf{c}_2\}$ para um espaço vetorial V, tais que

$$\mathbf{b}_1 = 4\mathbf{c}_1 + \mathbf{c}_2 \quad \text{e} \quad \mathbf{b}_2 = -6\mathbf{c}_1 + \mathbf{c}_2 \tag{1}$$

Suponha que

$$\mathbf{x} = 3\mathbf{b}_1 + \mathbf{b}_2 \tag{2}$$

Ou seja, suponha que $[\mathbf{x}]_{\mathcal{B}} = \begin{bmatrix} 3 \\ 1 \end{bmatrix}$. Determine $[\mathbf{x}]_C$.

SOLUÇÃO   Aplique a transformação de coordenadas determinada por C a $\mathbf{x}$ em (2). Como a transformação de coordenadas é uma transformação linear,

$$[\mathbf{x}]_C = [3\mathbf{b}_1 + \mathbf{b}_2]_C$$
$$= 3[\mathbf{b}_1]_C + [\mathbf{b}_2]_C$$

Podemos escrever essa equação vetorial como uma equação matricial usando os vetores na combinação linear como as colunas de uma matriz:

$$[\mathbf{x}]_C = \begin{bmatrix} [\mathbf{b}_1]_C & [\mathbf{b}_2]_C \end{bmatrix} \begin{bmatrix} 3 \\ 1 \end{bmatrix} \tag{3}$$

Essa fórmula fornece $[\mathbf{x}]_C$, desde que conheçamos as colunas da matriz. De (1),

$$[\mathbf{b}_1]_C = \begin{bmatrix} 4 \\ 1 \end{bmatrix} \quad \text{e} \quad [\mathbf{b}_2]_C = \begin{bmatrix} -6 \\ 1 \end{bmatrix}$$

Assim, (3) fornece a solução:

$$[\mathbf{x}]_C = \begin{bmatrix} 4 & -6 \\ 1 & 1 \end{bmatrix} \begin{bmatrix} 3 \\ 1 \end{bmatrix} = \begin{bmatrix} 6 \\ 4 \end{bmatrix}$$

As coordenadas C de $\mathbf{x}$ estão de acordo com as do $\mathbf{x}$ na Figura 1.   ∎

A argumentação usada para deduzir a fórmula (3) pode ser facilmente generalizada, de modo a se obter o seguinte resultado. (Veja os Exercícios 17 e 18.)

TEOREMA 15

Sejam $\mathcal{B} = \{\mathbf{b}_1, \ldots, \mathbf{b}_n\}$ e $C = \{\mathbf{c}_1, \ldots, \mathbf{c}_n\}$ bases para o espaço vetorial V. Então existe uma matriz $\underset{C \leftarrow \mathcal{B}}{P}$ $n \times n$ tal que

$$[\mathbf{x}]_C = \underset{C \leftarrow \mathcal{B}}{P}[\mathbf{x}]_{\mathcal{B}} \tag{4}$$

As colunas de $\underset{C \leftarrow \mathcal{B}}{P}$ são os vetores de coordenadas C dos vetores da base $\mathcal{B}$. Ou seja,

$$\underset{C \leftarrow \mathcal{B}}{P} = \begin{bmatrix} [\mathbf{b}_1]_C & [\mathbf{b}_2]_C & \cdots & [\mathbf{b}_n]_C \end{bmatrix} \tag{5}$$

A matriz $\underset{C \leftarrow \mathcal{B}}{P}$ do Teorema 15 é chamada **matriz de mudança de coordenadas de $\mathcal{B}$ para C**. A multiplicação por $\underset{C \leftarrow \mathcal{B}}{P}$ converte as coordenadas $\mathcal{B}$ em coordenadas C.[2] A Figura 2 ilustra a equação de mudança de coordenadas (4).

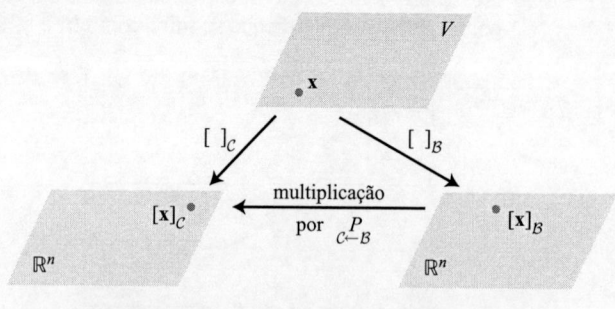

FIGURA 2   Dois sistemas de coordenadas para V.

As colunas de $\underset{C \leftarrow \mathcal{B}}{P}$ são linearmente independentes porque são os vetores de coordenadas do conjunto linearmente independente $\mathcal{B}$. (Veja o Exercício 29 na Seção 4.4.) Como $\underset{C \leftarrow \mathcal{B}}{P}$ é quadrada, segue

---

[2] Para lembrar como construir a matriz, pense em $\underset{C \leftarrow \mathcal{B}}{P}[\mathbf{x}]_{\mathcal{B}}$ como uma combinação linear das colunas de $\underset{C \leftarrow \mathcal{B}}{P}$. O produto da matriz pelo vetor é um vetor de coordenadas C, logo as colunas de $\underset{C \leftarrow \mathcal{B}}{P}$ também devem ser vetores de coordenadas C.

que tem de ser invertível pelo Teorema da Matriz Invertível. Multiplicando toda a equação (4) à esquerda por $(\,_{\mathcal{C}}\!\underset{\leftarrow\mathcal{B}}{P})^{-1}$, obtemos

$$(\,_{\mathcal{C}}\!\underset{\leftarrow\mathcal{B}}{P})^{-1}[\mathbf{x}]_{\mathcal{C}} = [\mathbf{x}]_{\mathcal{B}}$$

Assim, $(\,_{\mathcal{C}}\!\underset{\leftarrow\mathcal{B}}{P})^{-1}$ é a matriz que converte coordenadas $\mathcal{C}$ em coordenadas $\mathcal{B}$. Ou seja,

$$(\,_{\mathcal{C}}\!\underset{\leftarrow\mathcal{B}}{P})^{-1} = \,_{\mathcal{B}}\!\underset{\leftarrow\mathcal{C}}{P} \qquad (6)$$

Mudança de Base em $\mathbb{R}^n$

Se $\mathcal{B} = \{\mathbf{b}_1, ..., \mathbf{b}_n\}$ e $\mathcal{E}$ é a *base canônica* $\{\mathbf{e}_1, ..., \mathbf{e}_n\}$ em $\mathbb{R}^n$, então $[\mathbf{b}_1]_{\mathcal{E}} = \mathbf{b}_1$ e assim também para os outros vetores de $\mathcal{B}$. Nesse caso, $\,_{\mathcal{E}}\!\underset{\leftarrow\mathcal{B}}{P}$ é a matriz de mudança de coordenadas $P_{\mathcal{B}}$ introduzida na Seção 4.4, a saber,

$$P_{\mathcal{B}} = [\,\mathbf{b}_1 \quad \mathbf{b}_2 \quad \cdots \quad \mathbf{b}_n\,]$$

Para fazer a mudança de coordenadas entre duas bases para $\mathbb{R}^n$ não canônicas, precisamos do Teorema 15. O teorema mostra que, para resolver o problema da mudança de base, precisamos dos vetores de coordenadas da base antiga em relação à base nova.

EXEMPLO 2 Sejam $\mathbf{b}_1 = \begin{bmatrix} -9 \\ 1 \end{bmatrix}$, $\mathbf{b}_2 = \begin{bmatrix} -5 \\ -1 \end{bmatrix}$, $\mathbf{c}_1 = \begin{bmatrix} 1 \\ -4 \end{bmatrix}$, $\mathbf{c}_2 = \begin{bmatrix} 3 \\ -5 \end{bmatrix}$, e considere as bases para $\mathbb{R}^2$ dadas por $\mathcal{B} = \{\mathbf{b}_1, \mathbf{b}_2\}$ e $\mathcal{C} = \{\mathbf{c}_1, \mathbf{c}_2\}$. Determine a matriz mudança de base de $\mathcal{B}$ para $\mathcal{C}$.

SOLUÇÃO A matriz $\,_{\mathcal{C}}\!\underset{\leftarrow\mathcal{B}}{P}$ envolve os vetores de coordenadas $\mathcal{C}$ de $\mathbf{b}_1$ e $\mathbf{b}_2$. Sejam $[\,\mathbf{b}_1\,]_{\mathcal{C}} = \begin{bmatrix} x_1 \\ x_2 \end{bmatrix}$ e $[\,\mathbf{b}_2\,]_{\mathcal{C}} = \begin{bmatrix} y_1 \\ y_2 \end{bmatrix}$. Então, por definição,

$$\begin{bmatrix} \mathbf{c}_1 & \mathbf{c}_2 \end{bmatrix}\begin{bmatrix} x_1 \\ x_2 \end{bmatrix} = \mathbf{b}_1 \quad \text{e} \quad \begin{bmatrix} \mathbf{c}_1 & \mathbf{c}_2 \end{bmatrix}\begin{bmatrix} y_1 \\ y_2 \end{bmatrix} = \mathbf{b}_2$$

Para resolver os dois sistemas simultaneamente, aumente a matriz dos coeficientes colocando os vetores $\mathbf{b}_1$ e $\mathbf{b}_2$, e escalone:

$$\begin{bmatrix} \mathbf{c}_1 & \mathbf{c}_2 \mathrel{\vdots} \mathbf{b}_1 & \mathbf{b}_2 \end{bmatrix} = \begin{bmatrix} 1 & 3 & \vdots & -9 & -5 \\ -4 & -5 & \vdots & 1 & -1 \end{bmatrix} \sim \begin{bmatrix} 1 & 0 & \vdots & 6 & 4 \\ 0 & 1 & \vdots & -5 & -3 \end{bmatrix} \qquad (7)$$

Assim,

$$[\,\mathbf{b}_1\,]_{\mathcal{C}} = \begin{bmatrix} 6 \\ -5 \end{bmatrix} \quad \text{e} \quad [\,\mathbf{b}_2\,]_{\mathcal{C}} = \begin{bmatrix} 4 \\ -3 \end{bmatrix}$$

A matriz de mudança de coordenadas desejada é, portanto,

$$\,_{\mathcal{C}}\!\underset{\leftarrow\mathcal{B}}{P} = \begin{bmatrix} [\,\mathbf{b}_1\,]_{\mathcal{C}} & [\,\mathbf{b}_2\,]_{\mathcal{C}} \end{bmatrix} = \begin{bmatrix} 6 & 4 \\ -5 & -3 \end{bmatrix} \qquad \blacksquare$$

Note que a matriz $\,_{\mathcal{C}}\!\underset{\leftarrow\mathcal{B}}{P}$ no Exemplo 2 já apareceu em (7). Isso não é de surpreender, já que a primeira coluna de $\,_{\mathcal{C}}\!\underset{\leftarrow\mathcal{B}}{P}$ resulta do escalonamento de $[\mathbf{c}_1\ \mathbf{c}_2 \mathrel{\vdots} \mathbf{b}_1]$ até chegar a $[I \mathrel{\vdots} [\mathbf{b}_1]_C]$ e analogamente para a segunda coluna de $\,_{\mathcal{C}}\!\underset{\leftarrow\mathcal{B}}{P}$. Logo,

$$\begin{bmatrix} \mathbf{c}_1 & \mathbf{c}_2 \mathrel{\vdots} \mathbf{b}_1 & \mathbf{b}_2 \end{bmatrix} \sim [\,I \mathrel{\vdots} \,_{\mathcal{C}}\!\underset{\leftarrow\mathcal{B}}{P}\,]$$

Um procedimento análogo funciona para se obter a matriz de mudança de coordenadas entre duas bases quaisquer para $\mathbb{R}^n$.

EXEMPLO 3 Sejam $\mathbf{b}_1 = \begin{bmatrix} 1 \\ -3 \end{bmatrix}$, $\mathbf{b}_2 = \begin{bmatrix} -2 \\ 4 \end{bmatrix}$, $\mathbf{c}_1 = \begin{bmatrix} -7 \\ 9 \end{bmatrix}$, $\mathbf{c}_2 = \begin{bmatrix} -5 \\ 7 \end{bmatrix}$ e considere as bases para $\mathbb{R}^2$ dadas por $\mathcal{B} = \{\mathbf{b}_1, \mathbf{b}_2\}$ e $\mathcal{C} = \{\mathbf{c}_1, \mathbf{c}_2\}$.

a. Determine a matriz de mudança de coordenadas de $\mathcal{C}$ para $\mathcal{B}$.
b. Determine a matriz de mudança de coordenadas de $\mathcal{B}$ para $\mathcal{C}$.

SOLUÇÃO

a. Observe que precisamos de $_{\mathcal{B}\leftarrow\mathcal{C}}^{\quad P}$ em vez de $_{\mathcal{C}\leftarrow\mathcal{B}}^{\quad P}$. Temos

$$\begin{bmatrix} \mathbf{b}_1 & \mathbf{b}_2 & \vdots & \mathbf{c}_1 & \mathbf{c}_2 \end{bmatrix} = \begin{bmatrix} 1 & -2 & \vdots & -7 & -5 \\ -3 & 4 & \vdots & 9 & 7 \end{bmatrix} \sim \begin{bmatrix} 1 & 0 & \vdots & 5 & 3 \\ 0 & 1 & \vdots & 6 & 4 \end{bmatrix}$$

Logo

$$_{\mathcal{B}\leftarrow\mathcal{C}}^{\quad P} = \begin{bmatrix} 5 & 3 \\ 6 & 4 \end{bmatrix}$$

b. Pelo item (a) e pela propriedade (6) (com $\mathcal{B}$ e $\mathcal{C}$ trocados),

$$_{\mathcal{C}\leftarrow\mathcal{B}}^{\quad P} = (_{\mathcal{B}\leftarrow\mathcal{C}}^{\quad P})^{-1} = \frac{1}{2}\begin{bmatrix} 4 & -3 \\ -6 & 5 \end{bmatrix} = \begin{bmatrix} 2 & -3/2 \\ -3 & 5/2 \end{bmatrix}$$ ■

Outra descrição da matriz de mudança de coordenadas $_{\mathcal{C}\leftarrow\mathcal{B}}^{\quad P}$ usa as matrizes de mudança de coordenadas $P_{\mathcal{B}}$ e $P_{\mathcal{C}}$ que convertem coordenadas $\mathcal{B}$ e coordenadas $\mathcal{C}$, respectivamente, em coordenadas canônicas. Lembre-se de que, para cada $\mathbf{x}$ em $\mathbb{R}^n$,

$$P_{\mathcal{B}}[\mathbf{x}]_{\mathcal{B}} = \mathbf{x}, \quad P_{\mathcal{C}}[\mathbf{x}]_{\mathcal{C}} = \mathbf{x} \quad \text{e} \quad [\mathbf{x}]_{\mathcal{C}} = P_{\mathcal{C}}^{-1}\mathbf{x}$$

Portanto,

$$[\mathbf{x}]_{\mathcal{C}} = P_{\mathcal{C}}^{-1}\mathbf{x} = P_{\mathcal{C}}^{-1}P_{\mathcal{B}}[\mathbf{x}]_{\mathcal{B}}$$

Em $\mathbb{R}^n$, a matriz de mudança de coordenadas $_{\mathcal{C}\leftarrow\mathcal{B}}^{\quad P}$ pode ser calculada como $P_{\mathcal{C}}^{-1}P_{\mathcal{B}}$. De fato, para matrizes maiores que 2×2, um algoritmo análogo ao do Exemplo 3 é mais rápido que calcular $P_{\mathcal{C}}^{-1}$ e depois $P_{\mathcal{C}}^{-1}P_{\mathcal{B}}$. Veja o Exercício 22 na Seção 2.2.

Problemas Práticos

1. Sejam $\mathcal{F} = \{\mathbf{f}_1, \mathbf{f}_2\}$ e $\mathcal{G} = \{\mathbf{g}_1, \mathbf{g}_2\}$ bases para o espaço vetorial V e seja P a matriz cujas colunas são $[\mathbf{f}_1]_{\mathcal{G}}$ e $[\mathbf{f}_2]_{\mathcal{G}}$. Qual das seguintes equações é satisfeita por P para todo $\mathbf{v}$ em V?

   (i) $[\mathbf{v}]_{\mathcal{F}} = P[\mathbf{v}]_{\mathcal{G}}$ (ii) $[\mathbf{v}]_{\mathcal{G}} = P[\mathbf{v}]_{\mathcal{F}}$

2. Sejam $\mathcal{B}$ e $\mathcal{C}$ como no Exemplo 1. Use os resultados daquele exemplo para determinar a matriz de mudança de coordenadas de $\mathcal{C}$ para $\mathcal{B}$.

4.6 EXERCÍCIOS

1. Sejam $\mathcal{B} = \{\mathbf{b}_1, \mathbf{b}_2\}$ e $\mathcal{C} = \{\mathbf{c}_1, \mathbf{c}_2\}$ bases para um espaço vetorial V e suponha que $\mathbf{b}_1 = 6\mathbf{c}_1 - 2\mathbf{c}_2$ e $\mathbf{b}_2 = 9\mathbf{c}_1 - 4\mathbf{c}_2$.

   a. Determine a matriz de mudança de coordenadas de $\mathcal{B}$ para $\mathcal{C}$.

   b. Encontre $[\mathbf{x}]_{\mathcal{C}}$ para $\mathbf{x} = -3\mathbf{b}_1 + 2\mathbf{b}_2$. Use o item (a).

2. Sejam $\mathcal{B} = \{\mathbf{b}_1, \mathbf{b}_2\}$ e $\mathcal{C} = \{\mathbf{c}_1, \mathbf{c}_2\}$ bases para um espaço vetorial V e suponha que $\mathbf{b}_1 = -\mathbf{c}_1 + 4\mathbf{c}_2$ e $\mathbf{b}_2 = 5\mathbf{c}_1 - 3\mathbf{c}_2$.

   a. Determine a matriz de mudança de coordenadas de $\mathcal{B}$ para $\mathcal{C}$.

   b. Determine $[\mathbf{x}]_{\mathcal{C}}$ para $\mathbf{x} = 5\mathbf{b}_1 + 3\mathbf{b}_2$.

3. Sejam $\mathcal{U} = \{\mathbf{u}_1, \mathbf{u}_2\}$ e $\mathcal{W} = \{\mathbf{w}_1, \mathbf{w}_2\}$ bases para V e seja P a matriz cujas colunas são $[\mathbf{u}_1]_{\mathcal{W}}$ e $[\mathbf{u}_2]_{\mathcal{W}}$. Qual das seguintes equações é satisfeita por P para todo $\mathbf{x}$ em V?

   (i) $[\mathbf{x}]_{\mathcal{U}} = P[\mathbf{x}]_{\mathcal{W}}$ (ii) $[\mathbf{x}]_{\mathcal{W}} = P[\mathbf{x}]_{\mathcal{U}}$

4. Sejam $\mathcal{A} = \{\mathbf{a}_1, \mathbf{a}_2, \mathbf{a}_3\}$ e $\mathcal{D} = \{\mathbf{d}_1, \mathbf{d}_2, \mathbf{d}_3\}$ bases para V e seja $P = [[\mathbf{d}_1]_{\mathcal{A}} [\mathbf{d}_2]_{\mathcal{A}} [\mathbf{d}_3]_{\mathcal{A}}]$. Qual das seguintes equações é satisfeita por P para todo $\mathbf{x}$ em V?

   (i) $[\mathbf{x}]_{\mathcal{A}} = P[\mathbf{x}]_{\mathcal{D}}$ (ii) $[\mathbf{x}]_{\mathcal{D}} = P[\mathbf{x}]_{\mathcal{A}}$

5. Sejam $\mathcal{A} = \{\mathbf{a}_1, \mathbf{a}_2, \mathbf{a}_3\}$ e $\mathcal{B} = \{\mathbf{b}_1, \mathbf{b}_2, \mathbf{b}_3\}$ bases para V e suponha que $\mathbf{a}_1 = 4\mathbf{b}_1 - \mathbf{b}_2$, $\mathbf{a}_2 = -\mathbf{b}_1 + \mathbf{b}_2 + \mathbf{b}_3$ e $\mathbf{a}_3 = \mathbf{b}_2 - 2\mathbf{b}_3$.

   a. Determine a matriz de mudança de coordenadas de $\mathcal{A}$ para $\mathcal{B}$.

   b. Determine $[\mathbf{x}]_{\mathcal{B}}$ para $\mathbf{x} = 3\mathbf{a}_1 + 4\mathbf{a}_2 + \mathbf{a}_3$.

6. Sejam $\mathcal{D} = \{\mathbf{d}_1, \mathbf{d}_2, \mathbf{d}_3\}$ e $\mathcal{F} = \{\mathbf{f}_1, \mathbf{f}_2, \mathbf{f}_3\}$ bases para um espaço vetorial V e suponha que $\mathbf{f}_1 = 2\mathbf{d}_1 - \mathbf{d}_2 + \mathbf{d}_3$, $\mathbf{f}_2 = 3\mathbf{d}_2 + \mathbf{d}_3$ e $\mathbf{f}_3 = -3\mathbf{d}_1 + 2\mathbf{d}_3$.

   a. Determine a matriz de mudança de coordenadas de $\mathcal{F}$ para $\mathcal{D}$.

   b. Determine $[\mathbf{x}]_{\mathcal{D}}$ para $\mathbf{x} = \mathbf{f}_1 - 2\mathbf{f}_2 + 2\mathbf{f}_3$.

Nos Exercícios 7 a 10, sejam $\mathcal{B} = \{\mathbf{b}_1, \mathbf{b}_2\}$ e $\mathcal{C} = \{\mathbf{c}_1, \mathbf{c}_2\}$ bases para $\mathbb{R}^2$. Em cada exercício, determine a matriz de mudança de coordenadas de $\mathcal{B}$ para $\mathcal{C}$ e a matriz de mudança de coordenadas de $\mathcal{C}$ para $\mathcal{B}$.

7. $\mathbf{b}_1 = \begin{bmatrix} 7 \\ 5 \end{bmatrix}, \mathbf{b}_2 = \begin{bmatrix} -3 \\ -1 \end{bmatrix}, \mathbf{c}_1 = \begin{bmatrix} 1 \\ -5 \end{bmatrix}, \mathbf{c}_2 = \begin{bmatrix} -2 \\ 2 \end{bmatrix}$

8. $\mathbf{b}_1 = \begin{bmatrix} -1 \\ 8 \end{bmatrix}, \mathbf{b}_2 = \begin{bmatrix} 1 \\ -5 \end{bmatrix}, \mathbf{c}_1 = \begin{bmatrix} 1 \\ 4 \end{bmatrix}, \mathbf{c}_2 = \begin{bmatrix} 1 \\ 1 \end{bmatrix}$

9. $\mathbf{b}_1 = \begin{bmatrix} -6 \\ -1 \end{bmatrix}, \mathbf{b}_2 = \begin{bmatrix} 2 \\ 0 \end{bmatrix}, \mathbf{c}_1 = \begin{bmatrix} 2 \\ -1 \end{bmatrix}, \mathbf{c}_2 = \begin{bmatrix} 6 \\ -2 \end{bmatrix}$

10. $\mathbf{b}_1 = \begin{bmatrix} 7 \\ -2 \end{bmatrix}, \mathbf{b}_2 = \begin{bmatrix} 2 \\ -1 \end{bmatrix}, \mathbf{c}_1 = \begin{bmatrix} 4 \\ 1 \end{bmatrix}, \mathbf{c}_2 = \begin{bmatrix} 5 \\ 2 \end{bmatrix}$

Nos Exercícios 11 a 14, $\mathcal{B}$ e $\mathcal{C}$ são bases para um espaço vetorial V. Marque cada afirmação como Verdadeira ou Falsa **(V/F)**. Justifique cada resposta.

11. (V/F) As colunas da matriz de mudança de coordenadas $\underset{\mathcal{C}\leftarrow\mathcal{B}}{P}$ são os vetores de coordenadas $\mathcal{B}$ dos vetores em $\mathcal{C}$.

12. (V/F) As colunas de $\underset{\mathcal{C}\leftarrow\mathcal{B}}{P}$ são linearmente independentes.

13. (V/F) Se $V = \mathbb{R}^n$ e $\mathcal{C}$ for a base *canônica* para V, então $\underset{\mathcal{C}\leftarrow\mathcal{B}}{P}$ será igual à matriz de mudança de coordenadas $P_\mathcal{B}$ introduzida na Seção 4.4.

14. (V/F) Se $V = \mathbb{R}^2$, $\mathcal{B} = \{\mathbf{b}_1, \mathbf{b}_2\}$ e $\mathcal{C} = \{\mathbf{c}_1, \mathbf{c}_2\}$, então o escalonamento de $[\mathbf{c}_1\ \mathbf{c}_2\ \mathbf{b}_1\ \mathbf{b}_2]$ até $[I\ P]$ produz uma matriz P que satisfaz $[\mathbf{x}]_\mathcal{B} = P[\mathbf{x}]_C$ para todo $\mathbf{x}$ em V.

15. Em $\mathbb{P}_2$, encontre a matriz de mudança de coordenadas da base $\mathcal{B} = \{1 - 2t + t^2, 3 - 5t + 4t^2, 2t + 3t^2\}$ para a base canônica $\mathcal{C} = \{1, t, t^2\}$. Depois encontre o vetor de coordenadas $\mathcal{B}$ de $-1 + 2t$.

16. Em $\mathbb{P}_2$, encontre a matriz de mudança de coordenadas da base $\mathcal{B} = \{1 - 3t^2, 2 + t - 5t^2, 1 + 2t\}$ para a base canônica. Depois, escreva t^2 como combinação linear dos polinômios em $\mathcal{B}$.

Os Exercícios 17 e 18 fornecem uma demonstração do Teorema 15. Preencha uma justificativa para cada passo.

17. Dado $\mathbf{v}$ em V, existem escalares $x_1, \ldots, x_n$ tais que

$$\mathbf{v} = x_1\mathbf{b}_1 + x_2\mathbf{b}_2 + \cdots + x_n\mathbf{b}_n$$

porque (a) _____. Aplique a transformação de coordenadas à base $\mathcal{C}$ e obtenha

$$[\mathbf{v}]_C = x_1[\mathbf{b}_1]_C + x_2[\mathbf{b}_2]_C + \cdots + x_n[\mathbf{b}_n]_C$$

porque (b) _____. Essa equação pode ser escrita na forma

$$[\mathbf{v}]_C = \left[\,[\mathbf{b}_1]_C\quad[\mathbf{b}_2]_C\quad\cdots\quad[\mathbf{b}_n]_C\,\right]\begin{bmatrix} x_1 \\ \vdots \\ x_n \end{bmatrix} \tag{8}$$

pela definição de (c) _____. Isso mostra que a matriz $\underset{\mathcal{C}\leftarrow\mathcal{B}}{P}$ em (5) satisfaz $[\mathbf{v}]_C = \underset{\mathcal{C}\leftarrow\mathcal{B}}{P}[\mathbf{v}]_\mathcal{B}$ para cada $\mathbf{v}$ em V porque o vetor à direita em (8) é (d) _____.

18. Seja Q uma matriz qualquer tal que

$$[\mathbf{v}]_C = Q[\mathbf{v}]_\mathcal{B}\quad\text{para cada }\mathbf{v}\text{ em }V \tag{9}$$

Faça $\mathbf{v} = \mathbf{b}_1$ em (9). Então (9) mostra que $[\mathbf{b}_1]_C$ é a primeira coluna de Q porque (a) _____. Analogamente, para $k = 2, \ldots, n$, a k-ésima coluna de Q é (b) _____ porque (c) _____. Isso mostra que a matriz $\underset{\mathcal{C}\leftarrow\mathcal{B}}{P}$ definida em (5) no Teorema 15 é a única matriz que satisfaz (4).

M 19. Sejam $\mathcal{B} = \{\mathbf{x}_0, \ldots, \mathbf{x}_6\}$ e $\mathcal{C} = \{\mathbf{y}_0, \ldots, \mathbf{y}_6\}$, em que $\mathbf{x}_k$ é a função $\cos^k t$ e $\mathbf{y}_k$ é a função $\cos kt$. O Exercício 54, na Seção 4.5, mostrou que $\mathcal{B}$ e $\mathcal{C}$ são bases para o espaço vetorial $H = \mathscr{L}\{\mathbf{x}_0, \ldots, \mathbf{x}_6\}$.

a. Considere $P = [[\mathbf{y}_0]_\mathcal{B} \cdots [\mathbf{y}_6]_\mathcal{B}]$ e calcule P^{-1}.

b. Explique por que as colunas de P^{-1} são os vetores de coordenadas $\mathcal{C}$ de $\mathbf{x}_0, \ldots, \mathbf{x}_6$. Depois, use esses vetores de coordenadas para obter identidades trigonométricas que expressam potências de $\cos t$ em termos das funções em $\mathcal{C}$.

M 20. (*São necessários conhecimentos de cálculo*)[3] Lembre-se do cálculo que integrais do tipo

$$\int (5\cos^3 t - 6\cos^4 t + 5\cos^5 t - 12\cos^6 t)\,dt \tag{10}$$

são trabalhosas de serem calculadas. (O método usual é integrar por partes repetidas vezes e usar a fórmula do arco metade.) Use a matriz P ou P^{-1} do Exercício 19 para transformar (10); depois, calcule a integral.

M 21. Sejam

$$P = \begin{bmatrix} 1 & 2 & -1 \\ -3 & -5 & 0 \\ 4 & 6 & 1 \end{bmatrix},$$

$$\mathbf{v}_1 = \begin{bmatrix} -2 \\ 2 \\ 3 \end{bmatrix},\ \mathbf{v}_2 = \begin{bmatrix} -8 \\ 5 \\ 2 \end{bmatrix},\ \mathbf{v}_3 = \begin{bmatrix} -7 \\ 2 \\ 6 \end{bmatrix}$$

a. Encontre uma base $\{\mathbf{u}_1, \mathbf{u}_2, \mathbf{u}_3\}$ para $\mathbb{R}^3$ tal que P seja a matriz de mudança de coordenadas de $\{\mathbf{u}_1, \mathbf{u}_2, \mathbf{u}_3\}$ para a base $\{\mathbf{v}_1, \mathbf{v}_2, \mathbf{v}_3\}$. [*Sugestão:* As colunas de $\underset{\mathcal{C}\leftarrow\mathcal{B}}{P}$ representam o quê?]

b. Encontre uma base $\{\mathbf{w}_1, \mathbf{w}_2, \mathbf{w}_3\}$ para $\mathbb{R}^3$ tal que P é a matriz de mudança de coordenadas de $\{\mathbf{v}_1, \mathbf{v}_2, \mathbf{v}_3\}$ para $\{\mathbf{w}_1, \mathbf{w}_2, \mathbf{w}_3\}$.

M 22. Sejam $\mathcal{B} = \{\mathbf{b}_1, \mathbf{b}_2\}$, $\mathcal{C} = \{\mathbf{c}_1, \mathbf{c}_2\}$ e $\mathcal{D} = \{\mathbf{d}_1, \mathbf{d}_2\}$ bases para um espaço vetorial bidimensional.

a. Obtenha uma equação que relacione as matrizes $\underset{\mathcal{C}\leftarrow\mathcal{B}}{P}$, $\underset{\mathcal{D}\leftarrow\mathcal{C}}{P}$ e $\underset{\mathcal{D}\leftarrow\mathcal{B}}{P}$. Justifique seu resultado.

b. Use um programa para matrizes para ajudá-lo a encontrar a equação ou para verificar a equação que você encontrou. Trabalhe com três bases para $\mathbb{R}^2$. (Veja os Exercícios 7 a 10.)

_____

[3] A ideia para os Exercícios 19 e 20 e cinco outros exercícios relacionados em seções anteriores vem de um artigo de Jack W. Rogers, Jr., da Universidade de Auburn, apresentado em um encontro da Sociedade Internacional de Álgebra Linear em agosto de 1995. Veja "Applications of Linear Algebra in Calculus", *American Mathematical Monthly* **104** (1), 1997.

Soluções dos Problemas Práticos

1. Como as colunas de P são vetores de coordenadas $\mathcal{G}$, um vetor da forma $P\mathbf{x}$ tem de ser um vetor de coordenadas $\mathcal{G}$. Logo, P satisfaz a equação (ii).

2. Os vetores de coordenadas encontrados no Exemplo 1 mostram que

$$\underset{\mathcal{C}\leftarrow\mathcal{B}}{P} = \left[\,[\mathbf{b}_1]_C\quad[\mathbf{b}_2]_C\,\right] = \begin{bmatrix} 4 & -6 \\ 1 & 1 \end{bmatrix}$$

Portanto,

$$\underset{\mathcal{B}\leftarrow\mathcal{C}}{P} = \left(\underset{\mathcal{C}\leftarrow\mathcal{B}}{P}\right)^{-1} = \frac{1}{10}\begin{bmatrix} 1 & 6 \\ -1 & 4 \end{bmatrix} = \begin{bmatrix} 0{,}1 & 0{,}6 \\ -0{,}1 & 0{,}4 \end{bmatrix}$$

4.7 PROCESSAMENTO DE SINAIS DIGITAIS

Introdução

No espaço de apenas algumas décadas, o processamento de sinais digitais (PSD) levou a uma mudança drástica no modo como dados são coletados, processados e sintetizados. Modelos PSD unificam a abordagem de tratar dados vistos anteriormente como não relacionados. Da análise do mercado de ações a telecomunicações e ciência da computação, a coleta de dados ao longo do tempo pode ser vista como sinais em tempo discreto e PSD usados para armazenar e processar dados para um uso mais eficiente e eficaz. Sinais digitais não aparecem apenas em Engenharia Elétrica e de Sistemas de Controle, mas também em sequências discretas de dados gerados em Biologia, Física, Economia, Demografia e muitas outras áreas, sempre que um processo puder ser medido, ou *amostrado*, em intervalos discretos de tempo. Nesta seção, exploraremos as propriedades do espaço de sinais em tempo discreto, $\mathbb{S}$, e alguns de seus subespaços, além de estudar como transformações lineares podem ser usadas para processar, filtrar e sintetizar os dados contidos nos sinais.

Sinais em Tempo Discreto

O espaço vetorial $\mathbb{S}$ dos sinais em tempo discreto foi introduzido na Seção 4.1. Um **sinal** em $\mathbb{S}$ é uma sequência infinita de números $\{y_k\}$, em que os índices k percorrem todos os números inteiros. A Tabela 1 mostra diversos exemplos de sinais.

Outro conjunto de sinais bastante usados são os **sinais periódicos** – especificamente, sinais $\{p_k\}$ para os quais existe um inteiro positivo q tal que $p_k = p_{k+q}$ para todos os inteiros k. Em particular, os sinais sinusoidais, descritos por $\sigma_{f,\,\theta} = \{\cos(f k \pi + \theta \pi)\}$, em que f e θ são números racionais fixos, são funções periódicas. (Veja a Figura 1.)

TABELA 1 Exemplos de Sinais

Sinais			
Nome	**Símbolo**	**Vetor**	**Descrição Formal**
Delta	δ	$(..., 0, 0, 0, 1, 0, 0, 0, ...)$	$\{d_k\}$, em que $d_k = \begin{cases} 1 & \text{se } k = 0 \\ 0 & \text{se } k \neq 0 \end{cases}$
Degrau unitário	v	$(..., 0, 0, 0, 1, 1, 1, 1, ...)$	$\{u_k\}$, em que $u_k = \begin{cases} 1 & \text{se } k \geq 0 \\ 0 & \text{se } k < 0 \end{cases}$
Constante	χ	$(..., 1, 1, 1, 1, 1, 1, 1, ...)$	$\{c_k\}$, em que $c_k = 1$
alternada	α	$(..., -1, 1, -1, 1, -1, 1, -1, ...)$	$\{a_k\}$, em que $a_k = (-1)^k$
Fibonacci	F	$(..., 2, -1, 1, 0, 1, 1, 2, ...)$	$\{f_k\}$, em que $f_k = \begin{cases} 0 & \text{se } k = 0 \\ 1 & \text{se } k = 1 \\ f_{k-1} + f_{k-2} & \text{se } k > 1 \\ f_{k+2} - f_{k+1} & \text{se } k < 0 \end{cases}$
Exponencial	ϵ_c	$(..., c^{-2}, c^{-1}, c^0, c^1, c^2, ...)$ $\underset{k=0}{\uparrow}$	$\{e_k\}$, em que $e_k = c^k$

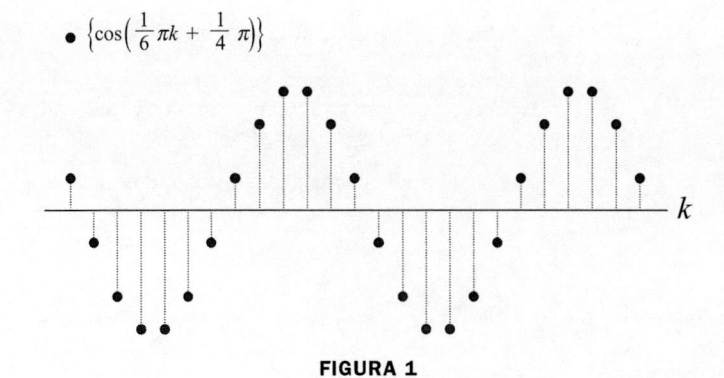

$$\bullet \ \left\{ \cos\left(\frac{1}{6}\pi k + \frac{1}{4}\pi \right) \right\}$$

FIGURA 1

Transformações Lineares Invariantes no Tempo

Transformações **Lineares Invariantes no Tempo** (LIT) são usadas para processar sinais. Um tipo de processamento é criar sinais quando forem necessários, em vez de usar espaço de armazenamento valioso para armazenar os sinais propriamente ditos.

Para descrever a base canônica para $\mathbb{R}^n$ dada no Exemplo 4 da Seção 4.3, são listados n vetores e_1, e_2, ..., e_n, em que e_j tem valor 1 na j-ézima posição e zeros em todas as outras. No Exemplo 1 a seguir, o sinal análogo a cada e_j pode ser criado aplicando-se repetidamente um deslocamento LIT ao sinal δ na Tabela 1.

EXEMPLO 1 Seja S a transformação que desloca cada elemento em um sinal para a direita, especificamente $S(\{x_k\}) = \{y_k\}$, em que $y_k = x_{k-1}$. Para simplificar a notação, escrevemos $S(\{x_k\}) = \{x_{k-1}\}$. Para deslocar um sinal para a esquerda, considere $S^{-1}(\{x_k\}) = \{x_{k+1}\}$. Note que $S^{-1}S(\{x_k\}) = S^{-1}(\{x_{k-1}\}) = \{x_{(k-1)+1}\} = \{x_k\}$. É fácil verificar que $S^{-1}S = SS^{-1} = S^0 = I$, a transformação identidade, logo S é um exemplo de uma transformação invertível. A Tabela 2 ilustra o efeito de aplicar repetidamente S e S^{-1} a δ e os sinais resultantes podem ser visualizados na Figura 2.

TABELA 2 Aplicação de um Deslocamento a um Sinal

$\vdots$	$\vdots$	$\vdots$
$S^{-2}(\delta)$	$(\dots, 1, 0, 0, 0, 0, \dots)$	$\{w_k\}$, em que $w_k = \begin{cases} 1 & \text{se } k = -2 \\ 0 & \text{se } k \neq -2 \end{cases}$
$S^{-1}(\delta)$	$(\dots, 0, 1, 0, 0, 0, \dots)$	$\{x_k\}$, em que $x_k = \begin{cases} 1 & \text{se } k = -1 \\ 0 & \text{se } k \neq -1 \end{cases}$
δ	$(\dots, 0, 0, 1, 0, 0, \dots)$	$\{d_k\}$, em que $d_k = \begin{cases} 1 & \text{se } k = 0 \\ 0 & \text{se } k \neq 0 \end{cases}$
$S^1(\delta)$	$(\dots, 0, 0, 0, 1, 0, \dots)$	$\{y_k\}$, em que $y_k = \begin{cases} 1 & \text{se } k = 1 \\ 0 & \text{se } k \neq 1 \end{cases}$
$S^2(\delta)$	$(\dots, 0, 0, 0, 0, 1, \dots)$	$\{z_k\}$, em que $z_k = \begin{cases} 1 & \text{se } k = 2 \\ 0 & \text{se } k \neq 2 \end{cases}$
$\vdots$	$\underset{k=0}{\uparrow}$	$\vdots$

• $S^1(\delta)$
• δ

FIGURA 2

Note que S satisfaz as propriedades de uma transformação linear. De fato, quaisquer que sejam o escalar c e os sinais $\{x_k\}$ e $\{y_k\}$, $S(\{x_k\} + \{y_k\}) = \{x_{k-1} + y_{k-1}\} = \{x_{k-1}\} + \{y_{k-1}\} = S(\{x_k\}) + S(\{y_k\})$ e $S(c\{x_k\}) = \{cx_{k-1}\} = cS(\{x_k\})$. A transformação S tem uma propriedade adicional. Note que, para qualquer inteiro q, $S(\{x_{k+q}\}) = \{x_{k-1+q}\}$. Podemos pensar nesta última propriedade como sendo a propriedade *invariância no tempo*. Transformações com as mesmas propriedades que S são ditas lineares invariantes no tempo (LIT).

DEFINIÇÃO

> **Transformações Lineares Invariantes no Tempo (LIT)**
>
> Uma transformação $T : \mathbb{S} \to \mathbb{S}$ é **linear invariante no tempo** se
>
> (i) $T(\{x_k + y_k\}) = T(\{x_k\}) + T(\{y_k\})$ para todos os sinais $\{x_k\}$ e $\{y_k\}$;
>
> (ii) $T(c\{x_k\}) = cT(\{x_k\})$ para todos os escalares c e todos os sinais $\{x_k\}$;
>
> (iii) Se $T(\{x_k\}) = \{y_k\}$, então $T(\{x_{k+q}\}) = \{y_{k+q}\}$ para todos os inteiros q e todos os sinais $\{x_k\}$.

As duas primeiras propriedades na definição de transformações LIT são exatamente as duas propriedades listadas na definição de uma transformação linear, de onde obtemos o teorema a seguir:

TEOREMA 16

> **Transformações LIT São Transformações Lineares**
>
> Uma transformação linear invariante no tempo no espaço de sinais $\mathbb{S}$ é um tipo especial de transformação linear.

Processamento de Sinais Digitais

Transformações LIT, como a transformação deslocamento, podem ser usadas para criar sinais novos a partir de sinais armazenados em um sistema. Outro tipo de transformação LIT é usado para *suavizar* ou *filtrar* dados. No Exemplo 11 da Seção 4.2, a média móvel de dois dias é uma transformação LIT usada para suavizar flutuações no preço de uma ação. No Exemplo 2, essa transformação é estendida para incluir períodos mais longos de tempo. A suavização de um sinal pode facilitar a descoberta de tendências em um conjunto de dados. Filtragem será discutida em mais detalhes na Seção 4.8.

EXEMPLO 2 Para qualquer inteiro positivo m, a transformação LIT **média móvel** com período de tempo m é dada por

$$M_m(\{x_k\}) = \{y_k\} \text{ em que } y_k = \frac{1}{m} \sum_{j=k-m+1}^{k} x_k$$

A Figura 3 ilustra como M_3 suaviza um sinal. A Figura 3 na Seção 4.2 ilustra a suavização quando M_2 foi aplicado aos mesmos dados. À medida que m aumenta, M_m vai suavizar cada vez mais os dados.

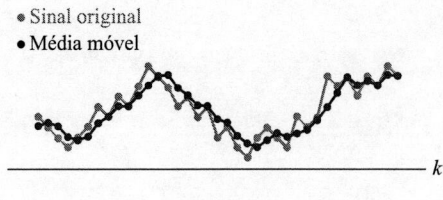

FIGURA 3

O núcleo de M_2 foi calculado no Exemplo 11 da Seção 4.2. Ele é o espaço gerado pela sequência alternada α listada na Tabela 1. O núcleo da transformação LIT descreve o que é suavizado no sinal original. Os Exercícios 10, 12 e 14 exploram mais as propriedades de M_3. ∎

Outro tipo de PSD faz o oposto da suavização ou filtragem — combina sinais para aumentar a complexidade. A **auralização** é um processo usado na indústria do entretenimento para dar uma qualidade mais acústica a sons gerados virtualmente. O Exemplo 3 ilustra como a combinação de sinais melhora o som gerado pelo sinal $\{\cos(440\pi k)\}$.

EXEMPLO 3 A combinação de diversos sinais pode ser usada para produzir sons virtuais mais realistas. Note, na Figura 4, que a onda cosseno original tem pouca variação, ao passo que, melhorando a equação usada, as ondas criadas contêm mais variação por meio da introdução de ecos ou permitindo que um som desapareça. ∎

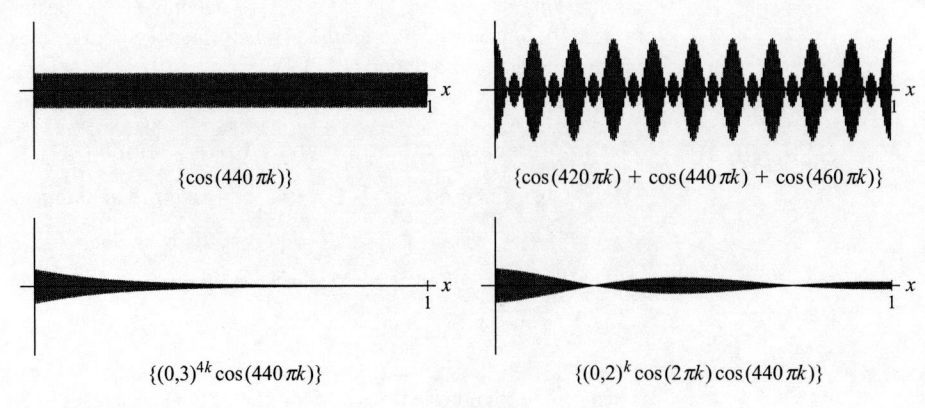

FIGURA 4

Geração de Bases para Subespaços de $\mathbb{S}$

Se houver amostragem de diversos conjuntos de dados ao longo dos mesmos n períodos de tempo, pode ser vantajoso considerar os sinais criados como parte de $\mathbb{S}_n$. O conjunto de **sinais de comprimento n**, $\mathbb{S}_n$, é definido como o conjunto de todos os sinais $\{y_k\}$ para os quais $y_k = 0$ sempre que $k < 0$ ou $k > n$. O Teorema 17 estabelece que $\mathbb{S}_n$ é isomorfo a $\mathbb{R}^{n+1}$. Pode ser gerada uma base para $\mathbb{S}_n$ usando-se o deslocamento LIT S do Exemplo 1 e o sinal δ, como ilustrado na Tabela 2.

TEOREMA 17

O conjunto $\mathbb{S}_n$ é um subespaço de $\mathbb{S}$ isomorfo a $\mathbb{R}^{n+1}$ e o conjunto de sinais $\mathcal{B}_n = \{\delta, S(\delta), S^2(\delta), \ldots, S^n(\delta)\}$ forma uma base para $\mathbb{S}_n$.

DEMONSTRAÇÃO Como o sinal zero original pertence a $\mathbb{S}_n$ e somar sinais ou multiplicar um sinal por um escalar não pode criar números não nulos nas posições que têm de conter zeros, o conjunto $\mathbb{S}_n$ é um subespaço de $\mathbb{S}$. Seja $\{y_k\}$ um sinal arbitrário em $\mathbb{S}_n$. Note que

$$\{y_k\} = \sum_{j=0}^{n} y_j\, S^j(\delta),$$

de modo que $\mathcal{B}_n$ gera $\mathbb{S}_n$. Reciprocamente, se $c_0, \ldots, c_n$ forem escalares tais que

$$c_0\delta + c_1 S(\delta) + \ldots + c_n S^n(\delta) = \{0\},$$

especificamente,

$$(\ldots 0, 0, c_0, c_1, \ldots, c_n, 0, 0, \ldots) = (\ldots, 0, 0, 0, 0, \ldots, 0, 0, 0, \ldots),$$

então $c_0 = c_1 = \ldots = c_n = 0$ e os vetores em $\mathcal{B}_n$ formam um conjunto linearmente independente. Isso mostra que $\mathcal{B}_n$ é uma base para $\mathbb{S}_n$ e, portanto, é um espaço vetorial de dimensão $n+1$ isomorfo a $\mathbb{R}^{n+1}$.

Como $\mathbb{S}_n$ tem uma base finita, qualquer vetor em $\mathbb{S}_n$ pode ser representado como um vetor em $\mathbb{R}^{n+1}$. ∎

EXEMPLO 4 Usando a base $\mathcal{B}_2 = \{\delta, S(\delta), S^2(\delta)\}$ para $\mathbb{S}_2$, represente o sinal $\{y_k\}$, em que

$$y_k = \begin{cases} 0 & \text{se } k < 0 \text{ ou } k > 3 \\ 2 & \text{se } k = 0 \\ 3 & \text{se } k = 1 \\ -1 & \text{se } k = 2 \end{cases}$$

como um vetor em $\mathbb{R}^3$.

SOLUÇÃO Escreva, primeiro, $\{y_k\}$ como uma combinação linear dos vetores da base em $\mathcal{B}_2$.

$$\{y_k\} = 2\delta + 3S(\delta) + (-1)S^2(\delta)$$

Os coeficientes dessa combinação linear são exatamente os elementos no vetor de coordenadas. Assim,

$$[\{y_k\}]_{\mathcal{B}_2} = \begin{bmatrix} 2 \\ 3 \\ -1 \end{bmatrix}$$ ∎

O conjunto de **sinais com suporte finito**, $\mathbb{S}_f$, é o conjunto de sinais $\{y_k\}$ em que apenas um número finito de elementos é diferente de zero. Foi mostrado no Exemplo 8 da Seção 4.1 que $\mathbb{S}_f$ é um subespaço de $\mathbb{S}$. O comprimento dos sinais criados pelos registros de preços diários de uma ação aumenta a cada dia, mas permanece com suporte finito. Logo, esses sinais pertencem a $\mathbb{S}_f$, mas não pertencem a um $\mathbb{S}_n$ específico. Reciprocamente, se um sinal está em $\mathbb{S}_n$ para algum inteiro positivo n, então ele também pertence a $\mathbb{S}_f$. No Teorema 18, vemos que $\mathbb{S}_f$ é um espaço vetorial de dimensão infinita, portanto não é isomorfo a $\mathbb{R}^n$, qualquer que seja o n.

TEOREMA 18

O conjunto $\mathcal{B}_f = \{S^j(\delta) : \text{em que } j \in \mathbb{Z}\}$ é uma base para o espaço vetorial de dimensão infinita $\mathbb{S}_f$.

DEMONSTRAÇÃO Seja $\{y_k\}$ um sinal em $\mathbb{S}_f$. Como apenas um número finito de elementos em $\{y_k\}$ é não nulo, existem inteiros p e q tais que $y_k = 0$ para todo $k < p$ e $k > q$. Então

$$\{y_k\} = \sum_{j=p}^{q} y_j\, S^j(\delta),$$

logo $\mathcal{B}_f$ gera $\mathbb{S}_n$. Além disso, se alguma combinação linear com escalares $c_p, c_{p+1}, ..., c_q$ for igual a zero,

$$\sum_{j=p}^{q} c_j S^j (\delta), = \{0\},$$

então $c_p = c_{p+1} = ... = c_q = 0$, e os vetores em $\mathcal{B}_f$ formam um conjunto linearmente independente. Isso mostra que $\mathcal{B}_f$ é uma base para $\mathbb{S}_f$. Como $\mathcal{B}_f$ contém uma infinidade de sinais, $\mathbb{S}_f$ é um espaço vetorial de dimensão infinita.   ∎

O poder criativo do deslocamento é quase capaz de criar uma base para o próprio $\mathbb{S}$. A definição de combinação linear requer que apenas um número finito de vetores e escalares seja usado em uma soma. Considere o sinal degrau unitário v da Tabela 1. Embora $v = \sum_{j=0}^{\infty} S^j (\delta)$, esta é uma soma infinita de vetores, logo não pode ser considerada uma *combinação linear* dos elementos em $\mathcal{B}_f$.

Em cálculo, somas com uma infinidade de termos são estudadas detalhadamente. Embora possa ser demonstrado que todo espaço vetorial tem uma base (usando um número finito de termos em cada combinação linear), a demonstração baseia-se no Axioma da Escolha e, portanto, estabelecer que $\mathbb{S}$ tem uma base é algo que você talvez possa encontrar em disciplinas de matemática bem mais avançadas. Os sinais sinusoidais e exponenciais, que têm suporte infinito, são explorados em detalhes na Seção 4.8.

Problemas Práticos

1. Encontre $v + \chi$ da Tabela 1. Expresse a resposta como um vetor e forneça sua descrição formal.
2. Mostre que $T(\{x_k\}) = \{3x_k - 2x_{k-1}\}$ é uma transformação linear invariante no tempo.
3. Encontre um vetor não nulo no núcleo da transformação linear invariante no tempo T dada no Problema Prático 2.

4.7 EXERCÍCIOS

Nos Exercícios 1 a 4, encontre as somas indicadas dos sinais na Tabela 1.

1. $\chi + \alpha$ 　　　　2. $\chi - \alpha$
3. $v + 2\alpha$ 　　　　4. $v + 3\alpha$

Para os Exercícios 5 a 8, lembre-se de que $I(\{x_k\}) = \{x_k\}$ e que $S(\{x_k\}) = \{x_{k-1}\}$.

5. Que sinais da Tabela 1 pertencem ao núcleo de $I + S$?
6. Que sinais da Tabela 1 pertencem ao núcleo de $I - S$?
7. Que sinais da Tabela 1 pertencem ao núcleo de $I - cS$, para um escalar não nulo fixo $c \neq 1$?
8. Que sinais da Tabela 1 pertencem ao núcleo de $I - S - S^2$?
9. Mostre que $T(\{x_k\}) = \{x_k - x_{k-1}\}$ é uma transformação linear invariante no tempo.
10. Mostre que $M_3(\{x_k\}) = \left\{\dfrac{1}{3}(x_{k-2} + x_{k-1} + x_k)\right\}$ é uma transformação linear invariante no tempo.
11. Encontre um sinal não nulo no núcleo de T do Exercício 9.
12. Encontre um sinal não nulo no núcleo de M_3 do Exercício 10.
13. Encontre um sinal não nulo na faixa de T do Exercício 9.
14. Encontre um sinal não nulo na faixa de M_3 do Exercício 10.

Nos Exercícios 15 a 22, V é um espaço vetorial e A é uma matriz $m \times n$. Marque cada afirmação como Verdadeira ou Falsa (**V/F**). Justifique cada resposta.

15. (**V/F**) O conjunto de sinais de comprimento n, $\mathbb{S}_n$, tem uma base com $n + 1$ sinais.
16. (**V/F**) O conjunto de sinais $\mathbb{S}$ tem uma base finita.
17. (**V/F**) Todo subespaço do conjunto de sinais $\mathbb{S}$ tem dimensão infinita.
18. (**V/F**) O espaço vetorial $\mathbb{R}^{n+1}$ é um subespaço de $\mathbb{S}$.
19. (**V/F**) Toda transformação linear invariante no tempo é uma transformação linear.

20. (**V/F**) A função média móvel é uma transformação linear invariante no tempo.
21. (**V/F**) Se você mudar a escala de um sinal multiplicando-o por uma constante fixa, o resultado não é um sinal.
22. (**V/F**) Se você mudar a escala de uma transformação linear invariante no tempo multiplicando-o por uma constante fixa, o resultado não é mais uma transformação linear.

Fazer uma conjectura e verificá-la ou analisar de trás para a frente a solução do Problema Prático 3 são duas boas maneiras de encontrar soluções para os Exercícios 23 e 24.

23. Construa uma transformação linear invariante no tempo que tenha o sinal $\{x_k\} = \left\{\left(\dfrac{3}{4}\right)^k\right\}$ em seu núcleo.

24. Construa uma transformação linear invariante no tempo que tenha o sinal $\{x_k\} = \left\{\left(\dfrac{-2}{3}\right)^k\right\}$ em seu núcleo.

25. Seja $W = \left\{\{x_k\} \mid x_k = \begin{cases} 0 & \text{se } k \text{ for um múltiplo de 2} \\ r & \text{se } k \text{ não for um múltiplo de 2} \end{cases}\right.$
em que r pode ser qualquer número$\Big\}$. Um sinal típico em W é da forma
$$(\ldots, r, 0, r, 0, r, 0, r, \ldots)$$
$$\uparrow$$
$$k = 0$$
Mostre que W é um subespaço de $\mathbb{S}$.

26. Seja $W = \left\{\{x_k\} \mid x_k = \begin{cases} 0 & \text{se } k < 0 \\ r & \text{se } k \geq 0 \end{cases}\right.$ em que r pode ser qualquer número real$\Big\}$. Um sinal típico em W é da forma
$$(\ldots, 0, 0, 0, r, r, r, r, \ldots)$$
$$\uparrow$$
$$k = 0$$
Mostre que W é um subespaço de $\mathbb{S}$.

27. Encontre uma base para o subespaço W no Exercício 25. Qual é a dimensão desse subespaço?

28. Encontre uma base para o subespaço W no Exercício 26. Qual é a dimensão desse subespaço?

29. Seja $W = \left\{ \{x_k\} \mid x_k = \begin{cases} 0 & \text{se } k \text{ for um múltiplo de } 2 \\ r_k & \text{se } k \text{ não for um múltiplo de } 2 \end{cases} \right.$

em que cada r_k pode ser qualquer número real $\right\}$. Um sinal típico em W é da forma

$$(\ldots, r_{-3}, 0, r_{-1}, 0, r_1, 0, r_3, \ldots)$$
$$\uparrow$$
$$k = 0$$

Mostre que W é um subespaço de $\mathbb{S}$.

30. Seja $W = \left\{ \{x_k\} \mid x_k = \begin{cases} 0 & \text{se } k < 0 \\ r_k & \text{se } k \geq 0 \end{cases} \right.$ em que cada r_k pode ser qualquer número real $\right\}$. Um sinal típico em W é da forma

$$(\ldots, 0, 0, 0, r_0, r_1, r_2, r_3, \ldots)$$
$$\uparrow$$
$$k = 0$$

Mostre que W é um subespaço de $\mathbb{S}$.

31. Descreva um subconjunto do subespaço W no Exercício 29 que seja infinito e linearmente independente. Isso mostra que W tem dimensão infinita? Justifique sua resposta.

32. Descreva um subconjunto do subespaço W no Exercício 30 que seja infinito e linearmente independente. Isso mostra que W tem dimensão infinita? Justifique sua resposta.

Soluções dos Problemas Práticos

1. Primeiro some $v + \chi$ em forma vetorial:

$$
\begin{aligned}
& (\ldots, 0, 0, 0, 1, 1, 1, 1, \ldots) \\
+\ & (\ldots, 1, 1, 1, 1, 1, 1, 1, \ldots) \\
=\ & (\ldots, 1, 1, 1, 2, 2, 2, 2, \ldots)
\end{aligned}
$$
$$\uparrow$$
$$k = 0$$

Depois some os termos na descrição formal para obter uma nova descrição formal:

$$v + \chi = \{z_k\}, \text{ em que } z_k = u_k + c_k = \begin{cases} 1+1 & \text{se } k \geq 0 \\ 0+1 & \text{se } k < 0 \end{cases} = \begin{cases} 2 & \text{se } k \geq 0 \\ 1 & \text{se } k < 0 \end{cases}$$

2. Verifique que as três condições para uma transformação linear invariante no tempo são válidas. Especificamente, quaisquer que sejam os sinais $\{x_k\}$ e $\{y_k\}$ e o escalar c, note que

   a. $T(\{x_k + y_k\}) = \{3(x_k + y_k) - 2(x_{k-1} + y_{k-1})\} = \{3x_k - 2x_{k-1}\} + \{3y_k - 2y_{k-1}\} = T(\{x_k\}) + T(\{y_k\})$

   b. $T(c\{x_k\}) = \{3cx_k - 2cx_{k-1}\} = c\{3x_k - 2x_{k-1}\} = cT(\{x_k\})$

   c. $T(\{x_k\}) = \{3x_k - 2x_{k-1}\}$ e $T(\{x_{k+q}\}) = \{3x_{k+q} - 2x_{k+q-1}\} = \{3x_{k+q} - 2x_{k-1+q}\}$ para todos os inteiros q.

Logo, t é uma transformação linear invariante no tempo.

3. Para encontrar um vetor no núcleo de T, faça $T(\{x_k\}) = \{3x_k - 2x_{k-1}\} = \{0\}$. Então, para cada k,

$3x_k - 2x_{k-1} = 0$ e $x_k = \dfrac{2}{3}x_{k-1}$. Escolhendo um valor não nulo para x_0, digamos $x_0 = 1$, temos

$x_1 = \dfrac{2}{3}$, $x_2 = \left(\dfrac{2}{3}\right)^2$ e, em geral, $x_k = \left(\dfrac{2}{3}\right)^k$. Para verificar que esse sinal está, de fato, no núcleo

de T, observe que $T\left(\left\{ \left(\dfrac{2}{3}\right)^k \right\}\right) = \left\{ 3\left(\dfrac{2}{3}\right)^k - 2\left(\dfrac{2}{3}\right)^{k-1} \right\} = \left\{ \left(\dfrac{2}{3}\right)^{k-1} \left(3\left(\dfrac{2}{3}\right) - 2\right) \right\} = \{0\}$.

Note que $\left\{ \left(\dfrac{2}{3}\right)^k \right\}$ é o sinal exponencial com $c = \dfrac{2}{3}$.

4.8 APLICAÇÕES A EQUAÇÕES DE DIFERENÇAS

Continuando nosso estudo de sinais em tempo discreto, nesta seção exploramos equações de diferença, uma ferramenta valiosa usada para filtrar os dados contidos em sinais. Mesmo quando uma equação diferencial é usada para modelar um processo contínuo, uma solução numérica é obtida, muitas vezes, a partir de uma equação de diferenças relacionada. Esta seção destaca algumas propriedades de equações de diferenças lineares que são explicadas usando álgebra linear.

Independência Linear no Espaço $\mathbb{S}$ dos Sinais

Para simplificar a notação, vamos considerar um conjunto com apenas três sinais em $\mathbb{S}$, digamos, $\{u_k\}$, $\{v_k\}$ e $\{w_k\}$. Esses sinais são linearmente independentes de maneira exata quando a equação

$$c_1 u_k + c_2 v_k + c_3 w_k = 0 \quad \text{para todo } k \tag{1}$$

implica $c_1 = c_2 = c_3 = 0$. A frase "para todo k" significa para todos os inteiros — positivos, negativos e zero. Também podemos considerar sinais que iniciam em $k = 0$, por exemplo, e, nesse caso, "para todo k" significa para todo inteiro $k \geq 0$.

Suponha que c_1, c_2, c_3 satisfazem (1). Então a equação em (1) é válida para três quaisquer valores consecutivos de k, digamos, k, $k + 1$ e $k + 2$. Assim, (1) implica

$$c_1 u_{k+1} + c_2 v_{k+1} + c_3 w_{k+1} = 0 \quad \text{para todo } k$$

e

$$c_1 u_{k+2} + c_2 v_{k+2} + c_3 w_{k+2} = 0 \quad \text{para todo } k$$

Portanto, c_1, c_2, c_3 satisfazem

$$\begin{bmatrix} u_k & v_k & w_k \\ u_{k+1} & v_{k+1} & w_{k+1} \\ u_{k+2} & v_{k+2} & w_{k+2} \end{bmatrix} \begin{bmatrix} c_1 \\ c_2 \\ c_3 \end{bmatrix} = \begin{bmatrix} 0 \\ 0 \\ 0 \end{bmatrix} \quad \text{para todo } k \tag{2}$$

A matriz de coeficientes desse sistema é chamada **matriz de Casorati**, $C(k)$, dos sinais e seu determinante é chamado **casoratiano** de $\{u_k\}$, $\{v_k\}$ e $\{w_k\}$. Se a matriz de Casorati for invertível para pelo menos um valor de k, então (2) irá implicar $c_1 = c_2 = c_3 = 0$, o que irá provar que os três sinais são linearmente independentes.

EXEMPLO 1 Verifique que $\{1^k\}$, $\{(-2)^k\}$ e $\{3^k\}$ são sinais linearmente independentes.

SOLUÇÃO A matriz de Casorati é

$$\begin{bmatrix} 1^k & (-2)^k & 3^k \\ 1^{k+1} & (-2)^{k+1} & 3^{k+1} \\ 1^{k+2} & (-2)^{k+2} & 3^{k+2} \end{bmatrix}$$

Usando operações elementares, podemos mostrar, com certa facilidade, que essa matriz é sempre invertível. No entanto, é mais rápido substituir um valor de k — digamos, $k = 0$ — e escalonar a matriz numérica:

$$\begin{bmatrix} 1 & 1 & 1 \\ 1 & -2 & 3 \\ 1 & 4 & 9 \end{bmatrix} \sim \begin{bmatrix} 1 & 1 & 1 \\ 0 & -3 & 2 \\ 0 & 3 & 8 \end{bmatrix} \sim \begin{bmatrix} 1 & 1 & 1 \\ 0 & -3 & 2 \\ 0 & 0 & 10 \end{bmatrix}$$

A matriz de Casorati é invertível para $k = 0$. Assim, $\{1^k\}$, $\{(-2)^k\}$ e $\{3^k\}$ são linearmente independentes. ∎

Se uma matriz de Casorati não for invertível, os sinais associados que estão sendo testados podem ou não ser linearmente independentes. (Veja o Exercício 35.) No entanto, pode-se mostrar que, se todos os sinais forem soluções da *mesma* equação de diferenças homogênea (descrita a seguir), então a matriz de Casorati será invertível para todo k e os sinais serão linearmente independentes, ou então a matriz de Casorati não será invertível para todo k e os sinais serão linearmente dependentes.

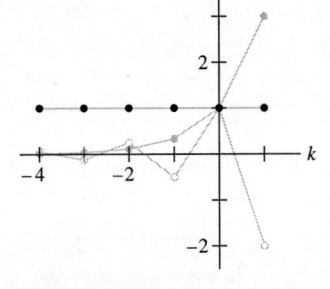

Sinais 1^k, $(-2)^k$ e 3^k.

Equações de Diferenças Lineares

Dados escalares $a_0, \ldots, a_n$ com a_0 e a_n diferentes de zero e dado um sinal $\{z_k\}$, a equação

$$a_0 y_{k+n} + a_1 y_{k+n-1} + \cdots + a_{n-1} y_{k+1} + a_n y_k = z_k \quad \text{para todo } k \tag{3}$$

é chamada uma **equação de diferenças linear** (ou **relação de recorrência linear**) de ordem n. Para simplificar, muitas vezes tomamos a_0 igual a 1. Se $\{z_k\}$ for a sequência só de zeros, a equação será **homogênea**; caso contrário, a equação será **não homogênea**.

Em processamento de sinais digitais (PSD), uma equação de diferenças como (3) descreve um **filtro linear invariante no tempo (LIT)** e $a_0, \ldots, a_n$ são chamados **coeficientes do filtro**. Os deslocamentos LIT $S(\{y_k\}) = \{y_{k-1}\}$ e $S^{-1}(\{y_k\}) = \{y_{k+1}\}$ foram introduzidos no Exemplo 1 da Seção 4.7 e são usados aqui para descrever o filtro LIT associado a uma equação de diferenças. Defina

$$T = a_0 S^{-n} + a_1 S^{-n+1} + \cdots + a_{n-1} S^{-1} + a_n S^0.$$

Note que, se $\{z_k\} = T(\{y_k\})$, então, qualquer que seja k, a Equação (3) descreve a relação entre termos nos dois sinais.

EXEMPLO 2 Vamos alimentar o filtro

$$0{,}35y_{k+2} + 0{,}5y_{k+1} + 0{,}35y_k = z_k$$

com dois sinais diferentes. Aqui, 0,35 é uma aproximação para $\sqrt{2}/4$. O primeiro sinal foi criado por uma amostragem do sinal contínuo $y = \cos(\pi\, t/4)$ para valores inteiros de t, como na Figura 1(a). O sinal discreto é

$$\{y_k\} = (\dots, \cos(0),\ \cos(\pi/4),\ \cos(2\pi/4),\ \cos(3\pi/4),\ \dots)$$

Para simplificar, usaremos $\pm 0{,}7$ no lugar de $\pm\sqrt{2}/2$, de modo que

$$\{y_k\} = (\dots, \underset{\substack{\uparrow \\ k\,=\,0}}{1},\ 0{,}7,\ 0,\ -0{,}7, -1, -0{,}7, 0,\ 0{,}7,\ 1,\ 0{,}7,\ 0, \dots)$$

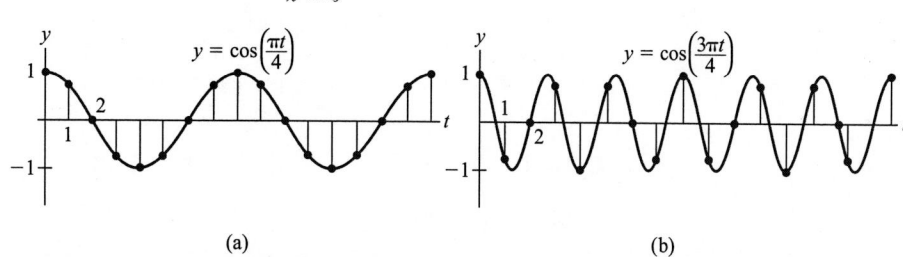

(a)   (b)

FIGURA 1 Sinais discretos com frequências diferentes.

A Tabela 1 mostra um cálculo da sequência de saída $\{z_k\}$, em que 0,35 (0,7) é uma aproximação para $(\sqrt{2}/4)(\sqrt{2}/2) = 0{,}25$. A saída é $\{y_k\}$, deslocada de um termo.

TABELA 1 Cálculo da Saída de um Filtro

k	y_k	y_{k+1}	y_{k+2}	$0{,}35y_k$	$+0{,}5y_{k+1}$	$+0{,}35y_{k+2}$	$=$	z_k
0	1	0,7	0	0,35(1)	+0,5(0,7)	+0,35(0)	=	0,7
1	0,7	0	−0,7	0,35(0,7)	+0,5(0)	+0,35(−0,7)	=	0
2	0	−0,7	−1	0,35(0)	+0,5(−0,7)	+0,35(−1)	=	−0,7
3	−0,7	−1	−0,7	0,35(−0,7)	+0,5(−1)	+0,35(−0,7)	=	−1
4	−1	−0,7	0	0,35(−1)	+0,5(−0,7)	+0,35(0)	=	−0,7
5	−0,7	0	0,7	0,35(−0,7)	+0,5(0)	+0,35(0,7)	=	0
⋮	⋮							⋮

Um sinal diferente de entrada é obtido a partir do sinal de frequência mais alta $y = \cos(3\pi\, t/4)$, como mostra a Figura 1(b). Fazendo uma amostragem com a mesma taxa que a anterior, obtemos uma nova sequência de entrada:

$$\{w_k\} = (\dots, \underset{\substack{\uparrow \\ k\,=\,0}}{1},\ -0{,}7,\ 0,\ 0{,}7, -1,\ 0{,}7,\ 0,\ -0{,}7,\ 1,\ -0{,}7,\ 0, \dots)$$

Quando $\{w_k\}$ é introduzido no filtro, a saída é a sequência nula. O filtro, chamado *filtro de passagem baixa*, permite que $\{y_k\}$ atravesse, mas impede a passagem do sinal $\{w_k\}$ de frequência mais alta. ■

Em muitas aplicações, a sequência $\{z_k\}$ é especificada para o lado direito de uma equação de diferenças (3) e um $\{y_k\}$ que satisfaz (3) é uma **solução** da equação. O próximo exemplo mostra como determinar as soluções de uma equação homogênea.

EXEMPLO 3 A solução de uma equação de diferenças homogênea muitas vezes é da forma $\{y_k\} = \{r^k\}$ para algum r. Encontre algumas soluções para a equação

$$y_{k+3} - 2y_{k+2} - 5y_{k+1} + 6y_k = 0 \quad \text{para todo } k \tag{4}$$

SOLUÇÃO Substitua r^k por y_k na equação e coloque em evidência os fatores à esquerda do sinal de igualdade:

$$r^{k+3} - 2r^{k+2} - 5r^{k+1} + 6r^k = 0 \tag{5}$$

$$r^k(r^3 - 2r^2 - 5r + 6) = 0$$

$$r^k(r-1)(r+2)(r-3) = 0 \tag{6}$$

Como (5) é equivalente a (6), $\{r^k\}$ satisfaz à equação de diferenças (4) se e somente se r satisfizer (6). Logo, $\{1^k\}$, $\{(-2)^k\}$ e $\{3^k\}$ são soluções de (4). Por exemplo, para verificar que $\{3^k\}$ é solução de (4), calcule

$$3^{k+3} - 2 \cdot 3^{k+2} - 5 \cdot 3^{k+1} + 6 \cdot 3^k$$
$$= 3^k(27 - 18 - 15 + 6) = 0 \quad \text{para todo } k \qquad \blacksquare$$

Em geral, um sinal não nulo $\{r^k\}$ satisfaz à equação de diferenças homogênea

$$y_{k+n} + a_1 y_{k+n-1} + \cdots + a_{n-1} y_{k+1} + a_n y_k = 0 \quad \text{para todo } k$$

se e somente se r for uma raiz da **equação auxiliar**

$$r^n + a_1 r^{n-1} + \cdots + a_{n-1} r + a_n = 0$$

Não vamos considerar o caso em que r é uma raiz múltipla da equação auxiliar. Quando a equação auxiliar tem *raiz complexa*, a equação de diferenças tem soluções da forma $\{s^k \cos k\omega\}$ e $\{s^k \operatorname{sen} k\omega\}$, em que s e ω são constantes. Isso aconteceu no Exemplo 2.

Conjunto Solução de Equações de Diferenças Lineares

Dados $a_1, \ldots, a_n$, lembre-se de que a transformação LIT $T : \mathbb{S} \to \mathbb{S}$ dada por

$$T = a_0 S^{-n} + a_1 S^{-n+1} + \cdots + a_{n-1} S^{-1} + a_n S^0$$

transforma um sinal $\{y_k\}$ no sinal $\{w_k\}$ dado por

$$w_k = y_{k+n} + a_1 y_{k+n-1} + \cdots + a_{n-1} y_{k+1} + a_n y_k \quad \text{para todo } k$$

Isso implica que o conjunto solução da equação homogênea

$$y_{k+n} + a_1 y_{k+n-1} + \cdots + a_{n-1} y_{k+1} + a_n y_k = 0 \quad \text{para todo } k$$

é o núcleo de T e descreve os sinais que foram *filtrados* ou transformados no sinal zero. Como o núcleo de qualquer transformação linear com domínio $\mathbb{S}$ é um *subespaço* de $\mathbb{S}$, o conjunto solução de uma equação homogênea também o é. Toda combinação linear de soluções também é solução.

O próximo teorema, um resultado simples porém básico, vai levar a mais informação sobre os conjuntos solução de equações de diferenças.

TEOREMA 19

Se $a_n \neq 0$ e se $\{z_k\}$ for dado, a equação

$$y_{k+n} + a_1 y_{k+n-1} + \cdots + a_{n-1} y_{k+1} + a_n y_k = z_k \quad \text{para todo } k \tag{7}$$

terá uma única solução sempre que $y_0, \ldots, y_{n-1}$ estiverem especificados.

DEMONSTRAÇÃO Se $y_0, \ldots, y_{n-1}$ estiverem especificados, use (7) para *definir*

$$y_n = z_0 - [a_1 y_{n-1} + \cdots + a_{n-1} y_1 + a_n y_0]$$

E agora que $y_1, \ldots, y_n$ estão especificados, use (7) para definir y_{n+1}. De modo geral, use a relação de recorrência

$$y_{n+k} = z_k - [a_1 y_{k+n-1} + \cdots + a_n y_k] \tag{8}$$

para definir y_{n+k} para $k \geq 0$. Para definir y_k para $k < 0$, use a relação de recorrência

$$y_k = \frac{1}{a_n} z_k - \frac{1}{a_n} [y_{k+n} + a_1 y_{k+n-1} + \cdots + a_{n-1} y_{k+1}] \tag{9}$$

Assim, obtemos um sinal que satisfaz (7). De forma recíproca, todo sinal que satisfaz (7) para todo k certamente satisfaz (8) e (9), de modo que a solução de (7) é única. $\blacksquare$

TEOREMA 20

O conjunto H de todas as soluções da equação linear de diferenças homogênea de ordem n

$$y_{k+n} + a_1 y_{k+n-1} + \cdots + a_{n-1} y_{k+1} + a_n y_k = 0 \quad \text{para todo } k \tag{10}$$

é um espaço vetorial de dimensão n.

DEMONSTRAÇÃO   Como observamos anteriormente, H é um subespaço de $\mathbb{S}$, pois H é o núcleo de uma transformação linear. Para $\{y_k\}$ em H, seja $F\{y_k\}$ o vetor em $\mathbb{R}^n$ dado por $(y_0, y_1, \ldots, y_{n-1})$. É fácil verificar que $F : H \to \mathbb{R}^n$ é uma transformação linear. Dado qualquer vetor $(y_0, y_1, \ldots, y_{n-1})$ em $\mathbb{R}^n$, o Teorema 19 diz que existe um único sinal $\{y_k\}$ em H tal que $F\{y_k\} = (y_0, y_1, \ldots, y_{n-1})$. Isso significa que F é uma transformação linear sobrejetora de H em $\mathbb{R}^n$, ou seja, F é um isomorfismo. Portanto, dim H = dim $\mathbb{R}^n = n$. (Veja o Exercício 52 na Seção 4.5.) ∎

EXEMPLO 4   Determine uma base para o conjunto de todas as soluções da equação de diferenças

$$y_{k+3} - 2y_{k+2} - 5y_{k+1} + 6y_k = 0 \quad \text{para todo } k$$

SOLUÇÃO   O trabalho que tivemos com a álgebra linear vai realmente compensar agora! Sabemos dos Exemplos 1 e 3 que $\{1^k\}$, $\{(-2)^k\}$ e $\{3^k\}$ são soluções linearmente independentes. Em geral, pode ser difícil verificar de forma direta que um conjunto de sinais *gera* o espaço solução. Mas isso não é problema aqui por causa de dois teoremas chaves — o Teorema 20, que mostra que o espaço solução tem dimensão exatamente três e o Teorema da Base na Seção 4.5, que diz que um conjunto linearmente independente de n vetores em um espaço de dimensão n é automaticamente uma base. Então $\{1^k\}$, $\{(-2)^k\}$ e $\{3^k\}$ formam uma base para o espaço solução. ∎

A forma padrão de descrever a "solução geral" da equação de diferenças (10) é exibindo uma base para o subespaço de todas as soluções. Tal base costuma ser chamada **conjunto fundamental de soluções** para (10). Na prática, se conseguirmos encontrar n sinais linearmente independentes que satisfazem (10), esses sinais irão automaticamente gerar o espaço solução de dimensão n, como vimos no Exemplo 4.

Equações Não Homogêneas

A solução geral de uma equação de diferenças não homogênea

$$y_{k+n} + a_1 y_{k+n-1} + \cdots + a_{n-1} y_{k+1} + a_n y_k = z_k \quad \text{para todo } k \tag{11}$$

pode ser escrita como a soma de uma solução particular de (11) com uma combinação linear arbitrária de um conjunto fundamental de soluções da equação homogênea associada (10). Esse fato é análogo ao resultado na Seção 1.5 sobre como os conjuntos solução de $A\mathbf{x} = \mathbf{b}$ e $A\mathbf{x} = \mathbf{0}$ estão relacionados. Os dois resultados têm a mesma explicação: a transformação $\mathbf{x} \mapsto A\mathbf{x}$ é linear, e a aplicação que transforma o sinal $\{y_k\}$ no sinal $\{z_k\}$ em (11) é linear.

EXEMPLO 5   Verifique que o sinal $\{y_k\} = \{k^2\}$ satisfaz à equação de diferenças

$$y_{k+2} - 4y_{k+1} + 3y_k = -4k \quad \text{para todo } k \tag{12}$$

Depois, obtenha uma descrição de todas as soluções dessa equação.

SOLUÇÃO   Substitua k^2 por y_k à esquerda do sinal de igualdade em (12):

$$(k+2)^2 - 4(k+1)^2 + 3k^2$$
$$= (k^2 + 4k + 4) - 4(k^2 + 2k + 1) + 3k^2$$
$$= -4k$$

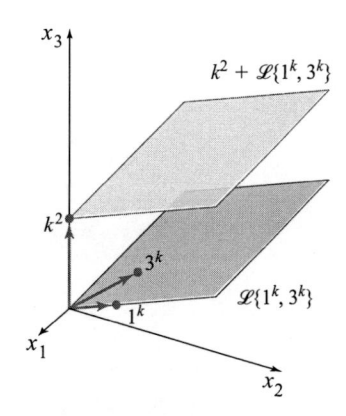

Logo k^2 é de fato solução de (12). O próximo passo é resolver a equação homogênea

$$y_{k+2} - 4y_{k+1} + 3y_k = 0 \quad \text{para todo } k \tag{13}$$

A equação auxiliar é

$$r^2 - 4r + 3 = (r - 1)(r - 3) = 0$$

As raízes são $r = 1, 3$. Portanto, as duas soluções da equação de diferenças homogênea são $\{1^k\}$ e $\{3^k\}$. Como não são múltiplos uma da outra, formam sinais linearmente independentes. Pelo Teorema 20, o espaço solução é bidimensional, logo $\{3^k\}$ e $\{1^k\}$ formam uma base para o conjunto das soluções de (13). Fazendo uma translação desse conjunto por uma solução particular da equação não homogênea (12), obtemos a solução geral de (12):

$$\{k^2\} + c_1\{1^k\} + c_2\{3^k\} \quad \text{ou} \quad \{k^2 + c_1 + c_2 3^k\}$$

A Figura 2 nos dá uma visualização geométrica dos dois conjuntos solução. Cada ponto na figura corresponde a um sinal em $\mathbb{S}$. ∎

FIGURA 2 Conjuntos solução das equações de diferenças (12) e (13).

Redução a Sistemas de Equações de Primeira Ordem

Uma abordagem moderna do estudo de uma equação linear de diferenças homogênea de ordem n é substituir a equação por um sistema equivalente de equações de diferenças de primeira ordem, escrito como

$$\mathbf{x}_{k+1} = A\mathbf{x}_k \quad \text{para todo } k$$

em que os vetores $\mathbf{x}_k$ pertencem a $\mathbb{R}^n$ e A é uma matriz $n \times n$.

Um exemplo simples de tal equação (vetorial) de diferenças já foi estudado na Seção 1.10. Exemplos adicionais serão vistos nas Seções 5.6 e 5.9.

EXEMPLO 6 Escreva a equação de diferenças a seguir como um sistema de primeira ordem:

$$y_{k+3} - 2y_{k+2} - 5y_{k+1} + 6y_k = 0 \quad \text{para todo } k$$

SOLUÇÃO Para cada k, seja

$$\mathbf{x}_k = \begin{bmatrix} y_k \\ y_{k+1} \\ y_{k+2} \end{bmatrix}$$

A equação de diferenças diz que $y_{k+3} = -6y_k + 5y_{k+1} + 2y_{k+2}$, de modo que

$$\mathbf{x}_{k+1} = \begin{bmatrix} y_{k+1} \\ y_{k+2} \\ y_{k+3} \end{bmatrix} = \begin{bmatrix} 0 & + & y_{k+1} & + 0 \\ 0 & + 0 & & + y_{k+2} \\ -6y_k & + 5y_{k+1} & & + 2y_{k+2} \end{bmatrix} = \begin{bmatrix} 0 & 1 & 0 \\ 0 & 0 & 1 \\ -6 & 5 & 2 \end{bmatrix} \begin{bmatrix} y_k \\ y_{k+1} \\ y_{k+2} \end{bmatrix}$$

Ou seja,

$$\mathbf{x}_{k+1} = A\mathbf{x}_k \quad \text{para todo } k, \quad \text{em que } A = \begin{bmatrix} 0 & 1 & 0 \\ 0 & 0 & 1 \\ -6 & 5 & 2 \end{bmatrix}$$

∎

Em geral, a equação

$$y_{k+n} + a_1 y_{k+n-1} + \cdots + a_{n-1} y_{k+1} + a_n y_k = 0 \quad \text{para todo } k$$

pode ser escrita como $\mathbf{x}_{k+1} = A\mathbf{x}_k$ para todo k, em que

$$\mathbf{x}_k = \begin{bmatrix} y_k \\ y_{k+1} \\ \vdots \\ y_{k+n-1} \end{bmatrix}, \quad A = \begin{bmatrix} 0 & 1 & 0 & \cdots & 0 \\ 0 & 0 & 1 & & 0 \\ \vdots & & & \ddots & \vdots \\ 0 & 0 & 0 & & 1 \\ -a_n & -a_{n-1} & -a_{n-2} & \cdots & -a_1 \end{bmatrix}$$

Problema Prático

Pode-se mostrar que os sinais 2^k, $3^k \operatorname{sen} \frac{k\pi}{2}$ e $3^k \cos \frac{k\pi}{2}$ são soluções de

$$y_{k+3} - 2y_{k+2} + 9y_{k+1} - 18y_k = 0$$

Mostre que esses sinais formam uma base para o conjunto de todas as soluções da equação de diferenças.

4.8 EXERCÍCIOS

Verifique que os sinais nos Exercícios 1 e 2 são soluções da equação de diferenças que os acompanha.

1. $2^k, (-4)^k$; $y_{k+2} + 2y_{k+1} - 8y_k = 0$

2. $3^k, (-3)^k$; $y_{k+2} - 9y_k = 0$

Mostre que os sinais nos Exercícios 3 a 6 formam uma base para o conjunto solução da equação de diferenças que os acompanha.

3. Os sinais e a equação no Exercício 1.

4. Os sinais e a equação no Exercício 2.

5. $(-3)^k, k(-3)^k$; $y_{k+2} + 6y_{k+1} + 9y_k = 0$

6. $5^k \cos \frac{k\pi}{2}, 5^k \operatorname{sen} \frac{k\pi}{2}$; $y_{k+2} + 25y_k = 0$

Nos Exercícios 7 a 12, suponha que os sinais listados sejam soluções da equação de diferenças dada. Determine se os sinais formam uma base para o espaço solução da equação. Justifique suas respostas citando teoremas apropriados.

7. $1^k, 2^k, (-2)^k$; $y_{k+3} - y_{k+2} - 4y_{k+1} + 4y_k = 0$

8. $2^k, 4^k, (-5)^k$; $y_{k+3} - y_{k+2} - 22y_{k+1} + 40y_k = 0$

9. $1^k, 3^k \cos\frac{k\pi}{2}, 3^k \operatorname{sen}\frac{k\pi}{2}$; $y_{k+3} - y_{k+2} + 9y_{k+1} - 9y_k = 0$

10. $(-1)^k, k(-1)^k, 5^k$; $y_{k+3} - 3y_{k+2} - 9y_{k+1} - 5y_k = 0$

11. $(-1)^k, 3^k$; $y_{k+3} + y_{k+2} - 9y_{k+1} - 9y_k = 0$

12. $1^k, (-1)^k$; $y_{k+4} - 2y_{k+2} + y_k = 0$

Nos Exercícios 13 a 16, encontre uma base para o espaço solução da equação de diferenças. Prove que as soluções encontradas geram o conjunto solução.

13. $y_{k+2} - y_{k+1} + \frac{2}{9}y_k = 0$ **14.** $y_{k+2} - 7y_{k+1} + 12y_k = 0$

15. $y_{k+2} - 25y_k = 0$ **16.** $16y_{k+2} + 8y_{k+1} - 3y_k = 0$

17. A sequência de Fibonacci está listada na Tabela 1 da Seção 4.7. Ela é uma sequência de números em que cada número é a soma dos dois números anteriores. Ela também pode ser descrita como a equação homogênea de diferenças

$$y_{k+2} - y_{k+1} - y_k = 0$$

com as condições iniciais $y_0 = 0$ e $y_1 = 1$. Encontre a solução geral da sequência de Fibonacci.

18. Se as condições iniciais para a sequência de Fibonacci no Exercício 17 forem mudadas para $y_0 = 1$ e $y_1 = 2$, liste os termos da sequência para $k = 2, 3, 4$ e 5. Encontre a solução da equação de diferenças do Exercício 17 com essas condições iniciais novas.

Os Exercícios 19 e 20 tratam de um modelo simples de economia nacional dado pela equação de diferenças

$$Y_{k+2} - a(1 + b)Y_{k+1} + abY_k = 1 \tag{14}$$

Aqui, Y_k é a renda nacional total ao longo do ano k, a é uma constante menor que 1, chamada *propensão marginal para o consumo*, e b é uma *constante de ajuste* positiva que descreve como a variação dos gastos do consumidor afeta a taxa anual de investimentos privados.[1]

19. Encontre a solução geral da equação (14) quando $a = 0,9$ e $b = 4/9$. O que acontece com Y_k quando k aumenta? [*Sugestão:* Determine, primeiro, uma solução particular da forma $Y_k = T$, na qual T é uma constante, chamada nível de equilíbrio da renda nacional.]

20. Encontre a solução geral da equação (14) quando $a = 0,9$ e $b = 0,5$.

Uma viga cantiléver leve é apoiada em N pontos com afastamento de 10 pés entre dois pontos consecutivos, e um peso de 500 libras é colocado na extremidade da viga a 10 pés do primeiro suporte, como mostra a figura. Seja y_k o momento de torção no k-ésimo ponto de suporte. Então, $y_1 = 5.000$ ft-lb. Suponha que a viga esteja rigidamente ligada ao N-ésimo suporte e o momento de torção nesse ponto seja zero. Nos pontos de suporte intermediários, os momentos satisfazem à *equação dos três momentos*

$$y_{k+2} + 4y_{k+1} + y_k = 0 \quad \text{para } k = 1, 2, \ldots, N - 2 \tag{15}$$

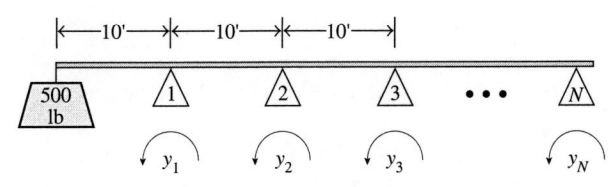

Momentos de torção em uma viga cantiléver.

[1]Veja, por exemplo, *Discrete Dynamical Systems*, de James T. Sandefur (Oxford: Clarendon Press, 1990), p. 267-276. O *modelo acelerador-multiplicador* original é atribuído ao economista P. A. Samuelson.

21. Encontre a solução geral da equação de diferenças (15). Justifique sua resposta.

22. Encontre a solução particular de (15) que satisfaz as *condições de fronteira* $y_1 = 5.000$ e $y_N = 0$. (A resposta depende de N.)

23. Quando um sinal é produzido a partir de uma sequência de medidas realizadas em um processo (uma reação química, um fluxo de calor através de um tubo, o braço de um robô em movimento etc.), o sinal em geral contém um *ruído* aleatório produzido pelos erros de medida. Um método-padrão de pré-processar os dados para reduzir o ruído é suavizar ou filtrar os dados. Um filtro simples é uma *média móvel* que substitui cada y_k pela sua média com os dois valores adjacentes:

$$\tfrac{1}{3}y_{k+1} + \tfrac{1}{3}y_k + \tfrac{1}{3}y_{k-1} = z_k \quad \text{para } k = 1, 2, \ldots$$

Suponha que um sinal y_k, para $k = 0, \ldots, 14$, seja

9, 5, 7, 3, 2, 4, 6, 5, 7, 6, 8, 10, 9, 5, 7

Use o filtro para obter $z_1, \ldots, z_{13}$. Em um mesmo sistema de eixos, represente graficamente o sinal original e o sinal suavizado, usando uma linha poligonal.

24. Seja $\{y_k\}$ a sequência obtida da amostragem do sinal contínuo $2\cos\frac{\pi t}{4} + \cos\frac{3\pi t}{4}$ em $t = 0, 1, 2, \ldots$, como mostra a figura. Os valores de y_k, começando em $k = 0$, são

3, 0,7, 0, -0,7, -3, -0,7, 0, 0,7, 3, 0,7, 0, ...

em que 0,7 é uma aproximação para $\sqrt{2}/2$.

a. Calcule o sinal de saída $\{z_k\}$ quando $\{y_k\}$ é alimentado ao filtro no Exemplo 2.

b. Explique como e por que a saída no item (a) está relacionada com os cálculos no Exemplo 2.

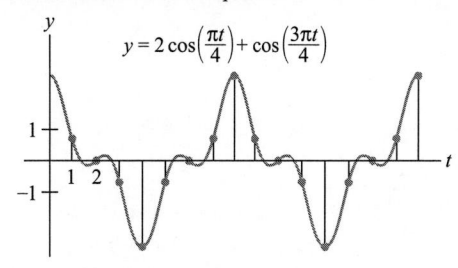

Amostragem do sinal $2\cos\frac{\pi t}{4} + \cos\frac{3\pi t}{4}$.

Os Exercícios 25 e 26 tratam de uma equação de diferenças da forma $y_{k+1} - ay_k = b$, em que a e b são constantes apropriadas.

25. Um empréstimo de R\$ 10.000,00 está sujeito a uma taxa de juros de 1% ao mês e tem uma prestação mensal de R\$ 450,00. O empréstimo foi feito no mês $k = 0$ e a primeira prestação vence no mês seguinte, em $k = 1$. Para $k = 0, 1, 2, \ldots$, seja y_k o saldo devedor do empréstimo imediatamente após o pagamento da k-ésima prestação. Então,

$$y_1 = 10.000 + (0,01)10.000 - 450$$

Novo saldo   Saldo devedor   Juros adicionados   Pagamento

a. Obtenha uma equação de diferenças satisfeita por $\{y_k\}$.

Ⓜ b. Monte uma tabela mostrando k e o saldo y_k do mês k. Liste o programa ou os comandos que você usou para criar a tabela.

Ⓜ c. Qual será o valor de k quando o último pagamento for efetuado? De quanto foi o último pagamento? Qual foi o valor total pago pelo empréstimo?

26. No instante $k = 0$, é feito um investimento inicial de R\$ 1.000,00 em uma conta remunerada que paga 6% de juros ao ano, capitalizados mensalmente. (A taxa de juros mensal é de 0,005.) A cada mês depois do depósito inicial, é feito um depósito adicional de R\$ 200,00. Para $k = 0, 1, 2, \ldots$, seja y_k o saldo da conta no instante k, imediatamente após um depósito ter sido feito.

a. Obtenha uma equação de diferenças satisfeita por $\{y_k\}$.

Ⓜ b. Monte uma tabela mostrando k e o saldo da aplicação y_k no mês k, para $k = 0, \ldots, 60$. Liste o programa ou os comandos que você usou para criar a tabela.

Ⓜ c. Qual será o montante da aplicação após dois anos (isto é, 24 meses), quatro anos e cinco anos? Quanto do montante após cinco anos corresponde aos juros?

Nos Exercícios 27 a 30, mostre que o sinal dado é solução da equação de diferenças. Depois, determine a solução geral da equação de diferenças.

27. $y_k = k^2$; $y_{k+2} + 3y_{k+1} - 4y_k = 7 + 10k$

28. $y_k = 1 + k$; $y_{k+2} - 8y_{k+1} + 15y_k = 2 + 8k$

29. $y_k = 2 - 2k$; $y_{k+2} - \frac{9}{2}y_{k+1} + 2y_k = 2 + 3k$

30. $y_k = 2k - 4$; $y_{k+2} + \frac{3}{2}y_{k+1} - y_k = 1 + 3k$

Escreva as equações de diferenças nos Exercícios 31 e 32 como sistemas de primeira ordem, $\mathbf{x}_{k+1} = A\mathbf{x}_k$, para todo k.

31. $y_{k+4} - 6y_{k+3} + 8y_{k+2} + 6y_{k+1} - 9y_k = 0$

32. $y_{k+3} - \frac{3}{4}y_{k+2} + \frac{1}{16}y_k = 0$

33. A equação de diferenças a seguir é de ordem 3? Explique.

$y_{k+3} + 5y_{k+2} + 6y_{k+1} = 0$

34. Qual é a ordem da equação de diferenças a seguir? Justifique sua resposta.

$y_{k+3} + a_1 y_{k+2} + a_2 y_{k+1} + a_3 y_k = 0$

35. Sejam $y_k = k^2$ e $z_k = 2k|k|$. Os sinais $\{y_k\}$ e $\{z_k\}$ são linearmente independentes? Obtenha a matriz de Casorati correspondente $C(k)$ para $k = 0$, $k = -1$, $k = -2$ e discuta seus resultados.

36. Sejam f, g e h funções linearmente independentes definidas para todos os números reais, e considere os três sinais obtidos da amostragem dos valores dessas funções nos números inteiros:

$u_k = f(k), \qquad v_k = g(k), \qquad w_k = h(k)$

Os sinais precisam ser linearmente independentes em $\mathbb{S}$? Discuta.

Solução do Problema Prático

Examine a matriz de Casorati:

$$C(k) = \begin{bmatrix} 2^k & 3^k \operatorname{sen} \frac{k\pi}{2} & 3^k \cos \frac{k\pi}{2} \\ 2^{k+1} & 3^{k+1} \operatorname{sen} \frac{(k+1)\pi}{2} & 3^{k+1} \cos \frac{(k+1)\pi}{2} \\ 2^{k+2} & 3^{k+2} \operatorname{sen} \frac{(k+2)\pi}{2} & 3^{k+2} \cos \frac{(k+2)\pi}{2} \end{bmatrix}$$

Faça $k = 0$ e escalone a matriz para verificar se possui três posições de pivô e, portanto, é invertível:

$$C(0) = \begin{bmatrix} 1 & 0 & 1 \\ 2 & 3 & 0 \\ 4 & 0 & -9 \end{bmatrix} \sim \begin{bmatrix} 1 & 0 & 1 \\ 0 & 3 & -2 \\ 0 & 0 & -13 \end{bmatrix}$$

A matriz de Casorati é invertível para $k = 0$, portanto os sinais são linearmente independentes. Como existem três sinais e o espaço solução H da equação de diferenças tem dimensão 3 (Teorema 20), os sinais formam uma base para H pelo Teorema da Base.

CAPÍTULO 4 PROJETOS

Os projetos do Capítulo 4 estão disponíveis *online* em bit.ly/3OIM8gT (em inglês).

A. *Explorando Subespaços*: Esse projeto explora subespaços com uma abordagem mais prática, de "mão na massa".

B. *Cifras de Substituição Hill*: Esse projeto mostra como usar matrizes para codificar e decodificar mensagens.

C. *Detecção e Correção de Erros*: Nesse projeto, é construído um método para detectar e corrigir erros na transmissão de mensagens

codificadas. Para essa construção, serão necessários espaços vetoriais abstratos e os conceitos de espaço nulo, posto e dimensão.

D. *Processamento de Sinais*: Esse projeto examina o processamento de sinais com mais detalhes.

E. *Sequências de Fibonacci*: O objetivo desse projeto é investigar mais as sequências de Fibonacci, que aparecem em teoria dos números, Matemática aplicada e Biologia.

CAPÍTULO 4 EXERCÍCIOS SUPLEMENTARES

Nos Exercícios 1 a 19, marque cada afirmação como Verdadeira ou Falsa (**V/F**). Justifique cada resposta. (Se verdadeira, cite fatos ou teoremas apropriados. Se falsa, explique por que ou forneça um contraexemplo que mostre por que a afirmação não é verdadeira em todos os casos.) Nos Exercícios 1 a 6, $\mathbf{v}_1, \ldots, \mathbf{v}_p$ são vetores de um espaço vetorial V não trivial de dimensão finita e $S = \{\mathbf{v}_1, \ldots, \mathbf{v}_p\}$.

1. (**V/F**) O conjunto de todas as combinações lineares de $\mathbf{v}_1, \ldots, \mathbf{v}_p$ é um espaço vetorial.

2. (**V/F**) Se $\{\mathbf{v}_1, \ldots, \mathbf{v}_{p-1}\}$ gerar V, então S gerará V.

3. (**V/F**) Se $\{\mathbf{v}_1, \ldots, \mathbf{v}_{p-1}\}$ for linearmente independente, então S também será.

4. (**V/F**) Se S for linearmente independente, então S será uma base para V.

5. (**V/F**) Se $\mathscr{L}S = V$, então algum subconjunto de S será uma base para V.

6. (**V/F**) Se dim $V = p$ e $\mathscr{L}S = V$, então S não poderá ser linearmente dependente.

7. (**V/F**) Um plano em $\mathbb{R}^3$ é um subespaço bidimensional.

8. (**V/F**) As colunas não pivôs de uma matriz são sempre linearmente dependentes.

9. **(V/F)** As operações elementares realizadas nas linhas de uma matriz A podem mudar as relações de dependência linear entre as linhas de A.

10. **(V/F)** As operações elementares aplicadas em uma matriz podem mudar seu espaço nulo.

11. **(V/F)** O posto de uma matriz é igual ao número de linhas não nulas.

12. **(V/F)** Se uma matriz A $m \times n$ for equivalente por linhas a uma matriz escalonada U e se U tiver k linhas não nulas, então a dimensão do espaço solução de $A\mathbf{x} = \mathbf{0}$ é $m - k$.

13. **(V/F)** Se B for obtida de uma matriz A por meio de várias operações elementares, então posto B = posto A.

14. **(V/F)** As linhas não nulas de uma matriz A formam uma base para Lin A.

15. **(V/F)** Se as matrizes A e B tiverem a mesma forma escalonada reduzida, então Lin A = Lin B.

16. **(V/F)** Se H for um subespaço de $\mathbb{R}^3$, então existe uma matriz A 3×3 tal que H = Col A.

17. **(V/F)** Se A for $m \times n$ e posto $A = m$, então a transformação linear $\mathbf{x} \mapsto A\mathbf{x}$ será injetora.

18. **(V/F)** Se A for $m \times n$ e a transformação linear $\mathbf{x} \mapsto A\mathbf{x}$ for sobrejetora, então posto $A = m$.

19. **(V/F)** Uma matriz de mudança de coordenadas é sempre invertível.

20. Encontre uma base para o conjunto de todos os vetores da forma
$$\begin{bmatrix} a - 2b + 5c \\ 2a + 5b - 8c \\ -a - 4b + 7c \\ 3a + b + c \end{bmatrix}. \quad \text{(Tenha cuidado.)}$$

21. Sejam $\mathbf{u}_1 = \begin{bmatrix} -2 \\ 4 \\ -6 \end{bmatrix}$, $\mathbf{u}_2 = \begin{bmatrix} 1 \\ 2 \\ -5 \end{bmatrix}$, $\mathbf{b} = \begin{bmatrix} b_1 \\ b_2 \\ b_3 \end{bmatrix}$ e $W = \mathscr{L}\{\mathbf{u}_1, \mathbf{u}_2\}$.

Obtenha uma descrição *implícita* de W; ou seja, encontre um conjunto de uma ou mais equações homogêneas que caracterizam os pontos de W. [*Sugestão:* Quando é que $\mathbf{b}$ pertence a W?]

22. Explique o que está errado na seguinte discussão: Sejam $\mathbf{f}(t) = 3 + t$ e $\mathbf{g}(t) = 3t + t^2$ e note que $\mathbf{g}(t) = t\mathbf{f}(t)$. Então $\{\mathbf{f}, \mathbf{g}\}$ é linearmente dependente porque $\mathbf{g}$ é múltiplo de $\mathbf{f}$.

23. Considere os polinômios $\mathbf{p}_1(t) = 1 + t$, $\mathbf{p}_2(t) = 1 - t$, $\mathbf{p}_3(t) = 4$, $\mathbf{p}_4(t) = t + t^2$ e $\mathbf{p}_5(t) = 1 + 2t + t^2$ e seja H o subespaço de $\mathbb{P}_5$ gerado pelo subconjunto $S = \{\mathbf{p}_1, \mathbf{p}_2, \mathbf{p}_3, \mathbf{p}_4, \mathbf{p}_5\}$. Use o método descrito na demonstração do Teorema do Conjunto Gerador (Seção 4.3) para produzir uma base de H. (Explique como selecionar elementos apropriados de S.)

24. Suponha que $\mathbf{p}_1, \mathbf{p}_2, \mathbf{p}_3$ e $\mathbf{p}_4$ sejam polinômios que geram um subespaço bidimensional H de $\mathbb{P}_5$. Descreva como se pode obter uma base para H examinando os quatro polinômios e sem fazer quase nenhum cálculo.

25. O que seria preciso saber sobre o conjunto solução de um sistema linear homogêneo de 18 equações e 20 incógnitas para saber que toda equação não homogênea associada tem solução? Discuta.

26. Seja H um subespaço de dimensão n de um espaço vetorial V também de dimensão n. Explique por que $H = V$.

27. Seja $T : \mathbb{R}^n \rightarrow \mathbb{R}^m$ uma transformação linear.

a. Se T for injetora, qual será a dimensão da imagem de T? Explique.

b. Se T for sobrejetora, qual será a dimensão do núcleo de T (veja a Seção 4.2)? Explique.

28. Seja S um subconjunto linearmente independente maximal de um espaço vetorial V; ou seja, S tem a propriedade de que, se um vetor não contido em S for acrescentado a S, então o novo conjunto não será mais linearmente independente. Prove que S tem de ser uma base para V. [*Sugestão:* E se S fosse linearmente independente, mas não fosse uma base para V?]

29. Seja S um conjunto gerador mínimo finito para um espaço vetorial V; ou seja, S tem a propriedade de que, se um vetor for removido de S, então o novo conjunto não irá mais gerar V. Prove que S tem de ser uma base para V.

Os Exercícios 30 a 35 desenvolvem propriedades do posto que são necessárias, às vezes, nas aplicações. Suponha que a matriz A seja $m \times n$.

30. Mostre, a partir dos itens (a) e (b), que o posto de AB não pode exceder o posto de A nem o posto de B. (Em geral, o posto de um produto de matrizes não pode exceder o posto de nenhum fator no produto.)

a. Mostre que, se B for $n \times p$, então posto $AB \leq$ posto A. [*Sugestão:* Explique por que todo vetor no espaço coluna de AB pertence ao espaço coluna de A.]

b. Mostre que, se B for $n \times p$, então posto $AB \leq$ posto B. [*Sugestão:* Use o item (a) para estudar posto $(AB)^T$.]

31. Mostre que, se P for uma matriz $m \times m$ invertível, então posto PA = posto A. [*Sugestão:* Use o Exercício 30 em PA e $P^{-1}(PA)$.]

32. Mostre que, se Q for invertível, então posto AQ = posto A. [*Sugestão:* Use o Exercício 31 para estudar posto $(AQ)^T$.]

33. Seja A uma matriz $m \times n$ e seja B uma matriz $n \times p$ tal que $AB = 0$. Mostre que posto A + posto $B \leq n$. [*Sugestão:* Um dos quatro subespaços Nul A, Col A, Nul B e Col B está contido em um dos outros três subespaços.]

34. Se A for uma matriz $m \times n$ de posto r, então uma *fatoração pelo posto* de A será uma equação da forma $A = CR$, em que C é uma matriz $m \times r$ de posto r e R é uma matriz $r \times n$ de posto r. Mostre que tal fatoração sempre existe. Depois mostre que, dadas duas matrizes quaisquer A e B $m \times n$,
$$\text{posto}(A + B) \leq \text{posto } A + \text{posto } B.$$
[*Sugestão:* Escreva $A + B$ como o produto de duas matrizes em blocos.]

35. Uma **submatriz** de uma matriz A é qualquer matriz obtida da retirada de alguma (ou nenhuma) linha e/ou coluna de A. Pode-se mostrar que A tem posto r se e somente se A contiver uma submatriz invertível $r \times r$ e nenhuma submatriz quadrada maior é invertível. Demonstre parte dessa afirmação explicando (a) por que uma matriz A $m \times n$ de posto r tem uma submatriz A_1 $m \times r$ de posto r e (b) por que A_1 tem uma submatriz A_2 $r \times r$ invertível.

O conceito de posto desempenha um papel importante no projeto de sistemas de controle de engenharia. Um *modelo de espaço de estado* para um sistema de controle inclui uma equação de diferenças do tipo
$$\mathbf{x}_{k+1} = A\mathbf{x}_k + B\mathbf{u}_k \quad \text{para } k = 0, 1, \ldots \tag{1}$$
em que A é $n \times n$, B é $n \times m$, $\{\mathbf{x}_k\}$ é uma sequência de "vetores de estado" em $\mathbb{R}^n$ que descrevem o estado do sistema em tempo discreto e $\{\mathbf{u}_k\}$ é uma sequência de *controle* ou *entrada*. O par (A, B) é dito **controlável** se
$$\text{posto} \begin{bmatrix} B & AB & A^2B & \cdots & A^{n-1}B \end{bmatrix} = n \tag{2}$$
A matriz que aparece em (2) é a **matriz de controlabilidade** do sistema. Se (A, B) for controlável, então o sistema poderá ser controlado ou conduzido a partir do estado $\mathbf{0}$ para qualquer estado específico $\mathbf{v}$ (em $\mathbb{R}^n$) no máximo em n passos, bastando escolher uma sequência de controle apropriada em $\mathbb{R}^m$. Esse fato está ilustrado no Exercício 36 para $n = 4$ e $m = 2$.

36. Suponha que A seja uma matriz 4×4 e B seja uma matriz 4×2. Seja $\mathbf{u}_0, \ldots, \mathbf{u}_3$ uma sequência de vetores de entrada em $\mathbb{R}^2$.

a. Seja $\mathbf{x}_0 = \mathbf{0}$, calcule $\mathbf{x}_1, \ldots, \mathbf{x}_4$ da equação (1) e escreva uma fórmula para $\mathbf{x}_4$ envolvendo a matriz de controlabilidade M que aparece em (2). (*Observação:* A matriz M é construída como uma matriz em blocos. Seu tamanho total aqui é 4×8.)

b. Suponha que (A, B) seja controlável e seja $\mathbf{v}$ um vetor arbitrário em $\mathbb{R}^4$. Explique por que existe uma sequência de controle $\mathbf{u}_0, \ldots, \mathbf{u}_3$ em $\mathbb{R}^2$ tal que $\mathbf{x}_4 = \mathbf{v}$.

Determine se os pares de matrizes nos Exercícios 37 a 40 são controláveis.

37. $A = \begin{bmatrix} 0,9 & 1 & 0 \\ 0 & -0,9 & 0 \\ 0 & 0 & 0,5 \end{bmatrix}$, $B = \begin{bmatrix} 0 \\ 1 \\ 1 \end{bmatrix}$

38. $A = \begin{bmatrix} 0,8 & -0,3 & 0 \\ 0,2 & 0,5 & 1 \\ 0 & 0 & -0,5 \end{bmatrix}$, $B = \begin{bmatrix} 1 \\ 1 \\ 0 \end{bmatrix}$

M 39. $A = \begin{bmatrix} 0 & 1 & 0 & 0 \\ 0 & 0 & 1 & 0 \\ 0 & 0 & 0 & 1 \\ -2 & -4,2 & -4,8 & -3,6 \end{bmatrix}$, $B = \begin{bmatrix} 1 \\ 0 \\ 0 \\ -1 \end{bmatrix}$

M 40. $A = \begin{bmatrix} 0 & 1 & 0 & 0 \\ 0 & 0 & 1 & 0 \\ 0 & 0 & 0 & 1 \\ -1 & -13 & -12,2 & -1,5 \end{bmatrix}$, $B = \begin{bmatrix} 1 \\ 0 \\ 0 \\ -1 \end{bmatrix}$

5 Autovalores e Autovetores

Sistemas Dinâmicos e as Corujas Malhadas

Em 1990, a coruja malhada do Norte se tornou o centro de uma controvérsia nacional nos EUA em torno do uso indevido das majestosas florestas no noroeste do Pacífico. Os ambientalistas convenceram o governo federal de que essas corujas estariam em risco de extinção caso continuasse a exploração de madeira em florestas antigas (contendo árvores com mais de 200 anos), onde as corujas prefeririam habitar. A indústria madeireira, antecipando uma perda de 30 a 100 mil empregos em decorrência das novas restrições governamentais à extração de madeira, argumentou que a coruja não deveria ser considerada uma "espécie em risco de extinção" e citou uma série de publicações científicas para apoiar sua tese.[1]

A população de corujas malhadas continua a cair e a espécie continua presa no fogo cruzado entre oportunidades econômicas e esforços conservacionistas. Ecologistas matemáticos ajudam a analisar o efeito sobre a população de corujas malhadas de fatores como técnicas de registro, incêndios naturais e competição sobre habitat com a coruja barrada invasiva. O ciclo de vida de uma coruja malhada se divide naturalmente em três fases: a juvenil (até 1 ano), a pré-adulta (de 1 a 2 anos) e a adulta (acima de 2 anos). A coruja busca um companheiro para toda sua vida durante as fases pré-adulta e adulta, começa a procriar na fase adulta e pode viver até 20 anos. Cada casal de corujas precisa de cerca de 1.000 hectares (10 quilômetros quadrados) para seu território. Um momento crítico no ciclo de vida é quando as corujas jovens deixam o ninho. Para sobreviver e se tornar pré-adulta, uma coruja jovem precisa encontrar um novo território (e, geralmente, um parceiro).

Um primeiro passo no estudo da dinâmica populacional é fazer a modelagem usando intervalos de um ano entre medições, com os instantes denotados por $k = 0, 1, 2, \ldots$ Em geral, supomos que exista uma razão de 1:1 entre machos e fêmeas durante cada fase e contamos apenas as fêmeas. A população no ano k pode ser descrita pelo vetor $\mathbf{x}_k = (j_k, s_k, a_k)$, em que j_k, s_k e a_k são os números de fêmeas nas fases juvenil, pré-adulta e adulta, respectivamente.

Usando dados coletados em estudos demográficos, R. Lamberson e seus colegas consideraram o seguinte *modelo de matriz de fase*:[2]

$$\begin{bmatrix} j_{k+1} \\ s_{k+1} \\ a_{k+1} \end{bmatrix} = \begin{bmatrix} 0 & 0 & 0{,}33 \\ 0{,}18 & 0 & 0 \\ 0 & 0{,}71 & 0{,}94 \end{bmatrix} \begin{bmatrix} j_k \\ s_k \\ a_k \end{bmatrix}$$

Aqui, o número de novas fêmeas jovens no ano $k + 1$ é 0,33 vez o número de fêmeas adultas no ano k (baseado na taxa média de nascimentos por casal de corujas). Além disso, 18% das corujas jovens sobrevivem e se tornam pré-adultas, enquanto 71% das pré-adultas e 94% das adultas sobrevivem para que venham a ser contadas como adultas.

O modelo da matriz de fase é uma equação de diferenças da forma $\mathbf{x}_{k+1} = A\mathbf{x}_k$. Essa equação é muitas vezes chamada **sistema dinâmico** (ou **sistema dinâmico discreto linear**), porque descreve a variação de um sistema em função do tempo.

A taxa de sobrevivência de 18% das corujas jovens no modelo da matriz de fase de Lamberson é a mais afetada pela quantidade disponível de floresta com árvores antigas. Na verdade, 60% das corujas jovens conseguem deixar seus ninhos, mas, na região estudada por Lamberson e seus colegas, em Willow Creek, na Califórnia, apenas 30% das corujas jovens que deixaram seus ninhos foram capazes de encontrar novos territórios para habitar. O restante não sobreviveu ao processo de busca.

Um motivo importante do fracasso das corujas jovens em encontrar novos territórios é a fragmentação crescente das florestas antigas devido à atividade madeireira na região, criando clareiras. Quando uma coruja sai da floresta protetora e cruza uma clareira, o risco de que sofra ataques de predadores aumenta de forma drástica. Na Seção 5.6, iremos mostrar que o modelo descrito na introdução do capítulo prevê a extinção da coruja malhada, mas que, se 50% das corujas jovens que conseguem deixar os ninhos fossem capazes de encontrar novos territórios, então as corujas malhadas iriam sobreviver.

[1]"The Great Spotted Owl War", *Reader's Digest*, Nov. 1992, p. 91-95.

[2] R. H. Lamberson, R. McKelvey, B. R. Noon e C. Voss, "A Dynamic Analysis of the Viability of the Northern Spotted Owl in a Fragmented Forest Environment", *Conservation biology* **6** (1992), 505-512. Também uma comunicação particular do professor Lamberson, 1993.

O objetivo deste capítulo é dissecar a ação de uma transformação linear $\mathbf{x} \mapsto A\mathbf{x}$ em elementos facilmente visualizáveis. Todas as matrizes no capítulo são quadradas. As principais aplicações descritas aqui são em sistemas dinâmicos discretos, equações diferenciais e cadeias de Markov. No entanto, os conceitos básicos – autovetores e autovalores – são úteis em toda a Matemática pura e aplicada, e aparecem em situações muito mais gerais que as consideradas aqui. Os autovalores também são usados no estudo das equações diferenciais e em sistemas dinâmicos *contínuos*, fornecendo informações críticas em projetos de Engenharia, e surgem naturalmente em áreas como a Física e a Química.

5.1 AUTOVETORES E AUTOVALORES

Apesar de uma transformação $\mathbf{x} \mapsto A\mathbf{x}$ deslocar vetores em várias direções, muitas vezes existem vetores especiais para os quais a ação de A é bastante simples.

EXEMPLO 1 Sejam $A = \begin{bmatrix} 3 & -2 \\ 1 & 0 \end{bmatrix}, \mathbf{u} = \begin{bmatrix} -1 \\ 1 \end{bmatrix}$ e $\mathbf{v} = \begin{bmatrix} 2 \\ 1 \end{bmatrix}$. As imagens de $\mathbf{u}$ e $\mathbf{v}$ pela multiplicação por A estão ilustradas na Figura 1. De fato, $A\mathbf{v}$ é simplesmente $2\mathbf{v}$. Assim, A apenas "estica" ou dilata $\mathbf{v}$. ∎

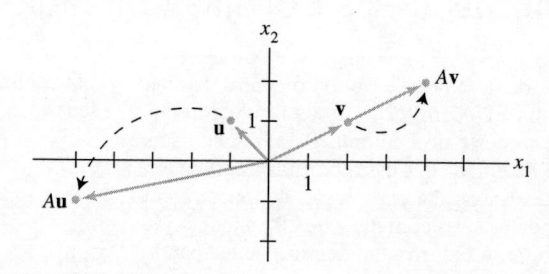

FIGURA 1 Efeitos da multiplicação por A.

Nesta seção, vamos estudar equações como

$$A\mathbf{x} = 2\mathbf{x} \quad \text{ou} \quad A\mathbf{x} = -4\mathbf{x}$$

nas quais vetores especiais são transformados por A em seus múltiplos escalares.

DEFINIÇÃO

> Um **autovetor** de uma matriz A $n \times n$ é um vetor não nulo $\mathbf{x}$ tal que $A\mathbf{x} = \lambda\mathbf{x}$ para algum escalar λ. Um escalar λ é chamado **autovalor** de A se existir solução não trivial $\mathbf{x}$ de $A\mathbf{x} = \lambda\mathbf{x}$; tal $\mathbf{x}$ é chamado *autovetor associado a λ*.[1]

É fácil determinar se um vetor dado é autovetor de uma matriz. Ver Exemplo 2. Também é fácil decidir se um escalar especificado é um autovalor. Ver Exemplo 3.

EXEMPLO 2 Sejam $A = \begin{bmatrix} 1 & 6 \\ 5 & 2 \end{bmatrix}, \mathbf{u} = \begin{bmatrix} 6 \\ -5 \end{bmatrix}$ e $\mathbf{v} = \begin{bmatrix} 3 \\ -2 \end{bmatrix}$. São $\mathbf{u}$ e $\mathbf{v}$ autovetores de A?

SOLUÇÃO

$$A\mathbf{u} = \begin{bmatrix} 1 & 6 \\ 5 & 2 \end{bmatrix} \begin{bmatrix} 6 \\ -5 \end{bmatrix} = \begin{bmatrix} -24 \\ 20 \end{bmatrix} = -4 \begin{bmatrix} 6 \\ -5 \end{bmatrix} = -4\mathbf{u}$$

$$A\mathbf{v} = \begin{bmatrix} 1 & 6 \\ 5 & 2 \end{bmatrix} \begin{bmatrix} 3 \\ -2 \end{bmatrix} = \begin{bmatrix} -9 \\ 11 \end{bmatrix} \neq \lambda \begin{bmatrix} 3 \\ -2 \end{bmatrix}$$

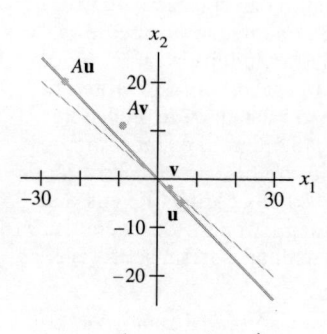

$A\mathbf{u} = -4\mathbf{u}$, mas $A\mathbf{v} \neq \lambda\mathbf{v}$.

Assim, $\mathbf{u}$ é um autovetor associado ao autovalor (-4), mas $\mathbf{v}$ não é autovetor de A, pois $A\mathbf{v}$ não é múltiplo escalar de $\mathbf{v}$. ∎

---

[1] Note que um autovetor tem de ser *não nulo*, por definição, mas um autovalor pode ser nulo. O caso em que o número 0 é um autovalor será discutido depois do Exemplo 5.

EXEMPLO 3 Mostre que 7 é um autovalor da matriz A no Exemplo 2 e determine os autovetores associados.

SOLUÇÃO O escalar 7 é autovalor para A se e somente se a equação

$$A\mathbf{x} = 7\mathbf{x} \tag{1}$$

tiver solução não trivial. Mas (1) é equivalente a $A\mathbf{x} - 7\mathbf{x} = \mathbf{0}$, ou

$$(A - 7I)\mathbf{x} = \mathbf{0} \tag{2}$$

Para resolver essa equação homogênea, considere a matriz

$$A - 7I = \begin{bmatrix} 1 & 6 \\ 5 & 2 \end{bmatrix} - \begin{bmatrix} 7 & 0 \\ 0 & 7 \end{bmatrix} = \begin{bmatrix} -6 & 6 \\ 5 & -5 \end{bmatrix}$$

As colunas de $A - 7I$ são, de maneira óbvia, linearmente dependentes, de modo que (2) tem soluções não triviais. Assim, 7 *é* um autovalor de A. Para encontrar os autovetores associados, use as operações elementares:

$$\begin{bmatrix} -6 & 6 & 0 \\ 5 & -5 & 0 \end{bmatrix} \sim \begin{bmatrix} 1 & -1 & 0 \\ 0 & 0 & 0 \end{bmatrix}$$

A solução geral é da forma $x_2 \begin{bmatrix} 1 \\ 1 \end{bmatrix}$. Cada vetor dessa forma com $x_2 \neq 0$ é um autovetor associado a $\lambda = 7$. ∎

Atenção: Apesar de termos usado escalonamento no Exemplo 3 para determinar os *autovetores*, isso não pode ser feito para determinar os *autovalores*. Em geral, uma forma escalonada de uma matriz A *não* tem os mesmos autovalores que A.

A equivalência entre as equações (1) e (2) vale, de maneira óbvia, para qualquer λ no lugar de $\lambda = 7$. Assim, λ é um autovalor para A se e somente se a equação

$$(A - \lambda I)\mathbf{x} = \mathbf{0} \tag{3}$$

tiver solução não trivial. O conjunto de *todas* as soluções de (3) é simplesmente o espaço nulo da matriz $A - \lambda I$. Portanto, esse conjunto é um *subespaço* de $\mathbb{R}^n$ e é chamado **autoespaço** de A associado a λ. O autoespaço é formado pelo vetor nulo e por todos os autovetores associados a λ.

O Exemplo 3 mostra que, para a matriz A no Exemplo 2, o autoespaço associado a $\lambda = 7$ é formado por *todos* os múltiplos escalares de $(1, 1)$, que é a reta que contém $(1, 1)$ e a origem. Do Exemplo 2, podemos verificar que o autoespaço associado a $\lambda = -4$ é a reta contendo a origem e $(6, -5)$. Esses autoespaços estão ilustrados na Figura 2, junto com os autovetores $(1, 1)$ e $(3/2, -5/4)$ e a ação geométrica da transformação $\mathbf{x} \mapsto A\mathbf{x}$ em cada autoespaço.

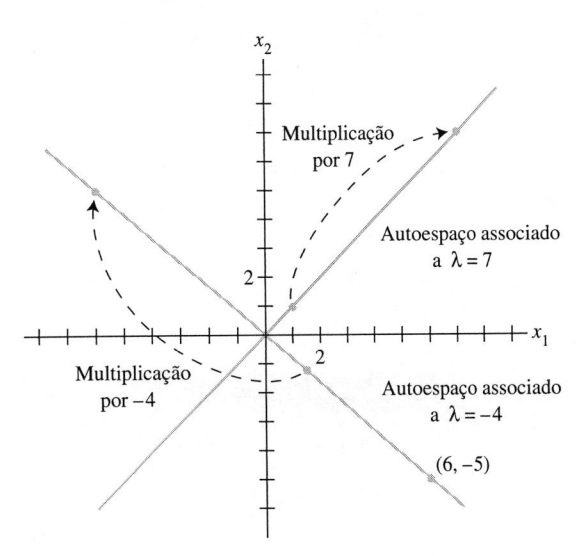

FIGURA 2 Autoespaços associados a $\lambda = -4$ e $\lambda = 7$.

EXEMPLO 4 Seja $A = \begin{bmatrix} 4 & -1 & 6 \\ 2 & 1 & 6 \\ 2 & -1 & 8 \end{bmatrix}$. Um autovalor de A é 2. Encontre uma base para o autoespaço associado.

SOLUÇÃO Considere

$$A - 2I = \begin{bmatrix} 4 & -1 & 6 \\ 2 & 1 & 6 \\ 2 & -1 & 8 \end{bmatrix} - \begin{bmatrix} 2 & 0 & 0 \\ 0 & 2 & 0 \\ 0 & 0 & 2 \end{bmatrix} = \begin{bmatrix} 2 & -1 & 6 \\ 2 & -1 & 6 \\ 2 & -1 & 6 \end{bmatrix}$$

e escalone a matriz aumentada da equação $(A - 2I)\mathbf{x} = \mathbf{0}$:

$$\begin{bmatrix} 2 & -1 & 6 & 0 \\ 2 & -1 & 6 & 0 \\ 2 & -1 & 6 & 0 \end{bmatrix} \sim \begin{bmatrix} 2 & -1 & 6 & 0 \\ 0 & 0 & 0 & 0 \\ 0 & 0 & 0 & 0 \end{bmatrix}$$

Nesse ponto, é claro que 2 é de fato um autovalor de A, já que a equação $(A - 2I)\mathbf{x} = \mathbf{0}$ tem variáveis livres. A solução geral é

$$\begin{bmatrix} x_1 \\ x_2 \\ x_3 \end{bmatrix} = x_2 \begin{bmatrix} 1/2 \\ 1 \\ 0 \end{bmatrix} + x_3 \begin{bmatrix} -3 \\ 0 \\ 1 \end{bmatrix}, \quad x_2 \text{ e } x_3 \text{ livres}$$

O autoespaço, ilustrado na Figura 3, é um subespaço bidimensional de $\mathbb{R}^3$. Uma base é dada por

$$\left\{ \begin{bmatrix} 1 \\ 2 \\ 0 \end{bmatrix}, \begin{bmatrix} -3 \\ 0 \\ 1 \end{bmatrix} \right\}$$

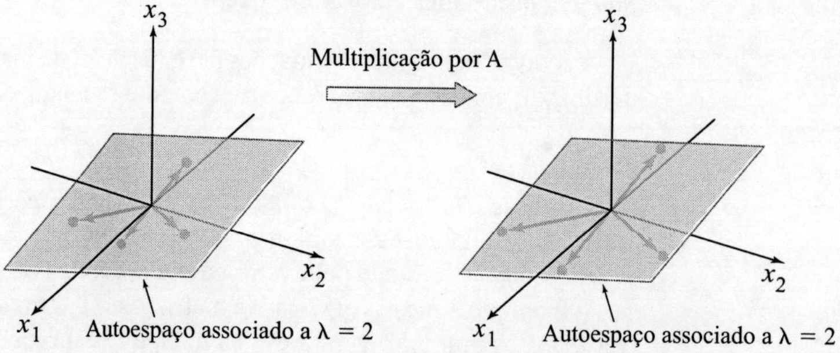

FIGURA 3 A age como uma dilatação no autoespaço.

Respostas Razoáveis

Lembre-se de que, uma vez encontrado um autovetor em potencial $\mathbf{v}$, sua resposta pode ser verificada facilmente: basta encontrar $A\mathbf{v}$ e ver se é um múltiplo de $\mathbf{v}$. Por exemplo, para verificar se $\mathbf{v} = \begin{bmatrix} 1 \\ 1 \end{bmatrix}$ é um autovetor de $A = \begin{bmatrix} 1 & 2 \\ -1 & -2 \end{bmatrix}$, note que $A\mathbf{v} = \begin{bmatrix} 3 \\ -3 \end{bmatrix}$, que não é um múltiplo de $\mathbf{v} = \begin{bmatrix} 1 \\ 1 \end{bmatrix}$, estabelecendo que $\mathbf{v}$ não é um autovetor. Ocorre que tivemos um erro de sinal.

O vetor $\mathbf{u} = \begin{bmatrix} 1 \\ -1 \end{bmatrix}$ é um autovetor correto para A, já que $A\mathbf{u} = \begin{bmatrix} -1 \\ 1 \end{bmatrix} = -1 \begin{bmatrix} 1 \\ -1 \end{bmatrix} = -1 \mathbf{u}$.

Comentário Numérico

O Exemplo 4 mostra um bom método para o cálculo manual de autovetores em casos simples quando é conhecido um autovalor. Usar um programa para matrizes e escalonar para se encontrar o autoespaço (associado a um autovalor especificado) também costuma dar certo, mas não é totalmente confiável. Os erros de arredondamento podem levar, às vezes, a uma forma escalonada reduzida que tem o número errado de pivôs. Os melhores programas calculam aproximações para os autovalores e os autovetores ao mesmo tempo, com qualquer grau de precisão, para matrizes que não são muito grandes. O tamanho das matrizes que podem ser analisadas cresce a cada ano, à medida que os computadores e os programas melhoram.

O próximo teorema descreve um dos poucos casos especiais em que os autovalores podem ser determinados com precisão. O cálculo dos autovalores também será discutido na Seção 5.2.

| **TEOREMA 1** | Os autovalores de uma matriz triangular são os elementos em sua diagonal principal. |

DEMONSTRAÇÃO Para simplificar, vamos considerar o caso 3×3. Se A for uma matriz triangular superior, então $A - \lambda I$ será da forma

$$A - \lambda I = \begin{bmatrix} a_{11} & a_{12} & a_{13} \\ 0 & a_{22} & a_{23} \\ 0 & 0 & a_{33} \end{bmatrix} - \begin{bmatrix} \lambda & 0 & 0 \\ 0 & \lambda & 0 \\ 0 & 0 & \lambda \end{bmatrix}$$

$$= \begin{bmatrix} a_{11} - \lambda & a_{12} & a_{13} \\ 0 & a_{22} - \lambda & a_{23} \\ 0 & 0 & a_{33} - \lambda \end{bmatrix}$$

O escalar λ é um autovalor de A se e somente se a equação $(A - \lambda I)\mathbf{x} = \mathbf{0}$ tiver solução não trivial, ou seja, se e somente se a equação tiver variável livre. Por causa dos elementos nulos em $A - \lambda I$, é fácil ver que $(A - \lambda I)\mathbf{x} = \mathbf{0}$ tem variável livre se e somente se pelo menos um dos elementos da diagonal principal de $A - \lambda I$ for igual a zero. Isso acontece se e somente se λ for igual a um dos elementos a_{11}, a_{22}, a_{33} em A. Para o caso em que A for uma matriz triangular inferior, veja o Exercício 36. ∎

EXEMPLO 5 Sejam $A = \begin{bmatrix} 3 & 6 & -8 \\ 0 & 0 & 6 \\ 0 & 0 & 2 \end{bmatrix}$ e $B = \begin{bmatrix} 4 & 0 & 0 \\ -2 & 1 & 0 \\ 5 & 3 & 4 \end{bmatrix}$. Os autovalores de A são 3, 0 e 2. Os autovalores de B são 4 e 1. ∎

O que significa para uma matriz A ter um autovalor igual a 0, como no Exemplo 5? Isso acontece se e somente se a equação

$$A\mathbf{x} = 0\mathbf{x} \tag{4}$$

tiver solução não trivial. Mas (4) é equivalente a $A\mathbf{x} = \mathbf{0}$, que tem solução não trivial se e somente se A não for invertível. Então 0 *é autovalor de A se e somente se A não for invertível*. Essa observação será adicionada ao Teorema da Matriz Invertível na Seção 5.2.

O teorema importante a seguir será necessário mais tarde. Sua demonstração ilustra um cálculo típico com autovetores. Um modo de provar a afirmação "Se P, então Q" é mostrar que P e a negação Q implicam uma contradição. Esta estratégia é usada na demonstração do teorema.

| **TEOREMA 2** | Se $\mathbf{v}_1, ..., \mathbf{v}_r$ forem autovetores associados a autovalores distintos $\lambda_1, ..., \lambda_r$ de uma matriz A $n \times n$, então o conjunto $\{\mathbf{v}_1, ..., \mathbf{v}_r\}$ será linearmente independente. |

DEMONSTRAÇÃO Suponha que $\{\mathbf{v}_1, ..., \mathbf{v}_r\}$ seja linearmente dependente. Como $\mathbf{v}_1$ é diferente de zero, pelo Teorema 7 na Seção 1.7, um dos vetores no conjunto é uma combinação linear dos vetores que o precedem. Seja p o menor índice tal que $\mathbf{v}_{p+1}$ é uma combinação linear dos vetores (linearmente independentes) que o precedem. Então existem escalares $c_1, ..., c_p$ tais que

$$c_1\mathbf{v}_1 + \cdots + c_p\mathbf{v}_p = \mathbf{v}_{p+1} \tag{5}$$

Multiplicando a equação (5) por A e usando o fato de que $A\mathbf{v}_k = \lambda_k\mathbf{v}_k$ para cada k, obtemos

$$c_1 A\mathbf{v}_1 + \cdots + c_p A\mathbf{v}_p = A\mathbf{v}_{p+1}$$
$$c_1\lambda_1\mathbf{v}_1 + \cdots + c_p\lambda_p\mathbf{v}_p = \lambda_{p+1}\mathbf{v}_{p+1} \tag{6}$$

Multiplicando a equação (5) por λ_{p+1} e subtraindo o resultado de (6), temos

$$c_1(\lambda_1 - \lambda_{p+1})\mathbf{v}_1 + \cdots + c_p(\lambda_p - \lambda_{p+1})\mathbf{v}_p = \mathbf{0} \tag{7}$$

Como $\{\mathbf{v}_1, ..., \mathbf{v}_p\}$ é linearmente independente, os pesos em (7) são todos iguais a zero. Mas nenhum dos fatores $\lambda_i - \lambda_{p+1}$ é igual a zero, porque os autovalores são distintos. Logo, $c_i = 0$ para $i = 1, ..., p$. Então, (5) diz que $\mathbf{v}_{p+1} = \mathbf{0}$, o que é impossível. Assim, $\{\mathbf{v}_1, ..., \mathbf{v}_r\}$ não pode ser linearmente dependente e, portanto, tem de ser linearmente independente. ∎

Autovetores e Equações de Diferenças

Vamos concluir esta seção mostrando como construir soluções para a equação de diferenças de primeira ordem discutida no exemplo introdutório do capítulo:

$$\mathbf{x}_{k+1} = A\mathbf{x}_k \quad (k = 0, 1, 2, \ldots) \tag{8}$$

Se A for uma matriz $n \times n$, então (8) será uma descrição *recursiva* ou *recorrente* da sequência $\{\mathbf{x}_k\}$ em $\mathbb{R}^n$. Uma **solução** de (8) é uma descrição explícita de $\{\mathbf{x}_k\}$ na qual a fórmula para cada $\mathbf{x}_k$ não depende diretamente de A ou dos termos anteriores da sequência, com exceção do termo inicial $\mathbf{x}_0$.

A forma mais simples de se obter uma solução para (8) é escolher um autovetor $\mathbf{x}_0$ e seu autovalor associado λ e definir

$$\mathbf{x}_k = \lambda^k \mathbf{x}_0 \quad (k = 1, 2, \ldots) \tag{9}$$

Essa sequência é uma solução, pois

$$A\mathbf{x}_k = A(\lambda^k \mathbf{x}_0) = \lambda^k (A\mathbf{x}_0) = \lambda^k (\lambda \mathbf{x}_0) = \lambda^{k+1} \mathbf{x}_0 = \mathbf{x}_{k+1}$$

Combinações lineares das soluções em (9) também são soluções. Veja o Exercício 41.

Problemas Práticos

1. É 5 autovalor de $A = \begin{bmatrix} 6 & -3 & 1 \\ 3 & 0 & 5 \\ 2 & 2 & 6 \end{bmatrix}$?

2. Se $\mathbf{x}$ for um autovalor de A associado a λ, calcule $A^3 \mathbf{x}$.

3. Suponha que $\mathbf{b}_1$ e $\mathbf{b}_2$ sejam autovetores associados a autovalores distintos λ_1 e λ_2, respectivamente, e suponha que $\mathbf{b}_3$ e $\mathbf{b}_4$ sejam autovetores linearmente independentes associados a um terceiro autovalor (distinto dos outros dois) λ_3. Isso implica necessariamente o conjunto $\{\mathbf{b}_1, \mathbf{b}_2, \mathbf{b}_3, \mathbf{b}_4\}$ ser linearmente independente? [*Sugestão:* Considere a equação $c_1 \mathbf{b}_1 + c_2 \mathbf{b}_2 + (c_3 \mathbf{b}_3 + c_4 \mathbf{b}_4) = \mathbf{0}$.]

4. Se A for uma matriz $n \times n$ e se λ for um autovalor de A, mostre que 2λ é um autovalor de $2A$.

5.1 EXERCÍCIOS

1. $\lambda = 2$ é autovalor de $\begin{bmatrix} 3 & 2 \\ 3 & 8 \end{bmatrix}$? Por quê?

2. $\lambda = -2$ é autovalor de $\begin{bmatrix} 7 & 3 \\ 3 & -1 \end{bmatrix}$? Por quê?

3. $\begin{bmatrix} 1 \\ 4 \end{bmatrix}$ é autovetor de $\begin{bmatrix} -3 & 1 \\ -3 & 8 \end{bmatrix}$? Caso seja, determine o autovalor associado.

4. $\begin{bmatrix} -1 \\ 1 \end{bmatrix}$ é autovetor de $\begin{bmatrix} 4 & 2 \\ 2 & 4 \end{bmatrix}$? Caso seja, determine o autovalor associado.

5. $\begin{bmatrix} 4 \\ -3 \\ 1 \end{bmatrix}$ é autovetor de $\begin{bmatrix} 3 & 7 & 9 \\ -4 & -5 & 1 \\ 2 & 4 & 4 \end{bmatrix}$? Caso seja, determine o autovalor associado.

6. $\begin{bmatrix} 1 \\ -2 \\ 1 \end{bmatrix}$ é autovetor de $\begin{bmatrix} 2 & 6 & 7 \\ 3 & 2 & 7 \\ 5 & 6 & 4 \end{bmatrix}$? Caso seja, determine o autovalor associado.

7. $\lambda = 4$ é autovalor de $\begin{bmatrix} 3 & 0 & -1 \\ 2 & 3 & 1 \\ -3 & 4 & 5 \end{bmatrix}$? Caso seja, determine um autovetor associado.

8. $\lambda = 3$ é autovalor de $\begin{bmatrix} 1 & 2 & 2 \\ 3 & -2 & 1 \\ 0 & 1 & 1 \end{bmatrix}$? Caso seja, determine um autovetor associado.

Nos Exercícios 9 a 16, encontre uma base para o autoespaço associado a cada autovalor dado.

9. $A = \begin{bmatrix} 5 & 0 \\ 2 & 1 \end{bmatrix}, \lambda = 1, 5$

10. $A = \begin{bmatrix} 10 & -9 \\ 4 & -2 \end{bmatrix}, \lambda = 4$

11. $A = \begin{bmatrix} 4 & -2 \\ -3 & 9 \end{bmatrix}, \lambda = 10$

12. $A = \begin{bmatrix} 1 & 4 \\ 3 & 2 \end{bmatrix}, \lambda = -2, 5$

13. $A = \begin{bmatrix} 4 & 0 & 1 \\ -2 & 1 & 0 \\ -2 & 0 & 1 \end{bmatrix}, \lambda = 1, 2, 3$

14. $A = \begin{bmatrix} 3 & -1 & 3 \\ -1 & 3 & 3 \\ 6 & 6 & 2 \end{bmatrix}, \lambda = -4$

15. $A = \begin{bmatrix} 4 & 2 & 3 \\ -1 & 1 & -3 \\ 2 & 4 & 9 \end{bmatrix}, \lambda = 3$

16. $A = \begin{bmatrix} 3 & 0 & 2 & 0 \\ 1 & 3 & 1 & 0 \\ 0 & 1 & 1 & 0 \\ 0 & 0 & 0 & 4 \end{bmatrix}, \lambda = 4$

Encontre os autovalores das matrizes nos Exercícios 17 e 18.

17. $\begin{bmatrix} 0 & 0 & 0 \\ 0 & 2 & 5 \\ 0 & 0 & -1 \end{bmatrix}$ **18.** $\begin{bmatrix} 4 & 0 & 0 \\ 0 & 0 & 0 \\ 1 & 0 & -3 \end{bmatrix}$

19. Para $A = \begin{bmatrix} 1 & 2 & 3 \\ 1 & 2 & 3 \\ 1 & 2 & 3 \end{bmatrix}$, encontre um autovalor sem fazer nenhum cálculo. Justifique sua resposta.

20. Sem fazer cálculos, encontre um autovalor e dois autovetores linearmente independentes de $A = \begin{bmatrix} 5 & -5 & 5 \\ 5 & -5 & 5 \\ 5 & -5 & 5 \end{bmatrix}$. Justifique sua resposta.

Nos Exercícios 21 a 30, A é uma matriz $n \times n$. Marque cada afirmação como Verdadeira ou Falsa (**V/F**). Justifique cada resposta.

21. (V/F) Se $A\mathbf{x} = \lambda\mathbf{x}$ para algum vetor $\mathbf{x}$, então λ será um autovalor de A.

22. (V/F) Se $A\mathbf{x} = \lambda\mathbf{x}$ para algum escalar λ, então $\mathbf{x}$ será um autovetor de A.

23. (V/F) Uma matriz A é invertível se e somente se 0 for autovalor de A.

24. (V/F) Um número c é um autovalor de A se e somente se a equação $(A - cI)\mathbf{x} = \mathbf{0}$ tiver solução não trivial.

25. (V/F) Encontrar um autovetor de A pode ser difícil, mas verificar se um vetor dado é, de fato, um autovetor é fácil.

26. (V/F) Para encontrar os autovalores de A, escalonamos A.

27. (V/F) Se $\mathbf{v}_1$ e $\mathbf{v}_2$ forem autovetores linearmente independentes, então corresponderão a autovalores distintos.

28. (V/F) Os autovalores de uma matriz estão em sua diagonal principal.

29. (V/F) Se $\mathbf{v}$ é um autovetor com autovalor 2, então $2\mathbf{v}$ é um autovetor com autovalor 4.

30. (V/F) Um autoespaço de A é o espaço nulo de certa matriz.

31. Explique por que uma matriz 2×2 pode ter no máximo dois autovalores distintos. Explique por que uma matriz $n \times n$ pode ter no máximo n autovalores distintos.

32. Obtenha um exemplo de uma matriz 2×2 com apenas um autovalor distinto.

33. Seja λ um autovalor de uma matriz invertível A. Mostre que λ^{-1} é um autovalor de A^{-1}. [*Sugestão:* Suponha que um vetor não nulo $\mathbf{x}$ satisfaça $A\mathbf{x} = \lambda\mathbf{x}$.]

34. Mostre que se A^2 for a matriz nula, então o único autovalor de A será 0.

35. Mostre que λ é autovalor de A se e somente se λ for autovalor de A^T. [*Sugestão:* Descubra como $A - \lambda I$ e $A^T - \lambda I$ estão relacionadas.]

36. Use o Exercício 35 para completar a demonstração do Teorema 1 no caso em que A é uma matriz triangular inferior.

37. Considere uma matriz A $n \times n$ tal que todas as somas de linhas tenham o mesmo valor s. Mostre que s é um autovalor de A. [*Sugestão:* Encontre um autovetor.]

38. Considere uma matriz A $n \times n$ tal que todas as somas de colunas tenham o mesmo valor s. Mostre que s é um autovalor para A. [*Sugestão:* Use os Exercícios 35 e 37.]

Nos Exercícios 39 e 40, suponha que A seja a matriz da transformação linear T. Sem escrever A, determine um autovalor de A e descreva seu autoespaço.

39. T é a reflexão em relação a uma reta contendo a origem em $\mathbb{R}^2$.

40. T é a rotação em torno de uma reta contendo a origem em $\mathbb{R}^3$.

41. Sejam $\mathbf{u}$ e $\mathbf{v}$ autovetores de uma matriz A, com autovalores associados λ e μ, respectivamente, e sejam c_1 e c_2 escalares. Defina

$$\mathbf{x}_k = c_1\lambda^k\mathbf{u} + c_2\mu^k\mathbf{v} \quad (k = 0, 1, 2, \ldots)$$

    a. Qual é o vetor $\mathbf{x}_{k+1}$, por definição?

    b. Calcule $A\mathbf{x}_k$ a partir da fórmula para $\mathbf{x}_k$ e mostre que $A\mathbf{x}_k = \mathbf{x}_{k+1}$. Esse cálculo prova que a sequência $\{\mathbf{x}_k\}$ definida no item (a) anterior satisfaz à equação de diferenças $\mathbf{x}_{k+1} = A\mathbf{x}_k$ $(k = 0, 1, 2, \ldots)$.

42. Descreva como você poderia tentar montar uma solução para a equação de diferenças $\mathbf{x}_{k+1} = A\mathbf{x}_k$ $(k = 0, 1, 2, \ldots)$ se fosse dado o vetor inicial $\mathbf{x}_0$ e se esse vetor não fosse um autovetor de A. [*Sugestão:* Como você poderia relacionar $\mathbf{x}_0$ aos autovetores de A?]

43. Sejam $\mathbf{u}$ e $\mathbf{v}$ os vetores ilustrados na figura e suponha que $\mathbf{u}$ e $\mathbf{v}$ sejam autovetores de uma matriz A 2×2 associados aos autovalores 2 e 3, respectivamente. Seja $T: \mathbb{R}^2 \to \mathbb{R}^2$ a transformação linear dada por $T(\mathbf{x}) = A\mathbf{x}$ para cada $\mathbf{x}$ em $\mathbb{R}^2$ e seja $\mathbf{w} = \mathbf{u} + \mathbf{v}$. Copie a figura e desenhe cuidadosamente, no mesmo sistema de coordenadas, os vetores $T(\mathbf{u})$, $T(\mathbf{v})$ e $T(\mathbf{w})$.

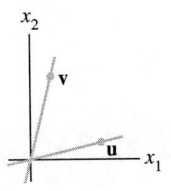

44. Repita o Exercício 43 supondo que $\mathbf{u}$ e $\mathbf{v}$ sejam autovetores de A associados aos autovalores -1 e 3, respectivamente.

Ⓜ Nos Exercícios 45 a 48, use um programa matricial para determinar os autovalores da matriz. Depois, use o método do Exemplo 4 junto com uma sub-rotina de escalonamento para obter uma base para cada autoespaço.

45. $\begin{bmatrix} 8 & -10 & -5 \\ 2 & 17 & 2 \\ -9 & -18 & 4 \end{bmatrix}$

46. $\begin{bmatrix} 9 & -4 & -2 & -4 \\ -56 & 32 & -28 & 44 \\ -14 & -14 & 6 & -14 \\ 42 & -33 & 21 & -45 \end{bmatrix}$

47. $\begin{bmatrix} 4 & -9 & -7 & 8 & 2 \\ -7 & -9 & 0 & 7 & 14 \\ 5 & 10 & 5 & -5 & -10 \\ -2 & 3 & 7 & 0 & 4 \\ -3 & -13 & -7 & 10 & 11 \end{bmatrix}$

48. $\begin{bmatrix} -4 & -4 & 20 & -8 & -1 \\ 14 & 12 & 46 & 18 & 2 \\ 6 & 4 & -18 & 8 & 1 \\ 11 & 7 & -37 & 17 & 2 \\ 18 & 12 & -60 & 24 & 5 \end{bmatrix}$

Soluções dos Problemas Práticos

1. O número 5 é um autovalor de A se e somente se a equação $(A - 5I)\mathbf{x} = \mathbf{0}$ tiver solução não trivial. Temos

$$A - 5I = \begin{bmatrix} 6 & -3 & 1 \\ 3 & 0 & 5 \\ 2 & 2 & 6 \end{bmatrix} - \begin{bmatrix} 5 & 0 & 0 \\ 0 & 5 & 0 \\ 0 & 0 & 5 \end{bmatrix} = \begin{bmatrix} 1 & -3 & 1 \\ 3 & -5 & 5 \\ 2 & 2 & 1 \end{bmatrix}$$

e escalone a matriz aumentada:

$$\begin{bmatrix} 1 & -3 & 1 & 0 \\ 3 & -5 & 5 & 0 \\ 2 & 2 & 1 & 0 \end{bmatrix} \sim \begin{bmatrix} 1 & -3 & 1 & 0 \\ 0 & 4 & 2 & 0 \\ 0 & 8 & -1 & 0 \end{bmatrix} \sim \begin{bmatrix} 1 & -3 & 1 & 0 \\ 0 & 4 & 2 & 0 \\ 0 & 0 & -5 & 0 \end{bmatrix}$$

Nesse ponto fica claro que o sistema homogêneo não tem variáveis livres. Logo, $A - 5I$ é uma matriz invertível, o que significa que 5 *não* é autovalor de A.

2. Se $\mathbf{x}$ for um autovetor de A associado a λ, então $A\mathbf{x} = \lambda\mathbf{x}$ e, assim,

$$A^2\mathbf{x} = A(\lambda\mathbf{x}) = \lambda A\mathbf{x} = \lambda^2\mathbf{x}$$

Novamente, $A^3\mathbf{x} = A(A^2\mathbf{x}) = A(\lambda^2\mathbf{x}) = \lambda^2 A\mathbf{x} = \lambda^3\mathbf{x}$. A fórmula geral $A^k\mathbf{x} = \lambda^k\mathbf{x}$ é demonstrada por indução.

3. Sim. Suponha que $c_1\mathbf{b}_1 + c_2\mathbf{b}_2 + (c_3\mathbf{b}_3 + c_4\mathbf{b}_4) = \mathbf{0}$. Como qualquer combinação linear de autovetores associados ao mesmo autovalor também é um autovetor associado àquele autovalor, $c_3\mathbf{b}_3 + c_4\mathbf{b}_4$ é igual a $\mathbf{0}$ ou é um autovetor associado a λ_3. Se $c_3\mathbf{b}_3 + c_4\mathbf{b}_4$ fosse um autovetor associado a λ_3, então, pelo Teorema 2, os vetores $\{\mathbf{b}_1, \mathbf{b}_2 \text{ e } c_3\mathbf{b}_3 + c_4\mathbf{b}_4\}$ seriam linearmente independentes, o que forçaria $c_1 = c_2 = 0$ e $c_3\mathbf{b}_3 + c_4\mathbf{b}_4 = \mathbf{0}$, contradizendo a hipótese de $c_3\mathbf{b}_3 + c_4\mathbf{b}_4$ ser um autovetor. Logo, $c_3\mathbf{b}_3 + c_4\mathbf{b}_4$ tem de ser $\mathbf{0}$, o que implica que $c_1\mathbf{b}_1 + c_2\mathbf{b}_2 = \mathbf{0}$. Pelo Teorema 2, $\{\mathbf{b}_1, \mathbf{b}_2\}$ é um conjunto linearmente independente, de modo que $c_1 = c_2 = 0$. Além disso, $\{\mathbf{b}_3 \text{ e } \mathbf{b}_4\}$ são linearmente independentes, logo $c_3 = c_4 = 0$. Como todos os coeficientes c_1, c_2, c_3, c_4 têm de ser nulos, os vetores $\{\mathbf{b}_1, \mathbf{b}_2, \mathbf{b}_3 \text{ e } \mathbf{b}_4\}$ são linearmente independentes.

4. Como λ é um autovalor de A, existe um vetor não nulo $\mathbf{x}$ em $\mathbb{R}^n$ tal que $A\mathbf{x} = \lambda\mathbf{x}$. Multiplicando esta equação por 2, obtemos $2(A\mathbf{x}) = 2(\lambda\mathbf{x})$. Logo, $(2A)\mathbf{x} = (2\lambda)\mathbf{x}$ e 2λ é um autovalor de $2A$.

5.2 EQUAÇÃO CARACTERÍSTICA

Informações úteis sobre os autovalores de uma matriz quadrada A estão codificadas em certa equação escalar chamada equação característica de A. Um exemplo simples nos levará ao caso geral.

EXEMPLO 1 Determine os autovalores de $A = \begin{bmatrix} 2 & 3 \\ 3 & -6 \end{bmatrix}$.

SOLUÇÃO Precisamos encontrar todos os escalares λ para os quais a equação matricial

$$(A - \lambda I)\mathbf{x} = \mathbf{0}$$

tem solução não trivial. Pelo Teorema da Matriz Invertível na Seção 2.3, esse problema é equivalente a determinar todos os λ para os quais a matriz $A - \lambda I$ *não* é invertível, em que

$$A - \lambda I = \begin{bmatrix} 2 & 3 \\ 3 & -6 \end{bmatrix} - \begin{bmatrix} \lambda & 0 \\ 0 & \lambda \end{bmatrix} = \begin{bmatrix} 2 - \lambda & 3 \\ 3 & -6 - \lambda \end{bmatrix}$$

Pelo Teorema 4 na Seção 2.2, essa matriz não é invertível exatamente quando seu determinante é zero. Assim, os autovalores de A são as soluções da equação

$$\det(A - \lambda I) = \det\begin{bmatrix} 2 - \lambda & 3 \\ 3 & -6 - \lambda \end{bmatrix} = 0$$

Lembre-se de que

$$\det\begin{bmatrix} a & b \\ c & d \end{bmatrix} = ad - bc$$

Logo,

$$\begin{aligned} \det(A - \lambda I) &= (2 - \lambda)(-6 - \lambda) - (3)(3) \\ &= -12 + 6\lambda - 2\lambda + \lambda^2 - 9 \\ &= \lambda^2 + 4\lambda - 21 \\ &= (\lambda - 3)(\lambda + 7) \end{aligned}$$

Se $\det(A - \lambda I) = 0$, então $\lambda = 3$ ou $\lambda = -7$, de modo que os autovalores de A são 3 e -7. ∎

Determinantes

O determinante no Exemplo 1 transformou a equação matricial $(A - \lambda I)\mathbf{x} = \mathbf{0}$, que contém *duas* incógnitas λ e $\mathbf{x}$, na equação escalar $\lambda^2 + 4\lambda - 21 = 0$, que contém apenas *uma* incógnita. A mesma ideia funciona para matrizes $n \times n$.

Antes de considerar matrizes maiores, lembre-se da Seção 3.1, em que a matriz A_{ij} é obtida da matriz A apagando-se a i-ésima linha e a j-ésima coluna. O determinante de uma matriz $n \times n$ A pode ser calculado por meio de uma expansão ao longo de qualquer linha ou de qualquer coluna. A expansão ao longo da i-ésima linha é dada por

$$\det A = (-1)^{i+1} a_{i1} \det A_{i1} + (-1)^{i+2} a_{i2} \det A_{i2} + \cdots + (-1)^{i+n} a_{in} \det A_{in}$$

A expansão ao longo da j-ésima coluna é dada por

$$\det A = (-1)^{1+j} a_{1j} \det A_{1j} + (-1)^{2+j} a_{2j} \det A_{2j} + \cdots + (-1)^{n+j} a_{nj} \det A_{nj}$$

EXEMPLO 2   Calcule o determinante de

$$A = \begin{bmatrix} 2 & 3 & 1 \\ 4 & 0 & -1 \\ 0 & 2 & 1 \end{bmatrix}$$

SOLUÇÃO   Qualquer linha ou coluna pode ser escolhida para a expansão. Por exemplo, expandindo ao longo da primeira coluna de A, obtemos

$$\begin{aligned} \det A &= a_{11} \det A_{11} - a_{21} \det A_{21} + a_{31} \det A_{31} \\ &= 2 \det \begin{bmatrix} 0 & -1 \\ 2 & 1 \end{bmatrix} - 4 \det \begin{bmatrix} 3 & 1 \\ 2 & 1 \end{bmatrix} + 0 \det \begin{bmatrix} 3 & 1 \\ 0 & -1 \end{bmatrix} \\ &= 2(0 - (-2)) - 4(3 - 2) + 0(-3 - 0) = 0 \end{aligned}$$

O próximo teorema lista os fatos das Seções 3.1 e 3.2 e está incluído por conveniência para referências futuras. ∎

TEOREMA 3

Propriedades dos Determinantes

Sejam A e B matrizes $n \times n$.

a. A é invertível se e somente se $\det A \neq 0$.

b. $\det AB = (\det A)(\det B)$.

c. $\det A^T = \det A$.

d. Se A for uma matriz triangular, então $\det A$ será o produto dos elementos em sua diagonal principal.

e. Uma operação de substituição de linhas em A não altera o valor do determinante. Uma operação de troca de linhas muda o sinal do determinante. A multiplicação de uma linha por um número multiplica o determinante pelo mesmo fator.

Lembre-se de que A é invertível se e somente se a equação $A\mathbf{x} = \mathbf{0}$ tiver apenas a solução trivial. Note que o número 0 é um autovalor de A se e somente se existir um vetor não nulo $\mathbf{x}$ tal que $A\mathbf{x} = 0\mathbf{x} = \mathbf{0}$, o que acontece se e somente se $0 = \det(A - 0I) = \det A$. Portanto, A é invertível se e somente se 0 *não* for um autovalor.

TEOREMA

Teorema da Matriz Invertível (continuação)

Seja A uma matriz $n \times n$. Então A é invertível se e somente se

r. O número 0 *não* é um autovalor de A.

Equação Característica

O Teorema 3(a) mostra como determinar quando uma matriz da forma $A - \lambda I$ não é invertível. A equação escalar $\det(A - \lambda I) = 0$ é chamada **equação característica** de A e a argumentação no Exemplo 1 justifica o seguinte fato:

Um escalar λ é um autovalor de uma matriz A $n \times n$ se e somente se λ satisfizer a equação característica

$$\det(A - \lambda I) = 0$$

EXEMPLO 3   Encontre a equação característica de

$$A = \begin{bmatrix} 5 & -2 & 6 & -1 \\ 0 & 3 & -8 & 0 \\ 0 & 0 & 5 & 4 \\ 0 & 0 & 0 & 1 \end{bmatrix}$$

SOLUÇÃO   Considere $A - \lambda I$ e use o Teorema 3(d):

$$\det(A - \lambda I) = \det \begin{bmatrix} 5-\lambda & -2 & 6 & -1 \\ 0 & 3-\lambda & -8 & 0 \\ 0 & 0 & 5-\lambda & 4 \\ 0 & 0 & 0 & 1-\lambda \end{bmatrix}$$

$$= (5-\lambda)(3-\lambda)(5-\lambda)(1-\lambda)$$

A equação característica é

$$(5-\lambda)^2(3-\lambda)(1-\lambda) = 0$$

ou

$$(\lambda - 5)^2(\lambda - 3)(\lambda - 1) = 0$$

Expandindo o produto, também podemos escrever

$$\lambda^4 - 14\lambda^3 + 68\lambda^2 - 130\lambda + 75 = 0$$ ■

Respostas Razoáveis

Se você quiser verificar se λ é um autovalor de A, reduza por linhas a matriz $A - \lambda I$. Se você obtiver um pivô em cada coluna, alguma coisa está errada – o escalar λ não pode ser um autovalor de A. Olhando de volta para o Exemplo 3, note que todas as matrizes $A - 5I$, $A - 3I$ e $A - I$ têm pelo menos uma coluna sem pivô; no entanto, se λ for qualquer número diferente de 5, 3 ou 1, então a matriz $A - \lambda I$ tem um pivô em cada coluna.

Nos Exemplos 1 e 3, det $(A - \lambda I)$ é um polinômio em λ. Pode-se mostrar que, se A for uma matriz $n \times n$, então det $(A - \lambda I)$ é um polinômio de grau n chamado **polinômio característico** de A.

Dizemos que o autovalor 5 no Exemplo 3 tem *multiplicidade* 2 porque $(\lambda - 5)$ ocorre duas vezes como fator do polinômio característico. Em geral, a **multiplicidade** (**algébrica**) de um autovalor λ é sua multiplicidade como raiz da equação característica.

EXEMPLO 4   O polinômio característico de uma matriz 6×6 é $\lambda^6 - 4\lambda^5 - 12\lambda^4$. Encontre os autovalores e suas multiplicidades.

SOLUÇÃO   Escreva o polinômio como um produto

$$\lambda^6 - 4\lambda^5 - 12\lambda^4 = \lambda^4(\lambda^2 - 4\lambda - 12) = \lambda^4(\lambda - 6)(\lambda + 2)$$

Os autovalores são 0 (multiplicidade 4), 6 (multiplicidade 1) e –2 (multiplicidade 1).   ■

Poderíamos também listar os autovalores no Exemplo 4 como 0, 0, 0, 0, 6 e –2, de modo que os autovalores são repetidos de acordo com suas multiplicidades.

Como a equação característica de uma matriz $n \times n$ envolve um polinômio de grau n, a equação tem exatamente n raízes, contando as multiplicidades, desde que sejam permitidas raízes complexas. Essas raízes complexas, chamadas *autovalores complexos*, serão discutidas na Seção 5.5. Até lá, consideraremos apenas autovalores reais e os escalares continuarão sendo números reais.

A equação característica é importante por motivos teóricos. Nas aplicações, no entanto, os autovalores de qualquer matriz maior que 2×2 deverão ser determinados por computador, a menos que a matriz seja triangular ou tenha outras propriedades especiais. Embora seja fácil calcular de forma manual o polinômio característico de uma matriz 3×3, a fatoração pode ser difícil (a menos que a matriz seja escolhida com cuidado). Veja os Comentários Numéricos no fim desta seção.

Semelhança

O próximo teorema ilustra uma das aplicações do polinômio característico e fornece a base para diversos métodos iterativos que *aproximam* os autovalores. Se A e B forem matrizes $n \times n$, então A **será semelhante a** B se existir uma matriz invertível P tal que $P^{-1}AP = B$ ou, de modo equivalente, $A = PBP^{-1}$. Denotando P^{-1} por Q, temos $Q^{-1}BQ = A$. Portanto, B também é semelhante a A e dizemos simplesmente que A e B **são semelhantes**. A aplicação que leva A em $P^{-1}AP$ é chamada **transformação de semelhança**.

TEOREMA 4 Se A e B forem matrizes semelhantes $n \times n$, então terão o mesmo polinômio característico e, portanto, os mesmos autovalores (com as mesmas multiplicidades).

DEMONSTRAÇÃO   Se $B = P^{-1}AP$, então

$$B - \lambda I = P^{-1}AP - \lambda P^{-1}P = P^{-1}(AP - \lambda P) = P^{-1}(A - \lambda I)P$$

Usando a propriedade multiplicativa (b) no Teorema 3, temos

$$\det(B - \lambda I) = \det[P^{-1}(A - \lambda I)P]$$
$$= \det(P^{-1}) \cdot \det(A - \lambda I) \cdot \det(P) \tag{1}$$

Como $\det(P^{-1}) \cdot \det(P) = \det(P^{-1}P) = \det I = 1$, vemos, de (1), que $\det(B - \lambda I) = \det(A - \lambda I)$. ∎

Atenção:

1. As matrizes

$$\begin{bmatrix} 2 & 1 \\ 0 & 2 \end{bmatrix} \quad e \quad \begin{bmatrix} 2 & 0 \\ 0 & 2 \end{bmatrix}$$

não são semelhantes, embora tenham os mesmos autovalores.

2. Semelhança não é a mesma coisa que equivalência por linhas. (Se A for equivalente por linhas a B, então $B = EA$ para alguma matriz invertível E.) As operações elementares geralmente alteram os autovalores de uma matriz.

Aplicação a Sistemas Dinâmicos

Os autovalores e os autovetores são a chave da evolução discreta de um sistema dinâmico, como mencionado na introdução do capítulo.

EXEMPLO 5   Seja $A = \begin{bmatrix} 0{,}95 & 0{,}03 \\ 0{,}05 & 0{,}97 \end{bmatrix}$. Analise o comportamento de longo prazo (quando k aumenta) do sistema dinâmico definido por $\mathbf{x}_{k+1} = A\mathbf{x}_k$ ($k = 0, 1, 2, \ldots$), com $\mathbf{x}_0 = \begin{bmatrix} 0{,}6 \\ 0{,}4 \end{bmatrix}$.

SOLUÇÃO   O primeiro passo é determinar os autovalores de A e uma base para cada autoespaço. A equação característica para A é

$$0 = \det \begin{bmatrix} 0{,}95 - \lambda & 0{,}03 \\ 0{,}05 & 0{,}97 - \lambda \end{bmatrix} = (0{,}95 - \lambda)(0{,}97 - \lambda) - (0{,}03)(0{,}05)$$
$$= \lambda^2 - 1{,}92\lambda + 0{,}92$$

Pela fórmula para a resolução de equações do segundo grau,

$$\lambda = \frac{1{,}92 \pm \sqrt{(-1{,}92)^2 - 4(0{,}92)}}{2} = \frac{1{,}92 \pm \sqrt{0{,}0064}}{2}$$
$$= \frac{1{,}92 \pm 0{,}08}{2} = 1 \quad ou \quad 0{,}92$$

É fácil verificar que os autovetores associados a $\lambda = 1$ e $\lambda = 0{,}92$ são múltiplos de

$$\mathbf{v}_1 = \begin{bmatrix} 3 \\ 5 \end{bmatrix} \quad e \quad \mathbf{v}_2 = \begin{bmatrix} 1 \\ -1 \end{bmatrix}$$

respectivamente.

O próximo passo é escrever o x_0 dado em termos de v_1 e v_2. Isso pode ser feito porque $\{v_1, v_2\}$ é obviamente uma base para $\mathbb{R}^2$. (Por quê?) Portanto, existem coeficientes c_1 e c_2 tais que

$$x_0 = c_1 v_1 + c_2 v_2 = \begin{bmatrix} v_1 & v_2 \end{bmatrix} \begin{bmatrix} c_1 \\ c_2 \end{bmatrix} \tag{2}$$

De fato,

$$\begin{bmatrix} c_1 \\ c_2 \end{bmatrix} = \begin{bmatrix} v_1 & v_2 \end{bmatrix}^{-1} x_0 = \begin{bmatrix} 3 & 1 \\ 5 & -1 \end{bmatrix}^{-1} \begin{bmatrix} 0,60 \\ 0,40 \end{bmatrix}$$

$$= \frac{1}{-8} \begin{bmatrix} -1 & -1 \\ -5 & 3 \end{bmatrix} \begin{bmatrix} 0,60 \\ 0,40 \end{bmatrix} = \begin{bmatrix} 0,125 \\ 0,225 \end{bmatrix} \tag{3}$$

Como v_1 e v_2 em (3) são autovetores de A, com $Av_1 = v_1$ e $Av_2 = 0,92v_2$, calculamos cada x_k com facilidade:

$$x_1 = Ax_0 = c_1 Av_1 + c_2 Av_2 \qquad \text{Usando a linearidade de } x \mapsto Ax$$

$$= c_1 v_1 + c_2(0,92)v_2 \qquad v_1 \text{ e } v_2 \text{ são autovetores.}$$

$$x_2 = Ax_1 = c_1 Av_1 + c_2(0,92)Av_2$$

$$= c_1 v_1 + c_2(0,92)^2 v_2$$

e assim por diante. Em geral,

$$x_k = c_1 v_1 + c_2(0,92)^k v_2 \qquad (k = 0, 1, 2, \ldots)$$

Usando c_1 e c_2 de (4),

$$x_k = 0,125 \begin{bmatrix} 3 \\ 5 \end{bmatrix} + 0,225(0,92)^k \begin{bmatrix} 1 \\ -1 \end{bmatrix} \qquad (k = 0, 1, 2, \ldots) \tag{4}$$

Essa fórmula explícita para x_k fornece a solução da equação de diferenças $x_{k+1} = Ax_k$. Quando $k \to \infty$, $(0,92)^k$ tende a zero e x_k tende a $\begin{bmatrix} 0,375 \\ 0,625 \end{bmatrix} = 0,125v_1$. ∎

Os cálculos no Exemplo 5 têm uma aplicação interessante às cadeias de Markov apresentadas na Seção 5.9. Os leitores que leram aquela seção vão reconhecer que a matriz A no Exemplo 5 anterior é a matriz de migração M na Seção 5.9, x_0 é a distribuição inicial da população entre cidade e subúrbios e x_k representa a distribuição da população depois de k anos.

Comentários Numéricos

1. Programas de computador como Mathematica e Maple podem usar cálculos simbólicos para determinar o polinômio característico de uma matriz de tamanho moderado. Mas não existe fórmula nem algoritmo finito que resolva a equação característica de uma matriz genérica $n \times n$ para $n \geq 5$.

2. Os melhores métodos numéricos para calcular autovalores evitam por completo o polinômio característico. De fato, o MATLAB calcula o polinômio característico de uma matriz A calculando primeiro os autovalores $\lambda_1, \ldots, \lambda_n$ e, depois, expandindo o produto $(\lambda - \lambda_1)(\lambda - \lambda_2) \cdots (\lambda - \lambda_n)$.

3. Diversos algoritmos conhecidos para estimar os autovalores de uma matriz A se baseiam no Teorema 4. O poderoso *algoritmo QR* é discutido nos exercícios. Outra técnica, conhecida como *método de Jacobi*, funciona quando $A = A^T$ e calcula uma sequência de matrizes da forma

$$A_1 = A \quad \text{e} \quad A_{k+1} = P_k^{-1} A_k P_k \quad (k = 1, 2, \ldots)$$

Cada matriz na sequência é semelhante a A e, portanto, tem os mesmos autovalores que A. Os elementos fora da diagonal principal de A_{k+1} tendem a zero quando k cresce e os elementos da diagonal principal tendem para os autovalores de A.

4. Outros métodos para obter estimativas dos autovalores são discutidos na Seção 5.8.

Problema Prático

Determine a equação característica e os autovalores de $A = \begin{bmatrix} 1 & -4 \\ 4 & 2 \end{bmatrix}$.

5.2 EXERCÍCIOS

Determine o polinômio característico e os autovalores reais das matrizes nos Exercícios 1 a 8.

1. $\begin{bmatrix} 2 & 7 \\ 7 & 2 \end{bmatrix}$
    2. $\begin{bmatrix} 5 & 3 \\ 3 & 5 \end{bmatrix}$

3. $\begin{bmatrix} 3 & -2 \\ 1 & -1 \end{bmatrix}$
    4. $\begin{bmatrix} 4 & -3 \\ -4 & 2 \end{bmatrix}$

5. $\begin{bmatrix} 2 & 1 \\ -1 & 4 \end{bmatrix}$
    6. $\begin{bmatrix} 1 & -4 \\ 4 & 6 \end{bmatrix}$

7. $\begin{bmatrix} 5 & 3 \\ -4 & 4 \end{bmatrix}$
    8. $\begin{bmatrix} 7 & -2 \\ 2 & 3 \end{bmatrix}$

Os Exercícios 9 a 14 necessitam de técnicas da Seção 3.1. Encontre o polinômio característico de cada matriz usando expansão ao longo de uma linha ou coluna. [*Observação:* Não é fácil calcular o polinômio característico de uma matriz 3×3 usando apenas as operações elementares, pois envolve a variável λ.]

9. $\begin{bmatrix} 1 & 0 & -1 \\ 2 & 3 & -1 \\ 0 & 6 & 0 \end{bmatrix}$
    10. $\begin{bmatrix} 0 & 3 & 1 \\ 3 & 0 & 2 \\ 1 & 2 & 0 \end{bmatrix}$

11. $\begin{bmatrix} 4 & 0 & 0 \\ 5 & 3 & 2 \\ -2 & 0 & 2 \end{bmatrix}$
    12. $\begin{bmatrix} 1 & 0 & 1 \\ -3 & 6 & 1 \\ 0 & 0 & 4 \end{bmatrix}$

13. $\begin{bmatrix} 6 & -2 & 0 \\ -2 & 9 & 0 \\ 5 & 8 & 3 \end{bmatrix}$
    14. $\begin{bmatrix} 3 & -2 & 3 \\ 0 & -1 & 0 \\ 6 & 7 & -4 \end{bmatrix}$

Para as matrizes nos Exercícios 15 a 17, liste os autovalores, repetindo cada um de acordo com sua multiplicidade.

15. $\begin{bmatrix} 4 & -7 & 0 & 2 \\ 0 & 3 & -4 & 6 \\ 0 & 0 & 3 & -8 \\ 0 & 0 & 0 & 1 \end{bmatrix}$
    16. $\begin{bmatrix} 5 & 0 & 0 & 0 \\ 8 & -4 & 0 & 0 \\ 0 & 7 & 1 & 0 \\ 1 & -5 & 2 & 1 \end{bmatrix}$

17. $\begin{bmatrix} 3 & 0 & 0 & 0 & 0 \\ -5 & 1 & 0 & 0 & 0 \\ 3 & 8 & 0 & 0 & 0 \\ 0 & -7 & 2 & 1 & 0 \\ -4 & 1 & 9 & -2 & 3 \end{bmatrix}$

18. Pode-se mostrar que a multiplicidade algébrica de um autovalor λ é sempre maior ou igual que a dimensão do autoespaço associado a λ. Determine h na matriz A a seguir de modo que o autoespaço associado a $\lambda = 5$ seja bidimensional:

$$A = \begin{bmatrix} 5 & -2 & 6 & -1 \\ 0 & 3 & h & 0 \\ 0 & 0 & 5 & 4 \\ 0 & 0 & 0 & 1 \end{bmatrix}$$

19. Seja A uma matriz $n \times n$ e suponha que A tenha n autovalores reais $\lambda_1, \ldots, \lambda_n$, repetidos segundo suas multiplicidades, de modo que

$$\det(A - \lambda I) = (\lambda_1 - \lambda)(\lambda_2 - \lambda) \cdots (\lambda_n - \lambda)$$

Explique por que $\det A$ é igual ao produto dos n autovalores de A. (Esse resultado é verdadeiro para qualquer matriz quadrada quando consideramos os autovalores complexos.)

20. Use uma propriedade dos determinantes para mostrar que A e A^T têm o mesmo polinômio característico.

Nos Exercícios 21 a 30, A e B são matrizes $n \times n$. Marque cada afirmação como Verdadeira ou Falsa **(V/F)**. Justifique cada resposta.

21. **(V/F)** Se 0 for um autovalor de A, então A será invertível.

22. **(V/F)** O vetor nulo pertence ao autoespaço de A associado a um autovalor λ.

23. **(V/F)** A matriz A e sua transposta A^T têm conjuntos diferentes de autovalores.

24. **(V/F)** Qualquer que seja a matriz invertível B, as matrizes A e $B^{-1}AB$ têm o mesmo conjunto de autovalores.

25. **(V/F)** Se 2 for um autovalor de A, então $A - 2I$ não será invertível.

26. **(V/F)** Se duas matrizes tiverem o mesmo conjunto de autovalores, então elas serão semelhantes.

27. **(V/F)** Se $\lambda + 5$ for um fator do polinômio característico de A, então 5 será um autovalor de A.

28. **(V/F)** A multiplicidade de uma raiz r da equação característica de A é chamada multiplicidade algébrica de r como autovalor de A.

29. **(V/F)** O autovalor da matriz identidade $n \times n$ é 1 com multiplicidade algébrica n.

30. **(V/F)** A matriz A pode ter mais do que n autovalores.

Um método amplamente usado para se obterem estimativas dos autovalores de uma matriz genérica A é o *algoritmo QR*. Sob condições adequadas, esse algoritmo produz uma sequência de matrizes semelhantes a A que vão se tornando quase matrizes triangulares superiores, com elementos na diagonal principal que se aproximam dos autovalores de A. A ideia principal é colocar A (ou outra matriz semelhante a A) na forma $A = Q_1 R_1$, em que $Q_1^T = Q_1^{-1}$ e R_1 é uma matriz triangular superior. Trocamos os fatores de modo a formar o produto $A_1 = R_1 Q_1$, que é novamente colocado na forma $A_1 = Q_2 R_2$; depois formamos $A_2 = R_2 Q_2$ e assim por diante. A semelhança de A, A_1, ... segue do resultado mais geral no Exercício 31.

31. Mostre que, se $A = QR$ com Q invertível, então A será semelhante a $A_1 = RQ$.

32. Mostre que, se A e B forem semelhantes, então $\det A = \det B$.

M 33. Obtenha uma matriz aleatória A 4×4 com elementos inteiros e verifique que A e A^T têm o mesmo polinômio característico (os mesmos autovalores com as mesmas multiplicidades). A e A^T têm os mesmos autovetores? Faça a mesma análise para uma matriz 5×5. Faça um relatório sobre as matrizes e suas conclusões.

M 34. Obtenha uma matriz aleatória A 4×4 com elementos inteiros.

    a. Coloque A em uma forma escalonada U sem usar mudança de escala e calcule $\det A$. (Se A for singular, comece novamente com uma nova matriz aleatória.)

    b. Calcule os autovalores de A e o produto desses autovalores (com a maior precisão possível).

    c. Liste a matriz A e, com precisão de quatro casas decimais, liste os pivôs de U e os autovalores de A. Calcule $\det A$ usando seu programa para matrizes e compare com os produtos obtidos em (a) e (b).

M 35. Seja $A = \begin{bmatrix} -6 & 28 & 21 \\ 4 & -15 & -12 \\ -8 & a & 25 \end{bmatrix}$. Para cada valor de a no conjunto $\{32; 31{,}9; 31{,}8; 32{,}1; 32{,}2\}$, calcule o polinômio característico de A e seus autovalores. Em cada caso, faça um gráfico do polinômio característico $p(t) = \det(A - tI)$ para $0 \le t \le 3$. Se possível, faça todos os gráficos em um mesmo sistema de coordenadas. Descreva como os gráficos revelam as mudanças nos autovalores quando a varia.

Solução do Problema Prático

A equação característica é

$$0 = \det(A - \lambda I) = \det \begin{bmatrix} 1 - \lambda & -4 \\ 4 & 2 - \lambda \end{bmatrix}$$
$$= (1 - \lambda)(2 - \lambda) - (-4)(4) = \lambda^2 - 3\lambda + 18$$

Usando a fórmula para resolução de equações do segundo grau, obtemos

$$\lambda = \frac{3 \pm \sqrt{(-3)^2 - 4(18)}}{2} = \frac{3 \pm \sqrt{-63}}{2}$$

É claro que a equação característica não tem solução real, de modo que A não tem autovalores reais. A matriz A está agindo no espaço vetorial real $\mathbb{R}^2$ e não existe nenhum vetor não nulo $\mathbf{v}$ em $\mathbb{R}^2$ tal que $A\mathbf{v} = \lambda\mathbf{v}$ para algum escalar λ.

5.3 DIAGONALIZAÇÃO

Em muitos casos, a informação sobre autovalores e autovetores contida em uma matriz A pode ser apresentada por meio de uma fatoração útil do tipo $A = PDP^{-1}$, em que D é uma matriz diagonal. Nesta seção, a fatoração nos permite calcular A^k rapidamente para valores grandes de k, uma ideia fundamental em diversas aplicações da álgebra linear. Mais adiante, nas Seções 5.6 e 5.7, a fatoração será usada para analisar (e *desacoplar*) sistemas dinâmicos.

O exemplo a seguir ilustra o fato de que as potências de uma matriz diagonal são fáceis de ser calculadas.

EXEMPLO 1   Se $D = \begin{bmatrix} 5 & 0 \\ 0 & 3 \end{bmatrix}$, então $D^2 = \begin{bmatrix} 5 & 0 \\ 0 & 3 \end{bmatrix}\begin{bmatrix} 5 & 0 \\ 0 & 3 \end{bmatrix} = \begin{bmatrix} 5^2 & 0 \\ 0 & 3^2 \end{bmatrix}$ e

$$D^3 = DD^2 = \begin{bmatrix} 5 & 0 \\ 0 & 3 \end{bmatrix}\begin{bmatrix} 5^2 & 0 \\ 0 & 3^2 \end{bmatrix} = \begin{bmatrix} 5^3 & 0 \\ 0 & 3^3 \end{bmatrix}$$

Em geral,

$$D^k = \begin{bmatrix} 5^k & 0 \\ 0 & 3^k \end{bmatrix} \quad \text{para } k \geq 1 \qquad\blacksquare$$

Se $A = PDP^{-1}$ para alguma matriz invertível P e alguma matriz diagonal D, então A^k também ficará fácil de calcular, como mostra o próximo exemplo.

EXEMPLO 2   Seja $A = \begin{bmatrix} 7 & 2 \\ -4 & 1 \end{bmatrix}$. Encontre uma fórmula para A^k, dado que $A = PDP^{-1}$, em que

$$P = \begin{bmatrix} 1 & 1 \\ -1 & -2 \end{bmatrix} \quad \text{e} \quad D = \begin{bmatrix} 5 & 0 \\ 0 & 3 \end{bmatrix}$$

SOLUÇÃO   A fórmula-padrão para a inversa de uma matriz 2×2 fornece

$$P^{-1} = \begin{bmatrix} 2 & 1 \\ -1 & -1 \end{bmatrix}$$

Então, pela associatividade da multiplicação de matrizes,

$$A^2 = (PDP^{-1})(PDP^{-1}) = PD\underbrace{(P^{-1}P)}_{I}DP^{-1} = PDDP^{-1}$$

$$= PD^2P^{-1} = \begin{bmatrix} 1 & 1 \\ -1 & -2 \end{bmatrix}\begin{bmatrix} 5^2 & 0 \\ 0 & 3^2 \end{bmatrix}\begin{bmatrix} 2 & 1 \\ -1 & -1 \end{bmatrix}$$

Novamente,

$$A^3 = (PDP^{-1})A^2 = (PD\underbrace{P^{-1}}_{I})PD^2P^{-1} = PDD^2P^{-1} = PD^3P^{-1}$$

Em geral, para $k \geq 1$,

$$A^k = PD^k P^{-1} = \begin{bmatrix} 1 & 1 \\ -1 & -2 \end{bmatrix} \begin{bmatrix} 5^k & 0 \\ 0 & 3^k \end{bmatrix} \begin{bmatrix} 2 & 1 \\ -1 & -1 \end{bmatrix}$$

$$= \begin{bmatrix} 2 \cdot 5^k - 3^k & 5^k - 3^k \\ 2 \cdot 3^k - 2 \cdot 5^k & 2 \cdot 3^k - 5^k \end{bmatrix}$$ ∎

Uma matriz quadrada A é dita **diagonalizável** se for semelhante a uma matriz diagonal, ou seja, se $A = PDP^{-1}$ para alguma matriz invertível P e alguma matriz diagonal D. O próximo teorema caracteriza as matrizes diagonalizáveis e diz como se constrói uma fatoração adequada.

TEOREMA 5

Teorema de Diagonalização

Uma matriz A $n \times n$ é diagonalizável se e somente se A tiver n autovetores linearmente independentes.

De fato, $A = PDP^{-1}$, em que D é uma matriz diagonal, se e somente se as colunas de P forem n autovetores linearmente independentes de A. Nesse caso, os elementos na diagonal principal de D são os autovalores de A associados, respectivamente, aos autovetores em P.

Em outras palavras, A é diagonalizável se e somente se existirem autovetores suficientes para formar uma base para $\mathbb{R}^n$. Chamamos tal base uma **base de autovetores** para $\mathbb{R}^n$.

DEMONSTRAÇÃO Primeiro, note que, se P for qualquer matriz $n \times n$ com colunas $\mathbf{v}_1, \dots, \mathbf{v}_n$ e se D for qualquer matriz diagonal com elementos na diagonal principal $\lambda_1, \dots, \lambda_n$, então

$$AP = A[\mathbf{v}_1 \quad \mathbf{v}_2 \quad \cdots \quad \mathbf{v}_n] = [A\mathbf{v}_1 \quad A\mathbf{v}_2 \quad \cdots \quad A\mathbf{v}_n] \tag{1}$$

enquanto

$$PD = P \begin{bmatrix} \lambda_1 & 0 & \cdots & 0 \\ 0 & \lambda_2 & \cdots & 0 \\ \vdots & \vdots & & \vdots \\ 0 & 0 & \cdots & \lambda_n \end{bmatrix} = [\lambda_1 \mathbf{v}_1 \quad \lambda_2 \mathbf{v}_2 \quad \cdots \quad \lambda_n \mathbf{v}_n] \tag{2}$$

Suponha, agora, que A seja diagonalizável e $A = PDP^{-1}$. Então, multiplicando essa igualdade à direita por P, obtemos $AP = PD$. Nesse caso, (1) e (2) implicam

$$[A\mathbf{v}_1 \quad A\mathbf{v}_2 \quad \cdots \quad A\mathbf{v}_n] = [\lambda_1 \mathbf{v}_1 \quad \lambda_2 \mathbf{v}_2 \quad \cdots \quad \lambda_n \mathbf{v}_n] \tag{3}$$

Igualando as colunas, obtemos

$$A\mathbf{v}_1 = \lambda_1 \mathbf{v}_1, \quad A\mathbf{v}_2 = \lambda_2 \mathbf{v}_2, \quad \dots, \quad A\mathbf{v}_n = \lambda_n \mathbf{v}_n \tag{4}$$

Como P é invertível, suas colunas $\mathbf{v}_1, \dots, \mathbf{v}_n$ têm de ser linearmente independentes. Mais ainda, como essas colunas são não nulas, (4) mostra que $\lambda_1, \dots, \lambda_n$ são autovalores e $\mathbf{v}_1, \dots, \mathbf{v}_n$ são os autovetores associados. Essa argumentação prova as partes "somente se" das primeiras duas afirmações e mais a terceira afirmação do teorema.

Finalmente, dados quaisquer n autovetores $\mathbf{v}_1, \dots, \mathbf{v}_n$, use-os para montar as colunas de P e use os autovalores associados $\lambda_1, \dots, \lambda_n$ para montar D. Pelas equações de (1) a (3), $AP = PD$. Isso é verdade sem impor nenhuma condição adicional sobre os autovetores. Se, de fato, os autovetores forem linearmente independentes, então P será invertível (pelo Teorema da Matriz Invertível) e $AP = PD$ implicará $A = PDP^{-1}$. ∎

Diagonalização de Matrizes

EXEMPLO 3 Encontre a diagonalização da matriz a seguir, se possível.

$$A = \begin{bmatrix} 1 & 3 & 3 \\ -3 & -5 & -3 \\ 3 & 3 & 1 \end{bmatrix}$$

Ou seja, encontre uma matriz invertível P e uma matriz diagonal D tal que $A = PDP^{-1}$.

SOLUÇÃO   Existem quatro passos para implementar a descrição no Teorema 5.

Passo 1. Encontre os autovalores de A. Como foi dito na Seção 5.2, a mecânica desse passo é apropriada para um computador quando a matriz for maior que 2×2. Para evitar distrações desnecessárias, o texto irá suprir a informação necessária para esse passo. No presente caso, a equação característica é um polinômio cúbico que pode ser fatorado:

$$0 = \det(A - \lambda I) = -\lambda^3 - 3\lambda^2 + 4$$
$$= -(\lambda - 1)(\lambda + 2)^2$$

Os autovalores são $\lambda = 1$ e $\lambda = -2$.

Passo 2. Encontre três autovetores linearmente independentes de A. São necessários *três* autovetores porque A é uma matriz 3×3. Esse é o passo crítico. Se falhar, então o Teorema 5 dirá que A não é diagonalizável. O método na Seção 5.1 produz uma base para cada autoespaço:

$$\text{Base para } \lambda = 1: \quad \mathbf{v}_1 = \begin{bmatrix} 1 \\ -1 \\ 1 \end{bmatrix}$$

$$\text{Base para } \lambda = -2: \quad \mathbf{v}_2 = \begin{bmatrix} -1 \\ 1 \\ 0 \end{bmatrix} \quad \text{e} \quad \mathbf{v}_3 = \begin{bmatrix} -1 \\ 0 \\ 1 \end{bmatrix}$$

Você pode verificar que $\{\mathbf{v}_1, \mathbf{v}_2, \mathbf{v}_3\}$ é um conjunto linearmente independente.

Passo 3. Construa P a partir dos vetores do passo 2. Os vetores podem ser listados em qualquer ordem. Usando a ordem escolhida no passo 2, temos

$$P = \begin{bmatrix} \mathbf{v}_1 & \mathbf{v}_2 & \mathbf{v}_3 \end{bmatrix} = \begin{bmatrix} 1 & -1 & -1 \\ -1 & 1 & 0 \\ 1 & 0 & 1 \end{bmatrix}$$

Passo 4. Construa D a partir dos autovalores associados. Neste passo é essencial que a ordem dos autovalores seja igual à ordem escolhida para as colunas de P. Use o autovalor $\lambda = -2$ duas vezes, uma para cada autovetor associado:

$$D = \begin{bmatrix} 1 & 0 & 0 \\ 0 & -2 & 0 \\ 0 & 0 & -2 \end{bmatrix}$$

É uma boa ideia verificar se P e D realmente funcionam. Para evitar calcular P^{-1}, verifique simplesmente se $AP = PD$. Isso é equivalente a $A = PDP^{-1}$ quando P é invertível. (No entanto, certifique-se de que P é invertível.) Obtemos

$$AP = \begin{bmatrix} 1 & 3 & 3 \\ -3 & -5 & -3 \\ 3 & 3 & 1 \end{bmatrix} \begin{bmatrix} 1 & -1 & -1 \\ -1 & 1 & 0 \\ 1 & 0 & 1 \end{bmatrix} = \begin{bmatrix} 1 & 2 & 2 \\ -1 & -2 & 0 \\ 1 & 0 & -2 \end{bmatrix}$$

$$PD = \begin{bmatrix} 1 & -1 & -1 \\ -1 & 1 & 0 \\ 1 & 0 & 1 \end{bmatrix} \begin{bmatrix} 1 & 0 & 0 \\ 0 & -2 & 0 \\ 0 & 0 & -2 \end{bmatrix} = \begin{bmatrix} 1 & 2 & 2 \\ -1 & -2 & 0 \\ 1 & 0 & -2 \end{bmatrix} \qquad \blacksquare$$

EXEMPLO 4   Diagonalize a matriz a seguir, se possível.

$$A = \begin{bmatrix} 2 & 4 & 3 \\ -4 & -6 & -3 \\ 3 & 3 & 1 \end{bmatrix}$$

SOLUÇÃO   A equação característica de A é a mesma que no Exemplo 3:

$$0 = \det(A - \lambda I) = -\lambda^3 - 3\lambda^2 + 4 = -(\lambda - 1)(\lambda + 2)^2$$

Os autovalores são $\lambda = 1$ e $\lambda = -2$. Entretanto, quando tentamos obter autovetores, descobrimos que cada autoespaço tem apenas dimensão um:

$$\text{Base para } \lambda = 1: \qquad \mathbf{v}_1 = \begin{bmatrix} 1 \\ -1 \\ 1 \end{bmatrix}$$

$$\text{Base para } \lambda = -2: \qquad \mathbf{v}_2 = \begin{bmatrix} -1 \\ 1 \\ 0 \end{bmatrix}$$

Não existem outros autovalores e todo autovetor de A é um múltiplo escalar de $\mathbf{v}_1$ ou de $\mathbf{v}_2$. Portanto, é impossível obter uma base para $\mathbb{R}^3$ usando autovetores de A. Pelo Teorema 5, A *não* é diagonalizável. ∎

O próximo teorema fornece uma condição *suficiente* para que uma matriz seja diagonalizável.

TEOREMA 6 Uma matriz $n \times n$ com n autovalores distintos é diagonalizável.

DEMONSTRAÇÃO Sejam $\mathbf{v}_1, \ldots, \mathbf{v}_n$ autovetores associados aos n autovalores distintos da matriz A. Então $\{\mathbf{v}_1, \ldots, \mathbf{v}_n\}$ é linearmente independente pelo Teorema 2 da Seção 5.1. Portanto, A é diagonalizável, pelo Teorema 5. ∎

Não é *necessário* que uma matriz $n \times n$ tenha n autovalores distintos para que seja diagonalizável. A matriz 3×3 no Exemplo 3 é diagonalizável, embora tenha apenas dois autovalores distintos.

EXEMPLO 5 Determine se a matriz a seguir é diagonalizável.

$$A = \begin{bmatrix} 5 & -8 & 1 \\ 0 & 0 & 7 \\ 0 & 0 & -2 \end{bmatrix}$$

SOLUÇÃO Essa é fácil! Como a matriz é triangular, seus autovalores são, obviamente, 5, 0 e -2. Como A é uma matriz 3×3 com três autovalores distintos, A é diagonalizável. ∎

Matrizes Cujos Autovalores Não São Distintos

Se uma matriz A $n \times n$ tiver n autovalores distintos com autovetores associados $\mathbf{v}_1, \ldots, \mathbf{v}_n$ e se $P = [\mathbf{v}_1, \ldots, \mathbf{v}_n]$, então P será automaticamente invertível pelo Teorema 2, já que suas colunas são linearmente independentes. Quando A é diagonalizável, mas tem menos que n autovalores distintos, ainda é possível obter P de uma forma que torna P automaticamente invertível, como mostra o próximo teorema.[1]

TEOREMA 7 Seja A uma matriz $n \times n$ com autovalores distintos $\lambda_1, \ldots, \lambda_p$.

a. Para $1 \le k \le p$, a dimensão do autoespaço associado a λ_k é menor que a multiplicidade do autovalor λ_k ou igual.

b. A matriz A é diagonalizável se e somente se a soma das dimensões dos autoespaços for igual a n, e isso ocorre se e somente se (*i*) o polinômio característico puder ser escrito como um produto de fatores lineares e (*ii*) a dimensão do autoespaço associado a cada λ_k for igual à multiplicidade de λ_k.

c. Se A for diagonalizável e $\mathcal{B}_k$ for uma base para o autoespaço associado a λ_k para cada k, então a coleção total dos vetores pertencentes aos conjuntos $\mathcal{B}_1, \ldots, \mathcal{B}_p$ formará uma base de autovetores para $\mathbb{R}^n$.

---

[1] A demonstração do Teorema 7 é um pouco longa, mas não é difícil. Veja, por exemplo, o livro de S. Friedberg, A. Insel e L. Spence, *Linear Algebra*, 4ª ed. (Englewood Cliffs, NJ: Prentice-Hall, 2002), Seção 5.2.

EXEMPLO 6 Diagonalize a matriz a seguir, se possível.

$$A = \begin{bmatrix} 5 & 0 & 0 & 0 \\ 0 & 5 & 0 & 0 \\ 1 & 4 & -3 & 0 \\ -1 & -2 & 0 & -3 \end{bmatrix}$$

SOLUÇÃO Como A é uma matriz triangular, os autovalores são 5 e -3, cada um com multiplicidade 2. Usando o método da Seção 5.1, determinamos uma base para cada autoespaço.

$$\text{Bases para } \lambda = 5: \quad \mathbf{v}_1 = \begin{bmatrix} -8 \\ 4 \\ 1 \\ 0 \end{bmatrix} \quad \text{e} \quad \mathbf{v}_2 = \begin{bmatrix} -16 \\ 4 \\ 0 \\ 1 \end{bmatrix}$$

$$\text{Bases para } \lambda = -3: \quad \mathbf{v}_3 = \begin{bmatrix} 0 \\ 0 \\ 1 \\ 0 \end{bmatrix} \quad \text{e} \quad \mathbf{v}_4 = \begin{bmatrix} 0 \\ 0 \\ 0 \\ 1 \end{bmatrix}$$

O conjunto $\{\mathbf{v}_1, \ldots, \mathbf{v}_4\}$ é linearmente independente pelo Teorema 7. Logo, a matriz $P = [\mathbf{v}_1 \cdots \mathbf{v}_4]$ é invertível e $A = PDP^{-1}$, em que

$$P = \begin{bmatrix} -8 & -16 & 0 & 0 \\ 4 & 4 & 0 & 0 \\ 1 & 0 & 1 & 0 \\ 0 & 1 & 0 & 1 \end{bmatrix} \quad \text{e} \quad D = \begin{bmatrix} 5 & 0 & 0 & 0 \\ 0 & 5 & 0 & 0 \\ 0 & 0 & -3 & 0 \\ 0 & 0 & 0 & -3 \end{bmatrix} \quad \blacksquare$$

Problemas Práticos

1. Calcule A^8, em que $A = \begin{bmatrix} 4 & -3 \\ 2 & -1 \end{bmatrix}$.

2. Sejam $A = \begin{bmatrix} -3 & 12 \\ -2 & 7 \end{bmatrix}$, $\mathbf{v}_1 = \begin{bmatrix} 3 \\ 1 \end{bmatrix}$ e $\mathbf{v}_2 = \begin{bmatrix} 2 \\ 1 \end{bmatrix}$. Suponha que seja dito que $\mathbf{v}_1$ e $\mathbf{v}_2$ são autovetores de A. Use essa informação para diagonalizar A.

3. Seja A uma matriz 4×4 com autovalores 5, 3, -2 e suponha que você saiba que o autoespaço para $\lambda = 3$ é bidimensional. Você tem informação suficiente para determinar se A é diagonalizável?

5.3 EXERCÍCIOS

Nos Exercícios 1 e 2, seja $A = PDP^{-1}$ e calcule A^4.

1. $P = \begin{bmatrix} 5 & 7 \\ 2 & 3 \end{bmatrix}$, $D = \begin{bmatrix} 2 & 0 \\ 0 & 1 \end{bmatrix}$

2. $P = \begin{bmatrix} 2 & -3 \\ -3 & 5 \end{bmatrix}$, $D = \begin{bmatrix} 1 & 0 \\ 0 & -1 \end{bmatrix}$

Nos Exercícios 3 e 4, use a fatoração $A = PDP^{-1}$ para calcular A^k, na qual k representa um inteiro positivo arbitrário.

3. $\begin{bmatrix} a & 0 \\ 3(a-b) & b \end{bmatrix} = \begin{bmatrix} 1 & 0 \\ 3 & 1 \end{bmatrix}\begin{bmatrix} a & 0 \\ 0 & b \end{bmatrix}\begin{bmatrix} 1 & 0 \\ -3 & 1 \end{bmatrix}$

4. $\begin{bmatrix} -6 & 8 \\ -4 & 6 \end{bmatrix} = \begin{bmatrix} 1 & 2 \\ 1 & 1 \end{bmatrix}\begin{bmatrix} 2 & 0 \\ 0 & -2 \end{bmatrix}\begin{bmatrix} -1 & 2 \\ 1 & -1 \end{bmatrix}$

Nos Exercícios 5 e 6, a matriz A está na forma PDP^{-1}. Use o Teorema da Diagonalização para encontrar os autovalores de A e uma base para cada autoespaço.

5. $\begin{bmatrix} 2 & 2 & 1 \\ 1 & 3 & 1 \\ 1 & 2 & 2 \end{bmatrix} =$

$\begin{bmatrix} 1 & 1 & 2 \\ 1 & 0 & -1 \\ 1 & -1 & 0 \end{bmatrix}\begin{bmatrix} 5 & 0 & 0 \\ 0 & 1 & 0 \\ 0 & 0 & 1 \end{bmatrix}\begin{bmatrix} 1/4 & 1/2 & 1/4 \\ 1/4 & 1/2 & -3/4 \\ 1/4 & -1/2 & 1/4 \end{bmatrix}$

6. $\begin{bmatrix} 5 & -2 & -2 \\ 1 & 2 & -1 \\ 0 & 0 & 3 \end{bmatrix} =$

$\begin{bmatrix} 2 & -1 & -2 \\ 1 & -1 & -1 \\ 1 & 0 & 0 \end{bmatrix}\begin{bmatrix} 3 & 0 & 0 \\ 0 & 3 & 0 \\ 0 & 0 & 4 \end{bmatrix}\begin{bmatrix} 0 & 0 & 1 \\ 1 & -2 & 0 \\ -1 & 1 & 1 \end{bmatrix}$

Diagonalize as matrizes nos Exercícios 7 a 20, se possível. Os autovalores para os Exercícios 11 a 16 são os seguintes: (11) $\lambda = 1, 2, 3$; (12) $\lambda = 1, 4$; (13) $\lambda = 5, 1$; (14) $\lambda = 4$; (15) $\lambda = 3, 1$; (16) $\lambda = 2, 1$. Para o Exercício 18, um autovalor é $\lambda = 5$ e um autovetor é $(-2, 1, 2)$.

7. $\begin{bmatrix} 1 & 0 \\ 6 & -1 \end{bmatrix}$

8. $\begin{bmatrix} 5 & 1 \\ 0 & 5 \end{bmatrix}$

9. $\begin{bmatrix} 3 & -1 \\ 1 & 5 \end{bmatrix}$

10. $\begin{bmatrix} 2 & 3 \\ 4 & 1 \end{bmatrix}$

11. $\begin{bmatrix} -1 & 4 & -2 \\ -3 & 4 & 0 \\ -3 & 1 & 3 \end{bmatrix}$

12. $\begin{bmatrix} 3 & -1 & -1 \\ -1 & 3 & -1 \\ -1 & -1 & 3 \end{bmatrix}$

13. $\begin{bmatrix} 2 & 2 & -1 \\ 1 & 3 & -1 \\ -1 & -2 & 2 \end{bmatrix}$

14. $\begin{bmatrix} 4 & 0 & 2 \\ 2 & 3 & 4 \\ 0 & 0 & 3 \end{bmatrix}$

15. $\begin{bmatrix} 7 & 4 & 16 \\ 2 & 5 & 8 \\ -2 & -2 & -5 \end{bmatrix}$ **16.** $\begin{bmatrix} 0 & -4 & -6 \\ -1 & 0 & -3 \\ 1 & 2 & 5 \end{bmatrix}$

17. $\begin{bmatrix} 4 & 0 & 0 \\ 1 & 4 & 0 \\ 0 & 0 & 5 \end{bmatrix}$ **18.** $\begin{bmatrix} -7 & -16 & 4 \\ 6 & 13 & -2 \\ 12 & 16 & 1 \end{bmatrix}$

19. $\begin{bmatrix} 5 & -3 & 0 & 9 \\ 0 & 3 & 1 & -2 \\ 0 & 0 & 2 & 0 \\ 0 & 0 & 0 & 2 \end{bmatrix}$ **20.** $\begin{bmatrix} 2 & 0 & 0 & 0 \\ 0 & 2 & 0 & 0 \\ 0 & 0 & 2 & 0 \\ 1 & 0 & 0 & 2 \end{bmatrix}$

Nos Exercícios 21 a 28, A, P e D são matrizes $n \times n$. Marque cada afirmação como Verdadeira ou Falsa (**V/F**). Justifique cada resposta. (Estude cuidadosamente os Teoremas 5 e 6 e os exemplos desta seção antes de tentar resolver estes exercícios.)

21. (**V/F**) A é diagonalizável se $A = PDP^{-1}$ para alguma matriz D e alguma matriz invertível P.

22. (**V/F**) Se $\mathbb{R}^n$ tiver uma base de autovetores de A, então A será diagonalizável.

23. (**V/F**) A é diagonalizável se e somente se A tiver n autovalores, contando as multiplicidades.

24. (**V/F**) Se A for diagonalizável, então A será invertível.

25. (**V/F**) A é diagonalizável se A tiver n autovetores.

26. (**V/F**) Se A for diagonalizável, então A terá n autovalores distintos.

27. (**V/F**) Se $AP = PD$, em que D é uma matriz diagonal, então as colunas não nulas de P terão de ser autovetores de A.

28. (**V/F**) Se A for invertível, então A será diagonalizável.

29. Suponha que A seja uma matriz 5×5 com dois autovalores, que um dos autoespaços seja tridimensional e o outro seja bidimensional. A será diagonalizável? Por quê?

30. Suponha que A seja uma matriz 3×3 com dois autovalores e cada autoespaço seja unidimensional. A será diagonalizável? Por quê?

31. Suponha que A seja uma matriz 4×4 com três autovalores, que um dos autoespaços seja unidimensional e um dos outros seja bidimensional. É possível que A *não* seja diagonalizável? Justifique sua resposta.

32. Suponha que A seja uma matriz 7×7 com três autovalores, que um dos autoespaços seja bidimensional e um dos outros seja tridimensional. É possível que A *não* seja diagonalizável? Justifique sua resposta.

33. Mostre que, se A for diagonalizável e invertível, então A^{-1} também será.

34. Mostre que, se A tiver n autovetores linearmente independentes, então A^T também terá. [*Sugestão:* Use o Teorema de Diagonalização.]

35. Uma fatoração do tipo $A = PDP^{-1}$ não é única. Demonstre isso para a matriz A no Exemplo 2. Com $D_1 = \begin{bmatrix} 3 & 0 \\ 0 & 5 \end{bmatrix}$, use a informação no Exemplo 2 para encontrar uma matriz P_1 tal que $A = P_1 D_1 P_1^{-1}$.

36. Com A e D como no Exemplo 2, determine uma matriz invertível P_2, diferente da matriz P no Exemplo 2, tal que $A = P_2 D P_2^{-1}$.

37. Obtenha uma matriz 2×2 não nula que é invertível, mas não é diagonalizável.

38. Obtenha uma matriz 2×2 que é diagonalizável e não é invertível.

Diagonalize as matrizes dos Exercícios 39 a 42. Use o comando de autovalor do seu programa para matrizes para determinar os autovalores e, depois, calcule bases para os autoespaços como na Seção 5.1.

M 39. $\begin{bmatrix} -6 & 4 & 0 & 9 \\ -3 & 0 & 1 & 6 \\ -1 & -2 & 1 & 0 \\ -4 & 4 & 0 & 7 \end{bmatrix}$ **M 40.** $\begin{bmatrix} 0 & 13 & 8 & 4 \\ 4 & 9 & 8 & 4 \\ 8 & 6 & 12 & 8 \\ 0 & 5 & 0 & -4 \end{bmatrix}$

M 41. $\begin{bmatrix} 11 & -6 & 4 & -10 & -4 \\ -3 & 5 & -2 & 4 & 1 \\ -8 & 12 & -3 & 12 & 4 \\ 1 & 6 & -2 & 3 & -1 \\ 8 & -18 & 8 & -14 & -1 \end{bmatrix}$

M 42. $\begin{bmatrix} 4 & 4 & 2 & 3 & -2 \\ 0 & 1 & -2 & -2 & 2 \\ 6 & 12 & 11 & 2 & -4 \\ 9 & 20 & 10 & 10 & -6 \\ 15 & 28 & 14 & 5 & -3 \end{bmatrix}$

Soluções dos Problemas Práticos

1. $\det(A - \lambda I) = \lambda^2 - 3\lambda + 2 = (\lambda - 2)(\lambda - 1)$. Os autovalores são 2 e 1, e os autovetores associados são $\mathbf{v}_1 = \begin{bmatrix} 3 \\ 2 \end{bmatrix}$ e $\mathbf{v}_2 = \begin{bmatrix} 1 \\ 1 \end{bmatrix}$. Em seguida, considere

$$P = \begin{bmatrix} 3 & 1 \\ 2 & 1 \end{bmatrix}, \qquad D = \begin{bmatrix} 2 & 0 \\ 0 & 1 \end{bmatrix} \quad \text{e} \quad P^{-1} = \begin{bmatrix} 1 & -1 \\ -2 & 3 \end{bmatrix}$$

Como $A = PDP^{-1}$,

$$\begin{aligned} A^8 = PD^8 P^{-1} &= \begin{bmatrix} 3 & 1 \\ 2 & 1 \end{bmatrix} \begin{bmatrix} 2^8 & 0 \\ 0 & 1^8 \end{bmatrix} \begin{bmatrix} 1 & -1 \\ -2 & 3 \end{bmatrix} \\ &= \begin{bmatrix} 3 & 1 \\ 2 & 1 \end{bmatrix} \begin{bmatrix} 256 & 0 \\ 0 & 1 \end{bmatrix} \begin{bmatrix} 1 & -1 \\ -2 & 3 \end{bmatrix} \\ &= \begin{bmatrix} 766 & -765 \\ 510 & -509 \end{bmatrix} \end{aligned}$$

2. Calcule $A\mathbf{v}_1 = \begin{bmatrix} -3 & 12 \\ -2 & 7 \end{bmatrix} \begin{bmatrix} 3 \\ 1 \end{bmatrix} = \begin{bmatrix} 3 \\ 1 \end{bmatrix} = 1 \cdot \mathbf{v}_1$ e

$$A\mathbf{v}_2 = \begin{bmatrix} -3 & 12 \\ -2 & 7 \end{bmatrix} \begin{bmatrix} 2 \\ 1 \end{bmatrix} = \begin{bmatrix} 6 \\ 3 \end{bmatrix} = 3 \cdot \mathbf{v}_2$$

Então $\mathbf{v}_1$ e $\mathbf{v}_2$ são autovetores associados aos autovalores 1 e 3, respectivamente. Assim,

$$A = PDP^{-1}, \quad \text{em que} \quad P = \begin{bmatrix} 3 & 2 \\ 1 & 1 \end{bmatrix} \quad \text{e} \quad D = \begin{bmatrix} 1 & 0 \\ 0 & 3 \end{bmatrix}$$

3. Sim, A é diagonalizável. Existe uma base $\{\mathbf{v}_1, \mathbf{v}_2\}$ para o autoespaço associado a $\lambda = 3$. Além disso, existem pelo menos dois autovetores, um associado a $\lambda = 5$ e outro associado a $\lambda = -2$. Podemos denotá-los por $\mathbf{v}_3$ e $\mathbf{v}_4$. Então $\{\mathbf{v}_1, \mathbf{v}_2, \mathbf{v}_3, \mathbf{v}_4\}$ é linearmente independente pelo Teorema 2 e pelo Problema Prático 3 na Seção 5.1. Não existem outros autovetores que sejam linearmente independentes com $\mathbf{v}_1, \mathbf{v}_2, \mathbf{v}_3, \mathbf{v}_4$, porque são todos vetores em $\mathbb{R}^4$. Portanto, os autoespaços associados a $\lambda = 5$ e $\lambda = -2$ são unidimensionais. Segue do Teorema 7(b) que A é diagonalizável.

5.4 AUTOVETORES E TRANSFORMAÇÕES LINEARES

Nesta seção, consideraremos autovalores e autovetores de transformações lineares $T : V \to V$, em que V é qualquer espaço vetorial. No caso em que V for um espaço vetorial de dimensão finita e existir uma base para V consistindo em autovetores de T, veremos como representar a transformação T como multiplicação à esquerda por uma matriz diagonal.

Autovetores de Transformações Lineares

Anteriormente, consideramos diversos espaços vetoriais, incluindo o espaço dos sinais em tempo discreto, $\mathbb{S}$, e o espaço dos polinômios, $\mathbb{P}$. Autovalores e autovetores podem ser definidos para transformações lineares de qualquer espaço vetorial em si mesmo.

DEFINIÇÃO

> Seja V um espaço vetorial. Um **autovetor** de uma transformação linear $T : V \to V$ é um vetor não nulo $\mathbf{x}$ em V tal que $T(\mathbf{x}) = \lambda \mathbf{x}$ para algum escalar λ. Um escalar λ será dito um **autovalor** de T se existir uma solução não trivial $\mathbf{x}$ de $T(\mathbf{x}) = \lambda \mathbf{x}$; tal $\mathbf{x}$ será chamado **autovetor** associado ao autovalor λ.

EXEMPLO 1 Os sinais sinusoidais foram estudados em detalhes nas Seções 4.7 e 4.8. Considere o sinal definido por $\{s_k\} = \left\{ \cos\left(\dfrac{k\pi}{2} \right) \right\}$, em que k percorre todos os inteiros. A transformação linear deslocamento duplo D é definida por $D(\{s_k\}) = \{x_{k+2}\}$. Mostre que $\{s_k\}$ é um autovetor de D e determine seu autovalor associado.

SOLUÇÃO A fórmula trigonométrica $\cos(\theta + \pi) = -\cos(\theta)$ vai ser útil aqui. Seja $\{y_k\} = D(\{s_k\})$ e note que

$$y_k = s_{k+2} = \cos\left(\frac{(k+2)\pi}{2} \right) = \cos\left(\frac{k\pi}{2} + \pi \right) = -\cos\left(\frac{k\pi}{2} \right) = -s_k$$

de modo que $D(\{s_k\}) = \{-s_k\} = -\{s_k\}$. Isso mostra que $\{s_k\}$ é um autovetor de D com autovalor associado -1. ∎

Na Figura 1, foram escolhidos valores diferentes para a frequência f para fazer um gráfico de uma seção dos sinais sinusoidais $\left\{ \cos\left(\dfrac{fk\pi}{4} \right) \right\}$ e $D\left(\left\{ \cos\left(\dfrac{fk\pi}{4} \right) \right\} \right)$. A escolha $f = 2$ ilustra o autovetor para D estabelecido no Exemplo 1. Qual relação entre os padrões de pontos do sinal original e do sinal transformado aponta para a existência de um autovalor? Que outras escolhas da frequência f criam um sinal que é um autovetor para D? Quais são os autovalores associados? Na Figura 1, o gráfico à esquerda ilustra o sinal sinusoidal com $f = 1$ e o gráfico à direita ilustra o sinal sinusoidal com $f = 2$.

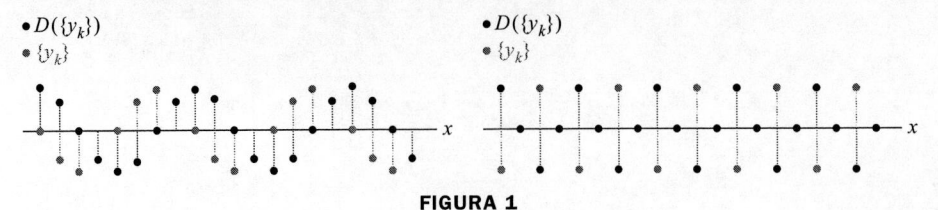

FIGURA 1

Matriz de uma Transformação Linear

Existem ramos da álgebra linear que usam matrizes de dimensão infinita para transformar espaços vetoriais de dimensão infinita; no entanto, no restante deste capítulo, restringiremos nosso estudo a transformações lineares e matrizes associadas a espaços vetoriais de dimensão finita.

Seja V um espaço vetorial de dimensão n e seja T qualquer transformação linear de V em V. Para associar uma matriz a T, escolha qualquer base $\mathcal{B}$ para V. Dado qualquer $\mathbf{x}$ em V, o vetor de coordenadas $[\mathbf{x}]_\mathcal{B}$ pertence a $\mathbb{R}^n$, assim como o vetor de coordenadas da sua imagem $[T(\mathbf{x})]_\mathcal{B}$.

É fácil encontrar a ligação entre $[\mathbf{x}]_\mathcal{B}$ e $[T(\mathbf{x})]_\mathcal{B}$. Seja $\{\mathbf{b}_1, ..., \mathbf{b}_n\}$ a base $\mathcal{B}$ para V. Se $\mathbf{x} = r_1\mathbf{b}_1 + \cdots + r_n\mathbf{b}_n$, então

$$[\mathbf{x}]_\mathcal{B} = \begin{bmatrix} r_1 \\ \vdots \\ r_n \end{bmatrix}$$

e

$$T(\mathbf{x}) = T(r_1\mathbf{b}_1 + \cdots + r_n\mathbf{b}_n) = r_1 T(\mathbf{b}_1) + \cdots + r_n T(\mathbf{b}_n) \tag{1}$$

já que T é linear. Como a transformação de coordenadas de V para $\mathbb{R}^n$ é linear (Teorema 8 na Seção 4.4), a equação (1) nos leva a

$$[T(\mathbf{x})]_\mathcal{B} = r_1[T(\mathbf{b}_1)]_\mathcal{B} + \cdots + r_n[T(\mathbf{b}_n)]_\mathcal{B} \tag{2}$$

Como os vetores de coordenadas em relação à base $\mathcal{B}$ pertencem a $\mathbb{R}^n$, a equação vetorial (2) pode ser reescrita como uma equação matricial, a saber,

$$[T(\mathbf{x})]_\mathcal{B} = M[\mathbf{x}]_\mathcal{B} \tag{3}$$

em que

$$M = [[T(\mathbf{b}_1)]_\mathcal{B}\ [T(\mathbf{b}_2)]_\mathcal{B} \cdots [T(\mathbf{b}_n)]_\mathcal{B}] \tag{4}$$

A matriz M é uma representação matricial para T, chamada **matriz de T relativo à base** $\mathcal{B}$ e denotada por $[T]_\mathcal{B}$. Veja a Figura 2.

A equação (3), no que diz respeito aos vetores de coordenadas, afirma que a ação de T em $\mathbf{x}$ pode ser vista como multiplicação à esquerda por M.

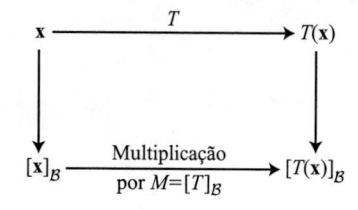

FIGURA 2

EXEMPLO 2 Suponha que $\mathcal{B} = \{\mathbf{b}_1, \mathbf{b}_2\}$ seja uma base para V. Seja $T : V \to V$ uma transformação linear com a propriedade que

$$T(\mathbf{b}_1) = 3\mathbf{b}_1 - 2\mathbf{b}_2 \quad \text{e} \quad T(\mathbf{b}_2) = 4\mathbf{b}_1 + 7\mathbf{b}_2$$

Encontre a matriz M de T relativa a $\mathcal{B}$.

SOLUÇÃO Os vetores de coordenadas em relação à base $\mathcal{B}$ das *imagens* de $\mathbf{b}_1$ e $\mathbf{b}_2$ são

$$[T(\mathbf{b}_1)]_\mathcal{B} = \begin{bmatrix} 3 \\ -2 \end{bmatrix} \quad \text{e} \quad [T(\mathbf{b}_2)]_\mathcal{B} = \begin{bmatrix} 4 \\ 7 \end{bmatrix}$$

Logo

$$M = \begin{bmatrix} 3 & 4 \\ -2 & 7 \end{bmatrix}$$

$\blacksquare$

EXEMPLO 3 A aplicação $T : \mathbb{P}_2 \to \mathbb{P}_2$ definida por

$$T(a_0 + a_1 t + a_2 t^2) = a_1 + 2a_2 t$$

é uma transformação linear. (Estudantes de Cálculo irão reconhecer T como o operador derivada.)

a. Determine a matriz de T em relação a $\mathcal{B}$, na qual $\mathcal{B}$ é a base $\{1, t, t^2\}$.

b. Verifique que $[T(\mathbf{p})]_\mathcal{B} = [T]_\mathcal{B}\,[\mathbf{p}]_\mathcal{B}$ para cada $\mathbf{p}$ em $\mathbb{P}_2$.

SOLUÇÃO

a. Calcule as imagens dos vetores na base:

$$T(1) = 0 \quad \text{O polinômio nulo}$$
$$T(t) = 1 \quad \text{O polinômio cujo valor é sempre 1}$$
$$T(t^2) = 2t$$

Depois, escreva os vetores de coordenadas em relação a $\mathcal{B}$ para $T(1)$, $T(t)$ e $T(t^2)$ (que, neste exemplo, podem ser obtidos por inspeção) e use-os para montar a matriz de T em relação a $\mathcal{B}$:

$$[T(1)]_\mathcal{B} = \begin{bmatrix} 0 \\ 0 \\ 0 \end{bmatrix}, \quad [T(t)]_\mathcal{B} = \begin{bmatrix} 1 \\ 0 \\ 0 \end{bmatrix}, \quad [T(t^2)]_\mathcal{B} = \begin{bmatrix} 0 \\ 2 \\ 0 \end{bmatrix}$$

$$[T]_\mathcal{B} = \begin{bmatrix} 0 & 1 & 0 \\ 0 & 0 & 2 \\ 0 & 0 & 0 \end{bmatrix}$$

b. Para o caso geral $\mathbf{p}(t) = a_0 + a_1 t + a_2 t^2$, temos

$$[T(\mathbf{p})]_\mathcal{B} = [a_1 + 2a_2 t]_\mathcal{B} = \begin{bmatrix} a_1 \\ 2a_2 \\ 0 \end{bmatrix}$$

$$= \begin{bmatrix} 0 & 1 & 0 \\ 0 & 0 & 2 \\ 0 & 0 & 0 \end{bmatrix} \begin{bmatrix} a_0 \\ a_1 \\ a_2 \end{bmatrix} = [T]_\mathcal{B}[\mathbf{p}]_\mathcal{B}$$

Veja a Figura 3. ∎

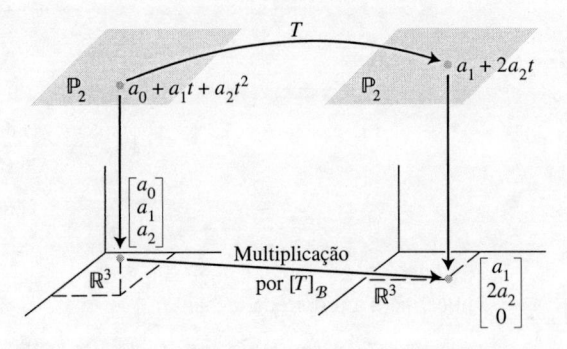

FIGURA 3 Representação matricial de uma transformação linear.

Transformações Lineares em $\mathbb{R}^n$

Em aplicações envolvendo $\mathbb{R}^n$, uma transformação linear T em geral aparece, inicialmente, como uma transformação matricial $\mathbf{x} \mapsto A\mathbf{x}$. Se A for diagonalizável, então existirá uma base $\mathcal{B}$ para $\mathbb{R}^n$ formada por autovetores de A. O Teorema 8 a seguir mostra que, nesse caso, a matriz de T em relação a $\mathcal{B}$ é diagonal. Diagonalizar A significa determinar uma representação de $\mathbf{x} \mapsto A\mathbf{x}$ por uma matriz diagonal.

TEOREMA 8

Representação com Matriz Diagonal

Suponha que $A = PDP^{-1}$, em que D é uma matriz diagonal $n \times n$. Se $\mathcal{B}$ for a base para $\mathbb{R}^n$ formada pelas colunas de P, então D será a matriz da transformação $\mathbf{x} \mapsto A\mathbf{x}$ em relação a $\mathcal{B}$.

DEMONSTRAÇÃO Vamos denotar as colunas de P por $\mathbf{b}_1, \ldots, \mathbf{b}_n$, de modo que $\mathcal{B} = \{\mathbf{b}_1, \ldots, \mathbf{b}_n\}$ e $P = [\mathbf{b}_1, \ldots, \mathbf{b}_n]$. Nesse caso, P é a matriz mudança de coordenadas $P_{\mathcal{B}}$ discutida na Seção 4.4, na qual

$$P[\mathbf{x}]_{\mathcal{B}} = \mathbf{x} \quad \text{e} \quad [\mathbf{x}]_{\mathcal{B}} = P^{-1}\mathbf{x}$$

Se $T(\mathbf{x}) = A\mathbf{x}$ para todo $\mathbf{x}$ em $\mathbb{R}^n$, então

$$
\begin{aligned}
[\,T\,]_{\mathcal{B}} &= \left[\,[\,T(\mathbf{b}_1)\,]_{\mathcal{B}} \quad \cdots \quad [\,T(\mathbf{b}_n)\,]_{\mathcal{B}}\,\right] && \text{Definição de } [\,T\,]_{\mathcal{B}} \\
&= \left[\,[\,A\mathbf{b}_1\,]_{\mathcal{B}} \quad \cdots \quad [\,A\mathbf{b}_n\,]_{\mathcal{B}}\,\right] && \text{Como } T(\mathbf{x}) = A\mathbf{x} \\
&= [\,P^{-1}A\mathbf{b}_1 \quad \cdots \quad P^{-1}A\mathbf{b}_n\,] && \text{Mudança de coordenadas} \\
&= P^{-1}A[\,\mathbf{b}_1 \quad \cdots \quad \mathbf{b}_n\,] && \text{Multiplicação matricial} \\
&= P^{-1}AP && (5)
\end{aligned}
$$

Como $A = PDP^{-1}$, temos $[T]_{\mathcal{B}} = P^{-1}AP = D$. ∎

EXEMPLO 4 Defina $T : \mathbb{R}^2 \to \mathbb{R}^2$ por $T(\mathbf{x}) = A\mathbf{x}$, em que $A = \begin{bmatrix} 7 & 2 \\ -4 & 1 \end{bmatrix}$. Encontre uma base $\mathcal{B}$ para $\mathbb{R}^2$ com a propriedade de que a matriz de T em relação a $\mathcal{B}$ é uma matriz diagonal.

SOLUÇÃO Do Exemplo 2 na Seção 5.3, sabemos que $A = PDP^{-1}$, em que

$$P = \begin{bmatrix} 1 & 1 \\ -1 & -2 \end{bmatrix} \quad \text{e} \quad D = \begin{bmatrix} 5 & 0 \\ 0 & 3 \end{bmatrix}$$

As colunas de P, denotadas por $\mathbf{b}_1$ e $\mathbf{b}_2$, são autovetores de A. Pelo Teorema 8, D é a matriz de T em relação a $\mathcal{B}$ quando $\mathcal{B} = \{\mathbf{b}_1, \mathbf{b}_2\}$. As aplicações $\mathbf{x} \mapsto A\mathbf{x}$ e $\mathbf{u} \mapsto D\mathbf{u}$ descrevem a mesma transformação linear, mas em relação a bases diferentes. ∎

Semelhança de Representações Matriciais

A demonstração do Teorema 8 não usou a informação de que D era diagonal. Portanto, se A for semelhante a uma matriz C, com $A = PCP^{-1}$, então C será a matriz da transformação $\mathbf{x} \mapsto A\mathbf{x}$ em relação a $\mathcal{B}$ quando a base $\mathcal{B}$ for formada pelas colunas de P. A fatoração $A = PCP^{-1}$ está ilustrada na Figura 4.

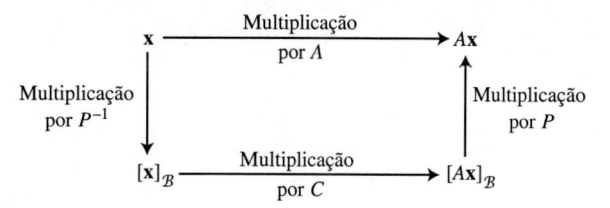

FIGURA 4 Semelhança de duas representações matriciais: $A = PCP^{-1}$.

Reciprocamente, se $T : \mathbb{R}^n \to \mathbb{R}^n$ for definida por $T(\mathbf{x}) = A\mathbf{x}$ e se $\mathcal{B}$ for qualquer base para $\mathbb{R}^n$, então a matriz de T em relação a $\mathcal{B}$ será semelhante à matriz A. De fato, os cálculos na demonstração do Teorema 8 mostram que, se P for a matriz cujas colunas são os vetores em $\mathcal{B}$, então $[T]_{\mathcal{B}} = P^{-1}AP$. Esta conexão importante entre a matriz de uma transformação linear e matrizes semelhantes está destacada aqui.

> O conjunto de todas as matrizes semelhantes à matriz A coincide com o conjunto de todas as representações matriciais da transformação $\mathbf{x} \mapsto A\mathbf{x}$.

EXEMPLO 5 Sejam $A = \begin{bmatrix} 4 & -9 \\ 4 & -8 \end{bmatrix}$, $\mathbf{b}_1 = \begin{bmatrix} 3 \\ 2 \end{bmatrix}$ e $\mathbf{b}_2 = \begin{bmatrix} 2 \\ 1 \end{bmatrix}$. O polinômio característico de A é $(\lambda + 2)^2$, mas o autoespaço associado ao autovalor -2 só tem dimensão um, de modo que A não é diagonalizável. No entanto, a base $\mathcal{B} = \{\mathbf{b}_1, \mathbf{b}_2\}$ tem a propriedade de que a matriz da transformação $\mathbf{x} \mapsto A\mathbf{x}$ em relação a $\mathcal{B}$ é uma matriz triangular conhecida como a *forma de Jordan* de A.[1] Encontre essa matriz.

---

[1] Toda matriz quadrada A é semelhante a uma matriz na forma de Jordan. A base usada para produzir uma forma de Jordan consiste nos autovetores e nos chamados "autovetores generalizados" de A. Veja o Capítulo 9 de *Applied Linear Algebra*, 3ª ed. (Englewood Cliffs, NJ: Prentice-Hall, 1988), de B. Noble e J. W. Daniel.

SOLUÇÃO   Se $P = [\mathbf{b}_1\ \mathbf{b}_2]$, então a matriz em relação a $\mathcal{B}$ é $P^{-1}AP$. Calcule

$$AP = \begin{bmatrix} 4 & -9 \\ 4 & -8 \end{bmatrix}\begin{bmatrix} 3 & 2 \\ 2 & 1 \end{bmatrix} = \begin{bmatrix} -6 & -1 \\ -4 & 0 \end{bmatrix}$$

$$P^{-1}AP = \begin{bmatrix} -1 & 2 \\ 2 & -3 \end{bmatrix}\begin{bmatrix} -6 & -1 \\ -4 & 0 \end{bmatrix} = \begin{bmatrix} -2 & 1 \\ 0 & -2 \end{bmatrix}$$

Note que o autovalor de A está na diagonal.   ∎

Comentário Numérico

Uma forma eficiente de calcular uma matriz $P^{-1}AP$ em relação a uma base $\mathcal{B}$ é calcular AP e, depois, escalonar a matriz aumentada $[P \quad AP]$ até obter $[I \quad P^{-1}AP]$. Um cálculo separado de P^{-1} é desnecessário. Veja o Exercício 22 na Seção 2.2.

Problemas Práticos

1. Encontre $T(a_0 + a_1 t + a_2 t^2)$ se T for a transformação linear de $\mathbb{P}_2$ em $\mathbb{P}_2$ cuja matriz em relação à base $\mathcal{B} = \{1, t, t^2\}$ é

$$[T]_\mathcal{B} = \begin{bmatrix} 3 & 4 & 0 \\ 0 & 5 & -1 \\ 1 & -2 & 7 \end{bmatrix}$$

2. Sejam A, B e C matrizes $n \times n$. O texto mostrou que, se A for semelhante a B, então B é semelhante a A. Essa propriedade, junto com as afirmações a seguir, mostra que "semelhança" é uma *relação de equivalência*. (A equivalência por linhas é outro exemplo de relação de equivalência.) Verifique os itens (a) e (b).

   a. A é semelhante a A.

   b. Se A for semelhante a B e B for semelhante a C, então A será semelhante a C.

5.4 EXERCÍCIOS

1. Seja $\mathcal{B} = \{\mathbf{b}_1, \mathbf{b}_2, \mathbf{b}_3\}$ uma base para o espaço vetorial V. Seja $T : V \to V$ uma transformação linear com a propriedade que

   $T(\mathbf{b}_1) = 3\mathbf{b}_1 - 5\mathbf{b}_2$, $T(\mathbf{b}_2) = -\mathbf{b}_1 + 6\mathbf{b}_2$, $T(\mathbf{b}_3) = 4\mathbf{b}_2$

   Encontre $[T]_\mathcal{B}$, a matriz de T relativa à base $\mathcal{B}$.

2. Seja $\mathcal{B} = \{\mathbf{b}_1, \mathbf{b}_2\}$ uma base para o espaço vetorial V. Seja $T : V \to V$ uma transformação linear com a propriedade de que

   $$T(\mathbf{b}_1) = 2\mathbf{b}_1 - 3\mathbf{b}_2, \quad T(\mathbf{b}_2) = -4\mathbf{b}_1 + 5\mathbf{b}_2$$

   Encontre $[T]_\mathcal{B}$, a matriz de T relativa à base $\mathcal{B}$.

3. Suponha que a aplicação $T : \mathbb{P}_2 \to \mathbb{P}_2$ definida por

   $T(a_0 + a_1 t + a_2 t^2) = 3a_0 + (5a_0 - 2a_1)t + (4a_1 + a_2)t^2$

   seja linear. Encontre a matriz de T em relação à base $\mathcal{B} = \{1, t, t^2\}$.

4. Defina $T : \mathbb{P}_2 \to \mathbb{P}_2$ por $T(\mathbf{p}) = \mathbf{p}(0) - \mathbf{p}(1)t + \mathbf{p}(2)t^2$.

   a. Mostre que T é uma transformação linear.

   b. Encontre $T(\mathbf{p})$ para $\mathbf{p}(t) = -2 + t$. $\mathbf{p}$ é um autovetor para T?

   c. Encontre a matriz de T relativa à base $\{1, t, t^2\}$ para $\mathbb{P}_2$.

5. Seja $\mathcal{B} = \{\mathbf{b}_1, \mathbf{b}_2, \mathbf{b}_3\}$ uma base para o espaço vetorial V. Calcule $T(3\mathbf{b}_1 - 4\mathbf{b}_2)$ quando T é a transformação linear de V em V cuja matriz em relação à base $\mathcal{B}$ é

   $$[T]_\mathcal{B} = \begin{bmatrix} 0 & -6 & 1 \\ 0 & 5 & -1 \\ 1 & -2 & 7 \end{bmatrix}$$

6. Seja $\mathcal{B} = \{\mathbf{b}_1, \mathbf{b}_2, \mathbf{b}_3\}$ uma base para o espaço vetorial V. Calcule $T(2\mathbf{b}_1 - \mathbf{b}_2 + 4\mathbf{b}_3)$ quando T é a transformação linear de V em V cuja matriz em relação à base $\mathcal{B}$ é

   $$[T]_\mathcal{B} = \begin{bmatrix} 0 & -6 & 1 \\ 0 & 5 & -1 \\ 1 & -2 & 7 \end{bmatrix}$$

Nos Exercícios 7 e 8, encontre a matriz da transformação $\mathbf{x} \mapsto A\mathbf{x}$ em relação a $\mathcal{B}$, em que $\mathcal{B} = \{\mathbf{b}_1, \mathbf{b}_2\}$.

7. $A = \begin{bmatrix} 3 & 4 \\ -1 & -1 \end{bmatrix}$, $\mathbf{b}_1 = \begin{bmatrix} 2 \\ -1 \end{bmatrix}$, $\mathbf{b}_2 = \begin{bmatrix} 1 \\ 2 \end{bmatrix}$

8. $A = \begin{bmatrix} -1 & 4 \\ -2 & 3 \end{bmatrix}$, $\mathbf{b}_1 = \begin{bmatrix} 3 \\ 2 \end{bmatrix}$, $\mathbf{b}_2 = \begin{bmatrix} -1 \\ 1 \end{bmatrix}$

Nos Exercícios 9 a 12, defina $T : \mathbb{R}^2 \to \mathbb{R}^2$ por $T(\mathbf{x}) = A\mathbf{x}$. Encontre uma base $\mathcal{B}$ para $\mathbb{R}^2$ com a propriedade de que $[T]_\mathcal{B}$ seja uma matriz diagonal.

9. $A = \begin{bmatrix} 0 & 1 \\ -3 & 4 \end{bmatrix}$ 10. $A = \begin{bmatrix} 5 & -3 \\ -7 & 1 \end{bmatrix}$

11. $A = \begin{bmatrix} 4 & -2 \\ -1 & 3 \end{bmatrix}$ 12. $A = \begin{bmatrix} 2 & -6 \\ -1 & 3 \end{bmatrix}$

13. Sejam $A = \begin{bmatrix} 1 & 1 \\ -1 & 3 \end{bmatrix}$ e $\mathcal{B} = \{\mathbf{b}_1, \mathbf{b}_2\}$, em que $\mathbf{b}_1 = \begin{bmatrix} 1 \\ 1 \end{bmatrix}$, $\mathbf{b}_2 = \begin{bmatrix} 5 \\ 4 \end{bmatrix}$.

   Defina $T : \mathbb{R}^2 \to \mathbb{R}^2$ por $T(\mathbf{x}) = A\mathbf{x}$.

a. Verifique que $\mathbf{b}_1$ é um autovetor de A, mas que A não é diagonalizável.

b. Encontre a matriz de T em relação a $\mathcal{B}$.

14. Defina $T : \mathbb{R}^3 \to \mathbb{R}^3$ por $T(\mathbf{x}) = A\mathbf{x}$, em que A é uma matriz 3×3 com autovalores 5 e -2. Existe uma base $\mathcal{B}$ para $\mathbb{R}^3$ tal que a matriz de T em relação a $\mathcal{B}$ seja uma matriz diagonal? Discuta.

15. Defina $T : \mathbb{P}_2 \to \mathbb{P}_2$ por $T(\mathbf{p}) = \mathbf{p}(1) + \mathbf{p}(1)t + \mathbf{p}(1)t^2$.

a. Encontre $T(\mathbf{p})$ para $\mathbf{p}(t) = 1 + t + t^2$. $\mathbf{p}$ é um autovetor para T? Se sim, qual é o autovalor associado?

b. Encontre $T(\mathbf{p})$ para $\mathbf{p}(t) = -2 + t$. $\mathbf{p}$ é um autovetor para T? Se sim, qual é o autovalor associado?

16. Defina $T : \mathbb{P}_3 \to \mathbb{P}_3$ por $T(\mathbf{p}) = \mathbf{p}(0) - \mathbf{p}(1)t - \mathbf{p}(1)t^2 + \mathbf{p}(0)t^3$.

a. Encontre $T(\mathbf{p})$ para $\mathbf{p}(t) = 1 + t + t^2 + t^3$. $\mathbf{p}$ é um autovetor para T? Se sim, qual é o autovalor associado?

b. Encontre $T(\mathbf{p})$ para $\mathbf{p}(t) = t + t^2$. $\mathbf{p}$ é um autovetor para T? Se sim, qual é o autovalor associado?

Nos Exercícios 17 a 20, marque cada afirmação como sendo Verdadeira ou Falsa **(V/F)**. Justifique cada resposta.

17. **(V/F)** Matrizes semelhantes têm os mesmos autovalores.

18. **(V/F)** Matrizes semelhantes têm os mesmos autovetores.

19. **(V/F)** Apenas transformações lineares definidas em espaços vetoriais de dimensão finita têm autovetores.

20. **(V/F)** Se existir um vetor não nulo no núcleo de uma transformação linear T, então 0 será um autovalor de T.

Verifique as afirmações nos Exercícios 21 a 28, fornecendo justificativas para cada afirmação. Em cada caso, as matrizes são quadradas.

21. Se A for invertível e semelhante a B, então B será invertível e A^{-1} será semelhante a B^{-1}. [*Sugestão:* $P^{-1}AP = B$ para alguma matriz invertível P. Explique por que B é invertível. Depois, encontre uma matriz invertível Q tal que $Q^{-1}A^{-1}Q = B^{-1}$.]

22. Se A for semelhante a B, então A^2 será semelhante a B^2.

23. Se B for semelhante a A e C for semelhante a A, então B será semelhante a C.

24. Se A for diagonalizável e B for semelhante a A, então B também será diagonalizável.

25. Se $B = P^{-1}AP$ e $\mathbf{x}$ for um autovetor de A associado a um autovalor λ, então $P^{-1}\mathbf{x}$ será um autovetor de B associado também a λ.

26. Se A e B forem semelhantes, então terão o mesmo posto. [*Sugestão:* Veja os Exercícios Suplementares 31 e 32 no Capítulo 4.]

27. O *traço* de uma matriz quadrada A é a soma dos elementos da sua diagonal principal e é denotado por tr A. Pode-se verificar que

tr(FG) = tr(GF) para duas matrizes $n \times n$ quaisquer F e G. Mostre que, se A e B forem semelhantes, então tr A = tr B.

28. Pode-se mostrar que o traço de uma matriz A é igual à soma dos autovalores para A. Verifique essa afirmação no caso em que A é diagonalizável.

Os Exercícios 29 a 32 se referem ao espaço vetorial de sinais $\mathbb{S}$ da Seção 4.7. A transformação deslocamento $S(\{y_k\}) = \{y_{k-1}\}$ desloca cada elemento do sinal uma posição para a direita. A transformação média móvel,

$$M_2(\{y_k\}) = \left\{ \frac{y_k + y_{k-1}}{2} \right\},$$ cria um sinal novo fazendo a média entre

dois termos consecutivos no sinal dado. O sinal constante com todos os termos iguais a 1 é dado por $\chi = \{1^k\}$ e o sinal alternado é $\alpha = \{(-1)^k\}$.

29. Mostre que χ é um autovetor da transformação deslocamento S. Qual é o autovalor associado?

30. Mostre que α é um autovetor da transformação deslocamento S. Qual é o autovalor associado?

31. Mostre que α é um autovetor da transformação média móvel M_2. Qual é o autovalor associado?

32. Mostre que χ é um autovetor da transformação média móvel M_2. Qual é o autovalor associado?

Nos Exercícios 33 e 34, encontre a matriz da transformação $\mathbf{x} \mapsto A\mathbf{x}$ em relação a $\mathcal{B}$, quando $\mathcal{B} = \{\mathbf{b}_1, \mathbf{b}_2, \mathbf{b}_3\}$.

M 33. $A = \begin{bmatrix} -14 & 4 & -14 \\ -33 & 9 & -31 \\ 11 & -4 & 11 \end{bmatrix}$, $\mathbf{b}_1 = \begin{bmatrix} -1 \\ -2 \\ 1 \end{bmatrix}$,

$\mathbf{b}_2 = \begin{bmatrix} -1 \\ -1 \\ 1 \end{bmatrix}$, $\mathbf{b}_3 = \begin{bmatrix} -1 \\ -2 \\ 0 \end{bmatrix}$

M 34. $A = \begin{bmatrix} -7 & -48 & -16 \\ 1 & 14 & 6 \\ -3 & -45 & -19 \end{bmatrix}$, $\mathbf{b}_1 = \begin{bmatrix} -3 \\ 1 \\ -3 \end{bmatrix}$,

$\mathbf{b}_2 = \begin{bmatrix} -2 \\ 1 \\ -3 \end{bmatrix}$, $\mathbf{b}_3 = \begin{bmatrix} 3 \\ -1 \\ 0 \end{bmatrix}$

M 35. Seja T a transformação cuja matriz canônica é dada a seguir. Determine uma base $\mathcal{B}$ para $\mathbb{R}^4$ com a propriedade de que $[T]_\mathcal{B}$ é uma matriz diagonal.

$$A = \begin{bmatrix} 15 & -66 & -44 & -33 \\ 0 & 13 & 21 & -15 \\ 1 & -15 & -21 & 12 \\ 2 & -18 & -22 & 8 \end{bmatrix}$$

Soluções dos Problemas Práticos

1. Seja $\mathbf{p}(t) = a_0 + a_1 t + a_2 t^2$ e calcule

$$[T(\mathbf{p})]_\mathcal{B} = [T]_\mathcal{B}[\mathbf{p}]_\mathcal{B} = \begin{bmatrix} 3 & 4 & 0 \\ 0 & 5 & -1 \\ 1 & -2 & 7 \end{bmatrix} \begin{bmatrix} a_0 \\ a_1 \\ a_2 \end{bmatrix} = \begin{bmatrix} 3a_0 + 4a_1 \\ 5a_1 - a_2 \\ a_0 - 2a_1 + 7a_2 \end{bmatrix}$$

Logo, $T(\mathbf{p}) = (3a_0 + 4a_1) + (5a_1 - a_2)t + (a_0 - 2a_1 + 7a_2)t^2$.

2. a. $A = (I)^{-1}AI$, de modo que A é semelhante a A.

   b. Por hipótese, existem matrizes invertíveis P e Q com a propriedade de que $B = P^{-1}AP$ e $C = Q^{-1}BQ$. Substituindo a fórmula para B na fórmula para C e usando os fatos sobre a inversa do produto, temos:

$$C = Q^{-1}BQ = Q^{-1}(P^{-1}AP)Q = (PQ)^{-1}A(PQ)$$

Essa equação é da forma que garante que A é semelhante a C.

5.5 AUTOVALORES COMPLEXOS

Como a equação característica de uma matriz $n \times n$ envolve um polinômio de grau n, a equação sempre tem exatamente n raízes, contando as multiplicidades, *desde que as raízes complexas sejam levadas em conta*. Nesta seção, vamos mostrar que, se a equação característica de uma matriz real A tiver raízes complexas, então essas raízes fornecerão informação crítica sobre A. A chave é deixar A agir no espaço $\mathbb{C}^n$ das n-uplas de números complexos.[1]

Nosso interesse em $\mathbb{C}^n$ não surge do desejo de "generalizar" os resultados dos capítulos anteriores, apesar de que isso abriria novas e significativas aplicações da álgebra linear.[2] Mas nosso estudo sobre autovalores complexos é essencial para obter informação "escondida" a respeito de certas matrizes com elementos reais que surgem em uma variedade de problemas aplicados. Esses problemas incluem muitos sistemas dinâmicos que envolvem movimento periódico, vibração ou algum tipo de rotação no espaço.

A teoria matricial de autovalores e autovetores desenvolvida para $\mathbb{R}^n$ se aplica igualmente a $\mathbb{C}^n$. Assim, um escalar complexo λ satisfaz $\det(A - \lambda I) = 0$ se e somente se existir um vetor não nulo $\mathbf{x}$ em $\mathbb{C}^n$ tal que $A\mathbf{x} = \lambda\mathbf{x}$. Dizemos que λ é um **autovalor (complexo)** e $\mathbf{x}$ um **autovetor (complexo)** associado a λ.

EXEMPLO 1   Se $A = \begin{bmatrix} 0 & -1 \\ 1 & 0 \end{bmatrix}$, então a transformação linear $\mathbf{x} \mapsto A\mathbf{x}$ em $\mathbb{R}^2$ gira o plano de um quarto de volta no sentido trigonométrico (ou anti-horário). A ação de A é periódica já que, depois de quatro rotações de quarto de volta, o vetor retorna à sua posição inicial. É óbvio que nenhum vetor não nulo é levado em um múltiplo de si mesmo, assim A não tem autovetores em $\mathbb{R}^2$ e, portanto, não tem autovalores reais. De fato, a equação característica de A é

$$\lambda^2 + 1 = 0$$

Só há raízes complexas: $\lambda = i$ e $\lambda = -i$. No entanto, se permitirmos que A possa agir em $\mathbb{C}^2$, então

$$\begin{bmatrix} 0 & -1 \\ 1 & 0 \end{bmatrix} \begin{bmatrix} 1 \\ -i \end{bmatrix} = \begin{bmatrix} i \\ 1 \end{bmatrix} = i \begin{bmatrix} 1 \\ -i \end{bmatrix}$$

$$\begin{bmatrix} 0 & -1 \\ 1 & 0 \end{bmatrix} \begin{bmatrix} 1 \\ i \end{bmatrix} = \begin{bmatrix} -i \\ 1 \end{bmatrix} = -i \begin{bmatrix} 1 \\ i \end{bmatrix}$$

Assim, i e $-i$ são autovalores, com $\begin{bmatrix} 1 \\ -i \end{bmatrix}$ e $\begin{bmatrix} 1 \\ i \end{bmatrix}$ sendo os autovetores associados. (Um método para *encontrar* autovetores complexos é discutido no Exemplo 2.) ∎

O foco principal desta seção será na matriz do próximo exemplo.

EXEMPLO 2   Seja $A = \begin{bmatrix} 0{,}5 & -0{,}6 \\ 0{,}75 & 1{,}1 \end{bmatrix}$. Encontre os autovalores de A e uma base para cada autoespaço.

SOLUÇÃO   A equação característica de A é

$$0 = \det \begin{bmatrix} 0{,}5 - \lambda & -0{,}6 \\ 0{,}75 & 1{,}1 - \lambda \end{bmatrix} = (0{,}5 - \lambda)(1{,}1 - \lambda) - (-0{,}6)(0{,}75)$$

$$= \lambda^2 - 1{,}6\lambda + 1$$

Da fórmula para equações do segundo grau, temos $\lambda = \frac{1}{2}[1{,}6 \pm \sqrt{(-1{,}6)^2 - 4}] = 0{,}8 \pm 0{,}6i$. Para o autovalor $\lambda = 0{,}8 - 0{,}6i$, analisamos

$$\begin{aligned}
A - (0{,}8 - 0{,}6i)I &= \begin{bmatrix} 0{,}5 & -0{,}6 \\ 0{,}75 & 1{,}1 \end{bmatrix} - \begin{bmatrix} 0{,}8 - 0{,}6i & 0 \\ 0 & 0{,}8 - 0{,}6i \end{bmatrix} \\
&= \begin{bmatrix} -0{,}3 + 0{,}6i & -0{,}6 \\ 0{,}75 & 0{,}3 + 0{,}6i \end{bmatrix}
\end{aligned} \tag{1}$$

---

[1] Refira-se ao Apêndice B para uma discussão rápida de números complexos. A álgebra matricial e os conceitos sobre espaços vetoriais reais são válidos para o caso em que as matrizes têm elementos complexos e os coeficientes são complexos. Em particular, $A(c\mathbf{x} + d\mathbf{y}) = cA\mathbf{x} + dA\mathbf{y}$ para uma matriz A $m \times n$ com elementos complexos, $\mathbf{x}$, $\mathbf{y}$ em $\mathbb{C}^n$ e c, d em $\mathbb{C}$.
[2] Um segundo curso de álgebra linear, com frequência, discute esses tópicos. Eles são particularmente importantes em engenharia elétrica.

É muito desagradável fazer o escalonamento manual da matriz aumentada usual por causa da aritmética complexa. No entanto, temos uma ótima observação que simplifica o assunto: como $0,8 - 0,6i$ é um autovalor, sabemos que o sistema

$$\begin{aligned}(-0,3 + 0,6i)x_1 - \quad\quad 0,6x_2 &= 0 \\ 0,75x_1 + (0,3 + 0,6i)x_2 &= 0\end{aligned} \tag{2}$$

tem solução não trivial (com x_1 e x_2 sendo possivelmente números complexos). Portanto, *ambas as equações em (2) determinam a mesma relação entre x_1 e x_2, e qualquer uma dessas equações pode ser usada para expressar uma variável em função da outra.*[3]

A segunda equação em (2) nos leva a

$$\begin{aligned}0,75x_1 &= (-0,3 - 0,6i)x_2 \\ x_1 &= (-0,4 - 0,8i)x_2\end{aligned}$$

Escolha $x_2 = 5$ para eliminar a vírgula e obtenha $x_1 = -2 - 4i$. Uma base para o autoespaço associado a $\lambda = 0,8 - 0,6i$ é

$$\mathbf{v}_1 = \begin{bmatrix} -2 - 4i \\ 5 \end{bmatrix}$$

Cálculos análogos para $\lambda = 0,8 + 0,6i$ produzem o autovetor

$$\mathbf{v}_2 = \begin{bmatrix} -2 + 4i \\ 5 \end{bmatrix}$$

Verificando o resultado, temos

$$A\mathbf{v}_2 = \begin{bmatrix} 0,5 & -0,6 \\ 0,75 & 1,1 \end{bmatrix}\begin{bmatrix} -2 + 4i \\ 5 \end{bmatrix} = \begin{bmatrix} -4 + 2i \\ 4 + 3i \end{bmatrix} = (0,8 + 0,6i)\mathbf{v}_2 \qquad\blacksquare$$

De modo surpreendente, a matriz A no Exemplo 2 determina uma transformação $\mathbf{x} \mapsto A\mathbf{x}$ que é essencialmente uma rotação. Esse fato se torna evidente quando colocamos em um gráfico pontos apropriados, conforme ilustrado na Figura 1.

EXEMPLO 3 Para ver como a multiplicação por A no Exemplo 2 age sobre pontos, representamos de forma gráfica um ponto inicial, digamos, $\mathbf{x}_0 = (2, 0)$ e, depois, novamente, as imagens sucessivas desse ponto sob multiplicações repetidas por A. Ou seja, colocamos em um gráfico os pontos

$$\mathbf{x}_1 = A\mathbf{x}_0 = \begin{bmatrix} 0,5 & -0,6 \\ 0,75 & 1,1 \end{bmatrix}\begin{bmatrix} 2 \\ 0 \end{bmatrix} = \begin{bmatrix} 1,0 \\ 1,5 \end{bmatrix}$$

$$\mathbf{x}_2 = A\mathbf{x}_1 = \begin{bmatrix} 0,5 & -0,6 \\ 0,75 & 1,1 \end{bmatrix}\begin{bmatrix} 1,0 \\ 1,5 \end{bmatrix} = \begin{bmatrix} -0,4 \\ 2,4 \end{bmatrix}$$

$$\mathbf{x}_3 = A\mathbf{x}_2, \dots$$

A Figura 1 mostra $\mathbf{x}_0, \dots, \mathbf{x}_8$ como os pontos maiores. Os pontos menores mostram a localização de $\mathbf{x}_9, \dots, \mathbf{x}_{100}$. A sequência forma uma órbita elíptica. $\qquad\blacksquare$

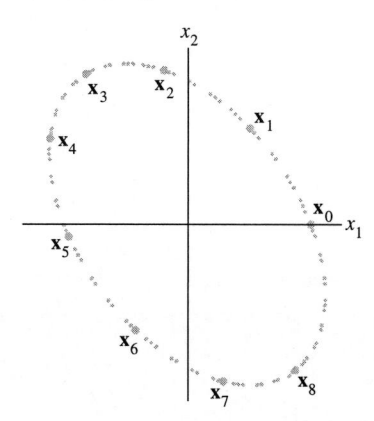

FIGURA 1 Iterados de um ponto $\mathbf{x}_0$ sob a ação de uma matriz com um autovalor complexo.

É claro que a Figura 1 não explica *por que* ocorre a rotação. O segredo da rotação está escondido nas partes real e imaginária de um autovetor complexo.

---

[3]Outro modo de ver isso é compreender que a matriz na equação (1) não é invertível, mas suas linhas são linearmente dependentes (como vetores em $\mathbb{C}^2$) e, portanto, uma linha é um múltiplo (complexo) da outra.

Partes Real e Imaginária de Vetores

O complexo conjugado de um vetor complexo $\mathbf{x}$ em $\mathbb{C}^n$ é o vetor $\bar{\mathbf{x}}$ de $\mathbb{C}^n$ cujas componentes são os complexos conjugados das componentes de $\mathbf{x}$. A **parte real** e a **parte imaginária** de um vetor complexo $\mathbf{x}$ são os vetores $\operatorname{Re}\mathbf{x}$ e $\operatorname{Im}\mathbf{x}$ em $\mathbb{R}^n$ formados pela parte real e pela parte imaginária de cada componente de $\mathbf{x}$. Assim,

$$\mathbf{x} = \operatorname{Re}\mathbf{x} + i\operatorname{Im}\mathbf{x} \tag{3}$$

EXEMPLO 4   Se $\mathbf{x} = \begin{bmatrix} 3-i \\ i \\ 2+5i \end{bmatrix} = \begin{bmatrix} 3 \\ 0 \\ 2 \end{bmatrix} + i\begin{bmatrix} -1 \\ 1 \\ 5 \end{bmatrix}$, então

$$\operatorname{Re}\mathbf{x} = \begin{bmatrix} 3 \\ 0 \\ 2 \end{bmatrix}, \quad \operatorname{Im}\mathbf{x} = \begin{bmatrix} -1 \\ 1 \\ 5 \end{bmatrix} \quad \text{e} \quad \bar{\mathbf{x}} = \begin{bmatrix} 3 \\ 0 \\ 2 \end{bmatrix} - i\begin{bmatrix} -1 \\ 1 \\ 5 \end{bmatrix} = \begin{bmatrix} 3+i \\ -i \\ 2-5i \end{bmatrix} \quad \blacksquare$$

Se B for uma matriz $m \times n$, possivelmente com elementos complexos, denotaremos por $\bar{B}$ a matriz cujos elementos são os conjugados dos elementos de B. Seja r um número complexo e $\mathbf{x}$ qualquer vetor. As propriedades de conjugados de números complexos continuam válidas para a álgebra de matrizes complexas:

$$\overline{r\mathbf{x}} = \bar{r}\,\bar{\mathbf{x}}, \quad \overline{B\mathbf{x}} = \bar{B}\,\bar{\mathbf{x}}, \quad \overline{BC} = \bar{B}\,\bar{C} \quad \text{e} \quad \overline{rB} = \bar{r}\,\bar{B}$$

Autovalores e Autovetores de uma Matriz Real que Age sobre $\mathbb{C}^n$

Seja A uma matriz $n \times n$ cujos elementos são números reais. Então $\overline{A\mathbf{x}} = \bar{A}\bar{\mathbf{x}} = A\bar{\mathbf{x}}$. Se λ for um autovalor de A e $\mathbf{x}$ um autovetor associado pertencente a $\mathbb{C}^n$, temos

$$A\bar{\mathbf{x}} = \overline{A\mathbf{x}} = \overline{\lambda\mathbf{x}} = \bar{\lambda}\bar{\mathbf{x}}$$

Portanto, $\bar{\lambda}$ também é autovalor de A, com $\bar{\mathbf{x}}$ como autovetor associado. Isso mostra que, *quando A é uma matriz real, seus autovalores complexos ocorrem em pares conjugados.* (Daqui em diante, usaremos o termo *autovalor complexo* para nos referirmos a um autovalor $\lambda = a + bi$ com $b \neq 0$.)

EXEMPLO 5   Os autovalores da matriz real no Exemplo 2 são conjugados, a saber, $0{,}8 - 0{,}6i$ e $0{,}8 + 0{,}6i$. Os autovetores associados encontrados no Exemplo 2 também são conjugados:

$$\mathbf{v}_1 = \begin{bmatrix} -2-4i \\ 5 \end{bmatrix} \quad \text{e} \quad \mathbf{v}_2 = \begin{bmatrix} -2+4i \\ 5 \end{bmatrix} = \bar{\mathbf{v}}_1 \quad \blacksquare$$

O próximo exemplo fornece um "bloco básico" para todas as matrizes reais 2×2 com autovalores complexos.

EXEMPLO 6   Se $C = \begin{bmatrix} a & -b \\ b & a \end{bmatrix}$, em que a e b são números reais com pelo menos um desses números diferente de zero, então os autovalores de C são $\lambda = a \pm bi$. (Veja o Problema Prático no fim desta seção.) Além disso, se $r = |\lambda| = \sqrt{a^2 + b^2}$, então

$$C = r\begin{bmatrix} a/r & -b/r \\ b/r & a/r \end{bmatrix} = \begin{bmatrix} r & 0 \\ 0 & r \end{bmatrix}\begin{bmatrix} \cos\varphi & -\operatorname{sen}\varphi \\ \operatorname{sen}\varphi & \cos\varphi \end{bmatrix}$$

em que φ é o ângulo entre o semieixo x positivo e o segmento de reta com ponto inicial em $(0, 0)$ e ponto final em (a, b). Veja a Figura 2 e o Apêndice B. O ângulo φ é chamado *argumento* de $\lambda = a + bi$. Assim, a transformação $\mathbf{x} \mapsto C\mathbf{x}$ pode ser considerada a composição de uma rotação de ângulo φ com uma mudança de escala por $|\lambda|$ (veja a Figura 3). $\quad \blacksquare$

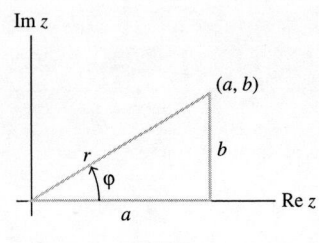

FIGURA 2

FIGURA 3 Rotação seguida de uma mudança de escala.

Finalmente, estamos prontos para descobrir a rotação que está escondida em uma matriz real com autovalor complexo.

EXEMPLO 7 Sejam $A = \begin{bmatrix} 0,5 & -0,6 \\ 0,75 & 1,1 \end{bmatrix}$, $\lambda = 0,8 - 0,6i$ e $\mathbf{v}_1 = \begin{bmatrix} -2 - 4i \\ 5 \end{bmatrix}$, como no Exemplo 2. Seja P a matriz real 2×2, descrita no Teorema 9,

$$P = \begin{bmatrix} \mathrm{Re}\,\mathbf{v}_1 & \mathrm{Im}\,\mathbf{v}_1 \end{bmatrix} = \begin{bmatrix} -2 & -4 \\ 5 & 0 \end{bmatrix}$$

e seja

$$C = P^{-1}AP = \frac{1}{20}\begin{bmatrix} 0 & 4 \\ -5 & -2 \end{bmatrix}\begin{bmatrix} 0,5 & -0,6 \\ 0,75 & 1,1 \end{bmatrix}\begin{bmatrix} -2 & -4 \\ 5 & 0 \end{bmatrix} = \begin{bmatrix} 0,8 & -0,6 \\ 0,6 & 0,8 \end{bmatrix}$$

Pelo Exemplo 6, C é uma rotação pura, pois $|\lambda|^2 = (0,8)^2 + (0,6)^2 = 1$. De $C = P^{-1}AP$, obtemos

$$A = PCP^{-1} = P\begin{bmatrix} 0,8 & -0,6 \\ 0,6 & 0,8 \end{bmatrix}P^{-1}$$

Aqui está a rotação "escondida" em A! A matriz P fornece uma mudança de variáveis, digamos, $\mathbf{x} = P\mathbf{u}$. A ação de A é o resultado da mudança de variável de $\mathbf{x}$ para $\mathbf{u}$, seguida de uma rotação e, depois, a mudança de volta para a variável original. Veja a Figura 4. A rotação produz uma elipse, como na Figura 1, em vez de um círculo, porque o sistema de coordenadas determinado pelas colunas de P não é retangular e não tem a mesma escala nos dois eixos. ∎

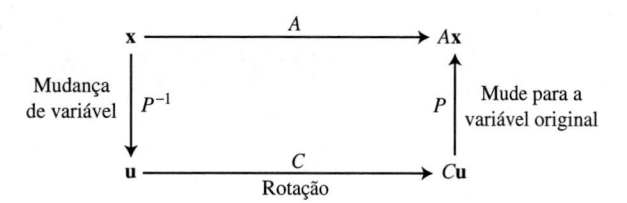

FIGURA 4 Rotação devido a um autovalor complexo.

O próximo teorema mostra que os cálculos no Exemplo 7 podem ser realizados para qualquer matriz real A 2×2 que tenha um autovalor complexo λ. A demonstração usa os fatos de que, se os elementos de A forem reais, então $A(\mathrm{Re}\,\mathbf{x}) = \mathrm{Re}\,(A\mathbf{x})$ e $A(\mathrm{Im}\,\mathbf{x}) = \mathrm{Im}\,(A\mathbf{x})$ e, se $\mathbf{x}$ for um autovetor associado a um autovalor complexo, então $\mathrm{Re}\,\mathbf{x}$ e $\mathrm{Im}\,\mathbf{x}$ serão linearmente independentes em $\mathbb{R}^2$. (Veja os Exercícios 29 e 30.) Os detalhes serão omitidos.

TEOREMA 9   Seja A uma matriz real 2×2 com autovalor complexo $\lambda = a - bi$ ($b \neq 0$) e autovetor associado $\mathbf{v}$ em $\mathbb{C}^2$. Então

$$A = PCP^{-1}, \quad \text{em que} \quad P = \begin{bmatrix} \mathrm{Re}\,\mathbf{v} & \mathrm{Im}\,\mathbf{v} \end{bmatrix} \quad \text{e} \quad C = \begin{bmatrix} a & -b \\ b & a \end{bmatrix}$$

O fenômeno ilustrado no Exemplo 7 persiste em dimensões mais altas. Por exemplo, se A for uma matriz 3×3 com autovalor complexo, então existirá um plano em $\mathbb{R}^3$ no qual A age como uma rotação (possivelmente combinada com uma mudança de escala). Todo vetor nesse plano é transformado em outro ponto desse mesmo plano por uma rotação. Dizemos que o plano é **invariante** por A.

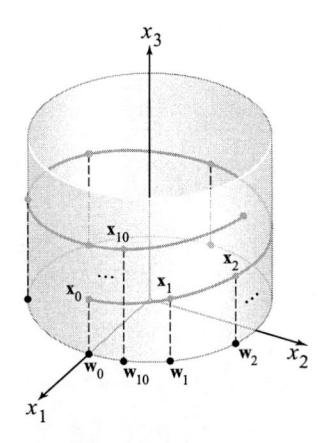

FIGURA 5 Iterados de dois pontos sob a ação de uma matriz 3×3 com um autovalor complexo.

EXEMPLO 8 A matriz $A = \begin{bmatrix} 0,8 & -0,6 & 0 \\ 0,6 & 0,8 & 0 \\ 0 & 0 & 1,07 \end{bmatrix}$ tem autovalores $0,8 \pm 0,6i$ e $1,07$. Todo vetor $\mathbf{w}_0$ no plano x_1x_2 (com terceira coordenada nula) é transformado por A, por meio de uma rotação, em outro ponto desse mesmo plano. **Todo** vetor $\mathbf{x}_0$ fora desse plano tem sua coordenada x_3 multiplicada por $1,07$. Os iterados dos pontos $\mathbf{w}_0 = (2, 0, 0)$ e $\mathbf{x}_0 = (2, 0, 1)$, sob a multiplicação por A, estão mostrados na Figura 5. ∎

EXEMPLO 9 Muitos robôs funcionam pela rotação de diversas juntas, assim como matrizes com autovalores complexos giram pontos no espaço. A Figura 6 ilustra um braço de robô feito usando transformações lineares, cada um com um par de autovalores complexos. No Projeto C, ao fim do capítulo, será pedido que você encontre vídeos de robôs na internet que usam rotações como um elemento-chave de seu funcionamento.

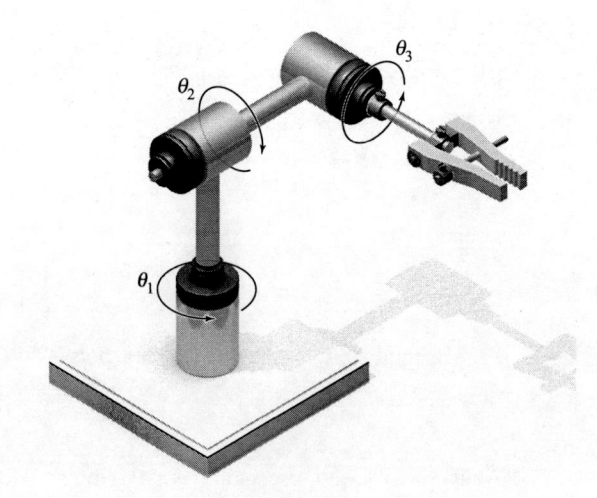

FIGURA 6

Problema Prático

Mostre que, se a e b forem números reais, então os autovalores de $A = \begin{bmatrix} a & -b \\ b & a \end{bmatrix}$ serão $a \pm bi$, com autovetores associados $\begin{bmatrix} 1 \\ -i \end{bmatrix}$ e $\begin{bmatrix} 1 \\ i \end{bmatrix}$.

5.5 EXERCÍCIOS

Suponha que cada matriz nos Exercícios 1 a 6 aja em $\mathbb{C}^2$. Determine os autovalores e uma base para cada autoespaço em $\mathbb{C}^2$.

1. $\begin{bmatrix} 1 & -2 \\ 1 & 3 \end{bmatrix}$ **2.** $\begin{bmatrix} -1 & -1 \\ 5 & -5 \end{bmatrix}$

3. $\begin{bmatrix} 1 & 5 \\ -2 & 3 \end{bmatrix}$ **4.** $\begin{bmatrix} -3 & -1 \\ 2 & -5 \end{bmatrix}$

5. $\begin{bmatrix} 0 & 1 \\ -8 & 4 \end{bmatrix}$ **6.** $\begin{bmatrix} 4 & 3 \\ -3 & 4 \end{bmatrix}$

Nos Exercícios 7 a 12, use o Exemplo 6 para listar os autovalores para A. Em cada caso, a transformação $\mathbf{x} \mapsto A\mathbf{x}$ é a composição de uma rotação seguida de uma mudança de escala. Dê o ângulo φ da rotação, em que $-\pi < \varphi \le \pi$, e o fator de mudança de escala r.

7. $\begin{bmatrix} \sqrt{3} & -1 \\ 1 & \sqrt{3} \end{bmatrix}$ **8.** $\begin{bmatrix} \sqrt{3} & 3 \\ -3 & \sqrt{3} \end{bmatrix}$

9. $\begin{bmatrix} -\sqrt{3}/2 & 1/2 \\ -1/2 & -\sqrt{3}/2 \end{bmatrix}$ **10.** $\begin{bmatrix} 3 & 3 \\ -3 & 3 \end{bmatrix}$

11. $\begin{bmatrix} 0,1 & 0,1 \\ -0,1 & 0,1 \end{bmatrix}$ **12.** $\begin{bmatrix} 0 & 4 \\ -4 & 0 \end{bmatrix}$

Nos Exercícios 13 a 20, encontre uma matriz invertível P e uma matriz C do tipo $\begin{bmatrix} a & -b \\ b & a \end{bmatrix}$ tal que a matriz dada seja da forma $A = PCP^{-1}$. Para os Exercícios 13 a 16, use as informações dos Exercícios 1 a 4.

13. $\begin{bmatrix} 1 & -2 \\ 1 & 3 \end{bmatrix}$ **14.** $\begin{bmatrix} -1 & -1 \\ 5 & -5 \end{bmatrix}$ **15.** $\begin{bmatrix} 1 & 5 \\ -2 & 3 \end{bmatrix}$

16. $\begin{bmatrix} -3 & -1 \\ 2 & -5 \end{bmatrix}$ **17.** $\begin{bmatrix} 1 & -0,8 \\ 4 & -2,2 \end{bmatrix}$ **18.** $\begin{bmatrix} 1 & -1 \\ 0,4 & 0,6 \end{bmatrix}$

19. $\begin{bmatrix} 1,52 & -0,7 \\ 0,56 & 0,4 \end{bmatrix}$ **20.** $\begin{bmatrix} -1,64 & -2,4 \\ 1,92 & 2,2 \end{bmatrix}$

21. No Exemplo 2, resolva a primeira equação em (2) para x_2 em função de x_1 e, daí, obtenha o autovetor $\mathbf{y} = \begin{bmatrix} 2 \\ -1 + 2i \end{bmatrix}$ da matriz A. Mostre que esse $\mathbf{y}$ é um **múltiplo** (complexo) do vetor $\mathbf{v}_1$ usado no Exemplo 2.

22. Seja A uma matriz complexa (ou real) $n \times n$ e seja $\mathbf{x}$ em $\mathbb{C}^n$ um autovetor associado a um autovalor λ em $\mathbb{C}$. Mostre que, para cada número complexo não nulo μ, o vetor $\mu\mathbf{x}$ é um autovetor de A.

Nos Exercícios 23 a 26, A é uma matriz 2×2 com elementos reais e $\mathbf{x}$ é um vetor em $\mathbb{R}^2$. Marque cada afirmação como Verdadeira ou Falsa **(V/F)**. Justifique cada resposta.

23. **(V/F)** A matriz A pode ter um autovalor real e um complexo.

24. **(V/F)** Os pontos $A\mathbf{x}, A^2\mathbf{x}, A^3\mathbf{x}, \cdots$ sempre pertencem ao mesmo círculo.

25. **(V/F)** A matriz A sempre tem dois autovalores, mas algumas vezes eles têm multiplicidade algébrica 2 ou são números complexos.

26. **(V/F)** Se a matriz A tiver dois autovalores complexos, então ela também terá dois autovetores reais linearmente independentes.

O Capítulo 7 irá estudar matrizes com a propriedade de que $A^T = A$. Os Exercícios 27 e 28 mostram que todos os autovalores de tais matrizes são necessariamente reais.

27. Seja A uma matriz real $n \times n$ que satisfaz $A^T = A$, seja $\mathbf{x}$ qualquer vetor em $\mathbb{C}^n$ e seja $q = \bar{\mathbf{x}}^T A\mathbf{x}$. As igualdades a seguir mostram que q é um número real, verificando que $\bar{q} = q$. Justifique cada passo assinalado.

$$\bar{q} = \overline{\bar{\mathbf{x}}^T A\mathbf{x}} = \mathbf{x}^T \overline{A\mathbf{x}} = \mathbf{x}^T A\bar{\mathbf{x}} = (\mathbf{x}^T A\bar{\mathbf{x}})^T = \bar{\mathbf{x}}^T A^T \mathbf{x} = q$$
$$\text{(a)} \qquad \text{(b)} \qquad \text{(c)} \qquad \text{(d)} \qquad \text{(e)}$$

28. Seja A uma matriz real $n \times n$ que satisfaz $A^T = A$. Mostre que, se $A\mathbf{x} = \lambda\mathbf{x}$ para algum vetor não nulo $\mathbf{x}$ em $\mathbb{C}^n$, então, de fato, λ será real e a parte real de $\mathbf{x}$ será um autovetor de A. [*Sugestão:* Calcule $\bar{\mathbf{x}}^T A\mathbf{x}$ e use o Exercício 27. Examine também a parte real e a parte imaginária de $A\mathbf{x}$.]

29. Seja A uma matriz real $n \times n$ e seja $\mathbf{x}$ um vetor em $\mathbb{C}^n$. Mostre que $\mathrm{Re}(A\mathbf{x}) = A(\mathrm{Re}\,\mathbf{x})$ e $\mathrm{Im}(A\mathbf{x}) = A(\mathrm{Im}\,\mathbf{x})$.

30. Seja A uma matriz real 2×2 com autovalor complexo $\lambda = a - bi$ ($b \neq 0$) e autovetor associado $\mathbf{v}$ em $\mathbb{C}^2$.

a. Mostre que $A(\mathrm{Re}\,\mathbf{v}) = a\,\mathrm{Re}\,\mathbf{v} + b\,\mathrm{Im}\,\mathbf{v}$ e $A(\mathrm{Im}\,\mathbf{v}) = -b\,\mathrm{Re}\,\mathbf{v} + a\,\mathrm{Im}\,\mathbf{v}$. [*Sugestão:* Escreva $\mathbf{v} = \mathrm{Re}\,\mathbf{v} + i\,\mathrm{Im}\,\mathbf{v}$ e calcule $A\mathbf{v}$.]

b. Verifique que, se P e C forem dadas como no Teorema 9, então $AP = PC$.

Ⓜ Nos Exercícios 31 e 32, encontre uma fatoração da matriz A dada que seja da forma $A = PCP^{-1}$, em que C é uma matriz diagonal em blocos com blocos 2×2 do tipo mostrado no Exemplo 6. (Para cada par de autovalores conjugados, use a parte real e a parte imaginária de um autovetor em $\mathbb{C}^4$ para criar duas colunas de P.)

31. $\begin{bmatrix} 0,7 & 1,1 & 2,0 & 1,7 \\ -2,0 & -4,0 & -8,6 & -7,4 \\ 0 & -0,5 & -1,0 & -1,0 \\ 1,0 & 2,8 & 6,0 & 5,3 \end{bmatrix}$

32. $\begin{bmatrix} -1,4 & -2,0 & -2,0 & -2,0 \\ -1,3 & -0,8 & -0,1 & -0,6 \\ 0,3 & -1,9 & -1,6 & -1,4 \\ 2,0 & 3,3 & 2,3 & 2,6 \end{bmatrix}$

Solução do Problema Prático

Lembre-se de que é fácil verificar se um vetor é autovetor. Não é preciso examinar a equação característica. Calcule

$$A\mathbf{x} = \begin{bmatrix} a & -b \\ b & a \end{bmatrix}\begin{bmatrix} 1 \\ -i \end{bmatrix} = \begin{bmatrix} a + bi \\ b - ai \end{bmatrix} = (a + bi)\begin{bmatrix} 1 \\ -i \end{bmatrix}$$

Assim, $\begin{bmatrix} 1 \\ -i \end{bmatrix}$ é um autovetor associado a $\lambda = a + bi$. Da discussão desta seção, $\begin{bmatrix} 1 \\ i \end{bmatrix}$ tem de ser um autovetor associado a $\bar{\lambda} = a - bi$.

5.6 SISTEMAS DINÂMICOS DISCRETOS

Os autovalores e autovetores são a chave para a compreensão do comportamento de longo prazo, ou da *evolução*, de um sistema dinâmico descrito por uma equação de diferenças $\mathbf{x}_{k+1} = A\mathbf{x}_k$. Tal equação foi usada para modelar movimento populacional na Seção 1.10 e será usada em várias cadeias de Markov na Seção 5.9 e a população das corujas malhadas no exemplo introdutório deste capítulo. Os vetores $\mathbf{x}_k$ fornecem informação sobre o sistema em função do tempo (denotado por k), em que k é um inteiro não negativo. No caso das corujas malhadas, por exemplo, $\mathbf{x}_k$ lista os números de corujas em três classes de idade no instante k.

As aplicações nesta seção concentram-se em problemas ecológicos porque esses são mais fáceis de enunciar e explicar do que, por exemplo, problemas em Física ou em Engenharia. No entanto, os sistemas dinâmicos surgem em muitas áreas da ciência. Por exemplo, as disciplinas usuais em nível de graduação sobre sistemas de controle discutem muitos aspectos de sistemas dinâmicos. O método moderno de modelagem por meio do *espaço de estados*, discutido nessas disciplinas, depende fortemente da álgebra matricial.[1] A *resposta estado estacionário* de um sistema de controle é o equivalente, em Engenharia, ao que chamamos aqui "comportamento de longo prazo" do sistema dinâmico $\mathbf{x}_{k+1} = A\mathbf{x}_k$.

---

[1] Veja G. F. Franklin, J. D. Powell e A. Emami-Naeimi, *Feedback Control of Dynamic Systems*, 5ª ed. (Upper Saddle River, NJ: Prentice-Hall, 2006.) Esse texto de graduação tem boa introdução a modelos dinâmicos (Capítulo 2). Projetos usando espaço de estados serão discutidos nos Capítulos 7 e 8.

Até o Exemplo 6, vamos supor que A seja diagonalizável, com n autovetores linearmente independentes $\mathbf{v}_1, \ldots, \mathbf{v}_n$ e autovalores associados $\lambda_1, \ldots, \lambda_n$. Por conveniência, podemos supor que os autovetores estão ordenados de modo que $|\lambda_1| \geq |\lambda_2| \geq \cdots \geq |\lambda_n|$. Como $\{\mathbf{v}_1, \ldots, \mathbf{v}_n\}$ é uma base para $\mathbb{R}^n$, todo vetor inicial $\mathbf{x}_0$ pode ser escrito de forma única como

$$\mathbf{x}_0 = c_1\mathbf{v}_1 + \cdots + c_n\mathbf{v}_n \tag{1}$$

Essa *decomposição em autovetores* de $\mathbf{x}_0$ determina o que acontece com a sequência $\{\mathbf{x}_k\}$. O próximo cálculo generaliza o caso simples examinado no Exemplo 5 da Seção 5.2. Como os $\mathbf{v}_i$ são autovetores,

$$\mathbf{x}_1 = A\mathbf{x}_0 = c_1\, A\mathbf{v}_1 + \ldots + c_n\, A\mathbf{v}_n$$
$$= c_1\lambda_1\mathbf{v}_1 + \cdots + c_n\lambda_n\mathbf{v}_n$$

e

$$\mathbf{x}_2 = A\mathbf{x}_1 = c_1\lambda_1 A\mathbf{v}_1 + \ldots + c_n\lambda_n A\mathbf{v}_n$$
$$= c_1(\lambda_1)2\mathbf{v}_1 + \cdots + c_n(\lambda_n)^2\mathbf{v}_n$$

Em geral,

$$\mathbf{x}_k = c_1(\lambda_1)^k\mathbf{v}_1 + \cdots + c_n(\lambda_n)^k\mathbf{v}_n \quad (k = 0, 1, 2, \ldots) \tag{2}$$

Os exemplos que seguem ilustram o que pode acontecer em (2) quando $k \to \infty$.

Sistema Predador-Presa

No interior das florestas de sequoias da Califórnia, um tipo de rato-do-mato chega a fornecer até 80% da dieta da coruja malhada, que é o principal predador do rato-do-mato. O Exemplo 1 usa um sistema dinâmico linear para modelar o sistema físico formado pelas corujas e pelos ratos. (Reconhecidamente, o modelo não é realista em diversos aspectos, mas pode fornecer um ponto de partida para o estudo de modelos não lineares mais complicados usados pelos cientistas ambientais.)

EXEMPLO 1 Vamos denotar as populações de corujas e de ratos-do-mato, no instante k, por $\mathbf{x}_k = \begin{bmatrix} O_k \\ R_k \end{bmatrix}$, em que k é medido em meses, O_k é o número de corujas na região estudada e R_k é o número de ratos (medido em milhares). Suponha que

$$O_{k+1} = (0{,}5)O_k + (0{,}4)R_k$$
$$R_{k+1} = -p \cdot O_k + (1{,}1)R_k \tag{3}$$

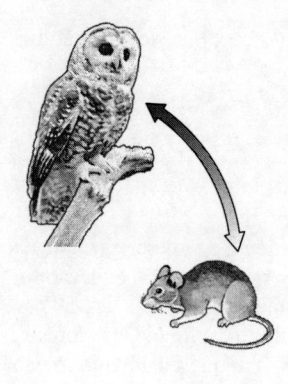

em que p é um parâmetro positivo a ser especificado. O termo $(0{,}5)\,O_k$ na primeira equação diz que, sem os ratos para poderem se alimentar, apenas metade das corujas sobrevive a cada mês, enquanto o termo $(1{,}1)\,R_k$ na segunda equação diz que, sem as corujas como predadoras, a população de ratos cresce a uma taxa de 10% ao mês. Se os ratos abundarem, o termo $(0{,}4)\,R_k$ fará com que a população de corujas cresça, enquanto o termo negativo $-p \cdot O_k$ medirá o número de mortes de ratos devido à ação predadora das corujas. (De fato, $1.000p$ é o número médio de ratos comidos por uma coruja em um mês.) Determine a evolução desse sistema quando o parâmetro predatório p é igual a 0,104.

SOLUÇÃO Quando $p = 0{,}104$, os autovalores da matriz de coeficientes $A = \begin{bmatrix} 0{,}5 & 0{,}4 \\ -p & 1{,}1 \end{bmatrix}$ para (3) são $\lambda_1 = 1{,}02$ e $\lambda_2 = 0{,}58$. Os autovetores associados são

$$\mathbf{v}_1 = \begin{bmatrix} 10 \\ 13 \end{bmatrix}, \qquad \mathbf{v}_2 = \begin{bmatrix} 5 \\ 1 \end{bmatrix}$$

Um $\mathbf{x}_0$ inicial pode ser escrito como $\mathbf{x}_0 = c_1\mathbf{v}_1 + c_2\mathbf{v}_2$. Então, para $k \geq 0$,

$$\mathbf{x}_k = c_1(1{,}02)^k\mathbf{v}_1 + c_2(0{,}58)^k\mathbf{v}_2$$
$$= c_1(1{,}02)^k\begin{bmatrix} 10 \\ 13 \end{bmatrix} + c_2(0{,}58)^k\begin{bmatrix} 5 \\ 1 \end{bmatrix}$$

Quando $k \to \infty$, $(0{,}58)^k$ se aproxima de zero rapidamente. Suponha que $c_1 > 0$. Então, para todo k bastante grande, $\mathbf{x}_k$ é aproximadamente igual a $c_1(1{,}02)^k\mathbf{v}_1$ e escrevemos

$$\mathbf{x}_k \approx c_1(1{,}02)^k\begin{bmatrix} 10 \\ 13 \end{bmatrix} \tag{4}$$

A aproximação em (4) melhora à medida que k cresce e, assim, para valores grandes de k,

$$\mathbf{x}_{k+1} \approx c_1(1{,}02)^{k+1}\begin{bmatrix} 10 \\ 13 \end{bmatrix} = (1{,}02)c_1(1{,}02)^k\begin{bmatrix} 10 \\ 13 \end{bmatrix} \approx 1{,}02\mathbf{x}_k \tag{5}$$

A aproximação em (5) diz que, por fim, as duas componentes de $\mathbf{x}_k$ (os números de corujas e de ratos) crescem por um fator de aproximadamente 1,02 por mês, uma taxa mensal de crescimento de 2%. Por (4), $\mathbf{x}_k$ é aproximadamente um múltiplo de (10, 13), de modo que as componentes de $\mathbf{x}_k$ estão próximas na razão de 10 para 13. Ou seja, para cada 10 corujas, existem cerca de 13 mil ratos. ∎

O Exemplo 1 ilustra dois fatos gerais sobre o sistema dinâmico $\mathbf{x}_{k+1} = A\mathbf{x}_k$, no qual A é uma matriz $n \times n$, seus autovalores satisfazem $|\lambda_1| \geq 1$ e $1 > |\lambda_j|$ para $j = 2, \ldots, n$ e $\mathbf{v}_1$ é um autovetor associado a λ_1. Se $\mathbf{x}_0$ for dado por (1), com $c_1 \neq 0$, então, para todo k suficientemente grande,

$$\mathbf{x}_{k+1} \approx \lambda_1\mathbf{x}_k \tag{6}$$

e

$$\mathbf{x}_k \approx c_1(\lambda_1)^k\mathbf{v}_1 \tag{7}$$

As aproximações em (6) e (7) podem ficar tão próximas quanto se desejar, desde que se escolha k suficientemente grande. De (6), os $\mathbf{x}_k$ acabam crescendo por um fator que é quase λ_1 a cada passo, de modo que λ_1 determina a taxa de crescimento em longo prazo do sistema. Também, de (7), a razão entre quaisquer duas componentes de $\mathbf{x}_k$ (para valores grandes de k) é praticamente igual à razão entre as componentes correspondentes de $\mathbf{v}_1$. O caso $\lambda_1 = 1$ está ilustrado no Exemplo 5 na Seção 5.2.

Descrição Gráfica das Soluções

Quando A é uma matriz 2×2, podemos acrescentar aos cálculos algébricos uma descrição geométrica da evolução do sistema. Podemos considerar a equação $\mathbf{x}_{k+1} = A\mathbf{x}_k$ como uma descrição do que acontece com um ponto inicial $\mathbf{x}_0$ em $\mathbb{R}^2$ à medida que é transformado sucessivamente pela aplicação $\mathbf{x} \mapsto A\mathbf{x}$. O gráfico de $\mathbf{x}_0, \mathbf{x}_1, \ldots$ é chamado uma **trajetória** do sistema dinâmico.

EXEMPLO 2 Represente graficamente algumas trajetórias do sistema dinâmico $\mathbf{x}_{k+1} = A\mathbf{x}_k$, quando

$$A = \begin{bmatrix} 0{,}80 & 0 \\ 0 & 0{,}64 \end{bmatrix}$$

SOLUÇÃO Os autovalores de A são 0,8 e 0,64, com autovetores $\mathbf{v}_1 = \begin{bmatrix} 1 \\ 0 \end{bmatrix}$ e $\mathbf{v}_2 = \begin{bmatrix} 0 \\ 1 \end{bmatrix}$. Se $\mathbf{x}_0 = c_1\mathbf{v}_1 + c_2\mathbf{v}_2$, então

$$\mathbf{x}_k = c_1(0{,}8)^k\begin{bmatrix} 1 \\ 0 \end{bmatrix} + c_2(0{,}64)^k\begin{bmatrix} 0 \\ 1 \end{bmatrix}$$

É claro que $\mathbf{x}_k$ tende a $\mathbf{0}$, pois tanto $(0{,}8)^k$ quanto $(0{,}64)^k$ se aproximam de 0 quando $k \to \infty$. Mas *o modo* como $\mathbf{x}_k$ tende a $\mathbf{0}$ é interessante. A Figura 1 mostra os primeiros termos de várias trajetórias que começam em pontos do bordo do quadrado com vértices em $(\pm 3, \pm 3)$. Os pontos de cada trajetória estão ligados por uma curva fina para ficar mais fácil ver. ∎

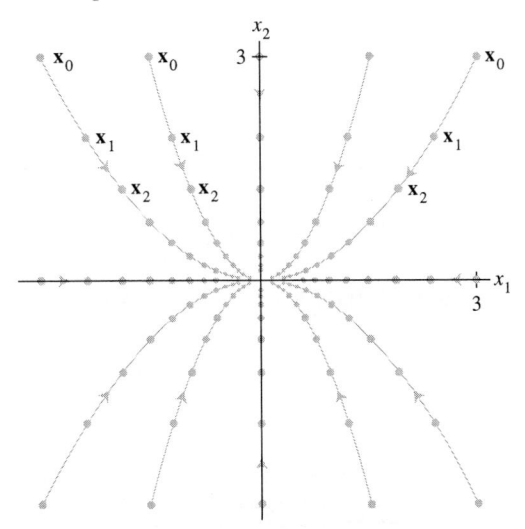

FIGURA 1 Origem como um atrator.

No Exemplo 2, a origem é chamada **atrator** do sistema dinâmico porque todas as trajetórias tendem para 0. Isso ocorre sempre que os dois autovalores são menores que 1 em módulo. A direção da atração mais forte é ao longo da reta contendo 0 e o autovetor v_2 associado ao autovalor de menor valor absoluto.

No próximo exemplo, os dois autovalores de A são maiores que 1 em módulo, e 0 é chamado **repulsor** do sistema dinâmico. Todas as soluções de $x_{k+1} = Ax_k$, exceto a solução (constante) zero, não são limitadas e tendem a se afastar da origem.[2]

EXEMPLO 3 Represente graficamente várias soluções típicas da equação $x_{k+1} = Ax_k$, em que

$$A = \begin{bmatrix} 1,44 & 0 \\ 0 & 1,2 \end{bmatrix}$$

SOLUÇÃO Os autovalores de A são 1,44 e 1,2. Se $x_0 = \begin{bmatrix} c_1 \\ c_2 \end{bmatrix}$, então

$$x_k = c_1(1,44)^k \begin{bmatrix} 1 \\ 0 \end{bmatrix} + c_2(1,2)^k \begin{bmatrix} 0 \\ 1 \end{bmatrix}$$

Os dois termos crescem, mas o primeiro cresce mais rápido. Assim, a direção de maior repulsão é a reta contendo a origem e o autovetor associado ao autovalor de maior valor absoluto. A Figura 2 mostra diversas trajetórias que partem de pontos próximos de 0. ∎

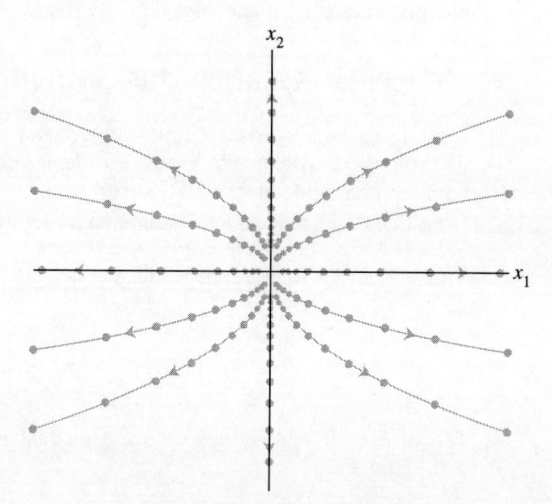

FIGURA 2 Origem como repulsor.

No próximo exemplo, 0 é chamado **ponto de sela**, porque a origem atrai soluções de algumas direções e repele as de outras direções. Isso ocorre sempre que um autovalor é maior que 1 em módulo e o outro é menor que 1 em módulo. A direção de maior atração é determinada por um autovetor associado ao autovalor com módulo menor. A direção de maior repulsão é determinada por um autovetor associado ao autovalor com módulo maior.

EXEMPLO 4 Represente graficamente várias soluções típicas da equação $y_{k+1} = Dy_k$, na qual

$$D = \begin{bmatrix} 2,0 & 0 \\ 0 & 0,5 \end{bmatrix}$$

(Usamos D e y em vez de A e x porque esse exemplo será usado mais tarde.) Mostre que uma solução $\{y_k\}$ não é limitada se seu ponto inicial não pertencer ao eixo dos x_2.

SOLUÇÃO Os autovalores de D são 2 e 0,5. Se $y_0 = \begin{bmatrix} c_1 \\ c_2 \end{bmatrix}$, então

$$y_k = c_1 2^k \begin{bmatrix} 1 \\ 0 \end{bmatrix} + c_2(0,5)^k \begin{bmatrix} 0 \\ 1 \end{bmatrix} \tag{8}$$

---

[2]A origem é o único ponto que pode ser um atrator ou repulsor de um sistema dinâmico *linear*, mas podem existir muitos atratores e repulsores em um sistema dinâmico mais geral para o qual a aplicação $x_k \mapsto x_{k+1}$ não é linear. Em tal sistema, atratores e repulsores são definidos em termos dos autovalores de uma matriz especial (com elementos variáveis) chamada *matriz jacobiana* do sistema.

Se $\mathbf{y}_0$ pertencer ao eixo dos x_2, então $c_1 = 0$ e $\mathbf{y}_k \rightarrow \mathbf{0}$ quando $k \rightarrow \infty$. Mas, se $\mathbf{y}_0$ não pertencer ao eixo dos x_2, então o primeiro termo na expressão para $\mathbf{y}_k$ se tornará cada vez maior e, portanto, $\{\mathbf{y}_k\}$ não será limitada. A Figura 3 mostra dez trajetórias que partem de pontos no eixo dos x_2 ou próximos ao eixo x_2. ∎

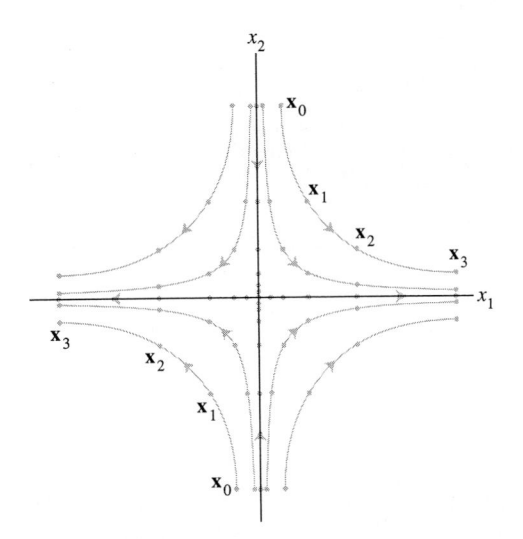

FIGURA 3   Origem como ponto de sela.

Mudança de Variável

Os três exemplos anteriores envolveram matrizes diagonais. Para tratar do caso não diagonal, voltamos, por um momento, ao caso $n \times n$ em que os autovetores de A formam uma base $\{\mathbf{v}_1, \ldots, \mathbf{v}_n\}$ para $\mathbb{R}^n$. Sejam $P = \{\mathbf{v}_1 \ldots \mathbf{v}_n\}$ e D a matriz diagonal formada pelos autovalores associados na diagonal principal. Dada uma sequência $\{\mathbf{x}_k\}$ satisfazendo $\mathbf{x}_{k+1} = A\mathbf{x}_k$, definimos uma nova sequência $\{\mathbf{y}_k\}$ por

$$\mathbf{y}_k = P^{-1}\mathbf{x}_k \quad \text{ou, equivalentemente,} \quad \mathbf{x}_k = P\mathbf{y}_k$$

Substituindo essas relações na equação $\mathbf{x}_{k+1} = A\mathbf{x}_k$ e usando o fato de que $A = PDP^{-1}$, temos que

$$P\mathbf{y}_{k+1} = AP\mathbf{y}_k = (PDP^{-1})P\mathbf{y}_k = PD\mathbf{y}_k$$

Multiplicando essa equação à esquerda por P^{-1}, obtemos

$$\mathbf{y}_{k+1} = D\mathbf{y}_k$$

Se denotarmos $\mathbf{y}_k$ por $\mathbf{y}(k)$ e as componentes de $\mathbf{y}(k)$ por $y_1(k), \ldots, y_n(k)$, então

$$\begin{bmatrix} y_1(k+1) \\ y_2(k+1) \\ \vdots \\ y_n(k+1) \end{bmatrix} = \begin{bmatrix} \lambda_1 & 0 & \cdots & 0 \\ 0 & \lambda_2 & & \vdots \\ \vdots & & \ddots & 0 \\ 0 & \cdots & 0 & \lambda_n \end{bmatrix} \begin{bmatrix} y_1(k) \\ y_2(k) \\ \vdots \\ y_n(k) \end{bmatrix}$$

A mudança de variável de $\mathbf{x}_k$ para $\mathbf{y}_k$ *desacoplou* o sistema de equações de diferenças. A evolução de $y_1(k)$, por exemplo, não é influenciada pelo que acontece com $y_2(k), \ldots, y_n(k)$, pois $y_1(k+1) = \lambda_1 \cdot y_1(k)$ para cada k.

A equação $\mathbf{x}_k = P\mathbf{y}_k$ diz que $\mathbf{y}_k$ é o vetor de coordenadas de $\mathbf{x}_k$ em relação à base de autovetores $\{\mathbf{v}_1, \ldots, \mathbf{v}_n\}$. Podemos desacoplar o sistema $\mathbf{x}_{k+1} = A\mathbf{x}_k$ fazendo os cálculos no novo sistema de coordenadas definido pelos autovetores. Quando $n = 2$, isso significa usarmos uma folha de papel quadriculada com os eixos nas direções dos dois autovetores.

EXEMPLO 5   Mostre que a origem é um ponto de sela para as soluções de $\mathbf{x}_{k+1} = A\mathbf{x}_k$, em que

$$A = \begin{bmatrix} 1{,}25 & -0{,}75 \\ -0{,}75 & 1{,}25 \end{bmatrix}$$

Determine as direções de maior atração e maior repulsão.

SOLUÇÃO Usando as técnicas usuais, vemos que A tem autovalores 2 e 0,5, com autovetores associados $\mathbf{v}_1 = \begin{bmatrix} 1 \\ -1 \end{bmatrix}$ e $\mathbf{v}_2 = \begin{bmatrix} 1 \\ 1 \end{bmatrix}$, respectivamente. Como $|2| > 1$ e $|0,5| < 1$, a origem é um ponto de sela do sistema dinâmico. Se $\mathbf{x}_0 = c_1\mathbf{v}_1 + c_2\mathbf{v}_2$, então

$$\mathbf{x}_k = c_1 2^k \mathbf{v}_1 + c_2 (0,5)^k \mathbf{v}_2 \tag{9}$$

Essa equação se parece com a equação (8) no Exemplo 4, com $\mathbf{v}_1$ e $\mathbf{v}_2$ no lugar da base canônica.

Em um papel quadriculado, desenhe eixos unindo a origem aos vetores $\mathbf{v}_1$ e $\mathbf{v}_2$. Veja a Figura 4. Um deslocamento ao longo desses eixos corresponde a um deslocamento ao longo dos eixos canônicos na Figura 3. Na Figura 4, a direção de maior *repulsão* é dada pela reta contendo $\mathbf{0}$ e $\mathbf{v}_1$, o autovetor associado ao autovalor com módulo maior que 1. Se $\mathbf{x}_0$ pertencer a essa reta, o coeficiente c_2 em (9) será igual a zero e $\mathbf{x}_k$ se afastará rapidamente de $\mathbf{0}$. A direção de maior *atração* é determinada pelo autovetor $\mathbf{v}_2$ associado ao autovalor com módulo menor que 1.

A Figura 4 mostra diversas trajetórias. Considerado em termos dos eixos dos autovetores, esse gráfico "se parece" essencialmente com o gráfico na Figura 3. ∎

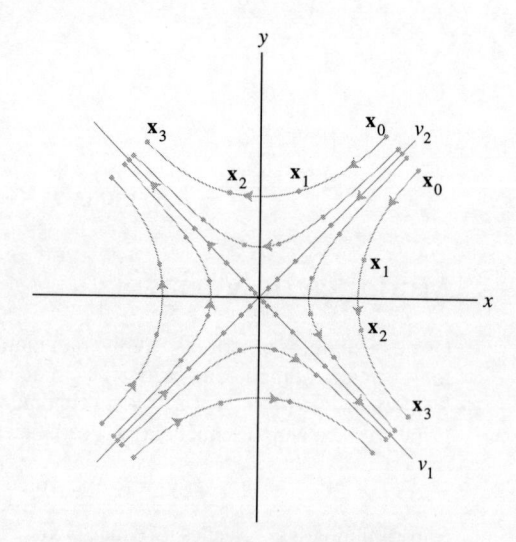

FIGURA 4 Origem como ponto de sela.

Autovalores Complexos

Quando uma matriz real A 2×2 tem autovalores complexos, A não é diagonalizável (quando age em $\mathbb{R}^2$), mas o sistema dinâmico $\mathbf{x}_{k+1} = A\mathbf{x}_k$ é fácil de descrever. O Exemplo 3 da Seção 5.5 ilustra o caso em que os autovalores têm módulo 1. Os iterados de um ponto $\mathbf{x}_0$ giram em torno da origem ao longo de uma órbita elíptica.

Se A tiver dois autovalores complexos com módulo maior que 1, então $\mathbf{0}$ será um repulsor e os iterados de $\mathbf{x}_0$ irão se afastar da origem em forma de espiral. Se os módulos dos autovalores complexos forem menores que 1, a origem será um atrator e os iterados de $\mathbf{x}_0$ irão se aproximar da origem em forma de espiral, como no próximo exemplo.

EXEMPLO 6 Pode-se verificar que a matriz

$$A = \begin{bmatrix} 0,8 & 0,5 \\ -0,1 & 1,0 \end{bmatrix}$$

tem autovalores $0,9 \pm 0,2i$, com autovetores associados $\begin{bmatrix} 1 \mp 2i \\ 1 \end{bmatrix}$. A Figura 5 mostra três trajetórias do sistema $\mathbf{x}_{k+1} = A\mathbf{x}_k$, com vetores iniciais $\begin{bmatrix} 0 \\ 2,5 \end{bmatrix}$, $\begin{bmatrix} 3 \\ 0 \end{bmatrix}$ e $\begin{bmatrix} 0 \\ -2,5 \end{bmatrix}$. ∎

Sobrevivência das Corujas Malhadas

Lembre-se do exemplo introdutório do capítulo que a população das corujas malhadas na região de Willow Creek, na Califórnia, foi modelada pelo sistema dinâmico $\mathbf{x}_{k+1} = A\mathbf{x}_k$, no qual as componentes

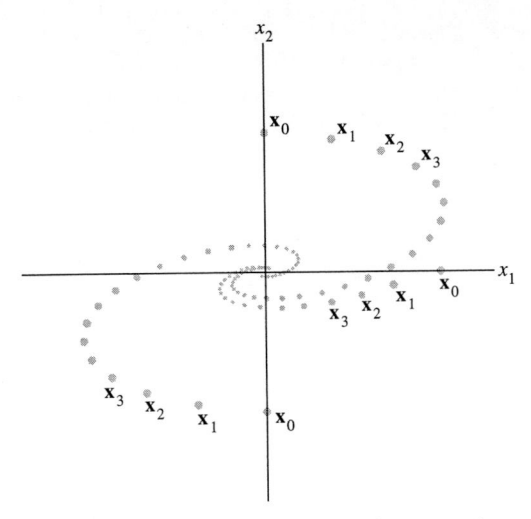

FIGURA 5 Rotação associada a autovalores complexos.

de $\mathbf{x}_k = (j_k, s_k, a_k)$ listavam os números de fêmeas (no instante k) nas fases jovem, pré-adulta e adulta, respectivamente, e A é matriz de fase

$$A = \begin{bmatrix} 0 & 0 & 0{,}33 \\ 0{,}18 & 0 & 0 \\ 0 & 0{,}71 & 0{,}94 \end{bmatrix} \tag{10}$$

O MATLAB mostra que os autovalores de A são aproximadamente $\lambda_1 = 0{,}98$, $\lambda_2 = -0{,}02 + 0{,}21i$ e $\lambda_3 = -0{,}02 - 0{,}21i$. Observe que todos os três autovalores são menores que 1 em módulo, porque $|\lambda_2|^2 = |\lambda_3|^2 = (-0{,}02)^2 + (0{,}21)^2 = 0{,}0445$.

Vamos supor, por um momento, que A esteja agindo sobre o espaço vetorial complexo $\mathbb{C}^3$. Então, como A tem três autovalores distintos, os três autovetores associados são linearmente independentes e formam uma base para $\mathbb{C}^3$. Vamos denotar os autovetores por $\mathbf{v}_1$, $\mathbf{v}_2$ e $\mathbf{v}_3$. A solução geral de $\mathbf{x}_{k+1} = A\mathbf{x}_k$ (usando vetores em $\mathbb{C}^3$) tem a forma

$$\mathbf{x}_k = c_1(\lambda_1)^k \mathbf{v}_1 + c_2(\lambda_2)^k \mathbf{v}_2 + c_3(\lambda_3)^k \mathbf{v}_3 \tag{11}$$

Se $\mathbf{x}_0$ for um vetor inicial real, então $\mathbf{x}_1 = A\mathbf{x}_0$ será real porque A é uma matriz real. De modo análogo, a equação $\mathbf{x}_{k+1} = A\mathbf{x}_k$ mostra que cada $\mathbf{x}_k$ à esquerda do sinal de igualdade em (11) é real, mesmo que esteja expresso como uma soma de vetores complexos. No entanto, cada termo à direita do sinal de igualdade em (11) está se aproximando do vetor nulo, já que todos os autovalores têm módulo menor que 1. Portanto, a sequência real $\mathbf{x}_k$ também se aproxima do vetor nulo. Infelizmente, esse modelo prevê que as corujas malhadas acabarão desaparecendo.

Existe esperança para as corujas malhadas? Lembre-se do exemplo introdutório do capítulo que o elemento correspondente a 18% na matriz A em (10) surge do fato de que, apesar de 60% das corujas jovens viverem tempo suficiente para deixar seus ninhos e iniciar a busca por um novo território próprio, apenas 30% desse grupo sobrevivem e conseguem, de fato, encontrar uma nova região para habitar. A sobrevivência nessa busca é muito influenciada pela quantidade de áreas da floresta que foram devastadas, o que torna a busca mais difícil e perigosa.

Algumas populações de corujas vivem em regiões com nenhuma ou poucas áreas devastadas. Pode ser que aí um percentual maior de corujas jovens consiga sobreviver e encontrar um novo território para habitar. É claro que o problema das corujas malhadas é mais complexo do que descrevemos, mas o último exemplo traz um final feliz para a história.

EXEMPLO 7 Suponha que a taxa de sobrevivência das corujas jovens seja de 50%, de modo que o elemento (2, 1) na matriz de fase A em (10) seja 0,3 em vez de 0,18. Qual é a previsão do modelo de matriz de fase sobre essa população de corujas malhadas?

SOLUÇÃO Agora, os autovalores de A são aproximadamente $\lambda_1 = 1{,}01$, $\lambda_2 = -0{,}03 + 0{,}26i$ e $\lambda_3 = -0{,}03 - 0{,}26i$. Um autovetor associado a λ_1 é aproximadamente igual a $(10, 3, 31)$. Sejam $\mathbf{v}_2$ e $\mathbf{v}_3$ os autovetores (complexos) associados a λ_2 e λ_3. Nesse caso, a equação (11) fica

$$\mathbf{x}_k = c_1(1{,}01)^k \mathbf{v}_1 + c_2(-0{,}03 + 0{,}26i)^k \mathbf{v}_2 + c_3(-0{,}03 - 0{,}26i)^k \mathbf{v}_3$$

Leitura Adicional: Franklin, G. F., J. D. Powell e M. L. Workman. *Digital Control of Dynamic Systems*, 3ª ed. Reading, MA: Addison-Wesley, 1998; Sandefur, James T. *Discrete Dynamical Systems—Theory and Applications*. Oxford: Oxford University Press, 1990; Tuchinsky, Philip. *Management of a Buffalo Herd*, UMAP Module 207. Lexington, MA: COMAP, 1980.

Quando $k \to \infty$, os dois últimos vetores tendem a zero. Assim, $\mathbf{x}_k$ se torna cada vez mais parecido com o vetor (real) $c_1(1,01)^k \mathbf{v}_1$. As aproximações em (6) e (7), seguindo o Exemplo 1, podem ser aplicadas aqui. Além disso, pode-se mostrar que a constante c_1 na decomposição inicial de $\mathbf{x}_0$ é positiva quando as componentes de $\mathbf{x}_0$ forem negativas. Logo, a população de corujas crescerá lentamente, com uma taxa de crescimento no longo prazo de 1,01. O autovetor $\mathbf{v}_1$ descreve a distribuição final das corujas por fase de vida: para cada 31 adultos, existem cerca de 10 jovens e 3 pré-adultos. ∎

Problemas Práticos

1. A matriz A a seguir tem autovalores $1, \frac{2}{3}$ e $\frac{1}{3}$, com autovetores associados $\mathbf{v}_1, \mathbf{v}_2, \mathbf{v}_3$:

$$A = \frac{1}{9}\begin{bmatrix} 7 & -2 & 0 \\ -2 & 6 & 2 \\ 0 & 2 & 5 \end{bmatrix}, \quad \mathbf{v}_1 = \begin{bmatrix} -2 \\ 2 \\ 1 \end{bmatrix}, \quad \mathbf{v}_2 = \begin{bmatrix} 2 \\ 1 \\ 2 \end{bmatrix}, \quad \mathbf{v}_3 = \begin{bmatrix} 1 \\ 2 \\ -2 \end{bmatrix}$$

Encontre a solução geral da equação $\mathbf{x}_{k+1} = A\mathbf{x}_k$ se $\mathbf{x}_0 = \begin{bmatrix} 1 \\ 11 \\ -2 \end{bmatrix}$.

2. O que acontece com a sequência $\{\mathbf{x}_k\}$ do Problema Prático 1 quando $k \to \infty$?

5.6 EXERCÍCIOS

1. Seja A uma matriz 2×2 com autovalores 3 e 1/3 e autovetores associados $\mathbf{v}_1 = \begin{bmatrix} 1 \\ 1 \end{bmatrix}$ e $\mathbf{v}_2 = \begin{bmatrix} -1 \\ 1 \end{bmatrix}$. Seja $\{\mathbf{x}_k\}$ uma solução da equação de diferenças $\mathbf{x}_{k+1} = A\mathbf{x}_k$, $\mathbf{x}_0 = \begin{bmatrix} 9 \\ 1 \end{bmatrix}$.

   a. Calcule $\mathbf{x}_1 = A\mathbf{x}_0$. [*Sugestão:* Não é preciso conhecer a matriz A.]

   b. Determine uma fórmula para $\mathbf{x}_k$ em função de k e dos autovetores $\mathbf{v}_1$ e $\mathbf{v}_2$.

2. Suponha que os autovalores de uma matriz A 3×3 sejam 3, 4/5 e 3/5, com autovetores associados $\begin{bmatrix} 1 \\ 0 \\ -3 \end{bmatrix}, \begin{bmatrix} 2 \\ 1 \\ -5 \end{bmatrix}$ e $\begin{bmatrix} -3 \\ -3 \\ 7 \end{bmatrix}$. Seja $\mathbf{x}_0 = \begin{bmatrix} -2 \\ -5 \\ 3 \end{bmatrix}$. Encontre a solução da equação $\mathbf{x}_{k+1} = A\mathbf{x}_k$ para o $\mathbf{x}_0$ dado e descreva o que acontece quando $k \to \infty$.

Nos Exercícios 3 a 6, suponha que qualquer vetor inicial $\mathbf{x}_0$ tenha uma decomposição em autovetores tal que o coeficiente c_1 na equação (1) desta seção seja positivo.[3]

3. Determine a evolução do sistema dinâmico no Exemplo 1 quando o parâmetro predatório p em (3) é igual a 0,2. (Obtenha uma fórmula para $\mathbf{x}_k$.) A população de corujas aumenta ou diminui? E quanto à população de ratos-do-mato?

4. Determine a evolução do sistema dinâmico no Exemplo 1 quando o parâmetro predatório p for igual a 0,125. (Obtenha uma fórmula para $\mathbf{x}_k$.) Com o passar do tempo, o que acontece com os tamanhos das populações de corujas e ratos? O sistema tende ao que é chamado algumas vezes equilíbrio instável. O que você acha que pode acontecer com o sistema se algum aspecto do modelo (como taxas de nascimento ou taxa predatória) variar ligeiramente?

5. Nas florestas antigas de pinho Douglas, as corujas malhadas se alimentam principalmente de esquilos voadores. Suponha que a matriz predador-presa para essas duas populações seja $A = \begin{bmatrix} 0,4 & 0,3 \\ -p & 1,2 \end{bmatrix}$.

Mostre que, se o parâmetro predatório p for 0,325, as duas populações crescerão. Obtenha uma estimativa para a taxa de crescimento em longo prazo e a razão final entre as populações de corujas e de esquilos voadores.

6. Mostre que, se o parâmetro predatório p no Exercício 5 for 0,5, as duas populações, de corujas e esquilos, irão desaparecer. Encontre um valor de p para o qual ambas as populações tendem a níveis constantes. Qual é o valor relativo das populações nesse caso?

7. Suponha que A tenha as propriedades descritas no Exercício 1.

   a. A origem é um atrator, um repulsor ou um ponto de sela para o sistema dinâmico $\mathbf{x}_{k+1} = A\mathbf{x}_k$?

   b. Encontre as direções de maior atração e/ou repulsão para esse sistema dinâmico.

   c. Faça uma descrição gráfica do sistema, mostrando as direções de maior atração ou repulsão. Inclua um esboço aproximado de diversas trajetórias típicas (sem fazer os cálculos para pontos específicos).

8. Determine a natureza da origem para o sistema dinâmico $\mathbf{x}_{k+1} = A\mathbf{x}_k$ (atrator, repulsor ou ponto de sela) se A tiver as propriedades descritas no Exercício 2. Encontre as direções de maior atração ou repulsão.

Nos Exercícios 9 a 14, classifique a origem como atrator, repulsor ou ponto de sela do sistema dinâmico $\mathbf{x}_{k+1} = A\mathbf{x}_k$. Determine as direções de maior atração ou repulsão.

9. $A = \begin{bmatrix} 1,7 & -0,3 \\ -1,2 & 0,8 \end{bmatrix}$ 10. $A = \begin{bmatrix} 0,3 & 0,4 \\ -0,3 & 1,1 \end{bmatrix}$

11. $A = \begin{bmatrix} 0,4 & 0,5 \\ -0,4 & 1,3 \end{bmatrix}$ 12. $A = \begin{bmatrix} 0,5 & 0,6 \\ -0,3 & 1,4 \end{bmatrix}$

13. $A = \begin{bmatrix} 0,8 & 0,3 \\ -0,4 & 1,5 \end{bmatrix}$ 14. $A = \begin{bmatrix} 1,7 & 0,6 \\ -0,4 & 0,7 \end{bmatrix}$

15. Seja $A = \begin{bmatrix} 0,4 & 0 & 0,2 \\ 0,3 & 0,8 & 0,3 \\ 0,3 & 0,2 & 0,5 \end{bmatrix}$. O vetor $\mathbf{v}_1 = \begin{bmatrix} 0,1 \\ 0,6 \\ 0,3 \end{bmatrix}$ é um autovetor de A e dois autovalores são 0,5 e 0,2. Obtenha a solução do sistema dinâmico $\mathbf{x}_{k+1} = A\mathbf{x}_k$ que satisfaz $\mathbf{x}_0 = (0; 0,3; 0,7)$. O que acontece com $\mathbf{x}_k$ quando $k \to \infty$?

---

[3] Uma das limitações do modelo no Exemplo 1 é que sempre existem vetores $\mathbf{x}_0$ de população inicial com elementos positivos, mas com o coeficiente c_1 negativo. A aproximação (7) ainda é válida, mas as componentes de $\mathbf{x}_k$ acabarão se tornando negativas.

M 16. Obtenha a solução geral do sistema dinâmico $\mathbf{x}_{k+1} = A\mathbf{x}_k$ quando

$$A = \begin{bmatrix} 0,90 & 0,01 & 0,09 \\ 0,01 & 0,90 & 0,01 \\ 0,09 & 0,09 & 0,90 \end{bmatrix}.$$

17. Monte o modelo da matriz de fase para uma espécie de animal que admite duas fases de vida: juvenil (até um ano) e adulta. Suponha que as fêmeas adultas gerem a cada ano uma média de 1,6 fêmea jovem. Cada ano, 30% dos jovens sobrevivem e se tornam adultos e 80% dos adultos sobrevivem. Para $k \geq 0$, seja $\mathbf{x}_k = (j_k, a_k)$, em que as componentes de $\mathbf{x}_k$ representam os números de fêmeas jovens e fêmeas adultas no ano k.

   a. Obtenha a matriz de fase A tal que $\mathbf{x}_{k+1} = A\mathbf{x}_k$ para $k \geq 0$.

   b. Mostre que a população está crescendo, calcule a taxa de crescimento final da população e obtenha a razão em longo prazo entre jovens e adultos.

   M c. Suponha que, inicialmente, existam 15 jovens e 10 adultos na população. Faça quatro gráficos que mostrem como a população varia ao longo de oito anos: (a) o número de jovens, (b) o

número de adultos, (c) a população total e (d) a razão entre jovens e adultos (cada ano). Quando é que a razão em (d) parece se estabilizar? Inclua uma listagem do programa ou de comandos usados para produzir os gráficos em (c) e (d).

18. Uma manada de búfalos americanos (bisão) pode ser modelada por uma matriz de fase análoga à usada para as corujas malhadas. As fêmeas podem ser divididas em jovens (até um ano), pré-adultos (de 1 a 2 anos) e adultos. Suponha que uma média de 42 fêmeas jovens nasçam a cada ano para cada 100 fêmeas adultas. (Somente os adultos procriam.) A cada ano, sobrevivem cerca de 60% dos jovens, 75% dos pré-adultos e 95% dos adultos. Para $k \geq 0$, seja $\mathbf{x}_k = (c_k, y_k, a_k)$, em que as componentes de $\mathbf{x}_k$ representam os números de fêmeas em cada fase de vida no ano k.

   a. Monte a matriz de fase A para a manada de búfalos tal que $\mathbf{x}_{k+1} = A\mathbf{x}_k$ para $k \geq 0$.

   M b. Mostre que a manada de búfalos está crescendo, determine a taxa de crescimento esperada depois de muitos anos e obtenha a quantidade esperada de jovens e pré-adultos para cada 100 adultos.

Soluções dos Problemas Práticos

1. O primeiro passo é escrever $\mathbf{x}_0$ como combinação linear de $\mathbf{v}_1$, $\mathbf{v}_2$ e $\mathbf{v}_3$. Escalonando a matriz $[\mathbf{v}_1 \ \mathbf{v}_2 \ \mathbf{v}_3 \ \mathbf{x}_0]$, obtemos os pesos $c_1 = 2$, $c_2 = 1$ e $c_3 = 3$, de modo que

$$\mathbf{x}_0 = 2\mathbf{v}_1 + 1\mathbf{v}_2 + 3\mathbf{v}_3$$

Como os autovalores são 1, $\frac{2}{3}$ e $\frac{1}{3}$, a solução geral é

$$\mathbf{x}_k = 2 \cdot 1^k \mathbf{v}_1 + 1 \cdot \left(\frac{2}{3}\right)^k \mathbf{v}_2 + 3 \cdot \left(\frac{1}{3}\right)^k \mathbf{v}_3$$

$$= 2 \begin{bmatrix} -2 \\ 2 \\ 1 \end{bmatrix} + \left(\frac{2}{3}\right)^k \begin{bmatrix} 2 \\ 1 \\ 2 \end{bmatrix} + 3 \cdot \left(\frac{1}{3}\right)^k \begin{bmatrix} 1 \\ 2 \\ -2 \end{bmatrix} \qquad (12)$$

2. Quando $k \to \infty$, o segundo e o terceiro termos em (12) tendem ao vetor nulo e

$$\mathbf{x}_k = 2\mathbf{v}_1 + \left(\frac{2}{3}\right)^k \mathbf{v}_2 + 3\left(\frac{1}{3}\right)^k \mathbf{v}_3 \to 2\mathbf{v}_1 = \begin{bmatrix} -4 \\ 4 \\ 2 \end{bmatrix}$$

5.7 APLICAÇÕES ÀS EQUAÇÕES DIFERENCIAIS

Esta seção descreve um análogo contínuo às equações de diferenças estudadas na Seção 5.6. Em muitos problemas aplicados, várias grandezas variam continuamente com o tempo e se relacionam por meio de um sistema de equações diferenciais:

$$x_1' = a_{11}x_1 + \cdots + a_{1n}x_n$$
$$x_2' = a_{21}x_1 + \cdots + a_{2n}x_n$$
$$\vdots$$
$$x_n' = a_{n1}x_1 + \cdots + a_{nn}x_n$$

Aqui, $x_1, \ldots, x_n$ são funções diferenciáveis de t com derivadas $x_1', \ldots, x_n'$, e os a_{ij} são constantes. A característica crucial desse sistema é que é *linear*. Para ver isso, escrevemos o sistema como uma equação diferencial matricial

$$\mathbf{x}'(t) = A\mathbf{x}(t) \qquad (1)$$

em que

$$\mathbf{x}(t) = \begin{bmatrix} x_1(t) \\ \vdots \\ x_n(t) \end{bmatrix}, \quad \mathbf{x}'(t) = \begin{bmatrix} x_1'(t) \\ \vdots \\ x_n'(t) \end{bmatrix} \quad \text{e} \quad A = \begin{bmatrix} a_{11} & \cdots & a_{1n} \\ \vdots & & \vdots \\ a_{n1} & \cdots & a_{nn} \end{bmatrix}$$

Uma **solução** de (1) é uma função vetorial que satisfaz (1) para todo t em certo intervalo de números reais, como $t \geq 0$.

A equação (1) é *linear* porque tanto a derivação de funções quanto a multiplicação de vetores por uma matriz são transformações lineares. Assim, se $\mathbf{u}$ e $\mathbf{v}$ forem soluções de $\mathbf{x}' = A\mathbf{x}$, então $c\mathbf{u} + d\mathbf{v}$ também será solução, pois

$$(c\mathbf{u} + d\mathbf{v})'' = c\mathbf{u}'' + d\mathbf{v}''$$
$$= cA\mathbf{u} + dA\mathbf{v} = A(c\mathbf{u} + d\mathbf{v})$$

(Os engenheiros chamam essa propriedade *superposição* de soluções.) Além disso, a função identicamente nula é uma solução (trivial) de (1). Na terminologia do Capítulo 4, o conjunto de todas as soluções de (1) é um *subespaço* do conjunto de todas as funções contínuas com valores em $\mathbb{R}^n$.

Os livros-textos de equações diferenciais mostram que sempre existe o que se chama **conjunto fundamental de soluções** para (1). Se A for $n \times n$, então existirão n funções linearmente independentes em um conjunto fundamental, e cada solução de (1) se escreve como combinação linear dessas n funções de uma única forma. Em outras palavras, um conjunto fundamental de soluções é uma *base* para o conjunto de todas as soluções de (1), e o conjunto solução é um espaço vetorial de funções de dimensão n. Dado um vetor $\mathbf{x}_0$, então o **problema de valor inicial** é a busca pela (única) função $\mathbf{x}$ tal que $\mathbf{x}' = A\mathbf{x}$ e $\mathbf{x}(0) = \mathbf{x}_0$.

Quando A é uma matriz diagonal, as soluções de (1) podem ser obtidas por cálculo. Por exemplo, considere

$$\begin{bmatrix} x_1'(t) \\ x_2'(t) \end{bmatrix} = \begin{bmatrix} 3 & 0 \\ 0 & -5 \end{bmatrix} \begin{bmatrix} x_1(t) \\ x_2(t) \end{bmatrix} \tag{2}$$

ou seja,

$$\begin{aligned} x_1'(t) &= 3x_1(t) \\ x_2'(t) &= -5x_2(t) \end{aligned} \tag{3}$$

O sistema (2) é dito *desacoplado* porque cada derivada de uma função depende apenas daquela função particular, e não de uma combinação ou "acoplamento" de $x_1(t)$ e $x_2(t)$. Do cálculo, as soluções de (3) são $x_1(t) = c_1 e^{3t}$ e $x_2(t) = c_2 e^{-5t}$, quaisquer que sejam as constantes c_1 e c_2. Cada solução de (2) pode ser escrita na forma

$$\begin{bmatrix} x_1(t) \\ x_2(t) \end{bmatrix} = \begin{bmatrix} c_1 e^{3t} \\ c_2 e^{-5t} \end{bmatrix} = c_1 \begin{bmatrix} 1 \\ 0 \end{bmatrix} e^{3t} + c_2 \begin{bmatrix} 0 \\ 1 \end{bmatrix} e^{-5t}$$

Esse exemplo sugere que, para a equação geral $\mathbf{x}' = A\mathbf{x}$, toda solução pode ser uma combinação linear da forma

$$\mathbf{x}(t) = \mathbf{v} e^{\lambda t} \tag{4}$$

para algum escalar λ e algum vetor não nulo $\mathbf{v}$. [Se $\mathbf{v} = \mathbf{0}$, a função $\mathbf{x}(t)$ é identicamente nula e, portanto, satisfaz $\mathbf{x}' = A\mathbf{x}$.] Observe que

$$\mathbf{x}'(t) = \lambda \mathbf{v} e^{\lambda t} \quad \text{Do cálculo, já que } \mathbf{v} \text{ é um vetor constante}$$
$$A\mathbf{x}(t) = A\mathbf{v} e^{\lambda t} \quad \text{Multiplicando (4) por } A$$

Como $e^{\lambda t}$ nunca se anula, $\mathbf{x}'(t)$ será igual a $A\mathbf{x}(t)$ se e somente se $\lambda \mathbf{v} = A\mathbf{v}$, ou seja, se e somente se λ for autovalor de A e $\mathbf{v}$ for autovetor associado. Assim, cada par autovalor/autovetor fornece uma solução (4) de $\mathbf{x}' = A\mathbf{x}$. Essas soluções são chamadas, às vezes, *autofunções* da equação diferencial. As autofunções fornecem a chave para a resolução de sistemas de equações diferenciais.

EXEMPLO 1 O circuito na Figura 1 pode ser descrito pela equação diferencial

$$\begin{bmatrix} x_1'(t) \\ x_2'(t) \end{bmatrix} = \begin{bmatrix} -(1/R_1 + 1/R_2)/C_1 & 1/(R_2 C_1) \\ 1/(R_2 C_2) & -1/(R_2 C_2) \end{bmatrix} \begin{bmatrix} x_1(t) \\ x_2(t) \end{bmatrix}$$

na qual $x_1(t)$ e $x_2(t)$ são as diferenças de potencial nos dois capacitores no instante t. Suponha que a resistência R_1 seja 1 ohm, R_2 seja 2 ohms, o capacitor C_1 seja 1 farad, C_2 seja 0,5 farad, e suponha que exista uma carga inicial de 5 volts no capacitor C_1 e 4 volts no capacitor C_2. Encontre fórmulas para $x_1(t)$ e $x_2(t)$ que descrevam como as tensões variam com o tempo.

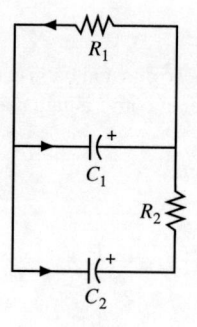

FIGURA 1

SOLUÇÃO Denote por A a matriz dada anteriormente e seja $\mathbf{x}(t) = \begin{bmatrix} x_1(t) \\ x_2(t) \end{bmatrix}$. Para os dados no enunciado, $A = \begin{bmatrix} -1,5 & 0,5 \\ 1 & -1 \end{bmatrix}$ e $\mathbf{x}(0) = \begin{bmatrix} 5 \\ 4 \end{bmatrix}$. Os autovalores de A são $\lambda_1 = -0,5$ e $\lambda_2 = -2$, com autovetores associados

$$\mathbf{v}_1 = \begin{bmatrix} 1 \\ 2 \end{bmatrix} \quad \text{e} \quad \mathbf{v}_2 = \begin{bmatrix} -1 \\ 1 \end{bmatrix}$$

As autofunções $\mathbf{x}_1(t) = \mathbf{v}_1 e^{\lambda_1 t}$ e $\mathbf{x}_2(t) = \mathbf{v}_2 e^{\lambda_2 t}$ satisfazem $\mathbf{x}' = A\mathbf{x}$, como também toda combinação linear de $\mathbf{x}_1$ e $\mathbf{x}_2$. Defina

$$\mathbf{x}(t) = c_1 \mathbf{v}_1 e^{\lambda_1 t} + c_2 \mathbf{v}_2 e^{\lambda_2 t} = c_1 \begin{bmatrix} 1 \\ 2 \end{bmatrix} e^{-0,5t} + c_2 \begin{bmatrix} -1 \\ 1 \end{bmatrix} e^{-2t}$$

e observe que $\mathbf{x}(0) = c_1 \mathbf{v}_1 + c_2 \mathbf{v}_2$. Como é óbvio que $\mathbf{v}_1$ e $\mathbf{v}_2$ são linearmente independentes e, portanto, geram $\mathbb{R}^2$, podemos determinar c_1 e c_2 de modo que $\mathbf{x}(0)$ seja igual $\mathbf{x}_0$. De fato, a equação

$$c_1 \underset{\underset{\mathbf{v}_1}{\uparrow}}{\begin{bmatrix} 1 \\ 2 \end{bmatrix}} + c_2 \underset{\underset{\mathbf{v}_2}{\uparrow}}{\begin{bmatrix} -1 \\ 1 \end{bmatrix}} = \underset{\underset{\mathbf{x}_0}{\uparrow}}{\begin{bmatrix} 5 \\ 4 \end{bmatrix}}$$

implica $c_1 = 3$ e $c_2 = -2$. Assim, a solução desejada da equação diferencial $\mathbf{x}' = A\mathbf{x}$ é

$$\mathbf{x}(t) = 3 \begin{bmatrix} 1 \\ 2 \end{bmatrix} e^{-0,5t} - 2 \begin{bmatrix} -1 \\ 1 \end{bmatrix} e^{-2t}$$

ou

$$\begin{bmatrix} x_1(t) \\ x_2(t) \end{bmatrix} = \begin{bmatrix} 3e^{-0,5t} + 2e^{-2t} \\ 6e^{-0,5t} - 2e^{-2t} \end{bmatrix}$$

A Figura 2 mostra o gráfico ou *trajetória* de $\mathbf{x}(t)$ para $t \geq 0$, junto com as trajetórias para alguns outros pontos iniciais. As trajetórias das duas autofunções $\mathbf{x}_1$ e $\mathbf{x}_2$ pertencem aos autoespaços de A.

As duas autofunções $\mathbf{x}_1$ e $\mathbf{x}_2$ decaem para zero quando $t \to \infty$, mas os valores de $\mathbf{x}_2$ decaem mais rápido porque seu expoente é mais negativo. As componentes do autovetor associado $\mathbf{v}_2$ mostram que as tensões nos capacitores vão decair para zero o mais rápido possível quando as tensões iniciais forem iguais em módulo, mas com sinais contrários. ■

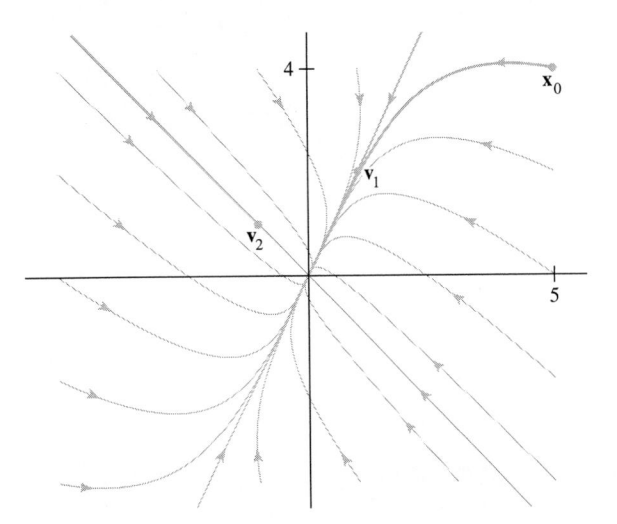

FIGURA 2 Origem como atrator.

Na Figura 2, a origem é chamada **atrator** ou **sorvedouro** do sistema dinâmico porque todas as trajetórias se aproximam da origem. A direção de maior atração é ao longo da trajetória da autofunção $\mathbf{x}_2$ (a reta contendo $\mathbf{0}$ e $\mathbf{v}_2$) associada ao autovalor mais negativo, $\lambda = -2$. A reta contendo $\mathbf{0}$ e $\mathbf{v}_1$ é assíntota às trajetórias que partem de pontos fora da reta contendo $\mathbf{0}$ e $\mathbf{v}_2$, já que suas componentes na direção de $\mathbf{v}_2$ decaem muito rapidamente.

Se os autovalores no Exemplo 1 fossem positivos em vez de negativos, as trajetórias correspondentes teriam uma forma semelhante, mas iriam para *longe* da origem. Nesse caso, a origem seria um **repulsor** ou uma **fonte** do sistema dinâmico, e a direção de maior repulsão seria a reta contendo a trajetória da autofunção associada ao autovalor mais positivo.

EXEMPLO 2 Suponha que uma partícula se movimente em um campo de forças no plano e seu vetor posição $\mathbf{x}$ satisfaça $\mathbf{x}' = A\mathbf{x}$ e $\mathbf{x}(0) = \mathbf{x}_0$, em que

$$A = \begin{bmatrix} 4 & -5 \\ -2 & 1 \end{bmatrix}, \qquad \mathbf{x}_0 = \begin{bmatrix} 2,9 \\ 2,6 \end{bmatrix}$$

Resolva esse problema de valor inicial para $t \geq 0$ e esboce a trajetória da partícula.

SOLUÇÃO Os autovalores de A são $\lambda_1 = 6$ e $\lambda_2 = -1$, com autovetores associados $\mathbf{v}_1 = (-5, 2)$ e $\mathbf{v}_2 = (1, 1)$. Quaisquer que sejam as constantes c_1 e c_2, a função

$$\mathbf{x}(t) = c_1 \mathbf{v}_1 e^{\lambda_1 t} + c_2 \mathbf{v}_2 e^{\lambda_2 t} = c_1 \begin{bmatrix} -5 \\ 2 \end{bmatrix} e^{6t} + c_2 \begin{bmatrix} 1 \\ 1 \end{bmatrix} e^{-t}$$

é uma solução de $\mathbf{x}' = A\mathbf{x}$. Queremos encontrar c_1 e c_2 que satisfaçam $\mathbf{x}(0) = \mathbf{x}_0$, ou seja,

$$c_1 \begin{bmatrix} -5 \\ 2 \end{bmatrix} + c_2 \begin{bmatrix} 1 \\ 1 \end{bmatrix} = \begin{bmatrix} 2,9 \\ 2,6 \end{bmatrix} \quad \text{ou} \quad \begin{bmatrix} -5 & 1 \\ 2 & 1 \end{bmatrix} \begin{bmatrix} c_1 \\ c_2 \end{bmatrix} = \begin{bmatrix} 2,9 \\ 2,6 \end{bmatrix}$$

Os cálculos mostram que $c_1 = -3/70$ e $c_2 = 188/70$, logo a função desejada é

$$\mathbf{x}(t) = \frac{-3}{70} \begin{bmatrix} -5 \\ 2 \end{bmatrix} e^{6t} + \frac{188}{70} \begin{bmatrix} 1 \\ 1 \end{bmatrix} e^{-t}$$

As trajetórias de $\mathbf{x}$ e de outras soluções estão ilustradas na Figura 3. ∎

Na Figura 3, a origem é chamada **ponto de sela** do sistema dinâmico porque algumas trajetórias se aproximam da origem no início e, depois, mudam de direção e se afastam da origem. Um ponto de sela surge sempre que a matriz A tem um autovalor positivo e um negativo. A direção de maior repulsão é a da reta contendo $\mathbf{v}_1$ e $\mathbf{0}$, correspondente ao autovalor positivo. A direção de maior atração é a da reta contendo $\mathbf{v}_2$ e $\mathbf{0}$, correspondente ao autovalor negativo.

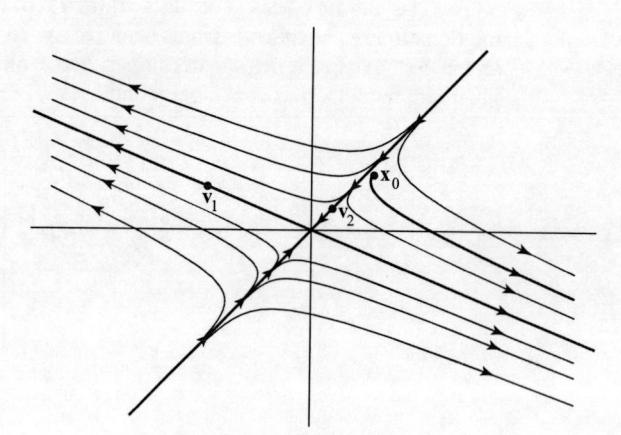

FIGURA 3 Origem como ponto de sela.

Desacoplando um Sistema Dinâmico

A discussão a seguir mostra que o método dos Exemplos 1 e 2 produz um conjunto fundamental de soluções para qualquer sistema dinâmico descrito por $\mathbf{x}' = A\mathbf{x}$ quando A é uma matriz $n \times n$ e tem n autovetores linearmente independentes, ou seja, quando A é diagonalizável. Suponha que as autofunções de A sejam

$$\mathbf{v}_1 e^{\lambda_1 t}, \dots, \mathbf{v}_n e^{\lambda_n t}$$

com $\mathbf{v}_1, \dots, \mathbf{v}_n$ autovetores linearmente independentes. Seja $P = [\mathbf{v}_1 \cdots \mathbf{v}_n]$ e seja D a matriz diagonal com $\lambda_1, \dots, \lambda_n$ em sua diagonal principal, de modo que $A = PDP^{-1}$. Agora, faça uma *mudança de variável*, definindo uma nova função $\mathbf{y}$ por

$$\mathbf{y}(t) = P^{-1}\mathbf{x}(t) \quad \text{ou, equivalentemente,} \quad \mathbf{x}(t) = P\mathbf{y}(t)$$

A equação $\mathbf{x}(t) = P\mathbf{y}(t)$ significa que $\mathbf{y}(t)$ é o vetor de coordenadas de $\mathbf{x}(t)$ em relação à base de autovetores. Substituindo $\mathbf{x}$ por $P\mathbf{y}$ na equação $\mathbf{x}' = A\mathbf{x}$, obtemos

$$\frac{d}{dt}(P\mathbf{y}) = A(P\mathbf{y}) = (PDP^{-1})P\mathbf{y} = PD\mathbf{y} \tag{5}$$

Como P é uma matriz constante, o lado esquerdo de (5) é igual a $P\mathbf{y}'$. Multiplicando (5) à esquerda por P^{-1}, obtemos $\mathbf{y}' = D\mathbf{y}$, ou

$$\begin{bmatrix} y_1'(t) \\ y_2'(t) \\ \vdots \\ y_n'(t) \end{bmatrix} = \begin{bmatrix} \lambda_1 & 0 & \cdots & 0 \\ 0 & \lambda_2 & & \vdots \\ \vdots & & \ddots & 0 \\ 0 & \cdots & 0 & \lambda_n \end{bmatrix} \begin{bmatrix} y_1(t) \\ y_2(t) \\ \vdots \\ y_n(t) \end{bmatrix}$$

A mudança de variável de $\mathbf{x}$ para $\mathbf{y}$ *desacoplou* o sistema de equações diferenciais, pois a derivada de cada função escalar y_k depende apenas de y_k. (Reveja a mudança de variável análoga na Seção 5.6.) Como $y_1' = \lambda_1 y_1$, temos $y_1(t) = c_1 e^{\lambda_1 t}$, com fórmulas análogas para $y_2, \ldots, y_n$. Assim,

$$\mathbf{y}(t) = \begin{bmatrix} c_1 e^{\lambda_1 t} \\ \vdots \\ c_n e^{\lambda_n t} \end{bmatrix}, \quad \text{em que} \quad \begin{bmatrix} c_1 \\ \vdots \\ c_n \end{bmatrix} = \mathbf{y}(0) = P^{-1}\mathbf{x}(0) = P^{-1}\mathbf{x}_0$$

Para obter a solução geral $\mathbf{x}$ do sistema original, calcule

$$\mathbf{x}(t) = P\mathbf{y}(t) = [\,\mathbf{v}_1 \; \cdots \; \mathbf{v}_n\,]\,\mathbf{y}(t)$$
$$= c_1\mathbf{v}_1 e^{\lambda_1 t} + \cdots + c_n\mathbf{v}_n e^{\lambda_n t}$$

Essa é a expansão em autofunções construída como no Exemplo 1.

Autovalores Complexos

No próximo exemplo, uma matriz real A tem um par de autovalores complexos λ e $\overline{\lambda}$, com autovetores complexos associados $\mathbf{v}$ e $\overline{\mathbf{v}}$. (Lembre-se da Seção 5.5 que, para uma matriz real, os autovalores complexos e os autovetores associados aparecem por meio de pares conjugados.) Logo, duas soluções de $\mathbf{x}' = A\mathbf{x}$ são

$$\mathbf{x}_1(t) = \mathbf{v}e^{\lambda t} \qquad \text{e} \qquad \mathbf{x}_2(t) = \overline{\mathbf{v}}e^{\overline{\lambda} t} \tag{6}$$

Pode-se mostrar que $\mathbf{x}_2(t) = \overline{\mathbf{x}_1(t)}$ usando uma representação em série de potências para a função exponencial complexa. Apesar de as autofunções complexas $\mathbf{x}_1$ e $\mathbf{x}_2$ serem convenientes para alguns cálculos (em especial na Engenharia Elétrica), para muitas aplicações as funções reais são mais apropriadas. Felizmente, a parte real e a parte imaginária de $\mathbf{x}_1$ são soluções (reais) de $\mathbf{x}' = A\mathbf{x}$, já que são combinações lineares das soluções em (6):

$$\mathrm{Re}(\mathbf{v}e^{\lambda t}) = \frac{1}{2}[\,\mathbf{x}_1(t) + \overline{\mathbf{x}_1(t)}\,], \qquad \mathrm{Im}(\mathbf{v}e^{\lambda t}) = \frac{1}{2i}[\,\mathbf{x}_1(t) - \overline{\mathbf{x}_1(t)}\,]$$

Para compreender a natureza de $\mathrm{Re}(\mathbf{v}e^{\lambda t})$, lembre-se do cálculo que, para qualquer número x, a função exponencial e^x pode ser calculada a partir da série de potências:

$$e^x = 1 + x + \frac{1}{2!}x^2 + \cdots + \frac{1}{n!}x^n + \cdots$$

Essa série pode ser usada para definir $e^{\lambda t}$ quando λ for complexo:

$$e^{\lambda t} = 1 + (\lambda t) + \frac{1}{2!}(\lambda t)^2 + \cdots + \frac{1}{n!}(\lambda t)^n + \cdots$$

Escrevendo $\lambda = a + bi$ (com a e b reais) e usando séries de potências semelhantes para as funções seno e cosseno, pode-se mostrar que

$$e^{(a+bi)t} = e^{at}\,e^{ibt} = e^{at}\,(\cos bt + i \operatorname{sen} bt) \tag{7}$$

Portanto,

$$\mathbf{v}e^{\lambda t} = (\mathrm{Re}\,\mathbf{v} + i\,\mathrm{Im}\,\mathbf{v})\,(e^{at})(\cos bt + i\operatorname{sen} bt)$$
$$= [\,(\mathrm{Re}\,\mathbf{v})\cos bt - (\mathrm{Im}\,\mathbf{v})\operatorname{sen} bt\,]e^{at}$$
$$+ i\,[\,(\mathrm{Re}\,\mathbf{v})\operatorname{sen} bt + (\mathrm{Im}\,\mathbf{v})\cos bt\,]e^{at}$$

Logo, duas soluções reais de $\mathbf{x}' = A\mathbf{x}$ são

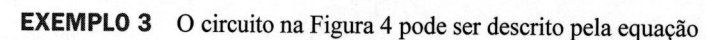

$$\mathbf{y}_1(t) = \text{Re } \mathbf{x}_1(t) = [\, (\text{Re } \mathbf{v}) \cos bt - (\text{Im } \mathbf{v}) \text{ sen } bt \,] \, e^{at}$$
$$\mathbf{y}_2(t) = \text{Im } \mathbf{x}_1(t) = [\, (\text{Re } \mathbf{v}) \text{ sen } bt + (\text{Im } \mathbf{v}) \cos bt \,] \, e^{at}$$

Pode-se mostrar que $\mathbf{y}_1$ e $\mathbf{y}_2$ são funções linearmente independentes (quando $b \neq 0$).[1]

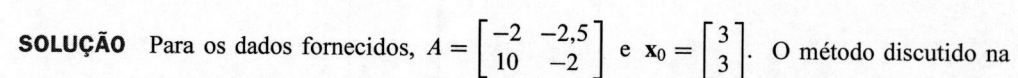

EXEMPLO 3   O circuito na Figura 4 pode ser descrito pela equação

$$\begin{bmatrix} i_L' \\ v_C' \end{bmatrix} = \begin{bmatrix} -R_2/L & -1/L \\ 1/C & -1/(R_1 C) \end{bmatrix} \begin{bmatrix} i_L \\ v_C \end{bmatrix}$$

em que i_L é a corrente que atravessa o indutor L e v_C é a diferença de potencial no capacitor C. Suponha que R_1 seja igual a 5 ohms, R_2 seja 0,8 ohm, C seja 0,1 farad e L seja 0,4 henry. Obtenha fórmulas para i_L e v_C, dado que a corrente inicial no indutor é de 3 ampères e a diferença de potencial inicial no capacitor é 3 volts.

SOLUÇÃO   Para os dados fornecidos, $A = \begin{bmatrix} -2 & -2,5 \\ 10 & -2 \end{bmatrix}$ e $\mathbf{x}_0 = \begin{bmatrix} 3 \\ 3 \end{bmatrix}$. O método discutido na

Seção 5.5 produz o autovalor $\lambda = -2 + 5i$ e o autovetor associado $\mathbf{v}_1 = \begin{bmatrix} i \\ 2 \end{bmatrix}$. As soluções complexas

de $\mathbf{x}' = A\mathbf{x}$ são combinações lineares complexas de

$$\mathbf{x}_1(t) = \begin{bmatrix} i \\ 2 \end{bmatrix} e^{(-2+5i)t} \quad \text{e} \quad \mathbf{x}_2(t) = \begin{bmatrix} -i \\ 2 \end{bmatrix} e^{(-2-5i)t}$$

Em seguida, use (7) para escrever

$$\mathbf{x}_1(t) = \begin{bmatrix} i \\ 2 \end{bmatrix} e^{-2t}(\cos 5t + i \text{ sen } 5t)$$

Considerando a parte real e a parte imaginária de $\mathbf{x}_1$, obtemos as soluções reais

$$\mathbf{y}_1(t) = \begin{bmatrix} -\text{sen } 5t \\ 2\cos 5t \end{bmatrix} e^{-2t}, \quad \mathbf{y}_2(t) = \begin{bmatrix} \cos 5t \\ 2\text{ sen } 5t \end{bmatrix} e^{-2t}$$

Como $\mathbf{y}_1$ e $\mathbf{y}_2$ são funções linearmente independentes, formam uma base para o espaço vetorial real bidimensional das soluções de $\mathbf{x}' = A\mathbf{x}$. Assim, a solução geral é

$$\mathbf{x}(t) = c_1 \begin{bmatrix} -\text{sen } 5t \\ 2\cos 5t \end{bmatrix} e^{-2t} + c_2 \begin{bmatrix} \cos 5t \\ 2\text{ sen } 5t \end{bmatrix} e^{-2t}$$

Para satisfazer $\mathbf{x}(0) = \begin{bmatrix} 3 \\ 3 \end{bmatrix}$, precisamos que $c_1 \begin{bmatrix} 0 \\ 2 \end{bmatrix} + c_2 \begin{bmatrix} 1 \\ 0 \end{bmatrix} = \begin{bmatrix} 3 \\ 3 \end{bmatrix}$, o que nos leva a $c_1 = 1,5$

e $c_2 = 3$. Então,

$$\mathbf{x}(t) = 1,5 \begin{bmatrix} -\text{sen } 5t \\ 2\cos 5t \end{bmatrix} e^{-2t} + 3 \begin{bmatrix} \cos 5t \\ 2\text{ sen } 5t \end{bmatrix} e^{-2t}$$

ou

$$\begin{bmatrix} i_L(t) \\ v_C(t) \end{bmatrix} = \begin{bmatrix} -1,5 \text{ sen } 5t + 3 \cos 5t \\ 3\cos 5t + 6 \text{ sen } 5t \end{bmatrix} e^{-2t}$$

Veja a Figura 5.   ∎

Na Figura 5, a origem é chamada **ponto espiral** do sistema dinâmico. A rotação é causada pelas funções seno e cosseno que surgem do autovalor complexo. As trajetórias seguem no sentido para dentro da espiral porque o fator e^{-2t} tende a zero. Lembre-se de que -2 é a parte real do autovalor no Exemplo 3. Quando A tem um autovalor complexo com parte real positiva, as trajetórias seguem para fora da espiral. Se a parte real do autovalor for zero, as trajetórias formarão elipses em torno da origem.

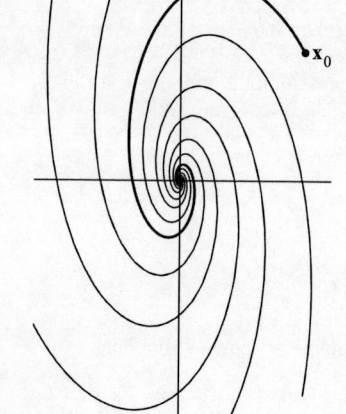

FIGURA 4

FIGURA 5 Origem como ponto espiral.

---

[1]Como $\mathbf{x}_2(t)$ é o complexo conjugado de $\mathbf{x}_1(t)$, a parte real e a parte imaginária de $\mathbf{x}_2(t)$ são, respectivamente, $\mathbf{y}_1(t)$ e $-\mathbf{y}_2(t)$. Então, podemos usar $\mathbf{x}_1(t)$ ou $\mathbf{x}_2(t)$, mas não ambos, para produzir duas soluções reais linearmente independentes de $\mathbf{x}' = A\mathbf{x}$.

Problemas Práticos

Uma matriz real A 3 × 3 tem autovalores $-0{,}5$, $0{,}2 + 0{,}3i$ e $0{,}2 - 0{,}3i$, com autovetores associados

$$\mathbf{v}_1 = \begin{bmatrix} 1 \\ -2 \\ 1 \end{bmatrix}, \quad \mathbf{v}_2 = \begin{bmatrix} 1 + 2i \\ 4i \\ 2 \end{bmatrix} \quad e \quad \mathbf{v}_3 = \begin{bmatrix} 1 - 2i \\ -4i \\ 2 \end{bmatrix}$$

1. A matriz A é diagonalizável como $A = PDP^{-1}$ usando matrizes complexas?
2. Obtenha a solução geral de $\mathbf{x}' = A\mathbf{x}$ usando autofunções complexas e, depois, determine a solução geral real.
3. Descreva a forma das trajetórias típicas.

5.7 EXERCÍCIOS

1. Uma partícula que se movimenta em um campo de forças no plano tem vetor posição $\mathbf{x}$ que satisfaz $\mathbf{x}' = A\mathbf{x}$. A matriz A 2 × 2 tem autovalores 4 e 2, com autovetores associados $\mathbf{v}_1 = \begin{bmatrix} -3 \\ 1 \end{bmatrix}$ e $\mathbf{v}_2 = \begin{bmatrix} -1 \\ 1 \end{bmatrix}$. Determine a posição da partícula no instante t supondo que $\mathbf{x}(0) = \begin{bmatrix} -6 \\ 1 \end{bmatrix}$.

2. Seja A uma matriz 2 × 2 com autovalores -3 e -1 e autovetores associados $\mathbf{v}_1 = \begin{bmatrix} -1 \\ 1 \end{bmatrix}$ e $\mathbf{v}_2 = \begin{bmatrix} 1 \\ 1 \end{bmatrix}$. Seja $\mathbf{x}(t)$ a posição de uma partícula no instante t. Resolva o problema de valor inicial $\mathbf{x}' = A\mathbf{x}$, $\mathbf{x}(0) = \begin{bmatrix} 2 \\ 3 \end{bmatrix}$.

Nos Exercícios 3 a 6, resolva o problema de valor inicial $\mathbf{x}'(t) = A\mathbf{x}(t)$ para $t \geq 0$, com $\mathbf{x}(0) = (3, 2)$. Classifique a natureza da origem como atrator, repulsor ou ponto de sela para o sistema dinâmico descrito por $\mathbf{x}' = A\mathbf{x}$. Determine as direções de maior atração e/ou maior repulsão. Quando a origem for um ponto de sela, faça um esboço das trajetórias típicas.

3. $A = \begin{bmatrix} 2 & 3 \\ -1 & -2 \end{bmatrix}$ 4. $A = \begin{bmatrix} -2 & -5 \\ 1 & 4 \end{bmatrix}$

5. $A = \begin{bmatrix} 7 & -1 \\ 3 & 3 \end{bmatrix}$ 6. $A = \begin{bmatrix} 1 & -2 \\ 3 & -4 \end{bmatrix}$

Nos Exercícios 7 e 8, faça uma mudança de variáveis que desacople a equação $\mathbf{x}' = A\mathbf{x}$. Escreva a equação $\mathbf{x}(t) = P\mathbf{y}(t)$ e mostre que o cálculo conduz ao sistema desacoplado $\mathbf{y}' = D\mathbf{y}$, determinando P e D.

7. Considere A como no Exercício 5.
8. Considere A como no Exercício 6.

Nos Exercícios 9 a 18, obtenha a solução geral de $\mathbf{x}' = A\mathbf{x}$ envolvendo autofunções complexas e, depois, obtenha a solução geral real. Descreva a forma das trajetórias típicas.

9. $A = \begin{bmatrix} -3 & 2 \\ -1 & -1 \end{bmatrix}$ 10. $A = \begin{bmatrix} 3 & 1 \\ -2 & 1 \end{bmatrix}$

11. $A = \begin{bmatrix} -3 & -9 \\ 2 & 3 \end{bmatrix}$ 12. $A = \begin{bmatrix} -7 & 10 \\ -4 & 5 \end{bmatrix}$

13. $A = \begin{bmatrix} 4 & -3 \\ 6 & -2 \end{bmatrix}$ 14. $A = \begin{bmatrix} -2 & 1 \\ -8 & 2 \end{bmatrix}$

M 15. $A = \begin{bmatrix} -8 & -12 & -6 \\ 2 & 1 & 2 \\ 7 & 12 & 5 \end{bmatrix}$

M 16. $A = \begin{bmatrix} -6 & -11 & 16 \\ 2 & 5 & -4 \\ -4 & -5 & 10 \end{bmatrix}$

M 17. $A = \begin{bmatrix} 30 & 64 & 23 \\ -11 & -23 & -9 \\ 6 & 15 & 4 \end{bmatrix}$

M 18. $A = \begin{bmatrix} 53 & -30 & -2 \\ 90 & -52 & -3 \\ 20 & -10 & 2 \end{bmatrix}$

M 19. Encontre fórmulas para as tensões v_1 e v_2 (em função do tempo t) para o circuito no Exemplo 1, supondo que $R_1 = 1/5$ ohm, $R_2 = 1/3$ ohm, $C_1 = 4$ farads, $C_2 = 3$ farads e a carga inicial em cada capacitor seja de 4 volts.

M 20. Encontre fórmulas para as tensões v_1 e v_2 para o circuito no Exemplo 1, supondo que $R_1 = 1/15$ ohm, $R_2 = 1/3$ ohm, $C_1 = 9$ farads, $C_2 = 2$ farads e a carga inicial em cada capacitor seja de 3 volts.

M 21. Encontre fórmulas para a corrente i_L e a tensão v_C para o circuito no Exemplo 3, supondo que $R_1 = 1$ ohm, $R_2 = 0{,}125$ ohm, $C = 0{,}2$ farad, $L = 0{,}125$ henry, a corrente inicial seja 0 amp e a tensão inicial seja de 15 volts.

M 22. O circuito na figura é descrito pela equação

$$\begin{bmatrix} i_L' \\ v_C' \end{bmatrix} = \begin{bmatrix} 0 & 1/L \\ -1/C & -1/(RC) \end{bmatrix} \begin{bmatrix} i_L \\ v_C \end{bmatrix}$$

na qual i_L é a corrente pelo indutor L e v_C é a diferença de potencial no capacitor C. Encontre fórmulas para i_L e para v_C quando $R = 0{,}5$ ohm, $C = 2{,}5$ farads, $L = 0{,}5$ henry, a corrente inicial é 0 amp e a tensão inicial é de 12 volts.

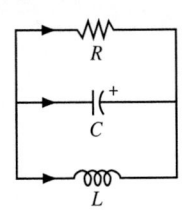

Soluções dos Problemas Práticos

1. Sim, a matriz 3×3 é diagonalizável porque tem três autovalores distintos. O Teorema 2 na Seção 5.1 e o Teorema 6 na Seção 5.3 são válidos quando são usados escalares complexos. (As demonstrações são essencialmente as mesmas do caso de escalares reais.)

2. A solução geral tem a forma

$$\mathbf{x}(t) = c_1 \begin{bmatrix} 1 \\ -2 \\ 1 \end{bmatrix} e^{-0,5t} + c_2 \begin{bmatrix} 1 + 2i \\ 4i \\ 2 \end{bmatrix} e^{(0,2+0,3i)t} + c_3 \begin{bmatrix} 1 - 2i \\ -4i \\ 2 \end{bmatrix} e^{(0,2-0,3i)t}$$

Os escalares c_1, c_2 e c_3 aqui podem ser números complexos. O primeiro termo de $\mathbf{x}(t)$ é real desde que c_1 seja real. Duas outras soluções reais podem ser obtidas usando a parte real e a parte imaginária do segundo termo de $\mathbf{x}(t)$:

$$\begin{bmatrix} 1 + 2i \\ 4i \\ 2 \end{bmatrix} e^{0,2t}(\cos 0,3t + i \operatorname{sen} 0,3\ t)$$

A solução geral real tem a seguinte forma, com escalares *reais* c_1, c_2 e c_3:

$$c_1 \begin{bmatrix} 1 \\ -2 \\ 1 \end{bmatrix} e^{-0,5t} + c_2 \begin{bmatrix} \cos 0,3t - 2 \operatorname{sen} 0,3t \\ -4 \operatorname{sen} 0,3\ t \\ 2 \cos\ 0,3t \end{bmatrix} e^{0,2t} + c_3 \begin{bmatrix} \operatorname{sen} 0,3t + 2 \cos 0,3t \\ 4 \cos 0,3t \\ 2 \operatorname{sen} 0,3t \end{bmatrix} e^{0,2t}$$

3. Qualquer solução com $c_2 = c_3 = 0$ é atraída para a origem por causa da exponencial com expoente negativo. Outras soluções apresentam componentes que crescem de maneira ilimitada e as trajetórias seguem espirais que se afastam da origem.

   Cuidado para não confundir esse problema com outro na Seção 5.6. Lá a condição para a atração pela origem era de que um autovalor fosse menor que 1 em módulo para que $|\lambda|^k \to 0$. Aqui, a parte real do autovalor precisa ser negativa para que $e^{\lambda t} \to 0$.

5.8 ESTIMATIVAS ITERADAS PARA AUTOVALORES

Nas aplicações científicas da álgebra linear, os autovalores poucas vezes precisam ser conhecidos com precisão. Felizmente, uma boa aproximação numérica costuma ser bastante satisfatória. De fato, algumas aplicações requerem apenas uma aproximação não muito precisa do maior autovalor. O primeiro algoritmo descrito a seguir pode funcionar bem para esse caso. Além disso, fornece uma base para um método mais potente que é capaz de obter estimativas rápidas para os outros autovalores também.

Método da Potência

O método da potência se aplica a uma matriz A $n \times n$ que tem um **autovalor estritamente dominante** λ_1, o que significa que λ_1 precisa ser maior em módulo que todos os outros autovalores. Nesse caso, o método da potência produz uma sequência de escalares que se aproxima de λ_1 e uma sequência de vetores que se aproxima de um autovetor associado. O método depende da decomposição em autovetores usada no início da Seção 5.6.

Para simplificar, suponha que A seja diagonalizável e $\mathbb{R}^n$ tenha uma base de autovetores $\mathbf{v}_1, \ldots, \mathbf{v}_n$, ordenada de modo que os autovalores associados $\lambda_1, \ldots, \lambda_n$ decresçam em módulo, com um primeiro autovalor estritamente dominante:

$$|\lambda_1| > |\lambda_2| \geq |\lambda_3| \geq \cdots \geq |\lambda_n| \tag{1}$$

— Estritamente maior

Como vimos na equação (2) da Seção 5.6, se $\mathbf{x}$ pertencente a $\mathbb{R}^n$ for escrito como $\mathbf{x} = c_1\mathbf{v}_1 + \cdots + c_n\mathbf{v}_n$, então

$$A^k \mathbf{x} = c_1(\lambda_1)^k \mathbf{v}_1 + c_2(\lambda_2)^k \mathbf{v}_2 + \cdots + c_n(\lambda_n)^k \mathbf{v}_n \quad (k = 1, 2, \ldots)$$

Suponha que $c_1 \neq 0$. Então, dividindo por $(\lambda_1)^k$,

$$\frac{1}{(\lambda_1)^k} A^k \mathbf{x} = c_1 \mathbf{v}_1 + c_2 \left(\frac{\lambda_2}{\lambda_1} \right)^k \mathbf{v}_2 + \cdots + c_n \left(\frac{\lambda_n}{\lambda_1} \right)^k \mathbf{v}_n \quad (k = 1, 2, \ldots) \tag{2}$$

De (1), as frações λ_2/λ_1, ..., λ_n/λ_1 são todas menores que 1 em módulo e, portanto, suas potências tendem a zero. Logo,

$$(\lambda_1)^{-k} A^k \mathbf{x} \to c_1 \mathbf{v}_1 \quad \text{quando } k \to \infty \tag{3}$$

Assim, para valores grandes de k, um múltiplo escalar de $A^k\mathbf{x}$ determina praticamente a mesma *direção* e o mesmo *sentido* que o autovetor $c_1\mathbf{v}_1$. Como a multiplicação por escalares positivos não muda a direção nem o sentido do vetor, $A^k\mathbf{x}$ está quase na mesma direção e mesmo sentido que o vetor $\mathbf{v}_1$ ou $-\mathbf{v}_1$, desde que $c_1 \neq 0$.

EXEMPLO 1 Sejam $A = \begin{bmatrix} 1,8 & 0,8 \\ 0,2 & 1,2 \end{bmatrix}$, $\mathbf{v}_1 = \begin{bmatrix} 4 \\ 1 \end{bmatrix}$ e $\mathbf{x} = \begin{bmatrix} -0,5 \\ 1 \end{bmatrix}$. Então A tem autovalores 2 e 1, e o autoespaço associado a $\lambda_1 = 2$ é a reta contendo $\mathbf{0}$ e $\mathbf{v}_1$. Para $k = 0, ..., 8$, calcule $A^k\mathbf{x}$ e trace a reta contendo $\mathbf{0}$ e $A^k\mathbf{x}$. O que acontece quando k fica cada vez maior?

SOLUÇÃO Os três primeiros cálculos são

$$A\mathbf{x} = \begin{bmatrix} 1,8 & 0,8 \\ 0,2 & 1,2 \end{bmatrix} \begin{bmatrix} -0,5 \\ 1 \end{bmatrix} = \begin{bmatrix} -0,1 \\ 1,1 \end{bmatrix}$$

$$A^2\mathbf{x} = A(A\mathbf{x}) = \begin{bmatrix} 1,8 & 0,8 \\ 0,2 & 1,2 \end{bmatrix} \begin{bmatrix} -0,1 \\ 1,1 \end{bmatrix} = \begin{bmatrix} 0,7 \\ 1,3 \end{bmatrix}$$

$$A^3\mathbf{x} = A(A^2\mathbf{x}) = \begin{bmatrix} 1,8 & 0,8 \\ 0,2 & 1,2 \end{bmatrix} \begin{bmatrix} 0,7 \\ 1,3 \end{bmatrix} = \begin{bmatrix} 2,3 \\ 1,7 \end{bmatrix}$$

Cálculos análogos completam a Tabela 1.

TABELA 1 Iterados de um Vetor

k	0	1	2	3	4	5	6	7	8
$A^k\mathbf{x}$	$\begin{bmatrix} -0,5 \\ 1 \end{bmatrix}$	$\begin{bmatrix} -0,1 \\ 1,1 \end{bmatrix}$	$\begin{bmatrix} 0,7 \\ 1,3 \end{bmatrix}$	$\begin{bmatrix} 2,3 \\ 1,7 \end{bmatrix}$	$\begin{bmatrix} 5,5 \\ 2,5 \end{bmatrix}$	$\begin{bmatrix} 11,9 \\ 4,1 \end{bmatrix}$	$\begin{bmatrix} 24,7 \\ 7,3 \end{bmatrix}$	$\begin{bmatrix} 50,3 \\ 13,7 \end{bmatrix}$	$\begin{bmatrix} 101,5 \\ 26,5 \end{bmatrix}$

Os vetores $\mathbf{x}$, $A\mathbf{x}$, ..., $A^4\mathbf{x}$ estão ilustrados na Figura 1. Os outros vetores ficam grandes demais para serem apresentados. No entanto, foram traçados raios indicando a direção desses vetores. Na verdade, nosso interesse está nas direções e sentidos dos vetores, não nos vetores em si. As retas parecem estar se aproximando da reta que representa o autoespaço gerado por $\mathbf{v}_1$. Mais precisamente, o ângulo entre a reta (subespaço) determinado por $A^k\mathbf{x}$ e a reta (autoespaço) determinada por $\mathbf{v}_1$ tende a zero quando $k \to \infty$. ∎

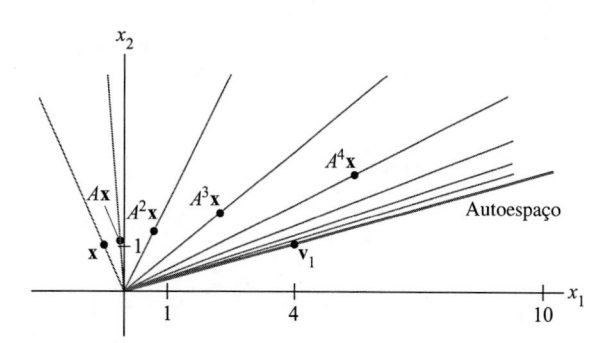

FIGURA 1 Direções determinadas por $\mathbf{x}$, $A\mathbf{x}$, $A^2\mathbf{x}$, ..., $A^7\mathbf{x}$.

Os vetores $(\lambda_1)^{-k} A^k\mathbf{x}$ em (3) sofreram uma mudança de escala de modo a convergir para $c_1\mathbf{v}_1$, desde que $c_1 \neq 0$. Não podemos mudar a escala de $A^k\mathbf{x}$ dessa maneira porque não conhecemos λ_1. Mas podemos multiplicar cada $A^k\mathbf{x}$ por um escalar de modo que sua maior componente seja 1. A sequência resultante $\{\mathbf{x}_k\}$ convergirá para um múltiplo de $\mathbf{v}_1$ cuja maior componente é 1. A Figura 2 mostra a sequência na escala nova para o Exemplo 1. Podemos também obter uma estimativa para o autovalor λ_1 a partir da sequência $\{\mathbf{x}_k\}$. Quando $\mathbf{x}_k$ está próximo de um autovetor associado a λ_1, o vetor $A\mathbf{x}_k$ está próximo de $\lambda_1\mathbf{x}_k$, com cada componente de $A\mathbf{x}_k$ sendo aproximadamente igual ao produto de λ_1 com a componente correspondente de $\mathbf{x}_k$. Como a maior componente de $\mathbf{x}_k$ é 1, a maior componente de $A\mathbf{x}_k$ está próxima de λ_1. (Omitimos as demonstrações detalhadas dessas afirmações.)

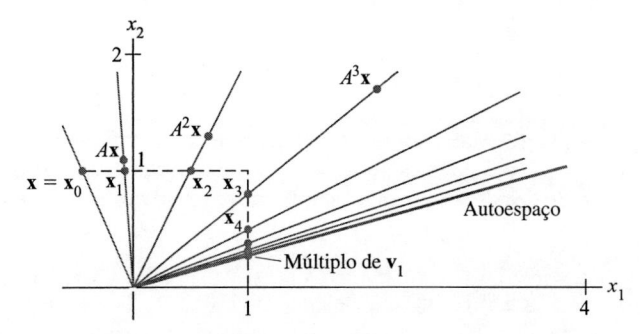

FIGURA 2 Múltiplos escalares de $\mathbf{x}$, $A\mathbf{x}$, $A^2\mathbf{x}$, ..., $A^7\mathbf{x}$.

MÉTODO DA POTÊNCIA PARA ESTIMAR UM AUTOVETOR ESTRITAMENTE DOMINANTE

1. Escolha um vetor inicial $\mathbf{x}_0$ cuja maior componente é 1.
2. Para $k = 0, 1, \ldots,$
   a. Calcule $A\mathbf{x}_k$.
   b. Seja μ_k uma componente de $A\mathbf{x}_k$ cujo módulo é o maior possível.
   c. Calcule $\mathbf{x}_{k+1} = (1/\mu_k)A\mathbf{x}_k$.
3. Para quase todas as escolhas de $\mathbf{x}_0$, a sequência $\{\mu_k\}$ se aproxima do autovalor dominante e a sequência $\{\mathbf{x}_k\}$ se aproxima de um autovetor associado.

EXEMPLO 2 Aplique o método da potência com $A = \begin{bmatrix} 6 & 5 \\ 1 & 2 \end{bmatrix}$ e $\mathbf{x}_0 = \begin{bmatrix} 0 \\ 1 \end{bmatrix}$. Pare quando $k = 5$ e obtenha uma estimativa do autovalor dominante de A e de um autovetor associado.

SOLUÇÃO Os cálculos, neste exemplo e no próximo, foram feitos com o MATLAB, que faz cálculos com precisão de 16 dígitos, apesar de apresentarmos aqui apenas alguns algarismos significativos. Para começar, calculamos $A\mathbf{x}_0$ e identificamos a maior componente μ_0 de $A\mathbf{x}_0$:

$$A\mathbf{x}_0 = \begin{bmatrix} 6 & 5 \\ 1 & 2 \end{bmatrix}\begin{bmatrix} 0 \\ 1 \end{bmatrix} = \begin{bmatrix} 5 \\ 2 \end{bmatrix}, \quad \mu_0 = 5$$

Fazendo uma mudança de escala em $A\mathbf{x}_0$ de $1/\mu_0$ para obter $\mathbf{x}_1$, calculamos $A\mathbf{x}_1$ e identificamos a maior componente de $A\mathbf{x}_1$:

$$\mathbf{x}_1 = \frac{1}{\mu_0}A\mathbf{x}_0 = \frac{1}{5}\begin{bmatrix} 5 \\ 2 \end{bmatrix} = \begin{bmatrix} 1 \\ 0,4 \end{bmatrix}$$

$$A\mathbf{x}_1 = \begin{bmatrix} 6 & 5 \\ 1 & 2 \end{bmatrix}\begin{bmatrix} 1 \\ 0,4 \end{bmatrix} = \begin{bmatrix} 8 \\ 1,8 \end{bmatrix}, \quad \mu_1 = 8$$

Fazendo uma mudança de escala em $A\mathbf{x}_1$ de $1/\mu_1$ para obter $\mathbf{x}_2$, calculamos $A\mathbf{x}_2$ e identificamos a maior componente de $A\mathbf{x}_2$:

$$\mathbf{x}_2 = \frac{1}{\mu_1}A\mathbf{x}_1 = \frac{1}{8}\begin{bmatrix} 8 \\ 1,8 \end{bmatrix} = \begin{bmatrix} 1 \\ 0,225 \end{bmatrix}$$

$$A\mathbf{x}_2 = \begin{bmatrix} 6 & 5 \\ 1 & 2 \end{bmatrix}\begin{bmatrix} 1 \\ 0,225 \end{bmatrix} = \begin{bmatrix} 7,125 \\ 1,450 \end{bmatrix}, \quad \mu_2 = 7,125$$

Fazendo uma mudança de escala em $A\mathbf{x}_2$ de $1/\mu_2$ para obter $\mathbf{x}_3$ e assim por diante. O resultado dos cálculos no MATLAB para as cinco primeiras iterações está apresentado na Tabela 2.

TABELA 2 Método da Potência para o Exemplo 2

k	0	1	2	3	4	5
$\mathbf{x}_k$	$\begin{bmatrix} 0 \\ 1 \end{bmatrix}$	$\begin{bmatrix} 1 \\ 0,4 \end{bmatrix}$	$\begin{bmatrix} 1 \\ 0,225 \end{bmatrix}$	$\begin{bmatrix} 1 \\ 0,2035 \end{bmatrix}$	$\begin{bmatrix} 1 \\ 0,2005 \end{bmatrix}$	$\begin{bmatrix} 1 \\ 0,20007 \end{bmatrix}$
$A\mathbf{x}_k$	$\begin{bmatrix} 5 \\ 2 \end{bmatrix}$	$\begin{bmatrix} 8 \\ 1,8 \end{bmatrix}$	$\begin{bmatrix} 7,125 \\ 1,450 \end{bmatrix}$	$\begin{bmatrix} 7,0175 \\ 1,4070 \end{bmatrix}$	$\begin{bmatrix} 7,0025 \\ 1,4010 \end{bmatrix}$	$\begin{bmatrix} 7,00036 \\ 1,40014 \end{bmatrix}$
μ_k	5	8	7,125	7,0175	7,0025	7,00036

A evidência numérica da Tabela 2 sugere fortemente que $\{\mathbf{x}_k\}$ tende para $(1, 0{,}2)$ e $\{\mu_k\}$ tende para 7. Se for assim, então $(1, 0{,}2)$ é um autovetor e 7 é o autovalor dominante. Isso é fácil de verificar pelo cálculo

$$A\begin{bmatrix} 1 \\ 0{,}2 \end{bmatrix} = \begin{bmatrix} 6 & 5 \\ 1 & 2 \end{bmatrix}\begin{bmatrix} 1 \\ 0{,}2 \end{bmatrix} = \begin{bmatrix} 7 \\ 1{,}4 \end{bmatrix} = 7\begin{bmatrix} 1 \\ 0{,}2 \end{bmatrix}$$ ∎

A sequência $\{\mu_k\}$ no Exemplo 2 convergiu rápido para $\lambda_1 = 7$ porque o segundo autovalor de A era muito menor. (De fato, $\lambda_2 = 1$.) Em geral, a taxa de convergência depende da razão $|\lambda_2/\lambda_1|$, porque o vetor $c_2(\lambda_2/\lambda_1)^k\mathbf{v}_2$ em (2) é a maior fonte de erro quando usamos uma versão em outra escala de $A^k\mathbf{x}$ como estimativa para $c_1\mathbf{v}_1$. (As outras frações λ_j/λ_1 serão, provavelmente, menores.) Se $|\lambda_2/\lambda_1|$ estiver próximo de 1, então $\{\mu_k\}$ e $\{\mathbf{x}_k\}$ podem convergir de forma muito lenta e pode ser preferível usar outros métodos de aproximação.

Com o método da potência, existe uma pequena chance de que uma escolha aleatória do vetor inicial $\mathbf{x}$ não tenha componente na direção de $\mathbf{v}_1$ (quando $c_1 = 0$). Mas é provável que os erros de arredondamento durante os cálculos dos $\mathbf{x}_k$ criem um vetor com pelo menos uma pequena componente na direção de $\mathbf{v}_1$. Se isso ocorrer, então $\mathbf{x}_k$ começará a convergir para um múltiplo de $\mathbf{v}_1$.

Método da Potência Inversa

Esse método fornece uma aproximação para *qualquer* autovalor, desde que se tenha uma boa estimativa inicial α do autovalor λ. Nesse caso, escolhemos $B = (A - \alpha I)^{-1}$ e aplicamos o método da potência a B. Pode-se mostrar que, se os autovalores de A forem $\lambda_1, \dots, \lambda_n$, então os autovalores de B serão

$$\frac{1}{\lambda_1 - \alpha}, \quad \frac{1}{\lambda_2 - \alpha}, \quad \dots, \quad \frac{1}{\lambda_n - \alpha}$$

e os autovetores associados são os mesmos que os de A. (Veja os Exercícios 15 e 16.)

Suponha, por exemplo, que α esteja mais próximo de λ_2 que de qualquer outro autovalor de A. Então, $1/(\lambda_2 - \alpha)$ será um autovalor estritamente dominante de B. Se α estiver muito próximo de λ_2, então $1/(\lambda_2 - \alpha)$ será *muito* maior que os demais autovalores de B, e o método da potência inversa gerará uma aproximação muito rápida de λ_2 para quase todas as escolhas de $\mathbf{x}_0$. O próximo algoritmo fornece os detalhes.

MÉTODO DA POTÊNCIA INVERSA PARA ESTIMAR UM AUTOVALOR λ DE A

1. Escolha uma estimativa inicial α suficientemente próxima de λ.
2. Escolha um vetor inicial $\mathbf{x}_0$ cuja maior componente é 1.
3. Para $k = 0, 1, \dots,$
    a. Resolva $(A - \alpha I)\mathbf{y}_k = \mathbf{x}_k$ para $\mathbf{y}_k$.
    b. Seja μ_k uma componente de $\mathbf{y}_k$ com o maior valor absoluto.
    c. Calcule $v_k = \alpha + (1/\mu_k)$.
    d. Calcule $\mathbf{x}_{k+1} = (1/\mu_k)\mathbf{y}_k$.
4. Para quase toda escolha de $\mathbf{x}_0$, a sequência $\{v_k\}$ tende para o autovalor λ de A, e a sequência $\{\mathbf{x}_k\}$ tende para um autovetor associado.

Note que B ou $(A - \alpha I)^{-1}$ não aparece no algoritmo. Em vez de calcular $(A - \alpha I)^{-1}\mathbf{x}_k$ para obter o próximo vetor da sequência, é melhor *resolver* a equação $(A - \alpha I)\mathbf{y}_k = \mathbf{x}_k$ para $\mathbf{y}_k$ (e depois fazer uma mudança de escala em $\mathbf{y}_k$ para obter $\mathbf{x}_{k+1}$). Como essa equação em $\mathbf{y}_k$ precisa ser resolvida para cada k, uma fatoração LU de $A - \alpha I$ irá acelerar o processo.

EXEMPLO 3 Em certas aplicações, não é raro que se tenha de determinar o menor autovalor de uma matriz A e uma estimativa não muito precisa dos demais autovalores. Suponha que 21, 3,3 e 1,9 sejam estimativas para os autovalores da matriz A a seguir. Determine o menor autovalor com precisão de seis casas decimais.

$$A = \begin{bmatrix} 10 & -8 & -4 \\ -8 & 13 & 4 \\ -4 & 5 & 4 \end{bmatrix}$$

SOLUÇÃO Os dois menores autovalores parecem estar próximos um do outro, de modo que podemos usar o método da potência inversa para $A - 1{,}9I$. Os resultados do cálculo no MATLAB estão apresentados na Tabela 3. Aqui, $\mathbf{x}_0$ foi escolhido aleatoriamente, $\mathbf{y}_k = (A - 1{,}9I)^{-1}\mathbf{x}_k$, μ_k é a maior componente de $\mathbf{y}_k$, $\nu_k = 1{,}9 + 1/\mu_k$ e $\mathbf{x}_{k+1} = (1/\mu_k)\mathbf{y}_k$. Como podemos ver, a estimativa inicial do autovalor foi boa e a sequência do método da potência inversa convergiu rapidamente. O menor autovalor é exatamente 2. ∎

TABELA 3 Método da Potência Inversa

k	0	1	2	3	4
$\mathbf{x}_k$	$\begin{bmatrix} 1 \\ 1 \\ 1 \end{bmatrix}$	$\begin{bmatrix} 0{,}5736 \\ 0{,}0646 \\ 1 \end{bmatrix}$	$\begin{bmatrix} 0{,}5054 \\ 0{,}0045 \\ 1 \end{bmatrix}$	$\begin{bmatrix} 0{,}5004 \\ 0{,}0003 \\ 1 \end{bmatrix}$	$\begin{bmatrix} 0{,}50003 \\ 0{,}00002 \\ 1 \end{bmatrix}$
$\mathbf{y}_k$	$\begin{bmatrix} 4{,}45 \\ 0{,}50 \\ 7{,}76 \end{bmatrix}$	$\begin{bmatrix} 5{,}0131 \\ 0{,}0442 \\ 9{,}9197 \end{bmatrix}$	$\begin{bmatrix} 5{,}0012 \\ 0{,}0031 \\ 9{,}9949 \end{bmatrix}$	$\begin{bmatrix} 5{,}0001 \\ 0{,}0002 \\ 9{,}9996 \end{bmatrix}$	$\begin{bmatrix} 5{,}000006 \\ 0{,}000015 \\ 9{,}999975 \end{bmatrix}$
μ_k	7,76	9,9197	9,9949	9,9996	9,999975
ν_k	2,03	2,0008	2,00005	2,000004	2,0000002

Se não tivermos uma estimativa para o menor autovalor da matriz, podemos simplesmente escolher $\alpha = 0$ no método da potência inversa. Essa escolha de α funciona de forma razoável se o menor autovalor estiver muito mais próximo de zero que dos outros autovalores.

Os dois algoritmos apresentados nesta seção são ferramentas práticas para muitas situações simples e fornecem uma introdução ao problema de estimativa de autovalores. Um método iterativo mais robusto e mais amplamente usado é o algoritmo QR, que é o coração do comando `eig(A)` do MATLAB, que com rapidez calcula autovalores e autovetores de A. Uma descrição breve do algoritmo QR foi dada nos exercícios da Seção 5.2. Detalhes adicionais podem ser encontrados na maioria dos livros-textos modernos sobre análise numérica.

Problema Prático

Como podemos saber se um dado vetor $\mathbf{x}$ é uma boa aproximação para um autovetor de uma matriz A? Se for, como podemos obter uma estimativa do autovalor associado? Experimente com

$$A = \begin{bmatrix} 5 & 8 & 4 \\ 8 & 3 & -1 \\ 4 & -1 & 2 \end{bmatrix} \quad e \quad \mathbf{x} = \begin{bmatrix} 1{,}0 \\ -4{,}3 \\ 8{,}1 \end{bmatrix}$$

5.8 EXERCÍCIOS

Nos Exercícios 1 a 4, a matriz A é seguida de uma sequência $\{\mathbf{x}_k\}$ obtida pelo método da potência. Use esses dados para obter uma estimativa do maior autovalor de A e obtenha um autovetor associado.

1. $A = \begin{bmatrix} 4 & 3 \\ 1 & 2 \end{bmatrix}$;

$\begin{bmatrix} 1 \\ 0 \end{bmatrix}, \begin{bmatrix} 1 \\ 0{,}25 \end{bmatrix}, \begin{bmatrix} 1 \\ 0{,}3158 \end{bmatrix}, \begin{bmatrix} 1 \\ 0{,}3298 \end{bmatrix}, \begin{bmatrix} 1 \\ 0{,}3326 \end{bmatrix}$

2. $A = \begin{bmatrix} 1{,}8 & -0{,}8 \\ -3{,}2 & 4{,}2 \end{bmatrix}$;

$\begin{bmatrix} 1 \\ 0 \end{bmatrix}, \begin{bmatrix} -0{,}5625 \\ 1 \end{bmatrix}, \begin{bmatrix} -0{,}3021 \\ 1 \end{bmatrix}, \begin{bmatrix} -0{,}2601 \\ 1 \end{bmatrix}, \begin{bmatrix} -0{,}2520 \\ 1 \end{bmatrix}$

3. $A = \begin{bmatrix} 0{,}5 & 0{,}2 \\ 0{,}4 & 0{,}7 \end{bmatrix}$

$\begin{bmatrix} 1 \\ 0 \end{bmatrix}, \begin{bmatrix} 1 \\ 0{,}8 \end{bmatrix}, \begin{bmatrix} 0{,}6875 \\ 1 \end{bmatrix}, \begin{bmatrix} 0{,}5577 \\ 1 \end{bmatrix}, \begin{bmatrix} 0{,}5188 \\ 1 \end{bmatrix}$

4. $A = \begin{bmatrix} 4{,}1 & -6 \\ 3 & -4{,}4 \end{bmatrix}$;

$\begin{bmatrix} 1 \\ 1 \end{bmatrix}, \begin{bmatrix} 1 \\ 0{,}7368 \end{bmatrix}, \begin{bmatrix} 1 \\ 0{,}7541 \end{bmatrix}, \begin{bmatrix} 1 \\ 0{,}7490 \end{bmatrix}, \begin{bmatrix} 1 \\ 0{,}7502 \end{bmatrix}$

5. Considere $A = \begin{bmatrix} 15 & 16 \\ -20 & -21 \end{bmatrix}$. Os vetores $\mathbf{x}, \dots, A^5\mathbf{x}$ são $\begin{bmatrix} 1 \\ 1 \end{bmatrix}$,

$\begin{bmatrix} 31 \\ -41 \end{bmatrix}, \begin{bmatrix} -191 \\ 241 \end{bmatrix}, \begin{bmatrix} 991 \\ -1.241 \end{bmatrix}, \begin{bmatrix} -4.991 \\ 6.241 \end{bmatrix}, \begin{bmatrix} 24.991 \\ -31.241 \end{bmatrix}$.

Determine um vetor com um 1 na segunda componente que esteja próximo de um autovetor de A. Use quatro casas decimais. Verifique sua estimativa e obtenha uma estimativa para o autovalor dominante de A.

6. Seja $A = \begin{bmatrix} -2 & -3 \\ 6 & 7 \end{bmatrix}$. Repita o Exercício 5 usando a seguinte sequência $\mathbf{x}, A\mathbf{x}, \dots, A^5\mathbf{x}$.

$\begin{bmatrix} 1 \\ 1 \end{bmatrix}, \begin{bmatrix} -5 \\ 13 \end{bmatrix}, \begin{bmatrix} -29 \\ 61 \end{bmatrix}, \begin{bmatrix} -125 \\ 253 \end{bmatrix}, \begin{bmatrix} -509 \\ 1.021 \end{bmatrix}, \begin{bmatrix} -2.045 \\ 4.093 \end{bmatrix}$

Os Exercícios 7 a 12 requerem o uso do MATLAB ou de outro programa para os cálculos. Nos Exercícios 7 e 8, use o método da potência com o x_0 dado. Liste $\{x_k\}$ e $\{\mu_k\}$ para $k = 1, \dots, 5$. Nos Exercícios 9 e 10, obtenha μ_5 e μ_6.

M 7. $A = \begin{bmatrix} 6 & 7 \\ 8 & 5 \end{bmatrix}$, $x_0 = \begin{bmatrix} 1 \\ 0 \end{bmatrix}$

M 8. $A = \begin{bmatrix} 2 & 1 \\ 4 & 5 \end{bmatrix}$, $x_0 = \begin{bmatrix} 1 \\ 0 \end{bmatrix}$

M 9. $A = \begin{bmatrix} 8 & 0 & 12 \\ 1 & -2 & 1 \\ 0 & 3 & 0 \end{bmatrix}$, $x_0 = \begin{bmatrix} 1 \\ 0 \\ 0 \end{bmatrix}$

M 10. $A = \begin{bmatrix} 1 & 2 & -2 \\ 1 & 1 & 9 \\ 0 & 1 & 9 \end{bmatrix}$, $x_0 = \begin{bmatrix} 1 \\ 0 \\ 0 \end{bmatrix}$

Outra estimativa para o autovalor pode ser feita quando temos um autovetor aproximado disponível. Observe que, se $Ax = \lambda x$, então $x^T A x = x^T(\lambda x) = \lambda(x^T x)$, e o **quociente de Rayleigh**

$$R(x) = \frac{x^T A x}{x^T x}$$

é igual a λ. Se x estiver próximo de um autovetor associado a λ, então esse quociente estará próximo de λ. Quando A é matriz simétrica ($A^T = A$), o quociente de Rayleigh $R(x_k) = (x_k^T A x_k)/(x_k^T x_k)$ terá aproximadamente o dobro de dígitos de precisão que o fator de mudança de escala μ_k no método da potência. Verifique esse aumento de precisão nos Exercícios 11 e 12 calculando μ_k e $R(x_k)$ para $k = 1, \dots, 4$.

M 11. $A = \begin{bmatrix} 5 & 2 \\ 2 & 2 \end{bmatrix}$, $x_0 = \begin{bmatrix} 1 \\ 0 \end{bmatrix}$

M 12. $A = \begin{bmatrix} -3 & 2 \\ 2 & 0 \end{bmatrix}$, $x_0 = \begin{bmatrix} 1 \\ 0 \end{bmatrix}$

Os Exercícios 13 e 14 se aplicam a uma matriz A 3×3 cujos autovalores têm como estimativas 4, –4 e 3.

13. Se for sabido que os módulos dos autovalores próximos de 4 e –4 são diferentes, será que o método da potência funciona? Esse método pode ser de utilidade?

14. Suponha que os módulos dos autovalores próximos de 4 e –4 sejam iguais. Descreva como se poderia obter uma sequência de estimativas para o autovalor próximo de 4.

15. Suponha que $Ax = \lambda x$ com $x \neq 0$. Seja α um escalar diferente dos autovalores de A e seja $B = (A - \alpha I)^{-1}$. Subtraia αx dos dois lados da equação $Ax = \lambda x$ e use um pouco de álgebra para mostrar que $1/(\lambda - \alpha)$ é autovalor para B com autovetor associado x.

16. Suponha que μ seja um autovalor da matriz B no Exercício 15 e x seja um autovetor associado, de modo que $(A - \alpha I)^{-1}x = \mu x$. Use essa equação para determinar um autovalor de A em função de μ e α. (*Observação:* $\mu \neq 0$ porque B é invertível.)

M 17. Use o método da potência inversa para obter uma estimativa do autovalor intermediário da matriz A no Exemplo 3 com precisão de quatro casas decimais. Escolha $x_0 = (1, 0, 0)$.

M 18. Seja A como no Exercício 9. Use o método da potência inversa com $x_0 = (1, 0, 0)$ para estimar o autovalor de A próximo de $\alpha = -1,4$ com precisão de quatro casas decimais.

Nos Exercícios 19 e 20, determine (a) o maior autovalor e (b) o autovalor mais próximo de zero. Em cada caso, escolha $x_0 = (1, 0, 0, 0)$ e prossiga com as aproximações até que a sequência usada na aproximação atinja uma precisão de quatro casas decimais. Inclua o autovetor aproximado.

19. $A = \begin{bmatrix} 10 & 7 & 8 & 7 \\ 7 & 5 & 6 & 5 \\ 8 & 6 & 10 & 9 \\ 7 & 5 & 9 & 10 \end{bmatrix}$

20. $A = \begin{bmatrix} 1 & 2 & 3 & 2 \\ 2 & 12 & 13 & 11 \\ -2 & 3 & 0 & 2 \\ 4 & 5 & 7 & 2 \end{bmatrix}$

21. Um erro comum é pensar que, se A tiver um autovalor estritamente dominante, então, para todo valor de k grande o suficiente, o vetor $A^k x$ será aproximadamente igual a um autovetor de A. Para as três matrizes a seguir, estude o que acontece com $A^k x$ quando $x = (0,5, 0,5)$ e tente tirar conclusões gerais (para uma matriz 2×2).

a. $A = \begin{bmatrix} 0,8 & 0 \\ 0 & 0,2 \end{bmatrix}$ b. $A = \begin{bmatrix} 1 & 0 \\ 0 & 0,8 \end{bmatrix}$

c. $A = \begin{bmatrix} 8 & 0 \\ 0 & 2 \end{bmatrix}$

Solução do Problema Prático

Para A e x dados,

$$Ax = \begin{bmatrix} 5 & 8 & 4 \\ 8 & 3 & -1 \\ 4 & -1 & 2 \end{bmatrix} \begin{bmatrix} 1,00 \\ -4,30 \\ 8,10 \end{bmatrix} = \begin{bmatrix} 3,00 \\ -13,00 \\ 24,50 \end{bmatrix}$$

Se Ax for aproximadamente um múltiplo de x, então as razões entre componentes correspondentes dos dois vetores deverão ser quase constantes. Assim, calcule:

{componente de Ax} ÷	{componente de x} =	{razão}
3,00	1,00	3,000
−13,00	−4,30	3,023
24,50	8,10	3,025

Cada componente de Ax é cerca de três vezes a componente correspondente de x, de modo que x está próximo de um autovetor. Qualquer uma das razões anteriores é uma estimativa para o autovalor. (Com precisão de cinco casas decimais, o autovalor é 3,02409.)

5.9 APLICAÇÕES A CADEIAS DE MARKOV

As cadeias de Markov descritas nesta seção são usadas como modelos matemáticos em uma grande variedade de situações em Biologia, Negócios, Química, Engenharia, Física e em outros campos. Em cada caso, o modelo é usado para descrever um experimento (ou medida) efetuado diversas vezes do mesmo modo, em que o resultado de cada tentativa do experimento será um entre diversos resultados possíveis especificados e depende apenas da tentativa imediatamente anterior.

Por exemplo, se a população de uma cidade e seus subúrbios fosse medida a cada ano, então um vetor como

$$\mathbf{x}_0 = \begin{bmatrix} 0{,}60 \\ 0{,}40 \end{bmatrix} \tag{1}$$

poderia indicar que 60% da população moram na cidade e 40% nos subúrbios. As decimais no vetor $\mathbf{x}_0$ somam 1, pois denotam o total da população da região. Percentuais são mais convenientes para nossos propósitos do que totais da população.

DEFINIÇÃO

> Um vetor com coordenadas não negativas que somam 1 é chamado **vetor de probabilidade**. Uma **matriz estocástica** é uma matriz quadrada cujas colunas são compostas por vetores de probabilidade.

Uma **cadeia de Markov** é uma sequência de vetores de probabilidade $\mathbf{x}_0, \mathbf{x}_1, \mathbf{x}_2, \ldots$, junto com uma matriz estocástica P tal que

$$\mathbf{x}_1 = P\mathbf{x}_0, \ \mathbf{x}_2 = P\mathbf{x}_1, \ \mathbf{x}_3 = P\mathbf{x}_2, \ \ldots$$

Assim, a cadeia de Markov é descrita pela equação de diferenças de primeira ordem

$$\mathbf{x}_{k+1} = P\mathbf{x}_k \text{ para } k = 0, 1, 2, \ldots$$

Quando uma cadeia de Markov de vetores em $\mathbb{R}^n$ descreve um sistema ou uma sequência de experimentos, as coordenadas de $\mathbf{x}_k$ listam, respectivamente, as probabilidades de que o sistema está em cada um dos n estados possíveis, ou as probabilidades de que o resultado do experimento é um dos n resultados possíveis. Por esta razão, $\mathbf{x}_k$ é chamado, muitas vezes, de **vetor de estado**.

EXEMPLO 1   Examinamos, na Seção 1.10, um modelo para um movimento populacional entre uma cidade e seus subúrbios. Veja a Figura 1. A migração anual entre essas duas partes da região metropolitana é governada pela *matriz de migração M*:

$$
\begin{array}{cc}
& \text{De} \\
& \begin{array}{cc} \text{Cidade} & \text{Subúrbios} \end{array} \quad \text{Para} \\
M = & \begin{bmatrix} 0{,}95 & 0{,}03 \\ 0{,}05 & 0{,}97 \end{bmatrix} \begin{array}{l} \text{Cidade} \\ \text{Subúrbios} \end{array}
\end{array}
$$

Ou seja, a cada ano 5% da população da cidade mudam para os subúrbios e 3% da população dos subúrbios mudam para a cidade. As colunas de M são vetores de probabilidade, de modo que M é uma matriz estocástica. Suponha que a população na região em 2020 é de 600.000 pessoas na cidade e 400.000 nos subúrbios. Então a distribuição inicial da população na região é representada pelo vetor $\mathbf{x}_0$ dado anteriormente em (1). Qual será a distribuição da população em 2021? E em 2022?

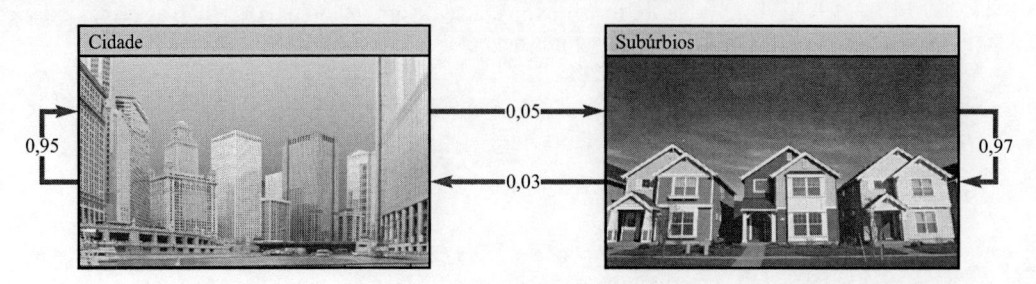

FIGURA 1 Percentual anual de migração entre a cidade e os subúrbios.

SOLUÇÃO Vimos, no Exemplo 3 da Seção 1.10, que, depois de um ano, o vetor $\begin{bmatrix} 600.000 \\ 400.000 \end{bmatrix}$ que representa a população muda para

$$\begin{bmatrix} 0,95 & 0,03 \\ 0,05 & 0,97 \end{bmatrix} \begin{bmatrix} 600.000 \\ 400.000 \end{bmatrix} = \begin{bmatrix} 582.000 \\ 418.000 \end{bmatrix}$$

Se dividirmos ambos os lados desta equação por 1 milhão, que é o total da população, e usarmos o fato de que $kM\mathbf{x} = M(k\mathbf{x})$, obteremos

$$\begin{bmatrix} 0,95 & 0,03 \\ 0,05 & 0,97 \end{bmatrix} \begin{bmatrix} 0,600 \\ 0,400 \end{bmatrix} = \begin{bmatrix} 0,582 \\ 0,418 \end{bmatrix}$$

O vetor $\mathbf{x}_1 = \begin{bmatrix} 0,582 \\ 0,418 \end{bmatrix}$ fornece a distribuição populacional em 2021. Ou seja, 58,2% das pessoas na região moram na cidade e 41,8% moram nos subúrbios. Analogamente, a distribuição da população em 2022 é descrita pelo vetor $\mathbf{x}_2$, em que

$$\mathbf{x}_2 = M\mathbf{x}_1 = \begin{bmatrix} 0,95 & 0,03 \\ 0,05 & 0,97 \end{bmatrix} \begin{bmatrix} 0,582 \\ 0,418 \end{bmatrix} = \begin{bmatrix} 0,565 \\ 0,435 \end{bmatrix}$$ ∎

EXEMPLO 2 Suponha que os resultados de uma eleição em determinada zona eleitoral[1] são representados por um vetor $\mathbf{x}$ em $\mathbb{R}^3$:

$$\mathbf{x} = \begin{bmatrix} \% \text{ votaram Democrata (D)} \\ \% \text{ votaram Republicano (R)} \\ \% \text{ votaram em outros (O)} \end{bmatrix}$$

Suponha que registramos o resultado da eleição a cada dois anos por um vetor desse tipo e que o resultado de uma eleição depende apenas do resultado da eleição anterior. Então, a sequência de vetores que descrevem os votos a cada dois anos pode ser uma cadeia de Markov. Como exemplo de uma matriz estocástica P para essa cadeia, seja

$$\begin{array}{c} \quad\quad\quad\quad \text{De} \\ \begin{array}{cccc} \text{D} & \text{R} & \text{O} & \text{Para} \end{array} \\ P = \begin{bmatrix} 0,70 & 0,10 & 0,30 \\ 0,20 & 0,80 & 0,30 \\ 0,10 & 0,10 & 0,40 \end{bmatrix} \begin{array}{c} \text{D} \\ \text{R} \\ \text{O} \end{array} \end{array}$$

Os elementos na primeira coluna, denominada D, descrevem o que as pessoas que votaram Democrata em uma eleição farão na próxima eleição. Aqui, supusemos que 70% continuarão votando D na próxima eleição, 20% votarão R e 10% votarão O. As outras colunas de P podem ser interpretadas analogamente. A Figura 2 mostra um diagrama para essa matriz.

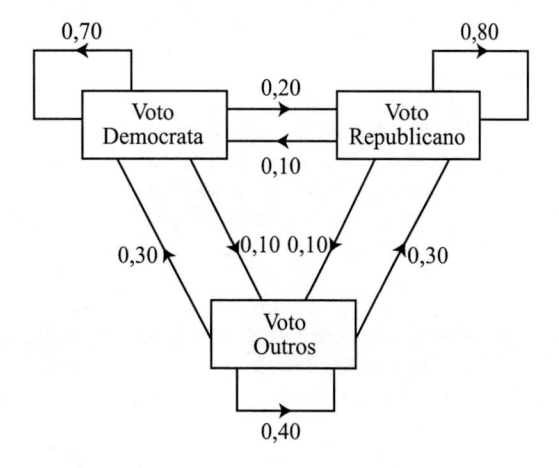

FIGURA 2 Mudanças de voto de uma eleição para outra.

Se os percentuais de "transição" permanecerem constantes durante muitos anos de uma eleição para a outra, então a sequência de vetores que fornecem o resultado da eleição formará uma cadeia de Markov. Suponha que o resultado de uma eleição é dado por

$$\mathbf{x}_0 = \begin{bmatrix} 0{,}55 \\ 0{,}40 \\ 0{,}05 \end{bmatrix}$$

Determine o resultado provável da próxima eleição e da eleição depois desta.

SOLUÇÃO O resultado da próxima eleição é descrito pelo vetor de estado $\mathbf{x}_1$ e o resultado da eleição após esta é descrito por $\mathbf{x}_2$, em que

$$\mathbf{x}_1 = P\,\mathbf{x}_0 = \begin{bmatrix} 0{,}70 & 0{,}10 & 0{,}30 \\ 0{,}20 & 0{,}80 & 0{,}30 \\ 0{,}10 & 0{,}10 & 0{,}40 \end{bmatrix} \begin{bmatrix} 0{,}55 \\ 0{,}40 \\ 0{,}05 \end{bmatrix} = \begin{bmatrix} 0{,}440 \\ 0{,}445 \\ 0{,}115 \end{bmatrix} \qquad \begin{array}{l} 44\% \text{ votarão D.} \\ 44{,}5\% \text{ votarão R.} \\ 11{,}5\% \text{ votarão O.} \end{array}$$

$$\mathbf{x}_2 = P\,\mathbf{x}_1 = \begin{bmatrix} 0{,}70 & 0{,}10 & 0{,}30 \\ 0{,}20 & 0{,}80 & 0{,}30 \\ 0{,}10 & 0{,}10 & 0{,}40 \end{bmatrix} \begin{bmatrix} 0{,}440 \\ 0{,}445 \\ 0{,}115 \end{bmatrix} = \begin{bmatrix} 0{,}3870 \\ 0{,}4785 \\ 0{,}1345 \end{bmatrix} \qquad \begin{array}{l} 38{,}7\% \text{ votarão D.} \\ 47{,}9\% \text{ votarão R.} \\ 13{,}5\% \text{ votarão O.} \end{array}$$

Para compreender por que $\mathbf{x}_1$ descreve, de fato, o resultado da próxima eleição, suponha que 1.000 pessoas votaram na "primeira" eleição, com 550 votando D, 400 votando R e 50 votando O. (Veja os percentuais em $\mathbf{x}_0$.) Na próxima eleição, 70% dos 550 votarão D novamente, 10% dos 400 mudarão de R para D e 30% dos 50 mudarão de O para D. Assim, o total de votos D será

$$0{,}70(550) + 0{,}10(400) + 0{,}30(50) = 385 + 40 + 15 = 440 \qquad (2)$$

Logo, 44% dos votos na próxima eleição serão para o candidato D. Os cálculos em (2) são, essencialmente, os mesmos usados para calcular a primeira coordenada em $\mathbf{x}_1$. Cálculos análogos podem ser feitos para as outras coordenadas de $\mathbf{x}_1$, para as coordenadas de $\mathbf{x}_2$ e assim por diante. ■

Predição do Futuro Distante

O aspecto mais interessante das cadeias de Markov é o estudo de seu comportamento a longo prazo. Por exemplo, o que podemos dizer no Exemplo 2 sobre os votos depois de muitas eleições (supondo que a matriz estocástica continua a descrever os percentuais de transição de uma eleição para a próxima)? Ou, o que acontece à distribuição de população no Exemplo 1 "a longo prazo"? Nosso trabalho com autovalores e autovetores vai ajudar aqui.

TEOREMA 10

Matrizes Estocásticas

Se P é uma matriz estocástica, então 1 é um autovalor de P.

DEMONSTRAÇÃO Como a soma dos elementos nas colunas de P é igual a 1, as linhas de P^T também somarão 1. Seja $\mathbf{e}$ o vetor com todas as coordenadas iguais a 1. Note que a multiplicação de P^T por $\mathbf{e}$ tem o efeito de somar os valores em cada linha, logo $P^t\mathbf{e} = \mathbf{e}$, o que mostra que $\mathbf{e}$ é um autovetor de P^T com autovalor associado 1. Como P e P^T têm os mesmos autovalores (Exercício 20 na Seção 5.2), 1 também é um autovalor de P. ■

No próximo exemplo, veremos que os vetores gerados em uma cadeia de Markov são quase os mesmos que os gerados pelo método das potências esquematizado na Seção 5.8 – a única diferença é que, em uma cadeia de Markov, não há mudança de escala nos vetores em cada passo. Com base na nossa experiência na Seção 5.8, esperamos que $\mathbf{x}_k \to \mathbf{q}$ quando k aumenta, em que $\mathbf{q}$ é um autovetor de P.

EXEMPLO 3 Sejam $P = \begin{bmatrix} 0{,}5 & 0{,}2 & 0{,}3 \\ 0{,}3 & 0{,}8 & 0{,}3 \\ 0{,}2 & 0 & 0{,}4 \end{bmatrix}$ e $\mathbf{x}_0 = \begin{bmatrix} 1 \\ 0 \\ 0 \end{bmatrix}$. Considere um sistema cujo estado é descrito pela cadeia de Markov $\mathbf{x}_{k+1} = P\mathbf{x}_k$, para $k = 0, 1, \ldots$ O que acontece a esse sistema ao passar do tempo? Calcule os vetores de estado $\mathbf{x}_1, \ldots, \mathbf{x}_{15}$ para descobrir.

SOLUÇÃO

$$\mathbf{x}_1 = P\,\mathbf{x}_0 = \begin{bmatrix} 0{,}5 & 0{,}2 & 0{,}3 \\ 0{,}3 & 0{,}8 & 0{,}3 \\ 0{,}2 & 0 & 0{,}4 \end{bmatrix} \begin{bmatrix} 1 \\ 0 \\ 0 \end{bmatrix} = \begin{bmatrix} 0{,}5 \\ 0{,}3 \\ 0{,}2 \end{bmatrix}$$

$$\mathbf{x}_2 = P\,\mathbf{x}_1 = \begin{bmatrix} 0{,}5 & 0{,}2 & 0{,}3 \\ 0{,}3 & 0{,}8 & 0{,}3 \\ 0{,}2 & 0 & 0{,}4 \end{bmatrix} \begin{bmatrix} 0{,}5 \\ 0{,}3 \\ 0{,}2 \end{bmatrix} = \begin{bmatrix} 0{,}37 \\ 0{,}45 \\ 0{,}18 \end{bmatrix}$$

$$\mathbf{x}_3 = P\,\mathbf{x}_2 = \begin{bmatrix} 0{,}5 & 0{,}2 & 0{,}3 \\ 0{,}3 & 0{,}8 & 0{,}3 \\ 0{,}2 & 0 & 0{,}4 \end{bmatrix} \begin{bmatrix} 0{,}37 \\ 0{,}45 \\ 0{,}18 \end{bmatrix} = \begin{bmatrix} 0{,}329 \\ 0{,}525 \\ 0{,}146 \end{bmatrix}$$

Os resultados dos outros cálculos são mostrados a seguir, com os elementos arredondados para quatro ou cinco algarismos significativos.

$$\mathbf{x}_4 = \begin{bmatrix} 0{,}3133 \\ 0{,}5625 \\ 0{,}1242 \end{bmatrix}, \quad \mathbf{x}_5 = \begin{bmatrix} 0{,}3064 \\ 0{,}5813 \\ 0{,}1123 \end{bmatrix}, \quad \mathbf{x}_6 = \begin{bmatrix} 0{,}3032 \\ 0{,}5906 \\ 0{,}1062 \end{bmatrix}, \quad \mathbf{x}_7 = \begin{bmatrix} 0{,}3016 \\ 0{,}5953 \\ 0{,}1031 \end{bmatrix}$$

$$\mathbf{x}_8 = \begin{bmatrix} 0{,}3008 \\ 0{,}5977 \\ 0{,}1016 \end{bmatrix}, \quad \mathbf{x}_9 = \begin{bmatrix} 0{,}3004 \\ 0{,}5988 \\ 0{,}1008 \end{bmatrix}, \quad \mathbf{x}_{10} = \begin{bmatrix} 0{,}3002 \\ 0{,}5994 \\ 0{,}1004 \end{bmatrix}, \quad \mathbf{x}_{11} = \begin{bmatrix} 0{,}3001 \\ 0{,}5997 \\ 0{,}1002 \end{bmatrix}$$

$$\mathbf{x}_{12} = \begin{bmatrix} 0{,}30005 \\ 0{,}59985 \\ 0{,}10010 \end{bmatrix}, \quad \mathbf{x}_{13} = \begin{bmatrix} 0{,}30002 \\ 0{,}59993 \\ 0{,}10005 \end{bmatrix}, \quad \mathbf{x}_{14} = \begin{bmatrix} 0{,}30001 \\ 0{,}59996 \\ 0{,}10002 \end{bmatrix}, \quad \mathbf{x}_{15} = \begin{bmatrix} 0{,}30001 \\ 0{,}59998 \\ 0{,}10001 \end{bmatrix}$$

Esses vetores parecem estar se aproximando do vetor $\mathbf{q} = \begin{bmatrix} 0{,}3 \\ 0{,}6 \\ 0{,}1 \end{bmatrix}$. As probabilidades estão mudando pouco de um valor de k para o próximo. Observe que os próximos cálculos são exatos (sem erros de aproximação):

$$P\mathbf{q} = \begin{bmatrix} 0{,}5 & 0{,}2 & 0{,}3 \\ 0{,}3 & 0{,}8 & 0{,}3 \\ 0{,}2 & 0 & 0{,}4 \end{bmatrix} \begin{bmatrix} 0{,}3 \\ 0{,}6 \\ 0{,}1 \end{bmatrix} = \begin{bmatrix} 0{,}15 + 0{,}12 + 0{,}03 \\ 0{,}09 + 0{,}48 + 0{,}03 \\ 0{,}06 + \ 0 \ + 0{,}04 \end{bmatrix} = \begin{bmatrix} 0{,}30 \\ 0{,}60 \\ 0{,}10 \end{bmatrix} = \mathbf{q}$$

Quando o sistema está no estado $\mathbf{q}$, não há mudança no sistema de uma medida para a próxima. ∎

Vetores Estado Estacionário

Se P é uma matriz estocástica, então um **vetor estado estacionário** (ou **vetor de equilíbrio**) para P é um vetor de probabilidade $\mathbf{q}$ tal que

$$P\mathbf{q} = \mathbf{q}$$

Foi estabelecido, no Teorema 10, que 1 é um autovalor de qualquer matriz estocástica. Pode-se mostrar que 1 é, de fato, o maior autovalor de uma matriz estocástica e que o autovetor associado pode ser escolhido para ser um vetor estado estacionário. No Exemplo 3, $\mathbf{q}$ é um vetor estado estacionário para a matriz P.

EXEMPLO 4 O vetor de probabilidade $\mathbf{q} = \begin{bmatrix} 0{,}375 \\ 0{,}625 \end{bmatrix}$ é um vetor estado estacionário para a matriz M de migração populacional no Exemplo 1,

$$M\mathbf{q} = \begin{bmatrix} 0{,}95 & 0{,}03 \\ 0{,}05 & 0{,}97 \end{bmatrix} \begin{bmatrix} 0{,}375 \\ 0{,}625 \end{bmatrix} = \begin{bmatrix} 0{,}35625 + 0{,}01875 \\ 0{,}01875 + 0{,}60625 \end{bmatrix} = \begin{bmatrix} 0{,}375 \\ 0{,}625 \end{bmatrix} = \mathbf{q}$$ ∎

Se a população total da região metropolitana no Exemplo 1 fosse de 1 milhão, então $\mathbf{q}$ no Exemplo 4 corresponderia a 375.000 pessoas morando na cidade e 625.000 nos subúrbios. Ao fim de um ano, a migração *saindo* da cidade seria de $(0{,}05)(375.000) = 18.750$ pessoas, e a migração *vindo* dos subúrbios para a cidade seria de $(0{,}03)(625.000) = 18.750$ pessoas. O resultado é que a população da cidade permaneceria a mesma. Analogamente, a população dos subúrbios permaneceria constante.

O próximo exemplo mostra como *encontrar* um vetor estado estacionário. Note que estamos apenas encontrando um autovetor associado ao autovalor 1 e depois fazendo uma mudança de escala para obter um vetor de probabilidade.

EXEMPLO 5 Seja $P = \begin{bmatrix} 0,6 & 0,3 \\ 0,4 & 0,7 \end{bmatrix}$. Encontre um vetor estado estacionário para P.

SOLUÇÃO Primeiro, resolva a equação $P\mathbf{x} = \mathbf{x}$.

$$P\mathbf{x} - \mathbf{x} = \mathbf{0}$$
$$P\mathbf{x} - I\mathbf{x} = \mathbf{0} \qquad \text{Lembre-se da Seção 1.4 que } I\mathbf{x} = \mathbf{x}.$$
$$(P - I)\mathbf{x} = \mathbf{0}$$

Para P acima,

$$P - I = \begin{bmatrix} 0,6 & 0,3 \\ 0,4 & 0,7 \end{bmatrix} - \begin{bmatrix} 1 & 0 \\ 0 & 1 \end{bmatrix} = \begin{bmatrix} -0,4 & 0,3 \\ 0,4 & -0,3 \end{bmatrix}$$

Para encontrar todas as soluções de $(P - I)\mathbf{x} = \mathbf{0}$, reduzimos por linhas a matriz aumentada:

$$\begin{bmatrix} -0,4 & 0,3 & 0 \\ 0,4 & -0,3 & 0 \end{bmatrix} \sim \begin{bmatrix} -0,4 & 0,3 & 0 \\ 0 & 0 & 0 \end{bmatrix} \sim \begin{bmatrix} 1 & -3/4 & 0 \\ 0 & 0 & 0 \end{bmatrix}$$

Então $x_1 = \frac{3}{4}x_2$ e x_2 é uma variável livre. A solução geral é $x_2 \begin{bmatrix} 3/4 \\ 1 \end{bmatrix}$.

A seguir, escolha uma base simples para o espaço solução. Uma escolha óbvia é $\begin{bmatrix} 3/4 \\ 1 \end{bmatrix}$, mas uma escolha melhor sem frações é $\mathbf{w} = \begin{bmatrix} 3 \\ 4 \end{bmatrix}$ (correspondendo a $x_2 = 4$).

Finalmente, escolha um vetor de probabilidade no conjunto de todas as soluções de $P\mathbf{x} = \mathbf{x}$. Esse processo é fácil, já que toda solução é um múltiplo da solução $\mathbf{w}$. Divida $\mathbf{w}$ pela soma de suas coordenadas para obter

$$\mathbf{q} = \begin{bmatrix} 3/7 \\ 4/7 \end{bmatrix}$$

Para verificar, calcule

$$P\mathbf{q} = \begin{bmatrix} 6/10 & 3/10 \\ 4/10 & 7/10 \end{bmatrix} \begin{bmatrix} 3/7 \\ 4/7 \end{bmatrix} = \begin{bmatrix} 18/70 + 12/70 \\ 12/70 + 28/70 \end{bmatrix} = \begin{bmatrix} 30/70 \\ 40/70 \end{bmatrix} = \mathbf{q} \qquad \blacksquare$$

O próximo teorema mostra que o que aconteceu no Exemplo 3 é típico de muitas matrizes estocásticas. Dizemos que uma matriz estocástica P é **regular** se alguma potência P^k contém apenas elementos estritamente positivos. Para P no Exemplo 3,

$$P^2 = \begin{bmatrix} 0,37 & 0,26 & 0,33 \\ 0,45 & 0,70 & 0,45 \\ 0,18 & 0,04 & 0,22 \end{bmatrix}$$

Como todos os elementos de P^2 são estritamente positivos, P é uma matriz estocástica regular.

Dizemos também que uma sequência de vetores $\mathbf{x}_k$, para $k = 1, 2, \ldots$, **converge** para um vetor $\mathbf{q}$ quando $k \to \infty$ se as coordenadas de $\mathbf{x}_k$ podem ficar tão próximas das coordenadas correspondentes de $\mathbf{q}$ quanto quisermos escolhendo k suficientemente grande.

TEOREMA 11

Se P for uma matriz estocástica regular $n \times n$, então P tem um único vetor estado estacionário $\mathbf{q}$. Além disso, se $\mathbf{x}_0$ for qualquer estado inicial e $\mathbf{x}_{k+1} = P\mathbf{x}_k$ para $k = 0, 1, 2, \ldots$, então a cadeia de Markov $\{\mathbf{x}_k\}$ converge para $\mathbf{q}$ quando $k \to \infty$.

Este teorema está demonstrado em diversos textos sobre cadeias de Markov. A parte surpreendente do teorema é que o estado inicial não tem efeito sobre o comportamento a longo prazo da cadeia de Markov.

EXEMPLO 6 No Exemplo 2, supondo que o resultado das eleições forma uma cadeia de Markov, qual o percentual dos eleitores que, provavelmente, votarão para o candidato Republicano em alguma eleição muitos anos à frente?

SOLUÇÃO   Se você quiser calcular as coordenadas precisas do vetor estado estacionário manualmente, é melhor reconhecer que ele é um autovetor com autovalor 1 do que escolher algum vetor inicial $\mathbf{x}_0$ e calcular $\mathbf{x}_1, \ldots, \mathbf{x}_k$ para algum valor grande de k. Não há como saber quantos vetores devem ser calculados, nem ter certeza dos valores limites das coordenadas de $\mathbf{x}_k$.

Uma abordagem melhor é calcular o vetor estado estacionário e depois usar o Teorema 11. Dado P como no Exemplo 2, forme $P - I$ subtraindo 1 de cada elemento na diagonal de P. Depois reduza por linhas a matriz aumentada:

$$[(P - I) \quad \mathbf{0}] = \begin{bmatrix} -0{,}3 & 0{,}1 & 0{,}3 & 0 \\ 0{,}2 & -0{,}2 & 0{,}3 & 0 \\ 0{,}1 & 0{,}1 & -0{,}6 & 0 \end{bmatrix}$$

Das vezes anteriores que precisou trabalhar com números decimais, lembre-se de que a aritmética é simplificada multiplicando-se cada linha por 10.[2]

$$\begin{bmatrix} -3 & 1 & 3 & 0 \\ 2 & -2 & 3 & 0 \\ 1 & 1 & -6 & 0 \end{bmatrix} \sim \begin{bmatrix} 1 & 0 & -9/4 & 0 \\ 0 & 1 & -15/4 & 0 \\ 0 & 0 & 0 & 0 \end{bmatrix}$$

A solução geral de $(P - I)\mathbf{x} = \mathbf{0}$ é $x_1 = 9/4x_3$, $x_2 = 15/4x_3$ e x_3 é uma variável livre. Escolhendo $x_3 = 4$, obtemos uma base para o espaço solução cujas coordenadas são números inteiros, e aí podemos encontrar facilmente o vetor estado estacionário cujas coordenadas somam 1:

$$\mathbf{w} = \begin{bmatrix} 9 \\ 15 \\ 4 \end{bmatrix} \quad \text{e} \quad \mathbf{q} = \begin{bmatrix} 9/28 \\ 15/28 \\ 4/28 \end{bmatrix} \approx \begin{bmatrix} 0{,}32 \\ 0{,}54 \\ 0{,}14 \end{bmatrix}$$

As coordenadas de $\mathbf{q}$ descrevem a distribuição de votos em uma eleição a ser feita daqui a muitos anos (supondo que a matriz estocástica continua descrevendo as mudanças de uma eleição para a outra). Assim, em algum momento, cerca de 54% dos votos serão para o candidato Republicano. ∎

Notas Numéricas

Você pode ter notado que, se $\mathbf{x}_{k+1} = P\mathbf{x}_k$ para $k = 0, 1, \ldots$, então

$$\mathbf{x}_2 = P\mathbf{x}_1 = P(P\mathbf{x}_0) = P^2\mathbf{x}_0$$

e, em geral,

$$\mathbf{x}_k = P^k\mathbf{x}_0 \quad \text{para } k = 0, 1, \ldots$$

Para calcular um vetor específico como $\mathbf{x}_3$, são necessárias menos operações aritméticas para calcular $\mathbf{x}_1$, $\mathbf{x}_2$ e $\mathbf{x}_3$ do que para calcular P^3 e $P^3\mathbf{x}_0$. No entanto, se P for pequeno — digamos, 30×30 — o tempo computacional de um computador é insignificante para ambos os métodos e um comando para calcular $P^3\mathbf{x}_0$ pode ser preferível, já que precisa de menos toques humanos no teclado.

Problemas Práticos

1. Suponha que os residentes de uma região metropolitana se movem de acordo com as probabilidades na matriz de migração M no Exemplo 1 e que um residente é escolhido "aleatoriamente". Então um vetor de estado para determinado ano pode ser interpretado como fornecendo as probabilidades de que a pessoa é um residente na cidade ou nos subúrbios naquele instante.

   a. Suponha que a pessoa escolhida mora na cidade agora, de modo que $\mathbf{x}_0 = \begin{bmatrix} 1 \\ 0 \end{bmatrix}$. Qual a probabilidade de que a pessoa residirá nos subúrbios no próximo ano?

   b. Qual a probabilidade de que a pessoa residirá nos subúrbios em dois anos?

2. Seja $P = \begin{bmatrix} 0{,}6 & 0{,}2 \\ 0{,}4 & 0{,}8 \end{bmatrix}$ e $\mathbf{q} = \begin{bmatrix} 0{,}3 \\ 0{,}7 \end{bmatrix}$. $\mathbf{q}$ é um vetor estado estacionário para P?

3. Qual o percentual da população no Exemplo 1 que residirá nos subúrbios depois de muitos anos?

---

[2]***Cuidado:*** Não multiplique P por 10. Em vez disso, multiplique a matriz aumentada para a equação $(P - I)\mathbf{x} = \mathbf{0}$ por 10.

5.9 EXERCÍCIOS

1. Uma cidade pequena e remota recebe o sinal de duas estações de rádio, uma de notícias e a outra de música. Dos ouvintes ligados na estação de notícias, 70% continuarão escutando as notícias durante a pausa para anúncios que ocorre a cada meia hora, enquanto 30% mudarão para a estação de música durante os anúncios. Dos ouvintes ligados na estação de música, 60% mudarão para a estação de notícias durante os anúncios, enquanto 40% continuarão ouvindo música. Suponha que todos estão ouvindo notícias às 8h15min.

   a. Encontre a matriz estocástica que descreve como os ouvintes de rádio tendem a mudar de estação em cada pausa para anúncios. Identifique as linhas e colunas.

   b. Forneça um vetor de estado inicial.

   c. Qual o percentual de ouvintes que estarão ligados na estação de música às 9h25min (depois dos anúncios às 8h30min e às 9h)?

2. Um animal de laboratório pode comer um entre três alimentos a cada dia. Os registros do laboratório mostram que, se o animal escolher um alimento em uma tentativa, ele escolherá o mesmo alimento na próxima tentativa com uma probabilidade de 50%, e escolherá um dos outros alimentos com probabilidades iguais de 25%.

   a. Qual é a matriz estocástica para essa situação?

   b. Se o animal escolher o alimento #1 em uma tentativa inicial, qual a probabilidade de que ele escolherá o alimento #2 na segunda tentativa depois da tentativa inicial?

3. Qualquer que seja o dia, um estudante está saudável ou está doente. Entre os estudantes que estão saudáveis hoje, 95% continuarão saudáveis amanhã. Entre os estudantes que estão doentes hoje, 55% continuarão doentes amanhã.

   a. Qual é a matriz estocástica para essa situação?

   b. Suponha que 20% dos estudantes estejam doentes na segunda-feira. Que fração ou percentual dos estudantes provavelmente estarão doentes na terça-feira? E na quarta-feira?

   c. Se um estudante está bem hoje, qual é a probabilidade de ele estar bem daqui a dois dias?

4. O tempo em Columbus está bom, indiferente ou ruim, qualquer que seja o dia. Se o tempo estiver bom hoje, existe 60% de chance de que estará bom amanhã, 30% de chance de que estará indiferente e 10% de chance de que estará ruim. Se o tempo estiver indiferente hoje, há probabilidade de 0,40 de que esteja bom amanhã e probabilidade de 0,30 de que continue indiferente amanhã. Finalmente, se o tempo estiver ruim hoje, há probabilidade de 0,40 de que esteja bom amanhã e probabilidade de 0,50 de que esteja indiferente amanhã.

   a. Qual é a matriz estocástica para essa situação?

   b. Suponha que há uma chance de 50% de o tempo ficar bom hoje e 50% de ficar indiferente. Quais são as chances de o tempo amanhã ficar ruim?

   c. Suponha que a previsão do tempo para segunda-feira é de 40% de tempo indiferente e 60% de tempo ruim. Quais as chances de o tempo estar bom na quarta-feira?

Nos Exercícios 5 a 8, encontre o vetor estado estacionário.

5. $\begin{bmatrix} 0,1 & 0,6 \\ 0,9 & 0,4 \end{bmatrix}$

6. $\begin{bmatrix} 0,8 & 0,5 \\ 0,2 & 0,5 \end{bmatrix}$

7. $\begin{bmatrix} 0,7 & 0,1 & 0,1 \\ 0,2 & 0,8 & 0,2 \\ 0,1 & 0,1 & 0,7 \end{bmatrix}$

8. $\begin{bmatrix} 0,7 & 0,2 & 0,2 \\ 0 & 0,2 & 0,4 \\ 0,3 & 0,6 & 0,4 \end{bmatrix}$

9. Determine se $P = \begin{bmatrix} 0,2 & 1 \\ 0,8 & 0 \end{bmatrix}$ é uma matriz estocástica regular.

10. Determine se $P = \begin{bmatrix} 1 & 0,2 \\ 0 & 0,8 \end{bmatrix}$ é uma matriz estocástica regular.

11. a. Encontre o vetor estado estacionário para a cadeia de Markov no Exercício 1.

    b. Em algum instante no fim do dia, que fração dos ouvintes estará escutando as notícias?

12. Veja o Exercício 2. Que alimento o animal vai preferir depois de muitas tentativas?

13. a. Encontre o vetor estado estacionário para a cadeia de Markov no Exercício 3.

    b. Qual a probabilidade de que, depois de muitos dias, um estudante específico esteja doente? Faz diferença se essa pessoa estiver doente hoje?

14. Veja o Exercício 4. A longo prazo, qual é a probabilidade de o tempo estar bom em Columbus em determinado dia?

Nos Exercícios 15 a 20, P é uma matriz estocástica $n \times n$. Marque cada afirmação como Verdadeira ou Falsa (V/F). Justifique sua resposta.

15. (V/F) O vetor estado estacionário é um autovetor de P.

16. (V/F) Todo autovetor de P é um vetor estado estacionário.

17. (V/F) O vetor com todas as coordenadas iguais a 1 é um autovetor de P^T.

18. (V/F) O número 2 pode ser um autovalor de uma matriz estocástica.

19. (V/F) O número ½ pode ser um autovalor de uma matriz estocástica.

20. (V/F) Todas as matrizes estocásticas são regulares.

21. $\mathbf{q} = \begin{bmatrix} 0,6 \\ 0,8 \end{bmatrix}$ é um vetor estado estacionário para $A = \begin{bmatrix} 0,2 & 0,6 \\ 0,8 & 0,4 \end{bmatrix}$? Justifique sua resposta.

22. $\mathbf{q} = \begin{bmatrix} 0,4 \\ 0,4 \end{bmatrix}$ é um vetor estado estacionário para $A = \begin{bmatrix} 0,2 & 0,8 \\ 0,8 & 0,2 \end{bmatrix}$? Justifique sua resposta.

23. $\mathbf{q} = \begin{bmatrix} 0,6 \\ 0,4 \end{bmatrix}$ é um vetor estado estacionário para $A = \begin{bmatrix} 0,4 & 0,6 \\ 0,6 & 0,4 \end{bmatrix}$? Justifique sua resposta.

24. $\mathbf{q} = \begin{bmatrix} 3/7 \\ 4/7 \end{bmatrix}$ é um vetor estado estacionário para $A = \begin{bmatrix} 0,2 & 0,6 \\ 0,8 & 0,4 \end{bmatrix}$? Justifique sua resposta.

Ⓜ 25. Suponha que a matriz a seguir descreve a probabilidade de que um indivíduo mude de sistema operacional no celular entre iOS e Android:

$$\begin{array}{cc} \text{De} & \text{Para} \\ \text{iOS Android} & \\ \begin{bmatrix} 0,70 & 0,15 \\ 0,30 & 0,85 \end{bmatrix} & \begin{array}{l} \text{iOS} \\ \text{Android} \end{array} \end{array}$$

A longo prazo, qual o percentual de celulares com sistema operacional Android você esperaria?

Ⓜ 26. Em Detroit, a empresa Hertz de aluguel de carros tem uma frota de cerca de 2.000 carros. O padrão entre os locais em que os carros são alugados e depois devolvidos é dado pelas frações na matriz a seguir. Em um dia típico, cerca de quantos carros são alugados ou estão prontos para alugar no centro?

Carros alugados de

Aeroporto da cidade	Centro	Aeroporto do metrô	Devolvidos em
0,90	0,01	0,09	Aeroporto da cidade
0,01	0,90	0,01	Centro
0,09	0,09	0,90	Aeroporto do metrô

27. Seja P uma matriz estocástica $n \times n$. O argumento a seguir mostra que a equação $P\mathbf{x} = \mathbf{x}$ tem uma solução não trivial. (De fato, existe uma solução estado estacionário com coordenadas não negativas. Isto é demonstrado em alguns textos mais avançados.) Justifique cada afirmação a seguir. (Mencione um teorema quando apropriado.)

a. Se todas as outras linhas de $P - I$ forem somadas à última linha, o resultado será uma linha de zeros.

b. As linhas de $P - I$ são linearmente dependentes.

c. A dimensão do espaço linha de $P - I$ é menor do que n.

d. $P - I$ tem espaço nulo não trivial.

28. Mostre que toda matriz estocástica 2×2 tem pelo menos um vetor estado estacionário. Tal matriz pode ser escrita na forma
$$P = \begin{bmatrix} 1 - \alpha & \beta \\ \alpha & 1 - \beta \end{bmatrix},$$ em que α e β são constantes entre 0 e 1.
(Existem dois vetores estado estacionário linearmente independentes se $\alpha = \beta = 0$. Caso contrário, existe apenas um.)

29. Seja S a matriz linha $1 \times n$ tendo 1 em cada coluna, $S = [1\ 1\ \dots\ 1]$.

a. Explique por que um vetor $\mathbf{x}$ em $\mathbb{R}^n$ é um vetor de probabilidade se e somente se suas coordenadas são não negativas e $S\mathbf{x} = 1$. (Uma matriz 1×1 tal como o produto $S\mathbf{x}$ é escrita, em geral, sem os colchetes de matriz.)

b. Seja P uma matriz estocástica $n \times n$. Explique por que $SP = S$.

c. Sejam P uma matriz estocástica $n \times n$ e $\mathbf{x}$ um vetor de probabilidade. Mostre que $P\mathbf{x}$ também é um vetor de probabilidade.

30. Use o Exercício 29 para mostrar que, se P for uma matriz estocástica $n \times n$, então P^2 também o será.

M 31. Examine as potências de uma matriz estocástica regular.

a. Calcule P^k para $k = 2, 3, 4, 5$, em que
$$P = \begin{bmatrix} 0{,}3355 & 0{,}3682 & 0{,}3067 & 0{,}0389 \\ 0{,}2663 & 0{,}2723 & 0{,}3277 & 0{,}5451 \\ 0{,}1935 & 0{,}1502 & 0{,}1589 & 0{,}2395 \\ 0{,}2047 & 0{,}2093 & 0{,}2067 & 0{,}1765 \end{bmatrix}$$
Mostre seus cálculos com quatro casas decimais. O que acontece com as colunas de P^k quando k aumenta? Calcule o vetor estado estacionário para P.

b. Calcule Q^k para $k = 10, 20, \dots, 80$, em que
$$Q = \begin{bmatrix} 0{,}97 & 0{,}05 & 0{,}10 \\ 0 & 0{,}90 & 0{,}05 \\ 0{,}03 & 0{,}05 & 0{,}85 \end{bmatrix}$$
(Estabilidade para Q^k com quatro casas decimais pode precisar de $k = 116$ ou maior.) Calcule o vetor estado estacionário para Q. Conjecture o que pode ser verdade para qualquer matriz estocástica regular.

c. Use o Teorema 11 para explicar o que você encontrou nos itens (a) e (b).

M 32. Compare dois métodos para encontrar o vetor estado estacionário $\mathbf{q}$ de uma matriz estocástica regular P: (1) calcular $\mathbf{q}$ como no Exemplo 5, ou (2) calcular P^k para algum valor grande de k e usar uma das colunas de P^k como uma aproximação para $\mathbf{q}$.

Experimente com a maior matriz estocástica aleatória que seu programa matricial permite, e use $k = 100$ ou algum outro valor grande. Para cada método, descreva o tempo que *você* precisa para bater as teclas e o programa rodar. (Algumas versões do MATLAB têm comandos `flops` e `tic ... toc` que registram o número de operações em ponto flutuante e o tempo total usado pelo MATLAB.) Contraste as vantagens de cada método e diga qual você prefere.

Soluções dos Problemas Práticos

1. a. Como 5% dos residentes na cidade se mudarão para os subúrbios dentro de um ano, existe 5% de chance de se escolher uma tal pessoa. Sem outro conhecimento sobre essa pessoa, dizemos que existe 5% de chance de essa pessoa se mudar para os subúrbios. Este fato está contido na segunda coordenada do vetor de estado $\mathbf{x}_1$, em que
$$\mathbf{x}_1 = M\mathbf{x}_0 = \begin{bmatrix} 0{,}95 & 0{,}03 \\ 0{,}05 & 0{,}97 \end{bmatrix}\begin{bmatrix} 1 \\ 0 \end{bmatrix} = \begin{bmatrix} 0{,}95 \\ 0{,}05 \end{bmatrix}$$

b. A probabilidade de que a pessoa residirá nos subúrbios depois de dois anos é de 9,6%, já que
$$\mathbf{x}_2 = M\mathbf{x}_1 = \begin{bmatrix} 0{,}95 & 0{,}03 \\ 0{,}05 & 0{,}97 \end{bmatrix}\begin{bmatrix} 0{,}95 \\ 0{,}05 \end{bmatrix} = \begin{bmatrix} 0{,}904 \\ 0{,}096 \end{bmatrix}$$

2. O vetor estado estacionário satisfaz $P\mathbf{x} = \mathbf{x}$. Como
$$P\mathbf{q} = \begin{bmatrix} 0{,}6 & 0{,}2 \\ 0{,}4 & 0{,}8 \end{bmatrix}\begin{bmatrix} 0{,}3 \\ 0{,}7 \end{bmatrix} = \begin{bmatrix} 0{,}32 \\ 0{,}68 \end{bmatrix} \neq \mathbf{q}$$
concluímos que $\mathbf{q}$ *não* é o vetor estado estacionário de P.

3. M no Exemplo 1 é uma matriz estocástica regular, porque seus elementos são todos estritamente positivos. Então podemos usar o Teorema 11. Conhecemos o vetor estado estacionário do Exemplo 4. Assim, os vetores de distribuição populacional $\mathbf{x}_k$ convergem para
$$\mathbf{q} = \begin{bmatrix} 0{,}375 \\ 0{,}625 \end{bmatrix}$$
Eventualmente, 62,5% da população residirão nos subúrbios.

CAPÍTULO 5 PROJETOS

Os projetos do Capítulo 5 estão disponíveis *online* em bit.ly/30IM8gT (em inglês).

A. *Método de Potências para Encontrar Autovalores*: Este projeto mostra como encontrar o autovetor associado ao maior autovalor.

B. *Integração por Partes*: O objetivo deste projeto é mostrar como a matriz de uma transformação linear relativa a uma base $\mathcal{B}$ pode

ser usada para encontrar antiderivadas encontradas, em geral, por integração por partes.

C. *Robótica*: Neste projeto, pede-se que os estudantes encontrem exemplos *on-line* de robôs que usam rotações 3D para funcionar.

D. *Sistemas Dinâmicos e Cadeias de Markov*: Este projeto aplica técnicas de sistemas dinâmicos discretos a cadeias de Markov.

CAPÍTULO 5 EXERCÍCIOS SUPLEMENTARES

No decorrer dos exercícios suplementares, A e B representam matrizes quadradas de tamanho apropriado.

Para os Exercícios 1 a 23, marque cada afirmação como Verdadeira ou Falsa (V/F). Justifique cada resposta.

1. **(V/F)** Se A for invertível e 1 for autovalor de A, então 1 também será autovalor de A^{-1}.

2. **(V/F)** Se A for equivalente por linhas à matriz identidade I, então A será diagonalizável.

3. **(V/F)** Se A contiver uma linha ou uma coluna de zeros, então 0 será um autovalor de A.

4. **(V/F)** Todo autovalor de A é também autovalor de A^2.

5. **(V/F)** Todo autovetor de A é também autovetor de A^2.

6. **(V/F)** Todo autovetor de uma matriz invertível A é também autovetor de A^{-1}.

7. **(V/F)** Os autovalores têm de ser escalares não nulos.

8. **(V/F)** Os autovetores têm de ser vetores não nulos.

9. **(V/F)** Dois autovetores associados ao mesmo autovalor são sempre linearmente dependentes.

10. **(V/F)** Matrizes semelhantes sempre têm exatamente os mesmos autovalores.

11. **(V/F)** Matrizes semelhantes sempre têm exatamente os mesmos autovetores.

12. **(V/F)** A soma de dois autovetores de uma matriz A é sempre um autovetor de A.

13. **(V/F)** Os autovalores de uma matriz triangular superior A são exatamente os elementos não nulos na diagonal principal de A.

14. **(V/F)** As matrizes A e A^T têm os mesmos autovalores, contando multiplicidades.

15. **(V/F)** Se uma matriz A 5×5 tiver menos que 5 autovalores distintos, então A não será diagonalizável.

16. **(V/F)** Existe uma matriz 2×2 que não tem autovetor em $\mathbb{R}^2$.

17. **(V/F)** Se A for diagonalizável, então as colunas de A serão linearmente independentes.

18. **(V/F)** Um vetor não nulo não pode estar associado a dois autovalores diferentes de A.

19. **(V/F)** Uma matriz (quadrada) A é invertível se e somente se existir um sistema de coordenadas no qual a transformação $\mathbf{x} \mapsto A\mathbf{x}$ é representada por uma matriz diagonal.

20. **(V/F)** Se todos os vetores $\mathbf{e}_j$ na base canônica para $\mathbb{R}^n$ forem autovetores de A, então A será uma matriz diagonal.

21. **(V/F)** Se A for semelhante a uma matriz diagonalizável B, então A também será diagonalizável.

22. **(V/F)** Se A e B forem matrizes $n \times n$ invertíveis, então AB será semelhante a BA.

23. **(V/F)** Uma matriz $n \times n$ com n autovetores linearmente independentes é invertível.

24. Mostre que, se $\mathbf{x}$ for um autovetor para o produto de matrizes AB e se $B\mathbf{x} \neq \mathbf{0}$, então $B\mathbf{x}$ será um autovetor de BA.

25. Suponha que $\mathbf{x}$ seja um autovetor de A associado a um autovalor λ.

   a. Mostre que $\mathbf{x}$ é um autovetor de $5I - A$. Qual é o autovalor associado?

   b. Mostre que $\mathbf{x}$ é um autovetor de $5I - 3A + A^2$. Qual é o autovalor associado?

26. Use indução matemática para provar que, se λ for um autovalor de uma matriz A $n \times n$ com um autovetor associado $\mathbf{x}$, então para cada inteiro positivo m, λ^m será autovalor de A^m com autovetor associado $\mathbf{x}$.

27. Se $p(t) = c_0 + c_1 t + c_2 t^2 + \cdots + c_n t^n$, defina $p(A)$ como a matriz obtida pela substituição de cada potência de t em $p(t)$ pela potência correspondente de A (com $A^0 = I$):

$$p(A) = c_0 I + c_1 A + c_2 A^2 + \cdots + c_n A^n$$

   Mostre que, se λ for autovalor de A, então $p(\lambda)$ será autovalor de $p(A)$.

28. Suponha que $A = PDP^{-1}$, em que P é uma matriz 2×2 e

$$D = \begin{bmatrix} 2 & 0 \\ 0 & 7 \end{bmatrix}.$$

   a. Seja $B = 5I - 3A + A^2$. Mostre que B é diagonalizável obtendo uma fatoração apropriada para B.

   b. Dados $p(t)$ e $p(A)$ como no Exercício 27, mostre que $p(A)$ é diagonalizável.

29. Suponha que A seja diagonalizável e seja $p(t)$ o polinômio característico de A. Defina $p(A)$ como no Exercício 27 e mostre que $p(A)$ é a matriz nula. Esse fato, que também é verdadeiro para *qualquer* matriz quadrada, é chamado *Teorema de Cayley-Hamilton*.

30. a. Seja A uma matriz diagonalizável $n \times n$. Mostre que, se a multiplicidade de um autovalor λ for n, então $A = \lambda I$.

   b. Use o item (a) para mostrar que a matriz $A = \begin{bmatrix} 3 & 1 \\ 0 & 3 \end{bmatrix}$ não é diagonalizável.

31. Mostre que $I - A$ é invertível quando todos os autovalores de A forem menores que 1 em módulo. [*Sugestão:* O que teria de acontecer se $I - A$ não fosse invertível?]

32. Mostre que, se A for diagonalizável com todos os autovalores menores que 1 em módulo, então A^k tende para a matriz nula quando $k \to \infty$. [*Sugestão:* Considere $A^k \mathbf{x}$ em que $\mathbf{x}$ representa qualquer uma das colunas de I.]

33. Seja $\mathbf{u}$ um autovetor de A associado a um autovalor λ e seja H a reta em $\mathbb{R}^n$ contendo $\mathbf{u}$ e a origem.

   a. Explique por que H é invariante sob A no sentido de que $A\mathbf{x}$ pertence a H sempre que $\mathbf{x}$ pertencer a H.

   b. Seja K um subespaço unidimensional de $\mathbb{R}^n$ que é invariante sob A. Explique por que K contém um autovetor de A.

34. Seja $G = \begin{bmatrix} A & X \\ 0 & B \end{bmatrix}$. Use a fórmula para o determinante na Seção 5.2 para explicar por que $\det G = (\det A)(\det B)$. Deduza daí que o polinômio característico de G é o produto dos polinômios característicos de A e de B.

Use o Exercício 34 para determinar os autovalores das matrizes nos Exercícios 35 e 36.

35. $A = \begin{bmatrix} 3 & -2 & 8 \\ 0 & 5 & -2 \\ 0 & -4 & 3 \end{bmatrix}$

36. $A = \begin{bmatrix} 1 & 5 & -6 & -7 \\ 2 & 4 & 5 & 2 \\ 0 & 0 & -7 & -4 \\ 0 & 0 & 3 & 1 \end{bmatrix}$

37. Seja J a matriz $n \times n$ com todos os elementos iguais a 1 e seja $A = (a - b)I + bJ$, ou seja

$$A = \begin{bmatrix} a & b & b & \cdots & b \\ b & a & b & \cdots & b \\ b & b & a & \cdots & b \\ \vdots & \vdots & \vdots & \ddots & \vdots \\ b & b & b & \cdots & a \end{bmatrix}$$

Use os resultados do Exercício 30 nos Exercícios Suplementares do Capítulo 3 para mostrar que os autovalores de A são $a - b$ e $a + (n - 1)b$. Quais são as multiplicidades desses autovalores?

38. Aplique os resultados do Exercício 37 para encontrar os autovalores

das matrizes $\begin{bmatrix} 1 & 2 & 2 \\ 2 & 1 & 2 \\ 2 & 2 & 1 \end{bmatrix}$ e $\begin{bmatrix} 7 & 3 & 3 & 3 & 3 \\ 3 & 7 & 3 & 3 & 3 \\ 3 & 3 & 7 & 3 & 3 \\ 3 & 3 & 3 & 7 & 3 \\ 3 & 3 & 3 & 3 & 7 \end{bmatrix}$.

39. Seja $A = \begin{bmatrix} a_{11} & a_{12} \\ a_{21} & a_{22} \end{bmatrix}$. Tr A (o traço de A) é a soma dos elementos na diagonal principal. Mostre que o polinômio característico de A é $\lambda^2 - (\text{tr } A)\lambda + \det A$.

Depois, mostre que os autovalores de uma matriz A 2×2 são reais se e somente se $A \le \left(\dfrac{\text{tr } A}{2} \right)^2$.

40. Seja $A = \begin{bmatrix} 0{,}4 & -0{,}3 \\ 0{,}4 & 1{,}2 \end{bmatrix}$. Explique por que A^k tende a $\begin{bmatrix} -0{,}5 & -0{,}75 \\ 1{,}0 & 1{,}50 \end{bmatrix}$ quando $k \to \infty$.

Os Exercícios 41 a 45 tratam do polinômio $p(t) = a_0 + a_1 t + \ldots + a_{n-1}t^{n-1} + t^n$ e de uma matriz C_p $n \times n$ chamada **matriz companheira** de p:

$$C_p = \begin{bmatrix} 0 & 1 & 0 & \cdots & 0 \\ 0 & 0 & 1 & & 0 \\ \vdots & & & & \vdots \\ 0 & 0 & 0 & & 1 \\ -a_0 & -a_1 & -a_2 & \cdots & -a_{n-1} \end{bmatrix}$$

41. Obtenha a matriz companheira C_p para $p(t) = 6 - 5t + t^2$ e, depois, determine o polinômio característico de C_p.

42. Seja $p(t) = (t - 2)(t - 3)(t - 4) = -24 + 26t - 9t^2 + t^3$. Obtenha a matriz companheira de $p(t)$ e use as técnicas do Capítulo 3 para determinar seu polinômio característico.

43. Use indução matemática para provar que, para $n \ge 2$,

$$\det(C_p - \lambda I) = (-1)^n(a_0 + a_1\lambda + \cdots + a_{n-1}\lambda^{n-1} + \lambda^n)$$
$$= (-1)^n p(\lambda)$$

[*Sugestão:* Fazendo a expansão em cofatores em relação à primeira coluna, mostre que $\det(C_p - \lambda I)$ tem a forma $(-\lambda)B + (-1)^n a_0$, em que B é certo polinômio (pela hipótese de indução).]

44. Seja $p(t) = a_0 + a_1 t + a_2 t^2 + t^3$ e seja λ uma raiz de p.
   a. Obtenha a matriz companheira de p.
   b. Explique por que $\lambda^3 = -a_0 - a_1\lambda - a_2\lambda^2$ e mostre que $(1, \lambda, \lambda^2)$ é um autovetor para a matriz companheira de p.

45. Seja p o polinômio no Exercício 44 e suponha que a equação $p(t) = 0$ tenha raízes distintas λ_1, λ_2 e λ_3. Seja V a matriz de Vandermonde

$$V = \begin{bmatrix} 1 & 1 & 1 \\ \lambda_1 & \lambda_2 & \lambda_3 \\ \lambda_1^2 & \lambda_2^2 & \lambda_3^2 \end{bmatrix}$$

Use o Exercício 44 e um teorema deste capítulo para deduzir que V é invertível (mas não calcule V^{-1}). Depois, explique por que $V^{-1}C_p V$ é uma matriz diagonal.

46. O comando `roots(p)` do MATLAB calcula as raízes da equação polinomial $p(t) = 0$. Leia um manual do MATLAB e, depois, descreva a ideia básica do algoritmo para o comando `roots`.

47. Use um programa para matrizes para diagonalizar

$$A = \begin{bmatrix} -3 & -2 & 0 \\ 14 & 7 & -1 \\ -6 & -3 & 1 \end{bmatrix}$$

se possível. Use o comando de autovalor para criar a matriz diagonal D. Se o programa possuir um comando que gere autovetores, use-o para criar uma matriz invertível P. Depois, calcule $AP - PD$ e PDP^{-1}. Discuta seus resultados.

48. Repita o Exercício 47 para $A = \begin{bmatrix} -8 & 5 & -2 & 0 \\ -5 & 2 & 1 & -2 \\ 10 & -8 & 6 & -3 \\ 3 & -2 & 1 & 0 \end{bmatrix}$.

6

Ortogonalidade e Mínimos Quadráticos

EXEMPLO INTRODUTÓRIO

Inteligência Artificial e Aprendizagem de Máquinas

Você pode diferenciar um filhote de cachorro de um de gato, independente da raça ou da coloração? É claro! Ambos podem ser fontes peludas de alegria, mas, para o olho humano, um deles é claramente um canino, enquanto o outro é claramente um felino. Simples. Porém, embora pareça óbvio aos nossos olhos treinados, que são capazes de interpretar o significado de pixels em uma imagem, ocorre que isto é um grande desafio para uma máquina. Com os avanços na inteligência artificial (IA) e na aprendizagem de máquinas, os computadores estão melhorando, rapidamente, a capacidade de identificar a criatura à esquerda na figura desta página como um filhote de cachorro e a criatura à direita como um gato.

Muitas indústrias estão usando IA agora para agilizar processos que levavam horas de trabalho humano repetitivo, como *scanners* no correio, que podem ler códigos de barra e escrita à mão em envelopes para separar o correio com precisão e velocidade. Nordstrom está usando a aprendizagem de máquinas para projetar, mostrar, organizar e recomendar roupas aos clientes, exemplificando como, mesmo em campos de criatividade estética, a aprendizagem de máquinas pode ser usada para interpretar padrões de cor e forma em pixels e organizar possibilidades visuais que nossos olhos registram como agradáveis.

Ao ligar para um telefone de atendimento ao consumidor, uma pessoa é, muitas vezes, atendida por uma máquina que faz uma série de perguntas e fornece sugestões. Só após persistir na interação com a máquina é que a pessoa consegue falar com um ser humano. Cada vez mais chamadas são atendidas por máquinas, facilitando respostas das questões mais comuns de maneira sucinta, sem que o consumidor fique esperando nem tenha de ficar ouvindo musiquinhas. Google projetou um assistente de IA que também faz chamadas para você fazer reserva em um restaurante ou marcar uma hora no cabeleireiro.

Para IA e aprendizagem de máquinas, é preciso desenvolver sistemas que interpretam dados externos corretamente, aprendem com esses dados e usam essa aprendizagem para obter objetivos específicos e completar tarefas usando flexibilidade e adaptação. Muitas vezes, a força motora atrás dessas técnicas é a álgebra linear. Na Seção 6.2, veremos uma maneira simples de obter uma matriz de modo que a multiplicação matricial possa identificar os padrões corretos de quadrados cinzas e brancos. Nas Seções 6.5, 6.6 e 6.8, exploraremos técnicas usadas na aprendizagem de máquinas.

Para encontrar uma solução aproximada de um sistema inconsistente de equações que não tem solução de fato, é preciso um conceito bem definido de proximidade. A Seção 6.1 introduz os conceitos de distância e ortogonalidade em um espaço vetorial. As Seções 6.2 e 6.3 mostram como a ortogonalidade pode ser usada para identificar o ponto em um subespaço W mais próximo de um ponto $\mathbf{y}$ que não pertence a W. Escolhendo W como o espaço de colunas de uma matriz, a Seção 6.5 desenvolve um método para produzir soluções aproximadas (de "mínimos quadráticos") para sistemas lineares inconsistentes, uma técnica importante na aprendizagem de máquinas, que será discutida nas Seções 6.6 e 6.8.

A Seção 6.4 fornece outra oportunidade para usar projeções ortogonais criando uma fatoração matricial amplamente utilizada em álgebra linear numérica. As seções restantes examinam alguns dos muitos problemas de mínimos quadráticos que aparecem em aplicações, incluindo alguns em espaços vetoriais mais gerais que $\mathbb{R}^n$.

6.1 PRODUTO INTERNO, COMPRIMENTO E ORTOGONALIDADE

Vamos definir aqui os conceitos geométricos de comprimento, distância e ortogonalidade, bem conhecidos em $\mathbb{R}^2$ e $\mathbb{R}^3$, para $\mathbb{R}^n$. Esses conceitos fornecem ferramentas geométricas poderosas para resolver muitos problemas aplicados, inclusive o problema de mínimos quadráticos mencionado anteriormente. Todas as três noções são definidas em termos do produto interno de dois vetores.

Produto Interno

Se $\mathbf{u}$ e $\mathbf{v}$ forem vetores em $\mathbb{R}^n$, poderemos considerar $\mathbf{u}$ e $\mathbf{v}$ como matrizes $n \times 1$. A transposta $\mathbf{u}^T$ é uma matriz $1 \times n$ e o produto matricial $\mathbf{u}^T\mathbf{v}$ é uma matriz 1×1, que vamos escrever como um número real (um escalar) sem colchetes. O número $\mathbf{u}^T\mathbf{v}$ é chamado **produto interno** de $\mathbf{u}$ e $\mathbf{v}$ e escrito muitas vezes como $\mathbf{u} \cdot \mathbf{v}$. Esse produto interno, mencionado nos exercícios para a Seção 2.1, também é conhecido como **produto escalar**. Se

$$\mathbf{u} = \begin{bmatrix} u_1 \\ u_2 \\ \vdots \\ u_n \end{bmatrix} \quad e \quad \mathbf{v} = \begin{bmatrix} v_1 \\ v_2 \\ \vdots \\ v_n \end{bmatrix}$$

então o produto interno de $\mathbf{u}$ e $\mathbf{v}$ será

$$\begin{bmatrix} u_1 & u_2 & \cdots & u_n \end{bmatrix} \begin{bmatrix} v_1 \\ v_2 \\ \vdots \\ v_n \end{bmatrix} = u_1v_1 + u_2v_2 + \cdots + u_nv_n$$

EXEMPLO 1 Calcule $\mathbf{u} \cdot \mathbf{v}$ e $\mathbf{v} \cdot \mathbf{u}$ para $\mathbf{u} = \begin{bmatrix} 2 \\ -5 \\ -1 \end{bmatrix}$ e $\mathbf{v} = \begin{bmatrix} 3 \\ 2 \\ -3 \end{bmatrix}$.

SOLUÇÃO

$$\mathbf{u} \cdot \mathbf{v} = \mathbf{u}^T\mathbf{v} = \begin{bmatrix} 2 & -5 & -1 \end{bmatrix} \begin{bmatrix} 3 \\ 2 \\ -3 \end{bmatrix} = (2)(3) + (-5)(2) + (-1)(-3) = -1$$

$$\mathbf{v} \cdot \mathbf{u} = \mathbf{v}^T\mathbf{u} = \begin{bmatrix} 3 & 2 & -3 \end{bmatrix} \begin{bmatrix} 2 \\ -5 \\ -1 \end{bmatrix} = (3)(2) + (2)(-5) + (-3)(-1) = -1$$ ∎

Dos cálculos no Exemplo 1, é claro por que $\mathbf{u} \cdot \mathbf{v} = \mathbf{v} \cdot \mathbf{u}$. Essa comutatividade do produto interno é válida em geral. As propriedades do produto interno listadas a seguir são facilmente dedutíveis das propriedades da operação de transposição na Seção 2.1. (Veja os Exercícios 29 e 30 no fim desta seção.)

TEOREMA 1

Sejam **u**, **v** e **w** vetores em $\mathbb{R}^n$ e seja c um escalar. Então

a. $\mathbf{u} \cdot \mathbf{v} = \mathbf{v} \cdot \mathbf{u}$

b. $(\mathbf{u} + \mathbf{v}) \cdot \mathbf{w} = \mathbf{u} \cdot \mathbf{w} + \mathbf{v} \cdot \mathbf{w}$

c. $(c\mathbf{u}) \cdot \mathbf{v} = c(\mathbf{u} \cdot \mathbf{v}) = \mathbf{u} \cdot (c\mathbf{v})$

d. $\mathbf{u} \cdot \mathbf{u} \geq 0$ e $\mathbf{u} \cdot \mathbf{u} = 0$ se e somente se $\mathbf{u} = \mathbf{0}$

As propriedades (b) e (c) podem ser combinadas diversas vezes para se obter a seguinte regra útil:

$$(c_1\mathbf{u}_1 + \ldots + c_p\mathbf{u}_p) \cdot \mathbf{w} = c_1(\mathbf{u}_1 \cdot \mathbf{w}) + \ldots + c_p(\mathbf{u}_p \cdot \mathbf{w})$$

Comprimento de um Vetor

Se **v** for um vetor em $\mathbb{R}^n$, com coordenadas $v_1, \ldots, v_n$, então a raiz quadrada de $\mathbf{v} \cdot \mathbf{v}$ estará definida, já que $\mathbf{v} \cdot \mathbf{v}$ é não negativo.

DEFINIÇÃO

O **comprimento** (ou **norma**) de **v** é o escalar não negativo $\|\mathbf{v}\|$ definido por

$$\|\mathbf{v}\| = \sqrt{\mathbf{v} \cdot \mathbf{v}} = \sqrt{v_1^2 + v_2^2 + \cdots + v_n^2}, \quad \text{e} \quad \|\mathbf{v}\|^2 = \mathbf{v} \cdot \mathbf{v}$$

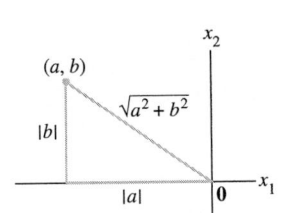

FIGURA 1 Interpretação de $\|\mathbf{v}\|$ como comprimento.

Suponha que $\mathbf{v} = \begin{bmatrix} a \\ b \end{bmatrix}$ pertença a $\mathbb{R}^2$. Se identificarmos **v** com um ponto geométrico no plano, como de hábito, então $\|\mathbf{v}\|$ coincide com a noção habitual de comprimento do segmento de reta da origem até **v**. Isso segue do teorema de Pitágoras aplicado a um triângulo como na Figura 1.

Um cálculo análogo com a diagonal de uma caixa retangular mostra que a definição de comprimento de um vetor **v** em $\mathbb{R}^3$ coincide com a noção habitual de comprimento.

Qualquer que seja o escalar c, o comprimento de $c\mathbf{v}$ é $|c|$ vezes o comprimento de **v**, ou seja,

$$\|c\mathbf{v}\| = |c|\,\|\mathbf{v}\|$$

(Para ver isso, calcule $\|c\mathbf{v}\|^2 = (c\mathbf{v}) \cdot (c\mathbf{v}) = c^2\mathbf{v} \cdot \mathbf{v} = c^2\|\mathbf{v}\|^2$ e extraia a raiz quadrada.)

Um vetor de comprimento 1 é chamado **vetor unitário**. Se *dividirmos* um vetor não nulo **v** pelo seu comprimento — isto é, se multiplicarmos o vetor por $1/\|\mathbf{v}\|$ — obteremos um vetor unitário **u**, já que o comprimento de **u** é $(1/\|\mathbf{v}\|)\|\mathbf{v}\|$. O processo de criação de **u** a partir de **v** é muitas vezes chamado **normalização de v**; dizemos que **u** tem *a mesma direção e o mesmo sentido* que **v**.

Usamos a notação que economiza espaço para vetores (colunas) nos exemplos a seguir.

EXEMPLO 2 Seja $\mathbf{v} = (1, -2, 2, 0)$. Encontre um vetor unitário **u** com mesma direção e mesmo sentido que **v**.

SOLUÇÃO Primeiro, calcule o comprimento de **v**:

$$\|\mathbf{v}\|^2 = \mathbf{v} \cdot \mathbf{v} = (1)^2 + (-2)^2 + (2)^2 + (0)^2 = 9$$
$$\|\mathbf{v}\| = \sqrt{9} = 3$$

Depois, multiplique **v** por $1/\|\mathbf{v}\|$ obtendo

$$\mathbf{u} = \frac{1}{\|\mathbf{v}\|}\mathbf{v} = \frac{1}{3}\mathbf{v} = \frac{1}{3}\begin{bmatrix} 1 \\ -2 \\ 2 \\ 0 \end{bmatrix} = \begin{bmatrix} 1/3 \\ -2/3 \\ 2/3 \\ 0 \end{bmatrix}$$

Para verificar que $\|\mathbf{u}\| = 1$, basta mostrar que $\|\mathbf{u}\|^2 = 1$.

$$\|\mathbf{u}\|^2 = \mathbf{u} \cdot \mathbf{u} = \left(\tfrac{1}{3}\right)^2 + \left(-\tfrac{2}{3}\right)^2 + \left(\tfrac{2}{3}\right)^2 + (0)^2$$
$$= \tfrac{1}{9} + \tfrac{4}{9} + \tfrac{4}{9} + 0 = 1$$

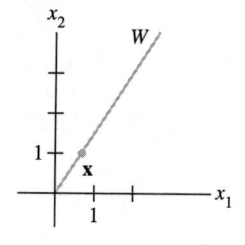

(a)

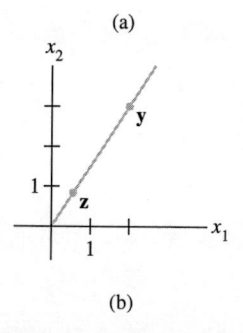

(b)

FIGURA 2 A normalização de um vetor produz um vetor unitário.

EXEMPLO 3 Seja W o subespaço de $\mathbb{R}^2$ gerado por $\mathbf{x} = (\frac{2}{3}, 1)$. Encontre um vetor unitário $\mathbf{z}$ que forme uma base para W.

SOLUÇÃO W consiste em todos os múltiplos escalares de $\mathbf{x}$, como na Figura 2(a). Qualquer vetor não nulo em W forma uma base para W. Para simplificar os cálculos, vamos multiplicar $\mathbf{x}$ por um escalar de modo a eliminar frações, isto é, vamos multiplicar $\mathbf{x}$ por 3 para obter

$$\mathbf{y} = \begin{bmatrix} 2 \\ 3 \end{bmatrix}$$

Temos $\|\mathbf{y}\|^2 = 2^2 + 3^2 = 13$, $\|\mathbf{y}\| = \sqrt{13}$ e normalize $\mathbf{y}$ para obter

$$\mathbf{z} = \frac{1}{\sqrt{13}} \begin{bmatrix} 2 \\ 3 \end{bmatrix} = \begin{bmatrix} 2/\sqrt{13} \\ 3/\sqrt{13} \end{bmatrix}$$

Veja a Figura 2(b). Outro vetor unitário é $(-2/\sqrt{13}, -3/\sqrt{13})$. ∎

Distância em $\mathbb{R}^n$

Estamos prontos agora para descrever o quão próximo um vetor está de outro. Lembre-se de que, se a e b forem números reais, então a distância na reta real entre a e b será o número $|a - b|$. A Figura 3 mostra dois exemplos. Essa definição de distância em $\mathbb{R}$ tem um análogo direto em $\mathbb{R}^n$.

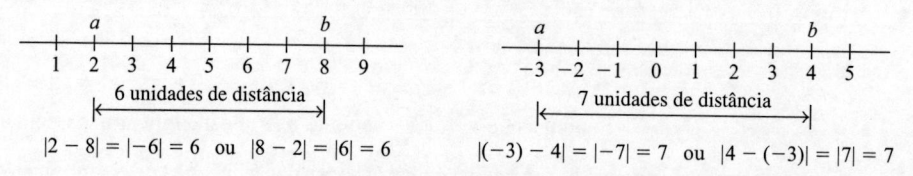

FIGURA 3 Distâncias em $\mathbb{R}$.

DEFINIÇÃO

> Se $\mathbf{u}$ e $\mathbf{v}$ pertencerem a $\mathbb{R}^n$, a **distância entre $\mathbf{u}$ e $\mathbf{v}$**, denotada por $\text{dist}(\mathbf{u}, \mathbf{v})$, será o comprimento do vetor $\mathbf{u} - \mathbf{v}$, ou seja,
>
> $$\text{dist}(\mathbf{u}, \mathbf{v}) = \|\mathbf{u} - \mathbf{v}\|$$

Em $\mathbb{R}^2$ e $\mathbb{R}^3$, essa definição de distância coincide com as fórmulas habituais para a distância euclidiana entre dois pontos, como mostram os dois próximos exemplos.

EXEMPLO 4 Calcule a distância entre os vetores $\mathbf{u} = (7, 1)$ e $\mathbf{v} = (3, 2)$.

SOLUÇÃO Calcule

$$\mathbf{u} - \mathbf{v} = \begin{bmatrix} 7 \\ 1 \end{bmatrix} - \begin{bmatrix} 3 \\ 2 \end{bmatrix} = \begin{bmatrix} 4 \\ -1 \end{bmatrix}$$

$$\|\mathbf{u} - \mathbf{v}\| = \sqrt{4^2 + (-1)^2} = \sqrt{17}$$

Os vetores $\mathbf{u}$, $\mathbf{v}$ e $\mathbf{u} - \mathbf{v}$ estão ilustrados na Figura 4. Quando o vetor $\mathbf{u} - \mathbf{v}$ é somado a $\mathbf{v}$, o resultado é $\mathbf{u}$. Note que o paralelogramo na Figura 4 mostra que a distância entre $\mathbf{u}$ e $\mathbf{v}$ é a mesma que a distância entre $\mathbf{0}$ e $\mathbf{u} - \mathbf{v}$. ∎

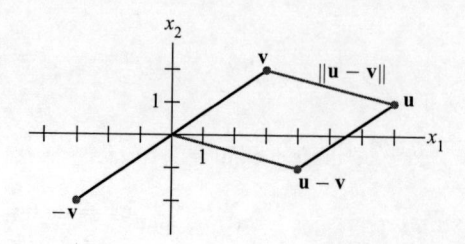

FIGURA 4 A distância entre $\mathbf{u}$ e $\mathbf{v}$ é o comprimento de $\mathbf{u} - \mathbf{v}$.

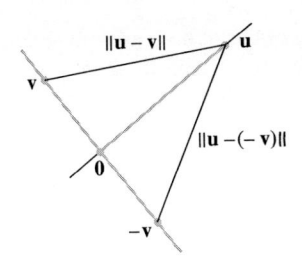

FIGURA 5

EXEMPLO 5 Se $\mathbf{u} = (u_1, u_2, u_3)$ e $\mathbf{v} = (v_1, v_2, v_3)$, então

$$\text{dist}(\mathbf{u}, \mathbf{v}) = \|\mathbf{u} - \mathbf{v}\| = \sqrt{(\mathbf{u} - \mathbf{v}) \cdot (\mathbf{u} - \mathbf{v})}$$
$$= \sqrt{(u_1 - v_1)^2 + (u_2 - v_2)^2 + (u_3 - v_3)^2}$$
∎

Vetores Ortogonais

O restante deste capítulo depende do fato de que o conceito de retas perpendiculares na geometria euclidiana usual tem um análogo em $\mathbb{R}^n$.

Considere $\mathbb{R}^2$ ou $\mathbb{R}^3$ e duas retas contendo a origem determinada pelos vetores $\mathbf{u}$ e $\mathbf{v}$. As duas retas ilustradas na Figura 5 são geometricamente perpendiculares se e somente se a distância de $\mathbf{u}$ a $\mathbf{v}$ for igual à distância de $\mathbf{u}$ a $-\mathbf{v}$. Isso é equivalente à igualdade dos quadrados das distâncias. Temos

$$\begin{aligned}
[\,\text{dist}(\mathbf{u}, -\mathbf{v})\,]^2 &= \|\mathbf{u} - (-\mathbf{v})\|^2 = \|\mathbf{u} + \mathbf{v}\|^2 \\
&= (\mathbf{u} + \mathbf{v}) \cdot (\mathbf{u} + \mathbf{v}) \\
&= \mathbf{u} \cdot (\mathbf{u} + \mathbf{v}) + \mathbf{v} \cdot (\mathbf{u} + \mathbf{v}) \quad \text{Teorema 1(b)} \\
&= \mathbf{u} \cdot \mathbf{u} + \mathbf{u} \cdot \mathbf{v} + \mathbf{v} \cdot \mathbf{u} + \mathbf{v} \cdot \mathbf{v} \quad \text{Teorema 1(a), (b)} \\
&= \|\mathbf{u}\|^2 + \|\mathbf{v}\|^2 + 2\mathbf{u} \cdot \mathbf{v} \quad \text{Teorema 1(a)}
\end{aligned}$$
(1)

Os mesmos cálculos com $\mathbf{v}$ no lugar de $-\mathbf{v}$ nos levam a

$$\begin{aligned}
[\text{dist}(\mathbf{u}, \mathbf{v})]^2 &= \|\mathbf{u}\|^2 + \|-\mathbf{v}\|^2 + 2\mathbf{u} \cdot (-\mathbf{v}) \\
&= \|\mathbf{u}\|^2 + \|\mathbf{v}\|^2 - 2\mathbf{u} \cdot \mathbf{v}
\end{aligned}$$

Os quadrados das distâncias são iguais se e somente se $2\mathbf{u} \cdot \mathbf{v} = -2\mathbf{u} \cdot \mathbf{v}$, o que acontece se e somente se $\mathbf{u} \cdot \mathbf{v} = 0$.

Esse cálculo mostra que, quando os vetores são identificados com pontos geométricos, as retas unindo os pontos e a origem são perpendiculares se e somente se $\mathbf{u} \cdot \mathbf{v} = 0$. A definição a seguir generaliza essa noção de retas perpendiculares (ou *ortogonalidade*, como é chamada em álgebra linear) para vetores em $\mathbb{R}^n$.

DEFINIÇÃO

> Dois vetores $\mathbf{u}$ e $\mathbf{v}$ em $\mathbb{R}^n$ são **ortogonais** (entre si) se $\mathbf{u} \cdot \mathbf{v} = 0$.

Note que o vetor nulo é ortogonal a todos os outros vetores em $\mathbb{R}^n$, pois $\mathbf{0}^T\mathbf{v} = 0$ para todo $\mathbf{v}$.

O próximo teorema fornece um resultado útil sobre vetores ortogonais. A demonstração segue imediatamente do cálculo em (1) anterior e da definição de ortogonalidade. O triângulo retângulo ilustrado na Figura 6 nos permite visualizar os comprimentos que aparecem no teorema.

TEOREMA 2

> **Teorema de Pitágoras**
>
> Dois vetores $\mathbf{u}$ e $\mathbf{v}$ são ortogonais se e somente se $\|\mathbf{u} + \mathbf{v}\|^2 = \|\mathbf{u}\|^2 + \|\mathbf{v}\|^2$.

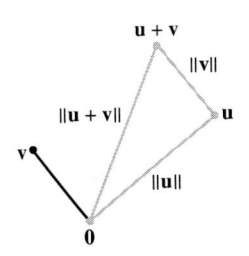

FIGURA 6

Complementos Ortogonais

Para praticarmos o uso de produtos internos, vamos definir agora um conceito que será útil na Seção 6.3 e em outras partes deste capítulo. Se um vetor $\mathbf{z}$ for ortogonal a todos os vetores em um subespaço W de $\mathbb{R}^n$, dizemos que $\mathbf{z}$ será **ortogonal a** W. O conjunto de todos os vetores ortogonais a W é chamado **complemento ortogonal** de W e denotado por $W^\perp$ (leia "W perp").

EXEMPLO 6 Seja W um plano em $\mathbb{R}^3$ contendo a origem e seja L a reta contendo a origem e perpendicular a W. Se $\mathbf{z}$ e $\mathbf{w}$ forem não nulos, $\mathbf{z}$ em L e $\mathbf{w}$ em W, então o segmento de reta unindo $\mathbf{z}$ e $\mathbf{0}$ será perpendicular ao segmento de reta unindo $\mathbf{w}$ e $\mathbf{0}$, ou seja, $\mathbf{z} \cdot \mathbf{w} = 0$. Veja a Figura 7. Logo, cada vetor em L é ortogonal a todos os vetores em W. De fato, L é o conjunto de *todos* os vetores ortogonais a todos os $\mathbf{w}$ em W, e W é formado por todos os vetores ortogonais aos elementos $\mathbf{z}$ em L. Em símbolos,

$$L = W^\perp \quad \text{e} \quad W = L^\perp$$
∎

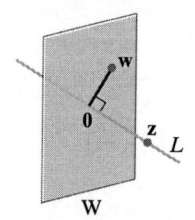

FIGURA 7 Um plano e uma reta contendo **0** como complementos ortogonais.

Se W for um subespaço de $\mathbb{R}^n$, os dois fatos a seguir sobre $W^\perp$ serão necessários mais adiante neste capítulo. Os Exercícios 37 e 38 sugerem como demonstrá-los. Os Exercícios 35 a 39 fornecem uma excelente oportunidade para praticar a utilização de propriedades do produto interno.

> 1. Um vetor **x** pertence a $W^\perp$ se e somente se **x** for ortogonal a todos os vetores em um conjunto que gera W.
> 2. $W^\perp$ é um subespaço de $\mathbb{R}^n$.

O próximo teorema e o Exercício 39 verificam as afirmações feitas na Seção 4.5 em relação aos subespaços ilustrados na Figura 8.

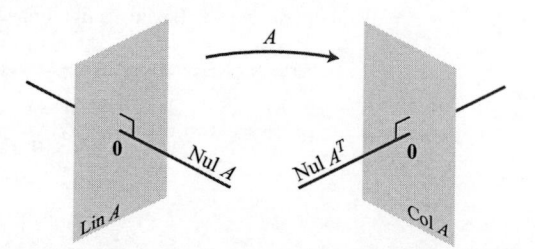

FIGURA 8 Espaços fundamentais determinados por uma matriz A $m \times n$.

Observação: Um modo usual de provar que dois conjuntos S e T são iguais é mostrar que S é um subconjunto de T e que T é um subconjunto de S. A demonstração do próximo teorema de que Nul A = (Lin A)$^\perp$ é obtida desta forma, mostrando que Nul A é um subconjunto de (Lin A)$^\perp$ e que (Lin A)$^\perp$ é um subconjunto de Nul A. Em outras palavras, mostra-se que um elemento arbitrário **x** em Nul A pertence a (Lin A)$^\perp$ e que um elemento arbitrário **x** em (Lin A)$^\perp$ pertence a Nul A.

TEOREMA 3

> Seja A uma matriz $m \times n$. Então, o complemento ortogonal do espaço linha de A é o espaço nulo de A, e o complemento ortogonal do espaço coluna de A é o espaço nulo de A^T:
>
> $$(\text{Lin } A)^\perp = \text{Nul } A \quad \text{e} \quad (\text{Col } A)^\perp = \text{Nul } A^T$$

DEMONSTRAÇÃO A regra da linha por coluna para calcular $A\mathbf{x}$ mostra que, se **x** pertencer a Nul A, então **x** será ortogonal a cada linha de A (com as linhas tratadas como vetores em $\mathbb{R}^n$). Como as linhas de A geram o espaço linha de A, **x** é ortogonal a Lin A. Reciprocamente, se **x** for ortogonal a Lin A, então com certeza **x** será ortogonal a cada linha de A e, portanto, $A\mathbf{x} = \mathbf{0}$. Isso prova a primeira afirmação do teorema. Como a primeira afirmação é verdadeira para qualquer matriz, também é verdadeira para A^T. Ou seja, o complemento ortogonal do espaço linha de A^T é o espaço nulo de A^T. Isso prova a segunda afirmação, já que Lin A^T = Col A.

Ângulos em $\mathbb{R}^2$ e $\mathbb{R}^3$ (Opcional)

Se **u** e **v** forem vetores não nulos em $\mathbb{R}^2$ ou $\mathbb{R}^3$, existirá uma conexão entre o produto interno e o ângulo ϑ entre os dois segmentos de reta da origem aos pontos identificados com **u** e **v**. A fórmula é

$$\mathbf{u} \cdot \mathbf{v} = \|\mathbf{u}\| \, \|\mathbf{v}\| \cos \vartheta \tag{2}$$

Para verificar essa fórmula para vetores em $\mathbb{R}^2$, considere o triângulo na Figura 9, com lados de comprimento $\|\mathbf{u}\|$, $\|\mathbf{v}\|$ e $\|\mathbf{u} - \mathbf{v}\|$. Pela lei dos cossenos,

$$\|\mathbf{u} - \mathbf{v}\|^2 = \|\mathbf{u}\|^2 + \|\mathbf{v}\|^2 - 2\|\mathbf{u}\| \, \|\mathbf{v}\| \cos \vartheta$$

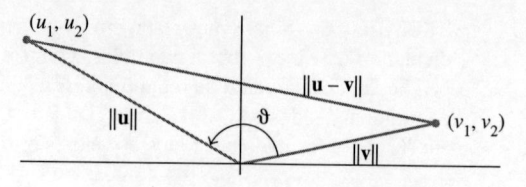

FIGURA 9 Ângulo entre dois vetores.

que pode ser rearrumado para se obter

$$\|\mathbf{u}\| \|\mathbf{v}\| \cos \vartheta = \frac{1}{2} \left[\|\mathbf{u}\|^2 + \|\mathbf{v}\|^2 - \|\mathbf{u} - \mathbf{v}\|^2 \right]$$

$$= \frac{1}{2} \left[u_1^2 + u_2^2 + v_1^2 + v_2^2 - (u_1 - v_1)^2 - (u_2 - v_2)^2 \right]$$

$$= u_1 v_1 + u_2 v_2$$

$$= \mathbf{u} \cdot \mathbf{v}$$

A verificação para $\mathbb{R}^3$ é análoga. Quando $n > 3$, a fórmula (2) pode ser usada para *definir* o ângulo entre dois vetores em $\mathbb{R}^n$. Em estatística, por exemplo, o valor de $\cos \vartheta$ definido por (2) para vetores adequados $\mathbf{u}$ e $\mathbf{v}$ é o que os estatísticos chamam *coeficiente de correlação*.

Problemas Práticos

1. Sejam $\mathbf{a} = \begin{bmatrix} -2 \\ 1 \end{bmatrix}$ e $\mathbf{b} = \begin{bmatrix} -3 \\ 1 \end{bmatrix}$. Calcule $\dfrac{\mathbf{a} \cdot \mathbf{b}}{\mathbf{a} \cdot \mathbf{a}}$ e $\left(\dfrac{\mathbf{a} \cdot \mathbf{b}}{\mathbf{a} \cdot \mathbf{a}} \right) \mathbf{a}$.

2. Sejam $\mathbf{c} = \begin{bmatrix} 4/3 \\ -1 \\ 2/3 \end{bmatrix}$ e $\mathbf{d} = \begin{bmatrix} 5 \\ 6 \\ -1 \end{bmatrix}$.

   a. Encontre um vetor unitário $\mathbf{u}$ com mesma direção e mesmo sentido que $\mathbf{c}$.

   b. Mostre que $\mathbf{d}$ é ortogonal a $\mathbf{c}$.

   c. Use os resultados de (a) e (b) para explicar por que $\mathbf{d}$ tem de ser ortogonal ao vetor unitário $\mathbf{u}$.

3. Seja W um subespaço de $\mathbb{R}^n$. O Exercício 38 estabelece que $W^\perp$ também é um subespaço de $\mathbb{R}^n$. Prove que dim $W + $ dim $W^\perp = n$.

6.1 EXERCÍCIOS

Calcule as quantidades nos Exercícios 1 a 8 usando os vetores

$$\mathbf{u} = \begin{bmatrix} -1 \\ 2 \end{bmatrix}, \quad \mathbf{v} = \begin{bmatrix} 2 \\ 3 \end{bmatrix}, \quad \mathbf{w} = \begin{bmatrix} 3 \\ -1 \\ -5 \end{bmatrix}, \quad \mathbf{x} = \begin{bmatrix} 6 \\ -2 \\ 3 \end{bmatrix}$$

1. $\mathbf{u} \cdot \mathbf{u}$, $\mathbf{v} \cdot \mathbf{u}$ e $\dfrac{\mathbf{v} \cdot \mathbf{u}}{\mathbf{u} \cdot \mathbf{u}}$

2. $\mathbf{w} \cdot \mathbf{w}$, $\mathbf{x} \cdot \mathbf{w}$ e $\dfrac{\mathbf{x} \cdot \mathbf{w}}{\mathbf{w} \cdot \mathbf{w}}$

3. $\dfrac{1}{\mathbf{w} \cdot \mathbf{w}} \mathbf{w}$

4. $\dfrac{1}{\mathbf{u} \cdot \mathbf{u}} \mathbf{u}$

5. $\left(\dfrac{\mathbf{u} \cdot \mathbf{v}}{\mathbf{v} \cdot \mathbf{v}} \right) \mathbf{v}$

6. $\left(\dfrac{\mathbf{x} \cdot \mathbf{w}}{\mathbf{x} \cdot \mathbf{x}} \right) \mathbf{x}$

7. $\|\mathbf{w}\|$

8. $\|\mathbf{x}\|$

Nos Exercícios 9 a 12, encontre um vetor unitário com mesma direção e mesmo sentido que o vetor dado.

9. $\begin{bmatrix} -30 \\ 40 \end{bmatrix}$

10. $\begin{bmatrix} 3 \\ 6 \\ -3 \end{bmatrix}$

11. $\begin{bmatrix} 7/4 \\ 1/2 \\ 1 \end{bmatrix}$

12. $\begin{bmatrix} 8/3 \\ 1 \end{bmatrix}$

13. Encontre a distância entre $\mathbf{x} = \begin{bmatrix} 10 \\ -3 \end{bmatrix}$ e $\mathbf{y} = \begin{bmatrix} -1 \\ -5 \end{bmatrix}$.

14. Encontre a distância entre $\mathbf{u} = \begin{bmatrix} 0 \\ -5 \\ 2 \end{bmatrix}$ e $\mathbf{z} = \begin{bmatrix} -4 \\ -1 \\ 4 \end{bmatrix}$.

Determine quais dos pares de vetores nos Exercícios 15 a 18 são ortogonais.

15. $\mathbf{a} = \begin{bmatrix} 8 \\ -5 \end{bmatrix}$, $\mathbf{b} = \begin{bmatrix} -2 \\ -3 \end{bmatrix}$

16. $\mathbf{u} = \begin{bmatrix} 12 \\ 3 \\ -5 \end{bmatrix}$, $\mathbf{v} = \begin{bmatrix} 2 \\ -3 \\ 3 \end{bmatrix}$

17. $\mathbf{u} = \begin{bmatrix} 3 \\ 2 \\ -5 \\ 0 \end{bmatrix}$, $\mathbf{v} = \begin{bmatrix} -4 \\ 1 \\ -2 \\ 6 \end{bmatrix}$

18. $\mathbf{y} = \begin{bmatrix} -3 \\ 7 \\ 4 \\ 0 \end{bmatrix}$, $\mathbf{z} = \begin{bmatrix} 1 \\ -8 \\ 15 \\ -7 \end{bmatrix}$

Nos Exercícios 19 a 28, todos os vetores estão em $\mathbb{R}^n$. Marque cada afirmação como Verdadeira ou Falsa (V/F). Justifique cada resposta.

19. (V/F) $\mathbf{v} \cdot \mathbf{v} = \|\mathbf{v}\|^2$.

20. (V/F) $\mathbf{u} \cdot \mathbf{v} - \mathbf{v} \cdot \mathbf{u} = 0$.

21. (V/F) Se a distância entre $\mathbf{u}$ e $\mathbf{v}$ for igual à distância entre $\mathbf{u}$ e $-\mathbf{v}$, então $\mathbf{u}$ e $\mathbf{v}$ serão ortogonais.

22. (V/F) Se $\|\mathbf{u}\|^2 + \|\mathbf{v}\|^2 = \|\mathbf{u} + \mathbf{v}\|^2$, então $\mathbf{u}$ e $\mathbf{v}$ serão ortogonais.

23. (V/F) Se os vetores $\mathbf{v}_1, \ldots, \mathbf{v}_p$ gerarem um subespaço W e se $\mathbf{x}$ for ortogonal a cada $\mathbf{v}_j$ para $j = 1, \ldots, p$, então $\mathbf{x}$ pertencerá a $W^\perp$.

24. (V/F) Se $\mathbf{x}$ for ortogonal a todos os vetores em um subespaço W, então $\mathbf{x}$ pertencerá a $W^\perp$.

25. (V/F) Qualquer que seja o escalar c, $\|c\mathbf{v}\| = c\|\mathbf{v}\|$.

26. (V/F) Qualquer que seja o escalar c, $\mathbf{u} \cdot (c\mathbf{v}) = c\,(\mathbf{u} \cdot \mathbf{v})$.

27. (V/F) Se A for uma matriz quadrada, então os vetores em Col A serão ortogonais aos vetores em Nul A.

28. (V/F) Se A for uma matriz $m \times n$, então os vetores pertencentes ao espaço nulo de A serão ortogonais aos vetores no espaço de linhas de A.

29. Use a definição do produto interno com transposição para verificar as partes (b) e (c) do Teorema 1. Mencione os fatos apropriados do Capítulo 2.

30. Seja $\mathbf{u} = (u_1, u_2, u_3)$. Explique por que $\mathbf{u} \cdot \mathbf{u} \geq 0$. Quando $\mathbf{u} \cdot \mathbf{u} = 0$?

31. Sejam $\mathbf{u} = \begin{bmatrix} 2 \\ -5 \\ -1 \end{bmatrix}$ e $\mathbf{v} = \begin{bmatrix} -7 \\ -4 \\ 6 \end{bmatrix}$. Calcule e compare $\mathbf{u} \cdot \mathbf{v}$, $\|\mathbf{u}\|^2$, $\|\mathbf{v}\|^2$ e $\|\mathbf{u} + \mathbf{v}\|^2$. Não use o teorema de Pitágoras.

32. Verifique a *lei do paralelogramo* para vetores $\mathbf{u}$ e $\mathbf{v}$ em $\mathbb{R}^n$:
$$\|\mathbf{u} + \mathbf{v}\|^2 + \|\mathbf{u} - \mathbf{v}\|^2 = 2\|\mathbf{u}\|^2 + 2\|\mathbf{v}\|^2$$

33. Seja $\mathbf{v} = \begin{bmatrix} a \\ b \end{bmatrix}$. Descreva o conjunto H de vetores $\begin{bmatrix} x \\ y \end{bmatrix}$ ortogonais a $\mathbf{v}$. [*Sugestão:* Considere $\mathbf{v} = \mathbf{0}$ e $\mathbf{v} \neq \mathbf{0}$.]

34. Seja $\mathbf{u} = \begin{bmatrix} 5 \\ -6 \\ 7 \end{bmatrix}$, e seja W o conjunto dos $\mathbf{x}$ em $\mathbb{R}^3$ tais que $\mathbf{u} \cdot \mathbf{x} = 0$. Que teorema do Capítulo 4 pode ser usado para mostrar que W é um subespaço de $\mathbb{R}^3$? Descreva W geometricamente.

35. Suponha que um vetor $\mathbf{y}$ seja ortogonal aos vetores $\mathbf{u}$ e $\mathbf{v}$. Mostre que $\mathbf{y}$ é ortogonal ao vetor $\mathbf{u} + \mathbf{v}$.

36. Suponha que $\mathbf{y}$ seja ortogonal a $\mathbf{u}$ e $\mathbf{v}$. Mostre que $\mathbf{y}$ é ortogonal a todos os vetores $\mathbf{w}$ em $\mathscr{L}\{\mathbf{u}, \mathbf{v}\}$. [*Sugestão:* Um vetor arbitrário $\mathbf{w}$ em $\mathscr{L}\{\mathbf{u}, \mathbf{v}\}$ tem a forma $\mathbf{w} = c_1\mathbf{u} + c_2\mathbf{v}$; mostre que $\mathbf{y}$ é ortogonal a todos esses $\mathbf{w}$.]

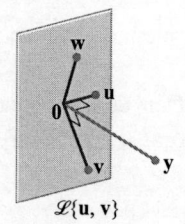

$\mathscr{L}\{\mathbf{u}, \mathbf{v}\}$

37. Seja $W = \mathscr{L}\{\mathbf{v}_1, ..., \mathbf{v}_p\}$. Mostre que, se $\mathbf{x}$ for ortogonal a cada $\mathbf{v}_j$ para $1 \leq j \leq p$, então $\mathbf{x}$ será ortogonal a todos os vetores em W.

38. Seja W um subespaço de $\mathbb{R}^n$ e seja $W^\perp$ o conjunto de todos os vetores ortogonais a W. Mostre que $W^\perp$ é um subespaço de $\mathbb{R}^n$ usando o roteiro a seguir.

   a. Sejam $\mathbf{z}$ pertencente a $W^\perp$ e $\mathbf{u}$ um elemento arbitrário em W. Então $\mathbf{z} \cdot \mathbf{u} = 0$. Considere um escalar arbitrário c e mostre que $c\mathbf{z}$ é ortogonal a $\mathbf{u}$. (Como $\mathbf{u}$ é um elemento arbitrário de W, isso mostra que $c\mathbf{z}$ pertence a $W^\perp$.)

   b. Sejam $\mathbf{z}_1$ e $\mathbf{z}_2$ pertencentes a $W^\perp$ e $\mathbf{u}$ um elemento qualquer de W. Mostre que $\mathbf{z}_1 + \mathbf{z}_2$ é ortogonal a $\mathbf{u}$. O que você pode concluir sobre $\mathbf{z}_1 + \mathbf{z}_2$? Por quê?

   c. Termine a demonstração de que $W^\perp$ é um subespaço de $\mathbb{R}^n$.

39. Mostre que se $\mathbf{x}$ pertencer a W e a $W^\perp$, então $\mathbf{x} = \mathbf{0}$.

M 40. Construa um par de vetores aleatórios $\mathbf{u}$ e $\mathbf{v}$ em $\mathbb{R}^4$ e seja
$$A = \begin{bmatrix} 0{,}5 & 0{,}5 & 0{,}5 & 0{,}5 \\ 0{,}5 & 0{,}5 & -0{,}5 & -0{,}5 \\ 0{,}5 & -0{,}5 & 0{,}5 & -0{,}5 \\ 0{,}5 & -0{,}5 & -0{,}5 & 0{,}5 \end{bmatrix}$$

   a. Denote as colunas de A por $\mathbf{a}_1, ..., \mathbf{a}_4$. Calcule o comprimento de cada coluna e calcule $\mathbf{a}_1 \cdot \mathbf{a}_2$, $\mathbf{a}_1 \cdot \mathbf{a}_3$, $\mathbf{a}_1 \cdot \mathbf{a}_4$, $\mathbf{a}_2 \cdot \mathbf{a}_3$, $\mathbf{a}_2 \cdot \mathbf{a}_4$ e $\mathbf{a}_3 \cdot \mathbf{a}_4$.

   b. Calcule e compare os comprimentos de $\mathbf{u}$, $A\mathbf{u}$, $\mathbf{v}$ e $A\mathbf{v}$.

   c. Use a equação (2) nesta seção para calcular o cosseno do ângulo entre $\mathbf{u}$ e $\mathbf{v}$. Compare o resultado com o cosseno do ângulo entre $A\mathbf{u}$ e $A\mathbf{v}$.

   d. Repita os itens (b) e (c) para dois outros pares de vetores aleatórios. Qual a sua conjectura sobre o efeito de A sobre vetores?

M 41. Gere vetores aleatórios $\mathbf{x}$, $\mathbf{y}$ e $\mathbf{v}$ em $\mathbb{R}^4$ com coordenadas inteiras (e $\mathbf{v} \neq \mathbf{0}$) e calcule as quantidades
$$\left(\frac{\mathbf{x} \cdot \mathbf{v}}{\mathbf{v} \cdot \mathbf{v}}\right)\mathbf{v}, \left(\frac{\mathbf{y} \cdot \mathbf{v}}{\mathbf{v} \cdot \mathbf{v}}\right)\mathbf{v}, \frac{(\mathbf{x} + \mathbf{y}) \cdot \mathbf{v}}{\mathbf{v} \cdot \mathbf{v}}\mathbf{v}, \frac{(10\mathbf{x}) \cdot \mathbf{v}}{\mathbf{v} \cdot \mathbf{v}}\mathbf{v}$$

Repita os cálculos com novos vetores aleatórios $\mathbf{x}$ e $\mathbf{y}$. Qual a sua conjectura sobre a aplicação $\mathbf{x} \mapsto T(\mathbf{x}) = \left(\frac{\mathbf{x} \cdot \mathbf{v}}{\mathbf{v} \cdot \mathbf{v}}\right)\mathbf{v}$ (para $\mathbf{v} \neq \mathbf{0}$)? Verifique sua conjectura algebricamente.

M 42. Seja $A = \begin{bmatrix} -6 & 3 & -27 & -33 & -13 \\ 6 & -5 & 25 & 28 & 14 \\ 8 & -6 & 34 & 38 & 18 \\ 12 & -10 & 50 & 41 & 23 \\ 14 & -21 & 49 & 29 & 33 \end{bmatrix}$. Construa uma matriz N cujas colunas formam uma base para Nul A e construa uma matriz R cujas *linhas* formam uma base para Lin A (veja a Seção 4.6 para detalhes). Efetue um cálculo matricial com N e R que ilustre um fato do Teorema 3.

Soluções dos Problemas Práticos

1. $\mathbf{a} \cdot \mathbf{b} = 7$, $\mathbf{a} \cdot \mathbf{a} = 5$. Logo, $\dfrac{\mathbf{a} \cdot \mathbf{b}}{\mathbf{a} \cdot \mathbf{a}} = \dfrac{7}{5}$ e $\left(\dfrac{\mathbf{a} \cdot \mathbf{b}}{\mathbf{a} \cdot \mathbf{a}}\right)\mathbf{a} = \dfrac{7}{5}\mathbf{a} = \begin{bmatrix} -14/5 \\ 7/5 \end{bmatrix}$.

2. a. Mude a escala, multiplicando $\mathbf{c}$ por 3 para obter $\mathbf{y} = \begin{bmatrix} 4 \\ -3 \\ 2 \end{bmatrix}$. Calcule $\|\mathbf{y}\|^2 = 29$ e $\|\mathbf{y}\| = \sqrt{29}$.

O vetor unitário com mesma direção e mesmo sentido que $\mathbf{c}$ e $\mathbf{y}$ é $\mathbf{u} = \dfrac{1}{\|\mathbf{y}\|}\mathbf{y} = \begin{bmatrix} 4/\sqrt{29} \\ -3/\sqrt{29} \\ 2/\sqrt{29} \end{bmatrix}$.

   b. $\mathbf{d}$ é ortogonal a $\mathbf{c}$ porque
$$\mathbf{d} \cdot \mathbf{c} = \begin{bmatrix} 5 \\ 6 \\ -1 \end{bmatrix} \cdot \begin{bmatrix} 4/3 \\ -1 \\ 2/3 \end{bmatrix} = \frac{20}{3} - 6 - \frac{2}{3} = 0$$

   c. $\mathbf{d}$ é ortogonal a $\mathbf{u}$ porque $\mathbf{u}$ tem a forma $k\mathbf{c}$ para algum k e
$$\mathbf{d} \cdot \mathbf{u} = \mathbf{d} \cdot (k\mathbf{c}) = k(\mathbf{d} \cdot \mathbf{c}) = k(0) = 0$$

3. Se $W \neq \{\mathbf{0}\}$, seja $\{\mathbf{b}_1, ..., \mathbf{b}_p\}$ uma base para W, em que $1 \leq p \leq n$. Seja A a matriz $p \times n$ com linhas $\mathbf{b}_1^T, ..., \mathbf{b}_p^T$. Então W é o espaço linha de A. O Teorema 3 implica que $W^\perp = (\text{Lin } A)^\perp = \text{Nul } A$, logo dim $W^\perp = \dim \text{Nul } A$. Logo dim $W + \dim W^\perp = \dim \text{Lin } A + \dim \text{Nul } A = \text{posto de } A + \dim \text{Nul } A = n$, pelo Teorema do Posto. Se $W = \{\mathbf{0}\}$, $W^\perp = \mathbb{R}^n$ e o teorema é válido.

6.2 CONJUNTOS ORTOGONAIS

Um conjunto $\{\mathbf{u}_1, \ldots, \mathbf{u}_p\}$ de vetores em $\mathbb{R}^n$ é dito um **conjunto ortogonal** se cada par de vetores distintos no conjunto for ortogonal, ou seja, se $\mathbf{u}_i \cdot \mathbf{u}_j = 0$ sempre que $i \neq j$.

EXEMPLO 1 Mostre que $\{\mathbf{u}_1, \mathbf{u}_2, \mathbf{u}_3\}$ é um conjunto ortogonal, em que

$$\mathbf{u}_1 = \begin{bmatrix} 3 \\ 1 \\ 1 \end{bmatrix}, \quad \mathbf{u}_2 = \begin{bmatrix} -1 \\ 2 \\ 1 \end{bmatrix}, \quad \mathbf{u}_3 = \begin{bmatrix} -1/2 \\ -2 \\ 7/2 \end{bmatrix}$$

SOLUÇÃO Considere os três pares possíveis de vetores distintos, a saber, $\{\mathbf{u}_1, \mathbf{u}_2\}$, $\{\mathbf{u}_1, \mathbf{u}_3\}$ e $\{\mathbf{u}_2, \mathbf{u}_3\}$.

$$\mathbf{u}_1 \cdot \mathbf{u}_2 = 3(-1) + 1(2) + 1(1) = 0$$
$$\mathbf{u}_1 \cdot \mathbf{u}_3 = 3\left(-\tfrac{1}{2}\right) + 1(-2) + 1\left(\tfrac{7}{2}\right) = 0$$
$$\mathbf{u}_2 \cdot \mathbf{u}_3 = -1\left(-\tfrac{1}{2}\right) + 2(-2) + 1\left(\tfrac{7}{2}\right) = 0$$

Cada par de vetores distintos é ortogonal; logo, $\{\mathbf{u}_1, \mathbf{u}_2, \mathbf{u}_3\}$ é um conjunto ortogonal. Veja a Figura 1: os três segmentos de reta são perpendiculares dois a dois. ∎

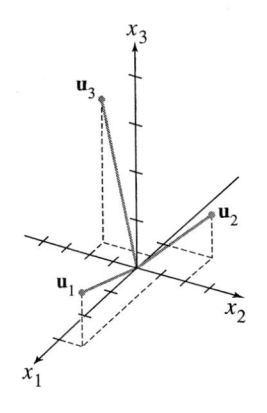

FIGURA 1

TEOREMA 4

Se $S = \{\mathbf{u}_1, \ldots, \mathbf{u}_p\}$ for um conjunto ortogonal de vetores não nulos em $\mathbb{R}^n$, então S será linearmente independente e, portanto, será uma base para o subespaço gerado por S.

DEMONSTRAÇÃO Se $\mathbf{0} = c_1\mathbf{u}_1 + \ldots + c_p\mathbf{u}_p$ para escalares $c_1, \ldots, c_p$, então

$$\begin{aligned}
0 = \mathbf{0} \cdot \mathbf{u}_1 &= (c_1\mathbf{u}_1 + c_2\mathbf{u}_2 + \cdots + c_p\mathbf{u}_p) \cdot \mathbf{u}_1 \\
&= (c_1\mathbf{u}_1) \cdot \mathbf{u}_1 + (c_2\mathbf{u}_2) \cdot \mathbf{u}_1 + \cdots + (c_p\mathbf{u}_p) \cdot \mathbf{u}_1 \\
&= c_1(\mathbf{u}_1 \cdot \mathbf{u}_1) + c_2(\mathbf{u}_2 \cdot \mathbf{u}_1) + \cdots + c_p(\mathbf{u}_p \cdot \mathbf{u}_1) \\
&= c_1(\mathbf{u}_1 \cdot \mathbf{u}_1)
\end{aligned}$$

pois $\mathbf{u}_1$ é ortogonal a $\mathbf{u}_2, \ldots, \mathbf{u}_p$. Como $\mathbf{u}_1$ não é nulo, $\mathbf{u}_1 \cdot \mathbf{u}_1$ é diferente de zero e, portanto, $c_1 = 0$. Analogamente, $c_2, \ldots, c_p$ têm de ser iguais a zero. Logo, S é linearmente independente. ∎

DEFINIÇÃO

Uma **base ortogonal** para um subespaço W de $\mathbb{R}^n$ é uma base para W que é também um conjunto ortogonal.

O próximo teorema sugere por que uma base ortogonal é muito melhor que outras bases. Os coeficientes da combinação linear podem ser calculados com facilidade.

TEOREMA 5

Seja $\{\mathbf{u}_1, \ldots, \mathbf{u}_p\}$ uma base ortogonal para um subespaço W de $\mathbb{R}^n$. Para cada $\mathbf{y}$ em W, os coeficientes na combinação linear

$$\mathbf{y} = c_1\mathbf{u}_1 + \cdots + c_p\mathbf{u}_p$$

são dados por

$$c_j = \frac{\mathbf{y} \cdot \mathbf{u}_j}{\mathbf{u}_j \cdot \mathbf{u}_j} \qquad (j = 1, \ldots,)$$

DEMONSTRAÇÃO Como na demonstração precedente, a ortogonalidade de $\{\mathbf{u}_1, \ldots, \mathbf{u}_p\}$ mostra que

$$\mathbf{y} \cdot \mathbf{u}_1 = (c_1\mathbf{u}_1 + c_2\mathbf{u}_2 + \cdots + c_p\mathbf{u}_p) \cdot \mathbf{u}_1 = c_1(\mathbf{u}_1 \cdot \mathbf{u}_1)$$

Como $\mathbf{u}_1 \cdot \mathbf{u}_1$ não é zero, a equação anterior pode ser resolvida para c_1. Para encontrar c_j para $j = 2, \ldots, p$, calcule $\mathbf{y} \cdot \mathbf{u}_j$ e resolva para c_j. ∎

EXEMPLO 2 O conjunto $S = \{\mathbf{u}_1, \mathbf{u}_2, \mathbf{u}_3\}$ no Exemplo 1 é uma base ortogonal para $\mathbb{R}^3$. Expresse o vetor $\mathbf{y} = \begin{bmatrix} 6 \\ 1 \\ -8 \end{bmatrix}$ como uma combinação linear de vetores em S.

SOLUÇÃO Calcule

$$y \cdot u_1 = 11, \qquad y \cdot u_2 = -12, \qquad y \cdot u_3 = -33$$
$$u_1 \cdot u_1 = 11, \qquad u_2 \cdot u_2 = 6, \qquad u_3 \cdot u_3 = 33/2$$

Pelo Teorema 5,

$$y = \frac{y \cdot u_1}{u_1 \cdot u_1}u_1 + \frac{y \cdot u_2}{u_2 \cdot u_2}u_2 + \frac{y \cdot u_3}{u_3 \cdot u_3}u_3$$
$$= \frac{11}{11}u_1 + \frac{-12}{6}u_2 + \frac{-33}{33/2}u_3$$
$$= u_1 - 2u_2 - 2u_3 \qquad\blacksquare$$

Note como é fácil calcular os coeficientes necessários para construir **y** a partir de uma base ortogonal. Se a base não fosse ortogonal, seria necessário resolver um sistema de equações lineares para encontrar os coeficientes, como no Capítulo 1.

Vamos agora estudar uma construção que vai ser fundamental em muitos cálculos envolvendo ortogonalidade e que vai nos levar a uma interpretação geométrica do Teorema 5.

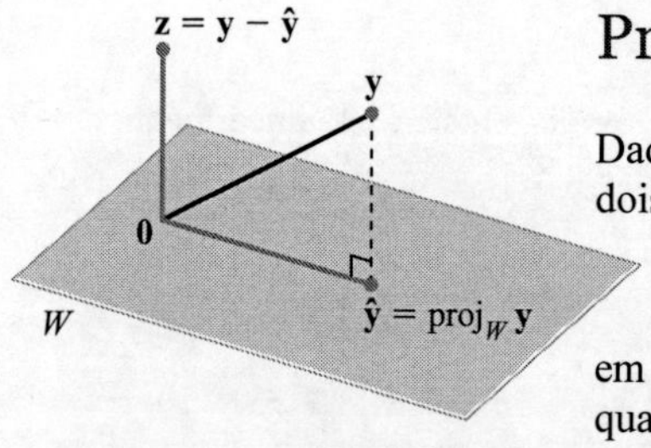

FIGURA 2 Encontrando α de modo que $y - \hat{y}$ seja ortogonal a **u**.

Projeção Ortogonal

Dado um vetor não nulo **u** em $\mathbb{R}^n$, considere o problema de decompor um vetor **y** em $\mathbb{R}^n$ na soma de dois vetores, um múltiplo de **u** e outro ortogonal a **u**. Queremos escrever

$$y = \hat{y} + z \qquad (1)$$

em que $\hat{y} = \alpha u$ para algum escalar α e **z** é algum vetor ortogonal a **u**. Veja a Figura 2. Dado um escalar qualquer α, seja $z = y - \alpha u$, de modo que (1) é satisfeita. Então, $y - \hat{y}$ é ortogonal a **u** se e somente se

$$0 = (y - \alpha u) \cdot u = y \cdot u - (\alpha u) \cdot u = y \cdot u - \alpha(u \cdot u)$$

Ou seja, (1) é satisfeita com **z** ortogonal a **u** se e somente se $\alpha = \dfrac{y \cdot u}{u \cdot u}$ e $\hat{y} = \dfrac{y \cdot u}{u \cdot u}u$. O vetor $\hat{y}$ é a **projeção ortogonal de y sobre u** e o vetor **z** é a **componente de y ortogonal a u**.

Se c for qualquer escalar não nulo e se **u** for trocado por c**u** na definição de $\hat{y}$, então a projeção ortogonal de **y** sobre c**u** será exatamente a mesma que a projeção ortogonal de **y** sobre **u** (Exercício 39). Logo, essa projeção é determinada pelo *subespaço L* gerado por **u** (a reta ligando **u** a **0**). Algumas vezes $\hat{y}$ é denotado por proj_L **y** e é chamado **projeção ortogonal de y sobre** L. Em símbolos,

$$\boxed{\hat{y} = \text{proj}_L\, y = \frac{y \cdot u}{u \cdot u}u} \qquad (2)$$

EXEMPLO 3 Sejam $y = \begin{bmatrix} 7 \\ 6 \end{bmatrix}$ e $u = \begin{bmatrix} 4 \\ 2 \end{bmatrix}$. Encontre a projeção ortogonal de **y** sobre **u**. Depois, escreva **y** como uma soma de dois vetores ortogonais, um pertencente a $\mathscr{L}\{u\}$, outro ortogonal a **u**.

SOLUÇÃO Calcule

$$y \cdot u = \begin{bmatrix} 7 \\ 6 \end{bmatrix} \cdot \begin{bmatrix} 4 \\ 2 \end{bmatrix} = 40$$

$$u \cdot u = \begin{bmatrix} 4 \\ 2 \end{bmatrix} \cdot \begin{bmatrix} 4 \\ 2 \end{bmatrix} = 20$$

A projeção ortogonal de **y** sobre **u** é

$$\hat{y} = \frac{y \cdot u}{u \cdot u}u = \frac{40}{20}u = 2\begin{bmatrix} 4 \\ 2 \end{bmatrix} = \begin{bmatrix} 8 \\ 4 \end{bmatrix}$$

e a componente de **y** ortogonal a **u** é

$$y - \hat{y} = \begin{bmatrix} 7 \\ 6 \end{bmatrix} - \begin{bmatrix} 8 \\ 4 \end{bmatrix} = \begin{bmatrix} -1 \\ 2 \end{bmatrix}$$

A soma desses dois vetores é **y**, ou seja,

$$\begin{bmatrix} 7 \\ 6 \end{bmatrix} = \begin{bmatrix} 8 \\ 4 \end{bmatrix} + \begin{bmatrix} -1 \\ 2 \end{bmatrix}$$

$$\uparrow \qquad \uparrow \qquad \uparrow$$
$$\mathbf{y} \qquad \hat{\mathbf{y}} \qquad (\mathbf{y} - \hat{\mathbf{y}})$$

A Figura 3 ilustra essa decomposição de **y**. *Observação:* Se os cálculos anteriores estiverem corretos, $\{\hat{\mathbf{y}}, \mathbf{y} - \hat{\mathbf{y}}\}$ será um conjunto ortogonal. Para verificar, calcule

$$\hat{\mathbf{y}} \cdot (\mathbf{y} - \hat{\mathbf{y}}) = \begin{bmatrix} 8 \\ 4 \end{bmatrix} \cdot \begin{bmatrix} -1 \\ 2 \end{bmatrix} = -8 + 8 = 0 \qquad \blacksquare$$

Como o segmento de reta que liga **y** a $\hat{\mathbf{y}}$, na Figura 3, é perpendicular a L, pela construção de $\hat{\mathbf{y}}$, o ponto identificado com $\hat{\mathbf{y}}$ é o ponto de L mais próximo de **y**. (Isso pode ser demonstrado pela geometria. Vamos supor, no momento, que esse resultado é verdadeiro para $\mathbb{R}^2$ e prová-lo para $\mathbb{R}^n$ na Seção 6.3.)

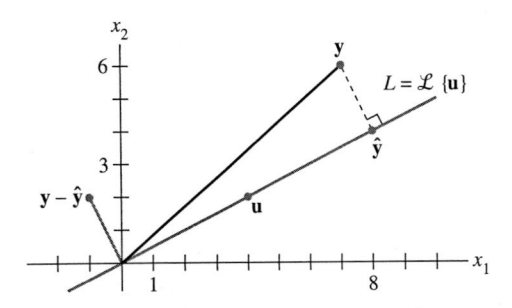

FIGURA 3 Projeção ortogonal de **y** sobre uma reta L contendo a origem.

EXEMPLO 4 Encontre a distância de **y** a L na Figura 3.

SOLUÇÃO A distância de **y** a L é o comprimento do segmento da reta perpendicular de **y** à projeção ortogonal $\hat{\mathbf{y}}$. Esse comprimento é igual ao comprimento de $\mathbf{y} - \hat{\mathbf{y}}$. Logo, a distância é

$$\|\mathbf{y} - \hat{\mathbf{y}}\| = \sqrt{(-1)^2 + 2^2} = \sqrt{5} \qquad \blacksquare$$

Interpretação Geométrica do Teorema 5

A fórmula para a projeção ortogonal $\hat{\mathbf{y}}$ em (2) tem a mesma aparência que cada um dos termos no Teorema 5. Logo, o Teorema 5 decompõe um vetor **y** em uma soma de projeções ortogonais em subespaços unidimensionais.

É fácil visualizar o caso em que $W = \mathbb{R}^2 = \mathcal{L}\{\mathbf{u}_1, \mathbf{u}_2\}$, com $\mathbf{u}_1$ e $\mathbf{u}_2$ ortogonais. Qualquer **y** pertencente a $\mathbb{R}^2$ pode ser escrito na forma

$$\mathbf{y} = \frac{\mathbf{y} \cdot \mathbf{u}_1}{\mathbf{u}_1 \cdot \mathbf{u}_1} \mathbf{u}_1 + \frac{\mathbf{y} \cdot \mathbf{u}_2}{\mathbf{u}_2 \cdot \mathbf{u}_2} \mathbf{u}_2 \qquad (3)$$

O primeiro termo em (3) é a projeção de **y** sobre o espaço gerado por $\mathbf{u}_1$ (a reta contendo $\mathbf{u}_1$ e a origem) e o segundo é a projeção de **y** sobre o espaço gerado por $\mathbf{u}_2$. Assim, (3) expressa **y** como uma soma de suas projeções sobre os eixos (ortogonais) determinados por $\mathbf{u}_1$ e $\mathbf{u}_2$. Veja a Figura 4.

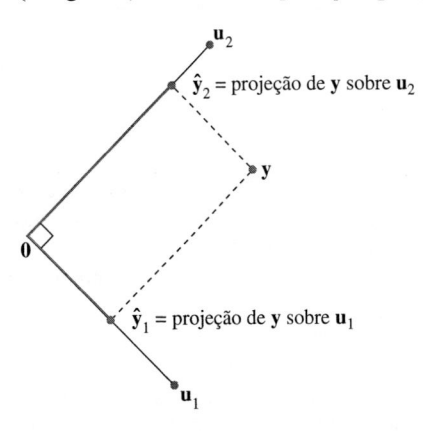

FIGURA 4 Um vetor decomposto na soma de duas projeções.

O Teorema 5 decompõe cada **y** em $\mathscr{L}\{\mathbf{u}_1, \ldots, \mathbf{u}_p\}$ em uma soma de p projeções sobre subespaços unidimensionais ortogonais entre si.

Decomposição de uma Força em Componentes

A decomposição na Figura 4 pode ocorrer em física quando alguma força é aplicada a um objeto. Escolhendo um sistema de coordenadas apropriado, a força é representada por um vetor **y** em $\mathbb{R}^2$ ou $\mathbb{R}^3$. O problema, muitas vezes, envolve alguma direção de interesse representada por outro vetor **u**. Por exemplo, se o objeto estiver se movendo em linha reta ao ser aplicada a força, o vetor **u** poderá ter a mesma direção e o mesmo sentido que o movimento, como na Figura 5. Uma etapa chave na resolução do problema é decompor a força em uma componente na direção de **u** e uma componente ortogonal a **u**. Os cálculos seriam análogos aos efetuados no Exemplo 3 anterior.

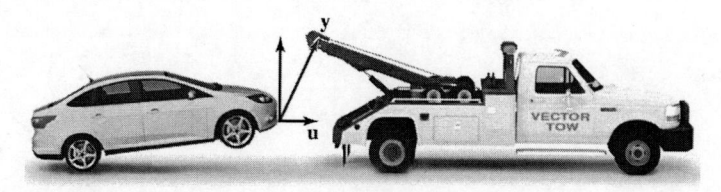

FIGURA 5

Conjuntos Ortonormais

Um conjunto $\{\mathbf{u}_1, \ldots, \mathbf{u}_p\}$ é um **conjunto ortonormal** se for um conjunto ortogonal de vetores unitários. Se W for o subespaço gerado por tal conjunto, então $\{\mathbf{u}_1, \ldots, \mathbf{u}_p\}$ será uma **base ortonormal** para W, já que tal conjunto é, de forma automática, linearmente independente pelo Teorema 4.

O exemplo mais simples de um conjunto ortonormal é a base canônica $\{\mathbf{e}_1, \ldots, \mathbf{e}_n\}$ para $\mathbb{R}^n$. Qualquer subconjunto não vazio de $\{\mathbf{e}_1, \ldots, \mathbf{e}_n\}$ é ortonormal também. Vamos ver um exemplo mais complicado.

EXEMPLO 5 Mostre que $\{\mathbf{v}_1, \mathbf{v}_2, \mathbf{v}_3\}$ é uma base ortonormal para $\mathbb{R}^3$, em que

$$\mathbf{v}_1 = \begin{bmatrix} 3/\sqrt{11} \\ 1/\sqrt{11} \\ 1/\sqrt{11} \end{bmatrix}, \quad \mathbf{v}_2 = \begin{bmatrix} -1/\sqrt{6} \\ 2/\sqrt{6} \\ 1/\sqrt{6} \end{bmatrix}, \quad \mathbf{v}_3 = \begin{bmatrix} -1/\sqrt{66} \\ -4/\sqrt{66} \\ 7/\sqrt{66} \end{bmatrix}$$

SOLUÇÃO Calcule

$$\mathbf{v}_1 \cdot \mathbf{v}_2 = -3/\sqrt{66} + 2/\sqrt{66} + 1/\sqrt{66} = 0$$
$$\mathbf{v}_1 \cdot \mathbf{v}_3 = -3/\sqrt{726} - 4/\sqrt{726} + 7/\sqrt{726} = 0$$
$$\mathbf{v}_2 \cdot \mathbf{v}_3 = 1/\sqrt{396} - 8/\sqrt{396} + 7/\sqrt{396} = 0$$

Logo, $\{\mathbf{v}_1, \mathbf{v}_2, \mathbf{v}_3\}$ é um conjunto ortogonal. Além disso,

$$\mathbf{v}_1 \cdot \mathbf{v}_1 = 9/11 + 1/11 + 1/11 = 1$$
$$\mathbf{v}_2 \cdot \mathbf{v}_2 = 1/6 + 4/6 + 1/6 = 1$$
$$\mathbf{v}_3 \cdot \mathbf{v}_3 = 1/66 + 16/66 + 49/66 = 1$$

o que mostra que $\mathbf{v}_1$, $\mathbf{v}_2$ e $\mathbf{v}_3$ são vetores unitários. Assim, $\{\mathbf{v}_1, \mathbf{v}_2, \mathbf{v}_3\}$ é um conjunto ortonormal. Como o conjunto é linearmente independente, seus três vetores formam uma base para $\mathbb{R}^3$. Veja a Figura 6. ∎

Quando os vetores em um conjunto ortogonal são *normalizados* para ficarem com comprimento um, os novos vetores continuam ortogonais; logo, o novo conjunto vai ser um conjunto ortonormal. Veja o Exercício 40. É fácil verificar que os vetores na Figura 6 (Exemplo 5) são simplesmente os vetores unitários com mesma direção e mesmo sentido que os vetores na Figura 1 (Exemplo 1).

As matrizes cujas colunas formam um conjunto ortonormal são importantes em aplicações e em algoritmos computacionais para cálculos matriciais. As principais propriedades de tais matrizes são dadas nos Teoremas 6 e 7.

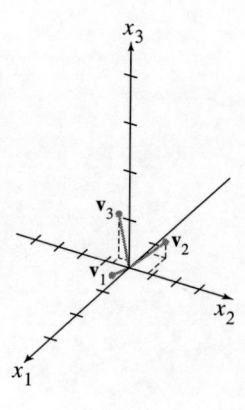

FIGURA 6

TEOREMA 6   Uma matriz U $m \times n$ tem colunas ortonormais se e somente se $U^T U = I$.

DEMONSTRAÇÃO   Para simplificar a notação, vamos supor que U tenha apenas três colunas, cada uma um vetor em $\mathbb{R}^m$. A demonstração do caso geral é essencialmente a mesma. Seja $U = [\mathbf{u}_1 \ \mathbf{u}_2 \ \mathbf{u}_3]$ e calcule

$$U^T U = \begin{bmatrix} \mathbf{u}_1^T \\ \mathbf{u}_2^T \\ \mathbf{u}_3^T \end{bmatrix} \begin{bmatrix} \mathbf{u}_1 & \mathbf{u}_2 & \mathbf{u}_3 \end{bmatrix} = \begin{bmatrix} \mathbf{u}_1^T \mathbf{u}_1 & \mathbf{u}_1^T \mathbf{u}_2 & \mathbf{u}_1^T \mathbf{u}_3 \\ \mathbf{u}_2^T \mathbf{u}_1 & \mathbf{u}_2^T \mathbf{u}_2 & \mathbf{u}_2^T \mathbf{u}_3 \\ \mathbf{u}_3^T \mathbf{u}_1 & \mathbf{u}_3^T \mathbf{u}_2 & \mathbf{u}_3^T \mathbf{u}_3 \end{bmatrix} \tag{4}$$

Os elementos na matriz à direita são produtos internos com a notação de transposição. As colunas de U são ortogonais se e somente se

$$\mathbf{u}_1^T \mathbf{u}_2 = \mathbf{u}_2^T \mathbf{u}_1 = 0, \quad \mathbf{u}_1^T \mathbf{u}_3 = \mathbf{u}_3^T \mathbf{u}_1 = 0, \quad \mathbf{u}_2^T \mathbf{u}_3 = \mathbf{u}_3^T \mathbf{u}_2 = 0 \tag{5}$$

Todas as colunas de U têm comprimento unitário se e somente se

$$\mathbf{u}_1^T \mathbf{u}_1 = 1, \quad \mathbf{u}_2^T \mathbf{u}_2 = 1, \quad \mathbf{u}_3^T \mathbf{u}_3 = 1 \tag{6}$$

O teorema segue imediatamente de (4) a (6).   ■

TEOREMA 7   Seja U uma matriz $m \times n$ com colunas ortonormais e sejam $\mathbf{x}$ e $\mathbf{y}$ vetores em $\mathbb{R}^n$. Então

a. $\|U\mathbf{x}\| = \|\mathbf{x}\|$
b. $(U\mathbf{x}) \cdot (U\mathbf{y}) = \mathbf{x} \cdot \mathbf{y}$
c. $(U\mathbf{x}) \cdot (U\mathbf{y}) = 0$ se e somente se $\mathbf{x} \cdot \mathbf{y} = 0$

As propriedades (a) e (c) dizem que a aplicação linear $\mathbf{x} \mapsto U\mathbf{x}$ preserva comprimentos e ortogonalidade. Essas propriedades são cruciais para muitos algoritmos computacionais. Veja o Exercício 33 para a prova do Teorema 7.

EXEMPLO 6   Seja $U = \begin{bmatrix} 1/\sqrt{2} & 2/3 \\ 1/\sqrt{2} & -2/3 \\ 0 & 1/3 \end{bmatrix}$ e seja $\mathbf{x} = \begin{bmatrix} \sqrt{2} \\ 3 \end{bmatrix}$. Note que U tem colunas ortonormais e

$$U^T U = \begin{bmatrix} 1/\sqrt{2} & 1/\sqrt{2} & 0 \\ 2/3 & -2/3 & 1/3 \end{bmatrix} \begin{bmatrix} 1/\sqrt{2} & 2/3 \\ 1/\sqrt{2} & -2/3 \\ 0 & 1/3 \end{bmatrix} = \begin{bmatrix} 1 & 0 \\ 0 & 1 \end{bmatrix}$$

Verifique que $\|U\mathbf{x}\| = \|\mathbf{x}\|$.

SOLUÇÃO

$$U\mathbf{x} = \begin{bmatrix} 1/\sqrt{2} & 2/3 \\ 1/\sqrt{2} & -2/3 \\ 0 & 1/3 \end{bmatrix} \begin{bmatrix} \sqrt{2} \\ 3 \end{bmatrix} = \begin{bmatrix} 3 \\ -1 \\ 1 \end{bmatrix}$$

$$\|U\mathbf{x}\| = \sqrt{9 + 1 + 1} = \sqrt{11}$$

$$\|\mathbf{x}\| = \sqrt{2 + 9} = \sqrt{11} \qquad ■$$

Os Teoremas 6 e 7 são particularmente úteis quando aplicados a matrizes *quadradas*. Uma **matriz ortogonal** é uma matriz quadrada invertível U tal que $U^{-1} = U^T$. Pelo Teorema 6, tal matriz tem colunas ortonormais.[1] É fácil ver que qualquer matriz *quadrada* com colunas ortonormais é uma matriz ortogonal. Surpreendentemente, tal matriz tem de ter *linhas* ortonormais também. Veja os Exercícios 35 e 36. Matrizes ortogonais serão muito utilizadas no Capítulo 7.

---

[1]Um nome melhor poderia ser *matriz ortonormal* e esse termo é encontrado em alguns textos de estatística. No entanto, *matriz ortogonal* é o termo padrão em álgebra linear.

EXEMPLO 7   A matriz

$$U = \begin{bmatrix} 3/\sqrt{11} & -1/\sqrt{6} & -1/\sqrt{66} \\ 1/\sqrt{11} & 2/\sqrt{6} & -4/\sqrt{66} \\ 1/\sqrt{11} & 1/\sqrt{6} & 7/\sqrt{66} \end{bmatrix}$$

é uma matriz ortogonal, já que é quadrada e suas colunas são ortonormais, pelo Exemplo 5. Verifique que as linhas também são ortonormais! ∎

Problemas Práticos

1. Sejam $\mathbf{u}_1 = \begin{bmatrix} -1/\sqrt{5} \\ 2/\sqrt{5} \end{bmatrix}$ e $\mathbf{u}_2 = \begin{bmatrix} 2/\sqrt{5} \\ 1/\sqrt{5} \end{bmatrix}$. Mostre que $\{\mathbf{u}_1, \mathbf{u}_2\}$ é uma base ortonormal para $\mathbb{R}^2$.

2. Sejam $\mathbf{y}$ e L como no Exemplo 3 e na Figura 3. Calcule a projeção ortogonal $\hat{\mathbf{y}}$ de $\mathbf{y}$ sobre L usando $\mathbf{u} = \begin{bmatrix} 2 \\ 1 \end{bmatrix}$ no lugar do $\mathbf{u}$ no Exemplo 3.

3. Sejam U e $\mathbf{x}$ como no Exemplo 6 e seja $\mathbf{y} = \begin{bmatrix} -3\sqrt{2} \\ 6 \end{bmatrix}$. Verifique que $U\mathbf{x} \cdot U\mathbf{y} = \mathbf{x} \cdot \mathbf{y}$.

4. Seja U uma matriz $n \times n$ com colunas ortonormais. Mostre que $\det U = \pm 1$.

6.2 EXERCÍCIOS

Nos Exercícios 1 a 6, determine quais dos conjuntos de vetores são ortogonais.

1. $\begin{bmatrix} -1 \\ 4 \\ -3 \end{bmatrix}, \begin{bmatrix} 5 \\ 2 \\ 1 \end{bmatrix}, \begin{bmatrix} 3 \\ -4 \\ -7 \end{bmatrix}$ 2. $\begin{bmatrix} 1 \\ -2 \\ 1 \end{bmatrix}, \begin{bmatrix} 0 \\ 1 \\ 2 \end{bmatrix}, \begin{bmatrix} -5 \\ -2 \\ 1 \end{bmatrix}$

3. $\begin{bmatrix} 2 \\ -7 \\ -1 \end{bmatrix}, \begin{bmatrix} -6 \\ -3 \\ 9 \end{bmatrix}, \begin{bmatrix} 3 \\ 1 \\ -1 \end{bmatrix}$ 4. $\begin{bmatrix} 2 \\ -5 \\ -3 \end{bmatrix}, \begin{bmatrix} 0 \\ 0 \\ 0 \end{bmatrix}, \begin{bmatrix} 4 \\ 2 \\ 6 \end{bmatrix}$

5. $\begin{bmatrix} 3 \\ -2 \\ 1 \\ 3 \end{bmatrix}, \begin{bmatrix} -1 \\ 3 \\ -3 \\ 4 \end{bmatrix}, \begin{bmatrix} 3 \\ 8 \\ 7 \\ 0 \end{bmatrix}$ 6. $\begin{bmatrix} 5 \\ -4 \\ 0 \\ 3 \end{bmatrix}, \begin{bmatrix} -4 \\ 1 \\ -3 \\ 8 \end{bmatrix}, \begin{bmatrix} 3 \\ 3 \\ 5 \\ -1 \end{bmatrix}$

Nos Exercícios 7 a 10, mostre que $\{\mathbf{u}_1, \mathbf{u}_2\}$ ou $\{\mathbf{u}_1, \mathbf{u}_2, \mathbf{u}_3\}$ é uma base ortogonal para $\mathbb{R}^2$ ou $\mathbb{R}^3$, respectivamente. Depois expresse $\mathbf{x}$ como uma combinação linear dos $\mathbf{u}$.

7. $\mathbf{u}_1 = \begin{bmatrix} 2 \\ -3 \end{bmatrix}, \mathbf{u}_2 = \begin{bmatrix} 6 \\ 4 \end{bmatrix}$ e $\mathbf{x} = \begin{bmatrix} 9 \\ -7 \end{bmatrix}$

8. $\mathbf{u}_1 = \begin{bmatrix} 3 \\ 1 \end{bmatrix}, \mathbf{u}_2 = \begin{bmatrix} -2 \\ 6 \end{bmatrix}$ e $\mathbf{x} = \begin{bmatrix} -4 \\ 3 \end{bmatrix}$

9. $\mathbf{u}_1 = \begin{bmatrix} 1 \\ 0 \\ 1 \end{bmatrix}, \mathbf{u}_2 = \begin{bmatrix} -1 \\ 4 \\ 1 \end{bmatrix}, \mathbf{u}_3 = \begin{bmatrix} 2 \\ 1 \\ -2 \end{bmatrix}$ e $\mathbf{x} = \begin{bmatrix} 8 \\ -4 \\ -3 \end{bmatrix}$

10. $\mathbf{u}_1 = \begin{bmatrix} 3 \\ -3 \\ 0 \end{bmatrix}, \mathbf{u}_2 = \begin{bmatrix} 2 \\ 2 \\ -1 \end{bmatrix}, \mathbf{u}_3 = \begin{bmatrix} 1 \\ 1 \\ 4 \end{bmatrix}$ e $\mathbf{x} = \begin{bmatrix} 5 \\ -3 \\ 1 \end{bmatrix}$

11. Calcule a projeção ortogonal de $\begin{bmatrix} 1 \\ 7 \end{bmatrix}$ sobre a reta contendo $\begin{bmatrix} -4 \\ 2 \end{bmatrix}$ e a origem.

12. Calcule a projeção ortogonal de $\begin{bmatrix} 1 \\ -1 \end{bmatrix}$ sobre a reta contendo $\begin{bmatrix} -1 \\ 2 \end{bmatrix}$ e a origem.

13. Sejam $\mathbf{y} = \begin{bmatrix} 2 \\ 3 \end{bmatrix}$ e $\mathbf{u} = \begin{bmatrix} 4 \\ -7 \end{bmatrix}$. Escreva $\mathbf{y}$ como a soma de dois vetores ortogonais, um pertencente a $\mathscr{L}\{\mathbf{u}\}$ e outro ortogonal a $\mathbf{u}$.

14. Sejam $\mathbf{y} = \begin{bmatrix} 2 \\ 6 \end{bmatrix}$ e $\mathbf{u} = \begin{bmatrix} 6 \\ 1 \end{bmatrix}$. Escreva $\mathbf{y}$ como a soma de dois vetores ortogonais, um pertencente a $\mathscr{L}\{\mathbf{u}\}$ e outro ortogonal a $\mathbf{u}$.

15. Sejam $\mathbf{y} = \begin{bmatrix} 3 \\ 1 \end{bmatrix}$ e $\mathbf{u} = \begin{bmatrix} 8 \\ 6 \end{bmatrix}$. Calcule a distância de $\mathbf{y}$ à reta contendo $\mathbf{u}$ e a origem.

16. Sejam $\mathbf{y} = \begin{bmatrix} -3 \\ 9 \end{bmatrix}$ e $\mathbf{u} = \begin{bmatrix} 1 \\ 2 \end{bmatrix}$. Calcule a distância de $\mathbf{y}$ à reta contendo $\mathbf{u}$ e a origem.

Nos Exercícios 17 a 22, determine quais dos conjuntos de vetores são ortonormais. Se um conjunto for apenas ortogonal, normalize os vetores para obter um conjunto ortonormal.

17. $\begin{bmatrix} 1/3 \\ 1/3 \\ 1/3 \end{bmatrix}, \begin{bmatrix} -1/2 \\ 0 \\ 1/2 \end{bmatrix}$ 18. $\begin{bmatrix} 0 \\ 0 \\ 1 \end{bmatrix}, \begin{bmatrix} 0 \\ -1 \\ 0 \end{bmatrix}$

19. $\begin{bmatrix} -0,6 \\ 0,8 \end{bmatrix}, \begin{bmatrix} 0,8 \\ 0,6 \end{bmatrix}$ 20. $\begin{bmatrix} -2/3 \\ 1/3 \\ 2/3 \end{bmatrix}, \begin{bmatrix} 1/3 \\ 2/3 \\ 0 \end{bmatrix}$

21. $\begin{bmatrix} 1/\sqrt{10} \\ 3/\sqrt{20} \\ 3/\sqrt{20} \end{bmatrix}, \begin{bmatrix} 3/\sqrt{10} \\ -1/\sqrt{20} \\ -1/\sqrt{20} \end{bmatrix}, \begin{bmatrix} 0 \\ -1/\sqrt{2} \\ 1/\sqrt{2} \end{bmatrix}$

22. $\begin{bmatrix} 1/\sqrt{18} \\ 4/\sqrt{18} \\ 1/\sqrt{18} \end{bmatrix}, \begin{bmatrix} 1/\sqrt{2} \\ 0 \\ -1/\sqrt{2} \end{bmatrix}, \begin{bmatrix} -2/3 \\ 1/3 \\ -2/3 \end{bmatrix}$

Nos Exercícios 23 a 32, todos os vetores pertencem a $\mathbb{R}^n$. Marque cada afirmação como Verdadeira ou Falsa (**V/F**). Justifique cada resposta.

23. **(V/F)** Nem todo conjunto linearmente independente em $\mathbb{R}^n$ é um conjunto ortogonal.

24. **(V/F)** Nem todo conjunto ortogonal em $\mathbb{R}^n$ é linearmente independente.

25. **(V/F)** Se $\mathbf{y}$ for uma combinação linear de vetores não nulos contidos em um conjunto ortogonal, então os coeficientes na combinação linear poderão ser calculados sem se efetuar operações nas linhas de uma matriz.

26. **(V/F)** Se um conjunto $S = \{\mathbf{u}_1, \ldots, \mathbf{u}_p\}$ tiver a propriedade de que $\mathbf{u}_i \cdot \mathbf{u}_j = 0$ sempre que $i \neq j$, então S será um conjunto ortonormal.

27. (V/F) Se os vetores em um conjunto ortogonal de vetores não nulos forem normalizados, então alguns dos novos vetores poderão não ser ortogonais.

28. (V/F) Se as colunas de uma matriz A $m \times n$ forem ortonormais, então a aplicação linear $\mathbf{x} \mapsto A\mathbf{x}$ preservará comprimentos.

29. (V/F) Uma matriz com colunas ortonormais é uma matriz ortogonal.

30. (V/F) A projeção ortogonal de $\mathbf{y}$ sobre $\mathbf{v}$ é igual à projeção ortogonal de $\mathbf{y}$ sobre $c\mathbf{v}$, no qual $c \neq 0$.

31. (V/F) Se L for uma reta contendo $\mathbf{0}$ e se $\hat{\mathbf{y}}$ for a projeção ortogonal de $\mathbf{y}$ sobre L, então $\|\hat{\mathbf{y}}\|$ será igual à distância de $\mathbf{y}$ a L.

32. (V/F) Uma matriz ortogonal é invertível.

33. Prove o teorema 7. [*Sugestão:* Para (a), calcule $\|U\mathbf{x}\|^2$, ou prove (b) primeiro.]

34. Suponha que W seja um subespaço de $\mathbb{R}^n$ gerado por n vetores ortogonais não nulos. Explique por que $W = \mathbb{R}^n$.

35. Seja U uma matriz quadrada com colunas ortonormais. Explique por que U é invertível. (Mencione os teoremas que usar.)

36. Seja U uma matriz ortogonal $n \times n$. Mostre que as linhas de U formam uma base ortonormal para $\mathbb{R}^n$.

37. Sejam U e V matrizes ortogonais $n \times n$. Explique por que UV é uma matriz ortogonal. [Ou seja, explique por que UV é invertível e sua inversa é $(UV)^T$.]

38. Considere uma matriz ortogonal U e construa V trocando a ordem entre algumas colunas de U. Explique por que V é ortogonal.

39. Mostre que a projeção ortogonal de um vetor $\mathbf{y}$ sobre uma reta L contendo a origem em $\mathbb{R}^2$ não depende da escolha do vetor não nulo $\mathbf{u}$ em L usado na fórmula para $\hat{\mathbf{y}}$. Para fazer isso, suponha que $\mathbf{y}$ e $\mathbf{u}$ sejam dados e $\hat{\mathbf{y}}$ foi calculado pela fórmula (2) nesta seção. Substitua $\mathbf{u}$ nessa fórmula por $c\mathbf{u}$, na qual c é um escalar não nulo não especificado. Mostre que a nova fórmula dá o mesmo valor de $\hat{\mathbf{y}}$.

40. Seja $\{\mathbf{v}_1, \mathbf{v}_2\}$ um conjunto ortogonal de vetores não nulos e sejam c_1, c_2 escalares arbitrários não nulos. Mostre que $\{c_1\mathbf{v}_1, c_2\mathbf{v}_2\}$ é, também, um conjunto ortogonal. Como a ortogonalidade de um conjunto de vetores é definida em termos de pares de vetores, isso mostra que, se todos os vetores em um conjunto ortogonal forem normalizados, então o novo conjunto continuará ortogonal.

41. Dado $\mathbf{u} \neq \mathbf{0}$ em $\mathbb{R}^n$, seja $L = \mathscr{L}\{\mathbf{u}\}$. Mostre que a aplicação $\mathbf{x} \mapsto \text{proj}_L \mathbf{x}$ é uma transformação linear.

42. Dado $\mathbf{u} \neq \mathbf{0}$ em $\mathbb{R}^n$, seja $L = \mathscr{L}\{\mathbf{u}\}$. Para $\mathbf{y}$ em $\mathbb{R}^n$, a **reflexão de $\mathbf{y}$ em relação a** L é o ponto $\text{refl}_L \mathbf{y}$ definido por $\text{refl}_L \mathbf{y} = 2 \text{proj}_L \mathbf{y} - \mathbf{y}$

Veja a figura que mostra que $\text{refl}_L \mathbf{y}$ é a soma de $\hat{\mathbf{y}} = \text{proj}_L \mathbf{y}$ e $\hat{\mathbf{y}} - \mathbf{y}$. Mostre que a aplicação $\mathbf{y} \mapsto \text{refl}_L \mathbf{y}$ é uma transformação linear.

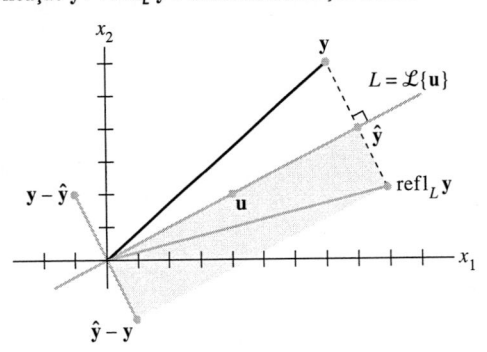

A reflexão de $\mathbf{y}$ em relação a uma reta contendo a origem.

M **43.** Mostre que as colunas da matriz A são ortogonais efetuando uma operação matricial apropriada. Diga a operação utilizada.

$$A = \begin{bmatrix} -6 & -3 & 6 & 1 \\ -1 & 2 & 1 & -6 \\ 3 & 6 & 3 & -2 \\ 6 & -3 & 6 & -1 \\ 2 & -1 & 2 & 3 \\ -3 & 6 & 3 & 2 \\ -2 & -1 & 2 & -3 \\ 1 & 2 & 1 & 6 \end{bmatrix}$$

M **44.** Nos itens a seguir, seja U a matriz obtida normalizando-se cada coluna da matriz A no Exercício 43.

a. Calcule $U^T U$ e $U U^T$. Qual a diferença entre elas?

b. Gere um vetor aleatório $\mathbf{y}$ em $\mathbb{R}^8$ e calcule $\mathbf{p} = U U^T \mathbf{y}$ e $\mathbf{z} = \mathbf{y} - \mathbf{p}$. Explique por que $\mathbf{p}$ pertence a Col A. Verifique que $\mathbf{z}$ é ortogonal a $\mathbf{p}$.

c. Verifique que $\mathbf{z}$ é ortogonal a cada coluna de U.

d. Note que $\mathbf{y} = \mathbf{p} + \mathbf{z}$, em que $\mathbf{p}$ está em Col A. Explique por que $\mathbf{z}$ pertence a $(\text{Col } A)^\perp$. (A importância dessa decomposição de $\mathbf{y}$ será explicada na próxima seção.)

Soluções dos Problemas Práticos

1. Os vetores são ortogonais porque

$$\mathbf{u}_1 \cdot \mathbf{u}_2 = -2/5 + 2/5 = 0$$

Eles são unitários porque

$$\|\mathbf{u}_1\|^2 = (-1/\sqrt{5})^2 + (2/\sqrt{5})^2 = 1/5 + 4/5 = 1$$
$$\|\mathbf{u}_2\|^2 = (2/\sqrt{5})^2 + (1/\sqrt{5})^2 = 4/5 + 1/5 = 1$$

Em particular, o conjunto $\{\mathbf{u}_1, \mathbf{u}_2\}$ é linearmente independente e é, portanto, uma base para $\mathbb{R}^2$, já que o conjunto contém dois vetores.

2. Quando $\mathbf{y} = \begin{bmatrix} 7 \\ 6 \end{bmatrix}$ e $\mathbf{u} = \begin{bmatrix} 2 \\ 1 \end{bmatrix}$,

$$\hat{\mathbf{y}} = \frac{\mathbf{y} \cdot \mathbf{u}}{\mathbf{u} \cdot \mathbf{u}} \mathbf{u} = \frac{20}{5} \begin{bmatrix} 2 \\ 1 \end{bmatrix} = 4 \begin{bmatrix} 2 \\ 1 \end{bmatrix} = \begin{bmatrix} 8 \\ 4 \end{bmatrix}$$

Esse é o mesmo $\hat{\mathbf{y}}$ encontrado no Exemplo 3. A projeção ortogonal não depende da escolha de $\mathbf{u}$ na reta. Veja o Exercício 39.

3. $U\mathbf{y} = \begin{bmatrix} 1/\sqrt{2} & 2/3 \\ 1/\sqrt{2} & -2/3 \\ 0 & 1/3 \end{bmatrix} \begin{bmatrix} -3\sqrt{2} \\ 6 \end{bmatrix} = \begin{bmatrix} 1 \\ -7 \\ 2 \end{bmatrix}$

Além disso, pelo Exemplo 6, $\mathbf{x} = \begin{bmatrix} \sqrt{2} \\ 3 \end{bmatrix}$ e $U\mathbf{x} = \begin{bmatrix} 3 \\ -1 \\ 1 \end{bmatrix}$. Logo,

$$U\mathbf{x} \cdot U\mathbf{y} = 3 + 7 + 2 = 12 \quad \text{e} \quad \mathbf{x} \cdot \mathbf{y} = -6 + 18 = 12$$

4. Como U é uma matriz $n \times n$ com colunas ortonormais, $U^T U = I$, pelo Teorema 6. Calculando o determinante da matriz à esquerda do sinal de igualdade e aplicando os Teoremas 5 e 6 da Seção 3.2, obtém-se det $U^T U = (\det U^T)(\det U) = (\det U)(\det U) = (\det U)^2$. Lembre-se de que det $I = 1$. Juntar os dois lados da equação implica que $(\det U)^2 = 1$, logo det $U = \pm 1$.

6.3 PROJEÇÕES ORTOGONAIS

A projeção ortogonal de um ponto em $\mathbb{R}^2$ sobre uma reta contendo a origem tem um análogo importante em $\mathbb{R}^n$. Dados um vetor $\mathbf{y}$ e um subespaço W em $\mathbb{R}^n$, existe um vetor $\hat{\mathbf{y}}$ em W tal que (1) $\hat{\mathbf{y}}$ é o único vetor em W para o qual $\mathbf{y} - \hat{\mathbf{y}}$ é ortogonal a W e (2) $\hat{\mathbf{y}}$ é o único vetor em W o mais próximo possível de $\mathbf{y}$. Veja a Figura 1. Essas duas propriedades de $\hat{\mathbf{y}}$ fornecem a chave para as soluções de mínimos quadráticos de sistemas lineares.

Como preparação para o primeiro teorema, note que, sempre que um vetor $\mathbf{y}$ é escrito como uma combinação linear de vetores $\mathbf{u}_1, \ldots, \mathbf{u}_n$ em $\mathbb{R}^n$, os termos na soma para $\mathbf{y}$ podem ser agrupados em duas partes, de modo que $\mathbf{y}$ pode ser escrito como

$$\mathbf{y} = \mathbf{z}_1 + \mathbf{z}_2$$

em que $\mathbf{z}_1$ é uma combinação linear de alguns dos $\mathbf{u}_i$ e $\mathbf{z}_2$ é uma combinação linear dos $\mathbf{u}_i$ restantes. Essa ideia é particularmente útil quando $\{\mathbf{u}_1, \ldots, \mathbf{u}_n\}$ é uma base ortogonal. Lembre-se, da Seção 6.1, de que $W^\perp$ denota o conjunto de todos os vetores ortogonais a W.

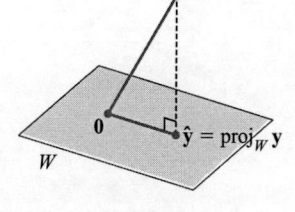

FIGURA 1

EXEMPLO 1 Seja $\{\mathbf{u}_1, \ldots, \mathbf{u}_5\}$ uma base ortogonal para $\mathbb{R}^5$ e seja

$$\mathbf{y} = c_1 \mathbf{u}_1 + \cdots + c_5 \mathbf{u}_5$$

Considere o subespaço $W = \mathscr{L}\{\mathbf{u}_1, \mathbf{u}_2\}$ e escreva $\mathbf{y}$ como soma de um vetor $\mathbf{z}_1$ em W e um vetor $\mathbf{z}_2$ em $W^\perp$.

SOLUÇÃO Escreva

$$\mathbf{y} = \underbrace{c_1 \mathbf{u}_1 + c_2 \mathbf{u}_2}_{\mathbf{z}_1} + \underbrace{c_3 \mathbf{u}_3 + c_4 \mathbf{u}_4 + c_5 \mathbf{u}_5}_{\mathbf{z}_2}$$

em que $\qquad \mathbf{z}_1 = c_1 \mathbf{u}_1 + c_2 \mathbf{u}_2$ está em $\mathscr{L}\{\mathbf{u}_1, \mathbf{u}_2\}$

e $\qquad \mathbf{z}_2 = c_3 \mathbf{u}_3 + c_4 \mathbf{u}_4 + c_5 \mathbf{u}_5$ está em $\mathscr{L}\{\mathbf{u}_3, \mathbf{u}_4, \mathbf{u}_5\}$.

Para mostrar que $\mathbf{z}_2$ pertence a $W^\perp$, basta mostrar que $\mathbf{z}_2$ é ortogonal aos vetores na base $\{\mathbf{u}_1, \mathbf{u}_2\}$ de W. (Veja a Seção 6.1.) Usando as propriedades do produto interno, temos

$$\mathbf{z}_2 \cdot \mathbf{u}_1 = (c_3 \mathbf{u}_3 + c_4 \mathbf{u}_4 + c_5 \mathbf{u}_5) \cdot \mathbf{u}_1$$
$$= c_3 \mathbf{u}_3 \cdot \mathbf{u}_1 + c_4 \mathbf{u}_4 \cdot \mathbf{u}_1 + c_5 \mathbf{u}_5 \cdot \mathbf{u}_1$$
$$= 0$$

já que $\mathbf{u}_1$ é ortogonal a $\mathbf{u}_3$, $\mathbf{u}_4$ e $\mathbf{u}_5$. Um cálculo análogo mostra que $\mathbf{z}_2 \cdot \mathbf{u}_2 = 0$. Logo, $\mathbf{z}_2$ pertence a $W^\perp$. ∎

O próximo teorema mostra que a decomposição $\mathbf{y} = \mathbf{z}_1 + \mathbf{z}_2$ no Exemplo 1 pode ser calculada sem que se tenha uma base ortogonal para $\mathbb{R}^n$. Basta ter uma base ortogonal para W.

TEOREMA 8

Teorema da Decomposição Ortogonal

Seja W um subespaço de $\mathbb{R}^n$. Então, cada $\mathbf{y}$ em $\mathbb{R}^n$ pode ser escrito de maneira única na forma

$$\mathbf{y} = \hat{\mathbf{y}} + \mathbf{z} \qquad (1)$$

em que $\hat{\mathbf{y}}$ pertence a W e $\mathbf{z}$ pertence a $W^\perp$. De fato, se $\{\mathbf{u}_1, \ldots, \mathbf{u}_p\}$ é uma base ortogonal para W, então

$$\hat{\mathbf{y}} = \frac{\mathbf{y} \cdot \mathbf{u}_1}{\mathbf{u}_1 \cdot \mathbf{u}_1} \mathbf{u}_1 + \cdots + \frac{\mathbf{y} \cdot \mathbf{u}_p}{\mathbf{u}_p \cdot \mathbf{u}_p} \mathbf{u}_p \qquad (2)$$

e $\mathbf{z} = \mathbf{y} - \hat{\mathbf{y}}$.

O vetor $\hat{\mathbf{y}}$ em (2) é chamado **projeção ortogonal de y sobre** W e denotado, muitas vezes, por $\text{proj}_W \mathbf{y}$. Veja a Figura 2. No caso em que W é um subespaço unidimensional, a fórmula para $\hat{\mathbf{y}}$ coincide com a fórmula dada na Seção 6.2.

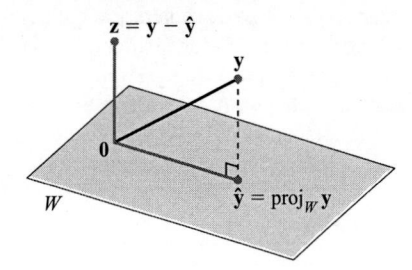

FIGURA 2 Projeção ortogonal de **y** sobre W.

DEMONSTRAÇÃO Seja $\{\mathbf{u}_1, \ldots, \mathbf{u}_p\}$ uma base ortogonal para W e defina $\hat{\mathbf{y}}$ por (2).[1] Então $\hat{\mathbf{y}}$ pertence a W, já que é uma combinação linear dos vetores $\mathbf{u}_1, \ldots, \mathbf{u}_p$. Seja $\mathbf{z} = \mathbf{y} - \hat{\mathbf{y}}$. Como $\mathbf{u}_1$ é ortogonal a $\mathbf{u}_2, \ldots, \mathbf{u}_p$, segue, de (2), que

$$\mathbf{z} \cdot \mathbf{u}_1 = (\mathbf{y} - \hat{\mathbf{y}}) \cdot \mathbf{u}_1 = \mathbf{y} \cdot \mathbf{u}_1 - \left(\frac{\mathbf{y} \cdot \mathbf{u}_1}{\mathbf{u}_1 \cdot \mathbf{u}_1} \right) \mathbf{u}_1 \cdot \mathbf{u}_1 - 0 - \cdots - 0$$
$$= \mathbf{y} \cdot \mathbf{u}_1 - \mathbf{y} \cdot \mathbf{u}_1 = 0$$

Logo, $\mathbf{z}$ é ortogonal a $\mathbf{u}_1$. Analogamente, $\mathbf{z}$ é ortogonal a cada $\mathbf{u}_j$ na base para W. Portanto, $\mathbf{z}$ é ortogonal a todos os vetores em W, ou seja, $\mathbf{z}$ pertence a $W^\perp$.

Para mostrar que a decomposição em (1) é única, suponha que **y** também possa ser escrito como $\mathbf{y} = \hat{\mathbf{y}}_1 + \mathbf{z}_1$, com $\hat{\mathbf{y}}_1$ em W e $\mathbf{z}_1$ em $W^\perp$. Então $\hat{\mathbf{y}} + \mathbf{z} = \hat{\mathbf{y}}_1 + \mathbf{z}_1$ (já que ambos os lados são iguais a **y**), de modo que

$$\hat{\mathbf{y}} - \hat{\mathbf{y}}_1 = \mathbf{z}_1 - \mathbf{z}$$

Essa igualdade mostra que o vetor $\mathbf{v} = \hat{\mathbf{y}} - \hat{\mathbf{y}}_1$ está em W e em $W^\perp$ (pois tanto $\mathbf{z}_1$ como $\mathbf{z}$ pertencem a $W^\perp$, que é um subespaço). Portanto, $\mathbf{v} \cdot \mathbf{v} = 0$, o que mostra que $\mathbf{v} = \mathbf{0}$. Isso prova que $\hat{\mathbf{y}} = \hat{\mathbf{y}}_1$ e também que $\mathbf{z}_1 = \mathbf{z}$. ∎

A unicidade da decomposição (1) mostra que a projeção ortogonal $\hat{\mathbf{y}}$ depende apenas de W, e não da base particular usada em (2).

EXEMPLO 2 Sejam $\mathbf{u}_1 = \begin{bmatrix} 2 \\ 5 \\ -1 \end{bmatrix}, \mathbf{u}_2 = \begin{bmatrix} -2 \\ 1 \\ 1 \end{bmatrix}$ e $\mathbf{y} = \begin{bmatrix} 1 \\ 2 \\ 3 \end{bmatrix}$. Note que $\{\mathbf{u}_1, \mathbf{u}_2\}$ é uma base ortogonal para $W = \mathscr{L}\{\mathbf{u}_1, \mathbf{u}_2\}$. Escreva **y** como uma soma de um vetor em W com um vetor ortogonal a W.

SOLUÇÃO A projeção ortogonal de **y** sobre W é

$$\hat{\mathbf{y}} = \frac{\mathbf{y} \cdot \mathbf{u}_1}{\mathbf{u}_1 \cdot \mathbf{u}_1} \mathbf{u}_1 + \frac{\mathbf{y} \cdot \mathbf{u}_2}{\mathbf{u}_2 \cdot \mathbf{u}_2} \mathbf{u}_2$$

$$= \frac{9}{30} \begin{bmatrix} 2 \\ 5 \\ -1 \end{bmatrix} + \frac{3}{6} \begin{bmatrix} -2 \\ 1 \\ 1 \end{bmatrix} = \frac{9}{30} \begin{bmatrix} 2 \\ 5 \\ -1 \end{bmatrix} + \frac{15}{30} \begin{bmatrix} -2 \\ 1 \\ 1 \end{bmatrix} = \begin{bmatrix} -2/5 \\ 2 \\ 1/5 \end{bmatrix}$$

Além disso,

$$\mathbf{y} - \hat{\mathbf{y}} = \begin{bmatrix} 1 \\ 2 \\ 3 \end{bmatrix} - \begin{bmatrix} -2/5 \\ 2 \\ 1/5 \end{bmatrix} = \begin{bmatrix} 7/5 \\ 0 \\ 14/5 \end{bmatrix}$$

O Teorema 8 garante que $\mathbf{y} - \hat{\mathbf{y}}$ pertence a $W^\perp$. Para verificar os cálculos, no entanto, é uma boa ideia verificar que $\mathbf{y} - \hat{\mathbf{y}}$ é ortogonal a $\mathbf{u}_1$ e a $\mathbf{u}_2$ e, portanto, a todo W. A decomposição desejada de **y** é

$$\mathbf{y} = \begin{bmatrix} 1 \\ 2 \\ 3 \end{bmatrix} = \begin{bmatrix} -2/5 \\ 2 \\ 1/5 \end{bmatrix} + \begin{bmatrix} 7/5 \\ 0 \\ 14/5 \end{bmatrix}$$

∎

---

[1] Podemos supor que W não é o subespaço nulo, pois, caso contrário, $W^\perp = \mathbb{R}^n$ e (1) é simplesmente $\mathbf{y} = \mathbf{0} + \mathbf{y}$. Na próxima seção, mostraremos que qualquer subespaço não nulo de $\mathbb{R}^n$ tem uma base ortogonal.

Interpretação Geométrica da Projeção Ortogonal

Quando W é um espaço unidimensional, a fórmula (2) para $\text{proj}_W \mathbf{y}$ contém apenas um termo. Assim, quando $\dim W > 1$, cada termo em (2) é uma projeção ortogonal de $\mathbf{y}$ sobre um espaço unidimensional gerado por um dos elementos $\mathbf{u}$ da base de W. A Figura 3 ilustra isso quando W é um subespaço de $\mathbb{R}^3$ gerado por $\mathbf{u}_1$ e $\mathbf{u}_2$. Aqui, $\hat{\mathbf{y}}_1$ e $\hat{\mathbf{y}}_2$ denotam as projeções de $\mathbf{y}$ sobre as retas geradas por $\mathbf{u}_1$ e $\mathbf{u}_2$, respectivamente. A projeção ortogonal $\hat{\mathbf{y}}$ de $\mathbf{y}$ sobre W é a soma das projeções de $\mathbf{y}$ sobre os espaços unidimensionais ortogonais entre si. O vetor $\hat{\mathbf{y}}$ na Figura 3 corresponde ao vetor $\mathbf{y}$ na Figura 4 da Seção 6.2, já que agora é $\hat{\mathbf{y}}$ que pertence a W.

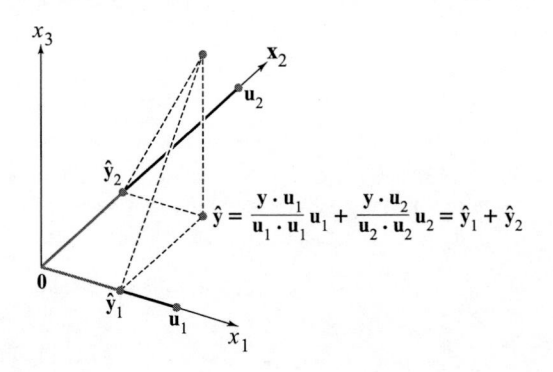

FIGURA 3 A projeção ortogonal de $\mathbf{y}$ é a soma de suas projeções sobre os subespaços unidimensionais ortogonais entre si.

Propriedades das Projeções Ortogonais

Se $\{\mathbf{u}_1, \ldots, \mathbf{u}_p\}$ for uma base ortogonal para W e se $\mathbf{y}$ pertencer a W, então a fórmula para $\text{proj}_W \mathbf{y}$ será exatamente a mesma que a representação de $\mathbf{y}$ dada pelo Teorema 5 na Seção 6.2. Nesse caso, $\text{proj}_W \mathbf{y} = \mathbf{y}$.

$$\text{Se } \mathbf{y} \text{ está em } W = \mathscr{L}\{\mathbf{u}_1, \ldots, \mathbf{u}_p\}, \text{ então } \text{proj}_W \mathbf{y} = \mathbf{y}.$$

Esse fato segue, também, do próximo teorema.

TEOREMA 9

Teorema da Melhor Aproximação

Seja W um subespaço de $\mathbb{R}^n$, seja $\mathbf{y}$ qualquer vetor em $\mathbb{R}^n$ e seja $\hat{\mathbf{y}}$ a projeção ortogonal de $\mathbf{y}$ sobre W. Então, $\hat{\mathbf{y}}$ é o ponto de W mais próximo de $\mathbf{y}$, ou seja,

$$\|\mathbf{y} - \hat{\mathbf{y}}\| < \|\mathbf{y} - \mathbf{v}\| \tag{3}$$

para todo $\mathbf{v}$ em W diferente de $\hat{\mathbf{y}}$.

O vetor $\hat{\mathbf{y}}$ no Teorema 9 é chamado da **melhor aproximação de $\mathbf{y}$ por elementos de** W. Vamos examinar, em seções posteriores, problemas em que um dado $\mathbf{y}$ tem de ser substituído ou *aproximado* por um vetor $\mathbf{v}$ em um subespaço fixo W. A distância entre $\mathbf{y}$ e $\mathbf{v}$, dada por $\|\mathbf{y} - \mathbf{v}\|$, pode ser vista como o "erro" em usar $\mathbf{v}$ no lugar de $\mathbf{y}$. O Teorema 9 diz que o erro é minimizado quando $\mathbf{v} = \hat{\mathbf{y}}$.

A desigualdade (3) fornece uma nova demonstração do fato de que $\hat{\mathbf{y}}$ não depende da base ortogonal particular usada para calculá-lo. Se for utilizada uma nova base ortogonal de W para calcular a projeção ortogonal de $\mathbf{y}$, essa projeção será também o ponto de W mais próximo de $\mathbf{y}$, a saber, $\hat{\mathbf{y}}$.

DEMONSTRAÇÃO Seja $\mathbf{v}$ pertencente a W diferente de $\hat{\mathbf{y}}$. Veja a Figura 4. Então, $\hat{\mathbf{y}} - \mathbf{v}$ está em W. Pelo Teorema da Decomposição Ortogonal, $\mathbf{y} - \hat{\mathbf{y}}$ é ortogonal a W. Em particular, $\mathbf{y} - \hat{\mathbf{y}}$ é ortogonal a $\hat{\mathbf{y}} - \mathbf{v}$ (que pertence a W). Como

$$\mathbf{y} - \mathbf{v} = (\mathbf{y} - \hat{\mathbf{y}}) + (\hat{\mathbf{y}} - \mathbf{v})$$

pelo Teorema de Pitágoras, temos

$$\|\mathbf{y} - \mathbf{v}\|^2 = \|\mathbf{y} - \hat{\mathbf{y}}\|^2 + \|\hat{\mathbf{y}} - \mathbf{v}\|^2$$

(Veja o triângulo retângulo com hipotenusa $\|\mathbf{y} - \mathbf{v}\|$ na Figura 4. O comprimento de cada lado está indicado.) Mas $\|\hat{\mathbf{y}} - \mathbf{v}\|^2 > 0$, já que $\hat{\mathbf{y}} - \mathbf{v} \neq \mathbf{0}$, de modo que a desigualdade (3) segue imediatamente. ∎

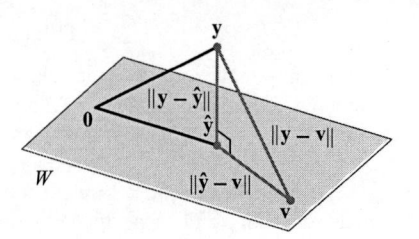

FIGURA 4 A projeção ortogonal de $\mathbf{y}$ sobre W é o ponto mais próximo de $\mathbf{y}$ em W.

EXEMPLO 3 Se $\mathbf{u}_1 = \begin{bmatrix} 2 \\ 5 \\ -1 \end{bmatrix}$, $\mathbf{u}_2 = \begin{bmatrix} -2 \\ 1 \\ 1 \end{bmatrix}$, $\mathbf{y} = \begin{bmatrix} 1 \\ 2 \\ 3 \end{bmatrix}$ e $W = \mathscr{L}\{\mathbf{u}_1, \mathbf{u}_2\}$, como no Exemplo 2, então o ponto de W mais próximo de $\mathbf{y}$ será

$$\hat{\mathbf{y}} = \frac{\mathbf{y} \cdot \mathbf{u}_1}{\mathbf{u}_1 \cdot \mathbf{u}_1}\mathbf{u}_1 + \frac{\mathbf{y} \cdot \mathbf{u}_2}{\mathbf{u}_2 \cdot \mathbf{u}_2}\mathbf{u}_2 = \begin{bmatrix} -2/5 \\ 2 \\ 1/5 \end{bmatrix}$$ ∎

EXEMPLO 4 A distância de um ponto $\mathbf{y}$ em $\mathbb{R}^n$ a um subespaço W é definida como a distância entre $\mathbf{y}$ e o ponto mais próximo em W. Encontre a distância de $\mathbf{y}$ a $W = \mathscr{L}\{\mathbf{u}_1, \mathbf{u}_2\}$, em que

$$\mathbf{y} = \begin{bmatrix} -1 \\ -5 \\ 10 \end{bmatrix}, \quad \mathbf{u}_1 = \begin{bmatrix} 5 \\ -2 \\ 1 \end{bmatrix}, \quad \mathbf{u}_2 = \begin{bmatrix} 1 \\ 2 \\ -1 \end{bmatrix}$$

SOLUÇÃO Pelo Teorema da Melhor Aproximação, a distância de $\mathbf{y}$ a W é $\|\mathbf{y} - \hat{\mathbf{y}}\|$, na qual $\hat{\mathbf{y}} = \text{proj}_W \mathbf{y}$. Como $\{\mathbf{u}_1, \mathbf{u}_2\}$ é uma base ortogonal para W, temos

$$\hat{\mathbf{y}} = \frac{15}{30}\mathbf{u}_1 + \frac{-21}{6}\mathbf{u}_2 = \frac{1}{2}\begin{bmatrix} 5 \\ -2 \\ 1 \end{bmatrix} - \frac{7}{2}\begin{bmatrix} 1 \\ 2 \\ -1 \end{bmatrix} = \begin{bmatrix} -1 \\ -8 \\ 4 \end{bmatrix}$$

$$\mathbf{y} - \hat{\mathbf{y}} = \begin{bmatrix} -1 \\ -5 \\ 10 \end{bmatrix} - \begin{bmatrix} -1 \\ -8 \\ 4 \end{bmatrix} = \begin{bmatrix} 0 \\ 3 \\ 6 \end{bmatrix}$$

$$\|\mathbf{y} - \hat{\mathbf{y}}\|^2 = 3^2 + 6^2 = 45$$

A distância de $\mathbf{y}$ a W é $\sqrt{45} = 3\sqrt{5}$. ∎

O último teorema nesta seção mostra como a fórmula (2) para $\text{proj}_W \mathbf{y}$ é simplificada quando a base para W é um conjunto ortonormal.

TEOREMA 10

Se $\{\mathbf{u}_1, \ldots, \mathbf{u}_p\}$ for uma base ortonormal para um subespaço W de $\mathbb{R}^n$, então

$$\text{proj}_W \mathbf{y} = (\mathbf{y} \cdot \mathbf{u}_1)\mathbf{u}_1 + (\mathbf{y} \cdot \mathbf{u}_2)\mathbf{u}_2 + \cdots + (\mathbf{y} \cdot \mathbf{u}_p)\mathbf{u}_p \tag{4}$$

Se $U = [\mathbf{u}_1\ \mathbf{u}_2 \cdots \mathbf{u}_p]$, então

$$\text{proj}_W \mathbf{y} = UU^T\mathbf{y} \quad \text{para todo } \mathbf{y} \text{ em } \mathbb{R}^n \tag{5}$$

DEMONSTRAÇÃO A fórmula (4) segue imediatamente de (2) no Teorema 8. Além disso, (4) mostra que $\text{proj}_W \mathbf{y}$ é uma combinação linear das colunas de U com coeficientes $\mathbf{y} \cdot \mathbf{u}_1, \mathbf{y} \cdot \mathbf{u}_2, \ldots, \mathbf{y} \cdot \mathbf{u}_p$. Os coeficientes podem ser escritos na forma $\mathbf{u}_1^T\mathbf{y}, \mathbf{u}_2^T\mathbf{y}, \ldots, \mathbf{u}_p^T\mathbf{y}$, mostrando que esses são os elementos de $U^T\mathbf{y}$ e justificando (5). ∎

Suponha que U seja uma matriz $n \times p$ com colunas ortonormais e seja W o espaço de colunas de U. Então

$$U^T U \mathbf{x} = I_p \mathbf{x} = \mathbf{x} \quad \text{para todo } \mathbf{x} \text{ em } \mathbb{R}^p \qquad \text{Teorema 6}$$

$$U U^T \mathbf{y} = \text{proj}_W \mathbf{y} \quad \text{para todo } \mathbf{y} \text{ em } \mathbb{R}^n \qquad \text{Teorema 10}$$

Se U for uma matriz $n \times n$ (quadrada) com colunas ortonormais, então U será uma matriz *ortogonal*, o espaço de colunas W será todo $\mathbb{R}^n$ e $U U^T \mathbf{y} = I\mathbf{y} = \mathbf{y}$ para todo $\mathbf{y}$ em $\mathbb{R}^n$.

Embora a fórmula (4) seja importante teoricamente, na prática ela em geral envolve cálculos com raízes quadradas de números (nas coordenadas de $\mathbf{u}_i$). A fórmula (2) é melhor para cálculos à mão.

O Exemplo 9 da Seção 2.1 ilustra como a multiplicação matricial e a transposição podem ser usadas para detectar um padrão específico usando quadrados cinzas e brancos. Agora que temos mais experiência ao trabalhar com bases para W e $W^\perp$, estamos prontos para discutir como obter a matriz M na Figura 6. Seja $\mathbf{w}$ o vetor gerado por um padrão de quadrados cinzas e brancos trocando cada quadrado cinza por 1 e cada quadrado branco por 0, e depois colocando cada coluna abaixo da coluna anterior. Veja a Figura 5.

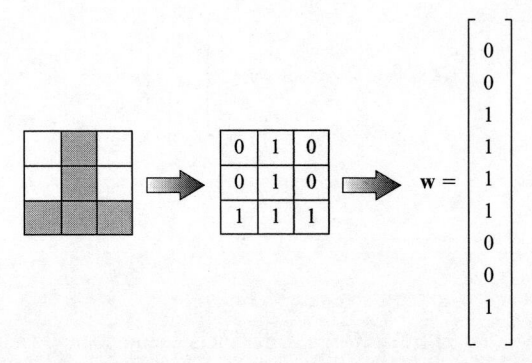

FIGURA 5 Criando um vetor a partir de quadrados coloridos.

Seja $W = \mathcal{L}\{\mathbf{w}\}$. Escolha uma base $\{\mathbf{v}_1, \mathbf{v}_2, \ldots, \mathbf{v}_{n-1}\}$ para $W^\perp$. Crie a matriz $B = \begin{bmatrix} \mathbf{v}_1{}^T \\ \mathbf{v}_2{}^T \\ \vdots \\ \mathbf{v}_{n-1}{}^T \end{bmatrix}$. Note

que $B\mathbf{u} = \mathbf{0}$ se e somente se $\mathbf{u}$ for ortogonal a um conjunto de vetores da base para $W^\perp$, o que ocorre se e somente se $\mathbf{u}$ pertencer a W. Seja $M = B^T B$. Então $\mathbf{u}^T M \mathbf{u} = \mathbf{u}^T B^T B \mathbf{u} = (B\mathbf{u})^T B\mathbf{u}$. Pelo Teorema 1, $(B\mathbf{u})^T B\mathbf{u} = 0$ se e somente se $B\mathbf{u} = 0$, logo $\mathbf{u}^T M \mathbf{u} = 0$ se e somente se $\mathbf{u} \in W$. Mas existem apenas dois vetores em W consistindo apenas de zeros e uns: $1\mathbf{w} = \mathbf{w}$ e $0\mathbf{w} = \mathbf{0}$. Assim, podemos concluir que, se $\mathbf{u}^T M \mathbf{u} = 0$, mas $\mathbf{u}^T \mathbf{u} \neq 0$, então $\mathbf{u} = \mathbf{w}$. Veja a Figura 6.

EXEMPLO 5 Encontre a matriz M que pode ser usada na Figura 6 para identificar o símbolo perpendicular.

SOLUÇÃO Primeiro transforme o símbolo em um vetor. Seja $\mathbf{w} = [0\ 0\ 1\ 1\ 1\ 1\ 1\ 0\ 0\ 1]^T$. A seguir, seja $W = \mathcal{L}\{\mathbf{w}\}$ e encontre uma base para $W^\perp$: resolvendo $\mathbf{x}^T \mathbf{w} = 0$, obtemos o sistema homogêneo de equações

$$x_3 + x_4 + x_5 + x_6 + x_9 = 0.$$

Tratando x_3 como a variável básica e as restantes como variáveis livres, obtemos uma base para $W^\perp$. Transpondo cada vetor na base e inserindo-o como uma linha de B, obtemos

$$B = \begin{bmatrix} 1 & 0 & 0 & 0 & 0 & 0 & 0 & 0 \\ 0 & 1 & 0 & 0 & 0 & 0 & 0 & 0 \\ 0 & 0 & -1 & 1 & 0 & 0 & 0 & 0 \\ 0 & 0 & -1 & 0 & 1 & 0 & 0 & 0 \\ 0 & 0 & -1 & 0 & 0 & 1 & 0 & 0 \\ 0 & 0 & 0 & 0 & 0 & 1 & 0 & 0 \\ 0 & 0 & 0 & 0 & 0 & 0 & 1 & 0 \\ 0 & 0 & -1 & 0 & 0 & 0 & 0 & 1 \end{bmatrix} \quad \text{e } M = B^T B = \begin{bmatrix} 1 & 0 & 0 & 0 & 0 & 0 & 0 & 0 \\ 0 & 1 & 0 & 0 & 0 & 0 & 0 & 0 \\ 0 & 0 & 4 & -1 & -1 & -1 & 0 & 0 & -1 \\ 0 & 0 & -1 & 1 & 0 & 0 & 0 & 0 \\ 0 & 0 & -1 & 0 & 1 & 0 & 0 & 0 \\ 0 & 0 & -1 & 0 & 0 & 1 & 0 & 0 \\ 0 & 0 & 0 & 0 & 0 & 0 & 1 & 0 \\ 0 & 0 & 0 & 0 & 0 & 0 & 0 & 1 & 0 \\ 0 & 0 & -1 & 0 & 0 & 0 & 0 & 1 \end{bmatrix}$$

Note que $\mathbf{w}^T M \mathbf{w} = 0$, mas $\mathbf{w}^T \mathbf{w} \neq 0$. ■

$$\mathbf{w} = \begin{bmatrix} 1 \\ 0 \\ 1 \\ 1 \\ 1 \\ 1 \\ 1 \\ 0 \\ 1 \end{bmatrix} \implies \mathbf{w}^T M\mathbf{w} = 2 \text{ e } \mathbf{w}^T\mathbf{w} = 7$$

Esse padrão não corresponde ao símbolo perpendicular, já que $\mathbf{w}^T M\mathbf{w} \neq 0$.

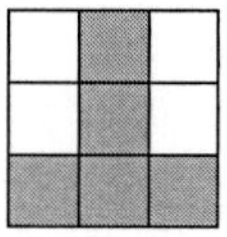

$$\mathbf{w} = \begin{bmatrix} 0 \\ 0 \\ 1 \\ 1 \\ 1 \\ 1 \\ 0 \\ 0 \\ 1 \end{bmatrix} \implies \mathbf{w}^T M\mathbf{w} = 0 \text{ e } \mathbf{w}^T\mathbf{w} = 5$$

Esse padrão corresponde ao símbolo perpendicular, já que $\mathbf{w}^T M\mathbf{w} = 0$, mas $\mathbf{w}^T \mathbf{w} \neq 0$.

FIGURA 6 Como a IA detecta o símbolo perpendicular.

Problemas Práticos

1. Sejam $\mathbf{u}_1 = \begin{bmatrix} -7 \\ 1 \\ 4 \end{bmatrix}$, $\mathbf{u}_2 = \begin{bmatrix} -1 \\ 1 \\ -2 \end{bmatrix}$, $\mathbf{y} = \begin{bmatrix} -9 \\ 1 \\ 6 \end{bmatrix}$ e $W = \mathscr{L}\{\mathbf{u}_1, \mathbf{u}_2\}$. Use o fato de que $\mathbf{u}_1$ e $\mathbf{u}_2$ são ortogonais para calcular $\text{proj}_W \mathbf{y}$.

2. Seja W um subespaço de $\mathbb{R}^n$. Sejam $\mathbf{x}$ e $\mathbf{y}$ vetores no $\mathbb{R}^n$ e seja $\mathbf{z} = \mathbf{x} + \mathbf{y}$. Se $\mathbf{u}$ for a projeção de $\mathbf{x}$ sobre W e $\mathbf{v}$ for a projeção de $\mathbf{y}$ sobre W, mostre que $\mathbf{u} + \mathbf{v}$ é a projeção de $\mathbf{z}$ sobre W.

6.3 EXERCÍCIOS

Nos Exercícios 1 e 2, você pode supor que $\{\mathbf{u}_1, \ldots, \mathbf{u}_4\}$ seja uma base ortogonal para $\mathbb{R}^4$.

1. $\mathbf{u}_1 = \begin{bmatrix} 0 \\ 1 \\ -4 \\ -1 \end{bmatrix}$, $\mathbf{u}_2 = \begin{bmatrix} 3 \\ 5 \\ 1 \\ 1 \end{bmatrix}$, $\mathbf{u}_3 = \begin{bmatrix} 1 \\ 0 \\ 1 \\ -4 \end{bmatrix}$, $\mathbf{u}_4 = \begin{bmatrix} 5 \\ -3 \\ -1 \\ 1 \end{bmatrix}$,

$\mathbf{x} = \begin{bmatrix} 10 \\ -8 \\ 2 \\ 0 \end{bmatrix}$. Escreva $\mathbf{x}$ como a soma de dois vetores, um em $\mathscr{L}\{\mathbf{u}_1, \mathbf{u}_2, \mathbf{u}_3\}$ e o outro em $\mathscr{L}\{\mathbf{u}_4\}$.

2. $\mathbf{u}_1 = \begin{bmatrix} 1 \\ 2 \\ 1 \\ 1 \end{bmatrix}$, $\mathbf{u}_2 = \begin{bmatrix} -2 \\ 1 \\ -1 \\ 1 \end{bmatrix}$, $\mathbf{u}_3 = \begin{bmatrix} 1 \\ 1 \\ -2 \\ -1 \end{bmatrix}$, $\mathbf{u}_4 = \begin{bmatrix} -1 \\ 1 \\ 1 \\ -2 \end{bmatrix}$,

$\mathbf{v} = \begin{bmatrix} 4 \\ 5 \\ -2 \\ 2 \end{bmatrix}$. Escreva $\mathbf{v}$ como a soma de dois vetores, um em $\mathscr{L}\{\mathbf{u}_1\}$ e o outro em $\mathscr{L}\{\mathbf{u}_2, \mathbf{u}_3, \mathbf{u}_4\}$.

Nos Exercícios 3 a 6, verifique que $\{\mathbf{u}_1, \mathbf{u}_2\}$ é um conjunto ortogonal e, depois, encontre a projeção ortogonal de $\mathbf{y}$ sobre $\mathscr{L}\{\mathbf{u}_1, \mathbf{u}_2\}$.

3. $\mathbf{y} = \begin{bmatrix} -1 \\ 4 \\ 3 \end{bmatrix}$, $\mathbf{u}_1 = \begin{bmatrix} 1 \\ 1 \\ 0 \end{bmatrix}$, $\mathbf{u}_2 = \begin{bmatrix} -1 \\ 1 \\ 0 \end{bmatrix}$

4. $\mathbf{y} = \begin{bmatrix} 4 \\ 3 \\ -2 \end{bmatrix}$, $\mathbf{u}_1 = \begin{bmatrix} 3 \\ 4 \\ 0 \end{bmatrix}$, $\mathbf{u}_2 = \begin{bmatrix} -4 \\ 3 \\ 0 \end{bmatrix}$

5. $\mathbf{y} = \begin{bmatrix} -1 \\ 2 \\ 6 \end{bmatrix}$, $\mathbf{u}_1 = \begin{bmatrix} 3 \\ -1 \\ 2 \end{bmatrix}$, $\mathbf{u}_2 = \begin{bmatrix} 1 \\ -1 \\ -2 \end{bmatrix}$

6. $\mathbf{y} = \begin{bmatrix} 4 \\ 4 \\ 1 \end{bmatrix}$, $\mathbf{u}_1 = \begin{bmatrix} -4 \\ -1 \\ 1 \end{bmatrix}$, $\mathbf{u}_2 = \begin{bmatrix} 0 \\ 1 \\ 1 \end{bmatrix}$

Nos Exercícios 7 a 10, seja W o subespaço gerado pelos $\mathbf{u}$ e escreva $\mathbf{y}$ como uma soma de um vetor em W e outro ortogonal a W.

7. $\mathbf{y} = \begin{bmatrix} 1 \\ 3 \\ 5 \end{bmatrix}$, $\mathbf{u}_1 = \begin{bmatrix} 1 \\ 3 \\ -2 \end{bmatrix}$, $\mathbf{u}_2 = \begin{bmatrix} 5 \\ 1 \\ 4 \end{bmatrix}$

8. $\mathbf{y} = \begin{bmatrix} -1 \\ 4 \\ 3 \end{bmatrix}$, $\mathbf{u}_1 = \begin{bmatrix} 1 \\ 1 \\ 1 \end{bmatrix}$, $\mathbf{u}_2 = \begin{bmatrix} -1 \\ 3 \\ -2 \end{bmatrix}$

9. $\mathbf{y} = \begin{bmatrix} 4 \\ 3 \\ 3 \\ -1 \end{bmatrix}$, $\mathbf{u}_1 = \begin{bmatrix} 1 \\ 1 \\ 0 \\ 1 \end{bmatrix}$, $\mathbf{u}_2 = \begin{bmatrix} -1 \\ 3 \\ 1 \\ -2 \end{bmatrix}$, $\mathbf{u}_3 = \begin{bmatrix} -1 \\ 0 \\ 1 \\ 1 \end{bmatrix}$

10. $\mathbf{y} = \begin{bmatrix} 3 \\ 4 \\ 5 \\ 4 \end{bmatrix}$, $\mathbf{u}_1 = \begin{bmatrix} 1 \\ 1 \\ 0 \\ -1 \end{bmatrix}$, $\mathbf{u}_2 = \begin{bmatrix} 1 \\ 0 \\ 1 \\ 1 \end{bmatrix}$, $\mathbf{u}_3 = \begin{bmatrix} 0 \\ -1 \\ 1 \\ -1 \end{bmatrix}$

Nos Exercícios 11 e 12, encontre o ponto mais próximo de $\mathbf{y}$ pertencente ao subespaço W gerado por $\mathbf{v}_1$ e $\mathbf{v}_2$.

11. $\mathbf{y} = \begin{bmatrix} 3 \\ 1 \\ 5 \\ 1 \end{bmatrix}$, $\mathbf{v}_1 = \begin{bmatrix} 3 \\ 1 \\ -1 \\ 1 \end{bmatrix}$, $\mathbf{v}_2 = \begin{bmatrix} 1 \\ -1 \\ 1 \\ -1 \end{bmatrix}$

12. $\mathbf{y} = \begin{bmatrix} 3 \\ -1 \\ 1 \\ 13 \end{bmatrix}$, $\mathbf{v}_1 = \begin{bmatrix} 1 \\ -2 \\ -1 \\ 2 \end{bmatrix}$, $\mathbf{v}_2 = \begin{bmatrix} -4 \\ 1 \\ 0 \\ 3 \end{bmatrix}$

Nos Exercícios 13 e 14, encontre a melhor aproximação de $\mathbf{z}$ por vetores da forma $c_1\mathbf{v}_1 + c_2\mathbf{v}_2$.

13. $\mathbf{z} = \begin{bmatrix} 3 \\ -7 \\ 2 \\ 3 \end{bmatrix}$, $\mathbf{v}_1 = \begin{bmatrix} 2 \\ -1 \\ -3 \\ 1 \end{bmatrix}$, $\mathbf{v}_2 = \begin{bmatrix} 1 \\ 1 \\ 0 \\ -1 \end{bmatrix}$

14. $\mathbf{z} = \begin{bmatrix} 2 \\ 4 \\ 0 \\ -1 \end{bmatrix}$, $\mathbf{v}_1 = \begin{bmatrix} 2 \\ 0 \\ -1 \\ -3 \end{bmatrix}$, $\mathbf{v}_2 = \begin{bmatrix} 5 \\ -2 \\ 4 \\ 2 \end{bmatrix}$

15. Sejam $\mathbf{y} = \begin{bmatrix} 5 \\ -9 \\ 5 \end{bmatrix}$, $\mathbf{u}_1 = \begin{bmatrix} -3 \\ -5 \\ 1 \end{bmatrix}$, $\mathbf{u}_2 = \begin{bmatrix} -3 \\ 2 \\ 1 \end{bmatrix}$. Encontre a distância de $\mathbf{y}$ ao plano em $\mathbb{R}^3$ gerado por $\mathbf{u}_1$ e $\mathbf{u}_2$.

16. Sejam $\mathbf{y}$, $\mathbf{v}_1$ e $\mathbf{v}_2$ como no Exercício 12. Encontre a distância de $\mathbf{y}$ ao subespaço de $\mathbb{R}^4$ gerado por $\mathbf{v}_1$ e $\mathbf{v}_2$.

17. Sejam $\mathbf{y} = \begin{bmatrix} 4 \\ 8 \\ 1 \end{bmatrix}$, $\mathbf{u}_1 = \begin{bmatrix} 2/3 \\ 1/3 \\ 2/3 \end{bmatrix}$, $\mathbf{u}_2 = \begin{bmatrix} -2/3 \\ 2/3 \\ 1/3 \end{bmatrix}$ e $W = \mathscr{L}\{\mathbf{u}_1, \mathbf{u}_2\}$.

   a. Seja $U = [\mathbf{u}_1\ \mathbf{u}_2]$. Calcule $U^T U$ e $U U^T$.

   b. Calcule $\text{proj}_W \mathbf{y}$ e $(U U^T)\mathbf{y}$.

18. Sejam $\mathbf{y} = \begin{bmatrix} 7 \\ 9 \end{bmatrix}$, $\mathbf{u}_1 = \begin{bmatrix} 1/\sqrt{10} \\ -3/\sqrt{10} \end{bmatrix}$ e $W = \mathscr{L}\{\mathbf{u}_1\}$.

   a. Seja U a matriz 2×1 cuja única coluna é $\mathbf{u}_1$. Calcule $U^T U$ e $U U^T$.

   b. Calcule $\text{proj}_W \mathbf{y}$ e $(U U^T)\mathbf{y}$.

19. Sejam $\mathbf{u}_1 = \begin{bmatrix} 1 \\ 1 \\ -2 \end{bmatrix}$, $\mathbf{u}_2 = \begin{bmatrix} 5 \\ -1 \\ 2 \end{bmatrix}$ e $\mathbf{u}_3 = \begin{bmatrix} 0 \\ 0 \\ 1 \end{bmatrix}$. Note que $\mathbf{u}_1$ e $\mathbf{u}_2$ são ortogonais, mas $\mathbf{u}_3$ não é ortogonal a $\mathbf{u}_1$ nem a $\mathbf{u}_2$. Pode-se mostrar que $\mathbf{u}_3$ não pertence ao subespaço W gerado por $\mathbf{u}_1$ e $\mathbf{u}_2$. Use esse fato para construir um vetor não nulo $\mathbf{v}$ em $\mathbb{R}^3$ que é ortogonal a $\mathbf{u}_1$ e a $\mathbf{u}_2$.

20. Sejam $\mathbf{u}_1$ e $\mathbf{u}_2$ como no Exercício 19 e seja $\mathbf{u}_4 = \begin{bmatrix} 0 \\ 1 \\ 0 \end{bmatrix}$. Pode-se mostrar que $\mathbf{u}_4$ não pertence ao subespaço W gerado por $\mathbf{u}_1$ e $\mathbf{u}_2$. Use esse fato para construir um vetor não nulo $\mathbf{v}$ em $\mathbb{R}^3$ que é ortogonal a $\mathbf{u}_1$ e a $\mathbf{u}_2$.

Nos Exercícios 21 a 30, todos os vetores e subespaços estão em $\mathbb{R}^n$. Marque cada afirmação como Verdadeira ou Falsa (V/F). Justifique cada resposta.

21. (V/F) Se $\mathbf{z}$ for ortogonal a $\mathbf{u}_1$ e a $\mathbf{u}_2$ e se $W = \mathscr{L}\{\mathbf{u}_1, \mathbf{u}_2\}$, então $\mathbf{z}$ terá de pertencer a $W^\perp$.

22. (V/F) Para cada $\mathbf{y}$ e cada subespaço W, o vetor $\mathbf{y} - \text{proj}_W \mathbf{y}$ é ortogonal a W.

23. (V/F) A projeção ortogonal $\hat{\mathbf{y}}$ de $\mathbf{y}$ sobre um subespaço W pode, algumas vezes, depender da base ortogonal de W usada para calcular $\hat{\mathbf{y}}$.

24. (V/F) Se $\mathbf{y}$ pertencer a um subespaço W, então a projeção ortogonal de $\mathbf{y}$ sobre W será o próprio $\mathbf{y}$.

25. (V/F) A melhor aproximação de $\mathbf{y}$ por elementos em um subespaço W é dada pelo vetor $\mathbf{y} - \text{proj}_W \mathbf{y}$.

26. (V/F) Se W for um subespaço de $\mathbb{R}^n$ e se $\mathbf{v}$ pertencer tanto a W quanto a $W^\perp$, então $\mathbf{v}$ terá de ser o vetor nulo.

27. (V/F) No Teorema de Decomposição Ortogonal, cada termo na fórmula (2) para $\hat{\mathbf{y}}$ é uma projeção ortogonal de $\mathbf{y}$ sobre um subespaço de W.

28. (V/F) Se $\mathbf{y} = \mathbf{z}_1 + \mathbf{z}_2$, em que $\mathbf{z}_1$ esteja em um subespaço W e $\mathbf{z}_2$ pertença a $W^\perp$, então $\mathbf{z}_1$ terá de ser a projeção ortogonal de $\mathbf{y}$ sobre W.

29. (V/F) Se as colunas de uma matriz U $n \times p$ forem ortonormais, então $U U^T \mathbf{y}$ será a projeção ortogonal de $\mathbf{y}$ sobre o espaço coluna de U.

30. (V/F) Se uma matriz U $n \times p$ tiver colunas ortonormais, então $U U^T \mathbf{x} = \mathbf{x}$ para todo $\mathbf{x}$ em $\mathbb{R}^n$.

31. Seja A uma matriz $m \times n$. Prove que todo vetor $\mathbf{x}$ em $\mathbb{R}^n$ pode ser escrito na forma $\mathbf{x} = \mathbf{p} + \mathbf{u}$, em que $\mathbf{p}$ está em Lin A e $\mathbf{u}$ pertence a Nul A. Mostre também que, se a equação $A\mathbf{x} = \mathbf{b}$ tiver solução, então existirá um único $\mathbf{p}$ em Lin A tal que $A\mathbf{p} = \mathbf{b}$.

32. Seja W um subespaço de $\mathbb{R}^n$ com uma base ortogonal $\{\mathbf{w}_1, \dots, \mathbf{w}_p\}$ e seja $\{\mathbf{v}_1, \dots, \mathbf{v}_q\}$ uma base ortogonal para $W^\perp$.

   a. Explique por que $\{\mathbf{w}_1, \dots, \mathbf{w}_p, \mathbf{v}_1, \dots, \mathbf{v}_q\}$ é um conjunto ortogonal.

   b. Explique por que o conjunto em (a) gera $\mathbb{R}^n$.

   c. Mostre que dim W + dim $W^\perp = n$.

Nos Exercícios 33 a 36, transforme, primeiro, o padrão dado em um vetor $\mathbf{w}$ de zeros e uns e depois use o método ilustrado no Exemplo 5 para encontrar uma matriz M tal que $\mathbf{w}^T M \mathbf{w} = 0$, mas $\mathbf{u}^T M \mathbf{u} \neq 0$ para todos os outros vetores não nulos $\mathbf{u}$ de zeros e uns.

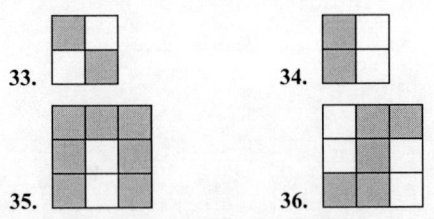

33.   **34.**

35.   **36.**

M 37. Seja U a matriz 8×4 no Exercício 43 na Seção 6.2. Encontre o ponto mais próximo de $\mathbf{y} = (1, 1, 1, 1, 1, 1, 1, 1)$ em Col U. Descreva as teclas ou comandos utilizados para resolver este problema.

M 38. Seja U a matriz no Exercício 37. Encontre a distância de $\mathbf{b} = (1, 1, 1, 1, -1, -1, -1, -1)$ ao subespaço Col U.

Soluções dos Problemas Práticos

1. Calcule

$$\text{proj}_W\,\mathbf{y} = \frac{\mathbf{y}\cdot\mathbf{u}_1}{\mathbf{u}_1\cdot\mathbf{u}_1}\mathbf{u}_1 + \frac{\mathbf{y}\cdot\mathbf{u}_2}{\mathbf{u}_2\cdot\mathbf{u}_2}\mathbf{u}_2 = \frac{88}{66}\mathbf{u}_1 + \frac{-2}{6}\mathbf{u}_2$$

$$= \frac{4}{3}\begin{bmatrix} -7 \\ 1 \\ 4 \end{bmatrix} - \frac{1}{3}\begin{bmatrix} -1 \\ 1 \\ -2 \end{bmatrix} = \begin{bmatrix} -9 \\ 1 \\ 6 \end{bmatrix} = \mathbf{y}$$

Neste caso, $\mathbf{y}$ é uma combinação linear de $\mathbf{u}_1$ e $\mathbf{u}_2$, de modo que $\mathbf{y}$ pertence a W. O ponto mais próximo de $\mathbf{y}$ em W é o próprio $\mathbf{y}$.

2. Usando o Teorema 10, seja U uma matriz cujas colunas consistem em uma base ortonormal para W. Então $\text{proj}_W\,\mathbf{z} = UU^T\mathbf{z} = UU^T(\mathbf{x} + \mathbf{y}) = UU^T\mathbf{x} + UU^T\mathbf{y} = \text{proj}_W\,\mathbf{x} + \text{proj}_W\,\mathbf{y} = \mathbf{u} + \mathbf{v}$.

6.4 PROCESSO DE GRAM-SCHMIDT

O processo de Gram-Schmidt é um algoritmo simples para produzir uma base ortogonal ou ortonormal para qualquer subespaço não nulo de $\mathbb{R}^n$. Os dois primeiros exemplos do processo são para serem feitos à mão.

EXEMPLO 1 Seja $W = \mathscr{L}\{\mathbf{x}_1, \mathbf{x}_2\}$, em que $\mathbf{x}_1 = \begin{bmatrix} 3 \\ 6 \\ 0 \end{bmatrix}$ e $\mathbf{x}_2 = \begin{bmatrix} 1 \\ 2 \\ 2 \end{bmatrix}$. Construa uma base ortogonal $\{\mathbf{v}_1, \mathbf{v}_2\}$ para W.

SOLUÇÃO A Figura 1 mostra o subespaço W, junto com $\mathbf{x}_1$, $\mathbf{x}_2$ e a projeção $\mathbf{p}$ de $\mathbf{x}_2$ sobre $\mathbf{x}_1$. A componente de $\mathbf{x}_2$ ortogonal a $\mathbf{x}_1$ é $\mathbf{x}_2 - \mathbf{p}$, que está em W, pois é formada por $\mathbf{x}_2$ e um múltiplo de $\mathbf{x}_1$. Sejam $\mathbf{v}_1 = \mathbf{x}_1$ e

$$\mathbf{v}_2 = \mathbf{x}_2 - \mathbf{p} = \mathbf{x}_2 - \frac{\mathbf{x}_2\cdot\mathbf{x}_1}{\mathbf{x}_1\cdot\mathbf{x}_1}\mathbf{x}_1 = \begin{bmatrix} 1 \\ 2 \\ 2 \end{bmatrix} - \frac{15}{45}\begin{bmatrix} 3 \\ 6 \\ 0 \end{bmatrix} = \begin{bmatrix} 0 \\ 0 \\ 2 \end{bmatrix}$$

Assim, $\{\mathbf{v}_1, \mathbf{v}_2\}$ é um conjunto ortogonal de vetores não nulos em W. Como dim $W = 2$, o conjunto $\{\mathbf{v}_1, \mathbf{v}_2\}$ é uma base para W. ∎

O próximo exemplo ilustra por completo o processo de Gram-Schmidt. Estude-o cuidadosamente.

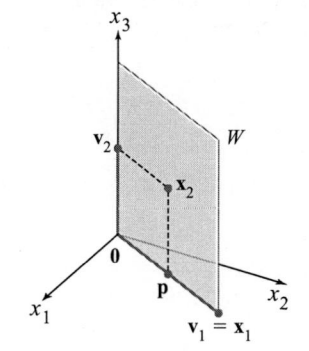

FIGURA 1 Construção de uma base ortogonal $\{\mathbf{v}_1, \mathbf{v}_2\}$.

EXEMPLO 2 Sejam $\mathbf{x}_1 = \begin{bmatrix} 1 \\ 1 \\ 1 \\ 1 \end{bmatrix}$, $\mathbf{x}_2 = \begin{bmatrix} 0 \\ 1 \\ 1 \\ 1 \end{bmatrix}$ e $\mathbf{x}_3 = \begin{bmatrix} 0 \\ 0 \\ 1 \\ 1 \end{bmatrix}$. Então $\{\mathbf{x}_1, \mathbf{x}_2, \mathbf{x}_3\}$ é um conjunto linearmente independente; logo, forma uma base para um subespaço W de $\mathbb{R}^4$. Construa uma base ortogonal para W.

SOLUÇÃO

Passo 1. Sejam $\mathbf{v}_1 = \mathbf{x}_1$ e $W_1 = \mathscr{L}\{\mathbf{x}_1\} = \mathscr{L}\{\mathbf{v}_1\}$.

Passo 2. Seja $\mathbf{v}_2$ o vetor obtido subtraindo-se de $\mathbf{x}_2$ sua projeção sobre o subespaço W_1, ou seja,

$$\mathbf{v}_2 = \mathbf{x}_2 - \text{proj}_{W_1}\mathbf{x}_2$$
$$= \mathbf{x}_2 - \frac{\mathbf{x}_2\cdot\mathbf{v}_1}{\mathbf{v}_1\cdot\mathbf{v}_1}\mathbf{v}_1 \qquad \text{Como } \mathbf{v}_1 = \mathbf{x}_1$$
$$= \begin{bmatrix} 0 \\ 1 \\ 1 \\ 1 \end{bmatrix} - \frac{3}{4}\begin{bmatrix} 1 \\ 1 \\ 1 \\ 1 \end{bmatrix} = \begin{bmatrix} -3/4 \\ 1/4 \\ 1/4 \\ 1/4 \end{bmatrix}$$

Como no Exemplo 1, $\mathbf{v}_2$ é a componente de $\mathbf{x}_2$ ortogonal a $\mathbf{x}_1$, e $\{\mathbf{v}_1, \mathbf{v}_2\}$ é uma base ortogonal para o subespaço W_2 gerado por $\mathbf{x}_1$ e $\mathbf{x}_2$.

Passo 2' (opcional). Se apropriado, multiplique $\mathbf{v}_2$ por um escalar para simplificar cálculos posteriores. Como $\mathbf{v}_2$ tem elementos contendo frações, é conveniente multiplicá-lo por 4 e substituir $\{\mathbf{v}_1, \mathbf{v}_2\}$ pela base ortogonal

$$
\mathbf{v}_1 = \begin{bmatrix} 1 \\ 1 \\ 1 \\ 1 \end{bmatrix}, \quad \mathbf{v}_2' = \begin{bmatrix} -3 \\ 1 \\ 1 \\ 1 \end{bmatrix}
$$

Passo 3. Seja $\mathbf{v}_3$ o vetor obtido subtraindo-se de $\mathbf{x}_3$ sua projeção sobre o subespaço W_2. Use a base $\{\mathbf{v}_1, \mathbf{v}_2'\}$ para calcular a projeção sobre W_2:

$$
\operatorname{proj}_{W_2} \mathbf{x}_3 = \underbrace{\frac{\mathbf{x}_3 \cdot \mathbf{v}_1}{\mathbf{v}_1 \cdot \mathbf{v}_1} \mathbf{v}_1}_{\substack{\text{Projeção de} \\ \mathbf{x}_3 \text{ sobre } \mathbf{v}_1}} + \underbrace{\frac{\mathbf{x}_3 \cdot \mathbf{v}_2'}{\mathbf{v}_2' \cdot \mathbf{v}_2'} \mathbf{v}_2'}_{\substack{\text{Projeção de} \\ \mathbf{x}_3 \text{ sobre } \mathbf{v}_2'}} = \frac{2}{4} \begin{bmatrix} 1 \\ 1 \\ 1 \\ 1 \end{bmatrix} + \frac{2}{12} \begin{bmatrix} -3 \\ 1 \\ 1 \\ 1 \end{bmatrix} = \begin{bmatrix} 0 \\ 2/3 \\ 2/3 \\ 2/3 \end{bmatrix}
$$

Então, $\mathbf{v}_3$ é a componente de $\mathbf{x}_3$ ortogonal a W_2, a saber,

$$
\mathbf{v}_3 = \mathbf{x}_3 - \operatorname{proj}_{W_2} \mathbf{x}_3 = \begin{bmatrix} 0 \\ 0 \\ 1 \\ 1 \end{bmatrix} - \begin{bmatrix} 0 \\ 2/3 \\ 2/3 \\ 2/3 \end{bmatrix} = \begin{bmatrix} 0 \\ -2/3 \\ 1/3 \\ 1/3 \end{bmatrix}
$$

Veja a Figura 2 para um diagrama dessa construção. Note que $\mathbf{v}_3$ pertence a W, já que tanto $\mathbf{x}_3$ como $\operatorname{proj}_{W_2}\mathbf{x}_3$ estão em W. Assim, $\{\mathbf{v}_1, \mathbf{v}_2', \mathbf{v}_3\}$ é um conjunto ortogonal de vetores não nulos e, portanto, um conjunto linearmente independente em W. Note que W tem dimensão três, já que tem uma base com três vetores. Logo, pelo Teorema das Bases na Seção 4.5, $\{\mathbf{v}_1, \mathbf{v}_2', \mathbf{v}_3\}$ é uma base ortogonal para W. ∎

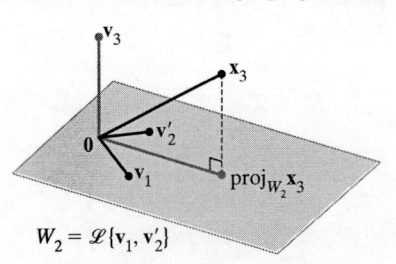

$$W_2 = \mathscr{L}\{\mathbf{v}_1, \mathbf{v}_2'\}$$

FIGURA 2 Construção de $\mathbf{v}_3$ a partir de $\mathbf{x}_3$ e de W_2.

A demonstração do próximo teorema mostra que essa estratégia funciona de fato. A multiplicação de vetores por escalares não é mencionada porque ela só é usada para simplificar cálculos à mão.

TEOREMA 11

Processo de Gram-Schmidt

Dada uma base $\{\mathbf{x}_1, \ldots, \mathbf{x}_p\}$ para um subespaço W de $\mathbb{R}^n$, defina

$$
\mathbf{v}_1 = \mathbf{x}_1
$$

$$
\mathbf{v}_2 = \mathbf{x}_2 - \frac{\mathbf{x}_2 \cdot \mathbf{v}_1}{\mathbf{v}_1 \cdot \mathbf{v}_1} \mathbf{v}_1
$$

$$
\mathbf{v}_3 = \mathbf{x}_3 - \frac{\mathbf{x}_3 \cdot \mathbf{v}_1}{\mathbf{v}_1 \cdot \mathbf{v}_1} \mathbf{v}_1 - \frac{\mathbf{x}_3 \cdot \mathbf{v}_2}{\mathbf{v}_2 \cdot \mathbf{v}_2} \mathbf{v}_2
$$

$$
\vdots
$$

$$
\mathbf{v}_p = \mathbf{x}_p - \frac{\mathbf{x}_p \cdot \mathbf{v}_1}{\mathbf{v}_1 \cdot \mathbf{v}_1} \mathbf{v}_1 - \frac{\mathbf{x}_p \cdot \mathbf{v}_2}{\mathbf{v}_2 \cdot \mathbf{v}_2} \mathbf{v}_2 - \cdots - \frac{\mathbf{x}_p \cdot \mathbf{v}_{p-1}}{\mathbf{v}_{p-1} \cdot \mathbf{v}_{p-1}} \mathbf{v}_{p-1}
$$

Então $\{\mathbf{v}_1, \ldots, \mathbf{v}_p\}$ é uma base ortogonal para W. Além disso,

$$
\mathscr{L}\{\mathbf{v}_1, \ldots, \mathbf{v}_k\} = \mathscr{L}\{\mathbf{x}_1, \ldots, \mathbf{x}_k\} \quad \text{para} \quad 1 \le k \le p \tag{1}
$$

DEMONSTRAÇÃO   Para $1 \leq k \leq p$, seja $W_k = \mathscr{L}\{\mathbf{x}_1, \ldots, \mathbf{x}_k\}$. Faça $\mathbf{v}_1 = \mathbf{x}_1$, de modo que $\mathscr{L}\{\mathbf{v}_1\} = \mathscr{L}\{\mathbf{x}_1\}$. Suponha que, para algum $k < p$, construímos $\mathbf{v}_1, \ldots, \mathbf{v}_k$ de modo que $\{\mathbf{v}_1, \ldots, \mathbf{v}_k\}$ é uma base para W_k. Defina

$$\mathbf{v}_{k+1} = \mathbf{x}_{k+1} - \mathrm{proj}_{Wk}\,\mathbf{x}_{k+1} \tag{2}$$

Pelo Teorema da Decomposição Ortogonal, $\mathbf{v}_{k+1}$ é ortogonal a W_k. Note que $\mathrm{proj}_{Wk}\,\mathbf{x}_{k+1}$ pertence a W_k; logo, também pertence a W_{k+1}. Como $\mathbf{x}_{k+1}$ está em W_{k+1}, $\mathbf{v}_{k+1}$ também está (pois W_{k+1} é um subespaço e é fechado sob subtração). Além disso, $\mathbf{v}_{k+1} \neq \mathbf{0}$, já que $\mathbf{x}_{k+1}$ não pertence a $W_k = \mathscr{L}\{\mathbf{x}_1, \ldots, \mathbf{x}_k\}$. Logo, $\{\mathbf{v}_1, \ldots, \mathbf{v}_{k+1}\}$ é um conjunto ortogonal de vetores não nulos no espaço W_{k+1} de dimensão $(k + 1)$. Pelo Teorema da Base na Seção 4.5, esse conjunto é uma base ortogonal para W_{k+1}. Portanto, $W_{k+1} = \mathscr{L}\{\mathbf{v}_1, \ldots, \mathbf{v}_{k+1}\}$. Quando $k + 1 = p$, o processo para.   ∎

O Teorema 11 mostra que sempre existe uma base ortogonal para qualquer subespaço não nulo W de $\mathbb{R}^n$, já que sempre existe uma base $\{\mathbf{x}_1, \ldots, \mathbf{x}_p\}$ (pelo Teorema 12 na Seção 4.5) e o processo de Gram-Schmidt depende apenas da existência de projeções ortogonais sobre subespaços de W que já têm bases ortogonais.

Bases Ortonormais

Uma base ortonormal pode ser construída facilmente de uma base ortogonal $\{\mathbf{v}_1, \ldots, \mathbf{v}_p\}$: basta normalizar todos os $\mathbf{v}_k$. Ao resolver problemas à mão, isso é mais fácil que normalizar cada $\mathbf{v}_k$ assim que for calculado (pois evita escrever raízes quadradas desnecessárias).

EXEMPLO 3   No Exemplo 1 construímos a base ortogonal

$$\mathbf{v}_1 = \begin{bmatrix} 3 \\ 6 \\ 0 \end{bmatrix}, \quad \mathbf{v}_2 = \begin{bmatrix} 0 \\ 0 \\ 2 \end{bmatrix}$$

Uma base ortonormal é

$$\mathbf{u}_1 = \frac{1}{\|\mathbf{v}_1\|}\mathbf{v}_1 = \frac{1}{\sqrt{45}}\begin{bmatrix} 3 \\ 6 \\ 0 \end{bmatrix} = \begin{bmatrix} 1/\sqrt{5} \\ 2/\sqrt{5} \\ 0 \end{bmatrix}$$

$$\mathbf{u}_2 = \frac{1}{\|\mathbf{v}_2\|}\mathbf{v}_2 = \begin{bmatrix} 0 \\ 0 \\ 1 \end{bmatrix}$$ ∎

Fatoração QR de Matrizes

Se uma matriz A $m \times n$ tiver colunas linearmente independentes $\mathbf{x}_1, \ldots, \mathbf{x}_n$, então, aplicar o processo de Gram-Schmidt (com normalizações) a $\mathbf{x}_1, \ldots, \mathbf{x}_n$ corresponderá a *fatorar A*, como descrito no próximo teorema. Essa fatoração é muito utilizada em algoritmos computacionais para diversos cálculos, tais como resolução de equações (discutida na Seção 6.5) e cálculo de autovalores (mencionado nos exercícios para a Seção 5.2).

TEOREMA 12

Fatoração QR

Se A for uma matriz $m \times n$ com colunas linearmente independentes, então A poderá ser fatorada como $A = QR$, em que Q é uma matriz $m \times n$ cujas colunas formam uma base ortonormal para Col A e R é uma matriz $n \times n$ triangular superior invertível com elementos diagonais positivos.

DEMONSTRAÇÃO   As colunas de A formam uma base $\{\mathbf{x}_1, \ldots, \mathbf{x}_n\}$ para Col A. Construa uma base ortonormal $\{\mathbf{u}_1, \ldots, \mathbf{u}_n\}$ para $W = $ Col A com a propriedade (1) no Teorema 11. Essa base pode ser construída pelo processo de Gram-Schmidt ou por outro método. Seja

$$Q = \begin{bmatrix} \mathbf{u}_1 & \mathbf{u}_2 & \cdots & \mathbf{u}_n \end{bmatrix}$$

Para $k = 1, \ldots, n$, $\mathbf{x}_k$ está em $\mathscr{L}\{\mathbf{x}_1, \ldots, \mathbf{x}_k\} = \mathscr{L}\{\mathbf{u}_1, \ldots, \mathbf{u}_k\}$. Então, existem constantes $r_{1k}, \ldots, r_{kk}$ tais que

$$\mathbf{x}_k = r_{1k}\mathbf{u}_1 + \cdots + r_{kk}\mathbf{u}_k + 0\,\mathbf{u}_{k+1} + \cdots + 0\,\mathbf{u}_n$$

Podemos supor que $r_{kk} \geq 0$. (Se $r_{kk} < 0$, multiplique tanto r_{kk} como $\mathbf{u}_k$ por -1.) Isso mostra que $\mathbf{x}_k$ é uma combinação linear das colunas de Q usando como coeficientes as coordenadas do vetor

$$\mathbf{r}_k = \begin{bmatrix} r_{1k} \\ \vdots \\ r_{kk} \\ 0 \\ \vdots \\ 0 \end{bmatrix}$$

Ou seja, $\mathbf{x}_k = Q\mathbf{r}_k$ para $k = 1, \ldots, n$. Seja $R = [\mathbf{r}_1 \cdots \mathbf{r}_n]$. Então

$$A = [\mathbf{x}_1 \cdots \mathbf{x}_n] = [Q\mathbf{r}_1 \cdots Q\mathbf{r}_n] = QR$$

O fato de que R é invertível segue, com facilidade, do fato de que as colunas de A são linearmente independentes (Exercício 23). Como R é, de forma clara, triangular superior, os elementos na diagonal, que são não negativos, têm de ser positivos. ∎

EXEMPLO 4   Encontre a fatoração QR de $A = \begin{bmatrix} 1 & 0 & 0 \\ 1 & 1 & 0 \\ 1 & 1 & 1 \\ 1 & 1 & 1 \end{bmatrix}$.

SOLUÇÃO   As colunas de A são os vetores $\mathbf{x}_1$, $\mathbf{x}_2$ e $\mathbf{x}_3$ no Exemplo 2. Encontramos no exemplo uma base ortogonal para Col $A = \mathscr{L}\{\mathbf{x}_1, \mathbf{x}_2, \mathbf{x}_3\}$:

$$\mathbf{v}_1 = \begin{bmatrix} 1 \\ 1 \\ 1 \\ 1 \end{bmatrix}, \quad \mathbf{v}_2' = \begin{bmatrix} -3 \\ 1 \\ 1 \\ 1 \end{bmatrix}, \quad \mathbf{v}_3 = \begin{bmatrix} 0 \\ -2/3 \\ 1/3 \\ 1/3 \end{bmatrix}$$

Vamos eliminar as frações em $\mathbf{v}_3$ definindo $\mathbf{v}_3' = 3\mathbf{v}_3$. Depois, vamos normalizar os três vetores para obter $\mathbf{u}_1$, $\mathbf{u}_2$, $\mathbf{u}_3$ e usá-los como colunas de Q:

$$Q = \begin{bmatrix} 1/2 & -3/\sqrt{12} & 0 \\ 1/2 & 1/\sqrt{12} & -2/\sqrt{6} \\ 1/2 & 1/\sqrt{12} & 1/\sqrt{6} \\ 1/2 & 1/\sqrt{12} & 1/\sqrt{6} \end{bmatrix}$$

Por construção, as k primeiras colunas de Q formam uma base ortonormal para $\mathscr{L}\{\mathbf{x}_1, \ldots, \mathbf{x}_k\}$. Pela demonstração do Teorema 12, $A = QR$ para algum R. Para encontrar R, note que $Q^T Q = I$, já que as colunas de Q são ortonormais. Portanto,

$$Q^T A = Q^T (QR) = IR = R$$

e

$$R = \begin{bmatrix} 1/2 & 1/2 & 1/2 & 1/2 \\ -3/\sqrt{12} & 1/\sqrt{12} & 1/\sqrt{12} & 1/\sqrt{12} \\ 0 & -2/\sqrt{6} & 1/\sqrt{6} & 1/\sqrt{6} \end{bmatrix} \begin{bmatrix} 1 & 0 & 0 \\ 1 & 1 & 0 \\ 1 & 1 & 1 \\ 1 & 1 & 1 \end{bmatrix}$$

$$= \begin{bmatrix} 2 & 3/2 & 1 \\ 0 & 3/\sqrt{12} & 2/\sqrt{12} \\ 0 & 0 & 2/\sqrt{6} \end{bmatrix}$$ ∎

Comentários Numéricos

1. Quando o processo de Gram-Schmidt é usado em um computador, erros de aproximação podem crescer à medida que os vetores $\mathbf{u}_k$ são calculados, um por um. Para j e k grandes, mas diferentes, os produtos escalares $\mathbf{u}_j^T \mathbf{u}_k$ podem não estar, de modo suficiente, próximos de zero. Essa perda de ortogonalidade pode ser substancialmente reduzida mudando-se a ordem dos cálculos.[1] No entanto, em geral é preferível usar uma fatoração QR diferente, baseada em outros processos computacionais, a usar esse método de Gram-Schmidt modificado, pois

---

[1]Veja *Fundamentals of Matrix Computations*, de David S. Watkins (New York: John Wiley & Sons, 1991), p. 167-180.

a fatoração gera uma base ortonormal mais precisa, embora necessite aproximadamente do dobro de cálculos aritméticos.

2. Para produzir uma fatoração QR para uma matriz A, um programa de computador em geral multiplica A à esquerda por uma sequência de matrizes ortogonais até A ser transformada em uma matriz triangular superior. Essa construção é análoga à multiplicação à esquerda por matrizes elementares que produz a fatoração LU de A.

Problemas Práticos

1. Seja $W = \mathscr{L}\{\mathbf{x}_1, \mathbf{x}_2\}$, em que $\mathbf{x}_1 = \begin{bmatrix} 1 \\ 1 \\ 1 \end{bmatrix}$ e $\mathbf{x}_2 = \begin{bmatrix} 1/3 \\ 1/3 \\ -2/3 \end{bmatrix}$. Construa uma base ortonormal para W.

2. Suponha que $A = QR$, em que Q é uma matriz $m \times n$ com colunas ortogonais e R é uma matriz $n \times n$. Mostre que, se as colunas de A forem linearmente dependentes, então R não poderá ser invertível.

6.4 EXERCÍCIOS

Nos Exercícios 1 a 6, o conjunto dado é uma base para um subespaço W. Use o processo de Gram-Schmidt para obter uma base ortogonal para W.

1. $\begin{bmatrix} 3 \\ 0 \\ -1 \end{bmatrix}, \begin{bmatrix} 8 \\ 5 \\ -6 \end{bmatrix}$
2. $\begin{bmatrix} 0 \\ 4 \\ 2 \end{bmatrix}, \begin{bmatrix} 5 \\ 6 \\ -7 \end{bmatrix}$

3. $\begin{bmatrix} 2 \\ -5 \\ 1 \end{bmatrix}, \begin{bmatrix} 4 \\ -1 \\ 2 \end{bmatrix}$
4. $\begin{bmatrix} 3 \\ -4 \\ 5 \end{bmatrix}, \begin{bmatrix} -3 \\ 14 \\ -7 \end{bmatrix}$

5. $\begin{bmatrix} 1 \\ -4 \\ 0 \\ 1 \end{bmatrix}, \begin{bmatrix} 7 \\ -7 \\ -4 \\ 1 \end{bmatrix}$
6. $\begin{bmatrix} 3 \\ -1 \\ 2 \\ -1 \end{bmatrix}, \begin{bmatrix} -5 \\ 9 \\ -9 \\ 3 \end{bmatrix}$

7. Encontre uma base ortonormal para o subespaço gerado pelos vetores no Exercício 3.

8. Encontre uma base ortonormal para o subespaço gerado pelos vetores no Exercício 4.

Encontre uma base ortogonal para o espaço coluna de cada matriz nos Exercícios 9 a 12.

9. $\begin{bmatrix} 3 & -5 & 1 \\ 1 & 1 & 1 \\ -1 & 5 & -2 \\ 3 & -7 & 8 \end{bmatrix}$
10. $\begin{bmatrix} -1 & 6 & 6 \\ 3 & -8 & 3 \\ 1 & -2 & 6 \\ 1 & -4 & -3 \end{bmatrix}$

11. $\begin{bmatrix} 1 & 2 & 5 \\ -1 & 1 & -4 \\ -1 & 4 & -3 \\ 1 & -4 & 7 \\ 1 & 2 & 1 \end{bmatrix}$
12. $\begin{bmatrix} 1 & 3 & 5 \\ -1 & -3 & 1 \\ 0 & 2 & 3 \\ 1 & 5 & 2 \\ 1 & 5 & 8 \end{bmatrix}$

Nos Exercícios 13 e 14, as colunas de Q foram obtidas aplicando-se o processo de Gram-Schmidt às colunas de A. Encontre uma matriz triangular superior R tal que $A = QR$. Verifique sua resposta.

13. $A = \begin{bmatrix} 5 & 9 \\ 1 & 7 \\ -3 & -5 \\ 1 & 5 \end{bmatrix}, Q = \begin{bmatrix} 5/6 & -1/6 \\ 1/6 & 5/6 \\ -3/6 & 1/6 \\ 1/6 & 3/6 \end{bmatrix}$

14. $A = \begin{bmatrix} -2 & 3 \\ 5 & 7 \\ 2 & -2 \\ 4 & 6 \end{bmatrix}, Q = \begin{bmatrix} -2/7 & 5/7 \\ 5/7 & 2/7 \\ 2/7 & -4/7 \\ 4/7 & 2/7 \end{bmatrix}$

15. Encontre uma fatoração QR para a matriz no Exercício 11.

16. Encontre uma fatoração QR para a matriz no Exercício 12.

Nos Exercícios 17 a 22, todos os vetores e subespaços estão em $\mathbb{R}^n$. Marque cada afirmação como Verdadeira ou Falsa (**V/F**). Justifique cada resposta.

17. (**V/F**) Se $\{\mathbf{v}_1, \mathbf{v}_2, \mathbf{v}_3\}$ for uma base ortogonal para W, então, multiplicando $\mathbf{v}_3$ por um escalar c, obteremos uma nova base ortogonal $\{\mathbf{v}_1, \mathbf{v}_2, c\mathbf{v}_3\}$.

18. (**V/F**) Se $W = \mathscr{L}\{\mathbf{x}_1, \mathbf{x}_2, \mathbf{x}_3\}$ com $\{\mathbf{x}_1, \mathbf{x}_2, \mathbf{x}_3\}$ linearmente independente e se $\{\mathbf{v}_1, \mathbf{v}_2, \mathbf{v}_3\}$ for um conjunto ortogonal em W, então $\{\mathbf{v}_1, \mathbf{v}_2, \mathbf{v}_3\}$ será uma base para W.

19. (**V/F**) O processo de Gram-Schmidt produz um conjunto ortogonal $\{\mathbf{v}_1, ..., \mathbf{v}_p\}$, a partir de um conjunto linearmente independente $\{\mathbf{x}_1, ..., \mathbf{x}_p\}$, com a propriedade de que, para cada k, os vetores $\mathbf{v}_1, ..., \mathbf{v}_k$ geram o mesmo subespaço que $\mathbf{x}_1, ..., \mathbf{x}_k$.

20. (**V/F**) Se $\mathbf{x}$ não pertencer a um subespaço W, então $\mathbf{x} - \text{proj}_W\mathbf{x}$ não será nulo.

21. (**V/F**) Se $A = QR$, em que Q tem colunas ortonormais, então $R = Q^TA$.

22. (**V/F**) Em uma fatoração QR, digamos, $A = QR$ (quando A tem colunas linearmente independentes), as colunas de Q formam uma base ortonormal para o espaço coluna de A.

23. Suponha que $A = QR$, em que Q seja $m \times n$ e R seja $n \times n$. Mostre que, se as colunas de A forem linearmente independentes, então R terá de ser invertível. [*Sugestão:* Estude a equação $R\mathbf{x} = \mathbf{0}$ e use o fato de que $A = QR$.]

24. Suponha que $A = QR$, em que R seja uma matriz invertível. Mostre que A e Q têm o mesmo espaço coluna. [*Sugestão:* Dado $\mathbf{y}$ em Col A, mostre que $\mathbf{y} = Q\mathbf{x}$ para algum $\mathbf{x}$. Mostre, também, que, dado $\mathbf{y}$ em Col Q, $\mathbf{y} = A\mathbf{x}$ para algum $\mathbf{x}$.]

25. Considerando $A = QR$ como no Teorema 12, descreva como encontrar uma matriz ortogonal (quadrada) Q_1 $m \times m$ e uma matriz triangular superior invertível R $n \times n$ tal que

$$A = Q_1 \begin{bmatrix} R \\ 0 \end{bmatrix}$$

O comando `qr` do MATLAB fornece essa fatoração QR "completa" no caso em que posto de $A = n$.

26. Suponha que $u_1, \ldots, u_p$ formem uma base ortogonal para um subespaço W de $\mathbb{R}^n$ e seja $T: \mathbb{R}^n \to \mathbb{R}^n$ definida por $T(\mathbf{x}) = \text{proj}_W \mathbf{x}$. Mostre que T é uma transformação linear.

27. Suponha que $A = QR$ seja uma fatoração QR de uma matriz A $m \times n$ (com colunas linearmente independentes). Escreva A em blocos como $[A_1\ A_2]$, em que A_1 tenha p colunas. Mostre como obter uma fatoração QR de A_1 e explique por que sua fatoração tem as propriedades apropriadas.

M 28. Use o processo de Gram-Schmidt para produzir uma base ortogonal para o espaço coluna de

$$A = \begin{bmatrix} -10 & 13 & 7 & -11 \\ 2 & 1 & -5 & 3 \\ -6 & 3 & 13 & -3 \\ 16 & -16 & -2 & 5 \\ 2 & 1 & -5 & -7 \end{bmatrix}$$

M 29. Use o método desenvolvido nesta seção para produzir uma fatoração QR para a matriz no Exercício 28.

M 30. Em um programa que trabalha com matrizes, o processo de Gram-Schmidt funciona melhor com vetores ortonormais. Começando com $x_1, \ldots, x_p$ como no Teorema 11, seja $A\ [\mathbf{x}_1 \cdots \mathbf{x}_p]$. Suponha que Q seja uma matriz $n \times k$ cujas colunas formam uma base ortonormal para o subespaço W_k gerado pelas k primeiras colunas de A. Então, para $\mathbf{x}$ em $\mathbb{R}^n$, $QQ^T\mathbf{x}$ será a projeção ortogonal de $\mathbf{x}$ sobre W_k (Teorema 10 na Seção 6.3). Se $\mathbf{x}_{k+1}$ for a próxima coluna de A, então a equação (2) na demonstração do Teorema 11 ficará

$$\mathbf{v}_{k+1} = \mathbf{x}_{k+1} - Q(Q^T \mathbf{x}_{k+1})$$

(Os parênteses anteriores reduzem o número de operações aritméticas.) Seja $\mathbf{u}_{k+1} = \mathbf{v}_{k+1}/\|\mathbf{v}_{k+1}\|$. A nova matriz Q para o próximo passo é $[Q\ \mathbf{u}_{k+1}]$. Use esse procedimento para calcular a fatoração QR da matriz no Exercício 28. Escreva as teclas ou comandos que você usar.

Soluções dos Problemas Práticos

1. Sejam $\mathbf{v}_1 = \mathbf{x}_1 = \begin{bmatrix} 1 \\ 1 \\ 1 \end{bmatrix}$ e $\mathbf{v}_2 = \mathbf{x}_2 - \dfrac{\mathbf{x}_2 \cdot \mathbf{v}_1}{\mathbf{v}_1 \cdot \mathbf{v}_1}\mathbf{v}_1 = \mathbf{x}_2 - 0\mathbf{v}_1 = \mathbf{x}_2$. Então $\{\mathbf{x}_1, \mathbf{x}_2\}$ já é ortogonal.

Tudo que precisamos fazer é normalizar os vetores. Seja

$$\mathbf{u}_1 = \frac{1}{\|\mathbf{v}_1\|}\mathbf{v}_1 = \frac{1}{\sqrt{3}}\begin{bmatrix} 1 \\ 1 \\ 1 \end{bmatrix} = \begin{bmatrix} 1/\sqrt{3} \\ 1/\sqrt{3} \\ 1/\sqrt{3} \end{bmatrix}$$

Em vez de normalizar $\mathbf{v}_2$ diretamente, vamos normalizar $\mathbf{v}_2' = 3\mathbf{v}_2$:

$$\mathbf{u}_2 = \frac{1}{\|\mathbf{v}_2'\|}\mathbf{v}_2' = \frac{1}{\sqrt{1^2 + 1^2 + (-2)^2}}\begin{bmatrix} 1 \\ 1 \\ -2 \end{bmatrix} = \begin{bmatrix} 1/\sqrt{6} \\ 1/\sqrt{6} \\ -2/\sqrt{6} \end{bmatrix}$$

Portanto, $\{\mathbf{u}_1, \mathbf{u}_2\}$ é uma base ortonormal para W.

2. Como as colunas de A são linearmente dependentes, existe um vetor não nulo $\mathbf{x}$ tal que $A\mathbf{x} = \mathbf{0}$. Mas então $QR\mathbf{x} = \mathbf{0}$. Aplicando o Teorema 7 da Seção 6.2, obtém-se $\|R\mathbf{x}\| = \|QR\mathbf{x}\| = \|\mathbf{0}\| = 0$. Mas $\|R\mathbf{x}\| = 0$ implica $R\mathbf{x} = \mathbf{0}$, pelo Teorema 1 da Seção 6.1. Logo, existe um vetor não nulo $\mathbf{x}$ tal que $R\mathbf{x} = \mathbf{0}$ e, portanto, pelo Teorema da Matriz Invertível, R não pode ser invertível.

6.5 PROBLEMAS DE MÍNIMOS QUADRÁTICOS

Sistemas inconsistentes aparecem muitas vezes em aplicações. Quando se precisa de uma solução que não existe, o melhor que se pode fazer é encontrar um $\mathbf{x}$ que faça com que $A\mathbf{x}$ fique o mais próximo possível de $\mathbf{b}$.

Podemos pensar em $A\mathbf{x}$ como uma *aproximação* de $\mathbf{b}$. Quanto menor a distância entre $\mathbf{b}$ e $A\mathbf{x}$, dada por $\|\mathbf{b} - A\mathbf{x}\|$, melhor a aproximação. O **problema geral de mínimos quadráticos** é encontrar um $\mathbf{x}$ que torne $\|\mathbf{b} - A\mathbf{x}\|$ o menor possível. O termo "mínimos quadráticos" vem do fato de que $\|\mathbf{b} - A\mathbf{x}\|$ é a raiz quadrada de uma soma de quadrados.

DEFINIÇÃO

Se A for $m \times n$ e $\mathbf{b}$ pertencer a $\mathbb{R}^m$, uma **solução de mínimos quadráticos** para $A\mathbf{x} = \mathbf{b}$ será um vetor $\hat{\mathbf{x}}$ pertencente a $\mathbb{R}^n$ tal que

$$\|\mathbf{b} - A\hat{\mathbf{x}}\| \leq \|\mathbf{b} - A\mathbf{x}\|$$

para todo $\mathbf{x}$ em $\mathbb{R}^n$.

O aspecto mais importante de um problema de mínimos quadráticos é que, independentemente do vetor **x** selecionado, o vetor $A\mathbf{x}$ pertence, de modo necessário, ao espaço de colunas Col A. Procuramos, então, **x** que torna $A\mathbf{x}$ o ponto mais próximo em Col A de **b**. Veja a Figura 1. (É claro que, se **b** estiver em Col A, então **b** *será* da forma $A\mathbf{x}$ para algum **x** e tal **x** será a "solução de mínimos quadráticos".)

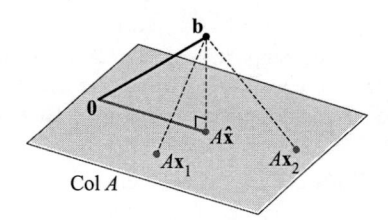

FIGURA 1 O vetor **b** está mais próximo de $A\hat{\mathbf{x}}$ que $A\mathbf{x}$ para outros **x**.

Solução do Problema Geral de Mínimos Quadráticos

Dados A e **b** como anteriormente, aplique o Teorema da Melhor Aproximação na Seção 6.3 ao subespaço Col A. Seja

$$\hat{\mathbf{b}} = \text{proj}_{\text{Col } A}\, \mathbf{b}$$

Como $\hat{\mathbf{b}}$ pertence ao espaço de colunas de A, a equação $A\mathbf{x} = \hat{\mathbf{b}}$ *é* consistente e existe $\hat{\mathbf{x}}$ em $\mathbb{R}^n$ tal que

$$A\hat{\mathbf{x}} = \hat{\mathbf{b}} \tag{1}$$

Como $\hat{\mathbf{b}}$ é o ponto mais próximo de **b** em Col A, um vetor $\hat{\mathbf{x}}$ é uma solução de mínimos quadráticos para $A\mathbf{x} = \mathbf{b}$ se e somente se $\hat{\mathbf{x}}$ satisfizer (1). Tal $\hat{\mathbf{x}}$ em $\mathbb{R}^n$ é uma lista de coeficientes que vai formar $\hat{\mathbf{b}}$ com as colunas de A. Veja a Figura 2. [Existirão muitas soluções de (1) se a equação tiver variáveis livres.]

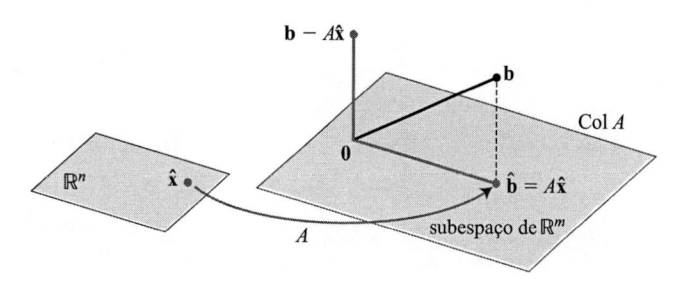

FIGURA 2 A solução de mínimos quadráticos $\hat{\mathbf{x}}$ pertence a $\mathbb{R}^n$.

Suponha que $\hat{\mathbf{x}}$ satisfaça $A\hat{\mathbf{x}} = \hat{\mathbf{b}}$. Pelo Teorema da Decomposição Ortogonal na Seção 6.3, a projeção $\hat{\mathbf{b}}$ tem a propriedade de que $\mathbf{b} - \hat{\mathbf{b}}$ é ortogonal a Col A, de modo que $\mathbf{b} - A\hat{\mathbf{x}}$ é ortogonal a cada coluna de A. Se $\mathbf{a}_j$ for uma coluna de A, então $\mathbf{a}_j \cdot (\mathbf{b} - A\hat{\mathbf{x}}) = 0$ e $\mathbf{a}_j^T(\mathbf{b} - A\hat{\mathbf{x}}) = 0$. Como cada $\mathbf{a}_j^T$ é uma linha de A^T, temos

$$A^T(\mathbf{b} - A\hat{\mathbf{x}}) = \mathbf{0} \tag{2}$$

(Essa equação segue, também, do Teorema 3 na Seção 6.1.) Assim,

$$A^T\mathbf{b} - A^TA\hat{\mathbf{x}} = \mathbf{0}$$
$$A^TA\hat{\mathbf{x}} = A^T\mathbf{b}$$

Esses cálculos mostram que a solução de mínimos quadráticos de $A\mathbf{x} = \mathbf{b}$ satisfaz a equação

$$A^TA\mathbf{x} = A^T\mathbf{b} \tag{3}$$

A equação matricial (3) representa um sistema de equações conhecido como **equações normais** para $A\mathbf{x} = \mathbf{b}$. Muitas vezes uma solução de (3) é denotada por $\hat{\mathbf{x}}$.

TEOREMA 13

> O conjunto de soluções de mínimos quadráticos de $A\mathbf{x} = \mathbf{b}$ coincide com o conjunto não vazio de soluções das equações normais $A^TA\mathbf{x} = A^T\mathbf{b}$.

DEMONSTRAÇÃO Já mostramos que o conjunto de soluções de mínimos quadráticos é um conjunto não vazio, e qualquer um de seus elementos satisfaz as equações normais. Reciprocamente, suponha que $\hat{\mathbf{x}}$ satisfaça $A^TA\hat{\mathbf{x}} = A^T\mathbf{b}$. Então, $\hat{\mathbf{x}}$ satisfará (2) anterior, o que mostra que $\mathbf{b} - A\hat{\mathbf{x}}$ é ortogonal às linhas de A^T e, portanto, é ortogonal às colunas de A. Como as colunas de A geram Col A, o vetor $\mathbf{b} - A\hat{\mathbf{x}}$ é ortogonal a todo o espaço Col A. Logo, a equação

$$\mathbf{b} = A\hat{\mathbf{x}} + (\mathbf{b} - A\hat{\mathbf{x}})$$

é uma decomposição de $\mathbf{b}$ na soma de um vetor em Col A e um vetor ortogonal a Col A. Pela unicidade da decomposição ortogonal, $A\hat{\mathbf{x}}$ tem de ser a projeção ortogonal de $\mathbf{b}$ sobre Col A, ou seja, $A\hat{\mathbf{x}} = \hat{\mathbf{b}}$ e $\hat{\mathbf{x}}$ é uma solução de mínimos quadráticos. ■

EXEMPLO 1 Encontre uma solução de mínimos quadráticos do sistema inconsistente $A\mathbf{x} = \mathbf{b}$, em que

$$A = \begin{bmatrix} 4 & 0 \\ 0 & 2 \\ 1 & 1 \end{bmatrix}, \quad \mathbf{b} = \begin{bmatrix} 2 \\ 0 \\ 11 \end{bmatrix}$$

SOLUÇÃO Para usar (3), calcule:

$$A^TA = \begin{bmatrix} 4 & 0 & 1 \\ 0 & 2 & 1 \end{bmatrix} \begin{bmatrix} 4 & 0 \\ 0 & 2 \\ 1 & 1 \end{bmatrix} = \begin{bmatrix} 17 & 1 \\ 1 & 5 \end{bmatrix}$$

$$A^T\mathbf{b} = \begin{bmatrix} 4 & 0 & 1 \\ 0 & 2 & 1 \end{bmatrix} \begin{bmatrix} 2 \\ 0 \\ 11 \end{bmatrix} = \begin{bmatrix} 19 \\ 11 \end{bmatrix}$$

A equação $A^TA\mathbf{x} = A^T\mathbf{b}$ fica, então,

$$\begin{bmatrix} 17 & 1 \\ 1 & 5 \end{bmatrix} \begin{bmatrix} x_1 \\ x_2 \end{bmatrix} = \begin{bmatrix} 19 \\ 11 \end{bmatrix}$$

Esse sistema pode ser resolvido usando-se operações elementares nas linhas, mas, como A^TA é invertível e 2×2, provavelmente é mais rápido calcular

$$(A^TA)^{-1} = \frac{1}{84} \begin{bmatrix} 5 & -1 \\ -1 & 17 \end{bmatrix}$$

e, depois, resolver $A^TA\mathbf{x} = A^T\mathbf{b}$ direto:

$$\hat{\mathbf{x}} = (A^TA)^{-1}A^T\mathbf{b}$$
$$= \frac{1}{84} \begin{bmatrix} 5 & -1 \\ -1 & 17 \end{bmatrix} \begin{bmatrix} 19 \\ 11 \end{bmatrix} = \frac{1}{84} \begin{bmatrix} 84 \\ 168 \end{bmatrix} = \begin{bmatrix} 1 \\ 2 \end{bmatrix}$$

■

A matriz A^TA é invertível em muitos cálculos, mas nem sempre isso ocorre. O próximo exemplo envolve uma matriz do tipo que aparece nos problemas em estatística, conhecidos como *análise de variância*.

EXEMPLO 2 Encontre uma solução de mínimos quadráticos para $A\mathbf{x} = \mathbf{b}$, em que

$$A = \begin{bmatrix} 1 & 1 & 0 & 0 \\ 1 & 1 & 0 & 0 \\ 1 & 0 & 1 & 0 \\ 1 & 0 & 1 & 0 \\ 1 & 0 & 0 & 1 \\ 1 & 0 & 0 & 1 \end{bmatrix}, \quad \mathbf{b} = \begin{bmatrix} -3 \\ -1 \\ 0 \\ 2 \\ 5 \\ 1 \end{bmatrix}$$

SOLUÇÃO Calcule

$$A^TA = \begin{bmatrix} 1 & 1 & 1 & 1 & 1 & 1 \\ 1 & 1 & 0 & 0 & 0 & 0 \\ 0 & 0 & 1 & 1 & 0 & 0 \\ 0 & 0 & 0 & 0 & 1 & 1 \end{bmatrix} \begin{bmatrix} 1 & 1 & 0 & 0 \\ 1 & 1 & 0 & 0 \\ 1 & 0 & 1 & 0 \\ 1 & 0 & 1 & 0 \\ 1 & 0 & 0 & 1 \\ 1 & 0 & 0 & 1 \end{bmatrix} = \begin{bmatrix} 6 & 2 & 2 & 2 \\ 2 & 2 & 0 & 0 \\ 2 & 0 & 2 & 0 \\ 2 & 0 & 0 & 2 \end{bmatrix}$$

$$A^T\mathbf{b} = \begin{bmatrix} 1 & 1 & 1 & 1 & 1 & 1 \\ 1 & 1 & 0 & 0 & 0 & 0 \\ 0 & 0 & 1 & 1 & 0 & 0 \\ 0 & 0 & 0 & 0 & 1 & 1 \end{bmatrix} \begin{bmatrix} -3 \\ -1 \\ 0 \\ 2 \\ 5 \\ 1 \end{bmatrix} = \begin{bmatrix} 4 \\ -4 \\ 2 \\ 6 \end{bmatrix}$$

A matriz aumentada para $A^T A \mathbf{x} = A^T \mathbf{b}$ é

$$
\begin{bmatrix}
6 & 2 & 2 & 2 & 4 \\
2 & 2 & 0 & 0 & -4 \\
2 & 0 & 2 & 0 & 2 \\
2 & 0 & 0 & 2 & 6
\end{bmatrix}
\sim
\begin{bmatrix}
1 & 0 & 0 & 1 & 3 \\
0 & 1 & 0 & -1 & -5 \\
0 & 0 & 1 & -1 & -2 \\
0 & 0 & 0 & 0 & 0
\end{bmatrix}
$$

A solução geral é $x_1 = 3 - x_4$, $x_2 = -5 + x_4$, $x_3 = -2 + x_4$ e x_4 é arbitrário. Logo, a solução geral de mínimos quadráticos de $A\mathbf{x} = \mathbf{b}$ é da forma

$$
\hat{\mathbf{x}} =
\begin{bmatrix}
3 \\ -5 \\ -2 \\ 0
\end{bmatrix}
+ x_4
\begin{bmatrix}
-1 \\ 1 \\ 1 \\ 1
\end{bmatrix}
\qquad \blacksquare
$$

O próximo teorema nos dá um critério útil para o caso em que existe apenas uma solução de mínimos quadráticos de $A\mathbf{x} = \mathbf{b}$. (É claro que a projeção ortogonal $\hat{\mathbf{b}}$ é sempre única.)

TEOREMA 14

> Seja A uma matriz $m \times n$. As seguintes afirmações são logicamente equivalentes:
> a. A equação $A\mathbf{x} = \mathbf{b}$ tem uma única solução de mínimos quadráticos para cada $\mathbf{b}$ em $\mathbb{R}^m$.
> b. As colunas de A são linearmente independentes.
> c. A matriz $A^T A$ é invertível.
>
> Quando essas afirmações são verdadeiras, a solução de mínimos quadráticos $\hat{\mathbf{x}}$ é dada por
> $$\hat{\mathbf{x}} = (A^T A)^{-1} A^T \mathbf{b} \tag{4}$$

Os principais elementos de uma demonstração do Teorema 14 estão esboçados nos Exercícios 27 a 29, que também revê conceitos do Capítulo 4. A fórmula (4) para $\hat{\mathbf{x}}$ é útil, principalmente para questões teóricas e cálculos manuais no caso em que $A^T A$ é uma matriz 2×2 invertível.

Quando se utiliza uma solução de mínimos quadráticos $\hat{\mathbf{x}}$ para se obter $A\hat{\mathbf{x}}$ como uma aproximação de $\mathbf{b}$, a distância entre $\mathbf{b}$ e $A\hat{\mathbf{x}}$ é chamada **erro de mínimos quadráticos** dessa aproximação.

EXEMPLO 3 Dados A e $\mathbf{b}$ como no Exemplo 1, determine o erro de mínimos quadráticos na solução de mínimos quadráticos de $A\mathbf{x} = \mathbf{b}$.

SOLUÇÃO Do Exemplo 1, temos

$$
\mathbf{b} = \begin{bmatrix} 2 \\ 0 \\ 11 \end{bmatrix}
\qquad \text{e} \qquad
A\hat{\mathbf{x}} = \begin{bmatrix} 4 & 0 \\ 0 & 2 \\ 1 & 1 \end{bmatrix} \begin{bmatrix} 1 \\ 2 \end{bmatrix} = \begin{bmatrix} 4 \\ 4 \\ 3 \end{bmatrix}
$$

Logo

$$
\mathbf{b} - A\hat{\mathbf{x}} = \begin{bmatrix} 2 \\ 0 \\ 11 \end{bmatrix} - \begin{bmatrix} 4 \\ 4 \\ 3 \end{bmatrix} = \begin{bmatrix} -2 \\ -4 \\ 8 \end{bmatrix}
$$

e

$$
\| \mathbf{b} - A\hat{\mathbf{x}} \| = \sqrt{(-2)^2 + (-4)^2 + 8^2} = \sqrt{84}
$$

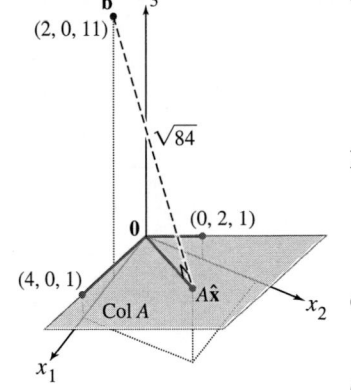

FIGURA 3

O erro de mínimos quadráticos é $\sqrt{84}$. Para qualquer $\mathbf{x}$ em $\mathbb{R}^2$, a distância entre $\mathbf{b}$ e o vetor $A\mathbf{x}$ é pelo menos $\sqrt{84}$. Veja a Figura 3. Note que a solução de mínimos quadráticos $\hat{\mathbf{x}}$ não aparece na figura. $\blacksquare$

Cálculos Alternativos para Soluções de Mínimos Quadráticos

O próximo exemplo mostra como encontrar uma solução de mínimos quadráticos para $A\mathbf{x} = \mathbf{b}$ quando as colunas de A são ortogonais entre si. Tais matrizes aparecem, muitas vezes, em problemas de regressão linear, discutidos na próxima seção.

EXEMPLO 4 Encontre uma solução de mínimos quadráticos de $A\mathbf{x} = \mathbf{b}$, na qual

$$
A = \begin{bmatrix} 1 & -6 \\ 1 & -2 \\ 1 & 1 \\ 1 & 7 \end{bmatrix}, \qquad
\mathbf{b} = \begin{bmatrix} -1 \\ 2 \\ 1 \\ 6 \end{bmatrix}
$$

SOLUÇÃO Como as colunas $\mathbf{a}_1$ e $\mathbf{a}_2$ de A são ortogonais, a projeção ortogonal de $\mathbf{b}$ sobre Col A é dada por

$$\hat{\mathbf{b}} = \frac{\mathbf{b} \cdot \mathbf{a}_1}{\mathbf{a}_1 \cdot \mathbf{a}_1}\mathbf{a}_1 + \frac{\mathbf{b} \cdot \mathbf{a}_2}{\mathbf{a}_2 \cdot \mathbf{a}_2}\mathbf{a}_2 = \frac{8}{4}\mathbf{a}_1 + \frac{45}{90}\mathbf{a}_2 \tag{5}$$

$$= \begin{bmatrix} 2 \\ 2 \\ 2 \\ 2 \end{bmatrix} + \begin{bmatrix} -3 \\ -1 \\ 1/2 \\ 7/2 \end{bmatrix} = \begin{bmatrix} -1 \\ 1 \\ 5/2 \\ 11/2 \end{bmatrix}$$

Agora que $\hat{\mathbf{b}}$ é conhecido, podemos resolver $A\hat{\mathbf{x}} = \hat{\mathbf{b}}$. Mas isso é trivial, pois já conhecemos os coeficientes que, multiplicados pelas colunas de A, irão produzir $\mathbf{b}$. De (5), é claro que

$$\hat{\mathbf{x}} = \begin{bmatrix} 8/4 \\ 45/90 \end{bmatrix} = \begin{bmatrix} 2 \\ 1/2 \end{bmatrix} \qquad \blacksquare$$

Em alguns casos, as equações normais para um problema de mínimos quadráticos podem ser *mal condicionadas*, ou seja, pequenos erros nos cálculos dos elementos de A^TA podem causar erros relativamente grandes na solução $\hat{\mathbf{x}}$. Se as colunas de A forem linearmente independentes, a solução de mínimos quadráticos poderá, muitas vezes, ser calculada de maneira mais confiável por meio de uma fatoração QR de A (descrita na Seção 6.4).[1]

TEOREMA 15

> Dada uma matriz A $m \times n$ com colunas linearmente independentes, seja $A = QR$ a fatoração QR de A como no Teorema 12. Então, para cada $\mathbf{b}$ em $\mathbb{R}^m$, a equação $A\mathbf{x} = \mathbf{b}$ tem uma única solução de mínimos quadráticos dada por
> $$\hat{\mathbf{x}} = R^{-1}Q^T\mathbf{b} \tag{6}$$

DEMONSTRAÇÃO Seja $\hat{\mathbf{x}} = R^{-1}Q^T\mathbf{b}$. Então,

$$A\hat{\mathbf{x}} = QR\hat{\mathbf{x}} = QRR^{-1}Q^T\mathbf{b} = QQ^T\mathbf{b}$$

Pelo Teorema 12, as colunas de Q formam uma base ortogonal para Col A. Logo, pelo Teorema 10, $QQ^T\mathbf{b}$ é a projeção ortogonal $\hat{\mathbf{b}}$ de $\mathbf{b}$ sobre Col A. Então $A\hat{\mathbf{x}} = \hat{\mathbf{b}}$, o que mostra que $\hat{\mathbf{x}}$ é uma solução de mínimos quadráticos de $A\mathbf{x} = \mathbf{b}$. A unicidade de $\hat{\mathbf{x}}$ segue do Teorema 14. $\qquad \blacksquare$

> **Comentário Numérico**
>
> Como R no Teorema 15 é triangular superior, $\hat{\mathbf{x}}$ deveria ser calculado como a solução exata da equação
> $$R\mathbf{x} = Q^T\mathbf{b} \tag{7}$$
> É muito mais rápido resolver (7) por substituição ou operações elementares que calcular R^{-1} e depois usar (6).

EXEMPLO 5 Encontre a solução de mínimos quadráticos de $A\mathbf{x} = \mathbf{b}$, em que

$$A = \begin{bmatrix} 1 & 3 & 5 \\ 1 & 1 & 0 \\ 1 & 1 & 2 \\ 1 & 3 & 3 \end{bmatrix}, \quad \mathbf{b} = \begin{bmatrix} 3 \\ 5 \\ 7 \\ -3 \end{bmatrix}$$

SOLUÇÃO A fatoração QR de A pode ser obtida como na Seção 6.4.

$$A = QR = \begin{bmatrix} 1/2 & 1/2 & 1/2 \\ 1/2 & -1/2 & -1/2 \\ 1/2 & -1/2 & 1/2 \\ 1/2 & 1/2 & -1/2 \end{bmatrix} \begin{bmatrix} 2 & 4 & 5 \\ 0 & 2 & 3 \\ 0 & 0 & 2 \end{bmatrix}$$

Então

$$Q^T\mathbf{b} = \begin{bmatrix} 1/2 & 1/2 & 1/2 & 1/2 \\ 1/2 & -1/2 & -1/2 & 1/2 \\ 1/2 & -1/2 & 1/2 & -1/2 \end{bmatrix} \begin{bmatrix} 3 \\ 5 \\ 7 \\ -3 \end{bmatrix} = \begin{bmatrix} 6 \\ -6 \\ 4 \end{bmatrix}$$

---

[1] A terceira edição de G. Golub e C. Van Loan, *Matrix Computations* (Baltimore: Johns Hopkins Press, 1996), p. 230-231, compara o método QR com o método padrão para a equação normal.

A solução de mínimos quadráticos $\hat{\mathbf{x}}$ satisfaz $R\mathbf{x} = Q^T\mathbf{b}$, ou seja,

$$\begin{bmatrix} 2 & 4 & 5 \\ 0 & 2 & 3 \\ 0 & 0 & 2 \end{bmatrix} \begin{bmatrix} x_1 \\ x_2 \\ x_3 \end{bmatrix} = \begin{bmatrix} 6 \\ -6 \\ 4 \end{bmatrix}$$

Essa equação é resolvida facilmente e obtemos $\hat{\mathbf{x}} = \begin{bmatrix} 10 \\ -6 \\ 2 \end{bmatrix}$. ∎

Problemas Práticos

1. Sejam $A = \begin{bmatrix} 1 & -3 & -3 \\ 1 & 5 & 1 \\ 1 & 7 & 2 \end{bmatrix}$ e $\mathbf{b} = \begin{bmatrix} 5 \\ -3 \\ -5 \end{bmatrix}$. Encontre uma solução de mínimos quadráticos de $A\mathbf{x} = \mathbf{b}$ e calcule o erro de mínimos quadráticos associado.

2. O que você pode dizer sobre a solução de mínimos quadráticos para $A\mathbf{x} = \mathbf{b}$ quando $\mathbf{b}$ for ortogonal às colunas de A?

6.5 EXERCÍCIOS

Nos Exercícios 1 a 4, encontre uma solução de mínimos quadráticos de $A\mathbf{x} = \mathbf{b}$ (a) construindo as equações normais para $\hat{\mathbf{x}}$ e (b) resolvendo para $\hat{\mathbf{x}}$.

1. $A = \begin{bmatrix} -1 & 2 \\ 2 & -3 \\ -1 & 3 \end{bmatrix}$, $\mathbf{b} = \begin{bmatrix} 4 \\ 1 \\ 2 \end{bmatrix}$

2. $A = \begin{bmatrix} 2 & 1 \\ -2 & 0 \\ 2 & 3 \end{bmatrix}$, $\mathbf{b} = \begin{bmatrix} -5 \\ 8 \\ 1 \end{bmatrix}$

3. $A = \begin{bmatrix} 1 & -2 \\ -1 & 2 \\ 0 & 3 \\ 2 & 5 \end{bmatrix}$, $\mathbf{b} = \begin{bmatrix} 3 \\ 1 \\ -4 \\ 2 \end{bmatrix}$

4. $A = \begin{bmatrix} 1 & 3 \\ 1 & -1 \\ 1 & 1 \end{bmatrix}$, $\mathbf{b} = \begin{bmatrix} 5 \\ 1 \\ 0 \end{bmatrix}$

Nos Exercícios 5 e 6, descreva todas as soluções de mínimos quadráticos da equação $A\mathbf{x} = \mathbf{b}$.

5. $A = \begin{bmatrix} 1 & 1 & 0 \\ 1 & 1 & 0 \\ 1 & 0 & 1 \\ 1 & 0 & 1 \end{bmatrix}$, $\mathbf{b} = \begin{bmatrix} 1 \\ 3 \\ 8 \\ 2 \end{bmatrix}$

6. $A = \begin{bmatrix} 1 & 1 & 0 \\ 1 & 1 & 0 \\ 1 & 1 & 0 \\ 1 & 0 & 1 \\ 1 & 0 & 1 \\ 1 & 0 & 1 \end{bmatrix}$, $\mathbf{b} = \begin{bmatrix} 7 \\ 2 \\ 3 \\ 6 \\ 5 \\ 4 \end{bmatrix}$

7. Calcule o erro de mínimos quadráticos associado à solução de mínimos quadráticos encontrada no Exercício 3.

8. Calcule o erro de mínimos quadráticos associado à solução de mínimos quadráticos encontrada no Exercício 4.

Nos Exercícios 9 a 12, encontre (a) a projeção ortogonal de $\mathbf{b}$ sobre Col A e (b) uma solução de mínimos quadráticos de $A\mathbf{x} = \mathbf{b}$.

9. $A = \begin{bmatrix} 1 & 5 \\ 3 & 1 \\ -2 & 4 \end{bmatrix}$, $\mathbf{b} = \begin{bmatrix} 4 \\ -2 \\ -3 \end{bmatrix}$

10. $A = \begin{bmatrix} 1 & 2 \\ -1 & 4 \\ 1 & 2 \end{bmatrix}$, $\mathbf{b} = \begin{bmatrix} 3 \\ -1 \\ 5 \end{bmatrix}$

11. $A = \begin{bmatrix} 4 & 0 & 1 \\ 1 & -5 & 1 \\ 6 & 1 & 0 \\ 1 & -1 & -5 \end{bmatrix}$, $\mathbf{b} = \begin{bmatrix} 9 \\ 0 \\ 0 \\ 0 \end{bmatrix}$

12. $A = \begin{bmatrix} 1 & 1 & 0 \\ 1 & 0 & -1 \\ 0 & 1 & 1 \\ -1 & 1 & -1 \end{bmatrix}$, $\mathbf{b} = \begin{bmatrix} 2 \\ 5 \\ 6 \\ 6 \end{bmatrix}$

13. Sejam $A = \begin{bmatrix} 3 & 4 \\ -2 & 1 \\ 3 & 4 \end{bmatrix}$, $\mathbf{b} = \begin{bmatrix} 11 \\ -9 \\ 5 \end{bmatrix}$, $\mathbf{u} = \begin{bmatrix} 5 \\ -1 \end{bmatrix}$ e $\mathbf{v} = \begin{bmatrix} 5 \\ -2 \end{bmatrix}$.

    Calcule $A\mathbf{u}$, $A\mathbf{v}$ e compare-os com $\mathbf{b}$. O vetor $\mathbf{u}$ pode ser uma solução de mínimos quadráticos para $A\mathbf{x} = \mathbf{b}$? (Responda sem calcular uma solução de mínimos quadráticos.)

14. Sejam $A = \begin{bmatrix} 2 & 1 \\ -3 & -4 \\ 3 & 2 \end{bmatrix}$, $\mathbf{b} = \begin{bmatrix} 5 \\ 4 \\ 4 \end{bmatrix}$, $\mathbf{u} = \begin{bmatrix} 4 \\ -5 \end{bmatrix}$ e $\mathbf{v} = \begin{bmatrix} 6 \\ -5 \end{bmatrix}$.

    Calcule $A\mathbf{u}$, $A\mathbf{v}$ e compare-os com $\mathbf{b}$. É possível que pelo menos um deles, $\mathbf{u}$ ou $\mathbf{v}$, seja uma solução de mínimos quadráticos de $A\mathbf{x} = \mathbf{b}$? (Responda sem calcular uma solução de mínimos quadráticos.)

Nos Exercícios 15 e 16, use a fatoração $A = QR$ para encontrar a solução de mínimos quadráticos para $A\mathbf{x} = \mathbf{b}$.

15. $A = \begin{bmatrix} 2 & 3 \\ 2 & 4 \\ 1 & 1 \end{bmatrix} = \begin{bmatrix} 2/3 & -1/3 \\ 2/3 & 2/3 \\ 1/3 & -2/3 \end{bmatrix} \begin{bmatrix} 3 & 5 \\ 0 & 1 \end{bmatrix}$, $\mathbf{b} = \begin{bmatrix} 7 \\ 3 \\ 1 \end{bmatrix}$

16. $A = \begin{bmatrix} 1 & -1 \\ 1 & 4 \\ 1 & -1 \\ 1 & 4 \end{bmatrix} = \begin{bmatrix} 1/2 & -1/2 \\ 1/2 & 1/2 \\ 1/2 & -1/2 \\ 1/2 & 1/2 \end{bmatrix} \begin{bmatrix} 2 & 3 \\ 0 & 5 \end{bmatrix}$, $\mathbf{b} = \begin{bmatrix} -1 \\ 6 \\ 5 \\ 7 \end{bmatrix}$

Nos Exercícios 17 a 26, A é uma matriz $m \times n$ e $\mathbf{b}$ está em $\mathbb{R}^m$. Marque cada afirmação como Verdadeira ou Falsa **(V/F)**. Justifique cada resposta.

17. **(V/F)** O problema geral de mínimos quadráticos é encontrar um $\mathbf{x}$ que torne $A\mathbf{x}$ o mais próximo possível de $\mathbf{b}$.

18. (V/F) Se **b** pertencer ao espaço coluna de A, então toda solução de $A\mathbf{x} = \mathbf{b}$ será uma solução de mínimos quadrados.

19. (V/F) Uma solução de mínimos quadrados de $A\mathbf{x} = \mathbf{b}$ é um vetor $\hat{\mathbf{x}}$ que satisfaz $A\hat{\mathbf{x}} = \hat{\mathbf{b}}$, no qual $\hat{\mathbf{b}}$ é a projeção ortogonal de **b** sobre Col A.

20. (V/F) Uma solução de mínimos quadrados para $A\mathbf{x} = \mathbf{b}$ é um vetor $\hat{\mathbf{x}}$ tal que $\|\mathbf{b} - A\mathbf{x}\| \le \|\mathbf{b} - A\hat{\mathbf{x}}\|$ para todo **x** em $\mathbb{R}^n$.

21. (V/F) Qualquer solução de $A^T A\mathbf{x} = A^T\mathbf{b}$ é uma solução de mínimos quadrados de $A\mathbf{x} = \mathbf{b}$.

22. (V/F) Se as colunas de A forem linearmente independentes, então a equação $A\mathbf{x} = \mathbf{b}$ terá exatamente uma solução de mínimos quadrados.

23. (V/F) A solução de mínimos quadrados de $A\mathbf{x} = \mathbf{b}$ é o ponto no espaço coluna de A mais próximo de **b**.

24. (V/F) Uma solução de mínimos quadrados de $A\mathbf{x} = \mathbf{b}$ é uma lista de coeficientes que, ao serem multiplicados pelas colunas de A, produzem a projeção ortogonal de **b** sobre Col A.

25. (V/F) As equações normais sempre fornecem um método confiável para calcular soluções de mínimos quadrados.

26. (V/F) Se A tiver uma fatoração QR, digamos, $A = QR$, então a melhor maneira de encontrar a solução de mínimos quadrados de $A\mathbf{x} = \mathbf{b}$ será calcular $\hat{\mathbf{x}} = R^{-1}Q^T\mathbf{b}$.

27. Seja A uma matriz $m \times n$. Use os passos a seguir para mostrar que um vetor **x** em $\mathbb{R}^n$ satisfaz $A\mathbf{x} = \mathbf{0}$ se e somente se $A^T A\mathbf{x} = \mathbf{0}$. Isso vai mostrar que Nul A = Nul $A^T A$.

    a. Mostre que, se $A\mathbf{x} = \mathbf{0}$, então $A^T A\mathbf{x} = \mathbf{0}$.

    b. Suponha que $A^T A\mathbf{x} = \mathbf{0}$. Explique por que $\mathbf{x}^T A^T A\mathbf{x} = 0$ e use isso para mostrar que $A\mathbf{x} = \mathbf{0}$.

28. Seja A uma matriz $m \times n$ tal que $A^T A$ seja invertível. Mostre que as colunas de A são linearmente independentes. [*Cuidado:* Você não pode supor que A seja invertível; ela pode não ser quadrada.]

29. Seja A uma matriz $m \times n$ cujas colunas são linearmente independentes. [*Cuidado:* A não precisa ser quadrada.]

    a. Use o Exercício 27 para mostrar que $A^T A$ é invertível.

    b. Explique por que A tem de ter pelo menos tantas linhas quanto colunas.

    c. Determine o posto de A.

30. Use o Exercício 27 para mostrar que posto de $A^T A$ = posto de A. [*Sugestão:* $A^T A$ tem quantas colunas? Qual a relação disso com o posto de $A^T A$?]

31. Suponha que A seja $m \times n$ com colunas linearmente independentes e **b** esteja em $\mathbb{R}^m$. Use as equações normais para obter uma fórmula para $\hat{\mathbf{b}}$, a projeção ortogonal de **b** sobre Col A.

[*Sugestão:* Encontre $\hat{\mathbf{x}}$ primeiro; a fórmula não precisa de uma base ortogonal para Col A.]

32. Encontre uma fórmula para a solução de mínimos quadrados de $A\mathbf{x} = \mathbf{b}$ quando as colunas de A forem ortonormais.

33. Descreva todas as soluções de mínimos quadrados do sistema

$$x + y = 2$$
$$x + y = 4$$

M 34. O Exemplo 2 na Seção 4.8 mostra um filtro linear de passagem baixa que transforma um sinal $\{y_k\}$ em $\{y_{k+1}\}$ e anula um sinal de alta frequência $\{w_k\}$, em que $y_k = \cos(\pi k/4)$ e $w_k = \cos(3\pi k/4)$. Os cálculos a seguir projetam um filtro com aproximadamente essas propriedades. A equação do filtro é

$$a_0 y_{k+2} + a_1 y_{k+1} + a_2 y_k = z_k \qquad \text{para todo } k \qquad (8)$$

Como os sinais são periódicos com período 8, basta estudar a equação (8) para $k = 0, \ldots, 7$. A ação descrita anteriormente nos dois sinais pode ser traduzida em dois conjuntos de oito equações:

$$
\begin{array}{c}
 \\ k=0 \\ k=1 \\ \vdots \\ \\ \\ \\ \\ k=7
\end{array}
\begin{array}{ccc}
y_{k+2} & y_{k+1} & y_k \\
\end{array}
\begin{bmatrix}
0 & 0,7 & 1 \\
-0,7 & 0 & 0,7 \\
-1 & -0,7 & 0 \\
-0,7 & -1 & -0,7 \\
0 & -0,7 & -1 \\
0,7 & 0 & -0,7 \\
1 & 0,7 & 0 \\
0,7 & 1 & 0,7
\end{bmatrix}
\begin{bmatrix} a_0 \\ a_1 \\ a_2 \end{bmatrix}
=
\begin{array}{c} y_{k+1} \\ \end{array}
\begin{bmatrix}
0,7 \\ 0 \\ -0,7 \\ -1 \\ -0,7 \\ 0 \\ 0,7 \\ 1
\end{bmatrix}
$$

$$
\begin{array}{c}
 \\ k=0 \\ k=1 \\ \vdots \\ \\ \\ \\ \\ k=7
\end{array}
\begin{array}{ccc}
w_{k+2} & w_{k+1} & w_k \\
\end{array}
\begin{bmatrix}
0 & -0,7 & 1 \\
0,7 & 0 & -0,7 \\
-1 & 0,7 & 0 \\
0,7 & -1 & 0,7 \\
0 & 0,7 & -1 \\
-0,7 & 0 & 0,7 \\
1 & -0,7 & 0 \\
-0,7 & 1 & -0,7
\end{bmatrix}
\begin{bmatrix} a_0 \\ a_1 \\ a_2 \end{bmatrix}
=
\begin{bmatrix}
0 \\ 0 \\ 0 \\ 0 \\ 0 \\ 0 \\ 0 \\ 0
\end{bmatrix}
$$

Escreva uma equação $A\mathbf{x} = \mathbf{b}$, na qual A é uma matriz 16×3 formada pelas duas matrizes de coeficientes anteriores e **b** em $\mathbb{R}^{16}$ é formado pelos vetores à direita do sinal de igualdade nas duas equações. Encontre a_0, a_1 e a_2 dados pela solução de mínimos quadrados de $A\mathbf{x} = \mathbf{b}$. (Os valores 0,7 nos dados mencionados foram usados como uma aproximação de $\sqrt{2}/2$ para ilustrar como desenvolver um cálculo típico em um problema aplicado. Se tivéssemos usado 0,707, os coeficientes resultantes do filtro coincidiriam em pelo menos sete casas decimais com $\sqrt{2}/4$, 1/2 e $\sqrt{2}/4$, os valores obtidos por cálculos exatos.)

Soluções dos Problemas Práticos

1. Primeiro, calcule

$$A^T A = \begin{bmatrix} 1 & 1 & 1 \\ -3 & 5 & 7 \\ -3 & 1 & 2 \end{bmatrix} \begin{bmatrix} 1 & -3 & -3 \\ 1 & 5 & 1 \\ 1 & 7 & 2 \end{bmatrix} = \begin{bmatrix} 3 & 9 & 0 \\ 9 & 83 & 28 \\ 0 & 28 & 14 \end{bmatrix}$$

$$A^T \mathbf{b} = \begin{bmatrix} 1 & 1 & 1 \\ -3 & 5 & 7 \\ -3 & 1 & 2 \end{bmatrix} \begin{bmatrix} 5 \\ -3 \\ -5 \end{bmatrix} = \begin{bmatrix} -3 \\ -65 \\ -28 \end{bmatrix}$$

A seguir, use operações elementares nas linhas da matriz aumentada para as equações normais, $A^T A\mathbf{x} = A^T\mathbf{b}$:

$$\begin{bmatrix} 3 & 9 & 0 & -3 \\ 9 & 83 & 28 & -65 \\ 0 & 28 & 14 & -28 \end{bmatrix} \sim \begin{bmatrix} 1 & 3 & 0 & -1 \\ 0 & 56 & 28 & -56 \\ 0 & 28 & 14 & -28 \end{bmatrix} \sim \cdots \sim \begin{bmatrix} 1 & 0 & -3/2 & 2 \\ 0 & 1 & 1/2 & -1 \\ 0 & 0 & 0 & 0 \end{bmatrix}$$

A solução geral de mínimos quadráticos é $x_1 = 2 + \frac{3}{2} x_3$, $x_2 = -1 - \frac{1}{2} x_3$, com x_3 arbitrário. Para uma solução particular, faça $x_3 = 0$ (por exemplo), obtendo

$$\hat{\mathbf{x}} = \begin{bmatrix} 2 \\ -1 \\ 0 \end{bmatrix}$$

Para encontrar o erro de mínimos quadráticos, calcule

$$\hat{\mathbf{b}} = A\hat{\mathbf{x}} = \begin{bmatrix} 1 & -3 & -3 \\ 1 & 5 & 1 \\ 1 & 7 & 2 \end{bmatrix} \begin{bmatrix} 2 \\ -1 \\ 0 \end{bmatrix} = \begin{bmatrix} 5 \\ -3 \\ -5 \end{bmatrix}$$

Nesse caso, $\hat{\mathbf{b}} = \mathbf{b}$; logo, $\|\mathbf{b} - \hat{\mathbf{b}}\| = 0$. O erro de mínimos quadráticos é zero, pois $\mathbf{b}$ pertence a Col A.

2. Se $\mathbf{b}$ for ortogonal às colunas de A, então a projeção de $\mathbf{b}$ sobre o espaço de colunas de A será $\mathbf{0}$. Nesse caso, uma solução de mínimos quadráticos $\hat{\mathbf{x}}$ de $A\mathbf{x} = \mathbf{b}$ satisfaz $A\hat{\mathbf{x}} = \mathbf{0}$.

6.6 APRENDIZAGEM DE MÁQUINAS E MODELOS LINEARES

Aprendizagem de Máquinas

A aprendizagem de máquinas usa modelos lineares em situações em que a máquina está sendo *treinada* a prever o resultado (variáveis dependentes) com base nos valores de entrada (variáveis independentes). A máquina recebe um conjunto de dados de treinamento em que os valores das variáveis independentes e dependentes são conhecidos. A máquina então *aprende* a relação entre as variáveis independentes e as dependentes. Um tipo de aprendizagem é ajustar uma curva aos dados, como uma reta de mínimos quadráticos ou uma parábola. Uma vez que a máquina aprendeu o padrão dos dados de treinamento, ela pode estimar o valor de saída com base em um valor dado de entrada.

Retas de Mínimos Quadráticos

Uma das tarefas usuais em ciência e em engenharia é analisar e compreender relações entre diversas quantidades que variam. Esta seção descreve diversas situações nas quais os dados são utilizados para obter ou verificar uma fórmula prevendo o valor de uma variável em função de outras. Em cada caso, o problema acaba se transformando em um problema de mínimos quadráticos.

Para facilitar a aplicação dessa discussão a problemas na vida real que os leitores podem encontrar mais tarde em suas carreiras, vamos escolher uma notação bastante usada na análise estatística de dados científicos e de engenharia. Em vez de $A\mathbf{x} = \mathbf{b}$, escreveremos $X\boldsymbol{\beta} = \mathbf{y}$ e chamaremos X de **matriz de projeto**, $\boldsymbol{\beta}$ de **vetor dos parâmetros** e $\mathbf{y}$ de **vetor de observação**.

A relação mais simples entre duas variáveis x e y é a equação linear $y = \beta_0 + \beta_1 x$.[1] Dados experimentais fornecem, muitas vezes, pontos $(x_1, y_1), \ldots, (x_n, y_n)$ que, ao serem colocados em um gráfico, parecem estar próximos de uma reta. Queremos determinar os parâmetros β_0 e β_1 que tornam a reta a mais "próxima" possível dos pontos.

Suponha que β_0 e β_1 estejam fixos e considere a reta $y = \beta_0 + \beta_1 x$ na Figura 1. A cada ponto dado (x_j, y_j) corresponde um ponto $(x_j, \beta_0 + \beta_1 x_j)$ pertencente à reta com a mesma coordenada x. Chamamos y_j o valor *observado* de y e $\beta_0 + \beta_1 x_j$ o valor *previsto* de y (determinado pela reta). A diferença entre um valor de y observado e um previsto é chamada *resíduo*.

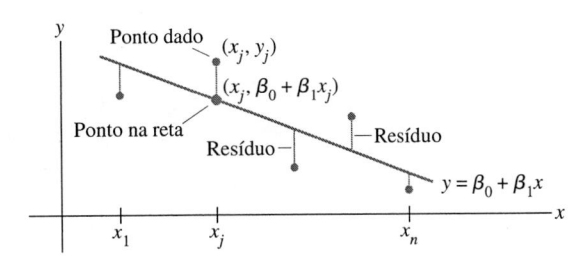

FIGURA 1 Ajuste de uma reta a dados experimentais.

---

[1] Essa notação é usada, em geral, para retas de mínimos quadráticos, em vez de $y = mx + b$.

Existem diversas maneiras de medir o quão "próxima" está a reta dos dados. A escolha usual (devido, basicamente, à maior simplicidade dos cálculos) é somar os quadrados dos resíduos. A **reta de mínimos quadráticos** é a reta $y = \beta_0 + \beta_1 x$ que minimiza a soma dos quadrados dos resíduos. Essa reta também é conhecida como a **reta de regressão de y em x**, porque se supõe que qualquer erro nos dados esteja apenas nas coordenadas y. Os coeficientes β_0 e β_1 da reta são chamados **coeficientes de regressão** (linear).[2]

Se os pontos dados estiverem na reta, os parâmetros β_0 e β_1 satisfarão as equações

Valor previsto de y		Valor observado de y
$\beta_0 + \beta_1 x_1$	=	y_1
$\beta_0 + \beta_1 x_2$	=	y_2
$\vdots$		$\vdots$
$\beta_0 + \beta_1 x_n$	=	y_n

Podemos escrever esse sistema como

$$X\boldsymbol{\beta} = \mathbf{y}, \quad \text{em que } X = \begin{bmatrix} 1 & x_1 \\ 1 & x_2 \\ \vdots & \vdots \\ 1 & x_n \end{bmatrix}, \quad \boldsymbol{\beta} = \begin{bmatrix} \beta_0 \\ \beta_1 \end{bmatrix}, \quad \mathbf{y} = \begin{bmatrix} y_1 \\ y_2 \\ \vdots \\ y_n \end{bmatrix} \tag{1}$$

É claro que, se os pontos não pertencerem à reta, então não existirão parâmetros β_0 e β_1 para os quais os valores previstos de y em $X\boldsymbol{\beta}$ são iguais aos valores observados de y em $\mathbf{y}$, e $X\boldsymbol{\beta} = \mathbf{y}$ não terá solução. Esse é um problema de mínimos quadrados, $A\mathbf{x} = \mathbf{b}$, com notação diferente!

O quadrado da distância entre os vetores $X\boldsymbol{\beta}$ e $\mathbf{y}$ é precisamente a soma dos quadrados dos resíduos. O $\boldsymbol{\beta}$ que minimiza essa soma também minimiza a distância entre $X\boldsymbol{\beta}$ e $\mathbf{y}$. *Calcular a solução de mínimos quadráticos de $X\boldsymbol{\beta} = \mathbf{y}$ é equivalente a encontrar o vetor $\boldsymbol{\beta}$ que determina a reta de mínimos quadráticos na Figura 1.*

EXEMPLO 1 Encontre a equação $y = \beta_0 + \beta_1 x$ da reta de mínimos quadráticos que melhor se ajusta aos pontos (2,1), (5,2), (7,3), (8,3).

SOLUÇÃO Use as coordenadas x dos dados para construir a matriz X em (1) e as coordenadas y para obter o vetor $\mathbf{y}$:

$$X = \begin{bmatrix} 1 & 2 \\ 1 & 5 \\ 1 & 7 \\ 1 & 8 \end{bmatrix}, \quad \mathbf{y} = \begin{bmatrix} 1 \\ 2 \\ 3 \\ 3 \end{bmatrix}$$

Para encontrar a solução de mínimos quadráticos de $X\boldsymbol{\beta} = \mathbf{y}$, obtenha as equações normais (com a nova notação):

$$X^T X \boldsymbol{\beta} = X^T \mathbf{y}$$

Ou seja, calcule

$$X^T X = \begin{bmatrix} 1 & 1 & 1 & 1 \\ 2 & 5 & 7 & 8 \end{bmatrix} \begin{bmatrix} 1 & 2 \\ 1 & 5 \\ 1 & 7 \\ 1 & 8 \end{bmatrix} = \begin{bmatrix} 4 & 22 \\ 22 & 142 \end{bmatrix}$$

$$X^T \mathbf{y} = \begin{bmatrix} 1 & 1 & 1 & 1 \\ 2 & 5 & 7 & 8 \end{bmatrix} \begin{bmatrix} 1 \\ 2 \\ 3 \\ 3 \end{bmatrix} = \begin{bmatrix} 9 \\ 57 \end{bmatrix}$$

As equações normais são

$$\begin{bmatrix} 4 & 22 \\ 22 & 142 \end{bmatrix} \begin{bmatrix} \beta_0 \\ \beta_1 \end{bmatrix} = \begin{bmatrix} 9 \\ 57 \end{bmatrix}$$

[2]Se os erros nas medidas forem em x em vez de y, basta trocar as coordenadas dos dados (x_j, y_j) antes de colocar os pontos em um gráfico e calcular a reta de regressão. Se ambas as coordenadas estiverem sujeitas a erro, você poderá escolher a reta que minimiza a soma dos quadrados das distâncias *ortogonais* (perpendiculares) dos pontos à reta.

Logo,

$$\begin{bmatrix} \beta_0 \\ \beta_1 \end{bmatrix} = \begin{bmatrix} 4 & 22 \\ 22 & 142 \end{bmatrix}^{-1} \begin{bmatrix} 9 \\ 57 \end{bmatrix} = \frac{1}{84} \begin{bmatrix} 142 & -22 \\ -22 & 4 \end{bmatrix} \begin{bmatrix} 9 \\ 57 \end{bmatrix} = \frac{1}{84} \begin{bmatrix} 24 \\ 30 \end{bmatrix} = \begin{bmatrix} 2/7 \\ 5/14 \end{bmatrix}$$

Portanto, a equação da reta de mínimos quadráticos é

$$y = \frac{2}{7} + \frac{5}{14}x$$

Veja a Figura 2.

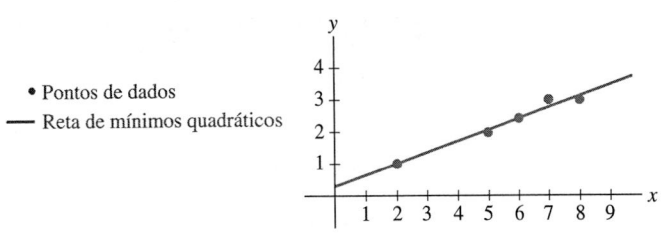

FIGURA 2 Reta de mínimos quadráticos $y = \frac{2}{7} + \frac{5}{14}x$.

EXEMPLO 2 Se uma máquina aprende os dados do Exemplo 1 criando uma reta de mínimos quadráticos, qual resultado irá prever para as entradas 4 e 6?

SOLUÇÃO A máquina faria os mesmos cálculos que no Exemplo 1 para chegar à reta de mínimos quadráticos

$$y = \frac{2}{7} + \frac{5}{14}x$$

como um padrão razoável para prever os resultados.

Para o valor $x = 4$, a máquina preverá o resultado $y = \dfrac{2}{7} + \dfrac{5}{14}(4) = \dfrac{12}{7}$.

Para o valor $x = 6$, a máquina preverá resultado $y = \dfrac{2}{7} + \dfrac{5}{14}(6) = \dfrac{17}{7}$.

Veja a Figura 3.

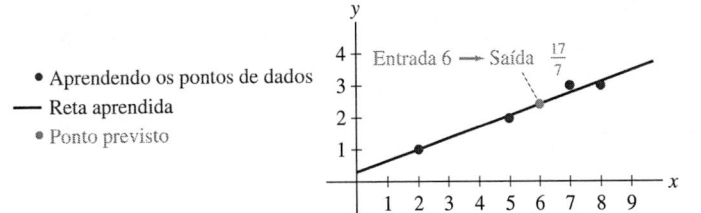

Saída aprendida pela máquina

FIGURA 3 Saída aprendida pela máquina.

Uma prática comum antes de calcular os coeficientes da reta de mínimos quadráticos é calcular a média $\overline{x}$ dos valores de x originais e formar uma nova variável $x^* = x - \overline{x}$. Dizemos que os novos valores de x estão em **forma de desvio-médio**. Nesse caso, as duas colunas da matriz de projeto serão ortogonais. A solução das equações normais fica simplificada, como no Exemplo 4 na Seção 6.5. Veja os Exercícios 23 e 24.

Modelo Linear Geral

Em algumas aplicações, torna-se necessário ajustar os dados a uma curva diferente de uma reta. Nos exemplos a seguir, a equação matricial ainda é da forma $X\beta = \mathbf{y}$, mas a forma particular de X muda de um exemplo para outro. Os estatísticos normalmente definem um **vetor residual** ϵ por $\epsilon = \mathbf{y} - X\beta$ e escrevem

$$\mathbf{y} = X\beta + \epsilon$$

Qualquer equação dessa forma é conhecida como um **modelo linear**. Uma vez determinados X e $\mathbf{y}$, o objetivo é minimizar o comprimento de ϵ, o que é o mesmo que encontrar a solução de mínimos quadráticos de $X\beta = \mathbf{y}$. Em cada caso, a solução de mínimos quadráticos é a solução $\hat{\beta}$ das equações normais

$$X^T X \beta = X^T \mathbf{y}$$

Ajuste de Mínimos Quadráticos para Outras Curvas

Quando os pontos de dados $(x_1, y_1), \ldots, (x_n, y_n)$ em um gráfico não parecem estar próximos de nenhuma reta, pode ser apropriado escolher outra relação funcional entre x e y.

Os três exemplos a seguir mostram como ajustar os dados com curvas da forma geral

$$y = \beta_0 f_0(x) + \beta_1 f_1(x) + \ldots + \beta_k f_k(x) \tag{2}$$

em que $f_0, \ldots, f_k$ são funções conhecidas e $\beta_0, \ldots, \beta_k$ são parâmetros a determinar. Como veremos, a equação (2) descreve um modelo linear, já que é linear nos parâmetros desconhecidos.

Para um valor particular de x, (2) fornece um valor previsto ou "ajustado" de y. A diferença entre o valor observado e o previsto é o resíduo. Os parâmetros $\beta_0, \ldots, \beta_k$ têm de ser determinados de modo a minimizar a soma dos quadrados dos resíduos.

EXEMPLO 3   Suponha que os pontos de dados $(x_1, y_1), \ldots, (x_n, y_n)$ pareçam estar em alguma espécie de parábola, em vez de uma reta. Por exemplo, se a coordenada x denotar o nível de produção de uma determinada empresa e se y denotar o custo médio por unidade operando em um nível de x unidades por dia, então uma curva de custo médio típica terá a aparência de uma parábola com a abertura voltada para cima (Figura 4). Em ecologia, uma curva parabólica com a abertura voltada para baixo é usada para modelar a produção primária total de nutrientes em uma planta em função da área de superfície das folhas (Figura 5). Suponha que queiramos aproximar os dados por uma equação da forma

$$y = \beta_0 + \beta_1 x + \beta_2 x^2 \tag{3}$$

Descreva o modelo linear que produz o "ajuste de mínimos quadráticos" dos dados pela equação (3).

SOLUÇÃO   A equação (3) descreve a relação ideal. Suponha que os valores dos parâmetros sejam, de fato, $\beta_0, \beta_1, \beta_2$. Então, as coordenadas do primeiro ponto (x_1, y_1) satisfarão uma equação da forma

$$y_1 = \beta_0 + \beta_1 x_1 + \beta_2 x_1^2 + \epsilon_1$$

na qual ϵ_1 é o erro residual entre o valor observado y_1 e o valor previsto para $y, \beta_0 + \beta_1 x_1 + \beta_2 x_1^2$. Vamos formar uma equação análoga para cada ponto dos dados:

$$y_1 = \beta_0 + \beta_1 x_1 + \beta_2 x_1^2 + \epsilon_1$$
$$y_2 = \beta_0 + \beta_1 x_2 + \beta_2 x_2^2 + \epsilon_2$$
$$\vdots \qquad \qquad \vdots$$
$$y_n = \beta_0 + \beta_1 x_n + \beta_2 x_n^2 + \epsilon_n$$

É fácil escrever esse sistema de equações na forma $\mathbf{y} = X\boldsymbol{\beta} + \boldsymbol{\epsilon}$. Encontramos X inspecionando as primeiras linhas do sistema e procurando reconhecer o padrão.

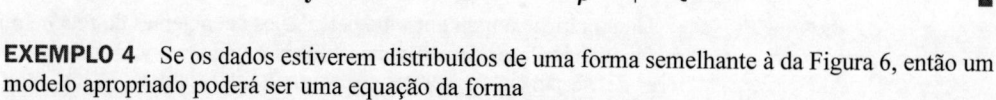

$$\begin{bmatrix} y_1 \\ y_2 \\ \vdots \\ y_n \end{bmatrix} = \begin{bmatrix} 1 & x_1 & x_1^2 \\ 1 & x_2 & x_2^2 \\ \vdots & \vdots & \vdots \\ 1 & x_n & x_n^2 \end{bmatrix} \begin{bmatrix} \beta_0 \\ \beta_1 \\ \beta_2 \end{bmatrix} + \begin{bmatrix} \epsilon_1 \\ \epsilon_2 \\ \vdots \\ \epsilon_n \end{bmatrix}$$
$$\mathbf{y} \quad = \qquad X \qquad \quad \boldsymbol{\beta} \quad + \quad \boldsymbol{\epsilon} \qquad \blacksquare$$

EXEMPLO 4   Se os dados estiverem distribuídos de uma forma semelhante à da Figura 6, então um modelo apropriado poderá ser uma equação da forma

$$y = \beta_0 + \beta_1 x + \beta_2 x^2 + \beta_3 x^3$$

Esses dados poderiam vir, por exemplo, do custo total de uma empresa em função do nível de produção. Descreva o modelo linear que fornece um ajuste de mínimos quadráticos para esse tipo de dados $(x_1, y_1), \ldots, (x_n, y_n)$.

SOLUÇÃO   Por uma análise semelhante à feita no Exemplo 2, obtemos

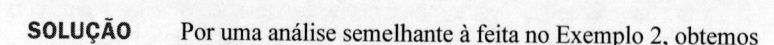

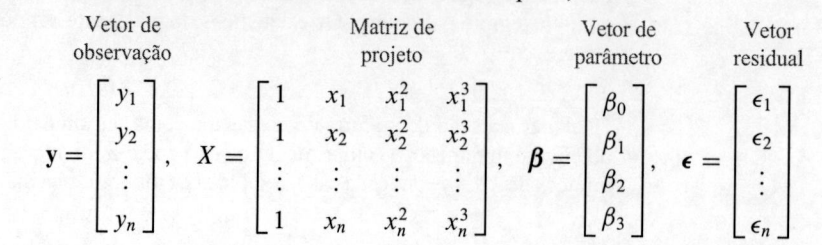

$$\underset{\substack{\text{Vetor de}\\\text{observação}}}{\mathbf{y} = \begin{bmatrix} y_1 \\ y_2 \\ \vdots \\ y_n \end{bmatrix}}, \quad \underset{\substack{\text{Matriz de}\\\text{projeto}}}{X = \begin{bmatrix} 1 & x_1 & x_1^2 & x_1^3 \\ 1 & x_2 & x_2^2 & x_2^3 \\ \vdots & \vdots & \vdots & \vdots \\ 1 & x_n & x_n^2 & x_n^3 \end{bmatrix}}, \quad \underset{\substack{\text{Vetor de}\\\text{parâmetro}}}{\boldsymbol{\beta} = \begin{bmatrix} \beta_0 \\ \beta_1 \\ \beta_2 \\ \beta_3 \end{bmatrix}}, \quad \underset{\substack{\text{Vetor}\\\text{residual}}}{\boldsymbol{\epsilon} = \begin{bmatrix} \epsilon_1 \\ \epsilon_2 \\ \vdots \\ \epsilon_n \end{bmatrix}} \qquad \blacksquare$$

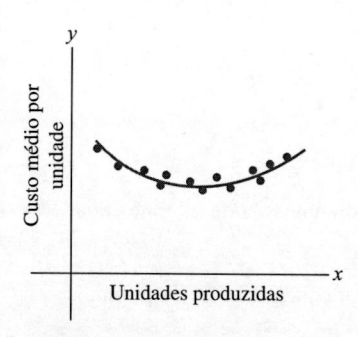

FIGURA 4
Curva de custo médio.

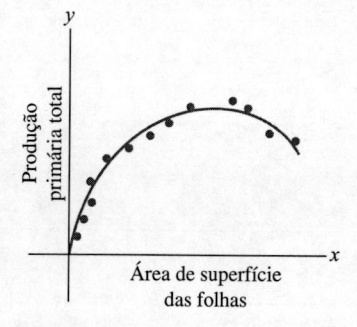

FIGURA 5
Produção de nutrientes.

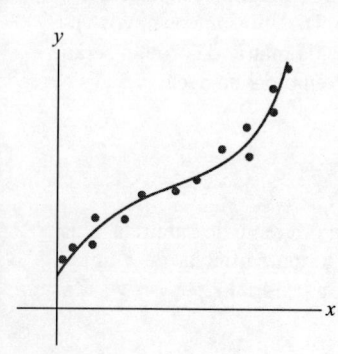

FIGURA 6 Pontos de dados ao longo de uma curva cúbica.

Regressão Múltipla

Suponha que um experimento envolva duas variáveis independentes — u e v, por exemplo — e uma variável dependente y. Uma equação simples para prever o valor de y a partir de u e v tem a forma

$$y = \beta_0 + \beta_1 u + \beta_2 v \tag{4}$$

Uma equação de previsão mais geral poderia ter a forma

$$y = \beta_0 + \beta_1 u + \beta_2 v + \beta_3 u^2 + \beta_4 uv + \beta_5 v^2 \tag{5}$$

Essa equação é utilizada em geologia, por exemplo, para modelar superfícies de erosão, circos glaciais, pH do solo e outras quantidades. Em tais casos, o ajuste de mínimos quadráticos é chamado *superfície de inclinação*.

Tanto a equação (4) como a (5) correspondem a modelos lineares, já que são lineares nos parâmetros desconhecidos (apesar de u e v estarem multiplicados). Em geral, um modelo linear é gerado sempre que y é previsto por uma equação da forma

$$y = \beta_0 f_0(u, v) + \beta_1 f_1(u, v) + \cdots + \beta_k f_k(u, v)$$

em que $f_0, ..., f_k$ são funções conhecidas arbitrárias e $\beta_0, ..., \beta_k$ são coeficientes a determinar.

EXEMPLO 5 Em geografia, modelos locais de terrenos são construídos a partir de dados $(u_1, v_1, y_1), ..., (u_n, v_n, y_n)$, nos quais u_j, v_j e y_j representam a latitude, a longitude e a altitude, respectivamente. Descreva o modelo linear baseado em (4) que fornece o ajuste de mínimos quadráticos para esses dados. A solução é chamada *plano de mínimos quadráticos*. Veja a Figura 7.

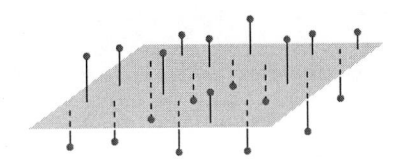

FIGURA 7 Plano de mínimos quadráticos.

SOLUÇÃO Esperamos que os dados satisfaçam as seguintes equações:

$$y_1 = \beta_0 + \beta_1 u_1 + \beta_2 v_1 + \epsilon_1$$
$$y_2 = \beta_0 + \beta_1 u_2 + \beta_2 v_2 + \epsilon_2$$
$$\vdots \qquad\qquad \vdots$$
$$y_n = \beta_0 + \beta_1 u_n + \beta_2 v_n + \epsilon_n$$

Esse sistema em forma matricial fica $\mathbf{y} = X\boldsymbol{\beta} + \boldsymbol{\epsilon}$, em que

$$
\underset{\substack{\text{Vetor de}\\\text{observação}}}{\mathbf{y} = \begin{bmatrix} y_1 \\ y_2 \\ \vdots \\ y_n \end{bmatrix}}, \quad
\underset{\substack{\text{Matriz de}\\\text{projeto}}}{X = \begin{bmatrix} 1 & u_1 & v_1 \\ 1 & u_2 & v_2 \\ \vdots & \vdots & \vdots \\ 1 & u_n & v_n \end{bmatrix}}, \quad
\underset{\substack{\text{Vetor dos}\\\text{parâmetros}}}{\boldsymbol{\beta} = \begin{bmatrix} \beta_0 \\ \beta_1 \\ \beta_2 \end{bmatrix}}, \quad
\underset{\substack{\text{Vetor}\\\text{residual}}}{\boldsymbol{\epsilon} = \begin{bmatrix} \epsilon_1 \\ \epsilon_2 \\ \vdots \\ \epsilon_n \end{bmatrix}}
$$

∎

O Exemplo 5 mostra que o modelo linear para regressão múltipla tem a mesma forma abstrata que o modelo para regressão simples nos exemplos anteriores. A álgebra linear nos dá o poder de compreender o princípio geral por trás de todos os modelos lineares. Uma vez que X está definida apropriadamente, as equações normais para $\boldsymbol{\beta}$ têm a mesma forma matricial, independente do número de variáveis envolvidas. Assim, qualquer que seja o modelo linear com $X^T X$ invertível, a solução de mínimos quadráticos $\hat{\boldsymbol{\beta}}$ é dada por $(X^T X)^{-1} X^T \mathbf{y}$.

> **Problema Prático**
>
> Quando as vendas mensais de um produto estão sujeitas à variação sazonal, a curva que aproxima os dados de vendas pode ter a forma
>
> $$y = \beta_0 + \beta_1 x + \beta_2 \,\text{sen}\,(2\pi x/12)$$
>
> em que x é o tempo em meses. O termo $\beta_0 + \beta_1 x$ fornece a tendência básica de vendas, e o termo que contém o seno reflete as mudanças sazonais nas vendas. Obtenha a matriz de projeto e o vetor de parâmetros para o modelo linear que ajusta os dados na equação anterior por mínimos quadráticos. Suponha que os dados sejam $(x_1, y_1), \ldots, (x_n, y_n)$.

6.6 EXERCÍCIOS

Nos Exercícios 1 a 4, encontre a equação $y = \beta_0 + \beta_1 x$ da reta de mínimos quadráticos que melhor se ajusta aos dados.

1. $(0, 1), (1, 1), (2, 2), (3, 2)$

2. $(1, 0), (2, 1), (4, 2), (5, 3)$

3. $(-1, 0), (0, 1), (1, 2), (2, 4)$

4. $(2, 3), (3, 2), (5, 1), (6, 0)$

5. Se uma máquina aprende que a reta de mínimos quadráticos que melhor se ajusta aos dados é a do Exercício 1, qual o valor de y que a máquina escolherá para $x = 4$?

6. Se uma máquina aprende que a reta de mínimos quadráticos que melhor se ajusta aos dados é a do Exercício 2, qual o valor de y que a máquina escolherá para $x = 3$?

7. Se uma máquina aprende que a reta de mínimos quadráticos que melhor se ajusta aos dados é a do Exercício 1, qual o valor de y que a máquina escolherá para $x = 3$? Quão perto está esse valor do ponto em $x = 3$ que foi dado à máquina?

8. Se uma máquina aprende que a reta de mínimos quadráticos que melhor se ajusta aos dados é a do Exercício 2, qual o valor de y que a máquina escolherá para $x = 2$? Quão perto está esse valor do ponto em $x = 2$ que foi dado à máquina?

9. Se você colocar os dados do Exercício 1 em uma máquina e ela retornar um valor de y de 20 quando $x = 2{,}5$, você deve confiar nessa máquina? Justifique sua resposta.

10. Se você colocar os dados do Exercício 2 em uma máquina e ela retornar um valor de y de -4 quando $x = 2{,}5$, você deve confiar nessa máquina? Justifique sua resposta.

11. Seja X a matriz de projeto usada para encontrar a reta de mínimos quadráticos para os dados $(x_1, y_1), \ldots, (x_m, y_m)$. Use um dos teoremas na Seção 6.5 para mostrar que as equações normais têm uma única solução se e somente se os dados incluírem pelo menos dois pontos com coordenadas x diferentes.

12. Seja X a matriz de projeto no Exemplo 2 correspondente ao ajuste de mínimos quadráticos dos dados $(x_1, y_1), \ldots, (x_m, y_m)$ a uma parábola. Suponha que x_1, x_2 e x_3 sejam distintos. Explique por que existe apenas uma parábola que dá o melhor ajuste, no sentido de mínimos quadráticos. (Veja o Exercício 11.)

13. Um determinado experimento produziu os dados $(1, 1{,}8)$, $(2, 2{,}7)$, $(3, 3{,}4)$, $(4, 3{,}8)$ e $(5, 3{,}9)$. Descreva o modelo que ajusta por mínimos quadráticos esses pontos a uma função da forma

$$y = \beta_1 x + \beta_2 x^2$$

Tal função pode aparecer, por exemplo, como a receita das vendas de x unidades de um produto quando a quantidade oferecida para venda afeta o preço do produto.

a. Encontre a matriz de projeto, o vetor de observação e o vetor (desconhecido) de parâmetros.

Ⓜ b. Encontre a curva de mínimos quadráticos associada a esses dados.

c. Se uma máquina aprendeu a curva que você encontrou em (b), que resposta ela deveria fornecer para a entrada $x = 6$?

14. Uma curva simples que fornece, com frequência, um bom modelo para os custos variáveis de uma empresa em função do nível de vendas x tem a forma $y = \beta_1 x + \beta_2 x^2 + \beta_3 x^3$. Não existe termo constante porque os custos fixos não estão incluídos.

a. Encontre a matriz de projeto e o vetor de parâmetros para o modelo linear que fornece o melhor ajuste para os dados $(x_1, y_1), \ldots, (x_m, y_m)$ à equação anterior, no sentido de mínimos quadráticos.

Ⓜ b. Encontre a curva de mínimos quadráticos da forma anterior que se ajusta aos dados $(4, 1{,}58), (6, 2{,}08), (8, 2{,}5), (10, 2{,}8), (12, 3{,}1)$, $(14, 3{,}4), (16, 3{,}8)$ e $(18, 4{,}32)$, com valores em milhares. Se possível, faça um gráfico com os dados e a curva cúbica de aproximação.

c. Se uma máquina aprendeu a curva que você encontrou em (b), que resposta ela deveria fornecer para a entrada $x = 9$?

15. Um determinado experimento produziu os dados $(1, 7{,}9)$, $(2, 5{,}4)$ e $(3, -0{,}9)$. Descreva o modelo para o melhor ajuste desses pontos, no sentido de mínimos quadráticos, a uma função da forma

$$y = A \cos x + B \,\text{sen}\, x$$

16. Suponha que substâncias radioativas A e B tenham constantes de decaimento $0{,}02$ e $0{,}07$, respectivamente. Se uma mistura dessas duas substâncias, no instante $t = 0$, contiver M_A gramas de A e M_B gramas de B, então um modelo para a quantidade total y da mistura presente no instante t será

$$y = M_A e^{-0{,}02t} + M_B e^{-0{,}07t} \tag{6}$$

Suponha que as quantidades iniciais M_A e M_B sejam desconhecidas, mas um cientista conseguiu medir a quantidade total presente em diversos instantes e anotou os seguintes valores para (t_i, y_i): $(10, 21{,}34)$, $(11, 20{,}68)$, $(12, 20{,}05)$, $(14, 18{,}87)$ e $(15, 18{,}30)$.

a. Descreva o modelo linear que pode ser utilizado para estimar M_A e M_B.

Ⓜ b. Encontre a curva de mínimos quadráticos baseada em (6).

O Cometa Halley apareceu pela última vez em 1986 e aparecerá de novo em 2061.

17. De acordo com a primeira lei de Kepler, um cometa deve ter uma órbita elíptica, parabólica ou hiperbólica (desprezando-se as atrações gravitacionais dos planetas). Em coordenadas polares apropriadas, a posição (r, ϑ) de um cometa satisfaz uma equação da forma

$$r = \beta + e(r \cdot \cos \vartheta)$$

em que β é uma constante e e é a *excentricidade* da órbita, com $0 \le e < 1$ para uma elipse, $e = 1$ para uma parábola e $e > 1$ para uma hipérbole. Suponha que observações de um cometa recém-descoberto forneceram os dados a seguir. Determine o tipo de órbita e faça uma previsão de onde o cometa vai estar quando $\vartheta = 4{,}6$ (radianos).[3]

ϑ	0,88	1,10	1,42	1,77	2,14
r	3,00	2,30	1,65	1,25	1,01

18. A pressão arterial p (em milímetros de mercúrio) de uma criança saudável e seu peso w (em libras) estão relacionados (aproximadamente) pela equação

$$\beta_0 + \beta_1 \ln w = p$$

Use os dados experimentais a seguir para estimar a pressão arterial de uma criança saudável pesando 100 libras ($\cong 45$ kg).

w	44	61	81	113	131
$\ln w$	3,78	4,11	4,39	4,73	4,88
p	91	98	103	110	112

19. Para medir o desempenho de um avião decolando, a posição horizontal do avião foi medida a cada segundo, do instante $t = 0$ até $t = 12$. As posições medidas (em pés) foram: 0; 8,8; 29,9; 62,0; 104,7; 159,1; 222,0; 294,5; 380,4; 471,1; 571,7; 686,8; 809,2.

    a. Encontre a curva cúbica de mínimos quadráticos $y = \beta_0 + \beta_1 t + \beta_2 t^2 + \beta_3 t^3$ para esses dados.

    b. Se uma máquina aprendeu a curva dada em (a), qual seria a velocidade estimada do plano quando $t = 4{,}5$ segundos?

20. Sejam $\bar{x} = \frac{1}{n}(x_1 + \dots + x_n)$ e $\bar{y} = \frac{1}{n}(y_1 + \dots + y_n)$. Mostre que a reta de mínimos quadráticos para os dados $(x_1, y_1), \dots, (x_n, y_n)$ tem de conter o ponto $(\bar{x}, \bar{y})$, ou seja, mostre que $\bar{x}$ e $\bar{y}$ satisfazem a equação linear $\bar{y} = \hat{\beta}_0 + \hat{\beta}_1 \bar{x}$. [*Sugestão:* Obtenha essa equação a partir da equação vetorial $\mathbf{y} = X\hat{\beta} + \epsilon$. Denote a primeira coluna de X por $\mathbf{1}$. Use o fato de que o vetor residual ϵ é ortogonal ao espaço de colunas de X e, portanto, a $\mathbf{1}$.]

---

[3]A ideia básica do melhor ajuste por mínimos quadráticos de dados experimentais é de K. F. Gauss (e, independentemente, de A. Legendre), cuja fama começou em 1801 ao usar o método para determinar a trajetória do asteroide *Ceres*. Quarenta dias depois de sua descoberta, o asteroide desapareceu atrás do Sol. Gauss previu que ele iria aparecer dez meses depois e indicou sua localização. A precisão da previsão surpreendeu a comunidade científica europeia.

Quando são fornecidos os dados $(x_1, y_1), \dots, (x_m, y_n)$ para um determinado problema de mínimos quadráticos, as seguintes abreviações são úteis:

$$\sum x = \sum_{i=1}^{n} x_i, \quad \sum x^2 = \sum_{i=1}^{n} x_i^2,$$
$$\sum y = \sum_{i=1}^{n} y_i, \quad \sum xy = \sum_{i=1}^{n} x_i y_i$$

As equações normais para uma reta de mínimos quadráticos $y = \hat{\beta}_0 + \hat{\beta}_1 x$ podem ser escritas na forma

$$
\begin{aligned}
n\hat{\beta}_0 + \hat{\beta}_1 \sum x &= \sum y \\
\hat{\beta}_0 \sum x + \hat{\beta}_1 \sum x^2 &= \sum xy
\end{aligned}
\tag{7}
$$

21. Obtenha as equações normais (7) a partir da forma matricial dada nesta seção.

22. Use a inversa de uma matriz para resolver o sistema de equações em (7), obtendo, assim, as fórmulas para $\hat{\beta}_0$ e $\hat{\beta}_1$ que aparecem em muitos textos de estatística.

23.   a. Reescreva os dados no Exemplo 1 com novas coordenadas x na forma de desvio médio. Seja X a matriz de projeto associada. Por que as colunas de X são ortogonais?

    b. Escreva e resolva as equações normais para os dados no item (a), encontrando a reta de mínimos quadráticos $y = \beta_0 + \beta_1 x^*$, em que $x^* = x - 5{,}5$.

24. Suponha que as coordenadas x dos dados $(x_1, y_1), \dots, (x_n, y_n)$ estejam em forma de desvio médio, de modo que $\Sigma x_i = 0$. Mostre que, nesse caso, se X for a matriz de projeto para a reta de mínimos quadráticos, então $X^T X$ será uma matriz diagonal.

Os Exercícios 25 e 26 envolvem uma matriz de projeto X com duas ou mais colunas e uma solução de mínimos quadráticos $\hat{\beta}$ para $\mathbf{y} = X\beta$. Considere os seguintes números:

  (i) $\|X\hat{\beta}\|^2$ — a soma dos quadrados do "termo de regressão". Denote esse número por SS(R) [do inglês: <u>s</u>um of the <u>s</u>quares of the "<u>r</u>egression term"].

  (ii) $\|\mathbf{y} - X\hat{\beta}\|^2$ — a soma dos quadrados dos termos de erro. Denote esse número por SS(E) [do inglês: <u>s</u>um of the <u>s</u>quares for the <u>e</u>rror term].

  (iii) $\|\mathbf{y}\|^2$ — a soma "total" dos quadrados dos valores de y. Denote esse número por SS(T) [do inglês: "<u>t</u>otal" <u>s</u>um of the <u>s</u>quares of the y-values].

Todos os textos de estatística que discutem regressão e o modelo linear $\mathbf{y} = X\beta + \epsilon$ definem esses números, embora a terminologia e a notação variem um pouco. Para simplificar, vamos supor que a média dos valores de y seja zero. Nesse caso, SS(T) é proporcional à chamada *variância* do conjunto de valores de y.

25. Justifique a equação SS(T) = SS(R) + SS(E). [*Sugestão:* Use um teorema e explique por que as hipóteses do teorema são satisfeitas.] Essa equação é extremamente importante em estatística, tanto em teoria de regressão quanto em análise de variância.

26. Mostre que $\|X\hat{\beta}\|^2 = \hat{\beta}^T X^T \mathbf{y}$. [*Sugestão:* Reescreva as equações à esquerda do sinal de igualdade e use o fato de que $\hat{\beta}$ satisfaz as equações normais.] Essa fórmula para SS(R) é utilizada em estatística. Desse resultado e do Exercício 25, obtém-se a fórmula padrão para SS(E):

$$\text{SS(E)} = \mathbf{y}^T \mathbf{y} - \hat{\beta}^T X^T \mathbf{y}$$

Solução do Problema Prático

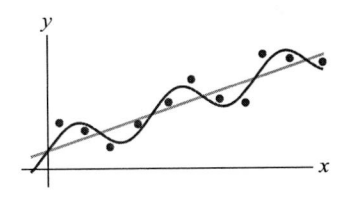

Tendência de vendas com flutuações sazonais.

Precisamos construir X e β tais que a k-ésima linha de $X\beta$ é o valor previsto de y que corresponde ao ponto (x_k, y_k), a saber,

$$\beta_0 + \beta_1 x_k + \beta_2 \operatorname{sen}(2\pi x_k/12)$$

Deve estar claro que

$$
X = \begin{bmatrix} 1 & x_1 & \operatorname{sen}(2\pi x_1/12) \\ \vdots & \vdots & \vdots \\ 1 & x_n & \operatorname{sen}(2\pi x_n/12) \end{bmatrix}, \quad \beta = \begin{bmatrix} \beta_0 \\ \beta_1 \\ \beta_2 \end{bmatrix}
$$

6.7 ESPAÇOS MUNIDOS DE PRODUTO INTERNO

Muitas vezes, noções de comprimento, distância e ortogonalidade são importantes em aplicações que envolvem espaços vetoriais. Para $\mathbb{R}^n$, esses conceitos estão baseados nas propriedades do produto interno listadas no Teorema 1 da Seção 6.1. Para outros espaços, precisamos de análogos do produto interno com as mesmas propriedades. As conclusões do Teorema 1 transformam-se, agora, em *axiomas* na definição a seguir.

DEFINIÇÃO

Um **produto interno** em um espaço vetorial V é uma função que associa a cada par de vetores **u** e **v** em V um número real $\langle \mathbf{u}, \mathbf{v} \rangle$ e satisfaz os seguintes axiomas, quaisquer que sejam os vetores **u**, **v** e **w** em V e o escalar c:

1. $\langle \mathbf{u}, \mathbf{v} \rangle = \langle \mathbf{v}, \mathbf{u} \rangle$
2. $\langle \mathbf{u} + \mathbf{v}, \mathbf{w} \rangle = \langle \mathbf{u}, \mathbf{w} \rangle + \langle \mathbf{v}, \mathbf{w} \rangle$
3. $\langle c\mathbf{u}, \mathbf{v} \rangle = c \langle \mathbf{u}, \mathbf{v} \rangle$
4. $\langle \mathbf{u}, \mathbf{u} \rangle \geq 0$ e $\langle \mathbf{u}, \mathbf{u} \rangle = 0$ se e somente se $\mathbf{u} = \mathbf{0}$

Um espaço vetorial que tem um produto interno é chamado **espaço munido de produto interno**.

O espaço vetorial $\mathbb{R}^n$ com o produto interno usual é um espaço munido de produto interno, e praticamente tudo que foi discutido neste capítulo para $\mathbb{R}^n$ vale para espaços munidos de produto interno. Os exemplos nesta e na próxima seção dão os fundamentos para uma variedade de aplicações estudadas em cursos de Engenharia, Física, Matemática e Estatística.

EXEMPLO 1   Fixe dois inteiros positivos — 4 e 5, por exemplo — e defina, para dois vetores $\mathbf{u} = (u_1, u_2)$ e $\mathbf{v} = (v_1, v_2)$ em $\mathbb{R}^2$,

$$\langle \mathbf{u}, \mathbf{v} \rangle = 4u_1v_1 + 5u_2v_2 \tag{1}$$

Mostre que (1) define um produto interno.

SOLUÇÃO   O Axioma 1 é com certeza satisfeito, já que $\langle \mathbf{u}, \mathbf{v} \rangle = 4u_1v_1 + 5u_2v_2 = 4v_1u_1 + 5v_2u_2 = \langle \mathbf{v}, \mathbf{u} \rangle$. Se $\mathbf{w} = (w_1, w_2)$, então

$$\langle \mathbf{u} + \mathbf{v}, \mathbf{w} \rangle = 4(u_1 + v_1)w_1 + 5(u_2 + v_2)w_2$$
$$= 4u_1w_1 + 5u_2w_2 + 4v_1w_1 + 5v_2w_2$$
$$= \langle \mathbf{u}, \mathbf{w} \rangle + \langle \mathbf{v}, \mathbf{w} \rangle$$

Isso mostra o Axioma 2. Para o Axioma 3, temos

$$\langle c\mathbf{u}, \mathbf{v} \rangle = 4(cu_1)v_1 + 5(cu_2)v_2 = c(4u_1v_1 + 5u_2v_2) = c \langle \mathbf{u}, \mathbf{v} \rangle$$

Para o Axioma 4, note que $\langle \mathbf{u}, \mathbf{u} \rangle = 4u_1^2 + 5u_2^2 \geq 0$ e $4u_1^2 + 5u_2^2 = 0$ se e somente se $u_1 = u_2 = 0$, ou seja, $\mathbf{u} = \mathbf{0}$. Além disso, $\langle \mathbf{0}, \mathbf{0} \rangle = 0$. Portanto, (1) define um produto interno em $\mathbb{R}^2$.   ∎

Produtos internos semelhantes a (1) podem ser definidos em $\mathbb{R}^n$. Eles aparecem naturalmente em conexão com problemas de "mínimos quadráticos com pesos", nos quais os pesos são escolhidos para multiplicar os vários termos da soma de modo a dar mais importância às medidas mais confiáveis.

De agora em diante, quando um produto interno envolver polinômios ou outras funções, vamos escrever as funções da maneira usual em vez de usar negrito para indicar vetores. Apesar disso, é importante lembrar que cada função *é* um vetor quando for tratada como um elemento de um espaço vetorial.

EXEMPLO 2   Sejam $t_0, \ldots, t_n$ números reais distintos. Para p e q em $\mathbb{P}_n$, defina

$$\langle p, q \rangle = p(t_0)q(t_0) + p(t_1)q(t_1) + \cdots + p(t_n)q(t_n) \tag{2}$$

Os Axiomas 1 a 3 na definição de produto interno são facilmente verificáveis. Para o Axioma 4, note que

$$\langle p, p \rangle = [p(t_0)]^2 + [p(t_1)]^2 + \cdots + [p(t_n)]^2 \geq 0$$

Além disso, $\langle \mathbf{0}, \mathbf{0} \rangle = 0$. (Continuamos usando um zero em negrito para o polinômio nulo, o vetor zero em $\mathbb{P}_n$.) Se $\langle p, p \rangle = 0$, então p tem de se anular em $n + 1$ pontos: $t_0, \ldots, t_n$. Isso só é possível se p for o polinômio nulo, já que o grau de p é menor que $n + 1$. Logo, (2) define um produto interno em $\mathbb{P}_n$.   ∎

EXEMPLO 3 Seja V igual a $\mathbb{P}_2$ munido do produto interno definido no Exemplo 2, em que $t_0 = 0$, $t_1 = \frac{1}{2}$ e $t_2 = 1$. Sejam $p(t) = 12t^2$ e $q(t) = 2t - 1$. Calcule $\langle p, q \rangle$ e $\langle q, q \rangle$.

SOLUÇÃO

$$\begin{aligned}
\langle p, q \rangle &= p(0)q(0) + p\left(\tfrac{1}{2}\right) q\left(\tfrac{1}{2}\right) + p(1)q(1) \\
&= (0)(-1) + (3)(0) + (12)(1) = 12 \\
\langle q, q \rangle &= [q(0)]^2 + [q\left(\tfrac{1}{2}\right)]^2 + [q(1)]^2 \\
&= (-1)^2 + (0)^2 + (1)^2 = 2
\end{aligned}$$
■

Comprimentos, Distâncias e Ortogonalidade

Seja V um espaço munido de produto interno, como o produto interno denotado por $\langle \mathbf{u}, \mathbf{v} \rangle$. Como em $\mathbb{R}^n$, definimos o **comprimento** ou a **norma** de um vetor $\mathbf{v}$ como o escalar

$$\|\mathbf{v}\| = \sqrt{\langle \mathbf{v}, \mathbf{v} \rangle}$$

Equivalentemente, $\|\mathbf{v}\|^2 = \langle \mathbf{v}, \mathbf{v} \rangle$. (Essa definição faz sentido, já que $\langle \mathbf{v}, \mathbf{v} \rangle \geq 0$, mas a definição *não diz* que $\langle \mathbf{v}, \mathbf{v} \rangle$ é uma "soma de quadrados", pois $\mathbf{v}$ não precisa ser um elemento de $\mathbb{R}^n$.)

Um **vetor unitário** é um vetor com comprimento 1. A **distância entre $\mathbf{u}$ e $\mathbf{v}$** é $\|\mathbf{u} - \mathbf{v}\|$. Os vetores $\mathbf{u}$ e $\mathbf{v}$ são **ortogonais** se $\langle \mathbf{u}, \mathbf{v} \rangle = 0$.

EXEMPLO 4 Considere $\mathbb{P}_2$ com o produto interno (2) do Exemplo 3. Calcule o comprimento dos vetores $p(t) = 12t^2$ e $q(t) = 2t - 1$.

SOLUÇÃO

$$\begin{aligned}
\|p\|^2 = \langle p, p \rangle &= [p(0)]^2 + \left[p\left(\tfrac{1}{2}\right)\right]^2 + [p(1)]^2 \\
&= 0 + [3]^2 + [12]^2 = 153 \\
\|p\| &= \sqrt{153}
\end{aligned}$$

Vimos, do Exemplo 3, que $\langle q, q \rangle = 2$. Logo, $\|q\| = \sqrt{2}$.
■

Processo de Gram-Schmidt

A existência de bases ortogonais para subespaços de dimensão finita de um espaço munido de produto interno pode ser demonstrada pelo processo de Gram-Schmidt, como para $\mathbb{R}^n$. Certas bases ortogonais que aparecem com frequência em aplicações podem ser construídas por esse processo.

A projeção ortogonal de um vetor sobre um subespaço W com uma base ortogonal pode ser construída como de hábito. A projeção não depende da escolha da base ortogonal e tem as propriedades descritas no Teorema de Decomposição Ortogonal e no Teorema da Melhor Aproximação.

EXEMPLO 5 Seja V igual a $\mathbb{P}_4$ munido do produto interno definido no Exemplo 2, envolvendo o cálculo dos polinômios nos pontos $-2, -1, 0, 1$ e 2, e considere $\mathbb{P}_2$ como um subespaço de V. Construa uma base ortogonal para $\mathbb{P}_2$ aplicando o processo de Gram-Schmidt aos polinômios 1, t e t^2.

SOLUÇÃO O produto interno depende apenas dos valores de um polinômio em $-2, \ldots, 2$; logo, vamos listar os valores de cada polinômio como um vetor em $\mathbb{R}^5$, abaixo do nome do polinômio:[1]

$$\text{Polinômio:} \qquad 1 \qquad\quad t \qquad\quad t^2$$

$$\text{Vetor de valores:} \quad
\begin{bmatrix} 1 \\ 1 \\ 1 \\ 1 \\ 1 \end{bmatrix}, \quad
\begin{bmatrix} -2 \\ -1 \\ 0 \\ 1 \\ 2 \end{bmatrix}, \quad
\begin{bmatrix} 4 \\ 1 \\ 0 \\ 1 \\ 4 \end{bmatrix}$$

---

[1]Cada polinômio em $\mathbb{P}_4$ está unicamente determinado pelo seu valor nos cinco números $-2, \ldots, 2$. De fato, a correspondência entre p e seu vetor de valores é um isomorfismo, ou seja, uma aplicação bijetora com valores em $\mathbb{R}^5$ que preserva combinações lineares.

O produto interno de dois polinômios em V é igual ao produto interno (padrão) dos vetores correspondentes em $\mathbb{R}^5$. Note que t é ortogonal à função constante 1. Escolhemos, então, $p_0(t) = 1$ e $p_1(t) = t$. Para p_2, vamos usar os vetores em $\mathbb{R}^5$ para calcular a projeção de t^2 sobre $\mathcal{L}\{p_0, p_1\}$:

$$\langle t^2, p_0 \rangle = \langle t^2, 1 \rangle = 4 + 1 + 0 + 1 + 4 = 10$$
$$\langle p_0, p_0 \rangle = 5$$
$$\langle t^2, p_1 \rangle = \langle t^2, t \rangle = -8 + (-1) + 0 + 1 + 8 = 0$$

A projeção ortogonal de t^2 sobre $\mathcal{L}\{1, t\}$ é $\frac{10}{5} p_0 + 0 p_1$; logo,

$$p_2(t) = t^2 - 2 p_0(t) = t^2 - 2$$

Uma base ortogonal para o subespaço $\mathbb{P}_2$ de V é

$$
\text{Polinômio:} \quad
\begin{array}{ccc}
p_0 & p_1 & p_2 \\
\end{array}
$$

$$
\text{Vetor de valores:} \quad
\begin{bmatrix} 1 \\ 1 \\ 1 \\ 1 \\ 1 \end{bmatrix}, \quad
\begin{bmatrix} -2 \\ -1 \\ 0 \\ 1 \\ 2 \end{bmatrix}, \quad
\begin{bmatrix} 2 \\ -1 \\ -2 \\ -1 \\ 2 \end{bmatrix}
\tag{3}
$$

Melhor Aproximação em Espaços Munidos de Produto Interno

Um problema comum em matemática aplicada envolve um espaço vetorial V cujos elementos são funções. O problema é aproximar a função f em V por uma função g em um subespaço especificado W de V. O "quão perto" a aproximação está de f depende da definição de $\|f - g\|$. Vamos considerar apenas o caso em que a distância entre f e g é determinada por um produto interno. Nesse caso, a *melhor aproximação de f por funções em W* é a projeção ortogonal de f sobre o subespaço W.

EXEMPLO 6 Seja V igual a $\mathbb{P}_4$ com o produto interno do Exemplo 5 e sejam p_0, p_1 e p_2 os elementos da base ortogonal para o subespaço $\mathbb{P}_2$ encontrada no Exemplo 5. Encontre a melhor aproximação de $p(t) = 5 - \frac{1}{2} t^4$ por polinômios em $\mathbb{P}_2$.

SOLUÇÃO Os valores de p_0, p_1 e p_2 nos números $-2, -1, 0, 1$ e 2 estão listados em (3) como vetores em $\mathbb{R}^5$. Os valores correspondentes de p são: $-3, 9/2, 5, 9/2$ e -3. Temos:

$$\langle p, p_0 \rangle = 8, \qquad \langle p, p_1 \rangle = 0, \qquad \langle p, p_2 \rangle = -31$$
$$\langle p_0, p_0 \rangle = 5, \qquad\qquad\qquad\qquad \langle p_2, p_2 \rangle = 14$$

Então, a melhor aproximação de p em V por polinômios em $\mathbb{P}_2$ é

$$\hat{p} = \text{proj}_{\mathbb{P}_2} p = \frac{\langle p, p_0 \rangle}{\langle p_0, p_0 \rangle} p_0 + \frac{\langle p, p_1 \rangle}{\langle p_1, p_1 \rangle} p_1 + \frac{\langle p, p_2 \rangle}{\langle p_2, p_2 \rangle} p_2$$
$$= \tfrac{8}{5} p_0 + \tfrac{-31}{14} p_2 = \tfrac{8}{5} - \tfrac{31}{14}(t^2 - 2).$$

Esse polinômio é o mais próximo de p entre todos os polinômios pertencentes a $\mathbb{P}_2$ quando a distância é medida apenas em $-2, -1, 0, 1$ e 2. Veja a Figura 1.

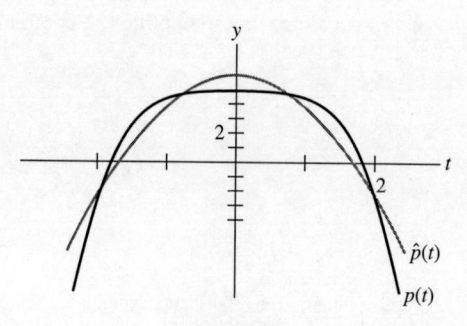

FIGURA 1

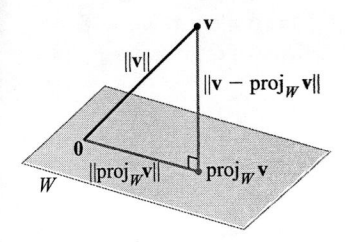

FIGURA 2
A hipotenusa é o lado maior.

Os polinômios p_0, p_1 e p_2 nos Exemplos 5 e 6 pertencem a uma classe geral de polinômios conhecidos em estatística como *polinômios ortogonais*.[2] A ortogonalidade é em relação ao tipo de produto interno descrito no Exemplo 2.

Duas Desigualdades

Dado um vetor $\mathbf{v}$ em um espaço V munido de produto interno e dado um subespaço W de dimensão finita, podemos aplicar o Teorema de Pitágoras à decomposição ortogonal de $\mathbf{v}$ em relação a W, obtendo

$$\|\mathbf{v}\|^2 = \|\operatorname{proj}_W \mathbf{v}\|^2 + \|\mathbf{v} - \operatorname{proj}_W \mathbf{v}\|^2$$

Veja a Figura 2. Em particular, isso mostra que a norma da projeção de $\mathbf{v}$ sobre W não pode exceder a norma do próprio $\mathbf{v}$. Essa observação simples nos leva à importante desigualdade a seguir.

TEOREMA 16

> **Desigualdade de Cauchy-Schwarz**
>
> Quaisquer que sejam $\mathbf{u}$ e $\mathbf{v}$ em V,
>
> $$|\langle \mathbf{u}, \mathbf{v} \rangle| \leq \|\mathbf{u}\|\, \|\mathbf{v}\| \tag{4}$$

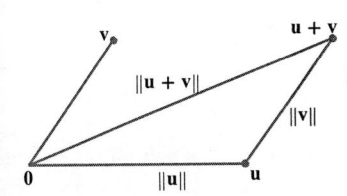

FIGURA 3 Comprimentos dos lados de um triângulo.

DEMONSTRAÇÃO Se $\mathbf{u} = \mathbf{0}$, então ambos os lados de (4) serão iguais a zero; logo, a desigualdade é válida nesse caso. (Veja o Problema Prático 1.) Se $\mathbf{u} \neq \mathbf{0}$, seja W o subespaço gerado por $\mathbf{u}$. Lembre-se de que $\|c\mathbf{u}\| = |c|\, \|\mathbf{u}\|$ para qualquer escalar c. Logo,

$$\|\operatorname{proj}_W \mathbf{v}\| = \left\| \frac{\langle \mathbf{v}, \mathbf{u} \rangle}{\langle \mathbf{u}, \mathbf{u} \rangle} \mathbf{u} \right\| = \frac{|\langle \mathbf{v}, \mathbf{u} \rangle|}{|\langle \mathbf{u}, \mathbf{u} \rangle|} \|\mathbf{u}\| = \frac{|\langle \mathbf{v}, \mathbf{u} \rangle|}{\|\mathbf{u}\|^2} \|\mathbf{u}\| = \frac{|\langle \mathbf{u}, \mathbf{v} \rangle|}{\|\mathbf{u}\|}$$

Como $\|\operatorname{proj}_W \mathbf{v}\| \leq \|\mathbf{v}\|$, temos $\dfrac{|\langle \mathbf{u}, \mathbf{v} \rangle|}{\|\mathbf{u}\|} \leq \|\mathbf{v}\|$, o que prova (4). ∎

A desigualdade de Cauchy-Schwarz é útil em muitos ramos da matemática. Os exercícios contêm algumas poucas aplicações simples. Precisamos dessa desigualdade aqui para provar outra desigualdade envolvendo a norma de vetores. Veja a Figura 3.

TEOREMA 17

> **Desigualdade Triangular**
>
> Quaisquer que sejam $\mathbf{u}$ e $\mathbf{v}$ em V,
>
> $$\|\mathbf{u} + \mathbf{v}\| \leq \|\mathbf{u}\| + \|\mathbf{v}\|$$

DEMONSTRAÇÃO
$$
\begin{aligned}
\|\mathbf{u} + \mathbf{v}\|^2 &= \langle \mathbf{u} + \mathbf{v}, \mathbf{u} + \mathbf{v} \rangle = \langle \mathbf{u}, \mathbf{u} \rangle + 2\langle \mathbf{u}, \mathbf{v} \rangle + \langle \mathbf{v}, \mathbf{v} \rangle \\
&\leq \|\mathbf{u}\|^2 + 2|\langle \mathbf{u}, \mathbf{v} \rangle| + \|\mathbf{v}\|^2 \\
&\leq \|\mathbf{u}\|^2 + 2\|\mathbf{u}\|\, \|\mathbf{v}\| + \|\mathbf{v}\|^2 \qquad \text{Cauchy–Schwarz} \\
&= (\|\mathbf{u}\| + \|\mathbf{v}\|)^2
\end{aligned}
$$

A desigualdade triangular segue de imediato extraindo-se as raízes quadradas dos dois lados. ∎

Produto Interno para $C[a, b]$ (precisa de conhecimentos de Cálculo)

Provavelmente, o espaço munido de produto interno mais utilizado para aplicações é o espaço vetorial $C[a, b]$ de todas as funções contínuas em um intervalo $a \leq t \leq b$ com um produto interno que descreveremos a seguir.

Vamos começar considerando um polinômio p e um inteiro n maior ou igual ao grau de p. Então, p pertence a $\mathbb{P}_n$, e podemos calcular o "comprimento" de p usando o produto interno do Exemplo 2, que envolve o valor

---

[2]Veja *Statistics and Experimental Design in Engineering and the Physical Sciences*, 2. ed., de Norman L. Johnson e Fred C. Leone (Nova York: John Wiley & Sons, 1977). As tabelas ali listam "Orthogonal Polynomials", que são, simplesmente, os valores do polinômio em números como $-2, -1, 0, 1$ e 2.

do polinômio em $n + 1$ pontos em $[a, b]$. No entanto, esse comprimento de p captura o comportamento de p apenas nesses $n + 1$ pontos. Como p pertence a $\mathbb{P}_n$ para todo n grande, poderíamos usar um n muito maior, com muito mais pontos para calcular o valor do produto interno. Veja a Figura 4.

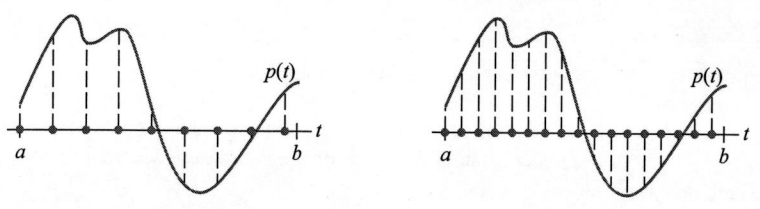

FIGURA 4 Usando números diferentes de pontos em $[a, b]$ para calcular $\|p\|^2$.

Vamos fazer uma partição do intervalo $[a, b]$ em $n + 1$ subintervalos de comprimento $\Delta t = (b - a)/(n + 1)$ e considerar pontos arbitrários $t_0, \dots, t_n$ nesses subintervalos.

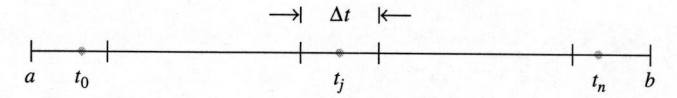

Se n for grande, o produto interno em $\mathbb{P}_n$ determinado por $t_0, \dots, t_n$ irá tender a dar um valor grande para $\langle p, q \rangle$; logo, vamos mudar a escala dividindo por $n + 1$. Note que $1/(n + 1) = \Delta t/(b - a)$ e defina

$$\langle p, q \rangle = \frac{1}{n+1} \sum_{j=0}^{n} p(t_j) q(t_j) = \frac{1}{b-a} \left[\sum_{j=0}^{n} p(t_j) q(t_j) \Delta t \right]$$

Vamos agora deixar n crescer indefinidamente. Como os polinômios p e q são funções contínuas, a expressão entre colchetes é uma soma de Riemann que tende a uma integral definida, e somos levados a considerar o *valor médio de $p(t)q(t)$* no intervalo $[a, b]$:

$$\frac{1}{b-a} \int_a^b p(t) q(t) \, dt$$

Essa quantidade está definida para polinômios de qualquer grau (na verdade, para todas as funções contínuas) e tem todas as propriedades de um produto interno, como mostra o próximo exemplo. O fator de escala $1/(b - a)$ na frente não é essencial e é omitido, muitas vezes, para simplificar.

EXEMPLO 7 Para f, g em $C[a, b]$, defina

$$\langle f, g \rangle = \int_a^b f(t) g(t) \, dt \tag{5}$$

Mostre que (5) define um produto interno em $C[a, b]$.

SOLUÇÃO Os Axiomas 1 a 3 na definição do produto interno seguem das propriedades elementares de integrais definidas. Para o Axioma 4, note que

$$\langle f, f \rangle = \int_a^b [f(t)]^2 \, dt \geq 0$$

A função $[f(t)]^2$ é contínua e não negativa em $[a, b]$. Se a integral definida de $[f(t)]^2$ for nula, então $[f(t)]^2$ terá de ser identicamente nula em $[a, b]$, por um teorema de cálculo avançado, e, nesse caso, f é a função nula. Logo, $\langle f, f \rangle = 0$ implica f ser a função identicamente nula em $[a, b]$. Portanto, (5) define um produto interno em $C[a, b]$. ∎

EXEMPLO 8 Seja V o espaço $C[0,1]$ com o produto interno do Exemplo 7 e seja W o subespaço gerado pelos polinômios $p_1(t) = 1$, $p_2(t) = 2t - 1$ e $p_3(t) = 12t^2$. Use o processo de Gram-Schmidt para encontrar uma base ortogonal para W.

SOLUÇÃO Seja $q_1 = p_1$ e calcule

$$\langle p_2, q_1 \rangle = \int_0^1 (2t - 1)(1) \, dt = (t^2 - t) \Big|_0^1 = 0$$

Logo, p_2 é ortogonal a q_1, e podemos escolher $q_2 = p_2$. Para a projeção de p_3 sobre $W_2 = \mathscr{L}\{q_1, q_2\}$, temos

$$\langle p_3, q_1 \rangle = \int_0^1 12t^2 \cdot 1 \, dt = 4t^3 \Big|_0^1 = 4$$

$$\langle q_1, q_1 \rangle = \int_0^1 1 \cdot 1 \, dt = t \Big|_0^1 = 1$$

$$\langle p_3, q_2 \rangle = \int_0^1 12t^2(2t - 1) \, dt = \int_0^1 (24t^3 - 12t^2) \, dt = 2$$

$$\langle q_2, q_2 \rangle = \int_0^1 (2t - 1)^2 \, dt = \frac{1}{6}(2t - 1)^3 \Big|_0^1 = \frac{1}{3}$$

Então

$$\text{proj}_{W_2} \, p_3 = \frac{\langle p_3, q_1 \rangle}{\langle q_1, q_1 \rangle} q_1 + \frac{\langle p_3, q_2 \rangle}{\langle q_2, q_2 \rangle} q_2 = \frac{4}{1} q_1 + \frac{2}{1/3} q_2 = 4q_1 + 6q_2$$

e

$$q_3 = p_3 - \text{proj}_{W_2} \, p_3 = p_3 - 4q_1 - 6q_2$$

Como função, $q_3(t) = 12t^2 - 4 - 6(2t - 1) = 12t^2 - 12t + 2$. A base ortogonal para o subespaço W é $\{q_1, q_2, q_3\}$. ∎

Problemas Práticos

Use os axiomas de produto interno para verificar as propriedades a seguir.

1. $\langle \mathbf{v}, \mathbf{0} \rangle = \langle \mathbf{0}, \mathbf{v} \rangle = 0$.
2. $\langle \mathbf{u}, \mathbf{v} + \mathbf{w} \rangle = \langle \mathbf{u}, \mathbf{v} \rangle + \langle \mathbf{u}, \mathbf{w} \rangle$.

6.7 EXERCÍCIOS

1. Considere $\mathbb{R}^2$ com o produto interno do Exemplo 1 e sejam $\mathbf{x} = (1, 1)$ e $\mathbf{y} = (5, -1)$.

   a. Encontre $\|\mathbf{x}\|$, $\|\mathbf{y}\|$ e $|\langle \mathbf{x}, \mathbf{y} \rangle|^2$.

   b. Descreva os vetores (z_1, z_2) que são ortogonais a $\mathbf{y}$.

2. Considere $\mathbb{R}^2$ com o produto interno do Exemplo 1. Mostre que a desigualdade de Cauchy-Schwarz é válida para $\mathbf{x} = (3, -2)$ e $\mathbf{y} = (-2, 1)$. [*Sugestão:* Estude $|\langle \mathbf{x}, \mathbf{y} \rangle|^2$.]

Os Exercícios 3 a 8 se referem a $\mathbb{P}_2$ com o produto interno dado pelo cálculo do valor dos polinômios em -1, 0 e 1. (Veja o Exemplo 2.)

3. Calcule $\langle p, q \rangle$, em que $p(t) = 4 + t$ e $q(t) = 5 - 4t^2$.

4. Calcule $\langle p, q \rangle$, em que $p(t) = 3t - t^2$ e $q(t) = 3 + 2t^2$.

5. Calcule $\|p\|$ e $\|q\|$ para p e q como no Exercício 3.

6. Calcule $\|p\|$ e $\|q\|$ para p e q como no Exercício 4.

7. Calcule a projeção ortogonal de q sobre o subespaço gerado por p para p e q como no Exercício 3.

8. Calcule a projeção ortogonal de q sobre o subespaço gerado por p para p e q como no Exercício 4.

9. Considere $\mathbb{P}_3$ com o produto interno dado pelo cálculo do valor dos polinômios em -3, -1, 1 e 3. Sejam $p_0(t) = 1$, $p_1(t) = t$ e $p_2(t) = t^2$.

   a. Calcule a projeção ortogonal de p_2 sobre o subespaço gerado por p_0 e p_1.

   b. Encontre um polinômio q ortogonal a p_0 e p_1 tal que $\{p_0, p_1, q\}$ seja uma base ortogonal para $\mathscr{L}\{p_0, p_1, p_2\}$. Multiplique o polinômio q por uma constante de modo que seu vetor de valores em $(-3, -1, 1, 3)$ seja $(1, -1, -1, 1)$.

10. Considere $\mathbb{P}_3$ com o produto interno como no Exercício 9, com p_0, p_1 e q como descritos lá. Encontre a melhor aproximação para $p(t) = t^3$ por polinômios em $\mathscr{L}\{p_0, p_1, q\}$.

11. Sejam p_0, p_1 e p_2 os polinômios ortogonais descritos no Exemplo 5, no qual o produto interno em $\mathbb{P}_4$ é dado pelo cálculo dos polinômios em $-2, -1, 0, 1$ e 2. Encontre a projeção ortogonal de t^3 sobre $\mathscr{L}\{p_0, p_1, p_2\}$.

12. Encontre um polinômio p_3 tal que $\{p_0, p_1, p_2, p_3\}$ (veja o Exercício 11) seja uma base ortogonal para o subespaço $\mathbb{P}_3$ de $\mathbb{P}_4$. Multiplique o polinômio p_3 por um escalar de modo que seu vetor de valores seja $(-1, 2, 0, -2, 1)$.

13. Seja A uma matriz $n \times n$ invertível. Mostre que, para $\mathbf{u}$ e $\mathbf{v}$ em $\mathbb{R}^n$, a fórmula $\langle \mathbf{u}, \mathbf{v} \rangle = (A\mathbf{u}) \cdot (A\mathbf{v}) = (A\mathbf{u})^T(A\mathbf{v})$ define um produto interno em $\mathbb{R}^n$.

14. Seja T uma transformação linear injetora de um espaço vetorial V em $\mathbb{R}^n$. Mostre que, para $\mathbf{u}$ e $\mathbf{v}$ em V, a fórmula $\langle \mathbf{u}, \mathbf{v} \rangle = T(\mathbf{u}) \cdot T(\mathbf{v})$ define um produto interno em V.

Use os axiomas de produto interno e outros resultados desta seção para verificar as propriedades nos Exercícios 15 a 18.

15. $\langle \mathbf{u}, c\mathbf{v} \rangle = c \langle \mathbf{u}, \mathbf{v} \rangle$ para todo escalar c.

16. Se $\{\mathbf{u}, \mathbf{v}\}$ for um conjunto ortonormal em V, então $\|\mathbf{u} - \mathbf{v}\| = \sqrt{2}$.

17. $\langle \mathbf{u}, \mathbf{v} \rangle = \frac{1}{4}\|\mathbf{u} + \mathbf{v}\|^2 - \frac{1}{4}\|\mathbf{u} - \mathbf{v}\|^2$.

18. $\|\mathbf{u} + \mathbf{v}\|^2 + \|\mathbf{u} - \mathbf{v}\|^2 = 2\|\mathbf{u}\|^2 + 2\|\mathbf{v}\|^2$.

Nos Exercícios 19 a 24, $\mathbf{u}$, $\mathbf{v}$ e $\mathbf{w}$ são vetores. Marque cada afirmação como Verdadeira ou Falsa (V/F). Justifique cada resposta.

19. (V/F) Se $\langle \mathbf{u}, \mathbf{u} \rangle = 0$, então $\mathbf{u} = \mathbf{0}$.

20. (V/F) Se $\langle \mathbf{u}, \mathbf{v} \rangle = 0$, então $\mathbf{u} = \mathbf{0}$ ou $\mathbf{v} = \mathbf{0}$.

21. (V/F) $\langle \mathbf{u} + \mathbf{v}, \mathbf{w} \rangle = \langle \mathbf{w}, \mathbf{u} \rangle + \langle \mathbf{w}, \mathbf{v} \rangle$.

22. (V/F) $\langle c\mathbf{u}, c\mathbf{v} \rangle = c\langle \mathbf{u}, \mathbf{v} \rangle$.

23. (V/F) $|\langle \mathbf{u}, \mathbf{u} \rangle| = \langle \mathbf{u}, \mathbf{u} \rangle$.

24. (V/F) $|\langle \mathbf{u}, \mathbf{v} \rangle| \le \|\mathbf{u}\|\,\|\mathbf{v}\|$.

25. Dados $a \ge 0$ e $b \ge 0$, sejam $\mathbf{u} = \begin{bmatrix} \sqrt{a} \\ \sqrt{b} \end{bmatrix}$ e $\mathbf{v} = \begin{bmatrix} \sqrt{b} \\ \sqrt{a} \end{bmatrix}$. Use a desigualdade de Cauchy-Schwarz para comparar a média geométrica $\sqrt{ab}$ com a média aritmética $(a+b)/2$.

26. Sejam $\mathbf{u} = \begin{bmatrix} a \\ b \end{bmatrix}$ e $\mathbf{v} = \begin{bmatrix} 1 \\ 1 \end{bmatrix}$. Use a desigualdade de Cauchy-Schwarz para mostrar que

$$\left(\frac{a+b}{2}\right)^2 \le \frac{a^2 + b^2}{2}$$

Os Exercícios 27 a 30 se referem a $V = C\,[0,1]$ com o produto interno dado por uma integral, como no Exemplo 7.

27. Calcule $\langle f, g \rangle$, em que $f(t) = 1 - 3t^2$ e $g(t) = t - t^3$.

28. Calcule $\langle f, g \rangle$, em que $f(t) = 5t - 3$ e $g(t) = t^3 - t^2$.

29. Calcule $\|f\|$ para f como no Exercício 27.

30. Calcule $\|g\|$ para g como no Exercício 28.

31. Seja V o espaço $C[-1, 1]$ com o produto interno do Exemplo 7. Encontre uma base ortogonal para o subespaço gerado pelos polinômios $1, t$ e t^2. Os polinômios nessa base são chamados *polinômios de Legendre*.

32. Seja V o espaço $C[-2, 2]$ com o produto interno do Exemplo 7. Encontre uma base ortogonal para o subespaço gerado pelos polinômios $1, t$ e t^2.

M 33. Considere $\mathbb{P}_4$ com o produto interno como no Exemplo 5 e sejam p_0, p_1, p_2 os polinômios ortogonais daquele exemplo. Usando um programa matricial, aplique o processo de Gram-Schmidt ao conjunto $\{p_0, p_1, p_2, t^3, t^4\}$ para obter uma base ortogonal para $\mathbb{P}_4$.

M 34. Seja V o espaço $C\,[0, 2\pi]$ com o produto interno do Exemplo 7. Use o processo de Gram-Schmidt para obter uma base ortogonal para o subespaço gerado por $\{1, \cos t, \cos^2 t, \cos^3 t\}$. Use um programa matricial ou um programa de cálculos matemáticos para calcular as integrais definidas apropriadas.

Soluções dos Problemas Práticos

1. Pelo Axioma 1, $\langle \mathbf{v}, \mathbf{0} \rangle = \langle \mathbf{0}, \mathbf{v} \rangle$. Então $\langle \mathbf{0}, \mathbf{v} \rangle = \langle 0\mathbf{v}, \mathbf{v} \rangle = 0\langle \mathbf{v}, \mathbf{v} \rangle$ pelo Axioma 3, de modo que $\langle \mathbf{0}, \mathbf{v} \rangle = 0$.

2. Usando os Axiomas 1, 2 e, depois, o 1 novamente, temos: $\langle \mathbf{u}, \mathbf{v} + \mathbf{w} \rangle = \langle \mathbf{v} + \mathbf{w}, \mathbf{u} \rangle = \langle \mathbf{v}, \mathbf{u} \rangle + \langle \mathbf{w}, \mathbf{u} \rangle = \langle \mathbf{u}, \mathbf{v} \rangle + \langle \mathbf{u}, \mathbf{w} \rangle$.

6.8 APLICAÇÕES DE ESPAÇOS MUNIDOS DE PRODUTO INTERNO

Os exemplos nesta seção sugerem como os espaços munidos de produto interno definidos na Seção 6.7 aparecem em problemas práticos. Como na Seção 6.6, componentes importantes da aprendizagem de máquinas serão analisados.

Mínimos Quadráticos com Peso

Seja $\mathbf{y}$ um vetor de n observações, $y_1, \ldots, y_n$ e suponha que queiramos aproximar $\mathbf{y}$ por um vetor $\hat{\mathbf{y}}$ que pertence a um subespaço especificado de $\mathbb{R}^n$. (Na Seção 6.5, $\hat{\mathbf{y}}$ foi escrito na forma $A\mathbf{x}$, de modo que $\hat{\mathbf{y}}$ pertencia ao espaço de colunas de A.) Denote as coordenadas de $\hat{\mathbf{y}}$ por $\hat{y}_1, \ldots, \hat{y}_n$. Então, a *soma dos quadrados dos termos de erros*, ou SS(E), na aproximação de $\mathbf{y}$ por $\hat{\mathbf{y}}$ será

$$\text{SS(E)} = (y_1 - \hat{y}_1)^2 + \cdots + (y_n - \hat{y}_n)^2 \tag{1}$$

Isso é simplesmente $\|\mathbf{y} - \hat{\mathbf{y}}\|^2$, usando o comprimento padrão em $\mathbb{R}^n$.

Suponha agora que as medidas que produziram as coordenadas de $\mathbf{y}$ não sejam igualmente confiáveis. As coordenadas de $\mathbf{y}$ podem ter sido calculadas de várias amostragens de medidas, com tamanhos de amostragem diferentes. Torna-se, então, apropriado colocar pesos nos quadrados dos erros em (1), de modo a dar mais importância às medidas mais confiáveis.[1] Se os pesos forem denotados por $w_1^2, \ldots, w_n^2$, então a soma com peso dos quadrados dos erros fica

$$\text{SS(E) com peso} = w_1^2(y_1 - \hat{y}_1)^2 + \cdots + w_n^2(y_n - \hat{y}_n)^2 \tag{2}$$

Esse é o quadrado do comprimento de $\mathbf{y} - \hat{\mathbf{y}}$, no qual o comprimento é proveniente de um produto interno análogo ao do Exemplo 1 na Seção 6.7, a saber,

$$\langle \mathbf{x}, \mathbf{y} \rangle = w_1^2 x_1 y_1 + \cdots + w_n^2 x_n y_n$$

---

[1] Para leitores familiarizados com estatística: Suponha que os erros ao medir os y_i sejam variáveis aleatórias independentes com média zero e variâncias $\sigma_1^2, \ldots, \sigma_n^2$. Então, os pesos apropriados em (2) são $w_i^2 = 1/\sigma_i^2$. Quanto maior a variância do erro, menor o peso.

Algumas vezes, é conveniente transformar o problema de mínimos quadráticos com peso em um problema equivalente de mínimos quadráticos usual. Seja W a matriz diagonal com elementos diagonais (positivos) $w_1, \ldots, w_n$, de modo que

$$W\mathbf{y} = \begin{bmatrix} w_1 & 0 & \cdots & 0 \\ 0 & w_2 & & \\ \vdots & & \ddots & \vdots \\ 0 & & \cdots & w_n \end{bmatrix} \begin{bmatrix} y_1 \\ y_2 \\ \vdots \\ y_n \end{bmatrix} = \begin{bmatrix} w_1 y_1 \\ w_2 y_2 \\ \vdots \\ w_n y_n \end{bmatrix}$$

com uma expressão análoga para $W\hat{\mathbf{y}}$. Note que o j-ésimo termo em (2) pode ser escrito na forma

$$w_j^2 (y_j - \hat{y}_j)^2 = (w_j y_j - w_j \hat{y}_j)^2$$

Segue que SS(E) com peso em (2) é o quadrado do comprimento usual em $\mathbb{R}^n$ de $W\mathbf{y} - W\hat{\mathbf{y}}$, que escrevemos como $\|W\mathbf{y} - W\hat{\mathbf{y}}\|^2$.

Suponha agora que o vetor de aproximação $\hat{\mathbf{y}}$ seja construído das colunas de uma matriz A. Então, procuraremos um $\hat{\mathbf{x}}$ que fará com que $A\hat{\mathbf{x}} = \hat{\mathbf{y}}$ esteja o mais próximo possível de $\mathbf{y}$. No entanto, a medida de quão perto ele está é o erro com peso

$$\|W\mathbf{y} - W\hat{\mathbf{y}}\|^2 = \|W\mathbf{y} - WA\hat{\mathbf{x}}\|^2$$

Assim, $\hat{\mathbf{x}}$ é a solução (usual) de mínimos quadráticos para a equação

$$WA\mathbf{x} = W\mathbf{y}$$

A equação normal para a solução de mínimos quadráticos é

$$(WA)^T WA\mathbf{x} = (WA)^T W\mathbf{y}$$

EXEMPLO 1 Encontre a reta de mínimos quadráticos $y = \beta_0 + \beta_1 x$ que melhor se ajusta aos dados $(-2, 3)$, $(-1, 5)$, $(0, 5)$, $(1, 4)$ e $(2, 3)$. Suponha que os erros de medida nos valores de y nos dois últimos pontos sejam maiores que nos outros. Coloque pesos nesses dados de modo a ter metade do valor dos outros dados.

SOLUÇÃO Como na Seção 6.6, chame X a matriz A e $\boldsymbol{\beta}$ o vetor $\mathbf{x}$, obtendo

$$X = \begin{bmatrix} 1 & -2 \\ 1 & -1 \\ 1 & 0 \\ 1 & 1 \\ 1 & 2 \end{bmatrix}, \quad \boldsymbol{\beta} = \begin{bmatrix} \beta_0 \\ \beta_1 \end{bmatrix}, \quad \mathbf{y} = \begin{bmatrix} 3 \\ 5 \\ 5 \\ 4 \\ 3 \end{bmatrix}$$

Para uma matriz de pesos, escolha W com elementos diagonais 2, 2, 2, 1 e 1. Multiplicando X e $\mathbf{y}$ por W à esquerda, modificamos suas linhas:

$$WX = \begin{bmatrix} 2 & -4 \\ 2 & -2 \\ 2 & 0 \\ 1 & 1 \\ 1 & 2 \end{bmatrix}, \quad W\mathbf{y} = \begin{bmatrix} 6 \\ 10 \\ 10 \\ 4 \\ 3 \end{bmatrix}$$

Para a equação normal, calcule

$$(WX)^T WX = \begin{bmatrix} 14 & -9 \\ -9 & 25 \end{bmatrix} \quad \text{e} \quad (WX)^T W\mathbf{y} = \begin{bmatrix} 59 \\ -34 \end{bmatrix}$$

e resolva

$$\begin{bmatrix} 14 & -9 \\ -9 & 25 \end{bmatrix} \begin{bmatrix} \beta_0 \\ \beta_1 \end{bmatrix} = \begin{bmatrix} 59 \\ -34 \end{bmatrix}$$

A solução da equação normal (com dois dígitos significativos) é $\beta_0 = 4,3$ e $\beta_1 = 0,20$. A reta desejada é

$$y = 4,3 + 0,20x$$

Por outro lado, a reta usual de mínimos quadráticos para esses dados é

$$y = 4,0 - 0,10x$$

Ambas as retas estão ilustradas na Figura 1. ■

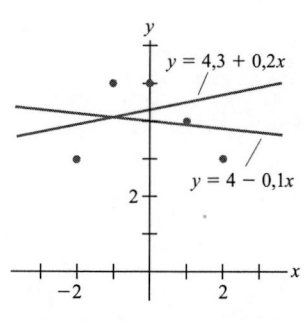

FIGURA 1 Retas de mínimos quadráticos usual e com peso.

Análise de Tendência de Dados

Suponha que f represente uma função com valores conhecidos (talvez apenas aproximadamente) em $t_0, \ldots, t_n$. Se existir uma "tendência linear" nos dados $f(t_0), \ldots, f(t_n)$, então poderemos tentar aproximar os valores de f por uma função da forma $\beta_0 + \beta_1 t$. Se houvesse uma "tendência quadrática" nos dados, tentaríamos uma função da forma $\beta_0 + \beta_1 t + \beta_2 t^2$. Isso foi discutido na Seção 6.6 de um ponto de vista diferente.

Em alguns problemas estatísticos, é importante sermos capazes de separar a tendência linear da quadrática (e, talvez, de tendências cúbicas ou de ordem mais alta). Por exemplo, suponha que engenheiros estejam analisando o desempenho de um novo carro e $f(t)$ represente a distância entre o carro e um ponto de referência no instante t. Se o carro estiver se movendo a velocidade constante, então o gráfico de $f(t)$ deverá ser uma linha reta cujo coeficiente angular será a velocidade do carro. Se o pedal de gasolina for pressionado, de repente, até o fundo, o gráfico de $f(t)$ irá mudar para incluir um termo quadrático e, possivelmente, um termo cúbico (devido à aceleração). Para analisar a capacidade de ultrapassagem do carro, por exemplo, os engenheiros podem querer separar as componentes quadráticas e cúbicas do termo linear.

Se a função for aproximada por uma curva da forma $y = \beta_0 + \beta_1 t + \beta_2 t^2$, o coeficiente β_2 poderá não dar a informação desejada sobre a tendência quadrática dos dados, pois pode ser "independente", em um sentido estatístico, dos outros β_i. Para fazer o que é conhecido como **análise de tendência** dos dados, definimos um produto interno no espaço $\mathbb{P}_n$ análogo ao dado no Exemplo 2 na Seção 6.7. Para p e q em $\mathbb{P}_n$, defina

$$\langle p, q \rangle = p(t_0)q(t_0) + \cdots + p(t_n)q(t_n)$$

Na prática, os estatísticos raramente precisam considerar tendências nos dados de ordem maior que três ou quatro. Sejam p_0, p_1, p_2, p_3 os elementos de uma base ortogonal para o subespaço $\mathbb{P}_3$ de $\mathbb{P}_n$ obtida aplicando-se o processo de Gram-Schmidt aos polinômios 1, t, t^2 e t^3. Existe um polinômio g em $\mathbb{P}_n$, cujos valores em $t_0, \ldots, t_n$ coincidem com os da função f desconhecida. Seja $\hat{g}$ a projeção ortogonal (em relação ao produto interno dado) de g sobre $\mathbb{P}_3$, a saber,

$$\hat{g} = c_0 p_0 + c_1 p_1 + c_2 p_2 + c_3 p_3$$

Então $\hat{g}$ é chamada **função tendência** cúbica e $c_0, \ldots, c_3$ são os **coeficientes da tendência** dos dados. O coeficiente c_1 mede a tendência linear, c_2 a tendência quadrática e c_3 a tendência cúbica. Acontece que, se os dados tiverem certas propriedades, esses coeficientes serão independentes estatisticamente.

Como $p_0, \ldots, p_3$ são ortogonais, os coeficientes da tendência podem ser calculados um de cada vez, de forma independente dos outros. (Lembre-se de que $c_i = \langle g, p_i \rangle / \langle p_i, p_i \rangle$.) Podemos ignorar p_3 e c_3 se quisermos apenas a tendência quadrática. E se, por exemplo, precisarmos determinar a tendência de quarto grau, teríamos de encontrar (via Gram-Schmidt) apenas um polinômio p_4 em $\mathbb{P}_4$ que seja ortogonal a $\mathbb{P}_3$ e calcular $\langle g, p_4 \rangle / \langle p_4, p_4 \rangle$.

EXEMPLO 2 A utilização mais simples e comum da análise de tendências ocorre quando os pontos $t_0, \ldots, t_n$ podem ser ajustados de modo a estarem igualmente espaçados e terem média zero. Ajuste uma função de tendência quadrática aos dados $(-2, 3)$, $(-1, 5)$, $(0, 5)$, $(1, 4)$ e $(2, 3)$.

SOLUÇÃO Vamos multiplicar as coordenadas t por escalares convenientes para usarmos os polinômios ortogonais encontrados no Exemplo 5 da Seção 6.7:

$$
\begin{array}{ccccc}
\text{Polinômio:} & p_0 & p_1 & p_2 & \text{Dados: } g \\
\text{Vetor de valores:} &
\begin{bmatrix} 1 \\ 1 \\ 1 \\ 1 \\ 1 \end{bmatrix}, &
\begin{bmatrix} -2 \\ -1 \\ 0 \\ 1 \\ 2 \end{bmatrix}, &
\begin{bmatrix} 2 \\ -1 \\ -2 \\ -1 \\ 2 \end{bmatrix}, &
\begin{bmatrix} 3 \\ 5 \\ 5 \\ 4 \\ 3 \end{bmatrix}
\end{array}
$$

Os cálculos envolvem apenas esses vetores, não as fórmulas específicas para os polinômios ortogonais. A melhor aproximação dos dados por um polinômio em $\mathbb{P}_2$ é a projeção ortogonal dada por

$$\hat{p} = \frac{\langle g, p_0 \rangle}{\langle p_0, p_0 \rangle} p_0 + \frac{\langle g, p_1 \rangle}{\langle p_1, p_1 \rangle} p_1 + \frac{\langle g, p_2 \rangle}{\langle p_2, p_2 \rangle} p_2$$

$$= \frac{20}{5} p_0 - \frac{1}{10} p_1 - \frac{7}{14} p_2$$

e

$$\hat{p}(t) = 4 - 0{,}1t - 0{,}5(t^2 - 2) \tag{3}$$

Como o coeficiente de p_2 não é muito pequeno, seria razoável concluir que a tendência é pelo menos quadrática. Isso é confirmado pelo gráfico na Figura 2. ∎

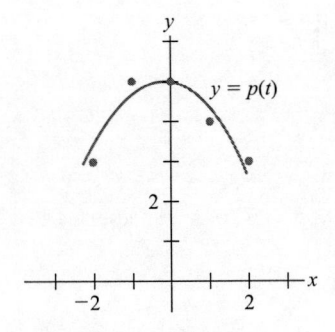

FIGURA 2 Aproximação por uma função tendência quadrática.

Série de Fourier (precisa de conhecimentos de Cálculo)

Funções contínuas são aproximadas, muitas vezes, por combinações lineares das funções seno e cosseno. Por exemplo, uma função contínua pode representar uma onda sonora, um sinal elétrico de certo tipo ou o movimento de um sistema mecânico em vibração.

Para simplificar, vamos considerar funções definidas em $0 \le t \le 2\pi$. Acontece que qualquer função em $C\,[0, 2\pi]$ pode ser aproximada, com a precisão desejada, por uma função da forma

$$\frac{a_0}{2} + a_1 \cos t + \cdots + a_n \cos nt + b_1 \operatorname{sen} t + \cdots + b_n \operatorname{sen} nt \tag{4}$$

para um valor de n suficientemente grande. A função (4) é um **polinômio trigonométrico**. Se a_n e b_n não forem ambos nulos, o polinômio será dito de **ordem n**. A relação entre polinômios trigonométricos e outras funções em $C\,[0, 2\pi]$ depende do fato de que, para qualquer $n \ge 1$, o conjunto

$$\{1, \cos t, \cos 2t, \ldots, \cos nt, \operatorname{sen} t, \operatorname{sen} 2t, \ldots, \operatorname{sen} nt\} \tag{5}$$

é ortogonal em relação ao produto interno

$$\langle f, g \rangle = \int_0^{2\pi} f(t) g(t)\, dt \tag{6}$$

Essa ortogonalidade é verificada no próximo exemplo e nos Exercícios 5 e 6.

EXEMPLO 3   Considere $C\,[0, 2\pi]$ com o produto interno (6) e sejam m e n inteiros positivos diferentes. Mostre que $\cos mt$ e $\cos nt$ são ortogonais.

SOLUÇÃO   Vamos usar uma identidade trigonométrica. Quando $m \ne n$,

$$\begin{aligned}
\langle \cos mt, \cos nt \rangle &= \int_0^{2\pi} \cos mt \cos nt\, dt \\
&= \frac{1}{2} \int_0^{2\pi} [\cos(mt + nt) + \cos(mt - nt)]\, dt \\
&= \frac{1}{2} \left[\frac{\operatorname{sen}(mt + nt)}{m + n} + \frac{\operatorname{sen}(mt - nt)}{m - n} \right] \Bigg|_0^{2\pi} = 0 \qquad \blacksquare
\end{aligned}$$

Seja W o subespaço de $C\,[0, 2\pi]$ gerado pelas funções em (5). Dada f em $C\,[0, 2\pi]$, a melhor aproximação de f por funções em W é chamada **aproximação de Fourier de ordem n** de f em $[0, 2\pi]$. Como as funções em (5) são ortogonais, a melhor aproximação é dada pela projeção ortogonal sobre W. Nesse caso, os coeficientes a_k e b_k em (4) são chamados **coeficientes de Fourier** de f. A fórmula padrão para uma projeção ortogonal mostra que

$$a_k = \frac{\langle f, \cos kt \rangle}{\langle \cos kt, \cos kt \rangle}, \quad b_k = \frac{\langle f, \operatorname{sen} kt \rangle}{\langle \operatorname{sen} kt, \operatorname{sen} kt \rangle}, \quad k \ge 1$$

O Exercício 7 pede para você mostrar que $\langle \cos kt, \cos kt \rangle = \pi$ e $\langle \operatorname{sen} kt, \operatorname{sen} kt \rangle = \pi$. Logo,

$$a_k = \frac{1}{\pi} \int_0^{2\pi} f(t) \cos kt\, dt, \quad b_k = \frac{1}{\pi} \int_0^{2\pi} f(t) \operatorname{sen} kt\, dt \tag{7}$$

O coeficiente da função (constante) 1 na projeção ortogonal é

$$\frac{\langle f, 1 \rangle}{\langle 1, 1 \rangle} = \frac{1}{2\pi} \int_0^{2\pi} f(t) \cdot 1\, dt = \frac{1}{2} \left[\frac{1}{\pi} \int_0^{2\pi} f(t) \cos(0 \cdot t)\, dt \right] = \frac{a_0}{2}$$

em que a_0 é definido por (7) para $k = 0$. Isso explica por que o termo constante em (4) é escrito como $a_0/2$.

EXEMPLO 4   Encontre a aproximação de Fourier de ordem n para a função $f(t) = t$ no intervalo $[0, 2\pi]$.

SOLUÇÃO   Temos

$$\frac{a_0}{2} = \frac{1}{2} \cdot \frac{1}{\pi} \int_0^{2\pi} t\, dt = \frac{1}{2\pi} \left[\frac{1}{2} t^2 \Big|_0^{2\pi} \right] = \pi$$

e, para $k > 0$, integrando por partes,

$$a_k = \frac{1}{\pi} \int_0^{2\pi} t \cos kt \, dt = \frac{1}{\pi} \left[\frac{1}{k^2} \cos kt + \frac{t}{k} \operatorname{sen} kt \right]_0^{2\pi} = 0$$

$$b_k = \frac{1}{\pi} \int_0^{2\pi} t \operatorname{sen} kt \, dt = \frac{1}{\pi} \left[\frac{1}{k^2} \operatorname{sen} kt - \frac{t}{k} \cos kt \right]_0^{2\pi} = -\frac{2}{k}$$

Logo, a aproximação de Fourier de ordem n para $f(t) = t$ é

$$\pi - 2 \operatorname{sen} t - \operatorname{sen} 2t - \frac{2}{3} \operatorname{sen} 3t - \cdots - \frac{2}{n} \operatorname{sen} nt$$

A Figura 3 mostra as aproximações de Fourier de terceira e quarta ordens para f. ∎

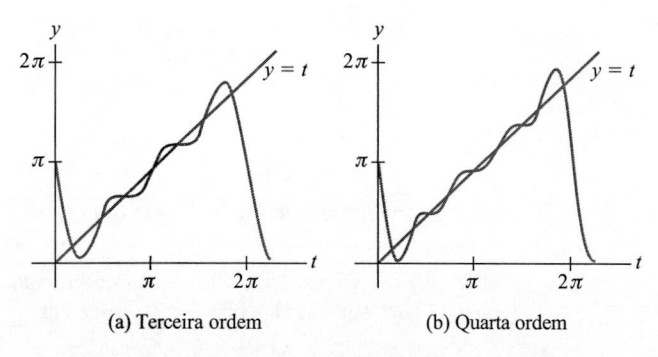

(a) Terceira ordem (b) Quarta ordem

FIGURA 3 Aproximações de Fourier para a função $f(t) = t$.

A norma da diferença entre f e uma aproximação de Fourier é chamada **erro quadrático médio** na aproximação. (O termo *médio* se refere ao fato de que a norma é determinada por uma integral.) Pode-se mostrar que o erro quadrático médio tende a zero quando a ordem da aproximação de Fourier cresce. Por essa razão, é comum escrever

$$f(t) = \frac{a_0}{2} + \sum_{m=1}^{\infty} (a_m \cos mt + b_m \operatorname{sen} mt)$$

Essa expressão para $f(t)$ é chamada **série de Fourier** de f em $[0, 2\pi]$. O termo $a_m \cos mt$, por exemplo, é a projeção de f sobre o subespaço unidimensional gerado por $\cos mt$.

Problemas Práticos

1. Sejam $q_1(t) = 1$, $q_2(t) = t$ e $q_3(t) = 3t^2 - 4$. Verifique que $\{q_1, q_2, q_3\}$ é um conjunto ortogonal em $C[-2, 2]$ em relação ao produto interno do Exemplo 7 na Seção 6.7 (integração de -2 a 2).

2. Encontre as aproximações de Fourier de primeira e terceira ordens para

$$f(t) = 3 - 2 \operatorname{sen} t + 5 \operatorname{sen} 2t - 6 \cos 2t$$

6.8 EXERCÍCIOS

1. Encontre a reta de mínimos quadrados $y = \beta_0 + \beta_1 x$ que melhor se ajusta aos dados $(-2, 0)$, $(-1, 0)$, $(0, 2)$, $(1, 4)$, $(2, 4)$, supondo que o primeiro e último dados sejam menos confiáveis. Dê pesos de modo a eles ficarem com a metade do peso de cada um dos outros três pontos.

2. Em um problema de mínimos quadráticos com peso, suponha que 5 entre 25 pontos de dados tenham medidas y menos confiáveis que os outros e devam ser colocados pesos de modo que pesem a metade de cada um dos outros 20 pontos. Um método é multiplicar os 20 pontos por 1 e os outros 5 por 1/2. Um segundo método é multiplicar os 20 pontos por 2 e os outros 5 por 1. Os dois métodos dão resultados diferentes? Explique.

3. Ajuste uma função tendência cúbica aos dados no Exemplo 2. O polinômio cúbico ortogonal é $p_3(t) = \frac{5}{6}t^3 - \frac{17}{6}t$.

4. Para fazer uma análise de tendência de seis pontos de dados igualmente espaçados, podem-se usar polinômios ortogonais em relação ao cálculo dos valores em $t = -5, -3, -1, 1, 3$ e 5.

   a. Mostre que os três primeiros polinômios ortogonais são

   $$p_0(t) = 1, \quad p_1(t) = t \quad \text{e} \quad p_2(t) = \frac{3}{8}t^2 - \frac{35}{8}$$

   (O polinômio p_2 foi multiplicado por um escalar de modo que seus valores nos pontos de cálculo sejam inteiros pequenos.)

b. Ajuste uma função tendência quadrática aos dados

$(-5, 1), (-3, 1), (-1, 4), (1, 4), (3, 6), (5, 8)$

Nos Exercícios 5 a 14, o espaço é $C[0, 2\pi]$ munido do produto interno (6).

5. Mostre que sen mt e sen nt são ortogonais quando $m \neq n$.

6. Mostre que sen mt e cos nt são ortogonais para todos os inteiros positivos m e n.

7. Mostre que $\|\cos kt\|^2 = \pi$ e $\|\text{sen } kt\|^2 = \pi$ para $k > 0$.

8. Encontre a aproximação de Fourier de terceira ordem para $f(t) = t - 1$.

9. Encontre a aproximação de Fourier de terceira ordem para $f(t) = 2\pi - t$.

10. Encontre a aproximação de Fourier de terceira ordem para a *onda quadrada*, $f(t) = 1$ para $0 \leq t < \pi$ e $f(t) = -1$ para $\pi \leq t < 2\pi$.

11. Encontre a aproximação de Fourier de terceira ordem para sen$^2 t$, sem calcular nenhuma integral.

12. Encontre a aproximação de Fourier de terceira ordem para cos$^3 t$, sem calcular nenhuma integral.

13. Explique por que um coeficiente de Fourier da soma de duas funções é a soma dos coeficientes de Fourier correspondentes das duas funções.

14. Suponha que os primeiros coeficientes de Fourier de uma função f em $C[0, 2\pi]$ sejam a_0, a_1, a_2 e b_1, b_2, b_3. Qual dos polinômios trigonométricos a seguir está mais próximo de f? Justifique sua resposta.

$$g(t) = \frac{a_0}{2} + a_1 \cos t + a_2 \cos 2t + b_1 \text{ sen } t$$

$$h(t) = \frac{a_0}{2} + a_1 \cos t + a_2 \cos 2t + b_1 \text{ sen} t + b_2 \text{ sen } 2t$$

Ⓜ 15. Use os dados do Exercício 19 na Seção 6.6 sobre o desempenho de um avião durante a decolagem. Suponha que os possíveis erros nas medidas aumentem quando a velocidade do avião aumenta e seja W a matriz diagonal de pesos cujos elementos diagonais são 1, 1, 1, 0,9, 0,9, 0,8, 0,7, 0,6, 0,5, 0,4, 0,3, 0,2 e 0,1. Encontre a curva cúbica que se ajusta a esses dados com o menor erro mínimo quadrático com peso e use-a para estimar a velocidade do avião quando $t = 4,5$ segundos.

Ⓜ 16. Sejam f_4 e f_5 as aproximações de Fourier em $C[0, 2\pi]$ de quarta e quinta ordens para a onda quadrada no Exercício 10. Obtenha gráficos separados de f_4 e f_5 no intervalo $[0, 2\pi]$ e desenhe um gráfico de f_5 em $[-2\pi, 2\pi]$.

Soluções dos Problemas Práticos

1. Temos

$$\langle q_1, q_2 \rangle = \int_{-2}^{2} 1 \cdot t \, dt = \frac{1}{2}t^2 \Big|_{-2}^{2} = 0$$

$$\langle q_1, q_3 \rangle = \int_{-2}^{2} 1 \cdot (3t^2 - 4) \, dt = (t^3 - 4t) \Big|_{-2}^{2} = 0$$

$$\langle q_2, q_3 \rangle = \int_{-2}^{2} t \cdot (3t^2 - 4) \, dt = \left(\frac{3}{4}t^4 - 2t^2\right) \Big|_{-2}^{2} = 0$$

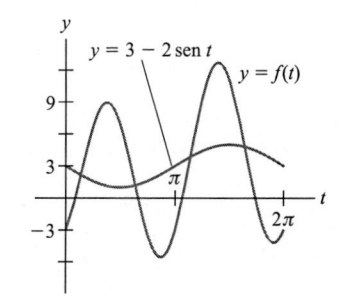

Aproximações de primeira e de terceira ordens para $f(t)$.

2. A aproximação de Fourier de terceira ordem para f é a melhor aproximação de f em $C[0, 2\pi]$ por funções (vetores) no subespaço gerado por 1, cos t, cos $2t$, cos $3t$, sen t, sen $2t$ e sen $3t$. Mas, como f obviamente *pertence* a esse subespaço, a própria f é sua melhor aproximação:

$$f(t) = 3 - 2 \text{ sen } t + 5 \text{ sen } 2t - 6 \cos 2t$$

Para a aproximação de primeira ordem, a função mais próxima de f no subespaço $W = \mathcal{L}\{1, \cos t, \text{sen } t\}$ é $3 - 2$ sen t. Os outros dois termos na fórmula para $f(t)$ são ortogonais às funções em W; logo, não contribuem em nada para as integrais que fornecem os coeficientes para uma aproximação de primeira ordem.

CAPÍTULO 6 PROJETOS

Os projetos do Capítulo 6 estão disponíveis *online* em bit.ly/3OIM8gT (em inglês).

A. *Método QR para Encontrar Autovalores:* Este projeto mostra como a fatoração QR de uma matriz pode ser usada para calcular os autovalores da matriz.

B. *Encontrando as Raízes de um Polinômio com Autovalores:* Este projeto mostra como as raízes reais de um polinômio podem ser calculadas por meio dos autovalores de determinada matriz. Esses autovalores serão encontrados pelo método QR.

CAPÍTULO 6 EXERCÍCIOS SUPLEMENTARES

As afirmações nos Exercícios 1 a 19 se referem a vetores em $\mathbb{R}^n$ (ou $\mathbb{R}^m$) com o produto interno usual. Marque cada afirmação como Verdadeira ou Falsa (**V/F**). Justifique sua resposta.

1. (**V/F**) O comprimento de todo vetor é um número positivo.

2. (**V/F**) Os vetores $\mathbf{v}$ e $-\mathbf{v}$ têm comprimentos iguais.

3. (**V/F**) A distância entre $\mathbf{u}$ e $\mathbf{v}$ é $\|\mathbf{u} - \mathbf{v}\|$.

4. (**V/F**) Se r for um escalar arbitrário, então $\|r\mathbf{v}\| = r\|\mathbf{v}\|$.

5. (**V/F**) Se dois vetores forem ortogonais, eles serão linearmente independentes.

6. (**V/F**) Se $\mathbf{x}$ for ortogonal a ambos $\mathbf{u}$ e $\mathbf{v}$, então $\mathbf{x}$ será ortogonal a $\mathbf{u} - \mathbf{v}$.

7. **(V/F)** Se $\|\mathbf{u} + \mathbf{v}\|^2 = \|\mathbf{u}\|^2 + \|\mathbf{v}\|^2$, então $\mathbf{u}$ e $\mathbf{v}$ serão ortogonais.

8. **(V/F)** Se $\|\mathbf{u} - \mathbf{v}\|^2 = \|\mathbf{u}\|^2 + \|\mathbf{v}\|^2$, então $\mathbf{u}$ e $\mathbf{v}$ serão ortogonais.

9. **(V/F)** A projeção ortogonal de $\mathbf{y}$ sobre $\mathbf{u}$ é um múltiplo escalar de $\mathbf{y}$.

10. **(V/F)** Se um vetor $\mathbf{y}$ coincidir com sua projeção ortogonal sobre um subespaço W, então $\mathbf{y}$ pertence a W.

11. **(V/F)** O conjunto de todos os vetores em $\mathbb{R}^n$ ortogonais a um vetor fixo é um subespaço de $\mathbb{R}^n$.

12. **(V/F)** Se W for um subespaço de $\mathbb{R}^n$, então W e $W^\perp$ não terão vetores em comum.

13. **(V/F)** Se $\{\mathbf{v}_1, \mathbf{v}_2, \mathbf{v}_3\}$ for um conjunto ortogonal e se c_1, c_2, c_3 forem escalares, então $\{c_1\mathbf{v}_1, c_2\mathbf{v}_2, c_3\mathbf{v}_3\}$ será um conjunto ortogonal.

14. **(V/F)** Se uma matriz U tiver colunas ortonormais, então $UU^T = I$.

15. **(V/F)** Uma matriz quadrada com colunas ortogonais é uma matriz ortogonal.

16. **(V/F)** Se uma matriz quadrada tiver colunas ortonormais, então ela também terá linhas ortonormais.

17. **(V/F)** Se W for um subespaço, então $\|\text{proj}_W \mathbf{v}\|^2 + \|\mathbf{v} - \text{proj}_W \mathbf{v}\|^2 = \|\mathbf{v}\|^2$.

18. **(V/F)** Uma solução de mínimos quadrados para $A\mathbf{x} = \mathbf{b}$ é o vetor $A\hat{\mathbf{x}}$ mais próximo de $\mathbf{b}$ em Col A, de modo que $\|\mathbf{b} - A\hat{\mathbf{x}}\| \leq \|\mathbf{b} - A\mathbf{x}\|$ para todo $\mathbf{x}$.

19. **(V/F)** As equações normais para uma solução de mínimos quadráticos de $A\mathbf{x} = \mathbf{b}$ são dadas por $\hat{\mathbf{x}} = (A^T A)^{-1} A^T \mathbf{b}$.

20. Seja $\{\mathbf{v}_1, \dots, \mathbf{v}_p\}$ um conjunto ortonormal. Verifique a seguinte desigualdade por indução, começando com $p = 2$. Se $\mathbf{x} = c_1\mathbf{v}_1 + \dots + c_p\mathbf{v}_p$, então $\|\mathbf{x}\|^2 = |c_1|^2 + \cdots + |c_p|^2$.

21. Seja $\{\mathbf{v}_1, \dots, \mathbf{v}_p\}$ um conjunto ortonormal em $\mathbb{R}^n$. Verifique a seguinte desigualdade, conhecida como *desigualdade de Bessel*, válida para todo $\mathbf{x}$ em $\mathbb{R}^n$:

$$\|\mathbf{x}\|^2 \geq |\mathbf{x} \cdot \mathbf{v}_1|^2 + |\mathbf{x} \cdot \mathbf{v}_2|^2 + \cdots + |\mathbf{x} \cdot \mathbf{v}_p|^2$$

22. Seja U uma matriz ortogonal $n \times n$. Mostre que se $\{\mathbf{v}_1, \dots, \mathbf{v}_n\}$ for uma base ortonormal para $\mathbb{R}^n$, então $\{U\mathbf{v}_1, \dots, U\mathbf{v}_n\}$ também o será.

23. Mostre que se uma matriz U $n \times n$ satisfizer $(U\mathbf{x}) \cdot (U\mathbf{y}) = \mathbf{x} \cdot \mathbf{y}$ para todo $\mathbf{x}$ e $\mathbf{y}$ em $\mathbb{R}^n$, então U será uma matriz ortogonal.

24. Mostre que se U for uma matriz ortogonal, então qualquer autovalor real de U terá de ser ± 1.

25. Uma *matriz de Householder*, ou um *refletor elementar*, tem a forma $Q = I - 2\mathbf{u}\mathbf{u}^T$, em que $\mathbf{u}$ é um vetor unitário. Mostre que Q é uma matriz ortogonal. (Refletores elementares são muitas vezes usados em programas de computador para produzir uma fatoração QR de uma matriz A. Se A tiver colunas linearmente independentes, então a multiplicação à esquerda por uma sequência de refletores elementares poderá produzir uma matriz triangular superior.)

26. Seja $T : \mathbb{R}^n \to \mathbb{R}^n$ uma transformação linear que preserva comprimentos, ou seja, $\|T(\mathbf{x})\| = \|\mathbf{x}\|$ para todo $\mathbf{x}$ em $\mathbb{R}^n$.

    a. Mostre que T também preserva ortogonalidade, ou seja, $T(\mathbf{x}) \cdot T(\mathbf{y}) = 0$ sempre que $\mathbf{x} \cdot \mathbf{y} = 0$

    b. Mostre que a matriz canônica de T é uma matriz ortogonal.

27. Sejam $\mathbf{u}$ e $\mathbf{v}$ vetores linearmente independentes em $\mathbb{R}^n$ que *não* são ortogonais. Descreva como encontrar a melhor aproximação de $\mathbf{z}$ em $\mathbb{R}^n$ por vetores da forma $x_1\mathbf{u} + x_2\mathbf{v}$ sem primeiro construir uma base ortogonal para $\mathcal{L}\{\mathbf{u}, \mathbf{v}\}$.

28. Suponha que as colunas de A sejam linearmente independentes. Determine o que acontece à solução de mínimos quadrados $\hat{\mathbf{x}}$ de $A\mathbf{x} = \mathbf{b}$ quando $\mathbf{b}$ é substituído por $c\mathbf{b}$ para algum escalar c.

29. Se a, b e c forem números distintos, então o sistema a seguir será incompatível, pois os gráficos das equações são planos paralelos.

Mostre que o conjunto de todas as soluções de mínimos quadrados do sistema é precisamente o plano cuja equação é $x - 2y + 5z = (a + b + c)/3$.

$$x - 2y + 5z = a$$
$$x - 2y + 5z = b$$
$$x - 2y + 5z = c$$

30. Considere o problema de encontrar um autovalor de uma matriz A $n \times n$ quando um autovetor aproximado $\mathbf{v}$ é conhecido. Como $\mathbf{v}$ não está exatamente correto, é provável que a equação

$$A\mathbf{v} = \lambda\mathbf{v} \qquad (1)$$

não tenha solução. No entanto, λ pode ser estimado como uma solução de mínimos quadráticos quando (1) é considerada de maneira apropriada. Considere $\mathbf{v}$ uma matriz V $n \times 1$, λ como um vetor em $\mathbb{R}^1$ e denote o vetor $A\mathbf{v}$ pelo símbolo $\mathbf{b}$. Então (1) se torna $\mathbf{b} = \lambda V$, que também pode ser escrito como $V\lambda = \mathbf{b}$. Encontre a solução de mínimos quadráticos desse sistema de n equações e uma incógnita λ, e depois escreva essa solução usando os símbolos originais. A estimativa resultante para λ é chamada *quociente de Rayleigh*.

31. Use as etapas a seguir para provar a relação dada entre os quatro espaços fundamentais determinados por uma matriz A $m \times n$.

    $$\text{Lin } A = (\text{Nul } A)^\perp, \quad \text{Col } A = (\text{Nul } A^T)^\perp$$

    a. Mostre que Lin A está contida em $(\text{Nul } A)^\perp$. (Mostre que se $\mathbf{x}$ estiver em Lin A, então $\mathbf{x}$ será ortogonal a todo $\mathbf{u}$ em Nul A.)

    b. Suponha que posto $A = r$. Encontre dim Nul A e dim $(\text{Nul } A)^\perp$ e depois deduza do item (a) que Lin $A = (\text{Nul } A)^\perp$. [*Sugestão:* Estude os exercícios para a Seção 6.3.]

    c. Explique por que Col $A = (\text{Nul } A^T)^\perp$.

32. Explique por que uma equação $A\mathbf{x} = \mathbf{b}$ tem solução se e somente se $\mathbf{b}$ for ortogonal a todas as soluções de $A^T\mathbf{x} = \mathbf{0}$.

Os Exercícios 33 e 34 tratam da *fatoração de Schur* (real) de uma matriz A $n \times n$ da forma $A = URU^T$, em que U é uma matriz ortogonal e R é uma matriz $n \times n$ triangular superior.[1]

33. Mostre que se A admitir uma fatoração de Schur (real), $A = URU^T$, então A tem n autovalores reais, contando multiplicidades.

34. Seja A uma matriz $n \times n$ com n autovalores reais, contando multiplicidades, denotados por $\lambda_1, \dots, \lambda_n$. Pode-se mostrar que A admite uma fatoração de Schur (real). Os itens (a) e (b) mostram as ideias-chave na demonstração. O restante da demonstração consiste em repetir (a) e (b) para matrizes sucessivamente menores e depois juntar os resultados.

    a. Seja $\mathbf{u}_1$ um autovetor unitário associado a λ_1 e sejam $\mathbf{u}_2, \dots, \mathbf{u}_n$ outros vetores quaisquer tais que $\{\mathbf{u}_1, \dots, \mathbf{u}_n\}$ é uma base ortonormal para $\mathbb{R}^n$. Seja $U = [\mathbf{u}_1 \ \mathbf{u}_2 \ \dots \ \mathbf{u}_n]$. Mostre que a primeira coluna de $U^T A U$ é $\lambda_1\mathbf{e}_1$, na qual $\mathbf{e}_1$ é a primeira coluna da matriz identidade $n \times n$.

    b. O item (a) implica $U^T A U$ ter a forma a seguir. Explique por que os autovalores de A_1 são $\lambda_2, \dots, \lambda_n$. [*Sugestão:* Veja os Exercícios Suplementares para o Capítulo 5.]

$$U^T A U = \begin{bmatrix} \lambda_1 & * & * & * & * \\ 0 & & & & \\ \vdots & & A_1 & & \\ 0 & & & & \end{bmatrix}$$

M Quando o vetor à direita do sinal de igualdade em uma equação $A\mathbf{x} = \mathbf{b}$ é ligeiramente modificado — por exemplo, para $A\mathbf{x} = \mathbf{b} + \Delta\mathbf{b}$ para algum vetor $\Delta\mathbf{b}$ —, a solução muda de $\mathbf{x}$ para $\mathbf{x} + \Delta\mathbf{x}$, na qual

---

[1] Se números complexos forem permitidos, *toda* matriz A $n \times n$ admitirá uma fatoração de Schur (complexa), $A = URU^{-1}$, na qual R é triangular superior e U^{-1} é a transposta *conjugada* de U. Esse fato, bastante útil, é discutido no livro *Matrix Analysis*, de Roger A. Horn e Charles R. Johnson (Cambridge University Press, Cambridge, 1985), p. 79-100.

$\Delta\mathbf{x}$ satisfaz $A(\Delta\mathbf{x}) = \Delta\mathbf{b}$. O quociente $\|\Delta\mathbf{b}\|/\|\mathbf{b}\|$ é chamado **variação relativa** em **b** (ou o **erro relativo** em **b** quando $\Delta\mathbf{b}$ representa o erro possível nas coordenadas de **b**). A variação relativa na solução é $\|\Delta\mathbf{x}\|/\|\mathbf{x}\|$. Quando A é invertível, o **número de singularidade** de A, denotado por cond(A), fornece uma limitação do quão grande pode ser a variação relativa de **x**:

$$\frac{\|\Delta\mathbf{x}\|}{\|\mathbf{x}\|} \leq \text{cond}(A) \cdot \frac{\|\Delta\mathbf{b}\|}{\|\mathbf{b}\|} \qquad (2)$$

Nos Exercícios 35 a 38, resolva $A\mathbf{x} = \mathbf{b}$ e $A(\Delta\mathbf{x}) = \Delta\mathbf{b}$ e mostre que a desigualdade (2) é válida em cada caso. (Veja a discussão sobre matrizes *mal condicionadas* nos Exercícios 49 a 51 na Seção 2.3.)

M 35. $A = \begin{bmatrix} 4,5 & 3,1 \\ 1,6 & 1,1 \end{bmatrix}$, $\mathbf{b} = \begin{bmatrix} 19,249 \\ 6,843 \end{bmatrix}$, $\Delta\mathbf{b} = \begin{bmatrix} 0,001 \\ -0,003 \end{bmatrix}$

M 36. $A = \begin{bmatrix} 4,5 & 3,1 \\ 1,6 & 1,1 \end{bmatrix}$, $\mathbf{b} = \begin{bmatrix} 0,500 \\ -1,407 \end{bmatrix}$, $\Delta\mathbf{b} = \begin{bmatrix} 0,001 \\ -0,003 \end{bmatrix}$

M 37. $A = \begin{bmatrix} 7 & -6 & -4 & 1 \\ -5 & 1 & 0 & -2 \\ 10 & 11 & 7 & -3 \\ 19 & 9 & 7 & 1 \end{bmatrix}$, $\mathbf{b} = \begin{bmatrix} 0,100 \\ 2,888 \\ -1,404 \\ 1,462 \end{bmatrix}$,

$\Delta\mathbf{b} = 10^{-4} \begin{bmatrix} 0,49 \\ -1,28 \\ 5,78 \\ 8,04 \end{bmatrix}$

M 38. $A = \begin{bmatrix} 7 & -6 & -4 & 1 \\ -5 & 1 & 0 & -2 \\ 10 & 11 & 7 & -3 \\ 19 & 9 & 7 & 1 \end{bmatrix}$, $\mathbf{b} = \begin{bmatrix} 4,230 \\ -11,043 \\ 49,991 \\ 69,536 \end{bmatrix}$,

$\Delta\mathbf{b} = 10^{-4} \begin{bmatrix} 0,27 \\ 7,76 \\ -3,77 \\ 3,93 \end{bmatrix}$

7 Matrizes Simétricas e Formas Quadráticas

EXEMPLO INTRODUTÓRIO

Processamento de Imagens Multicanais

Fazendo a volta ao mundo em pouco mais de 80 *minutos*, os dois satélites Landsat cruzam os céus silenciosamente em órbitas quase polares, gravando imagens de partes da superfície da Terra em faixas com 185 quilômetros de largura. A cada 16 dias, cada satélite sobrevoa quase todos os quilômetros quadrados do planeta, de modo que qualquer local pode ser monitorado a cada 8 dias.

As imagens enviadas por esses satélites têm muitas utilidades. Elas são utilizadas por empreiteiros e urbanistas para estudar a taxa e a direção do crescimento urbano, do desenvolvimento industrial e outras variações no uso da Terra. Países rurais podem analisar a umidade do solo, classificar a vegetação em regiões remotas e localizar lagos e rios em seus interiores. Governos podem detectar e avaliar danos causados por desastres naturais, como incêndios florestais, movimento de lava, inundações e ciclones. Agências de meio ambiente podem identificar a poluição a partir de nuvens de fumaça e medir a temperatura da água em lagos e rios próximos a usinas elétricas.

Os sensores a bordo dos satélites recebem sete imagens simultâneas de qualquer região da Terra a ser estudada. Os sensores registram a energia de diferentes bandas de comprimento de onda — três no espectro de luz visível e quatro nas faixas infravermelhas e térmicas. Cada imagem é digitalizada e armazenada na forma de uma matriz retangular, na qual cada elemento indica a intensidade do sinal em um pequeno ponto correspondente (ou *pixel*)* na imagem. Cada uma das sete imagens é um canal de uma *imagem multicanal* ou *multiespectral*.

As sete imagens obtidas pelos satélites de uma região fixa contêm, em geral, muitas informações redundantes, pois algumas das características dessa área aparecem em diversas imagens. Entretanto, outras características, devido à sua cor ou temperatura,

podem refletir luz registrada por apenas um ou dois sensores. Um dos objetivos do processamento de imagem multicanal consiste em extrair informação de maneira mais eficiente que o simples estudo de cada imagem separadamente.

A *análise da componente principal* é uma maneira efetiva de suprimir informação redundante e apresentar, em apenas uma ou duas imagens compostas, a maior parte da informação contida nos dados iniciais. Em linhas gerais, a ideia consiste em encontrar combinações lineares especiais das imagens, ou seja, uma lista de pesos (ou coeficientes) que, em cada *pixel*, combinam os sete valores correspondentes da imagem em um novo valor. Os pesos são escolhidos de modo que a gama de intensidade de luz — ou *variância da cena* — na imagem composta (chamada *primeira componente principal*) seja maior que aquela em qualquer uma das imagens originais. Também é possível construir imagens *componentes* adicionais utilizando os critérios que serão apresentados na Seção 7.5.

As fotos a seguir, do Railroad Valley, em Nevada, nos Estados Unidos, ilustram a análise da componente principal. As figuras (a) a (c) mostram as imagens de três bandas espectrais obtidas pelo Landsat. As figuras (d) a (f) apresentam o rearranjo da informação total em termos das três componentes principais da imagem. A primeira componente (d) mostra (ou "captura") 93,5% da variância da cena presente nos dados iniciais. Dessa maneira, os três canais de dados iniciais foram reduzidos a um só canal, com perda, em algum sentido, de apenas 6,5% da variância da cena.

A Earth Satellite Corporation of Rockville, Maryland, EUA, que de maneira gentil nos cedeu as fotografias a seguir, está fazendo experiências com imagens de 224 bandas espectrais distintas. A análise da componente principal, que é essencial para o estudo dessas quantidades enormes de dados, reduz, em geral, os dados a aproximadamente 15 componentes principais úteis.

---

*N.T.: Abreviatura de *picture elements* (elementos da imagem).

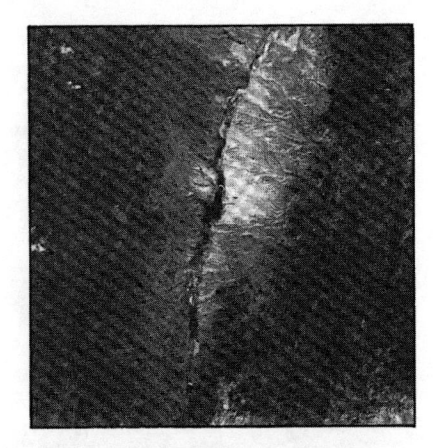

(a) Banda espectral 1: azul visível.

(b) Banda espectral 4: próximo ao infravermelho.

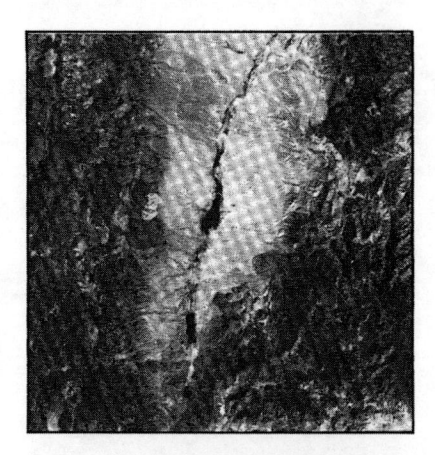

(c) Banda espectral 7: infravermelho médio.

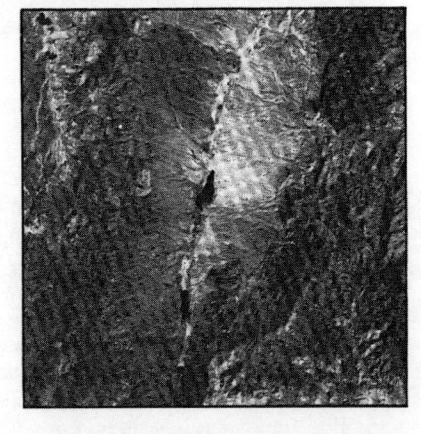

(d) Componente principal 1: 93,5%.

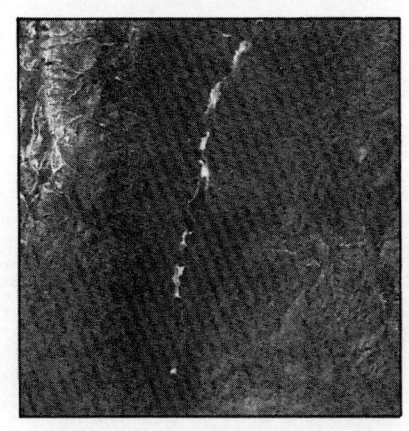

(e) Componente principal 2: 5,3%.

(f) Componente principal 3: 1,2%.

Em aplicações, as matrizes simétricas aparecem com frequência maior que qualquer outra classe importante de matrizes. A teoria correspondente é rica e elegante, e depende de maneira essencial tanto da técnica de diagonalização apresentada no Capítulo 5 quanto da ortogonalidade estudada no Capítulo 6. A diagonalização de uma matriz simétrica, descrita na Seção 7.1, é o fundamento necessário à discussão das formas quadráticas apresentadas nas Seções 7.2 e 7.3. O material contido na Seção 7.3, por sua vez, é necessário nas duas últimas seções do capítulo, que tratam da decomposição em valores singulares e do processamento de imagens descrito no exemplo introdutório. Durante todo o capítulo, todas as matrizes e vetores têm elementos reais.

7.1 DIAGONALIZAÇÃO DE MATRIZES SIMÉTRICAS

Uma matriz **simétrica** é uma matriz A tal que $A^T = A$. Tal matriz é necessariamente quadrada. Os elementos da diagonal são arbitrários, mas os demais ocorrem em pares — em lados opostos da diagonal principal.

EXEMPLO 1 Entre as matrizes a seguir, só as três primeiras são simétricas.

$$\text{Simétricas:} \begin{bmatrix} 1 & 0 \\ 0 & -3 \end{bmatrix}, \begin{bmatrix} 0 & -1 & 0 \\ -1 & 5 & 8 \\ 0 & 8 & -7 \end{bmatrix}, \begin{bmatrix} a & b & c \\ b & d & e \\ c & e & f \end{bmatrix}$$

$$\text{Não simétricas:} \begin{bmatrix} 1 & -3 \\ 3 & 0 \end{bmatrix}, \begin{bmatrix} 1 & -4 & 0 \\ -6 & 1 & -4 \\ 0 & -6 & 1 \end{bmatrix}, \begin{bmatrix} 5 & 4 & 3 & 2 \\ 4 & 3 & 2 & 1 \\ 3 & 2 & 1 & 0 \end{bmatrix}$$

∎

Antes de dar início ao estudo das matrizes simétricas, convém rever o processo de diagonalização descrito na Seção 5.3.

EXEMPLO 2   Diagonalize, se possível, a matriz $A = \begin{bmatrix} 6 & -2 & -1 \\ -2 & 6 & -1 \\ -1 & -1 & 5 \end{bmatrix}$.

SOLUÇÃO   A equação característica de A é

$$0 = -\lambda^3 + 17\lambda^2 - 90\lambda + 144 = -(\lambda - 8)(\lambda - 6)(\lambda - 3)$$

Cálculos usuais produzem uma base para cada autoespaço:

$$\lambda = 8: \mathbf{v}_1 = \begin{bmatrix} -1 \\ 1 \\ 0 \end{bmatrix}; \quad \lambda = 6: \mathbf{v}_2 = \begin{bmatrix} -1 \\ -1 \\ 2 \end{bmatrix}; \quad \lambda = 3: \mathbf{v}_3 = \begin{bmatrix} 1 \\ 1 \\ 1 \end{bmatrix}$$

Esses três vetores formam uma base para $\mathbb{R}^3$. De fato, é fácil verificar que $\{\mathbf{v}_1, \mathbf{v}_2, \mathbf{v}_3\}$ é uma base *ortogonal* para $\mathbb{R}^3$. A experiência do Capítulo 6 sugere que uma base *ortonormal* poderia ser mais útil para os cálculos, de modo que vamos calcular os autovetores normalizados (unitários).

$$\mathbf{u}_1 = \begin{bmatrix} -1/\sqrt{2} \\ 1/\sqrt{2} \\ 0 \end{bmatrix}, \quad \mathbf{u}_2 = \begin{bmatrix} -1/\sqrt{6} \\ -1/\sqrt{6} \\ 2/\sqrt{6} \end{bmatrix}, \quad \mathbf{u}_3 = \begin{bmatrix} 1/\sqrt{3} \\ 1/\sqrt{3} \\ 1/\sqrt{3} \end{bmatrix}$$

Sejam

$$P = \begin{bmatrix} -1/\sqrt{2} & -1/\sqrt{6} & 1/\sqrt{3} \\ 1/\sqrt{2} & -1/\sqrt{6} & 1/\sqrt{3} \\ 0 & 2/\sqrt{6} & 1/\sqrt{3} \end{bmatrix}, \quad D = \begin{bmatrix} 8 & 0 & 0 \\ 0 & 6 & 0 \\ 0 & 0 & 3 \end{bmatrix}$$

Então, $A = PDP^{-1}$, como de hábito. Mas agora, como P é uma matriz quadrada e tem colunas ortonormais, P é uma matriz *ortogonal* e P^{-1} é simplesmente igual a P^T. (Veja a Seção 6.2.) ∎

O Teorema 1 explica por que os autovetores no Exemplo 2 são ortogonais — eles correspondem a autovalores distintos.

TEOREMA 1

Se A for simétrica, então dois autovetores quaisquer correspondentes a autovalores distintos serão ortogonais.

DEMONSTRAÇÃO   Sejam $\mathbf{v}_1$ e $\mathbf{v}_2$ autovetores correspondentes a autovalores distintos, digamos λ_1 e λ_2, respectivamente. Para provar que $\mathbf{v}_1 \cdot \mathbf{v}_2 = 0$, calcule

$$\begin{aligned} \lambda_1 \mathbf{v}_1 \cdot \mathbf{v}_2 &= (\lambda_1 \mathbf{v}_1)^T \mathbf{v}_2 = (A\mathbf{v}_1)^T \mathbf{v}_2 \quad &&\text{Pois } \mathbf{v}_1 \text{ é um autovetor} \\ &= (\mathbf{v}_1^T A^T)\mathbf{v}_2 = \mathbf{v}_1^T (A\mathbf{v}_2) \quad &&\text{Pois } A^T = A \\ &= \mathbf{v}_1^T (\lambda_2 \mathbf{v}_2) \quad &&\text{Pois } \mathbf{v}_2 \text{ é um autovetor} \\ &= \lambda_2 \mathbf{v}_1^T \mathbf{v}_2 = \lambda_2 \mathbf{v}_1 \cdot \mathbf{v}_2 \end{aligned}$$

Portanto, $(\lambda_1 - \lambda_2)\mathbf{v}_1 \cdot \mathbf{v}_2 = 0$. Como $\lambda_1 - \lambda_2 \neq 0$, segue que $\mathbf{v}_1 \cdot \mathbf{v}_2 = 0$. ∎

O tipo de diagonalização especial que aparece no Exemplo 2 é crucial para a teoria das matrizes simétricas. Uma matriz A $n \times n$ é dita **diagonalizável por matriz ortogonal** se existir uma matriz ortogonal P (com $P^{-1} = P^T$) e uma matriz diagonal D tais que

$$A = PDP^T = PDP^{-1} \tag{1}$$

Tal diagonalização requer n autovetores linearmente independentes e ortonormais. Quando isto é possível? Se A for diagonalizável por matriz ortogonal, como em (1), então

$$A^T = (PDP^T)^T = P^{TT} D^T P^T = PDP^T = A$$

Assim, A será simétrica! Reciprocamente, o Teorema 2 mostra que toda matriz simétrica é diagonalizável por matriz ortogonal. A demonstração desse resultado é muito mais difícil e será omitida; a ideia principal envolvida na demonstração será apresentada depois do Teorema 3.

TEOREMA 2

Uma matriz A $n \times n$ é diagonalizável por matriz ortogonal se e somente se for simétrica.

Esse teorema é surpreendente, já que a experiência adquirida no Capítulo 5 sugere ser impossível, em geral, dizer quando uma matriz é diagonalizável. Isso, no entanto, não é o caso para matrizes simétricas.

O próximo exemplo trata de uma matriz cujos autovalores não são todos distintos.

EXEMPLO 3 Diagonalize por matriz ortogonal a matriz $A = \begin{bmatrix} 3 & -2 & 4 \\ -2 & 6 & 2 \\ 4 & 2 & 3 \end{bmatrix}$, cuja equação característica é

$$0 = -\lambda^3 + 12\lambda^2 - 21\lambda - 98 = -(\lambda - 7)^2(\lambda + 2)$$

SOLUÇÃO Os cálculos habituais fornecem bases para os autoespaços:

$$\lambda = 7: \mathbf{v}_1 = \begin{bmatrix} 1 \\ 0 \\ 1 \end{bmatrix}, \mathbf{v}_2 = \begin{bmatrix} -1/2 \\ 1 \\ 0 \end{bmatrix}; \qquad \lambda = -2: \mathbf{v}_3 = \begin{bmatrix} -1 \\ -1/2 \\ 1 \end{bmatrix}$$

Embora $\mathbf{v}_1$ e $\mathbf{v}_2$ sejam linearmente independentes, eles não são ortogonais entre si. Na Seção 6.2, aprendemos que a projeção de $\mathbf{v}_2$ sobre $\mathbf{v}_1$ é $\dfrac{\mathbf{v}_2 \cdot \mathbf{v}_1}{\mathbf{v}_1 \cdot \mathbf{v}_1}\mathbf{v}_1$, e a componente de $\mathbf{v}_2$ ortogonal a $\mathbf{v}_1$ é

$$\mathbf{z}_2 = \mathbf{v}_2 - \frac{\mathbf{v}_2 \cdot \mathbf{v}_1}{\mathbf{v}_1 \cdot \mathbf{v}_1}\mathbf{v}_1 = \begin{bmatrix} -1/2 \\ 1 \\ 0 \end{bmatrix} - \frac{-1/2}{2}\begin{bmatrix} 1 \\ 0 \\ 1 \end{bmatrix} = \begin{bmatrix} -1/4 \\ 1 \\ 1/4 \end{bmatrix}$$

Então, $\{\mathbf{v}_1, \mathbf{z}_2\}$ é um conjunto ortogonal contido no autoespaço correspondente ao autovalor $\lambda = 7$. (Note que $\mathbf{z}_2$ é uma combinação linear de $\mathbf{v}_1$ e $\mathbf{v}_2$ e, portanto, pertence ao autoespaço em questão. Essa construção do vetor $\mathbf{z}_2$ nada mais é que uma aplicação do processo de Gram-Schmidt descrito na Seção 6.4.) Como esse autoespaço é bidimensional (com base $\{\mathbf{v}_1, \mathbf{v}_2\}$), o conjunto ortogonal $\{\mathbf{v}_1, \mathbf{z}_2\}$ forma uma *base ortogonal* para o autoespaço pelo Teorema da Base. (Veja a Seção 2.9 ou 4.5.)

Normalizando $\mathbf{v}_1$ e $\mathbf{z}_2$, obtemos a seguinte base ortonormal para o autoespaço correspondente a $\lambda = 7$:

$$\mathbf{u}_1 = \begin{bmatrix} 1/\sqrt{2} \\ 0 \\ 1/\sqrt{2} \end{bmatrix}, \quad \mathbf{u}_2 = \begin{bmatrix} -1/\sqrt{18} \\ 4/\sqrt{18} \\ 1/\sqrt{18} \end{bmatrix}$$

Uma base ortonormal para o autoespaço correspondente a $\lambda = -2$ é

$$\mathbf{u}_3 = \frac{1}{\|2\mathbf{v}_3\|}2\mathbf{v}_3 = \frac{1}{3}\begin{bmatrix} -2 \\ -1 \\ 2 \end{bmatrix} = \begin{bmatrix} -2/3 \\ -1/3 \\ 2/3 \end{bmatrix}$$

Pelo Teorema 1, $\mathbf{u}_3$ é ortogonal aos autovetores $\mathbf{u}_1$ e $\mathbf{u}_2$. Portanto, $\{\mathbf{u}_1, \mathbf{u}_2, \mathbf{u}_3\}$ é um conjunto ortonormal. Sejam

$$P = [\,\mathbf{u}_1 \quad \mathbf{u}_2 \quad \mathbf{u}_3\,] = \begin{bmatrix} 1/\sqrt{2} & -1/\sqrt{18} & -2/3 \\ 0 & 4/\sqrt{18} & -1/3 \\ 1/\sqrt{2} & 1/\sqrt{18} & 2/3 \end{bmatrix}, \quad D = \begin{bmatrix} 7 & 0 & 0 \\ 0 & 7 & 0 \\ 0 & 0 & -2 \end{bmatrix}$$

Então, P é uma matriz ortogonal que diagonaliza A, e $A = PDP^{-1}$. ∎

No Exemplo 3, o autovalor 7 tem multiplicidade dois e o autoespaço correspondente é bidimensional. Isso não é um acidente, como mostra o próximo teorema.

Teorema Espectral

O conjunto dos autovalores de uma matriz A é chamado, algumas vezes, *espectro* de A, e a descrição a seguir dos autovalores é conhecida como *teorema espectral*.

TEOREMA 3

Teorema Espectral para Matrizes Simétricas

Uma matriz A $n \times n$ simétrica tem as seguintes propriedades:

a. A tem n autovalores reais, contando multiplicidades.
b. A dimensão do autoespaço correspondente a cada autovalor λ é igual à multiplicidade de λ como raiz da equação característica.
c. Os autoespaços são ortogonais entre si, no sentido de que os autovetores correspondentes a autovalores distintos são ortogonais.
d. A é diagonalizável por matriz ortogonal.

O item (a) segue, do Exercício 28, na Seção 5.5. O item (b) segue facilmente do item (d). (Veja o Exercício 37.) O item (c) é o Teorema 1. Devido ao item (a), pode-se fazer uma demonstração do item (d) usando o Exercício 38 e a fatoração de Schur discutida no Exercício Suplementar 34, no Capítulo 6. Os detalhes serão omitidos.

Decomposição Espectral

Suponha que $A = PDP^{-1}$, em que as colunas de P são formadas por autovetores ortonormais de A, $\mathbf{u}_1, \ldots, \mathbf{u}_n$, e os autovalores correspondentes $\lambda_1, \ldots, \lambda_n$ formam a matriz diagonal D. Então, como $P^{-1} = P^T$,

$$A = PDP^T = \begin{bmatrix} \mathbf{u}_1 & \cdots & \mathbf{u}_n \end{bmatrix} \begin{bmatrix} \lambda_1 & & 0 \\ & \ddots & \\ 0 & & \lambda_n \end{bmatrix} \begin{bmatrix} \mathbf{u}_1^T \\ \vdots \\ \mathbf{u}_n^T \end{bmatrix}$$

$$= \begin{bmatrix} \lambda_1\mathbf{u}_1 & \cdots & \lambda_n\mathbf{u}_n \end{bmatrix} \begin{bmatrix} \mathbf{u}_1^T \\ \vdots \\ \mathbf{u}_n^T \end{bmatrix}$$

Usando a expansão coluna por linha de um produto (Teorema 10 na Seção 2.4), podemos escrever

$$A = \lambda_1\mathbf{u}_1\mathbf{u}_1^T + \lambda_2\mathbf{u}_2\mathbf{u}_2^T + \ldots + \lambda_n\mathbf{u}_n\mathbf{u}_n^T \tag{2}$$

Essa representação de A é chamada **decomposição espectral** porque ela divide A em partes determinadas pelo espectro (autovalores) de A. Cada um dos termos em (2) é uma matriz $n \times n$ de posto 1. Por exemplo, cada coluna de $\lambda_1\mathbf{u}_1\mathbf{u}_1^T$ é um múltiplo de $\mathbf{u}_1$. Além disso, cada matriz $\mathbf{u}_j\mathbf{u}_j^T$ é uma **matriz de projeção** no sentido de que, para cada $\mathbf{x}$ em $\mathbb{R}^n$, o vetor $(\mathbf{u}_j\mathbf{u}_j^T)\mathbf{x}$ é a projeção ortogonal de $\mathbf{x}$ sobre o subespaço gerado por $\mathbf{u}_j$. (Veja o Exercício 41.)

EXEMPLO 4 Construa uma decomposição espectral da matriz A que tenha a seguinte diagonalização por matriz ortogonal:

$$A = \begin{bmatrix} 7 & 2 \\ 2 & 4 \end{bmatrix} = \begin{bmatrix} 2/\sqrt{5} & -1/\sqrt{5} \\ 1/\sqrt{5} & 2/\sqrt{5} \end{bmatrix} \begin{bmatrix} 8 & 0 \\ 0 & 3 \end{bmatrix} \begin{bmatrix} 2/\sqrt{5} & 1/\sqrt{5} \\ -1/\sqrt{5} & 2/\sqrt{5} \end{bmatrix}$$

SOLUÇÃO Denotando as colunas de P por $\mathbf{u}_1$ e $\mathbf{u}_2$, temos

$$A = 8\mathbf{u}_1\mathbf{u}_1^T + 3\mathbf{u}_2\mathbf{u}_2^T$$

Para verificar essa decomposição de A, note que

$$\mathbf{u}_1\mathbf{u}_1^T = \begin{bmatrix} 2/\sqrt{5} \\ 1/\sqrt{5} \end{bmatrix} \begin{bmatrix} 2/\sqrt{5} & 1/\sqrt{5} \end{bmatrix} = \begin{bmatrix} 4/5 & 2/5 \\ 2/5 & 1/5 \end{bmatrix}$$

$$\mathbf{u}_2\mathbf{u}_2^T = \begin{bmatrix} -1/\sqrt{5} \\ 2/\sqrt{5} \end{bmatrix} \begin{bmatrix} -1/\sqrt{5} & 2/\sqrt{5} \end{bmatrix} = \begin{bmatrix} 1/5 & -2/5 \\ -2/5 & 4/5 \end{bmatrix}$$

e

$$8\mathbf{u}_1\mathbf{u}_1^T + 3\mathbf{u}_2\mathbf{u}_2^T = \begin{bmatrix} 32/5 & 16/5 \\ 16/5 & 8/5 \end{bmatrix} + \begin{bmatrix} 3/5 & -6/5 \\ -6/5 & 12/5 \end{bmatrix} = \begin{bmatrix} 7 & 2 \\ 2 & 4 \end{bmatrix} = A \qquad \blacksquare$$

Comentário Numérico

É possível calcular os autovalores e autovetores de uma matriz simétrica A, não muito grande, com bastante precisão utilizando algoritmos computacionais modernos de alto desempenho. Eles aplicam em A uma sequência de transformações de semelhança envolvendo matrizes ortogonais. Os elementos diagonais das matrizes transformadas convergem rapidamente para os autovalores de A. (Veja os Comentários Numéricos na Seção 5.2.) O uso de matrizes ortogonais evita, em geral, o acúmulo de erros numéricos durante o processo. Quando A é simétrica, a sequência de matrizes ortogonais dá origem a uma matriz, também ortogonal, cujas colunas são os autovetores de A.

> Uma matriz não simétrica **não** pode ter um conjunto completo de autovetores ortogonais, mas os algoritmos ainda produzem autovalores razoavelmente precisos. Feito isso, é preciso empregar técnicas não ortogonais para calcular os autovetores.

Problemas Práticos

1. Prove que, se A for simétrica, **então** A^2 também o será.
2. Mostre que, se A for diagonalizável por matriz ortogonal, então A^2 também o será.

7.1 EXERCÍCIOS

Determine quais das matrizes, nos Exercícios 1 a 6, são simétricas.

1. $\begin{bmatrix} 3 & 5 \\ 5 & -7 \end{bmatrix}$
  2. $\begin{bmatrix} 3 & -5 \\ -5 & -3 \end{bmatrix}$

3. $\begin{bmatrix} 2 & 3 \\ 2 & 4 \end{bmatrix}$
  4. $\begin{bmatrix} 0 & 8 & 3 \\ 8 & 0 & -4 \\ 3 & 2 & 0 \end{bmatrix}$

5. $\begin{bmatrix} -6 & 2 & 0 \\ 2 & -6 & 2 \\ 0 & 2 & -6 \end{bmatrix}$
  6. $\begin{bmatrix} 1 & 2 & 2 & 1 \\ 2 & 2 & 2 & 1 \\ 2 & 2 & 1 & 2 \end{bmatrix}$

Determine quais das matrizes, nos Exercícios 7 a 12, são ortogonais. Determine as inversas das matrizes ortogonais encontradas.

7. $\begin{bmatrix} 0,6 & 0,8 \\ 0,8 & -0,6 \end{bmatrix}$
  8. $\begin{bmatrix} 1 & 1 \\ 1 & -1 \end{bmatrix}$

9. $\begin{bmatrix} -4/5 & 3/5 \\ 3/5 & 4/5 \end{bmatrix}$
  10. $\begin{bmatrix} 1/3 & 2/3 & 2/3 \\ 2/3 & 1/3 & -2/3 \\ 2/3 & -2/3 & 1/3 \end{bmatrix}$

11. $\begin{bmatrix} 2/3 & 2/3 & 1/3 \\ 0 & 1/3 & -2/3 \\ 5/3 & -4/3 & -2/3 \end{bmatrix}$

12. $\begin{bmatrix} 0,5 & 0,5 & -0,5 & -0,5 \\ 0,5 & 0,5 & 0,5 & 0,5 \\ 0,5 & -0,5 & -0,5 & 0,5 \\ 0,5 & -0,5 & 0,5 & -0,5 \end{bmatrix}$

Diagonalize, por matriz ortogonal, as matrizes dos Exercícios 13 a 22, exibindo uma matriz ortogonal P e uma matriz diagonal D. Para economizar seu tempo, os autovalores dos Exercícios 17 a 22 são: (17) –4, 4, 7; (18) –3, –6, 9; (19) –2, 7; (20) –3, 15; (21) 1, 5, 9; (22) 3, 5.

13. $\begin{bmatrix} 3 & 1 \\ 1 & 3 \end{bmatrix}$
  14. $\begin{bmatrix} 1 & -5 \\ -5 & 1 \end{bmatrix}$

15. $\begin{bmatrix} 3 & 4 \\ 4 & 9 \end{bmatrix}$
  16. $\begin{bmatrix} 6 & -2 \\ -2 & 9 \end{bmatrix}$

17. $\begin{bmatrix} 1 & 1 & 5 \\ 1 & 5 & 1 \\ 5 & 1 & 1 \end{bmatrix}$
  18. $\begin{bmatrix} 1 & -6 & 4 \\ -6 & 2 & -2 \\ 4 & -2 & -3 \end{bmatrix}$

19. $\begin{bmatrix} 3 & -2 & 4 \\ -2 & 6 & 2 \\ 4 & 2 & 3 \end{bmatrix}$
  20. $\begin{bmatrix} 5 & 8 & -4 \\ 8 & 5 & -4 \\ -4 & -4 & -1 \end{bmatrix}$

21. $\begin{bmatrix} 4 & 3 & 1 & 1 \\ 3 & 4 & 1 & 1 \\ 1 & 1 & 4 & 3 \\ 1 & 1 & 3 & 4 \end{bmatrix}$
  22. $\begin{bmatrix} 4 & 0 & 1 & 0 \\ 0 & 4 & 0 & 1 \\ 1 & 0 & 4 & 0 \\ 0 & 1 & 0 & 4 \end{bmatrix}$

23. Sejam $A = \begin{bmatrix} 4 & -1 & -1 \\ -1 & 4 & -1 \\ -1 & -1 & 4 \end{bmatrix}$ e $\mathbf{v} = \begin{bmatrix} 1 \\ 1 \\ 1 \end{bmatrix}$. Verifique que 5 é um autovalor de A e $\mathbf{v}$ é um autovetor. Em seguida, diagonalize A utilizando uma matriz ortogonal.

24. Sejam $A = \begin{bmatrix} 2 & -1 & 1 \\ -1 & 2 & -1 \\ 1 & -1 & 2 \end{bmatrix}$, $\mathbf{v}_1 = \begin{bmatrix} -1 \\ 0 \\ 1 \end{bmatrix}$ e $\mathbf{v}_2 = \begin{bmatrix} 1 \\ -1 \\ 1 \end{bmatrix}$.
Verifique que $\mathbf{v}_1$ e $\mathbf{v}_2$ são autovetores de A. Em seguida, diagonalize A utilizando uma matriz ortogonal.

Nos Exercícios 25 a 32, marque cada uma das afirmações como Verdadeira ou Falsa (V/F). Justifique cada resposta.

25. (V/F) Uma matriz $n \times n$ diagonalizável por matriz ortogonal tem de ser simétrica.

26. (V/F) Existem matrizes simétricas que não são diagonalizáveis por matriz ortogonal.

27. (V/F) Uma matriz ortogonal é diagonalizável por matriz ortogonal.

28. (V/F) Se $B = PDP^T$, em que $P^T = P^{-1}$ e D é diagonal, então B será uma matriz simétrica.

29. (V/F) Se $\mathbf{v}$ é um vetor não nulo em $\mathbb{R}^n$, então $\mathbf{v}\mathbf{v}^T$ será chamada matriz de projeção.

30. (V/F) Se $A^T = A$ e se os vetores $\mathbf{u}$ e $\mathbf{v}$ satisfizerem $A\mathbf{u} = 3\mathbf{u}$ e $A\mathbf{v} = 4\mathbf{v}$, então $\mathbf{u} \cdot \mathbf{v} = 0$.

31. (V/F) Uma matriz simétrica $n \times n$ tem n autovalores distintos.

32. (V/F) Algumas vezes a dimensão de um autoespaço de uma matriz simétrica é menor do que a multiplicidade do autovalor correspondente.

33. Prove que, se A for uma matriz simétrica $n \times n$, então $(A\mathbf{x}) \cdot \mathbf{y} = \mathbf{x} \cdot (A\mathbf{y})$, para todo $\mathbf{x}$, $\mathbf{y}$ em $\mathbb{R}^n$.

34. Suponha que A é uma matriz simétrica $n \times n$ e B é qualquer matriz $n \times m$. Prove que B^TAB, B^TB e BB^T são matrizes simétricas.

35. Suponha que A seja invertível e diagonalizável por matriz ortogonal. Explique por que A^{-1} também é diagonalizável por matriz ortogonal.

36. Suponha que A e B são diagonalizáveis por matriz ortogonal e $AB = BA$. Explique por que AB também é diagonalizável por matriz ortogonal.

37. Seja $A = PDP^{-1}$, em que P é ortogonal e D é diagonal, e seja λ um autovalor de A com multiplicidade k. Então, λ ocorre k vezes na diagonal de D. Explique por que a dimensão do autoespaço correspondente a λ é k.

38. Suponha que $A = PRP^{-1}$, em que P é ortogonal e R é triangular superior. Prove que, se A for simétrica, então R também será simétrica e, portanto, diagonal.

39. Construa uma decomposição espectral da matriz A do Exemplo 2.

40. Construa uma decomposição espectral da matriz A do Exemplo 3.

41. Sejam **u** um vetor unitário em $\mathbb{R}^n$ e $B = \mathbf{u}\mathbf{u}^T$.

    a. Dado qualquer **x** em $\mathbb{R}^n$, calcule $B\mathbf{x}$ e mostre que $B\mathbf{x}$ é a projeção ortogonal de **x** sobre **u**, como descrito na Seção 6.2.

    b. Prove que B é uma matriz simétrica e $B^2 = B$.

    c. Mostre que **u** é um autovetor de B. Qual é o autovalor correspondente?

42. Seja B uma matriz simétrica $n \times n$ tal que $B^2 = B$. Tal matriz é denominada **matriz de projeção** (ou **matriz de projeção ortogonal**). Dado qualquer **y** em $\mathbb{R}^n$, sejam $\hat{\mathbf{y}} = B\mathbf{y}$ e $\mathbf{z} = \mathbf{y} - \hat{\mathbf{y}}$.

    a. Prove que **z** é ortogonal a $\hat{\mathbf{y}}$.

    b. Seja W o espaço coluna de B. Prove que **y** é a soma de um vetor em W com um vetor em $W^\perp$. Por que isso prova que $B\mathbf{y}$ é a projeção ortogonal de **y** sobre o espaço coluna de B?

Diagonalize as matrizes dos Exercícios 43 a 46 por matrizes ortogonais. Com o intuito de praticar os métodos desta seção, não use uma rotina que calcula autovetores no seu programa matricial. Em vez disso, utilize o programa para a determinação de autovalores e, para cada autovalor λ, encontre uma base ortonormal para Nul $(A - \lambda I)$, como nos Exemplos 2 e 3.

M 43.
$$\begin{bmatrix} 6 & 2 & 9 & -6 \\ 2 & 6 & -6 & 9 \\ 9 & -6 & 6 & 2 \\ -6 & 9 & 2 & 6 \end{bmatrix}$$

M 44.
$$\begin{bmatrix} 0,63 & -0,18 & -0,06 & -0,04 \\ -0,18 & 0,84 & -0,04 & 0,12 \\ -0,06 & -0,04 & 0,72 & -0,12 \\ -0,04 & 0,12 & -0,12 & 0,66 \end{bmatrix}$$

M 45.
$$\begin{bmatrix} 0,31 & 0,58 & 0,08 & 0,44 \\ 0,58 & -0,56 & 0,44 & -0,58 \\ 0,08 & 0,44 & 0,19 & -0,08 \\ 0,44 & -0,58 & -0,08 & 0,31 \end{bmatrix}$$

M 46.
$$\begin{bmatrix} 8 & 2 & 2 & -6 & 9 \\ 2 & 8 & 2 & -6 & 9 \\ 2 & 2 & 8 & -6 & 9 \\ -6 & -6 & -6 & 24 & 9 \\ 9 & 9 & 9 & 9 & -21 \end{bmatrix}$$

Soluções dos Problemas Práticos

1. $(A^2)^T = (AA)^T = A^T A^T$, pelas propriedades das transpostas. Por hipótese, $A^T = A$. Logo, $(A^2)^T = AA = A^2$, o que mostra que A^2 é simétrica.

2. Se A for diagonalizável por matriz ortogonal, então A será simétrica pelo Teorema 2. Pelo Problema Prático 1, A^2 é simétrica e, portanto, diagonalizável por matriz ortogonal (Teorema 2).

7.2 FORMAS QUADRÁTICAS

Até agora, com exceção das somas de quadrados encontradas no Capítulo 6 ao calcular $\mathbf{x}^T\mathbf{x}$, concentramos nossa atenção em equações lineares. Essas somas, e expressões mais gerais chamadas *formas quadráticas*, ocorrem com frequência em aplicações da álgebra linear à Engenharia (em critérios para projetos e otimização) e em processamento de sinais (como potência de ruído de saída). Elas também ocorrem, por exemplo, em Física (como energias potencial e cinética), em Geometria diferencial (como a curvatura normal de superfícies), em Economia (como funções utilidade) e em Estatística (em elipsoides de segurança). Uma parte da base matemática para tais aplicações segue facilmente do nosso trabalho com matrizes simétricas.

Uma **forma quadrática** em $\mathbb{R}^n$ é uma função Q definida em $\mathbb{R}^n$, cujo valor em um vetor **x** em $\mathbb{R}^n$ pode ser calculado por meio de uma expressão da forma $Q(\mathbf{x}) = \mathbf{x}^T A \mathbf{x}$, na qual A é uma matriz simétrica $n \times n$. A matriz A é chamada **matriz associada à forma quadrática**.

O exemplo mais simples de uma forma quadrática não nula é $Q(\mathbf{x}) = \mathbf{x}^T I \mathbf{x} = \|\mathbf{x}\|^2$. Os Exemplos 1 e 2 ilustram a conexão entre uma matriz simétrica A e a forma quadrática $\mathbf{x}^T A \mathbf{x}$.

EXEMPLO 1 Seja $\mathbf{x} = \begin{bmatrix} x_1 \\ x_2 \end{bmatrix}$. Calcule $\mathbf{x}^T A \mathbf{x}$ com as seguintes matrizes:

a. $A = \begin{bmatrix} 4 & 0 \\ 0 & 3 \end{bmatrix}$
    b. $A = \begin{bmatrix} 3 & -2 \\ -2 & 7 \end{bmatrix}$

SOLUÇÃO

a. $\mathbf{x}^T A \mathbf{x} = \begin{bmatrix} x_1 & x_2 \end{bmatrix} \begin{bmatrix} 4 & 0 \\ 0 & 3 \end{bmatrix} \begin{bmatrix} x_1 \\ x_2 \end{bmatrix} = \begin{bmatrix} x_1 & x_2 \end{bmatrix} \begin{bmatrix} 4x_1 \\ 3x_2 \end{bmatrix} = 4x_1^2 + 3x_2^2.$

b. Existem dois elementos iguais a -2 em A. Observe como eles se comportam no cálculo que se segue. O elemento $(1, 2)$ de A aparece a seguir, em negrito.

$$\mathbf{x}^T A \mathbf{x} = \begin{bmatrix} x_1 & x_2 \end{bmatrix} \begin{bmatrix} 3 & \mathbf{-2} \\ -2 & 7 \end{bmatrix} \begin{bmatrix} x_1 \\ x_2 \end{bmatrix} = \begin{bmatrix} x_1 & x_2 \end{bmatrix} \begin{bmatrix} 3x_1 - \mathbf{2}x_2 \\ -2x_1 + 7x_2 \end{bmatrix}$$

$$= x_1(3x_1 - \mathbf{2}x_2) + x_2(-2x_1 + 7x_2)$$

$$= 3x_1^2 - \mathbf{2}x_1x_2 - 2x_2x_1 + 7x_2^2$$

$$= 3x_1^2 - 4x_1x_2 + 7x_2^2 \qquad \blacksquare$$

A presença do termo $-4x_1x_2$ na forma quadrática no Exemplo 1(b) se deve aos elementos não diagonais iguais a -2 na matriz A. Por outro lado, a forma quadrática associada à matriz diagonal A no Exemplo 1(a) não tem *termo cruzado* x_1x_2.

EXEMPLO 2 Para $\mathbf{x}$ em $\mathbb{R}^3$, seja $Q(\mathbf{x}) = 5x_1^2 + 3x_2^2 + 2x_3^2 - x_1x_2 + 8x_2x_3$. Escreva essa forma quadrática como $\mathbf{x}^T A \mathbf{x}$.

SOLUÇÃO Os coeficientes de x_1^2, x_2^2, x_3^2 formam a diagonal de A. Para que A seja simétrica, o coeficiente de x_ix_j para $i \neq j$ deve ser dividido igualmente entre os elementos (i, j) e (j, i) de A. O coeficiente de x_1x_3 é zero. É fácil verificar que

$$Q(\mathbf{x}) = \mathbf{x}^T A \mathbf{x} = \begin{bmatrix} x_1 & x_2 & x_3 \end{bmatrix} \begin{bmatrix} 5 & -1/2 & 0 \\ -1/2 & 3 & 4 \\ 0 & 4 & 2 \end{bmatrix} \begin{bmatrix} x_1 \\ x_2 \\ x_3 \end{bmatrix}$$ ∎

EXEMPLO 3 Seja $Q(\mathbf{x}) = x_1^2 - 8x_1x_2 - 5x_2^2$. Calcule o valor de $Q(\mathbf{x})$ nos pontos $\mathbf{x} = \begin{bmatrix} -3 \\ 1 \end{bmatrix}$, $\begin{bmatrix} 2 \\ -2 \end{bmatrix}$ e $\begin{bmatrix} 1 \\ -3 \end{bmatrix}$.

SOLUÇÃO

$$Q(-3, 1) = (-3)^2 - 8(-3)(1) - 5(1)^2 = 28$$
$$Q(2, -2) = (2)^2 - 8(2)(-2) - 5(-2)^2 = 16$$
$$Q(1, -3) = (1)^2 - 8(1)(-3) - 5(-3)^2 = -20$$ ∎

Em alguns casos, é mais fácil utilizar formas quadráticas que não contêm termos cruzados — ou seja, quando a matriz associada à forma quadrática é diagonal. Felizmente, os termos cruzados podem ser eliminados utilizando-se uma mudança de variável apropriada.

Mudança de Variável em uma Forma Quadrática

Se $\mathbf{x}$ representa um vetor variável em $\mathbb{R}^n$, uma **mudança de variável** é uma equação da forma

$$\mathbf{x} = P\mathbf{y}, \qquad \text{ou, equivalentemente,} \qquad \mathbf{y} = P^{-1}\mathbf{x} \tag{1}$$

em que P é uma matriz invertível e $\mathbf{y}$ é um novo vetor variável em $\mathbb{R}^n$. Nesse caso, $\mathbf{y}$ é o vetor de coordenadas de $\mathbf{x}$ em relação à base para $\mathbb{R}^n$ determinada pelas colunas de P. (Veja a Seção 4.4.)

Fazendo a mudança de variável (1) na forma quadrática $\mathbf{x}^T A \mathbf{x}$, obtemos

$$\mathbf{x}^T A \mathbf{x} = (P\mathbf{y})^T A (P\mathbf{y}) = \mathbf{y}^T P^T A P \mathbf{y} = \mathbf{y}^T (P^T A P) \mathbf{y} \tag{2}$$

de modo que a nova matriz associada à forma quadrática é $P^T A P$. Como A é simétrica, o Teorema 2 garante que existe uma matriz *ortogonal* P tal que $P^T A P$ é uma matriz diagonal D, e a forma quadrática em (2) fica $\mathbf{y}^T D \mathbf{y}$. Essa é a estratégia utilizada no próximo exemplo.

EXEMPLO 4 Encontre uma mudança de variável que transforma a forma quadrática no Exemplo 3 em uma forma quadrática sem termos cruzados.

SOLUÇÃO A matriz associada à forma quadrática no Exemplo 3 é

$$A = \begin{bmatrix} 1 & -4 \\ -4 & -5 \end{bmatrix}$$

O primeiro passo consiste em diagonalizar a matriz A. Seus autovalores são $\lambda = 3$ e $\lambda = -7$. Os autovetores normalizados correspondentes são

$$\lambda = 3: \begin{bmatrix} 2/\sqrt{5} \\ -1/\sqrt{5} \end{bmatrix}; \qquad \lambda = -7: \begin{bmatrix} 1/\sqrt{5} \\ 2/\sqrt{5} \end{bmatrix}$$

Esses vetores são automaticamente ortogonais (pois correspondem a autovalores distintos) e formam, portanto, uma base ortonormal para $\mathbb{R}^2$. Sejam

$$P = \begin{bmatrix} 2/\sqrt{5} & 1/\sqrt{5} \\ -1/\sqrt{5} & 2/\sqrt{5} \end{bmatrix}, \qquad D = \begin{bmatrix} 3 & 0 \\ 0 & -7 \end{bmatrix}$$

Então, $A = PDP^{-1}$ e $D = P^{-1}AP = P^TAP$, como já mencionado. Uma mudança de variável apropriada é

$$\mathbf{x} = P\mathbf{y}, \quad \text{em que } \mathbf{x} = \begin{bmatrix} x_1 \\ x_2 \end{bmatrix} \quad \text{e} \quad \mathbf{y} = \begin{bmatrix} y_1 \\ y_2 \end{bmatrix}$$

Logo,

$$\begin{aligned} x_1^2 - 8x_1x_2 - 5x_2^2 &= \mathbf{x}^TA\mathbf{x} = (P\mathbf{y})^TA(P\mathbf{y}) \\ &= \mathbf{y}^TP^TAP\mathbf{y} = \mathbf{y}^TD\mathbf{y} \\ &= 3y_1^2 - 7y_2^2 \end{aligned}$$ ∎

Para ilustrar o significado da igualdade das formas quadráticas no Exemplo 4, podemos calcular $Q(\mathbf{x})$ para $\mathbf{x} = (2, -2)$ usando a nova forma quadrática. Primeiro, como $\mathbf{x} = P\mathbf{y}$, temos

$$\mathbf{y} = P^{-1}\mathbf{x} = P^T\mathbf{x}$$

de modo que

$$\mathbf{y} = \begin{bmatrix} 2/\sqrt{5} & -1/\sqrt{5} \\ 1/\sqrt{5} & 2/\sqrt{5} \end{bmatrix} \begin{bmatrix} 2 \\ -2 \end{bmatrix} = \begin{bmatrix} 6/\sqrt{5} \\ -2/\sqrt{5} \end{bmatrix}$$

Portanto,

$$\begin{aligned} 3y_1^2 - 7y_2^2 &= 3(6/\sqrt{5})^2 - 7(-2/\sqrt{5})^2 = 3(36/5) - 7(4/5) \\ &= 80/5 = 16 \end{aligned}$$

Esse é o valor de $Q(\mathbf{x})$ no Exemplo 3 quando $\mathbf{x} = (2, -2)$. Veja a Figura 1.

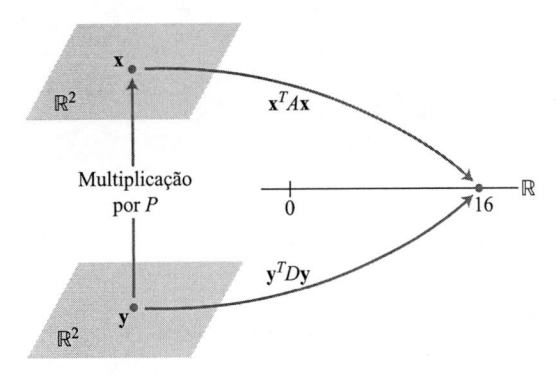

FIGURA 1 Mudança de variável em $\mathbf{x}^TA\mathbf{x}$.

O Exemplo 4 ilustra o próximo teorema. A parte essencial de sua demonstração foi apresentada antes do Exemplo 4.

TEOREMA 4

> **Teorema dos Eixos Principais**
> Seja A uma matriz simétrica $n \times n$. Então, existe uma mudança de variável ortogonal $\mathbf{x} = P\mathbf{y}$ que transforma a forma quadrática $\mathbf{x}^TA\mathbf{x}$ na forma quadrática $\mathbf{y}^TD\mathbf{y}$, que não contém termos cruzados.

As colunas de P no teorema anterior são chamadas **eixos principais** da forma quadrática $\mathbf{x}^TA\mathbf{x}$. O vetor $\mathbf{y}$ é o vetor de coordenadas de $\mathbf{x}$ em relação à base ortonormal para $\mathbb{R}^n$ formada pelos eixos principais.

Interpretação Geométrica dos Eixos Principais

Seja $Q(\mathbf{x}) = \mathbf{x}^TA\mathbf{x}$, em que A é uma matriz 2×2 simétrica invertível, e seja c uma constante. É possível provar que o conjunto dos $\mathbf{x}$ em $\mathbb{R}^2$ tais que

$$\mathbf{x}^TA\mathbf{x} = c \tag{3}$$

pode representar um dos seguintes gráficos: uma elipse (ou círculo), uma hipérbole, duas retas que se cruzam, um único ponto ou o conjunto vazio (que não contém ponto algum). Se A for uma matriz diagonal, o gráfico correspondente se encontrará em *posição canônica*, como na Figura 2. Se A não for uma matriz diagonal, o gráfico de (3) será uma rotação do gráfico em posição canônica, como na Figura 3. Encontrar os *eixos principais* (determinados pelos autovetores de A) significa determinar um novo sistema de coordenadas em relação ao qual o gráfico se encontra em posição canônica.

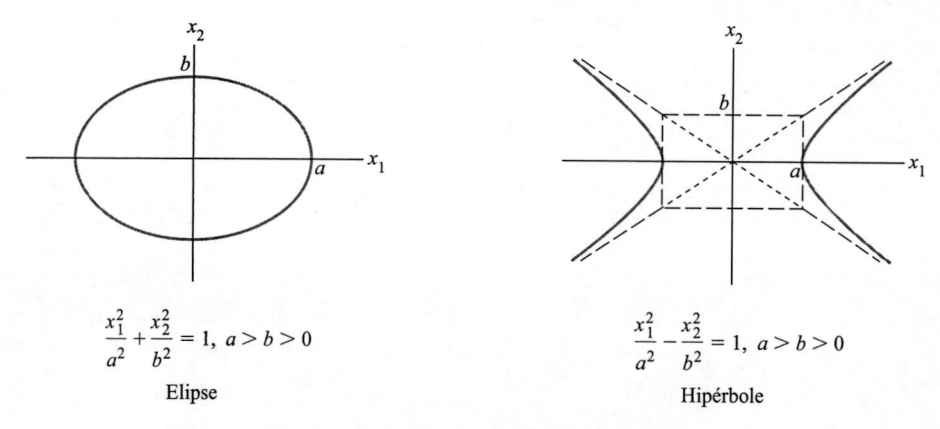

$$\frac{x_1^2}{a^2} + \frac{x_2^2}{b^2} = 1, \ a > b > 0$$

Elipse

$$\frac{x_1^2}{a^2} - \frac{x_2^2}{b^2} = 1, \ a > b > 0$$

Hipérbole

FIGURA 2 Elipse e hipérbole em posição padrão.

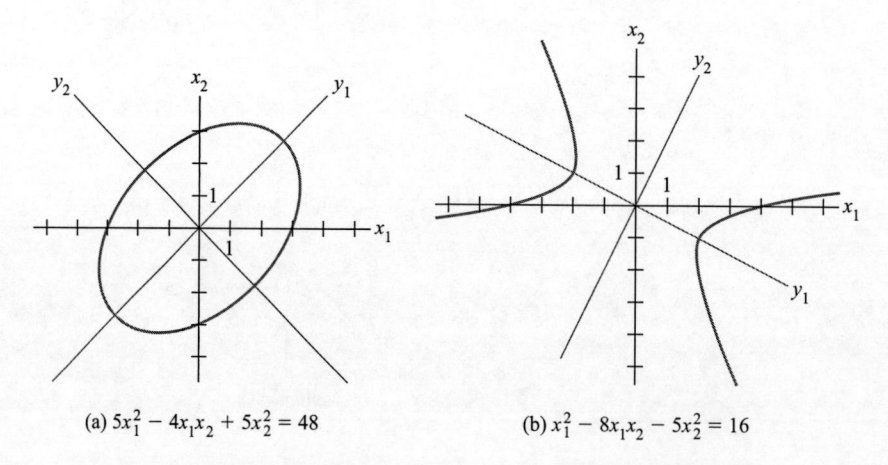

(a) $5x_1^2 - 4x_1x_2 + 5x_2^2 = 48$

(b) $x_1^2 - 8x_1x_2 - 5x_2^2 = 16$

FIGURA 3 Elipse e hipérbole que *não* estão em posição padrão.

A hipérbole na Figura 3(b) é o gráfico da equação $\mathbf{x}^T A\mathbf{x} = 16$, na qual A é a matriz no Exemplo 4. O eixo positivo dos y_1 na Figura 3(b) se encontra na direção da primeira coluna da matriz P no Exemplo 4, enquanto o eixo positivo dos y_2 está na direção da segunda coluna de P.

EXEMPLO 5 A elipse na Figura 3(a) é o gráfico da equação $5x_1^2 - 4x_1x_2 + 5x_2^2 = 48$. Encontre uma mudança de variável que elimina o termo cruzado nessa equação.

SOLUÇÃO A matriz associada à forma quadrática é $A = \begin{bmatrix} 5 & -2 \\ -2 & 5 \end{bmatrix}$. Os autovalores de A são 3 e 7, com autovetores normalizados correspondentes

$$\mathbf{u}_1 = \begin{bmatrix} 1/\sqrt{2} \\ 1/\sqrt{2} \end{bmatrix}, \quad \mathbf{u}_2 = \begin{bmatrix} -1/\sqrt{2} \\ 1/\sqrt{2} \end{bmatrix}$$

Seja $P = [\ \mathbf{u}_1 \quad \mathbf{u}_2\ ] = \begin{bmatrix} 1/\sqrt{2} & -1/\sqrt{2} \\ 1/\sqrt{2} & 1/\sqrt{2} \end{bmatrix}$. Então P diagonaliza A e é ortogonal, de modo que a mudança de variável $\mathbf{x} = P\mathbf{y}$ dá origem à forma quadrática $\mathbf{y}^T D\mathbf{y} = 3y_1^2 + 7y_2^2$. Os novos eixos, provenientes dessa mudança de variável, aparecem na Figura 3(a). ∎

Classificação de Formas Quadráticas

Se A for uma matriz $n \times n$, a forma quadrática $Q(\mathbf{x}) = \mathbf{x}^T A\mathbf{x}$ será uma função com valores reais definida em todo $\mathbb{R}^n$. A Figura 4 apresenta os gráficos de quatro formas quadráticas com domínio $\mathbb{R}^2$. Para cada ponto $\mathbf{x} = (x_1, x_2)$ no domínio de uma forma quadrática Q, o gráfico mostra o ponto (x_1, x_2, z), no qual $z = Q(\mathbf{x})$. Observe que, com exceção do ponto $\mathbf{x} = \mathbf{0}$, todos os valores de $Q(\mathbf{x})$ são positivos na Figura 4(a) e todos são negativos na Figura 4(d). As seções retas horizontais dos gráficos são elipses nas Figuras 4(a) e 4(d) e hipérboles na Figura 4(c).

Os exemplos simples 2×2 apresentados na Figura 4 ilustram as definições a seguir.

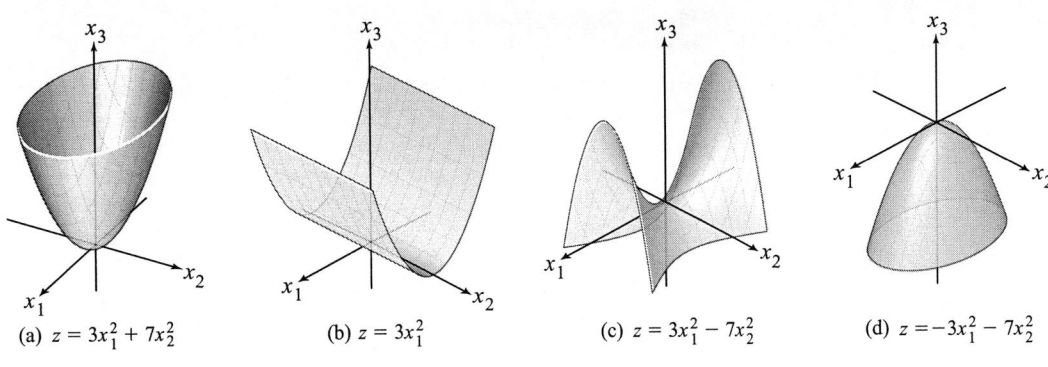

(a) $z = 3x_1^2 + 7x_2^2$ (b) $z = 3x_1^2$ (c) $z = 3x_1^2 - 7x_2^2$ (d) $z = -3x_1^2 - 7x_2^2$

FIGURA 4 Gráficos de formas quadráticas.

DEFINIÇÃO

Uma forma quadrática Q é:

a. **positiva definida** se $Q(\mathbf{x}) > 0$ para todo $\mathbf{x} \neq 0$,

b. **negativa definida** se $Q(\mathbf{x}) < 0$ para todo $\mathbf{x} \neq 0$,

c. **indefinida** se $Q(\mathbf{x})$ adquire valores tanto positivos quanto negativos.

Além disso, Q é dita **positiva semidefinida** se $Q(\mathbf{x}) \geq 0$ para todo $\mathbf{x}$ e **negativa semidefinida** se $Q(\mathbf{x}) \leq 0$ para todo $\mathbf{x}$. As duas formas quadráticas apresentadas nas partes (a) e (b) da Figura 4 são positivas semidefinidas, mas a forma em (a) é mais bem descrita como positiva definida.

O Teorema 5 caracteriza algumas formas quadráticas em termos de autovalores.

TEOREMA 5

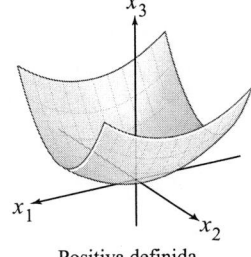

Positiva definida

Formas Quadráticas e Autovalores

Seja A uma matriz simétrica $n \times n$. Então, a forma quadrática $\mathbf{x}^T A \mathbf{x}$ é:

a. positiva definida se e somente se todos os autovalores de A forem positivos,

b. negativa definida se e somente se todos os autovalores de A forem negativos,

c. indefinida se e somente se A tiver autovalores positivos e negativos.

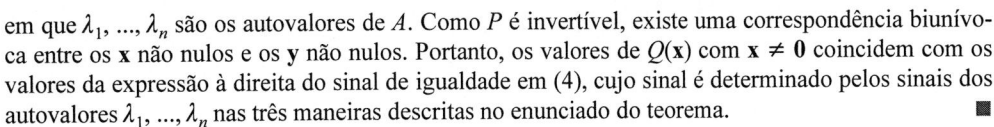
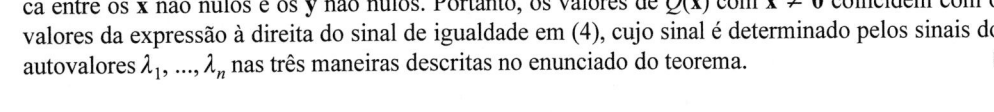

Negativa definida

DEMONSTRAÇÃO O Teorema dos Eixos Principais mostra que existe uma mudança de variável ortogonal $\mathbf{x} = P\mathbf{y}$ tal que

$$Q(\mathbf{x}) = \mathbf{x}^T A \mathbf{x} = \mathbf{y}^T D \mathbf{y} = \lambda_1 y_1^2 + \lambda_2 y_2^2 + \cdots + \lambda_n y_n^2 \tag{4}$$

em que $\lambda_1, ..., \lambda_n$ são os autovalores de A. Como P é invertível, existe uma correspondência biunívoca entre os $\mathbf{x}$ não nulos e os $\mathbf{y}$ não nulos. Portanto, os valores de $Q(\mathbf{x})$ com $\mathbf{x} \neq \mathbf{0}$ coincidem com os valores da expressão à direita do sinal de igualdade em (4), cujo sinal é determinado pelos sinais dos autovalores $\lambda_1, ..., \lambda_n$ nas três maneiras descritas no enunciado do teorema. ∎

EXEMPLO 6 A forma quadrática $Q(\mathbf{x}) = 3x_1^2 + 2x_2^2 + x_3^2 + 4x_1x_2 + 4x_2x_3$ é positiva definida?

SOLUÇÃO Devido aos sinais positivos, a forma "parece" ser positiva definida. Mas a matriz associada é

$$A = \begin{bmatrix} 3 & 2 & 0 \\ 2 & 2 & 2 \\ 0 & 2 & 1 \end{bmatrix}$$

cujos autovalores são 5, 2 e −1. Portanto, Q é uma forma quadrática indefinida e não positiva definida. ∎

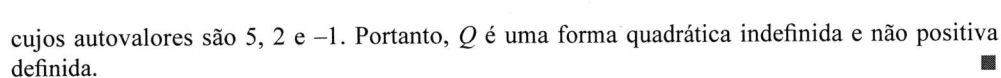

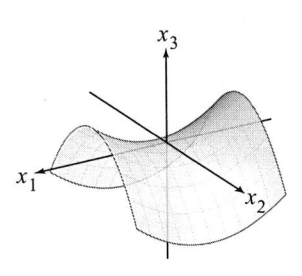

Indefinida

A classificação das formas quadráticas também é usada para as matrizes associadas. Assim, uma matriz A é dita **positiva definida** se ela for uma matriz *simétrica* tal que a forma quadrática $\mathbf{x}^T A \mathbf{x}$ é positiva definida. Os outros termos, como, por exemplo, **matriz positiva semidefinida**, são definidos de maneira análoga.

> ### Comentário Numérico
>
> Uma maneira rápida de determinar se uma matriz simétrica A é positiva definida consiste em tentar escrever A na forma $A = R^T R$, na qual R é triangular superior com elementos diagonais positivos. (Uma ligeira modificação do algoritmo para a obtenção de uma fatoração LU serve para esse propósito.) Esse tipo de fatoração, conhecido como *fatoração de Cholesky*, é possível se e somente se A for positiva definida. Veja o Exercício Suplementar 23 no fim deste capítulo.

Problema Prático

Descreva uma matriz A positiva semidefinida em termos de seus autovalores.

7.2 EXERCÍCIOS

1. Calcule a forma quadrática $\mathbf{x}^T A \mathbf{x}$, em que $A = \begin{bmatrix} 5 & 1/3 \\ 1/3 & 1 \end{bmatrix}$ e

   a. $\mathbf{x} = \begin{bmatrix} x_1 \\ x_2 \end{bmatrix}$ b. $\mathbf{x} = \begin{bmatrix} 6 \\ 1 \end{bmatrix}$ c. $\mathbf{x} = \begin{bmatrix} 1 \\ 3 \end{bmatrix}$

2. Calcule a forma quadrática $\mathbf{x}^T A \mathbf{x}$, em que $A = \begin{bmatrix} 3 & 1 & 0 \\ 1 & 1 & 2 \\ 0 & 2 & 0 \end{bmatrix}$ e

   a. $\mathbf{x} = \begin{bmatrix} x_1 \\ x_2 \\ x_3 \end{bmatrix}$ b. $\mathbf{x} = \begin{bmatrix} -2 \\ -1 \\ 5 \end{bmatrix}$ c. $\mathbf{x} = \begin{bmatrix} 1/\sqrt{3} \\ 1/\sqrt{3} \\ 1/\sqrt{3} \end{bmatrix}$

3. Suponha que $\mathbf{x}$ pertença a $\mathbb{R}^2$ e encontre a matriz associada à forma quadrática.

   a. $3x_1^2 - 4x_1 x_2 + 5x_2^2$ b. $3x_1^2 + 2x_1 x_2$

4. Suponha que $\mathbf{x}$ pertença a $\mathbb{R}^2$ e encontre a matriz associada à forma quadrática.

   a. $5x_1^2 + 16x_1 x_2 - 5x_2^2$ b. $2x_1 x_2$

5. Suponha que $\mathbf{x}$ pertença a $\mathbb{R}^3$ e encontre a matriz associada à forma quadrática.

   a. $3x_1^2 + 2x_2^2 - 5x_3^2 - 6x_1 x_2 + 8x_1 x_3 - 4x_2 x_3$

   b. $6x_1 x_2 + 4x_1 x_3 - 10x_2 x_3$

6. Suponha que $\mathbf{x}$ pertença a $\mathbb{R}^3$ e encontre a matriz associada à forma quadrática.

   a. $3x_1^2 - 2x_2^2 + 5x_3^2 + 4x_1 x_2 - 6x_1 x_3$

   b. $4x_3^2 - 2x_1 x_2 + 4x_2 x_3$

7. Faça uma mudança de variável $\mathbf{x} = P\mathbf{y}$ que transforma a forma quadrática $x_1^2 + 10x_1 x_2 + x_2^2$ em uma forma quadrática sem termos cruzados. Encontre P e a nova forma quadrática.

8. Seja A a matriz associada à forma quadrática

$$9x_1^2 + 7x_2^2 + 11x_3^2 - 8x_1 x_2 + 8x_1 x_3$$

Pode-se mostrar que os autovalores de A são 3, 9 e 15. Encontre uma matriz ortogonal P tal que a mudança de variável $\mathbf{x} = P\mathbf{y}$ transforma $\mathbf{x}^T A \mathbf{x}$ em uma forma quadrática sem termos cruzados. Encontre P e a nova forma quadrática.

Nos Exercícios 9 a 18, classifique a forma quadrática. Em seguida, faça uma mudança de variável $\mathbf{x} = P\mathbf{y}$ que transforma a forma quadrática em uma sem termos cruzados. Escreva a nova forma quadrática. Construa a matriz P usando os métodos da Seção 7.1.

9. $4x_1^2 - 4x_1 x_2 + 4x_2^2$

10. $2x_1^2 + 6x_1 x_2 - 6x_2^2$

11. $2x_1^2 - 4x_1 x_2 - x_2^2$ **12.** $-x_1^2 - 2x_1 x_2 - x_2^2$

13. $x_1^2 - 6x_1 x_2 + 9x_2^2$ **14.** $3x_1^2 + 4x_1 x_2$

M 15. $-3x_1^2 - 7x_2^2 - 10x_3^2 - 10x_4^2 + 4x_1 x_2 + 4x_1 x_3 + 4x_1 x_4 + 6x_3 x_4$

M 16. $4x_1^2 + 4x_2^2 + 4x_3^2 + 4x_4^2 + 8x_1 x_2 + 8x_3 x_4 - 6x_1 x_4 + 6x_2 x_3$

M 17. $11x_1^2 + 11x_2^2 + 11x_3^2 + 11x_4^2 + 16x_1 x_2 - 12x_1 x_4 + 12x_2 x_3 + 16x_3 x_4$

M 18. $2x_1^2 + 2x_2^2 - 6x_1 x_2 - 6x_1 x_3 - 6x_1 x_4 - 6x_2 x_3 - 6x_2 x_4 - 2x_3 x_4$

19. Se $\mathbf{x} = (x_1, x_2)$ e $\mathbf{x}^T \mathbf{x} = 1$, isto é, $x_1^2 + x_2^2 = 1$, qual é o maior valor possível da forma quadrática $5x_1^2 + 8x_2^2$? (Tente alguns exemplos de $\mathbf{x}$.)

20. Qual é o maior valor da forma quadrática $5x_1^2 - 3x_2^2$ se $\mathbf{x}^T \mathbf{x} = 1$?

Nos Exercícios 21 a 30, as matrizes são $n \times n$ e os vetores pertencem a $\mathbb{R}^n$. Marque cada afirmação a seguir como Verdadeira ou Falsa (**V/F**). Justifique cada resposta.

21. (**V/F**) A matriz associada a uma forma quadrática é uma matriz simétrica.

22. (**V/F**) A expressão $\|\mathbf{x}\|^2$ não é uma forma quadrática.

23. (**V/F**) Uma forma quadrática não tem termos cruzados se e somente se a matriz associada for diagonal.

24. (**V/F**) Se A for simétrica e P for uma matriz ortogonal, então a mudança de variável $\mathbf{x} = P\mathbf{y}$ transformará $\mathbf{x}^T A \mathbf{x}$ em uma forma quadrática sem termos cruzados.

25. (**V/F**) Os eixos principais de uma forma quadrática $\mathbf{x}^T A \mathbf{x}$ são autovetores de A.

26. (**V/F**) Se os autovalores de uma matriz simétrica A forem todos positivos, então a forma quadrática $\mathbf{x}^T A \mathbf{x}$ será positiva definida.

27. (**V/F**) Uma forma quadrática positiva definida Q satisfaz $Q(\mathbf{x}) > 0$ para todo $\mathbf{x}$ em $\mathbb{R}^n$.

28. (**V/F**) Uma forma quadrática indefinida é positiva semidefinida ou negativa semidefinida.

29. (**V/F**) Uma fatoração de Cholesky de uma matriz simétrica A tem a forma $A = R^T R$, na qual R é uma matriz triangular superior com todos os elementos diagonais positivos.

30. (**V/F**) Se A for simétrica e a forma quadrática $\mathbf{x}^T A \mathbf{x}$ adquirir apenas valores negativos para $\mathbf{x} \neq \mathbf{0}$, então todos os autovalores de A serão positivos.

Os Exercícios 31 e 32 mostram como classificar uma forma quadrática $Q(\mathbf{x}) = \mathbf{x}^T A \mathbf{x}$ quando $A = \begin{bmatrix} a & b \\ b & d \end{bmatrix}$ e $\det A \neq 0$, sem encontrar os autovalores de A.

31. Se λ_1 e λ_2 forem os autovalores de A, então o polinômio característico de A poderá ser escrito de duas maneiras: $\det(A - \lambda I)$ e $(\lambda - \lambda_1)(\lambda - \lambda_2)$. Use esse fato para mostrar que $\lambda_1 + \lambda_2 = a + d$ (os elementos diagonais de A) e $\lambda_1\lambda_2 = \det A$.

32. Verifique as afirmações a seguir.

   a. Q é positiva definida se $\det A > 0$ e $a > 0$.

   b. Q é negativa definida se $\det A > 0$ e $a < 0$.

   c. Q é indefinida se $\det A < 0$.

33. Mostre que, se B for $m \times n$, então $B^T B$ será positiva semidefinida e, se B for $n \times n$ e invertível, então $B^T B$ será positiva definida.

34. Mostre que, se uma matriz A $n \times n$ for positiva definida, então existirá uma matriz positiva definida B tal que $A = B^T B$. [*Sugestão:* Escreva $A = PDP^T$, com $P^T = P^{-1}$. Produza uma matriz diagonal C tal que $D = C^T C$ e defina $B = PCP^T$. Mostre que B funciona.]

35. Sejam A e B matrizes simétricas $n \times n$ cujos autovalores são todos positivos. Mostre que os autovalores de $A + B$ são todos positivos. [*Sugestão:* Considere formas quadráticas.]

36. Seja A uma matriz simétrica invertível $n \times n$. Mostre que, se a forma quadrática $\mathbf{x}^T A \mathbf{x}$ é positiva definida, então a forma quadrática $\mathbf{x}^T A^{-1} \mathbf{x}$ também o será. [*Sugestão:* Considere autovalores.]

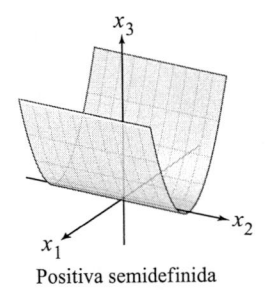

Positiva semidefinida

Solução do Problema Prático

Faça uma mudança de variável ortogonal $\mathbf{x} = P\mathbf{y}$ e escreva

$$\mathbf{x}^T A \mathbf{x} = \mathbf{y}^T D \mathbf{y} = \lambda_1 y_1^2 + \lambda_2 y_2^2 + \cdots + \lambda_n y_n^2$$

como em (4). Se um autovalor — λ_i, por exemplo — fosse negativo, então $\mathbf{x}^T A \mathbf{x}$ seria negativo para $\mathbf{x}$ correspondente a $\mathbf{y} = \mathbf{e}_i$ (a i-ésima coluna de I_n). Logo, todos os autovalores de uma forma quadrática positiva semidefinida têm de ser não negativos. Reciprocamente, se os autovalores forem não negativos, a expansão anterior mostra que $\mathbf{x}^T A \mathbf{x}$ tem de ser positiva semidefinida.

7.3 | OTIMIZAÇÃO COM VÍNCULO

Engenheiros, economistas, cientistas e matemáticos precisam, muitas vezes, encontrar valores máximos ou mínimos de uma forma quadrática $Q(\mathbf{x})$ para $\mathbf{x}$ em determinado conjunto. Em geral, o problema pode ser colocado de tal forma que $\mathbf{x}$ varie no conjunto de vetores unitários. Esse *problema de otimização com vínculo* (ou *restrição*) tem uma solução interessante e elegante. O Exemplo 6 e a discussão na Seção 7.5 irão mostrar como tais problemas aparecem na prática.

A condição de que um vetor $\mathbf{x}$ em $\mathbb{R}^n$ seja unitário pode ser escrita de várias maneiras equivalentes:

$$\|\mathbf{x}\| = 1, \qquad \|\mathbf{x}\|^2 = 1, \qquad \mathbf{x}^T\mathbf{x} = 1$$

e

$$x_1^2 + x_2^2 + \cdots + x_n^2 = 1 \tag{1}$$

Em geral, a versão expandida (1) de $\mathbf{x}^T\mathbf{x} = 1$ é usada nas aplicações.

Quando uma forma quadrática Q não tem termos cruzados, é fácil encontrar o máximo e o mínimo de $Q(\mathbf{x})$ para $\mathbf{x}^T\mathbf{x} = 1$.

EXEMPLO 1 Encontre os valores máximo e mínimo de $Q(\mathbf{x}) = 9x_1^2 + 4x_2^2 + 3x_3^2$ sujeito à restrição $\mathbf{x}^T\mathbf{x} = 1$.

SOLUÇÃO Como x_2^2 e x_3^2 são não negativos, temos

$$4x_2^2 \leq 9x_2^2 \qquad e \qquad 3x_3^2 \leq 9x_3^2$$

e, portanto

$$\begin{aligned} Q(\mathbf{x}) &= 9x_1^2 + 4x_2^2 + 3x_3^2 \\ &\leq 9x_1^2 + 9x_2^2 + 9x_3^2 \\ &= 9(x_1^2 + x_2^2 + x_3^2) \\ &= 9 \end{aligned}$$

sempre que $x_1^2 + x_2^2 + x_3^2 = 1$. Logo, o valor máximo de $Q(\mathbf{x})$ não pode ser maior que 9 se $\mathbf{x}$ for um vetor unitário. Além disso, $Q(\mathbf{x}) = 9$ quando $\mathbf{x} = (1, 0, 0)$; assim, 9 é o valor máximo de $Q(\mathbf{x})$ para $\mathbf{x}^T\mathbf{x} = 1$.

Para encontrar o valor mínimo de $Q(\mathbf{x})$, note que

$$9x_1^2 \geq 3x_1^2, \qquad 4x_2^2 \geq 3x_2^2$$

e, portanto,

$$Q(\mathbf{x}) \geq 3x_1^2 + 3x_2^2 + 3x_3^2 = 3(x_1^2 + x_2^2 + x_3^2) = 3$$

sempre que $x_1^2 + x_2^2 + x_3^2 = 1$. Temos, também, que $Q(\mathbf{x}) = 3$ quando $x_1 = 0$, $x_2 = 0$ e $x_3 = 1$. Logo, 3 é o valor mínimo de $Q(\mathbf{x})$ quando $\mathbf{x}^T\mathbf{x} = 1$. ∎

É fácil ver, no Exemplo 1, que a matriz associada à forma quadrática Q tem autovalores 9, 4 e 3, e que os valores maior e menor são iguais, respectivamente, ao máximo e mínimo (com restrição) de $Q(\mathbf{x})$. Veremos que isso é válido para qualquer forma quadrática.

EXEMPLO 2 Sejam $A = \begin{bmatrix} 3 & 0 \\ 0 & 7 \end{bmatrix}$ e $Q(\mathbf{x}) = \mathbf{x}^T A \mathbf{x}$ para $\mathbf{x}$ em $\mathbb{R}^2$. A Figura 1 mostra o gráfico de Q.

A Figura 2 mostra apenas uma parte do gráfico no interior de um cilindro; a interseção do cilindro com a superfície é o conjunto de pontos (x_1, x_2, z) tais que $z = Q(x_1, x_2)$ e $x_1^2 + x_2^2 = 1$. As "alturas" desses pontos são os valores restritos de $Q(\mathbf{x})$. Geometricamente, o problema de otimização com vínculos consiste em localizar o ponto mais alto e o mais baixo na curva de interseção.

Os dois pontos mais altos na curva estão sete unidades acima do plano $x_1 x_2$ e ocorrem quando $x_1 = 0$ e $x_2 = \pm 1$. Esses pontos correspondem ao autovalor 7 de A e aos autovetores $\mathbf{x} = (0, 1)$ e $-\mathbf{x} = (0, -1)$. De forma análoga, os dois pontos mais baixos na curva estão a três unidades abaixo do plano $x_1 x_2$ e correspondem ao autovalor 3 e aos autovetores $(1, 0)$ e $(-1, 0)$. ∎

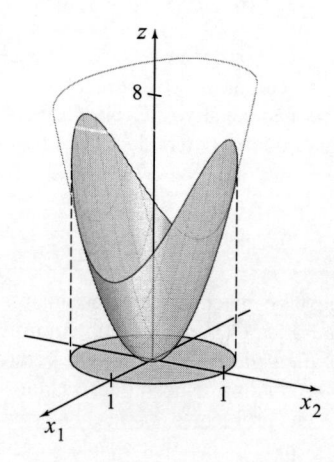

FIGURA 1 $z = 3x_1^2 + 7x_2^2$.

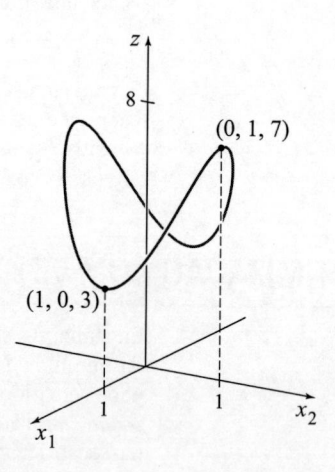

FIGURA 2 Interseção de $z = 3x_1^2 + 7x_2^2$ com o cilindro $x_1^2 + x_2^2 = 1$.

Todo ponto pertencente à curva de interseção na Figura 2 tem coordenada z entre 3 e 7 e, qualquer que seja o número t entre 3 e 7, existe um vetor unitário $\mathbf{x}$ tal que $Q(\mathbf{x}) = t$. Em outras palavras, o conjunto de todos os valores possíveis de $\mathbf{x}^T A \mathbf{x}$ para $\|\mathbf{x}\| = 1$ é o intervalo fechado $3 \leq t \leq 7$.

Pode-se mostrar que, para qualquer matriz simétrica A, o conjunto de todos os valores possíveis de $\mathbf{x}^T A \mathbf{x}$ para $\|\mathbf{x}\| = 1$ é um intervalo fechado na reta real. (Veja o Exercício 13.) Denote as extremidades inferior e superior desse intervalo por m e M, respectivamente, ou seja,

$$m = \text{mín } \{\mathbf{x}^T A \mathbf{x} : \|\mathbf{x}\| = 1\}, \qquad M = \text{máx } \{\mathbf{x}^T A \mathbf{x} : \|\mathbf{x}\| = 1\} \qquad (2)$$

O Exercício 12 pede para você provar que, se λ for um autovalor de A, então $m \leq \lambda \leq M$. O próximo teorema diz que m e M são autovalores de A, como no Exemplo 2.[1]

TEOREMA 6

Seja A uma matriz simétrica e defina m e M como em (2). Então M é o maior autovalor λ_1 de A e m é o menor. O valor de $\mathbf{x}^T A \mathbf{x}$ é M quando $\mathbf{x}$ é um autovetor unitário $\mathbf{u}_1$ associado a M. Quando $\mathbf{x}$ é um vetor unitário associado a m, o valor de $\mathbf{x}^T A \mathbf{x}$ é m.

DEMONSTRAÇÃO Diagonalize A por uma matriz ortogonal P, $A = PDP^{-1}$. Sabemos que

$$\mathbf{x}^T A \mathbf{x} = \mathbf{y}^T D \mathbf{y} \qquad \text{quando } \mathbf{x} = P\mathbf{y} \qquad (3)$$

Além disso,

$$\|\mathbf{x}\| = \|P\mathbf{y}\| = \|\mathbf{y}\| \qquad \text{para todo } \mathbf{y}$$

já que $P^T P = I$ e $\|P\mathbf{y}\|^2 = (P\mathbf{y})^T (P\mathbf{y}) = \mathbf{y}^T P^T P \mathbf{y} = \mathbf{y}^T \mathbf{y} = \|\mathbf{y}\|^2$. Em particular, $\|\mathbf{y}\| = 1$ se e somente se $\|\mathbf{x}\| = 1$. Assim, $\mathbf{x}^T A \mathbf{x}$ e $\mathbf{y}^T D \mathbf{y}$ assumem o mesmo conjunto de valores quando $\mathbf{x}$ e $\mathbf{y}$ percorrem o conjunto de todos os vetores unitários.

---

[1] O uso de *mínimo* e *máximo* em (2), e de *menor* e *maior* no teorema, se refere à ordem natural dos números reais e não a módulos.

Para simplificar a notação, vamos supor que A seja uma matriz 3×3 com autovalores $a \geq b \geq c$. Arrume as colunas de P (que são autovetores) de modo que $P = [\mathbf{u}_1 \ \mathbf{u}_2 \ \mathbf{u}_3]$ e

$$D = \begin{bmatrix} a & 0 & 0 \\ 0 & b & 0 \\ 0 & 0 & c \end{bmatrix}$$

Dado qualquer vetor unitário $\mathbf{y}$ em $\mathbb{R}^3$ com coordenadas y_1, y_2, y_3, note que

$$ay_1^2 = ay_1^2$$
$$by_2^2 \leq ay_2^2$$
$$cy_3^2 \leq ay_3^2$$

Somando essas desigualdades, obtemos

$$\begin{aligned} \mathbf{y}^T D \mathbf{y} &= ay_1^2 + by_2^2 + cy_3^2 \\ &\leq ay_1^2 + ay_2^2 + ay_3^2 \\ &= a(y_1^2 + y_2^2 + y_3^2) \\ &= a\|\mathbf{y}\|^2 = a \end{aligned}$$

Logo, $M \leq a$, pela definição de M. No entanto, $\mathbf{y}^T D \mathbf{y} = a$ quando $\mathbf{y} = \mathbf{e}_1 = (1, 0, 0)$, de modo que, de fato, $M = a$. De (3), o $\mathbf{x}$ que corresponde a $\mathbf{y} = \mathbf{e}_1$ é o autovetor $\mathbf{u}_1$ de A, pois

$$\mathbf{x} = P\mathbf{e}_1 = \begin{bmatrix} \mathbf{u}_1 & \mathbf{u}_2 & \mathbf{u}_3 \end{bmatrix} \begin{bmatrix} 1 \\ 0 \\ 0 \end{bmatrix} = \mathbf{u}_1$$

Então, $M = a = \mathbf{e}_1^T D \mathbf{e}_1 = \mathbf{u}_1^T A \mathbf{u}_1$, o que prova a afirmação sobre M. Um argumento semelhante mostra que m é o menor autovalor c, e este é o valor de $\mathbf{x}^T A \mathbf{x}$ quando $\mathbf{x} = P\mathbf{e}_3 = \mathbf{u}_3$. ∎

EXEMPLO 3 Seja $A = \begin{bmatrix} 3 & 2 & 1 \\ 2 & 3 & 1 \\ 1 & 1 & 4 \end{bmatrix}$. Encontre o valor máximo da forma quadrática $\mathbf{x}^T A \mathbf{x}$ sujeita à restrição $\mathbf{x}^T \mathbf{x} = 1$ e encontre um vetor unitário no qual esse máximo é atingido.

SOLUÇÃO Pelo Teorema 6, o valor desejado é o maior autovalor de A. A equação característica é

$$0 = -\lambda^3 + 10\lambda^2 - 27\lambda + 18 = -(\lambda - 6)(\lambda - 3)(\lambda - 1)$$

O maior autovalor é 6.

O máximo de $\mathbf{x}^T A \mathbf{x}$, sujeito à restrição, é atingido quando $\mathbf{x}$ é um autovetor unitário associado a $\lambda = 6$. Resolva a equação $(A - 6I)\mathbf{x} = \mathbf{0}$ para encontrar o autovetor $\begin{bmatrix} 1 \\ 1 \\ 1 \end{bmatrix}$. Defina $\mathbf{u}_1 = \begin{bmatrix} 1/\sqrt{3} \\ 1/\sqrt{3} \\ 1/\sqrt{3} \end{bmatrix}$. ∎

No Teorema 7 e em aplicações mais adiante, os valores de $\mathbf{x}^T A \mathbf{x}$ serão calculados com restrições adicionais sobre o vetor unitário $\mathbf{x}$.

TEOREMA 7

Sejam A, λ_1 e $\mathbf{u}_1$ como no Teorema 6. Então o valor máximo de $\mathbf{x}^T A \mathbf{x}$ sujeito às restrições

$$\mathbf{x}^T \mathbf{x} = 1, \quad \mathbf{x}^T \mathbf{u}_1 = 0$$

é o segundo maior autovalor λ_2, e esse máximo é atingido quando $\mathbf{x}$ é um autovetor unitário $\mathbf{u}_2$ associado a λ_2.

O Teorema 7 pode ser demonstrado por um argumento semelhante ao feito anteriormente, no qual o teorema é reduzido ao caso em que a matriz da forma quadrática é diagonal. O próximo exemplo dá uma ideia da demonstração para o caso de uma matriz diagonal.

EXEMPLO 4 Encontre o valor máximo de $9x_1^2 + 4x_2^2 + 3x_3^2$ sujeito às restrições $\mathbf{x}^T \mathbf{x} = 1$ e $\mathbf{x}^T \mathbf{u}_1 = 0$, em que $\mathbf{u}_1 = (1, 0, 0)$. Note que $\mathbf{u}_1$ é um autovetor unitário associado ao maior autovalor $\lambda = 9$ da matriz associada à forma quadrática.

SOLUÇÃO Se as coordenadas de $\mathbf{x}$ forem x_1, x_2, x_3, a restrição $\mathbf{x}^T\mathbf{u}_1 = 0$ significa, simplesmente, que $x_1 = 0$. Para tal vetor unitário, $x_2^2 + x_3^2 = 1$ e

$$
\begin{aligned}
9x_1^2 + 4x_2^2 + 3x_3^2 &= 4x_2^2 + 3x_3^2 \\
&\leq 4x_2^2 + 4x_3^2 \\
&= 4(x_2^2 + x_3^2) \\
&= 4
\end{aligned}
$$

Logo, o máximo da forma quadrática sujeito às restrições não pode ser maior que 4. E esse valor é atingido em $\mathbf{x} = (0, 1, 0)$, que é o autovetor associado ao segundo maior autovalor da matriz associada à forma quadrática. ∎

EXEMPLO 5 Considere a matriz A no Exemplo 3 e seja $\mathbf{u}_1$ um autovetor unitário associado ao maior autovalor de A. Encontre o valor máximo de $\mathbf{x}^T A \mathbf{x}$ sujeito às condições

$$
\mathbf{x}^T\mathbf{x} = 1, \qquad \mathbf{x}^T\mathbf{u}_1 = 0 \tag{4}
$$

SOLUÇÃO Do Exemplo 3, o segundo maior autovalor de A é $\lambda = 3$. Resolva $(A - 3I)\mathbf{x} = \mathbf{0}$ para encontrar um autovetor e normalize-o para obter

$$
\mathbf{u}_2 = \begin{bmatrix} 1/\sqrt{6} \\ 1/\sqrt{6} \\ -2/\sqrt{6} \end{bmatrix}
$$

O vetor $\mathbf{u}_2$ é automaticamente ortogonal a $\mathbf{u}_1$, pois os dois vetores estão associados a autovalores diferentes. Logo, o máximo de $\mathbf{x}^T A \mathbf{x}$ sujeito às restrições em (4) é 3, obtido quando $\mathbf{x} = \mathbf{u}_2$. ∎

O próximo teorema generaliza o Teorema 7 e, junto com o Teorema 6, caracteriza, de maneira útil, *todos* os autovalores de A. Omitiremos a demonstração.

TEOREMA 8

> Seja A uma matriz simétrica $n \times n$ com uma diagonalização por matriz ortogonal $A = PDP^{-1}$, em que os elementos na diagonal de D estão arrumados de modo que $\lambda_1 \geq \lambda_2 \geq \ldots \geq \lambda_n$ e as colunas de P são autovetores unitários associados $\mathbf{u}_1, \ldots, \mathbf{u}_n$. Então, para $k = 2, \ldots, n$, o valor máximo de $\mathbf{x}^T A \mathbf{x}$ sujeito às restrições
>
> $$
> \mathbf{x}^T\mathbf{x} = 1, \qquad \mathbf{x}^T\mathbf{u}_1 = 0, \quad \ldots \quad \mathbf{x}^T\mathbf{u}_{k-1} = 0
> $$
>
> é o autovalor λ_k, e esse máximo é atingido quando $\mathbf{x} = \mathbf{u}_k$.

O Teorema 8 será útil nas Seções 7.4 e 7.5. A aplicação a seguir precisa apenas do Teorema 6.

EXEMPLO 6 Durante o próximo ano, o governo de um município está planejando consertar x centenas de quilômetros de estradas e pontes e melhorar y centenas de acres de parques e áreas de lazer. O município precisa decidir como alocar seus recursos (fundos, equipamentos, mão de obra etc.) entre esses dois projetos. Se for melhor, do ponto de vista de custo, trabalhar nos dois projetos simultaneamente que em apenas um deles, então x e y poderão satisfazer uma *restrição* do tipo

$$
4x^2 + 9y^2 \leq 36
$$

Veja a Figura 3. Cada ponto (x, y) no *conjunto factível* sombreado representa um plano de obras possível para o ano. Os pontos na curva de restrição $4x^2 + 9y^2 = 36$ utilizam a quantidade máxima de recursos disponíveis.

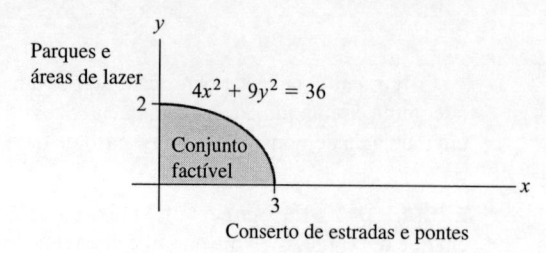

FIGURA 3 Planejamento de obras.

Ao escolher um plano de obras, o município quer consultar a opinião de seus residentes. Para medir o valor ou *utilidade* que os residentes dariam aos diversos planos de obras (x, y), os economistas utilizam, algumas vezes, uma função do tipo

$$q(x, y) = xy$$

O conjunto de pontos (x, y) nos quais $q(x, y)$ é constante é chamado *curva de indiferença*. A Figura 4 mostra três dessas curvas. Pontos pertencentes a uma curva de indiferença correspondem a alternativas que os residentes do município, como um grupo, achariam que têm o mesmo valor.[2] Encontre o planejamento de obras que maximiza a função de utilidade q.

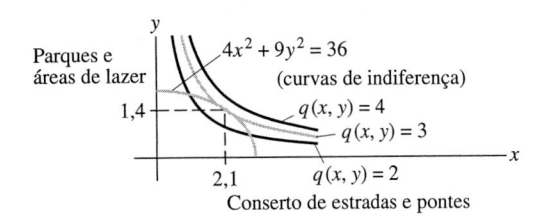

FIGURA 4 O planejamento ótimo de obras é $(2,1; 1,4)$.

SOLUÇÃO O vínculo $4x^2 + 9y^2 = 36$ não descreve um conjunto de vetores unitários, mas uma mudança de variáveis pode resolver isso. Coloque a restrição na forma

$$\left(\frac{x}{3}\right)^2 + \left(\frac{y}{2}\right)^2 = 1$$

e defina

$$x_1 = \frac{x}{3}, \quad x_2 = \frac{y}{2}, \quad \text{isto é,} \quad x = 3x_1 \quad \text{e} \quad y = 2x_2$$

A equação do vínculo fica, então,

$$x_1^2 + x_2^2 = 1$$

e a função utilidade transforma-se em $q(3x_1, 2x_2) = (3x_1)(2x_2) = 6x_1x_2$. Seja $\mathbf{x} = \begin{bmatrix} x_1 \\ x_2 \end{bmatrix}$. Então, o problema é maximizar $Q(\mathbf{x}) = 6x_1x_2$ sujeito a $\mathbf{x}^T\mathbf{x} = 1$. Note que $Q(\mathbf{x}) = \mathbf{x}^TA\mathbf{x}$, em que

$$A = \begin{bmatrix} 0 & 3 \\ 3 & 0 \end{bmatrix}$$

Os autovalores de A são ± 3, com autovetores associados $\begin{bmatrix} 1/\sqrt{2} \\ 1/\sqrt{2} \end{bmatrix}$ para $\lambda = 3$ e $\begin{bmatrix} -1/\sqrt{2} \\ 1/\sqrt{2} \end{bmatrix}$ para $\lambda = -3$.

Logo, o valor máximo de $Q(\mathbf{x}) = q(x_1, x_2)$ é 3, atingido quando $x_1 = 1/\sqrt{2}$ e $x_2 = 1/\sqrt{2}$.

Em termos das variáveis originais, o planejamento de obras ótimo é $x = 3x_1 = 3/\sqrt{2} \approx 2,1$ centenas de quilômetros de estradas e pontes, $y = 2x_2 = \sqrt{2} \approx 1,4$ centena de acres de parques e áreas de lazer. O planejamento ótimo é o ponto em que a curva de restrição e a curva de indiferença $q(x, y) = 3$ são tangentes. Os pontos (x, y) de maior utilidade pertencem a curvas de indiferença sem pontos em comum com a curva de restrição. Veja a Figura 4. ∎

Problemas Práticos

1. Seja $Q(\mathbf{x}) = 3x_1^2 + 3x_2^2 + 2x_1x_2$. Encontre uma mudança de variáveis que transforme Q em uma forma quadrática sem termos cruzados e ache a nova forma quadrática.

2. Com Q como no Problema 1, encontre o valor máximo de $Q(\mathbf{x})$ sujeito à restrição $\mathbf{x}^T\mathbf{x} = 1$ e ache um vetor unitário no qual o máximo é atingido.

---

[2]Para uma discussão sobre curvas de indiferença, veja *Econometric Models, Techniques, and Applications*, de Michael D. Intriligator, Ronald G. Bodkin e Cheng Hsiao (Upper Saddle River, NJ: Prentice Hall, 1996).

7.3 EXERCÍCIOS

Nos Exercícios 1 e 2, encontre a mudança de variável $\mathbf{x} = P\mathbf{y}$ que transforma a forma quadrática $\mathbf{x}^T A \mathbf{x}$ em $\mathbf{y}^T D \mathbf{y}$ como indicado.

1. $5x_1^2 + 6x_2^2 + 7x_3^2 + 4x_1x_2 - 4x_2x_3 = 9y_1^2 + 6y_2^2 + 3y_3^2$

2. $3x_1^2 + 3x_2^2 + 5x_3^2 + 6x_1x_2 + 2x_1x_3 + 2x_2x_3 = 7y_1^2 + 4y_2^2$

[*Sugestão*: $\mathbf{x}$ e $\mathbf{y}$ devem ter o mesmo número de coordenadas, de modo que a forma quadrática mostrada aqui deve ter um coeficiente nulo para y_3^2.]
Nos Exercícios 3 a 6, encontre (a) o valor máximo de $Q(\mathbf{x})$ sujeito à restrição $\mathbf{x}^T\mathbf{x} = 1$, (b) um vetor unitário no qual o máximo é atingido e (c) o valor máximo de $Q(\mathbf{x})$ sujeito às restrições $\mathbf{x}^T\mathbf{x} = 1$ e $\mathbf{x}^T\mathbf{u} = 0$.

3. $Q(\mathbf{x}) = 5x_1^2 + 6x_2^2 + 7x_3^2 + 4x_1x_2 - 4x_2x_3$
(Veja o Exercício 1.)

4. $Q(\mathbf{x}) = 3x_1^2 + 3x_2^2 + 5x_3^2 + 6x_1x_2 + 2x_1x_3 + 2x_2x_3$
(Veja o Exercício 2.)

5. $Q(\mathbf{x}) = x_1^2 + x_2^2 - 10x_1x_2$

6. $Q(\mathbf{x}) = 3x_1^2 + 9x_2^2 + 8x_1x_2$

7. Seja $Q(\mathbf{x}) = -2x_1^2 - x_2^2 + 4x_1x_2 + 4x_2x_3$. Encontre um vetor unitário $\mathbf{x}$ em $\mathbb{R}^3$ no qual $Q(\mathbf{x})$ atinge seu máximo sujeito à restrição $\mathbf{x}^T\mathbf{x} = 1$. [*Sugestão:* Os autovalores da matriz associada à forma Q são 2, –1 e –4.]

8. Seja $Q(\mathbf{x}) = 7x_1^2 + x_2^2 + 7x_3^2 - 8x_1x_2 - 4x_1x_3 - 8x_2x_3$. Encontre um vetor unitário $\mathbf{x}$ em $\mathbb{R}^3$ no qual $Q(\mathbf{x})$ atinge seu máximo sujeito à restrição $\mathbf{x}^T\mathbf{x} = 1$. [*Sugestão:* Os autovalores da matriz associada à forma Q são 9 e –3.]

9. Encontre o valor máximo de $Q(\mathbf{x}) = 7x_1^2 + 3x_2^2 - 2x_1x_2$ sujeito à restrição $x_1^2 + x_2^2 = 1$. (Não precisa encontrar um vetor no qual o máximo é atingido.)

10. Encontre o valor máximo de $Q(\mathbf{x}) = -3x_1^2 + 5x_2^2 - 2x_1x_2$ sujeito à restrição $x_1^2 + x_2^2 = 1$. (Não precisa encontrar um vetor no qual o máximo é atingido.)

11. Suponha que $\mathbf{x}$ seja um autovetor unitário de uma matriz A associado ao autovalor 3. Qual é o valor de $\mathbf{x}^T A \mathbf{x}$?

12. Seja λ um autovalor qualquer de uma matriz simétrica A. Justifique a afirmação feita nesta seção de que $m \le \lambda \le M$, em que m e M são como em (2). [*Sugestão:* Encontre $\mathbf{x}$ tal que $\lambda = \mathbf{x}^T A \mathbf{x}$.]

13. Seja A uma matriz simétrica $n \times n$, sejam M e m os valores máximo e mínimo da forma quadrática $\mathbf{x}^T A \mathbf{x}$ sujeita à restrição $\mathbf{x}^T\mathbf{x} = 1$ e denote por $\mathbf{u}_1$ e $\mathbf{u}_n$ os autovetores unitários correspondentes. Os cálculos a seguir mostram que, dado qualquer número t entre M e m, existe um vetor unitário $\mathbf{x}$ tal que $t = \mathbf{x}^T A \mathbf{x}$. Verifique que $t = (1 - \alpha)m + \alpha M$ para algum α entre 0 e 1. Depois defina $\mathbf{x} = \sqrt{1 - \alpha}\,\mathbf{u}_n + \sqrt{\alpha}\,\mathbf{u}_1$, e mostre que $\mathbf{x}^T\mathbf{x} = 1$ e $\mathbf{x}^T A \mathbf{x} = t$.

Nos Exercícios 14 a 17, siga as instruções dadas para os Exercícios 3 a 6.

M 14. $3x_1x_2 + 5x_1x_3 + 7x_1x_4 + 7x_2x_3 + 5x_2x_4 + 3x_3x_4$

M 15. $4x_1^2 - 6x_1x_2 - 10x_1x_3 - 10x_1x_4 - 6x_2x_3 - 6x_2x_4 - 2x_3x_4$

M 16. $-6x_1^2 - 10x_2^2 - 13x_3^2 - 13x_4^2 - 4x_1x_2 - 4x_1x_3 - 4x_1x_4 + 6x_3x_4$

M 17. $x_1x_2 + 3x_1x_3 + 30x_1x_4 + 30x_2x_3 + 3x_2x_4 + x_3x_4$

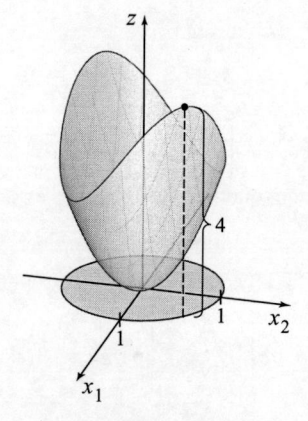

O valor máximo de $Q(\mathbf{x})$
sujeito à restrição $\mathbf{x}^T\mathbf{x} = 1$ é 4.

Soluções dos Problemas Práticos

1. A matriz da forma quadrática é $A = \begin{bmatrix} 3 & 1 \\ 1 & 3 \end{bmatrix}$. É fácil encontrar os autovalores, 4 e 2, e os autovetores unitários correspondentes, $\begin{bmatrix} 1/\sqrt{2} \\ 1/\sqrt{2} \end{bmatrix}$ e $\begin{bmatrix} -1/\sqrt{2} \\ 1/\sqrt{2} \end{bmatrix}$. Então a mudança de variável desejada é $\mathbf{x} = P\mathbf{y}$, em que $P = \begin{bmatrix} 1/\sqrt{2} & -1/\sqrt{2} \\ 1/\sqrt{2} & 1/\sqrt{2} \end{bmatrix}$. (Um erro comum é esquecer-se de normalizar os autovetores.) A nova forma quadrática é $\mathbf{y}^T D \mathbf{y} = 4y_1^2 + 2y_2^2$.

2. O máximo de $Q(\mathbf{x})$ para um vetor unitário $\mathbf{x}$ é 4 e é atingido no vetor unitário $\begin{bmatrix} 1/\sqrt{2} \\ 1/\sqrt{2} \end{bmatrix}$. [Uma resposta errada que ocorre muitas vezes é $\begin{bmatrix} 1 \\ 0 \end{bmatrix}$. Esse vetor maximiza a forma quadrática $\mathbf{y}^T D \mathbf{y}$, em vez de $Q(\mathbf{x})$.]

7.4 DECOMPOSIÇÃO EM VALORES SINGULARES

Os teoremas de diagonalização nas Seções 5.3 e 7.1 são importantes em muitas aplicações interessantes. Infelizmente, como sabemos, nem todas as matrizes podem ser colocadas na forma $A = PDP^{-1}$ com D diagonal. No entanto, *é sempre possível* obter uma fatoração $A = QDP^{-1}$ para qualquer matriz A $m \times n$! Uma fatoração particular desse tipo, chamada *decomposição em valores singulares*, é uma das fatorações mais úteis em álgebra linear aplicada.

A decomposição em valores singulares baseia-se na seguinte propriedade da diagonalização usual, que pode ser imitada para matrizes retangulares: Os valores absolutos dos autovalores de uma matriz simétrica A medem as quantidades que A estica ou encurta certos vetores (os autovetores). Se $A\mathbf{x} = \lambda\mathbf{x}$ e $\|\mathbf{x}\| = 1$, então

$$\|A\mathbf{x}\| = \|\lambda\mathbf{x}\| = |\lambda|\,\|\mathbf{x}\| = |\lambda| \tag{1}$$

Se λ_1 for o autovalor de maior módulo, então um autovetor unitário associado $\mathbf{v}_1$ identificará a direção na qual o efeito de esticar obtido pela matriz A é maior. Em outras palavras, o comprimento de $A\mathbf{x}$ é máximo quando $\mathbf{x} = \mathbf{v}_1$ e $\|A\mathbf{v}_1\| = |\lambda_1|$, de (1). Essa descrição de $\mathbf{v}_1$ e de $|\lambda_1|$ tem um análogo para matrizes retangulares que vai nos levar à decomposição em valores singulares.

EXEMPLO 1   Se $A = \begin{bmatrix} 4 & 11 & 14 \\ 8 & 7 & -2 \end{bmatrix}$, então a transformação linear $\mathbf{x} \mapsto A\mathbf{x}$ levará a esfera unitária

$\{\mathbf{x}: \|\mathbf{x}\| = 1\}$ em $\mathbb{R}^3$ na elipse em $\mathbb{R}^2$ ilustrada na Figura 1. Encontre um vetor unitário $\mathbf{x}$ no qual o comprimento $\|A\mathbf{x}\|$ é máximo e calcule esse comprimento máximo.

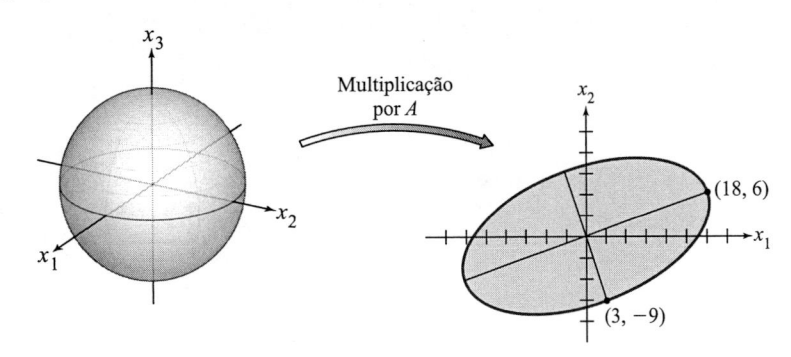

FIGURA 1 Transformação de $\mathbb{R}^3$ em $\mathbb{R}^2$.

SOLUÇÃO   A quantidade $\|A\mathbf{x}\|^2$ atinge seu máximo no mesmo $\mathbf{x}$ que torna máximo $\|A\mathbf{x}\|$, e $\|A\mathbf{x}\|^2$ é mais fácil de estudar. Note que

$$\|A\mathbf{x}\|^2 = (A\mathbf{x})^T(A\mathbf{x}) = \mathbf{x}^T A^T A\mathbf{x} = \mathbf{x}^T(A^T A)\mathbf{x}$$

Além disso, $A^T A$ é uma matriz simétrica, pois $(A^T A)^T = A^T A^{TT} = A^T A$. O problema agora é maximizar a forma quadrática $\mathbf{x}^T(A^T A)\mathbf{x}$ sujeita à restrição $\|\mathbf{x}\| = 1$. Pelo Teorema 6 na Seção 7.3, o valor máximo é o maior autovalor λ_1 de $A^T A$. Além disso, o valor máximo é atingido em um autovetor unitário de $A^T A$ associado a λ_1.

Para a matriz A nesse exemplo,

$$A^T A = \begin{bmatrix} 4 & 8 \\ 11 & 7 \\ 14 & -2 \end{bmatrix} \begin{bmatrix} 4 & 11 & 14 \\ 8 & 7 & -2 \end{bmatrix} = \begin{bmatrix} 80 & 100 & 40 \\ 100 & 170 & 140 \\ 40 & 140 & 200 \end{bmatrix}$$

Os autovalores de $A^T A$ são $\lambda_1 = 360$, $\lambda_2 = 90$ e $\lambda_3 = 0$. Os autovetores unitários associados são, respectivamente,

$$\mathbf{v}_1 = \begin{bmatrix} 1/3 \\ 2/3 \\ 2/3 \end{bmatrix}, \quad \mathbf{v}_2 = \begin{bmatrix} -2/3 \\ -1/3 \\ 2/3 \end{bmatrix}, \quad \mathbf{v}_3 = \begin{bmatrix} 2/3 \\ -2/3 \\ 1/3 \end{bmatrix}$$

O valor máximo de $\|A\mathbf{x}\|^2$ é 360, atingido quando $\mathbf{x}$ é o vetor unitário $\mathbf{v}_1$. O vetor $A\mathbf{v}_1$ é o ponto na elipse ilustrada na Figura 1 que está o mais afastado possível da origem, a saber,

$$A\mathbf{v}_1 = \begin{bmatrix} 4 & 11 & 14 \\ 8 & 7 & -2 \end{bmatrix} \begin{bmatrix} 1/3 \\ 2/3 \\ 2/3 \end{bmatrix} = \begin{bmatrix} 18 \\ 6 \end{bmatrix}$$

Para $\|\mathbf{x}\| = 1$, o valor máximo de $\|A\mathbf{x}\|$ é $\|A\mathbf{v}_1\| = \sqrt{360} = 6\sqrt{10}$.   ∎

O Exemplo 1 sugere que o efeito de A sobre a esfera unitária em $\mathbb{R}^3$ esteja relacionado à forma quadrática $\mathbf{x}^T(A^T A)\mathbf{x}$. De fato, todo o comportamento geométrico da transformação $\mathbf{x} \mapsto A\mathbf{x}$ é capturado por essa forma quadrática, como veremos.

Valores Singulares de uma Matriz $m \times n$

Seja A uma matriz $m \times n$. Então, $A^T A$ é uma matriz simétrica e pode ser diagonalizada por uma matriz ortogonal. Seja $\{\mathbf{v}_1, \ldots, \mathbf{v}_n\}$ uma base ortonormal para $\mathbb{R}^n$ consistindo em autovetores de $A^T A$ e sejam $\lambda_1, \ldots, \lambda_n$ os autovalores associados. Então, se $1 \leq i \leq n$,

$$\begin{aligned} \|A\mathbf{v}_i\|^2 &= (A\mathbf{v}_i)^T A\mathbf{v}_i = \mathbf{v}_i^T A^T A\mathbf{v}_i \\ &= \mathbf{v}_i^T(\lambda_i \mathbf{v}_i) \qquad \text{Pois } \mathbf{v}_i \text{ é um autovetor de } A^T A \\ &= \lambda_i \qquad \qquad \text{Já que } \mathbf{v}_i \text{ é um vetor unitário} \end{aligned} \tag{2}$$

Logo, os autovalores de A^TA são todos não negativos. Trocando a numeração, se necessário, podemos supor que os autovalores estejam ordenados de modo que

$$\lambda_1 \geq \lambda_2 \geq \cdots \geq \lambda_n \geq 0$$

Os **valores singulares** de A são as raízes quadradas dos autovalores de A^TA, denotados por $\sigma_1, \ldots, \sigma_n$, e estão arrumados em ordem decrescente, ou seja, $\sigma_i = \sqrt{\lambda_i}$ para $1 \leq i \leq n$. De (2), *os valores singulares de A são os comprimentos dos vetores $A\mathbf{v}_1, \ldots, A\mathbf{v}_n$.*

EXEMPLO 2 Considere a matriz A no Exemplo 1. Como os autovalores de A^TA são 360, 90 e 0, os valores singulares de A são

$$\sigma_1 = \sqrt{360} = 6\sqrt{10}, \quad \sigma_2 = \sqrt{90} = 3\sqrt{10}, \quad \sigma_3 = 0$$

Do Exemplo 1, o primeiro valor singular de A é o máximo de $\|A\mathbf{x}\|$ quando $\mathbf{x}$ percorre todos os vetores unitários e o máximo é atingido no autovetor unitário $\mathbf{v}_1$. O Teorema 7 na Seção 7.3 mostra que o segundo valor singular de A é o máximo de $\|A\mathbf{x}\|$ quando $\mathbf{x}$ percorre todos os vetores unitários *ortogonais* a $\mathbf{v}_1$, e esse máximo é atingido no segundo autovetor unitário $\mathbf{v}_2$ (Exercício 22). Para $\mathbf{v}_2$ como no Exemplo 1,

$$A\mathbf{v}_2 = \begin{bmatrix} 4 & 11 & 14 \\ 8 & 7 & -2 \end{bmatrix} \begin{bmatrix} -2/3 \\ -1/3 \\ 2/3 \end{bmatrix} = \begin{bmatrix} 3 \\ -9 \end{bmatrix}$$

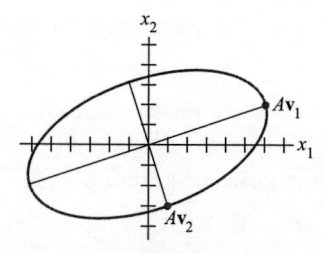

FIGURA 2

Esse ponto está no eixo menor da elipse na Figura 1, assim como $A\mathbf{v}_1$ está no eixo maior. (Veja a Figura 2.) Os dois primeiros valores singulares de A são os comprimentos dos semieixos maior e menor da elipse. ∎

O fato de que $A\mathbf{v}_1$ e $A\mathbf{v}_2$ são ortogonais na Figura 2 não é um acidente, como mostra o próximo teorema.

TEOREMA 9

Suponha que $\{\mathbf{v}_1, \ldots, \mathbf{v}_n\}$ seja uma base ortonormal para $\mathbb{R}^n$ consistindo em autovetores de A^TA ordenados de tal forma que os autovalores associados satisfaçam $\lambda_1 \geq \cdots \geq \lambda_n$. Suponha que A tenha r valores singulares não nulos. Então $\{A\mathbf{v}_1, \ldots, A\mathbf{v}_r\}$ será uma base ortogonal para Col A, e posto de $A = r$.

DEMONSTRAÇÃO Como $\mathbf{v}_i$ e $\lambda_j\mathbf{v}_j$ são ortogonais para $i \neq j$, temos

$$(A\mathbf{v}_i)^T(A\mathbf{v}_j) = \mathbf{v}_i^T A^TA\mathbf{v}_j = \mathbf{v}_i^T(\lambda_j\mathbf{v}_j) = 0$$

Logo, $\{A\mathbf{v}_1, \ldots, A\mathbf{v}_n\}$ é um conjunto ortogonal. Além disso, como os comprimentos dos vetores $A\mathbf{v}_1, \ldots, A\mathbf{v}_n$ são os valores singulares de A, e como existem r valores singulares não nulos, $A\mathbf{v}_i \neq \mathbf{0}$ se e somente se $1 \leq i \leq r$. Então $A\mathbf{v}_1, \ldots, A\mathbf{v}_r$ são vetores linearmente independentes e pertencem a Col A. Por fim, qualquer que seja $\mathbf{y}$ em Col A — $\mathbf{y} = A\mathbf{x}$, por exemplo —, podemos escrever $\mathbf{x} = c_1\mathbf{v}_1 + \cdots + c_n\mathbf{v}_n$ e

$$\mathbf{y} = A\mathbf{x} = c_1 A\mathbf{v}_1 + \cdots + c_r A\mathbf{v}_r + c_{r+1} A\mathbf{v}_{r+1} + \cdots + c_n A\mathbf{v}_n$$
$$= c_1 A\mathbf{v}_1 + \cdots + c_r A\mathbf{v}_r + 0 + \cdots + 0$$

Assim, $\mathbf{y}$ pertence a $\mathcal{L}\{A\mathbf{v}_1, \ldots, A\mathbf{v}_r\}$, o que mostra que $\{A\mathbf{v}_1, \ldots, A\mathbf{v}_r\}$ é uma base ortogonal para Col A. Portanto, posto de $A = \dim$ Col $A = r$. ∎

> **Comentário Numérico**
>
> Em alguns casos, o posto de A pode ser bastante sensível a pequenas variações nos elementos de A. O método óbvio de contar o número de colunas pivôs em A não funciona bem se A for reduzida por linhas por um computador. Erros de aproximação muitas vezes criam uma forma escalonada com posto máximo.
>
> Na prática, a maneira mais confiável de estimar o posto de uma matriz A grande é contar o número de valores singulares não nulos. Nesse caso, valores singulares extremamente pequenos são considerados nulos para todos os efeitos, e o *posto efetivo* da matriz é o número obtido contando-se os valores singulares não nulos restantes.[1]

---

[1] Em geral, o problema de estimar o posto não é simples. Para uma discussão dos pontos sutis envolvidos, veja Philip E. Gill, Walter Murray e Margaret H. Wright, *Numerical Linear Algebra and Optimization*, vol. 1 (Redwood City, CA: Addison-Wesley, 1991), Seção 5.8.

Decomposição em Valores Singulares

A decomposição de A envolve uma matriz "diagonal" Σ $m \times n$ da forma

$$\Sigma = \begin{bmatrix} D & 0 \\ 0 & 0 \end{bmatrix} \leftarrow m - r \text{ linhas} \tag{3}$$

$$\underset{\uparrow}{} n - r \text{ colunas}$$

em que D é uma matriz diagonal $r \times r$ para algum r não excedendo o menor valor entre m e n. (Se r for igual a m ou n ou a ambos, algumas ou todas as matrizes nulas não aparecerão.)

TEOREMA 10

> **Decomposição em Valores Singulares**
>
> Seja A uma matriz $m \times n$ de posto r. Então, existe uma matriz Σ $m \times n$ como em (3) na qual os elementos diagonais de D são os r primeiros valores singulares de A, $\sigma_1 \geq \sigma_2 \geq \cdots \geq \sigma_r > 0$, e existem uma matriz ortogonal U $m \times m$ e uma matriz ortogonal V $n \times n$ tais que
>
> $$A = U\Sigma V^T$$

Qualquer fatoração da forma $A = U\Sigma V^T$, com U e V ortogonais, Σ como em (3) e elementos diagonais positivos em D, é chamada **decomposição em valores singulares** (ou **DVS**) de A. As matrizes U e V não estão determinadas de maneira única por A, mas os elementos diagonais de Σ são necessariamente os valores singulares de A. Veja o Exercício 19. Em tal decomposição, as colunas de U são chamadas **vetores singulares** de A **à esquerda** e as colunas de V são chamadas **vetores singulares** de A **à direita**.

DEMONSTRAÇÃO Sejam λ_i e $\mathbf{v}_i$ como no Teorema 9, de modo que $\{A\mathbf{v}_1, \ldots, A\mathbf{v}_r\}$ é uma base ortogonal para Col A. Vamos normalizar cada $A\mathbf{v}_i$ para obter uma base ortonormal $\{\mathbf{u}_1, \ldots, \mathbf{u}_r\}$, na qual

$$\mathbf{u}_i = \frac{1}{\|A\mathbf{v}_i\|} A\mathbf{v}_i = \frac{1}{\sigma_i} A\mathbf{v}_i$$

e

$$A\mathbf{v}_i = \sigma_i \mathbf{u}_i \qquad (1 \leq i \leq r) \tag{4}$$

Vamos estender $\{\mathbf{u}_1, \ldots, \mathbf{u}_r\}$ a uma base ortonormal $\{\mathbf{u}_1, \ldots, \mathbf{u}_m\}$ para $\mathbb{R}^m$ e definir

$$U = [\mathbf{u}_1 \quad \mathbf{u}_2 \quad \cdots \quad \mathbf{u}_m] \qquad \text{e} \qquad V = [\mathbf{v}_1 \quad \mathbf{v}_2 \quad \cdots \quad \mathbf{v}_n]$$

Por construção, U e V são matrizes ortogonais. Além disso, de (4),

$$AV = [A\mathbf{v}_1 \quad \cdots \quad A\mathbf{v}_r \quad \mathbf{0} \quad \cdots \quad \mathbf{0}] = [\sigma_1\mathbf{u}_1 \quad \cdots \quad \sigma_r\mathbf{u}_r \quad \mathbf{0} \quad \cdots \quad \mathbf{0}]$$

Seja D a matriz diagonal cujos elementos diagonais são $\sigma_1, \ldots, \sigma_r$ e seja Σ como em (3). Então

$$U\Sigma = [\mathbf{u}_1 \quad \mathbf{u}_2 \quad \cdots \quad \mathbf{u}_m] \begin{bmatrix} \sigma_1 & & & & & 0 \\ & \sigma_2 & & & & \\ & & \ddots & & & 0 \\ 0 & & & \sigma_r & & \\ & & 0 & & & 0 \end{bmatrix}$$

$$= [\sigma_1\mathbf{u}_1 \quad \cdots \quad \sigma_r\mathbf{u}_r \quad \mathbf{0} \quad \cdots \quad \mathbf{0}]$$

$$= AV$$

Como V é uma matriz ortogonal, $U\Sigma V^T = AVV^T = A$. ∎

Os dois exemplos a seguir focalizam a estrutura interna de uma decomposição em valores singulares. Um algoritmo eficiente e numericamente estável para essa decomposição usaria uma abordagem diferente. Veja o Comentário Numérico no fim desta seção.

EXEMPLO 3 Use os resultados dos Exemplos 1 e 2 para construir uma decomposição em valores singulares para a matriz $A = \begin{bmatrix} 4 & 11 & 14 \\ 8 & 7 & -2 \end{bmatrix}$.

SOLUÇÃO A construção pode ser dividida em três passos.

*Passo 1. **Encontre uma diagonalização ortogonal de A^TA.*** Em outras palavras, encontre os autovalores de A^TA e um conjunto correspondente de autovetores ortonormais. Se A só tiver duas colunas, os cálculos poderão ser feitos de forma manual. Matrizes maiores necessitam, em geral, de um programa que trabalhe com matrizes.[2] No entanto, para a matriz A dada, os autovalores e autovetores foram calculados no Exemplo 1.

Passo 2. ***Monte as matrizes V e Σ.*** Arrume os autovalores de $A^T A$ em ordem decrescente. No Exemplo 1, esses autovalores já estão listados em ordem decrescente: 360, 90 e 0. Os autovetores unitários correspondentes, $\mathbf{v}_1$, $\mathbf{v}_2$ e $\mathbf{v}_3$, são os vetores singulares de A à direita. Usando o Exemplo 1, temos

$$V = [\,\mathbf{v}_1 \quad \mathbf{v}_2 \quad \mathbf{v}_3\,] = \begin{bmatrix} 1/3 & -2/3 & 2/3 \\ 2/3 & -1/3 & -2/3 \\ 2/3 & 2/3 & 1/3 \end{bmatrix}$$

As raízes quadradas dos autovalores são os valores singulares:

$$\sigma_1 = 6\sqrt{10}, \quad \sigma_2 = 3\sqrt{10}, \quad \sigma_3 = 0$$

Os valores singulares não nulos são os elementos diagonais de D. A matriz Σ tem o mesmo tamanho que A, com D no canto esquerdo superior e 0 em todos os outros lugares.

$$D = \begin{bmatrix} 6\sqrt{10} & 0 \\ 0 & 3\sqrt{10} \end{bmatrix}, \qquad \Sigma = [\,D \quad 0\,] = \begin{bmatrix} 6\sqrt{10} & 0 & 0 \\ 0 & 3\sqrt{10} & 0 \end{bmatrix}$$

Passo 3. ***Construa U.*** Quando A tem posto r, as r primeiras colunas de U são os vetores normalizados obtidos de $A\mathbf{v}_1, \ldots, A\mathbf{v}_r$. Nesse exemplo, A tem dois valores singulares não nulos, de modo que o posto de A é 2. Lembre-se da equação (2) e do parágrafo antes do Exemplo 2 de que $\|A\mathbf{v}_1\| = \sigma_1$ e $\|A\mathbf{v}_2\| = \sigma_2$. Então

$$\mathbf{u}_1 = \frac{1}{\sigma_1} A\mathbf{v}_1 = \frac{1}{6\sqrt{10}} \begin{bmatrix} 18 \\ 6 \end{bmatrix} = \begin{bmatrix} 3/\sqrt{10} \\ 1/\sqrt{10} \end{bmatrix}$$

$$\mathbf{u}_2 = \frac{1}{\sigma_2} A\mathbf{v}_2 = \frac{1}{3\sqrt{10}} \begin{bmatrix} 3 \\ -9 \end{bmatrix} = \begin{bmatrix} 1/\sqrt{10} \\ -3/\sqrt{10} \end{bmatrix}$$

Note que $\{\mathbf{u}_1, \mathbf{u}_2\}$ já é uma base para $\mathbb{R}^2$, de modo que não precisamos de vetores adicionais para formar U e $U = [\mathbf{u}_1 \quad \mathbf{u}_2]$. A decomposição em valores singulares de A é

$$A = \underset{\underset{U}{\uparrow}}{\begin{bmatrix} 3/\sqrt{10} & 1/\sqrt{10} \\ 1/\sqrt{10} & -3/\sqrt{10} \end{bmatrix}} \underset{\underset{\Sigma}{\uparrow}}{\begin{bmatrix} 6\sqrt{10} & 0 & 0 \\ 0 & 3\sqrt{10} & 0 \end{bmatrix}} \underset{\underset{V^T}{\uparrow}}{\begin{bmatrix} 1/3 & 2/3 & 2/3 \\ -2/3 & -1/3 & 2/3 \\ 2/3 & -2/3 & 1/3 \end{bmatrix}}$$ ∎

EXEMPLO 4 Encontre uma decomposição em valores singulares para $A = \begin{bmatrix} 1 & -1 \\ -2 & 2 \\ 2 & -2 \end{bmatrix}$.

SOLUÇÃO Primeiro calcule $A^T A = \begin{bmatrix} 9 & -9 \\ -9 & 9 \end{bmatrix}$. Os autovalores de $A^T A$ são 18 e 0, com autovetores unitários associados

$$\mathbf{v}_1 = \begin{bmatrix} 1/\sqrt{2} \\ -1/\sqrt{2} \end{bmatrix}, \quad \mathbf{v}_2 = \begin{bmatrix} 1/\sqrt{2} \\ 1/\sqrt{2} \end{bmatrix}$$

Esses vetores unitários formam as colunas de V:

$$V = [\,\mathbf{v}_1 \quad \mathbf{v}_2\,] = \begin{bmatrix} 1/\sqrt{2} & 1/\sqrt{2} \\ -1/\sqrt{2} & 1/\sqrt{2} \end{bmatrix}$$

Os valores singulares são $\sigma_1 = \sqrt{18} = 3\sqrt{2}$ e $\sigma_2 = 0$. Como existe apenas um valor singular diferente de zero, a "matriz" D pode ser escrita como um único número, ou seja, $D = 3\sqrt{2}$. A matriz Σ tem o mesmo tamanho que A, com D em seu canto esquerdo superior:

$$\Sigma = \begin{bmatrix} D & 0 \\ 0 & 0 \\ 0 & 0 \end{bmatrix} = \begin{bmatrix} 3\sqrt{2} & 0 \\ 0 & 0 \\ 0 & 0 \end{bmatrix}$$

---

[2]N.T.: O MATLAB, por exemplo, pode produzir tanto os autovalores quanto os autovetores com um único comando, `eig`.

Para construir U, precisamos de $A\mathbf{v}_1$ e de $A\mathbf{v}_2$:

$$A\mathbf{v}_1 = \begin{bmatrix} 2/\sqrt{2} \\ -4/\sqrt{2} \\ 4/\sqrt{2} \end{bmatrix}, \quad A\mathbf{v}_2 = \begin{bmatrix} 0 \\ 0 \\ 0 \end{bmatrix}$$

Para conferir esses cálculos, verifique que $\|A\mathbf{v}_1\| = \sigma_1 = 3\sqrt{2}$. É claro que $A\mathbf{v}_2 = \mathbf{0}$, já que $\|A\mathbf{v}_2\| = \sigma_2 = 0$. A única coluna de U que encontramos até agora é

$$\mathbf{u}_1 = \frac{1}{3\sqrt{2}} A\mathbf{v}_1 = \begin{bmatrix} 1/3 \\ -2/3 \\ 2/3 \end{bmatrix}$$

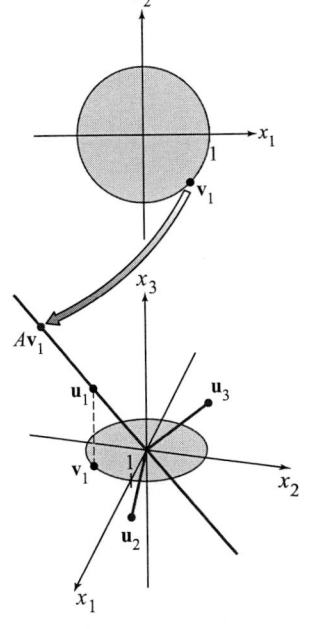

FIGURA 3

As outras colunas de U são encontradas expandindo-se o conjunto $\{\mathbf{u}_1\}$ a uma base ortogonal para $\mathbb{R}^3$. Precisamos, então, de dois vetores unitários ortogonais entre si, $\mathbf{u}_2$ e $\mathbf{u}_3$, que sejam ortogonais a $\mathbf{u}_1$. (Veja a Figura 3.) Cada vetor tem de satisfazer a equação $\mathbf{u}_1^T\mathbf{x} = 0$, que é equivalente à equação $x_1 - 2x_2 + 2x_3 = 0$. Uma base para o conjunto solução dessa equação é

$$\mathbf{w}_1 = \begin{bmatrix} 2 \\ 1 \\ 0 \end{bmatrix}, \quad \mathbf{w}_2 = \begin{bmatrix} -2 \\ 0 \\ 1 \end{bmatrix}$$

(Verifique que $\mathbf{w}_1$ e $\mathbf{w}_2$ são ortogonais a $\mathbf{u}_1$.) Aplicando o processo de Gram-Schmidt (com normalizações) a $\{\mathbf{w}_1, \mathbf{w}_2\}$, obtemos

$$\mathbf{u}_2 = \begin{bmatrix} 2/\sqrt{5} \\ 1/\sqrt{5} \\ 0 \end{bmatrix}, \quad \mathbf{u}_3 = \begin{bmatrix} -2/\sqrt{45} \\ 4/\sqrt{45} \\ 5/\sqrt{45} \end{bmatrix}$$

Por fim, fazendo $U = [\mathbf{u}_1 \ \mathbf{u}_2 \ \mathbf{u}_3]$ e usando Σ e V^T como anteriormente, podemos escrever

$$A = \begin{bmatrix} 1 & -1 \\ -2 & 2 \\ 2 & -2 \end{bmatrix} = \begin{bmatrix} 1/3 & 2/\sqrt{5} & -2/\sqrt{45} \\ -2/3 & 1/\sqrt{5} & 4/\sqrt{45} \\ 2/3 & 0 & 5/\sqrt{45} \end{bmatrix} \begin{bmatrix} 3\sqrt{2} & 0 \\ 0 & 0 \\ 0 & 0 \end{bmatrix} \begin{bmatrix} 1/\sqrt{2} & -1/\sqrt{2} \\ 1/\sqrt{2} & 1/\sqrt{2} \end{bmatrix}$$

■

Aplicações da Decomposição em Valores Singulares

A DVS é usada, muitas vezes, para estimar o posto de uma matriz, como já observamos. Diversas outras aplicações numéricas estão descritas a seguir, resumidamente, e a Seção 7.5 apresentará uma aplicação ao processamento de imagens.

EXEMPLO 5 (Número de Singularidade) A maior parte dos cálculos numéricos envolvendo uma equação $A\mathbf{x} = \mathbf{b}$ é tão confiável quanto possível quando se usa uma DVS de A. As duas matrizes ortogonais U e V não afetam o comprimento de vetores ou o ângulo entre vetores (Teorema 7 na Seção 6.2). Quaisquer instabilidades que possam ocorrer em cálculos numéricos podem ser identificadas em Σ. Se os valores singulares de A forem muito grandes ou muito pequenos, erros de aproximação serão praticamente inevitáveis, mas uma análise desses erros pode ser auxiliada pelo conhecimento dos elementos em Σ e em V.

Se A for uma matriz invertível $n \times n$, então o quociente σ_1/σ_n entre o maior e o menor valor singular fornece o **número de singularidade** de A. Os Exercícios 50 a 52 na Seção 2.3 mostraram como o número de singularidade afeta a sensibilidade de uma solução de $A\mathbf{x} = \mathbf{b}$ em relação a mudanças (ou erros) nos elementos de A. (De fato, um "número de singularidade" pode ser calculado de diversas maneiras, mas a definição dada aqui é muito utilizada para o estudo de $A\mathbf{x} = \mathbf{b}$.) ■

EXEMPLO 6 (Bases para os Subespaços Fundamentais) Dada uma DVS para uma matriz A $m \times n$, sejam $\mathbf{u}_1, \ldots, \mathbf{u}_m$ os vetores singulares à esquerda, $\mathbf{v}_1, \ldots, \mathbf{v}_n$ os vetores singulares à direita, $\sigma_1, \ldots, \sigma_n$ os valores singulares e r o posto de A. Pelo Teorema 9,

$$\{\mathbf{u}_1, \ldots, \mathbf{u}_r\} \tag{5}$$

é uma base ortonormal para Col A.

Lembre-se do Teorema 3 na Seção 6.1 de que $(\text{Col } A)^\perp = \text{Nul } A^T$. Logo,

$$\{\mathbf{u}_{r+1}, \ldots, \mathbf{u}_m\} \tag{6}$$

é uma base ortonormal para Nul A^T.

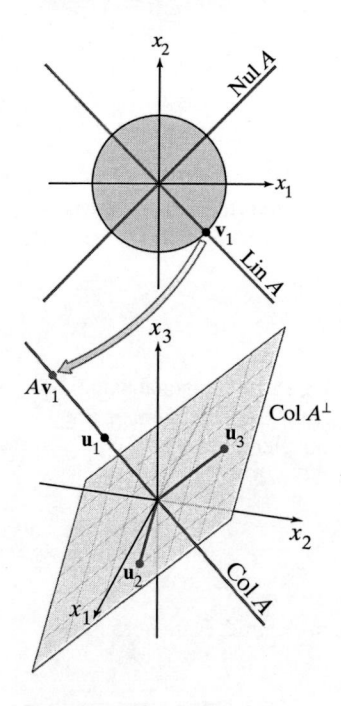

Subespaços fundamentais
no Exemplo 4.

Como $\|A\mathbf{v}_i\| = \sigma_i$ para $1 \le i \le n$ e $\sigma_i = 0$ se e somente se $i > r$, os vetores $\mathbf{v}_{r+1}, \ldots, \mathbf{v}_n$ geram um subespaço de Nul A de dimensão $n - r$. Pelo Teorema do Posto, dim Nul $A = n -$ posto de A. Então,

$$\{\mathbf{v}_{r+1}, \ldots, \mathbf{v}_n\} \tag{7}$$

é uma base ortonormal para Nul A, pelo Teorema da Base (na Seção 4.5).

De (5) e (6), o complemento ortogonal de Nul A^T é Col A. Trocando A por A^T, temos (Nul A)$^\perp =$ Col $A^T = $ Lin A. Portanto, de (7),

$$\{\mathbf{v}_1, \ldots, \mathbf{v}_r\} \tag{8}$$

é uma base ortonormal para Lin A.

A Figura 4 resume as equações de (5) a (8), mas mostra a base ortogonal $\{\sigma_1\mathbf{u}_1, \ldots, \sigma_r\mathbf{u}_r\}$ para Col A, em vez da base normalizada para lembrar que $A\mathbf{v}_i = \sigma_i\mathbf{u}_i$ para $1 \le i \le r$. Bases ortonormais explícitas para os quatro subespaços fundamentais determinados por A podem ser úteis em alguns cálculos, especialmente em problemas de otimização com vínculos. ∎

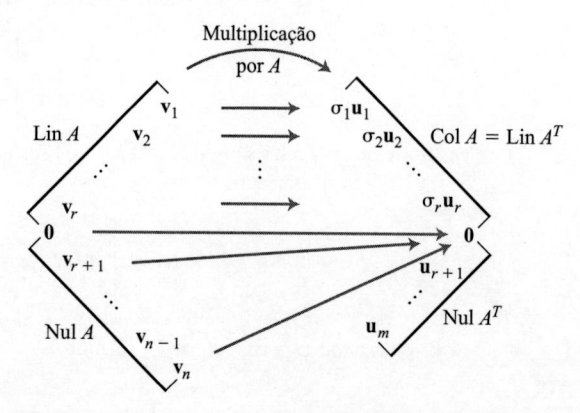

FIGURA 4 Quatro subespaços fundamentais e a ação de A.

Os quatro subespaços fundamentais e o conceito de valores singulares fornecem as afirmações finais para o Teorema da Matriz Invertível. (Lembre-se de que as afirmações sobre A^T foram omitidas do teorema para evitar quase que dobrar o número de afirmações.) As outras afirmações foram dadas nas Seções 2.3, 2.9, 3.2, 4.5 e 5.2.

TEOREMA

Teorema da Matriz Invertível (conclusão)

Seja A uma matriz $n \times n$. Então, cada uma das afirmações a seguir é equivalente à afirmação de que A é uma matriz invertível.

s. (Col A)$^\perp = \{\mathbf{0}\}$.

t. (Nul A)$^\perp = \mathbb{R}^n$.

u. Lin $A = \mathbb{R}^n$.

v. A tem n valores singulares não nulos.

EXEMPLO 7 (DVS Reduzida e a Pseudoinversa de A)   Quando Σ contém linhas ou colunas nulas, é possível obter uma decomposição mais compacta de A. Usando a notação estabelecida anteriormente, seja r o posto de A e divida as matrizes U e V em blocos de modo que o primeiro bloco de cada uma contenha r colunas:

$$U = [\, U_r \quad U_{m-r} \,], \quad \text{em que } U_r = [\mathbf{u}_1 \quad \cdots \quad \mathbf{u}_r]$$

$$V = [\, V_r \quad V_{n-r} \,], \quad \text{em que } V_r = [\mathbf{v}_1 \quad \cdots \quad \mathbf{v}_r]$$

Então, U_r é $m \times r$ e V_r é $n \times r$. (Para simplificar a notação, vamos considerar U_{m-r} ou V_{n-r}, apesar de que uma dessas matrizes pode não ter colunas.) A multiplicação de matrizes em bloco mostra que

$$A = [\, U_r \quad U_{m-r} \,] \begin{bmatrix} D & 0 \\ 0 & 0 \end{bmatrix} \begin{bmatrix} V_r^T \\ V_{n-r}^T \end{bmatrix} = U_r D V_r^T \tag{9}$$

Essa fatoração de A é conhecida como **decomposição em valores singulares reduzida**. Como os elementos diagonais em D não são nulos, a matriz D é invertível. A matriz a seguir é chamada **pseudo-inversa** (ou **inversa de Moore-Penrose**) de A:

$$A^+ = V_r D^{-1} U_r^T \tag{10}$$

Os Exercícios Suplementares 28 a 30, ao fim deste capítulo, exploram algumas das propriedades da decomposição em valores singulares reduzida e da pseudoinversa. ∎

EXEMPLO 8 (Solução de Mínimos Quadráticos)   Dada a equação $A\mathbf{x} = \mathbf{b}$, use a pseudoinversa de A em (10) para definir

$$\hat{\mathbf{x}} = A^+ \mathbf{b} = V_r D^{-1} U_r^T \mathbf{b}$$

Então, da DVS em (9),

$$
\begin{aligned}
A\hat{\mathbf{x}} &= (U_r D V_r^T)(V_r D^{-1} U_r^T \mathbf{b}) \\
&= U_r D D^{-1} U_r^T \mathbf{b} \qquad \text{Já que } V_r^T V_r = I_r \\
&= U_r U_r^T \mathbf{b}
\end{aligned}
$$

Segue, de (5), que $U_r U_r^T \mathbf{b}$ é a projeção ortogonal $\hat{\mathbf{b}}$ de $\mathbf{b}$ sobre Col A. (Veja o Teorema 10 na Seção 6.3.) Logo, $\hat{\mathbf{x}}$ é uma solução de mínimos quadráticos para $A\mathbf{x} = \mathbf{b}$. De fato, esse $\hat{\mathbf{x}}$ tem o menor comprimento entre todas as soluções de mínimos quadráticos para $A\mathbf{x} = \mathbf{b}$. Veja o Exercício Suplementar 30. ∎

Comentário Numérico

Os Exemplos 1 a 4 e os exercícios ilustram o conceito de valores singulares e sugerem como fazer cálculos manuais. Na prática, o cálculo de $A^T A$ deve ser evitado, já que quaisquer erros nos elementos de A serão elevados ao quadrado em $A^T A$. Existem métodos iterativos rápidos que produzem os valores singulares e os vetores singulares de A com precisão de várias casas decimais.

Problemas Práticos

1. Dada uma decomposição em valores singulares $A = U\Sigma V^T$, encontre uma DVS para A^T. Qual a relação entre os valores singulares de A e os de A^T?

2. Para qualquer matriz A $n \times n$, use a DVS para mostrar que existe uma matriz ortogonal Q $n \times n$ tal que $A^T A = Q^T (A^T A) Q$.

Observação: O Problema Prático 2 mostra que, qualquer que seja a matriz A $n \times n$, as matrizes AA^T e $A^T A$ são *semelhantes por matriz ortogonal*.

7.4 EXERCÍCIOS

Encontre os valores singulares das matrizes nos Exercícios 1 a 4.

1. $\begin{bmatrix} 1 & 0 \\ 0 & -3 \end{bmatrix}$

2. $\begin{bmatrix} -3 & 0 \\ 0 & 0 \end{bmatrix}$

3. $\begin{bmatrix} 2 & 3 \\ 0 & 2 \end{bmatrix}$

4. $\begin{bmatrix} 3 & 0 \\ 8 & 3 \end{bmatrix}$

Encontre uma DVS para cada uma das matrizes nos Exercícios 5 a 12.

[*Sugestão:* No Exercício 11, uma escolha para U é $\begin{bmatrix} -1/3 & 2/3 & 2/3 \\ 2/3 & -1/3 & 2/3 \\ 2/3 & 2/3 & -1/3 \end{bmatrix}$.

No Exercício 12, uma coluna de U pode ser $\begin{bmatrix} 1/\sqrt{6} \\ -2/\sqrt{6} \\ 1/\sqrt{6} \end{bmatrix}$.

5. $\begin{bmatrix} -2 & 0 \\ 0 & 0 \end{bmatrix}$

6. $\begin{bmatrix} -3 & 0 \\ 0 & -2 \end{bmatrix}$

7. $\begin{bmatrix} 2 & -1 \\ 2 & 2 \end{bmatrix}$

8. $\begin{bmatrix} 4 & 6 \\ 0 & 4 \end{bmatrix}$

9. $\begin{bmatrix} 3 & -3 \\ 0 & 0 \\ 1 & 1 \end{bmatrix}$

10. $\begin{bmatrix} 7 & 1 \\ 5 & 5 \\ 0 & 0 \end{bmatrix}$

11. $\begin{bmatrix} -3 & 1 \\ 6 & -2 \\ 6 & -2 \end{bmatrix}$

12. $\begin{bmatrix} 1 & 1 \\ 0 & 1 \\ -1 & 1 \end{bmatrix}$

13. Encontre uma DVS para $A = \begin{bmatrix} 3 & 2 & 2 \\ 2 & 3 & -2 \end{bmatrix}$ [*Sugestão:* Trabalhe com A^T.]

14. Para a matriz A no Exercício 7, encontre um vetor unitário $\mathbf{x}$ para o qual $A\mathbf{x}$ tem comprimento máximo.

15. Suponha que a fatoração a seguir seja uma DVS para uma matriz A, com os elementos em U e V arredondados para duas casas decimais.

$$A = \begin{bmatrix} 0{,}40 & -0{,}78 & 0{,}47 \\ 0{,}37 & -0{,}33 & -0{,}87 \\ -0{,}84 & -0{,}52 & -0{,}16 \end{bmatrix} \begin{bmatrix} 7{,}10 & 0 & 0 \\ 0 & 3{,}10 & 0 \\ 0 & 0 & 0 \end{bmatrix}$$

$$\times \begin{bmatrix} 0{,}30 & -0{,}51 & -0{,}81 \\ 0{,}76 & 0{,}64 & -0{,}12 \\ 0{,}58 & -0{,}58 & 0{,}58 \end{bmatrix}$$

a. Qual é o posto de A?

b. Sem fazer nenhuma conta, use essa decomposição de A para encontrar uma base para Col A e uma base para Nul A. [*Sugestão:* Escreva primeiro as colunas de V.]

16. Repita o Exercício 15 para a DVS a seguir, de uma matriz A 3×4:

$$A = \begin{bmatrix} -0{,}86 & -0{,}11 & -0{,}50 \\ 0{,}31 & 0{,}68 & -0{,}67 \\ 0{,}41 & -0{,}73 & -0{,}55 \end{bmatrix} \begin{bmatrix} 12{,}48 & 0 & 0 & 0 \\ 0 & 6{,}34 & 0 & 0 \\ 0 & 0 & 0 & 0 \end{bmatrix}$$

$$\times \begin{bmatrix} 0{,}66 & -0{,}03 & -0{,}35 & 0{,}66 \\ -0{,}13 & -0{,}90 & -0{,}39 & -0{,}13 \\ 0{,}65 & 0{,}08 & -0{,}16 & -0{,}73 \\ -0{,}34 & 0{,}42 & -0{,}84 & -0{,}08 \end{bmatrix}$$

Nos Exercícios 17 a 24, A é uma matriz $m \times n$ com uma decomposição em valores singulares $A = U\Sigma V^T$, em que U é uma matriz ortogonal $m \times m$, Σ é uma matriz "diagonal" $m \times n$ com r elementos positivos e nenhum elemento negativo, e V é uma matriz ortogonal $n \times n$. Justifique cada resposta.

17. Mostre que, se A for quadrada, então $|\det A|$ será o produto dos valores singulares de A.

18. Suponha que A seja quadrada e invertível. Encontre uma decomposição em valores singulares de A^{-1}.

19. Mostre que as colunas de V são os autovetores de $A^T A$, as colunas de U são os autovetores de AA^T e os elementos diagonais de Σ são os valores singulares de A. [*Sugestão:* Use a DVS para calcular $A^T A$ e AA^T.]

20. Mostre que, se P for uma matriz ortogonal $m \times m$, então PA terá os mesmos valores singulares que A.

21. Justifique a afirmação feita no Exemplo 2 de que o segundo valor singular de uma matriz A é o máximo de $\|A\mathbf{x}\|$ quando $\mathbf{x}$ percorre o conjunto de todos os vetores unitários ortogonais a $\mathbf{v}_1$, em que $\mathbf{v}_1$ é um vetor singular à direita associado ao primeiro valor singular de A. [*Sugestão:* Use o Teorema 7 na Seção 7.3.]

22. Mostre que, se A for uma matriz positiva definida $n \times n$, então uma diagonalização por matriz ortogonal $A = PDP^T$ será uma decomposição em valores singulares de A.

23. Sejam $U = [\mathbf{u}_1 \ldots \mathbf{u}_m]$ e $V = [\mathbf{v}_1 \ldots \mathbf{v}_n]$, em que os vetores $\mathbf{u}_i$ e $\mathbf{v}_i$ são como no Teorema 10. Mostre que

$$A = \sigma_1 \mathbf{u}_1 \mathbf{v}_1^T + \sigma_2 \mathbf{u}_2 \mathbf{v}_2^T + \cdots + \sigma_r \mathbf{u}_r \mathbf{v}_r^T.$$

24. Usando a notação do Exercício 23, mostre que $A^T \mathbf{u}_j = \sigma_j \mathbf{v}_j$ para $1 \le j \le r = $ posto de A.

25. Seja $T: \mathbb{R}^n \to \mathbb{R}^m$ uma transformação linear. Descreva como encontrar uma base $\mathcal{B}$ para $\mathbb{R}^n$ e uma base $\mathcal{C}$ para $\mathbb{R}^m$ de modo que a matriz de T em relação às bases $\mathcal{B}$ e $\mathcal{C}$ seja uma matriz "diagonal" $m \times n$.

Calcule uma DVS para cada matriz nos Exercícios 26 e 27. Use duas casas decimais em suas respostas. Utilize o método dos Exemplos 3 e 4.

26. $A = \begin{bmatrix} -18 & 13 & -4 & 4 \\ 2 & 19 & -4 & 12 \\ -14 & 11 & -12 & 8 \\ -2 & 21 & 4 & 8 \end{bmatrix}$

M 27. $A = \begin{bmatrix} 6 & -8 & -4 & 5 & -4 \\ 2 & 7 & -5 & -6 & 4 \\ 0 & -1 & -8 & 2 & 2 \\ -1 & -2 & 4 & 4 & -8 \end{bmatrix}$

M 28. Calcule os valores singulares da matriz 4×4 no Exercício 9 na Seção 2.3 e calcule o número de singularidade σ_1 / σ_4.

M 29. Calcule os valores singulares da matriz 5×5 no Exercício 10 na Seção 2.3 e calcule o número de singularidade σ_1 / σ_5.

Soluções dos Problemas Práticos

1. Se $A = U\Sigma V^T$, em que Σ é $m \times n$, então $A^T = (V^T)^T \Sigma^T U^T = V\Sigma^T U^T$. Essa é uma DVS para A^T, já que V e U são matrizes ortogonais e Σ^T é uma matriz $n \times m$ "diagonal". Como Σ e Σ^T têm os mesmos elementos diagonais não nulos, A e A^T têm os mesmos valores singulares não nulos. [*Observação:* Se A for $2 \times n$, então AA^T será apenas 2×2 e seus autovalores serão mais facilmente calculáveis (à mão) que os autovalores de $A^T A$.]

2. Use a DVS para escrever $A = U\Sigma V^T$, em que U e V são matrizes ortogonais $n \times n$ e Σ é uma matriz diagonal $n \times n$. Note que $U^T U = I = V^T V$ e $\Sigma^T = \Sigma$, já que U e V são ortogonais e Σ é diagonal. Substituir A pela DVS em AA^T e $A^T A$ resulta em

$$AA^T = U\Sigma V^T (U\Sigma V^T)^T = U\Sigma V^T V\Sigma^T U^T = U\Sigma\Sigma^T U^T = U\Sigma^2 U^T,$$

e

$$A^T A = (U\Sigma V^T)^T U\Sigma V^T = V\Sigma^T U^T U\Sigma V^T = V\Sigma^T \Sigma V^T = V\Sigma^2 V^T.$$

Seja $Q = VU^T$. Então

$$Q^T (A^T A) Q = (VU^T)^T (V\Sigma^2 V^T)(VU^T) = UV^T V\Sigma^2 V^T VU^T = U\Sigma^2 U^T = AA^T.$$

7.5 APLICAÇÕES AO PROCESSAMENTO DE IMAGENS E À ESTATÍSTICA

As fotografias tiradas de satélites que aparecem na introdução deste capítulo fornecem um exemplo de dados *multidimensionais* — informação organizada de tal modo que cada dado no conjunto de dados é identificado com um ponto (ou vetor) em $\mathbb{R}^n$. O principal objetivo desta seção é explicar uma técnica, conhecida como *análise da componente principal*, usada para analisar tais dados multidimensionais. Os cálculos ilustrarão o uso da diagonalização por matriz ortogonal e da decomposição em valores singulares.

A análise da componente principal pode ser aplicada a qualquer conjunto de dados consistindo em uma lista de medidas feitas em uma coleção de objetos ou indivíduos. Por exemplo, considere um processo químico para a produção de um material plástico. Para monitorar o processo, são retiradas 300 amostras do material produzido, e cada amostra é sujeita a uma bateria de oito testes, como ponto de fusão, densidade, maleabilidade, resistência à tração e assim por diante. O relatório do laboratório para cada amostra é um vetor em $\mathbb{R}^8$, e o conjunto de tais vetores forma uma matriz 8×300, chamada **matriz de observações**.

Informalmente, podemos dizer que os dados de controle do processo têm dimensão oito. Os dois exemplos a seguir descrevem dados que podem ser visualizados por meio de gráficos.

EXEMPLO 1 Um exemplo de dados bidimensionais é o conjunto de pesos e alturas de N estudantes universitários. Denote por X_j o **vetor de observação** em $\mathbb{R}^2$ que lista o peso e a altura do j-ésimo estudante. Se w denotar o peso e h a altura, então a matriz de observações terá a forma

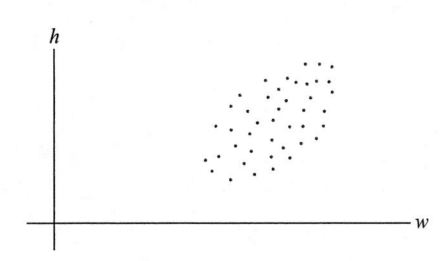

O conjunto de vetores de observação pode ser visualizado como um conjunto de pontos bidimensionais *espalhados*. Veja a Figura 1. ∎

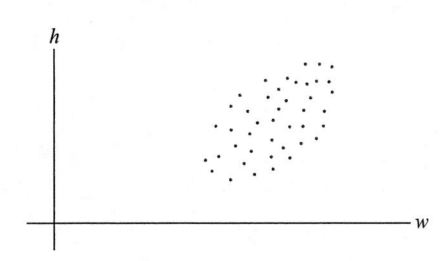

FIGURA 1 Pontos espalhados representando vetores de observação $X_1, \ldots, X_N$.

EXEMPLO 2 As três primeiras fotos do Railroad Valley, em Nevada, ilustradas na introdução do capítulo, podem ser consideradas *uma* imagem da região com *três componentes espectrais*, já que foram feitas medidas simultâneas da região em três comprimentos de onda separados. Cada fotografia fornece uma informação diferente sobre a mesma região física. Por exemplo, o primeiro *pixel* na parte superior à esquerda de cada foto corresponde ao mesmo local no solo (com cerca de 30 por 30 metros). Cada *pixel* está associado a um vetor em $\mathbb{R}^3$, que lista a intensidade do sinal para aquele *pixel* em cada uma das três bandas espectrais.

Geralmente, a imagem tem 2.000×2.000 *pixels*, ou seja, 4 milhões de *pixels*. Os dados para a imagem formam uma matriz com 3 linhas e 4 milhões de colunas (arrumadas em alguma ordem conveniente). Nesse caso, o caráter "multidimensional" dos dados refere-se às três dimensões *espectrais* e não às duas dimensões *espaciais* que estão associadas, de maneira natural, a qualquer fotografia. Os dados podem ser visualizados como um agrupamento de 4 milhões de pontos em $\mathbb{R}^3$, talvez como na Figura 2. ∎

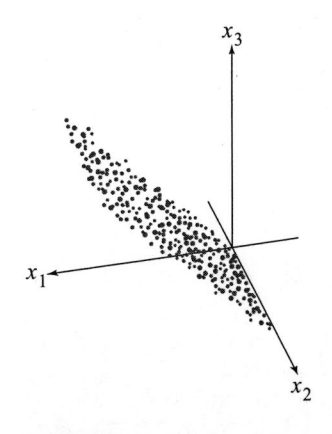

FIGURA 2 Pontos espalhados representando dados espectrais de imagem por satélite.

Média e Covariância

Como preparação para a análise da componente principal, seja $[X_1 \cdots X_N]$ uma matriz de observações $p \times N$ como descrita anteriormente. A **média M** dos vetores de observação $X_1, \ldots, X_N$ é dada por

$$M = \frac{1}{N}(X_1 + \cdots + X_N)$$

Para os dados na Figura 1, a média é o ponto no "centro" dos pontos espalhados. Para $k = 1, \ldots, N$, seja

$$\hat{X}_k = X_k - M$$

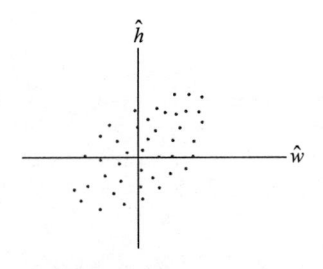

FIGURA 3
Dados de peso e altura na forma de desvio médio.

As colunas da matriz $p \times N$

$$B = [\hat{\mathbf{X}}_1 \quad \hat{\mathbf{X}}_2 \quad \cdots \quad \hat{\mathbf{X}}_N]$$

têm média nula, e dizemos que B está em **forma de desvio médio**. Quando a média das amostras é subtraída dos dados na Figura 1, o gráfico resultante fica como na Figura 3.

A **matriz de covariâncias (das amostras)** é a matriz S $p \times p$ definida por

$$S = \frac{1}{N-1} BB^T$$

Como qualquer matriz da forma BB^T é positiva semidefinida, S também o é. (Veja o Exercício 33 na Seção 7.2 com as ordens de B e B^T trocadas.)

EXEMPLO 3 São feitas três medidas em cada um de quatro indivíduos em uma amostra aleatória retirada de uma população. Os vetores de observação são

$$\mathbf{X}_1 = \begin{bmatrix} 1 \\ 2 \\ 1 \end{bmatrix}, \quad \mathbf{X}_2 = \begin{bmatrix} 4 \\ 2 \\ 13 \end{bmatrix}, \quad \mathbf{X}_3 = \begin{bmatrix} 7 \\ 8 \\ 1 \end{bmatrix}, \quad \mathbf{X}_4 = \begin{bmatrix} 8 \\ 4 \\ 5 \end{bmatrix}$$

Calcule a média e a matriz de covariância.

SOLUÇÃO A média das amostras é

$$\mathbf{M} = \frac{1}{4} \left(\begin{bmatrix} 1 \\ 2 \\ 1 \end{bmatrix} + \begin{bmatrix} 4 \\ 2 \\ 13 \end{bmatrix} + \begin{bmatrix} 7 \\ 8 \\ 1 \end{bmatrix} + \begin{bmatrix} 8 \\ 4 \\ 5 \end{bmatrix} \right) = \frac{1}{4} \begin{bmatrix} 20 \\ 16 \\ 20 \end{bmatrix} = \begin{bmatrix} 5 \\ 4 \\ 5 \end{bmatrix}$$

Subtraindo a média das amostras de $\mathbf{X}_1, \ldots, \mathbf{X}_4$, obtemos

$$\hat{\mathbf{X}}_1 = \begin{bmatrix} -4 \\ -2 \\ -4 \end{bmatrix}, \quad \hat{\mathbf{X}}_2 = \begin{bmatrix} -1 \\ -2 \\ 8 \end{bmatrix}, \quad \hat{\mathbf{X}}_3 = \begin{bmatrix} 2 \\ 4 \\ -4 \end{bmatrix}, \quad \hat{\mathbf{X}}_4 = \begin{bmatrix} 3 \\ 0 \\ 0 \end{bmatrix}$$

e

$$B = \begin{bmatrix} -4 & -1 & 2 & 3 \\ -2 & -2 & 4 & 0 \\ -4 & 8 & -4 & 0 \end{bmatrix}$$

A matriz de covariância das amostras é

$$S = \frac{1}{3} \begin{bmatrix} -4 & -1 & 2 & 3 \\ -2 & -2 & 4 & 0 \\ -4 & 8 & -4 & 0 \end{bmatrix} \begin{bmatrix} -4 & -2 & -4 \\ -1 & -2 & 8 \\ 2 & 4 & -4 \\ 3 & 0 & 0 \end{bmatrix}$$

$$= \frac{1}{3} \begin{bmatrix} 30 & 18 & 0 \\ 18 & 24 & -24 \\ 0 & -24 & 96 \end{bmatrix} = \begin{bmatrix} 10 & 6 & 0 \\ 6 & 8 & -8 \\ 0 & -8 & 32 \end{bmatrix}$$

∎

Para discutir os elementos em $S = [s_{ij}]$, suponha que $\mathbf{X}$ represente um vetor pertencente ao conjunto de vetores de observação e denote as coordenadas de $\mathbf{X}$ por $x_1, \ldots, x_p$. Então x_1, por exemplo, será um escalar que pertence ao conjunto das primeiras coordenadas de $\mathbf{X}_1, \ldots, \mathbf{X}_N$. Para $j = 1, \ldots, p$, o elemento diagonal s_{jj} em S é chamado **variância** de x_j.

A variância de x_j mede a dispersão dos valores de x_j. (Veja o Exercício 13.) No Exemplo 3, a variância de x_1 é 10 e a de x_3 é 32. O fato de que 32 é maior que 10 indica que o conjunto das terceiras coordenadas dos vetores de observação é mais disperso que o conjunto das primeiras coordenadas.

A **variância total** dos dados é a soma das variâncias na diagonal de S. Em geral, a soma dos elementos diagonais de uma matriz quadrada é chamada **traço** da matriz e denotada por $\mathrm{tr}(S)$. Assim,

$$\{\text{variância total}\} = \mathrm{tr}(S)$$

O elemento s_{ij} em S, para $i \neq j$, é a **covariância** de x_i e x_j. Note que, no Exemplo 3, a covariância entre x_1 e x_3 é 0, pois o elemento (1, 3) de S é zero. Os estatísticos diriam que x_1 e x_3 não estão **correlacionados**. A análise dos dados multidimensionais $\mathbf{X}_1, \ldots, \mathbf{X}_N$ é muito simplificada quando a maior parte ou todas as variáveis $x_1, \ldots, x_p$ não estão correlacionadas, ou seja, quando a matriz de covariância de $\mathbf{X}_1, \ldots, \mathbf{X}_N$ é diagonal ou quase diagonal.

Análise da Componente Principal

Para simplificar, vamos supor que a matriz $[\mathbf{X}_1 \ldots \mathbf{X}_N]$ já esteja em forma de desvio médio. O objetivo da análise da componente principal é encontrar uma matriz ortogonal $p \times p$, $P = [\mathbf{u}_1 \cdots \mathbf{u}_p]$, que define uma mudança de variáveis, $\mathbf{X} = P\mathbf{Y}$, ou

$$\begin{bmatrix} x_1 \\ x_2 \\ \vdots \\ x_p \end{bmatrix} = \begin{bmatrix} \mathbf{u}_1 & \mathbf{u}_2 & \cdots & \mathbf{u}_p \end{bmatrix} \begin{bmatrix} y_1 \\ y_2 \\ \vdots \\ y_p \end{bmatrix}$$

com a propriedade de que as novas coordenadas $y_1, \ldots, y_p$ não estão correlacionadas e estão arrumadas em ordem de variância decrescente.

A mudança de variáveis por uma matriz ortogonal $\mathbf{X} = P\mathbf{Y}$ significa que cada vetor de observação $\mathbf{X}_k$ recebe um "nome novo", $\mathbf{Y}_k$, de tal modo que $\mathbf{X}_k = P\mathbf{Y}_k$. Note que $\mathbf{Y}_k$ é o vetor de coordenadas de $\mathbf{X}_k$ em relação às colunas de P e $\mathbf{Y}_k = P^{-1}\mathbf{X}_k = P^T\mathbf{X}_k$ para $k = 1, \ldots, N$.

Não é difícil verificar que, para qualquer matriz ortogonal P, a matriz de covariância de $\mathbf{Y}_1, \ldots, \mathbf{Y}_N$ é P^TSP (Exercício 11). Logo, a matriz ortogonal desejada P é uma que faz com que P^TSP seja diagonal. Seja D a matriz diagonal cujos elementos diagonais são os autovalores $\lambda_1, \ldots, \lambda_p$ de S ordenados de modo que $\lambda_1 \geq \lambda_2 \geq \ldots \geq \lambda_p \geq 0$ e seja P a matriz ortogonal cujas colunas são os autovetores unitários associados $\mathbf{u}_1, \ldots, \mathbf{u}_p$. Então, $S = PDP^T$ e $P^TSP = D$.

Os vetores unitários $\mathbf{u}_1, \ldots, \mathbf{u}_p$ da matriz de covariância S são chamados **componentes principais** dos dados (na matriz de observações). A **primeira componente principal** é o autovetor associado ao maior autovalor de S, a **segunda componente principal** é o autovetor associado ao segundo maior autovalor e assim por diante.

A primeira componente principal $\mathbf{u}_1$ determina a nova variável y_1 da seguinte maneira. Sejam $c_1, \ldots, c_p$ as coordenadas de $\mathbf{u}_1$. Como $\mathbf{u}_1^T$ é a primeira linha de P^T, a equação $\mathbf{Y} = P^T\mathbf{X}$ mostra que

$$y_1 = \mathbf{u}_1^T\mathbf{X} = c_1x_1 + c_2x_2 + \cdots + c_px_p$$

Assim, y_1 é uma combinação linear das variáveis originais $x_1, \ldots, x_p$ tendo as coordenadas do autovetor $\mathbf{u}_1$ como coeficientes. Analogamente, $\mathbf{u}_2$ determina a variável y_2 e assim por diante.

EXEMPLO 4 Os dados iniciais para a imagem multiespectral do Railroad Valley (Exemplo 2) consistiam em 4 milhões de vetores em $\mathbb{R}^3$. A matriz de covariância[1] correspondente é

$$S = \begin{bmatrix} 2.382,78 & 2.611,84 & 2.136,20 \\ 2.611,84 & 3.106,47 & 2.553,90 \\ 2.136,20 & 2.553,90 & 2.650,71 \end{bmatrix}$$

Encontre as componentes principais dos dados e liste a nova variável determinada pela primeira componente principal.

SOLUÇÃO Os autovalores de S e as componentes principais associadas (os autovetores unitários) são

$$\lambda_1 = 7.614,23 \qquad \lambda_2 = 427,63 \qquad \lambda_3 = 98,10$$

$$\mathbf{u}_1 = \begin{bmatrix} 0,5417 \\ 0,6295 \\ 0,5570 \end{bmatrix} \qquad \mathbf{u}_2 = \begin{bmatrix} -0,4894 \\ -0,3026 \\ 0,8179 \end{bmatrix} \qquad \mathbf{u}_3 = \begin{bmatrix} 0,6834 \\ -0,7157 \\ 0,1441 \end{bmatrix}$$

Usando duas casas decimais para simplificar, a variável para a primeira componente principal é

$$y_1 = 0,54x_1 + 0,63x_2 + 0,56x_3$$

Essa equação foi usada para criar a fotografia (d) na introdução do capítulo. As variáveis x_1, x_2, x_3 correspondem às intensidades dos sinais nas três bandas espectrais. Os valores de x_1, convertidos para uma "escala cinza" entre preto e branco, produziram a foto (a). Analogamente, os valores de x_2 e x_3 produziram as fotos (b) e (c), respectivamente. Em cada *pixel* na fotografia (d), o valor da escala cinza é calculado a partir de y_1, uma combinação linear de x_1, x_2, x_3. Nesse sentido, a foto (d) "mostra" a primeira componente principal dos dados. ∎

---

[1]Os dados para o Exemplo 4 e os Exercícios 5 e 6 foram fornecidos pela Earth Satellite Corporation, Rockville, Maryland.

No Exemplo 4, a matriz de covariâncias para os dados transformados, usando as variáveis y_1, y_2, y_3, é

$$D = \begin{bmatrix} 7.614,23 & 0 & 0 \\ 0 & 427,63 & 0 \\ 0 & 0 & 98,10 \end{bmatrix}$$

Embora D seja, é óbvio, mais simples que a matriz de covariância original S, a vantagem na construção de novas variáveis ainda não é clara. No entanto, as variâncias das variáveis y_1, y_2, y_3 aparecem na diagonal de D e, é claro, a primeira variância em D é muito maior que as outras duas. Como veremos, esse fato vai permitir que consideremos os dados como essencialmente unidimensionais, em vez de tridimensionais.

Redução da Dimensão dos Dados Multidimensionais

A análise das componentes principais pode ser particularmente interessante para aplicações nas quais a maior parte da variação ou dispersão nos dados é devida a *algumas poucas* das novas variáveis $y_1, \ldots, y_p$.

Pode-se mostrar que uma mudança de variáveis por matriz ortogonal, $\mathbf{X} = P\mathbf{Y}$, não muda a variância total dos dados. (Isso é verdade, basicamente, porque multiplicação à esquerda por P não muda o comprimento dos vetores nem o ângulo entre eles. Veja o Exercício 12.) Isso significa que, se $S = PDP^T$, então

$$\begin{Bmatrix} \text{variância total} \\ \text{de } x_1, \ldots, x_p \end{Bmatrix} = \begin{Bmatrix} \text{variância total} \\ \text{de } y_1, \ldots, y_p \end{Bmatrix} = \text{tr}(D) = \lambda_1 + \cdots + \lambda_p$$

A variância de y_j é λ_j, e o quociente $\lambda_j / \text{tr}(S)$ mede a fração da variância total que é "explicada" ou "capturada" por y_j.

EXEMPLO 5 Calcule os diversos percentuais da variância dos dados espectrais para o Railroad Valley exibidos nas fotografias das componentes principais, (d) a (f), ilustradas na introdução do capítulo.

SOLUÇÃO A variância total dos dados é

$$\text{tr}(D) = 7.614,23 + 427,63 + 98,10 = 8.139,96$$

[Verifique que esse número também é igual a tr(S).] Os percentuais da variância total capturados pelas componentes principais são

Primeira componente	Segunda componente	Terceira componente
$\dfrac{7.614,23}{8.139,96} = 93,5\%$	$\dfrac{427,63}{8.139,96} = 5,3\%$	$\dfrac{98,10}{8.139,96} = 1,2\%$

De certo modo, 93,5% da informação coletada pelo Landsat para a região do Railroad Valley são exibidos na foto (d), com 5,3% em (e) e apenas 1,2% em (f). ∎

Os cálculos no Exemplo 5 mostram que os dados não têm praticamente qualquer variância na terceira (nova) coordenada. Os valores de y_3 estão todos próximos de zero. Em termos geométricos, os pontos de dados estão próximos do plano $y_3 = 0$ e suas localizações podem ser encontradas de modo bastante preciso conhecendo-se apenas os valores de y_1 e y_2. De fato, y_2 também tem uma variância quase pequena, o que significa que os pontos estão aproximadamente sobre uma reta e os dados são essencialmente unidimensionais. Veja a Figura 2, na qual os dados parecem formar um palito de picolé.

Caracterizações das Variáveis das Componentes Principais

Se $y_1, \ldots, y_p$ forem geradas por uma análise das componentes principais para uma matriz de observações $p \times N$, então a variância de y_1 será a maior possível no seguinte sentido: Se $\mathbf{u}$ for qualquer vetor unitário e se $y = \mathbf{u}^T\mathbf{X}$, então a variância dos valores de y, quando $\mathbf{X}$ percorre o conjunto dos dados originais $\mathbf{X}_1, \ldots, \mathbf{X}_N$, será $\mathbf{u}^T S\mathbf{u}$. Pelo Teorema 8 na Seção 7.3, o valor máximo de $\mathbf{u}^T S\mathbf{u}$, quando $\mathbf{u}$ percorre todos os vetores unitários, é o maior autovalor λ_1 de S e este valor é atingido quando $\mathbf{u}$ é igual ao autovetor associado $\mathbf{u}_1$. Da mesma maneira, o Teorema 8 mostra que y_2 tem variância máxima entre todas as variáveis $y = \mathbf{u}^T\mathbf{X}$ que *não estão correlacionadas* com y_1. Analogamente, y_3 tem variância máxima entre todas as variáveis que não estão correlacionadas nem com y_1 nem com y_2 e assim por diante.

A decomposição em valores singulares é a principal ferramenta para efetuar a análise das componentes principais em aplicações práticas. Se B for uma matriz de observações $p \times N$ em forma de desvio médio e se $A = \left(1/\sqrt{N-1}\right)B^T$, então A^TA será a matriz de covariância S. Os quadrados dos valores singulares de A são os p autovalores de S e os autovetores singulares à direita de A são as componentes principais dos dados.

Como mencionado na Seção 7.4, cálculos iterativos para uma DVS de A são mais rápidos e mais precisos que uma decomposição em autovalores de S. Isso é particularmente verdadeiro, por exemplo, no processamento de imagem multicanal (com $p = 224$) mencionado na introdução do capítulo. A análise das componentes principais é feita em segundos em estações especializadas.

Problemas Práticos

A tabela a seguir lista os pesos e as alturas de cinco meninos:

Meninos	#1	#2	#3	#4	#5
Peso (lb.)	120	125	125	135	145
Altura (in.)	61	60	64	68	72

1. Encontre a matriz de covariância para esses dados.
2. Faça uma análise das componentes principais dos dados para encontrar um único *índice de tamanho* que capture a maior parte da variação nos dados.

7.5 EXERCÍCIOS

Nos Exercícios 1 e 2, coloque a matriz de observações em forma de desvio médio e construa a matriz de covariância das amostras.

1. $\begin{bmatrix} 19 & 22 & 6 & 3 & 2 & 20 \\ 12 & 6 & 9 & 15 & 13 & 5 \end{bmatrix}$

2. $\begin{bmatrix} 1 & 5 & 2 & 6 & 7 & 3 \\ 3 & 11 & 6 & 8 & 15 & 11 \end{bmatrix}$

3. Encontre as componentes principais para os dados no Exercício 1.

4. Encontre as componentes principais para os dados no Exercício 2.

M 5. Foi feita uma imagem pelo Landsat, com três componentes espectrais, da base Homestead da Força Aérea americana na Flórida (após a base ter sido atingida pelo tufão Andrew em 1992). A matriz de covariância dos dados é dada a seguir. Encontre a primeira componente principal dos dados e calcule o percentual da variância total contida nessa componente.

$$S = \begin{bmatrix} 164,12 & 32,73 & 81,04 \\ 32,73 & 539,44 & 249,13 \\ 81,04 & 249,13 & 189,11 \end{bmatrix}$$

M 6. A matriz de covariância a seguir foi obtida de uma imagem, feita pelo Landsat, do Rio Columbia, em Washington, usando dados de três bandas espectrais. Denote por x_1, x_2, x_3 as componentes espectrais de cada *pixel* na imagem. Encontre uma nova variável da forma $y_1 = c_1x_1 + c_2x_2 + c_3x_3$ que tenha a maior variância possível, sujeita à restrição $c_1^2 + c_2^2 + c_3^2 = 1$. Qual o percentual dos dados capturados por y_1?

$$S = \begin{bmatrix} 29,64 & 18,38 & 5,00 \\ 18,38 & 20,82 & 14,06 \\ 5,00 & 14,06 & 29,21 \end{bmatrix}$$

7. Denote por x_1, x_2 as variáveis para os dados bidimensionais no Exercício 1. Encontre uma nova variável y_1 da forma $y_1 = c_1x_1 + c_2x_2$ tal que $c_1^2 + c_2^2 = 1$ e y_1 tenha a maior variância possível. Quanto da variância total dos dados é capturado por y_1?

8. Repita o Exercício 7 para os dados no Exercício 2.

9. Suponha que sejam administrados três testes a uma amostra aleatória de estudantes universitários. Sejam $\mathbf{X}_1, \ldots, \mathbf{X}_N$ os vetores de observação em $\mathbb{R}^3$ que listam os três resultados de cada estudante e, para cada $j = 1, 2, 3$, denote por x_j o resultado de um estudante no j-ésimo teste. Suponha que a matriz de covariância dos dados seja

$$S = \begin{bmatrix} 5 & 2 & 0 \\ 2 & 6 & 2 \\ 0 & 2 & 7 \end{bmatrix}$$

Seja y um "índice" do desempenho de estudantes, com $y = c_1x_1 + c_2x_2 + c_3x_3$ e $c_1^2 + c_2^2 + c_3^2 = 1$. Escolha c_1, c_2, c_3 de modo que a variância de y no conjunto de dados seja a maior possível. [*Sugestão:* Os autovalores da matriz de covariância das amostras são $\lambda = 3, 6$ e 9.]

M 10. Repita o Exercício 9 com $S = \begin{bmatrix} 5 & 4 & 2 \\ 4 & 11 & 4 \\ 2 & 4 & 5 \end{bmatrix}$.

11. Considere os dados multidimensionais $\mathbf{X}_1, \ldots, \mathbf{X}_N$ (em $\mathbb{R}^p$) em forma de desvio médio, seja P uma matriz $p \times p$ e defina $\mathbf{Y}_k = P^T\mathbf{X}_k$ para $k = 1, \ldots, N$.

a. Mostre que $\mathbf{Y}_1, \ldots, \mathbf{Y}_N$ estão em forma de desvio médio. [*Sugestão:* Seja $\mathbf{w}$ o vetor em $\mathbb{R}^N$ com todas as coordenadas iguais a 1. Então $[\mathbf{X}_1 \cdots \mathbf{X}_N]\mathbf{w} = \mathbf{0}$ (o vetor nulo em $\mathbb{R}^p$).]

b. Mostre que, se a matriz de covariância de $\mathbf{X}_1, \ldots, \mathbf{X}_N$ for S, então a matriz de covariância de $\mathbf{Y}_1, \ldots, \mathbf{Y}_N$ será P^TSP.

12. Denote por $\mathbf{X}$ um vetor que percorre as colunas de uma matriz de observações $p \times N$, e seja P uma matriz ortogonal $p \times p$. Mostre que a mudança de variáveis $\mathbf{X} = P\mathbf{Y}$ não muda a variância total dos

dados. [*Sugestão:* Pelo Exercício 11, basta mostrar que $\mathrm{tr}(P^TSP) = \mathrm{tr}(S)$. Use uma propriedade do traço mencionada no Exercício 27 na Seção 5.4.]

13. A matriz de covariância de amostras generaliza uma fórmula para a variância de uma amostra de N medidas escalares, digamos, $t_1, \ldots, t_N$. Se m for a média de $t_1, \ldots, t_N$, então a *variância das amostras* será dada por

$$\frac{1}{N-1}\sum_{k=1}^{n}(t_k - m)^2 \tag{1}$$

Mostre como a matriz de covariância S, definida antes do Exemplo 3, pode ser escrita em uma forma semelhante à fórmula (1). [*Sugestão:* Use multiplicação de matrizes em blocos para escrever S como $1/(N-1)$ vezes a soma de N matrizes de tamanho $p \times p$. Para $1 \leq k \leq N$, escreva $\mathbf{X}_k - \mathbf{M}$ no lugar de $\hat{\mathbf{X}}_k$.]

Soluções dos Problemas Práticos

1. Coloque primeiro os dados em forma de desvio médio. É fácil ver que o vetor médio de amostras é $\mathbf{M} = \begin{bmatrix} 130 \\ 65 \end{bmatrix}$. Subtraia $\mathbf{M}$ dos vetores de observação (as colunas na tabela) para obter

$$B = \begin{bmatrix} -10 & -5 & -5 & 5 & 15 \\ -4 & -5 & -1 & 3 & 7 \end{bmatrix}$$

Então, a matriz de covariância das amostras é

$$S = \frac{1}{5-1}\begin{bmatrix} -10 & -5 & -5 & 5 & 15 \\ -4 & -5 & -1 & 3 & 7 \end{bmatrix}\begin{bmatrix} -10 & -4 \\ -5 & -5 \\ -5 & -1 \\ 5 & 3 \\ 15 & 7 \end{bmatrix}$$

$$= \frac{1}{4}\begin{bmatrix} 400 & 190 \\ 190 & 100 \end{bmatrix} = \begin{bmatrix} 100,0 & 47,5 \\ 47,5 & 25,0 \end{bmatrix}$$

2. Os autovalores de S são (com duas casas decimais)

$$\lambda_1 = 123,02 \qquad e \qquad \lambda_2 = 1,98$$

Um autovetor unitário associado a λ_1 é $\mathbf{u} = \begin{bmatrix} 0,900 \\ 0,436 \end{bmatrix}$. (Como S é 2×2, os cálculos podem ser feitos à mão, caso um programa matricial não esteja disponível.) Para o *índice de tamanho*, defina

$$y = 0,900\,\hat{w} + 0,436\,\hat{h}$$

em que $\hat{w}$ e $\hat{h}$ denotam o peso e a altura, respectivamente, em forma de desvio médio. A variância desse índice sobre o conjunto de dados é 123,02. Como a variância total é $\mathrm{tr}(S) = 100 + 25 = 125$, o tamanho do índice é responsável por quase toda (98,4%) a variância dos dados.

Os dados originais para o Problema Prático 1 e a reta determinada pela primeira componente principal $\mathbf{u}$ estão ilustrados na Figura 4. (Em forma paramétrica vetorial, a reta é $\mathbf{x} = \mathbf{M} + t\mathbf{u}$.) Pode-se mostrar que essa é a reta que melhor aproxima os dados, no sentido de que a soma dos quadrados das distâncias *ortogonais* à reta é mínima. De fato, a análise da componente principal é equivalente ao que é conhecido como *regressão ortogonal*, mas isso é uma história para outro dia.

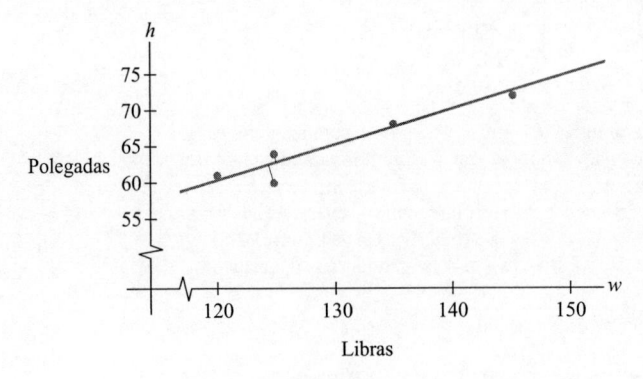

FIGURA 4 Reta de regressão ortogonal determinada pela primeira componente principal dos dados.

CAPÍTULO 7 PROJETOS

Os projetos do Capítulo 7 estão disponíveis *on-line* em bit.ly/3OIM8gT (em inglês).

A. *Seções Cônicas e Superfícies Quádricas:* Este projeto mostra como formas quadráticas e o Teorema do Eixo Principal podem ser usados para classificar seções cônicas e superfícies quádricas.

B. *Máximos e Mínimos de Funções de Várias Variáveis:* Este projeto mostra como formas quadráticas podem ser usadas para investigar os valores máximo e mínimo de funções de várias variáveis.

CAPÍTULO 7 EXERCÍCIOS SUPLEMENTARES

Marque cada afirmação a seguir como Verdadeira ou Falsa. Justifique cada resposta. Em cada item, A representa uma matriz $n \times n$.

1. **(V/F)** Se A for diagonalizável por uma matriz ortogonal, então A será simétrica.

2. **(V/F)** Se A for uma matriz ortogonal, então A será simétrica.

3. **(V/F)** Se A for uma matriz ortogonal, então $\|A\mathbf{x}\| = \|\mathbf{x}\|$ para todo $\mathbf{x}$ em $\mathbb{R}^n$.

4. **(V/F)** Os eixos principais de uma forma quadrática $\mathbf{x}^T A \mathbf{x}$ podem ser as colunas de qualquer matriz P que diagonaliza A.

5. **(V/F)** Se P for uma matriz $n \times n$ com colunas ortogonais, então $P^T = P^{-1}$.

6. **(V/F)** Se todos os coeficientes em uma forma quadrática forem positivos, então a forma quadrática será positiva definida.

7. **(V/F)** Se $\mathbf{x}^T A \mathbf{x} > 0$ para algum $\mathbf{x}$, então a forma quadrática $\mathbf{x}^T A \mathbf{x}$ será positiva definida.

8. **(V/F)** Qualquer forma quadrática pode ser transformada, por uma mudança de variáveis conveniente, em uma forma quadrática sem termos cruzados.

9. **(V/F)** O maior valor de uma forma quadrática $\mathbf{x}^T A \mathbf{x}$ para $\|\mathbf{x}\| = 1$ é o maior elemento na diagonal de A.

10. **(V/F)** O valor máximo de uma forma quadrática positiva definida $\mathbf{x}^T A \mathbf{x}$ é o maior autovalor de A.

11. **(V/F)** Uma forma quadrática positiva definida pode ser transformada em uma forma quadrática negativa definida por uma mudança de variáveis conveniente $\mathbf{x} = P\mathbf{u}$ para alguma matriz ortogonal P.

12. **(V/F)** Uma forma quadrática indefinida é uma forma cujos autovalores não estão definidos.

13. **(V/F)** Se P for uma matriz ortogonal $n \times n$, então a mudança de variáveis $\mathbf{x} = P\mathbf{u}$ transformará $\mathbf{x}^T A \mathbf{x}$ em uma forma quadrática cuja matriz é $P^{-1}AP$.

14. **(V/F)** Se U for uma matriz $m \times n$ com colunas ortogonais, então $UU^T\mathbf{x}$ será a projeção ortogonal de $\mathbf{x}$ sobre Col U.

15. **(V/F)** Se B for $m \times n$ e se $\mathbf{x}$ for um vetor unitário em $\mathbb{R}^n$, então $\|B\mathbf{x}\| \leq \sigma_1$, em que σ_1 é o primeiro valor singular de B.

16. **(V/F)** Uma decomposição em valores singulares de uma matriz B $m \times n$ pode ser escrita na forma $B = P\Sigma Q$, na qual P é uma matriz ortogonal $m \times m$, Q é uma matriz ortogonal $n \times n$ e Σ é uma matriz "diagonal" $m \times n$.

17. **(V/F)** Se A for $n \times n$, então A e $A^T A$ terão os mesmos valores singulares.

18. Seja $\{\mathbf{u}_1, \ldots, \mathbf{u}_n\}$ uma base ortonormal para $\mathbb{R}^n$ e sejam $\lambda_1, \ldots, \lambda_n$ escalares arbitrários. Defina
$$A = \lambda_1 \mathbf{u}_1 \mathbf{u}_1^T + \cdots + \lambda_n \mathbf{u}_n \mathbf{u}_n^T$$
a. Mostre que A é simétrica.

b. Mostre que $\lambda_1, \ldots, \lambda_n$ são os autovalores de A.

19. Seja A uma matriz simétrica $n \times n$ de posto r. Explique por que a decomposição espectral de A representa A como uma soma de r matrizes de posto 1.

20. Seja A uma matriz simétrica $n \times n$.

a. Mostre que $(\text{Col } A)^{\perp} = \text{Nul } A$. [*Sugestão:* Veja a Seção 6.1.]

b. Mostre que cada $\mathbf{y}$ em $\mathbb{R}^n$ pode ser escrito na forma $\mathbf{y} = \hat{\mathbf{y}} + \mathbf{z}$, na qual $\hat{\mathbf{y}}$ pertence a Col A e $\mathbf{z}$ pertence a Nul A.

21. Mostre que, se $\mathbf{v}$ for um autovetor de uma matriz A $n \times n$ associado a um autovalor não nulo, então $\mathbf{v}$ pertencerá a Col A. [*Sugestão:* Use a definição de autovetor.]

22. Seja A uma matriz simétrica $n \times n$. Use o Exercício 21 e uma base de autovetores para $\mathbb{R}^n$ para obter uma segunda demonstração da decomposição no Exercício 20(b).

23. Prove que uma matriz A $n \times n$ é positiva definida se e somente se A admitir uma *fatoração de Cholesky*, ou seja, $A = R^T R$ para alguma matriz invertível triangular superior R cujos elementos diagonais são todos positivos. [*Sugestão:* Use uma fatoração QR e o Exercício 34 na Seção 7.2.]

24. Use o Exercício 23 para mostrar que, se A for positiva definida, então A admitirá uma fatoração LU, $A = LU$, em que U tem pivôs positivos em sua diagonal. (A recíproca também é verdadeira.)

Se A for $m \times n$, então a matriz $G = A^T A$ será chamada *matriz de Gram de* A. Neste caso, os elementos de G são os produtos internos das colunas de A. (Veja os Exercícios 25 e 26.)

25. Mostre que a matriz de Gram de qualquer matriz A é positiva semidefinida e tem o mesmo posto que A. (Veja os exercícios na Seção 6.5.)

26. Mostre que, se uma matriz G $n \times n$ for positiva semidefinida e tiver posto r, então G será a matriz de Gram de alguma matriz A $r \times n$. Ela é chamada *fatoração que revela o posto* de G. [*Sugestão:* Considere a decomposição espectral de G e primeiro escreva G na forma BB^T para alguma matriz B $n \times r$.]

27. Prove que qualquer matriz A $n \times n$ admite uma *decomposição polar* da forma $A = PQ$, na qual P é uma matriz positiva semidefinida $n \times n$ com o mesmo posto que A, e Q é uma matriz ortogonal $n \times n$. [*Sugestão:* Use uma decomposição em valores singulares $A = U\Sigma V^T$ e note que $A = (U\Sigma U^T)(UV^T)$.] Essa decomposição é utilizada, por exemplo, em Engenharia Mecânica para modelar a deformação de um material. A matriz P descreve o alongamento ou a compressão do material (nas direções dos autovetores de P) e Q descreve a rotação do material no espaço.

Os Exercícios 28 a 30 tratam de uma matriz A $m \times n$ com uma decomposição em valores singulares reduzida $A = U_r D V_r^T$ e pseudoinversa $A^+ = V_r D^{-1} U_r^T$.

28. Verifique as seguintes propriedades de A^+:

a. Para cada $\mathbf{y}$ em $\mathbb{R}^m$, $AA^+\mathbf{y}$ é a projeção ortogonal de $\mathbf{y}$ sobre Col A.

b. Para cada $\mathbf{x}$ em $\mathbb{R}^n$, $A^+A\mathbf{x}$ é a projeção ortogonal de $\mathbf{x}$ sobre Lin A.

c. $AA^+A = A$ e $A^+AA^+ = A^+$.

29. Suponha que a equação $A\mathbf{x} = \mathbf{b}$ seja consistente, e seja $\mathbf{x}^+ = A^+\mathbf{b}$. Pelo Exercício 31 na Seção 6.3, existe exatamente um vetor $\mathbf{p}$ em Lin A tal que $A\mathbf{p} = \mathbf{b}$. Os passos a seguir provam que $\mathbf{x}^+ = \mathbf{p}$ e $\mathbf{x}^+$ é a solução *de comprimento mínimo* de $A\mathbf{x} = \mathbf{b}$.

a. Mostre que $\mathbf{x}^+$ pertence a Lin A. [*Sugestão:* Escreva $\mathbf{b}$ como $A\mathbf{x}$ para algum $\mathbf{x}$ e use o Exercício 28.]

b. Mostre que $\mathbf{x}^+$ é uma solução de $A\mathbf{x} = \mathbf{b}$.

c. Mostre que, se $\mathbf{u}$ for uma solução de $A\mathbf{x} = \mathbf{b}$, então $\|\mathbf{x}^+\| \leq \|\mathbf{u}\|$, com a igualdade válida apenas se $\mathbf{u} = \mathbf{x}^+$.

30. Dado qualquer **b** em $\mathbb{R}^m$, adapte o Exercício 28 para mostrar que $A^+\mathbf{b}$ é a *solução de mínimos quadráticos de menor comprimento*. [*Sugestão:* Considere a equação $A\mathbf{x} = \hat{\mathbf{b}}$, na qual $\hat{\mathbf{b}}$ é a projeção ortogonal de **b** sobre Col A.]

M Nos Exercícios 31 e 32, construa a pseudoinversa de A. Comece usando um programa para produzir a DVS de A ou, se não tiver um programa disponível, comece com uma diagonalização de $A^T A$ por matriz ortogonal. Use a pseudoinversa para resolver $A\mathbf{x} = \mathbf{b}$ para $\mathbf{b} = (6, -1, -4, 6)$ e seja $\hat{\mathbf{x}}$ a solução. Faça um cálculo para verificar que $\hat{\mathbf{x}}$ pertence a Lin A. Encontre um vetor não nulo **u** em Nul A e verifique que $\| \hat{\mathbf{x}} \| < \| \hat{\mathbf{x}} + \mathbf{u}\|$, o que tem de ser válido pelo Exercício 29(c).

M **31.** $A = \begin{bmatrix} -3 & -3 & -6 & 6 & 1 \\ -1 & -1 & -1 & 1 & -2 \\ 0 & 0 & -1 & 1 & -1 \\ 0 & 0 & -1 & 1 & -1 \end{bmatrix}$

M **32.** $A = \begin{bmatrix} 4 & 0 & -1 & -2 & 0 \\ -5 & 0 & 3 & 5 & 0 \\ 2 & 0 & -1 & -2 & 0 \\ 6 & 0 & -3 & -6 & 0 \end{bmatrix}$

8 Geometria dos Espaços Vetoriais

Sólidos Platônicos

O filósofo grego Platão fundou, na cidade de Atenas em 387 a.C., uma Academia considerada, algumas vezes, como a primeira universidade do mundo. Apesar de o currículo incluir Astronomia, Biologia, Teoria Política e Filosofia, o assunto que mais agradava Platão era Geometria. De fato, inscritas em cima da porta de sua academia estavam as palavras: *"Não permito que ninguém que desconheça geometria entre pela minha porta."*

Os gregos ficavam muito impressionados por padrões geométricos, como os sólidos regulares. Um poliedro é dito regular se suas faces forem polígonos regulares congruentes e todos os ângulos nos vértices forem iguais. Cerca de 100 anos antes de Platão, os seguidores de Pitágoras já conheciam pelo menos três sólidos regulares: o tetraedro (4 faces triangulares), o cubo (6 faces quadradas) e o octaedro (8 faces triangulares). (Veja a Figura 1.) Essas formas ocorrem naturalmente como cristais de minerais comuns. Existem apenas cinco sólidos regulares, os dois restantes sendo o dodecaedro (12 faces pentagonais) e o icosaedro (20 faces triangulares).

Platão discutiu a teoria básica desses cinco sólidos no diálogo *Timaeus* e, desde então, eles levam seu nome: os sólidos platônicos.

Durante séculos, não houve necessidade de considerar objetos geométricos em mais de três dimensões. Mas, atualmente, os matemáticos trabalham de maneira regular com objetos em espaços vetoriais com quatro, cinco ou até centenas de dimensões. Não é claro quais são as propriedades algébricas que poderiam ser associadas a esses objetos em dimensões maiores.

Por exemplo, quais propriedades de retas no plano e de planos no espaço seriam úteis em dimensões maiores? Como poderiam ser caracterizados tais objetos? As Seções 8.1 e 8.4 fornecem algumas respostas. Os hiperplanos na Seção 8.4 serão importantes para

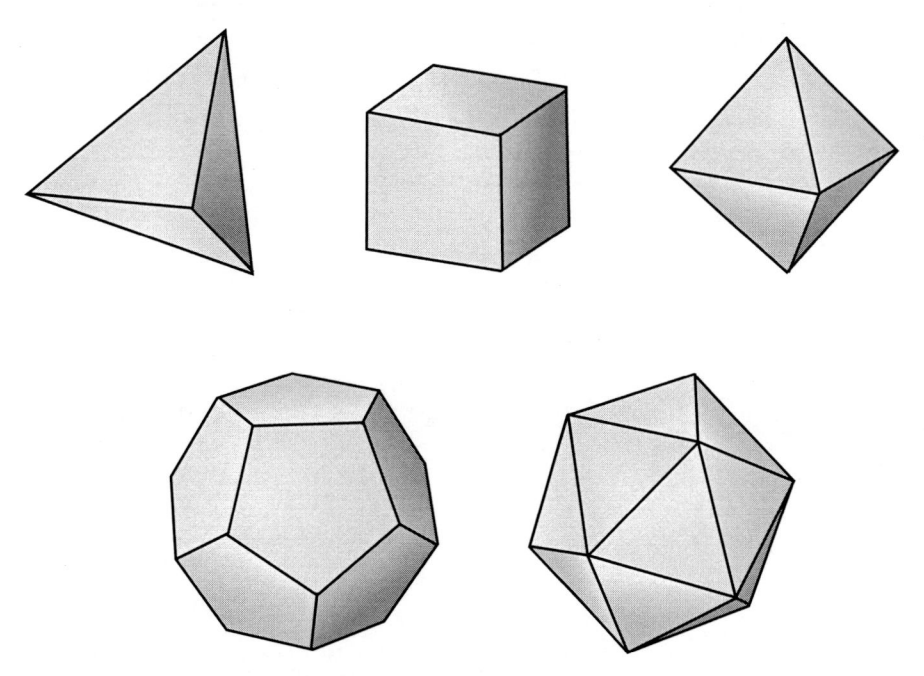

FIGURA 1 Cinco sólidos platônicos.

a compreensão da natureza multidimensional dos problemas de programação linear no Capítulo 9.

Qual seria o "análogo" de um poliedro em mais de três dimensões? Uma resposta parcial é fornecida por projeções bidimensionais de objetos em dimensão quatro, criadas de modo análogo às projeções bidimensionais de objetos tridimensionais. A Seção 8.5 ilustra essa ideia de "cubo" e "simplex" em quatro dimensões.

O estudo da geometria em dimensões maiores não só fornece novas maneiras de visualizar conceitos algébricos abstratos, mas também cria ferramentas que podem ser usadas em $\mathbb{R}^3$. Por exemplo, as Seções 8.2 e 8.6 incluem aplicações à computação gráfica, e a Seção 8.5 esboça uma demonstração (no Exercício 28) de que existem apenas cinco poliedros regulares em $\mathbb{R}^3$.

A maioria das aplicações nos capítulos anteriores envolveu cálculos algébricos com subespaços e combinações lineares de vetores. Este capítulo estuda conjuntos de vetores que podem ser visualizados como objetos geométricos, como segmentos de reta, polígonos e objetos sólidos. Vetores individuais são vistos como pontos. Os conceitos introduzidos aqui são usados em computação gráfica, programação linear (no Capítulo 9) e outras áreas da matemática.[1]

Ao longo deste capítulo, conjuntos de vetores são descritos por meio de combinações lineares, mas com várias restrições sobre os coeficientes usados nas combinações. Por exemplo, na Seção 8.1, a soma dos coeficientes é 1, enquanto, na Seção 8.3, os coeficientes são positivos e somam 1. As visualizações estão em $\mathbb{R}^2$ ou $\mathbb{R}^3$, é claro, mas os conceitos também se aplicam a $\mathbb{R}^n$ e outros espaços vetoriais.

8.1 COMBINAÇÕES AFINS

Uma combinação afim de vetores é um tipo especial de combinação linear. Dados os vetores (ou "pontos") $\mathbf{v}_1, \mathbf{v}_2, \ldots, \mathbf{v}_p$ em $\mathbb{R}^n$ e escalares $c_1, \ldots, c_p$, uma **combinação afim** de $\mathbf{v}_1, \mathbf{v}_2, \ldots, \mathbf{v}_p$ é uma combinação linear

$$c_1\mathbf{v}_1 + \cdots + c_p\mathbf{v}_p$$

na qual os coeficientes satisfazem $c_1 + \cdots + c_p = 1$.

DEFINIÇÃO

> O conjunto de todas as combinações afins de pontos em um conjunto S é chamado **fecho afim** de S (ou **espaço afim gerado** por S), denotado por afim S.

O fecho afim de um único ponto $\mathbf{v}_1$ é simplesmente o conjunto $\{\mathbf{v}_1\}$, já que o único ponto tem a forma $c_1\mathbf{v}_1$ com $c_1 = 1$. O fecho afim de dois pontos distintos é escrito muitas vezes de modo especial. Suponha que $\mathbf{y} = c_1\mathbf{v}_1 + c_2\mathbf{v}_2$ com $c_1 + c_2 = 1$. Escreva t no lugar de c_2, de modo que $c_1 = 1 - c_2 = 1 - t$. Então, o fecho afim de $\{\mathbf{v}_1, \mathbf{v}_2\}$ é o conjunto

$$\mathbf{y} = (1 - t)\mathbf{v}_1 + t\mathbf{v}_2, \quad \text{com } t \text{ em } \mathbb{R} \tag{1}$$

Esse conjunto de pontos inclui $\mathbf{v}_1$ (quando $t = 0$) e $\mathbf{v}_2$ (quando $t = 1$). Se $\mathbf{v}_2 = \mathbf{v}_1$, então (1) descreverá de novo um único ponto. Caso contrário, (1) descreverá a *reta* contendo $\mathbf{v}_1$ e $\mathbf{v}_2$. Para ver isso, escreva (1) na forma

$$\mathbf{y} = \mathbf{v}_1 + t(\mathbf{v}_2 - \mathbf{v}_1) = \mathbf{p} + t\mathbf{u}, \quad \text{com } t \text{ em } \mathbb{R}$$

em que $\mathbf{p}$ é $\mathbf{v}_1$ e $\mathbf{u}$ é $\mathbf{v}_2 - \mathbf{v}_1$. O conjunto de todos os múltiplos de $\mathbf{u}$ é $\mathscr{L}\{\mathbf{u}\}$, a reta que contém $\mathbf{u}$ e a origem. Somando $\mathbf{p}$ a cada ponto, a reta $\mathscr{L}\{\mathbf{u}\}$ é transladada para a reta contendo $\mathbf{p}$ e paralela à reta que contém $\mathbf{u}$ e a origem. Veja a Figura 1. (Compare essa figura com a Figura 5 na Seção 1.5.)

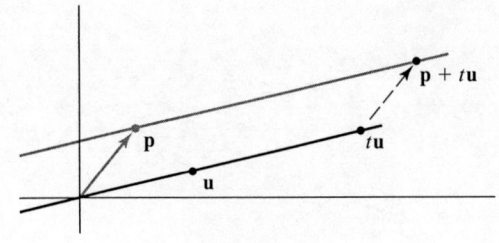

FIGURA 1

[1] Veja Foley, van Dam, Feiner e Hughes, *Computer Graphics – Principles and Practice*, 2. ed. (Boston: Addison-Wesley, 1996), p. 1083-1112. Esse material também discute "espaços afins" livres de coordenadas.

A Figura 2 usa os pontos originais $\mathbf{v}_1$ e $\mathbf{v}_2$ e mostra afim $\{\mathbf{v}_1, \mathbf{v}_2\}$ como a reta contendo $\mathbf{v}_1$ e $\mathbf{v}_2$.

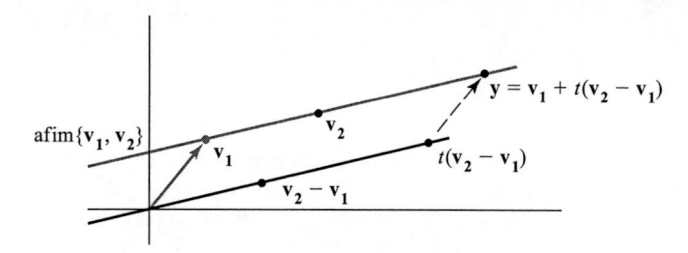

FIGURA 2

Note que, enquanto o ponto $\mathbf{y}$ na Figura 2 é uma combinação afim de $\mathbf{v}_1$ e $\mathbf{v}_2$, o ponto $\mathbf{y} - \mathbf{v}_1$ é igual a $t(\mathbf{v}_2 - \mathbf{v}_1)$, que é uma combinação linear (de fato, um múltiplo) de $\mathbf{v}_2 - \mathbf{v}_1$. Essa relação entre $\mathbf{y}$ e $\mathbf{y} - \mathbf{v}_1$ é válida para qualquer combinação afim de pontos, como mostra o próximo teorema.

TEOREMA 1

> Um ponto $\mathbf{y}$ em $\mathbb{R}^n$ é uma combinação afim de $\mathbf{v}_1, \ldots, \mathbf{v}_p$ em $\mathbb{R}^n$ se e somente se $\mathbf{y} - \mathbf{v}_1$ for uma combinação linear dos pontos transladados $\mathbf{v}_2 - \mathbf{v}_1, \ldots, \mathbf{v}_p - \mathbf{v}_1$.

DEMONSTRAÇÃO Se $\mathbf{y} - \mathbf{v}_1$ for uma combinação linear de $\mathbf{v}_2 - \mathbf{v}_1, \ldots, \mathbf{v}_p - \mathbf{v}_1$, então existirão coeficientes $c_2, \ldots, c_p$ tais que

$$\mathbf{y} - \mathbf{v}_1 = c_2(\mathbf{v}_2 - \mathbf{v}_1) + \cdots + c_p(\mathbf{v}_p - \mathbf{v}_1) \tag{2}$$

Logo,

$$\mathbf{y} = (1 - c_2 - \cdots - c_p)\mathbf{v}_1 + c_2\mathbf{v}_2 + \cdots + c_p\mathbf{v}_p \tag{3}$$

e os coeficientes nessa combinação linear somam 1. Assim, $\mathbf{y}$ é uma combinação afim de $\mathbf{v}_1, \ldots, \mathbf{v}_p$. Reciprocamente, suponha que

$$\mathbf{y} = c_1\mathbf{v}_1 + c_2\mathbf{v}_2 + \cdots + c_p\mathbf{v}_p \tag{4}$$

em que $c_1 + \cdots + c_p = 1$. Como $c_1 = 1 - c_2 - \cdots - c_p$, a equação (4) pode ser escrita como em (3), e isso leva a (2), o que mostra que $\mathbf{y} - \mathbf{v}_1$ é uma combinação linear de $\mathbf{v}_2 - \mathbf{v}_1, \ldots, \mathbf{v}_p - \mathbf{v}_1$. ∎

No enunciado do Teorema 1, o ponto $\mathbf{v}_1$ poderia ser substituído por qualquer dos outros pontos na lista $\mathbf{v}_1, \ldots, \mathbf{v}_p$. Só mudaria a notação na demonstração.

EXEMPLO 1 Sejam $\mathbf{v}_1 = \begin{bmatrix} 1 \\ 2 \end{bmatrix}$, $\mathbf{v}_2 = \begin{bmatrix} 2 \\ 5 \end{bmatrix}$, $\mathbf{v}_3 = \begin{bmatrix} 1 \\ 3 \end{bmatrix}$, $\mathbf{v}_4 = \begin{bmatrix} -2 \\ 2 \end{bmatrix}$ e $\mathbf{y} = \begin{bmatrix} 4 \\ 1 \end{bmatrix}$. Se possível, escreva $\mathbf{y}$ como uma combinação afim de $\mathbf{v}_1, \mathbf{v}_2, \mathbf{v}_3$ e $\mathbf{v}_4$.

SOLUÇÃO Calcule os pontos transladados

$$\mathbf{v}_2 - \mathbf{v}_1 = \begin{bmatrix} 1 \\ 3 \end{bmatrix}, \quad \mathbf{v}_3 - \mathbf{v}_1 = \begin{bmatrix} 0 \\ 1 \end{bmatrix}, \quad \mathbf{v}_4 - \mathbf{v}_1 = \begin{bmatrix} -3 \\ 0 \end{bmatrix}, \quad \mathbf{y} - \mathbf{v}_1 = \begin{bmatrix} 3 \\ -1 \end{bmatrix}$$

Para encontrar escalares c_2, c_3 e c_4 tais que

$$c_2(\mathbf{v}_2 - \mathbf{v}_1) + c_3(\mathbf{v}_3 - \mathbf{v}_1) + c_4(\mathbf{v}_4 - \mathbf{v}_1) = \mathbf{y} - \mathbf{v}_1 \tag{5}$$

escalone a matriz aumentada tendo esses pontos como colunas:

$$\begin{bmatrix} 1 & 0 & -3 & 3 \\ 3 & 1 & 0 & -1 \end{bmatrix} \sim \begin{bmatrix} 1 & 0 & -3 & 3 \\ 0 & 1 & 9 & -10 \end{bmatrix}$$

Isso mostra que a equação (5) é consistente, e a solução geral é $c_2 = 3c_4 + 3$, $c_3 = -9c_4 - 10$, com c_4 livre. Quando $c_4 = 0$, temos

$$\mathbf{y} - \mathbf{v}_1 = 3(\mathbf{v}_2 - \mathbf{v}_1) - 10(\mathbf{v}_3 - \mathbf{v}_1) + 0(\mathbf{v}_4 - \mathbf{v}_1)$$

e

$$\mathbf{y} = 8\mathbf{v}_1 + 3\mathbf{v}_2 - 10\mathbf{v}_3$$

Como outro exemplo, escolha $c_4 = 1$. Então $c_2 = 6$ e $c_3 = -19$; logo,

$$\mathbf{y} - \mathbf{v}_1 = 6(\mathbf{v}_2 - \mathbf{v}_1) - 19(\mathbf{v}_3 - \mathbf{v}_1) + 1(\mathbf{v}_4 - \mathbf{v}_1)$$

e

$$\mathbf{y} = 13\mathbf{v}_1 + 6\mathbf{v}_2 - 19\mathbf{v}_3 + \mathbf{v}_4 \qquad \blacksquare$$

Embora o procedimento no Exemplo 1 funcione para pontos arbitrários $\mathbf{v}_1, \mathbf{v}_2, \ldots, \mathbf{v}_p$ em $\mathbb{R}^n$, a pergunta pode ser respondida mais diretamente se os pontos escolhidos $\mathbf{v}_i$ formarem uma base para $\mathbb{R}^n$. Por exemplo, seja $\mathcal{B} = \{\mathbf{b}_1, \ldots, \mathbf{b}_n\}$ uma base. Então, qualquer $\mathbf{y}$ em $\mathbb{R}^n$ pode ser escrito como uma única combinação *linear* de $\mathbf{b}_1, \ldots, \mathbf{b}_n$. Essa combinação é afim se e somente se os coeficientes somarem 1. (Esses coeficientes são, simplesmente, as coordenadas de $\mathbf{y}$ em relação à base $\mathcal{B}$, como na Seção 4.4.)

EXEMPLO 2 Sejam $\mathbf{b}_1 = \begin{bmatrix} 4 \\ 0 \\ 3 \end{bmatrix}$, $\mathbf{b}_2 = \begin{bmatrix} 0 \\ 4 \\ 2 \end{bmatrix}$, $\mathbf{b}_3 = \begin{bmatrix} 5 \\ 2 \\ 4 \end{bmatrix}$, $\mathbf{p}_1 = \begin{bmatrix} 2 \\ 0 \\ 0 \end{bmatrix}$ e $\mathbf{p}_2 = \begin{bmatrix} 1 \\ 2 \\ 2 \end{bmatrix}$. O conjunto $\mathcal{B} = \{\mathbf{b}_1, \mathbf{b}_2, \mathbf{b}_3\}$ é uma base para $\mathbb{R}^3$. Determine se os pontos $\mathbf{p}_1$ e $\mathbf{p}_2$ são combinações afins dos pontos em $\mathcal{B}$.

SOLUÇÃO Encontre as coordenadas de $\mathbf{p}_1$ e $\mathbf{p}_2$ em relação à base $\mathcal{B}$. Esses dois cálculos podem ser combinados por meio do escalonamento da matriz $[\mathbf{b}_1 \ \mathbf{b}_2 \ \mathbf{b}_3 \ \mathbf{p}_1 \ \mathbf{p}_2]$, aumentada com duas colunas:

$$\begin{bmatrix} 4 & 0 & 5 & 2 & 1 \\ 0 & 4 & 2 & 0 & 2 \\ 3 & 2 & 4 & 0 & 2 \end{bmatrix} \sim \begin{bmatrix} 1 & 0 & 0 & -2 & \frac{2}{3} \\ 0 & 1 & 0 & -1 & \frac{2}{3} \\ 0 & 0 & 1 & 2 & -\frac{1}{3} \end{bmatrix}$$

Leia a coluna 4 para os coeficientes de $\mathbf{p}_1$ e a coluna 5 para os coeficientes de $\mathbf{p}_2$:

$$\mathbf{p}_1 = -2\mathbf{b}_1 - \mathbf{b}_2 + 2\mathbf{b}_3 \qquad \text{e} \qquad \mathbf{p}_2 = \tfrac{2}{3}\mathbf{b}_1 + \tfrac{2}{3}\mathbf{b}_2 - \tfrac{1}{3}\mathbf{b}_3$$

A soma dos coeficientes na combinação linear para $\mathbf{p}_1$ é -1 e não 1, de modo que $\mathbf{p}_1$ *não* é uma combinação afim dos pontos em $\mathbf{b}$. No entanto, $\mathbf{p}_2$ *é* uma combinação afim dos pontos em $\mathbf{b}$, já que a soma dos coeficientes na combinação linear para $\mathbf{p}_2$ é 1. $\qquad \blacksquare$

DEFINIÇÃO

> Um conjunto S é **afim** se $\mathbf{p}, \mathbf{q} \in S$ implica ser $(1 - t)\mathbf{p} + t\mathbf{q} \in S$ para todo número real t.

Geometricamente, um conjunto é afim se, sempre que dois pontos pertencerem ao conjunto, a reta contendo esses dois pontos estiver contida no conjunto. (Se S só contiver um ponto $\mathbf{p}$, então a reta contendo $\mathbf{p}$ e $\mathbf{p}$ será só um ponto, uma reta "degenerada".) Em termos algébricos, para um conjunto S ser afim, a definição requer que toda combinação afim de dois pontos em S pertença a S. De maneira surpreendente, isso é equivalente a exigir que S contenha todas as combinações afins de um número arbitrário de pontos em S.

TEOREMA 2

> Um conjunto S é afim se e somente se toda combinação afim de pontos em S pertencer a S. Em outras palavras, S é afim se e somente se $S = $ afim S.

Observação: Veja a observação antes do Teorema 5 no Capítulo 3 sobre indução matemática.

DEMONSTRAÇÃO Suponha que S seja afim e use indução no número m de pontos de S que aparecem em uma combinação afim. Quando m é 1 ou 2, uma combinação afim de m pontos em S pertence a S pela definição de conjunto afim. Suponha agora que qualquer combinação afim de k ou menos pontos em S pertence a S e considere uma combinação afim de $k + 1$ pontos. Seja $\mathbf{v}_i$ em S, para $i = 1, \ldots, k + 1$, e seja $\mathbf{y} = c_1\mathbf{v}_1 + \cdots + c_k\mathbf{v}_k + c_{k+1}\mathbf{v}_{k+1}$, com $c_1 + \cdots + c_{k+1} = 1$. Como a soma dos c_i é 1, pelo menos um deles é diferente de 1. Reordenando os $\mathbf{v}_i$ e c_i, se necessário, podemos supor, sem perda de generalidade, que $c_{k+1} \neq 1$. Seja $t = c_1 + \cdots + c_k$. Então $t = 1 - c_{k+1} \neq 0$ e

$$\mathbf{y} = (1 - c_{k+1})\left(\frac{c_1}{t}\mathbf{v}_1 + \cdots + \frac{c_k}{t}\mathbf{v}_k\right) + c_{k+1}\mathbf{v}_{k+1} \qquad (6)$$

Pela hipótese de indução, o ponto $\mathbf{z} = (c_1/t)\mathbf{v}_1 + \cdots + (c_k/t)\mathbf{v}_k$ pertence a S, já que seus coeficientes somam 1. Então (6) mostra $\mathbf{y}$ como uma combinação afim de dois pontos em S; logo, pertence a S. Pelo princípio de indução, toda combinação afim de pontos em S pertence a S, ou seja, afim $S \subseteq S$. Como a inclusão inversa, $S \subseteq$ afim S sempre é verdadeira, temos que, quando S é afim, $S = $ afim S. Reciprocamente, se $S =$ afim S, então combinações afins de dois (ou mais) pontos em S pertencem a S; logo, S é afim. ∎

A próxima definição fornece terminologia para conjuntos afins enfatizando a conexão com subespaços de $\mathbb{R}^n$.

DEFINIÇÃO

Uma translação de um conjunto S em $\mathbb{R}^n$ por um vetor $\mathbf{p}$ é o conjunto $S + \mathbf{p} = \{\mathbf{s} + \mathbf{p} : \mathbf{s} \in S\}$.[2] Uma **variedade afim** em $\mathbb{R}^n$ é uma translação de um subespaço de $\mathbb{R}^n$. Duas variedades afins são **paralelas** se uma delas for uma translação da outra. A **dimensão de uma variedade afim** é a dimensão do subespaço paralelo correspondente. A **dimensão de um conjunto** S, denotada por dim S, é a dimensão da menor variedade afim que contém S. Uma **reta** em $\mathbb{R}^n$ é uma variedade afim de dimensão 1. Um **hiperplano** em $\mathbb{R}^n$ é uma variedade afim de dimensão $n - 1$.

Em $\mathbb{R}^3$, os subespaços próprios[3] consistem em: a origem $\mathbf{0}$, todas as retas contendo a origem e todos os planos contendo a origem. Logo, as variedades afins próprias em $\mathbb{R}^3$ são os pontos (de dimensão zero), as retas (de dimensão 1) e os planos (de dimensão 2), que podem conter ou não a origem.

O próximo teorema mostra que essas descrições geométricas de retas e planos em $\mathbb{R}^3$ (como translações de subespaços) coincidem, de fato, com as descrições algébricas anteriores como conjuntos de todas as combinações afins de dois ou três pontos, respectivamente.

TEOREMA 3

Um conjunto não vazio S é afim se e somente se for uma variedade afim.

Observação: Note como as definições fornecem a chave para a demonstração. Por exemplo, a primeira parte supõe que S é afim e procura mostrar que S é uma variedade afim. Por definição, uma variedade afim é uma translação de um subespaço. Escolhendo $\mathbf{p}$ em S e definindo $W = S + (-\mathbf{p})$, o conjunto S é transladado para a origem de $S = W + \mathbf{p}$. Só falta provar que W é um subespaço, pois, neste caso, S será uma translação de um subespaço e, portanto, uma variedade afim.

DEMONSTRAÇÃO Suponha que S seja afim. Seja $\mathbf{p}$ um ponto fixo em S e seja

$$W = S + (-\mathbf{p}), \text{ de modo que } S = W + \mathbf{p}$$

Para mostrar que S é uma variedade afim, basta mostrar que W é um subespaço de $\mathbb{R}^n$. Como $\mathbf{p}$ está em S, o vetor nulo pertence a W. Para mostrar que W é fechado em relação à soma de vetores e à multiplicação por escalares, basta mostrar que, se $\mathbf{u}_1$ e $\mathbf{u}_2$ pertencerem a W, então $\mathbf{u}_1 + t\mathbf{u}_2$ pertencerá a W, qualquer que seja o número real t. Ou seja, queremos mostrar que $\mathbf{u}_1 + t\mathbf{u}_2$ está em $S + (-\mathbf{p})$. Como $\mathbf{u}_1$ e $\mathbf{u}_2$ estão em W, existem $\mathbf{s}_1$ e $\mathbf{s}_2$ em S tais que

$$\mathbf{u}_1 = \mathbf{s}_1 - \mathbf{p} \text{ e } \mathbf{u}_2 = \mathbf{s}_2 - \mathbf{p}$$

Segue que

$$\mathbf{u}_1 + t\mathbf{u}_2 = \mathbf{s}_1 - \mathbf{p} + t(\mathbf{s}_2 - \mathbf{p})$$
$$= \mathbf{s}_1 + t\mathbf{s}_2 - t\mathbf{p} - \mathbf{p}$$

Reagrupando os três primeiros termos, vemos que $\mathbf{s}_1 + t\mathbf{s}_2 - t\mathbf{p}$ está em S, já que a soma dos coeficientes é 1 e S é afim. (Veja o Teorema 2.) Logo, $\mathbf{u}_1 + t\mathbf{u}_2$ está em $S - \mathbf{p} = W$. Isso mostra que W é um subespaço de $\mathbb{R}^n$ e S é uma variedade afim, pois $S = W + \mathbf{p}$.

Reciprocamente, suponha que S seja uma variedade afim, ou seja, $S = W + \mathbf{p}$ para algum $\mathbf{p} \in \mathbb{R}^n$ e algum subespaço W. Para mostrar que S é afim, basta mostrar que, dados dois pontos quaisquer $\mathbf{s}_1$ e $\mathbf{s}_2$ em S, a reta contendo $\mathbf{s}_1$ e $\mathbf{s}_2$ está contida em S. Pela definição de W, existem $\mathbf{u}_1$ e $\mathbf{u}_2$ em W tais que

$$\mathbf{s}_1 = \mathbf{u}_1 + \mathbf{p} \text{ e } \mathbf{s}_2 = \mathbf{u}_2 + \mathbf{p}$$

Assim, para cada t real, temos

$$(1 - t)\mathbf{s}_1 + t\mathbf{s}_2 = (1 - t)(\mathbf{u}_1 + \mathbf{p}) + t(\mathbf{u}_2 + \mathbf{p})$$
$$= (1 - t)\mathbf{u}_1 + (1 - t)\mathbf{p} + t\mathbf{u}_2 + t\mathbf{p}$$
$$= (1 - t)\mathbf{u}_1 + t\mathbf{u}_2 + \mathbf{p}$$

Como W é um subespaço, $(1 - t)\mathbf{u}_1 + t\mathbf{u}_2 \in W$, de modo que $(1 - t)\mathbf{s}_1 + t\mathbf{s}_2 \in W + \mathbf{p} = S$. Portanto, S é afim. ∎

---

[2]Se $\mathbf{p} = \mathbf{0}$, o transladado de S é o próprio S. Veja a Figura 4 na Seção 1.5.
[3]Um subconjunto A de um conjunto B é dito um subconjunto **próprio** de B se $A \neq B$. A mesma condição se aplica a subespaços próprios e variedades afins próprias em $\mathbb{R}^n$: não são iguais a $\mathbb{R}^n$.

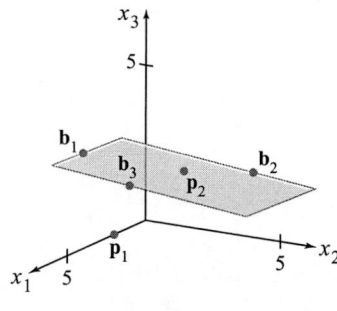

FIGURA 3

O Teorema 3 fornece um modo geométrico de se ver o fecho afim de um conjunto: é a variedade afim que consiste em todas as combinações afins de pontos no conjunto. Por exemplo, a Figura 3 mostra os pontos estudados no Exemplo 2. Embora o conjunto de todas as combinações *lineares* de $\mathbf{b}_1$, $\mathbf{b}_2$ e $\mathbf{b}_3$ seja todo $\mathbb{R}^3$, o conjunto de todas as combinações *afins* é apenas o plano que contém $\mathbf{b}_1$, $\mathbf{b}_2$ e $\mathbf{b}_3$. Note que $\mathbf{p}_2$ (do Exemplo 2) pertence ao plano definido por $\mathbf{b}_1$, $\mathbf{b}_2$ e $\mathbf{b}_3$, enquanto $\mathbf{p}_1$ não pertence a esse plano. Veja também o Exercício 22.

O próximo exemplo apresenta um conjunto familiar — o conjunto de soluções de um sistema $A\mathbf{x} = \mathbf{b}$ — sob um ponto de vista novo.

EXEMPLO 3 Suponha que as soluções da equação $A\mathbf{x} = \mathbf{b}$ sejam todas da forma $\mathbf{x} = x_3\mathbf{u} + \mathbf{p}$, na qual $\mathbf{u} = \begin{bmatrix} 2 \\ -3 \\ 1 \end{bmatrix}$ e $\mathbf{p} = \begin{bmatrix} 4 \\ 0 \\ -3 \end{bmatrix}$. Lembre-se, da Seção 1.5, de que esse conjunto é paralelo ao conjunto solução de $A\mathbf{x} = \mathbf{0}$, que consiste em todos os pontos da forma $x_3\mathbf{u}$. Encontre pontos $\mathbf{v}_1$ e $\mathbf{v}_2$ tais que o conjunto solução de $A\mathbf{x} = \mathbf{b}$ é afim $\{\mathbf{v}_1, \mathbf{v}_2\}$.

SOLUÇÃO O conjunto solução é uma reta contendo $\mathbf{p}$ na direção de $\mathbf{u}$, como na Figura 1. Como afim $\{\mathbf{v}_1, \mathbf{v}_2\}$ é a reta determinada por $\mathbf{v}_1$ e $\mathbf{v}_2$, basta identificar dois pontos na reta $\mathbf{x} = x_3\mathbf{u} + \mathbf{p}$. Duas escolhas simples correspondem a $x_3 = 0$ e $x_3 = 1$, ou seja, escolha $\mathbf{v}_1 = \mathbf{p}$ e $\mathbf{v}_2 = \mathbf{u} + \mathbf{p}$, de modo que

$$\mathbf{v}_2 = \mathbf{u} + \mathbf{p} = \begin{bmatrix} 2 \\ -3 \\ 1 \end{bmatrix} + \begin{bmatrix} 4 \\ 0 \\ -3 \end{bmatrix} = \begin{bmatrix} 6 \\ -3 \\ -2 \end{bmatrix}$$

Nesse caso, o conjunto solução pode ser descrito como o conjunto de todas as combinações afins da forma

$$\mathbf{x} = (1 - x_3)\begin{bmatrix} 4 \\ 0 \\ -3 \end{bmatrix} + x_3\begin{bmatrix} 6 \\ -3 \\ -2 \end{bmatrix}$$

■

Antes, o Teorema 1 mostrou uma conexão importante entre combinações afins e combinações lineares. O próximo teorema fornece outra visão de combinações afins, uma visão intimamente ligada a aplicações em computação gráfica nos casos de $\mathbb{R}^2$ e de $\mathbb{R}^3$, que serão discutidas na próxima seção (e o foram na Seção 2.7).

DEFINIÇÃO

Para $\mathbf{v}$ em $\mathbb{R}^n$, a **forma homogênea** padrão de $\mathbf{v}$ é o ponto $\tilde{\mathbf{v}} = \begin{bmatrix} \mathbf{v} \\ 1 \end{bmatrix}$ em $\mathbb{R}^{n+1}$.

TEOREMA 4

Um ponto $\mathbf{y}$ em $\mathbb{R}^n$ é uma combinação afim de $\mathbf{v}_1, \ldots, \mathbf{v}_p$ em $\mathbb{R}^n$ se e somente se a forma homogênea de $\mathbf{y}$ pertencer a $\mathscr{L}\{\tilde{\mathbf{v}}_1, \ldots, \tilde{\mathbf{v}}_p\}$. De fato, $\mathbf{y} = c_1\mathbf{v}_1 + \cdots + c_p\mathbf{v}_p$ com $c_1 + \cdots + c_p = 1$ se e somente se $\tilde{\mathbf{y}} = c_1\tilde{\mathbf{v}}_1 + \cdots + c_p\tilde{\mathbf{v}}_p$.

DEMONSTRAÇÃO Um ponto $\mathbf{y}$ pertence a afim$\{\mathbf{v}_1, \ldots, \mathbf{v}_p\}$ se e somente se existirem coeficientes $c_1, \ldots, c_p$ tais que

$$\begin{bmatrix} \mathbf{y} \\ 1 \end{bmatrix} = c_1\begin{bmatrix} \mathbf{v}_1 \\ 1 \end{bmatrix} + c_2\begin{bmatrix} \mathbf{v}_2 \\ 1 \end{bmatrix} + \cdots + c_p\begin{bmatrix} \mathbf{v}_p \\ 1 \end{bmatrix}$$

Isso ocorre se e somente se $\tilde{\mathbf{y}}$ pertencer a $\mathscr{L}\{\tilde{\mathbf{v}}_1, \tilde{\mathbf{v}}_2, \ldots, \tilde{\mathbf{v}}_p\}$. ■

EXEMPLO 4 Sejam $\mathbf{v}_1 = \begin{bmatrix} 3 \\ 1 \\ 1 \end{bmatrix}$, $\mathbf{v}_2 = \begin{bmatrix} 1 \\ 2 \\ 2 \end{bmatrix}$, $\mathbf{v}_3 = \begin{bmatrix} 1 \\ 7 \\ 1 \end{bmatrix}$ e $\mathbf{p} = \begin{bmatrix} 4 \\ 3 \\ 0 \end{bmatrix}$. Use o Teorema 4 para escrever $\mathbf{p}$ como uma combinação afim de $\mathbf{v}_1$, $\mathbf{v}_2$ e $\mathbf{v}_3$, se possível.

SOLUÇÃO Escalone a matriz aumentada para a equação

$$x_1\tilde{\mathbf{v}}_1 + x_2\tilde{\mathbf{v}}_2 + x_3\tilde{\mathbf{v}}_3 = \tilde{\mathbf{p}}$$

Para simplificar a aritmética, mova a quarta linha com todos os elementos iguais a 1 para o topo (equivalente a três trocas de linhas). Depois disso, o número de operações aritméticas é basicamente o mesmo que para o método usando o Teorema 1.

$$[\tilde{\mathbf{v}}_1 \quad \tilde{\mathbf{v}}_2 \quad \tilde{\mathbf{v}}_3 \quad \tilde{\mathbf{p}}] \sim \begin{bmatrix} 1 & 1 & 1 & 1 \\ 3 & 1 & 1 & 4 \\ 1 & 2 & 7 & 3 \\ 1 & 2 & 1 & 0 \end{bmatrix} \sim \begin{bmatrix} 1 & 1 & 1 & 1 \\ 0 & -2 & -2 & 1 \\ 0 & 1 & 6 & 2 \\ 0 & 1 & 0 & -1 \end{bmatrix} \sim \cdots \sim \begin{bmatrix} 1 & 0 & 0 & 1,5 \\ 0 & 1 & 0 & -1 \\ 0 & 0 & 1 & 0,5 \\ 0 & 0 & 0 & 0 \end{bmatrix}$$

Pelo Teorema 4, $1,5\mathbf{v}_1 - \mathbf{v}_2 + 0,5\mathbf{v}_3 = \mathbf{p}$. Veja a Figura 4, que mostra o plano que contém $\mathbf{v}_1$, $\mathbf{v}_2$, $\mathbf{v}_3$ e $\mathbf{p}$ (juntos com os pontos nos eixos coordenados). ∎

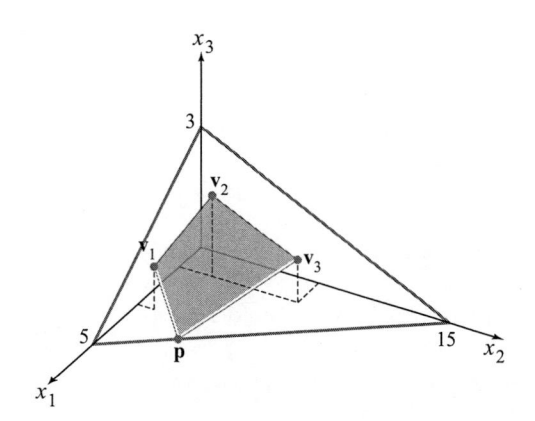

FIGURA 4

Problema Prático

Coloque os pontos $\mathbf{v}_1 = \begin{bmatrix} 1 \\ 0 \end{bmatrix}$, $\mathbf{v}_2 = \begin{bmatrix} -1 \\ 2 \end{bmatrix}$, $\mathbf{v}_3 = \begin{bmatrix} 3 \\ 1 \end{bmatrix}$ e $\mathbf{p} = \begin{bmatrix} 4 \\ 3 \end{bmatrix}$ em um papel quadriculado e explique por que $\mathbf{p}$ *tem* de ser uma combinação afim de $\mathbf{v}_1$, $\mathbf{v}_2$ e $\mathbf{v}_3$. Depois encontre a combinação afim para $\mathbf{p}$. [*Sugestão:* Qual é a dimensão de afim $\{\mathbf{v}_1, \mathbf{v}_2, \mathbf{v}_3\}$?]

8.1 EXERCÍCIOS

Nos Exercícios 1 a 4, escreva $\mathbf{y}$ como uma combinação afim dos outros pontos listados, se possível.

1. $\mathbf{v}_1 = \begin{bmatrix} 1 \\ 2 \end{bmatrix}$, $\mathbf{v}_2 = \begin{bmatrix} -2 \\ 2 \end{bmatrix}$, $\mathbf{v}_3 = \begin{bmatrix} 0 \\ 4 \end{bmatrix}$, $\mathbf{v}_4 = \begin{bmatrix} 3 \\ 7 \end{bmatrix}$, $\mathbf{y} = \begin{bmatrix} 5 \\ 3 \end{bmatrix}$

2. $\mathbf{v}_1 = \begin{bmatrix} 1 \\ 1 \end{bmatrix}$, $\mathbf{v}_2 = \begin{bmatrix} -1 \\ 2 \end{bmatrix}$, $\mathbf{v}_3 = \begin{bmatrix} 3 \\ 2 \end{bmatrix}$, $\mathbf{y} = \begin{bmatrix} 5 \\ 7 \end{bmatrix}$

3. $\mathbf{v}_1 = \begin{bmatrix} -3 \\ 1 \\ 1 \end{bmatrix}$, $\mathbf{v}_2 = \begin{bmatrix} 0 \\ 4 \\ -2 \end{bmatrix}$, $\mathbf{v}_3 = \begin{bmatrix} 4 \\ -2 \\ 6 \end{bmatrix}$, $\mathbf{y} = \begin{bmatrix} 17 \\ 1 \\ 5 \end{bmatrix}$

4. $\mathbf{v}_1 = \begin{bmatrix} 1 \\ 2 \\ 0 \end{bmatrix}$, $\mathbf{v}_2 = \begin{bmatrix} 2 \\ -6 \\ 7 \end{bmatrix}$, $\mathbf{v}_3 = \begin{bmatrix} 4 \\ 3 \\ 1 \end{bmatrix}$, $\mathbf{y} = \begin{bmatrix} -3 \\ 4 \\ -4 \end{bmatrix}$

Nos Exercícios 5 e 6, sejam $\mathbf{b}_1 = \begin{bmatrix} 2 \\ 1 \\ 1 \end{bmatrix}$, $\mathbf{b}_2 = \begin{bmatrix} 1 \\ 0 \\ -2 \end{bmatrix}$, $\mathbf{b}_3 = \begin{bmatrix} 2 \\ -5 \\ 1 \end{bmatrix}$ e

$S = \{\mathbf{b}_1, \mathbf{b}_2, \mathbf{b}_3\}$. Note que S é uma base ortogonal para $\mathbb{R}^3$. Escreva cada um dos pontos dados como uma combinação afim de pontos no conjunto S, se possível. [*Sugestão:* Use o Teorema 5, na Seção 6.2, em vez de escalonamento para encontrar os coeficientes.]

5. a. $\mathbf{p}_1 = \begin{bmatrix} 3 \\ 8 \\ 4 \end{bmatrix}$ b. $\mathbf{p}_2 = \begin{bmatrix} 6 \\ -3 \\ 3 \end{bmatrix}$ c. $\mathbf{p}_3 = \begin{bmatrix} 0 \\ -1 \\ -5 \end{bmatrix}$

6. a. $\mathbf{p}_1 = \begin{bmatrix} 0 \\ -19 \\ -5 \end{bmatrix}$ b. $\mathbf{p}_2 = \begin{bmatrix} 1,5 \\ -1,3 \\ -0,5 \end{bmatrix}$ c. $\mathbf{p}_3 = \begin{bmatrix} 5 \\ -4 \\ 0 \end{bmatrix}$

7. Sejam

$$\mathbf{v}_1 = \begin{bmatrix} 1 \\ 0 \\ 3 \\ 0 \end{bmatrix}, \quad \mathbf{v}_2 = \begin{bmatrix} 2 \\ -1 \\ 0 \\ 4 \end{bmatrix}, \quad \mathbf{v}_3 = \begin{bmatrix} -1 \\ 2 \\ 1 \\ 1 \end{bmatrix},$$

$$\mathbf{p}_1 = \begin{bmatrix} 5 \\ -3 \\ 5 \\ 3 \end{bmatrix}, \quad \mathbf{p}_2 = \begin{bmatrix} -9 \\ 10 \\ 9 \\ -13 \end{bmatrix}, \quad \mathbf{p}_3 = \begin{bmatrix} 4 \\ 2 \\ 8 \\ 5 \end{bmatrix}$$

e $S = \{\mathbf{v}_1, \mathbf{v}_2, \mathbf{v}_3\}$. Pode-se mostrar que S é linearmente independente.

a. $\mathbf{p}_1$ pertence a $\mathscr{L}(S)$? $\mathbf{p}_1$ pertence a afim S?

b. $\mathbf{p}_2$ pertence a $\mathscr{L}(S)$? $\mathbf{p}_2$ pertence a afim S?

c. $\mathbf{p}_3$ pertence a $\mathscr{L}(S)$? $\mathbf{p}_3$ pertence a afim S?

8. Repita o Exercício 7 quando

$$\mathbf{v}_1 = \begin{bmatrix} 1 \\ 0 \\ 3 \\ -2 \end{bmatrix}, \quad \mathbf{v}_2 = \begin{bmatrix} 2 \\ 1 \\ 6 \\ -5 \end{bmatrix}, \quad \mathbf{v}_3 = \begin{bmatrix} 3 \\ 0 \\ 12 \\ -6 \end{bmatrix},$$

$$\mathbf{p}_1 = \begin{bmatrix} 4 \\ -1 \\ 15 \\ -7 \end{bmatrix}, \quad \mathbf{p}_2 = \begin{bmatrix} -5 \\ 3 \\ -8 \\ 6 \end{bmatrix} \quad \text{e} \quad \mathbf{p}_3 = \begin{bmatrix} 1 \\ 6 \\ -6 \\ -8 \end{bmatrix}.$$

9. Suponha que as soluções de uma equação $A\mathbf{x} = \mathbf{b}$ sejam todas da forma $\mathbf{x} = x_3\mathbf{u} + \mathbf{p}$, em que $\mathbf{u} = \begin{bmatrix} 4 \\ -2 \end{bmatrix}$ e $\mathbf{p} = \begin{bmatrix} -3 \\ 0 \end{bmatrix}$. Encontre pontos $\mathbf{v}_1$ e $\mathbf{v}_2$ tais que o conjunto solução de $A\mathbf{x} = \mathbf{b}$ é igual a afim $\{\mathbf{v}_1, \mathbf{v}_2\}$.

10. Suponha que as soluções de uma equação $A\mathbf{x} = \mathbf{b}$ sejam todas da forma $\mathbf{x} = x_3\mathbf{u} + \mathbf{p}$, em que $\mathbf{u} = \begin{bmatrix} 5 \\ 1 \\ -2 \end{bmatrix}$ e $\mathbf{p} = \begin{bmatrix} 1 \\ -3 \\ 4 \end{bmatrix}$. Encontre pontos $\mathbf{v}_1$ e $\mathbf{v}_2$ tais que o conjunto solução de $A\mathbf{x} = \mathbf{b}$ é igual a afim $\{\mathbf{v}_1, \mathbf{v}_2\}$.

Nos Exercícios 11 a 20, marque cada afirmação como Verdadeira ou Falsa (**V/F**). Justifique cada resposta.

11. (**V/F**) O conjunto de todas as combinações afins de pontos em um conjunto S é chamado fecho afim de S.

12. (**V/F**) Se $S = \{\mathbf{x}\}$, então afim S será o conjunto vazio.

13. (**V/F**) Se $\{\mathbf{b}_1, ..., \mathbf{b}_k\}$ for um conjunto linearmente independente em $\mathbb{R}^n$ e se $\mathbf{p}$ for uma combinação linear de $\mathbf{b}_1, ..., \mathbf{b}_k$, então $\mathbf{p}$ será uma combinação afim de $\mathbf{b}_1, ..., \mathbf{b}_k$.

14. (**V/F**) Um conjunto é afim se e somente se contiver seu fecho afim.

15. (**V/F**) O fecho afim de dois pontos distintos é chamado reta.

16. (**V/F**) Uma variedade afim de dimensão 1 é chamada reta.

17. (**V/F**) Uma variedade afim é um subespaço.

18. (**V/F**) Uma variedade afim de dimensão 2 é chamada hiperplano.

19. (**V/F**) Um plano em $\mathbb{R}^3$ é um hiperplano.

20. (**V/F**) Uma variedade afim que contém a origem é um subespaço.

21. Suponha que $\{\mathbf{v}_1, \mathbf{v}_2, \mathbf{v}_3\}$ seja uma base para $\mathbb{R}^3$. Mostre que $\mathscr{L}\{\mathbf{v}_2 - \mathbf{v}_1, \mathbf{v}_3 - \mathbf{v}_1\}$ é um plano em $\mathbb{R}^3$. [*Sugestão:* O que você pode dizer sobre $\mathbf{u}$ e $\mathbf{v}$ quando $\mathscr{L}\{\mathbf{u}, \mathbf{v}\}$ é um plano?]

22. Mostre que, se $\{\mathbf{v}_1, \mathbf{v}_2, \mathbf{v}_3\}$ for uma base para $\mathbb{R}^3$, então afim$\{\mathbf{v}_1, \mathbf{v}_2, \mathbf{v}_3\}$ será o plano que contém $\mathbf{v}_1$, $\mathbf{v}_2$ e $\mathbf{v}_3$.

23. Seja A uma matriz $m \times n$. Dado $\mathbf{b}$ em $\mathbb{R}^m$, mostre que o conjunto S de todas as soluções de $A\mathbf{x} = \mathbf{b}$ é um subconjunto afim de $\mathbb{R}^n$.

24. Sejam $\mathbf{v} \in \mathbb{R}^n$ e $k \in \mathbb{R}$. Prove que $S = \{\mathbf{x} \in \mathbb{R}^n : \mathbf{x} \cdot \mathbf{v} = k\}$ é um subconjunto afim de $\mathbb{R}^n$.

25. Escolha um conjunto S de três pontos de modo que afim S seja o plano em $\mathbb{R}^3$ cuja equação é $x_3 = 5$. Justifique sua resposta.

26. Escolha um conjunto S de quatro pontos distintos em $\mathbb{R}^3$ de modo que afim S seja o plano em $\mathbb{R}^3$ cuja equação é $2x_1 + x_2 - 3x_3 = 12$. Justifique sua resposta.

27. Seja S um subconjunto afim de $\mathbb{R}^n$ e suponha que $f : \mathbb{R}^n \to \mathbb{R}^m$ seja uma transformação linear. Denote por $f(S)$ o conjunto de imagens $\{f(\mathbf{x}) : \mathbf{x} \in S\}$. Prove que $f(S)$ é um subconjunto afim de $\mathbb{R}^m$.

28. Sejam $f : \mathbb{R}^n \to \mathbb{R}^m$ uma transformação linear, T um subconjunto afim de $\mathbb{R}^m$ e $S = \{\mathbf{x} \in \mathbb{R}^n : f(\mathbf{x}) \in T\}$. Prove que S é um subconjunto afim de $\mathbb{R}^n$.

Nos Exercícios 29 a 34, prove as afirmações sobre os subconjuntos A e B de $\mathbb{R}^n$ ou encontre o exemplo pedido em $\mathbb{R}^2$. Uma demonstração para um exercício pode usar resultados de exercícios anteriores (além dos teoremas já disponíveis no texto).

29. Se $A \subseteq B$ e B for afim, então afim $A \subseteq B$.

30. Se $A \subseteq B$, então afim $A \subseteq$ afim B.

31. $[(\text{afim } A) \cup (\text{afim } B)] \subseteq \text{afim } (A \cup B)$. [*Sugestão:* Para mostrar que $D \cup E \subseteq F$, mostre que $D \subseteq F$ e $E \subseteq F$.]

32. Encontre um exemplo em $\mathbb{R}^2$ para mostrar que a igualdade pode não ser válida na afirmação do Exercício 31. [*Sugestão:* Considere conjuntos A e B contendo apenas um ou dois pontos.]

33. afim $(A \cap B) \subseteq (\text{afim } A \cap \text{afim } B)$.

34. Encontre um exemplo em $\mathbb{R}^2$ para mostrar que a igualdade pode não ser válida na afirmação do Exercício 33.

Solução do Problema Prático

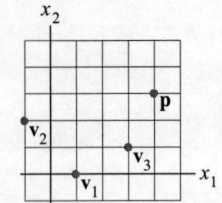

Como os pontos $\mathbf{v}_1$, $\mathbf{v}_2$ e $\mathbf{v}_3$ não são colineares (ou seja, não pertencem a uma mesma reta), afim $\{\mathbf{v}_1, \mathbf{v}_2, \mathbf{v}_3\}$ não pode ter dimensão 1. Logo, afim $\{\mathbf{v}_1, \mathbf{v}_2, \mathbf{v}_3\}$ tem de ser igual a $\mathbb{R}^2$. Para encontrar os coeficientes usados para expressar $\mathbf{p}$ como uma combinação afim de $\mathbf{v}_1$, $\mathbf{v}_2$ e $\mathbf{v}_3$, calcule primeiro

$$\mathbf{v}_2 - \mathbf{v}_1 = \begin{bmatrix} -2 \\ 2 \end{bmatrix}, \quad \mathbf{v}_3 - \mathbf{v}_1 = \begin{bmatrix} 2 \\ 1 \end{bmatrix} \quad \text{e} \quad \mathbf{p} - \mathbf{v}_1 = \begin{bmatrix} 3 \\ 3 \end{bmatrix}$$

Para escrever $\mathbf{p} - \mathbf{v}_1$ como uma combinação linear de $\mathbf{v}_2 - \mathbf{v}_1$ e $\mathbf{v}_3 - \mathbf{v}_1$, escalone a matriz que tem esses pontos como colunas:

$$\begin{bmatrix} -2 & 2 & 3 \\ 2 & 1 & 3 \end{bmatrix} \sim \begin{bmatrix} 1 & 0 & \frac{1}{2} \\ 0 & 1 & 2 \end{bmatrix}$$

Então $\mathbf{p} - \mathbf{v}_1 = \frac{1}{2}(\mathbf{v}_2 - \mathbf{v}_1) + 2(\mathbf{v}_3 - \mathbf{v}_1)$, o que mostra que

$$\mathbf{p} = \left(1 - \frac{1}{2} - 2\right)\mathbf{v}_1 + \frac{1}{2}\mathbf{v}_2 + 2\mathbf{v}_3 = -\frac{3}{2}\mathbf{v}_1 + \frac{1}{2}\mathbf{v}_2 + 2\mathbf{v}_3$$

Isso expressa $\mathbf{p}$ como uma combinação afim de $\mathbf{v}_1$, $\mathbf{v}_2$ e $\mathbf{v}_3$, já que a soma dos coeficientes é 1.

Um modo alternativo é usar o método do Exemplo 4 e escalonar:

$$\begin{bmatrix} \mathbf{v}_1 & \mathbf{v}_2 & \mathbf{v}_3 & \mathbf{p} \\ 1 & 1 & 1 & 1 \end{bmatrix} \sim \begin{bmatrix} 1 & 1 & 1 & 1 \\ 1 & -1 & 3 & 4 \\ 0 & 2 & 1 & 3 \end{bmatrix} \sim \begin{bmatrix} 1 & 0 & 0 & -\frac{3}{2} \\ 0 & 1 & 0 & \frac{1}{2} \\ 0 & 0 & 1 & 2 \end{bmatrix}$$

Isto mostra que $\mathbf{p} = -\frac{3}{2}\mathbf{v}_1 + \frac{1}{2}\mathbf{v}_2 + 2\mathbf{v}_3$.

8.2 INDEPENDÊNCIA AFIM

Esta seção continua a explorar a relação entre os conceitos lineares e os conceitos afins. Considere, primeiro, um conjunto de três vetores em $\mathbb{R}^3$, digamos $S = \{\mathbf{v}_1, \mathbf{v}_2, \mathbf{v}_3\}$. Se S for linearmente dependente, um dos vetores poderá ser escrito como uma combinação linear dos outros dois. O que acontece quando um dos vetores é uma combinação *afim* dos outros dois? Por exemplo, suponha que

$$\mathbf{v}_3 = (1 - t)\mathbf{v}_1 + t\mathbf{v}_2, \quad \text{para algum } t \text{ em } \mathbb{R}.$$

Então

$$(1 - t)\mathbf{v}_1 + t\mathbf{v}_2 - \mathbf{v}_3 = \mathbf{0}.$$

Esta é uma relação de dependência linear, já que nem todos os coeficientes são nulos. Mas podemos dizer mais do que isso — a soma dos coeficientes na relação de dependência é igual a zero:

$$(1 - t) + t + (-1) = 0.$$

Esta é a propriedade adicional necessária para definir *dependência afim*.

DEFINIÇÃO

Um conjunto de pontos indexados $\{\mathbf{v}_1, \ldots, \mathbf{v}_p\}$ em $\mathbb{R}^n$ é **dependente do ponto de vista afim** (ou **dependente afim**, para simplificar) se existirem números reais $c_1, \ldots, c_p$, nem todos nulos, tais que

$$c_1 + \cdots + c_p = 0 \quad \text{e} \quad c_1\mathbf{v}_1 + \cdots + c_p\mathbf{v}_p = \mathbf{0} \tag{1}$$

Caso contrário, o conjunto é dito **independente do ponto de vista afim** (ou **independente afim**).

Uma combinação afim é um tipo particular de combinação linear, e a dependência afim é um tipo restrito de dependência linear. Assim, cada conjunto dependente afim é, de modo automático, linearmente dependente.

Um conjunto $\{\mathbf{v}_1\}$ contendo apenas um ponto (mesmo sendo o vetor nulo) tem de ser independente afim, já que as propriedades sobre os coeficientes para que o conjunto seja dependente não podem ser cumpridas quando só há um coeficiente. Para $\{\mathbf{v}_1\}$, a primeira equação em (1) é simplesmente $c_1 = 0$ e pelo menos um dos coeficientes (o único) tem de ser diferente de zero.

O Exercício 21 pede que você mostre que um conjunto indexado $\{\mathbf{v}_1, \mathbf{v}_2\}$ é dependente afim se e somente se $\mathbf{v}_1 = \mathbf{v}_2$. O teorema a seguir trata do caso geral e mostra como o conceito de dependência afim é análogo ao de dependência linear. Os itens (c) e (d) fornecem métodos úteis para determinar se um conjunto é dependente afim. Lembre-se, da Seção 8.1, de que, se $\mathbf{v}$ estiver em $\mathbb{R}^n$, o vetor $\tilde{\mathbf{v}}$ em $\mathbb{R}^{n+1}$ denotará a forma homogênea de $\mathbf{v}$.

TEOREMA 5

Dado um conjunto indexado $S = \{\mathbf{v}_1, \ldots, \mathbf{v}_p\}$ em $\mathbb{R}^n$ com $p \geq 2$, as afirmações a seguir são logicamente equivalentes. Em outras palavras, ou todas são verdadeiras, ou todas são falsas.

a. S é dependente afim.
b. Um dos pontos em S é uma combinação afim de outros pontos em S.
c. O conjunto $\{\mathbf{v}_2 - \mathbf{v}_1, \ldots, \mathbf{v}_p - \mathbf{v}_1\}$ em $\mathbb{R}^n$ é linearmente dependente.
d. O conjunto $\{\tilde{\mathbf{v}}_1, \ldots, \tilde{\mathbf{v}}_p\}$ de formas homogêneas em $\mathbb{R}^{n+1}$ é linearmente dependente.

DEMONSTRAÇÃO Suponha que a afirmação (a) seja verdadeira e sejam $c_1, \ldots, c_p$ escalares satisfazendo (1). Reordenando os pontos, se necessário, podemos supor, sem perda de generalidade, que $c_1 \neq 0$ e dividir ambas as equações em (1) por c_1, de modo que $1 + (c_2/c_1) + \cdots + (c_p/c_1) = 0$ e

$$\mathbf{v}_1 = (-c_2/c_1)\mathbf{v}_2 + \cdots + (-c_p/c_1)\mathbf{v}_p \tag{2}$$

Note que a soma dos coeficientes à direita do sinal de igualdade em (2) é igual a 1. Assim, (a) implica (b). Suponha agora que (b) seja verdadeira. Novamente, reordenando os pontos se necessário, podemos supor que $\mathbf{v}_1 = c_2\mathbf{v}_2 + \cdots + c_p\mathbf{v}_p$, em que $c_2 + \cdots + c_p = 1$. Temos

$$(c_2 + \cdots + c_p)\mathbf{v}_1 = c_2\mathbf{v}_2 + \cdots + c_p\mathbf{v}_p \tag{3}$$

e

$$c_2(\mathbf{v}_2 - \mathbf{v}_1) + \cdots + c_p(\mathbf{v}_p - \mathbf{v}_1) = \mathbf{0} \tag{4}$$

Nem todos os coeficientes $c_2, \ldots, c_p$ podem ser nulos, já que a soma é 1, de modo que (b) implica (c).

Se (c) for verdadeira, então existirão coeficientes $c_2, \ldots, c_p$, nem todos nulos, tais que (4) é válida. Colocando (4) na forma (3) e escolhendo $c_1 = -(c_2 + \cdots + c_p)$, obtemos $c_1 + \cdots + c_p = 0$. Assim, (3) mostra que (1) é válida, de modo que (c) implica (a). Isso prova que (a), (b) e (c) são logicamente equivalentes. Por fim, (d) é equivalente a (a), já que as duas equações em (1) são equivalentes à equação a seguir envolvendo as formas homogêneas dos pontos em S:

$$c_1 \begin{bmatrix} \mathbf{v}_1 \\ 1 \end{bmatrix} + \cdots + c_p \begin{bmatrix} \mathbf{v}_p \\ 1 \end{bmatrix} = \begin{bmatrix} \mathbf{0} \\ 0 \end{bmatrix} \qquad \blacksquare$$

Na afirmação (c) do Teorema 5, $\mathbf{v}_1$ poderia ser substituído por qualquer outro ponto na lista $\mathbf{v}_1, \ldots, \mathbf{v}_p$. Só a notação mudaria na demonstração. Assim, para testar se um conjunto é dependente afim, subtraia um ponto do conjunto dos outros pontos e verifique se o conjunto transladado com $p - 1$ pontos é linearmente dependente.

EXEMPLO 1 O fecho afim de dois pontos distintos $\mathbf{p}$ e $\mathbf{q}$ é uma reta. Se um terceiro ponto $\mathbf{r}$ pertencer a essa reta, então $\{\mathbf{p}, \mathbf{q}, \mathbf{r}\}$ é dependente afim. Se um ponto $\mathbf{s}$ não pertencer a esta reta, então esses três pontos não serão colineares e $\{\mathbf{p}, \mathbf{q}, \mathbf{s}\}$ será independente afim. Veja a Figura 1. $\qquad \blacksquare$

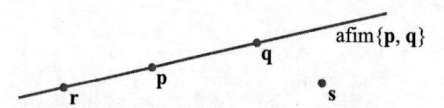

FIGURA 1 $\{\mathbf{p}, \mathbf{q}, \mathbf{r}\}$ é dependente afim.

EXEMPLO 2 Sejam $\mathbf{v}_1 = \begin{bmatrix} 1 \\ 3 \\ 7 \end{bmatrix}$, $\mathbf{v}_2 = \begin{bmatrix} 2 \\ 7 \\ 6,5 \end{bmatrix}$, $\mathbf{v}_3 = \begin{bmatrix} 0 \\ 4 \\ 7 \end{bmatrix}$ e $S = \{\mathbf{v}_1, \mathbf{v}_2, \mathbf{v}_3\}$. Determine se S é independente afim.

SOLUÇÃO Calcule $\mathbf{v}_2 - \mathbf{v}_1 = \begin{bmatrix} 1 \\ 4 \\ -0,5 \end{bmatrix}$ e $\mathbf{v}_3 - \mathbf{v}_1 = \begin{bmatrix} -1 \\ 1 \\ 0 \end{bmatrix}$. Esses dois pontos não são múltiplos; logo, formam um conjunto linearmente independente S'. Então, todas as afirmações no Teorema 5 são falsas e S é independente afim. A Figura 2 mostra S e sua translação S'. Note que $\mathscr{L}(S')$ é um plano contendo a origem, e afim S é um plano paralelo contendo $\mathbf{v}_1, \mathbf{v}_2$ e $\mathbf{v}_3$. (É claro que a figura só mostra uma parte dos planos.) $\qquad \blacksquare$

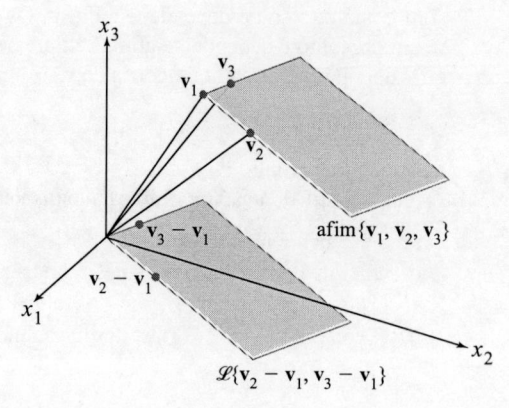

FIGURA 2 Conjunto independente afim $\{\mathbf{v}_1, \mathbf{v}_2, \mathbf{v}_3\}$.

EXEMPLO 3 Sejam $\mathbf{v}_1 = \begin{bmatrix} 1 \\ 3 \\ 7 \end{bmatrix}$, $\mathbf{v}_2 = \begin{bmatrix} 2 \\ 7 \\ 6,5 \end{bmatrix}$, $\mathbf{v}_3 = \begin{bmatrix} 0 \\ 4 \\ 7 \end{bmatrix}$, $\mathbf{v}_4 = \begin{bmatrix} 0 \\ 14 \\ 6 \end{bmatrix}$ e $S = \{\mathbf{v}_1, \ldots, \mathbf{v}_4\}$. O conjunto S é dependente afim?

SOLUÇÃO Calcule $\mathbf{v}_2 - \mathbf{v}_1 = \begin{bmatrix} 1 \\ 4 \\ -0,5 \end{bmatrix}$, $\mathbf{v}_3 - \mathbf{v}_1 = \begin{bmatrix} -1 \\ 1 \\ 0 \end{bmatrix}$ e $\mathbf{v}_4 - \mathbf{v}_1 = \begin{bmatrix} -1 \\ 11 \\ -1 \end{bmatrix}$, depois escalone a matriz:

$$\begin{bmatrix} 1 & -1 & -1 \\ 4 & 1 & 11 \\ -0,5 & 0 & -1 \end{bmatrix} \sim \begin{bmatrix} 1 & -1 & -1 \\ 0 & 5 & 15 \\ 0 & -0,5 & -1,5 \end{bmatrix} \sim \begin{bmatrix} 1 & -1 & -1 \\ 0 & 5 & 15 \\ 0 & 0 & 0 \end{bmatrix}$$

Lembre-se, da Seção 4.5 (ou da Seção 2.8), de que as colunas são linearmente dependentes, pois nem todas as colunas são colunas pivô, de modo que $\mathbf{v}_2 - \mathbf{v}_1$, $\mathbf{v}_3 - \mathbf{v}_1$ e $\mathbf{v}_4 - \mathbf{v}_1$ são linearmente dependentes. Pela afirmação (c) do Teorema 5, $\{\mathbf{v}_1, \mathbf{v}_2, \mathbf{v}_3, \mathbf{v}_4\}$ é um conjunto dependente afim. Essa dependência também poderia ter sido estabelecida usando-se o item (d) no Teorema 5, em vez do item (c). ∎

Os cálculos no Exemplo 3 mostram que $\mathbf{v}_4 - \mathbf{v}_1$ é uma combinação linear de $\mathbf{v}_2 - \mathbf{v}_1$ e $\mathbf{v}_3 - \mathbf{v}_1$, o que significa que $\mathbf{v}_4 - \mathbf{v}_1$ está em $\mathscr{L}\{\mathbf{v}_2 - \mathbf{v}_1, \mathbf{v}_3 - \mathbf{v}_1\}$. Pelo Teorema 1 na Seção 8.1, $\mathbf{v}_4$ está em afim $\{\mathbf{v}_1, \mathbf{v}_2, \mathbf{v}_3\}$. De fato, um escalonamento completo da matriz no Exemplo 3 mostraria que

$$\mathbf{v}_4 - \mathbf{v}_1 = 2(\mathbf{v}_2 - \mathbf{v}_1) + 3(\mathbf{v}_3 - \mathbf{v}_1) \tag{5}$$
$$\mathbf{v}_4 = -4\mathbf{v}_1 + 2\mathbf{v}_2 + 3\mathbf{v}_3 \tag{6}$$

Veja a Figura 3.

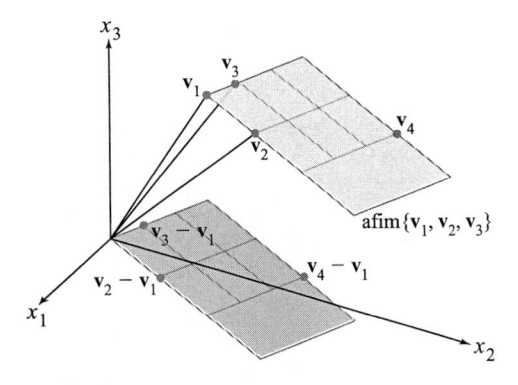

FIGURA 3 $\mathbf{v}_4$ pertence ao plano afim $\{\mathbf{v}_1, \mathbf{v}_2, \mathbf{v}_3\}$.

A Figura 3 mostra reticulados nos dois planos $\mathscr{L}\{\mathbf{v}_2 - \mathbf{v}_1, \mathbf{v}_3 - \mathbf{v}_1\}$ e afim $\{\mathbf{v}_1, \mathbf{v}_2, \mathbf{v}_3\}$. O reticulado em afim $\{\mathbf{v}_1, \mathbf{v}_2, \mathbf{v}_3\}$ baseia-se em (5). Outro "sistema de coordenadas" pode se basear em (6), em que os coeficientes –4, 2 e 3 são chamados de coordenadas *afins* ou *baricêntricas* de $\mathbf{v}_4$.

Coordenadas Baricêntricas

A definição de coordenadas baricêntricas depende da versão afim a seguir do Teorema de Representação Única na Seção 4.4. Veja o Exercício 25 no fim desta seção para a demonstração.

TEOREMA 6

Seja $S = \{\mathbf{v}_1, \ldots, \mathbf{v}_k\}$ um conjunto independente afim em $\mathbb{R}^n$. Então, cada $\mathbf{p}$ em afim S tem uma representação única como combinação afim de $\mathbf{v}_1, \ldots, \mathbf{v}_k$. Em outras palavras, para cada $\mathbf{p}$ existe um conjunto único de escalares $c_1, \ldots, c_k$ tal que

$$\mathbf{p} = c_1 \mathbf{v}_1 + \cdots + c_k \mathbf{v}_k \quad \text{e} \quad c_1 + \cdots + c_k = 1 \tag{7}$$

DEFINIÇÃO

Seja $S = \{\mathbf{v}_1, \ldots, \mathbf{v}_k\}$ um conjunto independente afim. Então, para cada ponto $\mathbf{p}$ em afim S, os coeficientes $c_1, \ldots, c_k$ na representação única (7) de $\mathbf{p}$ são chamados de **coordenadas baricêntricas** (ou **afins**) de $\mathbf{p}$.

Note que (7) é equivalente a uma única equação

$$\begin{bmatrix} \mathbf{p} \\ 1 \end{bmatrix} = c_1 \begin{bmatrix} \mathbf{v}_1 \\ 1 \end{bmatrix} + \cdots + c_k \begin{bmatrix} \mathbf{v}_k \\ 1 \end{bmatrix} \tag{8}$$

envolvendo as formas homogêneas dos pontos. O escalonamento da matriz aumentada $[\tilde{\mathbf{v}}_1 \ \cdots \ \tilde{\mathbf{v}}_k \ \tilde{\mathbf{p}}]$ para (8) fornece as coordenadas baricêntricas de $\mathbf{p}$.

EXEMPLO 4 Sejam $\mathbf{a} = \begin{bmatrix} 1 \\ 7 \end{bmatrix}$, $\mathbf{b} = \begin{bmatrix} 3 \\ 0 \end{bmatrix}$, $\mathbf{c} = \begin{bmatrix} 9 \\ 3 \end{bmatrix}$ e $\mathbf{p} = \begin{bmatrix} 5 \\ 3 \end{bmatrix}$. Encontre as coordenadas baricêntricas de $\mathbf{p}$ determinadas pelo conjunto independente afim $\{\mathbf{a}, \mathbf{b}, \mathbf{c}\}$.

SOLUÇÃO Escalonando a matriz aumentada dos pontos em forma homogênea e movendo a última linha para a posição da primeira para simplificar a aritmética, obtemos

$$
\begin{bmatrix} \tilde{\mathbf{a}} & \tilde{\mathbf{b}} & \tilde{\mathbf{c}} & \tilde{\mathbf{p}} \end{bmatrix} = \begin{bmatrix} 1 & 3 & 9 & 5 \\ 7 & 0 & 3 & 3 \\ 1 & 1 & 1 & 1 \end{bmatrix} \sim \begin{bmatrix} 1 & 1 & 1 & 1 \\ 1 & 3 & 9 & 5 \\ 7 & 0 & 3 & 3 \end{bmatrix}
$$

$$
\sim \begin{bmatrix} 1 & 0 & 0 & \frac{1}{4} \\ 0 & 1 & 0 & \frac{1}{3} \\ 0 & 0 & 1 & \frac{5}{12} \end{bmatrix}
$$

As coordenadas são $\frac{1}{4}$, $\frac{1}{3}$ e $\frac{5}{12}$, de modo que $\mathbf{p} = \frac{1}{4}\mathbf{a} + \frac{1}{3}\mathbf{b} + \frac{5}{12}\mathbf{c}$. ■

As coordenadas baricêntricas têm interpretações físicas e geométricas. Foram definidas originalmente por A. F. Moebius em 1827 para um ponto $\mathbf{p}$ no interior de um triângulo com vértices em $\mathbf{a}$, $\mathbf{b}$ e $\mathbf{c}$. Ele escreveu que as coordenadas baricêntricas de $\mathbf{p}$ são três números não negativos m_a, m_b e m_c tais que $\mathbf{p}$ é o centro de massa de um sistema consistindo em um triângulo (sem massa) e massas m_a, m_b e m_c nos vértices correspondentes. As massas estão unicamente determinadas se for exigido que sua soma seja 1. Essa visão ainda é útil em física atualmente.[1]

A Figura 4 fornece uma interpretação geométrica para as coordenadas baricêntricas no Exemplo 4, mostrando o triângulo $\Delta\mathbf{abc}$ e três triângulos menores $\Delta\mathbf{pbc}$, $\Delta\mathbf{apc}$ e $\Delta\mathbf{abp}$. As áreas dos triângulos menores são proporcionais às coordenadas baricêntricas de $\mathbf{p}$. De fato,

$$
\text{área}(\Delta\mathbf{pbc}) = \frac{1}{4} \cdot \text{área}(\Delta\mathbf{abc})
$$

$$
\text{área}(\Delta\mathbf{apc}) = \frac{1}{3} \cdot \text{área}(\Delta\mathbf{abc}) \tag{9}
$$

$$
\text{área}(\Delta\mathbf{abp}) = \frac{5}{12} \cdot \text{área}(\Delta\mathbf{abc})
$$

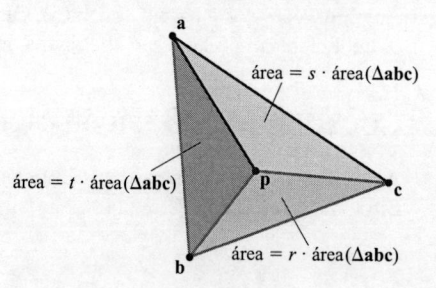

FIGURA 4 $\mathbf{p} = r\mathbf{a} + s\mathbf{b} + t\mathbf{c}$. Aqui, $r = \frac{1}{4}$, $s = \frac{1}{3}$ e $t = \frac{5}{12}$.

As fórmulas na Figura 4 estão verificadas nos Exercícios 29 a 31. Igualdades análogas são válidas para volumes de tetraedros quando $\mathbf{p}$ é um ponto no interior de um tetraedro em $\mathbb{R}^3$ com vértices em $\mathbf{a}$, $\mathbf{b}$, $\mathbf{c}$ e $\mathbf{d}$.

Quando um ponto não está no interior de um triângulo (ou tetraedro), algumas ou todas as coordenadas baricêntricas serão negativas. A Figura 5 ilustra o caso de um triângulo com vértices em $\mathbf{a}$, $\mathbf{b}$ e $\mathbf{c}$ e valores correspondentes das coordenadas r, s e t como anteriormente. Os pontos na reta que une $\mathbf{b}$ e $\mathbf{c}$, por exemplo, têm $r = 0$, já que são combinações afins apenas de $\mathbf{b}$ e $\mathbf{c}$. A reta paralela a esta contendo o ponto $\mathbf{a}$ corresponde a pontos em que $r = 1$.

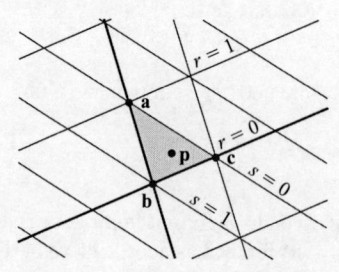

FIGURA 5 Coordenadas baricêntricas para pontos em afim $\{\mathbf{a}, \mathbf{b}, \mathbf{c}\}$.

---

[1] Veja o Exercício 37 na Seção 1.3. Em astronomia, no entanto, "coordenadas baricêntricas" se referem, em geral, a coordenadas usuais em $\mathbb{R}^3$ em um sistema conhecido por *Sistema Referencial Celestial Internacional*, um sistema de coordenadas cartesianas para o espaço sideral com origem no centro de massa (o baricentro) do sistema solar.

Coordenadas Baricêntricas em Computação Gráfica

Ao trabalhar com objetos geométricos em um programa de computação gráfica, um projetista pode usar uma aproximação de um objeto em "arame" (*wire-frame*) em determinados pontos-chave do processo de criação de uma imagem realista final.[2] Por exemplo, se a superfície de parte de um objeto consistir em pequenas faces triangulares, então um programa gráfico poderá acrescentar, facilmente, cores, luz e sombra a cada superfície pequena quando essa informação for conhecida apenas nos vértices. As coordenadas baricêntricas fornecem a ferramenta para interpolar de maneira suave a informação dos vértices para o interior do triângulo. A interpolação em cada ponto é, simplesmente, a combinação linear dos valores nos vértices usando as coordenadas baricêntricas como coeficientes.

As cores em uma tela de computador são descritas, muitas vezes, pelas coordenadas RGB.[3] Uma tripla (r, g, b) indica a quantidade de cada cor — vermelho, verde e azul — com os parâmetros variando de 0 a 1. Por exemplo, o vermelho puro é $(1, 0, 0)$, o branco é $(1, 1, 1)$ e o preto é $(0, 0, 0)$.

EXEMPLO 5 Sejam $\mathbf{v}_1 = \begin{bmatrix} 3 \\ 1 \\ 5 \end{bmatrix}$, $\mathbf{v}_2 = \begin{bmatrix} 4 \\ 3 \\ 4 \end{bmatrix}$, $\mathbf{v}_3 = \begin{bmatrix} 1 \\ 5 \\ 1 \end{bmatrix}$ e $\mathbf{p} = \begin{bmatrix} 3 \\ 3 \\ 3{,}5 \end{bmatrix}$. As cores nos vértices $\mathbf{v}_1$, $\mathbf{v}_2$ e $\mathbf{v}_3$ de um triângulo são, respectivamente, magenta $(1, 0, 1)$, magenta-clara $(1, 0{,}4, 1)$ e púrpura $(0{,}6, 0, 1)$, respectivamente. Encontre a cor interpolada em $\mathbf{p}$. Veja a Figura 6.

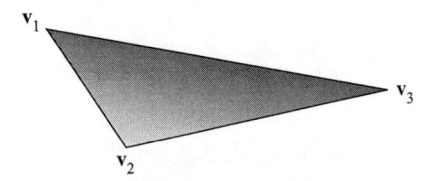

FIGURA 6 Cores interpoladas.

SOLUÇÃO Encontre, primeiro, as coordenadas baricêntricas de $\mathbf{p}$. Eis os cálculos usando as formas homogêneas dos pontos, com o primeiro passo sendo a mudança da última linha para a primeira:

$$\begin{bmatrix} \tilde{\mathbf{v}}_1 & \tilde{\mathbf{v}}_2 & \tilde{\mathbf{v}}_3 & \tilde{\mathbf{p}} \end{bmatrix} \sim \begin{bmatrix} 1 & 1 & 1 & 1 \\ 3 & 4 & 1 & 3 \\ 1 & 3 & 5 & 3 \\ 5 & 4 & 1 & 3{,}5 \end{bmatrix} \sim \begin{bmatrix} 1 & 0 & 0 & 0{,}25 \\ 0 & 1 & 0 & 0{,}50 \\ 0 & 0 & 1 & 0{,}25 \\ 0 & 0 & 0 & 0 \end{bmatrix}$$

Então $\mathbf{p} = 0{,}25\mathbf{v}_1 + 0{,}5\mathbf{v}_2 + 0{,}25\mathbf{v}_3$. Use as coordenadas baricêntricas de $\mathbf{p}$ para obter uma combinação linear dos dados de cores. Os valores RGB para $\mathbf{p}$ são

$$0{,}25 \begin{bmatrix} 1 \\ 0 \\ 1 \end{bmatrix} + 0{,}50 \begin{bmatrix} 1 \\ 0{,}4 \\ 1 \end{bmatrix} + 0{,}25 \begin{bmatrix} 0{,}6 \\ 0 \\ 1 \end{bmatrix} = \begin{bmatrix} 0{,}9 \\ 0{,}2 \\ 1 \end{bmatrix} \begin{array}{l} \text{vermelho} \\ \text{verde} \\ \text{azul} \end{array} \qquad \blacksquare$$

Um dos últimos passos na preparação de uma cena gráfica a ser mostrada em uma tela de computador é a remoção de "superfícies escondidas", que não deveriam estar visíveis na tela. Imagine que a tela de visualização contém, digamos, um milhão de *pixels* e considere um raio ou "linha de visão" do olho do observador atravessando um *pixel* e indo até uma coleção de objetos que formarão a cena 3D. As cores e outras informações que aparecerão no *pixel* na tela deveriam vir do objeto que o raio intersecta primeiro. Veja a Figura 7. Quando os objetos na cena gráfica são aproximados por arames em fragmentos triangulares, o problema da superfície escondida pode ser resolvido usando-se coordenadas baricêntricas.

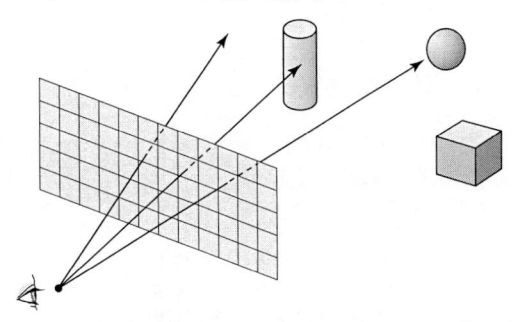

FIGURA 7 Raio do olho através da tela até o objeto mais próximo.

---

[2]N.T.: O Exemplo Introdutório no Capítulo 2 mostra um modelo, em arame, de um avião Boeing 777 usado para visualizar o fluxo de ar na superfície do avião.

[3]N.T.: Do inglês Red (Vermelho), Green (Verde), Blue (Azul), utilizadas como cores primárias.

A matemática para encontrar as interseções de raios e triângulos também pode ser usada para obter sombras extremamente realistas de objetos. Hoje, esse método de *traçado de raios* é muito lento para representação final em tempo real, mas avanços recentes na implementação de *hardware* podem mudar esse cenário no futuro.[4]

EXEMPLO 6 Sejam

$$\mathbf{v}_1 = \begin{bmatrix} 1 \\ 1 \\ -6 \end{bmatrix}, \quad \mathbf{v}_2 = \begin{bmatrix} 8 \\ 1 \\ -4 \end{bmatrix}, \quad \mathbf{v}_3 = \begin{bmatrix} 5 \\ 11 \\ -2 \end{bmatrix}, \quad \mathbf{a} = \begin{bmatrix} 0 \\ 0 \\ 10 \end{bmatrix}, \quad \mathbf{b} = \begin{bmatrix} 0,7 \\ 0,4 \\ -3 \end{bmatrix}$$

e $\mathbf{x}(t) = \mathbf{a} + t\mathbf{b}$ para $t \geq 0$. Encontre o ponto em que o raio $\mathbf{x}(t)$ intersecta o plano que contém o triângulo com vértices em $\mathbf{v}_1$, $\mathbf{v}_2$ e $\mathbf{v}_3$. Esse ponto está no interior do triângulo?

SOLUÇÃO O plano é afim $\{\mathbf{v}_1, \mathbf{v}_2, \mathbf{v}_3\}$. Um ponto típico nesse plano pode ser escrito na forma $(1 - c_2 - c_3)\mathbf{v}_1 + c_2\mathbf{v}_2 + c_3\mathbf{v}_3$ para algum c_2 e algum c_3. (A soma dos coeficientes nesta combinação é 1.) O raio $\mathbf{x}(t)$ intersecta o plano quando c_2, c_3 e t satisfazem

$$(1 - c_2 - c_3)\mathbf{v}_1 + c_2\mathbf{v}_2 + c_3\mathbf{v}_3 = \mathbf{a} + t\mathbf{b}$$

Vamos colocar a equação na forma $c_2(\mathbf{v}_2 - \mathbf{v}_1) + c_3(\mathbf{v}_3 - \mathbf{v}_1) + t(-\mathbf{b}) = \mathbf{a} - \mathbf{v}_1$. Em forma matricial, temos

$$\begin{bmatrix} \mathbf{v}_2 - \mathbf{v}_1 & \mathbf{v}_3 - \mathbf{v}_1 & -\mathbf{b} \end{bmatrix} \begin{bmatrix} c_2 \\ c_3 \\ t \end{bmatrix} = \mathbf{a} - \mathbf{v}_1$$

Para o ponto específico dado,

$$\mathbf{v}_2 - \mathbf{v}_1 = \begin{bmatrix} 7 \\ 0 \\ 2 \end{bmatrix}, \quad \mathbf{v}_3 - \mathbf{v}_1 = \begin{bmatrix} 4 \\ 10 \\ 4 \end{bmatrix}, \quad \mathbf{a} - \mathbf{v}_1 = \begin{bmatrix} -1 \\ -1 \\ 16 \end{bmatrix}$$

Escalonando a matriz aumentada anterior, obtemos

$$\begin{bmatrix} 7 & 4 & -0,7 & -1 \\ 0 & 10 & -0,4 & -1 \\ 2 & 4 & 3 & 16 \end{bmatrix} \sim \begin{bmatrix} 1 & 0 & 0 & 0,3 \\ 0 & 1 & 0 & 0,1 \\ 0 & 0 & 1 & 5 \end{bmatrix}$$

Logo, $c_2 = 0,3$, $c_3 = 0,1$ e $t = 5$. Portanto, o ponto de interseção é

$$\mathbf{x}(5) = \mathbf{a} + 5\mathbf{b} = \begin{bmatrix} 0 \\ 0 \\ 10 \end{bmatrix} + 5 \begin{bmatrix} 0,7 \\ 0,4 \\ -3 \end{bmatrix} = \begin{bmatrix} 3,5 \\ 2,0 \\ -5,0 \end{bmatrix}$$

Além disso,

$$\mathbf{x}(5) = (1 - 0,3 - 0,1)\mathbf{v}_1 + 0,3\mathbf{v}_2 + 0,1\mathbf{v}_3$$

$$= 0,6 \begin{bmatrix} 1 \\ 1 \\ -6 \end{bmatrix} + 0,3 \begin{bmatrix} 8 \\ 1 \\ -4 \end{bmatrix} + 0,1 \begin{bmatrix} 5 \\ 11 \\ -2 \end{bmatrix} = \begin{bmatrix} 3,5 \\ 2,0 \\ -5,0 \end{bmatrix}$$

O ponto de interseção está no interior do triângulo, já que as coordenadas baricêntricas para $\mathbf{x}(5)$ são todas positivas. ∎

Problemas Práticos

1. Descreva um modo rápido de determinar quando três pontos são colineares.

2. Os pontos $\mathbf{v}_1 = \begin{bmatrix} 4 \\ 1 \end{bmatrix}$, $\mathbf{v}_2 = \begin{bmatrix} 1 \\ 0 \end{bmatrix}$, $\mathbf{v}_3 = \begin{bmatrix} 5 \\ 4 \end{bmatrix}$ e $\mathbf{v}_4 = \begin{bmatrix} 1 \\ 2 \end{bmatrix}$ formam um conjunto dependente afim. Encontre os coeficientes $c_1, \ldots, c_4$ que produzem uma **relação de dependência afim** $c_1\mathbf{v}_1 + \cdots + c_4\mathbf{v}_4 = \mathbf{0}$, na qual $c_1 + \cdots + c_4 = 0$ e nem todos os c_i são nulos. [*Sugestão:* Veja o final da demonstração do Teorema 5.]

---

[4]Veja Joshua Fender e Jonathan Rose, "A High-Speed Ray Tracing Engine Built on a Field-Programmable System", em *Proc. Int. Conf on Field-Programmable Technology*, IEEE (2003). (Um único processador pode calcular 600 milhões de interseções de raios com triângulos por segundo.)

8.2 EXERCÍCIOS

Nos Exercícios 1 a 6, determine se o conjunto de pontos é dependente afim. (Veja o Problema Prático 2.) Se for, obtenha uma relação de dependência afim para os pontos.

1. $\begin{bmatrix} 3 \\ -3 \end{bmatrix}, \begin{bmatrix} 0 \\ 6 \end{bmatrix}, \begin{bmatrix} 2 \\ 0 \end{bmatrix}$ **2.** $\begin{bmatrix} 2 \\ 1 \end{bmatrix}, \begin{bmatrix} 5 \\ 4 \end{bmatrix}, \begin{bmatrix} -3 \\ -2 \end{bmatrix}$

3. $\begin{bmatrix} 1 \\ 2 \\ -1 \end{bmatrix}, \begin{bmatrix} -2 \\ -4 \\ 8 \end{bmatrix}, \begin{bmatrix} 2 \\ -1 \\ 11 \end{bmatrix}, \begin{bmatrix} 0 \\ 15 \\ -9 \end{bmatrix}$

4. $\begin{bmatrix} -2 \\ 5 \\ 3 \end{bmatrix}, \begin{bmatrix} 0 \\ -3 \\ 7 \end{bmatrix}, \begin{bmatrix} 1 \\ -2 \\ -6 \end{bmatrix}, \begin{bmatrix} -2 \\ 7 \\ -3 \end{bmatrix}$

5. $\begin{bmatrix} 1 \\ 0 \\ -2 \end{bmatrix}, \begin{bmatrix} 0 \\ 1 \\ 1 \end{bmatrix}, \begin{bmatrix} -1 \\ 5 \\ 1 \end{bmatrix}, \begin{bmatrix} 0 \\ 5 \\ -3 \end{bmatrix}$

6. $\begin{bmatrix} 1 \\ 3 \\ 1 \end{bmatrix}, \begin{bmatrix} 0 \\ -1 \\ -2 \end{bmatrix}, \begin{bmatrix} 2 \\ 5 \\ 2 \end{bmatrix}, \begin{bmatrix} 3 \\ 5 \\ 0 \end{bmatrix}$

Nos Exercícios 7 e 8, encontre as coordenadas baricêntricas de **p** em relação ao conjunto de pontos independente afim que antecede o ponto **p**.

7. $\begin{bmatrix} 1 \\ -1 \\ 2 \\ 1 \end{bmatrix}, \begin{bmatrix} 2 \\ 1 \\ 0 \\ 1 \end{bmatrix}, \begin{bmatrix} 1 \\ 2 \\ -2 \\ 0 \end{bmatrix}, \mathbf{p} = \begin{bmatrix} 5 \\ 4 \\ -2 \\ 2 \end{bmatrix}$

8. $\begin{bmatrix} 0 \\ 1 \\ -2 \\ 1 \end{bmatrix}, \begin{bmatrix} 1 \\ 1 \\ 0 \\ 2 \end{bmatrix}, \begin{bmatrix} 1 \\ 4 \\ -6 \\ 5 \end{bmatrix}, \mathbf{p} = \begin{bmatrix} -1 \\ 1 \\ -4 \\ 0 \end{bmatrix}$

Nos Exercícios 9 a 18, marque cada afirmação como Verdadeira ou Falsa (**V/F**). Justifique cada resposta.

9. (**V/F**) Se $\mathbf{v}_1, \ldots, \mathbf{v}_p$ pertencerem a $\mathbb{R}^n$ e se o conjunto $\{\mathbf{v}_1 - \mathbf{v}_2, \mathbf{v}_3 - \mathbf{v}_2, \ldots, \mathbf{v}_p - \mathbf{v}_2\}$ for linearmente dependente, então $\{\mathbf{v}_1, \ldots, \mathbf{v}_p\}$ será dependente afim. (Leia com cuidado.)

10. (**V/F**) Se $\{\mathbf{v}_1, \ldots, \mathbf{v}_p\}$ for um conjunto dependente afim em $\mathbb{R}^n$, então o conjunto de formas homogêneas $\{\tilde{\mathbf{v}}_1, \ldots, \tilde{\mathbf{v}}_p\}$ em $\mathbb{R}^{n+1}$ poderá ser linearmente independente.

11. (**V/F**) Se $\mathbf{v}_1, \ldots, \mathbf{v}_p$ pertencerem a $\mathbb{R}^n$ e se o conjunto de formas homogêneas $\{\tilde{\mathbf{v}}_1, \ldots, \tilde{\mathbf{v}}_p\}$ em $\mathbb{R}^{n+1}$ for linearmente independente, então $\{\mathbf{v}_1, \ldots, \mathbf{v}_p\}$ será dependente afim.

12. (**V/F**) Se $\mathbf{v}_1, \mathbf{v}_2, \mathbf{v}_3$ e $\mathbf{v}_4$ estiverem em $\mathbb{R}^3$ e se o conjunto $\{\mathbf{v}_2 - \mathbf{v}_1, \mathbf{v}_3 - \mathbf{v}_1, \mathbf{v}_4 - \mathbf{v}_1\}$ for linearmente independente, então $\{\mathbf{v}_1, \ldots, \mathbf{v}_4\}$ será independente afim.

13. (**V/F**) Um conjunto finito de pontos $\{\mathbf{v}_1, \ldots, \mathbf{v}_k\}$ é dependente afim se existirem números reais $c_1, \ldots, c_k$, nem todos nulos, tais que $c_1 + \ldots + c_k = 1$ e $c_1\mathbf{v}_1 + \ldots + c_k\mathbf{v}_k = \mathbf{0}$.

14. (**V/F**) Dado $S = \{\mathbf{b}_1, \ldots \mathbf{b}_k\}$ em $\mathbb{R}^n$, cada **p** em afim S tem uma representação única como combinação afim de $\mathbf{b}_1, \ldots, \mathbf{b}_k$.

15. (**V/F**) Se $S = \{\mathbf{v}_1, \ldots, \mathbf{v}_p\}$ for um conjunto independente afim em $\mathbb{R}^n$ e se **p** em $\mathbb{R}^n$ tiver uma coordenada baricêntrica negativa determinada por S, então **p** não pertencerá a afim S.

16. (**V/F**) Quando a informação de cor é especificada em cada vértice $\mathbf{v}_1, \mathbf{v}_2, \mathbf{v}_3$ de um triângulo em $\mathbb{R}^3$, a cor pode ser interpolada em um ponto **p** pertencente a afim $\{\mathbf{v}_1, \mathbf{v}_2, \mathbf{v}_3\}$ usando-se as coordenadas baricêntricas de **p**.

17. (**V/F**) Se $\mathbf{v}_1, \mathbf{v}_2, \mathbf{v}_3$, **a** e **b** estiverem em $\mathbb{R}^3$ e se um raio $\mathbf{a} + t\,\mathbf{b}$, $t \geq 0$, intersectar o triângulo com vértices em $\mathbf{v}_1, \mathbf{v}_2$ e $\mathbf{v}_3$, então as coordenadas baricêntricas do ponto de interseção serão todas não negativas.

18. (**V/F**) Se T for um triângulo em $\mathbb{R}^2$ e se um ponto **p** pertencer a uma das arestas do triângulo, então as coordenadas baricêntricas de **p** (para esse triângulo) não serão todas positivas.

19. Explique por que qualquer conjunto em $\mathbb{R}^3$ com cinco ou mais pontos tem de ser dependente afim.

20. Mostre que um conjunto $\{\mathbf{v}_1, \ldots, \mathbf{v}_p\}$ em $\mathbb{R}^n$ é dependente afim quando $p \geq n + 2$.

21. Use apenas a definição de dependência afim para mostrar que um conjunto indexado $\{\mathbf{v}_1, \mathbf{v}_2\}$ em $\mathbb{R}^n$ é dependente afim se e somente se $\mathbf{v}_1 = \mathbf{v}_2$.

22. As condições para a dependência afim são mais fortes que as para dependência linear, de modo que um conjunto dependente afim é, de maneira automática, linearmente dependente. Além disso, um conjunto linearmente independente não pode ser dependente afim e tem de ser, portanto, independente afim. Construa dois conjuntos indexados linearmente dependentes S_1 e S_2 em $\mathbb{R}^2$ tais que S_1 é dependente afim e S_2 é independente afim. Em cada caso, o conjunto deve conter um, dois ou três pontos não nulos.

23. Sejam $\mathbf{v}_1 = \begin{bmatrix} -1 \\ 2 \end{bmatrix}$, $\mathbf{v}_2 = \begin{bmatrix} 0 \\ 4 \end{bmatrix}$, $\mathbf{v}_3 = \begin{bmatrix} 2 \\ 0 \end{bmatrix}$, e seja $S = \{\mathbf{v}_1, \mathbf{v}_2, \mathbf{v}_3\}$.

a. Mostre que o conjunto S é independente afim.

b. Encontre as coordenadas baricêntricas de $\mathbf{p}_1 = \begin{bmatrix} 2 \\ 3 \end{bmatrix}$, $\mathbf{p}_2 = \begin{bmatrix} 1 \\ 2 \end{bmatrix}$, $\mathbf{p}_3 = \begin{bmatrix} -2 \\ 1 \end{bmatrix}$, $\mathbf{p}_4 = \begin{bmatrix} 1 \\ -1 \end{bmatrix}$ e $\mathbf{p}_5 = \begin{bmatrix} 1 \\ 1 \end{bmatrix}$, em relação a S.

c. Seja T o triângulo com vértices em $\mathbf{v}_1, \mathbf{v}_2$ e $\mathbf{v}_3$. Quando os lados do triângulo são estendidos, as retas formadas dividem $\mathbb{R}^2$ em sete regiões. Veja a Figura 8. Observe os sinais das coordenadas baricêntricas em cada região. Por exemplo, $\mathbf{p}_5$ está no interior do triângulo T e todas as suas coordenadas baricêntricas são positivas. As coordenadas do ponto $\mathbf{p}_1$ têm sinais $(-, +, +)$. Sua terceira coordenada é positiva porque $\mathbf{p}_1$ está do mesmo lado que $\mathbf{v}_3$ em relação à reta que contém $\mathbf{v}_1$ e $\mathbf{v}_2$. Sua primeira coordenada é negativa porque $\mathbf{p}_1$ está do lado contrário de $\mathbf{v}_1$ em relação à reta que contém $\mathbf{v}_2$ e $\mathbf{v}_3$. O ponto $\mathbf{p}_2$ está na aresta $\mathbf{v}_2\mathbf{v}_3$ de T. Suas coordenadas são do tipo $(0, +, +)$. Sem calcular os valores, determine os sinais das coordenadas baricêntricas dos pontos $\mathbf{p}_6$, $\mathbf{p}_7$ e $\mathbf{p}_8$ ilustrados na Figura 8.

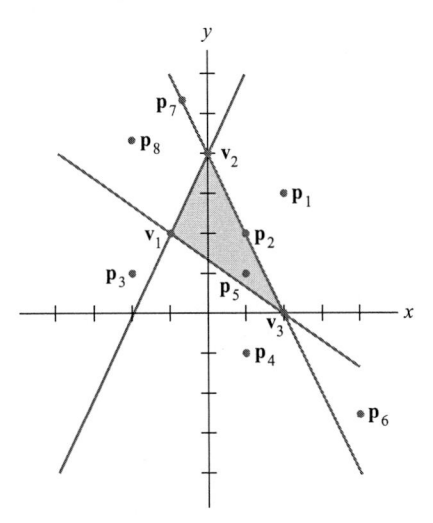

FIGURA 8

24. Sejam $\mathbf{v}_1 = \begin{bmatrix} 0 \\ 1 \end{bmatrix}$, $\mathbf{v}_2 = \begin{bmatrix} 1 \\ 5 \end{bmatrix}$, $\mathbf{v}_3 = \begin{bmatrix} 4 \\ 3 \end{bmatrix}$, $\mathbf{p}_1 = \begin{bmatrix} 3 \\ 5 \end{bmatrix}$,

$\mathbf{p}_2 = \begin{bmatrix} 5 \\ 1 \end{bmatrix}$, $\mathbf{p}_3 = \begin{bmatrix} 2 \\ 3 \end{bmatrix}$, $\mathbf{p}_4 = \begin{bmatrix} -1 \\ 0 \end{bmatrix}$, $\mathbf{p}_5 = \begin{bmatrix} 0 \\ 4 \end{bmatrix}$,

$\mathbf{p}_6 = \begin{bmatrix} 1 \\ 2 \end{bmatrix}$, $\mathbf{p}_7 = \begin{bmatrix} 6 \\ 4 \end{bmatrix}$ e $S = \{\mathbf{v}_1, \mathbf{v}_2, \mathbf{v}_3\}$.

   a. Mostre que S é um conjunto independente afim.

   b. Encontre as coordenadas baricêntricas de $\mathbf{p}_1$, $\mathbf{p}_2$ e $\mathbf{p}_3$ em relação a S.

   c. Em um papel quadriculado, desenhe o triângulo T com vértices em $\mathbf{v}_1$, $\mathbf{v}_2$ e $\mathbf{v}_3$, estenda seus lados como na Figura 8 e coloque os pontos $\mathbf{p}_4$, $\mathbf{p}_5$, $\mathbf{p}_6$ e $\mathbf{p}_7$. Sem calcular seus valores, determine os sinais das coordenadas baricêntricas dos pontos $\mathbf{p}_4$, $\mathbf{p}_5$, $\mathbf{p}_6$ e $\mathbf{p}_7$.

25. Prove o Teorema 6 para um conjunto independente afim $S = \{\mathbf{v}_1, \ldots, \mathbf{v}_k\}$ em $\mathbb{R}^n$. [*Sugestão:* Um método é imitar a demonstração do Teorema 8 na Seção 4.4.]

26. Seja T um tetraedro em posição "padrão", com três arestas ao longo dos três eixos coordenados em $\mathbb{R}^3$ e suponha que os vértices estejam em $a\mathbf{e}_1$, $b\mathbf{e}_2$, $c\mathbf{e}_3$ e $\mathbf{0}$, em que $[\mathbf{e}_1\ \mathbf{e}_2\ \mathbf{e}_3] = I_3$. Encontre as fórmulas para as coordenadas baricêntricas de um ponto arbitrário $\mathbf{p}$ em $\mathbb{R}^3$.

27. Seja $\{\mathbf{p}_1, \mathbf{p}_2, \mathbf{p}_3\}$ um conjunto de pontos dependente afim em $\mathbb{R}^n$ e seja $f: \mathbb{R}^n \to \mathbb{R}^m$ uma transformação linear. Mostre que $\{f(\mathbf{p}_1), f(\mathbf{p}_2), f(\mathbf{p}_3)\}$ é um conjunto dependente afim em $\mathbb{R}^m$.

28. Suponha que $\{\mathbf{p}_1, \mathbf{p}_2, \mathbf{p}_3\}$ seja um conjunto de pontos independente afim em $\mathbb{R}^n$ e seja $\mathbf{q}$ um ponto arbitrário em $\mathbb{R}^n$. Mostre que o conjunto transladado $\{\mathbf{p}_1 + \mathbf{q}, \mathbf{p}_2 + \mathbf{q}, \mathbf{p}_3 + \mathbf{q}\}$ também é um conjunto independente afim.

Nos Exercícios 29 a 32, $\mathbf{a}$, $\mathbf{b}$ e $\mathbf{c}$ são pontos não colineares em $\mathbb{R}^2$ e $\mathbf{p}$ é outro ponto qualquer em $\mathbb{R}^2$. Denote por $\Delta \mathbf{abc}$ a região triangular fechada determinada por $\mathbf{a}$, $\mathbf{b}$ e $\mathbf{c}$, e por $\Delta \mathbf{pbc}$ a região triangular determinada por $\mathbf{p}$, $\mathbf{b}$ e $\mathbf{c}$. Por conveniência, suponha que $\mathbf{a}$, $\mathbf{b}$ e $\mathbf{c}$ estejam arrumados de modo que $\det [\tilde{\mathbf{a}}\ \tilde{\mathbf{b}}\ \tilde{\mathbf{c}}]$ seja positivo, em que $\tilde{\mathbf{a}}$, $\tilde{\mathbf{b}}$ e $\tilde{\mathbf{c}}$ sejam as formas homogêneas padrão dos pontos.

29. Mostre que a área de $\Delta \mathbf{abc}$ é igual a $\det [\tilde{\mathbf{a}}\ \tilde{\mathbf{b}}\ \tilde{\mathbf{c}}]/2$. [*Sugestão:* Consulte as Seções 3.2 e 3.3, incluindo os exercícios.]

30. Seja $\mathbf{p}$ um ponto na reta determinada por $\mathbf{a}$ e $\mathbf{b}$. Mostre que $\det [\tilde{\mathbf{a}}\ \tilde{\mathbf{b}}\ \tilde{\mathbf{p}}] = 0$.

31. Seja $\mathbf{p}$ qualquer ponto no interior de $\Delta \mathbf{abc}$ com coordenadas baricêntricas (r, s, t), de modo que

$$\begin{bmatrix} \tilde{\mathbf{a}} & \tilde{\mathbf{b}} & \tilde{\mathbf{c}} \end{bmatrix} \begin{bmatrix} r \\ s \\ t \end{bmatrix} = \tilde{\mathbf{p}}$$

Use o Exercício 29 e um fato sobre determinantes (Capítulo 3) para mostrar que

$r = $ (área de $\Delta \mathbf{pbc}$)/(área de $\Delta \mathbf{abc}$)

$s = $ (área de $\Delta \mathbf{apc}$)/(área de $\Delta \mathbf{abc}$)

$t = $ (área de $\Delta \mathbf{abp}$)/(área de $\Delta \mathbf{abc}$)

32. Escolha $\mathbf{q}$ no segmento de reta que une $\mathbf{b}$ a $\mathbf{c}$ e considere a reta determinada por $\mathbf{q}$ e $\mathbf{a}$, que pode ser escrita na forma $\mathbf{p} = (1 - x)\mathbf{q} + x\mathbf{a}$ para todo x real. Mostre que, para cada x, $\det [\tilde{\mathbf{p}}\ \tilde{\mathbf{b}}\ \tilde{\mathbf{c}}] = x \cdot \det [\tilde{\mathbf{a}}\ \tilde{\mathbf{b}}\ \tilde{\mathbf{c}}]$. Dessa equação e de resultados anteriores, conclua que o parâmetro x é a primeira coordenada baricêntrica de $\mathbf{p}$. Entretanto, por construção, o parâmetro x também determina a distância relativa entre $\mathbf{p}$ e $\mathbf{q}$ ao longo do segmento de $\mathbf{q}$ até $\mathbf{a}$. (Quando $x = 1$, $\mathbf{p} = \mathbf{a}$.) Quando este fato é aplicado ao Exemplo 5, ele mostra que as cores nos vértice $\mathbf{a}$ e no ponto $\mathbf{q}$ são interpoladas suavemente quando $\mathbf{p}$ se move ao longo da reta entre $\mathbf{a}$ e $\mathbf{q}$.

33. Sejam $\mathbf{v}_1 = \begin{bmatrix} 1 \\ 3 \\ -6 \end{bmatrix}$, $\mathbf{v}_2 = \begin{bmatrix} 7 \\ 3 \\ -5 \end{bmatrix}$, $\mathbf{v}_3 = \begin{bmatrix} 3 \\ 9 \\ -2 \end{bmatrix}$, $\mathbf{a} = \begin{bmatrix} 0 \\ 0 \\ 9 \end{bmatrix}$,

$\mathbf{b} = \begin{bmatrix} 1,4 \\ 1,5 \\ -3,1 \end{bmatrix}$ e $\mathbf{x}(t) = \mathbf{a} + t\mathbf{b}$ para $t \geq 0$. Encontre o ponto em que o raio $\mathbf{x}(t)$ intersecta o plano que contém o triângulo com vértices em $\mathbf{v}_1$, $\mathbf{v}_2$ e $\mathbf{v}_3$. Esse ponto está no interior do triângulo?

34. Repita o Exercício 33 com $\mathbf{v}_1 = \begin{bmatrix} 1 \\ 2 \\ -4 \end{bmatrix}$, $\mathbf{v}_2 = \begin{bmatrix} 8 \\ 2 \\ -5 \end{bmatrix}$,

$\mathbf{v}_3 = \begin{bmatrix} 3 \\ 10 \\ -2 \end{bmatrix}$, $\mathbf{a} = \begin{bmatrix} 0 \\ 0 \\ 8 \end{bmatrix}$ e $\mathbf{b} = \begin{bmatrix} 0,9 \\ 2,0 \\ -3,7 \end{bmatrix}$.

Soluções dos Problemas Práticos

1. Do Exemplo 1, o problema é determinar se os pontos são dependentes afins. Use o método do Exemplo 2 e subtraia um ponto dos outros dois. Se um desses novos pontos for múltiplo do outro, os pontos originais serão colineares.

2. A demonstração do Teorema 5 mostra que uma relação de dependência afim entre pontos corresponde a uma relação de dependência linear entre as formas homogêneas dos pontos usando os *mesmos* coeficientes. Escalonando, obtemos

$$\begin{bmatrix} \tilde{\mathbf{v}}_1 & \tilde{\mathbf{v}}_2 & \tilde{\mathbf{v}}_3 & \tilde{\mathbf{v}}_4 \end{bmatrix} = \begin{bmatrix} 4 & 1 & 5 & 1 \\ 1 & 0 & 4 & 2 \\ 1 & 1 & 1 & 1 \end{bmatrix} \sim \begin{bmatrix} 1 & 1 & 1 & 1 \\ 4 & 1 & 5 & 1 \\ 1 & 0 & 4 & 2 \end{bmatrix}$$

$$\sim \begin{bmatrix} 1 & 0 & 0 & -1 \\ 0 & 1 & 0 & 1,25 \\ 0 & 0 & 1 & 0,75 \end{bmatrix}$$

Considere essa matriz como a matriz de coeficientes para $A\mathbf{x} = \mathbf{0}$ com quatro variáveis. Então, x_4 é livre, $x_1 = x_4$, $x_2 = -1,25x_4$ e $x_3 = -0,75x_4$. Uma solução é $x_1 = x_4 = 4$, $x_2 = -5$ e $x_3 = -3$. Uma relação de dependência linear entre as formas homogêneas é $4\tilde{\mathbf{v}}_1 - 5\tilde{\mathbf{v}}_2 - 3\tilde{\mathbf{v}}_3 + 4\tilde{\mathbf{v}}_4 = \mathbf{0}$, de modo que $4\mathbf{v}_1 - 5\mathbf{v}_2 - 3\mathbf{v}_3 + 4\mathbf{v}_4 = \mathbf{0}$.

   Outro método de solução é transladar o problema para a origem subtraindo $\mathbf{v}_1$ dos outros pontos, encontrar uma relação de dependência linear entre os pontos transladados e, depois, arrumar os termos. A quantidade de cálculos aritméticos envolvidos é aproximadamente a mesma que na solução anterior.

8.3 COMBINAÇÕES CONVEXAS

A Seção 8.1 considerou combinações lineares especiais da forma

$$c_1\mathbf{v}_1 + c_2\mathbf{v}_2 + \cdots + c_k\mathbf{v}_k, \quad \text{em que } c_1 + c_2 + \cdots + c_k = 1$$

Esta seção restringe ainda mais os coeficientes, exigindo que sejam não negativos.

DEFINIÇÃO

Uma **combinação convexa** dos pontos $\mathbf{v}_1, \mathbf{v}_2, \ldots, \mathbf{v}_k$ em $\mathbb{R}^n$ é uma combinação linear da forma

$$c_1\mathbf{v}_1 + c_2\mathbf{v}_2 + \cdots + c_k\mathbf{v}_k$$

tal que $c_1 + c_2 + \ldots + c_k = 1$ e $c_i \geq 0$ para todo i. O conjunto de todas as combinações convexas de pontos em um conjunto S é chamado **fecho convexo** de S e denotado por conv S.

O fecho convexo de um único ponto $\mathbf{v}_1$ é simplesmente o conjunto $\{\mathbf{v}_1\}$, igual ao fecho afim. Em outros casos, o fecho convexo é um subconjunto próprio do fecho afim. Lembre-se de que o fecho afim de dois pontos distintos $\mathbf{v}_1$ e $\mathbf{v}_2$ é a reta

$$\mathbf{y} = (1 - t)\mathbf{v}_1 + t\mathbf{v}_2, \quad \text{com } t \text{ em } \mathbb{R}$$

Como os coeficientes em uma combinação convexa são não negativos, os pontos em conv $\{\mathbf{v}_1, \mathbf{v}_2\}$ podem ser escritos na forma

$$\mathbf{y} = (1 - t)\mathbf{v}_1 + t\mathbf{v}_2, \quad \text{com } 0 \leq t \leq 1$$

que é o **segmento de reta** que une $\mathbf{v}_1$ e $\mathbf{v}_2$, que denotaremos por $\overline{\mathbf{v}_1\mathbf{v}_2}$.

Se S for um conjunto independente afim, e se $\mathbf{p} \in$ afim S, então $\mathbf{p} \in$ conv S se e somente se as coordenadas baricêntricas de $\mathbf{p}$ forem não negativas. O Exemplo 1 mostra uma situação particular na qual S é muito mais que simplesmente independente afim.

EXEMPLO 1 Sejam

$$\mathbf{v}_1 = \begin{bmatrix} 3 \\ 0 \\ 6 \\ -3 \end{bmatrix}, \quad \mathbf{v}_2 = \begin{bmatrix} -6 \\ 3 \\ 3 \\ 0 \end{bmatrix}, \quad \mathbf{v}_3 = \begin{bmatrix} 3 \\ 6 \\ 0 \\ 3 \end{bmatrix}, \quad \mathbf{p}_1 = \begin{bmatrix} 0 \\ 3 \\ 3 \\ 0 \end{bmatrix}, \quad \mathbf{p}_2 = \begin{bmatrix} -10 \\ 5 \\ 11 \\ -4 \end{bmatrix}$$

e $S = \{\mathbf{v}_1, \mathbf{v}_2, \mathbf{v}_3\}$. Note que S é um conjunto ortogonal. Determine se $\mathbf{p}_1$ está em $\mathscr{L}(S)$, afim S e conv S. Depois, faça o mesmo para $\mathbf{p}_2$.

SOLUÇÃO Se $\mathbf{p}_1$ for, pelo menos, uma combinação *linear* de pontos em S, então os coeficientes poderão ser encontrados com facilidade, já que S é um conjunto ortogonal. Seja W o subespaço gerado por S. Um cálculo como na Seção 6.3 mostra que a projeção ortogonal de $\mathbf{p}_1$ sobre W é o próprio $\mathbf{p}_1$:

$$\text{proj}_W\, \mathbf{p}_1 = \frac{\mathbf{p}_1 \cdot \mathbf{v}_1}{\mathbf{v}_1 \cdot \mathbf{v}_1}\mathbf{v}_1 + \frac{\mathbf{p}_1 \cdot \mathbf{v}_2}{\mathbf{v}_2 \cdot \mathbf{v}_2}\mathbf{v}_2 + \frac{\mathbf{p}_1 \cdot \mathbf{v}_3}{\mathbf{v}_3 \cdot \mathbf{v}_3}\mathbf{v}_3$$

$$= \frac{18}{54}\mathbf{v}_1 + \frac{18}{54}\mathbf{v}_2 + \frac{18}{54}\mathbf{v}_3$$

$$= \frac{1}{3}\begin{bmatrix} 3 \\ 0 \\ 6 \\ -3 \end{bmatrix} + \frac{1}{3}\begin{bmatrix} -6 \\ 3 \\ 3 \\ 0 \end{bmatrix} + \frac{1}{3}\begin{bmatrix} 3 \\ 6 \\ 0 \\ 3 \end{bmatrix} = \begin{bmatrix} 0 \\ 3 \\ 3 \\ 0 \end{bmatrix} = \mathbf{p}_1$$

Isso mostra que $\mathbf{p}_1$ pertence a $\mathscr{L}(S)$. Além disso, como a soma dos coeficientes é 1, $\mathbf{p}_1$ pertence a afim S. De fato, $\mathbf{p}_1$ pertence a conv S, já que os coeficientes são todos positivos.

Para $\mathbf{p}_2$, um cálculo análogo mostra que $\text{proj}_W\, \mathbf{p}_2 \neq \mathbf{p}_2$. Como $\text{proj}_W\, \mathbf{p}_2$ é o ponto em $\mathscr{L}(S)$ mais próximo de $\mathbf{p}_2$, o ponto $\mathbf{p}_2$ não pertence a $\mathscr{L}(S)$. Em particular, $\mathbf{p}_2$ não pode pertencer a afim S nem a conv S. ∎

Lembre-se de que um conjunto S é afim se contiver todas as retas determinadas por pares de pontos em S. Ao restringir nossa atenção a combinações convexas, as condições apropriadas envolvem segmentos de retas em vez de retas.

DEFINIÇÃO

> Um conjunto S é **convexo** se, quaisquer que sejam $\mathbf{p}$ e $\mathbf{q}$ em S, o segmento de reta $\overline{\mathbf{pq}}$ estiver contido em S.

Intuitivamente, um conjunto S é convexo se dois pontos quaisquer no conjunto puderem "ver" um ao outro sem a linha de visão sair do conjunto. A Figura 1 ilustra essa ideia.

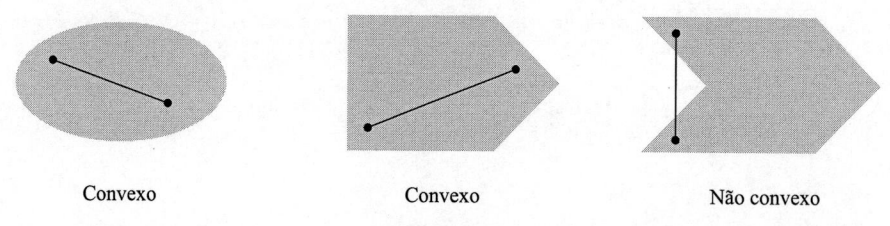

Convexo Convexo Não convexo

FIGURA 1

O próximo resultado é análogo ao Teorema 2 para conjuntos afins.

TEOREMA 7

> Um conjunto S é convexo se e somente se toda combinação convexa de pontos em S pertencer a S. Em outras palavras, S é convexo se e somente se $S = \text{conv } S$.

DEMONSTRAÇÃO O argumento é semelhante ao usado na demonstração do Teorema 2. A única diferença é o passo de indução. Ao olhar uma combinação convexa de $k + 1$ pontos, considere $\mathbf{y} = c_1\mathbf{v}_1 + \cdots + c_k\mathbf{v}_k + c_{k+1}\mathbf{v}_{k+1}$, em que $c_1 + \cdots + c_{k+1} = 1$ e $0 \le c_i \le 1$ para todo i. Se $c_{k+1} = 1$, então $\mathbf{y} = \mathbf{v}_{k+1}$ pertencerá a S e não há nada mais a ser provado. Se $c_{k+1} < 1$, seja $t = c_1 + \cdots + c_k$. Então $t = 1 - c_{k+1} > 0$ e

$$\mathbf{y} = (1 - c_{k+1})\left(\frac{c_1}{t}\mathbf{v}_1 + \cdots + \frac{c_k}{t}\mathbf{v}_k\right) + c_{k+1}\mathbf{v}_{k+1} \tag{1}$$

Pela hipótese de indução, o ponto $\mathbf{z} = (c_1/t)\mathbf{v}_1 + \cdots + (c_k/t)\mathbf{v}_k$ pertence a S, já que os coeficientes são não negativos e a soma é 1. Então, a equação (1) mostra $\mathbf{y}$ como uma combinação convexa de dois pontos em S. Pelo princípio de indução, toda combinação convexa de pontos em S pertence a S. ∎

O Teorema 9 a seguir fornece uma caracterização mais geométrica do fecho convexo de um conjunto. Mas, antes, precisamos de um resultado preliminar sobre interseções de conjuntos. Lembre-se, da Seção 4.1 (Exercício 40), de que a interseção de dois subespaços é um subespaço. De fato, a interseção de qualquer coleção de subespaços é um subespaço. Resultados semelhantes são válidos para conjuntos afins e conjuntos convexos.

TEOREMA 8

> Seja $\{S_\alpha : \alpha \in \mathcal{A}\}$ qualquer coleção de conjuntos convexos. Então $\bigcap_{\alpha \in \mathcal{A}} S_\alpha$ é convexo. Se $\{T_\beta : \beta \in \mathcal{B}\}$ for qualquer coleção de conjuntos afins, então $\bigcap_{\beta \in \mathcal{B}} T_\beta$ é afim.

DEMONSTRAÇÃO Se $\mathbf{p}$ e $\mathbf{q}$ pertencerem a $\bigcap S_\alpha$, então $\mathbf{p}$ e $\mathbf{q}$ pertencerão a todos os S_α. Como cada S_α é convexo, o segmento de reta que une $\mathbf{p}$ a $\mathbf{q}$ pertence a S_α para todo α e, portanto, pertence a $\bigcap S_\alpha$. A demonstração do caso afim é análoga. ∎

TEOREMA 9

> Qualquer que seja o conjunto S, o fecho convexo de S é a interseção de todos os conjuntos convexos que contêm S.

DEMONSTRAÇÃO Denote por T a interseção de todos os conjuntos convexos que contêm S. Como conv S é um conjunto convexo que contém S, $T \subseteq \text{conv } S$. Por outro lado, seja C um conjunto convexo contendo S. Então, C contém todas as combinações convexas de pontos de C (Teorema 7) e, portanto, também contém todas as combinações convexas de pontos de S, ou seja, conv $S \subseteq C$. Como isso é verdade para todos os conjuntos convexos contendo S, também é verdade para a interseção de todos eles, ou seja, conv $S \subseteq T$. ∎

O Teorema 9 mostra que conv S é, em um sentido natural, o "menor" conjunto convexo contendo S. Por exemplo, considere um conjunto que está contido em algum retângulo grande em $\mathbb{R}^2$ e imagine esticar um elástico de modo que S está todo dentro desse elástico. Quando o elástico se contrai em torno de S, ele vai mostrar a fronteira do fecho convexo de S. Ou, para usar outra analogia, o fecho convexo de S *preenche* todos os buracos no interior de S e *preenche* todos os dentes na fronteira de S.

EXEMPLO 2

a. Os fechos convexos de S e T em $\mathbb{R}^2$ estão ilustrados na figura a seguir.

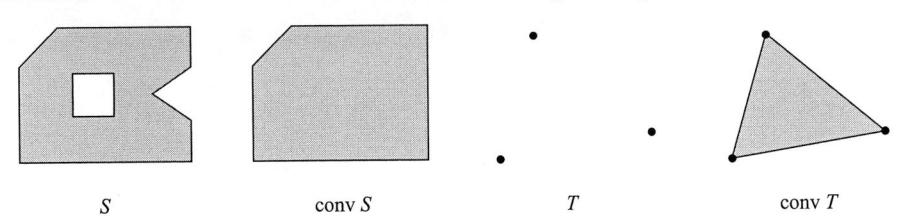

S conv S T conv T

b. Seja S o conjunto que consiste na base canônica para $\mathbb{R}^3$, $S = \{\mathbf{e}_1, \mathbf{e}_2, \mathbf{e}_3\}$. Então conv S é uma superfície triangular em $\mathbb{R}^3$ com vértices em $\mathbf{e}_1$, $\mathbf{e}_2$ e $\mathbf{e}_3$. Veja a Figura 2. ∎

EXEMPLO 3   Sejam $S = \left\{ \begin{bmatrix} x \\ y \end{bmatrix} : x \geq 0 \ \text{ e } \ y = x^2 \right\}$. Mostre que o fecho convexo de S é a união

da origem com $\left\{ \begin{bmatrix} x \\ y \end{bmatrix} : x > 0 \ \text{ e } \ y \geq x^2 \right\}$. Veja a Figura 3.

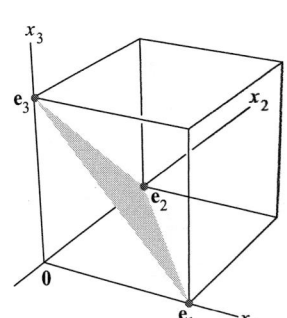

FIGURA 2

SOLUÇÃO   Todo ponto em conv S tem de estar em um segmento de reta que liga dois pontos em S. A reta tracejada na Figura 3 indica que, com exceção da origem, o semieixo positivo dos y não pertence a conv S, já que a origem é o único ponto de S no eixo dos y. Pode parecer razoável que a Figura 3 mostra conv S, mas como você pode ter certeza de que o ponto $(10^{-2}, 10^4)$, por exemplo, pertence a um segmento de reta que une a origem a um ponto da curva em S?

Considere qualquer ponto $\mathbf{p}$ na região sombreada na Figura 3, digamos

$$\mathbf{p} = \begin{bmatrix} a \\ b \end{bmatrix}, \quad \text{com } a > 0 \ \text{ e } \ b \geq a^2$$

A reta contendo $\mathbf{0}$ e $\mathbf{p}$ tem a equação $y = (b/a)t$ para t real. Essa reta intersecta S onde t satisfaz a equação $(b/a)t = t^2$, ou seja, quando $t = 0$ ou $t = b/a$. Portanto, $\mathbf{p}$ pertence ao segmento de reta que une $\mathbf{0}$ a $\begin{bmatrix} b/a \\ b^2/a^2 \end{bmatrix}$, o que mostra que a Figura 3 está correta. ∎

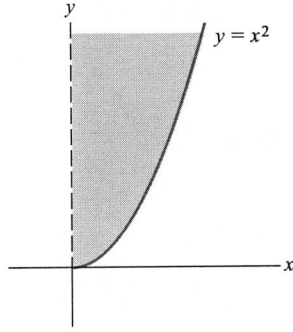

FIGURA 3

O teorema a seguir é básico no estudo de conjuntos convexos. Ele foi demonstrado primeiro por Constantin Caratheodory em 1907. Se $\mathbf{p}$ pertencer ao fecho convexo de S, então, por definição, $\mathbf{p}$ terá de ser uma combinação convexa de pontos de S. Mas a definição não estipula quantos pontos são necessários para obter a combinação desejada. O teorema notável de Caratheodory afirma que, em um espaço de dimensão n, o número de pontos de S na combinação convexa nunca tem de ser maior que $n + 1$.

TEOREMA 10

(Caratheodory) Se S for um subconjunto não vazio de $\mathbb{R}^n$, então todo ponto em conv S poderá ser expresso como uma combinação convexa de $n + 1$ ou menos pontos de S.

DEMONSTRAÇÃO   Dado $\mathbf{p}$ em conv S, existe algum k tal que $\mathbf{p} = c_1\mathbf{v}_1 + \cdots + c_k\mathbf{v}_k$, em que $\mathbf{v}_i \in S$, $c_1 + \cdots + c_k = 1$ e $c_i \geq 0$, $i = 1, \ldots, k$. O objetivo é mostrar que existe tal expressão para $\mathbf{p}$ com $k \leq n + 1$.

Se $k > n + 1$, então $\{\mathbf{v}_1, \ldots, \mathbf{v}_k\}$ será um conjunto dependente afim pelo Exercício 20 na Seção 8.2. Logo, existem escalares $d_1, \ldots, d_k$, nem todos nulos, tais que

$$\sum_{i=1}^{k} d_i\mathbf{v}_i = \mathbf{0} \quad \text{e} \quad \sum_{i=1}^{k} d_i = 0$$

Considere as duas equações

$$c_1\mathbf{v}_1 + c_2\mathbf{v}_2 + \cdots + c_k\mathbf{v}_k = \mathbf{p}$$

e

$$d_1\mathbf{v}_1 + d_2\mathbf{v}_2 + \cdots + d_k\mathbf{v}_k = \mathbf{0}$$

Subtraindo da primeira equação um múltiplo apropriado da segunda, podemos eliminar um dos termos $\mathbf{v}_i$ e obter uma combinação convexa que seja igual a $\mathbf{p}$ e tenha menos de k elementos de S.

Como nem todos os coeficientes d_i são nulos, podemos supor (mudando a ordem dos índices, se necessário) que $d_k > 0$ e $c_k/d_k \leq c_i/d_i$ para todos os índices i tais que $d_i > 0$. Para $i = 1, \ldots, k$, seja $b_i = c_i - (c_k/d_k)d_i$. Então, $b_k = 0$ e

$$\sum_{i=1}^{k} b_i = \sum_{i=1}^{k} c_i - \frac{c_k}{d_k} \sum_{i=1}^{k} d_i = 1 - 0 = 1$$

Além disso, todos os $b_i \geq 0$. De fato, se $d_i \leq 0$, então $b_i \geq c_i \geq 0$. Se $d_i > 0$, então $b_i = d_i(c_i/d_i - c_k/d_k) \geq 0$. Por construção,

$$\sum_{i=1}^{k-1} b_i \mathbf{v}_i = \sum_{i=1}^{k} b_i \mathbf{v}_i = \sum_{i=1}^{k} \left(c_i - \frac{c_k}{d_k} d_i \right) \mathbf{v}_i$$

$$= \sum_{i=1}^{k} c_i \mathbf{v}_i - \frac{c_k}{d_k} \sum_{i=1}^{k} d_i \mathbf{v}_i = \sum_{i=1}^{k} c_i \mathbf{v}_i = \mathbf{p}$$

Logo, $\mathbf{p}$ é uma combinação convexa dos $k - 1$ pontos $\mathbf{v}_1, \ldots, \mathbf{v}_k$. Este processo pode ser repetido até $\mathbf{p}$ ser expresso como uma combinação convexa de, no máximo, $n + 1$ pontos de S. ∎

O exemplo a seguir ilustra os cálculos na demonstração anterior.

EXEMPLO 4   Sejam

$$\mathbf{v}_1 = \begin{bmatrix} 1 \\ 0 \end{bmatrix}, \quad \mathbf{v}_2 = \begin{bmatrix} 2 \\ 3 \end{bmatrix}, \quad \mathbf{v}_3 = \begin{bmatrix} 5 \\ 4 \end{bmatrix}, \quad \mathbf{v}_4 = \begin{bmatrix} 3 \\ 0 \end{bmatrix}, \quad \mathbf{p} = \begin{bmatrix} \frac{10}{3} \\ \frac{5}{2} \end{bmatrix}$$

e $S = \{\mathbf{v}_1, \mathbf{v}_2, \mathbf{v}_3, \mathbf{v}_4\}$. Então

$$\tfrac{1}{4}\mathbf{v}_1 + \tfrac{1}{6}\mathbf{v}_2 + \tfrac{1}{2}\mathbf{v}_3 + \tfrac{1}{12}\mathbf{v}_4 = \mathbf{p} \tag{2}$$

Use o procedimento na demonstração do Teorema de Caratheodory para expressar $\mathbf{p}$ como uma combinação convexa de três pontos de S.

SOLUÇÃO   O conjunto S é dependente afim. Use as técnicas da Seção 8.2 para obter uma relação de dependência afim

$$-5\mathbf{v}_1 + 4\mathbf{v}_2 - 3\mathbf{v}_3 + 4\mathbf{v}_4 = \mathbf{0} \tag{3}$$

A seguir, escolha os pontos $\mathbf{v}_2$ e $\mathbf{v}_4$ em (3) cujos coeficientes são positivos. Para cada ponto, calcule a razão dos coeficientes nas equações (2) e (3). A razão para $\mathbf{v}_2$ é $\tfrac{1}{6} \div 4 = \tfrac{1}{24}$ e a razão para $\mathbf{v}_4$ é $\tfrac{1}{12} \div 4 = \tfrac{1}{48}$. A razão para $\mathbf{v}_4$ é menor, logo subtraia da equação (2) $\tfrac{1}{48}$ multiplicado pela equação (3) para eliminar $\mathbf{v}_4$:

$$\left(\tfrac{1}{4} + \tfrac{5}{48}\right)\mathbf{v}_1 + \left(\tfrac{1}{6} - \tfrac{4}{48}\right)\mathbf{v}_2 + \left(\tfrac{1}{2} + \tfrac{3}{48}\right)\mathbf{v}_3 + \left(\tfrac{1}{12} - \tfrac{4}{48}\right)\mathbf{v}_4 = \mathbf{p}$$

$$\tfrac{17}{48}\mathbf{v}_1 + \tfrac{4}{48}\mathbf{v}_2 + \tfrac{27}{48}\mathbf{v}_3 = \mathbf{p}$$
∎

Esse resultado não pode, em geral, ser melhorado diminuindo-se o número necessário de pontos. De fato, dados quaisquer três pontos não colineares em $\mathbb{R}^2$, o centroide do triângulo formado por eles pertence ao fecho convexo de todos os três, mas não pertence ao fecho convexo de nenhum subconjunto de dois pontos.

Problemas Práticos

1. Sejam $\mathbf{v}_1 = \begin{bmatrix} 6 \\ 2 \\ 2 \end{bmatrix}$, $\mathbf{v}_2 = \begin{bmatrix} 7 \\ 1 \\ 5 \end{bmatrix}$, $\mathbf{v}_3 = \begin{bmatrix} -2 \\ 4 \\ -1 \end{bmatrix}$, $\mathbf{p}_1 = \begin{bmatrix} 1 \\ 3 \\ 1 \end{bmatrix}$ e $\mathbf{p}_2 = \begin{bmatrix} 3 \\ 2 \\ 1 \end{bmatrix}$ e $S = \{\mathbf{v}_1, \mathbf{v}_2, \mathbf{v}_3\}$.

   Determine se $\mathbf{p}_1$ e $\mathbf{p}_2$ pertencem a conv S.

2. Seja S o conjunto dos pontos na curva $y = 1/x$ com $x > 0$. Explique geometricamente por que conv S consiste em todos os pontos sobre a curva e acima da curva S.

8.3 EXERCÍCIOS

1. Em $\mathbb{R}^2$, seja $S = \left\{ \begin{bmatrix} 0 \\ y \end{bmatrix} : 0 \leq y < 1 \right\} \cup \left\{ \begin{bmatrix} 2 \\ 0 \end{bmatrix} \right\}$. Descreva (ou desenhe) o fecho convexo de S.

2. Descreva o fecho convexo do conjunto S de pontos $\begin{bmatrix} x \\ y \end{bmatrix}$ em $\mathbb{R}^2$ que satisfazem as condições indicadas. Justifique suas respostas. (Mostre que um ponto arbitrário $\mathbf{p}$ em S pertence a conv S.)

   a. $y = 1/x$ e $x \geq 1/2$

   b. $y = \operatorname{sen} x$

   c. $y = x^{1/2}$ e $x \geq 0$

3. Considere os pontos no Exercício 5 na Seção 8.1. Qual (ou quais) dos pontos $\mathbf{p}_1$, $\mathbf{p}_2$ e $\mathbf{p}_3$ pertence(m) a conv S?

4. Considere os pontos no Exercício 6, na Seção 8.1. Qual (ou quais) dos pontos $\mathbf{p}_1$, $\mathbf{p}_2$ e $\mathbf{p}_3$ pertence(m) a conv S?

5. Sejam

$$\mathbf{v}_1 = \begin{bmatrix} -1 \\ -3 \\ 4 \end{bmatrix}, \mathbf{v}_2 = \begin{bmatrix} 0 \\ -3 \\ 1 \end{bmatrix}, \mathbf{v}_3 = \begin{bmatrix} 1 \\ -1 \\ 4 \end{bmatrix}, \mathbf{v}_4 = \begin{bmatrix} 1 \\ 1 \\ -2 \end{bmatrix},$$

$$\mathbf{p}_1 = \begin{bmatrix} 1 \\ -1 \\ 2 \end{bmatrix}, \mathbf{p}_2 = \begin{bmatrix} 0 \\ -2 \\ 2 \end{bmatrix}$$

   e $S = \{\mathbf{v}_1, \mathbf{v}_2, \mathbf{v}_3, \mathbf{v}_4\}$. Determine se $\mathbf{p}_1$ e $\mathbf{p}_2$ pertencem a conv S.

6. Sejam $\mathbf{v}_1 = \begin{bmatrix} 2 \\ 0 \\ -1 \\ 2 \end{bmatrix}, \mathbf{v}_2 = \begin{bmatrix} 0 \\ -2 \\ 2 \\ 1 \end{bmatrix}, \mathbf{v}_3 = \begin{bmatrix} -2 \\ 1 \\ 0 \\ 2 \end{bmatrix}, \mathbf{p}_1 = \begin{bmatrix} -1 \\ 2 \\ -\frac{3}{2} \\ \frac{5}{2} \end{bmatrix},$

$$\mathbf{p}_2 = \begin{bmatrix} -\frac{1}{2} \\ 0 \\ \frac{1}{4} \\ \frac{7}{4} \end{bmatrix}, \mathbf{p}_3 = \begin{bmatrix} 6 \\ -4 \\ 1 \\ -1 \end{bmatrix} \text{ e } \mathbf{p}_4 = \begin{bmatrix} -1 \\ -2 \\ 0 \\ 4 \end{bmatrix} \text{ e seja } S$$

   o conjunto ortogonal $\{\mathbf{v}_1, \mathbf{v}_2, \mathbf{v}_3\}$. Determine se cada $\mathbf{p}_i$ está em $\mathscr{L}(S)$, afim S ou conv S.

   a. $\mathbf{p}_1$ b. $\mathbf{p}_2$ c. $\mathbf{p}_3$ d. $\mathbf{p}_4$

Os Exercícios 7 a 10 usam a terminologia da Seção 8.2.

7. a. Seja $T = \left\{ \begin{bmatrix} -1 \\ 0 \end{bmatrix}, \begin{bmatrix} 2 \\ 3 \end{bmatrix}, \begin{bmatrix} 4 \\ 1 \end{bmatrix} \right\}$ e sejam

   $$\mathbf{p}_1 = \begin{bmatrix} 2 \\ 1 \end{bmatrix}, \mathbf{p}_2 = \begin{bmatrix} 3 \\ 2 \end{bmatrix}, \mathbf{p}_3 = \begin{bmatrix} 2 \\ 0 \end{bmatrix} \text{ e } \mathbf{p}_4 = \begin{bmatrix} 0 \\ 2 \end{bmatrix}.$$

   Encontre as coordenadas baricêntricas de $\mathbf{p}_1$, $\mathbf{p}_2$, $\mathbf{p}_3$ e $\mathbf{p}_4$ em relação a T.

   b. Use suas respostas no item (a) para determinar se cada um dos pontos $\mathbf{p}_1$, ..., $\mathbf{p}_4$ está no interior, no exterior ou em uma das arestas de conv T, uma região triangular.

8. Repita o Exercício 7 para $T = \left\{ \begin{bmatrix} 2 \\ 0 \end{bmatrix}, \begin{bmatrix} 0 \\ 5 \end{bmatrix}, \begin{bmatrix} -1 \\ 1 \end{bmatrix} \right\}$ e

   $$\mathbf{p}_1 = \begin{bmatrix} 2 \\ 1 \end{bmatrix}, \mathbf{p}_2 = \begin{bmatrix} 1 \\ 1 \end{bmatrix}, \mathbf{p}_3 = \begin{bmatrix} 1 \\ \frac{1}{3} \end{bmatrix} \text{ e } \mathbf{p}_4 = \begin{bmatrix} 1 \\ 0 \end{bmatrix}.$$

9. Seja $S = \{\mathbf{v}_1, \mathbf{v}_2, \mathbf{v}_3, \mathbf{v}_4\}$ um conjunto independente afim. Considere os pontos $\mathbf{p}_1$, ..., $\mathbf{p}_5$ cujas coordenadas baricêntricas em relação a S são dadas por $(2, 0, 0, -1)$, $(0, \frac{1}{2}, \frac{1}{4}, \frac{1}{4})$, $(\frac{1}{2}, 0, \frac{3}{2}, -1)$, $(\frac{1}{3}, \frac{1}{4}, \frac{1}{4}, \frac{1}{6})$ e $(\frac{1}{3}, 0, \frac{3}{2}, 0)$, respectivamente. Determine se cada um dos pontos

$\mathbf{p}_1$, ..., $\mathbf{p}_5$ está no interior, no exterior ou na superfície de conv S, um tetraedro. Algum desses pontos pertence a uma aresta de conv S?

10. Repita o Exercício 9 para os pontos $\mathbf{q}_1$, ..., $\mathbf{q}_5$ cujas coordenadas baricêntricas em relação a S são dadas por $(\frac{1}{8}, \frac{1}{4}, \frac{1}{8}, \frac{1}{2})$, $(\frac{3}{4}, -\frac{1}{4}, 0, \frac{1}{2})$, $(0, \frac{3}{4}, \frac{1}{4}, 0)$, $(0, -2, 0, 3)$ e $(\frac{1}{3}, \frac{1}{3}, \frac{1}{3}, 0)$, respectivamente.

Nos Exercícios 11 a 16, marque cada afirmação como Verdadeira ou Falsa (V/F). Justifique cada resposta.

11. (V/F) Se $\mathbf{y} = c_1\mathbf{v}_1 + c_2\mathbf{v}_2 + c_3\mathbf{v}_3$ e $c_1 + c_2 + c_3 = 1$, então $\mathbf{y}$ é uma combinação convexa de $\mathbf{v}_1$, $\mathbf{v}_2$ e $\mathbf{v}_3$.

12. (V/F) Um conjunto S é convexo se $\mathbf{x}, \mathbf{y} \in S$ implica que o segmento de reta que une $\mathbf{x}$ a $\mathbf{y}$ pertence a S.

13. (V/F) Se S for um conjunto não vazio, então conv S conterá alguns pontos que não pertencem a S.

14. (V/F) Se S e T forem conjuntos convexos, então $S \cap T$ também será convexo.

15. (V/F) Se S for um subconjunto não vazio de $\mathbb{R}^5$ e se $\mathbf{y} \in$ conv S, então existirão pontos distintos $\mathbf{v}_1$, ..., $\mathbf{v}_6$ em S tais que $\mathbf{y}$ será uma combinação convexa de $\mathbf{v}_1$, ..., $\mathbf{v}_6$.

16. (V/F) Se S e T forem conjuntos convexos, então $S \cup T$ também será convexo.

17. Seja S um subconjunto convexo de $\mathbb{R}^n$ e suponha que $f : \mathbb{R}^n \to \mathbb{R}^m$ seja uma transformação linear. Prove que o conjunto $f(S) = \{f(\mathbf{x}) : \mathbf{x} \in S\}$ é um subconjunto convexo de $\mathbb{R}^m$.

18. Seja $f : \mathbb{R}^n \to \mathbb{R}^m$ uma transformação linear e suponha que T seja um subconjunto convexo de $\mathbb{R}^m$. Prove que o conjunto $S = \{\mathbf{x} \in \mathbb{R}^n : f(\mathbf{x}) \in T\}$ é um subconjunto convexo de $\mathbb{R}^n$.

19. Sejam $\mathbf{v}_1 = \begin{bmatrix} 1 \\ 0 \end{bmatrix}$, $\mathbf{v}_2 = \begin{bmatrix} 1 \\ 2 \end{bmatrix}$, $\mathbf{v}_3 = \begin{bmatrix} 4 \\ 2 \end{bmatrix}$, $\mathbf{v}_4 = \begin{bmatrix} 4 \\ 0 \end{bmatrix}$ e

   $\mathbf{p} = \begin{bmatrix} 2 \\ 1 \end{bmatrix}$. Confirme que

   $$\mathbf{p} = \tfrac{1}{3}\mathbf{v}_1 + \tfrac{1}{3}\mathbf{v}_2 + \tfrac{1}{6}\mathbf{v}_3 + \tfrac{1}{6}\mathbf{v}_4 \quad \text{e} \quad \mathbf{v}_1 - \mathbf{v}_2 + \mathbf{v}_3 - \mathbf{v}_4 = \mathbf{0}.$$

   Use o procedimento na demonstração do Teorema de Caratheodory para expressar $\mathbf{p}$ como uma combinação convexa de três $\mathbf{v}_i$. Faça isso de *duas maneiras diferentes*.

20. Repita o Exercício 19 para os pontos $\mathbf{v}_1 = \begin{bmatrix} -1 \\ 0 \end{bmatrix}$, $\mathbf{v}_2 = \begin{bmatrix} 0 \\ 3 \end{bmatrix}$,

   $\mathbf{v}_3 = \begin{bmatrix} 3 \\ 1 \end{bmatrix}$, $\mathbf{v}_4 = \begin{bmatrix} 1 \\ -1 \end{bmatrix}$ e $\mathbf{p} = \begin{bmatrix} 1 \\ 2 \end{bmatrix}$, dado que

   $$\mathbf{p} = \tfrac{1}{121}\mathbf{v}_1 + \tfrac{72}{121}\mathbf{v}_2 + \tfrac{37}{121}\mathbf{v}_3 + \tfrac{1}{11}\mathbf{v}_4$$

   e

   $$10\mathbf{v}_1 - 6\mathbf{v}_2 + 7\mathbf{v}_3 - 11\mathbf{v}_4 = \mathbf{0}.$$

Nos Exercícios 21 a 24, prove a afirmação dada sobre subconjuntos A e B de $\mathbb{R}^n$. Uma demonstração para um exercício pode usar resultados de exercícios anteriores.

21. Se $A \subseteq B$ e B for convexo, então conv $A \subseteq B$.

22. Se $A \subseteq B$, então conv $A \subseteq$ conv B.

23. a. $[(\text{conv } A) \cup (\text{conv } B)] \subseteq$ conv $(A \cup B)$.

    b. Encontre um exemplo em $\mathbb{R}^2$ para mostrar que a igualdade não precisa ser válida no item (a).

24. a. conv $(A \cap B) \subseteq [(\text{conv } A) \cap (\text{conv } B)]$.

    b. Encontre um exemplo em $\mathbb{R}^2$ para mostrar que a igualdade não precisa ser válida no item (a).

25. Sejam $\mathbf{p}_0$, $\mathbf{p}_1$ e $\mathbf{p}_2$ pontos em $\mathbb{R}^n$ e defina $\mathbf{f}_0(t) = (1 - t)\mathbf{p}_0 + t\mathbf{p}_1$, $\mathbf{f}_1(t) = (1 - t)\mathbf{p}_1 + t\mathbf{p}_2$ e $\mathbf{g}(t) = (1 - t)\mathbf{f}_0(t) + t\mathbf{f}_1(t)$ para $0 \leq t \leq 1$.

Para pontos como os ilustrados a seguir, desenhe uma figura que mostra $f_0(\frac{1}{2})$, $f_1(\frac{1}{2})$ e $g(\frac{1}{2})$.

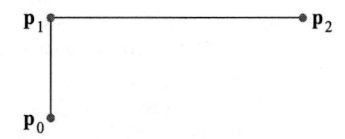

26. Repita o Exercício 25 para $f_0(\frac{3}{4})$, $f_1(\frac{3}{4})$ e $g(\frac{3}{4})$.

27. Seja $g(t)$ como no Exercício 25. Seu gráfico é chamado *curva de Bézier quadrática* e ela é usada em alguns projetos de computação gráfica. Os pontos p_0, p_1 e p_2 são chamados *pontos de controle*

para a curva. Calcule uma fórmula para $g(t)$ que só envolve p_0, p_1 e p_2. Depois, mostre que $g(t)$ pertence a conv $\{p_0, p_1, p_2\}$ para $0 \le t \le 1$.

28. Dados os pontos de controle p_0, p_1, p_2 e p_3 em $\mathbb{R}^n$, seja $g_1(t)$, para $0 \le t \le 1$, a curva de Bézier quadrática do Exercício 27 determinada por p_0, p_1 e p_2, e seja $g_2(t)$ determinada analogamente por p_1, p_2 e p_3. Para $0 \le t \le 1$, defina $h(t) = (1 - t)g_1(t) + tg_2(t)$. Mostre que o gráfico de $h(t)$ está contido no fecho convexo dos quatro pontos de controle. Esta curva é chamada *curva de Bézier cúbica* e sua definição aqui é um passo em um algoritmo para a construção de curvas de Bézier (que será discutido mais adiante, na Seção 8.6). Uma curva de Bézier de grau k é determinada por $k + 1$ pontos de controle e seu gráfico está contido no fecho convexo de seus pontos de controle.

Soluções dos Problemas Práticos

1. Os pontos v_1, v_2 e v_3 não são ortogonais; logo, calcule

$$v_2 - v_1 = \begin{bmatrix} 1 \\ -1 \\ 3 \end{bmatrix}, \; v_3 - v_1 = \begin{bmatrix} -8 \\ 2 \\ -3 \end{bmatrix}, \; p_1 - v_1 = \begin{bmatrix} -5 \\ 1 \\ -1 \end{bmatrix} \; \text{e} \; p_2 - v_1 = \begin{bmatrix} -3 \\ 0 \\ -1 \end{bmatrix}$$

Aumente a matriz $[v_2 - v_1 \; v_3 - v_1]$ com $p_1 - v_1$ e $p_2 - v_1$ e escalone:

$$\begin{bmatrix} 1 & -8 & -5 & -3 \\ -1 & 2 & 1 & 0 \\ 3 & -3 & -1 & -1 \end{bmatrix} \sim \begin{bmatrix} 1 & 0 & \frac{1}{3} & 1 \\ 0 & 1 & \frac{2}{3} & \frac{1}{2} \\ 0 & 0 & 0 & -\frac{5}{2} \end{bmatrix}$$

A terceira coluna mostra que $p_1 - v_1 = \frac{1}{3}(v_2 - v_1) + \frac{2}{3}(v_3 - v_1)$, o que nos leva a $p_1 = 0v_1 + \frac{1}{3}v_2 + \frac{2}{3}v_3$. Logo, p_1 está em conv S. De fato, p_1 pertence a conv $\{v_2, v_3\}$.

A última coluna da matriz mostra que $p_2 - v_1$ não é uma combinação linear de $v_2 - v_1$ e $v_3 - v_1$. Então, p_2 não é uma combinação afim de v_1, v_2 e v_3; logo, p_2 não pode estar em conv S.

Um método alternativo de solução é escalonar a matriz aumentada das formas homogêneas:

$$\begin{bmatrix} \tilde{v}_1 & \tilde{v}_2 & \tilde{v}_3 & \tilde{p}_1 & \tilde{p}_2 \end{bmatrix} \sim \begin{bmatrix} 1 & 0 & 0 & 0 & 0 \\ 0 & 1 & 0 & \frac{1}{3} & 0 \\ 0 & 0 & 1 & \frac{2}{3} & 0 \\ 0 & 0 & 0 & 0 & 1 \end{bmatrix}$$

2. Se p for um ponto acima de S, então a reta contendo p com coeficiente angular -1 intersectará S em dois pontos antes de chegar aos semieixos positivos de x e de y.

8.4 HIPERPLANOS

Hiperplanos têm um papel especial na geometria de $\mathbb{R}^n$, pois dividem o espaço em duas partes disjuntas, da mesma forma que um plano divide $\mathbb{R}^3$ e uma reta divide $\mathbb{R}^2$. A chave para trabalhar com hiperplanos é usar descrições *implícitas* simples, em vez das representações *explícitas* ou paramétricas de retas e planos usadas anteriormente no estudo de conjuntos afins.[1]

Uma equação implícita de uma reta em $\mathbb{R}^2$ é da forma $ax + by = d$. Uma equação implícita de um plano em $\mathbb{R}^3$ é da forma $ax + by + cz = d$. Ambas as equações descrevem a reta ou plano como o conjunto de todos os pontos nos quais uma expressão linear (também chamado *funcional linear*) assume um valor fixo d.

DEFINIÇÃO

Um **funcional linear** em $\mathbb{R}^n$ é uma transformação linear f de $\mathbb{R}^n$ em $\mathbb{R}$. Para cada escalar d em $\mathbb{R}$, o símbolo $[f : d]$ denota o conjunto de todos os x em $\mathbb{R}^n$ nos quais o valor de f é d. Ou seja,

$$[f : d] \quad \text{é o conjunto} \quad \{x \in \mathbb{R}^n : f(x) = d\}$$

O **funcional nulo** é a transformação tal que $f(x) = 0$ para todo x em $\mathbb{R}^n$. Todos os outros funcionais lineares em $\mathbb{R}^n$ são ditos **não nulos**.

---

[1] Representações paramétricas foram introduzidas na Seção 1.5.

EXEMPLO 1 A reta $x - 4y = 13$ em $\mathbb{R}^2$ é um hiperplano em $\mathbb{R}^2$ e é o conjunto de pontos em que o funcional linear $f(x, y) = x - 4y$ assume o valor 13. Ou seja, a reta é o conjunto $[f : 13]$. ∎

EXEMPLO 2 O plano $5x - 2y + 3z = 21$ em $\mathbb{R}^3$ é um hiperplano e é o conjunto de pontos em que o funcional linear $g(x, y, z) = 5x - 2y + 3z$ assume o valor 21. Esse hiperplano é o conjunto $[g : 21]$. ∎

Se f for um funcional linear em $\mathbb{R}^n$, então a matriz canônica desta transformação linear f será uma matriz A $1 \times n$, digamos $A = [a_1 \ a_2 \ \cdots \ a_n]$. Então

$$[f : 0] \quad \text{é igual a} \quad \{\mathbf{x} \in \mathbb{R}^n : A\mathbf{x} = 0\} = \text{Nul } A \tag{1}$$

Se f for um funcional não nulo, então posto de $A = 1$ e dim Nul $A = n - 1$ pelo Teorema do Posto.[2] Logo, o subespaço $[f : 0]$ tem dimensão $n - 1$ e é um hiperplano. Além disso, se d for um número real qualquer, então

$$[f : d] \quad \text{é igual a} \quad \{\mathbf{x} \in \mathbb{R}^n : A\mathbf{x} = d\} \tag{2}$$

Lembre-se, do Teorema 6 na Seção 1.5, de que o conjunto de soluções de $A\mathbf{x} = \mathbf{b}$ é obtido pela translação do conjunto solução de $A\mathbf{x} = \mathbf{0}$ por uma solução particular $\mathbf{p}$ de $A\mathbf{x} = \mathbf{b}$. Quando A é a matriz canônica da transformação f, esse teorema diz que

$$[f : d] = [f : 0] + \mathbf{p} \quad \text{para todo } \mathbf{p} \text{ em } [f : d] \tag{3}$$

Portanto, os conjuntos $[f : d]$ são hiperplanos paralelos a $[f : 0]$. Veja a Figura 1.

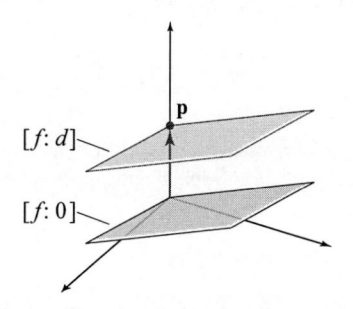

FIGURA 1 Hiperplanos paralelos com $f(\mathbf{p}) = d$.

Quando A é uma matriz $1 \times n$, a equação $A\mathbf{x} = d$ pode ser escrita como um produto interno $\mathbf{n} \cdot \mathbf{x}$, usando $\mathbf{n}$ em $\mathbb{R}^n$ com os mesmos elementos que A. Então, de (2),

$$[f : d] \quad \text{é igual a} \quad \{\mathbf{x} \in \mathbb{R}^n : \mathbf{n} \cdot \mathbf{x} = d\} \tag{4}$$

Logo, $[f : 0] = \{\mathbf{x} \in \mathbb{R}^n : \mathbf{n} \cdot \mathbf{x} = 0\}$, o que mostra que $[f : 0]$ é o complemento ortogonal do subespaço gerado por $\mathbf{n}$. Na terminologia de cálculo e geometria para $\mathbb{R}^3$, $\mathbf{n}$ é dito um vetor **normal** a $[f : 0]$. (Um vetor "normal" neste sentido não precisa ter comprimento um.) Além disso, $\mathbf{n}$ é **normal** a cada hiperplano paralelo $[f : d]$, embora $\mathbf{n} \cdot \mathbf{x}$ não seja zero quando $d \neq 0$.

Outro nome para $[f : d]$ é *conjunto de nível* de f, e $\mathbf{n}$ é chamado, algumas vezes, *gradiente* de f quando $f(\mathbf{x}) = \mathbf{n} \cdot \mathbf{x}$ para todo $\mathbf{x}$.

EXEMPLO 3 Sejam $\mathbf{n} = \begin{bmatrix} 3 \\ 4 \end{bmatrix}$ e $\mathbf{v} = \begin{bmatrix} 1 \\ -6 \end{bmatrix}$. Seja $H = \{\mathbf{x} : \mathbf{n} \cdot \mathbf{x} = 12\}$, de modo que $H = [f : 12]$, em que $f(x, y) = 3x + 4y$. Então H é a reta $3x + 4y = 12$. Encontre uma descrição implícita do hiperplano (reta) paralelo $H_1 = H + \mathbf{v}$.

SOLUÇÃO Em primeiro lugar, encontre um ponto $\mathbf{p}$ em H_1. Para isso, encontre um ponto em H e some a $\mathbf{v}$. Por exemplo, $\begin{bmatrix} 0 \\ 3 \end{bmatrix}$ está em H, logo $\mathbf{p} = \begin{bmatrix} 1 \\ -6 \end{bmatrix} + \begin{bmatrix} 0 \\ 3 \end{bmatrix} = \begin{bmatrix} 1 \\ -3 \end{bmatrix}$ está em H_1. Agora, calcule $\mathbf{n} \cdot \mathbf{p} = -9$. Isso mostra que $H_1 = [f : -9]$. Veja a Figura 2, que também mostra o subespaço $H_0 = \{\mathbf{x} : \mathbf{n} \cdot \mathbf{x} = 0\}$. ∎

Os próximos três exemplos mostram conexões entre descrições implícitas e explícitas de hiperplanos. O Exemplo 4 começa com uma forma implícita.

---

[2] Veja o Teorema 14 na Seção 2.9 ou o Teorema 14 na Seção 4.5.

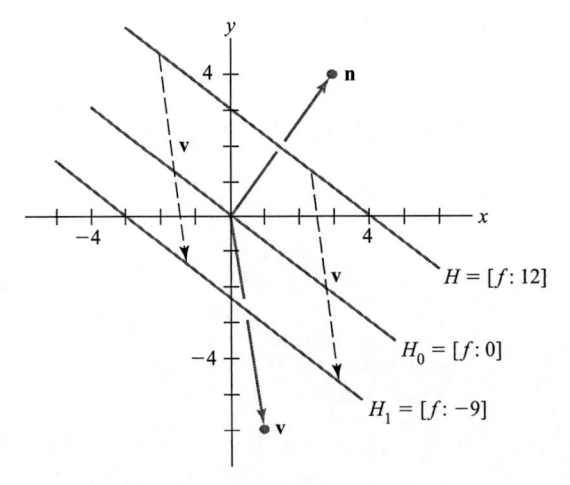

FIGURA 2

EXEMPLO 4   Dê uma descrição explícita, em forma vetorial paramétrica, da reta $x - 4y = 13$ em $\mathbb{R}^2$.

SOLUÇÃO   Isso corresponde a resolver uma equação não homogênea $A\mathbf{x} = \mathbf{b}$, na qual $A = [1 \ -4]$ e $\mathbf{b}$ é o número 13 em $\mathbb{R}$. Escreva $x = 13 + 4y$, em que y é uma variável livre. Em forma paramétrica, a solução é

$$\mathbf{x} = \begin{bmatrix} x \\ y \end{bmatrix} = \begin{bmatrix} 13 + 4y \\ y \end{bmatrix} = \begin{bmatrix} 13 \\ 0 \end{bmatrix} + y \begin{bmatrix} 4 \\ 1 \end{bmatrix} = \mathbf{p} + y\mathbf{q}, \quad y \in \mathbb{R} \qquad ∎$$

A conversão de uma descrição explícita de uma reta para uma descrição implícita é um pouco mais complicada. A ideia básica é construir $[f : 0]$ e depois encontrar d para obter $[f : d]$.

EXEMPLO 5   Sejam $\mathbf{v}_1 = \begin{bmatrix} 1 \\ 2 \end{bmatrix}$, $\mathbf{v}_2 = \begin{bmatrix} 6 \\ 0 \end{bmatrix}$ e L_1 a reta contendo $\mathbf{v}_1$ e $\mathbf{v}_2$. Encontre um funcional linear f e uma constante d tal que $L_1 = [f : d]$.

SOLUÇÃO   A reta L_1 é paralela à reta transladada L_0 contendo $\mathbf{v}_2 - \mathbf{v}_1$ e a origem. A equação que define L_0 tem a forma

$$\begin{bmatrix} a & b \end{bmatrix} \begin{bmatrix} x \\ y \end{bmatrix} = 0 \quad \text{ou} \quad \mathbf{n} \cdot \mathbf{x} = 0, \quad \text{em que} \quad \mathbf{n} = \begin{bmatrix} a \\ b \end{bmatrix} \qquad (5)$$

Como $\mathbf{n}$ é ortogonal ao subespaço L_0, que contém $\mathbf{v}_2 - \mathbf{v}_1$, calcule

$$\mathbf{v}_2 - \mathbf{v}_1 = \begin{bmatrix} 6 \\ 0 \end{bmatrix} - \begin{bmatrix} 1 \\ 2 \end{bmatrix} = \begin{bmatrix} 5 \\ -2 \end{bmatrix}$$

e resolva

$$\begin{bmatrix} a & b \end{bmatrix} \begin{bmatrix} 5 \\ -2 \end{bmatrix} = 0$$

Examinando essa última equação, vemos que uma solução é $[a \ b] = [2 \ 5]$. Seja $f(x, y) = 2x + 5y$. De (5), $L_0 = [f : 0]$ e $L_1 = [f : d]$ para algum d. Como $\mathbf{v}_1$ pertence à reta L_1, $d = f(\mathbf{v}_1) = 2(1) + 5(2) = 12$. Portanto, a equação para L_1 é $2x + 5y = 12$. Você pode verificar que $\mathbf{v}_2$ também está em L_1, pois $f(\mathbf{v}_2) = f(6, 0) = 2(6) + 5(0) = 12$. $\qquad ∎$

EXEMPLO 6   Sejam $\mathbf{v}_1 = \begin{bmatrix} 1 \\ 1 \\ 1 \end{bmatrix}$, $\mathbf{v}_2 = \begin{bmatrix} 2 \\ -1 \\ 4 \end{bmatrix}$ e $\mathbf{v}_3 = \begin{bmatrix} 3 \\ 1 \\ 2 \end{bmatrix}$. Encontre uma descrição implícita $[f : d]$ do plano H_1 contendo $\mathbf{v}_1$, $\mathbf{v}_2$ e $\mathbf{v}_3$.

SOLUÇÃO H_1 é paralelo a um plano H_0 que contém a origem e os pontos transladados

$$\mathbf{v}_2 - \mathbf{v}_1 = \begin{bmatrix} 1 \\ -2 \\ 3 \end{bmatrix} \quad \text{e} \quad \mathbf{v}_3 - \mathbf{v}_1 = \begin{bmatrix} 2 \\ 0 \\ 1 \end{bmatrix}$$

Como esses dois pontos são linearmente independentes, $H_0 = \mathscr{L}\{\mathbf{v}_2 - \mathbf{v}_1, \mathbf{v}_3 - \mathbf{v}_1\}$. Seja $\mathbf{n} = \begin{bmatrix} a \\ b \\ c \end{bmatrix}$ um vetor normal a H_0. Então $\mathbf{v}_2 - \mathbf{v}_1$ e $\mathbf{v}_3 - \mathbf{v}_1$ são ortogonais a $\mathbf{n}$, ou seja, $(\mathbf{v}_2 - \mathbf{v}_1) \cdot \mathbf{n} = 0$ e $(\mathbf{v}_3 - \mathbf{v}_1) \cdot \mathbf{n} = 0$. Essas duas equações formam um sistema cuja matriz aumentada pode ser escalonada:

$$\begin{bmatrix} 1 & -2 & 3 \end{bmatrix} \begin{bmatrix} a \\ b \\ c \end{bmatrix} = 0, \quad \begin{bmatrix} 2 & 0 & 1 \end{bmatrix} \begin{bmatrix} a \\ b \\ c \end{bmatrix} = 0, \quad \begin{bmatrix} 1 & -2 & 3 & 0 \\ 2 & 0 & 1 & 0 \end{bmatrix}$$

As operações elementares fornecem $a = (-\frac{2}{4})c$, $b = (\frac{5}{4})c$, com c livre. Escolha $c = 4$, por exemplo. Então

$$\mathbf{n} = \begin{bmatrix} -2 \\ 5 \\ 4 \end{bmatrix} \quad \text{e} \quad H_0 = [f:0], \quad \text{em que} \quad f(\mathbf{x}) = -2x_1 + 5x_2 + 4x_3.$$

O hiperplano paralelo H_1 é $[f:d]$. Para encontrar d, use o fato de que $\mathbf{v}_1$ está em H_1 e calcule $d = f(\mathbf{v}_1) = f(1, 1, 1) = -2(1) + 5(1) + 4(1) = 7$. Como verificação, calcule $f(\mathbf{v}_2) = f(2, -1, 4) = -2(2) + 5(-1) + 4(4) = 16 - 9 = 7$. Note que $f(\mathbf{v}_3) = 7$ também. ∎

O procedimento no Exemplo 6 pode ser generalizado para dimensões maiores. No entanto, para o caso particular de $\mathbb{R}^3$, pode-se também usar a fórmula do **produto vetorial** para calcular $\mathbf{n}$, utilizando um determinante simbólico como ajuda mnemônica:

$$\mathbf{n} = (\mathbf{v}_2 - \mathbf{v}_1) \times (\mathbf{v}_3 - \mathbf{v}_1)$$

$$= \begin{vmatrix} 1 & 2 & \mathbf{i} \\ -2 & 0 & \mathbf{j} \\ 3 & 1 & \mathbf{k} \end{vmatrix} = \begin{vmatrix} -2 & 0 \\ 3 & 1 \end{vmatrix} \mathbf{i} - \begin{vmatrix} 1 & 2 \\ 3 & 1 \end{vmatrix} \mathbf{j} + \begin{vmatrix} 1 & 2 \\ -2 & 0 \end{vmatrix} \mathbf{k}$$

$$= -2\mathbf{i} + 5\mathbf{j} + 4\mathbf{k} = \begin{bmatrix} -2 \\ 5 \\ 4 \end{bmatrix}$$

Se for necessária apenas a fórmula para f, os cálculos de produto vetorial poderão ser escritos como um determinante usual:

$$f(x_1, x_2, x_3) = \begin{vmatrix} 1 & 2 & x_1 \\ -2 & 0 & x_2 \\ 3 & 1 & x_3 \end{vmatrix} = \begin{vmatrix} -2 & 0 \\ 3 & 1 \end{vmatrix} x_1 - \begin{vmatrix} 1 & 2 \\ 3 & 1 \end{vmatrix} x_2 + \begin{vmatrix} 1 & 2 \\ -2 & 0 \end{vmatrix} x_3$$

$$= -2x_1 + 5x_2 + 4x_3$$

Até agora, todos os hiperplanos examinados foram descritos como $[f:d]$ para algum funcional linear f e algum número d em $\mathbb{R}$, ou, equivalentemente, como $\{\mathbf{x} \in \mathbb{R}^n : \mathbf{n} \cdot \mathbf{x} = d\}$ para algum $\mathbf{n}$ em $\mathbb{R}^n$. O teorema a seguir mostra que *todo* hiperplano tem essas descrições equivalentes.

TEOREMA 11

Um subconjunto H de $\mathbb{R}^n$ é um hiperplano se e somente se existirem um funcional linear não nulo f e um número d em $\mathbb{R}$ tais que $H = [f:d]$. Portanto, se H for um hiperplano, existirão um vetor não nulo $\mathbf{n}$ e um número real d tais que $H = \{\mathbf{x} : \mathbf{n} \cdot \mathbf{x} = d\}$.

DEMONSTRAÇÃO Suponha que H seja um hiperplano, seja $\mathbf{p} \in H$ e seja $H_0 = H - \mathbf{p}$. Então H_0 é um subespaço de dimensão $(n-1)$. A seguir, seja $\mathbf{y}$ um ponto qualquer não pertencente a H_0. Pelo Teorema de Decomposição Ortogonal na Seção 6.3,

$$\mathbf{y} = \mathbf{y}_1 + \mathbf{n}$$

em que $\mathbf{y}_1$ é um vetor em H_0 e $\mathbf{n}$ é ortogonal a todos os vetores em H_0. A função f definida por

$$f(\mathbf{x}) = \mathbf{n} \cdot \mathbf{x} \quad \text{para } \mathbf{x} \in \mathbb{R}^n$$

é um funcional linear pelas propriedades do produto interno. Então $[f:0]$ é um hiperplano que contém H_0 pela construção de $\mathbf{n}$; logo,

$$H_0 = [f:0]$$

[*Argumento:* H_0 contém uma base S com $n-1$ vetores e, como S pertence ao subespaço $[f:0]$ de dimensão $(n-1)$, S também tem de ser uma base para $[f:0]$ pelo Teorema de Base.] Por fim, seja $d = f(\mathbf{p}) = \mathbf{n} \cdot \mathbf{p}$. Assim, como vimos antes em (3),

$$[f:d] = [f:0] + \mathbf{p} = H_0 + \mathbf{p} = H$$

A afirmação recíproca, de que $[f:d]$ é um hiperplano, segue de (1) e (3). ∎

Muitas aplicações importantes de hiperplanos dependem da possibilidade de "separar" dois conjuntos por um hiperplano. Intuitivamente, isso significa que um dos conjuntos está de um lado do hiperplano e o outro está do outro lado. A terminologia e a notação a seguir ajudarão a tornar essa ideia mais precisa.

TOPOLOGIA EM $\mathbb{R}^n$: TERMINOLOGIA E FATOS

Dados um ponto $\mathbf{p}$ em $\mathbb{R}^n$ e um número real $\delta > 0$ arbitrários, a **bola aberta** $B(\mathbf{p}, \delta)$ com centro $\mathbf{p}$ e raio δ é dada por

$$B(\mathbf{p}, \delta) = \{\mathbf{x} : \|\mathbf{x} - \mathbf{p}\| < \delta\}$$

Dado um conjunto S em $\mathbb{R}^n$, um ponto $\mathbf{p}$ é um **ponto interior** de S se existir um $\delta > 0$ tal que $B(\mathbf{p}, \delta) \subseteq S$. Se toda bola aberta centrada em $\mathbf{p}$ intersectar tanto S quanto seu complemento, $\mathbf{p}$ será dito um **ponto de fronteira** de S. Um conjunto será **aberto** se não contiver nenhum dos seus pontos de fronteira. (Isso é equivalente a dizer que todos os seus pontos são pontos interiores.) Um conjunto será **fechado** se contiver todos os seus pontos de fronteira. (Se S contiver alguns, mas não todos os seus pontos de fronteira, então S não será aberto nem fechado.) Um conjunto S será **limitado** se existir um $\delta > 0$ tal que $S \subseteq B(\mathbf{0}, \delta)$. Um conjunto em $\mathbb{R}^n$ será **compacto** se for fechado e limitado.

Teorema: O fecho convexo de um conjunto aberto é aberto e o fecho convexo de um conjunto compacto é compacto. (O fecho convexo de um conjunto fechado não precisa ser fechado. Veja o Exercício 33.)

EXEMPLO 7 Sejam

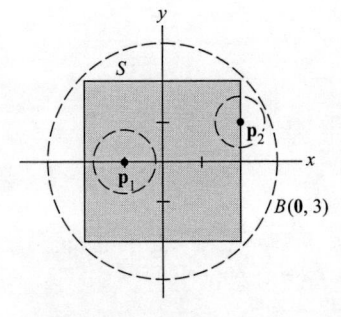

FIGURA 3 O conjunto S é fechado e limitado.

$$S = \text{conv}\left\{\begin{bmatrix} -2 \\ 2 \end{bmatrix}, \begin{bmatrix} -2 \\ -2 \end{bmatrix}, \begin{bmatrix} 2 \\ -2 \end{bmatrix}, \begin{bmatrix} 2 \\ 2 \end{bmatrix}\right\}, \quad \mathbf{p}_1 = \begin{bmatrix} -1 \\ 0 \end{bmatrix} \quad \text{e} \quad \mathbf{p}_2 = \begin{bmatrix} 2 \\ 1 \end{bmatrix},$$

como ilustrado na Figura 3. Então $\mathbf{p}_1$ é um ponto interior, já que $B(\mathbf{p}_1, \frac{3}{4}) \subseteq S$. O ponto $\mathbf{p}_2$ é um ponto de fronteira, pois toda bola aberta centrada em $\mathbf{p}_2$ intersecta tanto S quanto seu complemento. O conjunto S é fechado porque contém todos os seus pontos de fronteira. Como $S \subseteq B(\mathbf{0}, 3)$, o conjunto S é limitado. Portanto, S também é compacto. ∎

Notação: Se f for um funcional linear, então $f(A) \leq d$ significará que $f(\mathbf{x}) \leq d$ para todo $\mathbf{x} \in A$. Notações correspondentes serão usadas para as desigualdades invertidas ou estritas.

DEFINIÇÃO

O hiperplano $H = [f:d]$ **separa** dois conjuntos A e B se uma das condições a seguir for válida:

(i) $f(A) \leq d$ e $f(B) \geq d$, ou

(ii) $f(A) \geq d$ e $f(B) \leq d$.

Se todas as desigualdades nas condições anteriores forem substituídas por desigualdades estritas e uma das condições for válida, diremos que H **separa estritamente** A e B.

Note que a separação estrita requer que os dois conjuntos sejam disjuntos, enquanto a mera separação não requer. De fato, se dois círculos no plano se tangenciam externamente, a reta tangente em comum separa os dois (mas não de maneira estrita).

Embora seja necessário que dois conjuntos sejam disjuntos para que possam ser estritamente separados, essa condição não é suficiente, mesmo para conjuntos convexos fechados. Por exemplo, sejam

$$A = \left\{\begin{bmatrix} x \\ y \end{bmatrix} : x \geq \frac{1}{2} \quad \text{e} \quad \frac{1}{x} \leq y \leq 2\right\} \quad \text{e} \quad B = \left\{\begin{bmatrix} x \\ y \end{bmatrix} : x \geq 0 \quad \text{e} \quad y = 0\right\}$$

Então A e B são conjuntos convexos fechados disjuntos, mas não podem ser estritamente separados por um hiperplano (uma reta em $\mathbb{R}^2$). Veja a Figura 4. Assim, o problema de separar (ou separar estritamente) dois conjuntos por um hiperplano é mais complexo do que parece à primeira vista.

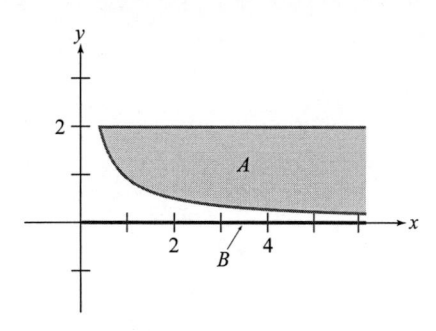

FIGURA 4 Conjuntos convexos fechados disjuntos.

Existem muitas condições interessantes sobre os conjuntos A e B que implicam a existência de um hiperplano separador, mas os dois teoremas a seguir bastam para esta seção. A demonstração do primeiro teorema requer uma quantidade razoável de material preliminar,[3] mas o segundo teorema segue facilmente do primeiro.

TEOREMA 12

Suponha que A e B sejam conjuntos convexos não vazios, tais que A é compacto e B é fechado. Então existe um hiperplano H que separa estritamente A e B se e somente se $A \cap B = \varnothing$.

TEOREMA 13

Suponha que A e B sejam conjuntos compactos não vazios. Então existe um hiperplano que separa estritamente A e B se e somente se $(\text{conv } A) \cap (\text{conv } B) = \varnothing$.

DEMONSTRAÇÃO Suponha que $(\text{conv } A) \cap (\text{conv } B) = \varnothing$. Como o fecho convexo de um conjunto compacto é compacto, o Teorema 12 garante que existe um hiperplano H que separa estritamente conv A e conv B. É claro que H também separa estritamente os conjuntos menores A e B.

De maneira recíproca, suponha que o hiperplano $H = [f : d]$ separe estritamente A e B. Sem perda de generalidade, podemos supor que $f(A) < d$ e $f(B) > d$. Seja $\mathbf{x} = c_1\mathbf{x}_1 + \cdots + c_k\mathbf{x}_k$ qualquer combinação convexa de elementos de A. Então

$$f(\mathbf{x}) = c_1 f(\mathbf{x}_1) + \cdots + c_k f(\mathbf{x}_k) < c_1 d + \cdots + c_k d = d$$

já que $c_1 + \cdots + c_k = 1$. Logo, $f(\text{conv } A) < d$. De modo semelhante, $f(\text{conv } B) > d$, de modo que $H = [f : d]$ separa estritamente conv A e conv B. Pelo Teorema 12, conv A e conv B têm de ser disjuntos. ∎

EXEMPLO 8 Sejam

$$\mathbf{a}_1 = \begin{bmatrix} 2 \\ 1 \\ 1 \end{bmatrix}, \quad \mathbf{a}_2 = \begin{bmatrix} -3 \\ 2 \\ 1 \end{bmatrix}, \quad \mathbf{a}_3 = \begin{bmatrix} 3 \\ 4 \\ 0 \end{bmatrix}, \quad \mathbf{b}_1 = \begin{bmatrix} 1 \\ 0 \\ 2 \end{bmatrix} \quad \text{e} \quad \mathbf{b}_2 = \begin{bmatrix} 2 \\ -1 \\ 5 \end{bmatrix}$$

e sejam $A = \{\mathbf{a}_1, \mathbf{a}_2, \mathbf{a}_3\}$ e $B = \{\mathbf{b}_1, \mathbf{b}_2\}$. Mostre que o hiperplano $H = [f : 5]$, no qual $f(x_1, x_2, x_3) = 2x_1 - 3x_2 + x_3$, não separa A e B. Existe um hiperplano paralelo a H que separa A e B? Os fechos convexos de A e de B se intersectam?

SOLUÇÃO Calcule o funcional linear f em cada ponto em A e em B:

$$f(\mathbf{a}_1) = 2, \quad f(\mathbf{a}_2) = -11, \quad f(\mathbf{a}_3) = -6, \quad f(\mathbf{b}_1) = 4 \quad \text{e} \quad f(\mathbf{b}_2) = 12$$

Como $f(\mathbf{b}_1) = 4$ é menor que 5 e $f(\mathbf{b}_2) = 12$ é maior que 5, os pontos de B estão dos dois lados de $H = [f : 5]$, de modo que H não separa A e B.

---

[3]Uma demonstração do Teorema 12 pode ser encontrada em Steven R. Lay, *Convex Sets and Their Applications* (Nova York: John Wiley & Sons, 1982; Mineola, NY: Dover Publications, 2007), p. 34-39.

Como $f(A) < 3$ e $f(B) > 3$, o hiperplano paralelo $[f : 3]$ separa estritamente A e B. Pelo Teorema 13, $(\text{conv } A) \cap (\text{conv } B) = \varnothing$.

Cuidado: Se não existisse hiperplano paralelo a H que separasse estritamente A e B, isto *não* significaria, necessariamente, que seus fechos convexos se intersectam. Poderia existir outro hiperplano não paralelo a H que separasse estritamente A e B. ∎

Problema Prático

Sejam $\mathbf{p}_1 = \begin{bmatrix} 1 \\ 0 \\ 2 \end{bmatrix}$, $\mathbf{p}_2 = \begin{bmatrix} -1 \\ 2 \\ 1 \end{bmatrix}$, $\mathbf{n}_1 = \begin{bmatrix} 1 \\ 1 \\ -2 \end{bmatrix}$ e $\mathbf{n}_2 = \begin{bmatrix} -2 \\ 1 \\ 3 \end{bmatrix}$ e sejam H_1 o hiperplano (plano) em

$\mathbb{R}^3$ contendo $\mathbf{p}_1$ e normal a $\mathbf{n}_1$ e H_2 o hiperplano contendo $\mathbf{p}_2$ e normal a $\mathbf{n}_2$. Dê uma descrição explícita de $H_1 \cap H_2$ por uma fórmula que mostre como gerar todos os pontos em $H_1 \cap H_2$.

8.4 EXERCÍCIOS

1. Seja L a reta em $\mathbb{R}^2$ determinada pelos pontos $\begin{bmatrix} -1 \\ 4 \end{bmatrix}$ e $\begin{bmatrix} 3 \\ 1 \end{bmatrix}$.
   Encontre um funcional linear f e um número real d tais que $L = [f : d]$.

2. Seja L a reta em $\mathbb{R}^2$ determinada pelos pontos $\begin{bmatrix} 1 \\ 4 \end{bmatrix}$ e $\begin{bmatrix} -2 \\ -1 \end{bmatrix}$.
   Encontre um funcional linear f e um número real d tais que $L = [f : d]$.

Nos Exercícios 3 e 4, determine se cada conjunto é aberto, fechado ou nenhum dos dois.

3. a. $\{(x, y) : y > 0\}$
   b. $\{(x, y) : x = 2 \text{ e } 1 \leq y \leq 3\}$
   c. $\{(x, y) : x = 2 \text{ e } 1 < y < 3\}$
   d. $\{(x, y) : xy = 1 \text{ e } x > 0\}$
   e. $\{(x, y) : xy \geq 1 \text{ e } x > 0\}$

4. a. $\{(x, y) : x^2 + y^2 = 1\}$
   b. $\{(x, y) : x^2 + y^2 > 1\}$
   c. $\{(x, y) : x^2 + y^2 \leq 1 \text{ e } y > 0\}$
   d. $\{(x, y) : y \geq x^2\}$
   e. $\{(x, y) : y < x^2\}$

Nos Exercícios 5 e 6, determine se cada conjunto é compacto ou não e se é convexo ou não.

5. Use os conjuntos do Exercício 3.

6. Use os conjuntos do Exercício 4.

Nos Exercícios 7 a 10, seja H o hiperplano contendo os pontos listados. (a) Encontre um vetor $\mathbf{n}$ normal ao hiperplano. (b) Encontre um funcional linear f e um número d tais que $H = [f : d]$.

7. $\begin{bmatrix} 1 \\ 1 \\ 3 \end{bmatrix}, \begin{bmatrix} 2 \\ 4 \\ 1 \end{bmatrix}, \begin{bmatrix} -1 \\ -2 \\ 5 \end{bmatrix}$ 8. $\begin{bmatrix} 1 \\ -2 \\ 1 \end{bmatrix}, \begin{bmatrix} 4 \\ -2 \\ 3 \end{bmatrix}, \begin{bmatrix} 7 \\ -4 \\ 4 \end{bmatrix}$

9. $\begin{bmatrix} 1 \\ 0 \\ 1 \\ 0 \end{bmatrix}, \begin{bmatrix} 2 \\ 3 \\ 1 \\ 0 \end{bmatrix}, \begin{bmatrix} 1 \\ 2 \\ 2 \\ 0 \end{bmatrix}, \begin{bmatrix} 1 \\ 1 \\ 1 \\ 1 \end{bmatrix}$

10. $\begin{bmatrix} 1 \\ 2 \\ 0 \\ 0 \end{bmatrix}, \begin{bmatrix} 2 \\ 2 \\ -1 \\ -3 \end{bmatrix}, \begin{bmatrix} 1 \\ 3 \\ 2 \\ 7 \end{bmatrix}, \begin{bmatrix} 3 \\ 2 \\ -1 \\ -1 \end{bmatrix}$

11. Sejam $\mathbf{p} = \begin{bmatrix} 1 \\ -3 \\ 1 \\ 2 \end{bmatrix}$, $\mathbf{n} = \begin{bmatrix} 2 \\ 1 \\ 5 \\ -1 \end{bmatrix}$, $\mathbf{v}_1 = \begin{bmatrix} 0 \\ 1 \\ 1 \\ 1 \end{bmatrix}$, $\mathbf{v}_2 = \begin{bmatrix} -2 \\ 0 \\ 1 \\ 3 \end{bmatrix}$

e $\mathbf{v}_3 = \begin{bmatrix} 1 \\ 4 \\ 0 \\ 4 \end{bmatrix}$ e H o hiperplano em $\mathbb{R}^4$ normal a $\mathbf{n}$ e contendo $\mathbf{p}$.

Quais dos pontos $\mathbf{v}_1, \mathbf{v}_2, \mathbf{v}_3$ estão do mesmo lado de H que a origem e quais não estão?

12. Sejam $\mathbf{a}_1 = \begin{bmatrix} 2 \\ -1 \\ 5 \end{bmatrix}$, $\mathbf{a}_2 = \begin{bmatrix} 3 \\ 1 \\ 3 \end{bmatrix}$, $\mathbf{a}_3 = \begin{bmatrix} -1 \\ 6 \\ 0 \end{bmatrix}$, $\mathbf{b}_1 = \begin{bmatrix} 0 \\ 5 \\ -1 \end{bmatrix}$,

$\mathbf{b}_2 = \begin{bmatrix} 1 \\ -3 \\ -2 \end{bmatrix}$, $\mathbf{b}_3 = \begin{bmatrix} 2 \\ 2 \\ 1 \end{bmatrix}$ e $\mathbf{n} = \begin{bmatrix} 3 \\ 1 \\ -2 \end{bmatrix}$ e sejam $A = \{\mathbf{a}_1, \mathbf{a}_2, \mathbf{a}_3\}$

e $B = \{\mathbf{b}_1, \mathbf{b}_2, \mathbf{b}_3\}$. Encontre um hiperplano H com normal $\mathbf{n}$ que separa A e B. Existe um hiperplano paralelo a H que separa estritamente A e B?

13. Sejam $\mathbf{p}_1 = \begin{bmatrix} 2 \\ -3 \\ 1 \\ 2 \end{bmatrix}$, $\mathbf{p}_2 = \begin{bmatrix} 1 \\ 2 \\ -1 \\ 3 \end{bmatrix}$, $\mathbf{n}_1 = \begin{bmatrix} 1 \\ 2 \\ 4 \\ 2 \end{bmatrix}$ e $\mathbf{n}_2 = \begin{bmatrix} 2 \\ 3 \\ 1 \\ 5 \end{bmatrix}$

e sejam H_1 o hiperplano em $\mathbb{R}^4$ normal a $\mathbf{n}_1$ e contendo $\mathbf{p}_1$ e H_2 o hiperplano em $\mathbb{R}^4$ normal a $\mathbf{n}_2$ e contendo $\mathbf{p}_2$. Dê uma descrição explícita de $H_1 \cap H_2$. [*Sugestão:* Encontre um ponto $\mathbf{p}$ em $H_1 \cap H_2$ e dois vetores linearmente independentes $\mathbf{v}_1$ e $\mathbf{v}_2$ que geram um espaço paralelo à variedade afim bidimensional $H_1 \cap H_2$.]

14. Sejam F_1 e F_2 duas variedades afins de dimensão 4 em $\mathbb{R}^6$ e suponha que $F_1 \cap F_2 \neq \varnothing$. Quais as dimensões possíveis de $F_1 \cap F_2$?

Nos Exercícios 15 a 20, encontre um funcional linear f e um número real d tais que $[f : d]$ é o hiperplano H descrito no exercício.

15. Considere a matriz 1×4 $A = [1 \ -3 \ 4 \ -2]$ e seja $b = 5$. $H = \{\mathbf{x} \in \mathbb{R}^4 : A\mathbf{x} = b\}$.

16. Considere a matriz 1×5 $A = [2 \ 5 \ -3 \ 0 \ 6]$. Note que Nul A está em $\mathbb{R}^5$. Considere $H = $ Nul A.

17. H é o plano em $\mathbb{R}^3$ gerado pelas linhas da matriz $B = \begin{bmatrix} 1 & 3 & 5 \\ 0 & 2 & 4 \end{bmatrix}$.
    Ou seja, $H = $ Lin B. [*Sugestão:* Qual é a relação entre H e Nul B? Veja a Seção 6.1.]

18. H é o plano em $\mathbb{R}^3$ gerado pelas linhas da matriz $B = \begin{bmatrix} 1 & 4 & -5 \\ 0 & -2 & 8 \end{bmatrix}$.
    Ou seja, $H = $ Lin B.

19. H é o espaço gerado pelas colunas da matriz $B = \begin{bmatrix} 1 & 0 \\ 4 & 2 \\ -7 & -6 \end{bmatrix}$. Ou
    seja, $H = $ Col B. [*Sugestão:* Qual é a relação entre Col B e Nul B^T? Veja a Seção 6.1.]

20. H é o espaço gerado pelas colunas da matriz $B = \begin{bmatrix} 1 & 0 \\ 5 & 2 \\ -4 & -4 \end{bmatrix}$.

Ou seja, $H = \text{Col } B$.

Nos Exercícios 21 a 28, marque cada afirmação como Verdadeira ou Falsa (V/F). Justifique cada resposta.

21. (V/F) Uma transformação linear de $\mathbb{R}$ em $\mathbb{R}^n$ é chamada um funcional linear.

22. (V/F) Se d for um número real e f for um funcional linear não nulo definido em $\mathbb{R}^n$, então $[f : d]$ será um hiperplano em $\mathbb{R}^n$.

23. (V/F) Se f for um funcional linear definido em $\mathbb{R}^n$, então existirá um k tal que $f(\mathbf{x}) = k\mathbf{x}$ para todo $\mathbf{x}$ em $\mathbb{R}^n$.

24. (V/F) Considerando qualquer vetor $\mathbf{n}$ e qualquer número real d, o conjunto $\{\mathbf{x} : \mathbf{n} \cdot \mathbf{x} = d\}$ é um hiperplano.

25. (V/F) Se um hiperplano separar estritamente A e B, então $A \cap B = \emptyset$.

26. (V/F) Se A e B forem conjuntos disjuntos não vazios tais que A seja compacto e B seja fechado, então existirá um hiperplano que separa estritamente A e B.

27. (V/F) Se A e B forem conjuntos convexos fechados e $A \cap B = \emptyset$, então existirá um hiperplano que separa estritamente A e B.

28. (V/F) Se existir um hiperplano H que não separa estritamente dois conjuntos A e B, então $(\text{conv } A) \cap (\text{conv } B) \neq \emptyset$.

29. Sejam $\mathbf{v}_1 = \begin{bmatrix} 1 \\ 1 \end{bmatrix}$, $\mathbf{v}_2 = \begin{bmatrix} 3 \\ 0 \end{bmatrix}$, $\mathbf{v}_3 = \begin{bmatrix} 5 \\ 3 \end{bmatrix}$ e $\mathbf{p} = \begin{bmatrix} 4 \\ 1 \end{bmatrix}$. Encontre um hiperplano $[f : d]$ (neste caso, uma reta) que separa estritamente $\mathbf{p}$ de conv $\{\mathbf{v}_1, \mathbf{v}_2, \mathbf{v}_3\}$.

30. Repita o Exercício 29 para $\mathbf{v}_1 = \begin{bmatrix} 1 \\ 2 \end{bmatrix}$, $\mathbf{v}_2 = \begin{bmatrix} 5 \\ 1 \end{bmatrix}$, $\mathbf{v}_3 = \begin{bmatrix} 4 \\ 4 \end{bmatrix}$ e $\mathbf{p} = \begin{bmatrix} 2 \\ 3 \end{bmatrix}$.

31. Sejam $\mathbf{p} = \begin{bmatrix} 4 \\ 1 \end{bmatrix}$, $A = \{\mathbf{x} : \|\mathbf{x}\| \leq 3\}$ e $B = \{\mathbf{x} : \|\mathbf{x} - \mathbf{p}\| \leq 1\}$. Encontre um hiperplano $[f : d]$ que separa estritamente A e B. [*Sugestão*: Note que o ponto $\mathbf{v} = 0{,}75\mathbf{p}$ não está em A nem em B.]

32. Sejam $\mathbf{p} = \begin{bmatrix} 6 \\ 1 \end{bmatrix}$, $\mathbf{q} = \begin{bmatrix} 2 \\ 3 \end{bmatrix}$, $A = \{\mathbf{x} : \|\mathbf{x} - \mathbf{p}\| \leq 1\}$ e $B = \{\mathbf{x} : \|\mathbf{x} - \mathbf{q}\| \leq 3\}$. Encontre um hiperplano $[f : d]$ que separa estritamente A e B.

33. Dê um exemplo de um conjunto fechado S em $\mathbb{R}^2$ tal que conv S não é fechado.

34. Dê um exemplo de um conjunto compacto A e um conjunto fechado B em $\mathbb{R}^2$ tais que $(\text{conv } A) \cap (\text{conv } B) = \emptyset$, mas A e B não podem ser estritamente separados por um hiperplano.

35. Prove que a bola aberta $B(\mathbf{p}, \delta) = \{\mathbf{x} : \|\mathbf{x} - \mathbf{p}\| < \delta\}$ é um conjunto convexo. [*Sugestão*: Use a desigualdade triangular.]

36. Prove que o fecho convexo de um conjunto limitado é limitado.

Solução do Problema Prático

Calcule, primeiro, $\mathbf{n}_1 \cdot \mathbf{p}_1 = -3$ e $\mathbf{n}_2 \cdot \mathbf{p}_2 = 7$. O hiperplano H_1 é o conjunto solução da equação $x_1 + x_2 - 2x_3 = -3$ e H_2 é o conjunto solução da equação $-2x_1 + x_2 + 3x_3 = 7$. Então

$$H_1 \cap H_2 = \{\mathbf{x} : x_1 + x_2 - 2x_3 = -3 \text{ e } -2x_1 + x_2 + 3x_3 = 7\}$$

Essa é uma descrição implícita de $H_1 \cap H_2$. Para encontrar uma descrição explícita, resolva o sistema de equações escalonando a matriz aumentada:

$$\begin{bmatrix} 1 & 1 & -2 & -3 \\ -2 & 1 & 3 & 7 \end{bmatrix} \sim \begin{bmatrix} 1 & 0 & -\frac{5}{3} & -\frac{10}{3} \\ 0 & 1 & -\frac{1}{3} & \frac{1}{3} \end{bmatrix}$$

Assim, $x_1 = -\frac{10}{3} + \frac{5}{3}x_3$, $x_2 = \frac{1}{3} + \frac{1}{3}x_3$, $x_3 = x_3$. Sejam $\mathbf{p} = \begin{bmatrix} -\frac{10}{3} \\ \frac{1}{3} \\ 0 \end{bmatrix}$ e $\mathbf{v} = \begin{bmatrix} \frac{5}{3} \\ \frac{1}{3} \\ 1 \end{bmatrix}$. A solução geral pode ser escrita como $\mathbf{x} = \mathbf{p} + x_3\mathbf{v}$. Portanto, $H_1 \cap H_2$ é a reta contendo $\mathbf{p}$ na direção de $\mathbf{v}$. Note que $\mathbf{v}$ é ortogonal a $\mathbf{n}_1$ e a $\mathbf{n}_2$.

8.5 POLITOPOS

Esta seção estuda propriedades geométricas de uma classe importante de conjuntos convexos compactos chamados politopos. Esses conjuntos aparecem em todos os tipos de aplicações, incluindo teoria dos jogos, programação linear e problemas de otimização mais gerais, como projetos de controle de realimentação para sistemas de engenharia.

Um **politopo** em $\mathbb{R}^n$ é o fecho convexo de um número finito de pontos. Em $\mathbb{R}^2$, um politopo é, simplesmente, um polígono. Em $\mathbb{R}^3$, um politopo é chamado poliedro. As características importantes de um poliedro são suas faces, suas arestas e seus vértices. Por exemplo, o cubo tem 6 faces quadradas, 12 arestas e 8 vértices. As definições a seguir fornecem terminologia para dimensões maiores e também para $\mathbb{R}^2$ e $\mathbb{R}^3$. Lembre-se de que a dimensão de um conjunto em $\mathbb{R}^n$ é a dimensão da menor variedade afim que o contém. Além disso, um politopo é um tipo particular de conjunto convexo compacto, já que um conjunto finito em $\mathbb{R}^n$ é compacto e o fecho convexo de um conjunto compacto é compacto, como vimos no quadro com terminologia e fatos sobre a topologia em $\mathbb{R}^n$ na Seção 8.4.

DEFINIÇÃO

Seja S um subconjunto convexo compacto de $\mathbb{R}^n$. Um subconjunto não vazio F de S é chamado **face** (própria) de S se $F \neq S$ e existir um hiperplano $H = [f : d]$ tal que $F = S \cap H$ e $f(S) \leq d$ ou $f(S) \geq d$. O hiperplano H é chamado **hiperplano de apoio** de S. Se a dimensão de F for k, vamos abreviar esse fato dizendo que F será uma **face-k** de S.

Se P for um politopo de dimensão k, vamos abreviar esse fato dizendo que P será um **politopo-k**. Uma face-0 de P é chamada **vértice**, uma face-1 é chamada **aresta** e uma face-$(k-1)$ é uma **faceta** de S.

EXEMPLO 1 Suponha que S seja um cubo em $\mathbb{R}^3$. Quando um plano H é transladado através de $\mathbb{R}^3$ até encostar (apoiar) o cubo, mas sem intersectar o interior do cubo, existem três possibilidades para $H \cap S$, dependendo da orientação de H. (Veja a Figura 1.)

$H \cap S$ pode ser uma face (faceta) quadrada de dimensão 2 do cubo.
$H \cap S$ pode ser uma aresta de dimensão 1 do cubo.
$H \cap S$ pode ser um vértice de dimensão 0 do cubo. ■

A maioria das aplicações de politopos envolve os vértices de algum modo, pois eles têm uma propriedade particular identificada pela definição a seguir.

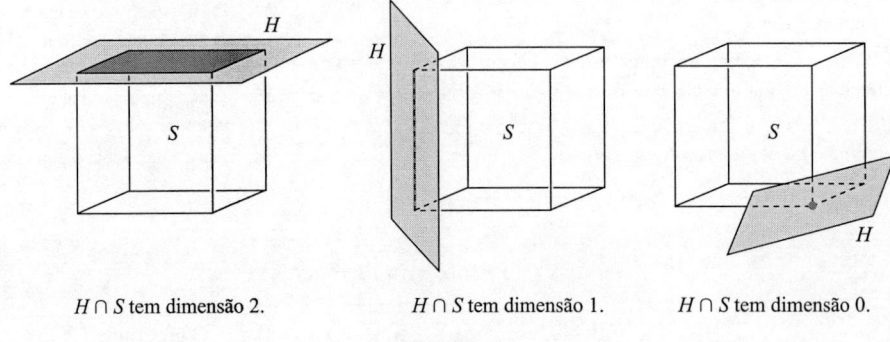

$H \cap S$ tem dimensão 2. $H \cap S$ tem dimensão 1. $H \cap S$ tem dimensão 0.

FIGURA 1

DEFINIÇÃO

Seja S um conjunto convexo. Um ponto $\mathbf{p}$ em S é chamado **ponto extremo** de S se $\mathbf{p}$ não estiver no interior de nenhum segmento de reta contido em S. Mais precisamente, se $\mathbf{x}, \mathbf{y} \in S$ e $\mathbf{p} \in \overline{\mathbf{x}\mathbf{y}}$, então $\mathbf{p} = \mathbf{x}$ ou $\mathbf{p} = \mathbf{y}$. O conjunto de todos os pontos extremos de S é chamado **perfil** de S.

Um vértice de um conjunto convexo compacto arbitrário é, de forma automática, um ponto extremo de S. Esse fato está provado durante a demonstração do Teorema 14. Ao trabalhar com politopos, digamos $P = \text{conv }\{\mathbf{v}_1, \ldots, \mathbf{v}_k\}$ para $\mathbf{v}_1, \ldots, \mathbf{v}_k$ em $\mathbb{R}^n$, é útil, em geral, saber que $\mathbf{v}_1, \ldots, \mathbf{v}_k$ são pontos extremos de P. Entretanto, tal lista pode conter pontos que não são extremos. Por exemplo, algum vetor $\mathbf{v}_i$ poderia ser o ponto médio de uma aresta do politopo. É claro que, neste caso, $\mathbf{v}_i$ não seria necessário para gerar o fecho convexo. A definição a seguir descreve a propriedade que tornará todos os vértices em pontos extremos.

DEFINIÇÃO

O conjunto $\{\mathbf{v}_1, \ldots, \mathbf{v}_k\}$ é uma **representação mínima** do politopo P se $P = \text{conv }\{\mathbf{v}_1, \ldots, \mathbf{v}_k\}$ e, para cada $i = 1, \ldots, k$, $\mathbf{v}_i \notin \text{conv }\{\mathbf{v}_j : j \neq i\}$.

Todo politopo tem uma representação mínima. De fato, se $P = \text{conv }\{\mathbf{v}_1, \ldots, \mathbf{v}_k\}$ e se $\mathbf{v}_i$ for uma combinação convexa de outros pontos, então $\mathbf{v}_i$ poderá ser retirado do conjunto de pontos sem afetar o fecho convexo. Esse processo pode ser repetido até se obter a representação mínima. Pode-se mostrar que a representação mínima é única.

TEOREMA 14

Suponha que $M = \{\mathbf{v}_1, \ldots, \mathbf{v}_k\}$ seja uma representação mínima do politopo P. Então as afirmações a seguir são equivalentes:

a. $\mathbf{p} \in M$.
b. $\mathbf{p}$ é um vértice de P.
c. $\mathbf{p}$ é um ponto extremo de P.

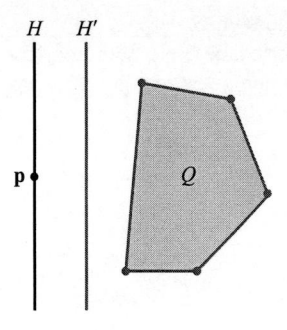

FIGURA 2

DEMONSTRAÇÃO (a) $\Rightarrow$ (b): Suponha que $\mathbf{p} \in M$ e seja $Q = \text{conv } \{\mathbf{v} : \mathbf{v} \in M \text{ e } \mathbf{v} \neq \mathbf{p}\}$. Segue, da definição de M, que $\mathbf{p} \notin Q$ e, como Q é compacto, o Teorema 13 implica a existência de um hiperplano H' que separa estritamente $\{\mathbf{p}\}$ e Q. Seja H o hiperplano contendo $\mathbf{p}$ paralelo a H'. Veja a Figura 2.

Então Q está contido em um dos semiespaços fechados H^+ limitados por H, de modo que $P \subseteq H^+$. Logo, H apoia P em $\mathbf{p}$. Além disso, $\mathbf{p}$ é o único ponto de P que pode pertencer a H, de modo que $H \cap P = \{\mathbf{p}\}$ e $\mathbf{p}$ é um vértice de P.

(b) $\Rightarrow$ (c): Seja $\mathbf{p}$ um vértice de P. Então existe um hiperplano $H = [f : d]$ tal que $H \cap P = \{\mathbf{p}\}$ e $f(P) \geq d$. Se $\mathbf{p}$ não fosse um ponto extremo, existiriam pontos distintos $\mathbf{x}$ e $\mathbf{y}$ em P tais que $\mathbf{p} = (1 - c) \mathbf{x} + c\mathbf{y}$ com $0 < c < 1$. Ou seja,

$$(1 - c)\mathbf{x} = \mathbf{p} - c\mathbf{y} \quad \text{e} \quad (1 - c)\, f(\mathbf{x}) = d - c f(\mathbf{y}) \text{ já que } f(\mathbf{p}) = d$$

Segue que

$$f(\mathbf{x}) = \frac{d - cf(\mathbf{y})}{1 - c} \geq d \ \text{ já que } f(\mathbf{x}) \geq d$$

Mas então, $d - cf(\mathbf{y}) \geq d(1 - c)$ e $cf(\mathbf{y}) \leq d - d(1 - c) = cd$, logo, $f(\mathbf{y}) \leq d$. Por outro lado, $\mathbf{y} \in P$, o que implica ser $f(\mathbf{y}) \geq d$. Segue que $f(\mathbf{y}) = d$ e $\mathbf{y} \in H \cap P$. Isso contradiz o fato de que $\mathbf{p}$ é um vértice. Portanto, $\mathbf{p}$ tem de ser um ponto extremo. (Note que esta parte da demonstração não depende de P ser um politopo. Ela é válida para qualquer conjunto convexo compacto.)

(c) $\Rightarrow$ (a): É claro que qualquer ponto extremo de P tem de pertencer a M. ∎

EXEMPLO 2 Lembre-se de que o perfil de um conjunto S é o conjunto de seus pontos extremos. O Teorema 14 mostra que o perfil de um polígono em $\mathbb{R}^2$ é o conjunto de vértices. (Veja a Figura 3.) O perfil de uma bola fechada é sua fronteira. Um conjunto aberto não tem pontos extremos, logo seu perfil é vazio. Um semiespaço fechado não tem pontos extremos, de modo que seu perfil é vazio. ∎

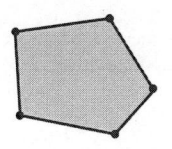 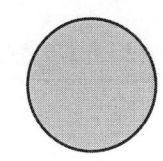 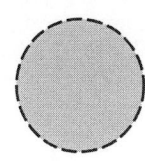 

FIGURA 3

O Exercício 24 pede que você mostre que um ponto $\mathbf{p}$ em um conjunto convexo S é um ponto extremo se e somente se, quando $\mathbf{p}$ é removido de S, o conjunto restante ainda for convexo. Segue que, se S^* for qualquer subconjunto de S tal que conv S^* seja igual a S, então S^* terá de conter o perfil de S. Os conjuntos no Exemplo 2 mostram que, em geral, S^* pode ter de ser maior que o perfil de S. É verdade, no entanto, que, se S for compacto, poderemos, de fato, escolher S^* como o perfil de S, como o Teorema 15 vai mostrar. Portanto, todo conjunto convexo compacto não vazio S tem um ponto extremo, e o conjunto de todos os pontos extremos é o menor subconjunto de S cujo fecho convexo é igual a S.

TEOREMA 15

Seja S um conjunto convexo compacto não vazio. Então S é o fecho convexo de seu perfil (o conjunto dos pontos extremos de S).

DEMONSTRAÇÃO A prova é por indução na dimensão do conjunto S.[1] ∎

Uma aplicação importante do Teorema 15 é o teorema a seguir. É um dos resultados teóricos fundamentais no desenvolvimento da programação linear. Funcionais lineares são contínuos e funções contínuas sempre atingem seu valor máximo e seu valor mínimo em um conjunto compacto. O Teorema 16 afirma que, para conjuntos convexos compactos, o máximo (e o mínimo) é atingido, de fato, em um ponto extremo de S.

TEOREMA 16

Seja f um funcional linear definido em um conjunto convexo compacto não vazio S. Então existem pontos extremos $\hat{\mathbf{v}}$ e $\hat{\mathbf{w}}$ de S tais que

$$f(\hat{\mathbf{v}}) = \max_{\mathbf{v} \in S} f(\mathbf{v}) \quad \text{e} \quad f(\hat{\mathbf{w}}) = \min_{\mathbf{v} \in S} f(\mathbf{v})$$

---

[1] Os detalhes podem ser encontrados em Steven R. Lay, *Convex Sets and Their Applications* (Nova York: John Wiley & Sons, 1982; Mineola, NY: Dover Publications, 2007), p. 43.

DEMONSTRAÇÃO Suponha que f atinja seu máximo m em S em algum ponto $\mathbf{v}'$ em S, ou seja, $f(\mathbf{v}') = m$. Queremos mostrar que existe um ponto extremo de S com a mesma propriedade. Pelo Teorema 15, $\mathbf{v}'$ é uma combinação convexa de pontos extremos de S. Ou seja, existem pontos extremos $\mathbf{v}_1, \ldots, \mathbf{v}_k$ de S e números não negativos $c_1, \ldots, c_k$ tais que

$$\mathbf{v}' = c_1\mathbf{v}_1 + \cdots + c_k\mathbf{v}_k \quad \text{com } c_1 + \cdots + c_k = 1$$

Se nenhum dos pontos extremos de S satisfizer $f(\mathbf{v}) = m$, então

$$f(\mathbf{v}_i) < m \quad \text{para } i = 1, \ldots, k$$

já que m é o valor máximo de f em S. Mas então, como f é linear,

$$\begin{aligned} m = f(\mathbf{v}') &= f(c_1\mathbf{v}_1 + \cdots + c_k\mathbf{v}_k) \\ &= c_1 f(\mathbf{v}_1) + \cdots + c_k f(\mathbf{v}_k) \\ &< c_1 m + \cdots + c_k m = m(c_1 + \cdots + c_k) = m \end{aligned}$$

Essa contradição implica existir algum ponto extremo $\hat{\mathbf{v}}$ de S que satisfaz $f(\hat{\mathbf{v}}) = m$.

A demonstração para $\hat{\mathbf{w}}$ é semelhante. ∎

EXEMPLO 3 Dados os pontos $\mathbf{p}_1 = \begin{bmatrix} -1 \\ 0 \end{bmatrix}$, $\mathbf{p}_2 = \begin{bmatrix} 3 \\ 1 \end{bmatrix}$ e $\mathbf{p}_3 = \begin{bmatrix} 1 \\ 2 \end{bmatrix}$ em $\mathbb{R}^2$, seja $S = \text{conv } \{\mathbf{p}_1, \mathbf{p}_2, \mathbf{p}_3\}$. Para cada funcional linear f, encontre o valor máximo de f no conjunto S e encontre todos os pontos $\mathbf{x}$ em S em que $f(\mathbf{x}) = m$.

a. $f_1(x_1, x_2) = x_1 + x_2$ b. $f_2(x_1, x_2) = -3x_1 + x_2$ c. $f_3(x_1, x_2) = x_1 + 2x_2$

SOLUÇÃO Pelo Teorema 16, o valor máximo é atingido em um dos pontos extremos de S. Então, para encontrar m, calcule f em cada ponto extremo e selecione o maior valor.

a. $f_1(\mathbf{p}_1) = -1$, $f_1(\mathbf{p}_2) = 4$ e $f_1(\mathbf{p}_3) = 3$, de modo que $m_1 = 4$. Faça o gráfico da reta $f_1(x_1, x_2) = m_1$, ou seja, $x_1 + x_2 = 4$, e note que $\mathbf{x} = \mathbf{p}_2$ é o único ponto em S no qual $f_1(\mathbf{x}) = 4$. Veja a Figura 4(a).

b. $f_2(\mathbf{p}_1) = 3$, $f_2(\mathbf{p}_2) = -8$ e $f_2(\mathbf{p}_3) = -1$, de modo que $m_2 = 3$. Faça o gráfico da reta $f_2(x_1, x_2) = m_2$, ou seja, $-3x_1 + x_2 = 3$, e note que $\mathbf{x} = \mathbf{p}_1$ é o único ponto em S no qual $f_2(\mathbf{x}) = 3$. Veja a Figura 4(b).

c. $f_3(\mathbf{p}_1) = -1$, $f_3(\mathbf{p}_2) = 5$ e $f_3(\mathbf{p}_3) = 5$, de modo que $m_3 = 5$. Faça o gráfico da reta $f_3(x_1, x_2) = m_3$, ou seja, $x_1 + 2x_2 = 5$. Aqui, f_3 atinge seu valor máximo em $\mathbf{p}_2$, em $\mathbf{p}_3$ e em todos os pontos do fecho convexo de $\mathbf{p}_2$ e $\mathbf{p}_3$. Veja a Figura 4(c). ∎

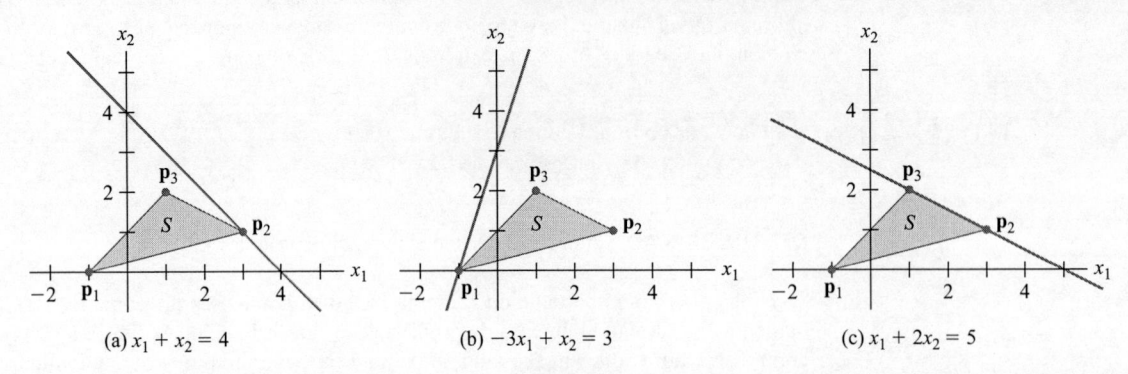

(a) $x_1 + x_2 = 4$ (b) $-3x_1 + x_2 = 3$ (c) $x_1 + 2x_2 = 5$

FIGURA 4

A situação ilustrada no Exemplo 3 para $\mathbb{R}^2$ também se aplica a dimensões maiores. O valor máximo de um funcional linear em um politopo P ocorre na interseção de um hiperplano de apoio e P. Essa interseção é um único ponto extremo de P ou o fecho convexo de dois ou mais pontos extremos de P. Em qualquer dos casos, a interseção é um politopo e seus pontos extremos formam um subconjunto dos pontos extremos de P.

Por definição, um politopo é o fecho convexo de um conjunto finito de pontos. Esta é uma representação explícita do politopo, já que identifica pontos no conjunto. Um politopo também pode ser representado implicitamente como a interseção de um número finito de semiespaços fechados. O Exemplo 4 ilustra isso em $\mathbb{R}^2$.

EXEMPLO 4 Sejam

$$\mathbf{p}_1 = \begin{bmatrix} 0 \\ 1 \end{bmatrix}, \quad \mathbf{p}_2 = \begin{bmatrix} 1 \\ 0 \end{bmatrix} \quad \text{e} \quad \mathbf{p}_3 = \begin{bmatrix} 3 \\ 2 \end{bmatrix}$$

em $\mathbb{R}^2$ e seja $S = \text{conv } \{\mathbf{p}_1, \mathbf{p}_2, \mathbf{p}_3\}$. Cálculos algébricos simples mostram que a reta contendo $\mathbf{p}_1$ e $\mathbf{p}_2$ é dada por $x_1 + x_2 = 1$ e S está do lado da reta na qual

$$x_1 + x_2 \geq 1 \quad \text{ou, equivalentemente,} \quad -x_1 - x_2 \leq -1.$$

Analogamente, a reta contendo $\mathbf{p}_2$ e $\mathbf{p}_3$ é $x_1 - x_2 = 1$ e S está do lado dessa reta na qual

$$x_1 - x_2 \leq 1$$

Além disso, a reta contendo $\mathbf{p}_3$ e $\mathbf{p}_1$ é $-x_1 + 3x_2 = 3$ e S está do lado em que

$$-x_1 + 3x_2 \leq 3.$$

Veja a Figura 5. Segue que S pode ser descrito como a solução do sistema de desigualdades lineares

$$-x_1 - x_2 \leq -1$$
$$x_1 - x_2 \leq 1$$
$$-x_1 + 3x_2 \leq 3$$

Este sistema pode ser escrito como $A\mathbf{x} \leq \mathbf{b}$, no qual

$$A = \begin{bmatrix} -1 & -1 \\ 1 & -1 \\ -1 & 3 \end{bmatrix}, \quad \mathbf{x} = \begin{bmatrix} x_1 \\ x_2 \end{bmatrix} \quad \text{e} \quad \mathbf{b} = \begin{bmatrix} -1 \\ 1 \\ 3 \end{bmatrix}.$$

Note que uma desigualdade entre dois vetores, como $A\mathbf{x}$ e $\mathbf{b}$, aplica-se a cada uma das coordenadas correspondentes dos vetores. ∎

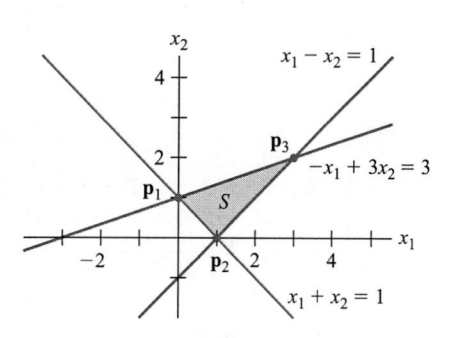

FIGURA 5

No Capítulo 9, será necessário substituir uma descrição implícita de um politopo por uma representação mínima, listando todos os pontos extremos. Em casos simples, uma solução gráfica é factível. O exemplo a seguir mostra como tratar a situação quando diversos pontos de interesse estão próximos demais para serem facilmente identificáveis em um gráfico.

EXEMPLO 5 Seja P o conjunto de pontos em $\mathbb{R}^2$ satisfazendo $A\mathbf{x} \leq \mathbf{b}$, em que

$$A = \begin{bmatrix} 1 & 3 \\ 1 & 1 \\ 3 & 2 \end{bmatrix} \quad \text{e} \quad \mathbf{b} = \begin{bmatrix} 18 \\ 8 \\ 21 \end{bmatrix}$$

e $\mathbf{x} \geq \mathbf{0}$. Encontre a representação mínima de P.

SOLUÇÃO A condição $\mathbf{x} \geq \mathbf{0}$ coloca P no primeiro quadrante de $\mathbb{R}^2$, uma condição típica em problemas de programação linear. As três desigualdades em $A\mathbf{x} \leq \mathbf{b}$ envolvem três retas de fronteira:

$$(1) \quad x_1 + 3x_2 = 18 \quad (2) \quad x_1 + x_2 = 8 \quad (3) \quad 3x_1 + 2x_2 = 21$$

Todas as três retas têm coeficientes angulares negativos, de modo que é fácil visualizar como deve ser o formato geral de P. Mesmo um esboço grosseiro dos gráficos dessas retas revelará que os vértices do politopo P estão em $(0, 0)$, $(7, 0)$ e $(0, 6)$.

E as interseções das retas (1), (2) e (3)? Algumas vezes, é claro a partir do gráfico quais interseções incluir. Mas se esse não for o caso, o procedimento algébrico a seguir vai funcionar bem:

> Quando for encontrado um ponto de interseção que corresponde a duas desigualdades, teste-o na outra desigualdade para verificar se ele pertence ao politopo.

A interseção de (1) e (2) é $\mathbf{p}_{12} = (3, 5)$. Ambas as coordenadas são positivas, de modo que $\mathbf{p}_{12}$ satisfaz todas as desigualdades com a possível exceção da terceira. Teste-a:

$$3(3) + 2(5) = 19 < 21$$

Este ponto de interseção satisfaz a desigualdade para (3), de modo que $\mathbf{p}_{12}$ está no politopo.

A interseção de (2) e (3) é $\mathbf{p}_{23} = (5, 3)$. Esse ponto satisfaz todas as desigualdades com a possível exceção da primeira. Teste-a:

$$1(5) + 3(3) = 14 < 18$$

Isso mostra que $\mathbf{p}_{23}$ está no politopo.

Finalmente, a interseção de (1) e (3) é $\mathbf{p}_{13} = (\frac{27}{7}, \frac{33}{7})$. Teste esse ponto na desigualdade para (2);

$$1\left(\tfrac{27}{7}\right) + 1\left(\tfrac{33}{7}\right) = \tfrac{60}{7} \approx 8{,}6 > 8$$

Então $\mathbf{p}_{13}$ **não** satisfaz a segunda desigualdade, o que mostra que $\mathbf{p}_{13}$ **não** está em P. Concluindo, a representação mínima do politopo P é

$$\left\{ \begin{bmatrix} 0 \\ 0 \end{bmatrix}, \begin{bmatrix} 7 \\ 0 \end{bmatrix}, \begin{bmatrix} 3 \\ 5 \end{bmatrix}, \begin{bmatrix} 5 \\ 3 \end{bmatrix}, \begin{bmatrix} 0 \\ 6 \end{bmatrix} \right\}. \qquad\blacksquare$$

O restante desta seção discute a construção de dois politopos básicos em $\mathbb{R}^3$ (e em dimensões maiores). O primeiro aparece em problemas de programação linear, o assunto do Capítulo 9. Ambos fornecem oportunidades para visualizar $\mathbb{R}^4$ de uma maneira notável.

Simplex

Um **simplex** é o fecho convexo de um conjunto finito independente afim de vetores. Para construir um simplex de dimensão k, proceda da seguinte maneira:

> Simplex S^0 de dimensão 0: um único ponto $\{\mathbf{v}_1\}$
> Simplex S^1 de dimensão 1: $\mathrm{conv}(S^0 \cup \{\mathbf{v}_2\})$, com $\mathbf{v}_2 \notin$ afim S^0
> Simplex S^2 de dimensão 2: $\mathrm{conv}(S^1 \cup \{\mathbf{v}_3\})$, com $\mathbf{v}_3 \notin$ afim S^1
> $\vdots$
> Simplex S^k de dimensão k: $\mathrm{conv}(S^{k-1} \cup \{\mathbf{v}_{k+1}\})$, com $\mathbf{v}_{k+1} \notin$ afim S^{k-1}

O simplex S^1 é um segmento de reta. O triângulo S^2 é construído escolhendo-se um ponto $\mathbf{v}_3$ que não está na reta contendo S^1 e, depois, formando-se o fecho convexo com S^1. (Veja a Figura 6.) O tetraedro S^3 é produzido escolhendo-se um ponto $\mathbf{v}_4$ que não está no plano de S^2 e, depois, formando-se o fecho convexo com S^2.

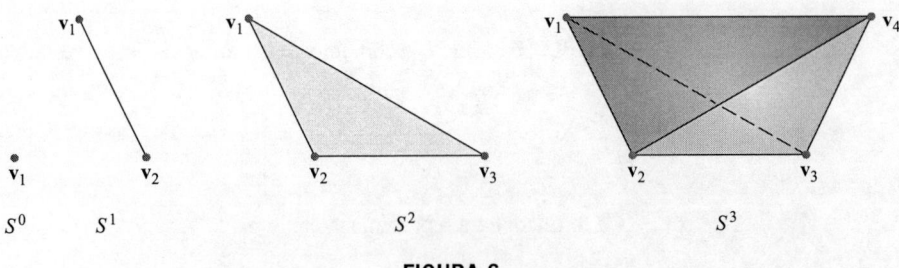

FIGURA 6

Antes de continuar, vamos considerar alguns dos padrões que estão aparecendo. O triângulo S^2 tem três arestas. Cada uma dessas arestas é um segmento de reta como S^1. De onde vêm esses três segmentos? Um deles é S^1. Outro é obtido unindo-se a extremidade $\mathbf{v}_2$ ao novo ponto $\mathbf{v}_3$. O terceiro é obtido unindo-se a extremidade $\mathbf{v}_1$ ao novo ponto $\mathbf{v}_3$. Você pode dizer que cada extremidade em S^1 é esticada para formar um segmento de reta em S^2.

O tetraedro na Figura 6 tem quatro faces triangulares. Uma delas é o triângulo original S^2 e as outras três são obtidas esticando-se as arestas de S^2 na direção do novo ponto $\mathbf{v}_4$. Observe também que os vértices de S^2 são esticados para formar arestas em S^3. As outras arestas de S^3 são arestas de S^2. Isso sugere como "visualizar" o simplex de dimensão 4, S^4.

A construção de S^4, chamado pentatopo, envolve formar o fecho convexo de S^3 com um ponto $\mathbf{v}_5$ fora do espaço tridimensional onde está S^3. É claro que uma imagem completa é impossível, mas a Figura 7 é sugestiva: S^4 tem cinco vértices e quaisquer quatro deles determinam uma faceta na forma de um tetraedro. Por exemplo, a figura enfatiza a faceta com vértices $\mathbf{v}_1$, $\mathbf{v}_2$, $\mathbf{v}_4$ e $\mathbf{v}_5$ e a faceta com vértices $\mathbf{v}_2$, $\mathbf{v}_3$, $\mathbf{v}_4$ e $\mathbf{v}_5$. Existem cinco dessas facetas. A Figura 7 identifica todas as dez arestas de S^4 e elas podem ser usadas para visualizar dez faces triangulares.

A Figura 8 mostra outra representação do simplex S^4 de dimensão 4. Dessa vez, o quinto vértice parece estar "dentro" de tetraedro S^3. As facetas destacadas, que são tetraedros, também parecem estar "dentro" de S^3.

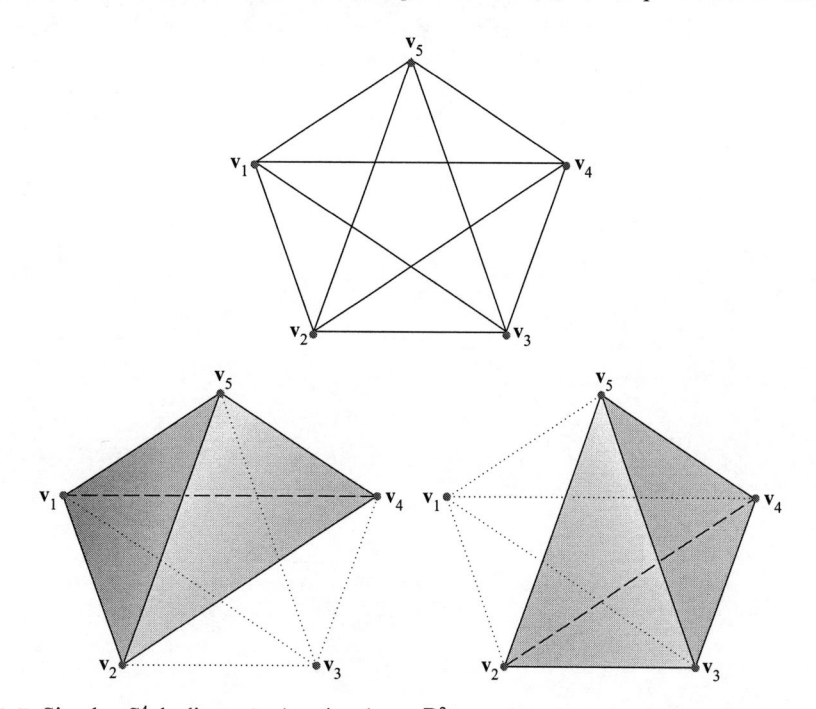

FIGURA 7 Simplex S^4 de dimensão 4 projetado em $\mathbb{R}^2$, com duas faces que são tetraedros enfatizadas.

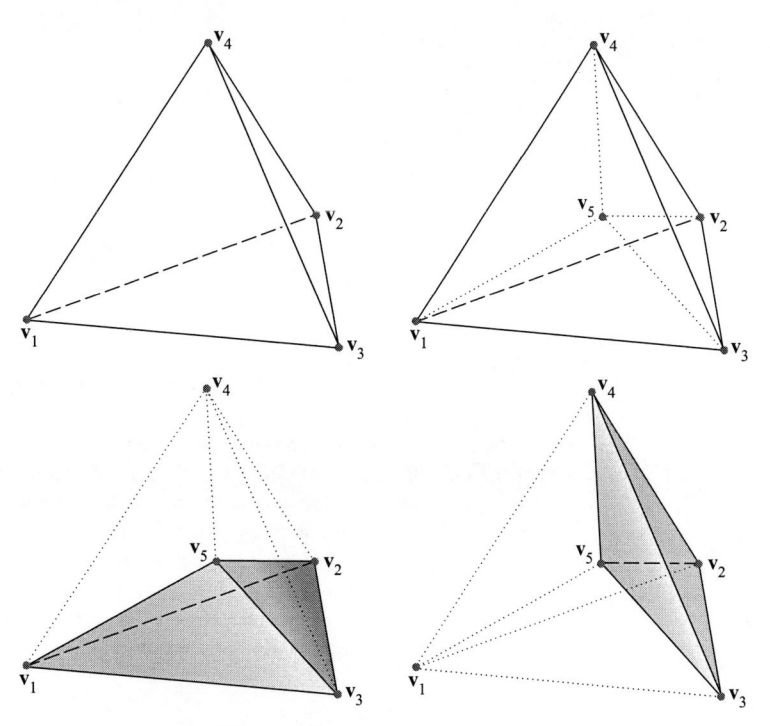

FIGURA 8 O quinto vértice de S^4 está "dentro" de S^3.

Hipercubo

Seja $I_i = \overline{\mathbf{0}\mathbf{e}_i}$ o segmento de reta que liga a origem $\mathbf{0}$ ao vetor $\mathbf{e}_i$ da base canônica para $\mathbb{R}^n$. Então, para k tal que $1 \le k \le n$, a soma vetorial[2]

$$C^k = I_1 + I_2 + \cdots + I_k$$

é chamada **hipercubo** de dimensão k.

Para visualizar a construção de C^k, comece com os casos simples. O hipercubo C^1 é o segmento de reta I_1. Se C^1 for transladado por $\mathbf{e}_2$, o fecho convexo das posições inicial e final será o quadrado C^2. (Veja a Figura 9.) A translação de C^2 por $\mathbf{e}_3$ gera o cubo C^3. Uma translação semelhante de C^3 pelo vetor $\mathbf{e}_4$ gera o hipercubo C^4 de dimensão 4.

Novamente, isso é difícil de visualizar, mas a Figura 10 mostra uma projeção bidimensional de C^4. Cada uma das arestas de C^3 é esticada em uma face quadrada de C^4. Cada uma das faces quadradas de C^3 é esticada em uma face cúbica de C^4. A Figura 11 mostra três facetas de C^4. A parte (a) enfatiza o cubo gerado pela face quadrada esquerda de C^3. A parte (b) mostra o cubo gerado pela face quadrada da frente de C^3. E a parte (c) enfatiza o cubo gerado pela face quadrada de cima de C^3.

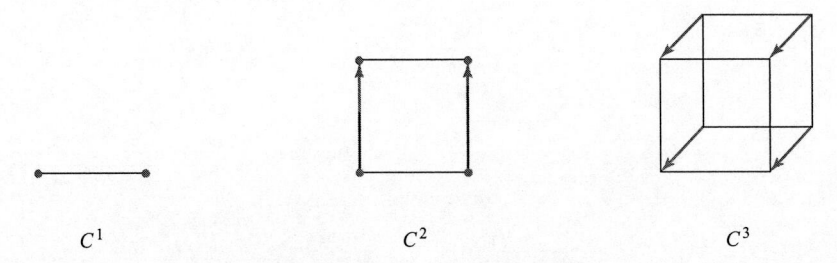

C^1 $\qquad\qquad\qquad$ C^2 $\qquad\qquad\qquad$ C^3

FIGURA 9 Construção do cubo C^3.

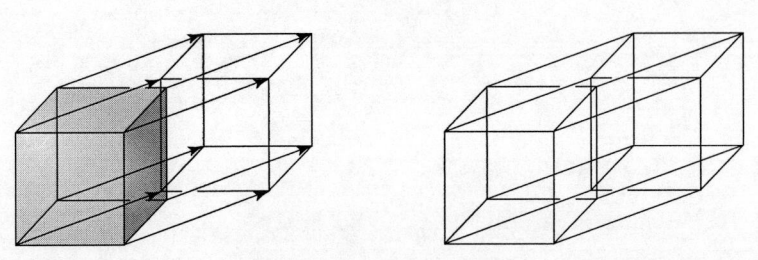

FIGURA 10 Projeção de C^4 em $\mathbb{R}^2$.

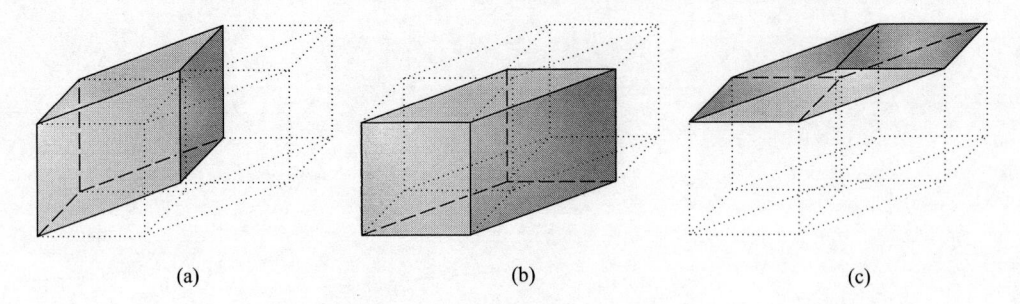

(a) $\qquad\qquad\qquad$ (b) $\qquad\qquad\qquad$ (c)

FIGURA 11 Três facetas cúbicas de C^4.

A Figura 12 mostra outra representação de C^4 na qual o cubo transladado é colocado "dentro" de C^3. Isso torna mais fácil a visualização das facetas cúbicas de C^4, já que há menos distorção.

No total, o cubo C^4 de dimensão 4 tem oito faces cúbicas. Duas vêm do original e de imagens transladadas de C^3 e seis vêm das faces quadradas de C^3 que são esticadas em cubos. As faces bidimensionais quadradas de C^4 vêm das faces quadradas de C^3 e seus transladados, e das arestas de C^3 esticadas em quadrados. Assim, são $2 \times 6 + 12 = 24$ faces quadradas. Para contar as arestas, dobre o número de arestas de C^3 e some com o número de vértices de C^3. Isso produz $2 \times 12 + 8 = 32$ arestas. Os vértices de C^4 todos vêm dos vértices de C^3 e seus transladados; logo, são $2 \times 8 = 16$ vértices.

---

[2]A soma vetorial de dois conjuntos A e B é definida por $A + B = \{\mathbf{c} : \mathbf{c} = \mathbf{a} + \mathbf{b}$ para algum $\mathbf{a} \in A$ e algum $\mathbf{b} \in B\}$.

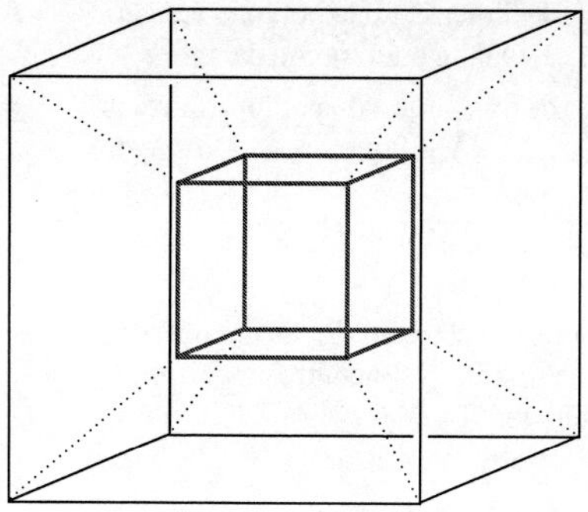

FIGURA 12 A imagem transladada de C^3 é colocada "dentro" de C^3 para obter C^4.

Um dos resultados realmente notáveis no estudo de politopos é a fórmula a seguir, demonstrada primeiro por Leonhard Euler (1707-1783). Ela estabelece uma relação simples entre o número de faces de dimensões diferentes em um politopo. Para simplificar a notação da fórmula, denote por $f_k(P)$ o número de faces de dimensão k de um politopo P de dimensão n.[3]

$$\text{Fórmula de Euler:} \quad \sum_{k=0}^{n-1}(-1)^k f_k(P) = 1 + (-1)^{n-1}$$

Em particular, quando $n = 3$, $v - e + f = 2$, em que v, e e f denotam, respectivamente, o número de vértices, arestas (*edges*) e faces de P.

Problema Prático

Encontre a representação mínima do politopo P definido pelas desigualdades $A\mathbf{x} \leq \mathbf{b}$ e $\mathbf{x} \geq \mathbf{0}$, em que

$$A = \begin{bmatrix} 1 & 3 \\ 1 & 2 \\ 2 & 1 \end{bmatrix} \quad \text{e} \quad \mathbf{b} = \begin{bmatrix} 12 \\ 9 \\ 12 \end{bmatrix}.$$

8.5 EXERCÍCIOS

1. Dados os pontos $\mathbf{p}_1 = \begin{bmatrix} 1 \\ 0 \end{bmatrix}, \mathbf{p}_2 = \begin{bmatrix} 2 \\ 3 \end{bmatrix}$ e $\mathbf{p}_3 = \begin{bmatrix} -1 \\ 2 \end{bmatrix}$ em $\mathbb{R}^2$,

   seja $S = \text{conv } \{\mathbf{p}_1, \mathbf{p}_2, \mathbf{p}_3\}$. Para cada funcional linear f, encontre o valor máximo m de f no conjunto S e encontre todos os pontos $\mathbf{x}$ em S tais que $f(\mathbf{x}) = m$.

   a. $f(x_1, x_2) = x_1 - x_2$ b. $f(x_1, x_2) = x_1 + x_2$

   c. $f(x_1, x_2) = -3x_1 + x_2$

2. Dados os pontos $\mathbf{p}_1 = \begin{bmatrix} 0 \\ -1 \end{bmatrix}, \mathbf{p}_2 = \begin{bmatrix} 2 \\ 1 \end{bmatrix}$ e $\mathbf{p}_3 = \begin{bmatrix} 1 \\ 2 \end{bmatrix}$ em $\mathbb{R}^2$,

   seja $S = \text{conv } \{\mathbf{p}_1, \mathbf{p}_2, \mathbf{p}_3\}$. Para cada funcional linear f, encontre o valor máximo m de f no conjunto S e encontre todos os pontos $\mathbf{x}$ em S tais que $f(\mathbf{x}) = m$.

   a. $f(x_1, x_2) = x_1 + x_2$ b. $f(x_1, x_2) = x_1 - x_2$

   c. $f(x_1, x_2) = -2x_1 + x_2$

3. Repita o Exercício 1, mas com m sendo o valor *mínimo* de f em S, em vez do valor máximo.

4. Repita o Exercício 2, mas com m sendo o valor *mínimo* de f em S, em vez do valor máximo.

Nos Exercícios 5 a 8, encontre a representação mínima do politopo definido pelas desigualdades $A\mathbf{x} \leq \mathbf{b}$ e $\mathbf{x} \geq \mathbf{0}$.

5. $A = \begin{bmatrix} 1 & 2 \\ 3 & 1 \end{bmatrix}$, $\mathbf{b} = \begin{bmatrix} 10 \\ 15 \end{bmatrix}$ 6. $A = \begin{bmatrix} 2 & 3 \\ 4 & 1 \end{bmatrix}$, $\mathbf{b} = \begin{bmatrix} 18 \\ 16 \end{bmatrix}$

7. $A = \begin{bmatrix} 1 & 3 \\ 1 & 1 \\ 4 & 1 \end{bmatrix}$, $\mathbf{b} = \begin{bmatrix} 18 \\ 10 \\ 28 \end{bmatrix}$ 8. $A = \begin{bmatrix} 2 & 1 \\ 1 & 1 \\ 1 & 2 \end{bmatrix}$, $\mathbf{b} = \begin{bmatrix} 8 \\ 6 \\ 7 \end{bmatrix}$

9. Seja $S = \{(x, y): x^2 + (y - 1)^2 \leq 1\} \cup \{(3, 0)\}$. A origem é um ponto extremo de conv S? A origem é um vértice de conv S?

10. Encontre um exemplo de um conjunto S convexo fechado em $\mathbb{R}^2$ com perfil P não vazio, mas tal que conv $P \neq S$.

11. Encontre um exemplo de um conjunto S convexo limitado em $\mathbb{R}^2$ com perfil P não vazio, mas tal que conv $P \neq S$.

12. a. Determine o número de faces de dimensão k do simplex S^5 de dimensão 5 para $k = 0, 1, \ldots, 4$. Verifique que sua resposta satisfaz a fórmula de Euler.

    b. Faça uma tabela com os valores de $f_k(S^n)$ para $n = 1, \ldots, 5$ e $k = 0, 1, \ldots, 4$. Você percebe algum padrão? Faça uma conjectura sobre uma fórmula geral para $f_k(S^n)$.

13. a. Determine o número de faces de dimensão k do hipercubo C^5 de dimensão 5 para $k = 0, 1, \ldots, 4$. Verifique que sua resposta satisfaz a fórmula de Euler.

    b. Faça uma tabela com os valores de $f_k(C^n)$ para $n = 1, \ldots, 5$ e $k = 0, 1, \ldots, 4$. Você percebe algum padrão? Faça uma conjectura sobre uma fórmula geral para $f_k(C^n)$.

14. Suponha que $\mathbf{v}_1, \ldots, \mathbf{v}_k$ sejam vetores linearmente independentes em $\mathbb{R}^n$ $(1 \leq k \leq n)$. Então o conjunto $X^k = \text{conv } \{\pm\mathbf{v}_1, \ldots, \pm\mathbf{v}_k\}$ é chamado **politopo cruzado de dimensão k**.

    a. Esboce X^1 e X^2.

---

[3]Uma demonstração pode ser encontrada em Steven R. Lay, *Convex Sets and Their Applications* (Nova York: John Wiley & Sons, 1982; Mineola, NY: Dover Publications, 2007), p. 131.

b. Determine o número de faces de dimensão k do politopo cruzado tridimensional para $k = 0, 1, 2$. Qual é outro nome para X^3?

c. Determine o número de faces de dimensão k do politopo cruzado de dimensão 4 para $k = 0, 1, 2, 3$. Verifique que sua resposta satisfaz a fórmula de Euler.

d. Encontre uma fórmula para $f_k(X^n)$, o número de faces de dimensão k de X^n para $0 \leq k \leq n-1$.

15. Uma **pirâmide P^k de dimensão k** é o fecho convexo de um politopo Q de dimensão $k-1$ e um ponto $\mathbf{x} \notin$ afim Q. Encontre uma fórmula em cada um dos itens a seguir em termos de $f_j(Q), j = 0, \ldots, n-1$.

a. O número de vértices de P^n: $f_0(P^n)$.

b. O número de faces de dimensão k de P^n: $f_k(P^n)$, para $1 \leq k \leq n-2$.

c. O número de facetas de dimensão $n-1$ de P^n: $f_{n-1}(P^n)$.

Nos Exercícios 16 a 23, marque cada afirmação como Verdadeira ou Falsa (**V/F**). Justifique cada resposta.

16. (**V/F**) Um politopo é o fecho convexo de um número finito de pontos.

17. (**V/F**) Um cubo em $\mathbb{R}^3$ tem cinco facetas.

18. (**V/F**) Seja $\mathbf{p}$ um ponto extremo de um conjunto convexo S. Se $\mathbf{u}, \mathbf{v} \in S$, $\mathbf{p} \in \overline{\mathbf{uv}}$ e $\mathbf{p} \neq \mathbf{u}$, então $\mathbf{p} = \mathbf{v}$.

19. (**V/F**) Um ponto $\mathbf{p}$ é um ponto extremo de um politopo P se e somente se $\mathbf{p}$ for um vértice de P.

20. (**V/F**) Se S for um subconjunto convexo não vazio de $\mathbb{R}^n$, então S será o fecho convexo de seu perfil.

21. (**V/F**) Se S for um conjunto convexo compacto não vazio e um funcional linear atingir seu máximo em S em um ponto $\mathbf{p}$, então, será um ponto extremo de S.

22. (**V/F**) O simplex S^4 de dimensão 4 tem exatamente cinco facetas, cada uma das quais é um tetraedro tridimensional.

23. (**V/F**) Um politopo bidimensional sempre tem o mesmo número de vértices e arestas.

24. Seja $\mathbf{v}$ um elemento do conjunto convexo S. Prove que $\mathbf{v}$ é um ponto extremo de S se e somente se o conjunto $\{\mathbf{x} \in S : \mathbf{x} \neq \mathbf{v}\}$ for convexo.

25. Se $c \in \mathbb{R}$ e S for um conjunto, defina $cS = \{c\mathbf{x} : \mathbf{x} \in S\}$. Seja S um conjunto convexo e suponha que $c > 0$ e $d > 0$. Prove que $cS + dS = (c+d)S$.

26. Encontre um exemplo para mostrar que a convexidade é necessária no Exercício 25.

27. Se A e B forem conjuntos convexos, prove que $A + B$ será convexo.

28. Um poliedro (politopo de dimensão 3) é dito **regular** se todas as suas facetas forem polígonos regulares congruentes e todos os ângulos nos vértices forem iguais. Complete os detalhes na demonstração a seguir de que só existem cinco poliedros regulares.

a. Suponha que um poliedro regular tenha r facetas, cada uma delas um polígono regular com k lados, e que s arestas se encontram em cada vértice. Denotando por v e e o número de vértices e arestas no poliedro, explique por que $kr = 2e$ e $sv = 2e$.

b. Use a fórmula de Euler para mostrar que $\dfrac{1}{s} + \dfrac{1}{k} = \dfrac{1}{2} + \dfrac{1}{e}$.

c. Encontre todas as soluções inteiras da equação no item (b) que satisfazem as restrições geométricas do problema. (Quão pequenos k e s podem ser?)

Para sua informação, os cinco poliedros regulares são o tetraedro (4, 6, 4), o cubo (8, 12, 6), o octaedro (6, 12, 8), o dodecaedro (20, 30, 12) e o icosaedro (12, 30, 20). (Os números entre parênteses indicam os números de vértices, arestas e faces, respectivamente.)

Solução do Problema Prático

A desigualdade matricial $A\mathbf{x} \leq \mathbf{b}$ fornece o seguinte sistema de desigualdades:

$$\text{(a)} \quad x_1 + 3x_2 \leq 12$$
$$\text{(b)} \quad x_1 + 2x_2 \leq 9$$
$$\text{(c)} \quad 2x_1 + x_2 \leq 12$$

A condição $\mathbf{x} \geq \mathbf{0}$ coloca o politopo no primeiro quadrante do plano. Um vértice está em $(0, 0)$. As interseções das três retas com o eixo dos x_1 (quando $x_2 = 0$) são 12, 9 e 6, de modo que $(6, 0)$ é um vértice. As interseções das três retas com o eixo dos x_2 (quando $x_1 = 0$) são 4, 4,5 e 12, de modo que $(0, 4)$ é um vértice.

Como essas três retas de fronteira se intersectam para valores positivos de x_1 e x_2? O ponto de interseção de (a) e (b) é $\mathbf{p}_{ab} = (3, 3)$. Testando $\mathbf{p}_{ab}$ em (c), temos $2(3) + 1(3) = 9 < 12$, logo $\mathbf{p}_{ab}$ está em P. O ponto de interseção de (b) e (c) é $\mathbf{p}_{bc} = (5, 2)$. Testando $\mathbf{p}_{bc}$ em (a), temos $1(5) + 3(2) = 11 < 12$; logo, $\mathbf{p}_{bc}$ está em P. O ponto de interseção de (a) e (c) é $\mathbf{p}_{ac} = (4,8, 2,4)$. Testando $\mathbf{p}_{ac}$ em (b), temos $1(4,8) + 2(2,4) = 9,6 > 9$. Logo, $\mathbf{p}_{ac}$ não está em P.

Finalmente, os cinco vértices (pontos extremos) do politopo são $(0, 0)$, $(6, 0)$, $(5, 2)$, $(3, 3)$ e $(0, 4)$. Esses pontos formam a representação mínima de P. Isso está ilustrado de forma gráfica na Figura 13.

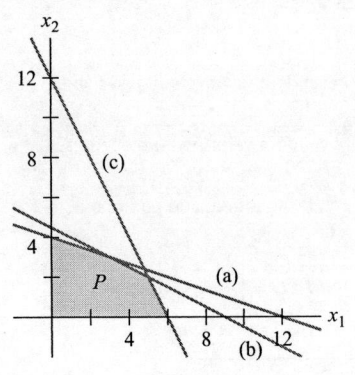

FIGURA 13

8.6 CURVAS E SUPERFÍCIES

Durante milhares de anos, os construtores usaram tiras finas e longas de madeira para criar o casco de um barco. Mais recentemente, projetistas usam tiras flexíveis e longas de metal para as superfícies de carros e aviões. Pesos e cavilhas faziam as tiras assumir formas de curvas suaves chamadas *splines cúbicas naturais*. A curva entre dois pontos de controle sucessivos (pregos ou cavilhas) tem uma representação paramétrica usando polinômios cúbicos. Infelizmente, tais curvas têm a propriedade de que o movimento de um ponto de controle afeta a forma da curva inteira, devido às forças que cavilhas e pesos exercem sobre a tira. Há muito tempo, os engenheiros projetistas queriam um controle local sobre a curva — de modo que o movimento de um ponto de controle afetasse apenas um pedaço pequeno da curva. Em 1962, um engenheiro automotivo francês, Pierre Bézier, resolveu esse problema adicionando pontos de controle extras e usando uma classe de curvas que hoje levam seu nome.

Curvas de Bézier

As curvas descritas a seguir têm um papel importante tanto em computação gráfica quanto em engenharia. Por exemplo, elas são usadas nos programas Adobe Illustrator e Macromedia Freehand e em linguagens de programação para aplicações, como OpenGL. Essas curvas permitem que um programa armazene informação exata sobre segmentos de curvas e superfícies em um número relativamente pequeno de pontos de controle. Todos os comandos gráficos para os segmentos e as superfícies só precisam ser calculados nos pontos de controle. A estrutura especial dessas curvas também acelera outros cálculos no "duto gráfico", que cria a imagem final na tela.

Os Exercícios na Seção 8.3 introduziram as curvas de Bézier quadráticas e mostraram um método para a construção de curvas de Bézier de grau maior. A discussão aqui vai focar nas curvas de Bézier quadráticas e cúbicas, que são determinadas por três ou quatro pontos de controle denotados por $\mathbf{p}_0$, $\mathbf{p}_1$, $\mathbf{p}_2$ e $\mathbf{p}_3$. Esses pontos podem estar em $\mathbb{R}^2$ ou $\mathbb{R}^3$, ou podem ser representados por formas homogêneas em $\mathbb{R}^3$ ou $\mathbb{R}^4$. As descrições paramétricas canônicas dessas curvas, para $0 \le t \le 1$, são

$$\mathbf{w}(t) = (1 - t)^2\mathbf{p}_0 + 2t(1 - t)\mathbf{p}_1 + t^2\mathbf{p}_2 \tag{1}$$

$$\mathbf{x}(t) = (1 - t)^3\mathbf{p}_0 + 3t(1 - t)^2\mathbf{p}_1 + 3t^2(1 - t)\mathbf{p}_2 + t^3\mathbf{p}_3 \tag{2}$$

A Figura 1 mostra duas curvas típicas. Em geral, as curvas contêm apenas os pontos de controle inicial e final, mas uma curva de Bézier está sempre contida no fecho convexo de seus pontos de controle. (Veja os Exercícios 25 a 28 na Seção 8.3.)

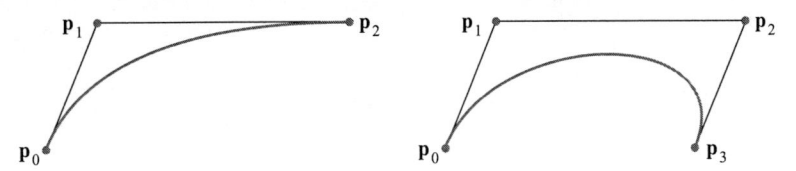

FIGURA 1 Curvas de Bézier quadráticas e cúbicas.

As curvas de Bézier são úteis em computação gráfica porque suas propriedades essenciais são preservadas sob a ação de transformações lineares e translações. Por exemplo, se A for uma matriz de tamanho apropriado, então, da linearidade da multiplicação matricial para $0 \le t \le 1$,

$$A\mathbf{x}(t) = A[(1 - t)^3\mathbf{p}_0 + 3t(1 - t)^2\mathbf{p}_1 + 3t^2(1 - t)\mathbf{p}_2 + t^3\mathbf{p}_3]$$
$$= (1 - t)^3 A\mathbf{p}_0 + 3t(1 - t)^2 A\mathbf{p}_1 + 3t^2(1 - t) A\mathbf{p}_2 + t^3 A\mathbf{p}_3$$

Os novos pontos de controle são $A\mathbf{p}_0, \ldots, A\mathbf{p}_3$. Translações de curvas de Bézier são consideradas no Exercício 1.

As curvas na Figura 1 sugerem que os pontos de controle determinam as retas tangentes às curvas nos pontos de controle inicial e final. Lembre-se do cálculo que, para qualquer curva paramétrica, digamos $\mathbf{y}(t)$, a direção da reta tangente à curva no ponto $\mathbf{y}(t)$ é dada pela derivada $\mathbf{y}'(t)$, chamada **vetor tangente** à curva. (Essa derivada é calculada componente a componente.)

EXEMPLO 1   Determine a relação entre o vetor tangente à curva quadrática de Bézier $\mathbf{w}(t)$ e os pontos de controle da curva em $t = 0$ e $t = 1$.

SOLUÇÃO   Escreva os coeficientes na equação (1) como polinômios simples
$$\mathbf{w}(t) = (1 - 2t + t^2)\mathbf{p}_0 + (2t - 2t^2)\mathbf{p}_1 + t^2\mathbf{p}_2$$

Então, pela linearidade da derivada,

$$\mathbf{w}'(t) = (-2 + 2t)\mathbf{p}_0 + (2 - 4t)\mathbf{p}_1 + 2t\mathbf{p}_2$$

Logo,

$$\mathbf{w}'(0) = -2\mathbf{p}_0 + 2\mathbf{p}_1 = 2(\mathbf{p}_1 - \mathbf{p}_0)$$
$$\mathbf{w}'(1) = -2\mathbf{p}_1 + 2\mathbf{p}_2 = 2(\mathbf{p}_2 - \mathbf{p}_1)$$

O vetor tangente em $\mathbf{p}_0$, por exemplo, aponta de $\mathbf{p}_0$ para $\mathbf{p}_1$, mas seu comprimento é o dobro do comprimento do segmento de $\mathbf{p}_0$ a $\mathbf{p}_1$. Note que $\mathbf{w}'(0) = \mathbf{0}$ quando $\mathbf{p}_1 = \mathbf{p}_0$. Nesse caso, $\mathbf{w}(t) = (1 - t^2)\mathbf{p}_1 + t^2\mathbf{p}_2$ e o gráfico de $\mathbf{w}(t)$ é o segmento de reta que une $\mathbf{p}_1$ a $\mathbf{p}_2$. ∎

Ligação de Duas Curvas de Bézier

Duas curvas de Bézier básicas podem ser ligadas em suas extremidades, com o ponto final da primeira curva $\mathbf{x}(t)$ sendo o ponto inicial $\mathbf{p}_2$ da segunda curva $\mathbf{y}(t)$. Dizemos que a curva combinada tem *continuidade geométrica* G^0 (em $\mathbf{p}_2$) porque os dois segmentos se juntam em $\mathbf{p}_2$. Se a reta tangente à curva 1 em $\mathbf{p}_2$ tiver uma direção diferente da reta tangente à curva 2, então poderá aparecer um "bico" ou mudança abrupta de direção em $\mathbf{p}_2$. Veja a Figura 2.

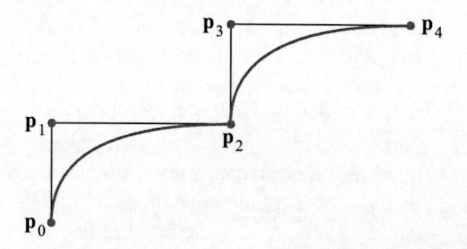

FIGURA 2 Continuidade G^0 em $\mathbf{p}_2$.

Para evitar uma mudança abrupta, em geral basta ajustar as curvas para que tenham *continuidade geométrica* G^1, em que ambos os vetores tangentes em $\mathbf{p}_2$ têm a mesma direção e o mesmo sentido. Ou seja, as derivadas $\mathbf{x}'(1)$ e $\mathbf{y}'(0)$ têm a mesma direção e mesmo sentido, embora seus tamanhos possam ser diferentes. Quando os vetores tangentes são iguais em $\mathbf{p}_2$, o vetor tangente é contínuo em $\mathbf{p}_2$ e dizemos que a curva combinada tem continuidade C^1 ou tem *continuidade paramétrica* C^1. A Figura 3 mostra a continuidade G^1 em (a) e a continuidade C^1 em (b).

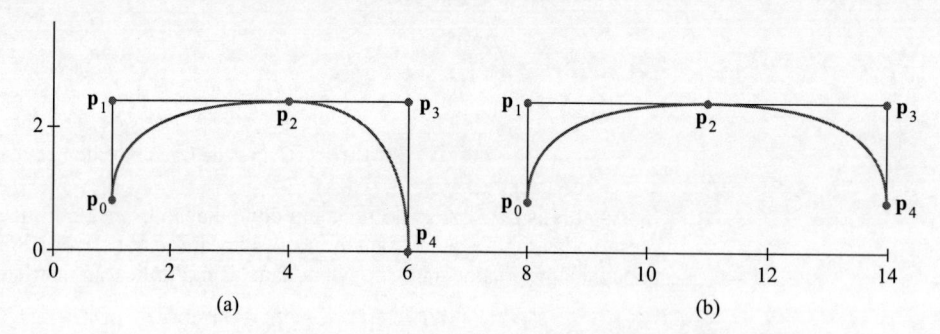

FIGURA 3 (a) Continuidade G^1 e (b) continuidade C^1.

EXEMPLO 2 Suponha que $\mathbf{x}(t)$ e $\mathbf{y}(t)$ determinem duas curvas quadráticas de Bézier com pontos de controle $\{\mathbf{p}_0, \mathbf{p}_1, \mathbf{p}_2\}$ e $\{\mathbf{p}_2, \mathbf{p}_3, \mathbf{p}_4\}$, respectivamente. As curvas são combinadas em $\mathbf{p}_2 = \mathbf{x}(1) = \mathbf{y}(0)$.

a. Suponha que as curvas combinadas tenham continuidade G^1 (em $\mathbf{p}_2$). Que restrição algébrica essa condição impõe sobre os pontos de controle? Expresse essa restrição em linguagem geométrica.

b. Repita o item (a) para continuidade C^1.

SOLUÇÃO

a. Do Exemplo 1, $\mathbf{x}'(1) = 2(\mathbf{p}_2 - \mathbf{p}_1)$. Além disso, usando os pontos de controle para $\mathbf{y}(t)$ no lugar de $\mathbf{w}(t)$, o Exemplo 1 mostra que $\mathbf{y}'(0) = 2(\mathbf{p}_3 - \mathbf{p}_2)$. A continuidade G^1 significa que $\mathbf{y}'(0) = k\mathbf{x}'(1)$ para alguma constante positiva k. Equivalentemente,

$$\mathbf{p}_3 - \mathbf{p}_2 = k(\mathbf{p}_2 - \mathbf{p}_1), \quad \text{com } k > 0 \tag{3}$$

De maneira geométrica, (3) implica que $\mathbf{p}_2$ está no segmento de reta $\mathbf{p}_1$ a $\mathbf{p}_3$. Para mostrar isso, seja $t = (k + 1)^{-1}$ e note que $0 < t < 1$. Resolva para k para obter $k = (1 - t)/t$. Quando esta expressão é usada para k em (3), uma troca na ordem dos termos mostra que $\mathbf{p}_2 = (1 - t)\mathbf{p}_1 + t\mathbf{p}_3$, o que prova a afirmação sobre $\mathbf{p}_2$.

b. A continuidade C^1 significa que $\mathbf{y}'(0) = \mathbf{x}'(1)$. Então $2(\mathbf{p}_3 - \mathbf{p}_2) = 2(\mathbf{p}_2 - \mathbf{p}_1)$, de modo que $\mathbf{p}_3 - \mathbf{p}_2 = \mathbf{p}_2 - \mathbf{p}_1$ e $\mathbf{p}_2 = (\mathbf{p}_1 + \mathbf{p}_3)/2$. Geometricamente, $\mathbf{p}_2$ é o ponto médio do segmento que une $\mathbf{p}_1$ a $\mathbf{p}_3$. Veja a Figura 3. ∎

A Figura 4 mostra a continuidade C^1 para duas curvas cúbicas de Bézier. Note que o ponto ligando os dois segmentos está no meio do segmento de reta entre os pontos de controle adjacentes.

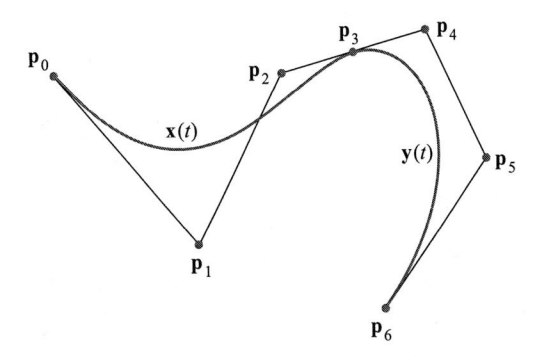

FIGURA 4 Duas curvas de Bézier cúbicas.

Duas curvas têm continuidade (paramétrica) C^2 quando elas têm continuidade de classe C^1 e as derivadas *segundas* $\mathbf{x}''(1)$ e $\mathbf{y}''(0)$ são iguais. Isso é possível para curvas de Bézier cúbicas, mas limita seriamente as posições dos pontos de controle. Curvas cúbicas em outra classe, as chamadas *splines-B*, sempre têm continuidade C^2 porque cada par de curvas tem três pontos de controle em comum, em vez de um. Figuras gráficas usando *splines*-B têm mais pontos de controle e, em consequência, precisam de mais cálculos. Alguns exercícios para esta seção examinam essas curvas.

Surpreendentemente, se $\mathbf{x}(t)$ e $\mathbf{y}(t)$ se unirem em $\mathbf{p}_3$, a suavidade aparente da curva em $\mathbf{p}_3$ será, em geral, a mesma para as duas continuidades G^1 e C^1. Isso ocorre porque o tamanho de $\mathbf{x}'(t)$ não está relacionado à forma da curva. A magnitude de $\mathbf{x}'(t)$ reflete apenas a parametrização matemática da curva. Por exemplo, se uma nova função vetorial $\mathbf{z}(t)$ for igual a $\mathbf{x}(2t)$, então o ponto $\mathbf{z}(t)$ percorrerá a curva de $\mathbf{p}_0$ a $\mathbf{p}_3$ duas vezes mais rápido que a versão original, pois $2t$ é igual a 1 quando $t = 0{,}5$. Pela regra da cadeia do cálculo, $\mathbf{z}'(t) = 2 \cdot \mathbf{x}'(2t)$, de modo que o vetor tangente a $\mathbf{z}(t)$ em $\mathbf{p}_3$ é o dobro do vetor tangente a $\mathbf{x}(t)$ em $\mathbf{p}_3$.

Na prática, muitas curvas simples de Bézier são ligadas para criar objetos gráficos. Programas de editoração fornecem uma aplicação importante, pois muitas letras em uma fonte envolvem segmentos curvos. Cada letra na fonte PostScript®, por exemplo, é armazenada como um conjunto de pontos de controle, junto com informação sobre como construir o "contorno" da letra usando segmentos de reta e curvas de Bézier. Aumentar tal letra requer, basicamente, multiplicar as coordenadas de cada ponto de controle por um fator de escala constante. Uma vez calculado o contorno da letra, as partes sólidas apropriadas são completadas. A Figura 5 ilustra isso para um caractere em uma fonte PostScript. Observe os pontos de controle.

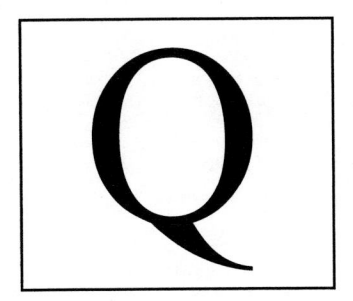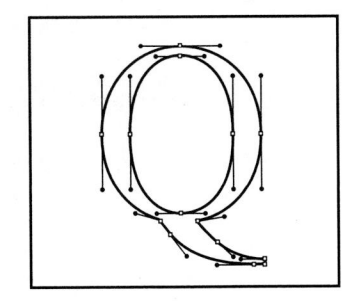

FIGURA 5 Caractere PostScript.

Equações Matriciais para Curvas de Bézier

Como uma curva de Bézier é uma combinação linear de pontos de controle usando polinômios como coeficientes ou pesos, a fórmula para $\mathbf{x}(t)$ pode ser escrita como

$$\mathbf{x}(t) = \begin{bmatrix} \mathbf{p}_0 & \mathbf{p}_1 & \mathbf{p}_2 & \mathbf{p}_3 \end{bmatrix} \begin{bmatrix} (1-t)^3 \\ 3t(1-t)^2 \\ 3t^2(1-t) \\ t^3 \end{bmatrix}$$

$$= \begin{bmatrix} \mathbf{p}_0 & \mathbf{p}_1 & \mathbf{p}_2 & \mathbf{p}_3 \end{bmatrix} \begin{bmatrix} 1 - 3t + 3t^2 - t^3 \\ 3t - 6t^2 + 3t^3 \\ 3t^2 - 3t^3 \\ t^3 \end{bmatrix}$$

$$= \begin{bmatrix} \mathbf{p}_0 & \mathbf{p}_1 & \mathbf{p}_2 & \mathbf{p}_3 \end{bmatrix} \begin{bmatrix} 1 & -3 & 3 & -1 \\ 0 & 3 & -6 & 3 \\ 0 & 0 & 3 & -3 \\ 0 & 0 & 0 & 1 \end{bmatrix} \begin{bmatrix} 1 \\ t \\ t^2 \\ t^3 \end{bmatrix}$$

A matriz cujas colunas são os quatro pontos de controle é chamada **matriz de geometria** G. A matriz 4×4 dos coeficientes polinomiais é a **matriz base de Bézier** M_B. Se $\mathbf{u}(t)$ for o vetor coluna das potências de t, então a curva de Bézier será dada por

$$\mathbf{x}(t) = GM_B\mathbf{u}(t) \tag{4}$$

Outras curvas cúbicas paramétricas em computação gráfica também são escritas dessa forma. Por exemplo, se os elementos da matriz M_B forem apropriadamente modificados, as curvas resultantes são *splines*-B. Elas são "mais suaves" que as curvas de Bézier, mas não contêm nenhum dos seus pontos de controle. Uma curva cúbica de **Hermite** ocorre quando a matriz M_B é substituída por uma matriz base de Hermite. Nesse caso, as colunas da matriz de geometria são formadas pelos pontos iniciais e finais da curva e pelos vetores tangentes à curva nesses pontos.[1]

A curva de Bézier na equação (4) também pode ser "fatorada" de outra maneira, para ser usada na discussão de superfícies de Bézier. Para conveniência posterior, o parâmetro t é substituído por um parâmetro s:

$$\mathbf{x}(s) = \mathbf{u}(s)^T M_B^T \begin{bmatrix} \mathbf{p}_0 \\ \mathbf{p}_1 \\ \mathbf{p}_2 \\ \mathbf{p}_3 \end{bmatrix} = \begin{bmatrix} 1 & s & s^2 & s^3 \end{bmatrix} \begin{bmatrix} 1 & 0 & 0 & 0 \\ -3 & 3 & 0 & 0 \\ 3 & -6 & 3 & 0 \\ -1 & 3 & -3 & 1 \end{bmatrix} \begin{bmatrix} \mathbf{p}_0 \\ \mathbf{p}_1 \\ \mathbf{p}_2 \\ \mathbf{p}_3 \end{bmatrix}$$

$$= \begin{bmatrix} (1-s)^3 & 3s(1-s)^2 & 3s^2(1-s) & s^3 \end{bmatrix} \begin{bmatrix} \mathbf{p}_0 \\ \mathbf{p}_1 \\ \mathbf{p}_2 \\ \mathbf{p}_3 \end{bmatrix} \tag{5}$$

Essa fórmula não é bem a mesma que a transposta do produto à direita do sinal de igualdade em (4), já que os vetores $\mathbf{x}(s)$ e os pontos de controle aparecem sem estar transpostos. A matriz dos pontos de controle em (5) é chamada **vetor de geometria**. Ele deve ser visto como uma matriz 4×1 (em blocos) cujos elementos são vetores colunas. A matriz à esquerda do vetor de geometria, na segunda parte de (5), também pode ser vista como uma matriz em blocos, com um escalar em cada bloco. A multiplicação de matrizes em bloco faz sentido, já que cada elemento (vetor) no vetor de geometria pode ser multiplicado à esquerda por um escalar e à direita por uma matriz. Assim, o vetor coluna $\mathbf{x}(s)$ é representado por (5).

Superfícies de Bézier

Um fragmento de superfície bicúbica 3D pode ser construído a partir de um conjunto de quatro curvas de Bézier. Considere as quatro matrizes de geometria

---

[1] O termo *matriz base* vem das linhas da matriz que listam os coeficientes dos polinômios que *misturam* usados para definir a curva. Para uma curva de Bézier cúbica, os quatro polinômios são $(1-t)^3$, $3t(1-t)^2$, $3t^2(1-t)$ e t^3. Eles formam uma base para o espaço $\mathbb{P}_3$ dos polinômios de grau menor ou igual a 3. Cada coordenada no vetor $\mathbf{x}(t)$ é uma combinação linear desses polinômios. Os pesos vêm das linhas da matriz de geometria G em (4).

$$
\begin{bmatrix} \mathbf{p}_{11} & \mathbf{p}_{12} & \mathbf{p}_{13} & \mathbf{p}_{14} \end{bmatrix}
$$
$$
\begin{bmatrix} \mathbf{p}_{21} & \mathbf{p}_{22} & \mathbf{p}_{23} & \mathbf{p}_{24} \end{bmatrix}
$$
$$
\begin{bmatrix} \mathbf{p}_{31} & \mathbf{p}_{32} & \mathbf{p}_{33} & \mathbf{p}_{34} \end{bmatrix}
$$
$$
\begin{bmatrix} \mathbf{p}_{41} & \mathbf{p}_{42} & \mathbf{p}_{43} & \mathbf{p}_{44} \end{bmatrix}
$$

e lembre-se, da equação (4), de que uma curva de Bézier é produzida quando qualquer uma dessas matrizes é multiplicada à direita pelo vetor de coeficientes a seguir:

$$
M_B \mathbf{u}(t) = \begin{bmatrix} (1-t)^3 \\ 3t(1-t)^2 \\ 3t^2(1-t) \\ t^3 \end{bmatrix}
$$

Seja G a matriz em blocos 4×4 cujos elementos são os pontos de controle $\mathbf{p}_{ij}$ anteriores. Então o produto a seguir define uma matriz em blocos 4×1 em que cada elemento é uma curva de Bézier:

$$
GM_B \mathbf{u}(t) = \begin{bmatrix} \mathbf{p}_{11} & \mathbf{p}_{12} & \mathbf{p}_{13} & \mathbf{p}_{14} \\ \mathbf{p}_{21} & \mathbf{p}_{22} & \mathbf{p}_{23} & \mathbf{p}_{24} \\ \mathbf{p}_{31} & \mathbf{p}_{32} & \mathbf{p}_{33} & \mathbf{p}_{34} \\ \mathbf{p}_{41} & \mathbf{p}_{42} & \mathbf{p}_{43} & \mathbf{p}_{44} \end{bmatrix} \begin{bmatrix} (1-t)^3 \\ 3t(1-t)^2 \\ 3t^2(1-t) \\ t^3 \end{bmatrix}
$$

De fato,

$$
GM_B \mathbf{u}(t) = \begin{bmatrix} (1-t)^3\mathbf{p}_{11} + 3t(1-t)^2\mathbf{p}_{12} + 3t^2(1-t)\mathbf{p}_{13} + t^3\mathbf{p}_{14} \\ (1-t)^3\mathbf{p}_{21} + 3t(1-t)^2\mathbf{p}_{22} + 3t^2(1-t)\mathbf{p}_{23} + t^3\mathbf{p}_{24} \\ (1-t)^3\mathbf{p}_{31} + 3t(1-t)^2\mathbf{p}_{32} + 3t^2(1-t)\mathbf{p}_{33} + t^3\mathbf{p}_{34} \\ (1-t)^3\mathbf{p}_{41} + 3t(1-t)^2\mathbf{p}_{42} + 3t^2(1-t)\mathbf{p}_{43} + t^3\mathbf{p}_{44} \end{bmatrix}
$$

Fixe t. Então $GM_B\mathbf{u}(t)$ é um vetor coluna que pode ser usado como um vetor de geometria na equação (5) para uma curva de Bézier em outra variável s. Essa observação produz a **superfície bicúbica de Bézier**:

$$
\mathbf{x}(s, t) = \mathbf{u}(s)^T M_B^T\, GM_B\mathbf{u}(t), \qquad \text{em que } 0 \le s, t \le 1 \tag{6}
$$

A fórmula para $\mathbf{x}(s, t)$ é uma combinação linear de dezesseis pontos de controle. Se esses pontos de controle estiverem arrumados em um arranjo retangular razoavelmente uniforme, como na Figura 6, então a superfície de Bézier será controlada por uma teia de oito curvas de Bézier, quatro na "direção s" e quatro na "direção t". A superfície contém, de fato, os quatro pontos de controle em seus "cantos". Quando no meio de uma superfície maior, a superfície com dezesseis pontos de controle divide doze desses pontos com seus vizinhos.

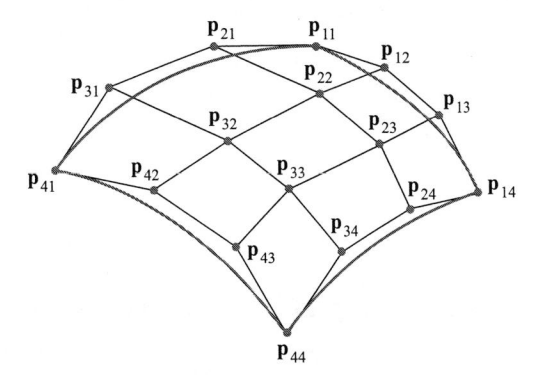

FIGURA 6 Dezesseis pontos de controle para um segmento de uma superfície bicúbica de Bézier.

Aproximações de Curvas e Superfícies

Em programas de CAD e em programas usados para criar jogos computacionais realistas, o projetista trabalha, muitas vezes, em uma estação gráfica para compor uma "cena" envolvendo diversas estruturas geométricas. Esse processo requer interação entre o projetista e os objetos geométricos. Cada mudança pequena na posição de um objeto necessita de que o programa gráfico faça novos cálculos matemáticos. As curvas e superfícies de Bézier podem ser úteis neste processo, pois elas envolvem menos pontos de controle que objetos aproximados por muitos polígonos. Isso reduz de forma dramática o tempo computacional e acelera o trabalho do projetista.

Depois de compor a cena, no entanto, a preparação da imagem final tem demandas computacionais diferentes mais facilmente atingidas por objetos que consistem em superfícies planas e arestas retas, como poliedros. O projetista precisa *renderizar* a cena introduzindo fontes de luz, adicionando cores e texturas às superfícies e simulando reflexões nas superfícies.

O cálculo da direção de uma luz refletida em um ponto $\mathbf{p}$ em uma superfície, por exemplo, precisa das direções tanto da luz incidente quanto da *normal à superfície* — o vetor perpendicular ao plano tangente em $\mathbf{p}$. O cálculo de tais vetores normais é muito mais fácil em uma superfície composta de pequenos polígonos em planos do que em uma superfície curva cujo vetor normal varia continuamente quando o ponto $\mathbf{p}$ se move. Se $\mathbf{p}_1$, $\mathbf{p}_2$ e $\mathbf{p}_3$ forem vértices adjacentes em um polígono contido em um plano, então a normal à superfície será igual a mais ou menos o produto vetorial $(\mathbf{p}_2 - \mathbf{p}_1) \times (\mathbf{p}_2 - \mathbf{p}_3)$. Quando o polígono é pequeno, só há necessidade de um vetor normal para renderizar o polígono todo. Além disso, duas rotinas de sombreamento muito usadas, de Gouraud e de Phong, requerem que as superfícies sejam definidas por polígonos.

Como resultado dessas necessidades de superfícies planas, as curvas e superfícies de Bézier na composição da cena são aproximadas, em geral, por segmentos de reta e superfícies poliédricas. A ideia básica para aproximar uma curva ou superfície de Bézier é dividir a curva ou superfície em pedaços menores, com cada vez mais pontos de controle.

Subdivisão Recursiva de Curvas e Superfícies de Bézier

A Figura 7 mostra os quatro pontos de controle $\mathbf{p}_0, \ldots, \mathbf{p}_3$ para uma curva de Bézier, junto com pontos de controle para uma segunda curva, cada um coincidindo com metade da curva original. A curva "à esquerda" começa em $\mathbf{q}_0 = \mathbf{p}_0$ e termina em $\mathbf{q}_3$, o ponto médio da curva original. A curva "à direita" começa em $\mathbf{r}_0 = \mathbf{q}_3$ e termina em $\mathbf{r}_3 = \mathbf{p}_3$.

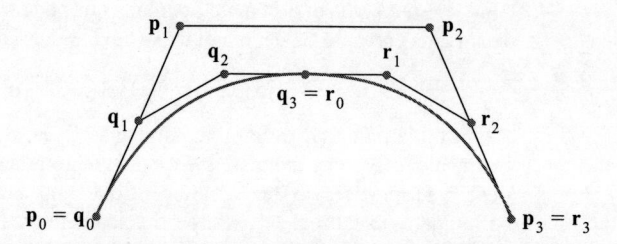

FIGURA 7 Subdivisão de uma curva de Bézier.

A Figura 8 mostra como os novos pontos de controle incluem regiões "mais finas" que as regiões limitadas pelos pontos de controle originais. À medida que diminuem as distâncias entre os pontos de controle, os pontos de controle também se aproximam de um segmento de reta. Essa *propriedade de variação decrescente* de curvas de Bézier depende do fato de que uma curva de Bézier está sempre contida no fecho convexo de seus pontos de controle.

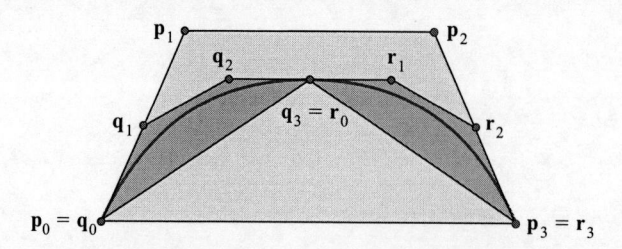

FIGURA 8 Fecho convexo dos pontos de controle.

Os novos pontos de controle estão relacionados com os pontos originais por fórmulas simples. É claro que $\mathbf{q}_0 = \mathbf{p}_0$ e $\mathbf{r}_3 = \mathbf{p}_3$. O ponto médio da curva original $\mathbf{x}(t)$ ocorre em $\mathbf{x}(0{,}5)$ quando $\mathbf{x}(t)$ tem a parametrização canônica

$$\mathbf{x}(t) = (1 - 3t + 3t^2 - t^3)\mathbf{p}_0 + (3t - 6t^2 + 3t^3)\mathbf{p}_1 + (3t^2 - 3t^3)\mathbf{p}_2 + t^3\mathbf{p}_3 \tag{7}$$

para $0 \le t \le 1$. Assim, os novos pontos de controle $\mathbf{q}_3$ e $\mathbf{r}_0$ são dados por

$$\mathbf{q}_3 = \mathbf{r}_0 = \mathbf{x}(0{,}5) = \tfrac{1}{8}(\mathbf{p}_0 + 3\mathbf{p}_1 + 3\mathbf{p}_2 + \mathbf{p}_3) \tag{8}$$

As fórmulas para os pontos de controle "interiores" que faltam também são simples, mas a dedução dessas fórmulas necessita de algum trabalho envolvendo os vetores tangentes às curvas. Por definição, o vetor tangente a uma curva parametrizada $\mathbf{x}(t)$ é a derivada $\mathbf{x}'(t)$. Esse vetor mostra a direção da reta tangente à curva em $\mathbf{x}(t)$. Para a curva de Bézier em (7),

$$\mathbf{x}'(t) = (-3 + 6t - 3t^2)\mathbf{p}_0 + (3 - 12t + 9t^2)\mathbf{p}_1 + (6t - 9t^2)\mathbf{p}_2 + 3t^2)\mathbf{p}_3$$

para $0 \le t \le 1$. Em particular,

$$\mathbf{x}'(0) = 3(\mathbf{p}_1 - \mathbf{p}_0) \quad \text{e} \quad \mathbf{x}'(1) = 3(\mathbf{p}_3 - \mathbf{p}_2) \tag{9}$$

Geometricamente, $\mathbf{p}_1$ pertence à reta tangente à curva no ponto $\mathbf{p}_0$ e $\mathbf{p}_2$ pertence à reta tangente à curva em $\mathbf{p}_3$. Veja a Figura 8. Além disso, de $\mathbf{x}'(t)$, calcule

$$\mathbf{x}'(0,5) = \tfrac{3}{4}(-\mathbf{p}_0 - \mathbf{p}_1 + \mathbf{p}_2 + \mathbf{p}_3) \tag{10}$$

Seja $\mathbf{y}(t)$ a curva de Bézier determinada por $\mathbf{q}_0, \ldots, \mathbf{q}_3$ e seja $\mathbf{z}(t)$ a curva de Bézier determinada por $\mathbf{r}_0, \ldots, \mathbf{r}_3$. Como $\mathbf{y}(t)$ percorre o mesmo caminho que $\mathbf{x}(t)$, mas só chega até $\mathbf{x}(0,5)$ quando t varia de 0 a 1, $\mathbf{y}(t) = \mathbf{x}(0,5t)$ para $0 \le t \le 1$. De maneira análoga, como $\mathbf{z}(t)$ começa em $\mathbf{x}(0,5)$ quando $t = 0$, $\mathbf{z}(t) = \mathbf{x}(0,5 + 0,5t)$ para $0 \le t \le 1$. Pela regra da cadeia para derivadas,

$$\mathbf{y}'(t) = 0,5\mathbf{x}'(0,5t) \quad \text{e} \quad \mathbf{z}'(t) = 0,5\mathbf{x}'(0,5 + 0,5t) \quad \text{para} \quad 0 \le t \le 1 \tag{11}$$

De (9) com $\mathbf{y}'(0)$ no lugar de $\mathbf{x}'(0)$, de (11) com $t = 0$ e de (9), os pontos de controle para $\mathbf{y}(t)$ satisfazem

$$3(\mathbf{q}_1 - \mathbf{q}_0) = \mathbf{y}'(0) = 0,5\mathbf{x}'(0) = \tfrac{3}{2}(\mathbf{p}_1 - \mathbf{p}_0) \tag{12}$$

De (9) com $\mathbf{y}'(1)$ no lugar de $\mathbf{x}'(1)$, de (11) com $t = 1$ e de (10),

$$3(\mathbf{q}_3 - \mathbf{q}_2) = \mathbf{y}'(1) = 0,5\mathbf{x}'(0,5) = \tfrac{3}{8}(-\mathbf{p}_0 - \mathbf{p}_1 + \mathbf{p}_2 + \mathbf{p}_3) \tag{13}$$

As equações (8), (9), (10), (12) e (13) podem ser resolvidas ao mesmo tempo para produzir as fórmulas para $\mathbf{q}_0, \ldots, \mathbf{q}_3$ dadas no Exercício 17. As fórmulas estão ilustradas de forma geométrica na Figura 9. Os pontos de controle interiores $\mathbf{q}_1$ e $\mathbf{r}_2$ são os pontos médios dos segmentos unindo $\mathbf{p}_0$ a $\mathbf{p}_1$ e unindo $\mathbf{p}_2$ a $\mathbf{p}_3$, respectivamente. Quando o ponto médio do segmento de $\mathbf{p}_1$ a $\mathbf{p}_2$ for ligado a $\mathbf{q}_1$, o segmento de reta resultante tem $\mathbf{q}_2$ como seu ponto médio!

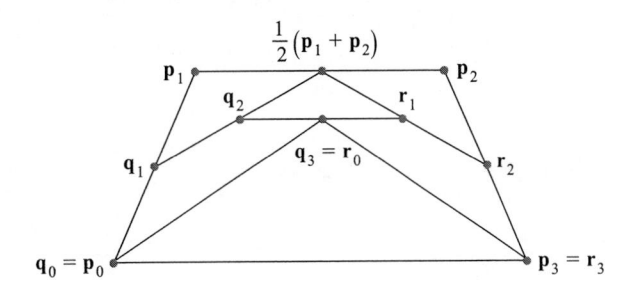

FIGURA 9 Estrutura geométrica dos novos pontos de controle.

Isso completa um passo do processo de subdivisão. A "recorrência" começa e ambas as curvas novas são subdivididas. A recorrência continua até que todas as curvas estejam bastante retificadas. De maneira alternativa, a recorrência pode ser "adaptativa" em cada passo e não subdividir uma das duas curvas se ela já estiver suficientemente próxima de um segmento de reta. Quando a subdivisão para por completo, as extremidades de cada curva são ligadas por segmentos de reta, e a cena está pronta para o próximo passo na preparação da imagem final.

Uma superfície bicúbica de Bézier tem a mesma propriedade de variação decrescente das curvas que constroem cada seção reta da superfície, de modo que o processo anterior pode ser aplicado a cada seção reta. A seguir, omitindo os detalhes, mostramos a estratégia básica. Considere as quatro curvas de Bézier "paralelas" cujo parâmetro é s e aplique o processo de subdivisão a cada uma delas. Isso produz quatro conjuntos de oito pontos de controle; cada conjunto determina uma curva quando s varia de 0 a 1. Quando t varia, no entanto, existem oito curvas, cada uma com quatro pontos de controle. Aplique o processo de subdivisão a cada um desses conjuntos de quatro pontos, criando um total de 64 pontos de controle. A recursividade adaptativa também é possível neste contexto, mas há algumas questões sutis.[2]

---

[2]Veja Foley, van Dam, Feiner e Hughes, *Computer Graphics – Principles and Practice*, 2. ed. (Boston: Addison-Wesley, 1996), p. 527-528.

Problemas Práticos

Um *spline* se refere, em geral, a uma curva que contém pontos especificados. Um *spline*-B, no entanto, em geral não contém seus pontos de controle. Um único segmento tem a forma paramétrica

$$\mathbf{x}(t) = \tfrac{1}{6}\big[(1-t)^3\mathbf{p}_0 + (3t^3 - 6t^2 + 4)\mathbf{p}_1$$
$$+ (-3t^3 + 3t^2 + 3t + 1)\mathbf{p}_2 + t^3\mathbf{p}_3\big] \tag{14}$$

para $0 \le t \le 1$, em que $\mathbf{p}_0, \mathbf{p}_1, \mathbf{p}_2$ e $\mathbf{p}_3$ são os pontos de controle. Quando t varia de 0 a 1, $\mathbf{x}(t)$ percorre uma curva pequena próxima do segmento $\overline{\mathbf{p}_1\mathbf{p}_2}$. Um pouco de álgebra básica mostra que a fórmula para um *spline*-B também pode ser escrita como

$$\mathbf{x}(t) = \tfrac{1}{6}\big[(1-t)^3\mathbf{p}_0 + (3t(1-t)^2 - 3t + 4)\mathbf{p}_1$$
$$+ (3t^2(1-t) + 3t + 1)\mathbf{p}_2 + t^3\mathbf{p}_3\big] \tag{15}$$

Isso mostra a semelhança com as curvas de Bézier. Exceto pelo fator 1/6 na frente, os coeficientes de $\mathbf{p}_0$ e $\mathbf{p}_3$ são os mesmos. O coeficiente de $\mathbf{p}_1$ foi aumentado de $-3t + 4$ e o de $\mathbf{p}_2$, de $3t + 1$. Essas modificações fazem com que a curva fique mais próxima de $\overline{\mathbf{p}_1\mathbf{p}_2}$ que a curva de Bézier. O fator 1/6 é necessário para manter a soma dos coeficientes igual a 1. A Figura 10 compara um *spline*-B a uma curva de Bézier com os mesmos pontos de controle.

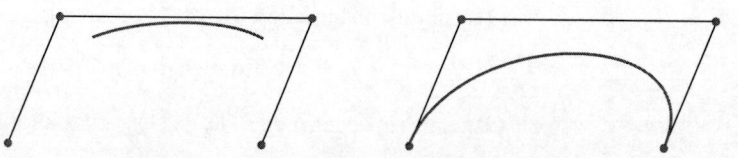

FIGURA 10 Segmento de *spline*-B e curva de Bézier.

1. Mostre que o *spline*-B não começa em $\mathbf{p}_0$, mas $\mathbf{x}(0)$ pertence a conv $\{\mathbf{p}_0, \mathbf{p}_1, \mathbf{p}_2\}$. Supondo que $\mathbf{p}_0, \mathbf{p}_1$ e $\mathbf{p}_2$ sejam independentes afins, encontre as coordenadas afins de $\mathbf{x}(0)$ em relação a $\{\mathbf{p}_0, \mathbf{p}_1, \mathbf{p}_2\}$.
2. Mostre que o *spline*-B não termina em $\mathbf{p}_3$, mas $\mathbf{x}(1)$ pertence a conv $\{\mathbf{p}_1, \mathbf{p}_2, \mathbf{p}_3\}$. Supondo que $\mathbf{p}_1, \mathbf{p}_2$ e $\mathbf{p}_3$ sejam independentes afins, encontre as coordenadas afins de $\mathbf{x}(1)$ em relação a $\{\mathbf{p}_1, \mathbf{p}_2, \mathbf{p}_3\}$.

8.6 EXERCÍCIOS

1. Suponha que uma curva de Bézier seja transladada para $\mathbf{x}(t) + \mathbf{b}$. Ou seja, para $0 \le t \le 1$, a nova curva é
$$\mathbf{x}(t) = (1-t)^3\mathbf{p}_0 + 3t(1-t)^2\mathbf{p}_1$$
$$+ 3t^2(1-t)\mathbf{p}_2 + t^3\mathbf{p}_3 + \mathbf{b}$$
Mostre que essa curva nova também é uma curva de Bézier. [*Sugestão:* Quais são os novos pontos de controle?]

2. A forma vetorial paramétrica de uma curva *spline*-B foi definida nos Problemas Práticos como
$$\mathbf{x}(t) = \tfrac{1}{6}\big[(1-t)^3\mathbf{p}_0 + (3t(1-t)^2 - 3t + 4)\mathbf{p}_1$$
$$+ (3t^2(1-t) + 3t + 1)\mathbf{p}_2 + t^3\mathbf{p}_3\big] \quad \text{para} \quad 0 \le t \le 1,$$
em que $\mathbf{p}_0, \mathbf{p}_1, \mathbf{p}_2$ e $\mathbf{p}_3$ são os pontos de controle.
a. Mostre que, para $0 \le t \le 1$, $\mathbf{x}(t)$ está no fecho convexo dos pontos de controle.
b. Suponha que uma curva *spline*-B $\mathbf{x}(t)$ seja transladada para $\mathbf{x}(t) + \mathbf{b}$ (como no Exercício 1). Mostre que essa nova curva também é um *spline*-B.

3. Seja $\mathbf{x}(t)$ uma curva de Bézier cúbica determinada pelos pontos $\mathbf{p}_0, \mathbf{p}_1, \mathbf{p}_2$ e $\mathbf{p}_3$.
a. Calcule o vetor *tangente* $\mathbf{x}'(t)$. Determine a relação entre $\mathbf{x}'(0)$ e $\mathbf{x}'(1)$ e os pontos de controle. Dê descrições geométricas das *direções* desses vetores tangentes. É possível que $\mathbf{x}'(1) = \mathbf{0}$?
b. Calcule a derivada segunda $\mathbf{x}''(t)$ e determine a relação entre $\mathbf{x}''(0)$ e $\mathbf{x}''(1)$ e os pontos de controle. Desenhe uma figura baseada na

Figura 10 e construa um segmento de reta na direção e sentido de $\mathbf{x}''(0)$. [*Sugestão:* Use $\mathbf{p}_1$ como a origem do seu sistema de coordenadas.]

4. Seja $\mathbf{x}(t)$ a curva *spline*-B do Exercício 2, com pontos de controle $\mathbf{p}_0, \mathbf{p}_1, \mathbf{p}_2$ e $\mathbf{p}_3$.
a. Calcule o vetor tangente $\mathbf{x}'(t)$ e determine a relação entre $\mathbf{x}'(0)$ e $\mathbf{x}'(1)$ e os pontos de controle. Dê descrições geométricas das *direções* desses vetores tangentes. Explore o que acontece quando $\mathbf{x}'(0)$ e $\mathbf{x}'(1)$ são iguais a $\mathbf{0}$. Justifique suas afirmações.
b. Calcule a derivada segunda $\mathbf{x}''(t)$ e determine a relação entre $\mathbf{x}''(0)$ e $\mathbf{x}''(1)$ e os pontos de controle. Desenhe uma figura baseada na Figura 10 e construa um segmento de reta na direção e sentido de $\mathbf{x}''(1)$. [*Sugestão:* Use $\mathbf{p}_2$ como a origem do seu sistema de coordenadas.]

5. Sejam $\mathbf{x}(t)$ e $\mathbf{y}(t)$ curvas de Bézier cúbicas com pontos de controle $\{\mathbf{p}_0, \mathbf{p}_1, \mathbf{p}_2, \mathbf{p}_3\}$ e $\{\mathbf{p}_3, \mathbf{p}_4, \mathbf{p}_5$ e $\mathbf{p}_6\}$, respectivamente, de modo que $\mathbf{x}(t)$ e $\mathbf{y}(t)$ estejam ligadas em $\mathbf{p}_3$. As questões a seguir se referem à curva que consiste em $\mathbf{x}(t)$ seguida de $\mathbf{y}(t)$. Por simplicidade, suponha que a curva está contida em $\mathbb{R}^2$.
a. Que condições sobre os pontos de controle irão garantir que a curva tem continuidade C^1 em $\mathbf{p}_3$? Justifique sua resposta.
b. O que acontece quando os vetores $\mathbf{x}'(1)$ e $\mathbf{y}'(0)$ são ambos nulos?

6. Um *spline*-B é construído de segmentos de *splines*-B, descritos no Exercício 2. Sejam $\mathbf{p}_0, \ldots, \mathbf{p}_4$ os pontos de controle. Para $0 \le t \le 1$, sejam $\mathbf{x}(t)$ e $\mathbf{y}(t)$ determinados pelas matrizes de geometria

$[\mathbf{p}_0\ \mathbf{p}_1\ \mathbf{p}_2\ \mathbf{p}_3]$ e $[\mathbf{p}_1\ \mathbf{p}_2\ \mathbf{p}_3\ \mathbf{p}_4]$, respectivamente. Observe como os dois segmentos têm três pontos de controle em comum. Os dois segmentos não se sobrepõem; no entanto, eles se juntam em um ponto de extremidade comum, próximo de $\mathbf{p}_2$.

   a. Mostre que a curva combinada tem continuidade G^0 — isto é, $\mathbf{x}(1) = \mathbf{y}(0)$.

   b. Mostre que a curva combinada tem continuidade C^1 no ponto de junção $\mathbf{x}(1)$, ou seja, mostre que $\mathbf{x}'(1) = \mathbf{y}'(0)$.

7. Sejam $\mathbf{x}(t)$ e $\mathbf{y}(t)$ as curvas de Bézier do Exercício 5 e suponha que a curva combinada tenha continuidade C^2 (o que inclui continuidade C^1) em $\mathbf{p}_3$. Faça $\mathbf{x}''(1) = \mathbf{y}''(0)$ e mostre que $\mathbf{p}_5$ fica completamente determinado por $\mathbf{p}_1$, $\mathbf{p}_2$ e $\mathbf{p}_3$. Portanto, os pontos $\mathbf{p}_0$, ..., $\mathbf{p}_3$ e a condição de continuidade C^2 determinam todos, menos um, os pontos de controle para $\mathbf{y}(t)$.

8. Sejam $\mathbf{x}(t)$ e $\mathbf{y}(t)$ segmentos de um *spline*-B como no Exercício 6. Mostre que a curva tem continuidade C^2 (assim como continuidade C^1) em $\mathbf{x}(1)$. Ou seja, mostre que $\mathbf{x}''(1) = \mathbf{y}''(0)$. Essa continuidade de ordem maior é desejável em aplicações de CAD como projeto de carrocerias de automóveis, já que as curvas e superfícies parecem muito mais suaves. Entretanto, *splines*-B precisam do triplo de cálculos, se comparados às curvas de Bézier, para curvas de comprimentos comparáveis. Para superfícies, as *splines*-B precisam de nove vezes os cálculos necessários para as superfícies de Bézier. Os programadores escolhem, muitas vezes, superfícies de Bézier para aplicações (como simuladores de cabines de piloto em aviões) que necessitam de renderização em tempo real.

9. Uma curva de Bézier de grau quatro é determinada por cinco pontos de controle, $\mathbf{p}_0$, $\mathbf{p}_1$, $\mathbf{p}_2$, $\mathbf{p}_3$ e $\mathbf{p}_4$:

$$\mathbf{x}(t) = (1-t)^4\mathbf{p}_0 + 4t(1-t)^3\mathbf{p}_1 + 6t^2(1-t)^2\mathbf{p}_2$$
$$+ 4t^3(1-t)\mathbf{p}_3 + t^4\mathbf{p}_4 \quad \text{para } 0 \le t \le 1$$

Construa a matriz base de quarto grau M_B para $\mathbf{x}(t)$.

10. O "B" em *spline*-B se refere ao fato de que o segmento $\mathbf{x}(t)$ pode ser escrito em termos de uma matriz base M_S de forma semelhante à matriz para uma curva de Bézier, ou seja,

$$\mathbf{x}(t) = GM_s\mathbf{u}(t) \quad \text{para } 0 \le t \le 1$$

na qual G é a matriz de geometria $[\mathbf{p}_0\ \ \mathbf{p}_1\ \ \mathbf{p}_2\ \ \mathbf{p}_3]$ e $\mathbf{u}(t)$ é o vetor coluna $(1, t, t^2, t^3)$. Em um *spline*-B *uniforme*, cada segmento usa a mesma matriz base, mas a matriz de geometria varia. Construa a matriz base M_S para $\mathbf{x}(t)$.

Nos Exercícios 11 a 16, marque cada afirmação como Verdadeira ou Falsa (V/F). Justifique cada resposta.

11. (V/F) A curva de Bézier cúbica baseia-se em quatro pontos de controle.

12. (V/F) As propriedades essenciais das curvas de Bézier são preservadas sob a ação de transformações lineares, mas não sob a ação de translações.

13. (V/F) Dada uma curva de Bézier quadrática $\mathbf{x}(t)$ com pontos de controle $\mathbf{p}_0$, $\mathbf{p}_1$ e $\mathbf{p}_2$, o segmento de reta direcionado $\mathbf{p}_1 - \mathbf{p}_0$ (de $\mathbf{p}_0$ para $\mathbf{p}_1$) é o vetor tangente à curva em $\mathbf{p}_0$.

14. (V/F) Quando duas curvas de Bézier $\mathbf{x}(t)$ e $\mathbf{y}(t)$ são ligadas em um ponto em que $\mathbf{x}(1) = \mathbf{y}(0)$, a curva combinada tem continuidade G^0 naquele ponto.

15. (V/F) Quando duas curvas de Bézier quadráticas com pontos de controle $\{\mathbf{p}_0, \mathbf{p}_1, \mathbf{p}_2\}$ e $\{\mathbf{p}_2, \mathbf{p}_3 \text{ e } \mathbf{p}_4\}$ são ligadas em $\mathbf{p}_2$, a curva de Bézier combinada terá continuidade C^1 em $\mathbf{p}_2$ se $\mathbf{p}_2$ for o ponto médio do segmento que une $\mathbf{p}_1$ a $\mathbf{p}_3$.

16. (V/F) A matriz base de Bézier é uma matriz cujas colunas são os pontos de controle da curva.

Os Exercícios 17 a 19 tratam da subdivisão de uma curva de Bézier ilustrada na Figura 7. Seja $\mathbf{x}(t)$ a curva de Bézier com pontos de controle $\mathbf{p}_0$, ..., $\mathbf{p}_3$ e sejam $\mathbf{y}(t)$ e $\mathbf{z}(t)$ as curvas de Bézier na subdivisão de $\mathbf{x}(t)$ como no texto, com pontos de controle $\mathbf{q}_0$, ..., $\mathbf{q}_3$ e $\mathbf{r}_0$, ..., $\mathbf{r}_3$, respectivamente.

17. a. Use a equação (12) para mostrar que $\mathbf{q}_1$ é o ponto médio do segmento que une $\mathbf{p}_0$ a $\mathbf{p}_1$.

   b. Use a equação (13) para mostrar que

$$8\mathbf{q}_2 = 8\mathbf{q}_3 + \mathbf{p}_0 + \mathbf{p}_1 - \mathbf{p}_2 - \mathbf{p}_3.$$

   c. Use o item (b), a equação (8) e o item (a) para mostrar que $\mathbf{q}_2$ é o ponto médio do segmento que une $\mathbf{q}_1$ ao ponto médio do segmento de $\mathbf{p}_1$ a $\mathbf{p}_2$, ou seja, $\mathbf{q}_2 = \frac{1}{2}[\mathbf{q}_1 + \frac{1}{2}(\mathbf{p}_1 + \mathbf{p}_2)]$.

18. a. Justifique cada igualdade a seguir:

$$3(\mathbf{r}_3 - \mathbf{r}_2) = \mathbf{z}'(1) = 0.5\mathbf{x}'(1) = \frac{3}{2}(\mathbf{p}_3 - \mathbf{p}_2).$$

   b. Mostre que $\mathbf{r}_2$ é o ponto médio do segmento de $\mathbf{p}_2$ a $\mathbf{p}_3$.

   c. Justifique cada igualdade a seguir: $3(\mathbf{r}_1 - \mathbf{r}_0) = \mathbf{z}'(0) = 0.5\mathbf{x}'(0.5)$.

   d. Use o item (c) para mostrar que $8\mathbf{r}_1 = -\mathbf{p}_0 - \mathbf{p}_1 + \mathbf{p}_2 + \mathbf{p}_3 + 8\mathbf{r}_0$.

   e. Use o item (d), a equação (8) e o item (a) para mostrar que $\mathbf{r}_1$ é o ponto médio do segmento que une $\mathbf{r}_2$ ao ponto médio do segmento de $\mathbf{p}_1$ a $\mathbf{p}_2$, ou seja, $\mathbf{r}_1 = \frac{1}{2}[\mathbf{r}_2 + \frac{1}{2}(\mathbf{p}_1 + \mathbf{p}_2)]$.

19. Algumas vezes, apenas uma metade de uma curva de Bézier necessita ser subdividida. Por exemplo, a subdivisão da parte "esquerda" é obtida com os itens (a) e (c) do Exercício 17 e a equação (8). Quando ambas as metades da curva $\mathbf{x}(t)$ são divididas, é possível organizar os cálculos de maneira eficiente para calcular concomitantemente os pontos de controle à esquerda e à direita, sem usar a equação (8) de forma direta.

   a. Mostre que os vetores tangentes $\mathbf{y}'(1)$ e $\mathbf{z}'(0)$ são iguais.

   b. Use o item (a) para mostrar que $\mathbf{q}_3$ (que é igual a $\mathbf{r}_0$) é o ponto médio do segmento de $\mathbf{q}_2$ a $\mathbf{r}_1$.

   c. Usando o item (b) e os resultados dos Exercícios 17 e 18, escreva um algoritmo que calcule os pontos de controle para $\mathbf{y}(t)$ e para $\mathbf{z}(t)$ de maneira eficiente. As únicas operações necessárias são somas e divisões por 2.

20. Explique por que uma curva de Bézier cúbica fica completamente determinada por $\mathbf{x}(0)$, $\mathbf{x}'(0)$, $\mathbf{x}(1)$ e $\mathbf{x}'(1)$.

21. As fontes TrueType®, criadas pela Apple Computer e Adobe Systems, usam curvas de Bézier quadráticas, enquanto as fontes PostScript®, criadas pela Microsoft, usam curvas de Bézier cúbicas. As curvas cúbicas fornecem mais flexibilidade para projetos tipográficos, mas é importante para a Microsoft que todo caractere usando curvas quadráticas possa ser transformado em um que utiliza curvas cúbicas. Suponha que $\mathbf{w}(t)$ seja uma curva quadrática, com pontos de controle $\mathbf{p}_0$, $\mathbf{p}_1$ e $\mathbf{p}_2$.

   a. Encontre pontos de controle $\mathbf{r}_0$, $\mathbf{r}_1$, $\mathbf{r}_2$ e $\mathbf{r}_3$ tais que a curva de Bézier cúbica com esses pontos de controle tem a propriedade de que $\mathbf{x}(t)$ e $\mathbf{w}(t)$ têm os mesmos pontos inicial e final e os mesmos vetores tangentes em $t = 0$ e $t = 1$. (Veja o Exercício 20.)

   b. Mostre que, se $\mathbf{x}(t)$ for construído como no item (a), então $\mathbf{x}(t) = \mathbf{w}(t)$ para $0 \le t \le 1$.

22. Use multiplicação de matrizes em bloco para calcular o produto matricial a seguir, que aparece na fórmula alternativa (5) para uma curva de Bézier:

$$\begin{bmatrix} 1 & 0 & 0 & 0 \\ -3 & 3 & 0 & 0 \\ 3 & -6 & 3 & 0 \\ -1 & 3 & -3 & 1 \end{bmatrix} \begin{bmatrix} \mathbf{p}_0 \\ \mathbf{p}_1 \\ \mathbf{p}_2 \\ \mathbf{p}_3 \end{bmatrix}$$

> ### Soluções dos Problemas Práticos
>
> 1. Da equação (14) com $t = 0$, $\mathbf{x}(0) \neq \mathbf{p}_0$, pois
>
> $$\mathbf{x}(0) = \tfrac{1}{6}[\mathbf{p}_0 + 4\mathbf{p}_1 + \mathbf{p}_2] = \tfrac{1}{6}\mathbf{p}_0 + \tfrac{2}{3}\mathbf{p}_1 + \tfrac{1}{6}\mathbf{p}_2.$$
>
>   Os coeficientes são não negativos e sua soma é igual a 1, de modo que $\mathbf{x}(0)$ está em conv $\{\mathbf{p}_0, \mathbf{p}_1, \mathbf{p}_2\}$ e suas coordenadas afins em relação a $\{\mathbf{p}_0, \mathbf{p}_1, \mathbf{p}_2\}$ são $\left(\tfrac{1}{6}, \tfrac{2}{3}, \tfrac{1}{6}\right)$.
> 2. Da equação (14) com $t = 1$, $\mathbf{x}(1) \neq \mathbf{p}_3$, pois
>
> $$\mathbf{x}(1) = \tfrac{1}{6}[\mathbf{p}_1 + 4\mathbf{p}_2 + \mathbf{p}_3] = \tfrac{1}{6}\mathbf{p}_1 + \tfrac{2}{3}\mathbf{p}_2 + \tfrac{1}{6}\mathbf{p}_3.$$
>
>   Os coeficientes são não negativos e sua soma é igual a 1, de modo que $\mathbf{x}(1)$ está em conv $\{\mathbf{p}_1, \mathbf{p}_2, \mathbf{p}_3\}$ e suas coordenadas afins em relação a $\{\mathbf{p}_1, \mathbf{p}_2, \mathbf{p}_3\}$ são $\left(\tfrac{1}{6}, \tfrac{2}{3}, \tfrac{1}{6}\right)$.

CAPÍTULO 8 PROJETO

O projeto do Capítulo 8 está disponível *on-line* em `bit.ly/30IM8gT` (em inglês).

A. *Combinações Afins*: Este projeto explora combinações afins de determinado conjunto de pontos.

CAPÍTULO 8 EXERCÍCIOS SUPLEMENTARES

Nos Exercícios 1 a 21, marque cada afirmação como Verdadeira ou Falsa (**V/F**). Justifique cada resposta.

1. **(V/F)** Dados vetores $\mathbf{v}_1, \mathbf{v}_2, \ldots, \mathbf{v}_p$ em $\mathbb{R}^n$ e escalares $c_1, \ldots, c_p$, uma combinação afim de $\mathbf{v}_1, \mathbf{v}_2, \ldots, \mathbf{v}_p$ é uma combinação linear $c_1\mathbf{v}_1 + \cdots + c_p\mathbf{v}_p$ tal que $c_1 + \cdots + c_p = 1$.
2. **(V/F)** O fecho afim de dois pontos $\mathbf{v}_1$ e $\mathbf{v}_2$ é o conjunto de todos os pontos $\mathbf{y} = t\mathbf{v}_1 + (1 - t)\mathbf{v}_2$, com t em $\mathbb{R}$.
3. **(V/F)** Um hiperplano é uma variedade afim de dimensão 4.
4. **(V/F)** Duas variedades afins são paralelas se sua interseção é vazia.
5. **(V/F)** Todo subespaço é uma variedade afim.
6. **(V/F)** Todo subespaço é um conjunto afim.
7. **(V/F)** Todo conjunto dependente afim é linearmente dependente.
8. **(V/F)** Todo conjunto independente afim é linearmente independente.
9. **(V/F)** As coordenadas baricêntricas de um ponto em $\mathbb{R}^2$ são sempre não negativas.
10. **(V/F)** Seja $S = \{\mathbf{v}_1, \ldots, \mathbf{v}_k\}$ um conjunto independente afim em $\mathbb{R}^n$. Então cada ponto $\mathbf{p}$ em $\mathbb{R}^n$ tem uma representação única como uma combinação afim de $\mathbf{v}_1, \ldots, \mathbf{v}_k$.
11. **(V/F)** Uma combinação convexa dos pontos $\{\mathbf{v}_1, \mathbf{v}_2, \ldots, \mathbf{v}_k\}$ em $\mathbb{R}^n$ é uma combinação linear da forma $c_1\mathbf{v}_1 + c_2\mathbf{v}_2 + \cdots + c_k\mathbf{v}_k$ tal que $c_1 + c_2 + \cdots + c_k = 1$ e $c_i \geq 0$ para todo i.
12. **(V/F)** Se S for um conjunto independente afim e se $\mathbf{p} \in$ afim S, então $\mathbf{p} \in$ conv S se e somente se as coordenadas baricêntricas de $\mathbf{p}$ em relação a S são não negativas.
13. **(V/F)** O segmento de reta entre $\mathbf{x}$ e $\mathbf{y}$ é o conjunto de todos os pontos da forma $(1 - t)\mathbf{x} + t\mathbf{y}$, com t em $\mathbb{R}$.
14. **(V/F)** Todo conjunto afim é convexo.
15. **(V/F)** Para algum $\mathbb{R}^n$, a dimensão de um hiperplano pode ser igual à dimensão de uma reta.
16. **(V/F)** Para algum $\mathbb{R}^n$, a dimensão de um hiperplano pode ser menor do que a dimensão de uma reta.
17. **(V/F)** Suponha que A e B são conjuntos convexos compactos não vazios. Então existe um hiperplano que separa estritamente A e B se e somente se $A \cap B = \emptyset$.
18. **(V/F)** Um politopo pode ser o fecho convexo de uma infinidade de pontos.

19. **(V/F)** Todo conjunto convexo compacto não vazio S tem um ponto extremo, e o conjunto de todos os pontos extremos é o menor subconjunto de S cujo fecho convexo é S.
20. **(V/F)** Se $\mathbf{w}(t)$ é uma curva de Bézier quadrática com pontos de controle $\mathbf{p}_0$, $\mathbf{p}_1$ e $\mathbf{p}_2$, então $\mathbf{w}'(0)$ tem a mesma direção que a tangente à curva em $\mathbf{p}_0$ e $\mathbf{w}'(1)$ tem a mesma direção que a tangente à curva em $\mathbf{p}_1$.
21. **(V/F)** Quando duas curvas de Bézier estão conectadas com continuidade geométrica G^1, então os vetores tangentes às duas curvas no ponto de controle comum têm a mesma direção.
22. Se $S = \{\mathbf{v}_1, \ldots, \mathbf{v}_k\}$ for um subconjunto independente afim de $\mathbb{R}^n$, prove que $k \leq n + 1$.
23. Suponha que F e G são variedades afins de dimensão k $(0 \leq k \leq n - 1)$ em $\mathbb{R}^n$ com $F \subseteq G$. Prove que $F = G$.
24. Prove ou dê um contraexemplo: um conjunto S é convexo se e somente se quaisquer que sejam $\mathbf{p}$ e $\mathbf{q}$ em S, o conjunto de pontos da forma $(1 - t)\mathbf{p} + t\mathbf{q}$, em que $0 < t < 1$, está contido em S.
25. Sejam V um subespaço de dimensão k de $\mathbb{R}^n$ $(0 \leq k \leq n - 1)$, $F_1 = \mathbf{x}_1 + V$ e $F_2 = \mathbf{x}_2 + V$, em que $\mathbf{x}_1$ e $\mathbf{x}_2$ são vetores em $\mathbb{R}^n$. Prove que $F_1 = F_2$ ou $F_1 \cap F_2 = \emptyset$. Então duas variedades afins paralelas são iguais ou são disjuntas.
26. Seja f um funcional linear não nulo em $\mathbb{R}^n$ e suponha que $H = [f : 7]$. Se $\mathbf{p} \in \mathbb{R}^n$, $f(\mathbf{p}) = 2$ e $H_1 = H + 3\mathbf{p}$, encontre d tal que $H_1 = [f : d]$.
27. Seja V um subespaço de $\mathbb{R}^n$ de dimensão $n - 1$ e suponha que $\mathbf{p} \in \mathbb{R}^n$, mas $\mathbf{p}$ não pertence a V. Prove que cada vetor $\mathbf{x}$ em $\mathbb{R}^n$ tem uma única representação da forma $\mathbf{x} = \mathbf{v} + c\mathbf{p}$, em que $\mathbf{v} \in V$ e $c \in \mathbb{R}$.
28. Se m for o valor máximo do funcional linear f no conjunto convexo S e se $\mathbf{p}$, $\mathbf{q}$ forem pontos em S tais que $f(\mathbf{p}) = f(\mathbf{q}) = m$, mostre que $f(\mathbf{x}) = m$ para todo $\mathbf{x}$ no segmento de reta $\overline{\mathbf{p}\mathbf{q}}$.
29. Se $B(\mathbf{p}, \delta)$ for a bola aberta de centro $\mathbf{p}$ e raio δ em $\mathbb{R}^n$, mostre que $\lambda B(\mathbf{p}, \delta) = B(\lambda\mathbf{p}, \lambda\delta)$, em que $\delta > 0$ e $\lambda > 0$. Isto significa que as imagens de dilações e contrações não nulas de círculos em $\mathbb{R}^2$ são círculos e de bolas em $\mathbb{R}^n$ são bolas.
30. Sejam $\mathbf{v}_1 = (1, -1, 2, -1)$, $\mathbf{v}_2 = (2, -1, 2, 0)$, $\mathbf{v}_3 = (1, 0, 2, 0)$ e $\mathbf{v}_4 = (1, 0, 3, 1)$ vetores em $\mathbb{R}^4$.

    a. Mostre que o conjunto $\{\mathbf{v}_1, \mathbf{v}_2, \mathbf{v}_3, \mathbf{v}_4\}$ é independente afim.

b. Sejam $A = $ afim $\{\mathbf{v}_1, \mathbf{v}_2, \mathbf{v}_3, \mathbf{v}_4\}$ e $B = [f : 3]$, em que f é o funcional linear definido por $f(x_1, x_2, x_3, x_4) = x_1 + x_2 + x_3 - x_4$. Prove que $A = B$. *Sugestão*: Use o Exercício 23.

Os Exercícios 31 a 35 tratam dos seguintes conceitos: um ponto $\mathbf{p}$ é dito uma **combinação positiva** dos pontos $\mathbf{v}_1, \ldots, \mathbf{v}_k$ se $\mathbf{p} = c_1\mathbf{v}_1 + \cdots + c_k\mathbf{v}_k$, com $c_i \geq 0$ para todo i. O conjunto de todas as combinações positivas de pontos em um conjunto S é chamado **fecho positivo** de S e denotado por pos S.

31. Seja $S = \{(-1, 1), (1, 1)\}$ em $\mathbb{R}^2$. Descreva geometricamente o conjunto pos S.

32. Observe que, no Exercício 31, pos $S \cap$ afim $S = $ conv S. Mostre que isso não é verdade em geral verificando o seguinte exemplo: Seja $T = \{\mathbf{v}_1, \mathbf{v}_2, \mathbf{v}_3\}$, em que $\mathbf{v}_1 = (0, 1)$, $\mathbf{v}_2 = (1, 1)$ e $\mathbf{v}_3 = (1, 0)$. Seja $\mathbf{p} = (3, 2)$. Mostre que $\mathbf{p} \in$ pos $T \cap$ afim T, mas $\mathbf{p}$ não pertence a conv T.

33. Qual é a propriedade especial do conjunto S no Exercício 31 que faz com que pos $S \cap$ afim $S = $ conv S?

34. Seja S um subconjunto não vazio de $\mathbb{R}^n$. Mostre que pos $S = $ pos (conv S).

35. Seja S um subconjunto convexo não vazio de $\mathbb{R}^n$. Prove que $\mathbf{x} \in$ pos S se e somente se $\mathbf{x} = \lambda\mathbf{s}$ para algum $\lambda \geq 0$ e algum $\mathbf{x}$ em S.

9 Otimização

Este capítulo encontra-se disponível integralmente na versão digital desta obra, bem como no Ambiente de aprendizagem do GEN. Consulte a página de Material Suplementar para detalhes sobre o acesso.

10 Cadeias de Markov de Estados Finitos

Este capítulo encontra-se disponível integralmente na versão digital desta obra, bem como no Ambiente de aprendizagem do GEN. Consulte a página de Material Suplementar para detalhes sobre o acesso.

Apêndice A
Unicidade da Forma
Escalonada Reduzida

TEOREMA

Unicidade da Forma Escalonada Reduzida

Toda matriz A $m \times n$ é equivalente por linhas a uma única forma escalonada reduzida U.

DEMONSTRAÇÃO A demonstração usa a ideia da Seção 4.3 de que as colunas de duas matrizes equivalentes por linhas têm exatamente a mesma relação de dependência linear.

O algoritmo de escalonamento mostra que existe pelo menos uma dessas matrizes U. Suponha que A seja equivalente por linhas às matrizes U e V, ambas em forma escalonada reduzida. O primeiro elemento (mais à esquerda) não nulo em uma linha de U é um "elemento líder igual a 1". Chame de posição pivô o local de tal elemento e de coluna pivô a coluna que o contém. (Essa definição usa apenas a natureza escalonada de U e de V e não supõe a unicidade da forma escalonada reduzida.)

As colunas pivôs de U e de V são exatamente as colunas não nulas que *não* são linearmente dependentes das colunas à sua esquerda. (Essa condição é de forma automática satisfeita pela *primeira* coluna, se ela não for nula.) Como U e V são equivalentes por linhas (pois ambas são equivalentes por linhas à matriz A), suas colunas têm a mesma relação de dependência linear. Logo as colunas pivôs de U e de V estão nos mesmos locais. Se existirem r dessas colunas, como U e V estão em forma escalonada reduzida, suas colunas pivôs serão as r primeiras colunas da matriz identidade $m \times m$. Portanto, *as colunas pivôs de U e de V são iguais.*

Por fim, considere qualquer coluna não pivô de U, digamos a coluna j. Essa coluna é identicamente nula ou é uma combinação linear das colunas pivôs à sua esquerda (já que essas colunas pivôs formam uma base para o espaço gerado pelas colunas à esquerda de j). Em qualquer caso, isso pode ser expresso pela equação $U\mathbf{x} = \mathbf{0}$ para algum $\mathbf{x}$ cujo j-ésimo elemento é igual a 1. Então $V\mathbf{x} = \mathbf{0}$ também, o que significa que a j-ésima coluna de V é nula ou é a *mesma* combinação das colunas pivôs à esquerda *desta* coluna. Como as colunas pivôs de U e de V são iguais, as colunas j de U e de V também são iguais. Isso é válido para todas as colunas não pivôs, de modo que $U = V$, o que prova a unicidade de U.

Apêndice B
Números Complexos

Um **número complexo** é um número que pode ser escrito na forma

$$z = a + bi$$

em que a e b são números reais e i é um símbolo formal que satisfaz a relação $i^2 = -1$. O número a é a **parte real** de z, denotada por Re z, e b é a **parte imaginária** de z, denotada por Im z. Dois números complexos são considerados iguais se e somente se sua parte real e sua parte imaginária forem iguais. Por exemplo, se $z = 5 + (-2)i$, então Re $z = 5$ e Im $z = -2$. Para simplificar, escrevemos $z = 5 - 2i$.

Um número real a é considerado um tipo particular de número complexo por meio da identificação de a com $a + 0i$. Além disso, as operações aritméticas nos números reais podem ser estendidas aos números complexos.

O **sistema de números complexos**, denotado por $\mathbb{C}$, é o conjunto de todos os números complexos junto com as operações de soma e multiplicação definidas por:

$$(a + bi) + (c + di) = (a + c) + (b + d)i \tag{1}$$

$$(a + bi)(c + di) = (ac - bd) + (ad + bc)i \tag{2}$$

Essas definições coincidem com a soma e a multiplicação usual de números reais no caso em que b e d em (1) e (2) são ambos nulos. É fácil verificar que as regras usuais da aritmética para $\mathbb{R}$ também funcionam para $\mathbb{C}$. Por essa razão, a multiplicação é calculada, em geral, por expansão algébrica, como no exemplo a seguir.

EXEMPLO 1
$$\begin{aligned}(5 - 2i)(3 + 4i) &= 15 + 20i - 6i - 8i^2 \\ &= 15 + 14i - 8(-1) \\ &= 23 + 14i\end{aligned}$$

Ou seja, multiplique cada termo de $5 - 2i$ por cada termo de $3 + 4i$, use $i^2 = -1$ e escreva o resultado na forma $a + bi$. ∎

A subtração dos números complexos z_1 e z_2 é definida por

$$z_1 - z_2 = z_1 + (-1)z_2$$

Em particular, escrevemos simplesmente $-z$ em vez de $(-1)z$.

O **complexo conjugado** de $z = a + bi$ é o número complexo $\bar{z}$ (que se lê "z barra") definido por

$$\bar{z} = a - bi$$

Obtenha $\bar{z}$ de z trocando o sinal da parte imaginária.

EXEMPLO 2 O complexo conjugado de $-3 + 4i$ é $-3 - 4i$; escreva $\overline{-3 + 4i} = -3 - 4i$. ∎

Note que, se $z = a + bi$, então

$$z\bar{z} = (a + bi)(a - bi) = a^2 - abi + bai - b^2i^2 = a^2 + b^2 \tag{3}$$

Como $z\bar{z}$ é um número real não negativo, ele tem uma raiz quadrada. O **valor absoluto** (ou **módulo**) de z é o número real $|z|$ definido por

$$|z| = \sqrt{z\bar{z}} = \sqrt{a^2 + b^2}$$

Se z for um número real, então $z = a + 0i$ e $|z| = \sqrt{a^2}$, que é igual ao valor absoluto usual de a.

A seguir, estão listadas algumas propriedades úteis de complexos conjugados e valores absolutos; w e z denotam números complexos.

1. $\bar{z} = z$ se e somente se z for um número real.
2. $\overline{w + z} = \bar{w} + \bar{z}$.
3. $\overline{wz} = \bar{w}\,\bar{z}$; em particular, $\overline{rz} = r\bar{z}$ se r for um número real.
4. $z\bar{z} = |z|^2 \geq 0$.
5. $|wz| = |w||z|$.
6. $|w + z| \leq |w| + |z|$.

Se $z \neq 0$, então $|z| > 0$ e z terá um inverso multiplicativo, denotado por $1/z$ ou por z^{-1} e dado por

$$\frac{1}{z} = z^{-1} = \frac{\bar{z}}{|z|^2}$$

É claro que o quociente w/z é simplesmente $w \cdot (1/z)$.

EXEMPLO 3 Sejam $w = 3 + 4i$ e $z = 5 - 2i$. Calcule $z\bar{z}$, $|z|$ e w/z.

SOLUÇÃO Da equação (3),

$$z\bar{z} = 5^2 + (-2)^2 = 25 + 4 = 29$$

Para o valor absoluto, $|z| = \sqrt{z\bar{z}} = \sqrt{29}$. Para calcular w/z, primeiro multiplique o numerador e o denominador pelo complexo conjugado do denominador, $\bar{z}$. Por causa de (3), isso elimina i no denominador:

$$\begin{aligned}
\frac{w}{z} &= \frac{3 + 4i}{5 - 2i} \\[6pt]
&= \frac{3 + 4i}{5 - 2i} \cdot \frac{5 + 2i}{5 + 2i} \\[6pt]
&= \frac{15 + 6i + 20i - 8}{5^2 + (-2)^2} \\[6pt]
&= \frac{7 + 26i}{29} \\[6pt]
&= \frac{7}{29} + \frac{26}{29}i
\end{aligned}$$

∎

Interpretação Geométrica

Cada número complexo $z = a + bi$ corresponde a um ponto (a, b) no plano $\mathbb{R}^2$, como na Figura 1. O eixo horizontal é chamado **eixo real**, já que os pontos $(a, 0)$ correspondem aos números reais. O eixo vertical é o **eixo imaginário**, pois os pontos da forma $(0, b)$ correspondem aos **números imaginários puros** da forma $0 + bi$, ou simplesmente bi. O complexo conjugado de z é o refletido de z em relação ao eixo real. O valor absoluto de z é a distância do ponto (a, b) à origem.

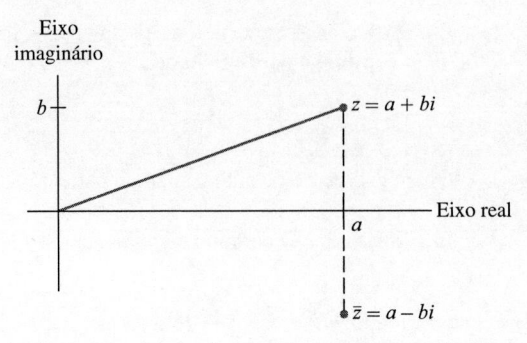

FIGURA 1 O complexo conjugado é uma reflexão.

A soma dos números complexos $z = a + bi$ e $w = c + di$ corresponde à soma vetorial de (a, b) com (c, d) em $\mathbb{R}^2$, como na Figura 2.

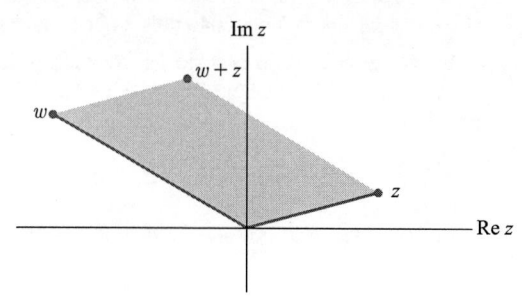

FIGURA 2 Soma de números complexos.

Para representar graficamente a multiplicação de números complexos, usamos **coordenadas polares** em $\mathbb{R}^2$. Dado um número complexo $z = a + bi$ diferente de zero, seja φ o ângulo entre o semieixo real positivo e o ponto (a, b), como na Figura 3, na qual $-\pi < \varphi \le \pi$. O ângulo φ é chamado **argumento** de z; escrevemos $\varphi = \arg z$. Da trigonometria,

$$a = |z| \cos \varphi, \qquad b = |z| \operatorname{sen} \varphi$$

logo,

$$z = a + bi = |z|(\cos \varphi + i \operatorname{sen} \varphi)$$

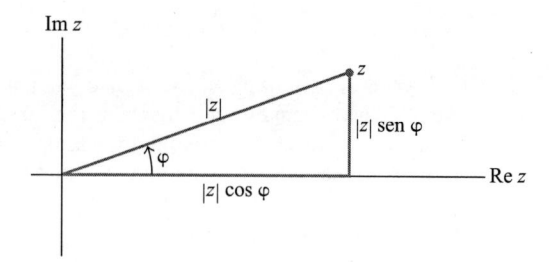

FIGURA 3 Coordenadas polares de z.

Se w for outro número complexo, digamos

$$w = |w| (\cos \vartheta + i \operatorname{sen} \vartheta)$$

então, usando as identidades trigonométricas usuais para o cosseno e o seno da soma de dois ângulos, podemos verificar que

$$wz = |w| |z| [\cos(\vartheta + \varphi) + i \operatorname{sen} (\vartheta + \varphi)] \tag{4}$$

Veja a Figura 4. Uma fórmula semelhante pode ser escrita para quocientes em forma polar. Em palavras, as fórmulas para produtos e quocientes podem ser enunciadas da maneira a seguir.

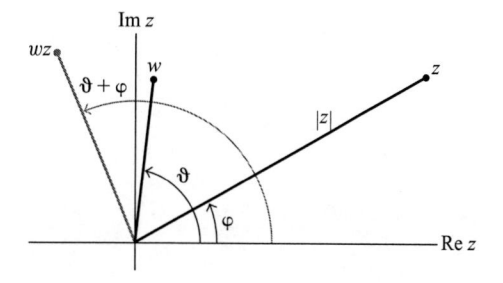

FIGURA 4 Multiplicação em coordenadas polares.

O produto de dois números complexos não nulos é dado em forma polar pelo produto de seus valores absolutos e a soma de seus argumentos. O quociente de dois números complexos não nulos é dado em forma polar pelo quociente de seus valores absolutos e a subtração de seus argumentos.

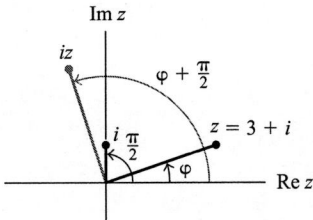

Multiplicação por i.

EXEMPLO 4

a. Se w tiver valor absoluto 1, então $w = \cos \vartheta + i\operatorname{sen}\vartheta$, em que ϑ é o argumento de w. A multiplicação de qualquer número não nulo z por w corresponde, simplesmente, à rotação de z pelo ângulo ϑ.

b. O argumento do próprio i é $\pi/2$ radianos, de modo que a multiplicação de z por i gira z de $\pi/2$ radianos. Por exemplo, $3 + i$ é levado a $(3 + i)i = -1 + 3i$. ∎

Potências de um Número Complexo

Pode-se aplicar a fórmula (4) quando $z = w = r(\cos \varphi + i\operatorname{sen}\varphi)$. Nesse caso

$$z^2 = r^2(\cos 2\varphi + i\operatorname{sen}2\varphi)$$

e

$$
\begin{aligned}
z^3 &= z \cdot z^2 \\
&= r(\cos \varphi + i\operatorname{sen}\varphi) \cdot r^2(\cos 2\varphi + i\operatorname{sen}2\varphi) \\
&= r^3(\cos 3\varphi + i\operatorname{sen}3\varphi)
\end{aligned}
$$

Em geral, para qualquer inteiro positivo k,

$$z^k = r^k(\cos k\varphi + i\operatorname{sen}k\varphi)$$

Esse fato é conhecido como *Teorema de De Moivre*.

Números Complexos e $\mathbb{R}^2$

Embora os elementos de $\mathbb{R}^2$ e $\mathbb{C}$ estejam em uma correspondência biunívoca e as operações de soma e multiplicação sejam essencialmente as mesmas, existe uma distinção lógica entre $\mathbb{R}^2$ e $\mathbb{C}$. Em $\mathbb{R}^2$, só é possível multiplicar um vetor por um escalar real, enquanto em $\mathbb{C}$ podemos multiplicar dois números complexos quaisquer para obter um terceiro número complexo. (O produto interno em $\mathbb{R}^2$ não conta, pois produz um escalar e não um elemento de $\mathbb{R}^2$.) Usamos a notação escalar para elementos em $\mathbb{C}$ para enfatizar esta distinção.

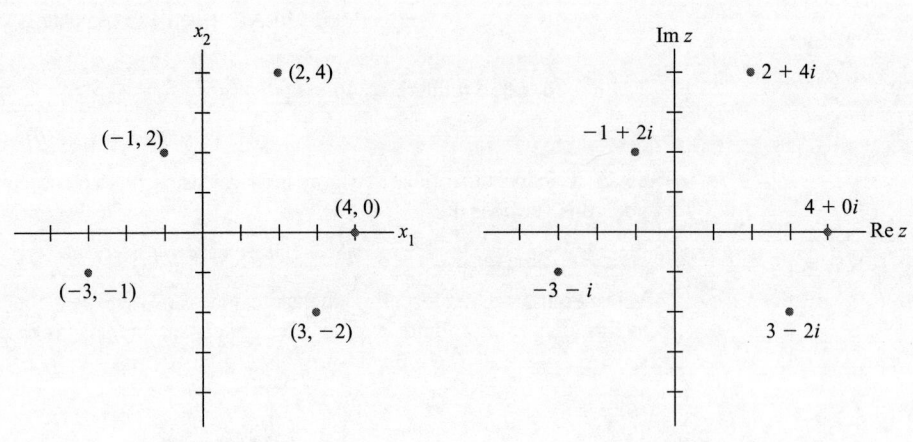

Plano real $\mathbb{R}^2$.   Plano complexo $\mathbb{C}$.

Créditos

Capítulo 1

1, Wassily_Leontief_1973 – crédito Por Keystone – [1], Domínio público, httpscommons.wikimedia.orgwindex.phpcurid=62223326; **44**, Olivier Le Queinec/Shutterstock; **44**, AButyrin 22/Shutterstock; **44**, SasinTipchai/Shutterstock; **47**, Shutterstock; Kurhan/Shutterstock; **70**, Ingredientes como na dieta de 1984; os dados de nutrientes para os ingredientes foram adaptados dos Agricultural Handbooks no 8-1 e 8-6, 1976, do Departamento de Agricultura dos EUA; **72**, Josef Hanus/Shutterstock; **72**, Gary Blakeley/Shutterstock

Capítulo 2

79, © cgtoolbox | iStockphoto.com; **102**, © J2R | iStockphoto.com; **106**, NASA; **118**, ©valio84s | iStockphoto.com; © 97 | iStockphoto.com; © aldomurillo | iStockphoto.com; © RainerPlendl | iStockphoto.com; **119**, Wassily W. Leontief, "The Structure of the U.S. Economy," *Scientific American*, April 1965, pp. 30–32; **122**, AlexRaths/iStockphoto.

Capítulo 3

141, Akkaradet | iStockphoto; chengyuzheng | iStockphoto.

Capítulo 4

165, Wirestock/iStockphoto; **193**, Ifong/Shutterstock.

Capítulo 5

223, Digitalmedia.fws.gov; **274**, Archana bhartia/Shutterstock; **274**, Noah Strycker/Shutterstock.

Capítulo 6

285, Cortesia de Lester McDonald; **324**, © brandon_parry | iStockphoto.com.

Capítulo 7

341, Landsat Data/U.S. Geological Survey; **342**, Landsat Data/U.S. Geological Survey; Landsat Data/U.S. Geological Survey; Landsat Data/U.S. Geological Survey; Landsat Data/U.S. Geological Survey; Landsat Data/U.S. Geological Survey; Landsat Data/U.S. Geological Survey; **357**, © Tevarak | iStockphoto.com; © ewg3D | iStockphoto.com; © monkeybusinessimages | iStockphoto.com.

Capítulo 8

375, © bauhaussl000 | iStockphoto.com.

Capítulo 9

e-1 CSU Archives/Everett Collection Inc/Alamy Stock Photo.

Capítulo 10

e-43 Larry_Page crédito By Stansfield PL – Wikimedia Commons, CC BY-SA 3.0, httpscommons.wikimedia.orgwindex.phpcurid=30761826; Sergey_Brin_Ted_2010 crédito Por Steve Jurvetson – Flickr Idealism, CC BY 2.0, httpscommons.wikimedia.orgwindex.phpcurid=20056109

Glossário

A

adjunta (ou **adjunta clássica**): A matriz adj A formada a partir de uma matriz quadrada A substituindo-se o elemento (i, j) de A pelo cofator (i, j) para todos i e j, e depois transpondo a matriz resultante.

algoritmo de escalonamento (ou **algoritmo de redução por linhas**): Um método sistemático de usar operações elementares para transformar uma matriz em uma matriz em forma escalonada ou em forma escalonada reduzida.

análise de tendência: A utilização de polinômios ortogonais para se ajustar a dados, com o produto interno dado pelo cálculo em um número finito de pontos.

ângulo (entre dois vetores não nulos $\mathbf{u}$ e $\mathbf{v}$ em $\mathbb{R}^2$ ou $\mathbb{R}^3$): O ângulo ϑ entre dois segmentos de reta orientados da origem aos pontos $\mathbf{u}$ e $\mathbf{v}$. Relacionado ao produto escalar definido por

$$\mathbf{u} \cdot \mathbf{v} = \|\mathbf{u}\|\ \|\mathbf{v}\| \cos \vartheta$$

aplicação: *Veja* transformação.

aproximação de Fourier (de ordem n): O ponto mais próximo de uma função dada em $C[0, 2\pi]$ no subespaço dos polinômios trigonométricos de ordem n.

aritmética de ponto flutuante: Aritmética com números representados como decimais $\pm 0, d_1 \cdots d_p \times 10^r$, em que r é um inteiro e o número p de dígitos à direita da vírgula decimal está, em geral, entre 8 e 16.

associatividade da multiplicação: $A(BC) = (AB)C$, quaisquer que sejam A, B e C.

atrator (de um sistema dinâmico em $\mathbb{R}^2$): A origem quando todas as trajetórias tendem a $\mathbf{0}$.

autoespaço (de A associado a λ): O conjunto de *todas* as soluções de $A\mathbf{x} = \lambda\mathbf{x}$, em que λ é um autovalor de A. Contém o vetor nulo e todos os autovetores associados a λ.

autofunções (de uma equação diferencial $\mathbf{x}'(t) = A\mathbf{x}(t)$): Uma função $\mathbf{x}(t) = \mathbf{v}e^{\lambda t}$, na qual $\mathbf{v}$ é um autovetor de A e λ é o autovalor associado.

autovalor (de A): Um escalar λ para o qual a equação $A\mathbf{x} = \lambda\mathbf{x}$ tem como solução algum vetor não nulo $\mathbf{x}$.

autovalor complexo: Uma raiz da equação característica de uma matriz $n \times n$ que não é real.

autovalor estritamente dominante: Um autovalor λ_1 de uma matriz A com a propriedade de que $|\lambda_1| > |\lambda_k|$ para todos os outros autovalores λ_k de A.

autovetor (de A): Um vetor $\mathbf{x}$ *não nulo* tal que $A\mathbf{x} = \lambda\mathbf{x}$ para algum escalar λ.

autovetor complexo: Um vetor $\mathbf{x}$ não nulo em $\mathbf{C}^n$ tal que $A\mathbf{x} = \lambda\mathbf{x}$, no qual A é uma matriz $n \times n$ e λ é um autovetor complexo.

B

base (para um subespaço não trivial H de um espaço vetorial V): Um conjunto indexado $\mathcal{B} = \{\mathbf{v}_1, ..., \mathbf{v}_p\}$ em V tal que: (i) $\mathcal{B}$ é um conjunto linearmente independente e (ii) o subespaço gerado por $\mathcal{B}$ coincide com H, ou seja, $\mathscr{L}\{\mathbf{v}_1, ..., \mathbf{v}_p\} = H$.

base canônica: A base $\mathcal{E} = \{\mathbf{e}_1, ..., \mathbf{e}_n\}$ para $\mathbb{R}^n$ que consiste nas colunas da matriz identidade $n \times n$ ou a base $\{1, t, ..., t^n\}$ para $\mathbb{P}_n$.

base de autovetores: Uma base que consiste inteiramente em autovetores de uma matriz dada.

base ortogonal: Uma base que também é um conjunto ortogonal.

base ortonormal: Uma base que é um conjunto ortogonal de vetores unitários.

bola aberta $\mathbf{B}(\mathbf{p}, \delta)$ em $\mathbb{R}^n$: O conjunto $\{\mathbf{x} : \|\mathbf{x} - \mathbf{p}\| < \delta\}$ em $\mathbb{R}^n$, no qual $\delta > 0$.

bola fechada (em $\mathbb{R}^n$): Um conjunto da forma $\{\mathbf{x} : \|\mathbf{x} - \mathbf{p}\| < \delta\}$, em que $\mathbf{p}$ pertence a $\mathbb{R}^n$ e $\delta > 0$.

C

cadeia de Markov: Uma sequência de vetores de probabilidade $\mathbf{x}_0, \mathbf{x}_1, \mathbf{x}_2, ...$ junto com uma matriz estocástica P tal que $\mathbf{x}_{k+1} = P\mathbf{x}_k$ para $k = 0, 1, 2, ...$

circuito em escada: Uma rede elétrica obtida pela ligação em série de dois ou mais circuitos elétricos.

coeficientes de Fourier: Os coeficientes usados para formar um polinômio trigonométrico como aproximação de Fourier de uma função.

coeficientes de regressão: Os coeficientes β_0 e β_1 na reta de mínimos quadrados $y = \beta_0 + \beta_1 x$.

cofator: Um número $C_{ij} = (-1)^{i+j} \det A_{ij}$, chamado cofator (i, j), em que A_{ij} é a matriz obtida de A retirando-se a linha i e a coluna j.

coluna pivô: Uma coluna que contém uma posição de pivô.

combinação afim: Uma combinação linear de vetores (pontos em $\mathbb{R}^n$) tal que a soma dos coeficientes é igual a 1.

combinação convexa (de pontos $\mathbf{v}_1, ..., \mathbf{v}_k$ em $\mathbb{R}^n$): Uma combinação linear de vetores (pontos) na qual todos os coeficientes são não negativos e a soma dos coeficientes é igual a 1.

combinação linear: Uma soma de múltiplos escalares de vetores. Os escalares são chamados *coeficientes* ou *pesos*.

combinação positiva (de pontos $\mathbf{v}_1, ..., \mathbf{v}_m$ em $\mathbb{R}^m$): Uma combinação linear $c_1\mathbf{v}_1 + \cdots + c_m\mathbf{v}_m$ tal que $c_i \geq 0$ para todo i.

complemento de Schur: Uma matriz determinada pelos blocos de uma matriz em blocos 2×2 $A = [A_{ij}]$. Se A_{11} for invertível, seu complemento de Schur será dado por $A_{22} - A_{21}A_{11}^{-1}A_{12}$. Se A_{22} for invertível, seu complemento de Schur será dado por $A_{11} - A_{12}A_{22}^{-11}A_{21}$.

complemento ortogonal (de W): O conjunto $W^\perp$ de todos os vetores ortogonais a W.

componente de y ortogonal a u (para $\mathbf{u} \neq \mathbf{0}$): O vetor $\mathbf{y} - \dfrac{\mathbf{y} \cdot \mathbf{u}}{\mathbf{u} \cdot \mathbf{u}} \mathbf{u}$.

componentes principais (de dados em uma matriz B de observações): Os autovetores unitários da matriz S de covariância das amostras para B, com os autovetores ordenados de modo que os autovalores correspondentes de S estejam em ordem decrescente de magnitude. Se B estiver em forma de desvio médio, então as componentes principais serão os vetores singulares à direita em uma decomposição em valores singulares de B^T.

composição de transformações lineares: Uma transformação obtida aplicando-se duas ou mais transformações lineares sucessivamente. Se as transformações forem transformações matriciais, digamos multiplicação à esquerda por B seguida de multiplicação à esquerda por A, então a composição será a aplicação $\mathbf{x} \mapsto A(B\mathbf{x})$.

comprimento (ou **norma**, de $\mathbf{v}$): O escalar $\|\mathbf{v}\| = \sqrt{\mathbf{v} \cdot \mathbf{v}} = \sqrt{\langle \mathbf{v}, \mathbf{v} \rangle}$.

conjunto aberto S em $\mathbb{R}^n$: Um conjunto que não contém nenhum de seus pontos de fronteira. (Equivalentemente, S é aberto se todo ponto em S for um ponto interior.)

conjunto afim (ou **subconjunto afim**): Um conjunto S de pontos tal que se $\mathbf{p}$ e $\mathbf{q}$ pertencem a S, então $(1 - t)\mathbf{p} + t\mathbf{q} \in S$ para todo número real t.

conjunto compacto (no $\mathbb{R}^n$): Um conjunto no $\mathbb{R}^n$ fechado e limitado.

conjunto convexo: Um conjunto S com a propriedade de que, quaisquer que sejam os pontos $\mathbf{p}$ e $\mathbf{q}$ em S, o segmento de reta $\overline{\mathbf{pq}}$ está contido em S.

conjunto de nível (ou **gradiente**) de um funcional linear f em $\mathbb{R}^n$: Um conjunto $[f : d] = \{\mathbf{x} \in \mathbb{R}^n : f(\mathbf{x}) = d\}$.

conjunto dependente do ponto de vista afim (ou **conjunto dependente afim**): Um conjunto $\{\mathbf{v}_1, \ldots, \mathbf{v}_p\}$ em $\mathbb{R}^n$ tal que existem números reais $c_1, \ldots, c_p$, nem todos nulos, com $c_1 + \cdots + c_p = 0$ e $c_1\mathbf{v}_1 + \cdots + c_p\mathbf{v}_p = \mathbf{0}$.

conjunto fechado (em $\mathbb{R}^n$): Um conjunto que contém todos os seus pontos de fronteira.

conjunto fundamental de soluções: Uma base para o conjunto de todas as soluções de uma equação de diferenças linear homogênea ou de uma equação diferencial linear e homogênea.

conjunto gerado por $\{\mathbf{v}_1, \ldots, \mathbf{v}_p\}$: O conjunto $\mathscr{L}\{\mathbf{v}_1, \ldots, \mathbf{v}_p\}$.

conjunto gerador (para um subespaço H): Qualquer conjunto $\{\mathbf{v}_1, \ldots, \mathbf{v}_p\}$ em H tal que $H = \mathscr{L}\{\mathbf{v}_1, \ldots, \mathbf{v}_p\}$.

conjunto gerador mínimo (para um subespaço H): Um conjunto $\mathcal{B}$ que gera H e tem a propriedade de que, se algum elemento de $\mathcal{B}$ for retirado do conjunto, então o novo conjunto não gerará H.

conjunto independente do ponto de vista afim (ou **conjunto independente afim**): Um conjunto $\{\mathbf{v}_1, \ldots, \mathbf{v}_p\}$ em $\mathbb{R}^n$ que não é dependente afim.

conjunto limitado em $\mathbb{R}^n$: Um conjunto que está contido em uma bola aberta $B(\mathbf{0}, \delta)$ para algum $\delta > 0$.

conjunto maximal linearmente independente (em V): Um conjunto linearmente independente $\mathcal{B}$ em V tal que, se for adicionado a $\mathcal{B}$ um vetor $\mathbf{v}$ em V não pertencente a $\mathcal{B}$, esse novo conjunto será linearmente dependente.

conjunto ortogonal: Um conjunto S de vetores tais que $\mathbf{u} \cdot \mathbf{v} = 0$ para cada par de vetores distintos $\mathbf{u}, \mathbf{v}$ em S.

conjunto ortonormal: Um conjunto ortogonal de vetores unitários.

conjunto solução: O conjunto de todas as soluções possíveis de um sistema linear. O conjunto solução é vazio quando o sistema é inconsistente.

contração: Uma aplicação $\mathbf{x} \mapsto r\mathbf{x}$ para algum escalar r satisfazendo $0 \leq r \leq 1$.

contradomínio (de uma transformação $T : \mathbb{R}^n \to \mathbb{R}^m$): O conjunto $\mathbb{R}^m$ que contém a imagem de T. Em geral, se T levar um espaço vetorial V em um espaço vetorial W, então W será o contradomínio de T.

controlável (par de matrizes): Um par de matrizes (A, B), em que A é $n \times n$, B tem n linhas e
$$\text{posto } [\,B \quad AB \quad A^2B \quad \ldots \quad A^{n-1}B\,] = n$$
Relacionado a um modelo de espaço de estado de um sistema de controle e à equação de diferenças $\mathbf{x}_{k+1} = A\mathbf{x}_k + B\mathbf{u}_k$ ($k = 0, 1, \ldots$).

convergente (sequência de vetores): Uma sequência $\{\mathbf{x}_k\}$ tais que os elementos de $\mathbf{x}_k$ podem ficar tão próximos, quanto desejado, dos elementos de um vetor fixo para todo k suficientemente grande.

coordenadas baricêntricas (de um ponto $\mathbf{p}$ em relação a um conjunto independente afim $S = \{\mathbf{v}_1, \ldots, \mathbf{v}_k\}$): O (único) conjunto de coeficientes $c_1, \ldots, c_k$ satisfazendo $\mathbf{p} = c_1\mathbf{v}_1 + \cdots + c_k\mathbf{v}_k$ e $c_1 + \cdots + c_k = 1$. (Algumas vezes chamadas **coordenadas afins** de $\mathbf{p}$ em relação a S.)

coordenadas de x em relação à base $\mathcal{B} = \{\mathbf{b}_1, \ldots, \mathbf{b}_n\}$: Os coeficientes $c_1, \ldots, c_n$ na equação $\mathbf{x} = c_1\mathbf{b}_1 + \cdots + c_n\mathbf{b}_n$.

coordenadas homogêneas: Em $\mathbb{R}^3$, a representação de (x, y, z) como (X, Y, Z, H) para qualquer $H \neq 0$, em que $x = X/H$, $y = Y/H$ e $z = Z/H$. Em $\mathbb{R}^2$, H é escolhido, em geral, como 1 e as coordenadas homogêneas de (x, y) são escritas como $(x, y, 1)$.

corrente em um ciclo: A quantidade de corrente elétrica fluindo em um ciclo que torna a soma algébrica das quedas de voltagens RI em torno do ciclo igual à soma algébrica das fontes de voltagem no ciclo.

covariância (das variáveis x_i e x_j, para $i \neq j$): O elemento s_{ij} na matriz de covariância S para uma matriz de observações, em que x_i e x_j percorrem as coordenadas i e j, respectivamente, dos vetores de observação.

cubo: Um objeto sólido tridimensional limitado por seis faces quadradas, com três faces se encontrando em cada vértice.

curva de Bézier quadrática: Uma curva cuja descrição pode ser escrita na forma $\mathbf{g}(t) = (1 - t)\mathbf{f}_0(t) + t\mathbf{f}_1(t)$ para $0 \leq t \leq 1$, na qual $\mathbf{f}_0(t) = (1 - t)\mathbf{p}_0 + t\mathbf{p}_1$ e $\mathbf{f}_1(t) = (1 - t)\mathbf{p}_1 + t\mathbf{p}_2$. Os pontos $\mathbf{p}_0$, $\mathbf{p}_1$ e $\mathbf{p}_2$ são chamados *pontos de controle* da curva.

D

decomposição (de $\mathbf{x}$) **em autovetores**: Uma equação $\mathbf{x} = c_1\mathbf{v}_1 + \cdots + c_n\mathbf{v}_n$ que expressa $\mathbf{x}$ como uma combinação linear de autovetores de uma matriz.

decomposição em valores singulares (de uma matriz A $m \times n$): $A = U\Sigma V^T$, em que U é uma matriz $m \times m$ ortogonal, V é uma matriz $n \times n$ ortogonal e Σ é uma matriz $m \times n$ com todos os elementos na diagonal principal não negativos (ordenados em ordem decrescente de magnitude) e todos os outros elementos nulos. Se posto $A = r$, então Σ terá exatamente r elementos positivos (os valores singulares não nulos de A) em sua diagonal.

decomposição em valores singulares reduzida: Uma fatoração $A = UDV^T$ para uma matriz A $m \times n$ de posto r tal que U é uma matriz $m \times r$ com colunas ortonormais, D é uma matriz diagonal $r \times r$ com os r valores singulares não nulos de A em sua diagonal e V é uma matriz $n \times r$ com colunas ortonormais.

decomposição espectral (de A): Uma representação

$$A = \lambda_1 \mathbf{u}_1 \mathbf{u}_1^T + \ldots + \lambda_n \mathbf{u}_n \mathbf{u}_n^T$$

em que $\{\mathbf{u}_1, \ldots, \mathbf{u}_n\}$ é uma base ortonormal de autovetores de A, e $\lambda_1, \ldots, \lambda_n$ são os autovalores correspondentes.

decomposição ortogonal: A representação de um vetor $\mathbf{y}$ como a soma de dois vetores, um pertencente a um subespaço especificado W, outro em $W^\perp$. Em geral, uma decomposição da forma $\mathbf{y} = c_1 \mathbf{u}_1 + \ldots + c_p \mathbf{u}_p$, em que $\{\mathbf{u}_1, \ldots, \mathbf{u}_p\}$ é uma base ortogonal para um subespaço que contém $\mathbf{y}$.

decomposição polar (de A): Uma fatoração $A = PQ$, na qual P é uma matriz positiva semidefinida $n \times n$ com o mesmo posto que A e Q é uma matriz ortogonal $n \times n$.

demanda intermediária: Demanda por bens ou serviços que serão usados no processo de produção de outros bens e serviços para os consumidores. Se $\mathbf{x}$ for o nível de produção e C for a matriz de consumo, então $C\mathbf{x}$ listará as demandas intermediárias.

descrição explícita (de um subespaço W de $\mathbb{R}^n$): Uma representação paramétrica de W como o conjunto de todas as combinações lineares de um conjunto especificado de vetores.

descrição implícita (de um subespaço W de $\mathbb{R}^n$): Um conjunto de uma ou mais equações homogêneas que caracterizam os pontos de W.

desigualdade de Cauchy-Schwarz: $|\langle \mathbf{u}, \mathbf{v} \rangle| \leq \|\boldsymbol{u}\| \cdot \|\boldsymbol{v}\|$ para todo par $\mathbf{u}, \mathbf{v}$.

desigualdade triangular: $\|\mathbf{u} + \mathbf{v}\| \leq \|\mathbf{u}\| + \|\mathbf{v}\|$ quaisquer que sejam $\mathbf{u}$ e $\mathbf{v}$.

determinante (de uma matriz quadrada A): O número det A é definido por indução por meio de uma expansão em cofatores ao longo da primeira linha de A. Além disso, também é igual a $(-1)^r$ multiplicado pelo produto dos elementos diagonais em qualquer forma escalonada U obtida de A por substituição e r trocas de linhas (mas sem mudanças de escala).

diagonal em blocos (matriz): Uma matriz $A = [A_{ij}]$ em blocos tal que cada bloco A_{ij} é a matriz nula se $i \neq j$.

diagonal principal (de uma matriz): Os elementos com índices de linha e coluna iguais.

diagonalizável (matriz): Uma matriz que pode ser escrita em forma fatorada como PDP^{-1}, em que D é uma matriz diagonal e P é uma matriz invertível.

diagonalizável por matriz ortogonal (matriz): Uma matriz A que admite uma fatoração da forma $A = PDP^{-1}$, na qual P é uma matriz ortogonal ($P^{-1} = P^T$) e D é uma matriz diagonal.

dilatação: Uma aplicação $\mathbf{x} \mapsto r\mathbf{x}$ para algum escalar r com $1 < r$.

dimensão:

de um conjunto S: A dimensão da menor variedade afim contendo S.

de um espaço vetorial V: O número de vetores em uma base para V, denotado dim V. A dimensão do espaço nulo é 0.

de um subespaço S: O número de vetores em uma base para S, denotado dim S.

de uma variedade afim S: A dimensão do subespaço paralelo correspondente.

dimensão finita (espaço vetorial de): Um espaço vetorial que é gerado por um número finito de vetores.

dimensão infinita (espaço vetorial de): Um espaço vetorial V não nulo que não tem base finita.

distância a um subespaço: A distância de um ponto (vetor) dado $\mathbf{v}$ ao ponto mais próximo pertencente ao subespaço.

distância entre $\mathbf{u}$ e $\mathbf{v}$: O comprimento do vetor $\mathbf{u} - \mathbf{v}$, denotado por dist $(\mathbf{u}, \mathbf{v})$.

distributividade: (à esquerda) $A(B + C) = AB + AC$ e (à direita) $(B + C)A = BA + CA$, quaisquer que sejam A, B e C.

domínio (de uma transformação T): O conjunto de todos os vetores $\mathbf{x}$ para os quais $T(\mathbf{x})$ está definido.

E

eixos principais (de uma forma quadrática $\mathbf{x}^T A \mathbf{x}$): As colunas ortonormais de uma matriz ortogonal P tal que $P^{-1} A P$ é diagonal. (Essas colunas são autovetores unitários de A.) Em geral, as colunas de P estão ordenadas de tal modo que os autovalores correspondentes de A estão em ordem decrescente de magnitude.

elemento líder: O primeiro elemento não nulo (mais à esquerda) em uma linha de uma matriz.

elementos diagonais (em uma matriz): Elementos tendo o mesmo índice de linha e de coluna.

equação auxiliar: Uma equação polinomial na variável r criada a partir dos coeficientes de uma equação de diferenças homogênea.

equação característica (de A): det $(A - \lambda I) = 0$.

equação de diferenças (ou **relação de recorrência linear**): Uma equação da forma $\mathbf{x}_{k+1} = A\mathbf{x}_k$ ($k = 0, 1, 2, \ldots$) cuja solução é uma sequência de vetores $\mathbf{x}_0, \mathbf{x}_1, \ldots$

equação homogênea: Uma equação da forma $A\mathbf{x} = \mathbf{0}$, escrita, possivelmente, como uma equação vetorial ou como um sistema de equações lineares.

equação linear (nas variáveis $x_1, \ldots, x_n$): Uma equação que pode ser escrita na forma $a_1 x_1 + a_2 x_2 + \cdots + a_n x_n = b$, em que b e os coeficientes $a_1, \ldots, a_n$ são números reais ou complexos.

equação matricial: Uma equação que envolve pelo menos uma matriz; por exemplo, $A\mathbf{x} = \mathbf{b}$.

equação não homogênea: Uma equação da forma $A\mathbf{x} = \mathbf{b}$ com $\mathbf{b} \neq \mathbf{0}$, escrita, possivelmente, como uma equação vetorial ou como um sistema de equações lineares.

equação paramétrica de um plano: Uma equação da forma $\mathbf{x} = \mathbf{p} + s\mathbf{u} + t\mathbf{v}$ (s, t em $\mathbb{R}$), com $\mathbf{u}$ e $\mathbf{v}$ linearmente independentes.

equação paramétrica de uma reta: Uma equação da forma $\mathbf{x} = \mathbf{p} + t\mathbf{v}$ (t em $\mathbb{R}$).

equação vetorial: Uma equação envolvendo uma combinação linear de vetores com coeficientes indeterminados.

equações normais: O sistema de equações representado por $A^T A \mathbf{x} = A^T \mathbf{b}$, cuja solução leva a todas as soluções de mínimos quadrados de $A\mathbf{x} = \mathbf{b}$. Em estatística, uma notação usual é $X^T X \boldsymbol{\beta} = X^T \mathbf{y}$.

equivalentes por linhas (matrizes): Duas matrizes para as quais existe uma sequência (finita) de operações elementares que transforma uma matriz na outra.

erro de arredondamento: Erro na aritmética de ponto flutuante causado quando o resultado de um cálculo é aproximado (ou truncado) para o número de dígitos de ponto flutuante armazenado. Também é o erro que resulta quando a representação decimal de um número como 1/3 é aproximada por um número em ponto flutuante com um número finito de dígitos.

erro de mínimos quadrados: A distância $\|\mathbf{b} - A\hat{\mathbf{x}}\|$ de $\mathbf{b}$ até $A\hat{\mathbf{x}}$, em que $\hat{\mathbf{x}}$ é uma solução de mínimos quadrados de $A\mathbf{x} = \mathbf{b}$.

erro quadrático médio: O erro de uma aproximação em um espaço munido de produto interno, em que o produto interno é definido por uma integral.

escalar: Um número (real) usado para multiplicar um vetor ou uma matriz.

espaço coluna (de uma matriz A $m \times n$): O conjunto Col A de todas as combinações lineares das colunas de A. Se $A = [\mathbf{a}_1 \ \ldots \ \mathbf{a}_n]$, então Col $A = \mathcal{L}\{\mathbf{a}_1, \ldots, \mathbf{a}_n\}$. Equivalentemente,

$$\text{Col } A = \{\mathbf{y} : \mathbf{y} = A\mathbf{x} \text{ para algum } \mathbf{x} \text{ em } \mathbb{R}^n\}$$

espaço linha (de uma matriz A): O conjunto Lin A de todas as combinações lineares de vetores formados pelas linhas de A; também denotado por Col A^T.

espaço nulo (de uma matriz A $m \times n$): O conjunto Nul A de todas as soluções da equação homogênea $A\mathbf{x} = \mathbf{0}$. Nul $A = \{\mathbf{x} : \mathbf{x} \text{ está em } \mathbb{R}^n \text{ e } A\mathbf{x} = \mathbf{0}\}$.

espaço vetorial: Um conjunto de objetos, chamados vetores, nos quais estão definidas duas operações, a soma e a multiplicação por escalar. Dez axiomas têm de ser satisfeitos. Veja a primeira definição na Seção 4.1.

espaços munidos de produto interno: Um espaço vetorial no qual está definido um produto interno.

espaços vetoriais isomorfos: Dois espaços vetoriais V e W para os quais existe uma transformação linear injetora e sobrejetora de V em W.

expansão coluna por linha: A expressão de um produto AB como uma soma de produtos externos: $\text{col}_1(A)\text{lin}_1(B) + \cdots + \text{col}_n(A)\text{lin}_n(B)$, em que n é o número de colunas de A.

expansão em cofatores: Uma fórmula para det A usando cofatores associados a uma linha ou uma coluna; por exemplo, para a linha 1

$$\det A = a_{11}C_{11} + \cdots + a_{1n}C_{1n}$$

F

fase progressiva (do escalonamento): A primeira parte do algoritmo que coloca uma matriz em forma escalonada.

fase regressiva (de um escalonamento): A última parte do algoritmo que coloca uma matriz escalonada em forma escalonada reduzida.

fatoração (de A): Uma equação que expressa A como um produto de duas ou mais matrizes.

fatoração de Cholesky: Uma fatoração $A = R^T R$, em que R é uma matriz triangular superior invertível cujos elementos na diagonal são todos positivos.

fatoração de Schur (de A, para escalares reais): Uma fatoração $A = URU^T$ de uma matriz A $n \times n$ com n autovalores reais, em que U é uma matriz ortogonal $n \times n$ e R é uma matriz triangular superior.

fatoração LU: A representação de uma matriz A na forma $A = LU$ em que L é uma matriz triangular inferior quadrada tendo apenas elementos iguais a 1 na diagonal (uma matriz unidade triangular inferior) e U é uma forma escalonada de A.

fatoração LU permutada: A representação de uma matriz A na forma $A = LU$, em que L é uma matriz quadrada tal que uma permutação de suas linhas formará uma matriz triangular inferior, e U é uma forma escalonada de A.

fatoração QR: Uma fatoração $A = QR$ de uma matriz A $m \times n$ com colunas linearmente independentes, em que Q é uma matriz $m \times n$ cujas colunas formam uma base ortonormal para Col A e R é uma matriz $n \times n$ invertível triangular superior com todos seus elementos diagonais positivos.

fecho afim de (ou **espaço afim gerado** por) um conjunto S: O conjunto de todas as combinações afins de elementos em S, denotado por afim S.

fecho convexo (de um conjunto S): O conjunto de todas as combinações convexas de pontos em S, denotado por conv S.

fecho positivo (de um conjunto S): O conjunto de todas as combinações positivas de pontos em S, denotado pos S.

filtro linear: Uma equação de diferenças linear usada para transformar sinais dados em tempo discreto.

flop (do inglês *floating point operations* ou operações de ponto flutuante): Uma operação aritmética (+, −, *, /) de dois números reais em ponto flutuante.

forma de desvio médio (de um vetor): Um vetor cuja soma dos elementos é zero.

forma de desvio médio (de uma matriz de observações): Uma matriz cujos vetores linhas estão em forma de desvio médio. A soma dos elementos em cada linha é zero.

forma escalonada (ou **forma escalonada por linhas** de uma matriz): Uma matriz em forma escalonada que é equivalente por linhas à matriz dada.

forma escalonada reduzida (ou **forma escalonada reduzida por linhas**): Uma matriz escalonada reduzida equivalente por linhas a uma matriz dada.

forma homogênea de (um vetor) $\mathbf{v}$ em $\mathbb{R}^n$: O ponto $\tilde{\mathbf{v}} = \begin{bmatrix} \mathbf{v} \\ 1 \end{bmatrix}$ em $\mathbb{R}^{n+1}$.

forma quadrática: Uma função Q definida para $\mathbf{x}$ em $\mathbb{R}^n$ por $Q(\mathbf{x}) = \mathbf{x}^T A\mathbf{x}$, na qual A é uma matriz $n \times n$ simétrica (chamada **matriz da forma quadrática**).

forma quadrática indefinida: Uma forma quadrática Q tal que $Q(\mathbf{x})$ assume valores positivos e negativos.

forma quadrática negativa definida: Uma forma quadrática Q tal que $Q(\mathbf{x}) < 0$ para todo $\mathbf{x} \neq \mathbf{0}$.

forma quadrática negativa semidefinida: Uma forma quadrática Q tal que $Q(\mathbf{x}) \leq 0$ para todo $\mathbf{x}$.

forma quadrática positiva definida: Uma forma quadrática Q tal que $Q(\mathbf{x}) > 0$ para todo $\mathbf{x} \neq \mathbf{0}$.

forma quadrática positiva semidefinida: Uma forma quadrática Q tal que $Q(\mathbf{x}) \geq 0$ para todo $\mathbf{x}$.

funcional linear (em $\mathbb{R}^n$): Uma transformação linear f de $\mathbb{R}^n$ em $\mathbb{R}$.

H

hiperplano (em $\mathbb{R}^n$): Uma variedade afim em $\mathbb{R}^n$ de dimensão $n - 1$. Também: um transladado de um subespaço de dimensão $n - 1$.

hiperplano de apoio (de um conjunto convexo compacto S em $\mathbb{R}^n$): Um hiperplano $H = [f : d]$ tal que $H \cap S \neq \varnothing$ e $f(x) \leq d$ para todo x em S ou $f(x) \geq d$ para todo x em S.

I

Im x: O vetor em $\mathbb{R}^n$ formado pelas partes imaginárias dos elementos de um vetor $\mathbf{x}$ em $\mathbb{C}^n$.

imagem (de um vetor $\mathbf{x}$ sob uma transformação T): O vetor $T(\mathbf{x})$ atribuído a $\mathbf{x}$ por T.

imagem (de uma transformação linear T): O conjunto de todos os vetores da forma $T(\mathbf{x})$ para algum $\mathbf{x}$ no domínio de T.

injetora (aplicação): Uma aplicação $T : \mathbb{R}^n \rightarrow \mathbb{R}^m$ tal que cada $\mathbf{b}$ em $\mathbb{R}^m$ é imagem de, *no máximo*, um $\mathbf{x}$ em $\mathbb{R}^n$.

inversa (de uma matriz A $n \times n$): Uma matriz A^{-1} $n \times n$ tal que $AA^{-1} = A^{-1}A = I_n$.

inversa à direita (de A): Qualquer matriz retangular C tal que $AC = I$.

inversa à esquerda (de A): Qualquer matriz retangular C tal que $CA = I$.

inversa de Moore-Penrose: *Veja* pseudoinversa.

isomorfismo: Uma transformação linear injetora e sobrejetora entre dois espaços vetoriais.

L

$\mathscr{L} \{\mathbf{v}_1, ..., \mathbf{v}_p\}$: O conjunto de todas as combinações lineares de $\mathbf{v}_1, ..., \mathbf{v}_p$. Também chamado *subespaço gerado* por $\mathbf{v}_1, ..., \mathbf{v}_p$.

leis de Kirchhoff: (1) (**lei para a voltagem**) A soma algébrica das quedas de voltagem, RI, em torno de um ciclo é igual à soma algébrica das fontes de voltagem no mesmo sentido nesse ciclo. (2) (**lei para a corrente**) A corrente em um ramo é igual à soma algébrica das correntes de ciclo que atravessam esse ramo.

linearmente dependentes (vetores): Um conjunto indexado $\{\mathbf{v}_1, ..., \mathbf{v}_p\}$ com a propriedade de que existem coeficientes $c_1, ..., c_p$, nem todos nulos, tais que $c_1\mathbf{v}_1 + \cdots + c_p\mathbf{v}_p = \mathbf{0}$. Ou seja, a equação vetorial $c_1\mathbf{v}_1 + c_2\mathbf{v}_2 + \cdots + c_p\mathbf{v}_p = \mathbf{0}$ tem uma solução *não trivial*.

linearmente independentes (vetores): Um conjunto indexado $\{\mathbf{v}_1, ..., \mathbf{v}_p\}$ com a propriedade de que a equação vetorial $c_1\mathbf{v}_1 + c_2\mathbf{v}_2 + \cdots + c_p\mathbf{v}_p = \mathbf{0}$ tem *apenas* a solução trivial $c_1 = \cdots = c_p = 0$.

M

magnitude (de um vetor): *Veja* norma.

matriz: Um arranjo retangular de números.

matriz aumentada: Uma matriz obtida de uma matriz de coeficientes para um sistema linear adicionando-se uma ou mais colunas à direita. Cada coluna extra à direita contém as constantes à direita do sinal de igualdade de um sistema tendo a matriz de coeficientes dada.

matriz bidiagonal: Uma matriz cujos elementos não nulos estão todos na diagonal principal e em uma diagonal adjacente à diagonal principal.

matriz canônica (de uma transformação linear T): A matriz A tal que $T(\mathbf{x}) = A\mathbf{x}$ para todo $\mathbf{x}$ no domínio de T.

matriz companheira: Uma matriz com uma forma especial cujo polinômio característico é $(-1)^n p(\lambda)$, em que $p(\lambda)$ é um polinômio especificado com termo de maior grau igual a λ^n.

matriz de coeficientes: Uma matriz cujos elementos são os coeficientes de um sistema de equações lineares.

matriz de consumo: Uma matriz no modelo entrada-saída de Leontief cujas colunas são vetores unitários de consumo para os vários setores de uma economia.

matriz de covariância (ou **matriz de covariância das amostras**): A matriz S $p \times p$ definida por $S = (N - 1)^{-1}BB^T$, na qual B é uma matriz $p \times N$ de observações em forma de desvio médio.

matriz de flexibilidade: Uma matriz cuja j-ésima coluna fornece as deflexões de uma viga elástica em pontos específicos quando uma força unitária é aplicada no j-ésimo ponto da viga.

matriz de Gram (de A): A matriz A^TA.

matriz de migração: Uma matriz que fornece os percentuais de movimentação entre locais diferentes, de um período para o próximo.

matriz de mudança de coordenadas (de uma base $\mathcal{B}$ para uma base $\mathcal{C}$): Uma matriz $\underset{\mathcal{C} \leftarrow \mathcal{B}}{P}$ que transforma vetores de coordenadas em relação à base $\mathcal{B}$ em vetores de coordenadas em relação à base $\mathcal{C}$: $[\mathbf{x}]_\mathcal{C} = \underset{\mathcal{C} \leftarrow \mathcal{B}}{P} [\mathbf{x}]_\mathcal{B}$. Se $\mathcal{C}$ for a base canônica para $\mathbb{R}^n$, então a matriz $\underset{\mathcal{C} \leftarrow \mathcal{B}}{P}$ será escrita, algumas vezes, como $P_\mathcal{B}$.

matriz de observações: Uma matriz $p \times N$ cujas colunas são vetores de observações, cada coluna listando p medidas feitas em um indivíduo ou objeto em uma população dada ou um conjunto especificado.

matriz de projeção (ou **matriz de projeção ortogonal**): Uma matriz simétrica B tal que $B^2 = B$. Um exemplo simples é $B = \mathbf{v}\mathbf{v}^T$, em que $\mathbf{v}$ é um vetor unitário.

matriz de projeto: A matriz X no modelo linear $\mathbf{y} = X\beta + \epsilon$, em que as colunas de X são determinadas de alguma forma pelos valores observados de algumas variáveis independentes.

matriz de rigidez: A inversa de uma matriz de flexibilidade. A j-ésima coluna de uma matriz de rigidez fornece a força que deve ser aplicada em pontos especificados de uma barra elástica, de modo a produzir uma deflexão de uma unidade no j-ésimo ponto na barra.

matriz (de T) **em relação à base** $\mathcal{B}$: Uma matriz $[T]_\mathcal{B}$ para uma transformação linear $T : V \to V$ em relação a uma base $\mathcal{B}$ para V, com a propriedade de que $[T(\mathbf{x})]_\mathcal{B} = [T]_\mathcal{B}[\mathbf{x}]_\mathcal{B}$ para todo $\mathbf{x}$ em V.

matriz de T em relação às bases $\mathcal{B}$ **e** $\mathcal{C}$: Uma matriz M associada a uma transformação linear $T : V \to W$ com a propriedade que $[T(\mathbf{x})]_\mathcal{C} = M[\mathbf{x}]_\mathcal{B}$ para todo $\mathbf{x}$ em V, em que $\mathcal{B}$ é uma base para V e $\mathcal{C}$ é uma base para W. Quando $W = V$ e $\mathcal{C} = \mathcal{B}$, a matriz M é chamada matriz de T em relação à base $\mathcal{B}$ e denotada por $[T]_\mathcal{B}$.

matriz de transferência: Uma matriz A associada a um circuito elétrico com terminais de entrada e de saída de modo que o vetor de saída é igual a A vezes o vetor de entrada.

matriz de Vandermonde: Uma matriz V $n \times n$ ou sua transposta, na qual V é da forma

$$V = \begin{bmatrix} 1 & x_1 & x_1^2 & \cdots & x_1^{n-1} \\ 1 & x_2 & x_2^2 & \cdots & x_2^{n-1} \\ \vdots & \vdots & \vdots & & \vdots \\ 1 & x_n & x_n^2 & \cdots & x_n^{n-1} \end{bmatrix}$$

matriz diagonal: Uma matriz quadrada que tem todos os elementos *fora* da diagonal principal iguais a zero.

matriz elementar: Uma matriz invertível obtida por uma operação elementar nas linhas de uma matriz identidade.

matriz em banda: Uma matriz cujos elementos não nulos estão todos em uma faixa em torno da diagonal principal.

matriz em blocos (ou **matriz particionada**): Uma matriz cujos elementos são matrizes de tamanhos apropriados.

matriz entrada/saída: *Veja* matriz de consumo.

matriz escalonada (ou **matriz escalonada por linhas**): Uma matriz retangular que tem três propriedades: (1) Todas as linhas não nulas estão acima de todas as linhas nulas. (2) Cada elemento líder de uma linha está em uma coluna à direita do elemento líder da linha acima dela. (3) Todos os elementos em uma coluna abaixo de um elemento líder são nulos.

matriz escalonada reduzida: Uma matriz retangular em forma escalonada com as seguintes propriedades adicionais: o elemento líder em cada linha não nula é 1 e cada um desses líderes é o único elemento não nulo em sua coluna.

matriz estocástica: Uma matriz quadrada cujas colunas são vetores de probabilidade.

matriz estocástica regular: Uma matriz estocástica P tal que alguma de suas potências P^k só contém elementos estritamente positivos.

matriz identidade (denotada por I ou por I_n): Uma matriz quadrada com todos os elementos diagonais iguais a 1 e todos os outros elementos iguais a zero.

matriz indefinida: Uma matriz simétrica A tal que $\mathbf{x}^TA\mathbf{x}$ assume valores positivos e negativos.

matriz invertível: Uma matriz quadrada que tem uma inversa.

matriz $m \times n$: Uma matriz com m linhas e n colunas.

matriz mal condicionada: Uma matriz quase singular.

matriz negativa definida: Uma matriz simétrica A tal que $\mathbf{x}^TA\mathbf{x} < 0$ para todo $\mathbf{x} \neq \mathbf{0}$.

matriz negativa semidefinida: Uma matriz simétrica A tal que $\mathbf{x}^T A \mathbf{x} \leq 0$ para todo $\mathbf{x}$.

matriz ortogonal: Uma matriz quadrada invertível U tal que $U^{-1} = U^T$.

matriz particionada: *Veja* matriz em blocos.

matriz positiva definida: Uma matriz simétrica A tal que $\mathbf{x}^T A \mathbf{x} > 0$ para todo $\mathbf{x} \neq \mathbf{0}$.

matriz positiva semidefinida: Uma matriz simétrica A tal que $\mathbf{x}^T A \mathbf{x} \geq 0$ para todo $\mathbf{x}$.

matriz quase singular: Uma matriz quadrada com um número de singularidade grande (ou possivelmente infinito); uma matriz singular ou que pode se tornar singular se alguns de seus elementos forem modificados ligeiramente.

matriz simétrica: Uma matriz A tal que $A^T = A$.

matriz triangular: Uma matriz A contendo só elementos nulos acima ou abaixo da diagonal principal.

matriz triangular inferior: Uma matriz com todos os elementos acima da diagonal principal iguais a zero.

matriz triangular inferior permutada: Uma matriz tal que uma permutação de suas linhas formará uma matriz triangular inferior.

matriz triangular superior: Uma matriz U (não necessariamente quadrada) com todos os elementos abaixo dos elementos u_{11}, u_{22}, ... na diagonal principal iguais a zero.

matriz unidade triangular inferior: Uma matriz quadrada triangular inferior com todos os elementos na diagonal principal iguais a um.

matrizes que comutam: Duas matrizes A e B tais que $AB = BA$.

média das amostras: A média M de um conjunto de vetores $\mathbf{X}_1, ..., \mathbf{X}_N$, dada por $M = (1/N)(\mathbf{X}_1 + \cdots + \mathbf{X}_N)$.

melhor aproximação: O ponto em um subespaço mais próximo de um vetor dado.

mesma direção e mesmo sentido (que um vetor $\mathbf{v}$): Um vetor que é um múltiplo positivo de $\mathbf{v}$.

método da potência: Um algoritmo para estimar um autovalor estritamente dominante de uma matriz quadrada.

método da potência inversa: Um algoritmo para estimar um autovalor λ de uma matriz quadrada A quando está disponível uma boa estimativa inicial de λ.

método de Gauss: *Veja* algoritmo de escalonamento.

mínimos quadráticos com pesos: Problemas de mínimos quadráticos com um produto interno com pesos, como
$$\langle \mathbf{x}, \mathbf{y} \rangle = w_1^2 x_1 y_1 + \cdots + w_n^2 x_n y_n.$$

modelo de matriz de fase: Uma equação de diferenças $\mathbf{x}_{k+1} = A\mathbf{x}_k$, na qual $\mathbf{x}_k$ lista o número de fêmeas em uma população em um instante k, com as fêmeas classificadas pelos seus diversos estágios de desenvolvimento (como juvenil, pré-adulta e adulta).

modelo de troca: *Veja* modelo de troca de Leontief.

modelo de troca (ou **fechado**) **de Leontief**: Um modelo de uma economia em que as entradas e as saídas são fixas e no qual se procura um conjunto de preços para as saídas de modo que a receita de cada setor seja igual a seus gastos. Essa condição de "equilíbrio" é expressa como um sistema de equações lineares com os preços sendo as incógnitas.

modelo entrada/saída: *Veja* modelo entrada/saída de Leontief.

modelo entrada/saída de Leontief (ou **equação de produção de Leontief**): A equação $\mathbf{x} = C\mathbf{x} + \mathbf{d}$, na qual $\mathbf{x}$ é a produção, $\mathbf{d}$ é a demanda final e C é a matriz de consumo (ou entrada/saída). A j-ésima coluna de C lista os insumos (entradas) que o setor j consome por unidade de produção (saída).

modelo linear (em estatística): Qualquer equação da forma $\mathbf{y} = X\boldsymbol{\beta} + \boldsymbol{\epsilon}$, em que X e $\mathbf{y}$ são conhecidos e $\boldsymbol{\beta}$ deve ser escolhido de modo a minimizar o comprimento do **vetor residual**, $\boldsymbol{\epsilon}$.

mudança de base: *Veja* matriz de mudança de coordenadas.

mudança de escala (de um vetor): A multiplicação de um vetor (ou de uma linha ou coluna de uma matriz) por um escalar não nulo.

multiplicação à direita (por A): Multiplicação de uma matriz à direita por A.

multiplicação à esquerda (por A): Multiplicação de um vetor ou uma matriz à esquerda por A.

multiplicação em bloco de matrizes: A multiplicação linha por coluna de matrizes em bloco como se cada bloco fosse um escalar.

multiplicidade algébrica: A multiplicidade de um autovalor como raiz da equação característica.

múltiplo escalar de u por c: O vetor $c\mathbf{u}$ obtido pela multiplicação de cada componente de $\mathbf{u}$ por c.

N

não nula (matriz ou vetor **não nulo**): Uma matriz (tendo, possivelmente, só uma linha ou só uma coluna) que contém pelo menos um elemento diferente de zero.

não singular (matriz): Uma matriz invertível.

norma (ou **comprimento**, de $\mathbf{v}$): O escalar $\|\mathbf{v}\| = \sqrt{\mathbf{v} \cdot \mathbf{v}} = \sqrt{\langle \mathbf{v}, \mathbf{v} \rangle}$.

normalização (de um vetor não nulo $\mathbf{v}$): O processo de criar um vetor unitário $\mathbf{u}$ que é um múltiplo positivo de $\mathbf{v}$.

núcleo (de uma transformação linear $T : V \to W$): O conjunto dos $\mathbf{x}$ em V tais que $T(\mathbf{x}) = \mathbf{0}$.

número de singularidade (de A): O quociente σ_1/σ_n, em que σ_1 é o maior valor singular de A e σ_n é o menor valor singular. O número de singularidade é $+\infty$ quando σ_n é nulo.

O

operações elementares: (1) (Substituição) Substitui uma linha pela soma dela com um múltiplo de outra linha. (2) Troca duas linhas. (3) (Mudança de escala) Multiplica todos os elementos de uma linha por uma constante não nula.

origem: O vetor nulo.

ortogonal a W: Ortogonal a todos os vetores em W.

otimização com vínculo (ou **otimização com restrição**): O problema de maximizar uma quantidade como $\mathbf{x}^T A \mathbf{x}$ ou $\|A\mathbf{x}\|$ quando $\mathbf{x}$ está sujeito a uma ou mais restrições, como $\mathbf{x}^T \mathbf{x} = 1$ ou $\mathbf{x}^T \mathbf{v} = 0$.

P

parte triangular inferior (de A): Uma matriz triangular inferior com todos os elementos na diagonal principal e abaixo da diagonal iguais aos elementos correspondentes de A.

perfil (de um conjunto S em $\mathbb{R}^n$): O conjunto de pontos extremos de S.

pesos (ou **coeficientes**): Escalares usados em uma combinação linear.

pivô: Um número diferente de zero que é usado em uma posição pivô para criar elementos nulos por meio de operações elementares ou é modificado para ser um elemento líder igual a 1 e, depois, ser usado para criar elementos nulos.

plano contendo u, v e a origem: Um conjunto cuja equação paramétrica é $\mathbf{x} = s\mathbf{u} + t\mathbf{v}$ (s, t em $\mathbb{R}$), com $\mathbf{u}$ e $\mathbf{v}$ linearmente independentes.

poliedro: Um politopo em $\mathbb{R}^3$.

polígono: Um politopo em $\mathbb{R}^2$.

polinômio característico (de A): det $(A - \lambda I)$ ou, em alguns textos, det $(\lambda I - A)$.

polinômio interpolador: Um polinômio cujo gráfico contém todos os pontos em um conjunto de dados em $\mathbb{R}^2$.

polinômio trigonométrico: Uma combinação linear da função constante 1 e funções seno e cosseno do tipo sen nt e cos nt.

politopo: O fecho convexo de um conjunto finito de pontos em $\mathbb{R}^n$ (um tipo de conjunto convexo compacto).

ponto de fronteira de um conjunto S em $\mathbb{R}^n$: Um ponto $\mathbf{p}$ tal que toda bola aberta em $\mathbb{R}^n$ centrada em $\mathbf{p}$ intersecta tanto S quanto seu complemento.

ponto de sela (de um sistema dinâmico em $\mathbb{R}^2$): A origem quando algumas trajetórias são atraídas para $\mathbf{0}$ enquanto outras são repelidas.

ponto espiral (de um sistema dinâmico em $\mathbb{R}^2$): A origem quando as trajetórias espiralam em torno de $\mathbf{0}$.

ponto extremo (de um conjunto convexo S): Um ponto $\mathbf{p}$ em S tal que $\mathbf{p}$ não está no interior de nenhum dos segmentos de reta contidos em S. (Ou seja, se $\mathbf{x}$, $\mathbf{y}$ estiverem em S e $\mathbf{p}$ pertencer ao segmento de reta $\overline{\mathbf{xy}}$, então $\mathbf{p} = \mathbf{x}$ ou $\mathbf{p} = \mathbf{y}$.)

ponto interior (de um conjunto S em $\mathbb{R}^n$): Um ponto $\mathbf{p}$ em S tal que, para algum $\delta > 0$, a bola aberta $\mathbf{B}(\mathbf{p}, \delta)$ centrada em $\mathbf{p}$ de raio δ está contida em S.

posição de pivô: Uma posição em uma matriz que corresponde a um elemento líder em uma forma escalonada de A.

posição padrão: A posição do gráfico de uma equação $\mathbf{x}^T A \mathbf{x} = c$ quando A é uma matriz diagonal.

posto (de uma matriz A): A dimensão do espaço coluna de A, denotada por posto A.

posto total (matriz com): Uma matriz $m \times n$ cujo posto é o menor número entre m e n.

preços de equilíbrio: Um conjunto de preços para a produção total de diversos setores em uma economia, de modo que a receita de cada setor seja exatamente igual às suas despesas.

preparada para multiplicação em blocos: Duas matrizes em bloco A e B tais que o produto em blocos AB está definido: a partição das colunas de A tem de ser compatível com a partição das linhas de B.

problema de existência: Pergunta: "Existe uma solução para o sistema?" Ou seja: "O sistema é consistente?" E também: "Existe uma solução para $A\mathbf{x} = \mathbf{b}$ para *todos* os vetores possíveis $\mathbf{b}$?"

problema de mínimos quadráticos geral: Dada uma matriz A $m \times n$ e um vetor $\mathbf{b}$ em $\mathbb{R}^m$, encontre $\hat{\mathbf{x}}$ em $\mathbb{R}^n$ tal que $\|\mathbf{b} - A\hat{\mathbf{x}}\| \leq \|\mathbf{b} - A\mathbf{x}\|$ para todo $\mathbf{x}$ em $\mathbb{R}^n$.

problema de unicidade: A pergunta "se existir uma solução de um sistema, ela será única — ou seja, existirá apenas uma?".

processo de Gram-Schmidt: Um algoritmo para produzir uma base ortogonal ou ortonormal para um subespaço que é gerado por um conjunto de vetores dados.

produto $A\mathbf{x}$: As combinações lineares das colunas de A usando as componentes correspondentes de $\mathbf{x}$ como coeficientes.

produto escalar: *Veja* produto interno.

produto externo: Um produto matricial $\mathbf{uv}^T$, no qual $\mathbf{u}$ e $\mathbf{v}$ são vetores em $\mathbb{R}^n$ considerados matrizes $n \times 1$. (O símbolo da transposta está "fora" dos símbolos $\mathbf{u}$ e $\mathbf{v}$.)

produto interno: O escalar $\mathbf{u}^T \mathbf{v}$, escrito em geral na forma $\mathbf{u} \cdot \mathbf{v}$, na qual $\mathbf{u}$ e $\mathbf{v}$ são vetores em $\mathbb{R}^n$ considerados matrizes $n \times 1$. Também chamado **produto escalar** de $\mathbf{u}$ e $\mathbf{v}$. Em geral, uma função em um espaço vetorial que associa a cada par $\mathbf{u}$ e $\mathbf{v}$ de vetores um número $\langle \mathbf{u}, \mathbf{v} \rangle$, sujeito a determinados axiomas. Veja a Seção 6.7.

projeção ortogonal de y sobre u (ou sobre a reta contendo $\mathbf{u}$ e a origem para $\mathbf{u} \neq \mathbf{0}$): O vetor $\hat{\mathbf{y}}$ definido por $\hat{\mathbf{y}} = \dfrac{\mathbf{y} \cdot \mathbf{u}}{\mathbf{u} \cdot \mathbf{u}} \mathbf{u}$.

projeção ortogonal de y sobre W: O único vetor $\hat{\mathbf{y}}$ em W tal que $\mathbf{y} - \hat{\mathbf{y}}$ é ortogonal a W. Notação: $\hat{\mathbf{y}} = \mathrm{proj}_W \mathbf{y}$.

pseudoinversa (de A): A matriz $VD^{-1}U^T$, na qual UDV^T é uma decomposição em valores singulares reduzida de A.

Q

quociente de Rayleigh: $R(\mathbf{x}) = (\mathbf{x}^T A \mathbf{x})/(\mathbf{x}^T \mathbf{x})$. Uma estimativa de um autovalor de A (em geral, uma matriz simétrica).

R

Re x: O vetor em $\mathbb{R}^n$ formado pelas partes reais das componentes de um vetor $\mathbf{x}$ em $\mathbb{C}^n$.

reflexão de Householder: Uma transformação $\mathbf{x} \mapsto Q\mathbf{x}$, em que $Q = I - 2\mathbf{uu}^T$ e $\mathbf{u}$ é um vetor unitário ($\mathbf{u}^T \mathbf{u} = 1$).

regra da linha por coluna: A regra para calcular um produto AB na qual o elemento (i, j) de AB é a soma dos produtos dos elementos correspondentes da linha i de A com os da coluna j de B.

regra de Cramer: Uma fórmula para cada elemento na solução $\mathbf{x}$ da equação $A\mathbf{x} = \mathbf{b}$ quando A é uma matriz invertível.

regra do paralelogramo para a soma: Uma interpretação geométrica da soma de dois vetores $\mathbf{u}$ e $\mathbf{v}$ como a diagonal do paralelogramo determinado por $\mathbf{u}$, $\mathbf{v}$ e $\mathbf{0}$.

regra linha por vetor para calcular $A\mathbf{x}$: A regra para calcular o produto $A\mathbf{x}$ na qual a i-ésima componente de $A\mathbf{x}$ é a soma dos produtos dos elementos correspondentes na linha i de A com os do vetor $\mathbf{x}$.

regressão múltipla: Um modelo linear envolvendo diversas variáveis independentes e uma variável dependente.

relação de dependência afim: Uma equação da forma $c_1 \mathbf{v}_1 + \cdots + c_p \mathbf{v}_p = \mathbf{0}$, em que os coeficientes $c_1, \ldots, c_p$ não são todos nulos e $c_1 + \cdots + c_p = 0$.

relação de dependência linear: Uma equação vetorial homogênea na qual os coeficientes estão todos especificados e pelo menos um deles é diferente de zero.

relação de recorrência: *Veja* equação de diferenças.

repulsor (de um sistema dinâmico em $\mathbb{R}^2$): A origem quando todas as trajetórias, exceto a sequência ou função constante igual a zero, afastam-se de $\mathbf{0}$.

reta de mínimos quadráticos: A reta $y = \hat{\beta}_0 + \hat{\beta}_1 x$ que minimiza o erro de mínimos quadráticos na equação $\mathbf{y} = X\boldsymbol{\beta} + \boldsymbol{\epsilon}$.

reta paralela a v contendo p: O conjunto $\{\mathbf{p} + t\mathbf{v} : t \text{ em } \mathbb{R}\}$.

rotação de Givens: Uma transformação linear de $\mathbb{R}^n$ em $\mathbb{R}^n$ usada em programas computacionais para criar componentes nulas em um vetor (geralmente, uma coluna de uma matriz).

S

semelhantes (matrizes): Matrizes A e B tais que $P^{-1}AP = B$ ou, equivalentemente, $A = PBP^{-1}$ para alguma matriz invertível P.

série de Fourier: Uma série infinita que converge para uma função no espaço de produto interno $C[0, 2\pi]$, com o produto interno dado por uma integral definida.

simplex: O fecho convexo de um conjunto finito independente afim de vetores em $\mathbb{R}^n$.

sinal (ou **sinal em tempo discreto**): Uma sequência duplamente infinita de números $\{y_k\}$; uma função definida nos inteiros; pertence ao espaço vetorial $\mathbb{S}$.

singular (matriz): Uma matriz quadrada que não tem inversa.

sistema de equações lineares (ou **sistema linear**): Uma coleção de uma ou mais equações lineares envolvendo o mesmo conjunto de variáveis, por exemplo, $x_1, \ldots, x_n$.

sistema desacoplado: Uma equação de diferenças $\mathbf{y}_{k+1} = A\mathbf{y}_k$ ou uma equação diferencial $\mathbf{y}'(t) = A\mathbf{y}(t)$ em que A é uma matriz diagonal. A evolução discreta de cada elemento em $\mathbf{y}_k$ (em função de k) ou a evolução contínua de cada elemento na função vetorial $\mathbf{y}(t)$ não é afetada pelo que acontece com os outros elementos quando $k \to \infty$ ou quando $t \to \infty$.

sistema dinâmico: *Veja* sistema dinâmico linear discreto.

sistema dinâmico linear discreto: Uma equação de diferenças da forma $\mathbf{x}_{k+1} = A\mathbf{x}_k$ que descreve a variação em um sistema (em geral um sistema físico) com o passar do tempo. O sistema físico é medido em instantes discretos, quando $k = 0, 1, 2, \ldots$ e o **estado** do sistema no instante k é um vetor $\mathbf{x}_k$ cujos elementos fornecem alguns fatos de interesse sobre o sistema.

sistema indeterminado: Um sistema de equações com menos incógnitas que variáveis.

sistema linear: Uma coleção de uma ou mais equações lineares envolvendo as mesmas variáveis, por exemplo, $x_1, \ldots, x_n$.

sistema linear consistente: Um sistema linear que tem pelo menos uma solução.

sistema linear inconsistente: Um sistema linear que não tem solução.

sistema superdeterminado: Um sistema de equações com mais equações que incógnitas.

sistemas (lineares) equivalentes: Sistemas lineares que têm exatamente o mesmo conjunto solução.

sobrejetora (aplicação): Uma aplicação $T : \mathbb{R}^n \to \mathbb{R}^m$ tal que cada $\mathbf{b}$ em $\mathbb{R}^m$ é imagem de, *pelo menos*, um $\mathbf{x}$ em $\mathbb{R}^n$.

sólido regular: Um entre cinco poliedros regulares possíveis em $\mathbb{R}^3$: o tetraedro (4 faces triangulares iguais), o cubo (6 faces quadradas iguais), o octaedro (8 faces triangulares iguais), o dodecaedro (12 faces pentagonais iguais) e o icosaedro (20 faces triangulares iguais).

solução (de um sistema linear envolvendo as variáveis $x_1, \ldots, x_n$): Uma lista $(s_1, s_2, \ldots, s_n)$ de números que tornam verdadeiras todas as equações no sistema quando os valores de $x_1, \ldots, x_n$ são substituídos por $s_1, \ldots, s_n$, respectivamente.

solução de mínimos quadráticos (de $A\mathbf{x} = \mathbf{b}$): Um vetor $\hat{\mathbf{x}}$ tal que $\|\mathbf{b} - A\hat{\mathbf{x}}\| \leq \|\mathbf{b} - A\mathbf{x}\|$ para todo $\mathbf{x}$ em $\mathbb{R}^n$.

solução geral (de um sistema linear): Uma descrição paramétrica de um conjunto solução que expressa as variáveis dependentes em termos das variáveis livres (os parâmetros), se existir alguma. Depois da Seção 1.5, a descrição paramétrica está escrita em forma vetorial.

solução não trivial: Uma solução não nula de uma equação homogênea ou de um sistema de equações homogêneas.

solução trivial: A solução $\mathbf{x} = \mathbf{0}$ de uma equação homogênea $A\mathbf{x} = \mathbf{0}$.

soma da coluna: A soma de todos os elementos de uma coluna de uma matriz.

soma da linha: A soma de todos os elementos em uma linha de uma matriz.

soma de vetores: A soma de vetores definida pela soma das componentes correspondentes.

subconjunto próprio de um conjunto S: Um subconjunto de S que não é igual a S.

subespaço: Um subconjunto H de algum espaço vetorial V que tem as seguintes propriedades: (1) o vetor nulo de V pertence a H; (2) H é fechado sob a operação de soma de vetores; (3) H é fechado sob a operação de multiplicação por escalares.

subespaço invariante (para A): Um subespaço H tal que $A\mathbf{x}$ pertence a H sempre que $\mathbf{x}$ está em H.

subespaço nulo: O subespaço $\{\mathbf{0}\}$ consistindo apenas no vetor nulo.

subespaço próprio: Qualquer subespaço de um espaço vetorial V que seja diferente de V.

subespaços fundamentais (determinado por A): O espaço nulo de A, o espaço coluna de A, o espaço nulo de A^T e o espaço coluna de A^T, com $\operatorname{Col} A^T$ chamado, normalmente, espaço linha de A.

submatriz (de A): Qualquer matriz obtida da retirada de alguma linha e/ou coluna de A; a própria matriz A.

substituição: Uma operação elementar que substitui uma linha de uma matriz pela soma dela com um múltiplo de outra linha.

substituição de trás para a frente (com notação matricial): A fase regressiva do escalonamento de uma matriz aumentada que transforma uma matriz escalonada em uma matriz escalonada reduzida; usada para encontrar a solução (ou soluções) de um sistema de equações lineares.

subtração de vetores: O cálculo de $\mathbf{u} + (-1)\mathbf{v}$ escrito na forma $\mathbf{u} - \mathbf{v}$.

T

tamanho (de uma matriz): Dois números, escritos na forma $m \times n$, que especificam o número de linhas (m) e o número de colunas (n) de uma matriz.

termo cruzado: Um termo da forma $cx_i x_j$ em uma forma quadrática, com $i \neq j$.

tetraedro: Um objeto sólido tridimensional limitado por quatro faces triangulares iguais com três faces se encontrando em cada vértice.

traço (de uma matriz quadrada A): A soma dos elementos na diagonal de A, denotada por $\operatorname{tr} A$.

trajetória: O gráfico de uma solução $\{\mathbf{x}_0, \mathbf{x}_1, \mathbf{x}_2, \ldots\}$ de um sistema dinâmico $\mathbf{x}_{k+1} = A\mathbf{x}_k$, muitas vezes ligado por uma curva para facilitar sua visualização. Também o gráfico de $\mathbf{x}(t)$ para $t \geq 0$, quando $\mathbf{x}(t)$ é solução da equação diferencial $\mathbf{x}'(t) = A\mathbf{x}(t)$.

transformação afim: Uma aplicação $T : \mathbb{R}^n \to \mathbb{R}^m$ da forma $T(\mathbf{x}) = A\mathbf{x} + \mathbf{b}$, em que A é uma matriz $m \times n$ e $\mathbf{b}$ está em $\mathbb{R}^m$.

transformação de coordenadas (determinada por uma base ordenada $\mathcal{B}$ em um espaço vetorial V): Uma transformação que associa a cada $\mathbf{x}$ em V seu vetor de coordenadas $[\mathbf{x}]_\mathcal{B}$.

transformação de semelhança: Uma transformação que leva A em $P^{-1}AP$.

transformação linear invertível: Uma transformação linear $T : \mathbb{R}^n \to \mathbb{R}^n$ tal que existe uma função $S : \mathbb{R}^n \to \mathbb{R}^n$ satisfazendo $T(S(\mathbf{x})) = \mathbf{x}$ e $S(T(\mathbf{x})) = \mathbf{x}$ para todo $\mathbf{x}$ em $\mathbb{R}^n$.

transformação linear T (de um espaço vetorial V em outro espaço vetorial W): Uma regra que atribui a cada vetor $\mathbf{x}$ em V um único vetor $T(\mathbf{x})$ em W tal que (i) $T(\mathbf{u} + \mathbf{v}) = T(\mathbf{u}) + T(\mathbf{v})$ quaisquer que sejam $\mathbf{u}, \mathbf{v}$ em V e (ii) $T(c\mathbf{u}) = cT(\mathbf{u})$ para todo $\mathbf{u}$ em V e todo escalar c. Notação: $T : V \to W$; também $\mathbf{x} \mapsto A\mathbf{x}$ quando $T : \mathbb{R}^n \to \mathbb{R}^m$ e A é a matriz canônica para T.

transformação matricial: Uma aplicação $\mathbf{x} \mapsto A\mathbf{x}$, na qual A é uma matriz $m \times n$ e $\mathbf{x}$ representa qualquer vetor em $\mathbb{R}^n$.

transformação (ou **função** ou **aplicação**) T de $\mathbb{R}^n$ em $\mathbb{R}^m$: Uma regra que atribui a cada vetor $\mathbf{x}$ em $\mathbb{R}^n$ um único vetor $T(\mathbf{x})$ em $\mathbb{R}^m$. Notação: $T : \mathbb{R}^n \to \mathbb{R}^m$. Também $T : V \to W$ denota uma regra que atribui a cada $\mathbf{x}$ em V um único $T(\mathbf{x})$ em W.

translação (por um vetor **p**): A operação de somar o vetor **p** a um vetor ou a cada vetor em um conjunto dado.

transposta (de A): Uma matriz A^T $n \times m$ cujas colunas são as linhas correspondentes da matriz A $m \times n$.

triangular superior em blocos (matriz): Uma matriz $A = [A_{ij}]$ em blocos tal que cada bloco A_{ij} é a matriz nula se $i > j$.

V

valores singulares (de A): As raízes quadradas (positivas) dos autovalores de A^TA, arrumados em ordem decrescente de magnitude.

variação relativa ou **erro relativo** (em **b**): A quantidade $\|\Delta\mathbf{b}\|/\|\mathbf{b}\|$ quando **b** varia para $\mathbf{b} + \Delta\mathbf{b}$.

variância (de uma variável x_j): O elemento diagonal s_{jj} na matriz de covariância S de uma matriz de observação, em que x_j varia entre as j-ésimas coordenadas dos vetores de observação.

variância total: O traço da matriz de covariância S de uma matriz de observações.

variáveis não correlacionadas: Quaisquer duas variáveis x_i e x_j (com $i \neq j$), percorrendo as i-ésimas e j-ésimas coordenadas de vetores de observação em uma matriz de observação, tais que a covariância s_{ij} é zero.

variável dependente (ou **variável básica**): Uma variável em um sistema linear que corresponde a uma coluna pivô na matriz de coeficientes.

variável livre: Qualquer variável em um sistema linear que não é uma variável dependente.

variedade afim (em $\mathbb{R}^n$): Um transladado de um subespaço de $\mathbb{R}^n$.

variedades afins paralelas: Duas ou mais variedades afins tais que cada uma é um transladado das outras.

vetor: Uma lista de números; uma matriz com apenas uma coluna. Em geral, qualquer elemento de um espaço vetorial.

vetor coluna: Uma matriz com uma única coluna ou uma das colunas de uma matriz com várias colunas.

vetor de coordenadas de x em relação a $\mathcal{B}$: O vetor $[\mathbf{x}]_\mathcal{B}$ cujos elementos são as coordenadas de **x** em relação à base $\mathcal{B}$.

vetor de equilíbrio: *Veja* vetor estado estacionário.

vetor de estado: Um vetor de probabilidade. Em geral, um vetor que descreve o "estado" de um sistema físico, muitas vezes ligado a uma equação de diferenças $\mathbf{x}_{k+1} = A\mathbf{x}_k$.

vetor de observação: O vetor **y** no modelo linear $\mathbf{y} = X\boldsymbol{\beta} + \epsilon$, em que os elementos em **y** são os valores observados de uma variável dependente.

vetor de probabilidade: Um vetor em $\mathbb{R}^n$ com componentes não negativas cuja soma é igual a 1.

vetor de produção: O vetor no modelo entrada/saída de Leontief que lista as quantidades a serem produzidas pelos diversos setores de uma economia.

vetor demanda final: O vetor **d** no modelo de entrada/saída de Leontief que lista os valores dos bens e serviços demandados dos vários setores pela parte não produtiva da economia. O vetor **d** pode representar a demanda do consumidor, o consumo do governo, o excesso de produção, as exportações ou outras demandas externas.

vetor dos parâmetros: O vetor desconhecido $\boldsymbol{\beta}$ no modelo linear $\mathbf{y} = X\boldsymbol{\beta} + \epsilon$.

vetor estado estacionário (para uma matriz estocástica P): Um vetor de probabilidade **q** tal que $P\mathbf{q} = \mathbf{q}$.

vetor linha: Uma matriz com uma única linha ou uma única linha de uma matriz com diversas linhas.

vetor normal (a um subespaço V de $\mathbb{R}^n$): Um vetor **n** em $\mathbb{R}^n$ tal que $\mathbf{n} \cdot \mathbf{x} = 0$ para todo **x** em V.

vetor nulo: O único vetor, denotado por **0**, tal que $\mathbf{u} + \mathbf{0} = \mathbf{u}$ para todo **u**. Em $\mathbb{R}^n$, **0** é o vetor com todas as coordenadas iguais a zero.

vetor residual: A quantidade ϵ que aparece no modelo linear geral $\mathbf{y} = X\boldsymbol{\beta} + \epsilon$; ou seja, $\epsilon = \mathbf{y} - X\boldsymbol{\beta}$ é a diferença entre os valores observados e os valores previstos (de y).

vetor unitário: Um vetor **v** tal que $\|\mathbf{v}\| = 1$.

vetores iguais: Vetores em $\mathbb{R}^n$ cujos elementos correspondentes são iguais.

vetores singulares (de A) **à esquerda**: As colunas de U na decomposição em valores singulares $A = U\Sigma V^T$.

vetores singulares (de A) **à direita**: As colunas de V na decomposição em valores singulares $A = U\Sigma V^T$.

vetor unitário de consumo: Um vetor coluna no modelo entrada/saída de Leontief que lista os insumos que um setor precisa para produzir uma unidade; uma coluna da matriz de consumo.

Respostas dos Exercícios Selecionados

Capítulo 1

Seção 1.1

1. A solução é $(x_1, x_2) = (-8, 3)$ ou, simplesmente, $(-8, 3)$.

3. $(4/7, 9/7)$

5. Substitua a Linha 2 por ela menos três vezes a Linha 3, depois substitua a Linha 1 por ela menos cinco vezes a Linha 3.

7. O conjunto solução é vazio.

9. Sem soluções   11. $(19, -8, 1)$

13. $(5, 3, -1)$

15.
$$\begin{array}{rrrrrrl} -8 & + & 4(1) & = & -4 \\ 19 & + & 3(-8) & + & 3(1) & = & -2 \\ 3(19) & + & 7(-8) & + & 5(1) & = & 6 \end{array}$$

17.
$$\begin{array}{rrrrrrl} (5) & & & - & 3(-1) & = & 8 \\ 2(5) & + & 2(3) & + & 9(-1) & = & 7 \\ & & (3) & + & 5(-1) & = & -2 \end{array}$$

19. Consistente

21. As três retas têm um ponto em comum.

23. $h \neq 2$.

25. O sistema é consistente para todo h.

35. $k + 2g + h = 0$

37. O escalonamento de $\begin{bmatrix} 1 & 3 & f \\ c & d & g \end{bmatrix}$ para

$\begin{bmatrix} 1 & 3 & f \\ 0 & d-3c & g-cf \end{bmatrix}$ mostra que $d - 3c$ tem de ser diferente de zero, já que f e g são arbitrários. Caso contrário, para algumas escolhas de f e g, a segunda linha corresponderia a uma equação do tipo $0 = b$, com b diferente de zero. Portanto, $d \neq 3c$.

39. Troque a Linha 1 com a Linha 2; troque a Linha 1 com a Linha 2.

41. Substitua a Linha 3 por Linha 3 + (−4) Linha 1; substitua a Linha 3 por Linha 3 + (4) Linha 1.

43.
$$\begin{array}{rrrrrrl} 4T_1 & - & T_2 & & & - & T_4 = 30 \\ -T_1 & + & 4T_2 & - & T_3 & & = 60 \\ & & -T_2 & + & 4T_3 & - & T_4 = 70 \\ -T_1 & & & - & T_3 & + & 4T_4 = 40 \end{array}$$

Seção 1.2

1. Forma escalonada reduzida: a e c. Forma escalonada: b e d.

3. $\begin{bmatrix} 1 & 0 & -1 & -2 \\ 0 & 1 & 2 & 3 \\ 0 & 0 & 0 & 0 \end{bmatrix}$. Colunas pivôs 1 e 2:

$\begin{bmatrix} 1 & 2 & 3 & 4 \\ 4 & 5 & 6 & 7 \\ 6 & 7 & 8 & 9 \end{bmatrix}$.

5. $\begin{bmatrix} \blacksquare & * \\ 0 & \blacksquare \end{bmatrix}, \begin{bmatrix} \blacksquare & * \\ 0 & 0 \end{bmatrix}, \begin{bmatrix} 0 & \blacksquare \\ 0 & 0 \end{bmatrix}$

7. $\begin{cases} x_1 = -5 - 3x_2 \\ x_2 \text{ é livre} \\ x_3 = 3 \end{cases}$ 9. $\begin{cases} x_1 = 6 + 5x_3 \\ x_2 = 5 + 6x_3 \\ x_3 \text{ é livre} \end{cases}$

11. $\begin{cases} x_1 = \dfrac{4}{3}x_2 - \dfrac{2}{3}x_3 \\ x_2 \text{ é livre} \\ x_3 \text{ é livre} \end{cases}$

13. $\begin{cases} x_1 = -3 + 3x_5 \\ x_2 = 1 + 4x_5 \\ x_3 \text{ é livre} \\ x_4 = -4 - 9x_5 \\ x_5 \text{ é livre} \end{cases}$

15. $\begin{array}{rrrrrl} & x_2 & - & 6x_3 & = & 5 \\ x_1 & - & 2x_2 & + & 7x_3 & = & -4 \end{array}$, verifique

$$\begin{array}{rrrrrl} & 5 + 6x_3 & - & 6x_3 & = & 5 \\ (6 + 5x_3) & - & 2(5 + 6x_3) & + & 7x_3 & = & -4 \end{array}$$

17. $\begin{array}{rrrrrrl} 3x_1 & - & 4x_2 & + & 2x_3 & = & 0 \\ -9x_1 & + & 12x_2 & - & 6x_3 & = & 0 \\ -6x_1 & + & 8x_2 & - & 4x_3 & = & 0 \end{array}$, verifique

$$\begin{array}{rrrrrrl} 3\left(\frac{4}{3}x_2 - \frac{2}{3}x_3\right) & - & 4x_2 & + & 2x_3 & = & 0 \\ -9\left(\frac{4}{3}x_2 - \frac{2}{3}x_3\right) & + & 12x_2 & - & 6x_3 & = & 0 \\ -6\left(\frac{4}{3}x_2 - \frac{2}{3}x_3\right) & + & 8x_2 & - & 4x_3 & = & 0 \end{array}$$

19. **a.** Consistente com uma única solução.
    b. Inconsistente.

21. $h = 7/2$

23. **a.** Inconsistente quando $h = 2$ e $k \neq 8$.

   b. A solução é única quando $h \neq 2$.

   c. Existem muitas soluções quando $h = 2$ e $k = 8$.

35. Sim. Com três pivôs, precisa ter um pivô na terceira linha (a de baixo) da matriz de coeficientes; logo, o sistema é consistente. A forma escalonada reduzida não pode ter uma linha da forma $[0 \ \ 0 \ \ 0 \ \ 0 \ \ 0 \ \ 1]$.

37. Se a matriz de coeficientes tiver um elemento pivô em cada linha, então existirá uma posição de pivô na linha de baixo e não haverá espaço para uma posição de pivô na matriz aumentada. Logo, o sistema é consistente pelo Teorema 2.

39. Se um sistema linear for consistente, então a solução será única se e somente se *toda coluna na matriz de coeficientes for uma coluna pivô; caso contrário, existirá uma infinidade de soluções*.

41. Um sistema subdeterminado sempre tem mais incógnitas que equações. Não podem existir mais variáveis dependentes que equações, de modo que tem de existir pelo menos uma variável livre. Pode-se atribuir a tal variável uma infinidade de valores diferentes. Se o sistema for consistente, cada valor diferente de uma variável livre produzirá uma solução diferente.

43. Sim, um sistema de equações lineares com mais equações que variáveis pode ser consistente. O sistema a seguir tem solução ($x_1 = x_2 = 1$):

$$\begin{aligned} x_1 + \ x_2 &= 2 \\ x_1 - \ x_2 &= 0 \\ 3x_1 + 2x_2 &= 5 \end{aligned}$$

45. $p(t) = 7 + 6t - t^2$

Seção 1.3

1. $\begin{bmatrix} -4 \\ 5 \end{bmatrix}, \begin{bmatrix} 5 \\ -4 \end{bmatrix}$

3.

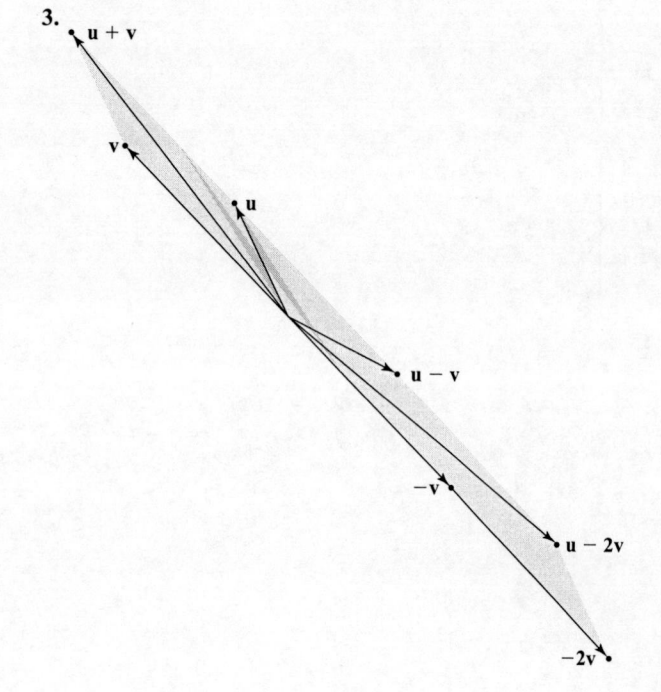

5. $x_1 \begin{bmatrix} 6 \\ -1 \\ 5 \end{bmatrix} + x_2 \begin{bmatrix} -3 \\ 4 \\ 0 \end{bmatrix} = \begin{bmatrix} 1 \\ -7 \\ -5 \end{bmatrix},$

$\begin{bmatrix} 6x_1 \\ -x_1 \\ 5x_1 \end{bmatrix} + \begin{bmatrix} -3x_2 \\ 4x_2 \\ 0 \end{bmatrix} = \begin{bmatrix} 1 \\ -7 \\ -5 \end{bmatrix}, \begin{bmatrix} 6x_1 - 3x_2 \\ -x_1 + 4x_2 \\ 5x_1 \end{bmatrix} = \begin{bmatrix} 1 \\ -7 \\ -5 \end{bmatrix}$

$$\begin{aligned} 6x_1 - \ 3x_2 &= \ \ 1 \\ -x_1 + \ 4x_2 &= -7 \\ 5x_1 \quad\quad &= -5 \end{aligned}$$

Em geral, os passos intermediários não são mostrados.

7. $\mathbf{a} = \mathbf{u} - 2\mathbf{v}$, $\mathbf{b} = 2\mathbf{u} - 2\mathbf{v}$, $\mathbf{c} = 2\mathbf{u} - 3{,}5\mathbf{v}$, $\mathbf{d} = 3\mathbf{u} - 4\mathbf{v}$.

9. $x_1 \begin{bmatrix} 0 \\ 4 \\ -1 \end{bmatrix} + x_2 \begin{bmatrix} 1 \\ 6 \\ 3 \end{bmatrix} + x_3 \begin{bmatrix} 5 \\ -1 \\ -8 \end{bmatrix} = \begin{bmatrix} 0 \\ 0 \\ 0 \end{bmatrix}$

11. Sim, $\mathbf{b}$ é uma combinação linear de $\mathbf{a}_1$, $\mathbf{a}_2$ e $\mathbf{a}_3$.

13. Não, $\mathbf{b}$ *não* é uma combinação linear das colunas de A.

15. É claro que coeficientes não inteiros são aceitáveis, mas algumas escolhas simples são $0 \cdot \mathbf{v}_1 + 0 \cdot \mathbf{v}_2 = \mathbf{0}$ e

$1 \cdot \mathbf{v}_1 + 0 \cdot \mathbf{v}_2 = \begin{bmatrix} 7 \\ 1 \\ -6 \end{bmatrix}, 0 \cdot \mathbf{v}_1 + 1 \cdot \mathbf{v}_2 = \begin{bmatrix} -5 \\ 3 \\ 0 \end{bmatrix}$

$1 \cdot \mathbf{v}_1 + 1 \cdot \mathbf{v}_2 = \begin{bmatrix} 2 \\ 4 \\ -6 \end{bmatrix}, 1 \cdot \mathbf{v}_1 - 1 \cdot \mathbf{v}_2 = \begin{bmatrix} 12 \\ -2 \\ -6 \end{bmatrix}$

17. $h = -17$

19. $\mathscr{L}\{\mathbf{v}_1, \mathbf{v}_2\}$ é o conjunto de pontos na reta que liga $\mathbf{v}_1$ a $\mathbf{0}$.

21. *Sugestão*: Mostre que $\begin{bmatrix} 2 & 2 & h \\ -1 & 1 & k \end{bmatrix}$ é consistente para todo h e todo k. Explique o que este cálculo mostra sobre $\mathscr{L}\{\mathbf{u}, \mathbf{v}\}$.

33. **a.** Não, três.

   b. Sim, uma infinidade.

   c. $\mathbf{a}_1 = 1 \cdot \mathbf{a}_1 + 0 \cdot \mathbf{a}_2 + 0 \cdot \mathbf{a}_3$.

35. **a.** $5\mathbf{v}_1$ é a produção de cinco dias de operação da mina nº 1.

   b. A produção total é $x_1\mathbf{v}_1 + x_2\mathbf{v}_2$, de modo que x_1 e x_2 devem satisfazer à equação $x_1\mathbf{v}_1 + x_2\mathbf{v}_2 = \begin{bmatrix} 150 \\ 2.825 \end{bmatrix}$.

   c. 1,5 dia para a mina nº 1 e 4 dias para a mina nº 2.

37. (1,3; 0,9; 0).

39. **a.** $\begin{bmatrix} 10/3 \\ 2 \end{bmatrix}$

   b. Adicione 3,5 g em (0, 1), 0,5 g em (8, 1) e 2 g em (2, 4).

Seção 1.4

1. O produto não está definido porque o número de colunas (2) na matriz 3×2 não é igual ao número de coeficientes (3) do vetor.

3. $A\mathbf{x} = \begin{bmatrix} 6 & 5 \\ -4 & -3 \\ 7 & 6 \end{bmatrix}\begin{bmatrix} 1 \\ -3 \end{bmatrix} = 1\begin{bmatrix} 6 \\ -4 \\ 7 \end{bmatrix} - 3\begin{bmatrix} 5 \\ -3 \\ 6 \end{bmatrix}$

$= \begin{bmatrix} 6 \\ -4 \\ 7 \end{bmatrix} + \begin{bmatrix} -15 \\ 9 \\ -18 \end{bmatrix} = \begin{bmatrix} -9 \\ 5 \\ -11 \end{bmatrix}$ e

$A\mathbf{x} = \begin{bmatrix} 6 & 5 \\ -4 & -3 \\ 7 & 6 \end{bmatrix}\begin{bmatrix} 1 \\ -3 \end{bmatrix} = \begin{bmatrix} 6(1) + 5(-3) \\ (-4)(1) + (-3)(-3) \\ 7(1) + 6(-3) \end{bmatrix}$

$= \begin{bmatrix} -9 \\ 5 \\ -11 \end{bmatrix}$. Mostre seu trabalho aqui e nos Exercícios 4 a 6,

mas, depois, execute as operações mentalmente.

5. $5\begin{bmatrix} 5 \\ -2 \end{bmatrix} - 1\begin{bmatrix} 1 \\ -7 \end{bmatrix} + 3\begin{bmatrix} -8 \\ 3 \end{bmatrix} - 2\begin{bmatrix} 4 \\ -5 \end{bmatrix} = \begin{bmatrix} -8 \\ 16 \end{bmatrix}$

7. $\begin{bmatrix} 4 & -5 & 7 \\ -1 & 3 & -8 \\ 7 & -5 & 0 \\ -4 & 1 & 2 \end{bmatrix}\begin{bmatrix} x_1 \\ x_2 \\ x_3 \end{bmatrix} = \begin{bmatrix} 6 \\ -8 \\ 0 \\ -7 \end{bmatrix}$

9. $x_1\begin{bmatrix} 3 \\ 0 \end{bmatrix} + x_2\begin{bmatrix} 1 \\ 1 \end{bmatrix} + x_3\begin{bmatrix} -5 \\ 4 \end{bmatrix} = \begin{bmatrix} 9 \\ 0 \end{bmatrix}$ e

$\begin{bmatrix} 3 & 1 & -5 \\ 0 & 1 & 4 \end{bmatrix}\begin{bmatrix} x_1 \\ x_2 \\ x_3 \end{bmatrix} = \begin{bmatrix} 9 \\ 0 \end{bmatrix}$

11. $\begin{bmatrix} 1 & 2 & 4 & -2 \\ 0 & 1 & 5 & 2 \\ -2 & -4 & -3 & 9 \end{bmatrix}$, $\mathbf{x} = \begin{bmatrix} x_1 \\ x_2 \\ x_3 \end{bmatrix} = \begin{bmatrix} 0 \\ -3 \\ 1 \end{bmatrix}$

13. Sim. (Justifique sua resposta.)

u está aqui

15. A equação $A\mathbf{x} = \mathbf{b}$ não é consistente quando $3b_1 + b_2$ é diferente de zero. (Mostre seu trabalho.) O conjunto dos **b** para os quais a equação *é* consistente corresponde a uma reta contendo a origem — o conjunto de todos os pontos (b_1, b_2) que satisfazem $b_2 = -3b_1$.

17. Só três linhas contêm uma posição de pivô. A equação $A\mathbf{x} = \mathbf{b}$ *não* tem solução para todo **b** em $\mathbb{R}^4$ pelo Teorema 4.

19. O resultado do Exercício 17 mostra que a afirmação (d) no Teorema 4 é falsa. Então, todas as afirmações no Teorema 4 são falsas. Logo, nem todos os vetores em $\mathbb{R}^4$ podem ser escritos como combinações lineares das colunas de A. Ou seja, as colunas de A *não* geram $\mathbb{R}^4$.

21. A matriz $[\mathbf{v}_1 \ \mathbf{v}_2 \ \mathbf{v}_3]$ não tem uma posição de pivô em cada linha, de modo que as colunas da matriz não geram $\mathbb{R}^4$ pelo Teorema 4. Ou seja, $\{\mathbf{v}_1, \mathbf{v}_2, \mathbf{v}_3\}$ não gera $\mathbb{R}^4$.

35. $c_1 = -3, c_2 = -1, c_3 = 2$.

37. $Q\mathbf{x} = \mathbf{v}$, em que $Q = [\mathbf{q}_1 \ \ \mathbf{q}_2 \ \ \mathbf{q}_3]$ e $\mathbf{x} = \begin{bmatrix} x_1 \\ x_2 \\ x_3 \end{bmatrix}$

Observação: Se sua resposta for a equação $A\mathbf{x} = \mathbf{b}$, você terá que especificar A e **b**.

39. *Sugestão*: Comece com uma matriz B 3×3 em forma escalonada com três posições de pivô.

43. *Sugestão*: A tem quantas colunas pivôs? Por quê?

45. Dados $A\mathbf{x}_1 = \mathbf{y}_1$ e $A\mathbf{x}_2 = \mathbf{y}_2$, pede-se para você mostrar que a equação $A\mathbf{x} = \mathbf{w}$ tem solução, em que $\mathbf{w} = \mathbf{y}_1 + \mathbf{y}_2$. Note

que $\mathbf{w} = A\mathbf{x}_1 + A\mathbf{x}_2$ e use o Teorema 5(a) com $\mathbf{x}_1$ e $\mathbf{x}_2$ no lugar de **u** e **v**, respectivamente. Ou seja, $\mathbf{w} = A\mathbf{x}_1 + A\mathbf{x}_2 = A(\mathbf{x}_1 + \mathbf{x}_2)$. Logo, o vetor $\mathbf{x} = \mathbf{x}_1 + \mathbf{x}_2$ é uma solução de $\mathbf{w} = A\mathbf{x}$.

47. As colunas não geram $\mathbb{R}^4$.

49. As colunas geram $\mathbb{R}^4$.

51. Apague a coluna 4 da matriz no Exercício 49. Também é possível apagar a coluna 3 em vez da 4.

Seção 1.5

1. O sistema tem uma solução não trivial porque tem uma variável livre x_3.

3. O sistema tem uma solução não trivial porque tem uma variável livre x_3.

5. $\mathbf{x} = \begin{bmatrix} x_1 \\ x_2 \\ x_3 \end{bmatrix} = x_3\begin{bmatrix} 5 \\ -2 \\ 1 \end{bmatrix}$

7. $\mathbf{x} = \begin{bmatrix} x_1 \\ x_2 \\ x_3 \\ x_4 \end{bmatrix} = x_3\begin{bmatrix} -9 \\ 4 \\ 1 \\ 0 \end{bmatrix} + x_4\begin{bmatrix} 8 \\ -5 \\ 0 \\ 1 \end{bmatrix}$

9. $\mathbf{x} = x_2\begin{bmatrix} 3 \\ 1 \\ 0 \end{bmatrix} + x_3\begin{bmatrix} -2 \\ 0 \\ 1 \end{bmatrix}$

13. $\begin{bmatrix} 3 & -9 & 6 \\ -1 & 3 & -2 \end{bmatrix}\left(x_2\begin{bmatrix} 3 \\ 1 \\ 0 \end{bmatrix} + x_3\begin{bmatrix} -2 \\ 0 \\ 1 \end{bmatrix} \right) =$

$x_2\begin{bmatrix} 3 & -9 & 6 \\ -1 & 3 & -2 \end{bmatrix}\begin{bmatrix} 3 \\ 1 \\ 0 \end{bmatrix} +$

$x_3\begin{bmatrix} 3 & -9 & 6 \\ -1 & 3 & -2 \end{bmatrix}\begin{bmatrix} -2 \\ 0 \\ 1 \end{bmatrix}$

$= x_2\begin{bmatrix} 0 \\ 0 \end{bmatrix} + x_3\begin{bmatrix} 0 \\ 0 \end{bmatrix} = \begin{bmatrix} 0 \\ 0 \end{bmatrix}$

15. $\begin{bmatrix} 1 & -4 & -2 & 0 & 3 & -5 \\ 0 & 0 & 1 & 0 & 0 & -1 \\ 0 & 0 & 0 & 0 & 1 & -4 \\ 0 & 0 & 0 & 0 & 0 & 0 \end{bmatrix}\left(x_2\begin{bmatrix} 4 \\ 1 \\ 0 \\ 0 \\ 0 \\ 0 \end{bmatrix} + x_4\begin{bmatrix} 0 \\ 0 \\ 0 \\ 1 \\ 0 \\ 0 \end{bmatrix} + x_6\begin{bmatrix} -5 \\ 0 \\ 1 \\ 0 \\ 4 \\ 1 \end{bmatrix} \right)$

$= x_2\begin{bmatrix} 1 & -4 & -2 & 0 & 3 & -5 \\ 0 & 0 & 1 & 0 & 0 & -1 \\ 0 & 0 & 0 & 0 & 1 & -4 \\ 0 & 0 & 0 & 0 & 0 & 0 \end{bmatrix}\begin{bmatrix} 4 \\ 1 \\ 0 \\ 0 \\ 0 \end{bmatrix} +$

$x_4\begin{bmatrix} 1 & -4 & -2 & 0 & 3 & -5 \\ 0 & 0 & 1 & 0 & 0 & -1 \\ 0 & 0 & 0 & 0 & 1 & -4 \\ 0 & 0 & 0 & 0 & 0 & 0 \end{bmatrix}\begin{bmatrix} 0 \\ 0 \\ 0 \\ 1 \\ 0 \\ 0 \end{bmatrix} +$

$x_6\begin{bmatrix} 1 & -4 & -2 & 0 & 3 & -5 \\ 0 & 0 & 1 & 0 & 0 & -1 \\ 0 & 0 & 0 & 0 & 1 & -4 \\ 0 & 0 & 0 & 0 & 0 & 0 \end{bmatrix}\begin{bmatrix} -5 \\ 0 \\ 1 \\ 0 \\ 4 \\ 1 \end{bmatrix}$

$= x_2\begin{bmatrix} 0 \\ 0 \\ 0 \\ 0 \end{bmatrix} + x_4\begin{bmatrix} 0 \\ 0 \\ 0 \\ 0 \end{bmatrix} + x_6\begin{bmatrix} 0 \\ 0 \\ 0 \\ 0 \end{bmatrix} = \begin{bmatrix} 0 \\ 0 \\ 0 \\ 0 \end{bmatrix}$

17. $\mathbf{x} = \begin{bmatrix} 5 \\ -2 \\ 0 \end{bmatrix} + x_3 \begin{bmatrix} 4 \\ -7 \\ 1 \end{bmatrix} = \mathbf{p} + x_3\mathbf{q}$. Geometricamente, o con-

junto solução é a reta contendo $\begin{bmatrix} 5 \\ -2 \\ 0 \end{bmatrix}$ paralela a $\begin{bmatrix} 4 \\ -7 \\ 1 \end{bmatrix}$.

19. $\mathbf{x} = \begin{bmatrix} x_1 \\ x_2 \\ x_3 \end{bmatrix} = \begin{bmatrix} -2 \\ 1 \\ 0 \end{bmatrix} + x_3 \begin{bmatrix} 5 \\ -2 \\ 1 \end{bmatrix}$. O conjunto solução é a reta

contendo $\begin{bmatrix} -2 \\ 1 \\ 0 \end{bmatrix}$ paralela à reta que é o conjunto solução do sis-

tema homogêneo no Exercício 5.

21. Sejam $\mathbf{u} = \begin{bmatrix} -9 \\ 1 \\ 0 \end{bmatrix}, \mathbf{v} = \begin{bmatrix} 4 \\ 0 \\ 1 \end{bmatrix}, \mathbf{p} = \begin{bmatrix} -2 \\ 0 \\ 0 \end{bmatrix}$. A solução da equa-

ção homogênea é $\mathbf{x} = x_2\mathbf{u} + x_3\mathbf{v}$, ou seja, o plano contendo a origem gerado por $\mathbf{u}$ e $\mathbf{v}$. O conjunto solução do sistema não homogêneo é $\mathbf{x} = \mathbf{p} + x_2\mathbf{u} + x_3\mathbf{v}$, ou seja, o plano contendo $\mathbf{p}$ paralelo ao conjunto solução da equação homogênea.

23. $\mathbf{x} = \mathbf{a} + t\mathbf{b}$, em que t representa um parâmetro, ou

$\mathbf{x} = \begin{bmatrix} x_1 \\ x_2 \end{bmatrix} = \begin{bmatrix} -2 \\ 0 \end{bmatrix} + t \begin{bmatrix} -5 \\ 3 \end{bmatrix}$, ou $\begin{cases} x_1 = -2 - 5t \\ x_2 = 3t \end{cases}$

25. $\mathbf{x} = \mathbf{p} + t(\mathbf{q} - \mathbf{p}) = \begin{bmatrix} 2 \\ -5 \end{bmatrix} + t \begin{bmatrix} -5 \\ 6 \end{bmatrix}$

37. $A\mathbf{v}_h = A(\mathbf{w} - \mathbf{p}) = A\mathbf{w} - A\mathbf{p} = \mathbf{b} - \mathbf{b} = \mathbf{0}$

39. Quando A for a matriz nula 3×3, *todo* $\mathbf{x}$ em $\mathbb{R}^3$ será solução de $A\mathbf{x} = \mathbf{0}$. Logo, o conjunto solução é o conjunto de todos os vetores em $\mathbb{R}^3$.

41. a. Quando A é uma matriz 3×3 com três posições de pivô, a equação $A\mathbf{x} = \mathbf{0}$ não tem variáveis livres e, portanto, não tem solução não trivial.

  b. Com três posições de pivô, A tem uma posição de pivô em cada uma das suas três linhas. Pelo Teorema 4 na Seção 1.4, a equação $A\mathbf{x} = \mathbf{b}$ tem solução para todos os $\mathbf{b}$ possíveis. A palavra "possível" no exercício significa que os únicos vetores em consideração são os que estão em $\mathbb{R}^3$, já que A tem três linhas.

43. a. Quando A é uma matriz 3×2 com duas posições de pivô, cada coluna é uma coluna pivô. Logo, a equação $A\mathbf{x} = \mathbf{0}$ não tem variáveis livres e, portanto, não tem soluções não triviais.

  b. Com duas posições de pivô e três linhas, A não pode ter um pivô em cada linha. Então, a equação $A\mathbf{x} = \mathbf{b}$ não pode ter solução para todos os $\mathbf{b}$ possíveis (em $\mathbb{R}^3$), pelo Teorema 4 na Seção 1.4.

45. Uma resposta é $\mathbf{x} = \begin{bmatrix} 3 \\ -1 \end{bmatrix}$

47. Seu exemplo deve ter a propriedade de que a soma dos elementos em cada linha é zero. Por quê?

49. Uma resposta é $A = \begin{bmatrix} 1 & -4 \\ 1 & -4 \end{bmatrix}$. Se $\mathbf{b}$ for qualquer vetor que *não*

seja um múltiplo da primeira coluna de A, então o conjunto solução de $A\mathbf{x} = \mathbf{b}$ será vazio e, portanto, não pode ser formado pela translação do conjunto solução de $A\mathbf{x} = \mathbf{b}$. Isso não contradiz o Teorema 6, pois esse teorema se aplica quando o conjunto solução da equação $A\mathbf{x} = \mathbf{b}$ não é vazio.

51. Se c for um escalar, então $A(c\mathbf{u}) = cA\mathbf{u}$, pelo Teorema 5(b) na Seção 1.4. Se $\mathbf{u}$ for solução de $A\mathbf{x} = \mathbf{0}$, então $A\mathbf{u} = \mathbf{0}$; logo, $cA\mathbf{u} = c \cdot \mathbf{0} = \mathbf{0}$, de modo que $A(c\mathbf{u}) = \mathbf{0}$.

Seção 1.6

1. A solução geral é $p_B = 0{,}875p_S$, com p_S livre. Uma solução de equilíbrio é $p_S = 1.000$ e $p_B = 875$. Usando frações, a solução geral poderia ser escrita $p_B = (7/8)p_S$ e uma escolha natural de preços poderia ser $p_S = 80$ e $p_B = 70$. Só a *razão* entre os preços é que é importante. O equilíbrio econômico não é afetado por uma variação proporcional nos preços.

3. a.

	Distribuição da Produção de:				
	Q&M	C&E	M		
Produção	↓	↓	↓ Insumos	Comprado por
	0,2	0,8	0,4	→	Q&M
	0,3	0,1	0,4	→	C&E
	0,5	0,1	0,2	→	M

  b. $\begin{bmatrix} 0,8 & -0,8 & -0,4 & 0 \\ -0,3 & 0,9 & -0,4 & 0 \\ -0,5 & -0,1 & 0,8 & 0 \end{bmatrix}$

  c. $p_{Q\&M} = 141{,}7, p_{C\&E} = 91{,}7, p_M = 100$. Com dois algarismos significativos, $p_{Q\&M} = 140, p_{C\&E} = 92, p_M = 100$.

5. $B_2S_3 + 6H_2O \rightarrow 2H_3BO_3 + 3H_2S$

7. $3NaHCO_3 + H_3C_6H_5O_7 \rightarrow Na_3C_6H_5O_7 + 3H_2O + 3CO_2$

9. $15PbN_6 + 44CrMn_2O_8 \rightarrow$
$5Pb_3O_4 + 22Cr_2O_3 + 88MnO_2 + 90NO$

11. $\begin{cases} x_1 = 20 - x_3 \\ x_2 = 60 + x_3 \\ x_3 \text{ é livre} \\ x_4 = 60 \end{cases}$ O maior valor de x_3 é 20.

13. a. $\begin{cases} x_1 = x_3 - 40 \\ x_2 = x_3 + 10 \\ x_3 \text{ é livre} \\ x_4 = x_6 + 50 \\ x_5 = x_6 + 60 \\ x_6 \text{ é livre} \end{cases}$ **b.** $\begin{cases} x_2 = 50 \\ x_3 = 40 \\ x_4 = 50 \\ x_5 = 60 \end{cases}$

Seção 1.7

Justifique suas respostas nos Exercícios 1 a 22.

1. Lin. dep. **3.** Lin. indep.

5. Lin. indep. **7.** Lin. depen.

9. a. $h = 4$ **b.** $h = 4$

11. $h = 6$ **13.** Todos os h.

15. Lin. depen. **17.** Lin. depen. **19.** Lin. indep.

29. $\begin{bmatrix} \blacksquare & * & * \\ 0 & \blacksquare & * \\ 0 & 0 & \blacksquare \end{bmatrix}$ **31.** $\begin{bmatrix} \blacksquare & * \\ 0 & \blacksquare \\ 0 & 0 \\ 0 & 0 \end{bmatrix}$ e $\begin{bmatrix} 0 & \blacksquare \\ 0 & 0 \\ 0 & 0 \\ 0 & 0 \end{bmatrix}$

33. Todas as cinco colunas da matriz A 7×5 têm de ser colunas pivôs. Caso contrário, a equação $A\mathbf{x} = \mathbf{0}$ teria uma variável livre e, nesse caso, as colunas de A seriam linearmente dependentes.

35. A: Qualquer matriz 3×2 com duas colunas não nulas tal que nenhuma delas é múltipla da outra vai funcionar. Nesse caso, as colunas formam um conjunto linearmente independente, de modo que a equação $A\mathbf{x} = \mathbf{0}$ só tem a solução trivial.

B: Qualquer matriz 3×2 com a segunda coluna sendo um múltiplo da primeira terá a propriedade desejada.

37. $\mathbf{x} = \begin{bmatrix} 1 \\ 1 \\ -1 \end{bmatrix}$

39. Verdadeira pelo Teorema 7.

41. Falsa. O vetor $\mathbf{v}_1$ pode ser o vetor nulo.

43. Verdadeira. Uma relação de dependência linear entre $\mathbf{v}_1$, $\mathbf{v}_2$ e $\mathbf{v}_3$ pode ser estendida a uma relação de dependência linear entre $\mathbf{v}_1$, $\mathbf{v}_2$, $\mathbf{v}_3$ e $\mathbf{v}_4$ colocando um coeficiente nulo para $\mathbf{v}_4$.

47. $B = \begin{bmatrix} 8 & -3 & 2 \\ -9 & 4 & -7 \\ 6 & -2 & 4 \\ 5 & -1 & 10 \end{bmatrix}$. Existem outras escolhas possíveis.

49. Cada coluna de A que não é uma coluna de B pertence ao conjunto gerado pelas colunas de B.

Seção 1.8

1. $\begin{bmatrix} 2 \\ -6 \end{bmatrix}, \begin{bmatrix} 2a \\ 2b \end{bmatrix}$ **3.** $\mathbf{x} = \begin{bmatrix} 3 \\ 1 \\ 2 \end{bmatrix}$, solução única

5. $\mathbf{x} = \begin{bmatrix} 3 \\ 1 \\ 0 \end{bmatrix}$, não é única   **7.** $a = 5, b = 6$

9. $\mathbf{x} = x_3 \begin{bmatrix} 9 \\ 4 \\ 1 \\ 0 \end{bmatrix} + x_4 \begin{bmatrix} -7 \\ -3 \\ 0 \\ 1 \end{bmatrix}$

11. Sim, porque o sistema representado por $[A \ \mathbf{b}]$ é consistente.

13.

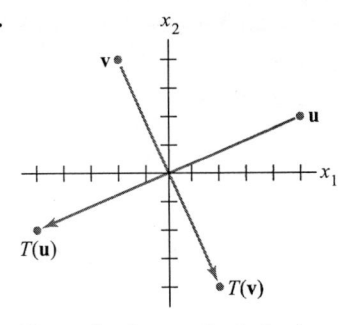

Uma reflexão em relação à origem.

15.

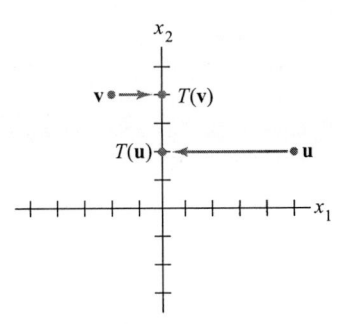

Uma projeção sobre o eixo x_2.

17. $\begin{bmatrix} 6 \\ 3 \end{bmatrix}, \begin{bmatrix} -2 \\ 6 \end{bmatrix}, \begin{bmatrix} 4 \\ 9 \end{bmatrix}$ **19.** $\begin{bmatrix} 13 \\ 7 \end{bmatrix}, \begin{bmatrix} 2x_1 - x_2 \\ 5x_1 + 6x_2 \end{bmatrix}$

31.

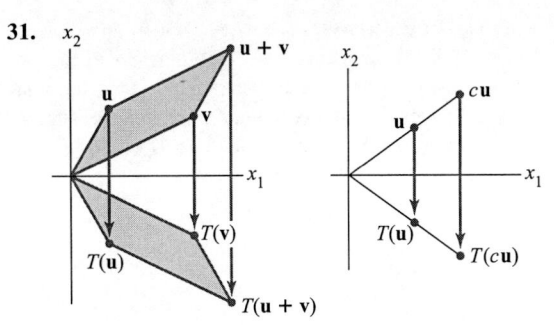

33. *Sugestão*: Mostre que a imagem de uma reta (ou seja, o conjunto das imagens de todos os pontos em uma reta) pode ser representada pela equação paramétrica de uma reta.

35. a. A reta contendo $\mathbf{p}$ e $\mathbf{q}$ é paralela a $\mathbf{q} - \mathbf{p}$. (Veja os Exercícios 25 e 26 na Seção 1.5.) Como $\mathbf{p}$ pertence à reta, a equação da reta é $\mathbf{x} = \mathbf{p} + t(\mathbf{q} - \mathbf{p})$. Reescreva na forma $\mathbf{x} = \mathbf{p} - t\mathbf{p} + t\mathbf{q}$, ou seja, $\mathbf{x} = (1 - t)\mathbf{p} + t\mathbf{q}$.

   b. Considere $\mathbf{x} = (1 - t)\mathbf{p} + t\mathbf{q}$ para algum t com $0 \leq t \leq 1$. Então, pela linearidade de T, para $0 \leq t \leq 1$.

$$T(\mathbf{x}) = T((1 - t)\mathbf{p} + t\mathbf{q}) = (1 - t)T(\mathbf{p}) + tT(\mathbf{q}) \qquad (*)$$

Se $T(\mathbf{p})$ e $T(\mathbf{q})$ forem distintos, então (*) é a equação de segmento de reta que liga $T(\mathbf{p})$ a $T(\mathbf{q})$, como foi mostrado no item (a). Caso contrário, o conjunto de imagens é o ponto $T(\mathbf{p})$, já que

$$(1 - t)\, T(\mathbf{p}) + tT(\mathbf{q}) = (1 - t)T(\mathbf{p}) + tT(\mathbf{p}) = T(\mathbf{p})$$

37. a. Quando $b = 0$, $f(x) = mx$. Neste caso, quaisquer que sejam x, y em $\mathbb{R}$ e escalares c, d,

$$\begin{aligned} f(cx + dy) &= m(cx + dy) = mcx + mdy \\ &= c(mx) + d(my) = c \cdot f(x) + d \cdot f(y) \end{aligned}$$

Isso mostra que f é linear.

   b. Quando $f(x) = mx + b$ com b diferente de zero.

$$f(0) = m(0) + b = b \neq 0.$$

   c. Em cálculo, alguma vezes f é dita uma "função linear" porque seu gráfico é uma reta.

39. *Sugestão*: Como $\{\mathbf{v}_1, \mathbf{v}_2, \mathbf{v}_3\}$ é linearmente dependente, você pode escrever determinada equação e trabalhar com ela.

41. Uma possibilidade é mostrar que T não leva o vetor nulo no vetor nulo, uma propriedade que toda transformação linear *tem* de ter: $T(0, 0) = (0, 4, 0)$.

43. Sejam $\mathbf{u}$ e $\mathbf{v}$ em $\mathbb{R}^3$ e sejam c e d escalares. Então

$$c\mathbf{u} + d\mathbf{v} = (cu_1 + dv_1, cu_2 + dv_2, cu_3 + dv_3)$$

A transformação T é linear porque

$$\begin{aligned} T(c\mathbf{u} + d\mathbf{v}) &= (cu_1 + dv_1, cu_2 + dv_2, -(cu_3 + dv_3)) \\ &= (cu_1 + dv_1, cu_2 + dv_2, -cu_3 - dv_3) \\ &= (cu_1, cu_2, -cu_3) + (dv_1, dv_2, -dv_3) \\ &= c(u_1, u_2, -u_3) + d(v_1, v_2, -v_3) \\ &= cT(\mathbf{u}) + dT(\mathbf{v}) \end{aligned}$$

45. Todos os múltiplos de $(7, 9, 0, 2)$.

47. Sim. Uma escolha para $\mathbf{x}$ é $(4, 7, 1, 0)$.

Seção 1.9

1. $\begin{bmatrix} 2 & -5 \\ 1 & 2 \\ 2 & 0 \\ 1 & 0 \end{bmatrix}$ **3.** $\begin{bmatrix} 0 & 1 \\ -1 & 0 \end{bmatrix}$ **5.** $\begin{bmatrix} 1 & 0 \\ -2 & 1 \end{bmatrix}$

7. $\begin{bmatrix} -1/\sqrt{2} & 1/\sqrt{2} \\ 1/\sqrt{2} & 1/\sqrt{2} \end{bmatrix}$ **9.** $\begin{bmatrix} 0 & -1 \\ -1 & 3 \end{bmatrix}$

11. A transformação T descrita leva $\mathbf{e}_1$ em $-\mathbf{e}_1$ e leva $\mathbf{e}_2$ em $-\mathbf{e}_2$. Uma rotação de π radianos também leva $\mathbf{e}_1$ em $-\mathbf{e}_1$ e leva $\mathbf{e}_2$ em $-\mathbf{e}_2$. Como uma transformação linear fica completamente determinada por sua ação sobre as colunas da matriz identidade, a transformação de rotação tem o mesmo efeito que T em todo vetor em $\mathbb{R}^2$.

13.

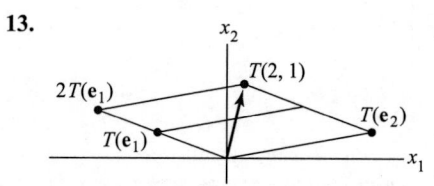

15. $\begin{bmatrix} 2 & 0 & -3 \\ 4 & 0 & 0 \\ 1 & -1 & 1 \end{bmatrix}$ **17.** $\begin{bmatrix} 0 & 0 & 0 & 0 \\ 1 & 1 & 0 & 0 \\ 0 & 1 & 1 & 0 \\ 0 & 0 & 1 & 1 \end{bmatrix}$

19. $\begin{bmatrix} 1 & -5 & 4 \\ 0 & 1 & -6 \end{bmatrix}$ **21.** $\mathbf{x} = \begin{bmatrix} 7 \\ -4 \end{bmatrix}$

33. Não é injetora nem sobrejetora.

35. Não é injetora, mas é sobrejetora.

37. $\begin{bmatrix} \blacksquare & * & * \\ 0 & \blacksquare & * \\ 0 & 0 & \blacksquare \\ 0 & 0 & 0 \end{bmatrix}$

41. *Sugestão*: Se $\mathbf{e}_j$ for a j-ésima coluna de I_n, então $B\mathbf{e}_j$ será a j-ésima coluna de B.

43. *Sugestão*: É possível que $m > n$? E $m < n$?

45. Não. (Explique por quê.)

47. Não. (Explique por quê.)

Seção 1.10

1. a. $x_1 \begin{bmatrix} 110 \\ 4 \\ 20 \\ 2 \end{bmatrix} + x_2 \begin{bmatrix} 130 \\ 3 \\ 18 \\ 5 \end{bmatrix} = \begin{bmatrix} 295 \\ 9 \\ 48 \\ 8 \end{bmatrix}$, em que x_1 é o número

de porções de Cheerios e x_2 é o número de porções 100% do Cereal Natural.

b. $\begin{bmatrix} 110 & 130 \\ 4 & 3 \\ 20 & 18 \\ 2 & 5 \end{bmatrix} \begin{bmatrix} x_1 \\ x_2 \end{bmatrix} = \begin{bmatrix} 295 \\ 9 \\ 48 \\ 8 \end{bmatrix}$. Misture uma porção e meia

de Cheerios com uma porção 100% de Cereal Natural.

3. a. Ela deveria misturar 0,99 porção de Mac and Cheese, 1,54 porção de brócolis e 0,79 porção de frango para obter o conteúdo nutricional desejado.

b. Ela deveria misturar 1,09 porção de conchas, 0,88 porção de brócolis e 1,03 porção de frango para obter o conteúdo nutricional desejado. Note que essa mistura contém bem menos brócolis, de modo que ela deve preferir.

5. $R\mathbf{i} = \mathbf{v}$, $\begin{bmatrix} 11 & -5 & 0 & 0 \\ -5 & 10 & -1 & 0 \\ 0 & -1 & 9 & -2 \\ 0 & 0 & -2 & 10 \end{bmatrix} \begin{bmatrix} I_1 \\ I_2 \\ I_3 \\ I_4 \end{bmatrix} = \begin{bmatrix} 50 \\ -40 \\ 30 \\ -30 \end{bmatrix}$

$\mathbf{i} = \begin{bmatrix} I_1 \\ I_2 \\ I_3 \\ I_4 \end{bmatrix} = \begin{bmatrix} 3,68 \\ -1,90 \\ 2,57 \\ -2,49 \end{bmatrix}$

7. $R\mathbf{i} = \mathbf{v}$, $\begin{bmatrix} 12 & -7 & 0 & -4 \\ -7 & 15 & -6 & 0 \\ 0 & -6 & 14 & -5 \\ -4 & 0 & -5 & 13 \end{bmatrix} \begin{bmatrix} I_1 \\ I_2 \\ I_3 \\ I_4 \end{bmatrix} = \begin{bmatrix} 40 \\ 30 \\ 20 \\ -10 \end{bmatrix}$

$\mathbf{i} = \begin{bmatrix} I_1 \\ I_2 \\ I_3 \\ I_4 \end{bmatrix} = \begin{bmatrix} 11,43 \\ 10,55 \\ 8,04 \\ 5,84 \end{bmatrix}$

9. $\mathbf{x}_{k+1} = M\mathbf{x}_k$ para $k = 0, 1, 2, \ldots$, em que

$M = \begin{bmatrix} 0,93 & 0,05 \\ 0,07 & 0,95 \end{bmatrix}$ e $\mathbf{x}_0 = \begin{bmatrix} 800.000 \\ 500.000 \end{bmatrix}$.

A população em 2022 (para $k = 2$) é $\mathbf{x}_2 = \begin{bmatrix} 741.720 \\ 558.280 \end{bmatrix}$.

11. 32 em Pullman, 76 em Spokane e 212 em Seattle.

13. a. A população da cidade diminui. Depois de 7 anos, as populações são aproximadamente iguais, mas a população da cidade continua a diminuir. Depois de 20 anos, só haverá cerca de 417.000 pessoas na cidade (exatas 417.456). No entanto, as variações nas populações parecem diminuir a cada ano.

b. A população na cidade está aumentando devagar e a população nos subúrbios está diminuindo. Depois de 20 anos, a população da cidade aumentou de 350.000 para cerca de 370.000.

Capítulo 1   Exercícios Suplementares

1. F   **2.** F   **3.** V   **4.** F   **5.** V

6. V   **7.** F   **8.** F   **9.** V   **10.** F

11. V   **12.** F   **13.** V   **14.** V   **15.** V

16. V   **17.** F   **18.** V   **19.** F   **20.** V

21. F   **22.** F   **23.** F   **24.** V   **25.** V

27. a. Qualquer sistema linear consistente cuja forma escalonada é

$\begin{bmatrix} \blacksquare & * & * & * \\ 0 & \blacksquare & * & * \\ 0 & 0 & 0 & 0 \end{bmatrix}$ ou $\begin{bmatrix} \blacksquare & * & * & * \\ 0 & 0 & \blacksquare & * \\ 0 & 0 & 0 & 0 \end{bmatrix}$

ou $\begin{bmatrix} 0 & \blacksquare & * & * \\ 0 & 0 & \blacksquare & * \\ 0 & 0 & 0 & 0 \end{bmatrix}$

b. Qualquer sistema linear consistente cuja forma escalonada reduzida é I_3.

c. Qualquer sistema linear inconsistente com três equações e três incógnitas.

29. a. O conjunto solução: (i) é vazio se $h = 12$ e $k \neq 2$; (ii) contém uma única solução se $h \neq 12$; (iii) contém uma infinidade de soluções se $h = 12$ e $k = 2$.

b. O conjunto solução é vazio se $k + 3h = 0$; caso contrário, o conjunto solução contém uma única solução.

31. a. Sejam $\mathbf{v}_1 = \begin{bmatrix} 2 \\ -5 \\ 7 \end{bmatrix}$, $\mathbf{v}_2 = \begin{bmatrix} -4 \\ 1 \\ -5 \end{bmatrix}$, $\mathbf{v}_3 = \begin{bmatrix} -2 \\ 1 \\ -3 \end{bmatrix}$ e

$\mathbf{b} = \begin{bmatrix} b_1 \\ b_2 \\ b_3 \end{bmatrix}$. "Determine se $\mathbf{v}_1, \mathbf{v}_2, \mathbf{v}_3$ geram $\mathbb{R}^3$."

Solução: Não.

b. Defina $A = \begin{bmatrix} 2 & -4 & -2 \\ -5 & 1 & 1 \\ 7 & -5 & -3 \end{bmatrix}$. "Determine se as colunas de A geram $\mathbb{R}^3$."

c. Defina $T(\mathbf{x}) = A\mathbf{x}$. "Determine se T é uma função sobrejetora de $\mathbb{R}^3$ em $\mathbb{R}^3$."

33. $\begin{bmatrix} 5 \\ 6 \end{bmatrix} = \frac{4}{3} \begin{bmatrix} 2 \\ 1 \end{bmatrix} + \frac{7}{3} \begin{bmatrix} 1 \\ 2 \end{bmatrix}$ ou $\begin{bmatrix} 5 \\ 6 \end{bmatrix} = \begin{bmatrix} 8/3 \\ 4/3 \end{bmatrix} + \begin{bmatrix} 7/3 \\ 14/3 \end{bmatrix}$

34. *Sugestão:* Construa um "reticulado" no plano $x_1 x_2$ determinado por $\mathbf{a}_1$ e $\mathbf{a}_2$.

35. Um conjunto solução é uma reta quando o sistema tem uma variável livre. Se a matriz de coeficientes for 2×3, então duas das colunas deverão ser colunas pivôs. Por exemplo, considere $\begin{bmatrix} 1 & 2 & * \\ 0 & 3 & * \end{bmatrix}$. Coloque quaisquer números na coluna 3. A matriz resultante estará em forma escalonada. Faça uma substituição na segunda linha para criar uma matriz que *não* esteja em forma escalonada, como $\begin{bmatrix} 1 & 2 & 1 \\ 0 & 3 & 1 \end{bmatrix} \sim \begin{bmatrix} 1 & 2 & 1 \\ 1 & 5 & 2 \end{bmatrix}$.

36. *Sugestão:* A equação $A\mathbf{x} = \mathbf{0}$ tem quantas variáveis livres?

37. $E = \begin{bmatrix} 1 & 0 & -3 \\ 0 & 1 & 2 \\ 0 & 0 & 0 \end{bmatrix}$

39. **a.** Se os três vetores forem linearmente independentes, então todos os escalares a, c e f terão de ser não nulos.

b. Os números $a, \ldots, f$ podem assumir quaisquer valores.

40. *Sugestão:* Liste as colunas da direita para a esquerda como $\mathbf{v}_1, \ldots, \mathbf{v}_4$.

41. *Sugestão:* Use o Teorema 7.

43. Seja M a reta contendo a origem paralela à reta contendo $\mathbf{v}_1$, $\mathbf{v}_2$ e $\mathbf{v}_3$. Então, ambos $\mathbf{v}_2 - \mathbf{v}_1$ e $\mathbf{v}_3 - \mathbf{v}_1$ estão em M, de modo que um desses vetores é um múltiplo do outro, digamos $\mathbf{v}_2 - \mathbf{v}_1 = k(\mathbf{v}_3 - \mathbf{v}_1)$. Essa equação produz uma relação de dependência linear: $(k-1)\mathbf{v}_1 + \mathbf{v}_2 - k\mathbf{v}_3 = \mathbf{0}$.

Outra solução: Uma equação paramétrica da reta é $\mathbf{x} = \mathbf{v}_1 + t(\mathbf{v}_2 - \mathbf{v}_1)$. Como $\mathbf{v}_3$ pertence à reta, existe algum t_0 tal que $\mathbf{v}_3 = \mathbf{v}_1 + t_0(\mathbf{v}_2 - \mathbf{v}_1) = (1 - t_0)\mathbf{v}_1 + t_0\mathbf{v}_2$. Logo, $\mathbf{v}_3$ é uma combinação linear de $\mathbf{v}_1$, $\mathbf{v}_2$ e o conjunto $\{\mathbf{v}_1, \mathbf{v}_2, \mathbf{v}_3\}$ é linearmente dependente.

45. $\begin{bmatrix} 1 & 0 & 0 \\ 0 & -1 & 0 \\ 0 & 0 & 1 \end{bmatrix}$ **47.** $a = 4/5$ e $b = -3/5$

49. **a.** O vetor lista o número de apartamentos de três quartos, dois quartos e um quarto quando são construídos x_1 andares da Planta A.

b. $x_1 \begin{bmatrix} 3 \\ 7 \\ 8 \end{bmatrix} + x_2 \begin{bmatrix} 4 \\ 4 \\ 8 \end{bmatrix} + x_3 \begin{bmatrix} 5 \\ 3 \\ 9 \end{bmatrix}$

c. Use 2 andares do Plano A e 15 andares do Plano B. Ou use 6 andares do Plano A, 2 andares do Plano B e 8 andares do Plano C. Essas são as únicas soluções factíveis. Existem outras soluções matemáticas, mas utilizam um número negativo de andares de uma ou duas das plantas, o que não faz sentido físico.

Capítulo 2

Seção 2.1

1. $\begin{bmatrix} -4 & 0 & 2 \\ -8 & 6 & -4 \end{bmatrix}, \begin{bmatrix} 3 & -5 & 3 \\ -7 & 2 & -7 \end{bmatrix}$, não definida, $\begin{bmatrix} 1 & 13 \\ -7 & -6 \end{bmatrix}$

3. $\begin{bmatrix} -1 & 1 \\ -5 & 5 \end{bmatrix}, \begin{bmatrix} 12 & -3 \\ 15 & -6 \end{bmatrix}$

5. **a.** $A\mathbf{b}_1 = \begin{bmatrix} -7 \\ 7 \\ 12 \end{bmatrix}, A\mathbf{b}_2 = \begin{bmatrix} 6 \\ -16 \\ -11 \end{bmatrix}$,

$AB = \begin{bmatrix} -7 & 6 \\ 7 & -16 \\ 12 & -11 \end{bmatrix}$

b. $AB = \begin{bmatrix} -1(3) + 2(-2) & -1(-4) + 2(1) \\ 5(3) + 4(-2) & 5(-4) + 4(1) \\ 2(3) - 3(-2) & 2(-4) - 3(1) \end{bmatrix}$

$= \begin{bmatrix} -7 & 6 \\ 7 & -16 \\ 12 & -11 \end{bmatrix}$

7. 3×7 **9.** $k = 5$

11. $AD = \begin{bmatrix} 2 & 3 & 5 \\ 2 & 6 & 15 \\ 2 & 12 & 25 \end{bmatrix}, DA = \begin{bmatrix} 2 & 2 & 2 \\ 3 & 6 & 9 \\ 5 & 20 & 25 \end{bmatrix}$

Multiplicação à direita por D multiplica cada *coluna* de A pelo elemento correspondente na diagonal em D. Multiplicação à esquerda por D multiplica cada *linha* de A pelo elemento correspondente na diagonal em D.

13. *Sugestão:* Uma das duas matrizes é Q.

25. $\mathbf{b}_1 = \begin{bmatrix} 7 \\ 4 \end{bmatrix}, \mathbf{b}_2 = \begin{bmatrix} -8 \\ -5 \end{bmatrix}$

27. A terceira coluna de AB é a soma das duas primeiras colunas de AB. Eis a razão. Escreva $B = [\mathbf{b}_1\ \mathbf{b}_2\ \mathbf{b}_3]$. Por definição, a terceira coluna de AB é $A\mathbf{b}_3$. Se $\mathbf{b}_3 = \mathbf{b}_1 + \mathbf{b}_2$, então $A\mathbf{b}_3 = A(\mathbf{b}_1 + \mathbf{b}_2) = A\mathbf{b}_1 + A\mathbf{b}_2$, por uma propriedade da multiplicação de matrizes.

29. As colunas de A são linearmente dependentes. Por quê?

31. *Sugestão:* Suponha que $\mathbf{x}$ satisfaça $A\mathbf{x} = \mathbf{0}$ e mostre que $\mathbf{x}$ tem de ser igual a $\mathbf{0}$.

33. *Sugestão:* Use os resultados dos Exercícios 31 e 32 e aplique a associatividade da multiplicação ao produto CAD.

35. $\mathbf{u}^T \mathbf{v} = \mathbf{v}^T \mathbf{u} = -2a + 3b - 4c$,

$\mathbf{u}\mathbf{v}^T = \begin{bmatrix} -2a & -2b & -2c \\ 3a & 3b & 3c \\ -4a & -4b & -4c \end{bmatrix}$,

$\mathbf{v}\mathbf{u}^T = \begin{bmatrix} -2a & 3a & -4a \\ -2b & 3b & -4b \\ -2c & 3c & -4c \end{bmatrix}$

37. *Sugestão*: Para o Teorema 2(b), mostre que o elemento (i, j) de $A(B + C)$ é igual ao elemento (i, j) de $AB + AC$.

39. *Sugestão*: Use a definição do produto $I_m A$ e o fato de que $I_m \mathbf{x} = \mathbf{x}$ para $\mathbf{x}$ em $\mathbb{R}^m$.

41. *Sugestão*: Escreva, primeiro, o elemento (i, j) de $(AB)^T$, que é o elemento (j, i) de AB. Depois, calcule o elemento (i, j) de $B^T A^T$, use os fatos de que os elementos na linha i de B^T são $b_{1i}, \ldots, b_{ni}$, já que eles vêm da coluna i de B, e os elementos na coluna j de A^T são $a_{j1}, \ldots, a_{jn}$, já que eles vêm da linha j de A.

43. A resposta aqui depende da escolha do programa matricial. Para o MATLAB, use o comando `help` para ler sobre `zeros`, `ones`, `eye` e `diag`.

45. Mostre seus resultados e relate suas conclusões.

47. A matriz S "desloca" os elementos em um vetor (a, b, c, d, e) levando em $(b, c, d, e, 0)$. S^5 é a matriz nula 5×5, assim com S^6.

49. $x = \begin{bmatrix} 1 \\ 0 \\ 1 \\ 0 \end{bmatrix}$

51. $\begin{bmatrix} 1 & 1 & 1 & 1 & 1 & 1 & 2 & 2 & 2 & 2 \\ 2 & 3 & 16 & 24 & 25 & 26 & 6 & 7 & 19 & 26 \end{bmatrix}$

Seção 2.2

1. $\begin{bmatrix} 2 & -3 \\ -5 & 8 \end{bmatrix}$ **3.** $\dfrac{1}{3} \begin{bmatrix} 3 & 3 \\ -7 & -8 \end{bmatrix}$ ou $\begin{bmatrix} 1 & 1 \\ -7/3 & -8/3 \end{bmatrix}$

5. $\begin{bmatrix} 8 & 3 \\ 5 & 2 \end{bmatrix} \begin{bmatrix} 2 & -3 \\ -5 & 8 \end{bmatrix} = \begin{bmatrix} 1 & 0 \\ 0 & 1 \end{bmatrix}$

7. $x_1 = 7$ e $x_2 = -18$

9. **a** e **b**. $\begin{bmatrix} -9 \\ 4 \end{bmatrix}, \begin{bmatrix} 11 \\ -5 \end{bmatrix}, \begin{bmatrix} 6 \\ -2 \end{bmatrix}$ e $\begin{bmatrix} 13 \\ -5 \end{bmatrix}$

21. A demonstração é semelhante à demonstração do Teorema 5.

23. $AB = AC \Rightarrow A^{-1}AB = A^{-1}AC \Rightarrow IB = IC \Rightarrow B = C$. Não, em geral B e C podem ser diferentes quando A não é invertível. Veja o Exercício 10 na Seção 2.1.

25. $D = C^{-1}B^{-1}A^{-1}$. Mostre que D funciona.

27. $A = BCB^{-1}$

29. Depois de encontrar $X = CB - A$, mostre que X é uma solução.

31. *Sugestão*: Considere a equação $A\mathbf{x} = \mathbf{0}$.

33. *Sugestão*: Se $A\mathbf{x} = \mathbf{0}$ só tiver a solução trivial, então não há variáveis livres na equação $A\mathbf{x} = \mathbf{0}$ e todas as colunas são colunas pivôs.

35. *Sugestão*: Considere o caso $a = b = 0$. Depois, considere o vetor $\begin{bmatrix} -b \\ a \end{bmatrix}$ e use o fato de que $ad - bc = 0$.

37. *Sugestão*: Para o item (a), troque A e B na caixa após o Exemplo 6 na Seção 2.1 e, depois, substitua B pela matriz identidade. Para os itens (b) e (c), comece escrevendo

$$A = \begin{bmatrix} \text{linha}_1(A) \\ \text{linha}_2(A) \\ \text{linha}_3(A) \end{bmatrix}$$

39. $\begin{bmatrix} -7 & 2 \\ 4 & -1 \end{bmatrix}$ **41.** $\begin{bmatrix} 8 & 3 & 1 \\ 10 & 4 & 1 \\ 7/2 & 3/2 & 1/2 \end{bmatrix}$

43. $A^{-1} = B = \begin{bmatrix} 1 & 0 & 0 & \cdots & 0 \\ -1 & 1 & 0 & & 0 \\ 0 & -1 & 1 & & \\ \vdots & & & \ddots & \vdots \\ 0 & 0 & \cdots & -1 & 1 \end{bmatrix}$.

Sugestão: Para $j = 1, \ldots, n$, denote por $\mathbf{a}_j$, $\mathbf{b}_j$ e $\mathbf{e}_j$, respectivamente, as j-ésimas colunas de A, B e I. Use os fatos de que $\mathbf{a}_j - \mathbf{a}_{j+1} = \mathbf{e}_j$ e $\mathbf{b}_j = \mathbf{e}_j - \mathbf{e}_{j+1}$ para $j = 1, \ldots, n-1$ e $\mathbf{a}_n = \mathbf{b}_n = \mathbf{e}_n$.

45. $\begin{bmatrix} 3 \\ -6 \\ 4 \end{bmatrix}$. Encontre isso escalonando a matriz $[A \ \mathbf{e}_3]$.

47. $C = \begin{bmatrix} 1 & 1 & -1 \\ -1 & 1 & 0 \end{bmatrix}$

49. As deflexões são 0,27, 0,30 e 0,23 polegadas, respectivamente.

51. 12, 1,5, 21,5 e 12 newtons, respectivamente.

Seção 2.3

A abreviação TMI denota o Teorema da Matriz Invertível (Teorema 8).

1. Invertível, pelo TMI. Nenhuma das colunas da matriz é múltipla de outra, de modo que as colunas são linearmente independentes. Além disso, a matriz é invertível pelo Teorema 4 na Seção 2.2 porque o determinante é diferente de zero.

3. Invertível, pelo TMI. Uma forma escalonada da matriz é $\begin{bmatrix} 5 & 0 & 0 \\ 0 & -7 & 0 \\ 0 & 0 & -1 \end{bmatrix}$ e tem três posições de pivô.

5. Não invertível, pelo TMI. Uma forma escalonada da matriz é $\begin{bmatrix} 1 & 0 & 2 \\ 0 & 3 & -5 \\ 0 & 0 & 0 \end{bmatrix}$ que não é equivalente por linha a I_3.

7. Invertível pelo TMI. A matriz pode ser escalonada até $\begin{bmatrix} -1 & -3 & 0 & 1 \\ 0 & -4 & 8 & 0 \\ 0 & 0 & 3 & 0 \\ 0 & 0 & 0 & 1 \end{bmatrix}$ e tem quatro posições de pivô.

9. A matriz 4×4 tem quatro posições de pivô; logo, é invertível pelo TMI.

21. Uma matriz quadrada triangular superior é invertível se e somente se todos os elementos na diagonal forem diferentes de zero. Por quê?

Observação: As respostas a seguir, para os Exercícios 15 a 29, mencionam o TMI. Em muitos casos, uma resposta aceitável, ou parte dela, também pode se basear em resultados usados para provar o TMI.

23. Se A tiver duas colunas idênticas, então suas colunas serão linearmente dependentes. O item (e) do TMI mostra que A não pode ser invertível.

25. Se A for invertível, A^{-1} também será, pelo Teorema 6 na Seção 2.2. Pelo item (e) do TMI aplicado a A^{-1}, as colunas de A^{-1} são linearmente independentes.

27. Pela afirmação (e) do TMI, D é invertível. Logo, a equação $D\mathbf{x} = \mathbf{b}$ tem uma solução para cada $\mathbf{b}$ em $\mathbb{R}^7$ pela afirmação (g) do TMI. Você pode dizer mais alguma coisa?

29. A matriz G não pode ser invertível pelo Teorema 5 na Seção 2.2 ou pelo parágrafo seguinte ao TMI. Logo, a afirmação (g) do TMI é falsa, de modo que a (h) também é. As colunas de G não geram $\mathbb{R}^n$.

31. A afirmação (b) do TMI é falsa para K; logo, as afirmações (e) e (h) também são falsas. Ou seja, as colunas de K são *linearmente* dependentes e as colunas *não* geram $\mathbb{R}^n$.

33. *Sugestão*: Use primeiro o TMI.

35. Seja W a inversa de AB. Então $ABW = I$ e $A(BW) = I$. Infelizmente, esta equação por si só não prova que A é invertível.

37. Como a transformação $\mathbf{x} \mapsto A\mathbf{x}$ não é injetora, a afirmação (f) do TMI é falsa. Então, a afirmação (i) também é falsa e a transformação $\mathbf{x} \mapsto A\mathbf{x}$ não é sobrejetora. Além disso, A não é invertível, o que implica a transformação $\mathbf{x} \mapsto A\mathbf{x}$ não ser invertível, pelo Teorema 9.

39. *Sugestão*: Se a equação $A\mathbf{x} = \mathbf{b}$ tiver solução para todo $\mathbf{b}$, então A terá um pivô em cada linha (Teorema 4 na Seção 1.4). A equação $A\mathbf{x} = \mathbf{b}$ pode ter variáveis livres?

41. *Sugestão*: Mostre primeiro que a matriz canônica de T é invertível. Depois, use um ou mais teoremas para mostrar que

$$T^{-1}(\mathbf{x}) = B\mathbf{x}, \text{ em que } B = \begin{bmatrix} 7 & 9 \\ 4 & 5 \end{bmatrix}.$$

43. *Sugestão*: Para mostrar que T é injetora, suponha que $T(\mathbf{u}) = T(\mathbf{v})$ para dois vetores $\mathbf{u}$ e $\mathbf{v}$ em $\mathbb{R}^n$. Deduza que $\mathbf{u} = \mathbf{v}$. Para mostrar que T é sobrejetora, seja $\mathbf{y}$ um vetor arbitrário em $\mathbb{R}^n$ e use a aplicação inversa S para produzir um $\mathbf{x}$ tal que $T(\mathbf{x}) = \mathbf{y}$. Outra demonstração pode ser dada usando o Teorema 9 com um teorema da Seção 1.9.

45. *Sugestão*: Considere as matrizes canônicas de T e de U.

47. Dado qualquer $\mathbf{v}$ em $\mathbb{R}^n$, podemos escrever $\mathbf{v} = T(\mathbf{x})$ para algum $\mathbf{x}$, já que T é sobrejetiva. Então, as propriedades de S e U mostram que $S(\mathbf{v}) = S(T(\mathbf{x})) = \mathbf{x}$ e $U(\mathbf{v}) = U(T(\mathbf{x})) = \mathbf{x}$. Logo, $S(\mathbf{v})$ e $U(\mathbf{v})$ definem a mesma função de $\mathbb{R}^n$ em $\mathbb{R}^n$.

49. a. A solução exata de (3) é $x_1 = 3{,}94$ e $x_2 = 0{,}49$. A solução exata do sistema (4) é $x_1 = 2{,}90$ e $x_2 = 2{,}00$.

b. Quando a solução de (4) é usada como uma aproximação para a solução em (3), o erro ao usar o valor 2,90 para x_1 é de aproximadamente 26%, enquanto o erro ao usar 2,0 para x_2 é de aproximadamente 308%.

c. O número de singularidade para a matriz de coeficientes é 3.363. A variação percentual na solução de (3) para (4) é de aproximadamente 7.700 vezes a variação percentual na expressão à direita do sinal de igualdade. Ela é da mesma ordem de grandeza que o número de singularidade. O número de singularidade nos fornece uma medida aproximada da sensibilidade da solução de $A\mathbf{x} = \mathbf{b}$ em relação a variações em $\mathbf{b}$. Você pode encontrar mais informações sobre o número de singularidade no final do Capítulo 6 e no Capítulo 7.

51. O número de singularidade de A é ≈ 69.000, que está entre 10^4 e 10^5. Então podem ter sido perdidos 4 ou 5 dígitos de precisão. Diversos experimentos com o MATLAB mostram que $\mathbf{x}$ e $\mathbf{x}_1$ são iguais com 11 ou 12 dígitos de precisão.

53. Algumas versões do MATLAB mostram uma advertência quando o usuário pede para inverter uma matriz de Hilbert de ordem 12 ou maior usando aritmética de ponto flutuante. O produto AA^{-1} deve ter diversos elementos fora da diagonal muito diferentes de zero. Se não, tente uma matriz maior.

Seção 2.4

1. $\begin{bmatrix} A & B \\ EA + C & EB + D \end{bmatrix}$ **3.** $\begin{bmatrix} Y & Z \\ W & X \end{bmatrix}$

5. $Y = B^{-1}$ (explique), $X = -B^{-1}A$, $Z = C$

7. $X = A^{-1}$ (explique), $Y = -BA^{-1}$, $Z = 0$ (explique)

9. $X = -A_{21}A_{11}^{-1}$, $Y = -A_{31}A_{11}^{-1}$, $B_{22} = A_{22} - A_{21}A_{11}^{-1}A_{12}$

15. *Sugestão*: Suponha que A seja invertível, e seja $A^{-1} = \begin{bmatrix} D & E \\ F & G \end{bmatrix}$. Mostre que $BD = I$ e $CG = I$. Isso implica B e C serem invertíveis. (Explique por quê!) Reciprocamente, suponha que B e C sejam invertíveis. Para provar que A é invertível, faça uma conjectura de como deve ser A^{-1} e verifique se funciona.

17. $\begin{bmatrix} A_{11} & A_{12} \\ A_{21} & A_{22} \end{bmatrix} =$

$\begin{bmatrix} I & 0 \\ A_{21}A_{11}^{-1} & I \end{bmatrix} \begin{bmatrix} A_{11} & 0 \\ 0 & S \end{bmatrix} \begin{bmatrix} I & A_{11}^{-1}A_{12} \\ 0 & I \end{bmatrix}$

com $S = A_{22} - A_{21}A_{11}^{-1}A_{12}$.

19. $G_{k+1} = \begin{bmatrix} X_k & \mathbf{x}_{k+1} \end{bmatrix} \begin{bmatrix} X_k^T \\ \mathbf{x}_{k+1}^T \end{bmatrix} = X_k X_k^T + \mathbf{x}_{k+1}\mathbf{x}_{k+1}^T$

$= G_k + \mathbf{x}_{k+1}\mathbf{x}_{k+1}^T$

Só a matriz de produto externo $\mathbf{x}_{k+1}\mathbf{x}_{k+1}^T$ precisa ser calculada (e depois adicionada a G_k).

21. $W(s) = I_m - C(A - sI_n)^{-1}B$. Esse é o complemento de Schur de $A - sI_n$ no sistema matricial.

23. a. $A^2 = \begin{bmatrix} 1 & 0 \\ 3 & -1 \end{bmatrix} \begin{bmatrix} 1 & 0 \\ 3 & -1 \end{bmatrix}$

$= \begin{bmatrix} 1+0 & 0+0 \\ 3-3 & 0+(-1)^2 \end{bmatrix} = \begin{bmatrix} 1 & 0 \\ 0 & 1 \end{bmatrix}$

b. $M^2 = \begin{bmatrix} A & 0 \\ I & -A \end{bmatrix} \begin{bmatrix} A & 0 \\ I & -A \end{bmatrix}$

$= \begin{bmatrix} A^2+0 & 0+0 \\ A-A & 0+(-A)^2 \end{bmatrix} = \begin{bmatrix} I & 0 \\ 0 & I \end{bmatrix}$

25. Se A_1 e B_1 forem triangulares inferiores $(k+1) \times (k+1)$, escreva $A_1 = \begin{bmatrix} a & \mathbf{0}^T \\ \mathbf{v} & A \end{bmatrix}$ e $B_1 = \begin{bmatrix} b & \mathbf{0}^T \\ \mathbf{w} & B \end{bmatrix}$, em que A e B serão $k \times k$ e triangulares inferiores, $\mathbf{v}$ e $\mathbf{w}$ estão em $\mathbb{R}^k$, e a e b são escalares apropriados. Suponha que o produto de matrizes triangulares inferiores $k \times k$ seja triangular inferior e calcule o produto $A_1 B_1$. O que você pode concluir?

27. Use o Exemplo 5 para encontrar a inversa de uma matriz da forma $B = \begin{bmatrix} B_{11} & 0 \\ 0 & B_{22} \end{bmatrix}$, em que B_{11} é uma matriz $p \times p$, B_{22} é $q \times q$ e B é invertível. Divida a matriz A em blocos e aplique seu resultado duas vezes para encontrar

$$A^{-1} = \begin{bmatrix} -5 & 2 & 0 & 0 & 0 \\ 3 & -1 & 0 & 0 & 0 \\ 0 & 0 & 1/2 & 0 & 0 \\ 0 & 0 & 0 & 3 & -4 \\ 0 & 0 & 0 & -5/2 & 7/2 \end{bmatrix}$$

29. a e b. Os comandos a serem usados neste exercício dependem do programa matricial.

c. A álgebra necessária vem da equação com matrizes em bloco

$$\begin{bmatrix} A_{11} & 0 \\ A_{21} & A_{22} \end{bmatrix} \begin{bmatrix} \mathbf{x}_1 \\ \mathbf{x}_2 \end{bmatrix} = \begin{bmatrix} \mathbf{b}_1 \\ \mathbf{b}_2 \end{bmatrix}$$

na qual $\mathbf{x}_1$ e $\mathbf{b}_1$ estão em $\mathbb{R}^{20}$ e $\mathbf{x}_2$ e $\mathbf{b}_2$ estão em $\mathbb{R}^{30}$. Então $A_{11}\mathbf{x}_1 = \mathbf{b}_1$, que pode ser resolvida para produzir $\mathbf{x}_1$. A equação $A_{21}\mathbf{x}_1 + A_{22}\mathbf{x}_2 = \mathbf{b}_2$ leva a $A_{22}\mathbf{x}_2 = \mathbf{b}_2 - A_{21}\mathbf{x}_1$, que pode ser resolvida para $\mathbf{x}_2$ por meio do escalonamento da matriz $[A_{22} \ \mathbf{c}]$, em que $\mathbf{c} = \mathbf{b}_2 - A_{21}\mathbf{x}_1$.

Seção 2.5

1. $L\mathbf{y} = \mathbf{b} \Rightarrow \mathbf{y} = \begin{bmatrix} 7 \\ -2 \\ 6 \end{bmatrix}$, $U\mathbf{x} = \mathbf{y} \Rightarrow \mathbf{x} = \begin{bmatrix} 3 \\ 4 \\ -6 \end{bmatrix}$

3. $\mathbf{y} = \begin{bmatrix} 1 \\ 3 \\ 3 \end{bmatrix}$, $\mathbf{x} = \begin{bmatrix} -1 \\ 3 \\ 3 \end{bmatrix}$ **5.** $\mathbf{y} = \begin{bmatrix} 1 \\ 5 \\ 1 \\ -3 \end{bmatrix}$, $\mathbf{x} = \begin{bmatrix} -2 \\ -1 \\ 2 \\ -3 \end{bmatrix}$

7. $LU = \begin{bmatrix} 1 & 0 \\ -3/2 & 1 \end{bmatrix} \begin{bmatrix} 2 & 5 \\ 0 & 7/2 \end{bmatrix}$

9. $\begin{bmatrix} 1 & 0 & 0 \\ -1 & 1 & 0 \\ 3 & 2/3 & 1 \end{bmatrix} \begin{bmatrix} 3 & -1 & 2 \\ 0 & -3 & 12 \\ 0 & 0 & -8 \end{bmatrix}$

11. $\begin{bmatrix} 1 & 0 & 0 \\ 2 & 1 & 0 \\ -1/3 & 1 & 1 \end{bmatrix} \begin{bmatrix} 3 & -6 & 3 \\ 0 & 5 & -4 \\ 0 & 0 & 5 \end{bmatrix}$

13. $\begin{bmatrix} 1 & 0 & 0 & 0 \\ -1 & 1 & 0 & 0 \\ 4 & 5 & 1 & 0 \\ -2 & -1 & 0 & 1 \end{bmatrix} \begin{bmatrix} 1 & 3 & -5 & -3 \\ 0 & -2 & 3 & 1 \\ 0 & 0 & 0 & 0 \\ 0 & 0 & 0 & 0 \end{bmatrix}$

15. $\begin{bmatrix} 1 & 0 & 0 \\ 3 & 1 & 0 \\ -1/2 & -2 & 1 \end{bmatrix} \begin{bmatrix} 2 & -4 & 4 & -2 \\ 0 & 3 & -5 & 3 \\ 0 & 0 & 0 & 5 \end{bmatrix}$

17. $U^{-1} = \begin{bmatrix} 1/4 & 3/8 & 1/4 \\ 0 & -1/2 & 1/2 \\ 0 & 0 & 1/2 \end{bmatrix}$,

$L^{-1} = \begin{bmatrix} 1 & 0 & 0 \\ 1 & 1 & 0 \\ -2 & 0 & 1 \end{bmatrix}$,

$A^{-1} = \begin{bmatrix} 1/8 & 3/8 & 1/4 \\ -3/2 & -1/2 & 1/2 \\ -1 & 0 & 1/2 \end{bmatrix}$

19. *Sugestão*: Pense como escalonar $[A \ I]$.

21. *Sugestão*: Represente as operações elementares por uma sequência de matrizes elementares.

23. a. Denote as linhas de D como transpostas de vetores colunas. Então a multiplicação de matrizes em bloco fornece

$$A = CD = \begin{bmatrix} \mathbf{c}_1 & \cdots & \mathbf{c}_4 \end{bmatrix} \begin{bmatrix} \mathbf{d}_1^T \\ \vdots \\ \mathbf{d}_4^T \end{bmatrix}$$

$$= \mathbf{c}_1 \mathbf{d}_1^T + \cdots + \mathbf{c}_4 \mathbf{d}_4^T$$

b. A tem 40.000 elementos. Como C tem 1.600 e D tem 400, juntas elas ocupam apenas 5% da memória necessária para armazenar A.

25. Explique por que U, D e V^T são invertíveis. Depois, use um teorema sobre a inversa de um produto de matrizes invertíveis.

27. a.

b.

29. a. $\begin{bmatrix} 1 + R_2/R_1 & -R_2 \\ -1/R_1 - R_2/(R_1 R_3) - 1/R_3 & 1 + R_2/R_3 \end{bmatrix}$

b. $A = \begin{bmatrix} 1 & 0 \\ -1/6 & 1 \end{bmatrix} \begin{bmatrix} 1 & -12 \\ 0 & 1 \end{bmatrix} \begin{bmatrix} 1 & 0 \\ -1/36 & 1 \end{bmatrix}$

31. a. $L = \begin{bmatrix} 1 & 0 & 0 & 0 & 0 & 0 & 0 & 0 \\ -0{,}25 & 1 & 0 & 0 & 0 & 0 & 0 & 0 \\ -0{,}25 & -0{,}0667 & 1 & 0 & 0 & 0 & 0 & 0 \\ 0 & -0{,}2667 & -0{,}2857 & 1 & 0 & 0 & 0 & 0 \\ 0 & 0 & -0{,}2679 & -0{,}0833 & 1 & 0 & 0 & 0 \\ 0 & 0 & 0 & -0{,}2917 & -0{,}2921 & 1 & 0 & 0 \\ 0 & 0 & 0 & 0 & -0{,}2697 & -0{,}0861 & 1 & 0 \\ 0 & 0 & 0 & 0 & 0 & -0{,}2948 & -0{,}2931 & 1 \end{bmatrix}$

$U = \begin{bmatrix} 4 & -1 & -1 & 0 & 0 & 0 & 0 & 0 \\ 0 & 3{,}75 & -0{,}25 & -1 & 0 & 0 & 0 & 0 \\ 0 & 0 & 3{,}7333 & -1{,}0667 & -1 & 0 & 0 & 0 \\ 0 & 0 & 0 & 3{,}4286 & -0{,}2857 & -1 & 0 & 0 \\ 0 & 0 & 0 & 0 & 3{,}7083 & -1{,}0833 & -1 & 0 \\ 0 & 0 & 0 & 0 & 0 & 3{,}3919 & -0{,}2921 & -1 \\ 0 & 0 & 0 & 0 & 0 & 0 & 3{,}7052 & -1{,}0861 \\ 0 & 0 & 0 & 0 & 0 & 0 & 0 & 3{,}3868 \end{bmatrix}$

b. $\mathbf{x} = (3{,}9569, 6{,}5885, 4{,}2392, 7{,}3971, 5{,}6029, 8{,}7608, 9{,}4115, 12{,}0431)$

c. $A^{-1} = \begin{bmatrix} 0{,}2953 & 0{,}0866 & 0{,}0945 & 0{,}0509 & 0{,}0318 & 0{,}0227 & 0{,}0100 & 0{,}0082 \\ 0{,}0866 & 0{,}2953 & 0{,}0509 & 0{,}0945 & 0{,}0227 & 0{,}0318 & 0{,}0082 & 0{,}0100 \\ 0{,}0945 & 0{,}0509 & 0{,}3271 & 0{,}1093 & 0{,}1045 & 0{,}0591 & 0{,}0318 & 0{,}0227 \\ 0{,}0509 & 0{,}0945 & 0{,}1093 & 0{,}3271 & 0{,}0591 & 0{,}1045 & 0{,}0227 & 0{,}0318 \\ 0{,}0318 & 0{,}0227 & 0{,}1045 & 0{,}0591 & 0{,}3271 & 0{,}1093 & 0{,}0945 & 0{,}0509 \\ 0{,}0227 & 0{,}0318 & 0{,}0591 & 0{,}1045 & 0{,}1093 & 0{,}3271 & 0{,}0509 & 0{,}0945 \\ 0{,}0100 & 0{,}0082 & 0{,}0318 & 0{,}0227 & 0{,}0945 & 0{,}0509 & 0{,}2953 & 0{,}0866 \\ 0{,}0082 & 0{,}0100 & 0{,}0227 & 0{,}0318 & 0{,}0509 & 0{,}0945 & 0{,}0866 & 0{,}2953 \end{bmatrix}$

Obtenha A^{-1} diretamente e calcule $A^{-1} - U^{-1}L^{-1}$ para comparar os dois métodos de inverter uma matriz.

Seção 2.6

1. $C = \begin{bmatrix} 0{,}10 & 0{,}60 & 0{,}60 \\ 0{,}30 & 0{,}20 & 0 \\ 0{,}30 & 0{,}10 & 0{,}10 \end{bmatrix}$, $\begin{Bmatrix} \text{demanda} \\ \text{intermediária} \end{Bmatrix} = \begin{bmatrix} 60 \\ 20 \\ 10 \end{bmatrix}$

3. $\mathbf{x} = \begin{bmatrix} 40 \\ 15 \\ 15 \end{bmatrix}$ **5.** $\mathbf{x} = \begin{bmatrix} 110 \\ 120 \end{bmatrix}$

7. a. $\begin{bmatrix} 1{,}6 \\ 1{,}2 \end{bmatrix}$ **b.** $\begin{bmatrix} 111{,}6 \\ 121{,}2 \end{bmatrix}$

9. $\mathbf{x} = \begin{bmatrix} 82{,}8 \\ 131{,}0 \\ 110{,}3 \end{bmatrix}$

11. *Sugestão*: Use propriedades da transposta para obter $\mathbf{p}^T = \mathbf{p}^T C + \mathbf{v}^T$, de modo que $\mathbf{p}^T \mathbf{x} = (\mathbf{p}^T C + \mathbf{v}^T)\mathbf{x} = \mathbf{p}^T C \mathbf{x} + \mathbf{v}^T \mathbf{x}$. Agora, calcule $\mathbf{p}^T \mathbf{x}$ da equação de produção.

13. $\mathbf{x} = (99576, 97703, 51231, 131570, 49488, 329554, 13835)$. Os coeficientes de $\mathbf{x}$ sugerem mais precisão na resposta do que é garantido pelos coeficientes de $\mathbf{d}$, cuja precisão parece ser só até o milhar mais próximo. Portanto, uma resposta mais realista para $\mathbf{x}$ poderia ser $\mathbf{x} = 1.000 \times (100, 98, 51, 132, 49, 330, 14)$.

15. $\mathbf{x}^{(12)}$ é o primeiro vetor cujos coeficientes têm precisão até o milhar mais próximo. O cálculo de $\mathbf{x}^{(12)}$ necessita de aproximadamente 1.260 flops, enquanto o escalonamento de $[(I - C)\mathbf{d}]$ só precisa de cerca de 550. Se C for maior que 20×20, então serão necessários menos flops para calcular $\mathbf{x}^{(12)}$ por iteração que para calcular o vetor de equilíbrio $\mathbf{x}$ por escalonamento. À medida que o tamanho de C aumenta, a vantagem do método iterativo também aumenta. Além disso, como C se torna mais esparsa para modelos maiores da economia, são necessárias menos iterações para se obter uma precisão razoável.

Seção 2.7

1. $\begin{bmatrix} 1 & 0,25 & 0 \\ 0 & 1 & 0 \\ 0 & 0 & 1 \end{bmatrix}$ **3.** $\begin{bmatrix} \sqrt{2}/2 & -\sqrt{2}/2 & \sqrt{2} \\ \sqrt{2}/2 & \sqrt{2}/2 & 2\sqrt{2} \\ 0 & 0 & 1 \end{bmatrix}$

5. $\begin{bmatrix} \sqrt{3}/2 & 1/2 & 0 \\ 1/2 & -\sqrt{3}/2 & 0 \\ 0 & 0 & 1 \end{bmatrix}$

7. $\begin{bmatrix} 1/2 & -\sqrt{3}/2 & 3+4\sqrt{3} \\ \sqrt{3}/2 & 1/2 & 4-3\sqrt{3} \\ 0 & 0 & 1 \end{bmatrix}$

Veja o Problema Prático.

9. $A(BD)$ necessita de 1.600 multiplicações. $(AB)D$ necessita de 808 multiplicações. O primeiro método usa quase o dobro de multiplicações. Se D tivesse 20.000 colunas, as contagens seriam 160.000 e 80.008, respectivamente.

11. Use o fato de que

$$\sec \varphi - \tan \varphi \, \text{sen} \, \varphi = \frac{1}{\cos \varphi} - \frac{\text{sen}^2 \varphi}{\cos \varphi} = \cos \varphi$$

13. $\begin{bmatrix} A & \mathbf{p} \\ \mathbf{0}^T & 1 \end{bmatrix} = \begin{bmatrix} I & \mathbf{p} \\ \mathbf{0}^T & 1 \end{bmatrix} \begin{bmatrix} A & \mathbf{0} \\ \mathbf{0}^T & 1 \end{bmatrix}$. Primeiro, aplique a transformação linear A e, depois, translade de $\mathbf{p}$.

15. $(12, -6, 3)$ **17.** $\begin{bmatrix} 1 & 0 & 0 & 0 \\ 0 & 1/2 & -\sqrt{3}/2 & 0 \\ 0 & \sqrt{3}/2 & 1/2 & 0 \\ 0 & 0 & 0 & 1 \end{bmatrix}$

19. O triângulo com vértices em $(7, 2, 0)$, $(7,5, 5, 0)$ e $(5, 5, 0)$.

21. $\begin{bmatrix} 2,2586 & -1,0395 & -0,3473 \\ -1,3495 & 2,3441 & 0,0696 \\ 0,0910 & -0,3046 & 1,2777 \end{bmatrix} \begin{bmatrix} X \\ Y \\ Z \end{bmatrix} = \begin{bmatrix} R \\ G \\ B \end{bmatrix}$

Seção 2.8

1. O conjunto é fechado sob somas, mas não sob multiplicação por escalares negativos. (Esboce um exemplo.)

3. O conjunto não é fechado sob a soma nem sob a multiplicação por escalares. O subconjunto fechado que consiste nos pontos

da reta $x_2 = x_1$ é um subespaço; logo, qualquer "contraexemplo" precisa ter pelo menos um ponto não pertencente a esta reta.

5. Não. O sistema correspondente a $[\mathbf{v}_1 \, \mathbf{v}_2 \, \mathbf{w}]$ é inconsistente.

7. **a.** Os três vetores $\mathbf{v}_1$, $\mathbf{v}_2$ e $\mathbf{v}_3$.

   b. Uma infinidade de vetores.

   c. Sim, pois $A\mathbf{x} = \mathbf{p}$ tem solução.

9. Não, porque $A\mathbf{p} \neq \mathbf{0}$.

11. $p = 4$ e $q = 3$. Nul A é um subespaço de $\mathbb{R}^4$, já que as soluções de $A\mathbf{x} = \mathbf{0}$ precisam ter quatro coeficientes, como o número de colunas de A. Col A é um subespaço do $\mathbb{R}^3$, já que cada vetor coluna tem três coeficientes.

13. Para Nul A, escolha $(1, -2, 1, 0)$ ou $(-1, 4, 0, 1)$, por exemplo. Para Col A, selecione qualquer coluna de A.

15. Sim. Considere a matriz A cujas colunas são os vetores dados. Então A é invertível, já que seu determinante é diferente de zero, de modo que suas colunas formam uma base para $\mathbb{R}^2$ pelo TMI (ou pelo Exemplo 5). (Podem ser dadas outras razões para A ser invertível.)

17. Sim. Considere a matriz A cujas colunas são os vetores dados. O escalonamento mostra que A tem três pivôs; logo, é invertível. Pelo TMI, as colunas de A formam uma base para $\mathbb{R}^3$.

19. Não. Considere a matriz A 3×2 cujas colunas são os vetores dados. As colunas de A não podem gerar $\mathbb{R}^3$ porque A não tem uma posição de pivô em cada linha. Então as colunas de A não formam uma base para $\mathbb{R}^3$. (Elas formam uma base para um plano em $\mathbb{R}^3$.)

31. Base para Col A: $\begin{bmatrix} 4 \\ 6 \\ 3 \end{bmatrix}, \begin{bmatrix} 5 \\ 5 \\ 4 \end{bmatrix}$

   Base para Nul A: $\begin{bmatrix} 4 \\ -5 \\ 1 \\ 0 \end{bmatrix}, \begin{bmatrix} -7 \\ 6 \\ 0 \\ 1 \end{bmatrix}$

33. Base para Col A: $\begin{bmatrix} 1 \\ -1 \\ -2 \\ 3 \end{bmatrix}, \begin{bmatrix} 4 \\ 2 \\ 2 \\ 6 \end{bmatrix}, \begin{bmatrix} -3 \\ 3 \\ 5 \\ -5 \end{bmatrix}$

   Base para Nul A: $\begin{bmatrix} 2 \\ -2,5 \\ 1 \\ 0 \\ 0 \end{bmatrix}, \begin{bmatrix} -7 \\ 0,5 \\ 0 \\ -4 \\ 1 \end{bmatrix}$

35. Construa uma matriz não nula A 3×3 e um vetor $\mathbf{b}$ que seja uma combinação linear conveniente das colunas de A.

37. *Sugestão*: Você vai precisar de uma matriz não nula cujas colunas sejam linearmente dependentes.

39. Se Col $F \neq \mathbb{R}^5$, então as colunas de F não gerarão $\mathbb{R}^5$. Como F é quadrada, o TMI mostra que F não é invertível e a equação $F\mathbf{x} = \mathbf{0}$ tem solução não trivial. Então Nul F contém algum vetor não nulo. Outra maneira de descrever esse fato é escrever Nul $F \neq \{\mathbf{0}\}$.

41. Se Col $Q = \mathbb{R}^4$, então as colunas de Q geram $\mathbb{R}^4$. Como Q é quadrada, o TMI mostra que Q é invertível e que a equação $Q\mathbf{x} = \mathbf{b}$ tem uma solução para cada $\mathbf{b}$ em $\mathbb{R}^4$. Além disso, cada solução é única, pelo Teorema 5, na Seção 2.2.

43. Se as colunas de B forem linearmente independentes, então a equação $B\mathbf{x} = \mathbf{0}$ só terá a solução trivial (nula), ou seja, Nul $B = \{\mathbf{0}\}$.

45. Mostre a forma escalonada de A e selecione as colunas pivôs de A como uma base para Col A. Para Nul A, escreva a solução de $A\mathbf{x} = \mathbf{0}$ em forma paramétrica.

$$\text{Base para Col } A: \begin{bmatrix} 3 \\ -7 \\ -5 \\ 3 \end{bmatrix}, \begin{bmatrix} -5 \\ 9 \\ 7 \\ -7 \end{bmatrix}$$

$$\text{Base para Nul } A: \begin{bmatrix} -2{,}5 \\ -1{,}5 \\ 1 \\ 0 \\ 0 \end{bmatrix}, \begin{bmatrix} 4{,}5 \\ 2{,}5 \\ 0 \\ 1 \\ 0 \end{bmatrix}, \begin{bmatrix} -3{,}5 \\ -1{,}5 \\ 0 \\ 0 \\ 1 \end{bmatrix}$$

Seção 2.9

1. $\mathbf{x} = 3\mathbf{b}_1 + 2\mathbf{b}_2 = 3\begin{bmatrix} 1 \\ 1 \end{bmatrix} + 2\begin{bmatrix} 2 \\ -1 \end{bmatrix} = \begin{bmatrix} 7 \\ 1 \end{bmatrix}$

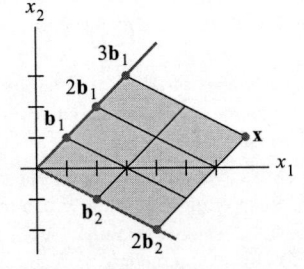

3. $\begin{bmatrix} 7 \\ 5 \end{bmatrix}$ **5.** $\begin{bmatrix} 1/4 \\ -5/4 \end{bmatrix}$

7. $[\mathbf{w}]_{\mathcal{B}} = \begin{bmatrix} 2 \\ -1 \end{bmatrix}$, $[\mathbf{x}]_{\mathcal{B}} = \begin{bmatrix} 1{,}5 \\ 0{,}5 \end{bmatrix}$

9. Base para Col A: $\begin{bmatrix} 1 \\ -3 \\ 2 \\ -4 \end{bmatrix}, \begin{bmatrix} 2 \\ -1 \\ 4 \\ 2 \end{bmatrix}, \begin{bmatrix} -4 \\ 5 \\ -3 \\ 7 \end{bmatrix}$; dim Col $A = 3$

Base para Nul A: $\begin{bmatrix} 3 \\ 1 \\ 0 \\ 0 \end{bmatrix}$; dim Nul $A = 1$

11. Base para Col A: $\begin{bmatrix} 1 \\ 2 \\ -3 \\ 3 \end{bmatrix}, \begin{bmatrix} 2 \\ 5 \\ -9 \\ 10 \end{bmatrix}, \begin{bmatrix} 0 \\ 4 \\ -7 \\ 11 \end{bmatrix}$;

dim Col $A = 3$; Base para Nul A: $\begin{bmatrix} 9 \\ -2 \\ 1 \\ 0 \\ 0 \end{bmatrix}, \begin{bmatrix} -5 \\ 3 \\ 0 \\ -2 \\ 1 \end{bmatrix}$;

dim Nul $A = 2$

13. As colunas 1, 3 e 4 da matriz original formam uma base para o subespaço H dado, de modo que dim $H = 3$.

15. Col $A = \mathbb{R}^3$, pois A tem uma posição de pivô em cada linha, de modo que as colunas de A geram $\mathbb{R}^3$. Nul A *não pode* ser igual a $\mathbb{R}^2$, já que Nul A é um subespaço de $\mathbb{R}^5$. No entanto, é verdade que Nul A é bidimensional: a equação $A\mathbf{x} = \mathbf{0}$ tem duas variáveis livres, porque A tem cinco colunas e só três delas são colunas pivôs.

27. O fato de que o espaço solução de $A\mathbf{x} = \mathbf{0}$ tem uma base com três vetores significa que dim Nul $A = 3$. Como uma matriz 5×7 tem

sete colunas, o Teorema do Posto mostra que posto de $A = 7 -$ dim Nul $A = 4$.

29. Uma matriz 7×6 tem seis colunas. Pelo Teorema do Posto, dim Nul $A = 6 -$ posto de A. Como o posto de A é quatro, dim Nul $A = 2$. Ou seja, a dimensão do espaço solução de $A\mathbf{x} = \mathbf{0}$ é dois.

31. Uma matriz A 3×4 com espaço coluna bidimensional tem duas colunas pivôs. As duas colunas restantes corresponderão a variáveis livres na equação $A\mathbf{x} = \mathbf{0}$. Logo, a construção desejada é possível. Existem seis lugares possíveis para as duas colunas

pivôs, um dos quais é $\begin{bmatrix} \blacksquare & * & * & * \\ 0 & \blacksquare & * & * \\ 0 & 0 & 0 & 0 \end{bmatrix}$. Uma construção sim-

ples consiste em escolher dois vetores $\mathbb{R}^3$ que não sejam linearmente dependentes e colocá-los em uma matriz junto com uma cópia de cada vetor, em qualquer ordem. É claro que a matriz resultante tem um espaço coluna bidimensional. Não há necessidade de se preocupar se Nul A tem a dimensão correta, já que isso é garantido pelo Teorema do Posto: dim Nul $A = 4 -$ Posto A.

33. As p colunas de A geram o espaço Col A por definição. Se dim Col $A = p$, então o conjunto gerador das p colunas será de forma automática uma base para Col A, pelo Teorema da Base. Em particular, as colunas são linearmente independentes.

35. **a.** *Sugestão*: As colunas de B geram W e cada vetor $\mathbf{a}_j$ pertence a W. O vetor $\mathbf{c}_j$ está em $\mathbb{R}^p$ porque B tem p colunas.

  b. *Sugestão*: Qual é o tamanho de C?

  c. *Sugestão*: Como B e C estão relacionadas com A?

37. Seus cálculos devem mostrar que a matriz $[\mathbf{v}_1 \ \mathbf{v}_2 \ \mathbf{x}]$ corresponde a um sistema consistente. O vetor de coordenadas de $\mathbf{x}$ em relação à base $\mathcal{B}$ é $(-5/3, 8/3)$.

Capítulo 2 Exercícios Suplementares

1. V **2.** F **3.** V **4.** F

5. F **6.** F **7.** V **8.** V

9. V **10.** F **11.** V **12.** F

13. F **14.** V **15.** F

17. I

19. $A^2 = 2A - I$. Multiplique por A: $A^3 = 2A^2 - A$. Substitua A^2 por $2A - I$ para obter $A^3 = 2(2A - I) - A = 3A - 2I$. Multiplique por A novamente: $A^4 = A(3A - 2I) = 3A^2 - 2A$. Substitua A^2 por $2A - I$ novamente: $A^4 = 3(2A - I) - 2A = 4A - 3I$.

21. $\begin{bmatrix} 10 & -1 \\ 9 & 10 \\ -5 & -3 \end{bmatrix}$ **23.** $\begin{bmatrix} -3 & 13 \\ -8 & 27 \end{bmatrix}$

25. **a.** $p(x_i) = c_0 + c_1 x_i + \cdots + c_{n-1} x_i^{n-1}$

$$= \text{linha}_i(V)\begin{bmatrix} c_0 \\ \vdots \\ c_{n-1} \end{bmatrix} = \text{linha}_i(V\mathbf{c}) = y_i$$

  b. Suponha que $x_1, \ldots, x_n$ sejam distintos e suponha que $V\mathbf{c} = \mathbf{0}$ para algum vetor $\mathbf{c}$. Então os coeficientes de $\mathbf{c}$ são os coeficientes de um polinômio que se anula nos pontos $x_1, \ldots, x_n$. No entanto, um polinômio não nulo de grau $n - 1$ não pode ter n raízes, de modo que o polinômio tem de ser identicamente nulo. Ou seja, os coeficientes de $\mathbf{c}$ têm de ser todos nulos. Isso mostra que as colunas de V são linearmente independentes.

  c. *Sugestão*: Quando $x_1, \ldots, x_n$ são distintos, existe um vetor $\mathbf{c}$ tal que $V\mathbf{c} = \mathbf{y}$. Por quê?

27. a. $P^2 = (\mathbf{u}\mathbf{u}^T)(\mathbf{u}\mathbf{u}^T) = \mathbf{u}(\mathbf{u}^T\mathbf{u})\mathbf{u}^T = \mathbf{u}(1)\mathbf{u}^T = P$

b. $P^T = (\mathbf{u}\mathbf{u}^T)^T = \mathbf{u}^{TT}\mathbf{u}^T = \mathbf{u}\mathbf{u}^T = P$

c. $Q^2 = (I - 2P)(I - 2P)$
$= I - I(2P) - 2PI + 2P(2P)$
$= I - 4P + 4P^2 = I$, por causa do item (a).

29. Multiplicação à esquerda por uma matriz elementar produz uma operação elementar:

$B \sim E_1B \sim E_2E_1B \sim E_3E_2E_1B = C$

Então B é equivalente por linhas a C. Como as operações elementares são reversíveis, C é equivalente por linhas a B. (De maneira alternativa, mostre que C pode ser transformada em B por operações elementares usando as inversas das matrizes E_i.)

31. Como B é 4×6 (com mais colunas que linhas), suas seis colunas são linearmente dependentes e existe um vetor não nulo $\mathbf{x}$ tal que $B\mathbf{x} = \mathbf{0}$. Então $AB\mathbf{x} = A\mathbf{0} = \mathbf{0}$, o que mostra que a matriz AB não é invertível pelo Teorema da Matriz Invertível.

33. Com quatro casas decimais, quando k aumenta,

$$A^k \to \begin{bmatrix} 0{,}2857 & 0{,}2857 & 0{,}2857 \\ 0{,}4286 & 0{,}4286 & 0{,}4286 \\ 0{,}2857 & 0{,}2857 & 0{,}2857 \end{bmatrix} \text{ e}$$

$$B^k \to \begin{bmatrix} 0{,}2022 & 0{,}2022 & 0{,}2022 \\ 0{,}3708 & 0{,}3708 & 0{,}3708 \\ 0{,}4270 & 0{,}4270 & 0{,}4270 \end{bmatrix}$$

ou, em formato racional,

$$A^k \to \begin{bmatrix} 2/7 & 2/7 & 2/7 \\ 3/7 & 3/7 & 3/7 \\ 2/7 & 2/7 & 2/7 \end{bmatrix} \text{ e}$$

$$B^k \to \begin{bmatrix} 18/89 & 18/89 & 18/89 \\ 33/89 & 33/89 & 33/89 \\ 38/89 & 38/89 & 38/89 \end{bmatrix}$$

Capítulo 3

Seção 3.1

1. 1 **3.** 0 **5.** –24 **7.** 4

9. 15. Comece com a linha 3.

11. −18. Comece com a coluna 1 ou a linha 4.

13. 6. Comece com a linha 2 ou a coluna 2.

15. 24 **17.** −10

19. $ad - bc$, $cb - da$. A troca de duas linhas muda o sinal do determinante.

21. 2; $3(4 + 2k) - 2(5 + 3k) = 12 + 6k - 10 - 6k$. Substituição de linha não muda o determinante.

23. $7a - 14b + 7c$, $-7a + 14b - 7c$. A troca de duas linhas muda o sinal do determinante.

25. 1 **27.** 1 **29.** k

31. 1. A matriz é triangular superior ou inferior, tendo apenas números iguais a 1 na diagonal. O determinante é 1, o produto dos elementos na diagonal.

33. $\det EA = \det \begin{bmatrix} a + kc & b + kd \\ c & d \end{bmatrix}$
$= (a + kc)d - (b + kd)c$
$= ad + kcd - bc - kdc = (+1)(ad - bc)$
$= (\det E)(\det A)$

35. $\det EA = \det \begin{bmatrix} c & d \\ a & b \end{bmatrix} = cb - ad = (-1)(ad - bc)$
$= (\det E)(\det A)$

37. $5A = \begin{bmatrix} 15 & 5 \\ 20 & 10 \end{bmatrix}$; não

43. A área do paralelogramo e o determinante de $[\mathbf{u} \ \mathbf{v}]$ são ambos iguais a 6. Se $\mathbf{v} = \begin{bmatrix} x \\ 2 \end{bmatrix}$ para qualquer x, a área ainda é 6. Em cada caso, a base do paralelogramo permanece inalterada e a altura é sempre igual a 2, já que a segunda coordenada de $\mathbf{v}$ é sempre igual a 2.

45. a. Sim **b.** Não **c.** Sim **d.** Não

47. Em geral, $\det A^{-1} = 1/\det A$, desde que $\det A$ seja diferente de zero.

49. Você vai poder verificar suas conjecturas quando chegar à Seção 3.2.

51. b. *eeee*; *deed*; *eded*; *eedd*.

Seção 3.2

1. Trocar duas linhas muda o sinal do determinante.

3. Uma operação de substituição de linha não muda o determinante.

5. −3 **7.** 0 **9.** −28 **11.** −48

13. 6 **15.** 21 **17.** 7 **19.** 14

21. Não invertível.

23. Invertível.

25. Linearmente independente.

35. 16

37. *Sugestão*: Mostre que $(\det A)(\det A^{-1}) = 1$.

39. *Sugestão*: Use o Teorema 6.

41. *Sugestão*: Use o Teorema 6 e outro teorema.

43. $\det AB = \det \begin{bmatrix} 6 & 0 \\ 17 & 4 \end{bmatrix} = 24$; $(\det A)(\det B) = 3 \cdot 8 = 24$

45. a. −6 **b.** −250 **c.** 3 **d.** −1/2 **e.** −8

47. $\det A = (a + e)d - (b + f)c = ad + ed - bc - fc$
$= (ad - bc) + (ed - fc) = \det B + \det C$

49. *Sugestão*: Calcule $\det A$ expandindo em cofatores em relação à coluna 3.

51. Não. O produto $\det A \det A^{-1}$ deveria ser igual a 1.

Seção 3.3

1. $\begin{bmatrix} 5/6 \\ -1/6 \end{bmatrix}$ **3.** $\begin{bmatrix} 4/5 \\ -3/10 \end{bmatrix}$ **5.** $\begin{bmatrix} 1/4 \\ 11/4 \\ 3/8 \end{bmatrix}$

7. $s \neq \pm\sqrt{3}$; $x_1 = \dfrac{5s + 4}{6(s^2 - 3)}$, $x_2 = \dfrac{-4s - 15}{4(s^2 - 3)}$

9. $s \neq 0, 1$; $x_1 = \dfrac{-7}{3(s - 1)}$, $x_2 = \dfrac{4s + 3}{6s(s - 1)}$

11. $\text{adj } A = \begin{bmatrix} 0 & 1 & 0 \\ -5 & -1 & -5 \\ 5 & 2 & 10 \end{bmatrix}$, $A^{-1} = \dfrac{1}{5}\begin{bmatrix} 0 & 1 & 0 \\ -5 & -1 & -5 \\ 5 & 2 & 10 \end{bmatrix}$

13. $\text{adj}\,A = \begin{bmatrix} -1 & -1 & 5 \\ 1 & -5 & 1 \\ 1 & 7 & -5 \end{bmatrix}$, $A^{-1} = \dfrac{1}{6}\begin{bmatrix} -1 & -1 & 5 \\ 1 & -5 & 1 \\ 1 & 7 & -5 \end{bmatrix}$

15. $\text{adj}\,A = \begin{bmatrix} -1 & 0 & 0 \\ -1 & -5 & 0 \\ -1 & -15 & 5 \end{bmatrix}$, $A^{-1} = \dfrac{-1}{5}\begin{bmatrix} -1 & 0 & 0 \\ -1 & -5 & 0 \\ -1 & -15 & 5 \end{bmatrix}$

17. Se $A = \begin{bmatrix} a & b \\ c & d \end{bmatrix}$, então $C_{11} = d$, $C_{12} = -c$, $C_{21} = -b$, $C_{22} = a$.

A matriz adjunta é a transposta da matriz de cofatores:

$$\text{adj}\,A = \begin{bmatrix} d & -b \\ -c & a \end{bmatrix}$$

Seguindo o Teorema 8, dividimos por $\det A$; isso produz a fórmula da Seção 2.2.

19. 8   **21.** 3   **23.** 23

25. Uma matriz 3×3 não é invertível se e somente se suas colunas forem linearmente dependentes (pelo Teorema da Matriz Invertível). Isso ocorre se e somente se uma das colunas pertencer ao plano gerado pelas outras duas, o que é equivalente à condição de que o paralelepípedo determinado por essas colunas tem volume zero, o que, por sua vez, é equivalente à condição $\det A = 0$.

27. 12   **29.** $\frac{1}{2}\left| \det\begin{bmatrix} \mathbf{v}_1 & \mathbf{v}_2 \end{bmatrix}\right|$

31. **a.** Veja o Exemplo 5.

     b. $4\pi abc/3$

33. I.

39. No MATLAB, os elementos em $B - \text{inv}(A)$ são da ordem de 10^{-15} ou menor.

41. A versão do MATLAB Student Version 4.0 usa 57.771 flops para $\text{inv}(A)$ e 14.269.045 flops para a fórmula da inversa. O comando `inv(A)` precisa de aproximadamente 0,4% das operações usadas na fórmula para a inversa.

Capítulo 3   Exercícios Suplementares

1. V   **2.** V   **3.** F   **4.** F

5. F   **6.** F   **7.** V   **8.** V

9. F   **10.** F   **11.** V   **12.** F

13. F   **14.** V   **15.** F

A solução para o Exercício 17 baseia-se no fato de que, se uma matriz contiver duas linhas (ou duas colunas) múltiplas uma da outra, então o determinante da matriz será zero, pelo Teorema 4.

17. Faça duas substituições e, depois, coloque em evidência um múltiplo comum na linha 2 e um múltiplo comum na linha 3.

$$\begin{vmatrix} 1 & a & b+c \\ 1 & b & a+c \\ 1 & c & a+b \end{vmatrix} = \begin{vmatrix} 1 & a & b+c \\ 0 & b-a & a-b \\ 0 & c-a & a-c \end{vmatrix}$$

$$= (b-a)(c-a)\begin{vmatrix} 1 & a & b+c \\ 0 & 1 & -1 \\ 0 & 1 & -1 \end{vmatrix}$$

$$= 0$$

19. -12

21. Quando o determinante é expandido em cofatores em relação à primeira linha, a equação tem a forma $ax + by + c = 0$, em que pelo menos um entre a e b é diferente de zero. Essa é a equação de uma reta. É claro que (x_1, y_1) e (x_2, y_2) pertencem à reta porque, quando as coordenadas de um dos pontos forem substituídas por x e y, duas linhas da matriz ficarão iguais, de modo que o determinante é nulo.

23. $T \sim \begin{bmatrix} 1 & a & a^2 \\ 0 & b-a & b^2-a^2 \\ 0 & c-a & c^2-a^2 \end{bmatrix}$. Logo, pelo Teorema 3,

$$\det T = (b-a)(c-a)\det\begin{bmatrix} 1 & a & a^2 \\ 0 & 1 & b+a \\ 0 & 1 & c+a \end{bmatrix}$$

$$= (b-a)(c-a)\det\begin{bmatrix} 1 & a & a^2 \\ 0 & 1 & b+a \\ 0 & 0 & c-b \end{bmatrix}$$

$$= (b-a)(c-a)(c-b)$$

25. Área = 12. Se um dos vértices for subtraído de todos os quatro vértices e se os novos vértices forem $\mathbf{0}$, $\mathbf{v}_1$, $\mathbf{v}_2$ e $\mathbf{v}_3$, então a figura transladada (e, portanto, a figura original) será um paralelogramo se e somente se um dos vetores $\mathbf{v}_1$, $\mathbf{v}_2$, $\mathbf{v}_3$ for a soma dos dois outros vetores.

27. Pela Fórmula para a Inversa, $(\text{adj}\,A) \cdot \dfrac{1}{\det A}A = A^{-1}A = I$. Pelo Teorema da Matriz Invertível, $\text{adj}\,A$ é invertível $(\text{adj}\,A)^{-1} = \dfrac{1}{\det A}A$.

29. **a.** $X = CA^{-1}$, $Y = D - CA^{-1}B$. Agora, use o Exercício 28(c).

     b. Do item (a) e da propriedade dos determinantes, obtemos

$$\det\begin{bmatrix} A & B \\ C & D \end{bmatrix} = \det[A(D - CA^{-1}B)]$$

$$= \det[AD - ACA^{-1}B]$$

$$= \det[AD - CAA^{-1}B]$$

$$= \det[AD - CB]$$

em que a igualdade $AC = CA$ foi usada no terceiro passo.

31. Considere primeiro o caso $n = 2$ e mostre diretamente que o resultado é válido calculando os determinantes de B e de C. A seguir, suponha que a fórmula seja válida para determinantes de matrizes $(k-1) \times (k-1)$ e sejam A, B e C matrizes $k \times k$. Use uma expansão em cofatores em relação à primeira coluna e a hipótese de indução para encontrar $\det B$. Faça substituições na matriz C para criar elementos nulos abaixo do primeiro pivô e produza uma matriz triangular. Encontre o determinante dessa matriz e some-o a $\det B$ para obter o resultado.

33. Calcule:

$$\begin{vmatrix} 1 & 1 & 1 \\ 1 & 2 & 2 \\ 1 & 2 & 3 \end{vmatrix} = 1,\quad \begin{vmatrix} 1 & 1 & 1 & 1 \\ 1 & 2 & 2 & 2 \\ 1 & 2 & 3 & 3 \\ 1 & 2 & 3 & 4 \end{vmatrix} = 1,$$

$$\begin{vmatrix} 1 & 1 & 1 & 1 & 1 \\ 1 & 2 & 2 & 2 & 2 \\ 1 & 2 & 3 & 3 & 3 \\ 1 & 2 & 3 & 4 & 4 \\ 1 & 2 & 3 & 4 & 5 \end{vmatrix} = 1$$

Conjectura:

$$\begin{vmatrix} 1 & 1 & 1 & \cdots & 1 \\ 1 & 2 & 2 & & 2 \\ 1 & 2 & 3 & & 3 \\ \vdots & & & \ddots & \vdots \\ 1 & 2 & 3 & \cdots & n \end{vmatrix} = 1$$

Para confirmar a conjectura, use substituições para criar elementos nulos abaixo do primeiro pivô, depois, abaixo do segundo pivô e assim por diante. A matriz resultante é

$$\begin{bmatrix} 1 & 1 & 1 & \cdots & 1 \\ 0 & 1 & 1 & & 1 \\ 0 & 0 & 1 & & 1 \\ \vdots & & & \ddots & \vdots \\ 0 & 0 & 0 & \cdots & 1 \end{bmatrix}$$

que é uma matriz triangular superior com determinante 1.

Capítulo 4

Seção 4.1

1. a. $\mathbf{u} + \mathbf{v}$ está em V, pois seus dois coeficientes são não negativos.

b. *Exemplo*: Se $\mathbf{u} = \begin{bmatrix} 2 \\ 2 \end{bmatrix}$ e $c = -1$, então $\mathbf{u}$ estará em V, mas $c\mathbf{u}$ não pertencerá a V.

3. *Exemplo*: Se $\mathbf{u} = \begin{bmatrix} 0,5 \\ 0,5 \end{bmatrix}$ e $c = 4$, então $\mathbf{u}$ estará em H, mas $c\mathbf{u}$ não pertencerá a H.

5. Sim, pelo Teorema 1, já que o conjunto é $\mathscr{L}\{t^2\}$.

7. Não, o conjunto não é fechado sob a multiplicação por escalares que não são inteiros.

9. $H = \mathscr{L}\{\mathbf{v}\}$, em que $\mathbf{v} = \begin{bmatrix} 1 \\ 3 \\ 2 \end{bmatrix}$. Pelo Teorema 1, H é um subespaço de $\mathbb{R}^3$.

11. $W = \mathscr{L}\{\mathbf{u}, \mathbf{v}\}$, em que $\mathbf{u} = \begin{bmatrix} 5 \\ 1 \\ 0 \end{bmatrix}$, $\mathbf{v} = \begin{bmatrix} 2 \\ 0 \\ 1 \end{bmatrix}$. Pelo Teorema 1, W é um subespaço de $\mathbb{R}^3$.

13. a. Existem apenas três vetores em $\{\mathbf{v}_1, \mathbf{v}_2, \mathbf{v}_3\}$ e $\mathbf{w}$ não é um deles.

b. Existe uma infinidade de vetores em $\mathscr{L}\{\mathbf{v}_1, \mathbf{v}_2, \mathbf{v}_3\}$.

c. $\mathbf{w}$ pertence a $\mathscr{L}\{\mathbf{v}_1, \mathbf{v}_2, \mathbf{v}_3\}$.

15. W não é um espaço vetorial porque o vetor nulo não pertence a W.

17. $S = \left\{ \begin{bmatrix} 1 \\ 0 \\ -1 \\ 0 \end{bmatrix}, \begin{bmatrix} -1 \\ 1 \\ 0 \\ 1 \end{bmatrix}, \begin{bmatrix} 0 \\ -1 \\ 1 \\ 0 \end{bmatrix} \right\}$

21. Sim. As condições para um subespaço são obviamente satisfeitas: a matriz nula pertence a H, a soma de duas matrizes triangulares superiores é uma matriz triangular superior, e qualquer múltiplo escalar de uma matriz triangular superior é uma matriz triangular superior.

33. 4   **35. a.** 8   **b.** 3   **c.** 5   **d.** 4

37.
$$\begin{aligned} \mathbf{u} + (-1)\mathbf{u} &= 1\mathbf{u} + (-1)\mathbf{u} && \text{Axioma 10} \\ &= [1 + (-1)]\mathbf{u} && \text{Axioma 8} \\ &= 0\mathbf{u} = \mathbf{0} && \text{Exercício 35} \end{aligned}$$

Segue, do Exercício 34, que $(-1)\mathbf{u} = -\mathbf{u}$.

39. Qualquer subespaço de H que contém $\mathbf{u}$ e $\mathbf{v}$ também tem de conter todos os múltiplos escalares de $\mathbf{u}$ e $\mathbf{v}$; logo, tem de conter todas as somas de múltiplos escalares de $\mathbf{u}$ e $\mathbf{v}$. Portanto, H tem de conter $\mathscr{L}\{\mathbf{u}, \mathbf{v}\}$.

41. *Sugestão*: Para parte da solução, considere $\mathbf{w}_1$ e $\mathbf{w}_2$ em $H + K$ e escreva-os na forma $\mathbf{w}_1 = \mathbf{u}_1 + \mathbf{v}_1$, $\mathbf{w}_2 = \mathbf{u}_2 + \mathbf{v}_2$ com $\mathbf{u}_1, \mathbf{u}_2$ em H e $\mathbf{v}_1, \mathbf{v}_2$ em K.

43. A forma escalonada reduzida de $[\mathbf{v}_1 \ \mathbf{v}_2 \ \mathbf{v}_3 \ \mathbf{w}]$ mostra que $\mathbf{w} = \mathbf{v}_1 - 2\mathbf{v}_2 + \mathbf{v}_3$.

45. As funções são $\cos 4t$ e $\cos 6t$. Veja o Exercício 54 na Seção 4.5.

Seção 4.2

1. $\begin{bmatrix} 3 & -5 & -3 \\ 6 & -2 & 0 \\ -8 & 4 & 1 \end{bmatrix} \begin{bmatrix} 1 \\ 3 \\ -4 \end{bmatrix} = \begin{bmatrix} 0 \\ 0 \\ 0 \end{bmatrix}$,

de modo que $\mathbf{w}$ pertence a Nul A.

3. $\begin{bmatrix} 7 \\ -4 \\ 1 \\ 0 \end{bmatrix}, \begin{bmatrix} -6 \\ 2 \\ 0 \\ 1 \end{bmatrix}$ **5.** $\begin{bmatrix} 2 \\ 1 \\ 0 \\ 0 \\ 0 \end{bmatrix}, \begin{bmatrix} 4 \\ 0 \\ 9 \\ 1 \\ 0 \end{bmatrix}$

7. W não é um subespaço de $\mathbb{R}^3$ porque o vetor nulo $(0, 0, 0)$ não pertence a W.

9. W é um subespaço de $\mathbb{R}^4$, pelo Teorema 2, porque W é o conjunto solução do sistema homogêneo

$$\begin{aligned} a - 2b - 4c \quad\quad &= 0 \\ 2a \quad\quad - c - 3d &= 0 \end{aligned}$$

11. W não é um subespaço porque $\mathbf{0}$ não pertence a W. *Justificativa*: Se um elemento típico $(b - 2d, 5 + d, b + 3d, d)$ fosse o vetor nulo, teríamos $5 + d = 0$ e $d = 0$, o que é impossível.

13. $W = \text{Col } A$ para $A = \begin{bmatrix} 1 & -6 \\ 0 & 1 \\ 1 & 0 \end{bmatrix}$, de modo que W é um espaço vetorial pelo Teorema 3.

15. $\begin{bmatrix} 0 & 2 & 3 \\ 1 & 1 & -2 \\ 4 & 1 & 0 \\ 3 & -1 & -1 \end{bmatrix}$

17. a. 2   **b.** 4   **19. a.** 5   **b.** 2

21. O vetor $\begin{bmatrix} 3 \\ 1 \end{bmatrix}$ pertence a Nul A e o vetor $\begin{bmatrix} 2 \\ -1 \\ -4 \\ 3 \end{bmatrix}$ pertence a Col A e $[2 \ -6]$ pertence a Lin A. Outras respostas são possíveis.

23. $\mathbf{w}$ pertence a ambos, Nul A e Col A.

39. Sejam $\mathbf{x} = \begin{bmatrix} 3 \\ 2 \\ -1 \end{bmatrix}$ e $A = \begin{bmatrix} 1 & -3 & -3 \\ -2 & 4 & 2 \\ -1 & 5 & 7 \end{bmatrix}$. Então $\mathbf{x}$ pertence a Nul A. Como Nul A é um subespaço de $\mathbb{R}^3$, $10\mathbf{x}$ pertence a Nul A.

41. a. $A\mathbf{0} = \mathbf{0}$; logo, o vetor nulo pertence a Col A.

b. Por uma propriedade da multiplicação de matrizes, temos $A\mathbf{x} + A\mathbf{w} = A(\mathbf{x} + \mathbf{w})$, o que mostra que $A\mathbf{x} + A\mathbf{w}$ é uma combinação linear das colunas de A; logo, pertence a Col A.

c. $c(A\mathbf{x}) = A(c\mathbf{x})$, o que mostra que $c(A\mathbf{x})$ pertence a Col A para todo escalar c.

43. a. Quaisquer que sejam os polinômios $\mathbf{p}$ e $\mathbf{q}$ em $\mathbb{P}_2$ e o escalar c,

$$\begin{aligned} T(\mathbf{p} + \mathbf{q}) &= \begin{bmatrix} (\mathbf{p} + \mathbf{q})(0) \\ (\mathbf{p} + \mathbf{q})(1) \end{bmatrix} = \begin{bmatrix} \mathbf{p}(0) + \mathbf{q}(0) \\ \mathbf{p}(1) + \mathbf{q}(1) \end{bmatrix} \\ &= \begin{bmatrix} \mathbf{p}(0) \\ \mathbf{p}(1) \end{bmatrix} + \begin{bmatrix} \mathbf{q}(0) \\ \mathbf{q}(1) \end{bmatrix} = T(\mathbf{p}) + T(\mathbf{q}) \end{aligned}$$

$$T(c\mathbf{p}) = \begin{bmatrix} c\mathbf{p}(0) \\ c\mathbf{p}(1) \end{bmatrix} = c\begin{bmatrix} \mathbf{p}(0) \\ \mathbf{p}(1) \end{bmatrix} = cT(\mathbf{p})$$

Logo, T é uma transformação linear de $\mathbb{P}_2$ em $\mathbb{P}_2$.

b. Qualquer polinômio de grau dois que se anule em 0 e em 1 tem de ser um múltiplo de $\mathbf{p}(t) = t(t-1)$. A imagem de T é $\mathbb{R}^2$.

45. a. Para A, B pertencentes a $M_{2\times 2}$ e c um escalar arbitrário,

$$T(A+B) = (A+B) + (A+B)^T$$
$$= A + B + A^T + B^T \quad \text{Transponha a propriedade}$$
$$= (A + A^T) + (B + B^T) = T(A) + T(B)$$
$$T(cA) = (cA) + (cA)^T = cA + cA^T$$
$$= c(A + A^T) = cT(A)$$

Então, T é uma transformação linear de $M_{2\times 2}$ em $M_{2\times 2}$.

b. Se B for qualquer matriz em $M_{2\times 2}$ com a propriedade de que $B^T = B$ e se $A = \frac{1}{2}B$, então

$$T(A) = \tfrac{1}{2}B + \left(\tfrac{1}{2}B\right)^T = \tfrac{1}{2}B + \tfrac{1}{2}B = B$$

c. O item (b) mostrou que a imagem de T contém todas as matrizes B tais que $B^T = B$. Então basta mostrar que todas as matrizes na imagem de T satisfazem essa propriedade. Se $B = T(A)$, então, pelas propriedades das transpostas,

$$B^T = (A + A^T)^T = A^T + A^{TT} = A^T + A = B$$

d. O núcleo de T é $\left\{ \begin{bmatrix} 0 & b \\ -b & 0 \end{bmatrix} : b \text{ real} \right\}$.

47. *Sugestão:* Verifique as três condições para um conjunto ser um subespaço. Vetores típicos em $T(U)$ são da forma $T(\mathbf{u}_1)$ e $T(\mathbf{u}_2)$, em que $\mathbf{u}_1$ e $\mathbf{u}_2$ pertencem a U.

49. $\mathbf{w}$ pertence a Col A, mas não pertence a Nul A. (Explique por quê.)

51. A forma escalonada reduzida de A é

$$\begin{bmatrix} 1 & 0 & 1/3 & 0 & 10/3 \\ 0 & 1 & 1/3 & 0 & -26/3 \\ 0 & 0 & 0 & 1 & -4 \\ 0 & 0 & 0 & 0 & 0 \end{bmatrix}$$

Seção 4.3

1. Sim. A matriz 3×3 $A = \begin{bmatrix} 1 & 1 & 1 \\ 0 & 1 & 1 \\ 0 & 0 & 1 \end{bmatrix}$ tem três posições de pivô.

Pelo Teorema da Matriz Invertível, A é invertível e suas colunas formam uma base para $\mathbb{R}^3$. (Veja o Exemplo 3.)

3. Não, os vetores são linearmente dependentes e não geram $\mathbb{R}^3$.

5. Este conjunto não forma uma base para $\mathbb{R}^3$. O conjunto é linearmente dependente porque o vetor nulo pertence ao conjunto. No entanto,

$$\begin{bmatrix} 1 & -2 & 0 & 0 \\ -3 & 9 & 0 & -3 \\ 0 & 0 & 0 & 5 \end{bmatrix} \sim \begin{bmatrix} 1 & -2 & 0 & 0 \\ 0 & 3 & 0 & -3 \\ 0 & 0 & 0 & 5 \end{bmatrix}$$

A matriz tem uma posição de pivô em cada coluna; logo, suas colunas geram $\mathbb{R}^3$.

7. Não, o conjunto é linearmente independente, já que nenhum vetor é múltiplo do outro. No entanto, os vetores não geram $\mathbb{R}^3$.

A matriz $\begin{bmatrix} -2 & 6 \\ 3 & -1 \\ 0 & 5 \end{bmatrix}$ pode ter, no máximo, dois pivôs, já que só tem duas colunas. Então não pode haver uma posição de pivô em cada linha.

9. $\begin{bmatrix} 3 \\ 5 \\ 1 \\ 0 \end{bmatrix}, \begin{bmatrix} -2 \\ -4 \\ 0 \\ 1 \end{bmatrix}$ **11.** $\begin{bmatrix} -2 \\ 1 \\ 0 \end{bmatrix}, \begin{bmatrix} -1 \\ 0 \\ 1 \end{bmatrix}$

13. Base para Nul A: $\begin{bmatrix} -6 \\ -5/2 \\ 1 \\ 0 \end{bmatrix}, \begin{bmatrix} -5 \\ -3/2 \\ 0 \\ 1 \end{bmatrix}$

Base para Col A: $\begin{bmatrix} -2 \\ 2 \\ -3 \end{bmatrix}, \begin{bmatrix} 4 \\ -6 \\ 8 \end{bmatrix}$

Base para Lin A: $\begin{bmatrix} 1 & 0 & 6 & 5 \end{bmatrix}, \begin{bmatrix} 0 & 2 & 5 & 3 \end{bmatrix}$

15. $\{\mathbf{v}_1, \mathbf{v}_2, \mathbf{v}_4\}$ **17.** $\{\mathbf{v}_1, \mathbf{v}_2, \mathbf{v}_3\}$

19. As três respostas mais simples são $\{\mathbf{v}_1, \mathbf{v}_2\}$, $\{\mathbf{v}_1, \mathbf{v}_3\}$ ou $\{\mathbf{v}_2, \mathbf{v}_3\}$. Outras respostas são possíveis.

33. *Sugestão:* Use o Teorema da Matriz Invertível.

35. Não. (Por que o conjunto não forma uma base para H?)

37. $\{\cos \omega t, \operatorname{sen} \omega t\}$

39. Seja A a matriz $n \times k$ $[\mathbf{v}_1 \cdots \mathbf{v}_k]$. Como A tem menos colunas que linhas, não pode haver uma posição de pivô em cada linha de A. Pelo Teorema 4 na Seção 1.4, as colunas de A não geram $\mathbb{R}^n$ e, portanto, não formam uma base para $\mathbb{R}^n$.

41. *Sugestão:* Se $\{\mathbf{v}_1, \ldots, \mathbf{v}_p\}$ fosse linearmente dependente, existiriam escalares $c_1, \ldots, c_p$, nem todos nulos, tais que $c_1 \mathbf{v}_1 + \cdots + c_p \mathbf{v}_p = \mathbf{0}$. Use essa equação.

43. Nenhum dos dois polinômios é múltiplo do outro; logo, $\{\mathbf{p}_1, \mathbf{p}_2\}$ é um conjunto linearmente independente em $\mathbb{P}_3$.

45. Seja $\{\mathbf{v}_1, \mathbf{v}_3\}$ qualquer conjunto linearmente independente no espaço vetorial V e sejam $\mathbf{v}_2$ e $\mathbf{v}_4$ combinações lineares de $\mathbf{v}_1$ e $\mathbf{v}_3$. Então $\{\mathbf{v}_1, \mathbf{v}_3\}$ é uma base para $\mathscr{L}\{\mathbf{v}_1, \mathbf{v}_2, \mathbf{v}_3, \mathbf{v}_4\}$.

47. Você pode ser esperto e encontrar diversos valores particulares de t que produzem diversos elementos nulos em (5) criando, assim, um sistema de equações que pode ser resolvido manualmente. Ou você pode usar valores de t como 0, 0,1, 0,2, ... para criar um sistema que pode ser resolvido com um programa matricial.

Seção 4.4

1. $\begin{bmatrix} 3 \\ -7 \end{bmatrix}$ **3.** $\begin{bmatrix} -1 \\ -5 \\ 9 \end{bmatrix}$ **5.** $\begin{bmatrix} 8 \\ -5 \end{bmatrix}$ **7.** $\begin{bmatrix} -1 \\ -1 \\ 3 \end{bmatrix}$

9. $\begin{bmatrix} 2 & 1 \\ -9 & 8 \end{bmatrix}$ **11.** $\begin{bmatrix} 6 \\ 4 \end{bmatrix}$ **13.** $\begin{bmatrix} 2 \\ 6 \\ -1 \end{bmatrix}$

21. $\begin{bmatrix} 1 \\ 1 \end{bmatrix} = 5\mathbf{v}_1 - 2\mathbf{v}_2 = 10\mathbf{v}_1 - 3\mathbf{v}_2 + \mathbf{v}_3$

(uma infinidade de respostas possíveis).

23. *Sugestão:* Pela hipótese, o vetor nulo tem uma única representação como combinação linear de elementos de S.

25. $\begin{bmatrix} 9 & 2 \\ 4 & 1 \end{bmatrix}$

27. *Sugestão:* Suponha que $[\mathbf{u}]_B = [\mathbf{w}]_B$ para $\mathbf{u}$ e $\mathbf{w}$ em V e denote os coeficientes $[\mathbf{u}]_B$ por $c_1, \ldots, c_n$. Use a definição de $[\mathbf{u}]_B$.

29. Uma abordagem possível é mostrar primeiro que, se $\mathbf{u}_1, \ldots, \mathbf{u}_p$ forem linearmente *dependentes*, então $[\mathbf{u}_1]_B, \ldots, [\mathbf{u}_p]_B$ serão linearmente dependentes. E depois mostrar que, se $[\mathbf{u}_1]_\mathcal{B}$, ..., $[\mathbf{u}_p]_\mathcal{B}$ forem linearmente dependentes, então $\mathbf{u}_1$, ..., $\mathbf{u}_p$ serão linearmente *dependentes*. Use as duas equações no enunciado do exercício.

31. Linearmente independente. (Justifique as respostas nos Exercícios 31 a 38.)

33. Linearmente dependente.

35. a. Os vetores de coordenadas $\begin{bmatrix} 1 \\ -3 \\ 5 \end{bmatrix}$, $\begin{bmatrix} -3 \\ 5 \\ -7 \end{bmatrix}$, $\begin{bmatrix} -4 \\ 5 \\ -6 \end{bmatrix}$, $\begin{bmatrix} 1 \\ 0 \\ -1 \end{bmatrix}$

não geram $\mathbb{R}^3$. Por causa do isomorfismo entre $\mathbb{R}^3$ e $\mathbb{P}_2$, os polinômios correspondentes não geram $\mathbb{P}_2$.

b. Os vetores de coordenadas $\begin{bmatrix} 0 \\ 5 \\ 1 \end{bmatrix}$, $\begin{bmatrix} 1 \\ -8 \\ -2 \end{bmatrix}$, $\begin{bmatrix} -3 \\ 4 \\ 2 \end{bmatrix}$, $\begin{bmatrix} 2 \\ -3 \\ 0 \end{bmatrix}$

geram $\mathbb{R}^3$. Por causa do isomorfismo entre $\mathbb{R}^3$ e $\mathbb{P}_2$, os polinômios correspondentes geram $\mathbb{P}_2$.

37. Os vetores de coordenadas $\begin{bmatrix} 3 \\ 7 \\ 0 \\ 0 \end{bmatrix}$, $\begin{bmatrix} 5 \\ 1 \\ 0 \\ -2 \end{bmatrix}$, $\begin{bmatrix} 0 \\ 1 \\ -2 \\ 0 \end{bmatrix}$, $\begin{bmatrix} 1 \\ 16 \\ -6 \\ 2 \end{bmatrix}$ são

linearmente dependentes em $\mathbb{R}^4$. Por causa do isomorfismo entre $\mathbb{R}^4$ e $\mathbb{P}_3$, os polinômios correspondentes formam um subconjunto linearmente dependente de $\mathbb{P}_3$; logo, não podem formar uma base para $\mathbb{P}_3$.

39. $[\mathbf{x}]_\mathcal{B} = \begin{bmatrix} -5/3 \\ 8/3 \end{bmatrix}$ **41.** $\begin{bmatrix} 1,3 \\ 0 \\ 0,8 \end{bmatrix}$

Seção 4.5

1. $\begin{bmatrix} 1 \\ 1 \\ 0 \end{bmatrix}$, $\begin{bmatrix} -2 \\ 1 \\ 3 \end{bmatrix}$; dim é 2

3. $\begin{bmatrix} 0 \\ 1 \\ 0 \\ 1 \end{bmatrix}$, $\begin{bmatrix} 0 \\ -1 \\ 1 \\ 2 \end{bmatrix}$, $\begin{bmatrix} 2 \\ 0 \\ -3 \\ 0 \end{bmatrix}$; dim é 3

5. $\begin{bmatrix} 1 \\ 2 \\ -1 \\ -3 \end{bmatrix}$, $\begin{bmatrix} -4 \\ 5 \\ 0 \\ 7 \end{bmatrix}$; dim é 2

7. Não tem base; dim é 0   **9.** 2   **11.** 2, 3, 3

13. 2, 2, 2   **15.** 0, 3, 3

27. *Sugestão*: Você só precisa mostrar que os quatro primeiros polinômios de Hermite são linearmente independentes. Por quê?

29. $[\mathbf{p}]_\mathcal{B} = \left(3, 3, -2, \frac{3}{2}\right)$

31. *Sugestão*: Suponha que S não gere V e use o Teorema do Conjunto Gerador. Isso leva a uma contradição, o que prova que a hipótese é falsa.

33. 5, 3, 3

35. Sim; não. Como Col A é um subespaço de dimensão 4 de $\mathbb{R}^4$, ele coincide com $\mathbb{R}^4$. O espaço nulo não pode ser $\mathbb{R}^3$, já que os vetores em Nul A têm 7 coordenadas. Nul A é um subespaço de $\mathbb{R}^7$ de dimensão 3, pelo Teorema do Posto.

37. 2

39. 5, 5. Em ambos os casos, o número de pivôs não pode ser maior do que o número de colunas ou o número de linhas.

41. As funções $\{1, x, x^2, ...\}$ formam um conjunto linearmente independente com uma infinidade de vetores.

49. dim Lin A = dim Col A = posto A, de modo que o resultado segue do Teorema do Posto.

51. *Sugestão*: Como H é um subespaço não nulo de um espaço de dimensão finita, H tem dimensão finita e tem uma base, digamos, $\mathbf{v}_1$, ..., $\mathbf{v}_p$. Mostre primeiro que $\{T(\mathbf{v}_1), ..., T(\mathbf{v}_p)\}$ gera $T(H)$.

53. a. Uma base é $\{\mathbf{v}_1, \mathbf{v}_2, \mathbf{v}_3, \mathbf{e}_2, \mathbf{e}_3\}$. De fato, dois vetores quaisquer entre $\mathbf{e}_2$, ..., $\mathbf{e}_5$ estenderão $\{\mathbf{v}_1, \mathbf{v}_2, \mathbf{v}_3\}$ a uma base para $\mathbb{R}^5$.

Seção 4.6

1. a. $\begin{bmatrix} 6 & 9 \\ -2 & -4 \end{bmatrix}$ **b.** $\begin{bmatrix} 0 \\ -2 \end{bmatrix}$ **3.** (ii)

5. a. $\begin{bmatrix} 4 & -1 & 0 \\ -1 & 1 & 1 \\ 0 & 1 & -2 \end{bmatrix}$ **b.** $\begin{bmatrix} 8 \\ 2 \\ 2 \end{bmatrix}$

7. $\underset{\mathcal{C} \leftarrow \mathcal{B}}{P} = \begin{bmatrix} -3 & 1 \\ -5 & 2 \end{bmatrix}$, $\underset{\mathcal{B} \leftarrow \mathcal{C}}{P} = \begin{bmatrix} -2 & 1 \\ -5 & 3 \end{bmatrix}$

9. $\underset{\mathcal{C} \leftarrow \mathcal{B}}{P} = \begin{bmatrix} 9 & -2 \\ -4 & 1 \end{bmatrix}$, $\underset{\mathcal{B} \leftarrow \mathcal{C}}{P} = \begin{bmatrix} 1 & 2 \\ 4 & 9 \end{bmatrix}$

15. $\underset{\mathcal{C} \leftarrow \mathcal{B}}{P} = \begin{bmatrix} 1 & 3 & 0 \\ -2 & -5 & 2 \\ 1 & 4 & 3 \end{bmatrix}$, $[-1 + 2t]_\mathcal{B} = \begin{bmatrix} 5 \\ -2 \\ 1 \end{bmatrix}$

17. a. $\mathcal{B}$ é uma base para V.

b. A transformação de coordenadas é uma aplicação linear.

c. O produto de uma matriz e um vetor.

d. O vetor de coordenadas de $\mathbf{v}$ em relação à base $\mathcal{B}$.

19. a. $P^{-1} = \dfrac{1}{32} \begin{bmatrix} 32 & 0 & 16 & 0 & 12 & 0 & 10 \\ 0 & 32 & 0 & 24 & 0 & 20 & 0 \\ 0 & 0 & 16 & 0 & 16 & 0 & 15 \\ 0 & 0 & 0 & 8 & 0 & 10 & 0 \\ 0 & 0 & 0 & 0 & 4 & 0 & 6 \\ 0 & 0 & 0 & 0 & 0 & 2 & 0 \\ 0 & 0 & 0 & 0 & 0 & 0 & 1 \end{bmatrix}$

b. P é a matriz mudança de coordenadas de $\mathcal{C}$ para $\mathcal{B}$. Logo, P^{-1} é a matriz mudança de coordenadas de $\mathcal{B}$ para $\mathcal{C}$, pela equação (5), e as colunas desta matriz são os vetores de coordenadas em relação a $\mathcal{C}$ dos vetores na base $\mathcal{B}$, pelo Teorema 15.

21. *Sugestão*: Seja $\mathcal{C}$ a base $\{\mathbf{v}_1, \mathbf{v}_2, \mathbf{v}_3\}$. Então as colunas de P são $[\mathbf{u}_1]_\mathcal{C}$, $[\mathbf{u}_2]_\mathcal{C}$ e $[\mathbf{u}_3]_\mathcal{C}$. Use a definição dos vetores de coordenadas em relação a $\mathcal{C}$ e álgebra matricial para calcular $\mathbf{u}_1$, $\mathbf{u}_2$ e $\mathbf{u}_3$. As respostas numéricas são:

a. $\mathbf{u}_1 = \begin{bmatrix} -6 \\ -5 \\ 21 \end{bmatrix}$, $\mathbf{u}_2 = \begin{bmatrix} -6 \\ -9 \\ 32 \end{bmatrix}$, $\mathbf{u}_3 = \begin{bmatrix} -5 \\ 0 \\ 3 \end{bmatrix}$

b. $\mathbf{w}_1 = \begin{bmatrix} 28 \\ -9 \\ -3 \end{bmatrix}$, $\mathbf{w}_2 = \begin{bmatrix} 38 \\ -13 \\ 2 \end{bmatrix}$, $\mathbf{w}_3 = \begin{bmatrix} 21 \\ -7 \\ 3 \end{bmatrix}$

Seção 4.7

1. $(..., 0, 2, 0, 2, 0, 2, 0, ...)$

3. $(..., -2, 2, -2, 3, -1, 3, -1, ...)$

5. α

7. ϵ_c

9. Verifique que as três propriedades na definição de uma transformação LIT são satisfeitas.

11. χ

13. Aplique T a qualquer sinal para obter um sinal na imagem de T.

23. $I - \frac{3}{4}S$.

25. Mostre que W satisfaz as três propriedades de um subespaço.

27. $\{\chi - \alpha\}$, 1

29. Mostre que W satisfaz as três propriedades de um subespaço.

31. $\{S^{2m-1}(\delta)|\ m$ é qualquer inteiro$\}$. Sim, W é um subespaço de dimensão infinita. Justifique sua resposta.

Seção 4.8

1. Se $y_k = 2^k$, então $y_{k+1} = 2^{k+1}$ e $y_{k+2} = 2^{k+2}$. Substituindo essas fórmulas na equação, obtemos

$$
\begin{aligned}
y_{k+2} + 2y_{k+1} - 8y_k &= 2^{k+2} + 2 \cdot 2^{k+1} - 8 \cdot 2^k \\
&= 2^k(2^2 + 2 \cdot 2 - 8) \\
&= 2^k(0) = 0 \quad \text{para todo } k
\end{aligned}
$$

Como a equação de diferenças é válida para todo k, 2^k é uma solução. Um cálculo análogo funciona para $y_k = (-4)^k$.

3. Os sinais 2^k e $(-4)^k$ são linearmente independentes porque nenhum deles é múltiplo do outro. Por exemplo, não existe um escalar c tal que $2^k = c(-4)^k$ *para todo* k. Pelo Teorema 17, o conjunto solução H da equação de diferenças no Exercício 1 é bidimensional. Pelo Teorema da Base na Seção 4.5, os dois sinais linearmente independentes 2^k e $(-4)^k$ formam uma base para H.

5. Se $y_k = (-3)^k$, então

$$
\begin{aligned}
y_{k+2} + 6y_{k+1} + 9y_k &= (-3)^{k+2} + 6(-3)^{k+1} + 9(-3)^k \\
&= (-3)^k[(-3)^2 + 6(-3) + 9] \\
&= (-3)^k(0) = 0 \quad \text{para todo } k
\end{aligned}
$$

Analogamente, se $y_k = k(-3)^k$, então

$$
\begin{aligned}
&y_{k+2} + 6y_{k+1} + 9y_k \\
&= (k+2)(-3)^{k+2} + 6(k+1)(-3)^{k+1} + 9k(-3)^k \\
&= (-3)^k[(k+2)(-3)^2 + 6(k+1)(-3) + 9k] \\
&= (-3)^k[9k + 18 - 18k - 18 + 9k] \\
&= (-3)^k(0) \quad \text{para todo } k
\end{aligned}
$$

Assim, tanto $(-3)^k$ quanto $k(-3)^k$ pertencem ao espaço solução H da equação de diferenças. Além disso, não existe escalar c tal que $k(-3)^k = c(-3)^k$ *para todo* k, já que c tem de ser escolhido independente de k. De forma análoga, não existe escalar c tal que $(-3)^k = ck(-3)^k$ para todo k. Logo, os dois sinais são linearmente independentes. Como dim $H = 2$, os sinais formam uma base para H pelo Teorema da Base.

7. Sim.

9. Sim.

11. Não, os dois sinais não podem gerar o espaço solução, que é tridimensional.

13. $\left(\frac{1}{3}\right)^k, \left(\frac{2}{3}\right)^k$ **15.** $5^k, (-5)^k$

17. $y_k = \frac{1}{\sqrt{5}}\left(\frac{1+\sqrt{5}}{2}\right)^k - \frac{1}{\sqrt{5}}\left(\frac{1-\sqrt{5}}{2}\right)^k$

19. $Y_k = c_1(0,8)^k + c_2(0,5)^k + 10 \to 10 \quad$ uma vez que $k \to \infty$

21. $y_k = c_1(-2+\sqrt{3})^k + c_2(-2-\sqrt{3})^k$

23. 7, 5, 4, 3, 4, 5, 6, 6, 7, 8, 9, 8, 7; veja a figura:

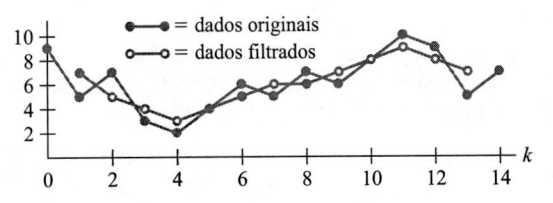

25. **a.** $y_{k+1} - 1,01y_k = -450, y_0 = 10.000$

b. Código de MATLAB:

```
pay = 450,  y = 10000,  m = 0
table = [0 ; y]
while y > 450
    y = 1.01*y - pay
    m = m + 1
    table = [table [m ; y] ]
            %append new column
end
m, y
```

c. No mês 26, o último pagamento é R\$ 114,88. O total pago pela pessoa que pegou emprestado foi R\$ 11.364,88.

27. $k^2 + c_1 \cdot (-4)^k + c_2$ **29.** $2 - 2k + c_1 \cdot 4^k + c_2 \cdot 2^{-k}$

31. $\mathbf{x}_{k+1} = A\mathbf{x}_k$, em que

$$
A = \begin{bmatrix} 0 & 1 & 0 & 0 \\ 0 & 0 & 1 & 0 \\ 0 & 0 & 0 & 1 \\ 9 & -6 & -8 & 6 \end{bmatrix}, \mathbf{x} = \begin{bmatrix} y_k \\ y_{k+1} \\ y_{k+2} \\ y_{k+3} \end{bmatrix}
$$

33. A equação é válida para todo k; logo, também é válida se substituirmos k por $k-1$, o que transforma a equação em

$$
y_{k+2} + 5y_{k+1} + 6y_k = 0 \quad \text{para todo } k.
$$

A equação é de ordem 2.

35. Para todo k, a matriz de Casorati $C(k)$ não é invertível. Nesse caso, a matriz de Casorati não fornece informação sobre a independência ou dependência linear de um conjunto de sinais. De fato, nenhum dos sinais é múltiplo do outro, de modo que eles são linearmente independentes.

Capítulo 4   Exercícios Suplementares

1. V   **2.** V   **3.** F   **4.** F   **5.** V   **6.** V

7. F   **8.** F   **9.** V   **10.** F   **11.** F   **12.** F

13. V   **14.** F   **15.** V   **16.** V   **17.** F   **18.** V

19. V

21. O conjunto de todos os (b_1, b_2, b_3) satisfazendo $b_1 + 2b_2 + b_3 = 0$.

23. O vetor $\mathbf{p}_1$ não é nulo e $\mathbf{p}_2$ não é um múltiplo de $\mathbf{p}_1$; logo, mantenha esses dois vetores. Como $\mathbf{p}_3 = 2\mathbf{p}_1 + 2\mathbf{p}_2$, descarte $\mathbf{p}_3$. Como $\mathbf{p}_4$ tem um termo contendo t^2, não pode ser uma combinação linear de $\mathbf{p}_1$ e $\mathbf{p}_2$; logo, mantenha $\mathbf{p}_4$. Finalmente, $\mathbf{p}_5 = \mathbf{p}_1 + \mathbf{p}_4$; logo, descarte $\mathbf{p}_5$. A base resultante é $\{\mathbf{p}_1, \mathbf{p}_2, \mathbf{p}_4\}$.

25. Você teria de saber que o espaço solução do sistema homogêneo é gerado por duas soluções. Nesse caso, o espaço nulo da matriz de coeficientes A 18 × 20 é, no máximo, bidimensional. Pelo Teorema do Posto, dim Col $A \geq 20 - 2 = 18$, o que significa que Col $A = \mathbb{R}^{18}$, já que A tem 18 linhas, e toda equação $A\mathbf{x} = \mathbf{b}$ é consistente.

27. Seja A a matriz canônica $m \times n$ da transformação T.

a. Se T for injetora, as colunas de A serão linearmente independentes (Teorema 12 na Seção 1.9); logo, dim Nul $A = 0$.

Pelo Teorema do Posto, dim Col A = posto de A = n. Como a imagem de T é igual a Col A, a dimensão da imagem de T é n.

b. Se T for sobrejetora, as colunas de A irão gerar $\mathbb{R}^m$ (Teorema 12 na Seção 1.9); logo, dim Col A = m. Pelo Teorema do Posto, dim Nul A = n – dim Col A = n – m. Como o núcleo de T é igual a Nul A, a dimensão do núcleo de T é n – m.

29. Se S for um conjunto gerador finito para V, então um subconjunto de S — digamos, S' — será uma base para V. Como S' tem de gerar V, S' não pode ser um subconjunto próprio de S, já que S é mínimo. Portanto, S' = S, o que prova que S é uma base para V.

30. a. *Sugestão*: Qualquer $\mathbf{y}$ em Col AB tem a forma $\mathbf{y}$ = $AB\mathbf{x}$ para algum $\mathbf{x}$.

31. Pelo Exercício 12, posto de PA ≤ posto de A e posto de A = posto $P^{-1}PA$ ≤ posto de PA. Logo, posto de PA = posto de A.

33. A equação AB = 0 mostra que cada coluna de B pertence a Nul A. Como Nul A é um subespaço, todas as combinações lineares de colunas de B pertencem a Nul A, de modo que Col B é um subespaço de Nul A. Pelo Teorema 12 na Seção 4.5, dim Col B ≤ dim Nul A. Aplicando o Teorema do Posto, obtemos

n = posto de A + dim Nul A ≥ posto de A + posto de B

35. a. Seja A_1 a matriz formada pelas r colunas pivôs de A. As colunas de A_1 são linearmente independentes. Logo A_1 é uma submatriz $m \times r$ de posto r.

b. Aplicando o Teorema do Posto à matriz A_1, vemos que a dimensão de Lin A é r, de modo que A_1 tem r linhas linearmente independentes. Use-as para formar A_2. Então A_2 é uma matriz $r \times r$ com linhas linearmente independentes. Pelo Teorema da Matriz Invertível, A_2 é invertível.

37. $[\, B \quad AB \quad A^2B \,] = \begin{bmatrix} 0 & 1 & 0 \\ 1 & -0,9 & 0,81 \\ 1 & 0,5 & 0,25 \end{bmatrix}$

$\sim \begin{bmatrix} 1 & -0,9 & 0,81 \\ 0 & 1 & 0 \\ 0 & 0 & -0,56 \end{bmatrix}$

Essa matriz tem posto 3; logo, o par (A, B) é controlável.

39. posto de $[B \; AB \; A^2B \; A^3B]$ = 3. O par (A, B) não é controlável.

Capítulo 5

Seção 5.1

1. Sim   **3.** Não   **5.** Sim, $\lambda = 0$ **7.** Sim, $\begin{bmatrix} 1 \\ 1 \\ -1 \end{bmatrix}$

9. $\lambda = 1$: $\begin{bmatrix} 0 \\ 1 \end{bmatrix}$; $\lambda = 5$: $\begin{bmatrix} 2 \\ 1 \end{bmatrix}$ **11.** $\begin{bmatrix} -1 \\ 3 \end{bmatrix}$

13. $\lambda = 1$: $\begin{bmatrix} 0 \\ 1 \\ 0 \end{bmatrix}$; $\lambda = 2$: $\begin{bmatrix} -1 \\ 2 \\ 2 \end{bmatrix}$; $\lambda = 3$: $\begin{bmatrix} -1 \\ 1 \\ 1 \end{bmatrix}$

15. $\begin{bmatrix} -2 \\ 1 \\ 0 \end{bmatrix}, \begin{bmatrix} -3 \\ 0 \\ 1 \end{bmatrix}$ **17.** 0, 2, −1

19. 0. Justifique sua resposta.

31. *Sugestão*: Use o Teorema 2.

33. *Sugestão*: Use a equação $A\mathbf{x} = \lambda\mathbf{x}$ para encontrar uma equação envolvendo A^{-1}.

35. *Sugestão*: Qualquer que seja λ, $(A - \lambda I)^T = A^T - \lambda I$. Por um teorema (qual?), $A^T - \lambda I$ é invertível se e somente se $A - \lambda I$ for invertível.

37. Seja $\mathbf{v}$ o vetor em $\mathbb{R}^n$ que tem todas as coordenadas iguais a 1. Então $A\mathbf{v} = s\mathbf{v}$.

39. *Sugestão*: Se A for a matriz canônica de T, procure um vetor não nulo $\mathbf{v}$ (um ponto no plano) tal que $A\mathbf{v} = \mathbf{v}$.

41. a. $\mathbf{x}_{k+1} = c_1\lambda^{k+1}\mathbf{u} + c_2\mu^{k+1}\mathbf{v}$

b. $A\mathbf{x}_k = A(c_1\lambda^k\mathbf{u} + c_2\mu^k\mathbf{v})$
$\quad = c_1\lambda^k A\mathbf{u} + c_2\mu^k A\mathbf{v}$ Linearidade
$\quad = c_1\lambda^k \lambda\mathbf{u} + c_2\mu^k \mu\mathbf{v}$ $\mathbf{u}$ e $\mathbf{v}$ são autovetores.
$\quad = \mathbf{x}_{k+1}$

43.

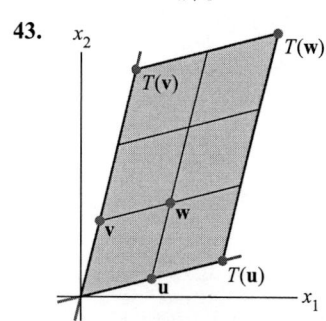

45. $\lambda = 3$: $\begin{bmatrix} 5 \\ -2 \\ 9 \end{bmatrix}$; $\lambda = 13$: $\begin{bmatrix} -2 \\ 1 \\ 0 \end{bmatrix}, \begin{bmatrix} -1 \\ 0 \\ 1 \end{bmatrix}$.

47. $\lambda = -2$: $\begin{bmatrix} -2 \\ 7 \\ -5 \\ 5 \\ 0 \end{bmatrix}, \begin{bmatrix} 3 \\ 7 \\ -5 \\ 0 \\ 5 \end{bmatrix}$;

$\lambda = 5$: $\begin{bmatrix} 2 \\ -1 \\ 1 \\ 0 \\ 0 \end{bmatrix}, \begin{bmatrix} -1 \\ 1 \\ 0 \\ 1 \\ 0 \end{bmatrix}, \begin{bmatrix} 2 \\ 0 \\ 0 \\ 0 \\ 1 \end{bmatrix}$

Seção 5.2

1. $\lambda^2 - 4\lambda - 45$; 9, −5   **3.** $\lambda^2 - 2\lambda - 1$; $1 \pm \sqrt{2}$

5. $\lambda^2 - 6\lambda + 9$; 3   **7.** $\lambda^2 - 9\lambda + 32$; não tem autovalores reais

9. $-\lambda^3 + 4\lambda^2 - 9\lambda - 6$ **11.** $-\lambda^3 + 9\lambda^2 - 26\lambda + 24$

13. $-\lambda^3 + 18\lambda^2 - 95\lambda + 150$ **15.** 4, 3, 3, 1

17. 3, 3, 1, 1, 0

19. *Sugestão*: A equação dada é válida para todo λ.

31. *Sugestão*: Encontre uma matriz invertível P tal que $RQ = P^{-1}AP$.

33. Em geral, os autovetores de A não são iguais aos autovetores de A^T, a menos, é claro, que $A^T = A$.

35. $a = 32$: $\lambda = 1, 1, 2$
$a = 31,9$: $\lambda = 0,2958, 1, 2,7042$
$a = 31,8$: $\lambda = -0,1279, 1, 3,1279$
$a = 32,1$: $\lambda = 1, 1,5 \pm 0,9747i$
$a = 32,2$: $\lambda = 1, 1,5 \pm 1,4663i$

Seção 5.3

1. $\begin{bmatrix} 226 & -525 \\ 90 & -209 \end{bmatrix}$ **3.** $\begin{bmatrix} a^k & 0 \\ 3(a^k - b^k) & b^k \end{bmatrix}$

5. $\lambda = 5$: $\begin{bmatrix} 1 \\ 1 \\ 1 \end{bmatrix}$; $\lambda = 1$: $\begin{bmatrix} 1 \\ 0 \\ -1 \end{bmatrix}, \begin{bmatrix} 2 \\ -1 \\ 0 \end{bmatrix}$

Quando uma resposta envolve uma diagonalização $A = PDP^{-1}$, os fatores P e D não são únicos, de modo que sua resposta pode ser diferente da resposta dada aqui.

7. $P = \begin{bmatrix} 1 & 0 \\ 3 & 1 \end{bmatrix}$, $D = \begin{bmatrix} 1 & 0 \\ 0 & -1 \end{bmatrix}$ **9.** Não é diagonalizável

11. $P = \begin{bmatrix} 1 & 2 & 1 \\ 3 & 3 & 1 \\ 4 & 3 & 1 \end{bmatrix}$, $D = \begin{bmatrix} 3 & 0 & 0 \\ 0 & 2 & 0 \\ 0 & 0 & 1 \end{bmatrix}$

13. $P = \begin{bmatrix} -1 & 2 & 1 \\ -1 & -1 & 0 \\ 1 & 0 & 1 \end{bmatrix}$, $D = \begin{bmatrix} 5 & 0 & 0 \\ 0 & 1 & 0 \\ 0 & 0 & 1 \end{bmatrix}$

15. $P = \begin{bmatrix} -1 & -4 & -2 \\ 1 & 0 & -1 \\ 0 & 1 & 1 \end{bmatrix}$, $D = \begin{bmatrix} 3 & 0 & 0 \\ 0 & 3 & 0 \\ 0 & 0 & 1 \end{bmatrix}$

17. Não é diagonalizável

19. $P = \begin{bmatrix} 1 & 3 & -1 & -1 \\ 0 & 2 & -1 & 2 \\ 0 & 0 & 1 & 0 \\ 0 & 0 & 0 & 1 \end{bmatrix}$, $D = \begin{bmatrix} 5 & 0 & 0 & 0 \\ 0 & 3 & 0 & 0 \\ 0 & 0 & 2 & 0 \\ 0 & 0 & 0 & 2 \end{bmatrix}$

29. Sim. (Explique por quê.)

31. Não, A tem de ser diagonalizável. (Explique por quê.)

33. *Sugestão*: Escreva $A = PDP^{-1}$. Como A é invertível, 0 não é autovalor de A, de modo que D não tem elementos nulos em sua diagonal.

35. Uma resposta é $P_1 = \begin{bmatrix} 1 & 1 \\ -2 & -1 \end{bmatrix}$, cujas colunas são autovetores associados aos autovalores em D_1.

37. *Sugestão*: Construa uma matriz triangular 2×2 apropriada.

39. $P = \begin{bmatrix} 2 & 2 & 1 & 6 \\ 1 & -1 & 1 & -3 \\ -1 & -7 & 1 & 0 \\ 2 & 2 & 0 & 4 \end{bmatrix}$,

$D = \begin{bmatrix} 5 & 0 & 0 & 0 \\ 0 & 1 & 0 & 0 \\ 0 & 0 & -2 & 0 \\ 0 & 0 & 0 & -2 \end{bmatrix}$

41. $P = \begin{bmatrix} 6 & 3 & 2 & 4 & 3 \\ -1 & -1 & -1 & -3 & -1 \\ -3 & -3 & -4 & -2 & -4 \\ 3 & 0 & -1 & 5 & 0 \\ 0 & 3 & 4 & 0 & 5 \end{bmatrix}$,

$D = \begin{bmatrix} 5 & 0 & 0 & 0 & 0 \\ 0 & 5 & 0 & 0 & 0 \\ 0 & 0 & 3 & 0 & 0 \\ 0 & 0 & 0 & 1 & 0 \\ 0 & 0 & 0 & 0 & 1 \end{bmatrix}$

Seção 5.4

1. $\begin{bmatrix} 3 & -1 & 0 \\ -5 & 6 & 4 \\ 0 & 0 & 0 \end{bmatrix}$

3. $\begin{bmatrix} 3 & 0 & 0 \\ 5 & -2 & 0 \\ 0 & 4 & 1 \end{bmatrix}$

5. $24\mathbf{b}_1 - 20\mathbf{b}_2 + 11\mathbf{b}_3$

7. $\begin{bmatrix} 1 & 5 \\ 0 & 1 \end{bmatrix}$ **9.** $\mathbf{b}_1 = \begin{bmatrix} 1 \\ 1 \end{bmatrix}$, $\mathbf{b}_2 = \begin{bmatrix} 1 \\ 3 \end{bmatrix}$

11. $\mathbf{b}_1 = \begin{bmatrix} -2 \\ 1 \end{bmatrix}$, $\mathbf{b}_2 = \begin{bmatrix} 1 \\ 1 \end{bmatrix}$

13. a. $A\mathbf{b}_1 = 2\mathbf{b}_1$, de modo que $\mathbf{b}_1$ é um autovetor de A. No entanto, A só tem um autovalor, $\lambda = 2$, e o autoespaço tem dimensão um; logo, A não é diagonalizável.

b. $\begin{bmatrix} 2 & -1 \\ 0 & 2 \end{bmatrix}$

15. a. $T(\mathbf{p}) = 3 + 3t + 3t^2 = 3\mathbf{p}$, logo $\mathbf{p}$ é um autovetor de T com autovalor 3.

b. $T(\mathbf{p}) = -1 - t - t^2$, de modo que $\mathbf{p}$ não é um autovetor.

21. Por definição, se A for semelhante a B, então existirá uma matriz invertível P tal que $P^{-1}AP = B$. (Veja a Seção 5.2.) Logo B é invertível, já que é o produto de matrizes invertíveis. Para mostrar que A^{-1} é semelhante a B^{-1}, use a equação $P^{-1}AP = B$.

23. *Sugestão*: Reveja o Problema Prático 2.

25. *Sugestão*: Calcule $B(P^{-1}\mathbf{x})$.

27. *Sugestão*: Escreva $A = PBP^{-1} = (PB)P^{-1}$ e use a propriedade do traço.

29. $S(\chi) = \chi$, logo χ é um autovetor de S com autovalor 1.

31. $M_2(\alpha) = 0$, logo α é um autovetor de M_2 com autovalor 0.

33. $P^{-1}AP = \begin{bmatrix} 8 & 3 & -6 \\ 0 & 1 & 3 \\ 0 & 0 & -3 \end{bmatrix}$

35. $\lambda = 2$: $\mathbf{b}_1 = \begin{bmatrix} 0 \\ -3 \\ 3 \\ 2 \end{bmatrix}$; $\lambda = 4$: $\mathbf{b}_2 = \begin{bmatrix} -30 \\ -7 \\ 3 \\ 0 \end{bmatrix}$,

$\mathbf{b}_3 = \begin{bmatrix} 39 \\ 5 \\ 0 \\ 3 \end{bmatrix}$; $\lambda = 5$: $\mathbf{b}_4 = \begin{bmatrix} 11 \\ -3 \\ 4 \\ 4 \end{bmatrix}$;

base: $\mathcal{B} = \{\mathbf{b}_1, \mathbf{b}_2, \mathbf{b}_3, \mathbf{b}_4\}$

Seção 5.5

1. $\lambda = 2 + i$, $\begin{bmatrix} -1 + i \\ 1 \end{bmatrix}$; $\lambda = 2 - i$, $\begin{bmatrix} -1 - i \\ 1 \end{bmatrix}$

3. $\lambda = 2 + 3i$, $\begin{bmatrix} 1 - 3i \\ 2 \end{bmatrix}$; $\lambda = 2 - 3i$, $\begin{bmatrix} 1 + 3i \\ 2 \end{bmatrix}$

5. $\lambda = 2 + 2i$, $\begin{bmatrix} 1 \\ 2 + 2i \end{bmatrix}$; $\lambda = 2 - 2i$, $\begin{bmatrix} 1 \\ 2 - 2i \end{bmatrix}$

7. $\lambda = \sqrt{3} \pm i$, $\varphi = \pi/6$ radianos, $r = 2$

9. $\lambda = -\sqrt{3}/2 \pm (1/2)i$, $\varphi = -5\pi/6$ radianos, $r = 1$

11. $\lambda = 0{,}1 \pm 0{,}1i$, $\varphi = -\pi/4$ radianos, $r = \sqrt{2}/10$

Nos Exercícios 13 a 20, existem outras respostas possíveis. Qualquer P que faça com que $P^{-1}AP$ seja igual à matriz C dada ou a C^T é uma resposta correta. Primeiro, encontre P; depois, calcule $P^{-1}AP$.

13. $P = \begin{bmatrix} -1 & -1 \\ 1 & 0 \end{bmatrix}$, $C = \begin{bmatrix} 2 & -1 \\ 1 & 2 \end{bmatrix}$

15. $P = \begin{bmatrix} 1 & 3 \\ 2 & 0 \end{bmatrix}$, $C = \begin{bmatrix} 2 & -3 \\ 3 & 2 \end{bmatrix}$

17. $P = \begin{bmatrix} 2 & -1 \\ 5 & 0 \end{bmatrix}$, $C = \begin{bmatrix} -0,6 & -0,8 \\ 0,8 & -0,6 \end{bmatrix}$

19. $P = \begin{bmatrix} 2 & -1 \\ 2 & 0 \end{bmatrix}$, $C = \begin{bmatrix} 0,96 & -0,28 \\ 0,28 & 0,96 \end{bmatrix}$

21. $\mathbf{y} = \begin{bmatrix} 2 \\ -1 + 2i \end{bmatrix} = \dfrac{-1 + 2i}{5} \begin{bmatrix} -2 - 4i \\ 5 \end{bmatrix}$

27. (a) Propriedades do conjugado e o fato de que $\overline{\mathbf{x}}^T = \overline{\mathbf{x}^T}$;

(b) $\overline{A\mathbf{x}} = A\overline{\mathbf{x}}$ e A é real; (c) porque $\mathbf{x}^T A\overline{\mathbf{x}}$ é um escalar e, portanto, pode ser considerado uma matriz 1×1; (d) propriedades das transpostas; (e) $A^T = A$, definição de q.

29. *Sugestão*: Primeiro, escreva $\mathbf{x} = \text{Re } \mathbf{x} + i(\text{Im } \mathbf{x})$.

31. $P = \begin{bmatrix} 1 & -1 & -2 & 0 \\ -4 & 0 & 0 & 2 \\ 0 & 0 & -3 & -1 \\ 2 & 0 & 4 & 0 \end{bmatrix}$, $C = \begin{bmatrix} 0,2 & -0,5 & 0 & 0 \\ 0,5 & 0,2 & 0 & 0 \\ 0 & 0 & 0,3 & -0,1 \\ 0 & 0 & 0,1 & 0,3 \end{bmatrix}$

Outras escolhas são possíveis, mas C tem de ser igual a $P^{-1}AP$.

Seção 5.6

1. a. *Sugestão*: Encontre c_1, c_2 tais que $\mathbf{x}_0 = c_1\mathbf{v}_1 + c_2\mathbf{v}_2$. Use essa representação e o fato de que $\mathbf{v}_1$ e $\mathbf{v}_2$ são autovetores de A para calcular $\mathbf{x}_1 = \begin{bmatrix} 49/3 \\ 41/3 \end{bmatrix}$.

b. Em geral, $\mathbf{x}_k = 5(3)^k\mathbf{v}_1 - 4(\tfrac{1}{3})^k\mathbf{v}_2$ para $k \geq 0$.

3. Quando $p = 0,2$, os autovalores de A são 0,9 e 0,7 e

$$\mathbf{x}_k = c_1(0,9)^k \begin{bmatrix} 1 \\ 1 \end{bmatrix} + c_2(0,7)^k \begin{bmatrix} 2 \\ 1 \end{bmatrix} \to \mathbf{0} \quad \text{quando } k \to \infty$$

A taxa predatória maior diminui o suprimento de comida das corujas e, no fim, ambas as populações, de predadores e de presas, acabam morrendo.

5. Se $p = 0,325$, os autovalores são 1,05 e 0,55. Como $1,05 > 1$, ambas as populações vão aumentar 5% ao ano. Um autovetor associado a 1,05 é (6, 13), de modo que, ao fim, existirão aproximadamente 6 corujas para cada 13 (mil) esquilos voadores.

7. a. A origem é um ponto de sela porque A tem um autovalor com módulo maior que 1 e outro com módulo menor que 1.

b. A direção de maior atração é dada pelo autovetor associado ao autovalor 1/3, ou seja, $\mathbf{v}_2$. Todos os vetores múltiplos de $\mathbf{v}_2$ são atraídos para a origem. A direção de maior repulsão é dada pelo autovetor $\mathbf{v}_1$. Todos os múltiplos de $\mathbf{v}_1$ são repelidos.

9. Ponto de sela; autovalores: 2 e 0,5; direção de repulsão máxima: a reta contendo (0, 0) e (−1, 1); direção de atração máxima: a reta contendo (0, 0) e (1, 4).

11. Atrator; autovalores: 0,9 e 0,8; atração máxima: reta contendo (0, 0) e (5, 4).

13. Repulsor; autovalores: 1,2 e 1,1; repulsão máxima: reta contendo (0, 0) e (3, 4).

15. $\mathbf{x}_k = \mathbf{v}_1 + 0,1(0,5)^k \begin{bmatrix} 2 \\ -3 \\ 1 \end{bmatrix} + 0,3(0,2)^k \begin{bmatrix} -1 \\ 0 \\ 1 \end{bmatrix} \to \mathbf{v}_1$ quando $k \to \infty$

17. a. $A = \begin{bmatrix} 0 & 1,6 \\ 0,3 & 0,8 \end{bmatrix}$

b. A população está aumentando porque o maior autovalor de A é 1,2, que é maior que 1 em módulo. Ao final, a taxa de crescimento acaba ficando em 1,2, que é 20% ao ano. O autovetor associado a $\lambda_1 = 1,2$ é (4, 3), o que mostra que haverá 4 jovens para cada 3 adultos.

c. A razão entre jovens e adultos parece se estabilizar depois de 5 ou 6 anos.

Seção 5.7

1. $\mathbf{x}(t) = \dfrac{5}{2}\begin{bmatrix} -3 \\ 1 \end{bmatrix}e^{4t} - \dfrac{3}{2}\begin{bmatrix} -1 \\ 1 \end{bmatrix}e^{2t}$

3. $-\dfrac{5}{2}\begin{bmatrix} -3 \\ 1 \end{bmatrix}e^{t} + \dfrac{9}{2}\begin{bmatrix} -1 \\ 1 \end{bmatrix}e^{-t}$. A origem é um ponto de sela. A direção de maior atração é a da reta contendo (−1, 1) e a origem. A direção de maior repulsão é a da reta contendo (−3, 1) e a origem.

5. $-\dfrac{1}{2}\begin{bmatrix} 1 \\ 3 \end{bmatrix}e^{4t} + \dfrac{7}{2}\begin{bmatrix} 1 \\ 1 \end{bmatrix}e^{6t}$. A origem é um repulsor. A direção de maior repulsão é a da reta contendo (1, 1) e a origem.

7. Sejam $P = \begin{bmatrix} 1 & 1 \\ 3 & 1 \end{bmatrix}$ e $D = \begin{bmatrix} 4 & 0 \\ 0 & 6 \end{bmatrix}$. Então $A = PDP^{-1}$. Fazendo $\mathbf{x} = P\mathbf{y}$ na equação $\mathbf{x}' = A\mathbf{x}$, obtemos

$$\frac{d}{dt}(P\mathbf{y}) = A(P\mathbf{y})$$
$$P\mathbf{y}' = PDP^{-1}(P\mathbf{y}) = PD\mathbf{y}$$

Multiplicando à esquerda por P^{-1}, temos

$$\mathbf{y}' = D\mathbf{y}, \quad \text{ou} \quad \begin{bmatrix} y_1'(t) \\ y_2'(t) \end{bmatrix} = \begin{bmatrix} 4 & 0 \\ 0 & 6 \end{bmatrix}\begin{bmatrix} y_1(t) \\ y_2(t) \end{bmatrix}$$

9. (solução complexa):

$$c_1\begin{bmatrix} 1 - i \\ 1 \end{bmatrix}e^{(-2+i)t} + c_2\begin{bmatrix} 1 + i \\ 1 \end{bmatrix}e^{(-2-i)t}$$

(solução real):

$$c_1\begin{bmatrix} \cos t + \text{sen } t \\ \cos t \end{bmatrix}e^{-2t} + c_2\begin{bmatrix} \text{sen } t - \cos t \\ \text{sen } t \end{bmatrix}e^{-2t}$$

As trajetórias são espirais indo em direção à origem.

11. (complexa): $c_1\begin{bmatrix} -3 + 3i \\ 2 \end{bmatrix}e^{3it} + c_2\begin{bmatrix} -3 - 3i \\ 2 \end{bmatrix}e^{-3it}$

(real):

$$c_1\begin{bmatrix} -3\cos 3t - 3\,\text{sen } 3t \\ 2\cos 3t \end{bmatrix} + c_2\begin{bmatrix} -3\,\text{sen } 3t + 3\cos 3t \\ 2\,\text{sen } 3t \end{bmatrix}$$

As trajetórias são elipses centradas na origem.

13. (complexa): $c_1\begin{bmatrix} 1 + i \\ 2 \end{bmatrix}e^{(1+3i)t} + c_2\begin{bmatrix} 1 - i \\ 2 \end{bmatrix}e^{(1-3i)t}$

(real): $c_1\begin{bmatrix} \cos 3t - \text{sen } 3t \\ 2\cos 3t \end{bmatrix}e^{t} + c_2\begin{bmatrix} \text{sen } 3t + \cos 3t \\ 2\,\text{sen } 3t \end{bmatrix}e^{t}$

As trajetórias são espirais se afastando da origem.

15. $\mathbf{x}(t) = c_1\begin{bmatrix} -1 \\ 0 \\ 1 \end{bmatrix}e^{-2t} + c_2\begin{bmatrix} -6 \\ 1 \\ 5 \end{bmatrix}e^{-t} + c_3\begin{bmatrix} -4 \\ 1 \\ 4 \end{bmatrix}e^{t}$

A origem é um ponto de sela. Uma solução com $c_3 = 0$ é atraída para a origem. Uma solução com $c_1 = c_2 = 0$ é repelida.

17. (complexa):

$$c_1 \begin{bmatrix} -3 \\ 1 \\ 1 \end{bmatrix} e^t + c_2 \begin{bmatrix} 23 - 34i \\ -9 + 14i \\ 3 \end{bmatrix} e^{(5+2i)t} +$$

$$c_3 \begin{bmatrix} 23 + 34i \\ -9 - 14i \\ 3 \end{bmatrix} e^{(5-2i)t}$$

(real): $\quad c_1 \begin{bmatrix} -3 \\ 1 \\ 1 \end{bmatrix} e^t + c_2 \begin{bmatrix} 23 \cos 2t + 34 \operatorname{sen} 2t \\ -9 \cos 2t - 14 \operatorname{sen} 2t \\ 3 \cos 2t \end{bmatrix} e^{5t} +$

$$c_3 \begin{bmatrix} 23 \operatorname{sen} 2t - 34 \cos 2t \\ -9 \operatorname{sen} 2t + 14 \cos 2t \\ 3 \operatorname{sen} 2t \end{bmatrix} e^{5t}$$

A origem é um repulsor. As trajetórias são espirais que se afastam da origem.

19. $A = \begin{bmatrix} -2 & 3/4 \\ 1 & -1 \end{bmatrix}$,

$$\begin{bmatrix} v_1(t) \\ v_2(t) \end{bmatrix} = \frac{5}{2} \begin{bmatrix} 1 \\ 2 \end{bmatrix} e^{-0,5t} - \frac{1}{2} \begin{bmatrix} -3 \\ 2 \end{bmatrix} e^{-2,5t}$$

21. $A = \begin{bmatrix} -1 & -8 \\ 5 & -5 \end{bmatrix}$,

$$\begin{bmatrix} i_L(t) \\ v_C(t) \end{bmatrix} = \begin{bmatrix} -20 \operatorname{sen} 6t \\ 15 \cos 6t - 5 \operatorname{sen} 6t \end{bmatrix} e^{-3t}$$

Seção 5.8

1. autovetor: $\quad \mathbf{x}_4 = \begin{bmatrix} 1 \\ 0,3326 \end{bmatrix}$, ou $A\mathbf{x}_4 = \begin{bmatrix} 4,9978 \\ 1,6652 \end{bmatrix}$;
$\lambda \approx 4,9978$

3. autovetor: $\quad \mathbf{x}_4 = \begin{bmatrix} 0,5188 \\ 1 \end{bmatrix}$, ou $A\mathbf{x}_4 = \begin{bmatrix} 0,4594 \\ 0,9075 \end{bmatrix}$;
$\lambda \approx 0,9075$

5. $\mathbf{x} = \begin{bmatrix} -0,7999 \\ 1 \end{bmatrix}$, $A\mathbf{x} = \begin{bmatrix} 4,0015 \\ -5,0020 \end{bmatrix}$; estimado
$\lambda = -5,0020$

7. $\mathbf{x}_k$: $\begin{bmatrix} 0,75 \\ 1 \end{bmatrix}$, $\begin{bmatrix} 1 \\ 0,9565 \end{bmatrix}$, $\begin{bmatrix} 0,9932 \\ 1 \end{bmatrix}$, $\begin{bmatrix} 1 \\ 0,9990 \end{bmatrix}$, $\begin{bmatrix} 0,9998 \\ 1 \end{bmatrix}$
μ_k: 11,5, 12,78, 12,96, 12,9948, 12,9990

9. $\mu_5 = 8,4233$, $\mu_6 = 8,4246$; valor preciso: 8,42443 (com precisão de 5 casas decimais).

11. μ_k: 5,8000, 5,9655, 5,9942, 5,9990 $(k = 1, 2, 3, 4)$;
$R(\mathbf{x}_k)$: 5,9655, 5,9990, 5,99997, 5,9999993

13. Sim, mas as sequências podem convergir muito devagar.

15. *Sugestão*: Escreva $A\mathbf{x} - \alpha\mathbf{x} = (A - \alpha I)\mathbf{x}$ e use o fato de que $(A - \alpha I)$ é invertível quando α *não* é um autovalor de A.

17. $v_0 = 3,3384$, $v_1 = 3,32119$ (precisão de 4 casas decimais com arredondamento), $v_2 = 3,3212209$. Valor de fato: 3,3212201 (com precisão de 7 casas decimais).

19. a. $\mu_6 = 30,2887 = \mu_7$ com quatro casas decimais. Com seis casas decimais, o maior autovalor é 30,288685, com autovetor (0,957629, 0,688937, 1, 0,943782).

b. O método da potência inversa (com $\alpha = 0$) produz $\mu_1^{-1} = 0,010141$, $\mu_2^{-1} = 0,010150$. Com sete casas decimais, o menor autovalor é 0,0101500 com autovetor (−0,603972, 1, −0,251135, 0,148953). A razão para a convergência rápida é que o próximo autovalor (o segundo menor) está próximo de 0,85.

21. a. Se todos os autovalores de A tiverem módulo menor que 1 e se $\mathbf{x} \neq \mathbf{0}$, então $A^k\mathbf{x}$ poderá ser aproximado por um autovetor para valores grandes de k.

b. Se o autovalor estritamente dominante for 1 e se $\mathbf{x}$ tiver uma componente na direção do autovetor associado, então $\{A^k\mathbf{x}\}$ irá convergir para um múltiplo desse autovetor.

c. Se todos os autovalores de A tiverem módulo maior que 1 e se $\mathbf{x}$ não for um autovetor, então a distância de $A^k\mathbf{x}$ ao autovetor mais próximo irá *aumentar* quando $k \to \infty$.

Seção 5.9

1. a.
De		Para
N	M	
0,7	0,6	Notícias
0,3	0,4	Música

b. $\begin{bmatrix} 1 \\ 0 \end{bmatrix}$ **c.** 33%

3. a.
De		Para
S	D	
0,95	0,45	Saudável
0,05	0,55	Doente

b. 15%, 12,5%

c. 0,925; use $\mathbf{x}_0 = \begin{bmatrix} 1 \\ 0 \end{bmatrix}$.

5. $\begin{bmatrix} 0,4 \\ 0,6 \end{bmatrix}$ **7.** $\begin{bmatrix} 1/4 \\ 1/2 \\ 1/4 \end{bmatrix}$

9. Sim, já que todos os elementos de P^2 são positivos.

11. a. $\begin{bmatrix} 2/3 \\ 1/3 \end{bmatrix}$ **b.** 2/3

13. a. $\begin{bmatrix} 0,9 \\ 0,1 \end{bmatrix}$ **b.** 0,10, não

21. Não. $\mathbf{q}$ não é um vetor de probabilidade, já que a soma de suas coordenadas não é igual a 1.

23. Não. $A\mathbf{q}$ não é igual a $\mathbf{q}$.

25. 67%

27. a. Os elementos em uma coluna de P somam 1. Uma coluna na matriz $P - I$ tem os mesmos elementos que P, exceto que um de seus elementos é diminuído de 1; portanto, a soma de cada coluna é 0.

b. Do item (a), vemos que a última linha de $P - I$ é o negativo da soma das outras linhas.

c. Do item (b) e do Teorema do Conjunto Gerador, a última linha de $P - I$ pode ser removida e as $(n - 1)$ linhas restantes ainda irão gerar o espaço linha. De outro modo, você pode usar o item (a) e o fato de que as operações nas linhas não mudam o espaço linha. Seja A a matriz obtida de $P - I$ adicionando-se à última linha todas as outras linhas. Pelo item (a), o espaço linha é gerado pelas $(n - 1)$ primeiras linhas de A.

d. Pelo Teorema do Posto e pelo item (c), a dimensão do espaço coluna de $P - I$ é menor do que n, logo o espaço nulo não é trivial. Em vez do Teorema do Posto, você pode usar o Teorema da Matriz Invertível, já que $P - I$ é uma matriz quadrada.

29. a. O produto $S\mathbf{x}$ é igual à soma das coordenadas de $\mathbf{x}$. Para um vetor de probabilidade, essa soma tem de ser 1.

b. $P = [\mathbf{p}_1\ \mathbf{p}_2\ \cdots\ \mathbf{p}_n]$, em que os $\mathbf{p}_i$ são vetores de probabilidade. Pela multiplicação matricial e pelo item (a),
$$SP = [S\mathbf{p}_1\ S\mathbf{p}_2\ \cdots\ S\mathbf{p}_n] = [1\ 1\ \cdots\ 1] = S.$$

c. Pelo item (b), $S(P\mathbf{x}) = (SP)\mathbf{x} = S\mathbf{x} = 1$. Além disso, os elementos em $P\mathbf{x}$ são não negativos (já que P e $\mathbf{x}$ têm elementos não negativos). Portanto, do item (a), $P\mathbf{x}$ é um vetor de probabilidade.

31. a. Com até quatro casas decimais,

$$P^4 = P^5 = \begin{bmatrix} 0{,}2816 & 0{,}2816 & 0{,}2816 & 0{,}2816 \\ 0{,}3355 & 0{,}3355 & 0{,}3355 & 0{,}3355 \\ 0{,}1819 & 0{,}1819 & 0{,}1819 & 0{,}1819 \\ 0{,}2009 & 0{,}2009 & 0{,}2009 & 0{,}2009 \end{bmatrix},$$

$$\mathbf{q} = \begin{bmatrix} 0{,}2816 \\ 0{,}3355 \\ 0{,}1819 \\ 0{,}2009 \end{bmatrix}$$

Note que, devido ao arredondamento, a soma de cada coluna não é 1.

b. Com quatro casas decimais,

$$Q^{80} = \begin{bmatrix} 0{,}7354 & 0{,}7348 & 0{,}7351 \\ 0{,}0881 & 0{,}0887 & 0{,}0884 \\ 0{,}1764 & 0{,}1766 & 0{,}1765 \end{bmatrix},$$

$$Q^{116} = Q^{117} = \begin{bmatrix} 0{,}7353 & 0{,}7353 & 0{,}7353 \\ 0{,}0882 & 0{,}0882 & 0{,}0882 \\ 0{,}1765 & 0{,}1765 & 0{,}1765 \end{bmatrix},$$

$$\mathbf{q} = \begin{bmatrix} 0{,}7353 \\ 0{,}0882 \\ 0{,}1765 \end{bmatrix}$$

c. Sejam P uma matriz estocástica regular $n \times n$, $\mathbf{q}$ o vetor estado estacionário de P e $\mathbf{e}_1$ a primeira coluna da matriz identidade. Então $P^k\mathbf{e}_1$ é a primeira coluna de P^k. Pelo Teorema 11, $P^k\mathbf{e}_1 \to \mathbf{q}$ quando $k \to \infty$. Substituindo $\mathbf{e}_1$ pelas outras colunas da matriz identidade, concluímos que cada coluna de P^k converge para $\mathbf{q}$ quando $k \to \infty$. Logo, $P^k \to [\mathbf{q} \ \ \mathbf{q} \ \ \cdots \ \ \mathbf{q}]$.

Capítulo 5   Exercícios Suplementares

1. V   **2.** F   **3.** V   **4.** F   **5.** V

6. V   **7.** F   **8.** V   **9.** F   **10.** V

11. F   **12.** F   **13.** F   **14.** V   **15.** F

16. V   **17.** F   **18.** V   **19.** F   **20.** V

21. V   **22.** V   **23.** F

25. a. Suponha que $A\mathbf{x} = \lambda\mathbf{x}$, com $\mathbf{x} \neq \mathbf{0}$. Então

$$(5I - A)\mathbf{x} = 5\mathbf{x} - A\mathbf{x} = 5\mathbf{x} - \lambda\mathbf{x} = (5 - \lambda)\mathbf{x}.$$

O autovalor é $5 - \lambda$.

b. $(5I - 3A + A^2)\mathbf{x} = 5\mathbf{x} - 3A\mathbf{x} + A(A\mathbf{x})$

$$= 5\mathbf{x} - 3\lambda\mathbf{x} + \lambda^2\mathbf{x}$$

$$= (5 - 3\lambda + \lambda^2)\mathbf{x}.$$

O autovalor é $5 - 3\lambda + \lambda^2$.

27. Suponha que $A\mathbf{x} = \lambda\mathbf{x}$, com $\mathbf{x} \neq \mathbf{0}$. Então

$$p(A)\mathbf{x} = (c_0I + c_1A + c_2A^2 + \cdots + c_nA^n)\mathbf{x}$$

$$= c_0\mathbf{x} + c_1A\mathbf{x} + c_2A^2\mathbf{x} + \cdots + c_nA^n\mathbf{x}$$

$$= c_0\mathbf{x} + c_1\lambda\mathbf{x} + c_2\lambda^2\mathbf{x} + \cdots + c_n\lambda^n\mathbf{x} = p(\lambda)\mathbf{x}$$

Logo $p(\lambda)$ é um autovalor da matriz $p(A)$.

29. Se $A = PDP^{-1}$, então $p(A) = Pp(D)P^{-1}$, como foi demonstrado no Exercício 28. Se o elemento (j, j) em D for igual a λ, então o elemento (j, j) em D^k será λ^k, de modo que o elemento (j, j) em $p(D)$ é $p(\lambda)$. Se p for o polinômio característico de A, $p(\lambda) = 0$

para todos os elementos na diagonal de D, já que esses elementos são os autovalores de A. Logo, $p(D)$ é a matriz nula e, portanto, $p(A) = P0P^{-1} = 0$.

31. Se $I - A$ não fosse invertível, a equação $(I - A)\mathbf{x} = \mathbf{0}$ teria uma solução não trivial $\mathbf{x}$. Então $\mathbf{x} - A\mathbf{x} = \mathbf{0}$ e $A\mathbf{x} = 1 \cdot \mathbf{x}$, o que mostra que A teria 1 como autovalor, uma contradição, já que todos os autovalores têm valor absoluto menor que 1. Portanto, $I - A$ tem de ser invertível.

33. a. Seja $\mathbf{x}$ pertencente a H. Então $\mathbf{x} = c\mathbf{u}$ para algum escalar c. Logo, $A\mathbf{x} = A(c\mathbf{u}) = c(A\mathbf{u}) = c(\lambda\mathbf{u}) = (c\lambda)\mathbf{u}$, o que mostra que $A\mathbf{x}$ pertence a H.

b. Seja $\mathbf{x}$ um vetor não nulo em K. Como K tem dimensão um, K tem de ser o conjunto de todos os múltiplos escalares de $\mathbf{x}$. Se K for invariante sob A, então $A\mathbf{x}$ pertencerá a K; logo, $A\mathbf{x}$ é um múltiplo de $\mathbf{x}$. Portanto, $\mathbf{x}$ é um autovetor de A.

35. 1, 3, 7.

37. Substitua a por $a - \lambda$ na fórmula para o determinante do Exercício 30 nos Exercícios Suplementares do Capítulo 3:

$$\det(A - \lambda I) = (a - b - \lambda)^{n-1}[a - \lambda + (n - 1)b]$$

Esse determinante só é nulo se $a - b - \lambda = 0$ ou $a - \lambda + (n - 1)b = 0$. Logo, λ é um autovalor de A se e somente se $\lambda = a - b$ ou $\lambda = a + (n - 1)b$. Da fórmula para $\det(A - \lambda I)$ anterior, a multiplicidade algébrica é $n - 1$ para $a - b$ e 1 para $a + (n - 1)b$.

39. $\det(A - \lambda I) = (a_{11} - \lambda)(a_{22} - \lambda) - a_{12}a_{21} = \lambda^2 - (a_{11} + a_{22})\lambda + (a_{11}a_{22} - a_{12}a_{21}) = \lambda^2 - (\text{tr } A)\lambda + \det A$. Resolva a equação característica usando a fórmula para equações do segundo grau:

$$\lambda = \frac{\text{tr } A \pm \sqrt{(\text{tr } A)^2 - 4\det A}}{2}$$

Os dois autovalores são reais se e somente se o discriminante for não negativo, ou seja, $(\text{tr } A)^2 - 4\det A \geq 0$. Essa desigualdade pode ser simplificada para $(\text{tr } A)^2 \geq 4\det A$ e $\left(\dfrac{\text{tr } A}{2}\right)^2 \geq \det A$.

41. $C_p = \begin{bmatrix} 0 & 1 \\ -6 & 5 \end{bmatrix}$; $\det(C_p - \lambda I) = 6 - 5\lambda + \lambda^2 = p(\lambda)$

43. Se p for um polinômio de grau 2, então um cálculo análogo ao do Exercício 41 mostrará que o polinômio característico de C_p é $p(\lambda) = (-1)^2p(\lambda)$, de modo que o resultado é válido para $n = 2$. Suponha que o resultado seja verdadeiro para $n = k$ para algum $k \geq 2$ e considere um polinômio p de grau $k + 1$. Então, expandindo $\det(C_p - \lambda I)$ por cofatores ao longo da primeira coluna, obtemos

$$(-\lambda) \det \begin{bmatrix} -\lambda & 1 & \cdots & 0 \\ \vdots & & & \vdots \\ 0 & & & 1 \\ -a_1 & -a_2 & \cdots & -a_k - \lambda \end{bmatrix} + (-1)^{k+1}a_0$$

A matriz $k \times k$ anterior é $C_q - \lambda I$, em que $q(t) = a_1 + a_2t + \cdots + a_kt^{k-1} + t^k$. Pela hipótese de indução, o determinante de $C_q - \lambda I$ é $(-1)^kq(\lambda)$. Logo,

$$\det(C_p - \lambda I) = (-1)^{k+1}a_0 + (-\lambda)(-1)^kq(\lambda)$$

$$= (-1)^{k+1}[a_0 + \lambda(a_1 + \cdots + a_k\lambda^{k-1} + \lambda^k)]$$

$$= (-1)^{k+1}p(\lambda)$$

Portanto, a fórmula é válida para $n = k + 1$ se for válida para $n = k$. Pelo princípio de indução, a fórmula para $\det(C_p - \lambda I)$ é verdadeira para todo $n \geq 2$.

45. Do Exercício 44, as colunas da matriz de Vandermonde V são os autovetores de C_p associados aos autovalores $\lambda_1, \lambda_2, \lambda_3$ (as raízes do polinômio p). Como esses autovalores são distintos, os autovetores formam um conjunto linearmente independente pelo Teorema 2 na Seção 5.1. Então V tem colunas linearmente independentes e, portanto, é invertível pelo Teorema da Matriz Invertível. Por fim, como as colunas de V são autovetores de C_p, o Teorema de Diagonalização (Teorema 5 na Seção 5.3) mostra que $V^{-1}C_pV$ é diagonal.

47. Se seu programa matricial calcular autovalores e autovetores por métodos iterativos em vez de cálculos simbólicos, você pode ter dificuldades. Você deveria encontrar que $AP - PD$ tem coeficientes muito pequenos e PDP^{-1} está próxima de A. (Isso ocorria há apenas alguns anos, mas pode mudar à medida que os programas matriciais continuem melhorando.) Se você construiu P a partir dos autovetores do programa, verifique o número de singularidade de P. Isso pode indicar que você não tem na verdade três autovetores linearmente independentes.

Capítulo 6

Seção 6.1

1. $5, 4, \dfrac{4}{5}$ **3.** $\begin{bmatrix} 3/35 \\ -1/35 \\ -1/7 \end{bmatrix}$ **5.** $\begin{bmatrix} 8/13 \\ 12/13 \end{bmatrix}$

7. $\sqrt{35}$ **9.** $\begin{bmatrix} -0{,}6 \\ 0{,}8 \end{bmatrix}$ **11.** $\begin{bmatrix} 7/\sqrt{69} \\ 2/\sqrt{69} \\ 4/\sqrt{69} \end{bmatrix}$

13. $5\sqrt{5}$ **15.** Não é ortogonal   **17.** Ortogonal

29. *Sugestão*: Use os Teoremas 3 e 2 da Seção 2.1.

31. $\mathbf{u}\cdot\mathbf{v} = 0$, $\|\mathbf{u}\|^2 = 30$, $\|\mathbf{v}\|^2 = 101$,
$\|\mathbf{u}+\mathbf{v}\|^2 = (-5)^2 + (-9)^2 + 5^2 = 131 = 30 + 101$

33. O conjunto de todos os múltiplos de $\begin{bmatrix} -b \\ a \end{bmatrix}$ (quando $\mathbf{v} \neq 0$).

35. *Sugestão*: Use a definição de ortogonalidade.

37. *Sugestão*: Considere um vetor típico $\mathbf{w} = c_1\mathbf{v}_1 + \cdots + c_p\mathbf{v}_p$ em W.

39. *Sugestão*: Se $\mathbf{x}$ pertencer a $W^{\perp}$, então $\mathbf{x}$ será ortogonal a todos os vetores em W.

41. Enuncie sua conjectura e verifique-a algebricamente.

Seção 6.2

1. Não é ortogonal.

3. Não é ortogonal.

5. Ortogonal.

7. Mostre que $\mathbf{u}_1\cdot\mathbf{u}_2 = 0$, mencione o Teorema 4 e observe que dois vetores linearmente independentes em $\mathbb{R}^2$ formam uma base. Depois, obtenha

$\mathbf{x} = \dfrac{39}{13}\begin{bmatrix} 2 \\ -3 \end{bmatrix} + \dfrac{26}{52}\begin{bmatrix} 6 \\ 4 \end{bmatrix} = 3\begin{bmatrix} 2 \\ -3 \end{bmatrix} + \dfrac{1}{2}\begin{bmatrix} 6 \\ 4 \end{bmatrix}$

9. Mostre que $\mathbf{u}_1\cdot\mathbf{u}_2 = 0$, $\mathbf{u}_1\cdot\mathbf{u}_3 = 0$ e $\mathbf{u}_2\cdot\mathbf{u}_3 = 0$. Mencione o Teorema 4 e observe que três vetores linearmente independentes em $\mathbb{R}^3$ formam uma base. Depois, obtenha

$\mathbf{x} = \dfrac{5}{2}\mathbf{u}_1 - \dfrac{27}{18}\mathbf{u}_2 + \dfrac{18}{9}\mathbf{u}_3 = \dfrac{5}{2}\mathbf{u}_1 - \dfrac{3}{2}\mathbf{u}_2 + 2\mathbf{u}_3$

11. $\begin{bmatrix} -2 \\ 1 \end{bmatrix}$ **13.** $\mathbf{y} = \begin{bmatrix} -4/5 \\ 7/5 \end{bmatrix} + \begin{bmatrix} 14/5 \\ 8/5 \end{bmatrix}$

15. $\mathbf{y} - \hat{\mathbf{y}} = \begin{bmatrix} 0{,}6 \\ -0{,}8 \end{bmatrix}$, a distância é 1.

17. $\begin{bmatrix} 1/\sqrt{3} \\ 1/\sqrt{3} \\ 1/\sqrt{3} \end{bmatrix}, \begin{bmatrix} -1/\sqrt{2} \\ 0 \\ 1/\sqrt{2} \end{bmatrix}$

19. Ortonormal.   **21.** Ortonormal.

33. *Sugestão*: $\|U\mathbf{x}\|^2 = (U\mathbf{x})^T(U\mathbf{x})$. Além disso, os itens (a) e (c) seguem de (b).

35. *Sugestão*: Você precisa de dois teoremas, um dos quais só se aplica a matrizes *quadradas*.

37. *Sugestão*: Se você tiver uma candidata para a inversa, você poderá verificar se ela funciona.

39. Suponha que $\hat{\mathbf{y}} = \dfrac{\mathbf{y}\cdot\mathbf{u}}{\mathbf{u}\cdot\mathbf{u}}\mathbf{u}$. Substitua $\mathbf{u}$ por $c\mathbf{u}$ com $c \neq 0$; então

$$\dfrac{\mathbf{y}\cdot(c\mathbf{u})}{(c\mathbf{u})\cdot(c\mathbf{u})}(c\mathbf{u}) = \dfrac{c(\mathbf{y}\cdot\mathbf{u})}{c^2\mathbf{u}\cdot\mathbf{u}}(c)\mathbf{u} = \hat{\mathbf{y}}$$

41. Sejam $L = \mathscr{L}\{\mathbf{u}\}$ e $T(\mathbf{x}) = \text{proj}_L\mathbf{x}$, em que $\mathbf{u} \neq \mathbf{0}$. Por definição,

$$T(\mathbf{x}) = \dfrac{\mathbf{x}\cdot\mathbf{u}}{\mathbf{u}\cdot\mathbf{u}}\mathbf{u} = (\mathbf{x}\cdot\mathbf{u})(\mathbf{u}\cdot\mathbf{u})^{-1}\mathbf{u}$$

Para $\mathbf{x}$ e $\mathbf{y}$ em $\mathbb{R}^n$ e escalares c e d, as propriedades de produto interno (Teorema 1) mostram que

$$\begin{aligned} T(c\mathbf{x} + d\mathbf{y}) &= [(c\mathbf{x} + d\mathbf{y})\cdot\mathbf{u}](\mathbf{u}\cdot\mathbf{u})^{-1}\mathbf{u} \\ &= [c(\mathbf{x}\cdot\mathbf{u}) + d(\mathbf{y}\cdot\mathbf{u})](\mathbf{u}\cdot\mathbf{u})^{-1}\mathbf{u} \\ &= c(\mathbf{x}\cdot\mathbf{u})(\mathbf{u}\cdot\mathbf{u})^{-1}\mathbf{u} + d(\mathbf{y}\cdot\mathbf{u})(\mathbf{u}\cdot\mathbf{u})^{-1}\mathbf{u} \\ &= cT(\mathbf{x}) + dT(\mathbf{y}) \end{aligned}$$

Portanto, T é linear.

43. A demonstração do Teorema 6 mostra que os produtos internos a serem verificados são, de fato, os elementos no produto matricial A^TA. Um cálculo mostra que $A^TA = 100I_4$. Como os elementos fora da diagonal de A^TA são nulos, as colunas de A são ortogonais.

Seção 6.3

1. $\mathbf{x} = -\dfrac{8}{9}\mathbf{u}_1 - \dfrac{2}{9}\mathbf{u}_2 + \dfrac{2}{3}\mathbf{u}_3 + 2\mathbf{u}_4$; $\mathbf{x} = \begin{bmatrix} 0 \\ -2 \\ 4 \\ -2 \end{bmatrix} + \begin{bmatrix} 10 \\ -6 \\ -2 \\ 2 \end{bmatrix}$

3. $\begin{bmatrix} -1 \\ 4 \\ 0 \end{bmatrix}$ **5.** $\begin{bmatrix} -1 \\ 2 \\ 6 \end{bmatrix} = \mathbf{y}$

7. $\mathbf{y} = \begin{bmatrix} 10/3 \\ 2/3 \\ 8/3 \end{bmatrix} + \begin{bmatrix} -7/3 \\ 7/3 \\ 7/3 \end{bmatrix}$ **9.** $\mathbf{y} = \begin{bmatrix} 2 \\ 4 \\ 0 \\ 0 \end{bmatrix} + \begin{bmatrix} 2 \\ -1 \\ 3 \\ -1 \end{bmatrix}$

11. $\begin{bmatrix} 3 \\ -1 \\ 1 \\ -1 \end{bmatrix}$ **13.** $\begin{bmatrix} -1 \\ -3 \\ -2 \\ 3 \end{bmatrix}$ **15.** $\sqrt{40}$

17. a. $U^TU = \begin{bmatrix} 1 & 0 \\ 0 & 1 \end{bmatrix}$,

$UU^T = \begin{bmatrix} 8/9 & -2/9 & 2/9 \\ -2/9 & 5/9 & 4/9 \\ 2/9 & 4/9 & 5/9 \end{bmatrix}$

b. $\text{proj}_W\mathbf{y} = 6\mathbf{u}_1 + 3\mathbf{u}_2 = \begin{bmatrix} 2 \\ 4 \\ 5 \end{bmatrix}$, $(UU^T)\mathbf{y} = \begin{bmatrix} 2 \\ 4 \\ 5 \end{bmatrix}$

19. Qualquer múltiplo de $\begin{bmatrix} 0 \\ 2/5 \\ 1/5 \end{bmatrix}$, como $\begin{bmatrix} 0 \\ 2 \\ 1 \end{bmatrix}$.

31. *Sugestão*: Use o Teorema 3 e o Teorema de Decomposição Ortogonal. Para a unicidade, suponha que $A\mathbf{p} = \mathbf{b}$ e $A\mathbf{p}_1 = \mathbf{b}$ e considere as equações $\mathbf{p} = \mathbf{p}_1 + (\mathbf{p} - \mathbf{p}_1)$ e $\mathbf{p} = \mathbf{p} + \mathbf{0}$.

33. $\mathbf{w} = \begin{bmatrix} 1 \\ 0 \\ 0 \\ 1 \end{bmatrix}$ $M = \begin{bmatrix} 1 & 0 & 0 & -1 \\ 0 & 1 & 0 & 0 \\ 0 & 0 & 1 & 0 \\ -1 & 0 & 0 & 1 \end{bmatrix}$

35. $\mathbf{w} = \begin{bmatrix} 1 \\ 1 \\ 1 \\ 1 \\ 1 \\ 0 \\ 0 \\ 1 \\ 1 \\ 1 \end{bmatrix}$;

$M = \begin{bmatrix} 6 & -1 & -1 & -1 & 0 & 0 & -1 & -1 & -1 \\ -1 & 1 & 0 & 0 & 0 & 0 & 0 & 0 & 0 \\ -1 & 0 & 1 & 0 & 0 & 0 & 0 & 0 & 0 \\ -1 & 0 & 0 & 1 & 0 & 0 & 0 & 0 & 0 \\ 0 & 0 & 0 & 0 & 1 & 0 & 0 & 0 & 0 \\ 0 & 0 & 0 & 0 & 0 & 1 & 0 & 0 & 0 \\ -1 & 0 & 0 & 0 & 0 & 0 & 1 & 0 & 0 \\ -1 & 0 & 0 & 0 & 0 & 0 & 0 & 1 & 0 \\ -1 & 0 & 0 & 0 & 0 & 0 & 0 & 0 & 1 \end{bmatrix}$

37. Como $U^T U = I_4$, U tem colunas ortonormais pelo Teorema 6 na Seção 6.2. O ponto mais próximo de $\mathbf{y}$ em Col U é a projeção ortogonal $\hat{\mathbf{y}}$ de $\mathbf{y}$ sobre Col U. Do Teorema 10,
$\hat{\mathbf{y}} = UU^T\mathbf{y} = (1,2,\ 0,4,\ 1,2,\ 1,2,\ 0,4,\ 1,2,\ 0,4,\ 0,4)$

Seção 6.4

1. $\begin{bmatrix} 3 \\ 0 \\ -1 \end{bmatrix}$, $\begin{bmatrix} -1 \\ 5 \\ -3 \end{bmatrix}$ **3.** $\begin{bmatrix} 2 \\ -5 \\ 1 \end{bmatrix}$, $\begin{bmatrix} 3 \\ 3/2 \\ 3/2 \end{bmatrix}$

5. $\begin{bmatrix} 1 \\ -4 \\ 0 \\ 1 \end{bmatrix}$, $\begin{bmatrix} 5 \\ 1 \\ -4 \\ -1 \end{bmatrix}$ **7.** $\begin{bmatrix} 2/\sqrt{30} \\ -5/\sqrt{30} \\ 1/\sqrt{30} \end{bmatrix}$, $\begin{bmatrix} 2/\sqrt{6} \\ 1/\sqrt{6} \\ 1/\sqrt{6} \end{bmatrix}$

9. $\begin{bmatrix} 3 \\ 1 \\ -1 \\ 3 \end{bmatrix}$, $\begin{bmatrix} 1 \\ 3 \\ 3 \\ -1 \end{bmatrix}$, $\begin{bmatrix} -3 \\ 1 \\ 1 \\ 3 \end{bmatrix}$ **11.** $\begin{bmatrix} 1 \\ -1 \\ -1 \\ 1 \\ 1 \end{bmatrix}$, $\begin{bmatrix} 3 \\ 0 \\ 3 \\ -3 \\ 3 \end{bmatrix}$, $\begin{bmatrix} 2 \\ 0 \\ 2 \\ 2 \\ -2 \end{bmatrix}$

13. $R = \begin{bmatrix} 6 & 12 \\ 0 & 6 \end{bmatrix}$

15. $Q = \begin{bmatrix} 1/\sqrt{5} & 1/2 & 1/2 \\ -1/\sqrt{5} & 0 & 0 \\ -1/\sqrt{5} & 1/2 & 1/2 \\ 1/\sqrt{5} & -1/2 & 1/2 \\ 1/\sqrt{5} & 1/2 & -1/2 \end{bmatrix}$,

$R = \begin{bmatrix} \sqrt{5} & -\sqrt{5} & 4\sqrt{5} \\ 0 & 6 & -2 \\ 0 & 0 & 4 \end{bmatrix}$

23. Suponha que $\mathbf{x}$ satisfaça $R\mathbf{x} = \mathbf{0}$; então $QR\mathbf{x} = Q\mathbf{0} = \mathbf{0}$ e $A\mathbf{x} = \mathbf{0}$. Como as colunas de A são linearmente independentes, $\mathbf{x}$ tem de ser zero. Esse fato, por sua vez, mostra que as colunas de R são linearmente independentes. Como R é uma matriz quadrada, ela é invertível pelo Teorema da Matriz Invertível.

25. Denote as colunas de Q por $\mathbf{q}_1, \ldots, \mathbf{q}_n$. Note que $n \leq m$, já que A é $m \times n$ e tem colunas linearmente independentes. Use o fato de que as colunas de Q podem ser estendidas a uma base ortonormal para $\mathbb{R}^m$, digamos $\{\mathbf{q}_1, \ldots, \mathbf{q}_m\}$. Sejam $Q_0 = [\mathbf{q}_{n+1} \ldots \mathbf{q}_m]$ e $Q_1 = [Q \ Q_0]$. Então, usando a multiplicação de matrizes em bloco,
$$Q_1 \begin{bmatrix} R \\ 0 \end{bmatrix} = QR = A.$$

27. *Sugestão*: Escreva R como uma matriz em blocos 2×2.

29. Os elementos diagonais de R são 20, 6, 10,3923 e 7,0711 até quatro casas decimais.

Seção 6.5

1. a. $\begin{bmatrix} 6 & -11 \\ -11 & 22 \end{bmatrix}\begin{bmatrix} x_1 \\ x_2 \end{bmatrix} = \begin{bmatrix} -4 \\ 11 \end{bmatrix}$ **b.** $\hat{\mathbf{x}} = \begin{bmatrix} 3 \\ 2 \end{bmatrix}$

3. a. $\begin{bmatrix} 6 & 6 \\ 6 & 42 \end{bmatrix}\begin{bmatrix} x_1 \\ x_2 \end{bmatrix} = \begin{bmatrix} 6 \\ -6 \end{bmatrix}$ **b.** $\hat{\mathbf{x}} = \begin{bmatrix} 4/3 \\ -1/3 \end{bmatrix}$

5. $\hat{\mathbf{x}} = \begin{bmatrix} 5 \\ -3 \\ 0 \end{bmatrix} + x_3\begin{bmatrix} -1 \\ 1 \\ 1 \end{bmatrix}$ **7.** $2\sqrt{5}$

9. a. $\hat{\mathbf{b}} = \begin{bmatrix} 1 \\ 1 \\ 0 \end{bmatrix}$ **b.** $\hat{\mathbf{x}} = \begin{bmatrix} 2/7 \\ 1/7 \end{bmatrix}$

11. a. $\hat{\mathbf{b}} = \begin{bmatrix} 3 \\ 1 \\ 4 \\ -1 \end{bmatrix}$ **b.** $\hat{\mathbf{x}} = \begin{bmatrix} 2/3 \\ 0 \\ 1/3 \end{bmatrix}$

13. $A\mathbf{u} = \begin{bmatrix} 11 \\ -11 \\ 11 \end{bmatrix}$, $A\mathbf{v} = \begin{bmatrix} 7 \\ -12 \\ 7 \end{bmatrix}$,

$\mathbf{b} - A\mathbf{u} = \begin{bmatrix} 0 \\ 2 \\ -6 \end{bmatrix}$, $\mathbf{b} - A\mathbf{v} = \begin{bmatrix} 4 \\ 3 \\ -2 \end{bmatrix}$. Não, $\mathbf{u}$ não pode ser

uma solução de mínimos quadráticos de $A\mathbf{x} = \mathbf{b}$. Por quê?

15. $\hat{\mathbf{x}} = \begin{bmatrix} 4 \\ -1 \end{bmatrix}$

27. a. Se $A\mathbf{x} = \mathbf{0}$, então $A^TA\mathbf{x} = A^T\mathbf{0} = \mathbf{0}$. Isso mostra que Nul A está contido em Nul A^TA.
b. Se $A^TA\mathbf{x} = \mathbf{0}$, então $\mathbf{x}^TA^TA\mathbf{x} = \mathbf{x}^T\mathbf{0} = 0$. Logo, $(A\mathbf{x})^T(A\mathbf{x}) = 0$ (o que significa que $\|A\mathbf{x}\|^2 = 0$) e, portanto, $A\mathbf{x} = \mathbf{0}$. Isso mostra que Nul A^TA está contido em Nul A.

29. *Sugestão*: Para o item (a), use um teorema importante do Capítulo 2.

31. Pelo Teorema 14, $\hat{\mathbf{b}} = A\hat{\mathbf{x}} = A(A^TA)^{-1}A^T\mathbf{b}$. A matriz $A(A^TA)^{-1}A^T$ aparece frequentemente em estatística, na qual é chamada, algumas vezes, *matriz chapéu*.

33. As equações normais são $\begin{bmatrix} 2 & 2 \\ 2 & 2 \end{bmatrix}\begin{bmatrix} x \\ y \end{bmatrix} = \begin{bmatrix} 6 \\ 6 \end{bmatrix}$, cuja solução é o conjunto dos pares (x, y) tais que $x + y = 3$. As soluções correspondem aos pontos pertencentes à reta que está exatamente no meio das retas $x + y = 2$ e $x + y = 4$.

Seção 6.6

1. $y = 0,9 + 0,4x$ **3.** $y = 1,1 + 1,3x$

5. 2,5

7. 2,1; uma diferença de 0,1 é razoável.

9. Não. Um valor de 20 para y está bem longe dos outros valores de y.

11. Se dois pontos de dados tiverem coordenadas x diferentes, então as duas colunas na matriz de projeto X não poderão ser uma múltipla da outra e, portanto, serão linearmente independentes. Pelo Teorema 14 na Seção 6.5, as equações normais têm uma única solução.

13. a. $\mathbf{y} = X\boldsymbol{\beta} + \boldsymbol{\epsilon}$, em que $\mathbf{y} = \begin{bmatrix} 1,8 \\ 2,7 \\ 3,4 \\ 3,8 \\ 3,9 \end{bmatrix}$, $X = \begin{bmatrix} 1 & 1 \\ 2 & 4 \\ 3 & 9 \\ 4 & 16 \\ 5 & 25 \end{bmatrix}$,

$\boldsymbol{\beta} = \begin{bmatrix} \beta_1 \\ \beta_2 \end{bmatrix}$, $\boldsymbol{\epsilon} = \begin{bmatrix} \epsilon_1 \\ \epsilon_2 \\ \epsilon_3 \\ \epsilon_4 \\ \epsilon_5 \end{bmatrix}$

b. $y = 1,76x - 0,20x^2$

c. $y = 3,36$

15. $\mathbf{y} = X\boldsymbol{\beta} + \boldsymbol{\epsilon}$, em que $\mathbf{y} = \begin{bmatrix} 7,9 \\ 5,4 \\ -0,9 \end{bmatrix}$, $X = \begin{bmatrix} \cos 1 & \text{sen } 1 \\ \cos 2 & \text{sen } 2 \\ \cos 3 & \text{sen } 3 \end{bmatrix}$,

$\boldsymbol{\beta} = \begin{bmatrix} A \\ B \end{bmatrix}$, $\boldsymbol{\epsilon} = \begin{bmatrix} \epsilon_1 \\ \epsilon_2 \\ \epsilon_3 \end{bmatrix}$

17. $\beta = 1,45$ e $e = 0,811$; a órbita é uma elipse. A equação $r = \beta/(1 - e \cdot \cos \vartheta)$ fornece $r = 1,33$ quando $\vartheta = 4,6$.

19. a. $y = -0,8558 + 4,7025t + 5,5554t^2 - 0,0274t^3$

b. A função velocidade é

$v(t) = 4,7025 + 11,1108t - 0,0822t^2$, e

$v(4,5) = 53,0$ ft/s.

21. *Sugestão*: Escreva X e $\mathbf{y}$ como na equação (1) e calcule X^TX e $X^T\mathbf{y}$.

23. a. A média dos dados em x é $\bar{x} = 5,5$. Os dados em forma de desvio médio são $(-3,5, 1)$, $(-0,5, 2)$, $(1,5, 3)$ e $(2,5, 3)$. As colunas de X são ortogonais porque a soma dos coeficientes na segunda coluna é zero.

b. $\begin{bmatrix} 4 & 0 \\ 0 & 21 \end{bmatrix} \begin{bmatrix} \beta_0 \\ \beta_1 \end{bmatrix} = \begin{bmatrix} 9 \\ 7,5 \end{bmatrix}$,

$y = \frac{9}{4} + \frac{5}{14}x^* = \frac{9}{4} + \frac{5}{14}(x - 5,5)$

25. *Sugestão*: A equação tem uma interpretação geométrica simpática.

Seção 6.7

1. a. $3, \sqrt{105}, 225$

b. Todos os múltiplos de $\begin{bmatrix} 1 \\ 4 \end{bmatrix}$.

3. 28   **5.** $5\sqrt{2}, 3\sqrt{3}$ **7.** $\frac{56}{25} + \frac{14}{25}t$

9. a. Polinômio constante, $p(t) = 5$.

b. $t^2 - 5$ é ortogonal a p_0 e p_1; valores: $(4, -4, -4, 4)$; resposta: $q(t) = \frac{1}{4}(t^2 - 5)$.

11. $\frac{17}{5}t$

13. Verifique cada um dos quatro axiomas. Por exemplo:

1. $\langle \mathbf{u}, \mathbf{v} \rangle = (A\mathbf{u}) \cdot (A\mathbf{v})$ Definição
   $= (A\mathbf{v}) \cdot (A\mathbf{u})$ Propriedade do produto interno
   $= \langle \mathbf{v}, \mathbf{u} \rangle$ Definição

15. $\langle \mathbf{u}, c\mathbf{v} \rangle = \langle c\mathbf{v}, \mathbf{u} \rangle$ Axioma 1
   $= c \langle \mathbf{v}, \mathbf{u} \rangle$ Axioma 3
   $= c \langle \mathbf{u}, \mathbf{v} \rangle$ Axioma 1

17. *Sugestão*: Calcule 4 vezes a expressão à direita do sinal de igualdade.

25. $\langle \mathbf{u}, \mathbf{v} \rangle = \sqrt{a}\sqrt{b} + \sqrt{b}\sqrt{a} = 2\sqrt{ab}$,

$\|\mathbf{u}\|^2 = (\sqrt{a})^2 + (\sqrt{b})^2 = a + b$. Como a e b não são negativos, $\|\mathbf{u}\| = \sqrt{a + b}$. Analogamente, $\|\mathbf{v}\| = \sqrt{b + a}$. Pela desigualdade de Cauchy-Schwarz, $2\sqrt{ab} \leq \sqrt{a + b}\sqrt{b + a} = a + b$. Portanto, $\sqrt{ab} \leq \dfrac{a + b}{2}$.

27. 0   **29.** $2/\sqrt{5}$ **31.** $1, t, 3t^2 - 1$

33. Os novos polinômios ortogonais são múltiplos de $-17t + 5t^3$ e $72 - 155t^2 + 35t^4$. Mude a escala desses polinômios de modo que seus valores em $-2, -1, 0, 1$ e 2 sejam inteiros pequenos.

Seção 6.8

1. $y = 2 + \frac{3}{2}t$

3. $p(t) = 4p_0 - 0,1p_1 - 0,5p_2 + 0,2p_3$
   $= 4 - 0,1t - 0,5(t^2 - 2) + 0,2\left(\frac{5}{6}t^3 - \frac{17}{6}t\right)$

(Ocorre que este polinômio se ajusta perfeitamente aos dados.)

5. Use a identidade trigonométrica

sen $m\,t$ sen $n\,t = \frac{1}{2}[\cos(mt - nt) - \cos(mt + nt)]$

7. Use a identidade trigonométrica $\cos^2 kt = \dfrac{1 + \cos 2kt}{2}$.

9. $\pi + 2\,\text{sen }t + \text{sen }2t + \frac{2}{3}\,\text{sen }3t$. [*Sugestão*: Economize tempo usando os resultados do Exemplo 4.]

11. $\frac{1}{2} - \frac{1}{2}\cos 2t$ (Por quê?)

13. *Sugestão*: Considere duas funções f e g em $C[0, 2\pi]$ e fixe um inteiro $m \geq 0$. Escreva o coeficiente de Fourier de $f + g$ que envolve $\cos mt$ e escreva o coeficiente de Fourier que envolve sen mt (para $m > 0$).

15. A curva cúbica é o gráfico de $g(t) = -0,2685 + 3,6095t + 5,8576t^2 - 0,0477t^3$. A velocidade em $t = 4,5$ segundos é $g'(4,5) = 53,4$ ft/s. Isso é em torno de 0,7% mais rápido que a estimativa obtida no Exercício 19 na Seção 6.6.

Capítulo 6   Exercícios Suplementares

1. F   **2.** V   **3.** V   **4.** F   **5.** F   **6.** V   **7.** V

8. V   **9.** F   **10.** V   **11.** V   **12.** F   **13.** V   **14.** F

15. F   **16.** V   **17.** V   **18.** F   **19.** F

20. *Sugestão*: Se $\{\mathbf{v}_1, \mathbf{v}_2\}$ for um conjunto ortonormal e se $\mathbf{x} = c_1\mathbf{v}_1 + c_2\mathbf{v}_2$, então os vetores $c_1\mathbf{v}_1$ e $c_2\mathbf{v}_2$ serão ortogonais e

$\|\mathbf{x}\|^2 = \|c_1\mathbf{v}_1 + c_2\mathbf{v}_2\|^2 = \|c_1\mathbf{v}_1\|^2 + \|c_2\mathbf{v}_2\|^2$
   $= (|c_1|\|\mathbf{v}_1\|)^2 + (|c_2|\|\mathbf{v}_2\|)^2 = |c_1|^2 + |c_2|^2$

(Explique por quê.) Isso mostra que a igualdade no enunciado é válida para $p = 2$. Suponha que a igualdade seja válida para

$p = k$ com $k \geq 2$, seja $\{\mathbf{v}_1, \ldots, \mathbf{v}_{k+1}\}$ um conjunto ortonormal e considere

$$\mathbf{x} = c_1\mathbf{v}_1 + \cdots + c_k\mathbf{v}_k + c_{k+1}\mathbf{v}_{k+1} = \mathbf{u}_k + c_{k+1}\mathbf{v}_{k+1},$$

em que $\mathbf{u}_k = c_1\mathbf{v}_1 + \cdots + c_k\mathbf{v}_k$.

21. Considerando $\mathbf{x}$ e um conjunto ortonormal $\{\mathbf{v}_1, \ldots, \mathbf{v}_p\}$ em $\mathbb{R}^n$, seja $\hat{\mathbf{x}}$ a projeção ortogonal de $\mathbf{x}$ no espaço gerado por $\mathbf{v}_1, \ldots, \mathbf{v}_p$. Pelo Teorema 10 na Seção 6.3,

$$\hat{\mathbf{x}} = (\mathbf{x}\cdot\mathbf{v}_1)\mathbf{v}_1 + \cdots + (\mathbf{x}\cdot\mathbf{v}_p)\mathbf{v}_p$$

Pelo Exercício 20, $\| \hat{\mathbf{x}} \|^2 = |\mathbf{x}\cdot\mathbf{v}_1|^2 + \ldots + |\mathbf{x}\cdot\mathbf{v}_p|^2$. A desigualdade de Bessel segue do fato, observado antes do enunciado da desigualdade de Cauchy-Schwarz na Seção 6.7, de que $\| \hat{\mathbf{x}} \|^2 \leq \|\mathbf{x}\|^2$.

23. Suponha que $(U\mathbf{x})\cdot(U\mathbf{y}) = \mathbf{x}\cdot\mathbf{y}$ para todos os $\mathbf{x}$, $\mathbf{y}$ em $\mathbb{R}^n$ e seja $\mathbf{e}_1$, $\ldots$, $\mathbf{e}_n$ a base canônica para $\mathbb{R}^n$. Para $j = 1, \ldots, n$, $U\mathbf{e}_j$ é a j-ésima coluna de U. Como $\|U\mathbf{e}_j\|^2 = (U\mathbf{e}_j)\cdot(U\mathbf{e}_j) = \mathbf{e}_j\cdot\mathbf{e}_j = 1$, as colunas de U são vetores unitários; mas $(U\mathbf{e}_j)\cdot(U\mathbf{e}_k) = \mathbf{e}_j\cdot\mathbf{e}_k = 0$ se $j \neq k$; logo, duas colunas diferentes quaisquer são ortogonais.

25. *Sugestão*: Calcule Q^TQ usando o fato de que $(\mathbf{u}\mathbf{u}^T)^T = \mathbf{u}^{TT}\mathbf{u}^T = \mathbf{u}\mathbf{u}^T$.

27. Seja $W = \mathscr{L}\{\mathbf{u}, \mathbf{v}\}$. Dado $\mathbf{z}$ em $\mathbb{R}^n$, seja $\hat{\mathbf{z}} = \text{proj}_W\mathbf{z}$. Então $\hat{\mathbf{z}}$ pertence a Col A, em que $A = [\mathbf{u}\ \mathbf{v}]$, de modo que $\hat{\mathbf{z}} = A\hat{\mathbf{x}}$ para algum $\hat{\mathbf{x}}$ em $\mathbb{R}^2$. Mas isso significa que $\hat{\mathbf{x}}$ é uma solução de mínimos quadráticos para $A\mathbf{x} = \mathbf{z}$. As equações normais podem ser resolvidas para se obter $\hat{\mathbf{x}}$ e, depois, $\hat{\mathbf{z}}$ é obtido calculando-se o produto $A\hat{\mathbf{x}}$.

29. *Sugestão*: Sejam $\mathbf{x} = \begin{bmatrix} x \\ y \\ z \end{bmatrix}$, $\mathbf{b} = \begin{bmatrix} a \\ b \\ c \end{bmatrix}$, $\mathbf{v} = \begin{bmatrix} 1 \\ -2 \\ 5 \end{bmatrix}$ e

$A = \begin{bmatrix} \mathbf{v}^T \\ \mathbf{v}^T \\ \mathbf{v}^T \end{bmatrix} = \begin{bmatrix} 1 & -2 & 5 \\ 1 & -2 & 5 \\ 1 & -2 & 5 \end{bmatrix}$. O conjunto dado de equações é $A\mathbf{x} = \mathbf{b}$ e o conjunto de todas as soluções de mínimos quadráticos coincide com o conjunto de soluções de $A^TA\mathbf{x} = A^T\mathbf{b}$ (Teorema 13 na Seção 6.5). Estude essa equação e use o fato de que $(\mathbf{v}\mathbf{v}^T)\mathbf{x} = \mathbf{v}(\mathbf{v}^T\mathbf{x}) = (\mathbf{v}^T\mathbf{x})\mathbf{v}$, já que $\mathbf{v}^T\mathbf{x}$ é um escalar.

31. **a.** O cálculo linha por coluna do produto $A\mathbf{u}$ mostra que cada linha de A é ortogonal a todo $\mathbf{u}$ pertencente a Nul A. Então cada linha de A pertence a (Nul A)$^\perp$. Como (Nul A)$^\perp$ é um subespaço, ele tem de conter todas as combinações lineares de linhas de A; portanto, (Nul A)$^\perp$ contém Lin A.

b. Se posto de $A = r$, então dim Nul $A = n - r$, pelo Teorema do Posto. Pelo Exercício 32(c) na Seção 6.3,

dim Nul A + dim(Nul A)$^\perp = n$

Logo, dim(Nul A)$^\perp$ tem de ser igual a r. Mas Lin A é um subespaço de dimensão r de (Nul A)$^\perp$, pelo Teorema do Posto e pelo item (a). Portanto, Lin A tem de ser igual a (Nul A)$^\perp$.

c. Substitua A por A^T no item (b) e conclua que Lin A^T coincide com (Nul A^T)$^\perp$. Como Lin A^T = Col A, isso prova (c).

33. Se $A = URU^T$ com U ortogonal, então A será semelhante a R (pois U será invertível e $U^T = U^{-1}$) e, portanto, A terá os mesmos autovalores que R (pelo Teorema 4 na Seção 5.2), a saber, os n números reais na diagonal de R.

35. $\dfrac{\|\Delta\mathbf{x}\|}{\|\mathbf{x}\|} = 0{,}4618$,

$\text{cond}(A) \times \dfrac{\|\Delta\mathbf{b}\|}{\|\mathbf{b}\|} = 3.363 \times (1{,}548 \times 10^{-4}) = 0{,}5206.$

Note que $\|\Delta\mathbf{x}\|/\|\mathbf{x}\|$ é quase igual a cond(A) vezes $\|\Delta\mathbf{b}\|/\|\mathbf{b}\|$.

37. $\dfrac{\|\Delta\mathbf{x}\|}{\|\mathbf{x}\|} = 7{,}178 \times 10^{-8}$, $\dfrac{\|\Delta\mathbf{b}\|}{\|\mathbf{b}\|} = 2{,}832 \times 10^{-4}$.

Note que a variação relativa em $\mathbf{x}$ é *muito* menor que a variação relativa em $\mathbf{b}$. De fato, como

$$\text{cond}(A) \times \frac{\|\Delta\mathbf{b}\|}{\|\mathbf{b}\|} = 23.683 \times (2{,}832 \times 10^{-4}) = 6{,}707$$

a cota teórica para a variação relativa em $\mathbf{x}$ é 6,707 (com quatro algarismos significativos). Este exercício mostra que, mesmo quando o número de singularidade é grande, o erro relativo em uma solução pode não ser tão grande quanto se poderia esperar.

Capítulo 7

Seção 7.1

1. Simétrica. **3.** Não é simétrica. **5.** Simétrica.

7. Ortogonal, $\begin{bmatrix} 0{,}6 & 0{,}8 \\ 0{,}8 & -0{,}6 \end{bmatrix}$

9. Ortogonal, $\begin{bmatrix} -4/5 & 3/5 \\ 3/5 & 4/5 \end{bmatrix}$

11. Não é ortogonal

13. $P = \begin{bmatrix} 1/\sqrt{2} & -1/\sqrt{2} \\ 1/\sqrt{2} & 1/\sqrt{2} \end{bmatrix}$, $D = \begin{bmatrix} 4 & 0 \\ 0 & 2 \end{bmatrix}$

15. $P = \begin{bmatrix} -2/\sqrt{5} & 1/\sqrt{5} \\ 1/\sqrt{5} & 2/\sqrt{5} \end{bmatrix}$, $D = \begin{bmatrix} 1 & 0 \\ 0 & 11 \end{bmatrix}$

17. $P = \begin{bmatrix} -1/\sqrt{2} & 1/\sqrt{6} & 1/\sqrt{3} \\ 0 & -2/\sqrt{6} & 1/\sqrt{3} \\ 1/\sqrt{2} & 1/\sqrt{6} & 1/\sqrt{3} \end{bmatrix}$,

$D = \begin{bmatrix} -4 & 0 & 0 \\ 0 & 4 & 0 \\ 0 & 0 & 7 \end{bmatrix}$

19. $P = \begin{bmatrix} -1/\sqrt{5} & 4/\sqrt{45} & -2/3 \\ 2/\sqrt{5} & 2/\sqrt{45} & -1/3 \\ 0 & 5/\sqrt{45} & 2/3 \end{bmatrix}$,

$D = \begin{bmatrix} 7 & 0 & 0 \\ 0 & 7 & 0 \\ 0 & 0 & -2 \end{bmatrix}$

21. $P = \begin{bmatrix} 0 & 1/\sqrt{2} & 1/2 & 1/2 \\ 0 & -1/\sqrt{2} & 1/2 & 1/2 \\ 1/\sqrt{2} & 0 & -1/2 & 1/2 \\ -1/\sqrt{2} & 0 & -1/2 & 1/2 \end{bmatrix}$,

$D = \begin{bmatrix} 1 & 0 & 0 & 0 \\ 0 & 1 & 0 & 0 \\ 0 & 0 & 5 & 0 \\ 0 & 0 & 0 & 9 \end{bmatrix}$

23. $P = \begin{bmatrix} 1/\sqrt{3} & 1/\sqrt{2} & -1/\sqrt{6} \\ 1/\sqrt{3} & -1/\sqrt{2} & -1/\sqrt{6} \\ 1/\sqrt{3} & 0 & 2/\sqrt{6} \end{bmatrix}$,

$D = \begin{bmatrix} 2 & 0 & 0 \\ 0 & 5 & 0 \\ 0 & 0 & 5 \end{bmatrix}$

33. $(A\mathbf{x}) \cdot \mathbf{y} = (A\mathbf{x})^T\mathbf{y} = \mathbf{x}^TA^T\mathbf{y} = \mathbf{x}^TA\mathbf{y} = \mathbf{x} \cdot (A\mathbf{y})$, já que $A^T = A$.

35. *Sugestão*: Use uma diagonalização ortogonal de A ou o Teorema 2.

37. O Teorema de Diagonalização na Seção 5.3 diz que as colunas de P são autovetores (linearmente independentes) associados aos autovalores de A listados na diagonal de D. Logo, P tem exatamente k colunas de autovetores associados a λ. Essas k colunas formam uma base para o autoespaço.

39. $A = 8\mathbf{u}_1\mathbf{u}_1^T + 6\mathbf{u}_2\mathbf{u}_2^T + 3\mathbf{u}_3\mathbf{u}_3^T$

$$= 8\begin{bmatrix} 1/2 & -1/2 & 0 \\ -1/2 & 1/2 & 0 \\ 0 & 0 & 0 \end{bmatrix}$$

$$+ 6\begin{bmatrix} 1/6 & 1/6 & -2/6 \\ 1/6 & 1/6 & -2/6 \\ -2/6 & -2/6 & 4/6 \end{bmatrix}$$

$$+ 3\begin{bmatrix} 1/3 & 1/3 & 1/3 \\ 1/3 & 1/3 & 1/3 \\ 1/3 & 1/3 & 1/3 \end{bmatrix}$$

41. *Sugestão*: $(\mathbf{u}\mathbf{u}^T)\mathbf{x} = \mathbf{u}(\mathbf{u}^T\mathbf{x}) = (\mathbf{u}^T\mathbf{x})\mathbf{u}$, já que $\mathbf{u}^T\mathbf{x}$ é um escalar.

43. $P = \dfrac{1}{2}\begin{bmatrix} -1 & 1 & 1 & 1 \\ 1 & 1 & 1 & -1 \\ -1 & 1 & -1 & -1 \\ 1 & 1 & -1 & 1 \end{bmatrix}$,

$$D = \begin{bmatrix} 19 & 0 & 0 & 0 \\ 0 & 11 & 0 & 0 \\ 0 & 0 & 5 & 0 \\ 0 & 0 & 0 & -11 \end{bmatrix}$$

45. $P = \begin{bmatrix} 1/\sqrt{2} & 3/\sqrt{50} & -2/5 & -2/5 \\ 0 & 4/\sqrt{50} & -1/5 & 4/5 \\ 0 & 4/\sqrt{50} & 4/5 & -1/5 \\ 1/\sqrt{2} & -3/\sqrt{50} & 2/5 & 2/5 \end{bmatrix}$

$$D = \begin{bmatrix} 0{,}75 & 0 & 0 & 0 \\ 0 & 0{,}75 & 0 & 0 \\ 0 & 0 & 0 & 0 \\ 0 & 0 & 0 & -1{,}25 \end{bmatrix}$$

Seção 7.2

1. a. $5x_1^2 + \frac{2}{3}x_1x_2 + x_2^2$ **b.** 185 **c.** 16

3. a. $\begin{bmatrix} 3 & -2 \\ -2 & 5 \end{bmatrix}$ **b.** $\begin{bmatrix} 3 & 1 \\ 1 & 0 \end{bmatrix}$

5. a. $\begin{bmatrix} 3 & -3 & 4 \\ -3 & 2 & -2 \\ 4 & -2 & -5 \end{bmatrix}$ **b.** $\begin{bmatrix} 0 & 3 & 2 \\ 3 & 0 & -5 \\ 2 & -5 & 0 \end{bmatrix}$

7. $\mathbf{x} = P\mathbf{y}$, em que $P = \dfrac{1}{\sqrt{2}}\begin{bmatrix} 1 & -1 \\ 1 & 1 \end{bmatrix}$, $\mathbf{y}^T D\mathbf{y} = 6y_1^2 - 4y_2^2$

Nos Exercícios 9 a 14, existem outras respostas possíveis (mudanças de variáveis e novas formas quadráticas).

9. Positiva definida; os autovalores são 6 e 2. Mudança de variável: $\mathbf{x} = P\mathbf{y}$, em que $P = \dfrac{1}{\sqrt{2}}\begin{bmatrix} -1 & 1 \\ 1 & 1 \end{bmatrix}$. Nova forma quadrática: $6y_1^2 + 2y_2^2$

11. Indefinida; os autovalores são 3 e -2. Mudança de variável: $\mathbf{x} = P\mathbf{y}$, em que $P = \dfrac{1}{\sqrt{5}}\begin{bmatrix} -2 & 1 \\ 1 & 2 \end{bmatrix}$. Nova forma quadrática: $3y_1^2 - 2y_2^2$

13. Positiva semidefinida; os autovalores são 10 e 0. Mudança de variável: $\mathbf{x} = P\mathbf{y}$, com $P = \dfrac{1}{\sqrt{10}}\begin{bmatrix} 1 & 3 \\ -3 & 1 \end{bmatrix}$. Nova forma quadrática: $10y_1^2$

15. Negativa definida; os autovalores são $-13, -9, -7, -1$. Mudança de variável: $\mathbf{x} = P\mathbf{y}$, em que

$$P = \begin{bmatrix} 0 & -1/2 & 0 & 3/\sqrt{12} \\ 0 & 1/2 & -2/\sqrt{6} & 1/\sqrt{12} \\ -1/\sqrt{2} & 1/2 & 1/\sqrt{6} & 1/\sqrt{12} \\ 1/\sqrt{2} & 1/2 & 1/\sqrt{6} & 1/\sqrt{12} \end{bmatrix}$$

Nova forma quadrática: $-13y_1^2 - 9y_2^2 - 7y_3^2 - y_4^2$

17. Positiva definida; os autovalores são 1 e 21. Mudança de variável: $\mathbf{x} = P\mathbf{y}$,

$$P = \frac{1}{\sqrt{50}}\begin{bmatrix} 4 & 3 & 4 & -3 \\ -5 & 0 & 5 & 0 \\ 3 & -4 & 3 & 4 \\ 0 & 5 & 0 & 5 \end{bmatrix}$$

Nova forma quadrática: $y_1^2 + y_2^2 + 21y_3^2 + 21y_4^2$

19. 8

31. Escreva o polinômio característico de duas maneiras diferentes:

$$\det(A - \lambda I) = \det\begin{bmatrix} a - \lambda & b \\ b & d - \lambda \end{bmatrix}$$
$$= \lambda^2 - (a + d)\lambda + ad - b^2$$

e

$$(\lambda - \lambda_1)(\lambda - \lambda_2) = \lambda^2 - (\lambda_1 + \lambda_2)\lambda + \lambda_1\lambda_2$$

Iguale os coeficientes dos termos de mesmo grau para obter $\lambda_1 + \lambda_2 = a + d$ e $\lambda_1\lambda_2 = ad - b^2 = \det A$.

33. O Exercício 34 na Seção 7.1 mostrou que $B^T B$ é simétrica. Além disso, $\mathbf{x}^T B^T B\mathbf{x} = (B\mathbf{x})^T B\mathbf{x} = \|B\mathbf{x}\|^2 \geq 0$; logo, a forma quadrática é positiva semidefinida e dizemos que a matriz $B^T B$ é positiva semidefinida. *Sugestão*: Para mostrar que $B^T B$ é positiva definida quando B é quadrada e invertível, suponha que $\mathbf{x}^T B^T B\mathbf{x} = 0$ e conclua que $\mathbf{x} = \mathbf{0}$.

35. *Sugestão*: Mostre que $A + B$ é simétrica e a forma quadrática $\mathbf{x}^T(A + B)\mathbf{x}$ é positiva definida.

Seção 7.3

1. $\mathbf{x} = P\mathbf{y}$, em que $P = \begin{bmatrix} 1/3 & 2/3 & -2/3 \\ 2/3 & 1/3 & 2/3 \\ -2/3 & 2/3 & 1/3 \end{bmatrix}$

3. a. 9 **b.** $\pm\begin{bmatrix} 1/3 \\ 2/3 \\ -2/3 \end{bmatrix}$ **c.** 6

5. a. 6 **b.** $\pm\begin{bmatrix} 1/\sqrt{2} \\ -1/\sqrt{2} \end{bmatrix}$ **c.** -4

7. $\pm\begin{bmatrix} 1/3 \\ 2/3 \\ 2/3 \end{bmatrix}$ **9.** $5 + \sqrt{5}$ **11.** 3

13. *Sugestão*: Se $m = M$, faça $\alpha = 0$ na fórmula para $\mathbf{x}$, ou seja, considere $\mathbf{x} = \mathbf{u}_n$ e verifique que $\mathbf{x}^T A\mathbf{x} = m$. Se $m < M$ e se t for um número entre m e M, então $0 \leq t - m \leq M - m$ e $0 \leq (t - m)/(M - m) \leq 1$. Seja $\alpha = (t - m)/(M - m)$. Resolva a expressão dada para α para obter $t = (1 - \alpha)m + \alpha M$. Quando α varia de 0 a 1, t varia de m a M. Construa $\mathbf{x}$ como no enunciado do exercício e verifique suas propriedades.

15. a. 9 **b.** $\begin{bmatrix} -2/\sqrt{6} \\ 0 \\ 1/\sqrt{6} \\ 1/\sqrt{6} \end{bmatrix}$ **c.** 3

17. a. 17 **b.** $\begin{bmatrix} 1/2 \\ 1/2 \\ 1/2 \\ 1/2 \end{bmatrix}$ **c.** 13

Seção 7.4

1. 3, 1   **3.** 4, 1

As respostas nos Exercícios 5 a 13 não são as únicas possíveis.

5. $\begin{bmatrix} -1 & 0 \\ 0 & 1 \end{bmatrix} \begin{bmatrix} 2 & 0 \\ 0 & 0 \end{bmatrix} \begin{bmatrix} 1 & 0 \\ 0 & 1 \end{bmatrix}$

7. $\begin{bmatrix} 1/\sqrt{5} & -2/\sqrt{5} \\ 2/\sqrt{5} & 1/\sqrt{5} \end{bmatrix} \begin{bmatrix} 3 & 0 \\ 0 & 2 \end{bmatrix}$

$\times \begin{bmatrix} 2/\sqrt{5} & 1/\sqrt{5} \\ -1/\sqrt{5} & 2/\sqrt{5} \end{bmatrix}$

9. $\begin{bmatrix} -1 & 0 & 0 \\ 0 & 0 & 1 \\ 0 & 1 & 0 \end{bmatrix} \begin{bmatrix} 3\sqrt{2} & 0 \\ 0 & \sqrt{2} \\ 0 & 0 \end{bmatrix}$

$\times \begin{bmatrix} -1/\sqrt{2} & 1/\sqrt{2} \\ 1/\sqrt{2} & 1/\sqrt{2} \end{bmatrix}$

11. $\begin{bmatrix} -1/3 & 2/3 & 2/3 \\ 2/3 & -1/3 & 2/3 \\ 2/3 & 2/3 & -1/3 \end{bmatrix} \begin{bmatrix} \sqrt{90} & 0 \\ 0 & 0 \\ 0 & 0 \end{bmatrix}$

$\times \begin{bmatrix} 3/\sqrt{10} & -1/\sqrt{10} \\ 1/\sqrt{10} & 3/\sqrt{10} \end{bmatrix}$

13. $\begin{bmatrix} 1/\sqrt{2} & -1/\sqrt{2} \\ 1/\sqrt{2} & 1/\sqrt{2} \end{bmatrix} \begin{bmatrix} 5 & 0 & 0 \\ 0 & 3 & 0 \end{bmatrix}$

$\times \begin{bmatrix} 1/\sqrt{2} & 1/\sqrt{2} & 0 \\ -1/\sqrt{18} & 1/\sqrt{18} & -4/\sqrt{18} \\ -2/3 & 2/3 & 1/3 \end{bmatrix}$

15. a. Posto de $A = 2$

b. Base para Col A: $\begin{bmatrix} 0,40 \\ 0,37 \\ -0,84 \end{bmatrix}, \begin{bmatrix} -0,78 \\ -0,33 \\ -0,52 \end{bmatrix}$

Base para Nul A: $\begin{bmatrix} 0,58 \\ -0,58 \\ 0,58 \end{bmatrix}$

(Lembre-se de que V^T aparece na DVS.)

17. Se U for uma matriz ortogonal, então det $U = \pm 1$. Se $A = U\Sigma V^T$ e A for quadrada, então U, Σ e V também serão. Logo, det $A =$ det U det Σ det $V^T = \pm 1$ det $\Sigma = \pm\sigma_1 \cdots \sigma_n$.

19. *Sugestão*: Como U e V são ortogonais,

$$A^T A = (U\Sigma V^T)^T U\Sigma V^T = V\Sigma^T U^T U\Sigma V^T$$
$$= V(\Sigma^T \Sigma)V^{-1}$$

Portanto, V diagonaliza $A^T A$. O que isso lhe diz sobre V?

21. O vetor singular à direita $\mathbf{v}_1$ é um autovetor para o maior autovalor λ_1 de $A^T A$. Pelo Teorema 7 na Seção 7.3, o segundo maior autovalor, λ_2, é o máximo de $\mathbf{x}^T(A^T A)\mathbf{x}$ sobre todos os vetores unitários ortogonais a $\mathbf{v}_1$. Como $\mathbf{x}^T(A^T A)\mathbf{x} = \|A\mathbf{x}\|^2$, a raiz quadrada

de λ_2, que é o segundo maior autovalor, é o máximo de $\|A\mathbf{x}\|$ sobre todos os vetores unitários ortogonais a $\mathbf{v}_1$.

23. *Sugestão*: Use uma expansão coluna por linha de $(U\Sigma)V^T$.

25. *Sugestão*: Considere a DVS para a matriz canônica de T — digamos, $A = U\Sigma V^T = U\Sigma V^{-1}$. Sejam $\mathcal{B} = \{\mathbf{v}_1, ..., \mathbf{v}_n\}$ e $\mathcal{C} = \{\mathbf{u}_1, ..., \mathbf{u}_m\}$ as bases construídas das colunas de V e de U, respectivamente. Calcule a matriz de T em relação às bases $\mathcal{B}$ e $\mathcal{C}$ como na Seção 5.4. Para isso, você precisa mostrar que $V^{-1}\mathbf{v}_j = \mathbf{e}_j$, a j-ésima coluna de I_n.

27. $\begin{bmatrix} -0,57 & -0,65 & -0,42 & 0,27 \\ 0,63 & -0,24 & -0,68 & -0,29 \\ 0,07 & -0,63 & 0,53 & -0,56 \\ -0,51 & 0,34 & -0,29 & -0,73 \end{bmatrix}$

$\times \begin{bmatrix} 16,46 & 0 & 0 & 0 & 0 \\ 0 & 12,16 & 0 & 0 & 0 \\ 0 & 0 & 4,87 & 0 & 0 \\ 0 & 0 & 0 & 4,31 & 0 \end{bmatrix}$

$\times \begin{bmatrix} -0,10 & 0,61 & -0,21 & -0,52 & 0,55 \\ -0,39 & 0,29 & 0,84 & -0,14 & -0,19 \\ -0,74 & -0,27 & -0,07 & 0,38 & 0,49 \\ 0,41 & -0,50 & 0,45 & -0,23 & 0,58 \\ -0,36 & -0,48 & -0,19 & -0,72 & -0,29 \end{bmatrix}$

29. 25,9343, 16,7554, 11,2917, 1,0785, 0,00037793; $\sigma_1/\sigma_5 = 68.622$

Seção 7.5

1. $M = \begin{bmatrix} 12 \\ 10 \end{bmatrix}$; $B = \begin{bmatrix} 7 & 10 & -6 & -9 & -10 & 8 \\ 2 & -4 & -1 & 5 & 3 & -5 \end{bmatrix}$;

$S = \begin{bmatrix} 86 & -27 \\ -27 & 16 \end{bmatrix}$

3. $\begin{bmatrix} 0,95 \\ -0,32 \end{bmatrix}$ para $\lambda = 95,2$, $\begin{bmatrix} 0,32 \\ 0,95 \end{bmatrix}$ para $\lambda = 6,8$

5. $(0,130, 0,874, 0,468)$, 75,9% da variância

7. $y_1 = 0,95x_1 - 0,32x_2$; y_1 explica 93,3% da variância

9. $c_1 = 1/3$, $c_2 = 2/3$, $c_3 = 2/3$; a variância de y é 9.

11. a. Se $\mathbf{w}$ for o vetor em $\mathbb{R}^N$ com todos os coeficientes iguais a 1, então

$$\begin{bmatrix} \mathbf{X}_1 & \cdots & \mathbf{X}_N \end{bmatrix} \mathbf{w} = \mathbf{X}_1 + \cdots + \mathbf{X}_N = \mathbf{0}$$

já que $\mathbf{X}_k$ está em forma de desvio médio. Então

$$\begin{bmatrix} \mathbf{Y}_1 & \cdots & \mathbf{Y}_N \end{bmatrix} \mathbf{w}$$
$$= \begin{bmatrix} P^T\mathbf{X}_1 & \cdots & P^T\mathbf{X}_N \end{bmatrix} \mathbf{w} \quad \text{Por definição}$$
$$= P^T\begin{bmatrix} \mathbf{X}_1 & \cdots & \mathbf{X}_N \end{bmatrix} \mathbf{w} = P^T\mathbf{0} = \mathbf{0}$$

Ou seja, $\mathbf{Y}_1 + ... + \mathbf{Y}_N = \mathbf{0}$, de modo que os $\mathbf{Y}_k$ estão em forma de desvio médio.

b. *Sugestão*: Como os $\mathbf{X}_j$ estão em forma de desvio médio, a matriz de covariância de $\mathbf{X}_j$ é

$$1/(N-1)\begin{bmatrix} \mathbf{X}_1 & \cdots & \mathbf{X}_N \end{bmatrix}\begin{bmatrix} \mathbf{X}_1 & \cdots & \mathbf{X}_N \end{bmatrix}^T$$

Calcule a matriz de covariância de $\mathbf{Y}_j$ usando o item (a).

13. Se $B = \begin{bmatrix} \hat{\mathbf{X}}_1 & \cdots & \hat{\mathbf{X}}_N \end{bmatrix}$, então

$$S = \frac{1}{N-1}BB^T = \frac{1}{N-1}\begin{bmatrix} \hat{\mathbf{X}}_1 & \cdots & \hat{\mathbf{X}}_n \end{bmatrix}\begin{bmatrix} \hat{\mathbf{X}}_1^T \\ \vdots \\ \hat{\mathbf{X}}_N^T \end{bmatrix}$$

$$= \frac{1}{N-1}\sum_1^N \hat{\mathbf{X}}_k\hat{\mathbf{X}}_k^T = \frac{1}{N-1}\sum_1^N (\mathbf{X}_k - \mathbf{M})(\mathbf{X}_k - \mathbf{M})^T$$

Capítulo 7 Exercícios Suplementares

1. V   **2.** F   **3.** V   **4.** F   **5.** F   **6.** F

7. F   **8.** V   **9.** F   **10.** F   **11.** F   **12.** F

13. V   **14.** F   **15.** V   **16.** V   **17.** F

19. Se posto de $A = r$, dim Nul $A = n - r$ pelo Teorema do Posto. Então 0 é um autovalor de multiplicidade $n - r$. Logo, dos n termos na decomposição espectral de A, exatamente $n - r$ são nulos. Os r termos que restam (associados aos autovalores não nulos) são todos matrizes de posto 1, como mencionado na discussão da decomposição espectral.

21. Se $A\mathbf{v} = \lambda\mathbf{v}$ para algum $\lambda \neq 0$, então $\mathbf{v} = \lambda^{-1}A\mathbf{v} = A(\lambda^{-1}\mathbf{v})$, o que mostra que $\mathbf{v}$ é uma combinação linear das colunas de A.

23. *Sugestão*: Se $A = R^T R$, em que R é invertível, então A será positiva definida pelo Exercício 33 na Seção 7.2. Reciprocamente, suponha que A seja positiva definida. Então, pelo Exercício 34 na Seção 7.2, $A = B^T B$ para alguma matriz positiva definida B. Explique por que B admite uma fatoração QR e use-a para criar uma fatoração de Cholesky de A.

25. Se A for $m \times n$ e $\mathbf{x}$ pertencer a $\mathbb{R}^n$, então $\mathbf{x}^T A^T A\mathbf{x} = (A\mathbf{x})^T(A\mathbf{x}) = \|A\mathbf{x}\|^2 \geq 0$. Logo, $A^T A$ é positiva semidefinida. Pelo Exercício 30 na Seção 6.5, posto de $A^T A =$ posto de A.

27. *Sugestão*: Escreva uma DVS de A na forma $A = U\Sigma V^T = PQ$, em que $P = U\Sigma U^T$ e $Q = UV^T$. Mostre que P é simétrica e tem os mesmos autovalores que Σ. Explique por que Q é uma matriz ortogonal.

29. a. Se $\mathbf{b} = A\mathbf{x}$, então $\mathbf{x}^+ = A^+\mathbf{b} = A^+ A\mathbf{x}$. Pelo Exercício 28(b), $\mathbf{x}^+$ é a projeção ortogonal de $\mathbf{x}$ sobre Lin A.

b. De (a) e do Exercício 28(c),
$$A\mathbf{x}^+ = A(A^+ A\mathbf{x}) = (AA^+ A)\mathbf{x} = A\mathbf{x} = \mathbf{b}.$$

c. Como $\mathbf{x}^+$ é a projeção ortogonal de $\mathbf{x}$ sobre Lin A, o Teorema de Pitágoras mostra que $\|\mathbf{u}\|^2 = \|\mathbf{x}^+\|^2 + \|\mathbf{u} - \mathbf{x}^+\|^2$. O resultado segue imediatamente.

31. $A^+ = \dfrac{1}{40} \cdot \begin{bmatrix} -2 & -14 & 13 & 13 \\ -2 & -14 & 13 & 13 \\ -2 & 6 & -7 & -7 \\ 2 & -6 & 7 & 7 \\ 4 & -12 & -6 & -6 \end{bmatrix}$, $\hat{\mathbf{x}} = \begin{bmatrix} 0{,}7 \\ 0{,}7 \\ -0{,}8 \\ 0{,}8 \\ 0{,}6 \end{bmatrix}$

A forma escalonada reduzida de $\begin{bmatrix} A \\ \mathbf{x}^T \end{bmatrix}$ é a mesma que a forma escalonada reduzida de A, exceto por uma linha extra de zeros. Isso significa que se pode produzir o vetor nulo somando-se a $\mathbf{x}^T$ múltiplos escalares das linhas de A, o que mostra que $\mathbf{x}^T$ pertence a Lin A.

Base para Nul A: $\begin{bmatrix} -1 \\ 1 \\ 0 \\ 0 \\ 0 \end{bmatrix}$, $\begin{bmatrix} 0 \\ 0 \\ 1 \\ 1 \\ 0 \end{bmatrix}$

Capítulo 8

Seção 8.1

1. Algumas respostas possíveis: $\mathbf{y} = 2\mathbf{v}_1 - 1{,}5\mathbf{v}_2 + 0{,}5\mathbf{v}_3$, $\mathbf{y} = 2\mathbf{v}_1 - 2\mathbf{v}_3 + \mathbf{v}_4$, $\mathbf{y} = 2\mathbf{v}_1 + 3\mathbf{v}_2 - 7\mathbf{v}_3 + 3\mathbf{v}_4$

3. $\mathbf{y} = -3\mathbf{v}_1 + 2\mathbf{v}_2 + 2\mathbf{v}_3$. A soma dos coeficientes é igual a 1, de modo que essa é uma combinação afim.

5. a. $\mathbf{p}_1 = 3\mathbf{b}_1 - \mathbf{b}_2 - \mathbf{b}_3 \in$ afim S, já que a soma dos coeficientes é igual a 1.

b. $\mathbf{p}_2 = 2\mathbf{b}_1 + 0\mathbf{b}_2 + \mathbf{b}_3 \notin$ afim S, já que a soma dos coeficientes não é igual a 1.

c. $\mathbf{p}_3 = -\mathbf{b}_1 + 2\mathbf{b}_2 + 0\mathbf{b}_3 \in$ afim S, já que a soma dos coeficientes é igual a 1.

7. a. $\mathbf{p}_1 \in \mathscr{L}(S)$, mas $\mathbf{p}_1 \notin$ afim S.

b. $\mathbf{p}_2 \in \mathscr{L}(S)$ e $\mathbf{p}_2 \in$ afim S.

c. $\mathbf{p}_3 \notin \mathscr{L}(S)$, de modo que $\mathbf{p}_3 \notin$ afim S.

9. $\mathbf{v}_1 = \begin{bmatrix} -3 \\ 0 \end{bmatrix}$ e $\mathbf{v}_2 = \begin{bmatrix} 1 \\ -2 \end{bmatrix}$. Existem outras respostas possíveis.

21. $\mathscr{L}\{\mathbf{v}_2 - \mathbf{v}_1, \mathbf{v}_3 - \mathbf{v}_1\}$ é um plano se e somente se $\{\mathbf{v}_2 - \mathbf{v}_1, \mathbf{v}_3 - \mathbf{v}_1\}$ for linearmente independente. Suponha que c_2 e c_3 satisfaçam $c_2(\mathbf{v}_2 - \mathbf{v}_1) + c_3(\mathbf{v}_3 - \mathbf{v}_1) = \mathbf{0}$. Mostre que isso implica $c_2 = c_3 = 0$.

23. Seja $S = \{\mathbf{x} : A\mathbf{x} = \mathbf{b}\}$. Para mostrar que S é um subconjunto afim, basta mostrar que S é uma variedade afim pelo Teorema 3. Seja $W = \{\mathbf{x} : A\mathbf{x} = \mathbf{0}\}$. Então W é um subespaço de $\mathbb{R}^n$ pelo Teorema 2 na Seção 4.2 (ou pelo Teorema 12 na Seção 2.8). Pelo Teorema 6 na Seção 1.5, $S = W + \mathbf{p}$, em que $\mathbf{p}$ satisfaz $A\mathbf{p} = \mathbf{b}$; logo, S é um transladado de W e, portanto, uma variedade afim.

25. Um conjunto apropriado consiste em quaisquer três vetores não colineares, tendo seu terceiro coeficiente igual a 5. Se 5 for seu terceiro coeficiente, eles pertencerão ao plano $z = 5$. Se os vetores não forem colineares, seu fecho afim não poderá ser uma reta; logo, seu fecho afim terá de ser o plano.

27. Se $\mathbf{p}, \mathbf{q} \in f(S)$, então existirão $\mathbf{r}, \mathbf{s} \in S$ tais que $f(\mathbf{r}) = \mathbf{p}$ e $f(\mathbf{s}) = \mathbf{q}$. Dado qualquer t em $\mathbb{R}$, precisamos mostrar que $\mathbf{z} = (1 - t)\mathbf{p} + t\mathbf{q} \in f(S)$. Agora, use as definições de $\mathbf{p}$ e $\mathbf{q}$ e o fato de que f é linear.

29. Como B é afim, o Teorema 2 implica B conter todas as combinações afins de pontos em B. Logo, B contém todas as combinações afins de pontos em A, ou seja, afim $A \subseteq B$.

31. Como $A \subseteq (A \cup B)$, segue, do Exercício 30, que afim $A \subseteq$ afim $(A \cup B)$. Analogamente, afim $B \subseteq$ afim $(A \cup B)$; logo, [afim A $\cup$ afim B] $\subseteq$ afim $(A \cup B)$.

33. Para mostrar que $D \subseteq E \cap F$, mostre que $D \subseteq E$ e $D \subseteq F$.

Seção 8.2

1. Dependente afim e $2\mathbf{v}_1 + \mathbf{v}_2 - 3\mathbf{v}_3 = \mathbf{0}$.

3. O conjunto é independente afim. Se denotarmos os pontos por $\mathbf{v}_1$, $\mathbf{v}_2, \mathbf{v}_3$ e $\mathbf{v}_4$, então $\{\mathbf{v}_1, \mathbf{v}_2, \mathbf{v}_3\}$ será uma base para $\mathbb{R}^3$ e $\mathbf{v}_4 = 16\mathbf{v}_1 + 5\mathbf{v}_2 - 3\mathbf{v}_3$, mas a soma dos coeficientes na combinação linear não será igual a 1.

5. $-4\mathbf{v}_1 + 5\mathbf{v}_2 - 4\mathbf{v}_3 + 3\mathbf{v}_4 = \mathbf{0}$.

7. As coordenadas baricêntricas são $(-2, 4, -1)$.

19. Quando um conjunto de cinco pontos é transladado subtraindo-se, por exemplo, o primeiro ponto, o novo conjunto de quatro pontos tem de ser linearmente dependente pelo Teorema 8 na Seção 1.7, já que os quatro pontos pertencem a $\mathbb{R}^3$. Pelo Teorema 5, o conjunto original de cinco pontos é dependente afim.

21. Se $\{\mathbf{v}_1, \mathbf{v}_2\}$ for dependente afim, então existirão c_1 e c_2, um deles diferente de zero, tais que $c_1 + c_2 = 0$ e $c_1\mathbf{v}_1 + c_2\mathbf{v}_2 = \mathbf{0}$. Mostre que isso implica $\mathbf{v}_1 = \mathbf{v}_2$. Para a recíproca, suponha que $\mathbf{v}_1 = \mathbf{v}_2$ e selecione coeficientes c_1 e c_2 que mostrem sua dependência afim.

23. a. Os vetores $\mathbf{v}_2 - \mathbf{v}_1 = \begin{bmatrix} 1 \\ 2 \end{bmatrix}$ e $\mathbf{v}_3 - \mathbf{v}_1 = \begin{bmatrix} 3 \\ -2 \end{bmatrix}$ não são múltiplos; logo, são linearmente independentes. Pelo Teorema 5, S é independente afim.

b. $\mathbf{p}_1 \leftrightarrow \left(-\frac{6}{8}, \frac{9}{8}, \frac{5}{8}\right)$, $\mathbf{p}_2 \leftrightarrow \left(0, \frac{1}{2}, \frac{1}{2}\right)$, $\mathbf{p}_3 \leftrightarrow \left(\frac{14}{8}, -\frac{5}{8}, -\frac{1}{8}\right)$, $\mathbf{p}_4 \leftrightarrow \left(\frac{6}{8}, -\frac{5}{8}, \frac{7}{8}\right)$, $\mathbf{p}_5 \leftrightarrow \left(\frac{1}{4}, \frac{1}{8}, \frac{5}{8}\right)$

c. $\mathbf{p}_6$ é $(-, -, +)$, $\mathbf{p}_7$ é $(0, +, -)$ e $\mathbf{p}_8$ é $(+, +, -)$.

25. Suponha que $S = \{\mathbf{b}_1, \ldots, \mathbf{b}_k\}$ seja um conjunto independente afim. Então, a equação (7) tem solução, já que $\mathbf{p} \in$ afim S. Logo, a equação (8) tem solução. Pelo Teorema 5, as formas homogêneas dos pontos em S são linearmente independentes. Portanto, (8) tem uma única solução. Então, (7) também tem uma única solução, já que (8) contém ambas as equações que aparecem em (7).

O argumento a seguir imita a demonstração do Teorema 8 na Seção 4.4. Se $S = \{\mathbf{b}_1, \ldots, \mathbf{b}_k\}$ for um conjunto independente afim, então existirão escalares $c_1, \ldots, c_k$ que satisfarão (7) pela definição de afim S. Suponha que $\mathbf{x}$ tenha outra representação

$$\mathbf{x} = d_1\mathbf{b}_1 + \cdots + d_k\mathbf{b}_k \quad \text{e} \quad d_1 + \cdots + d_k = 1 \quad (7a)$$

para escalares $d_1, \ldots, d_k$. Subtraindo, obtemos a equação

$$\mathbf{0} = \mathbf{x} - \mathbf{x} = (c_1 - d_1)\mathbf{b}_1 + \cdots + (c_k - d_k)\mathbf{b}_k \quad (7b)$$

A soma dos coeficientes em (7b) é 0, já que a soma, separadamente, dos c e dos d é igual a 1. Como S é um conjunto independente afim, isso é impossível, a menos que cada coeficiente em (8) seja igual a 0. Isso prova que $c_i = d_i$ para $i = 1, \ldots, k$.

27. Se $\{\mathbf{p}_1, \mathbf{p}_2, \mathbf{p}_3\}$ for um conjunto dependente afim, então existirão escalares c_1, c_2, c_3, nem todos nulos, tais que $c_1\mathbf{p}_1 + c_2\mathbf{p}_2 + c_3\mathbf{p}_3 = \mathbf{0}$ e $c_1 + c_2 + c_3 = 0$. Agora, use a linearidade de f.

29. Sejam $\mathbf{a} = \begin{bmatrix} a_1 \\ a_2 \end{bmatrix}$, $\mathbf{b} = \begin{bmatrix} b_1 \\ b_2 \end{bmatrix}$ e $\mathbf{c} = \begin{bmatrix} c_1 \\ c_2 \end{bmatrix}$. Então

$$\det[\tilde{\mathbf{a}} \ \ \tilde{\mathbf{b}} \ \ \tilde{\mathbf{c}}] = \det \begin{bmatrix} a_1 & b_1 & c_1 \\ a_2 & b_2 & c_2 \\ 1 & 1 & 1 \end{bmatrix} = \det \begin{bmatrix} a_1 & a_2 & 1 \\ b_1 & b_2 & 1 \\ c_1 & c_2 & 1 \end{bmatrix},$$

pela propriedade do determinante sobre a transposta (Teorema 5 na Seção 3.2). Pelo Exercício 30 na Seção 3.3, esse determinante é igual ao dobro da área do triângulo com vértices em $\mathbf{a}$, $\mathbf{b}$ e $\mathbf{c}$.

31. Se $[\tilde{\mathbf{a}} \ \ \tilde{\mathbf{b}} \ \ \tilde{\mathbf{c}}] \begin{bmatrix} r \\ s \\ t \end{bmatrix} = \tilde{\mathbf{p}}$, então a regra de Cramer nos dará

$r = \det[\tilde{\mathbf{p}} \ \ \tilde{\mathbf{b}} \ \ \tilde{\mathbf{c}}]/\det[\tilde{\mathbf{a}} \ \ \tilde{\mathbf{b}} \ \ \tilde{\mathbf{c}}]$. Pelo Exercício 29, o numerador nesse quociente é o dobro da área de $\triangle \mathbf{pbc}$ e o denominador é o dobro da área de $\triangle \mathbf{abc}$. Isso prova a fórmula para r. As outras fórmulas são demonstradas usando-se a regra de Cramer para s e para t.

33. O ponto de interseção é $\mathbf{x}(4) =$

$$-0,1\begin{bmatrix} 1 \\ 3 \\ -6 \end{bmatrix} + 0,6\begin{bmatrix} 7 \\ 3 \\ -5 \end{bmatrix} + 0,5\begin{bmatrix} 3 \\ 9 \\ -2 \end{bmatrix} = \begin{bmatrix} 5,6 \\ 6,0 \\ -3,4 \end{bmatrix}:$$

Não está no interior do triângulo.

Seção 8.3

3. Nenhum pertence a conv S.

5. $\mathbf{p}_1 = -\frac{1}{6}\mathbf{v}_1 + \frac{1}{3}\mathbf{v}_2 + \frac{2}{3}\mathbf{v}_3 + \frac{1}{6}\mathbf{v}_4$, logo $\mathbf{p}_1 \notin$ conv S
$\mathbf{p}_2 = \frac{1}{3}\mathbf{v}_1 + \frac{1}{3}\mathbf{v}_2 + \frac{1}{6}\mathbf{v}_3 + \frac{1}{6}\mathbf{v}_4$, logo $\mathbf{p}_2 \in$ conv S.

7. a. As coordenadas baricêntricas de $\mathbf{p}_1, \mathbf{p}_2, \mathbf{p}_3$ e $\mathbf{p}_4$ são, respectivamente, $\left(\frac{1}{3}, \frac{1}{6}, \frac{1}{2}\right)$, $\left(0, \frac{1}{2}, \frac{1}{2}\right)$, $\left(\frac{1}{2}, -\frac{1}{4}, \frac{3}{4}\right)$ e $\left(\frac{1}{2}, \frac{3}{4}, -\frac{1}{4}\right)$.

b. $\mathbf{p}_3$ e $\mathbf{p}_4$ estão fora de conv T; $\mathbf{p}_1$ está dentro de conv T; $\mathbf{p}_2$ está na aresta $\overline{\mathbf{v}_2\mathbf{v}_3}$ de conv T.

9. $\mathbf{p}_1$ e $\mathbf{p}_3$ estão fora do tetraedro conv S; $\mathbf{p}_2$ está na face contendo os vértices $\mathbf{v}_2$, $\mathbf{v}_3$ e $\mathbf{v}_4$; $\mathbf{p}_4$ está dentro de conv S; $\mathbf{p}_5$ está na aresta que liga $\mathbf{v}_1$ a $\mathbf{v}_3$.

17. Se $\mathbf{p}, \mathbf{q} \in f(S)$, então existirão $\mathbf{r}, \mathbf{s} \in S$ tais que $f(\mathbf{r}) = \mathbf{p}$ e $f(\mathbf{s}) = \mathbf{q}$. O objetivo é mostrar que o segmento de reta $\mathbf{y} = (1 - t)\mathbf{p} + t\mathbf{q} \in f(S)$ para $0 \leq t \leq 1$. Use a linearidade de f e a convexidade de S para mostrar que $\mathbf{y} = f(\mathbf{w})$ para algum $\mathbf{w}$ em S. Isso irá provar que $\mathbf{y}$ está em $f(S)$ e que $f(S)$ é convexo.

19. $\mathbf{p} = \frac{1}{6}\mathbf{v}_1 + \frac{1}{2}\mathbf{v}_2 + \frac{1}{3}\mathbf{v}_4$ e $\mathbf{p} = \frac{1}{2}\mathbf{v}_1 + \frac{1}{6}\mathbf{v}_2 + \frac{1}{3}\mathbf{v}_3$.

21. Suponha que $A \subseteq B$, em que B é convexo. Então, como B é convexo, o Teorema 7 implica B conter todas as combinações convexas de pontos de B. Então B contém todas as combinações convexas de pontos de A, ou seja, conv $A \subseteq B$.

23. a. Use o Exercício 22 para mostrar que conv A e conv B são subconjuntos de conv$(A \cup B)$. Isso implicará sua união também ser um subconjunto de conv $(A \cup B)$.

b. Uma possibilidade é considerar A como duas arestas adjacentes de um quadrado e B como as outras duas arestas. Então, quais são os conjuntos (conv A) $\cup$ (conv B) e conv $(A \cup B)$?

25.

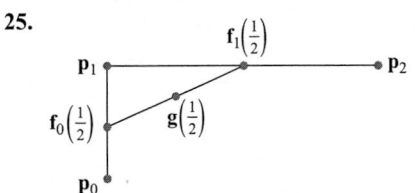

27. $\mathbf{g}(t) = (1 - t)\mathbf{f}_0(t) + t\mathbf{f}_1(t)$
$$= (1 - t)[(1 - t)\mathbf{p}_0 + t\mathbf{p}_1] + t[(1 - t)\mathbf{p}_1 + t\mathbf{p}_2]$$
$$= (1 - t)^2\mathbf{p}_0 + 2t(1 - t)\mathbf{p}_1 + t^2\mathbf{p}_2.$$

A soma dos coeficientes na combinação linear para $\mathbf{g}$ é
$(1 - t)^2 + 2t(1 - t) + t^2 = (1 - 2t + t^2) + (2t - 2t^2) + t^2 = 1$. Como todos os coeficientes estão entre 0 e 1 quando $0 \leq t \leq 1$, $\mathbf{g}(t)$ está em conv$\{\mathbf{p}_0, \mathbf{p}_1, \mathbf{p}_2\}$.

Seção 8.4

1. $f(x_1, x_2) = 3x_1 + 4x_2$ e $d = 13$

3. a. Aberto.
b. Fechado.
c. Nenhum dos dois.
d. Fechado.
e. Fechado.

5. a. Não é compacto, mas é convexo.
b. Compacto e convexo.
c. Não é compacto, mas é convexo.
d. Não é compacto nem convexo.
e. Não é compacto, mas é convexo.

7. a. $\mathbf{n} = \begin{bmatrix} 0 \\ 2 \\ 3 \end{bmatrix}$ ou um múltiplo deste vetor.

b. $f(\mathbf{x}) = 2x_2 + 3x_3$, $d = 11$.

9. a. $\mathbf{n} = \begin{bmatrix} 3 \\ -1 \\ 2 \\ 1 \end{bmatrix}$ ou um múltiplo dele.

b. $f(\mathbf{x}) = 3x_1 - x_2 + 2x_3 + x_4$, $d = 5$.

11. $\mathbf{v}_2$ está do mesmo lado que $\mathbf{0}$, $\mathbf{v}_1$ está do outro lado e $\mathbf{v}_3$ está em H.

13. Uma possibilidade é $\mathbf{p} = \begin{bmatrix} 32 \\ -14 \\ 0 \\ 0 \end{bmatrix}$, $\mathbf{v}_1 = \begin{bmatrix} 10 \\ -7 \\ 1 \\ 0 \end{bmatrix}$,

$\mathbf{v}_2 = \begin{bmatrix} -4 \\ 1 \\ 0 \\ 1 \end{bmatrix}$.

15. $f(x_1, x_2, x_3, x_4) = x_1 - 3x_2 + 4x_3 - 2x_4$, e $d = 5$

17. $f(x_1, x_2, x_3) = x_1 - 2x_2 + x_3$, e $d = 0$

19. $f(x_1, x_2, x_3) = -5x_1 + 3x_2 + x_3$, e $d = 0$

29. Uma possibilidade é $f(x_1, x_2) = 3x_1 - 2x_2$ com d satisfazendo $9 < d < 10$.

31. $f(x, y) = 4x + y$. Uma escolha natural para d é 12,75, que é igual a $f(3, 0,75)$. O ponto $(3, 0,75)$ está a três quartos da distância do centro de A e do centro de B.

33. O Exercício 2(a) na Seção 8.3 fornece uma possibilidade. Ou seja, $S = \{(x, y) : x^2 y^2 = 1 \text{ e } y > 0\}$. Então conv S é o semi-plano (aberto) superior.

35. Sejam $\mathbf{x}, \mathbf{y} \in B(\mathbf{p}, \delta)$ e suponha que $\mathbf{z} = (1 - t)\mathbf{x} + t\mathbf{y}$, em que $0 \le t \le 1$. Mostre que

$\|\mathbf{z} - \mathbf{p}\| = \|[(1 - t)\mathbf{x} + t\mathbf{y}] - \mathbf{p}\|$
$= \|(1 - t)(\mathbf{x} - \mathbf{p}) + t(\mathbf{y} - \mathbf{p})\| < \delta.$

Seção 8.5

1. a. $m = 1$ no ponto $\mathbf{p}_1$. **b.** $m = 5$ no ponto $\mathbf{p}_2$.

   c. $m = 5$ no ponto $\mathbf{p}_3$.

3. a. $m = -3$ no ponto $\mathbf{p}_3$.

   b. $m = 1$ no conjunto conv$\{\mathbf{p}_1, \mathbf{p}_3\}$.

   c. $m = -3$ no conjunto conv$\{\mathbf{p}_1, \mathbf{p}_2\}$.

5. $\left\{ \begin{bmatrix} 0 \\ 0 \end{bmatrix}, \begin{bmatrix} 5 \\ 0 \end{bmatrix}, \begin{bmatrix} 4 \\ 3 \end{bmatrix}, \begin{bmatrix} 0 \\ 5 \end{bmatrix} \right\}$

7. $\left\{ \begin{bmatrix} 0 \\ 0 \end{bmatrix}, \begin{bmatrix} 7 \\ 0 \end{bmatrix}, \begin{bmatrix} 6 \\ 4 \end{bmatrix}, \begin{bmatrix} 0 \\ 6 \end{bmatrix} \right\}$

9. A origem é um ponto extremo, mas não é um vértice. Explique por quê.

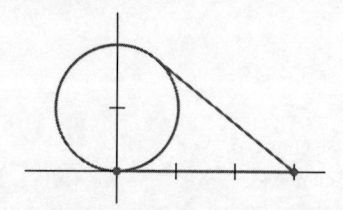

11. Uma possibilidade é considerar S como o quadrado que inclui parte da fronteira, mas não ela toda. Por exemplo, inclua apenas duas arestas adjacentes. O fecho convexo do perfil P é uma região triangular.

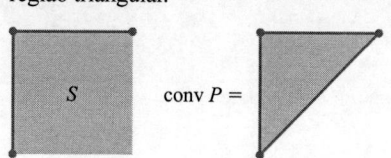

13. a. $f_0(C^5) = 32$, $f_1(C^5) = 80$, $f_2(C^5) = 80$, $f_3(C^5) = 40$, $f_4(C^5) = 10$ e $32 - 80 + 80 - 40 + 10 = 2$.

b.

	f_0	f_1	f_2	f_3	f_4
C^1	2				
C^2	4	4			
C^3	8	12	6		
C^4	16	32	24	8	
C^5	32	80	80	40	10

15. a. $f_0(P^n) = f_0(Q) + 1$

   b. $f_k(P^n) = f_k(Q) + f_{k-1}(Q)$

   c. $f_{n-1}(P^n) = f_{n-2}(Q) + 1$

25. Sejam S convexo e $\mathbf{x} \in cS + dS$, em que $c > 0$ e $d > 0$. Então existem $\mathbf{s}_1$ e $\mathbf{s}_2$ em S tais que $\mathbf{x} = c\mathbf{s}_1 + d\mathbf{s}_2$. Mas então

$$\mathbf{x} = c\mathbf{s}_1 + d\mathbf{s}_2 = (c + d)\left(\frac{c}{c + d}\mathbf{s}_1 + \frac{d}{c + d}\mathbf{s}_2 \right).$$

Agora, mostre que a expressão à direita do segundo sinal de igualdade pertence a $(c + d)S$.

Para a recíproca, escolha um ponto típico em $(c + d)S$ e mostre que ele está em $cS + dS$.

27. *Sugestão*: Suponha que A e B sejam convexos. Sejam $\mathbf{x}, \mathbf{y} \in A + B$. Então existem $\mathbf{a}, \mathbf{c} \in A$ e $\mathbf{b}, \mathbf{d} \in B$ tais que $\mathbf{x} = \mathbf{a} + \mathbf{b}$ e $\mathbf{y} = \mathbf{c} + \mathbf{d}$. Para qualquer t tal que $0 \le t \le 1$, mostre que

$$\mathbf{w} = (1 - t)\mathbf{x} + t\mathbf{y} = (1 - t)(\mathbf{a} + \mathbf{b}) + t(\mathbf{c} + \mathbf{d})$$

representa um ponto em $A + B$.

Seção 8.6

1. Os pontos de controle para $\mathbf{x}(t) + \mathbf{b}$ devem ser $\mathbf{p}_0 + \mathbf{b}$, $\mathbf{p}_1 + \mathbf{b}$ e $\mathbf{p}_3 + \mathbf{b}$. Escreva a curva de Bézier determinada por esses pontos e mostre algebricamente que essa curva é $\mathbf{x}(t) + \mathbf{b}$.

3. a. $\mathbf{x}'(t) = (-3 + 6t - 3t^2)\mathbf{p}_0 + (3 - 12t + 9t^2)\mathbf{p}_1 + (6t - 9t^2)\mathbf{p}_2 + 3t^2\mathbf{p}_3$, logo

$\mathbf{x}'(0) = -3\mathbf{p}_0 + 3\mathbf{p}_1 = 3(\mathbf{p}_1 - \mathbf{p}_0)$, e

$\mathbf{x}'(1) = -3\mathbf{p}_2 + 3\mathbf{p}_3 = 3(\mathbf{p}_3 - \mathbf{p}_2)$. Isso mostra que o vetor tangente $\mathbf{x}'(0)$ aponta no sentido de $\mathbf{p}_0$ para $\mathbf{p}_1$ e tem o triplo do comprimento de $\mathbf{p}_1 - \mathbf{p}_0$. Analogamente, $\mathbf{x}'(1)$ aponta no sentido de $\mathbf{p}_2$ para $\mathbf{p}_3$ e tem o triplo do comprimento de $\mathbf{p}_3 - \mathbf{p}_2$. Em particular, $\mathbf{x}'(1) = \mathbf{0}$ se e somente se $\mathbf{p}_3 = \mathbf{p}_2$.

b. $\mathbf{x}''(t) = (6 - 6t)\mathbf{p}_0 + (-12 + 18t)\mathbf{p}_1 + (6 - 18t)\mathbf{p}_2 + 6t\mathbf{p}_3$, de modo que

$\mathbf{x}''(0) = 6\mathbf{p}_0 - 12\mathbf{p}_1 + 6\mathbf{p}_2 = 6(\mathbf{p}_0 - \mathbf{p}_1) + 6(\mathbf{p}_2 - \mathbf{p}_1)$
e

$\mathbf{x}''(1) = 6\mathbf{p}_1 - 12\mathbf{p}_2 + 6\mathbf{p}_3 = 6(\mathbf{p}_1 - \mathbf{p}_2) + 6(\mathbf{p}_3 - \mathbf{p}_2)$

Para uma representação gráfica de $\mathbf{x}''(0)$, construa um sistema de coordenadas com a origem em $\mathbf{p}_1$, marque, temporariamente, $\mathbf{p}_0$ como $\mathbf{p}_0 - \mathbf{p}_1$ e $\mathbf{p}_2$ como $\mathbf{p}_2 - \mathbf{p}_1$. Por fim, construa uma reta ligando essa nova origem à soma de

$\mathbf{p}_0 - \mathbf{p}_1$ e $\mathbf{p}_2 - \mathbf{p}_1$, estendendo um pouco além do segmento. A extensão da reta para além da soma mostra a direção e o sentido de $\mathbf{x}''(0)$.

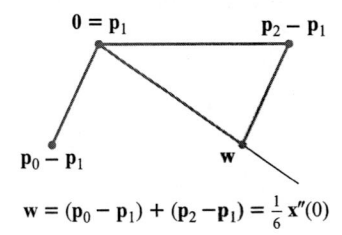

$$\mathbf{w} = (\mathbf{p}_0 - \mathbf{p}_1) + (\mathbf{p}_2 - \mathbf{p}_1) = \tfrac{1}{6}\,\mathbf{x}''(0)$$

5. **a.** Do Exercício 3(a) ou da equação (9) no texto,

   $$\mathbf{x}'(1) = 3(\mathbf{p}_3 - \mathbf{p}_2)$$

   Use a fórmula para $\mathbf{x}'(0)$ com os pontos de controle para $\mathbf{y}(t)$ e obtenha

   $$\mathbf{y}'(0) = -3\mathbf{p}_3 + 3\mathbf{p}_4 = 3(\mathbf{p}_4 - \mathbf{p}_3)$$

   Para a continuidade C^1, $3(\mathbf{p}_3 - \mathbf{p}_2) = 3(\mathbf{p}_4 - \mathbf{p}_3)$, de modo que $\mathbf{p}_3 = (\mathbf{p}_4 + \mathbf{p}_2)/2$ e $\mathbf{p}_3$ é o ponto médio do segmento que une $\mathbf{p}_2$ a $\mathbf{p}_4$.

   b. Se $\mathbf{x}'(1) = \mathbf{y}'(0) = \mathbf{0}$, então $\mathbf{p}_2 = \mathbf{p}_3$ e $\mathbf{p}_3 = \mathbf{p}_4$; logo, o "segmento de reta" que une $\mathbf{p}_2$ a $\mathbf{p}_4$ consiste apenas no ponto $\mathbf{p}_3$. [*Observação*: Nesse caso, a curva combinada ainda tem continuidade C^1, por definição. No entanto, algumas escolhas dos outros pontos de "controle", $\mathbf{p}_0$, $\mathbf{p}_1$, $\mathbf{p}_5$, $\mathbf{p}_6$ podem produzir uma curva com um bico visível em $\mathbf{p}_3$ e, nesse caso, a curva não tem continuidade G^1 em $\mathbf{p}_3$.]

7. *Sugestão*: Use $\mathbf{x}''(t)$ do Exercício 3 e adapte para a segunda curva para ver que

   $$\mathbf{y}''(t) = 6(1 - t)\mathbf{p}_3 + 6(-2 + 3t)\mathbf{p}_4 + 6(1 - 3t)\mathbf{p}_5 + 6t\mathbf{p}_6$$

   Depois, faça $\mathbf{x}''(1) = \mathbf{y}''(0)$. Como a curva tem continuidade C^1 em $\mathbf{p}_3$, o Exercício 5(a) afirma que $\mathbf{p}_3$ é o ponto médio do segmento que une $\mathbf{p}_2$ a $\mathbf{p}_4$. Isso implica $\mathbf{p}_4 - \mathbf{p}_3 = \mathbf{p}_3 - \mathbf{p}_2$. Use essa substituição para mostrar que $\mathbf{p}_4$ e $\mathbf{p}_5$ estão unicamente determinados por $\mathbf{p}_1$, $\mathbf{p}_2$ e $\mathbf{p}_3$. Apenas $\mathbf{p}_6$ pode ser escolhido de forma arbitrária.

9. Escreva um vetor com os coeficientes polinomiais para $\mathbf{x}(t)$, expanda os coeficientes polinomiais e escreva o vetor na forma $M_B \mathbf{u}(t)$:

$$
\begin{bmatrix}
1 - 4t + 6t^2 - 4t^3 + t^4 \\
4t - 12t^2 + 12t^3 - 4t^4 \\
6t^2 - 12t^3 + 6t^4 \\
4t^3 - 4t^4 \\
t^4
\end{bmatrix}
$$

$$
=
\begin{bmatrix}
1 & -4 & 6 & -4 & 1 \\
0 & 4 & -12 & 12 & -4 \\
0 & 0 & 6 & -12 & 6 \\
0 & 0 & 0 & 4 & -4 \\
0 & 0 & 0 & 0 & 1
\end{bmatrix}
\begin{bmatrix}
1 \\ t \\ t^2 \\ t^3 \\ t^4
\end{bmatrix},
$$

$$
M_B =
\begin{bmatrix}
1 & -4 & 6 & -4 & 1 \\
0 & 4 & -12 & 12 & -4 \\
0 & 0 & 6 & -12 & 6 \\
0 & 0 & 0 & 4 & -4 \\
0 & 0 & 0 & 0 & 1
\end{bmatrix}
$$

17. **a.** *Sugestão*: Use o fato de que $\mathbf{q}_0 = \mathbf{p}_0$.

    b. Multiplique a primeira e a última parte da equação (13) por $\tfrac{8}{3}$ e resolva para $8\mathbf{q}_2$.

    c. Use a equação (8) para substituir $8\mathbf{q}_3$ e, depois, aplique o item (a).

19. **a.** Da equação (11), $\mathbf{y}'(1) = 0{,}5\mathbf{x}'(0{,}5) = \mathbf{z}'(0)$.

    b. Note que $\mathbf{y}'(1) = 3(\mathbf{q}_3 - \mathbf{q}_2)$. Isso segue da equação (9), com $\mathbf{y}(t)$ e seus pontos de controle no lugar de $\mathbf{x}(t)$ e seus pontos de controle. Analogamente, para $\mathbf{z}(t)$ e seus pontos de controle, $\mathbf{z}'(0) = 3(\mathbf{r}_1 - \mathbf{r}_0)$. Pelo item (a), $3(\mathbf{q}_3 - \mathbf{q}_2) = 3(\mathbf{r}_1 - \mathbf{r}_0)$. Substitua $\mathbf{r}_0$ por $\mathbf{q}_3$ para obter $\mathbf{q}_3 - \mathbf{q}_2 = \mathbf{r}_1 - \mathbf{q}_3$ e, portanto, $\mathbf{q}_3 = (\mathbf{q}_2 + \mathbf{r}_1)/2$.

    c. Escolha $\mathbf{q}_0 = \mathbf{p}_0$ e $\mathbf{r}_3 = \mathbf{p}_3$. Calcule $\mathbf{q}_1 = (\mathbf{p}_0 + \mathbf{p}_1)/2$ e $\mathbf{r}_2 = (\mathbf{p}_2 + \mathbf{p}_3)/2$. Calcule $\mathbf{m} = (\mathbf{p}_1 + \mathbf{p}_2)/2$. Calcule $\mathbf{q}_2 = (\mathbf{q}_1 + \mathbf{m})/2$ e $\mathbf{r}_1 = (\mathbf{m} + \mathbf{r}_2)/2$. Calcule $\mathbf{q}_3 = (\mathbf{q}_2 + \mathbf{r}_1)/2$ e escolha $\mathbf{r}_0 = \mathbf{q}_3$.

21. **a.** $\mathbf{r}_0 = \mathbf{p}_0,\ \mathbf{r}_1 = \dfrac{\mathbf{p}_0 + 2\mathbf{p}_1}{3},\ \mathbf{r}_2 = \dfrac{2\mathbf{p}_1 + \mathbf{p}_2}{3},\ \mathbf{r}_3 = \mathbf{p}_2$

    b. *Sugestão*: Escreva a fórmula padrão (7) desta seção com $\mathbf{r}_i$ no lugar de $\mathbf{p}_i$ para $i = 0, \ldots, 3$ e, depois, substitua $\mathbf{r}_0$ e $\mathbf{r}_3$ por $\mathbf{p}_0$ e $\mathbf{p}_2$, respectivamente:

    $$
    \begin{aligned}
    \mathbf{x}(t) = {} & (1 - 3t + 3t^2 - t^3)\mathbf{p}_0 \\
    & + (3t - 6t^2 + 3t^3)\mathbf{r}_1 \\
    & + (3t^2 - 3t^3)\mathbf{r}_2 + t^3\mathbf{p}_2
    \end{aligned}
    $$

    Use as fórmulas para $\mathbf{r}_1$ e $\mathbf{r}_2$ do item (a) para examinar o segundo e terceiro termos nesta expressão para $\mathbf{x}(t)$.

Capítulo 8 Exercícios Suplementares

1. V	**2.** V	**3.** F	**4.** F	**5.** V	**6.** V
7. V	**8.** F	**9.** F	**10.** F	**11.** V	**12.** V
13. F	**14.** V	**15.** V	**16.** V	**17.** V	**18.** V
19. V	**20.** F	**21.** V			

23. Seja $\mathbf{y} \in F$. Então $U = F - \mathbf{y}$ e $V = G - \mathbf{y}$ são subespaços de dimensão k com $U \subseteq V$. Seja $B = \{\mathbf{x}_1, \ldots, \mathbf{x}_k\}$ uma base para U. Como dim $V = k$, B também é uma base para V. Logo, $U = V$ e $F = U + \mathbf{y} = V + \mathbf{y} = G$.

25. *Sugestão*: Suponha que $F_1 \cap F_2 \neq \varnothing$. Então existem $\mathbf{v}_1$ e $\mathbf{v}_2$ em V tais que $\mathbf{x}_1 + \mathbf{v}_1 = \mathbf{x}_2 + \mathbf{v}_2$. Use isto e as propriedades de um subespaço para mostrar que, para todo $\mathbf{v}$ em V, $\mathbf{x}_1 + \mathbf{v} \in \mathbf{x}_2 + V$ e $\mathbf{x}_2 + \mathbf{v} \in \mathbf{x}_1 + V$.

27. *Sugestão*: Comece com uma base para V e junte $\mathbf{p}$ para obter uma base para $\mathbb{R}^n$.

29. *Sugestão*: Suponha que $\mathbf{x} \in \lambda B(\mathbf{p}, \delta)$. Isto significa que existe $\mathbf{y} \in B(\mathbf{p}, \delta)$ tal que $\mathbf{x} = \lambda \mathbf{y}$. Use a definição de $B(\mathbf{p}, \delta)$ para mostrar que isto implica que $\mathbf{x} \in B(\lambda \mathbf{p}, \lambda \delta)$. A recíproca é semelhante.

31. O fecho positivo de S é um cone com vértice em $(0, 0)$ contendo o semieixo positivo dos y e com lados ao longo das retas $y = \pm x$.

33. *Sugestão*: É significativo que o conjunto no Exercício 31 consiste em exatamente dois pontos não colineares com a origem. Explique por que isto é importante.

35. *Sugestão*: Suponha que $\mathbf{x} \in \mathrm{pos}\, S$. Então $\mathbf{x} = c_1\mathbf{v}_1 + \cdots + c_k\mathbf{v}_k$ em que $\mathbf{v}_i \in S$ e $c_i \geq 0$ para todo i. Seja $d = \sum_{i=1}^{k} c_i$. Considere dois casos: $d = 0$ e $d \neq 0$.

Índice Alfabético

As marcações em **negrito** correspondem aos Capítulos 9 e 10 (páginas e-1 a e-112) que se encontram na íntegra no Ambiente de aprendizagem do GEN.